Essentials of Meteorology 8e

C. Donald Ahrens · Robert Henson

대기환경과학

대표역자 **민기홍**

국종성
김백민
김병곤
손석우
장은철
정지훈
공역

Andover • Melbourne • Mexico City • Stamford, CT • Toronto • Hong Kong • New Delhi • Seoul • Singapore • Tokyo

***Essentials Of Meteorology*, 8th Edition**

C. Donald Ahrens
Robert Henson

ISBN-13: 979-11-5971-309-5

Cengage Learning Korea Ltd.
14F YTN Newsquare 76 Sangamsan-ro
Mapo-gu Seoul 03926 Korea
Tel: (82) 2 330 7000
Fax: (82) 2 330 7001

Cengage Learning is a leading provider of customized learning solutions
with office locations around the globe, including Singapore, the United Kingdom, Australia, Mexico, Brazil, and Japan. Locate your local office at: **www.cengage.com**

Cengage Learning products are represented in Canada by Nelson Education, Ltd.

To learn more about Cengage Learning Solutions, visit **www.cengageasia.com**

Printed in Korea
Print Number: 01 Print Year: 2021

옮긴이 머리말

이 책은 C. Donald Ahrens와 Robert Henson의 저서 『Essentials of Meteorology-An Invitation to the Atmosphere』의 8판을 번역한 것이다. 이 책은 대기환경에 관한 문제를 심도 있게 다루며 기온, 기압, 바람, 구름과 강수 등 기상 요소와 기단과 전선, 기상의 변화와 예보, 기후변화의 원인과 변화 경향을 다룬다. 나아가 대기오염 그리고 대기의 광학 현상을 다루고 있다. 뿐만 아니라 일광 화상과 자외선, 오존구멍 등 다양한 읽을거리와 대기환경에 관한 최신의 많은 정보를 수록하고 있다. 이해를 돕기 위해 시각적으로도 다양한 삽화, 도표, 사진을 넣어 독자의 구미에 맞게 잘 엮어진 책이다.

옮긴이는 이 책을 대기과학 전공자를 위한 필독서로서 뿐만 아니라 대기환경에 관심 있는 일반인에게 권하고 싶어 번역을 시도하였다. 그 후 많은 독자의 성원을 입어 학술원 기초과학 분야 우수학술도서로 선정된 바 있었고, 이제 8판까지 6차례나 출판을 거듭하게 되어 기쁘고 독자 여러분께 심심한 감사를 드린다. 그래서 8판의 번역은 오류가 없도록 신중을 기하고 독자가 이해하기 쉽도록 더욱 노력하였다.

8판은 저자가 "8판의 변화"에서 언급하듯이 지구의 대기(1장), 기압과 바람(6장), 대기의 순환(7장), 기상예보(9장), 변하는 지구의 기후(13장) 등은 순서와 내용이 새롭게 대폭 개정되었고, 역자 또한 한국적 관심사항인 장마전선과 장마(8장) 등을 포커스에 추가하였으며 한국적 도표와 내용을 새로이 삽입하여 더욱 충실한 책으로 변모시켰다. 옮긴이는 이 책을 번역하면서 다음 사항들을 고려하였다.

1. 가능한 원문에 충실한 번역을 한다. 그러나 너무 미국적인 내용이나 예제는 삭제하거나 우리나라 실정에 맞게 수정한다.
2. 중복되고 불필요한 일부 그림과 우리 실정에 맞지 않는 포커스는 삭제하고 우리 실정에 맞게 수정 보완한다.
3. 부록의 용어해설은 편집상 제외한다.
4. 단위계는 MKS 기본 단위를 사용하여 기압은 hPa, 기온은 ℃, 속도는 m/sec로 환산하여 표기하고, 부득이한 경우에는 원서대로 표기한다.

이 책의 번역과 출간에는 많은 분의 노고와 협조가 있었다. 최초의 번역(3판)에는 경북대학교 천문대기과학과 명예교수이신 민경덕 교수님이 단독으로 번역하여 출간하였고, 5판 출간부터는 민기홍 교수가 공동 번역자로 출간하였다. 자료 정리와 번역에 도움을 준 이들에게 고마움을 표한다. 그리고 자료 및 도표의 인용을 허락해 준 기상청에도 감사드린다. 끝으로, 8판의 번역을 허락해 주신 (주)북스힐의 조승식 사장님과 이상기 상무님 및 정교한 편집과 교정으로 아름답고 좋은 번역서가 되도록 수고한 모든 분께 감사를 드린다.

8판부터는 보다 많은 학생이 책을 접할 수 있도록 국내 유수 대학의 교수님들과 공동으로 집필하여 각 장별 전공 교수님들의 노하우를 집약시킬 수 있도록 하였다. 이 번역서가 대기과학도는 물론 대기환경에 관심 있는 많은 분 그리고 기후변화와 생태계의 변화를 우려하는 뜻있는 분들에게 널리 읽히고 대기환경에 보다 깊고 폭넓은 이해를 얻게 되기를 바라며, 대기과학의 발전에 조금이나마 도움이 되기를 바란다.

민기홍 경북대학교 교수(대표역자)
국종성 포항공과대학교 교수
김백민 부경대학교 교수
김병곤 강릉원주대학교 교수
손석우 서울대학교 교수
장은철 공주대학교 교수
정지훈 전남대학교 교수

머리말

세계는 끊임없이 변화하는 자연현상들의 장이다. 가뭄과 기근, 지역을 황폐화시키는 홍수에 이르기까지 인류가 마주하는 재난의 상당수는 기상상황으로 조성된 자연재해 때문이다. 그러나 기상 및 기후에 대처하는 것은 불가피한 우리의 과제이다. 때때로 이는 그날그날 무슨 옷을 입을 것인지 또는 휴가계획을 어떻게 짤 것인지를 결정하는 등의 작은 일일 수 있다. 그러나 태풍이나 토네이도의 피해자들에게는 삶을 통째로 흔드는 결과를 초래할 수도 있다.

최근에는 기상과 기후가 기록적인 기상이변에서 지구온난화와 미세먼지와 같은 환경 이슈에 이르기까지 언론의 톱뉴스가 되었다. 대기권의 역동적인 특성은 과거에 비해 근래에 더욱더 우리의 관심과 이해를 요구한다. 언론에서는 거의 매일 어떤 기상현상이나 임박한 기후변화를 설명하는 기사들이 보도된다. 이 같은 이유로, 그리고 기상이 여러모로 우리 일상생활에 영향을 미친다는 사실에서 기상학(대기과학)에 대한 우리의 관심은 고조되고 있다. 이처럼 급속도로 발전하며 일반의 관심을 모으는 과학은 과거 어느 때보다 대기의 작용에 대한 보다 많은 정보를 우리에게 제공한다. 대기과학이 우리가 관여할 연구 분야가 되는 중요한 이유는 대기권이 모든 사람에게 보편적으로 접근할 수 있는 연구실이 될 수 있기 때문이다. 대기가 우리에게 항상 도전 거리를 만들어내지만 연구와 과학기술 역시 발전하기 때문에 대기를 이해하는 우리의 능력도 진보하고 있다. 이 책에서 독자들이 접하게 될 기상정보는 개개인의 이해와 더불어 우리 지구의 역동적인 대기에 대한 이해에도 도움이 되도록 노력하였다.

본서 소개

대기과학의 기초를 다지려는 학생들을 위해 〈대기환경과학〉은 입문서의 역할을 할 수 있도록 집필하였다. 이 책의 주요 목적은 기상학적 개념을 시각적이고 실용적이며 비수학적인 방식으로 쉽게 전달하는 데 있다. 덧붙여 이 책의 의도는 독자들의 호기심을 자극하고 우리 일상생활에서 일어나는 기상 및 기후에 관한 의문에 해답을 주기 위함이다. 이번 8판은 비록 책의 성격에 있어서는 입문서이지만 과학적인 통합내용을 다루고 지구 온난화라든지 오존층 파괴, 미세먼지 및 엘니뇨 등 최근 빈번하게 일어나는 다양한 기상현상에 관한 서술로 전 세계적인 문제들에 관한 최신 정보를 포함하고 있다. 이전 판들과 마찬가지로 8판 개정판도 책의 내용을 이해하는 데 특별한 전제조건은 필요하지 않다.

특히 학생들을 위해 쓰인 본서는 기상학적 원리를 이해하고 적용하는 데 강조점을 두었다. 이 책은 독자들이 기상현상을 관찰하여 교과서의 정보를 실생활에 적용할 수 있는 산지식이 되도록 구성하였다. 이러한 노력을 돕기 위해 책 말미에 천연색 구름도감을 수록했다. 구름도감은 책에서 떼어내 하늘을 관측할 수 있는 장소 어디서나 학습도구로 사용할 수 있다. 또한, 요점을 강조하고 개념을 명료하게 이해할 수 있도록 총천연색 삽화나 그림설명을 두루 제공하였다. 천연색 사진을 세심하게 선정해서 특징을 설명하고 관심을 자극하며 기상연구가 얼마나 흥미 있는 것인지를 보여주려 했다.

총 15장으로 구성된 〈대기환경과학: *Essentials of Meteorology*〉은 기상과 기후 교과목 강사들에게 최대한의 유연성을 제공하도록 되어있다. 그러므로 각 장들은 어떤 순서로 다루어도 무방하다. 예를 들면 제15장 "빛, 색, 대기광학"은 독립적 내용으로 되어있어 원한다면 먼저 다루어도 상관없다. 그렇게 하면 강사들은 책 내용을 그들 나름의 요구에 맞게 재단할 수 있을 것이다. 이 책은 기본적으로 전통적 접근방법을 따르고 있다. 대기의 기원, 구성, 구조에 관한 도입부 장 다음에 태양에너지, 기온, 습도, 구름, 강수, 바람을 다루고 있다. 그 다음에 기단, 전선, 중위도 저기압성 폭풍에 관한 장이 뒤따른다. 다음에는 기상예보와 강력한 폭풍에 관한 장이 이어진다. 허리케인에 관한 장 다음에는 지구기후에 관한 장이 따른다. 다음 차례는 기후변화에 관한 장이다. 대기오염에 관한 장 다음 순서는 마지막 장인 대기광학에 관한 장이다.

각 장마다 포커스 섹션을 최소한 2개씩 포함했다. 포커스 섹션은 본문 내용의 자료를 확충하거나 설명하고 있는 내용과 관련한 어떤 주제를 밀접하게 분석해 준다. 포커스 섹션은 관찰, 특별 주제, 환경문제 등 세 가지 범주 중 하나에 속한다. 일부는 입문적인 기상학 교과서에서는 흔히 발견되지 않는 자료, 예컨대 우주 기상, 과학적 방법, 바람에너지 같은 것을 포함한다. 또 이론과 실제 사이를 연결시켜 주는 데 도움을 주기도 한다. 이번 제8판에는 몇 군데 새로 도입됐거나 다시 쓴 포커스 섹션이 포함되어 있다. 예컨대 제8장에 수록된 북동(강)풍에 관한 최신 설명과 제10장에 소개된 토네이도 피해 유형에 관한 포커스 섹션이 그렇다.

그 밖에도 각 장마다 효과적인 학습 도우미가 수록되어 있다.

- 각 장은 주요 주제 개요로 시작된다.
- 흥미 있는 도입부로 독자를 자연스럽게 책 내용으로 유인한다.
- 중요한 용어는 고딕체의 진한 글씨로 표기하고 핵심 구절은 고딕체로 표기했다.
- 단위에는 괄호 속에 미터법 환산치를 표기하였다.
- 대다수 장의 중간부에 간단한 요점 복습을 실었다.
- 각 장 말미에는 단원을 복습할 수 있도록 요약문을 수록하였다.
- 각 장 뒤에는 학생들이 핵심개념에 대한 자신의 지식을 복습하고 강화할 수 있도록 핵심용어 리스트를 제공했다.
- 복습문제는 학생들이 얼마나 자료를 잘 소화하고 있는지를 점검하는 역할을 한다.
- 사고 및 탐구 문제는 학생들이 학습내용을 보다 깊게 이해할 수 있도록 구성하였다.

이 책은 8개의 부록이 포함되어 있다. 본문 내용보다 더 전문적인 것들도 있다. 부록 B "방정식 및 상수"와 부록 F "뷰퍼트 풍력계급(육상)"은 기상관측에 활용할 수 있는 것도 있다.

제8판에서 바뀐 내용

〈대기환경과학: *Essentials of Meteorology*〉 제8판에는 기상학자이자 과학저널리스트인 로버트 헨슨(Weather Underground)이 공동저자로 참여했다. 헨슨은 20여 년간 미국 University Corporation for Atmospheric Research (UCAR) 산하의 간행물과 웹사이트를 제작해 왔다. 이 기관은 미국 대기과학연구소(NCAR)를 운영하고 있다. 헨슨은 토네이도, 폭풍우, 허리케인 등 위험기상 전문가이다. 그는 텔레비전 기상예보관들이 대규모 폭풍을 어떻게 다루고 기후변화를 어떻게 보도하는지를 분석하였다. 헨슨은 기상학에 관한 4권의 저서를 집필했다. 그중 하나가 〈생각하는 사람을 위한 기후변화 안내서: *The Thinking Person's Guide to Climate Change*〉 (이 책의 이전 제목은 〈기후변화 안내서: *The Rough Guide to Climate Change*〉였으며, 그 초판은 영국 로열 소사이어티 과학서적상 최종후보에 오르기도 했다.)

제8판 저자들은 끊임없이 변화하는 지상 및 대기의 특성을 반영하여 업데이트 및 증보된 수많은 내용을 수록했다. 새로운 사진들과 개정된 천연색 삽화 혹은 도표들은 학생들이 흥미진진한 대기상태를 시각적으로 이해하는 데 도움을 준다.

- 제1장 "지구의 대기"는 이전 판과 마찬가지로 대기 전반에 대한 광범위한 개관 역할을 한다. 이번 8판 본문은 과학적 방법과 그 중요성에 대한 언급으로 시작한다. 학생들 관심을 자료로 연결시키기 위해 기상학 도입부와 극한기상유형 요약 부분은 제1장 앞부분에 배열했고, 지구대기의 구성과 연직구조에 대한 서술을 그 다음에 배치했다. 본판에 포함된 최근 사건 중에는 2016년 4월에 휴스턴에서 있었던 돌발홍수가 있다.
- 제2장 "대기의 가열과 냉각"에는 온실가스와 기후변화에 관한 최신통계 및 그 배경이 포함되는데 관련 내용은 나중에 더 상세하게 다루어진다. 미래의 지구 온난화에 대한 구름의 잠재적 영향도 업데이트되었다.
- 제3장 "기온"에서는 몇 가지 수치와 도표를 업데이트해 1981~2010년에 도출된 평균치를 참조했다.
- 제4장 "습도, 응결 및 구름"에는 Global Precipitation Mission 인공위성에서 얻은 배경과 삽화를 포함해 위성관측에 나타난 자료를 수록했다.
- 제5장 "구름의 발달과 강수"에는 새로운 그림이 포함되어 있다. 새로운 위성관측 기술 역시 5장에 수록되어 있다.
- 제6장 "기압과 바람"에는 저기압 및 고기압 흐름에서 기압경도와 코리올리힘 사이의 상호작용을 보여주는 증보된 삽화나 그림 설명들이 들어가 있다. 명확성을 더하기 위해 그 밖의 그림 설명들도 증보됐고, 스케터로미터(scatterometer)에 대한 부분도 업데이트되었다. 풍력발전에 대한 포커스에는 풍력에너지의 자료가 더 추가되었다.
- 제7장 "대기의 순환"에서는 엘니뇨/남방진동, 태평양 10년 주기 진동, 북대서양 진동, 북극 진동을 다룬 절들을 대대적으로 재구성하고 업데이트하고 확대한 것이 특징이다. 대기 운동의 각종 규모를 소개하는 도입부분 역시 명확성을 기하기 위해 개정되었다.
- 제8장 "기단, 전선 및 중위도 저기압"은 본 8판에서 대기의 흐름에 관한 서술과 그들의 영향에 관한 삽화나 그림 설명들을 포함하고 있다. 최근의 연구와 보조를 맞춰 폐색전선에 관한 절은 한랭형 폐색전선에 대한 온난형 폐색전선의 우세성을 강조하고 있다.
- 제9장 "기상예보"는 상당 수준의 개정 작업과 함께 개선된 그림들을 수건 수록했다. 본 9장 첫머리 즈음에 세 가지 주요 유형의 위성사진을 넣었다. 여러 기간(계절적 전망 등)에 걸친 관칠, 경보 및 예보가 "예보의 시간 범위"란 제목의 새로운 절에 소개되어 있다. 이와 함께 예측 깔때기(forecast funnel)의 개념도 소개되어 있다.
- 제10장 "뇌우와 토네이도"에는 소량 강수의 약한 강수형 초대형세포(low precipitation supercell, LPSC)와 다량 강수의 강한 강수형 초대형세포(high precipitation supercell, HPSC), 두루마리 구름, 선반구름을 보여주는 몇 가지 새롭고 업데이트된 삽화/그림 설명이 수록되어 있다. 확충된 절에는 돌발홍수와 하천범람 그리고 그것과 뇌우의 연관성이 취급되어 있다. 예를 들면 2013년 콜로라도 그리고 2015년 텍사스와 오클라호마에서 일어난 사례가 소개되어 있다. 토네이도가 유발할 수 있는 파괴적인 피해유형을 살펴보는 새로운 포커스 섹션도 수록되었다. 토네이도 풍속을 추산하고 보고하는 새로운 방법(이동식 레이더 통보 등)을 수용하려는 노력도 개정된 부분이다.
- 제11장 "태풍/허리케인"에는 학생들에게 허리케인 카트리나의 무서운 영향을 알려주는 새로운 안내 절이 등장한다. 기본개념을 설명하기 위해 위성사진을 사용한 몇몇 그래픽은 최근의 열대 저기압을 참조해 업데이트되었다. 허리케인 기후학에 관한 차트도 업데이트되었고, 범위가 확대된 과거 및 최근의 사례들이 언급

되어 있다.

- 제12장 "세계의 기후"에는 1981~2010년간 미국의 기후표준을 표시한 업데이트 기후차트 및 설명이 수록되었다.
- 제13장 "변하는 지구의 기후"는 전반적으로 수정되어 다양한 기후변화 지표와 파급영향에 대해 커지는 신뢰성을 반영했다. 2000년대 후반과 2010년대 초반 극히 조용했던 태양 주기활동과 기후변화에 가까운 최근 수년간의 여러 기상이변을 강조해서 소개하였고, 파리협약이 그에 선행했던 교토의정서 테두리 안에서 논의되어 수록했다. 도표도 다수 개정되었다.
- 제14장 "대기오염"은 그 내용을 수정해서 미국 전역에 걸친 최근의 대기오염 추세와 북극 및 남극의 오존 고갈에 관한 정보를 수록했다. 미국 클린파워 플랜도 소개되어 있으며 심혈관 건강에 미립자들이 미치는 영향을 비롯해 옥내와 옥외 대기오염의 엄청난 파급영향도 논의되었다.
- 제15장 "빛, 색 및 대기광학"에 실린 몇몇 사진은 괄목할만한 새로운 사진으로 교체되었다. (예: 2차 무지개)

감사의 글

많은 분이 〈대기환경의 이해: *Essentials of Meteorology*〉의 이번 8판 제작에 기여하여 주었다. 교정을 봐 준 리타 아렌스(Lita Ahrens)에게 매우 특별한 감사를 보낸다. 아름다운 그래픽 기량을 발휘해 준 찰스 프리퍼노우(Charles Preppernau)와 꼼꼼하게 교정을 봐 준 재닛 핸슨(Janet Hansen)에게 특별한 감사를 표한다.

비단 책에 서명을 해줬을 뿐 아니라 그래픽, 사진, 원고를 맡아 그것을 아름답게 탈바꿈시켜 준 재닛 알레인(Janet Alleyn)에게도 신세를 졌다. 세심하고 성실하게 편집을 해 준 주디스 채핀(Judith Chaffin)에게 감사의 마음을 보낸다. 로런 올리베이라(Lauren Oliveira), 모건 카니(Morgan Carney), 헐 험프(Hal Humphrey), 돈 조반니엘로(Dawn Giovanniello)를 포함해 이번 8판을 위해 수고한 센게이지러닝(Cengage Learning)의 모든 편집인에게 특별한 감사를 표한다.

사진을 제공한 우리 친구들과 본 8판에 대해 논평과 조언을 해준 아래의 검토위원들에게 감사한다.

Fidel González Rouco
Universidad Complutense de Madrid

Redina Herman
Western Illinois University

Bette Otto-Bliesner
National Center for Atmospheric Research

David Schultz
University of Manchester

Alex Huang
University of North Carolina at Asheville

Anthony Santorelli
Anne Arundel Community College

Dan Ferandez
Anne Arundel Community College

Dean G Butzow
Western Michigan University

Douglas K. Miller
Purdue University

Edward J. Perantoni
Lindenwood University

Ronald A Dowey
Harrisburg Area Community College

Shaunna L. Donaher
University of Miami

Troy Kimmel
University of Texas

학생들에게

대기에 대해 배우는 것은 매력적이고도 즐거운 경험이다. 이 책은 여러분에게 대기의 작용을 이해하는 통찰력을 길러 주는 데 주안점을 두었으나 여러분이 대기환경을 실제로 이해하려면 야외로 나가 관찰을 해야 한다. 산악이 조성되기까지는 수백 년이 걸리지만, 적운은 1시간도 안 되어 격렬한 뇌우로 발달할 수 있다. 대기는 항상 우리 눈앞에 새로운 무엇을 창출한다. 여러분의 관찰을 돕기 위해 책 말미에 천연색 구름도감을 실어 손쉽게 참고할 수 있게 했다. 그것을 따로 떼어내 휴대하면 편리할 것이다. 또 하나 명심할 것은 이 책에 포함된 모든 개념과 아이디어는 옥외 관찰현장에서 명확히 나타나 있다는 것을 명심하고 여러분이 시간을 내어 직접 발견하고 기상현상을 관측하길 바란다. 여러분이 직접 발견하고 즐기도록 고려된 것들이란 점이다. 시간을 내서 관찰해 보라.

Donald Ahrens & Robert Hensen

차례

© C. Donald Ahrens

4장 습도, 응결 및 구름 88

5장 구름의 발달과 강수 126

NASA

10장 뇌우와 토네이도 294

11장 태풍/허리케인 348

© C. Donald Ahrens

© Robert Henson

1장

지구의 대기

나는 오후 내내 찬란하게 빛나는 빨간색 풍선을 아주 만족스러운 기분으로 올려다보며 놀고 있었다. 그런데 한순간 실수로 풍선을 놓쳐 버렸다. 나는 홀린 듯 풍선이 가는 쪽을 응시했다. 조용히 하늘 높이 떠 가볍게 흔들리면서 점점 작아지더니 풍선은 푸른 하늘에 한낱 빨간점이 되었다. 순간 나는 우리가 올려다보는 하늘의 광활함을 처음으로 실감했다. 끝없이 펼쳐진 광대무변의 우주…. 그것은 허공처럼 보이지만 온갖 비밀을 간직한 채 지구상 모든 생물에게 불가해한 힘을 행사하고 있다. 많은 사람이 의식 중이든, 무의식 중이든지 간에 우주의 무한성에 대한 경외감에 사로잡힌 경험이 있을 것으로 생각한다. 수백 년간 인류가 얻은 대기에 관한 지식도 이러한 느낌을 잠재우지는 못했다.

Theo Loebsack, *Our Atmosphere*

- 대기와 과학적 방법
- 일기, 기후 및 기상학

우리의 **대기**(atmosphere)는 파괴되기 쉬운 지구를 둘러싸고 있는 섬세한 생명유지의 공기담요이다. 대기는 우리가 보고 듣는 모든 것에 영향을 미치며 우리의 삶과 불가분의 관계에 있다. 생명이 태어날 때부터 함께하는 공기는 한시도 우리와 떨어질 수 없는 존재이다. 우리는 대기 중에서는 수천, 수만 km를 여행할 수 있지만 대기권을 벗어나서는 불과 8 km만 움직여도 숨이 막힐 것이다. 음식 없이는 수 주일을 살 수 있고, 물 없이는 며칠을 견딜 수 있겠지만 공기 없이는 몇 분을 넘기지 못한다. 그러므로 우리는 공기의 바다에 갇혀 사는 것이다. 어디를 가든 공기가 있어야 한다.

지구에 대기가 없다면 호수와 바다도 없을 것이다. 소리와 구름과 붉은 석양도 없을 것이다. 하늘에 펼쳐지는 아름다운 장관도 볼 수 없을 것이다. 밤에는 상상할 수도 없을 만큼 춥고, 낮에는 견딜 수 없이 뜨거울 것이다. 지구상 모든 만물은 완전히 바짝 마른 행성에 열기를 쏟아붓는 광대한 태양 아래 속수무책이 될 것이다.

지구상에 살고 있는 우리는 대기의 환경에 완전히 길들어져 있으면서도 때로는 이 대기가 얼마나 엄청난 존재인지를 망각하기도 한다. 공기는 맛과 냄새가 없고 보이지도 않으나 작열하는 태양광선으로부터 우리를 보호해 주고 생명을 번성시키는 혼합가스를 제공한다. 공기는 보이지도 않고 냄새와 맛도 없으므로 독자들의 눈과 이 책의 페이지 사이에 수조 개의 공기 입자가 존재한다는 사실은 놀라운 일로 느껴질 것이다. 이들 공기 입자는 하루 전까지만 해도 구름 속에 있었던 것일 수도 있고, 일주일 전에는 다른 대륙에 있었을지도 모른다. 혹은 수백 년 전 살았던 어느 사람이 호흡했던 공기일 수도 있다.

지구의 따스함은 일차적으로 태양 에너지에 기인한다. 지구와 태양의 평균 거리는 약 1억 5,000만 km이며, 지구는 태양으로부터 방출되는 총 에너지 중 극소량만을 흡수한다. 그러나 이 적은 복사 에너지가 지구 대기의 바람과 기상 패턴을 만들고 생명체가 번성할 수 있도록 한다.

지구의 지상 기온은 평균 약 15°C를 유지한다. 비록 이 온도가 온난하지만, 지구상의 기온은 남극 밤의 혹독한 −85°C에서 아열대 사막의 뜨거운 낮 50°C에 이르기까지 다양한 범위를 보인다.

이 장에서는 지구 대기와 관련한 중요한 개념과 아이디어를 검토하고 뒷장에서 이들을 좀 더 자세히 다룰 것이다.

지구 대기에 대한 개념과 아이디어는 대기를 이해하고 날씨가 생성되는 방법에 대한 기초의 일부분이다. 이것은 과학적 방법을 통해 수집되고 적용되는 지식을 바탕으로 자연 세계가 어떻게 변화할 것인지에 대한 예측을 할 수 있도록 도와준다.

대기와 과학적 방법

수백 년 동안 과학적 방법은 의학, 생물학, 공학, 기타 많은 다른 분야에서 발전의 근간을 이루어 왔다. 대기과학 분야의 경우 과학적 방법은 오랜 기간에 걸쳐 꾸준히 향상돼 온 기상예보를 도출하는 길을 닦았다.

연구원들은 문제를 제기하고 가설을 설정하며, 그 가설이 사실이라면 어떤 의미를 가질 것인지를 예측하고, 그 예측이 정확한 것인지를 알아보기 위한 실험을 실시하는 등 과학적 방법을 사용한다. 아침노을이 붉게 물들면 일중 악천후가, 저녁노을이 붉게 물들면 다음 날 날씨가 맑다(그림 1.1 참조) 등 기상에 관한 여러 가지 속설은 세심한 관찰에 근거를 두고 있고 일부는 과학적인 근거도 있다. 하지만 그런 것은 엄격한 표준적 방법으로 실험을 거쳐 검증된 것이 아니므로 과학적 방법의 소산이라고 간주되지 않는다.

가설이 수용되려면 일련의 양적 실험을 통해 정확성이 나타나야 한다. 수많은 과학 분야에서 그와 같은 실험은 실험실에서 수행된다. 그래야 똑같은 실험을 여러 번 반복해서 실시할 수 있다. 그러나 대기의 연구는 좀 다르다. 우리 지구에 대기권이 하나밖에 없기 때문이다. 이러한 제한성에도 불구하고 과학자들은 실험실에서 공기에 대한 물리학과 화학을 연구(예컨대 분자가 에너지를 흡수하는 방법을 연구)함으로써 막대한 진전을 이뤄 왔다. 우리

© University Corporation for Atmospheric Research, Photo by Carlye Calvin

그림 1.1 ● 자연계의 관찰은 중요한 과학적 방법이다. 생동감 넘치는 붉은 하늘은 일몰 때 볼 수 있다. 전부터 내려오는 속담 "아침노을이 붉게 물들면 일중 악천후가, 저녁노을이 붉게 물들면 다음 날 날씨가 맑다"를 통해 과학적 방법을 증명할 수도 있을 것이다.

는 기상 도구를 사용하는 관측을 통해 대기 운동을 수량화하고 예측의 정확성 여부를 판단할 수 있다. 태풍이나 눈폭풍 같은 특별한 유형의 기상을 연구하려 한다면 집중관측 프로그램을 통해 추가적인 관측결과를 수집해 특정 가설을 실험할 수 있다.

지난 50년 동안 대기 과학자들은 컴퓨터를 활용해 엄청난 진전을 기할 수 있었다. 대기 운동을 제어하는 물리 법칙은 수치모델(numerical model)로 알려진 소프트웨어 패키지에서 대신할 수 있게 되었다. 예측은 여러 번 반복해서 실시, 실험될 수 있다. 모델에 의해 형성되는 대기를 사용해 과거로부터 기상조건을 유추해 그것을 미래로 투사할 수 있다. 모델이 과거의 기상조건을 정확하게 시뮬레이션하고 내일 날씨 모의에 신빙성을 줄 수 있을 때 그 모델은 우리가 수십 년 후 예상할 수 있는 기상과 기후에 대해 귀중한 정보를 제공할 수 있을 것이다.

일기, 기후 및 기상학

일기 혹은 **날씨**(weather)는 특정한 시간과 장소의 대기 상태를 가리킨다. 항상 변화하는 기상 요소는 다음과 같다.

1. 기온—대기의 온랭 정도
2. 기압—어느 지역 상공의 대기가 누르는 힘
3. 습도—대기 중 수증기량의 척도
4. 구름—대기 중 떠 있는 작은 물방울이나 얼음결정 혹은 둘이 공존하는 가시적인 입자
5. 강수—구름에서 낙하하여 지면에 도달하는 액체상 혹은 고체상(비, 눈)
6. 시정—사람이 볼 수 있는 최대 (가시)거리
7. 바람—대기의 수평적 움직임

특정 기간, 이를테면 여러 해 동안에 걸쳐 이 **기상 요소**(weather elements)들을 측정 및 관측할 경우 얻어지는 것이 특정 지역의 '평균 일기' 혹은 **기후**(climate)이다. 그러므로 기후란 하루하루 그리고 계절적인 기상현상이 장기간 축적된 것을 의미한다. 그러나 기후의 개념은 이보다 훨씬 많은 것을 내포한다. 기후는 특정지역에서 일어나는 여름철의 폭염과 겨울철의 한파 같은 극한의 기상현상도 포함하기 때문이다. 이들 극한현상의 발생빈도로 미

루어 우리는 비슷한 평균치를 보이는 여러 기후들을 구분할 수 있다.

그러나 수천 년이란 긴 세월의 관점에서 볼 때는 기후조차도 변하는 것이다. 얼음이 흘러내리는 강이 계곡을 파고 눈과 얼음으로 이루어진 거대한 빙하가 북아메리카의 넓은 지역으로 마치 얼음 손가락처럼 뻗어 나가는 것을 볼 수 있을 것이다. 빙하 한 덩어리가 캐나다로부터 멀리 미국 캔자스 주와 일리노이 주까지 서서히 흘러내려 갈지도 모른다. 이렇게 되면 지금의 시카고 자리가 두께 수천 m의 얼음으로 덮일 것이다. 앞으로 200만 년이란 장구한 세월을 상정해 보자. 이 기간 동안 빙하는 수차례 전진과 후퇴를 거듭할 것이다. 물론 이러한 현상이 일어나려면 북아메리카의 평균기온은 주기적으로 내려갔다 올라갔다 해야 할 것이다.

장구한 세월에 걸쳐 매 1,000년 단위로 지구의 사진을 찍을 수 있다고 가정해 보자. 저속 촬영 연속 필름처럼 이들 사진은 기후만 변화하는 것이 아니라 지구 자체도 변화하고 있음을 보여줄 것이다. 산들은 솟아 올랐다가 부식작용에 의해 깎여 낮아질 것이며, 어떤 해분들은 넓어지고 다른 해분들은 수축되는 가운데 지구 전체의 표면은 서서히 변형될 것이다.

요컨대 지구와 그 대기는 끊임없이 변화하는 역동적인 체계이다. 지표의 큰 변화가 일어나는 데는 오랜 시간이 걸리지만 대기의 상태는 몇 분 사이에 변한다. 따라서 주의 깊게 하늘을 보면 이러한 변화를 관측할 수 있다.

지금까지 우리는 기상학이라는 용어에 대한 설명 없이 날씨와 기후에 대한 개념들을 살펴보았다. 기상학이란 용어는 과연 어디에서 발원했는가?

기상학—대기에 관한 연구 **기상학**(Meteorology)은 대기와 대기 중에서 일어나는 각종 현상을 연구하는 학문이다. 이 용어의 어원은 B.C. 340년경 Meteorologica란 제목의 자연 철학서를 쓴 그리스 철학자 아리스토텔레스로 거슬러 올라간다. 이 책은 기상과 기후에 대한 당시 지식의 총화인 동시에 천문학, 지리학 및 화학에 관한 자료를 요약한 것이다. 일부 논제는 구름, 비, 눈, 바람, 우박, 천둥, 태풍 등을 다루었다. 그 당시에는 하늘에서 떨어지는 모든 것과 대기에서 보이는 모든 것을 Meteor라고 불렀다. 따라서 오늘날 우리가 기상학이라고 일컫는, meteorology란 용어는 '높이 공중의'란 뜻의 그리스어 meteoros에서 유래된 것이다. 오늘날에는 대기권 밖 외계에서 떨어지는 meteors(유성체)와 대기권에서 관측되는 물과 얼음 입자(hydrometeors)를 구별해서 사용하고 있다.

아리스토텔레스는 저서 Meteorologica에서 철학적이고 추론적인 방법으로 대기현상을 설명하려 했다. 비록 그의 생각 중 많은 부분이 틀린 것으로 밝혀지긴 했으나 그의 저서가 거의 2천 년 동안 기상학 분야에 지배적인 영향을 미쳤다. 사실 순수 자연과학으로서의 기상학이 탄생한 것은 1400년대 중반의 습도계, 1500년대 중반의 온도계, 1600년대 중반의 기압계와 같은 기상도구들이 발명된 이후의 일이다. 이들 기상 도구를 통해 새롭게 가능해진 관측과 더불어 과학적 실험과 당시 발전하고 있었던 물리법칙을 동원해서 비로소 특정 기상현상에 관한 설명을 시도하게 되었다. 1800년대 들어서 기기들이 양적 질적으로 개선됨에 따라 기상과학도 발달하게 되었다. 1843년 전신의 발명으로 일상적인 기상관측의 송수신이 가능해졌다. 바람의 흐름 및 폭풍의 이동과 관련한 개념이 더 명확해졌고, 1869년에는 등압선(isobars)을 표시한 원시적인 일기도가 도입되었다. 이어 1920년경 노르웨이에서 기단과 기상전선의 개념이 정립되었다. 또 1940년대에 이르러 기온, 습도, 기압의 일일 고층기상 관측으로 대기의 3차원 구조가 밝혀졌고, 고공비행 군용기로 제트기류의 존재를 발견했다.

기상학은 1950년대 컴퓨터의 등장으로 대기의 운동을 서술하는 수학 방정식을 풀 수 있는 수치모델이 개발됨으로써 또 한 차례 전진하게 되었다. 이러한 계산이 수치 기상예보(numerical weather prediction)의 시초였다. 오늘날에는 컴퓨터가 기상관측 자료를 기입하고 일기도를 그리며 미래의 어떤 시점에 해당하는 대기상태를 예측한다. 기상학자들은 각종 수치모델에서 도출된 결과를 평가하

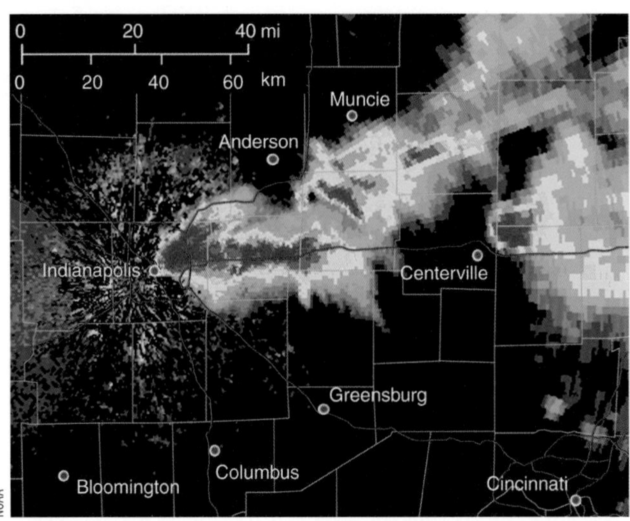

그림 1.2 ● 도플러 레이더 영상. 2006년 4월 14일 미국 인디애나 주 인디애나폴리스 상공의 폭우와 우박을 동반한 악뇌우(짙은 빨간색 부분)를 보여준다.

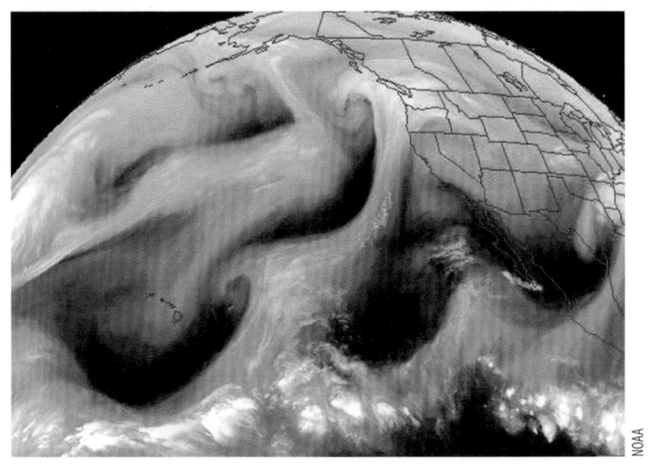

그림 1.3 ● 위성사진은 북태평양 상공 근처 거대한 폭풍우를 반시계 방향으로 회전하는 회색의 수증기 리본의 역동적인 모습을 보여준다.

고 그것을 분석하여 일기예보를 발표한다.

제2차 세계대전 이후 잉여의 군용레이더를 사용할 수 있게 되었고 그 다수가 강수측정 용도로 전용되었다. 1990년대 들어 이들 재래식 레이더는 보다 정교한 도플러 레이더(Doppler radar)로 교체되었다. 도플러 레이더는 악뇌우의 내부를 들여다볼 수 있어서 바람과 강수의 강도 및 이동을 측정할 수 있다(그림 1.2 참조). 도플러 레이더는 최근 이중편파 레이더로 업그레이드되어 빗방울, 눈송이, 우박을 구별할 수 있게 되었다.

1960년, 최초의 기상위성 Tiros 1이 발사돼 우주시대 기상학이 개막되었다. 후속으로 발사된 위성들은 구름과 폭풍우에 대한 주야간 연속 촬영 사진에서부터 지구 주변을 도는 수증기 리본을 보여 주는 사진에 이르기까지 유익한 정보를 광범위하게 수집 · 제공했다(그림 1.3 참조). 지난 수십 년간에는 보다 더 정교한 인공위성도 개발되었다. 이들 위성은 종전보다 훨씬 많은 정보의 자료망을 컴퓨터에 제공함으로써 보다 정확한 2주일 단위 예보 또는 그 이상의 예보가 가능할 수 있게 되었다.

위성에서 본 기상 지구의 기상을 잘 관측할 수 있는 것이 기상위성이다. 그림 1.4는 태평양과 북아메리카 대륙을 보여주는 위성사진이다. 이 사진은 지상 3만 6,000 km 상공 정지궤도에 떠 있는 정지위성에서 찍은 것이다. 이 위성은 지구의 자전속도와 같은 속도로 움직여 지구상 동일 지역 상공에서 기상을 상시 관측한다.

이 위성사진에서 극에서 극으로 이어진 점선을 자오선 또는 경도선이라 한다. 본초자오선이 영국 그리니치를 통과하기 때문에 지구상 모든 위치의 경도는 본초자오선에서 동쪽으로, 또는 서쪽으로 얼마나 떨어져 있는지를 나타낸다. 우리나라 대부분은 동경 120∼130° 사이에 위치해 있다.

적도와 평행을 이루는 점선은 위도라 한다. 어떤 곳이라도 위도는 적도로부터 남쪽으로, 또는 북쪽으로 어느 정도 떨어져 있는지를 가리킨다. 적도의 위도는 0°, 극의 위도는 북위 90°N, 남극의 위도는 남위 90°S로 표시된다. 우리나라 대부분 지역은 **중위도**(middle latitudes)로 불리는 북위 30∼50°N 사이에 위치해 있다.

각종 규모의 폭풍우 그림 1.4에서 가장 극적인 장면은 여러 모양과 규모의 회전 구름덩이일 것이다. 햇빛이 이들 구름덩이 꼭대기에서 우주로 반사되기 때문에 이들은 하얗게 보인다. 어두운 부분은 구름이 없는 하늘이다. 구름덩이 중 가장 큰 것이 불규칙한 배열을 한 저기압이다. 이 중에는 구름띠의 길이가 2,000 km까지 뻗어있는 것도 있다. 이러한 **중위도 저기압성 폭풍우**(middle-latitude cyclonic storm system)는 적도 밖에서 형성되며, 북반구에서는 반시계 방향으로 회전하는 바람을 동반한다.

이보다 규모는 조금 작지만 더 활기 있는 폭풍우가 북위 12°N, 서경 116°W인 태평양 상공에 자리 잡고 있다. 회전 구름띠와 33 m/sec 이상의 바람을 가진 이 열대 폭풍을 **태풍**(typhoon)이라 한다. 태풍의 직경은 약 800 km이며, 그 중심부에 있는 작은 점을 태풍의 눈(eye)이라 한다. 눈 부분에서는 바람이 약하고 하늘이 맑다. 그러나 눈 주위에는 폭우가 내리고 지상 바람이 최대 50 m/sec에 이른다.

멕시코만에 밝은 점으로 표시된 것이 규모가 작은 폭풍들이다. 이들 점은 **뇌우**(thunderstorm) 수준으로 성장한 적운을 말한다. 이들은 번개, 천둥, 강풍, 폭우를 동반한다.

그림 1.4를 자세히 보면, 여러 지역에서 비슷한 구름이 형성된 것을 알 수 있다. 아마도 어느 한순간에 전 세계에서는 수천 건의 뇌우가 동시에 일어날 것이다. 이 사진을 찍은 바로 그날 늦게 이들 폭풍우 중 몇몇은 대기권에서 가장 위세가 강한 **토네이도**(tornado)를 일으켰다.

토네이도는 뇌우의 하단에서 밑으로 위력을 뻗는 강력한 회전공기 기둥이다. 때로는 트위스터 또는 사이클론으로 불리기도 하는데, 거대한 밧줄 또는 원통처럼 보이기도 한다. 대부분 직경이 2 km 미만이며 대개 축구장보다 작다. 토네이도의 풍속은 100 m/sec를 넘을 수도 있겠지만 대부분은 최고 60 m/sec를 넘지 못한다. 토네이도 중

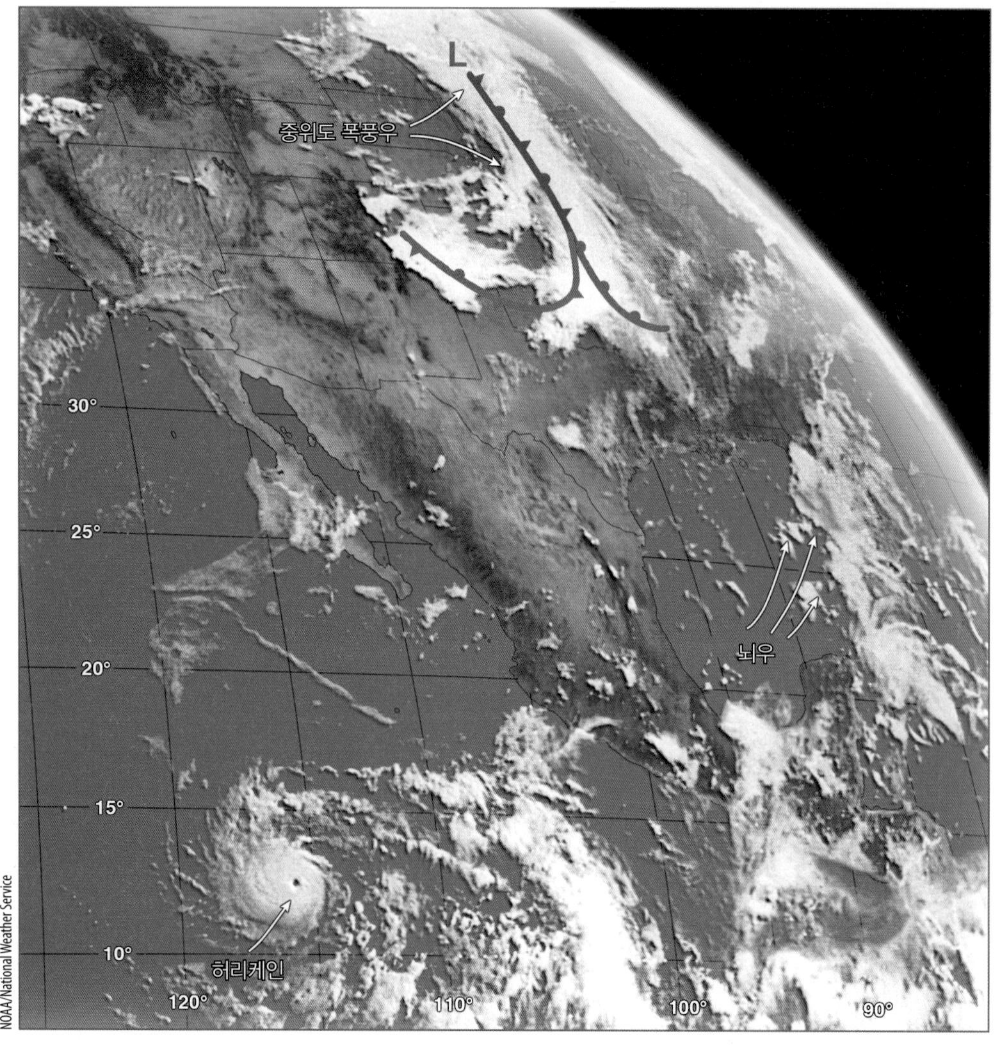

그림 1.4 ● 가시반사광으로 촬영한 위성사진이다. 지구 대기권의 다양한 구름 유형과 폭풍우를 보여주고 있다.

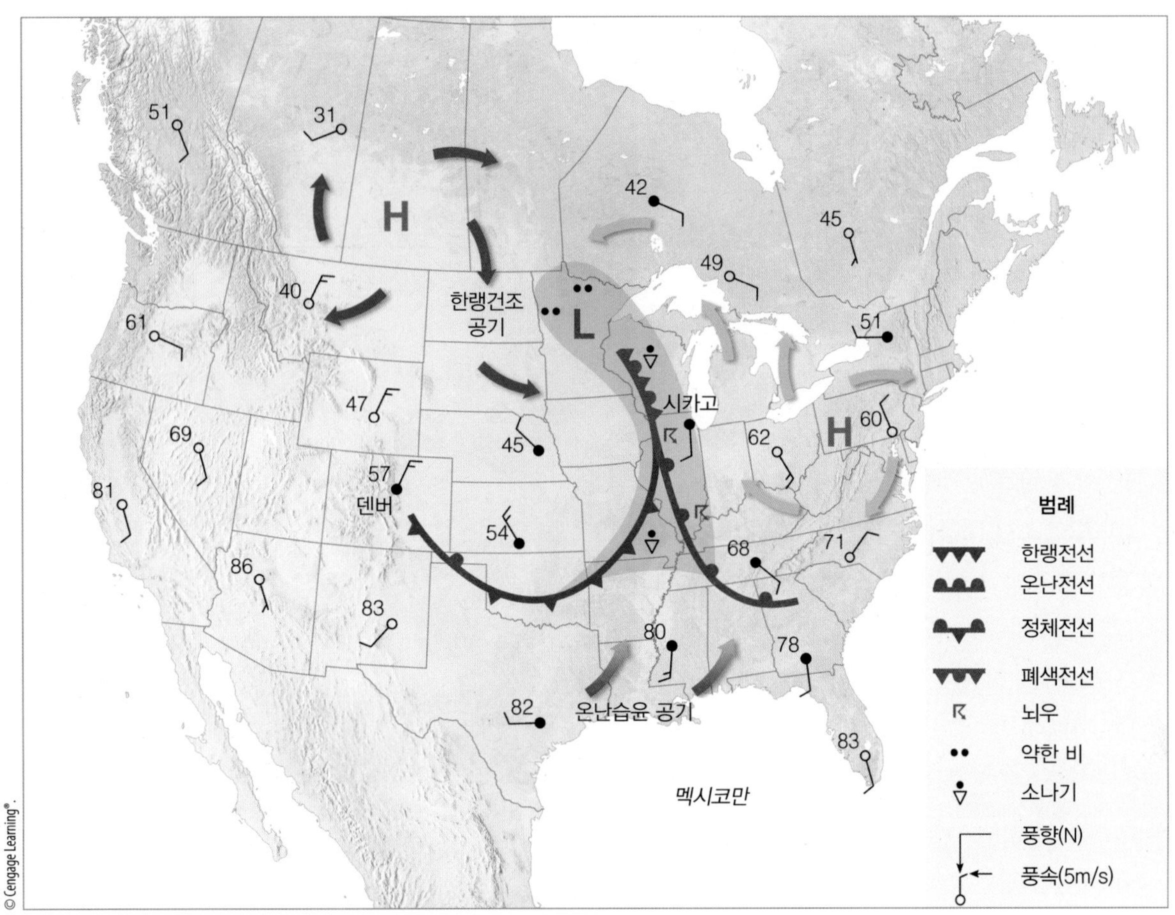

그림 1.5 ● 그림 1.4의 위성사진과 연계된 지상 일기도. 녹색영역은 강수를, 일기도상의 숫자는 화씨온도(℉)를 표시한다.

에는 지상에 도달하지 못하는 것도 있다. 이런 것들은 구름 밑에 매달려 빠른 속도로 회전하는 깔때기처럼 보이기도 하며, 밑으로 가라앉았다가 위로 솟다가 사라져 버리기도 한다.

일기도 개관 그림 1.4의 위성사진을 찍은 날의 간단한 일기도를 검토해 보면 중위도 폭풍을 보다 잘 이해할 수 있다. 지역에 따라 그 상공의 공기 무게는 차이가 난다. 기압도 마찬가지다. 그림 1.5의 L자는 저기압 지역, 중위도 폭풍의 중심부를 나타낸다. 2개의 H자는 고기압 지역을 가리킨다. 지도상에서 원으로 그려진 곳은 기상 관측소가 있는 곳이다. 대기가 수평으로 이동하는 것을 **바람**(wind)이라 한다. **풍향**(wind direction)은 바람과 평행을 이루는 선으로 표시되었으며 **풍속**(wind speed)은 화살촉 모양으로 표시되었다.

바람이 고기압 지역과 저기압 지역에서 어떻게 부는지 살펴보라. 수평적 기압의 차이가 대기를 고기압에서 저기압 쪽으로 움직이게 한다. 지구의 자전 때문에 바람은 북반구에서는 시계 방향으로 고기압 중심부에서 밖으로 불며, 저기압 중심부를 향해 반시계 방향으로 분다.

지표의 대기는 마치 치약을 눌러 짤 때처럼 저기압 쪽으로 회전하며 이동하기 때문에 이곳에서 합세한 대기가 상승하면서 냉각되고 대기 속 습기가 구름으로 응결하는 것이다. 그림 1.5에서 저기압 근처의 초록색으로 된 강수영역이 그림 1.4 위성사진의 구름지역과 일치함을 유의하라.

또한 그림 1.4와 1.5를 비교해 고기압 지역의 하늘이 전반적으로 맑은 점에도 유의하라. 지표의 대기가 고기압 중심부로부터 밖으로 흐르기 때문에 위에서 가라앉는 대기는 측면으로 확산되는 대기를 교체하기 마련이다. 그러나 가라앉는 대기는 구름을 만들지 않기 때문에 고기압 지역에서는 하늘이 전반적으로 개어 있고 일기가 맑은 것이다.

고기압과 저기압 지역 주변의 대기 이동은 중위도 지역 날씨를 좌우하는 주요인이 된다. 그림 1.5에서 중위도 폭풍과 지상의 기온을 살펴보라. 폭풍의 남동쪽으로 멕시코만에서 불어오는 남풍이 미국 남동부 넓은 지역을 향해 덥고 습한 대기를 실어 나르는 것을 알 수 있다. 폭풍의 서쪽에서는 서늘하고 건조한 북풍이 가라앉는 대기와 합해져 로커 산맥 일대에 전반적으로 맑은 날씨를 형성하고 있다. 더운 공기와 찬 공기를 가르는 경계선은 지도에서 진하고 굵은 선으로 표시되어 있으며, 이것을 **전선**(front)이라 한다. 전선을 사이에 두고 기온, 습도, 풍향에 현격한 차이가 발생한다.

캐나다에서 오는 서늘한 대기가 멕시코만에서 오는 더운 대기를 교체한 자리에 파란색으로 한랭전선이 그려져 있다. 그 이동 방향은 화살촉으로 표시되어 있다. 더운 멕시코만 대기가 서늘한 대기를 교체하는 곳에는 빨간색으로 온난전선이 그려져 있다. 그리고 반원이 그 이동의 방향을 보여준다. 한랭대기가 서늘한 대기를 교체하는 곳에는 자주색으로 폐색전선이 표시되어 있다. 역시 화살촉과 반원으로 그 이동 양상을 보여준다. 모든 전선을 따라 더운 공기는 상승해서 구름과 강수를 만든다. 그림 1.4의 위성사진에서 폐색전선과 한랭전선은 미네소타 상공 저기압 지역에서 텍사스 북부쪽으로 뻗어 있는 기다란 구름띠처럼 보인다.

그림 1.5를 보면 전선은 시카고 서쪽으로 이어져 있다. 높이 부는 서풍이 이 전선을 동쪽으로 밀어낼 때 시카고 교외에서는 그림 1.6과 비슷한 뇌우의 모습으로 이 전선이 다가오는 것을 볼 수 있을 것이다. 그러므로 수 시간 내에 시카고에는 천둥, 번개, 돌풍을 동반한 폭우가 내릴 것이 예상된다. 도플러 레이더 영상에서 진행하는 뇌우는 그림 1.7에 나타난 것과 비슷하게 보일지도 모른다.

그림 1.6 ● 한랭전선의 접근에 따라 뇌우가 발달하는 모습.

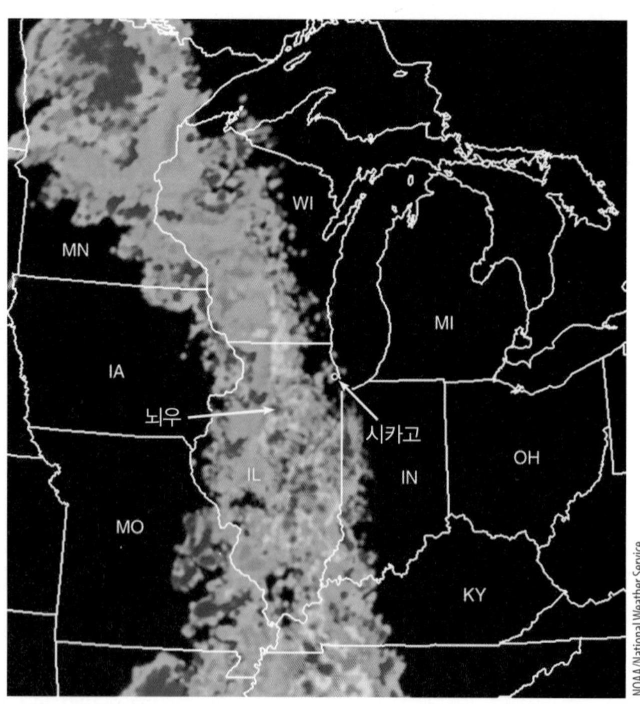

그림 1.7 ● 도플러 레이더는 강우강도를 추정할 수 있다. 이 합성 영상에서 초록색과 파란색의 구역은 약한에서 보통의 강수가, 노란색 구역은 폭우가 내리는 지역이며, 빨간색 구역은 가장 강한 비가 내리는 지역으로 강력한 뇌우의 가능성이 있다. 뇌우가 서쪽에서 시카고로 접근하고 있음을 주목하라.

전선이 통과함에 따라 시카고는 수 시간 내에 천둥, 번개 및 돌풍을 동반한 폭우를 경험할 것이다. 그러나 전선이 통과한 후에는 하늘이 맑아지고 서풍 또는 북서풍이 불게 될 것이다.

폭풍우 체계를 관측하면, 우리는 그것이 움직일 뿐만 아니라 끊임없이 변화하는 것을 알 수 있다. 대기 상층의 편서풍에 의한 지향으로 그림 1.5의 중위도 폭풍우는 서서히 약화되어 구름과 날씨를 동반하고 동쪽으로 이동한다. 이 폭풍우 체계의 진행에 따라 오하이오의 맑은 날씨는 점차 구름이 끼고 밤이 되면서 폭우와 뇌우를 일으킨다. 폭풍우 뒤에서는 콜로라도 동부로 돌진하는 차고 건조한 북풍이 하늘에서 구름을 걷어내고 맑은 날씨가 된다. 멀리 남쪽에서는 현재 멕시코만 상공에 머물러 있는 뇌우(그림 1.4 참조)가 약간 확장된 후 해안가와 내륙지역 상공에 새로운 폭풍우가 나타남에 따라 소멸된다. 서쪽에서는 태평양 상공의 허리케인이 북서쪽으로 표류하면서 상대적으로 찬 바다와 만난다. 여기서 허리케인은 따뜻한 에너지원에서 이탈해 세력을 상실한다. 바람은 점점 약해지고 폭풍우는 곧 비조직적인 구름과 열대 수증기 덩이로 변한다.

일상생활에서 기상과 기후 기상과 기후는 일상생활에서 큰 역할을 한다. 예를 들면, 기상은 옷차림 유형을 좌우하기도 하며 기후는 우리가 입는 의류의 유형에 영향을 준다. 기후에 따라 작물의 파종기와 종류가 결정된다. 작물이 잘 자라 성숙하느냐의 문제도 기상에 좌우된다. 기상과 기후는 이렇듯 생활에 여러모로 영향을 주지만 가장 직접적인 영향은 편의성에 미친다. 인간은 겨울철 추위와 여름철의 더위를 이기기 위해 집을 짓고 냉난방을 하며 단열 시공을 한다.

일기에 알맞게 옷을 차려 입었다고 해도 날씨, 바람, 습도, 강수 등 변수에 따라 추위와 더위를 느끼는 정도가 달라질 수 있다. 바람 부는 추운 날엔 바람냉각에 의해 실제 기온보다 더 춥게 느낄 수 있고 옷을 적절히 갖춰 입지 않으면 동상이나 심지어 저체온증(체온이 내려가면서 심신이 급속히 와해되는 증상)을 유발할 수도 있다. 습도가 높고 더운 날은 불쾌지수가 올라간다. 몸이 너무 더워지면 고열 상태나 열발작을 일으킬 수 있다. 특히 순환기가 좋지 않은 고령자와 열조절 체계가 아직 완전히 발달되지 않은 갓난아기들이 가장 큰 피해를 입을 가능성이 있다.

기상은 다른 면에서 우리의 느낌에 영향을 준다. 관절통은 기압 강하와 습도 상승이 겹치는 상태에서 발생하기 쉽다. 과정은 잘 알려지지 않았지만 기상은 건강에 영향을 주는 것 같다. 온난전선이 통과한 후 비바람이 잦을 때, 한랭전선이 통과한 후 돌발적인 찬바람을 동반한 소낙비 등 급작스런 변화가 일어날 때 심장마비 발생률이 최고에 이른다는 통계가 있다. 안개가 끼거나 높은 구름이 얇게 드리워진 날 눈을 찌푸리게 될 때 두통이 잘 일어나기도 한다.

산지 근처에 사는 일부 사람들은 활강하는 덥고 건조한 치눅바람(chinook wind)이 일 때 불안하거나 우울해진다. 남부 캘리포니아의 덥고 건조한 활강바람 산타애나(Santa Ana)로 메마른 초목이 폭풍처럼 번지는 불길로 변할 수도 있다.

날씨가 정상보다 훨씬 춥거나 더워지면 사람들의 삶과 재정 형편에 직접적인 영향이 미친다. 예를 들면 미국 상공에서 2012년 3월 관측된 이례적인 고온현상은 국민들에게 수백만 달러의 난방비를 절약해 주었다. 정반대로 지난 2013~2014년 겨울과 2014~2015년 겨울 미국 북부 여러 지역에서 나타난 정상보다 훨씬 추운 날씨는 난방유 수요가 폭증하면서 난방비를 치솟게 했다.

폭설과 결빙을 동반한 큰 한파는 교통체증과 항공 서비스 마비, 학교 폐쇄, 전기선 단절로 많은 피해를 일으킨다(그림 1.8 참조). 실례로 1998년 1월, 미국 북동부 지역과 캐나다 지역에서는 거대한 얼음 폭풍으로 전기가 끊겨 수백만 명이 고립되고 10억 달러의 피해를 입었다. 또 1993년 3월에는 미국 동부 해안의 일부가 4.3 m의 폭설로 파묻혔고, 뉴욕 주의 시라큐스 시는 91.2 cm나 눈이 쌓여 도시 기능이 마비되었다. 매서운 찬 공기가 남부 내륙까지 깊숙이 내려오면 기온에 민감한 과일들과 채소들

John Patriquin/Portland Press Herald via Getty Images

그림 1.8 ● 2008년 12월 12일, 뉴욕 주 오수위고에 얼음폭풍이 몰아쳐 전깃줄과 전신주가 쓰러져 도로가 폐쇄되었다.

에 수백만 달러의 피해를 입히기도 하고, 결과적으로 슈퍼마켓에서의 과일 가격을 인상시키는 원인이 된다.

장기적 가뭄, 특히 고온을 동반한 가뭄은 식량 부족과 곳에 따라서는 광범위한 기아를 초래할 수 있다. 아프리카 지역을 예로 들면, 대대적 가뭄과 기아로 주민들이 주기적으로 고통을 받고 있다. 2012년 여름 미국 동남부도 타는 듯한 여름 기온에 농작물이 말라죽고 10억 달러 이상의 피해가 발생하는 등 극심한 가뭄을 경험했다. 캘리포니아 주는 2011년부터 다년간 매우 극심한 가뭄을 경험하였다. 기후가 더워지고 건조해지면 동물들도 타격을 받는다. 1986년 조지아 주에서는 이틀 동안 여름철 열파가 절정을 이루면서 닭 50만 마리가 폐사했다. 극심한 가뭄은 저수지에도 영향을 주어 때로는 지역사회가 물 배급제를 실시하고 물 사용을 제한할 수밖에 없었다. 가뭄이 장기화하는 동안 식물들은 바싹 말라 번개나 부주의한 인간에 의해서도 불이 나기 쉬우며, 그렇듯 건조한 지역은 재빨리 불바다로 변할 수 있다. 2005~2006년 겨울철 가뭄에 타들어간 오클라호마와 북부 텍사스 주의 수십만 에이커의 지역이 들불에 휩싸였다.

매년 여름철이면 맹렬한 기세의 **열파**(heat wave)로 수많은 생명이 희생된다. 지난 20년간 미국에서 발생한 연평균 300건 이상의 사망은 과도한 열에 노출된 것이 원인이었다. 특히 참혹한 수준에 속하는 열파가 1995년 7월 일리노이 주 시카고에 엄습하여, 높은 습도를 동반한 고온으로 700명을 넘는 인명피해가 발생했다. 캘리포니아에서는 2006년 7월 46°C를 넘는 고온이 계속된 일주일 동안 100여 명이 사망했다. 또 유럽에서는 2003년 여름 엄청난 열파로 프랑스에서만 14,000명의 사망자가 발생하는 등 수많은 사람들이 사망했다. 러시아에서는 2010년 기록적인 열파로 모스크바에서만 11,000명 가까이 사망했다. 가장 최근에는 2018년 동아시아 지역에 세계 역사상 4번째로 강한 열파가 발생하여 한국과 일본에서만 약 200명이 사망하고 100,000명 이상이 열사병으로 병원에 입원하였다.

해마다 위험기상이 미치는 영향은 수백만 명의 생명을 빼앗아간다. 멕시코만과 대서양 연안에 거주하는 주민들은 늦은 여름과 초가을에 허리케인을 면밀히 주시한다. 이들 대규모 열대폭풍은 미국에서 일어나는 가장 파괴적인 기상현상 중 하나이다. 지난 1992년 허리케인 앤드루가 마이애미를 강타했을 때 25만 명 이상이 집을 잃었고, 2005년에는 멕시코만 중앙의 연안 주민 약 2,000명이 허리케인 카트리나로 사망했다. 2012년 10월에는 때늦은 허리케인 샌디가 남동쪽으로부터 이례적인 진로를 가져 대서양 중부해안을 강타했다. 해안에 당도했을 때는 더 이상 허리케인으로 분류되지 않았던 샌디가 일부 지역에서 시속 80 mi/h(128.7 km/h)을 넘어서는 돌풍을 일으켰다. 그 엄청난 규모와 이례적인 진로 때문에 샌디는 해안지역으로 엄청난 해일을 일으켜 재앙적인 폭풍우 및 홍수를 초래했고 뉴저지 주, 뉴욕 주, 뉴잉글랜드 일대에 걸쳐 100명 이상의 사망자를 냈다(그림 1.9 참조).

미국 중서부에 뿌리를 둔 가족들 가운데 얼마나 많은 사람이 토네이도로 중상을 당했거나 사망한 사람들의 이야기를 알고 있는지를 알면 매우 놀랄 것이다. 토네이도는 많은 생명을 앗아갈 뿐 아니라 그로 인한 건물과 재산 피해는 연간 수억 달러에 달한다. 단일 대형 토네이도만으로도 한 읍내 전체가 완파될 수 있기 때문이다(그림

Andrea Booher/FEMA

그림 1.9 ● 2012년 10월 허리케인 샌디 기간 중 뉴욕 롱비치의 주민이 해안가에서 밀려온 파도와 모래에 파묻힌 자동차를 파내고 있다. 허리케인은 많은 가옥과 상점들을 파괴했고 지역에서만 10,000대의 자동차를 파손했다.

AP Photo/Mark Schiefelbein

그림 1.10 ● 2011년 5월 22일 미주리 주 조플린을 강타한 토네이도에 동반된 번개 섬광. 이 토네이도로 병원이 산산이 부서지고 마을과 인근 지역 전체가 파괴됐다. (그림 1.11 토네이도 피해현장 참조)

AP Photo/Mark Schiefelbein

그림 1.11 ● 2011년 5월 22일 시속 174 km(90 ms^{-1})를 초과하는 바람을 동반한 강력한 토네이도로 파괴된 미주리 주 조플린 지역을 긴급구호 대원들이 살펴보고 있다. 이 토네이도는 수억 달러의 재산 피해와 159명의 사망자를 냈다. 이 피해 규모는 1947년 이래 미국에서 발생한 최악의 단일피해였다.

1.10과 1.11 참조).

여름철에 흔히 볼 수 있는 뇌우에서 내리는 비는 북미 대부분의 지역에서 필요한 것이다. 그러나 폭우, 강풍, 우박을 동반한 위험 뇌우의 경우는 그렇지 않다. 천천히 이동하는 구름버스트에서 내리는 폭우는 삽시간에 엄청난 강수를 내려 돌발홍수를 유발한다. 폭우가 넓은 지역을 덮치면, 치명적인 하천 홍수가 발생할 수 있다. 작은 시냇물은 진흙, 모래, 각종 식물과 나무를 휩쓸어 내려가는 사나운 강이 된다(그림 1.12 참조). 매년 미국에서는 번개나 토네이도보다 홍수나 돌발홍수에 의해 더 많은 인명피해가 난다. 강한 뇌우 내부에서 비롯되는 하강버스트는 강한 난류를 일으켜 농작물과 지상 구조물을 파괴할 수 있다. 하강버스트 내의 강력한 바람시어 구역에서 항공기 추락사고가 여러 건 발생하기도 했다. 우박이 농작물에 미치는 피해는 연간 수백만 달러에 이르며, 번개는 매년 80명의 인명을 앗아가고 산불은 수천 에이커를 잿더미로 만든다(그림 1.13 참조).

그림 1.12 ● 2016년 4월 18일 맹렬한 뇌우로 발생된 폭우로 극심한 돌발홍수가 발생함에 따라 휴스턴 지역 아파트 단지에서 주민들이 대피하고 있다. 무려 1,000회 이상의 홍수 대피조치가 실시되었다.

AP Photo/David J Phillip

지금까지 우리는 보다 위협적인 날씨의 측면과 인류에 미치는 영향을 살펴보았다. 날씨 및 기후 사태는 막대한 경제적 결과를 초래할 수 있다. 평균적으로 수백억 달러의 재산 피해가 매년 미국에서만 발생한다(그림 1.14 참조). 그러나 기상은 조용할 때도 문제를 일으킬 수 있다. 바람이 잔잔하고 습한 대기가 안정 상태에 있을 때는 안개가 형성된다. 짙은 안개가 끼면 공항의 시계가 제한되어 항공기 연발착 및 결항을 빚게 된다. 겨울만 되면 짙은 안개(농무)로 말미암은 고속도로 사고가 허다하다. 그러나 안개는 도움이 되기도 한다. 특히 가뭄기에는 안개가 나뭇가지에 물방울을 맺게 하므로 이 물방울들이 땅에 스며들어 뿌리에 수분을 공급하는 것이다.

기상과 기후는 일상생활에서 큰 몫을 차지하여 아침에 일어나서 가장 먼저 하는 일은 지역별 날씨예보를 시청하는 것이다. 그 때문에 수많은 라디오와 텔레비전들이 뉴스 프로에 자체 '기상예보관'을 두고 날씨 정보와 일

그림 1.13 ● 지구상에서 번개는 매초 약 40~50회나 발생하는 것으로 추산된다. 매년 미국에서는 평균적으로 약 2,000만 번 이상의 번개가 친다. 사진은 텍사스 주의 풍력 발전 단지에 벼락이 치는 모습.

TBD

FOCUS ON A SPECIAL TOPIC 1.1

기상학자(Meteorologist)란?

많은 사람이 '기상학자'란 용어를 TV나 라디오의 기상예보관과 혼동하여 사용한다. TV나 라디오에서 만나는 다수의 기상예보관들이 전문적인 기상학 전공자인 경우도 있지만, 아닌 경우도 많다. 기상학자란 대학에서 기상학이나 대기과학을 전공한 사람들을 일컫는다. 이러한 전공자들은 대기의 운동에 대해서 전문적인 지식을 갖추고 있으며, 교과 과정으로 수학, 물리 및 화학 등의 배경지식도 필요로 한다.

기상학자들은 과학적 이론에 기초하여 대기현상을 설명하고 예측한다. 미국의 경우 약 9,000여 명의 기상학 전공자들이 활동하고 있는데, 그중 반은 미국기상청, 군 및 TV와 라디오 등의 기상예보관으로 종사하고 있다. 나머지 반은 주로 연구나 대학에서의 강의 또는 기상 컨설팅 등의 분야에서 일한다.

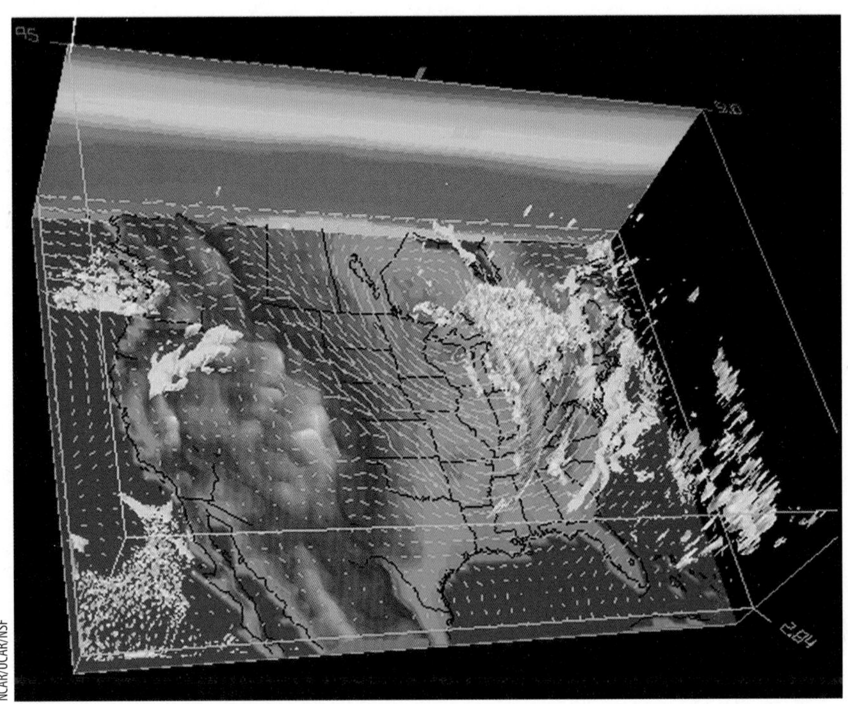

그림 1 ● 3차원 대기 구조를 시뮬레이션한 모습. 이 컴퓨터 모델은 바람이나 구름 등이 시간에 따라 어떻게 변하는지를 예측할 수 있다.

대기과학자는 기후변화라든지, 눈이 형성되는 과정, 오염물질이 기온 분포에 미치는 영향 등 다양한 분야를 연구한다. 많은 기상학자는 슈퍼컴퓨터를 활용하여 대기의 운동을 시뮬레이션하는 데 종사한다(그림 1 참조). 기상학자들은 화학, 물리학, 해양학, 수학, 환경과학 등 다른 분야의 과학자들과 협력하여 대기가 지구환경계와 어떻게 상호작용하는지도 연구한다. 물리기상학자는 복사에너지가 대기를 어떻게 가열하는지 연구하고, 대기역학을 전공한 과학자는 공기 흐름을 기술한 수학 방정식을 이용하여 제트류를 이해하려는 등의 연구를 한다. 현업에 종사하는 기상학자들은 상층 대기 정보를 분석하여 일기예보를 산출하는 일 등을 하기도 한다. 기후학자 혹은 기후역학자는 대기와 해양의 상호작용을 연구하여 지구의 미래에 어떤 영향을 줄지 연구하기도 한다.

기상학자들은 사람들에게 일기예보를 제공할 뿐만 아니라 도시계획가, 건설업자, 농부, 대기업 등에 다양한 서비스를 제공한다. 일반 기상회사에 종사하는 기상학자들은 신문, TV, 인터넷 등에 일기예보와 그래픽을 제공한다. 요약하면, 기상학(전공)자라는 직함으로 할 수 있는 흥미진진한 직업이 지면에 일일이 다 열거할 수 없을 정도로 매우 많이 존재한다는 것이다.

일 기상예보를 제공한다. 이들 인력 중 전문적으로 기상학 훈련을 받은 사람들이 늘어나고 있으며, 많은 방송국은 미국기상학회(AMS)의 인증을 받았거나 전국기상협회(NWA) 자격증을 획득한 기상예보관을 요구하고 있다. 가급적 분 단위로 업데이트된 기상예보를 내보내기 위해 컴퓨터 기상예보, 저속촬영 위성사진, 컬러 도플러 레이더 디스플레이 등 국립기상청(NWS)에서 제공하는 정보를 활용하는 방송국들이 증가하고 있다. (현 시점에서 많은 시청자들이 생각하듯이 TV에 나오는 모든 기상요원들은 기상학자들이고 이들이 날씨를 예보한다고 믿는 것은 오해이다. 기상학자 혹은 대기과학자가 무슨 일을 하는 사람인지, 그리고 기상예보 이외에 생계를 위해 할 수 있

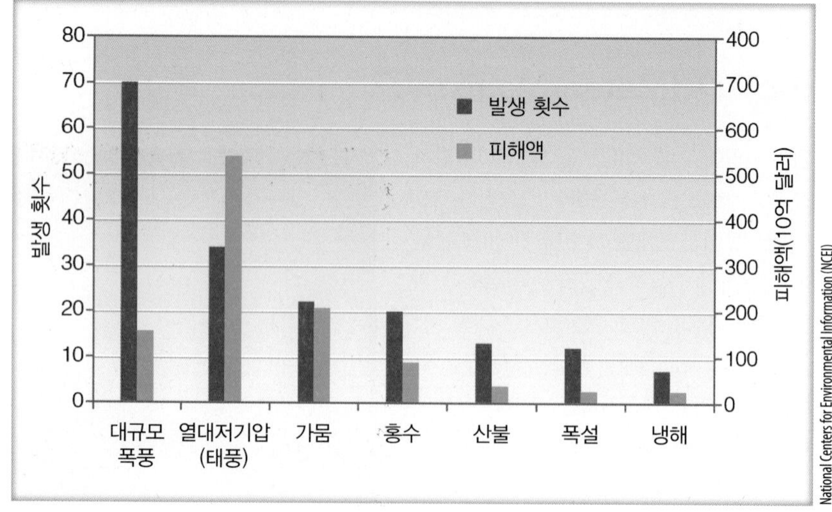

그림 1.14 ● 1980년부터 2014년까지 미국에서 수십억 달러 이상의 피해가 발생한 날씨와 기후 사례(빨간색 막대). 이 기간 동안 총 비용(녹색 막대)이 1조 달러를 초과한 사례는 178건이나 되었다. 이 총액은 2014년 소비자 물가지수로 조정했고, 보험 및 비보험 손실을 포함한 것이다.

는 일이 무엇인지 알고 싶다면 포커스 1.1을 읽어보라.)

지금까지 여러 해 동안 '기상채널'에서 훈련을 쌓은 전문직 인력이 케이블 TV로 하루 24시간 기상정보를 제공해 왔다. 그리고 끝으로 국립해양대기청(NOAA)은 국립기상청(NWS)과 협력해 전국의 선별된 라디오 방송을 후원하고 있다. VHF-FM 주파수로 송신되는 NOAA 기상라디오로 알려진 이 서비스는 미국의 90%를 넘는 지역을 대상으로 지속적인 기상정보와 지역별 예보(아울러 감시 및 경보를 포함한 날씨 관련 특별 주의사항도 함께)를 제공한다.

수백만의 사람들이 매일 날씨 방송에 의존하지만, 많은 사람 중에는 스마트폰이나 인터넷으로 얻은 예보를 사용하기도 한다. 기상청 및 사설예보 회사에서 운영하는 웹사이트는 다양한 지역, 국가 및 세계의 기상정보 및 예측을 제공한다. 스마트폰 애플리케이션은 고향 또는 여행지에 대한 조건 및 예측을 제공하도록 맞춤화할 수 있어 편리하다.

날씨가 우리의 삶에 영향을 미칠 수 있는 여러 가지 방법에 대해 살펴보았기 때문에 이제부터는 우리가 경험하는 모든 일기를 만들어내는 대기로 돌아가서 그 내용과 구조를 보다 면밀히 조사할 계획이다. 여기에서 논의된 많은 개념은 다음 장에서 보다 자세히 다루게 될 것이다.

요점 복습

지금까지 다룬 주요 개념 및 사실을 정리해 보자.

- 기상과 기후에 대한 우리의 이해는 과학적 방법을 통해 습득하고 적용된 지식에 기초한다. 그것을 바탕으로 해서 우리는 자연 세계에 대한 예측을 할 수 있다.
- 기상은 특정 시간, 특정 장소의 대기 상태를 일컫는 용어로, 기상요소들—기온, 기압, 습도, 구름, 강수, 시정, 바람—로 구성되어 있다.
- 기후는 장기간에 걸친 일일 및 계절의 평균기상 및 극값들이 누적된 것을 말한다.
- 기상학은 대기와 그 현상들에 관한 연구이다.
- 주어진 어느 날이든, 규모가 매우 큰 중위도 저기압에서부터 그보다 훨씬 작은 토네이도에 이르기까지 지구상에는 다양한 폭풍이 존재한다.
- 풍향은 바람이 불어오는 방향을 말한다.
- 북반구에서는 바람이 지상 저기압역 주변을 반시계 방향 및 안쪽으로 불며, 지상 고기압역 주변을 시계 방향 및 바깥쪽으로 분다.
- 기상과 기후는 여러 방면으로 우리 삶에 영향을 미친다. 가뭄, 홍수, 열파와 한파, 맹렬한 기상 사례는 큰 고통을 유발하고 수십억 달러의 피해를 끼친다.

NASA/JSC

그림 1.15 ● 우주에서 본 지구의 대기. 지구 가장자리를 따라 보이는 얇은 청백색 구역이 대기이다. 이 사진은 2011년 4월 12일 남미 서부 상공 국제우주정거장(ISS)에서 찍은 것이다.

지구 대기의 구성

지구의 대기는 대부분 질소(N_2)와 산소(O_2), 그리고 수증기(H_2O)와 이산화탄소(CO_2) 등 소량의 기타 가스로 구성되어 있는 얇은 기체층이다. 이 대기층에 액상의 물과 빙정으로 된 구름이 자리를 잡고 있다.

지구 대기층의 두께는 수백 km에 달하지만 공기의 99%는 지상 30 km 이내에 자리 잡고 있다(그림 1.15 참조). 바로 이 얇은 공기담요가 태양에서 나오는 위험한 자외선 에너지와 행성 간 우주에서 발산되는 해로운 물질로부터 지구상 모든 생명과 지구 표면을 보호해 준다. 대기권의 상층부가 어느 지점까지인지 단정적인 한계선은 없다. 하지만 대기는 위로 올라갈수록 엷어져 공허한 우주공간과 합쳐진다.

초기의 대기 태초에 지구를 둘러쌌던 대기는 아마도 오늘날 우리가 호흡하는 공기와는 매우 달랐을 것이다. 첫째로, 지구 최초의 대기(약 46억 년 전)는 대부분 수소와 헬륨, 그리고 메탄(CH_4), 암모니아(NH_3) 등 수소화합물로 되어 있었을 것이다. 과학자들은 이와 같은 초기의 대기가 지구의 뜨거운 표면으로부터 우주공간으로 이탈해 갔을 것이라고 추측한다. 오늘날 우주에서 가장 흔하게 발견되는 가스가 수소와 헬륨이다.

둘째로, 서서히 지구를 둘러싼 밀도가 큰 대기는 화산과 증기배출구를 통해 뜨거운 지구 내부 용암으로부터 분출된 보다 밀도 높은 가스일 것이라고 과학자들은 믿는다. 그때도 지금과 마찬가지로 화산에서는 수증기(약 80%), 이산화탄소(약 10%), 질소 등이 분출되었고, 이들 가스가 지구의 2차 대기를 형성했을 가능성이 있다.

그 후 수백만 년이 지나면서 지구 대기는 점차 식었다. 뜨거운 지구 내부로부터 끊임없이 분출되는 가스–**가스분출**(outgassing)이라고 한다–는 풍부한 수증기를 공급하여 구름을 형성하였다. 수천 년 동안 지구에 비가 내려 세계의 강과 호수와 바다를 형성했을 것이다. 이 기간 동안 바다에 이산화탄소가 대량 용해되었고 화학적 · 생물학적 작용을 거쳐 이산화탄소(CO_2)의 많은 양이 석회암과 같은 탄소퇴적암을 형성했을 것이다. 이때 이미 수증기가 대량 응결되고 이산화탄소 농도는 감소하면서, 대기는 점차 화학작용이 활발하지 않은 질소(N_2)를 많이 함유하게 되었을 것이다.

오늘날 대기 중 두 번째로 많은 산소는 강력한 태양광선이 수증기(H_2O)를 수소와 산소로 분해함에 따라 아주 서서히 밀도를 증가시키기 시작했을 것이다. 상대적으로 가벼운 수소는 상승해 우주공간으로 탈출하고 산소는 대기 중에 잔류했을 것으로 추정된다.

이같은 완만한 속도의 산소 증가로 20~30억 년 전 원시식물이 진화했을 것으로 보인다. 그렇지 않으면 거의 산소가 없는 환경에서 식물이 진화했을 수도 있다. 어쨌

▼ 표 1.1 지표 부근 대기의 조성

영구 기체			변량 기체			
기체	기호	%(건조 공기)	기체(입자)	기호	%	ppm*
질소	N_2	78.08	수증기	H_2O	0 to 4	
산소	O_2	20.95	이산화탄소	CO_2	0.0405	405*
아르곤	Ar	0.93	메탄	CH_4	0.00018	1.8
네온	Ne	0.0018	아산화질소	N_2O	0.00003	0.3
헬륨	He	0.0005	오존	O_3	0.000004	0.04**
수소	H_2	0.00006	입자(먼지, 검댕 등)		0.000001	0.01–0.15
제논	Xe	0.000009	염화불화탄소와 염화플루오린화 탄소		0.00000001	0.0001

*CO_2에 대해 405 ppm이란 1백만 개의 공기분자 중에 CO_2 분자가 405개 들어있다는 것이다.
**고도 11~50 km의 성층권에서의 값은 5~12 ppm이다.

든 식물의 성장은 대기에 산소를 크게 증가시켰다. 왜냐하면 식물은 광합성을 통해 이산화탄소와 물을 결합해 산소를 만들기 때문이다. 따라서 식물 진화 이후 대기 중 산소량은 급속히 증가해, 수억 년 전에 오늘날의 대기 수준까지 도달했을지도 모른다.

현재 대기의 조성 표 1.1을 보면 지구 표면 근처의 공기층에 함유된 각종 기체 성분을 알 수 있다. **질소**(nitrogen, N_2)가 전체의 78%, **산소**(oxygen, O_2)가 21% 가량인 점에 유의하라. 만약 나머지 소량의 기체들을 모두 제거한다면, 이 정도의 질소와 산소 비중은 약 80 km 높이까지 일정하게 유지될 수 있을 것이다.

이들 기체는 지구 표면에서 생성과 소멸에 균형을 이루고 있다. 예를 들면, 질소는 토양 박테리아와 관련된 생물학적 작용을 통해 대기에서 없어졌다가 주로 식물과 동물의 부패를 통해 다시 대기로 돌아온다. 반대로, 산소는 유기물이 썩을 때, 그리고 산소가 다른 요소와 결합하여 산화물을 생성할 때 대기에서 빠져나간다. 산소는 또 우리가 숨쉴 때 폐가 산소를 빨아들이고 이산화탄소를 내뿜음으로써 대기에서 빠져나간다. 이렇게 제거된 산소는 식물이 햇빛을 받아 이산화탄소와 물을 결합하여 당분과 산소를 생성하는 광합성을 통해 대기로 돌아간다.

그러나 눈에 보이지 않는 기체인 **수증기**(water vapor)의 농도는 때와 장소에 따라 크게 차이가 난다. 디운 열대지방의 지표 가까이에서는 수증기가 대기 조성의 최고 4%에 이르나 추운 극지방에서는 1% 미만으로 떨어질지 모른다. 물론 수증기 입자는 눈에 보이지 않는다. 이것은 구름방울이나 빙정 같은 보다 큰 액체 또는 고체 입자로 변형할 때 비로소 보이기 시작한다. 수증기가 액체로 변하는 것을 응결이라고 한다. 하부 대기층에 물은 도처에 있다. 지구 표면 가까이의 정상적 온도와 압력 상태에서 기체, 액체, 고체 형태로 존재하는 유일한 물질이 물이다(그림 1.16 참조).

수증기는 매우 중요한 대기 성분이다. 수증기는 크기가 커지면 비가 되어 지상으로 떨어지는 액체와 고체형 구름 입자를 형성할 뿐만 아니라 기체에서 액체의 물이나 얼음으로 변할 때 엄청난 양의 잠열을 만들기도 한다. 잠열은 뇌우, 태풍과 같은 폭풍우를 일으키는 대기의 중요한 에너지원이다. 더욱이 수증기는 마치 온실 유리가 내부열이 빠져나가 바깥 공기와 혼합되지 않도록 막는 것처럼 지구에서 내뿜는 에너지의 일부를 강력히 흡수하기 때문에 유력한 온실가스 역할을 한다. 이처럼 수증기는 지구의 열에너지 균형에 중요한 역할을 한다.

이산화탄소(carbon dioxide, CO_2)는 대기의 약 0.04%로 적은 비율을 차지한다. 그러나 이는 무시 못 할 비율이다. 이산화탄소는 주로 식물의 부패를 통해 대기에 진입

그림 1.16 ● 지구 대기는 수증기의 응결과 빙정들로 이루어진 구름과 여러 가지 가스로 구성되어 있다. 물은 바다 표면에서 증발하며 상승기류가 보이지 않는 수증기를 눈에 보이는 적운으로 변화시킨다. 이 기류가 계속 상승하여 기온이 영하인 곳에 도달하면 구름방울이 얼어 미세한 얼음 결정체를 형성하게 된다.

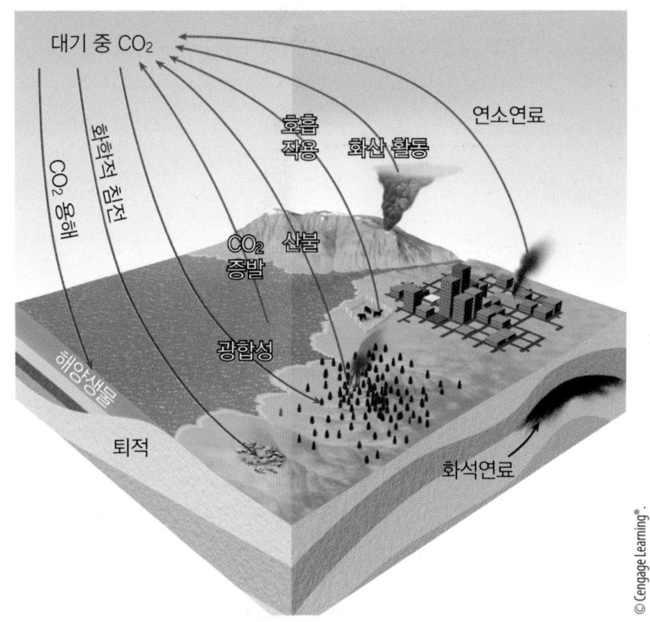

그림 1.17 ● 대기 중 이산화탄소 순환의 주요 요소들. 회색 선은 대기 중으로 이산화탄소를 배출하는 과정을, 빨간색 선은 이산화탄소를 제거하는 과정을 나타낸다.

한다. 이 밖에 화산폭발, 동물이 내쉬는 숨, 석탄, 석유, 천연가스 등 화석연료의 연소, 삼림벌채를 통해 대기에 들어간다. 반대로, 식물이 이산화탄소를 소비하여 녹색물질을 만드는 광합성 때 대기에서 빠져나간다. 이렇게 빠져나간 이산화탄소는 나무뿌리, 가지, 잎에 저장된다. 바다는 거대한 이산화탄소 저수지 역할을 한다. 바다 표면의 식물성 플랑크톤이 이산화탄소를 유기조직에 고착시키기 때문이다. 바다 표면에 직접 녹아드는 이산화탄소는 바다 깊숙이 들어가 떠돌아다닌다. 바닷속에는 대기 중에 있는 이산화탄소 전체 양의 50배도 넘는 이산화탄소가 포함되어 있는 것으로 추정된다. 그림 1.17은 대기에서의 이산화탄소의 유입과 유출의 경로를 나타낸다.

그림 1.18은 대기 중 이산화탄소 농도가 하와이 마우나로아 관측소에서 최초로 측정된 1958년 이래 거의 30%나 상승한 사실을 보여주고 있다. 이 같은 증가는 이산화탄소의 대기유입 비율이 그 이탈 비율보다 크다는 것을 의미한다. 이러한 증가는 주로 석탄과 석유 등 화석연료의 연소 때문인 것으로 보인다. 화석연료에서 분출된 이산화탄소의 약 절반은 대기 중에 그대로 잔존해 있고 나머지는 해양, 토양, 식물로 유입된다. 산림벌채 또한 중요한 역할을 한다. 베어낸 목재는 소각되거나 썩게 내버려 두기 때문에 대기로 직접 이산화탄소를 방출하며 나무들은 더 이상 대기로부터 이산화탄소를 가져올 수 없기 때문이다. 근년에 관측된 대기 중 이산화탄소 증가에서 10% 내지 15%의 책임은 산림벌채에 있는 것으로 알려졌다. 빙봉(ice core)에서 이산화탄소를 측정하기도 한다. 예를 들어, 그린란드와 남극에서는 빙판 속에 갇힌 작은 기포로 미루어 산업혁명 이전에는 이산화탄소 농도가 약 280 ppm으로 안정되어 있었음을 알 수 있다. 그러나 1800년대 초 이후 이산화탄소 농도는 40% 이상 증가했다. 현재 이산화탄소 농도는 연간 약 0.5%(연간 2.0 ppm)씩 증가하고 있는 가운데, 과학자들은 이산화탄소 농도가 현재의 약 405 ppm에서 금세기 말에 가면 750 ppm에 근접할 것이라고 예상한다.

수증기와 마찬가지로 이산화탄소도 지구에너지 일부를 외부로 방출하지 못하도록 가둬두는 중요한 온실가스이다. 따라서 다른 모든 요인이 같다고 가정할 경우 대기

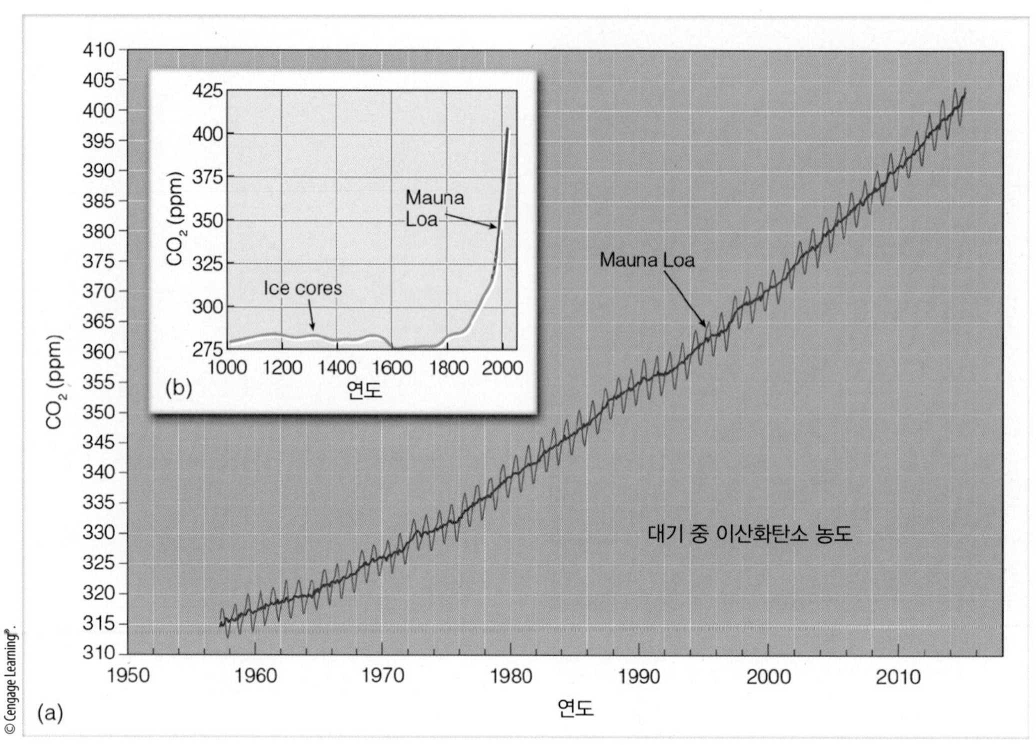

그림 1.18 ● (a) 굵은 청색 선은 1958~2015년까지 하와이 마우나로아 관측소에서 측정된 연평균 이산화탄소 농도를 ppm 단위로 보여주고 있다. 지그재그의 흑색 선은 식물이 죽어 이산화탄소를 대기로 방출하는 겨울철에 농도가 높아지고, 이전보다 풍성해진 식물이 대기에서 이산화탄소를 흡수하는 여름철에는 농도가 낮아지는 모습을 설명해 준다. (b) 삽입된 네모 도표는 지난 1,000년 동안 남극의 빙봉(오렌지 선)으로부터, 그리고 마우나로아 관측소(청색 선)로부터 획득한 이산화탄소 수치를 ppm으로 보여주고 있다. (자료출처: 마우나로아 데이터 NOAA, 오크리지 국립연구소 이산화탄소 정보 분석 센터에서 무료로 얻은 빙봉 데이터)

중 이산화탄소 농도가 증가함에 따라 지상의 평균기온도 상승해야 할 것이다. 실제 지난 110여 년 동안 지상의 평균기온은 약 1.0℃ 상승했다. 미래의 대기 상태를 예측하는 수학적 기후모델에 따르면 이산화탄소(그리고 기타 온실가스)의 농도가 현재 비율 혹은 그 이상 비율로 상승할 경우 금세기 말까지 지구표면온도는 3℃나 더 높아질 가능성이 있다. 13장에서 알게 되겠지만 이러한 기후변화 유형(해수면 상승과 빙하의 빠른 용해 등)의 결과는 전 세계적으로 발생할 것이다.

온실가스에는 이산화탄소와 수증기만 있는 것은 아니다. 최근에는 다른 가스들도 악명을 얻고 있는데, 그 이유는 특히 이들 가스도 농도가 증가하고 있기 때문이다. 그러한 가스들에는 메탄(CH_4), 아산화질소(N_2O), 염화불화탄소(CFC)가 포함된다. 예를 들어, 메탄 수준은 지난 세기에 연간 0.5% 정도씩 증가해 왔다. 메탄가스 대부분은 논이나 산소가 부족한 토양에서 박테리아에 의해 식물 성분이 분해되면서, 흰개미의 생물학적 활동으로, 그리고 소의 배에서 일어나는 생화학적 작용으로 배출된다. 메탄 배출량의 급속한 증가 원인은 현재 연구 중에 있다. 흔히 웃음가스로 알려진 아산화질소의 수준도 연간 0.25% 비율로 늘어나고 있다. 아산화질소는 박테리아와 특정 미생물에 의한 화학작용으로 땅속에서 자연히 생성된다. 이것은 태양의 자외선에 의해 파괴된다.

염화불화탄소는 최근 증가세를 보이는 온실가스 중 대표적인 것이다. 이 가스는 스프레이 제품의 추진제로 가장 널리 사용되고 있다. 그러나 오늘날에는 냉매, 전자제품의 마이크로 회로 세척제 등으로 주로 사용된다. 비록 대기 중 평균 밀도는 매우 낮지만(표 1.1 참조), 염화불화

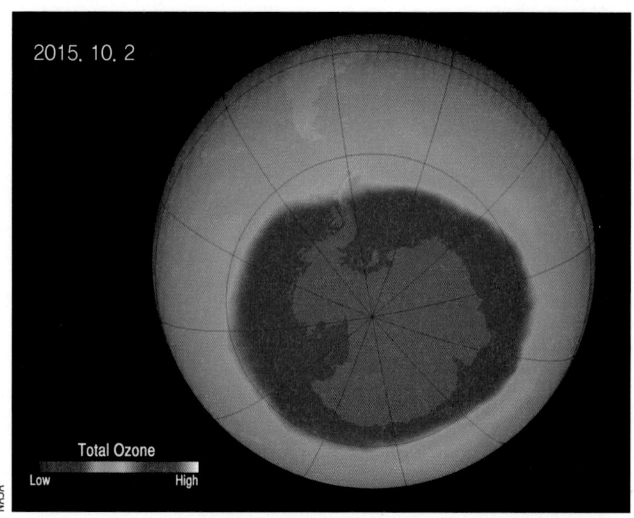

그림 1.19 ● 2015년 10월 2일 측정한 남반구 상공의 오존구멍. 어두운 색일수록 오존농도가 낮으며, 사진에서 보듯이 오존구멍이 남극 대륙보다 넓게 퍼져 있다. 돕슨 단위(DU)는 상공의 오존층 두께를 지면의 값으로 환산한 것으로, 500 DU는 5 mm의 두께를 나타낸다.

그림 1.20 ● 화산폭발로 수 톤의 화산재 입자와 막대한 양의 수증기, 이산화탄소 및 이산화황이 대기 중으로 배출된다.

탄소는 지구 기온을 상승시킬 가능성이 있는 데다 오존가스 파괴에도 일부 원인을 제공하므로 대기에 중요한 영향을 미치는 가스이다. 국제법에 따라 염화불화탄소는 점차적으로 수화불화탄소 같은 다른 화합물로 대체되고 있는 중이다. 수화불화탄소 그 자체는 여전히 온실가스이긴 하지만 오존층에 대해서는 훨씬 덜 해롭다.

지상에서는 **오존**(ozone, O_3)이 사람의 눈과 목에 자극을 주고 식물에 피해를 주는 광화학 스모그[1]의 주성분이다. 그러나 대기권 오존의 대부분(약 97%)은 산소 원자들이 산소 분자들과 결합하여 자연적으로 형성되는 성층권에서 발견된다. 이곳의 오존 농도는 평균 체적 기준으로 0.002% 미만이다. 그러나 이렇듯 적은 양이지만 식물, 동물 및 사람들을 태양의 해로운 자외선으로부터 보호해 주기 때문에 중요하다. 지상에서는 식물의 생명을 해치는 오존이 성층권에서는 보호막을 형성하여 지상의 식물이 생존할 수 있게 한다는 것은 아이러니이다. 우리는 14장에서 CFC가 성층권에 진입할 때 자외선이 이를 파괴하고 CFC는 오존을 파괴하는 **염소**를 배출한다는 사실을 배울 것이다. 이런 현상 때문에 대기권 오존 농도는 북반구와 남반구 일부 지역 상공에서 감소되어 왔다. 봄철 남극 상공의 성층권 오존 농도 감소는 매우 놀라운 속도로 하락해 9월과 10월, 이 지역 상공에 오존구멍(ozone hole)이 생기기에 이르렀다. (그림 1.19 참조, 오존구멍 현상은 광화학 오존과 함께 14장에서 논의할 것이다.)

자연과 인간 두 원천에서 배출되는 불순물도 대기권에 존재한다. 지상에서는 먼지와 흙이 바람에 날려 상공으로 올라간다. 바다의 파도에서 튀는 소금 물방울들도 대기로 휩쓸려 올라간다(이들 소금 물방울은 증발하면서 미세한 소금 입자들을 대기권에 남겨 놓는다). 산불에서 나오는 연기는 자주 지구 상공 높이까지 올라간다. 화산은 미세한 화산재 입자들과 가스를 대기 속으로 다량 뿜어낸다(그림 1.20 참조). 대기 중에 떠 있는 다양한 성분의 이들 미세한 고체 혹은 액체 입자들을 **에어로졸**(aerosol)이라고 한다.

대기에서 발견되는 일부 자연적 불순물은 매우 유익한 것이다. 예를 들어, 떠다니는 미립자들은 표면 역할을 해 수증기가 그 위에서 응결하여 구름이 형성되도록 한다.

---

1 원래 스모그란 말은 연기와 안개의 혼합어를 의미했다. 그러나 오늘날 스모그는 보통 대도시에서 형성되는 유형의 스모그를 말한다. 이런 유형의 스모그는 햇빛 속에서 화학 반응이 일어날 때 형성되므로 광화학 스모그라 한다.

알고 있나요?

콜로라도 주의 덴버시는 해수면으로부터 1600 m(1 mile) 높이 위치하여 이 도시의 공기 밀도는 해수면의 공기 밀도보다 일반적으로 약 15% 낮다. 공기 밀도가 감소함에 따라 날아가는 야구공의 항력도 감소한다. 이러한 사실 때문에 덴버의 쿠어스 구장에서 치는 야구공은 해수면 높이에서 치는 공보다 더 멀리 날아갈 수 있다. 그래서 쿠어스 구장은 투수들의 무덤으로 여겨진다.

그러나 사람으로 인해 생긴 불순물은 일부 자연적인 것과 함께 대부분 골칫거리이며 건강에 해롭다. 이들을 **오염물질**(pollutant)이라 한다. 예를 들면, 자동차 엔진에서는 다량의 이산화질소(NO_2), 일산화탄소(CO) 및 탄화수소가 배출된다. 햇빛을 받으면 이산화질소는 탄화수소 및 기타 가스에 반응하여 오존을 생성한다. 일산화탄소는 도시 공기의 주요 오염원이다. 무색, 무취의 이 유해 가스는 탄소 함유 연료의 불완전 연소 때 생성된다. 따라서 도시지역 일산화탄소의 75% 이상은 도로상의 자동차들로부터 나온다.

석탄과 석유 등 유황 함유 연료의 연소에서는 대기 속으로 무색의 이산화황(아황산가스, SO_2)이 배출된다. 대기의 습도가 높을 경우에 아황산가스는 희석된 작은 황산 방울들로 전환될 수 있다. 황산을 포함한 비는 금속과 페인트칠을 한 표면을 녹슬게 하고 담수호를 산성으로 변화시킨다. 산성비(14장에서 자세히 논의할 것이다)는 특히 대규모 공업지역에서 부는 바람을 타고 큰 환경문제를 일으킨다. 더욱이 높은 아황산가스 농도는 천식과 폐기종 등 사람들에게 심각한 호흡기 질환을 일으키며 식물의 생명에도 부작용을 낳는다(14장에 이들 물질과 기타 오염원에 관한 더 많은 정보가 수록되어 있다).

아주 작은 오염물질이라 할지라도 큰 관심사가 된다. 부유물질(particulate matter)이란 공중에 떠 있을 정도로 아주 작은 고형입자와 액체입자를 말한다. 이들 입자는 시야를 흐리게 하고 호흡기 및 심혈관 문제를 유발할 수 있다(이들 입자와 기타 오염물질에 대한 보다 자세한 정보는 14장에서 기술하겠다).

요점 복습

지금까지 다룬 주요 개념 및 사실을 정리해 보자.

- 지구의 대기는 각종 기체의 혼합체이다. 지상 부근 일정 체적의 대기 중에는 질소(N_2)가 약 78%, 산소(O_2)가 약 21% 들어 있다.
- 지표 부근에서 단위 부피 내의 수증기량은 4% 미만에 불과하지만, 수증기는 응결하여 액체 구름방울로 되거나 변하여 섬세한 빙정이 될 수 있다. 물은 자연 상태에서 기체(수증기), 액체(물), 고체(얼음)로 우리 눈에 보이는 유일한 대기물질이다.
- 지구상 물의 대부분은 뜨거운 내부로부터의 가스분출에서 연유한 것으로 추정된다.
- 수증기와 이산화탄소(CO_2)는 중요한 온실가스이다.
- 성층권의 오존(O_3)은 유해한 자외선(UV)으로부터 생명을 보호한다. 지표의 오존은 광화학 스모그의 주성분이다.

대기의 연직 구조

대기의 연직 단면을 보면 여러 개의 층으로 나뉘어 있음을 알 수 있다. 각 층은 여러 가지 방법으로 정의할 수 있을 것이다. 이를테면 기온의 차이로, 층을 구성하고 있는 가스에 따라, 또는 전기 특성에 따라 정의를 내릴 수 있다. 어쨌든 이 같은 여러 가지 대기층을 검토하기에 앞서 두 가지 중요한 변수인 기압과 밀도의 연직 분포를 먼저 살펴볼 필요가 있다.

기압과 밀도 중력의 작용으로 공기 분자들은 지표 가까이에 자리 잡고 있다. 눈에 보이지는 않지만 공기를 아래로 끌어당기는 이 강력한 힘에 의해 공기 분자들은 압축되고, 그 결과 일정한 체적 안의 공기 분자수는 늘어난다. 일정 고도 위의 공기가 많을수록 압축효과는 더 크다. 주어진 공간 체적 안의 공기 분자수를 **공기밀도**(air density)라 하기 때문에 밀도는 지표에서 가장 높고 올라갈수록 낮아진다. 그림 1.21을 보면 지표 가까이 있는 공기는 압축되기 때문에 지표에서 올라갈수록 공기밀도가 처음에는 급속히, 그리고 점점 서서히 낮아진다는 사실을 알 수 있다.

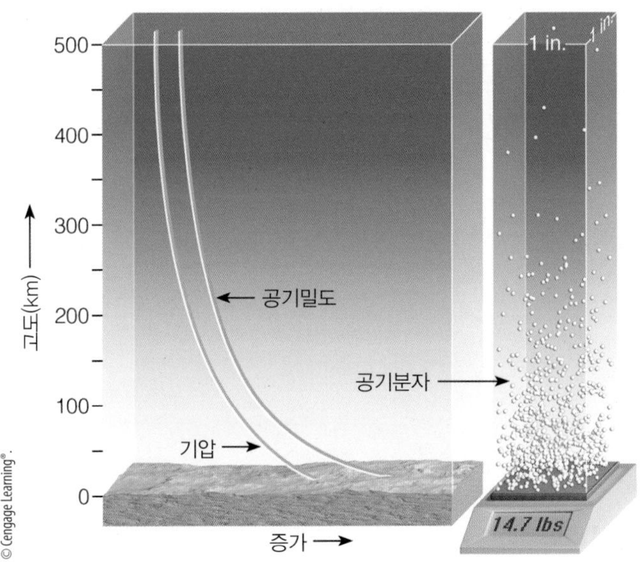

그림 1.21 ● 기압과 공기의 밀도는 고도가 증가할수록 감소한다. 해수면 위 모든 공기 분자의 무게를 합하여 평균하면, 기압은 약 1013.25 × 10^2 N/m^2이 된다.

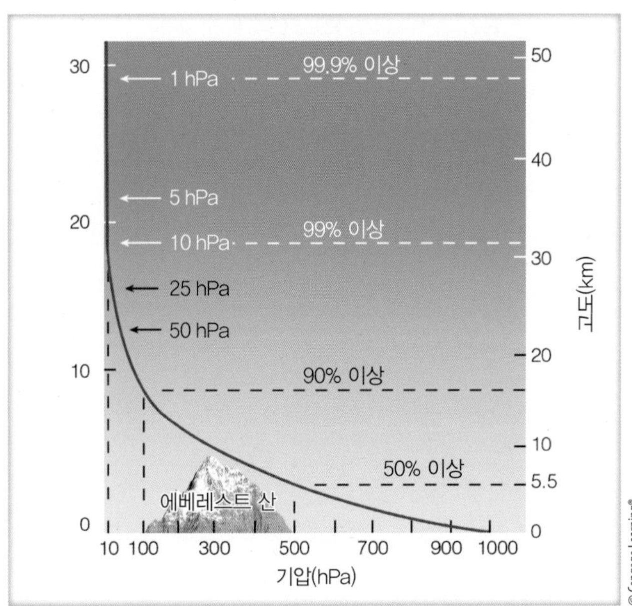

그림 1.22 ● 높이에 따라 기압은 급격히 감소한다. 기압이 500 hPa 정도인 5.5 km 상공에 올라가면 대기의 전체 분자 중 절반 위에 오르는 셈이다.

공기 분자들은 다른 모든 물체와 마찬가지로 무게를 지니고 있다. 사실 공기는 놀라울 만큼 무겁다. 지구를 둘러싼 대기 전체의 무게는 5,600조 톤이란 엄청난 수치에 달한다. 이러한 무게가 지구에 힘으로 작용한다. 지표의 일정한 지역에 미치는 이 힘을 대기압, 혹은 간단히 **기압**(air pressure)이라 한다. 대기의 어떤 고도에서는 특정 지점 상공의 공기 무게로 기압을 측정할 수 있다. 우리가 높은 데로 올라갈수록 우리 위의 공기 분자수는 적어진다. 그러므로 기압은 위로 올라갈수록 낮아진다. 공기밀도와 같이 기압도 높이에 따라 처음에는 급속히, 나중에는 서서히 감소한다(그림 1.21 참조).

한편 해수면 1 m^2에서 대기의 꼭대기까지 공기 기둥의 무게를 측정한다면 약 1.03 kg · 중력/m^2이 될 것이다. 따라서 해수면 근처의 정상적 기압은 1 m^2당 1013.25 × 10^2 N/m^2이다. 한편 일정한 면적 상공의 공기 기둥 내 분자수가 적을수록 공기의 무게는 가벼워지고 따라서 기압도 내려간다. 이렇듯 대기밀도의 변화에 따라 기압에 변화가 생긴다.

현재 지상 일기도에서 가장 보편적으로 사용되는 단위는 헥토파스칼(hPa)로서 종래 사용해 오던 밀리바(mb)를 대체하였다. 항공기와 TV, 라디오 기상예보에서 통상적으로 사용되는 또 하나의 기압 단위는 수은(Hg)의 인치이다. 해면상의 평균 기압은 다음과 같다.

$$1013.25 \text{ hPa} = 1013.25 \text{ mb} = 29.92 \text{ in.Hg}$$

그림 1.22는 높이에 따라 기압이 얼마나 급속히 감소하는지를 보여준다. 해수면 가까이에서는 높이에 따라 기압이 급속히 감소하지만 높은 고도에서는 그 감소 속도가 둔화된다. 그림 1.22에 따르면, 해면기압이 1,000 hPa이지만 불과 5.5 km 고도에서 기압은 약 500 hPa로 절반 밖에 안 된다. 지상에서 5.5 km만 올라가도 대기 전체의 공기 분자 중 절반이 그 밑에 깔려 있다는 이야기가 된다.

높이 9 km인 에베레스트 산 정상 높이에 가까워지면 기압은 약 300 hPa로 떨어진다. 에베레스트 정상은 전체 대기 분자의 약 70% 위에 자리 잡고 있는 셈이다. 지구 상공 50 km 정도 올라가면 기압은 겨우 1 hPa이며, 이것은 모든 대기의 분자 중 99.9%가 그 밑에 있음을 의미한다. 그러나 대기는 지구 상공 수백 km까지 뻗어 있으며 그 밀도는 점점 낮아져 결국은 외계 공간과 섞이게 된다.

그림 1.23 ● 지구 상공의 평균기온 곡선에 의한 대기권의 층. 굵은 선은 각 층에 따라 평균기온에 차이가 있음을 보여 준다.

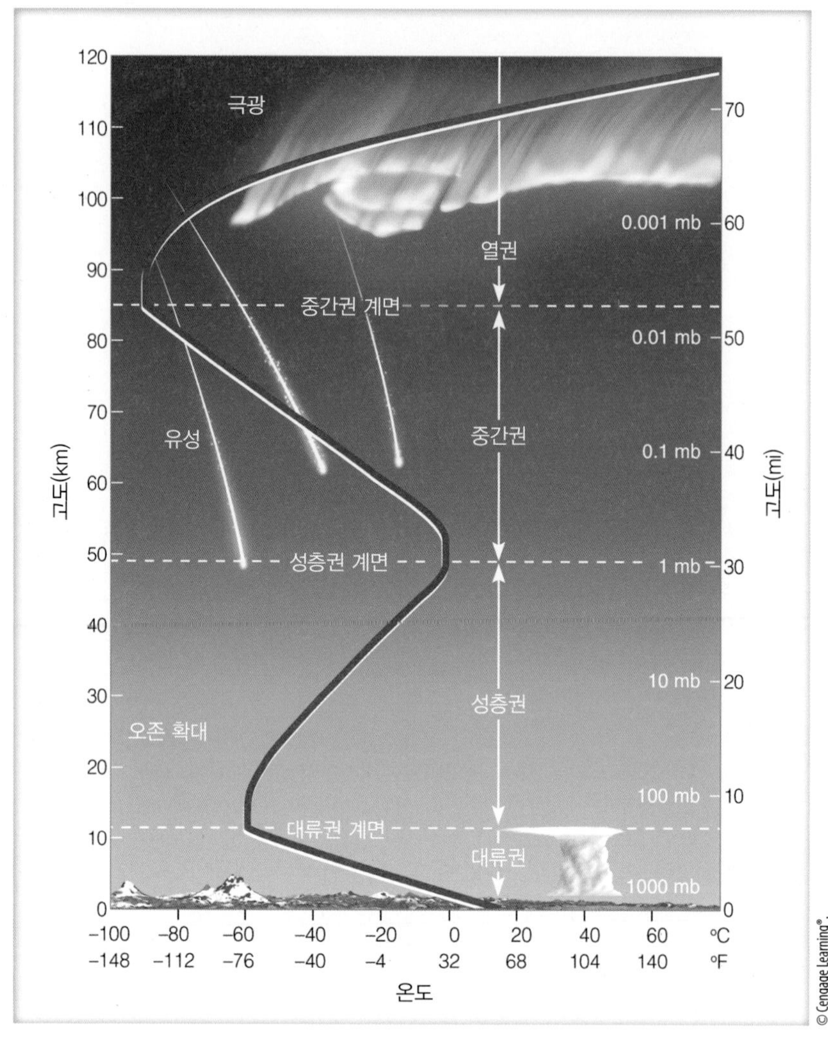

대기의 층상구조 기압과 공기밀도는 고도가 높아질수록 처음에는 빨리, 그런 뒤 점점 느리게 감소하는 사실을 알아보았다. 그러나 기온은 보다 복잡한 연직 구조를 가지고 있다.

그림 1.23을 자세히 보면 기온은 약 11 km 고도까지는 정상적으로 감소한다. 고도가 높아질수록 기온이 내려가는 이 현상은 태양광선이 지구 표면을 가열하고 데워진 지표가 그 위의 대기를 덥게 한다는 사실(2장에서 더 자세히 알아볼 것이다)에 주로 기인한다. 기온이 고도에 따라 감소하는 비율을 기온 **감률**(lapse rate)이라 한다. 지상에서 약 11 km까지의 낮은 대기권의 **평균**(또는 표준)**감률**은 매 1,000 m당 약 6.5℃이다. 어떤 날은 위로 올라갈수록 기온이 더 빨리 낮아지기도 하며, 이에 따라 감률은 증가한다. 그렇지 않은 날도 있다. 즉, 높이 올라갈수록 기온이 낮아지는 속도가 느려 감률이 감소하기도 한다. 경우에 따라서는 고도가 높아질수록 오히려 기온이 올라가 **기온역전**(temperature inversion)을 일으키기도 한다. 이와 같이 감률은 날에 따라, 계절에 따라 일정하지 않다. 지상에서부터 고도 30 km 위까지의 기온 연직 분포를 재는 기구를 **라디오존데**(radiosonde)라 한다. 이 도구에 대한 보다 상세한 정보는 포커스 1.2(P.25 참조)에서 다룬다.

또한, 지상으로부터 약 11 km 높이까지의 대기권에 지구에서 경험하는 거의 모든 기상조건이 포함되어 있다. 이곳의 대기는 상승기류와 하강기류로 잘 섞인다. 여기서는 공기 분자들이 불과 수일에 10 km 이상의 깊이까지 순환하는 것이 보통이다. 지표로부터 기온이 고도에 따라

FOCUS ON AN OBSERVATION 1.2

라디오존데

대기권 내 고도 약 30 km까지의 기온, 기압, 습도의 연직 분포는 라디오존데(radiosonde)라는 기구로 측정할 수 있다. 항공기에서 낙하산에 매달아 떨어뜨리는 존데를 낙하존데(dropsonde)라 한다.

라디오존데는 기상센서와 라디오 송신기가 들어 있는 작고 가벼운 박스이다. 이것은 튼튼한 줄로 낙하산 및 기구와 연결되어 있다(그림 2 참조). 기구가 상승함에 따라 라디오존데는 박스 바로 밖에 부착된 서미스터라고 하는 작은 전기온도계로 기온을 측정한다. 이 기구는 탄소를 입힌 전기 판에 전류를 통해 습도를 측정하며 기압은 박스 안에 있는 작은 기압계로 측정한다. 이렇게 수집된 정보는 라디오로 지상에 송신된다. 여기서 컴퓨터가 빠른 속도로 주파수를 변환, 기온, 기압, 습도를 산출해 내는 것이다. GPS(Global Positioning System) 장비를 장착한 라디오존데는 바람 측정에서보다 정확하게 측정 위치를 컴퓨터에 제공함으로써 정확한 바람의 연직 분포를 계산할 수 있다(바람 관측을 추가할 때는 레윈존데(rawinsonde)라고 한다). 기온, 습도, 바람의 연직 분포를 그래프에 기입하면 탐측(sounding)이라 한다. 나중에 기구는 터져 버리고 라디오존데는 지상으로 귀환하는데, 이때 낙하산이 하강 속도를 느리게 한다.

대부분의 관측소에서는 보통 영국 그리니치 표준시로 자정(00 UTC)과 정오(12 UTC)에 해당되는 시각에 라디오존데를 띄운다. 한 번 띄웠던 기구는 대부분 회수되지 않고, 회수된 기구도 재활용할 수 없는 경우가 많아 라디오존데 운영 비용은 비싸다. 라디오존데를 보완하기 위해, 현대의 인공위성은 복사 에너지의 측정기기를 이용하여 고층기상 관측소가 없는 지역 상공의 기온의 연직 분포를 측정하기도 한다.

그림 2 ● 낙하산 및 기구와 연결된 라디오존데.

더 이상 떨어지지 않는 한계 높이까지 대기를 순환시키는 영역을 **대류권**(troposphere)–그리스어 tropein에서 유래–이라 한다.

그리고 지상 11 km를 넘으면 기온이 고도에 따라 정상적으로 낮아지지 않는다는 것을 보여준다. 이곳의 감률은 0이다. 기온이 고도와 상관없이 일정하게 유지되는 영역을 **등온층**이라 한다. 등온층의 밑면은 대류권의 꼭대기인 동시에 또 다른 층, 즉 **성층권**(stratosphere)이 시작되는 곳이다. 대류권과 성층권을 갈라놓는 경계를 **대류권계면**(tropopause)이라 한다. 대류권계면의 높이는 일정치 않으나 적도지역 상공에서는 보통 더 높고 극지방 상공으로 갈수록 낮아진다. 또 위도에 관계없이 여름에는 대류권계면이 높아졌다가 겨울에는 낮아진다. 어떤 지역에서는 대류권계면이 '와해되어' 찾아볼 수 없는데, 이런 곳에서는 대류권 대기가 성층권 대기와 혼합되거나 그 반대 경우가 관측된다. 대류권계면이 와해되는 곳이 50 m/sec 이상 빠른 속력으로 움직이는 바람을 가리키는 이른바 **제트류**(jet stream)가 존재하는 곳이다.

그림 1.23에 성층권에서 기온이 고도에 따라 높아지기 시작해 **기온역전**을 일으키는 사실 또한 나타나 있다. 이 기온역전 영역은 낮은 등온층과 함께 대류권의 연직기류로 하여금 성층권으로 확산되지 못하도록 막는 작용을 한다. 기온역전은 또 성층권 자체 내의 연직 이동량을 줄이려는 경향을 보인다. 높이가 높아질수록 기온이 올라가긴 하지만 30 km 고도의 기온은 매우 낮아 평균 −46°C 이하이다.

성층권에서 기온역전 현상이 일어나는 까닭은 이 고도에서 오존 가스가 주로 공기를 가열하기 때문이다. 오존은 강력한 자외선(UV) 에너지를 흡수한다는 점에서 중요하다는 사실을 상기하자. 이렇게 흡수된 에너지가 성층권을 덥게 하면 기온역전을 일으키는 것이다. 만약 오존이 없다면, 대류권에서처럼 높이 올라갈수록 기온은 하강할 것이다.

성층권 위에는 **중간권**(mesosphere)이 위치해 있다. 이곳의 대기는 매우 희박하고 기압은 아주 낮다(그림 1.23 참조). 중간권의 질소와 산소 비율은 지구 표면과 대략 같지만 중간권 공기를 호흡할 때 들어 있는 산소 분자는 대류권에서 보다 훨씬 적다. 이 고도에서는 산소 호흡장비 없이는 뇌가 금세 산소결핍 상태, 즉 저산소혈증에 걸려 질식을 일으키게 된다. 평균기온이 −90°C인 중간권의 꼭대기는 지구 대기권에서 가장 추운 곳이다.

중간권 위에 자리 잡은 '뜨거운 층'을 **열권**(thermosphere)이라 한다. 여기서는 산소 분자(O_2)들이 태양광선의 에너지를 흡수하여 공기를 덥게 한다. 열권에는 원자와 분자수가 상대적으로 적다. 그 결과, 태양 에너지의 적은 양을 흡수해도 500°C 이상의 높은 기온을 야기시킬 수 있다. 또한, 태양으로부터의 하전된 입자가 공기 분자와 상호 작용하여 눈부신 오로라 장관을 연출하는 곳도 열권에 있으며, 이는 2장에서 더 자세히 설명할 것이다.

비록 열권의 기온이 매우 높긴 하지만 태양으로부터 보호된 상태에서는 사람이 반드시 덥다고 느껴지지는 않을 것이다. 열권의 분자수가 너무 적어 노출된 피부 등에 부딪혀 덥다고 느낄 정도의 열을 전달하지는 않기 때문이다. 열권의 낮은 대기밀도는 하나의 공기 분자가 평균 1 km 이상을 이동해야 다른 분자에 충돌한다는 이야기가 된다. 지상에서는 공기 분자가 백만 분의 1 cm도 채 못 움직여 다른 분자와 충돌하게 된다. 열권 꼭대기, 즉 지상 약 500 km 상공에서는 분자가 다른 분자와 충돌하려면 한참을 가야 한다. 여기서는 보다 빠른 속도로 직선 방향으로 이동하는 가벼운 분자들은 대부분 지구의 중력을 피할 수 있다. 원자와 분자들이 우주공간으로 분사되는 곳을 종종 외기권이라 부르는데, 이곳이 지구 대기권의 꼭대기 한계이다.

지금까지 기온의 연직 분포에 근거해 대기권의 각 층을 살펴보았다. 그러나 그 조성에 따라 대기권을 나눌 수도 있다. 예를 들어, 대기의 조성은 열권의 하부에서 서서히 변하기 시작한다. 열권 밑의 대기 성분은 상당히 균등하다(질소 78%, 산소 21% 등). 대기가 잘 혼합된 이 낮은 층의 대기권을 **균질권**이라 한다(그림 1.25 참조). 열권에서는 원자와 분자 간 충돌이 드문드문 일어나 대기가

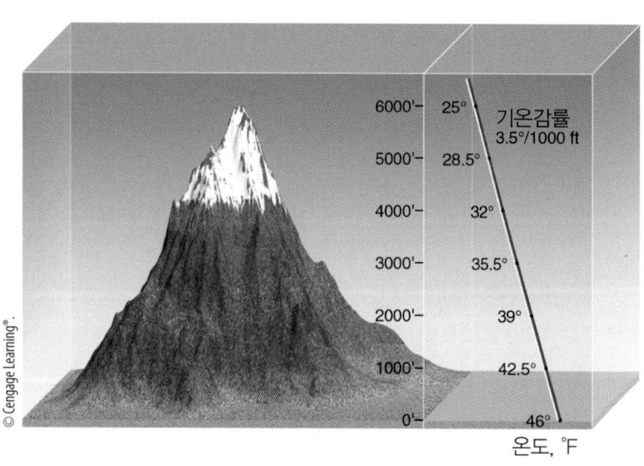

그림 1.24 ● 지면 근처의 기온감률은 보통 1000 ft당 3.5°F(약 305 m당 1.95°C)이다. 만약 이 기온감률이 나타나고 지상기온(0 ft)이 46°F(7.8°C)이면 약 4000 ft(1219 m) 고도에서는 영하일 것이고, 지면은 눈과 얼음으로 덮여 있을 것이다.

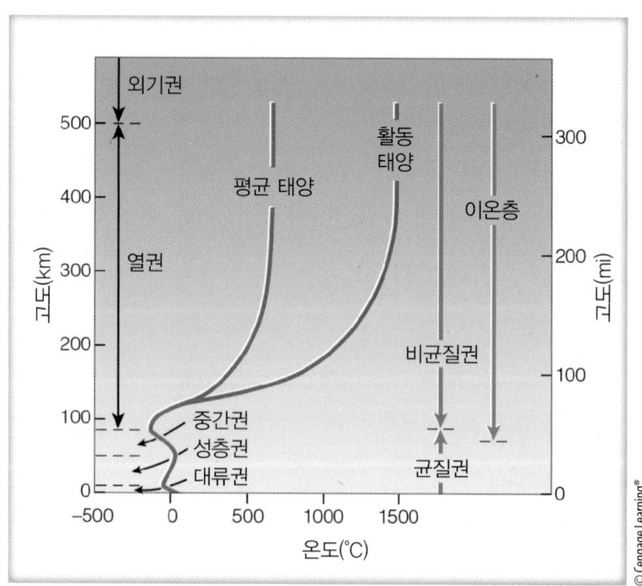

그림 1.25 ● 기온(빨간색 선), 대기 조성(초록색 선), 전기적 특성(파란색 선)에 따라 분류한 대기권층(태양의 활동은 다수의 태양 표면의 폭발과 연관되어 있다).

잘 섞이지 않는다. 그 결과, 산소나 질소 같은 비교적 무거운 원자와 분자들은 층의 밑바닥으로 자리 잡으려 하는 반면, 수소나 헬륨 같은 가벼운 기체들은 위로 뜨려 할 때 비로소 확산이 일어난다. 열권의 밑부분에서부터 대기권 꼭대기까지를 **비균질권**이라 한다.

이온권(ionosphere)은 하나의 층이라고 보기는 어렵고 이온과 자유전자가 상당히 밀도 높게 분포되어 있는 초고층 대기권 안의 전리화 영역을 말한다. 이온은 전자를 한두 개 잃었거나 더 얻은 상태의 원자와 분자를 가리킨다. 원자는 충돌해 오는 입자가 전달하는 에너지 또는 태양에너지를 전량 흡수하지 못할 때 전자를 상실하고 양전기를 띠게 된다.

그림 1.25에서 이온층의 하층부는 통상 지상 약 60 km 높이에 있음을 주목하라. 이온층은 여기서(60 km) 대기권 꼭대기까지 뻗는다. 그러므로 이온층의 대부분은 열권 안에 있다. 이온층이 TV와 FM 라디오 전파를 통과시키기는 하지만, 밤중에는 이온층이 AM 라디오파를 지구로 굴절시킨다. 이와 같은 상황으로 말미암아 AM 라디오파는 하층 이온층에서 반복적으로 튕기면서 먼 거리까지 이동한다.

요약

이 장에서는 지구의 대기와 기상 및 기후가 여러모로 우리 삶에 미치는 영향을 개괄적으로 설명했다. 일기도와 인공위성 사진들을 간단히 살펴보았고, 크고 작은 모든 규모와 온갖 모양의 폭풍과 구름이 대기권에 산재해 있음을 관찰했다. 이들 시스템의 이동과 강화 및 약화와 함께 대기 자체의 역동적인 특성은 우리가 기상요소들의 용어로 설명한 다양한 기상현상을 일으킨다. 장기간에 걸쳐 기상과 극한 현상들이 누적된 총화가 곧 기후이다. 기상에는 순간적으로 갑작스런 변화가 일어날 수 있지만 기후 변화는 여러 해에 걸쳐 점진적으로 일어난다. 대기와 모든 관련 현상에 대한 연구를 **기상학**(meteorology)이라고 한다. 이 용어의 어원은 아리스토텔레스 시대까지 소급된다. 기상과 기후는 우리가 입는 옷, 먹는 음식, 기타 우리 삶의 많은 부분에 영향을 미친다. 극한 기상은 사회에 막대한 피해와 큰 기능의 와해를 일으킬 수 있다.

지구 대기에는 질소와 산소가 많고 수증기, 이산화탄소, 기타 온실가스의 양은 상대적으로 적다. 그 온실가스의 수준이 증가함으로써 추가적인 지구 온난화와 기후변화를 초래할 수 있다. 우리는 지구의 초기 대기를 살펴보았으며, 그 결과 초기의 대기가 오늘날 우리가 숨 쉬는 공기와는 상당히 달랐음을 알게 되었다.

우리는 대기의 여러 층에 대해 살펴보았다. 거의 모든 기상현상이 일어나는 대류권(최하단)과 오존이 우리를 태양의 해로운 자외선으로부터 보호하는 성층권에 대해서도 살펴보았다. 성층권 위에는 기온이 고도가 상승함에 따라 급격히 하강하는 중간권이 있다. 중간권 위에는 대기 중 가장 기온이 높은 열권이 있다. 열권 꼭대기에는 기체분자와 원자 사이의 충돌이 너무 드문드문해 빠르게 이동하는 보다 가벼운 분자들이 실제로 지구의 중력을 벗어나 공간 속으로 튕겨 나가는, 외기권이 자리 잡고 있다. 끝으로 이온층을 살펴보았는데 상층 대기권에 위치한 이온층에는 다량의 이온과 자유전자들이 존재한다.

주요 용어

본문에 나온 주요 용어를 나열하였다. 각 용어를 정의하라. 그러면 복습에 도움이 될 것이다.

대기	기상학	일기	중위도
기상 요소	중위도 저기압성 폭풍우	기후	허리케인
에어로졸	뇌우	오염물질	토네이도
공기밀도	바람	기압	풍향
감률	풍속	기온역전	전선
라디오존데	대류권	질소	성층권
산소	대류권계면	수증기	중간권
이산화탄소	열권	오존	이온권

복습문제

1. 지구 대기의 주요 에너지원은 무엇인가?
2. 기상학자는 날씨 예측에 과학적 방법을 어떻게 이용할 수 있는가?
3. 기상요소를 7가지 열거하라.
4. 기상과 기후의 차이는 무엇인가?
5. 기상학을 정의하고 어원을 말해 보라.
6. 다음 폭풍을 규모의 크기 순으로 큰 것부터 열거하라. 태풍, 토네이도, 중위도 저기압성 폭풍우, 뇌우.
7. 어떤 사람이 "오늘은 바람 방향이 남풍이다"라고 한다면 바람이 남쪽에서 불어오는 것인가, 아니면 남쪽으로 불어가는 것인가?
8. 중위도의 기상은 일반적으로 어느 방향으로 이동하는 경향을 보이는가?
9. 지상 일기도에서 관찰할 수 있는 특징 6가지를 설명해보라.
10. 북반구의 고기압과 저기압 지역에서 바람이 어떻게 부는지 설명하라.
11. 기상과 기후가 생활에 미치는 영향을 설명해보라.
12. 지구 대기는 시대에 따라 어떻게 변화해 왔는가?

13. 현재의 대기를 조성하는 기체 중 그 양이 많은 기체 4가지는 무엇인가?
14. 대기 중의 가장 풍부한 4가지 가스 중에서 지상의 장소에 따라 가장 큰 변화를 나타내는 것은 무엇인가?
15. 대기가 지구를 어떻게 "보호"하는지 설명하시오.
16. 물이 대기권에서 하는 중요한 역할은 무엇인가?
17. 지표면 근처에서 이산화탄소가 생성되고 자연파괴되는 과정을 간단히 설명하라. 지난 100년간 이산화탄소가 증가한 이유 두 가지를 들라.
18. 지구 대기 중 에어로졸에는 어떤 것이 있는가?
19. 지구 대기의 온실가스 중 그 양이 가장 많은 2가지는 무엇인가?
20. (a) 일정 고도 위의 공기무게로 기압의 개념을 설명해 보라.
    (b) 고도가 높을수록 기압의 감소 이유는 무엇인가?
21. 해수면 표준 기압을 다음의 단위로 나타내라.
    (a) 수은 기압(cm)
    (b) 밀리바(mb)
    (c) 헥토파스칼(hPa)
22. 온도를 기초로 하여 지상에서 대기권 최상부까지의 권역 이름을 차례로 열거하라.
23. 지상에서 열권의 하층까지 기온이 어떻게 변화하는지 간략히 설명하라.
24. (a) 기상현상이 일어나는 권역은 어디인가?
    (b) 오존의 농도가 최대인 권역과 평균기온이 최고인 권역은 어디인가?
25. 지구의 어느 지역 상공에서 오존구멍을 발견할 수 있는가?
26. 성층권 상부의 산소 농도는 지상과 비슷한 약 21% 정도이다. 그럼에도 불구하고 호흡 보조기 없이는 이 높이에서 생존하기 힘든 이유는 무엇인가?
27. 이온권은 무엇이며, 어느 곳에 위치하는가?

사고 및 탐구 문제

1. 오늘 의상을 고를 때 날씨나 기후를 어떻게 고려했는지 설명해 보라.
2. 신문상의 일기도와 인터넷의 일기도를 비교해 보라. 두 일기도의 차이점을 설명하고 온난전선, 한랭전선 및 중위도 저기압을 찾을 수 있는지 확인해 보라.
3. 다음 진술들은 일기나 기후 중 어디에 해당하는가?
    (a) 이곳의 여름은 덥고 습하다.
    (b) 적운이 하늘 전체를 뒤덮고 있다.
    (c) 지난 겨울의 일최저기온은 −29℃였다.
    (d) 외부 온도는 22℃이다.
    (e) 12월은 안개가 가장 많이 끼는 달이다.
    (f) 대구의 일최고기온은 1942년 8월 1일에 기록된 40.0℃이다.
    (g) 눈이 시간당 5 cm로 내리고 있다.
    (h) 서울의 1월 평년 평균기온은 −2.5℃이다.
4. 친구가 중위도에서는 기상시스템이 일반적으로 어떻게 움직이는지 질문을 했다. 그가 이 시스템들은 대체로 동쪽에서 서쪽으로 이동한다는 가설을 제시한다면, 당신은 그 가설이 틀렸다는 것을 과학적 방법으로 어떻게 입증할 수 있을까?
5. 매일의 날씨를 관찰하라. 우리나라가 그려진 동아시아 지도에 매일의 기압과 전선의 위치를 몇 주간 표시해보라(신문, TV 뉴스 혹은 인터넷에서 이 정보를 얻을 수 있다). 상층의 공기흐름도를 개략적으로 그려 넣어 보라. 지상의 기압계가 어떻게 움직이는가? 여기서 얻은 지식으로부터 다른 장에서 공부할 바람, 전선, 저기압의 내용과 어떻게 연관되는지를 살펴보라.
6. 일주일 동안 매일의 일기도와 일기예보를 신문이나 인터넷을 통해 모아서 일지를 작성해 보라. 실제 날씨와 일기예보가 잘 맞는 주석을 달아보라.

2장

대기의 가열과 냉각

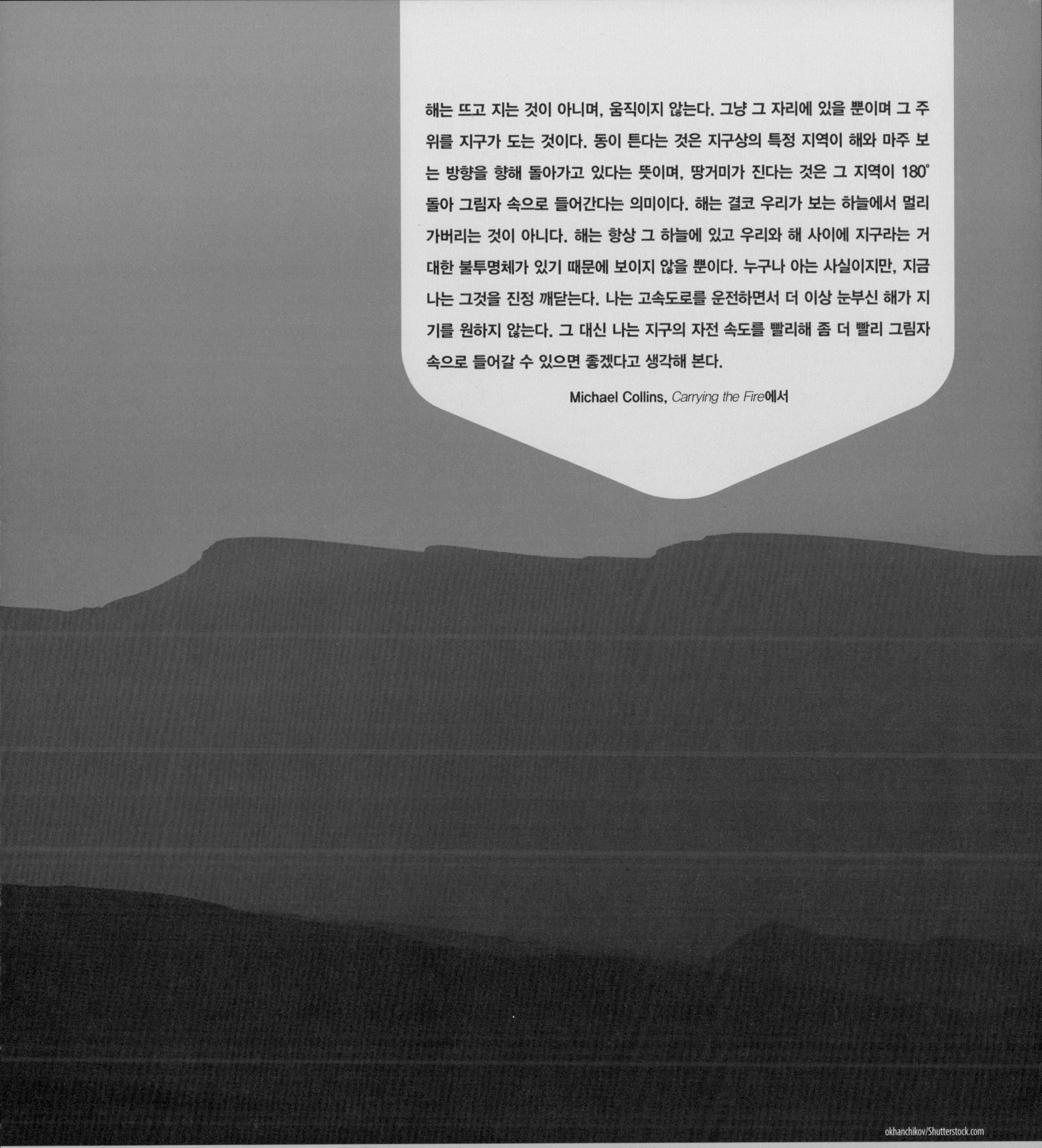

해는 뜨고 지는 것이 아니며, 움직이지 않는다. 그냥 그 자리에 있을 뿐이며 그 주위를 지구가 도는 것이다. 동이 튼다는 것은 지구상의 특정 지역이 해와 마주 보는 방향을 향해 돌아가고 있다는 뜻이며, 땅거미가 진다는 것은 그 지역이 180° 돌아 그림자 속으로 들어간다는 의미이다. 해는 결코 우리가 보는 하늘에서 멀리 가버리는 것이 아니다. 해는 항상 그 하늘에 있고 우리와 해 사이에 지구라는 거대한 불투명체가 있기 때문에 보이지 않을 뿐이다. 누구나 아는 사실이지만, 지금 나는 그것을 진정 깨닫는다. 나는 고속도로를 운전하면서 더 이상 눈부신 해가 지기를 원하지 않는다. 그 대신 나는 지구의 자전 속도를 빨리해 좀 더 빨리 그림자 속으로 들어갈 수 있으면 좋겠다고 생각해 본다.

Michael Collins, *Carrying the Fire*에서

okhanchikov/Shutterstock.com

- 온도와 열 전달
- 복사 에너지

여러분이 앉아서 차분히 본서를 읽어내려갈 때 당신은 움직이는 지구의 일부가 된다. 지구 행성은 시간당 수천 km 속도로 태양 둘레를 공전하는 동시에 지구축을 중심으로 자전한다. 우리는 우주에서 북극을 내려다볼 때 지구 자전의 방향은 시계 반대 방향임을 알게 된다. 이는 곧 우리가 시간당 수백 km 속도로 동쪽 방향으로 이동하는 것을 의미한다. 태양과 달 및 별들이 동쪽에서 뜨고 서쪽으로 지는 것이 그 때문이다. 실제로 계절을 만드는 것은 이러한 이동과 기울어진 행성 지구에 부딪히는 태양 에너지 때문이다. 나중에 알게 되겠지만 태양 에너지는 지구 위에 골고루 분포하는 것이 아니다. 열대지역은 극지에 비해 더 많은 에너지를 받는다. 지구의 대기를 우리가 경험하는 바람과 날씨 등 역동적인 유형 속으로 내모는 것은 이러한 에너지 불균형이다.

이 장에서는 에너지와 열전달을 공부한 뒤 지구 대기의 승온 및 냉각 과정을 알아보기로 한다. 그리고 마지막으로 지구의 운동과 태양 에너지가 상호 연관하여 어떻게 사계절이 생기는지 살펴볼 것이다.

온도와 열 전달

온도란 일정한 기준치에 대해 상대적으로 얼마나 뜨거운지 또는 차가운지를 나타내는 양이다. 그러나 다른 방법으로 온도를 말할 수도 있다.

공기는 수없이 많은 원자와 분자의 혼합체이다. 눈에 보이지는 않지만, 이것은 모든 방향으로 움직인다. 마치 성난 벌떼처럼 자유분방하게 치닫고 비틀리고 회전하고 다른 원자나 분자들과 충돌한다. 지표면 가까이에서 공기 분자는 자기 직경의 약 1,000배를 이동해야 다른 분자와 충돌할 수 있다. 모든 원자와 분자는 일제히 똑같은 속도로 움직이는 것이 아니라 어떤 것은 빨리, 어떤 것은 느리게 움직인다. 이와 같은 운동과 결합한 에너지를 **운동 에너지**(kinetic energy)라 한다. 공기의 평균 운동 에너지를 측정한 것이 기온이다. 간단히 말해, **기온**(temperature)이란 원자와 분자의 평균 운동 속도를 나타내는 척도이며, 평균 운동 속도가 빠를수록 기온은 높아진다.

그림 2.1과 같은 커다란 풍선만한 부피의 공기를 가열한다고 가정해 보자. 공기 분자들은 움직임이 더 빨라질 것이다. 그리고 분자와 분자 사이는 더 멀어질 것이다. 이것은 공기밀도가 작아진다는 뜻이다. 반대로, 공기를 차게 하면 분자들의 운동 속도는 느려지는 대신에 밀도는 커진다. 이러한 운동 특성에 근거해서 따뜻하고 밀도가 작은 공기 또는 차갑고 밀도가 큰 공기라는 표현을 사용한다.

공기를 계속해서 서서히 냉각시킨다고 가정하면, 원자와 분자들은 점점 천천히 움직여 가능한 최저 온도인

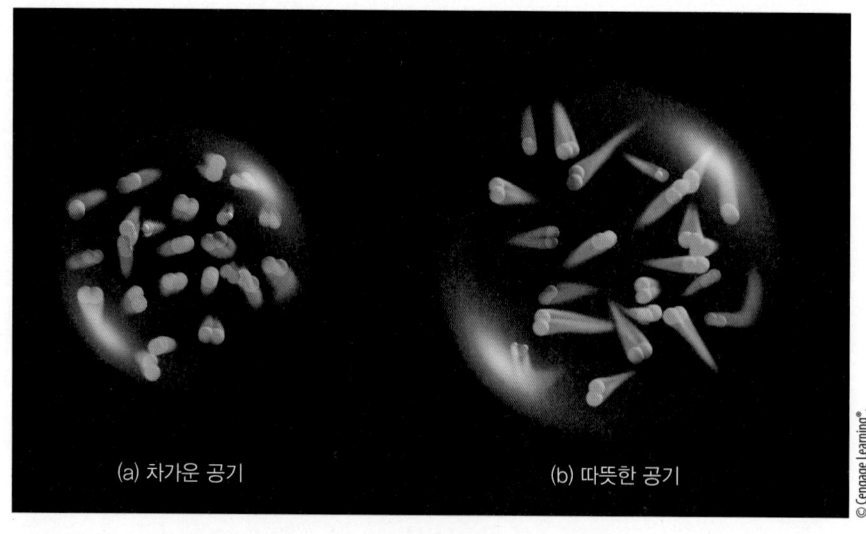

그림 2.1 ● 기온은 분자의 평균 속도로 측정한다. 한랭공기의 분자는 천천히 움직이고 서로 밀집하며, 온난공기의 분자는 빠르게 움직이고 서로 멀리 분산된다.

−273℃에 이를 때까지 점차 운동 속도가 떨어진다. **절대 영도**(absolute zero)로 불리는 이 온도에서 원자나 분자들은 최소 에너지를 갖게 되며, 이때 이론상으로 열적 운동은 없다.

대기에는 분자 안에 저장된 총 에너지를 뜻하는 내부 에너지가 존재한다. 반대로 **열**(heat)은 한 물체와 다른 물체 사이의 온도차 때문에 이동 과정에 있는 에너지를 말한다. 열은 전달된 후 내부 에너지로 저장된다. 대기 중에서 열은 전도, 대류, 복사에 의해 전달된다. 이 같은 열 전달 메커니즘은 온도 눈금과 잠열 개념을 살펴본 후에 알아보기로 하자.

온도 눈금 절대 영도에서는 이론상으로 열 이동이 없다고 앞서 말한 바 있다. 절대 영도를 기준으로 절대 눈금, 즉 **켈빈 눈금**(Kelvin scale)을 만들 수 있는데, 이는 눈금을 처음 제시한 유명한 영국 과학자 켈빈 경(Lord Kelvin, 1824~1907)의 이름을 딴 것이다. 켈빈 눈금에는 음수(−)가 없으므로 과학적 계산에 아주 편리하다. 현재 통용되는 또 다른 두 가지 온도 눈금은 화씨와 섭씨이다. **화씨 눈금**(Fahrenheit scale)은 독일 물리학자 G. Daniel Fahrenheit(1686~1736)에 의해 1700년대 초에 개발되었다. 그는 물이 어는 온도를 32, 물이 끓는 온도를 212란 숫자로 표시했다. 그가 얼음, 물, 소금을 혼합해 얻은 최저 온도가 0이었다. 어는점과 끓는점 사이의 180개 눈금 하나하나를 도라고 한다. 이 눈금으로 된 온도계를 화씨 온도계라 하며 온도 단위는 ℉로 표시한다.

섭씨 눈금(Celsius scale)은 스웨덴의 지구 물리학자인 안데르스 셀시우스(Anders Celsius, 1701~1744)가 18세기 후반에 도입하였다. 이 눈금의 0은 순수한 물이 어는 점이고 100은 해면 고도에서 순수한 물이 끓는점을 가리킨다. 어는점과 끓는점 사이는 100개의 똑같은 단계로 나뉘어 있다. 그러므로 섭씨(℃)는 화씨보다 180/100, 즉 1.8배 크다. 다시 설명하면, 온도가 1℃ 높아진다는 것은 화씨 1.8℉ 높아진다는 것이므로, 이들의 관계는 다음과 같다.

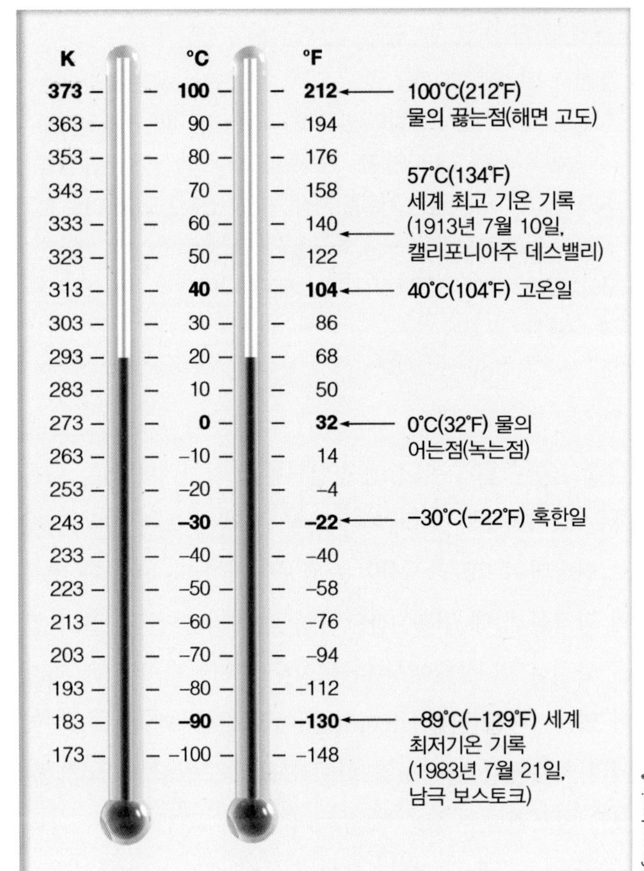

그림 2.2 ● 켈빈, 섭씨, 화씨 온도 눈금의 대조표.

$$℃ = 5/9(℉ - 32)$$

켈빈 눈금에서 켈빈은 단위를 켈빈(약자 K)으로 정했다. 켈빈 눈금과 섭씨 눈금은 정확하게 일치한다. 그러므로 −273℃와 0 K는 같다. 따라서 섭씨온도에 273을 더하기만 하면 켈빈온도가 나온다.

$$K = ℃ + 273$$

그림 2.2는 화씨, 섭씨, 켈빈 눈금의 대조표이다. 한 눈금의 온도를 다른 눈금으로 환산하려면 그 옆의 수치를 읽으면 된다. 이를테면 켈빈 눈금의 303 K은 30℃와 86℉에 해당한다. 세계 대부분 지역에서는 섭씨를 사용한다. 그러나 미국에서는 지상온도는 화씨로, 상층온도는 섭씨로 사용하는 것이 보통이다(따라서 이 책 원서에서는 ℃와 그에 해당하는 ℉가 병행 표기되고 있으나 본 번역서에서는 ℃만 사용했다−역주).

알고 있나요?

일반적으로 인체의 평균 온도는 37°C(98.6°F)로 생각할 것이다. 이 값은 1세기 전에 유럽의 연구로부터 확립된 것이기에 정확하지 않을 수 있다. 원래 연구는 현재보다 정확도가 낮은 온도계를 사용했으며 과학자들은 자료를 가장 가까운 섭씨온도(37°C)로 반올림한 것으로 보인다. 보다 최근의 연구에 따르면 실제 평균은 36.8°C(98.2°F)에 가깝다. 사람마다 체온은 아침부터 저녁까지 크게 다를 수 있다.

잠열: 숨은 열 제1장에서 살펴본 것처럼 수증기는 처음에는 보이지 않는 기체이나 점점 큰 액체 또는 고체 입자로 변하면서 비로소 사람 눈에 보이게 된다. 이러한 변화의 과정을 상태 변화, 간단히 상 변화라고 한다. 물과 같은 물질을 한 상태에서 다른 상태로 변화시키는 데 필요한 열에너지를 **잠열**(latent heat)이라 한다. 왜 '잠'(숨은)열이라 하는지를 알아보기 위해서 물이 증발할 때 냉각 현상을 일으킨다는 쉬운 예를 들어 보기로 하겠다.

작은 물방울을 현미경으로 조사해 보면 표면의 분자들은 끊임없이 증발한다. 에너지가 많을수록 분자들은 빨리 움직이고 아주 쉽게 증발하므로 잔류 분자들의 평균 운동은 각 분자의 추가 증발에 따라 감소하게 된다. 온도는 평균 분자 운동을 측정한 것이기 때문에 운동 속도가 느려진다는 것은 물의 온도가 낮아진다는 것을 의미한다. 그러므로 증발은 냉각 과정이라 할 수 있다. 다시 말해 물의 상태를 액체에서 기체로 바꾸는 데 필요한 에너지는 물이나 공기 등 다른 열원에서 빠져나오기 때문에 증발은 곧 냉각 과정인 것이다.

증발에 따라 물이 빼앗긴 에너지는 수증기 분자 속에 '갇혀 있다'고 말할 수 있다. 그러므로 이처럼 '저장된' 또는 '숨어 있는' 상태의 에너지를 잠열이라 부른다. 그러나 수증기가 다시 액체의 물로 응결될 때 잠열은 사람이 느끼고, 온도계로 측정할 수 있는 **현열**(sensible heat)로 다시 나타난다. 그러므로 증발의 반대 현상인 응결은 승온 과정이다.

수증기가 액체 방울들로 응결할 때 방출하는 열에너지를 응결잠열이라 한다. 반대로, 같은 온도에서 액체를 수증기로 변화시킬 때 사용된 열에너지를 증발잠열이라 한다. 실내 온도에서 물 1 g이 증발하는 데는 600 cal의 열이 필요하다. 우리 몸에서 증발하는 수분은 그 양이 많기 때문에 샤워 직후 수건으로 물기를 말리기 전에 서늘하게 느끼는 것이다. 그림 2.3은 지금까지 설명한 개념을 요약해서 보여주고 있다. 왼쪽에서 오른쪽으로 상태가 변할

그림 2.3 ● 열에너지의 흡수 및 방출.

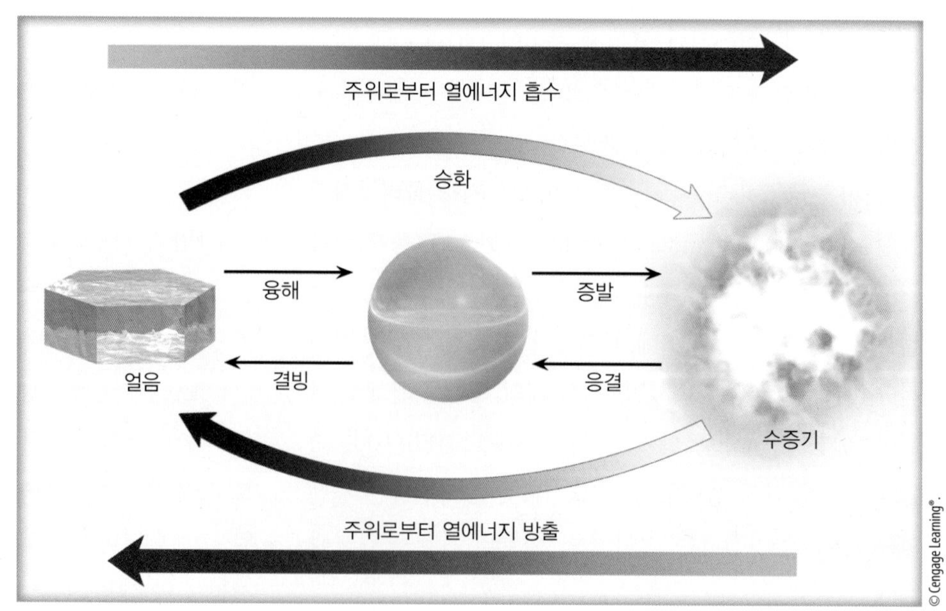

Robert Henson

그림 2.4 ● 구름이 형성될 때마다 대기의 온도는 높아진다. 발달 과정에 있는 뇌우의 내부에서는 수증기가 수없이 많은 물방울과 빙정으로 바뀜에 따라 엄청난 양의 잠열이 대기로 방출된다. 그림에서 보는 정도의 뇌우가 지속되는 동안 방출되는 에너지는 작은 핵폭탄에서 나오는 에너지보다도 많다.

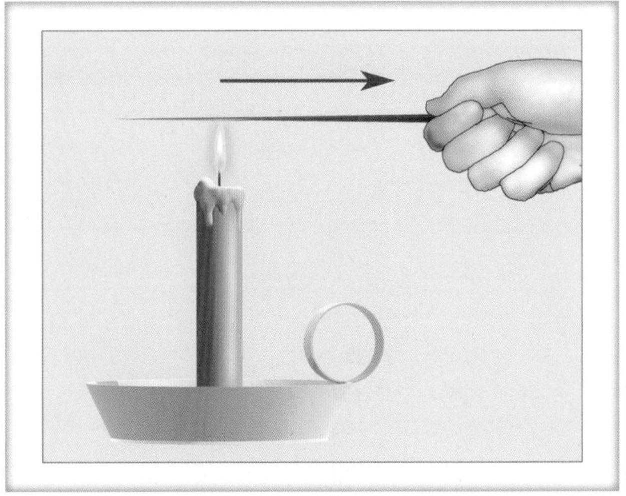
© Cengage Learning®.

그림 2.5 ● 분자 접촉에 의해 금속판의 뜨거운 끝에서 찬 끝으로 열이 이동하는 것을 전도라 한다.

때 열은 그 물질에 의해 흡수되기 때문에 주변에서는 열을 그만큼 빼앗긴다. 융해, 증발, 승화(얼음에서 수증기로) 과정은 모두 주변 온도를 떨어뜨린다. 반대로, 그림에서처럼 상태의 변화가 오른쪽에서 왼쪽으로 진행될 때는 그 물질이 열에너지를 방출해 주변에 가해주게 된다. 따라서 결빙, 응결, 침적(수증기에서 얼음으로) 과정은 주변 온도를 높이는 결과를 가져온다.

잠열은 대기에너지의 중요한 열원이 된다. 일단 수증기 분자들이 지표면에서 떨어져 나오면 빗자루로 먼지를 쓸어버리는 것처럼 바람에 휩쓸려 버린다. 이들 수증기 입자는 기온이 낮은 상공에 이르러 액체와 얼음 분자로 이루어진 구름으로 변한다. 이러한 과정을 거치면서 엄청난 양의 열에너지가 주위로 방출된다(그림 2.4 참조).

더운 열대지방의 물에서 증발된 수증기가 한대지방에 이르면 응결되면서 열에너지를 내놓게 된다. 결국 증발-이동-응결 과정은 대기 중 열에너지의 재분배에 매우 중요한 메커니즘이다.

전도 물질 내부에서 분자와 분자 사이를 오가는 열의 이동을 **전도**(conduction)라 한다. 그림 2.5에서처럼 금속핀의 한 끝을 손가락으로 잡고 다른 한 끝을 촛불에 대면 불꽃에서 흡수하는 열에너지로 핀의 분자들은 점점 빠르게 진동한다. 고속으로 진동하는 분자들은 인접 분자들도 빠르게 진동하도록 자극한다. 에너지를 전달받은 분자들은 진동 에너지를 또 다른 인접 분자들에게 전달하여 이런 과정을 계속하면서 손가락으로 잡고 있는 한쪽 끝 분자들까지도 진동이 이어진다. 고속으로 움직이는 분자들은 결국 사람 손가락의 분자들도 빠르게 진동하도록 자극한다. 이렇게 해서 열은 핀에서 손가락으로 전달되고 핀과 손가락은 뜨거워진다. 이때 전달되는 열이 도를 넘으면 손가락은 핀을 떨어뜨린다. 핀 한쪽 끝에서 다른 쪽 끝으로, 핀에서 손가락으로 전달되는 열의 이동은 전도로 일어난다. 이렇듯 열은 항상 상대적으로 더운 곳에서 찬 곳으로 이동하며 양쪽의 온도차가 클수록 이동 속도는 빨라진다.

분자에서 다른 분자로 에너지를 쉽게 통과시키는 물체는 좋은 열 전도체로 간주한다. 열 전도는 그 물질의 분자 결속 구조에 따라 정도가 달라진다. 표 2.1을 보면 금속과 같은 고체는 훌륭한 전도체임을 알 수 있다. 그러므로 금속물체의 온도를 판단하기 어려울 때가 종종 있다. 예를 들어, 실온에서 금속 파이프를 잡으면 이 물건은 손의 열을 아주 빠르게 빼앗아가기 때문에 실제보다 훨씬 차게 느껴진다. 반대로, 공기는 열 전도율이 매우 낮으므로 대

▼ 표 2.1 각종 물체의 열 전도도

물체	열 전도도(W/m℃)
정지 공기	0.023(20℃에서)
숲	0.08
건조토양	0.25
물	0.60(20℃에서)
눈	0.63
습윤토양	2.1
얼음	2.1
모래	2.6
화강암	2.7
철	80
은	427

*열 전도도는 분자 운동의 결과로 열을 전도하는 물질의 용량을 나타낸다.
**와드(W)는 전력의 단위로 1와트가 초당 1주울(J/s)의 에너지를 나타내고, 1주울은 0.24칼로리이다.

부분의 단열재는 공기 구멍을 많이 내어 그 속에 공기를 가둬 두도록 하는 것이다. 이러한 이치로 바람 없는 날씨에는 지상의 열기가 전도를 통해 대기로 전달되는 범위가 고작 지표면으로부터 수 cm에 불과하다. 그러나 공기는 이 에너지를 한 지역에서 다른 지역으로 빠르게 이동시킬 수 있다. 그러면 이런 현상은 어떻게 일어나게 될까?

대류 물이나 공기와 같은 유체의 집단 이동으로 열이 전달되는 것을 **대류**(convection)라 한다. 이런 유형의 열 전달은 액체와 기체 속에서 일어나는데, 그것은 그 안에서 자유롭게 움직이고 흐름을 형성할 수 있기 때문이다.

대류는 대기에서 자연히 발생한다. 따뜻하고 화창한 날 지구의 특정 지역은 다른 지역보다 태양열을 더 많이 흡수한다. 이에 따라 태양열을 받아 더워지는 지표면 근처의 기온은 균일하지 않게 나타난다. 지표면의 더운 지점 근처 공기 분자들은 지표면에 접촉과 전도를 통해 추가 에너지를 얻고, 이렇게 더워진 공기는 팽창하면서 주변의 찬 공기보다 밀도가 작아진다. 팽창한 따뜻한 공기는 상승하게 되고, 커다란 더운 공기 기포들이 상승하면서 열에너지를 위로 전달하게 된다. 그렇게 되면 상승공

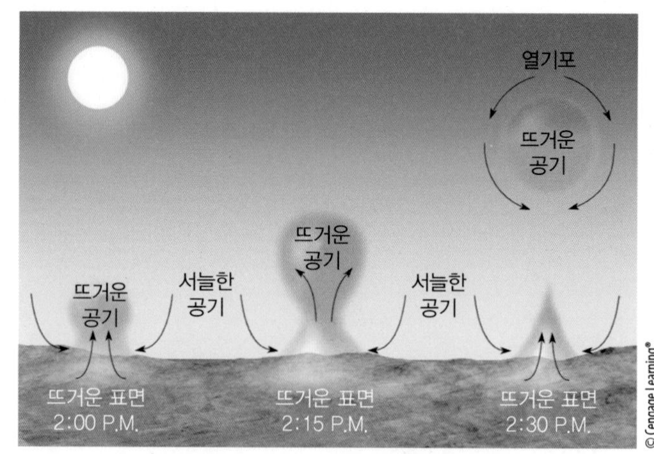

그림 2.6 ● 열기포의 발달 과정. 열기포란 대류에 의해 상승하는 열에너지를 가진 기포를 말한다.

기 대신 상대적으로 차갑고 무거운 공기가 지표면 쪽으로 내려오고 이것이 더워지면 다시 상승하며, 이 과정이 계속 반복된다. 기상학에서는 이와 같은 열의 연직교환을 대류라 한다. 그리고 상승하는 기포를 **열기포**(thermal)라고 한다(그림 2.6 참조).

상승공기는 팽창하면서 점차 퍼져 나갔다가 천천히 내려가기 시작한다. 지표면 근처에서 이 공기는 다시 더운 지점으로 이동, 상승공기의 자리를 메운다. 이런 방법으로 대기 중에 대류성 순환 또는 열세포가 만들어진다. 대류성 순환에서 따뜻한 상승공기는 냉각된다. 상승하는 공기는 팽창하면서 식고 하강공기는 압축되면서 더워진다.

공기가 더워져 상승했다가 다시 내려앉아 본래의 위치로 돌아가는 전 과정을 대류성 순환이라고는 하지만 기상

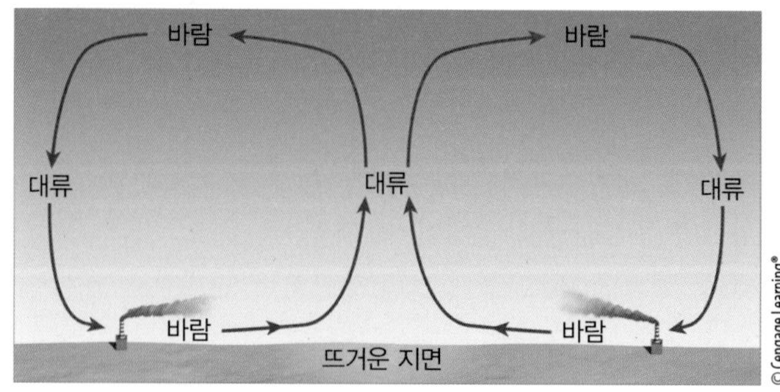

그림 2.7 ● 따뜻한 공기의 상승과 찬 공기의 하강은 대류성 순환을 일으킨다. 대류는 연직으로 이동하는 공기 흐름을 일컬으며, 수평으로 이동하는 흐름은 바람이라 한다. 지상의 바람이 연기를 한 곳에서 다른 곳으로 이동시킨다.

ON A SPECIAL TOPIC 2.1

FOCUS

상승공기의 냉각과 하강공기의 승온

상승공기는 냉각하고 하강공기는 승온하는 원인을 규명하기 위해 약간의 공기를 커다란 풍선 크기의 얇고 탄력 있는 랩 속에 넣었다고 가정해 보자(그림 1 참조). 이 투명한 풍선 모양의 공기뭉치를 공기덩이라 한다. 공기덩이는 자유자재로 팽창했다 수축했다 하지만 외부 공기와 열이 내부 공기와 혼합되는 일은 없다. 또 공기덩이는 이동할 때 부서지지 않으며 개체를 유지한다.

공기덩이는 지상에서는 주변 공기와 같은 온도 및 압력을 갖는다. 이 공기덩이를 들어 올린다고 가정해 보자. 기압은 상공으로 올라갈수록 감소하므로 공기덩이가 상승하면 주위 기압이 상대적으로 낮은 곳으로 진입하는 것이 된다. 기압의 평준화를 위해 공기덩이 내의 분자들은 공기덩이의 벽을 바깥쪽으로 밀어낸다. 다른 에너지원이 없는 상태이므로 내부의 공기 분자들은 자체 에너지 일부를 공기덩이의 팽창 에너지로 사용한다. 이 과정에서 일어나는 에너지의 일부 상실로 분자의 운동 속도는 느려지고 결국 공기덩이 온도는 낮아진다. 즉, 상승공기는 항상 팽창하면서 냉각된다.

이번에는 공기덩이를 지상으로 끌어내린다고 가정해 보자. 공기덩이는 기압이 상대적으로 높은 곳으로 돌아오는 셈이다. 외부 압력이 커질수록 공기덩이는 본래의 모습으로 줄어든다. 공기덩이 내부의 분자들은 공기덩이의 측면에 충돌한 후 보다 빠른 반동 속도를 얻게 되므로 분자들의 평균 운동 속도는 증가한다. 분자 속도의 증가는 공기덩이의 가열을 의미한다. 그러므로 하강공기는 압축에 의한 승온을 하게 된다.

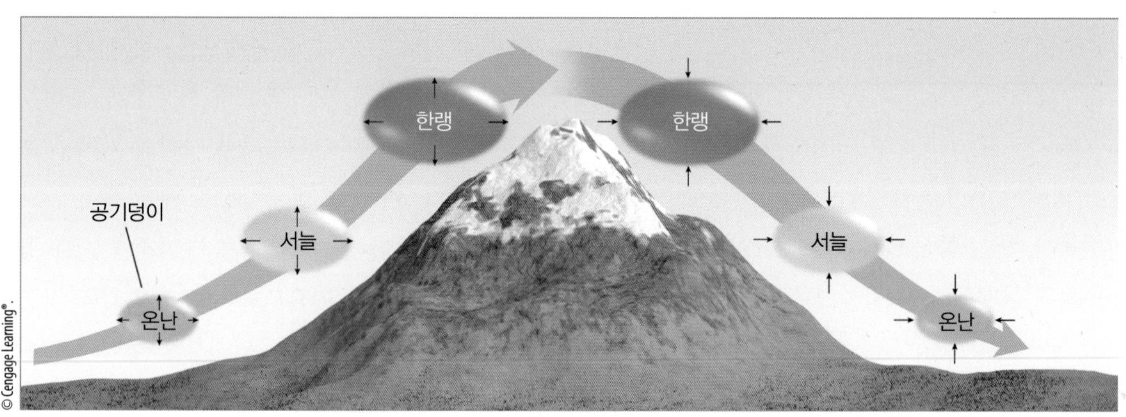

그림 1 ● 상승공기는 팽창하고 냉각되며 하강공기는 압축하고 승온한다.

학자들은 통상 대류라는 용어를 상승과 하강 부분에만 제한적으로 사용한다(그림 2.7 참조).

이 순환의 수평적 이동 부분(바람)은 그것이 속한 특정한 지역 내 공기의 특성을 띠고 있다. 수평 이동 공기에 의한 이러한 특성 전달을 **이류**(advection)라고 한다. 예를 들어 물 위로 부는 바람은 수면에서 수증기를 빨아들여 이를 대기의 다른 곳으로 이동시킨다. 공기가 식으면 수증기는 구름 입자로 응결되면서 잠열을 방출한다. 열은 바람에 휩쓸리는 수증기에 의해 이류한다는 이야기가 되기도 한다. 앞서 언급한 바와 같이 이것은 열에너지를 대기에서 재분배하는 중요한 과정이다.

알고 있나요?

일부 조류는 날씨에 정통하다. 예를 들어, 매(솔개)는 상승하는 열기포를 이용하여 공중으로 날아올라 먹이를 찾아 풍경을 스캔한다. 그렇게 함으로써 이 새들은 기류가 상승함에 따라 날개를 펄럭일 필요 없이 날 수 있기 때문에 많은 에너지를 절약할 수 있다.

요점 복습

지금까지 다룬 주요 개념 및 사실을 정리해 보자.

- 물질의 온도는 그 물질의 원자 및 분자의 평균 운동 에너지에 대한 측정치이다.
- 증발(액체에서 기체로의 전환)은 대기를 식히는 냉각작용이고, 응결(수증기에서 액체로의 전환)은 대기를 데우는 가열(승온)작용이다.
- 열이란 온도가 각기 다른 물체 사이의 에너지 이동을 나타낸다.
- 분자 대 분자 간 접촉에 따른 열의 이동을 가리키는 전도에 있어 열은 항상 따뜻한 곳에서 찬 곳으로 흐른다.
- 공기는 열 전도성이 낮다.
- 대류는 따뜻한 공기의 상승 운동과 찬 공기의 하강 운동을 나타내는 열 이동의 중요한 메커니즘이다.
- 바람(언기와 온난 또는 한랭 공기 포함)에 의한 대기 조성 물질의 수평 이동을 이류라 한다.

에너지의 전달 방법에는 우리가 태양으로부터 에너지를 받는 메커니즘인 복사, 또는 복사 에너지가 있다. 이러한 방법으로 에너지는 한 물체에서 다른 물체로 공간에서 전달되어 가열을 일으킨다.

복사 에너지

겨울날 태양 쪽으로 얼굴을 돌리면 얼굴이 뜨거워지고 화끈거린다. 햇빛은 주위 공기를 투과하지만 공기 그 자체에는 별 영향을 주지 않는다. 그러나 얼굴은 그 에너지를 흡수해 열에너지로 전환시킨다. 이와 같이 햇빛은 실제로 공기를 가열하지 않으면서도 얼굴을 가열한다. 이때 태양으로부터 사람의 얼굴로 전달되는 에너지를 **복사 에너지**(radiant energy) 또는 **복사**(radiation)라고 한다. 이것은 파동의 형태로 이동하며 어떤 물체에 흡수될 때 에너지를 방출한다. 이 파동은 전자기적 특성을 띠고 있으므로 **전자기파**(electromagnetic wave)로 불린다. 이들 전자기파가 전달되는 데는 분자가 필요하지 않다. 진공에서 전자기파는 초당 30만 km 가까운 속도, 즉 광속으로 이동한다.

그림 2.8은 복사 에너지의 각기 다른 파장을 보여준다. 파동에 나타난 마루에서 다른 마루 사이의 거리를 측정한 것이 파장이다. 파동 중에는 파장이 매우 짧은 것도 있다. 예를 들어, 사람이 볼 수 있는 복사(가시광선)는 평균 파장이 100만 분의 1 m 미만으로 사람 머리카락 직경의 100분의 1에 해당한다. 이러한 단파를 측정하기 위해 1 m의 100만 분의 1에 해당하는 **마이크로미터**(micrometer, μm)란 측정단위를 사용한다.

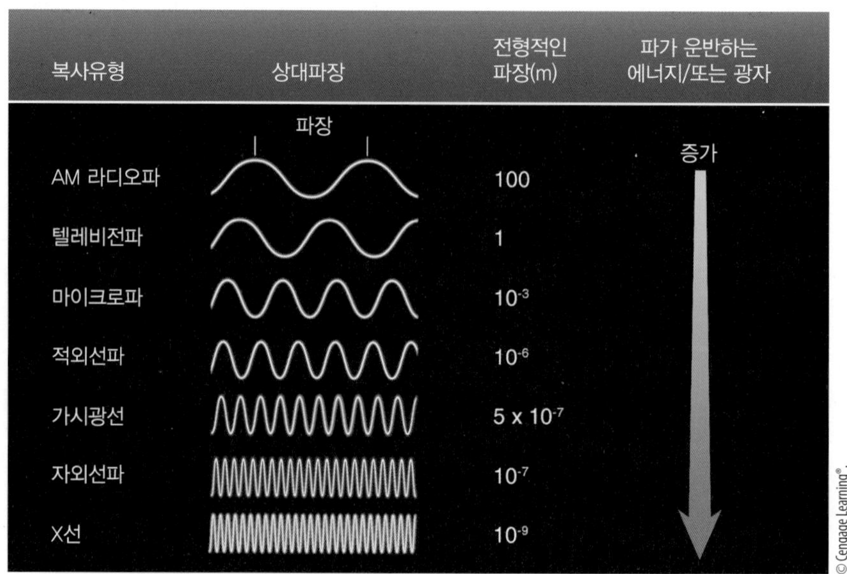

그림 2.8 ● 파장에 따른 복사 특성. 파장이 짧아지면 파의 에너지는 증가한다.

$$1\,\mu\text{m} = 0.000001\text{ m} = 10^{-6}\text{ m}$$

가시광선의 평균 파장은 약 0.0000005 m, 즉 0.5 μm이다. 파장이 긴 파는 파장이 짧은 파보다 에너지를 적게 전달함을 그림 2.8에서 보듯이 알 수 있다. 파장에 따라 전달되는 에너지를 비교하려면 분자의 전자기 복사 특성을 적용하는 것이 좋다. 실제로 단속 에너지의 작은 다발을 가리키는 **광자**(photon)의 흐름을 복사로 생각할 수 있다.

자외선 광자는 가시광선의 광자보다 에너지를 더 많이 운반하고 있다. 자외선 광자 중에는 피부를 그을리게 하거나 피부조직을 투과, 때로는 피부암을 일으킬 만큼 강력한 에너지를 가진 것도 있다.

복사에 대한 이해를 넓히려면 다음 몇 가지의 개념과 사실을 기억하는 것이 좋다(방정식은 부록 B 참조).

1. 절대 영도 이상의 온도를 가진 모든 물체는 크든 작든 복사 에너지를 방출한다. 공기, 인체, 꽃, 나무, 지구, 별 등은 모두 다양한 전자기파를 복사한다. 이 에너지는 모든 물체에 존재하는 수십억 개의 고속 진동 전자에서 나온다. 흑체가 방출하는 복사 에너지 $E_\lambda(T)$는 주어진 파장(λ)과 온도(T) 하에서 파장(λ)의 5승에 역비례함을 **플랑크의 법칙**(Planck's Law)이라 하며 다음의 식으로 주어진다.

$$E_\lambda(T) = \frac{C_1}{\lambda^5}\frac{1}{\exp\left(\frac{C_2}{\lambda T}\right) - 1}$$

   여기서 T는 온도(K), λ는 파장(μm), 그리고 C_1과 C_2는 상수이다.

2. 한 물체가 방출하는 복사 에너지의 파장은 주로 물체의 온도에 좌우된다. 온도가 높을수록 파장은 짧고 온도가 낮을수록 파장이 길어진다. 같은 이치에서, 물체의 온도가 증가할수록 복사 에너지 방출의 정점은 보다 짧은 파장 쪽으로 이동한다. 이 같은 온도와 파장의 관계는 이를 발견한 독일 물리학자 Wilhelm Wien(1864~1928)의 이름을 따서 **빈의 법칙**(Wien's law) 또는 빈의 변위 법칙이라 한다.

$$\lambda_{\max} = \frac{\text{상수}}{T}$$

   여기서 $\lambda_{\max}$는 최대의 방출이 일어나는 파장이며, T는 물체의 절대온도(K)이다.

3. 온도가 높은 물체는 온도가 낮은 물체보다 많고 강력한 복사 에너지를 방출한다. 따라서 물체의 온도가 높을수록 초당 복사 총량은 커진다. 온도와 복사 에너지 사이의 이러한 관계를 발견한 사람인 Josef Stefan(1835~1893)과 Ludwig Boltzmann(1844~1906)의 이름을 따서 **슈테판-볼츠만 법칙**(Stefan-Boltzmann law)이라 한다.

$$E = \sigma T^4$$

   여기서 E는 물체의 단위 표면에서 방출하는 최대 복사이고, T는 물체의 온도(K)이다(자세한 내용은 부록 B 참조).

약 500°C 이상의 고온의 물체는 각종 파장의 파를 복사한다. 그러나 이 중에는 색채 감각을 자극할 만큼 짧은 파장도 있다. 이러한 물체는 빨간색으로 보인다. 이보다 온도가 낮은 물체는 복사 에너지의 파장이 너무 길어 사람이 볼 수 없다. 이 책의 페이지 역시 전자기파를 방출하지만 그 온도가 20°C 밖에 되지 않으므로 여기서 나오는 파장이 너무 길어 시각을 자극하지 못한다. 전등이나 햇빛 등 다른 열원에서 오는 광파가 종이에서 반사되기 때문에 우리 눈에 보일 뿐이다. 만약 깜깜한 방 속으로 책을 옮길 경우 책에서 계속 파가 나옴에도 불구하고 책 페이지에서 반사될 만한 가시광선이 없기 때문에 책은 보이지 않는다.

태양은 거의 모든 파장의 복사 에너지를 방출한다. 그러나 표면온도가 너무 뜨거워(약 6,000 K) 에너지의 대부분을 비교적 짧은 파장으로 복사한다. 태양이 각 파장으로 방출하는 복사 에너지의 양에 따라 태양의 전자기 스펙트럼을 알 수 있다. 그림 2.9는 태양의 스펙트럼의 일부

FOCUS ON AN ENVIRONMENTAL ISSUE 2.2

일광 화상과 자외선

앞에서 우리는 상대적으로 짧은 복사 파장은 긴 파장보다 훨씬 더 많은 에너지를 지니고 있으며, 자외선의 광자는 가시광선의 광자보다 더 많은 에너지를 지니고 있다는 사실을 배웠다. 실제 0.20~0.29 μm(UVC)에 이르는 자외선(UV) 파장은 생물에는 해롭다. 특정 파장은 염색체 변이를 일으키고, 단세포 유기물을 죽이며, 각막에 손상을 주기 때문이다. 다행히도 UVC 범위에 있는 파장의 자외선 복사는 거의 모두 대기의 오존에 의해 흡수된다.

약 0.29~0.32 μm 사이 파장(UVB)의 자외선은 소량으로 지구에 도달한다. 이 범위에 속하는 파장의 광자들은 일광 화상을 일으키고 피부조직에 침투하며 때로는 피부암을 일으킬 수도 있는 충분한 에너지를 지니고 있다. 모든 피부암의 약 90%는 태양광에 대한 노출 및 UVB 복사와 관련이 있다. 공교롭게도 이들 파장은 피부에서 프로비타민 D를 활성화하고 그것을 건강에 필수적인 비타민 D로 전환하는 작용을 한다.

약 0.32~0.40 μm 파장(UVA)의 보다 긴 자외선은 에너지가 상대적으로 적지만 그럼에도 피부를 그을릴 수 있다. UVB는 주로 피부를 태울 수 있지만 UVA는 피부를 빨갛게 할 수 있다. UVA는 또한 피부의 면역체계를 방해하여 장기적으로 세월이 흘러 노화와 주름살이 가속화되면서 나타나는 피부 손상을 일으킬 수 있다. 더욱이 최근 연구에 따르면 피부를 태우는 데 필요한 상대적으로 오랜 UVA 노출은 선탠(피부의 그을림)을 위한 한 번의 UVB 노출과 대략 같은 정도의 암 유발가능성을 지니는 것으로 시사되고

노출 정도	UV 지수	보호 조치
매우 적음	2이하	선글라스 착용, 보호 의상 착용, 자외선 차단제 사용
적음	3~5	주의를 요하고 낮에는 그늘 안에서 활동
보통	6~7	모자, 보호 의상, UVA와 UVB 보호용 선글라스 착용하고 SPF 15+ 차단제 사용, 그늘진 곳에 머무르기
많음	8~10	추가적인 주의 조치, 모자, 보호 의상, 선글라스 착용하고 외출은 최소한으로 자제, SPF 15+ 차단제 사용
매우 많음	11+	모자, 보호 의상, 선글라스 착용하고 SPF 15+ 차단제 사용하며 오전 10시부터 오후 4시까지 햇볕 노출 금지

그림 2 ● 미국에서 사용하는 자외선 지수.

지수 범위	자외선 강도	가능 증상
9.0 이상	매우 강함	20분 내외 피부 노출 시 피부화상 생성
7.0~8.9	강함	30분 내외 피부 노출 시 피부화상 생성
5.0~6.9	보통	1시간 내외 피부 노출 시 피부화상 생성
3.0~4.9	낮음	100분 내외 피부 노출 시 피부화상 생성
0.0~2.9	매우 낮음	2~3시간 내외 피부 노출 시 피부화상 생성

그림 3 ● 우리나라 기상청의 자외선 지수(KMA).

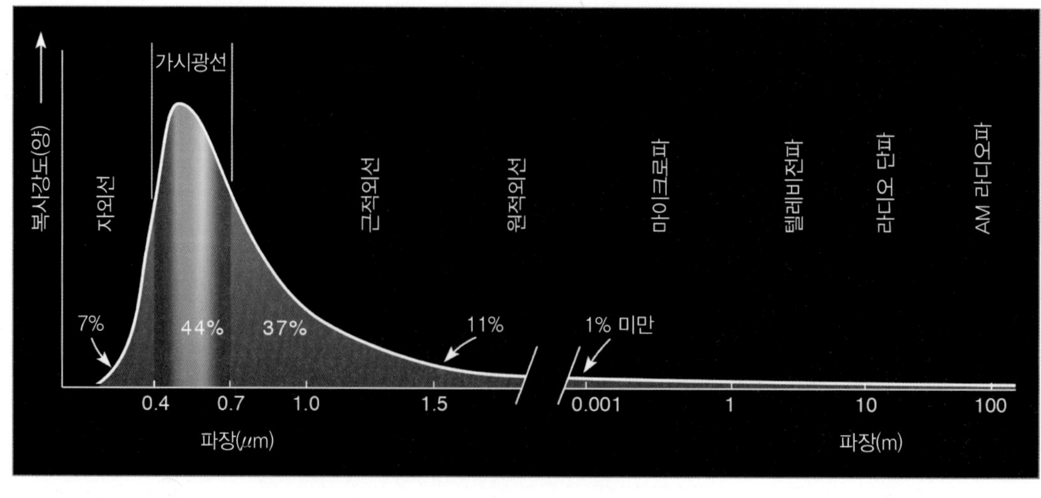

그림 2.9 ● 태양의 전자기 스펙트럼과 각 영역의 이름. 곡선 밑의 숫자는 각 영역에서 태양이 복사하는 에너지를 대략적인 퍼센트로 표시한 것이다.

있다.

자외선 복사는 인체에 부딪힐 때 피부의 외피 밑으로 흡수된다. 이러한 해로운 광선으로부터 피부를 보호하기 위해 인체는 방어 작용을 시작한다. 어떤 세포들은 (UV 복사에 노출될 때) UV 복사 일부를 흡수하기 시작하는 검정색소(멜라닌)를 생성한다. (이것이 선탠을 일으키는 멜라닌의 생성이다.) 따라서 멜라닌을 거의 생성하지 못하는 흰 피부를 가진 인체는 UVB에 대한 자연적 보호기능이 거의 없다.

자외선 차단제로 추가적 보호가 가능하다. 햇볕에 그을리기 전에 피부를 단순히 촉촉하게 하는 옛날 로션과는 달리 오늘날의 차단제는 자외선이 피부에 도달하지 못하게 막아 준다. 일부 제품은 자외선 복사를 반사시키는 화학물질(산화아연 등)을 함유하고 있다. (한때 인명구조원들의 코에서 볼 수 있었던 백색연고를 말한다.) 자외선 복사, 보통 UVB를 실제로 흡수하는 화학물질들을 혼합한 다른 제품들도 있다. 그러나 UVA 흡수 기능을 가진 신제품들이 현재 시판되고 있다. 모든 자외선 차단제의 용기에 표시된 햇볕차단지수(Sun Protection Factor, SPF)는 UVB 차단 효과의 전도를 나타내는 것으로 숫자가 클수록 피부 보호효과가 좋다.

태양 에너지 중 자외선에 대한 과도한 노출로부터 자신을 보호하는 것은 분명 현명한 일이다. 추산에 따르면 가장 무서운 형태의 피부암인 악성 흑색종에 걸렸다는 진단을 받은 미국인이 연간 7만 명을 넘을 것이라 한다. 더욱이 보호 역할을 하는 성층권 오존층이 약화되고 있는 지역의 경우 중파장 자외선 UVB와 관련된 문제의 위험성은 증가하고 있다. 좋은 햇빛 차단제와 적절한 의상은 물론 도움이 될 수 있다. 그러나 과도한 햇빛으로부터 자신을 보호하는 최선의 방법은 직사광선에 노출되는 시간, 즉 오전 10시부터 오후 4시 사이 시간대의 노출을 제한하는 것이다. 이 시간대는 태양이 하늘에 가장 높이 떠서 그 빛이 가장 직접적으로 비치는 때이다.

현재 미국 기상청은 전국의 선별된 특정 도시들을 대상으로 매일 자외선 복사 예보를 내보내고 있다. UV 지수라고 하는 이 예보는 표준시 정오 혹은 서머 타임 오후 1시를 전후한 절정기의 UV 수준을 알려준다. 모두 15포인트로 된 지수는 미국 환경보호청(EPA)이 설정한 5개 노출 범주에 따라 매겨진다. 지수 0~2까지는 '매우 적음'으로, 지수 11 이상은 '매우 많음'으로 간주된다(그림 2 참조). 우리나라 기상청에서도 생활 기상 정보로 주요 도시에서의 자외선 지수 범위 및 가능 증상도 다르므로 관련 자료를 참고로 수록한다. 피부형에 따라 다르겠지만, 자외선 지수 10이라면 간접 햇빛 하에서(햇볕가리개의 차단이 없을 경우) 사람의 피부가 약 6~30분 만에 일광 화상을 입기 시작할 것이다(그림 3 참조).

그림 4 ● 이 사진을 하루 중 자외선 지수가 10인 오후 1시경에 찍은 것이라면, 햇빛가리개 없이 이 해변에 있는 거의 모든 생명은 30분 이내에 일정 수준의 일광화상을 입을 것이다.

를 보여 준다.

태양의 복사 에너지는 파장 0.5 μm 근처에서 최대에 이른다. 사람의 눈은 파장 0.4~0.7 μm의 복사에 감응하기 때문에 이러한 범위의 파가 눈에 도착, 색채 감각을 자극하는 것이다. 그러므로 태양 스펙트럼 중 이 부분을 **가시역**(visible region)이라 하며, 눈에 도달하는 광선을 가시광선이라 한다. 가시광선 중 파장이 가장 짧은 것이 보라색(0.4 μm)이며 보라색보다 더 짧은 파장이 **자외선**(ultraviolet, UV)이다. 가시광선 중 파장이 가장 긴 것은 빨간색(0.7 μm)이며 이보다 더 긴 것이 **적외선**(infrared, IR)이다.

뜨거운 태양이 적외선 영역에서 에너지의 일부만을 복사하고 있음에 비해 상대적으로 찬 지구는 거의 모든 에너지를 적외선 파장으로 복사한다. 실제로 표면의 평균 온도가 288 K(15°C)인 지구는 거의 모든 에너지를 5~20 μm의 파장으로 복사하며 적외선 영역에 속하는 10 μm 파장에서 강도가 최고에 이른다(그림 2.10 참조). 태양은 지구보다 훨씬 짧은 파장으로 에너지 대부

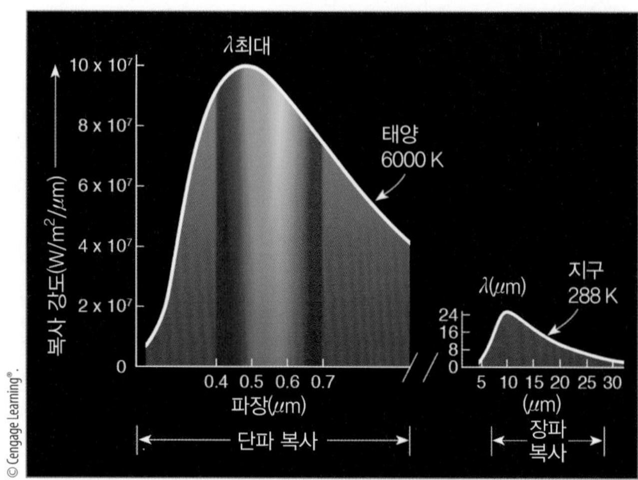

그림 2.10 ● 뜨거운 태양은 상대적으로 차가운 지구보다 많은 에너지를 복사하며 대부분 에너지를 훨씬 짧은 파장으로 복사한다. (곡선 아래의 면적은 총 복사 에너지의 양과 같으며, 두 그래프의 축척은 약 10만 배의 차이가 있음을 주의하라.)

분을 복사하기 때문에 태양 복사를 **단파 복사**(shortwave radiation)라 하며, 한편 지구 복사는 **장파 복사**(longwave or terrestrial radiation)라고 한다.

복사 – 흡수, 방출 및 평형

지구와 지구상 모든 물체가 끊임없이 에너지를 방출함에도 불구하고 모든 물체가 점점 냉각되지 않는 이유는 무엇인가? 그것은 만물이 에너지를 방출할 뿐만 아니라 이를 흡수도 하기 때문이다. 흡수량보다 방출량이 많은 물체는 냉각될 것이고, 반대로 방출량보다 흡수량이 많으면 온난해질 것이다. 지구는 햇빛을 쬐는 낮에는 태양과 대기로부터 자체 방출량보다 많은 에너지를 흡수함으로써 표면이 더워지고 밤에는 주변에서 흡수하는 것보다 많은 양의 에너지를 방출해 차가워진다. 어떤 물체가 같은 비율로 에너지를 흡수하고 방출하면 온도는 변하지 않는다.

에너지의 방출과 흡수 비율은 물체 표면의 특성에 크게 달려 있다. 즉, 색채, 조직, 수분, 온도 등이 이를 좌우한다. 검은 물체가 태양광선을 직접 받으면 흡수력이 높아 태양 에너지를 내부 에너지로 전환시켜 자체 온도를 높인다. 여름철 오후 검은 아스팔트 길을 맨발로 걸어 보면 이것을 체험할 수 있다. 검은색 도로는 밤이 되면 적외선 에너지를 신속하게 방출해 냉각되며 이른 아침까지는 주변의 다른 곳보다도 온도가 낮아진다.

모든 열을 다 흡수하는 완전 흡수체와 주어진 온도에서 최대한으로 열을 방출하는 완전 방출체를 **흑체**(blackbody)라고 한다. 흑체라 하여 반드시 표면 색깔이 검은 것은 아니다. 지구 표면과 태양은 각기 자체 온도에서 거의 100%의 흡수 및 방출력을 갖고 있으므로 모두 흑체 기능을 할 수 있다.

우주에서 지구를 내려다보면 절반은 햇빛을 받아 환하고 절반은 캄캄하다. 지구는 쏟아지는 태양 복사열 속에 잠기는 한편, 끊임없이 적외선 복사 에너지를 내뿜는다. 만약 열을 전달하는 다른 방법이 없다고 가정한다면, 태양 복사 흡수율과 지구 적외선 방출률이 같아져 복사 평형을 이루게 된다. 이런 상태가 일어나는 평균온도를 **복사평형온도**(radiative equilibrium temperature)라 일컫는다. 지구는 이 온도에서 흑체로서 태양 복사 에너지를 흡수하고 같은 비율로 적외선 복사 에너지를 방출하며 평균온도를 일정하게 유지한다. 지구와 태양 간 거리는 약 1억 5,000만 km이므로 지구의 복사평형온도는 약 255 K(–18°C)라는 계산이 나온다. 그러나 이 온도는 실제로 관측된 평균표면온도인 288 K(15°C)보다 훨씬 낮다. 이러한 큰 차이는 어디서 올까?

그 이유는 지구 대기권이 적외선 복사를 흡수하기도 하고 방출하기도 한다는 사실에 있다. 지구와는 달리 대기권은 흑체가 아니어서 어떤 파장의 복사는 흡수하고 다른 것은 투과시키기 때문이다. 이와 같이 복사 에너지를 선택적으로 흡수하고 방출하는 물체를 **선택 흡수체**(selective absorber)라고 한다.

선택 흡수와 대기의 온실효과 지구 환경에는 수많은 선택 흡수체가 있다. 예를 들어, 눈은 적외선 복사를 잘 흡수하지만 태양광선은 잘 흡수하지 못한다. 복사열을 선택적으로 흡수하는 물체는 같은 파장으로 복사열을 선택 방출한다. 그러므로 눈은 적외선 에너지를 잘 방출한다. 밤에 눈은 주위에서 흡수하는 것보다 훨씬 많은 적외선 에너지를 방출한다. 이처럼 적외선 복사열을 대량으로 상실하는 데다 눈의 단열 속성이 합쳐져서 맑은 겨울밤 눈 위의 공기가 극도로 냉각되는 것이다.

그림 2.11에 대기권의 가장 중요한 선택 흡수 기체가 일부 제시되어 있다. 수증기(H_2O)와 이산화탄소(CO_2)는 적외선 복사를 강하게 흡수하지만 가시광의 태양 복사는 잘 흡수하지 못한다. 이 밖에 덜 중요한 선택 흡수체로는 아산화질소(N_2O), 메탄(CH_4), 오존(O_3) 등이 있다. 이러한 기체들은 지구 표면에서 방출된 적외선 복사를 흡수하여 운동 에너지를 얻는다. 이들 기체 분자들은 적외선 에너지를 잘 흡수하지 못하는 산소, 질소 등 주위 분자들과 충돌함으로써 얻은 에너지를 나눠 갖는다. 분자 간 충돌로 대기 중 평균 운동 에너지는 증가하며, 그 결과 대기온도는 올라간다. 따라서 지표면에서 방출된 적외선 에너지 대부분은 저층 대기를 따뜻하게 한다.

수증기와 탄산가스는 선택 흡수체일 뿐만 아니라 적외선 파장에서 복사 에너지를 선택적으로 방출한다. 이들 기체로부터 나온 복사열은 각 방향으로 흩어진다. 이 에너지 일부는 지구 표면으로 향해 그곳에서 흡수됨으로써 지상온도를 높인다. 이번엔 지구가 적외선 에너지를 위로 방출해 거기서 흡수된 에너지가 대기권 하층온도를 높이게 된다.

이와 같이 수증기와 이산화탄소는 적외선 에너지를 흡수, 방출함으로써 지구의 적외선 복사 에너지가 외계로 급속히 탈출하지 못하게 막는 단열층의 역할을 한다. 이런 선택 흡수체가 존재하지 않는다면 지구 표면과 대기권 하층온도는 실제보다 훨씬 낮을 것이다. 앞서 언급했듯이 이산화탄소와 수증기가 없다면 지구의 평균 복사평형온도는 −18℃ 정도로 실제의 15℃보다 33℃나 낮을 것이다.

수증기, 이산화탄소, 메탄, 아산화질소 등 기타 기체의 흡수성은 한때 온실 유리와 비슷한 것으로 생각되었다. 예를 들면 온실의 유리는 가시 복사 에너지의 유입을 허용하지만 적외선 복사가 유출되는 것을 어느 정도 차단

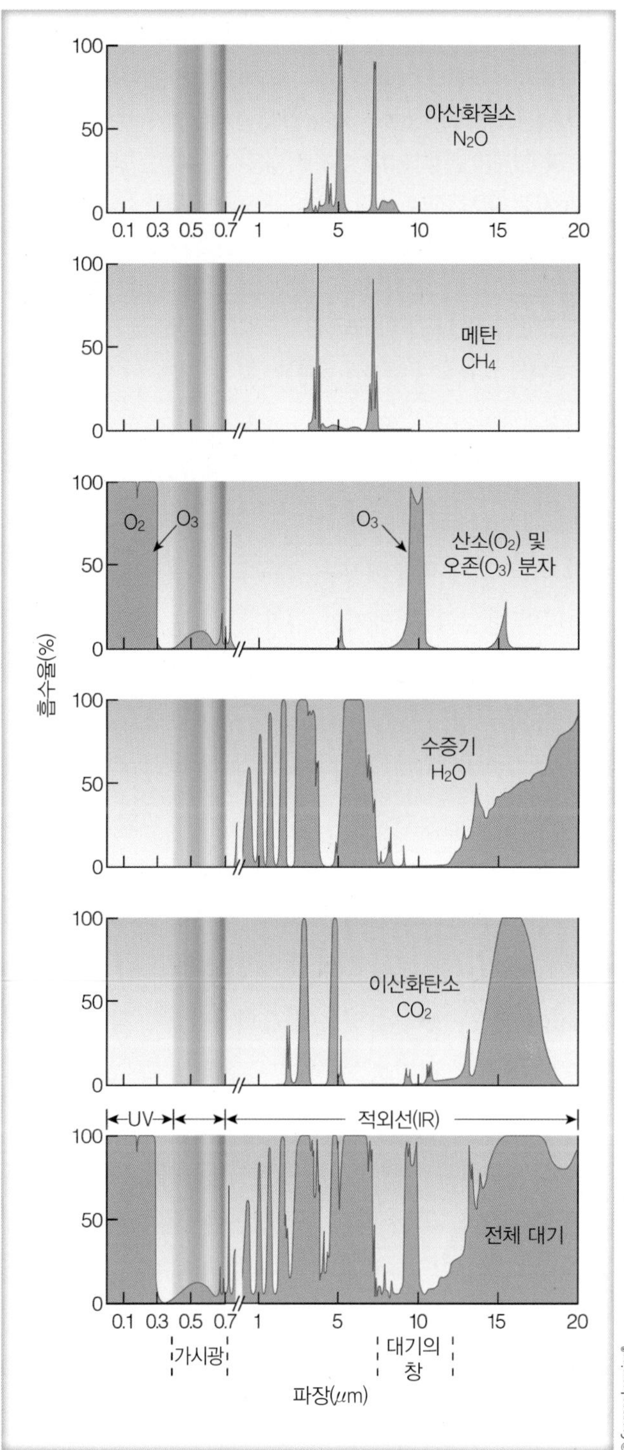

그림 2.11 ● 대기 중의 기체에 의한 복사 에너지 흡수. 연한 색 지역은 각각의 기체에 의해 흡수된 복사 에너지의 비율을 나타낸다. 수증기와 이산화탄소가 적외선 복사를 가장 많이 흡수한다. 맨 아래 그림은 대기 중 모든 가스에 의한 복사 에너지 흡수율을 나타낸다.

알고 있나요?

미국에서는 해마다 30명이 넘는 영유아와 더 많은 애완동물이 직사광선이 비치는 밀폐된 차량 안에 남겨져 열사병으로 사망한다. 꽃 가게의 온실과 마찬가지로 자동차의 내부는 태양의 복사 에너지로 따뜻해진다. 차량 내부의 온도가 급격히 상승할 수 있으므로 내부에 갇힌 열은 치명적인 결과를 초래할 수 있다. 외부 온도가 25°C 정도로 낮더라도 햇빛으로 인해 폐쇄된 차량 내부의 공기온도가 1시간 이내에 43°C 이상으로 상승할 수 있다. 더운 날에는 판독 값이 55°C를 넘을 수 있다.

한다. 이 때문에 대기 중 수증기와 이산화탄소의 작용을 **온실효과**(greenhouse effect)라고 부르는 것이다. 그러나 온실 속 공기가 따뜻해지는 것은 그 온실 속에서 공기가 순환되어 바깥의 찬 공기와 섞이지 못하는 데 더 큰 원인이 있음을 보여준 연구 결과가 있다. 이러한 연구 결과를 이유로 일부 학자들은 온실효과를 대기효과로 불러야 한다고 주장한다. 따라서 지구의 평균 표면 온도를 본래보다 높게 유지하는 수증기와 이산화탄소의 역할을 말할 때 대기 온실효과란 용어를 사용하게 된다.

그림 2.11을 보면 가장 아래 그림에 수증기와 이산화탄소가 적외선 복사열을 즉각 흡수하지 않는 약 8~11 μm에 걸친 영역이 있음에 유의하라. 이 정도 파장의 방출 에너지는 대기를 통과해 우주공간 쪽으로 빠져나가기 때문에 8~11 μm의 파장 범위를 **대기의 창**(atmospheric window)이라 한다. 밤에는 구름이 대기 온실효과를 증진한다. 작은 액체 구름방울은 적외선 복사를 잘 흡수하나 태양의 가시 복사는 잘 흡수하지 못하므로 선택 흡수체라 할 수 있다. 구름은 8~11 μm 파장까지도 흡수하기 때문에 대기의 창을 닫아 대기 온실효과를 높이는 역할을 한다.

구름은 적외선 복사의 우수한 방출체이기도 하다. 구름 꼭대기에서는 적외선 에너지가 위로 복사되고 밑면에서는 에너지가 지구 표면으로 복사되어 지표면에 흡수되었다가 다시 구름으로 재복사되는 것이다. 이러한 과정은 바람이 없고 구름이 낀 밤이, 바람이 없고 맑은 밤보다 기온을 더 높게 유지한다. 이 구름이 다음 날까지 남아 있으면 구름은 태양광선 중 많은 양을 우주로 반사시킴으로써 지구에 도달하지 못하도록 막게 된다. 이때 지표면은 완전히 개었을 때 보다 덜 더워지기 때문에 바람이 없고 구름 낀 날은 일반적으로 맑고 바람이 없는 날보다 기온이 낮은 것이다. 따라서 구름이 끼면 밤 기온은 비교적 높고, 낮 기온은 비교적 낮은 것이다.

요컨대 대기 온실효과는 수증기, 이산화탄소 및 기타 소량 기체들이 선택 흡수체이기 때문에 일어나는 현상이다. 이들은 태양 복사 대부분을 지표면으로 통과시키지만 지구의 적외선 복사는 다량 흡수함으로써 이것이 우주로 급속히 빠져나가지 못하도록 막는다. 온실효과는 지구상에서 생명체가 살 수 있도록 기온을 유지해 준다. 온실효과가 없으면 지표면의 공기는 매우 한랭하기 때문에, 온실효과는 단지 "좋은 것"이 아니라 지구상의 생명체에게는 절대적인 것이다(그림 2.12 참조).

온실효과의 강화 기온 측정에 포함된 많은 불확실성에도 불구하고, 연구 결과에 따르면 지난 세기 지구 표면 기온은 1.0°C 가량 상승한 것으로 드러났다. 최근 수년 동안 이러한 지구 온난화 추세는 지속되고 있을 뿐 아니라 심화되고 있기도 하다. 오늘날에는 대기와 해양의 물리 과정을 수학적으로 시뮬레이션하는 과학적 컴퓨터 모델이 있다. 이들 기후 모델은 지구의 승온 현상이 수그러들지 않고 지속될 경우 돌이킬 수 없는 해수면 상승과 같은 기후 변화의 부정적 영향에 직면하게 될 것임을 예측하고 있다.

이와 같은 기후변화의 주범은 주로 화석 연료의 연소와 벌목으로 농도가 증가하고 있는 온실가스인 이산화탄소(CO_2)인 것으로 보인다. 그러나 최근 수년 동안 메탄(CH_4), 아산화질소(N_2O), 염화불화탄소(CFC) 등 다른 온실가스의 농도 상승은 합산해서 이산화탄소와 거의 맞먹는 효과를 내는 것으로 드러나고 있다. 그림 2.11로 돌아가서 메탄가스와 아산화질소가 적외선 파장에서 강력히 흡수하는 모습을 주목해 보라. 더욱이 특정 CFC(CFC-12)는 8~11 μm 사이의 대기의 창 영역에서 흡수

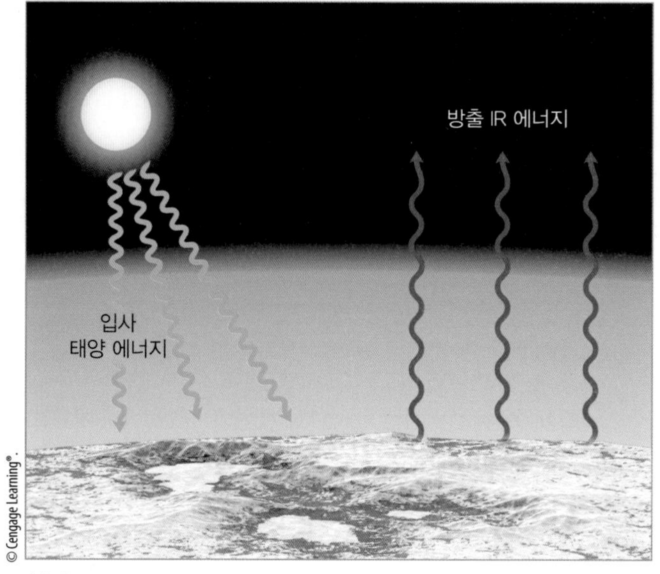

(a) 온실효과가 없을 때

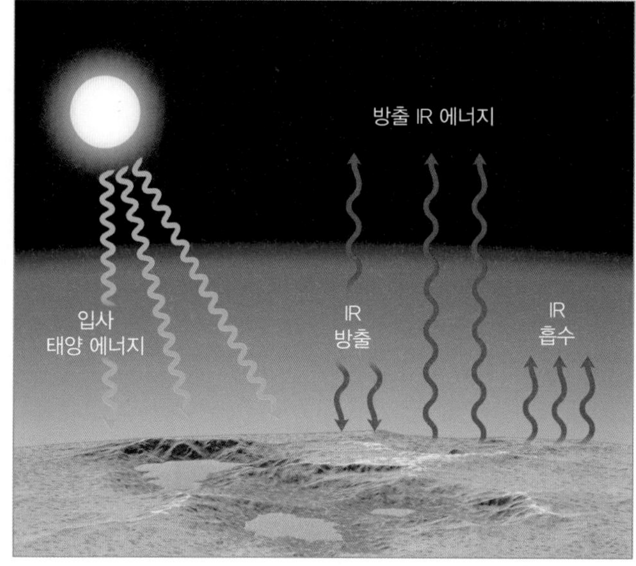

(b) 온실효과가 있을 때

그림 2.12 ● 낮에는 태양광선이 지구 표면을 데우고 지표면은 밤낮으로 적외선 복사를 위로 방출한다. (a) 수증기, 이산화탄소, 기타 온실가스들이 없다면, 지구 표면에서는 끊임없이 적외선 에너지가 방출되면서 대기권 하층으로부터 적외선 에너지를 돌려받지 못해 대기 온실효과가 발생하지 않으며 지표면 평균기온은 현재보다 훨씬 낮아질 것이다. (b) 지표면 근처에서 수증기, 이산화탄소, 기타 미량 기체들이 적외선 에너지를 흡수했다가 다시 지상으로 되돌려 보내 대기 온실효과를 일으킨다. 이 현상은 열을 차단하는 담요처럼 온기를 보존해 지구 표면의 평균기온을 15℃로 유지하는 데 기여한다.

를 한다. 따라서 적외선 복사에 대한 흡수효과 면에서 볼 때 CFC-12 분자 단 하나만 대기에 추가되어도 이는 이산화탄소 분자 1만 개에 해당한다. 전반적으로 대기 온실효과의 원인 중 수증기가 60%, 이산화탄소가 약 26%, 그리고 나머지 온실가스들이 약 14%를 차지한다.

현재 일정량의 지면 근처 공기에서 이산화탄소의 농도는 약 0.04%이다. 기후 모델들은 이산화탄소가 계속 산업화 이전 수준인 0.04%의 2배 이상으로 증가하고 다른 온실가스들도 계속해서 증가할 경우 지구의 현재 평균기온은 금세기 말까지 1℃~3℃ 상승할 것으로 예측하고 있다. 어떻게 이처럼 적은 양의 이산화탄소 증가와 소량의 다른 온실가스 증가가 그렇게 큰 온도 상승을 초래할 수 있을까?

수학적 기후 모델은 상승하는 해양온도가 해수증발율을 증가시킬 것으로 예측하고 있다. 대표적 온실가스인 수증기의 증가는 대기 온실효과를 높이고 **양의 되먹임**(positive feedback) 방식으로 기온 상승을 배가시킬 것이다. 되먹임이란 어떤 과정의 초기 변화가 그 과정을 강화하거나[양의 되먹임] 혹은 약화시키는[음의 되먹임] 과정을 말한다. 예를 들어, 수증기-온도 상승 되먹임은 양의 되먹임이다. 온도의 초기 상승이 수증기 증가로 더욱 강화되기 때문이다. 수증기는 지구의 적외 에너지를 더 많이 흡수함으로써 온실효과를 강화하고 온난화를 증가시킨다.

기후 시스템에서 가장 크지만 이해하기 어려운 되먹임이 구름과 해양이다. 구름은 기후 변화는 물론 위치, 깊이 및 복사 특성을 바꿀 수 있다. 이들 변화의 순효과는 현재로서는 전적으로 명확하지 않다. 반대로, 해양은 지구의 70%를 덮고 있다. 지구 온난화에 대한 해양의 순환, 해양의 온도 및 빙하의 반응이 기후 변화의 지구적 유형과 속도를 결정할 것이다. 유감스럽게도 현재로서는 이들 각각의 반응 속도가 알려져 있지 않다. **지구복사수지 실험**에서 나온 위성 데이터에 따르면 구름은 흡수하는 것보다 많은 에너지를 반사하고 방출하기 때문에 전반적으로 지구의 기후를 냉각시키는 것 같다(만약 구름이 없다면 지구의 온도는 약 5℃ 더 높을 것이다). 그러므로 지구의 흐린

알고 있나요?

지상의 평균 온도는 지난 10년(1991~2000)보다 이 세기의 첫 10년(2001~2010) 동안 약 0.2℃ 더 상승했다. 온난화 추세가 이 속도로 계속된다면, 21세기는 지난 세기 동안의 약 0.6℃의 온난화와 비교하여 2℃ 이상 상승할 것으로 예상된다.

날씨가 만약 증가할 경우 대기 온실효과의 강화로 말미암은 지구 온난화는 일부 상쇄될 수 있을 것이다. 구름이 이런 방식으로 기후시스템에 작용한다면 이때 구름은 기후에 음의 되먹임(negative feedback) 작용을 하는 셈이다. 실제 결과는 어떤 유형의 구름이 존재하느냐 따라 달라질 수 있다. 왜냐하면 어떤 구름은 반사도가 더 크므로 다른 유형의 구름보다 냉각효과가 더 강하다. 가장 최신의 기후모델에 의하면 구름양의 변화는 전반적으로 보다 많은 열이 대기 중에 간직되도록 할 가능성이 높아, 기후시스템에 소규모 양의 되먹임이 작용하는 경향을 보인다.

이산화탄소와 기타 온실가스 농도의 상승이 대기 온실효과 증가에 미치는 영향과 관련해서는 물론 불확실성이 존재한다. 그럼에도 불구하고 많은 과학적 연구는 금세기 말까지 대기 중 온실가스의 농도 상승이 지구적 규모의 기후 변화로 이어질 것임을 시사하고 있다. 이와 같은 변화는 해양자원과 농산물 생산성에 부정적 영향을 미칠 수 있다(우리는 기후 변화를 더 상세하게 다루고 있는 13장에서 이 문제를 더 논의할 것이다).

요점 복습

지금까지 다룬 주요 개념 및 사실을 정리해 보자.

- 절대 영도 이상의 온도를 가진 모든 물체는 복사를 방출한다.
- 물체의 온도가 높을수록 단위면적당 복사 방출량은 많아지며 최대 방출의 파장은 짧아진다.
- 지구는 낮 시간에만 태양 복사를 흡수하며 밤 · 낮 모두 적외선 복사를 끊임없이 방출한다.
- 지구는 흑체처럼 작동하며 대기보다 더 잘 흡수하고 방출한다.
- 수증기와 이산화탄소는 적외선 복사열을 선택적으로 흡수하는 대기 중 주요 온실가스로 이 과정을 통해 지구의 지상 평균기온을 높게 유지한다.
- 바람 없고 구름 낀 밤에는 구름이 적외선 복사열을 강력히 흡수했다가 방출하므로 맑고 바람 없는 밤보다 따뜻한 경우가 빈번하다.
- 온실효과 그 자체는 문제가 되지 않지만 온실가스 증가에 따른 온실 효과의 심화가 문제이다.
- 온실가스의 농도가 지속적으로 증가함에 따라 지상 평균기온은 금세기 말까지 서서히 상승할 것으로 보인다.

이러한 개념을 염두에 두고 우리는 먼저 지상의 공기가 어떻게 더워지는가를 검토할 것이다. 그런 뒤 지구와 대기가 어떻게 연간 에너지균형을 유지하는지를 살펴볼 것이다.

하부로부터 공기의 가열 여러분이 그림 2.11을 다시 살펴보면 대기는 태양 에너지 대부분이 방출되는 0.3과 1.0 μm 사이 영역의 파장에서는 복사 에너지를 대체로 흡수하지 못한다는 것을 확인할 수 있다. 결론적으로 맑은 날 낮 동안 태양 에너지는 대기권 하층을 투과하면서 대기 자체에는 별 영향을 주지 않는다. 지구 표면에 도달한 태양 에너지로 지표면은 더워진다(그림 2.13 참조). 가열된 표면과 접촉한 공기 분자들은 지표면과 충돌하면서 전도작용으로 에너지를 얻은 후 마치 팝콘처럼 위로 솟구친다. 지표면 근처의 공기밀도는 매우 높기 때문에 공기 분자들은 곧 다른 분자들과 충돌하며, 충돌 시에는 보다 빨리 움직이는 분자들이 덜 빨리 움직이는 분자에 에너지를 나눠줌으로써 결과적으로 평균기온을 높인다. 그러나 공기는 열을 잘 전도하지 못하므로 이러한 과정은 지상 수 cm 범위 내에서만 의미를 지닌다.

지표면 공기가 더워지면 위로 올라가고 찬 공기는 밑으로 내려온다. 이때 열기포, 다시 말해 열을 위로 올려보내 보다 두꺼운 층의 대기로 분포시키는 자유대류세포가 형성된다. 상승공기는 팽창하여 냉각되고, 습도가 충분하면 수증기가 구름방울로 응결되어 잠열을 방출하고, 이것이 대기를 가열한다. 한편 지구는 끊임없이 적외선 에너지를 방출하는데 수증기, 이산화탄소 등 온실가스들이 이를 흡수했다가 재방출한다. 지구 상공에서 수증기 밀도는

그림 2.13 ● 대기권 최하층의 공기는 하부로부터 가열된다. 햇빛으로 지표면이 더워지면 전도, 대류, 복사를 통해 그 위의 공기가 더워진다. 수증기의 응결 시 잠열이 대기 중으로 방출되기 때문에 추가 가열이 발생한다.

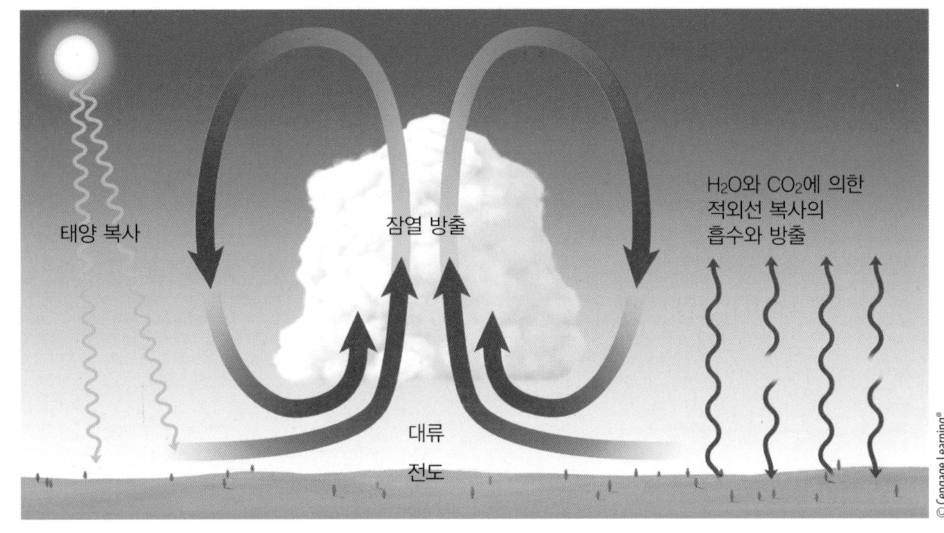

급속히 낮아지므로 흡수는 대부분 지표 근처 대기층에서 일어난다. 그러므로 하층 대기는 주로 하부로부터 가열되는 것이다.

태양에서 오는 단파복사 태양 복사 에너지는 대기권에 도달하기 전에는 어떤 간섭도 받지 않고 우주공간을 통과한다. 대기의 맨 위층에서 태양광선에 수직한 면이 받는 태양 에너지는 1분당 1 cm^2에 거의 2cal(1361 W/m^2)로 일정 수준을 유지하는 것으로 나타났다. 이것을 **태양 상수**(solar constant)라 한다.

태양 복사 에너지가 지구 대기권에 진입할 때 여러 가지 상호작용이 일어난다. 예를 들면, 에너지의 일부는 초고층 대기에서 오존과 같은 기체에 의해 흡수된다. 더욱이 태양광선이 공기 분자와 먼지 입자 같은 매우 작은 물체에 충돌할 때는 광선 자체가 전방, 측면 및 후방 등 모든 방향으로 편향된다. 이런 방법으로 빛이 분산되는 것을 **산란**(scattering)이라고 한다(산란광은 확산광이라고도 한다). 공기 분자는 가시광선의 파장보다도 훨씬 작기 때문에 상대적으로 긴(붉은색) 파장보다는 상대적으로 짧은(푸른색) 파장을 산란시키는 데 더 효과적이다(그림 2.14 참조). 따라서 우리가 태양의 직사광선에서 눈을 돌릴 때 푸른 광선이 모든 방향에서 우리 눈에 들어옴으로써 낮의 하늘이 푸르게 보이는 것이다. 한낮에는 태양으로부터 오는 가시광의 모든 파장이 우리 눈에 들어와 하늘이 하얗게 보인다(그림 2.15 참조). 일출과 일몰 시 태양의 흰 광선이 대기의 두터운 부분을 통과해야 할 때 공기 분자들에 의한 산란으로 푸른 빛은 제거되고 상대적으로 긴 파장의 빨간색, 주황색, 노란색 빛이 통과하면서 붉은 태양 혹은 황색 태양을 만드는 것이다(그림 2.16 참조).

태양광선은 물체에서 **반사**(reflection)된다. 일반적으로 반사와 산란은 구별되는데, 빛이 반사될 경우 보다 많은 양이 되돌아간다. **알베도**(albedo)는 지표면에 처음 도달하는 복사 에너지의 양과 반사되는 복사 에너지의 비율을 나타낸다. 즉, 알베도는 지표면의 반사율을 의미한다.

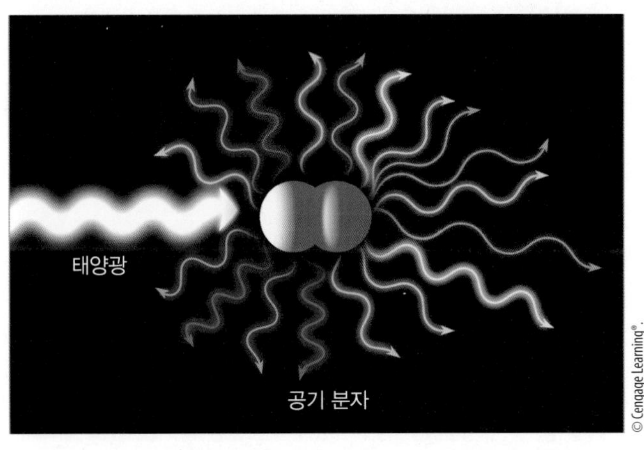

그림 2.14 ● 공기 분자에 의한 빛의 산란. 공기 분자들은 선택적으로 가시광선 중 파장이 긴(주황, 노랑, 빨강) 광선보다는 짧은 파장(보라, 초록, 파랑)의 빛을 더 잘 산란한다.

그림 2.15 ● 정오에 태양은 밝고 하얗게 보인다. 일출과 일몰 시에는 햇빛이 보다 두터운 대기층을 통과해야 하므로, 이때 파란색 파장은 대부분 산란되어 태양이 붉게 보인다.

그림 2.16 ● 대기의 산란에 의해 붉게 물든 일몰 광경.

▼ 표 2.2 각종 표면의 알베도

표면	알베도(%)
신적설	75~95
구름(두꺼운)	60~90
구름(얇은)	30~50
금성	78
얼음	30~40
모래	15~45
지표와 대기	30
화성	17
초지	10~30
건조한 경작지	5~20
수면	10*
삼림	3~10
달	7

*일평균.

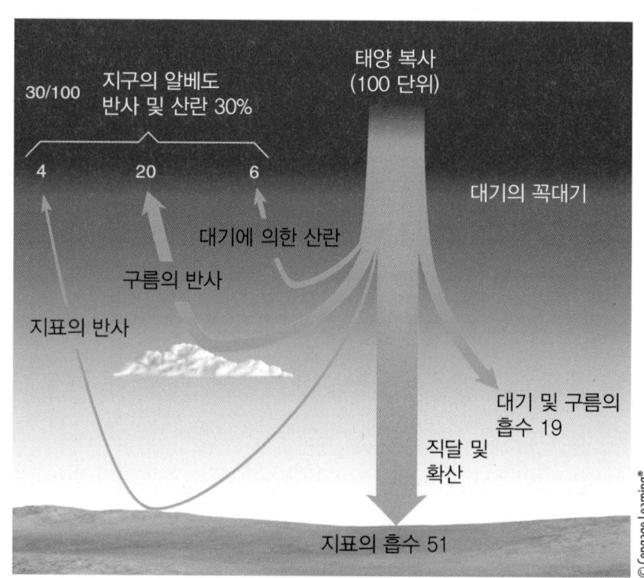

그림 2.17 ● 연간 지구 대기권에 도달하는 태양 에너지 중 평균 30% 가량이 반사, 산란되어 우주공간으로 돌아가며, 나머지 중 약 19%는 대기와 구름이, 51%는 지표면이 각각 흡수한다.

표 2.2는 두꺼운 구름이 얇은 구름보다 높은 반사율을 지니고 있음을 보여 준다. 구름의 평균 반사율은 60% 정도이다. 눈 덮인 지상의 반사율은 최고 95%에 이른다. 그러나 수면의 반사율은 매우 낮아 하루 종일 약 10%에 그친다. 비교적 어두운 지표면의 반사율은 4%밖에 안 된다. 그러므로 지구와 대기의 연간 평균 알베도는 30% 정도이다(그림 2.17 참조).

지구의 연간 에너지 균형 지구의 어떤 지역 평균기온은 매년 큰 차이를 보이지만 지구 전체의 평균 평형 기온은 해가 바뀔 때 미미한 변화를 보일 뿐이다. 이는 지구와 대기가 매년 태양으로부터 받은 만큼의 에너지만 우주로 방출해야 한다는 것이다. 같은 유형의 에너지 균형은 지표면과 대기 사이에도 존재해야 한다. 다시 말해 지표면은 해마다 흡수한 양과 같은 양의 에너지를 대기로 돌려보내야 한다. 만약 그렇지 않다면, 지구의 평균 표면 기온은 변할 것이다. 그렇다면 지구와 대기는 어떻게 이 같은 연간 에너지 균형을 유지하는가?

가령 태양 에너지 100단위가 지구 대기 꼭대기에 도달한다고 가정해 보자. 그림 2.17을 보면 구름, 지표면, 대기는 평균적으로 이 중 30단위를 반사, 산란해 우주공간으로 되돌려 보내고, 대기와 구름이 합쳐서 19단위를 흡수하며, 나머지 직 · 간접 태양 에너지 51단위는 지표면에서 흡수됨을 알 수 있다.

그림 2.18은 지표면과 대기에 흡수된 태양 복사 에너지에 어떤 일이 일어나는지를 대략적으로 설명해 준다. 지표면에 도달하는 51단위 중 23단위는 물에 용해되고 약 7단위는 전도와 대류를 통해 상실된다. 나머지 21단위는 적외선 에너지로 복사된다. 그림 2.18을 자세히 보면 지구 표면은 실제 117단위라는 엄청난 양을 위로 복사하는 것으로 나타나 있다. 지구는 낮 동안에만 태양 에너지를 받지만 적외선 에너지를 밤낮 가리지 않고 끊임없이 방출하기 때문에 그런 결과가 나오는 것이다. 더욱이 상공의 대기는 아주 작은 부분(6단위)만을 우주공간으로 통과시킨다. 117단위 중 대부분인 나머지 111단위는 주로 수증기와 이산화탄소 등 온실가스와 구름에 흡수된다. 이 중 대부분인 96단위는 지구로 되돌아와 온실효과를 만든다. 이러한 교환에서 지구 표면의 손실 에너지(147단위)는 지표면에서 획득하는 에너지(147단위)와 정확한 균형을 이룬다.

지표면과 대기 사이에도 비슷한 균형이 존재한다. 다시 그림 2.18에서 대기가 얻은 에너지(160단위)는 상실한 에너지와 균형을 이루고 있음을 살펴보자. 지구 표면에서 흡수되는 연평균 태양 에너지(51단위)와 대기에 흡수되는 에너지(19단위)는 지구 표면에서 우주공간으로 빠져나가는 에너지(6단위) 및 대기에서 우주공간으로 방출되는 에너지(64단위)와 균형을 이룬다.

우리는 단지 복사의 개념에서 에너지 균형을 논할 때 전도, 대류, 잠열이 대기의 승온에 영향을 준다는 사실을

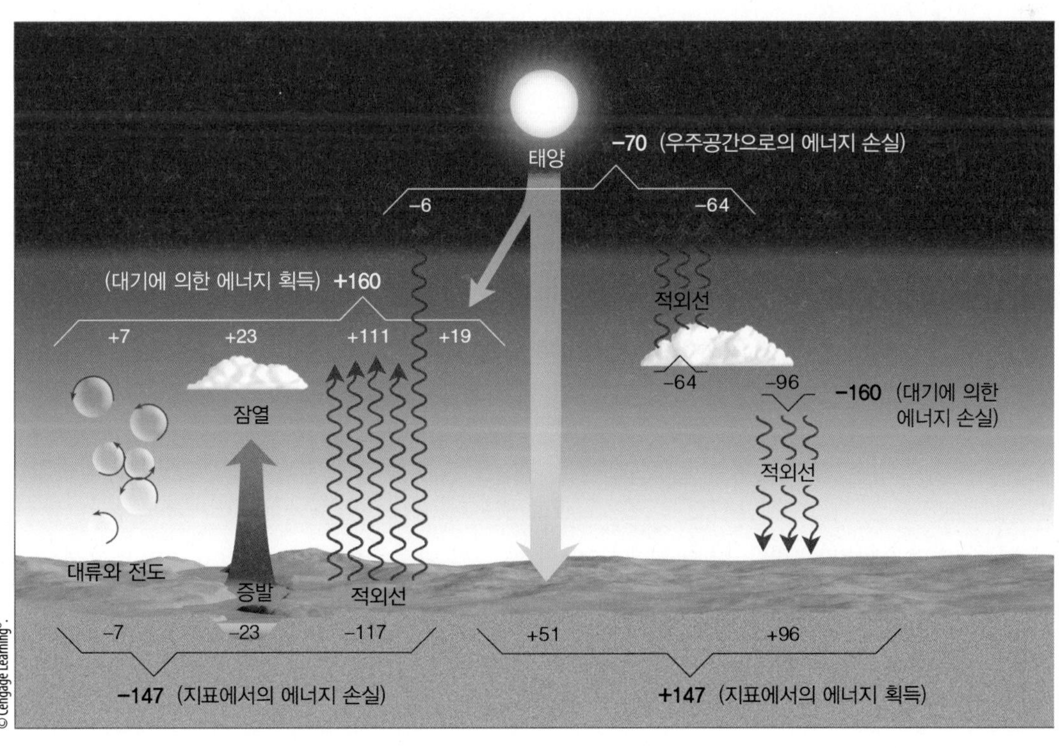

그림 2.18 ● 지구와 대기의 에너지 균형. 이 그림의 숫자는 지상 관측과 위성 자료에 근거한 대략적인 수치이다. 실제 수치와는 몇 % 차이가 있을지 모르나 여기에 나타난 숫자의 상대적 크기가 중요하다.

FOCUS ON A SPECIAL TOPIC 2.3

우주 기상이 지구에 미치는 영향

태양은 지구에서 약 1억 5천만 km 떨어진 거리에 위치해 있는 우리와 가장 가까운 별이다. 이처럼 먼 거리에서도 태양은 생명이 번성하기에 충분한 에너지를 제공한다. 태양은 그 중심온도가 1천 5백만 도(℃)로 추산되는 거대한 천체 용광로이다. 여기서 일어나는 열핵 작용으로 엄청난 에너지가 발생해 서서히 밖으로 확산한다. 태양은 표면에서 막대한 양의 복사에너지를 방출한다. 태양은 또 다량의 자력과 표면으로부터 외부를 향해 전 방향으로 흐르는 엄청난 하전 입자를 방출한다. 이들은 우리의 대기권에 수시로 영향을 미쳐 우주 기상(space weather)으로 알려진 다양한 결과를 만들어낸다.

오로라로 불리는 기이하면서도 아름다운 빛의 쇼는 가장 보편적으로 관찰되는 우주 기상 현상이다. 어둠이 깔린 뒤 높은 하늘에 흰 광채가 희미하게 나타나는 것을 볼 수 있다. 이 빛은 수 분, 길면 수 시간 지속된다. 무지개보다 훨씬 폭이 넓은 황록색 호광 모습을 띠거나 잔잔한 미풍에 날리듯 모양과 위치를 끊임없이 바꾸면서 푸른색, 녹색, 자주색의 번쩍이는 빛으로 하늘을 장식하기도 한다(그림 4 참조).

극광은 태양에서 나온 하전 입자들이 지면 위 80 km 이상 떨어진 열권의 대기와 상호작용함으로써 일어난다. 태양과 그 옆은 대기권에서는 입자들이 끊임없이 방출된다. 이러한 방출은 매우 높은 고온에서 기체들이 격렬한 충돌로 전자를 빼앗기고 태양의 중력

그림 5 ● 북반구 극광은 태양에서 나오는 고에너지 입자들이 지구의 대기와 상호작용함으로써 일어나는 현상이다.

알 수 있다. 지구 표면은 태양과 지구 대기로부터 147단위의 복사 에너지를 흡수하는 반면에 117단위만을 방출함으로써 30단위의 과잉 에너지를 남긴다. 이와는 반대로, 대기는 130단위(태양에서 19단위, 지구에서 111단위)를 흡수하고 160단위를 상실함으로써 30단위가 부족해지는 결과를 빚는다. 이 30단위는 전도와 대류를 통한 열 전달(7단위)과 잠열 방출(23단위)로 대기의 가열에 쓰인다.

또한, 지구와 대기는 태양으로부터는 물론 상호 간에 에너지를 흡수한다. 이 모든 에너지 교환에서 미묘한 균형이 이루어진다. 기본적으로 연간 총 에너지의 증감은

을 이탈할 수 있을 만큼 충분한 속도를 얻기 때문에 발생한다. 이들 하전 입자들(이온, 전자)은 우주공간을 이동하기 때문에 태양풍으로 알려져 있다. 태양풍은 지구에 충분히 가까워지면 지구 자기장과 상호작용하여 자기장을 교란한다(그림 5 참조). 이와 같은 교란 작용을 통해 고에너지 태양풍 입자들이 상층 대기권에 진입해 대기 기체와 충돌하게 된다. 기체들은 충돌에 자극받아 가시 복사에너지(광선)를 방출하게 되고, 이로 말미암아 하늘이 마치 네온처럼 빛나면서 극광이 나타나는 것이다.

북반구에 나타나는 극광을 북극광(aurora borealis), 남반구의 극광을 남극광(aurora australis)이라고 부른다. 오로라는 지구에서 지구 자력선이 발생하는 극지에서 가장 흔하게 발견된다.

오로라 현상은 약 11년에 한 번씩 최고조에 달하는 태양활동주기가 가장 활발한 기간에 가장 빈번하고 강력하다. 그 기간에는 수많은 태양흑점(태양표면의 상대적 저온구역)과 거대한 불꽃(태양폭발)이 발생한다. 이 불꽃이 초고속(1초에 수백 km)으로 태양 밖을 향해 이동하는 태양풍 입자를 다량 내보낸다. 이러한 태양폭발이 지구를 향해 발생할 때 고에너지 입자들은 지구 자기장 속으로 매우 깊숙이 침투하여 태양폭풍으로 불리는 상태를 조성할 수 있다. 북아메리카에서 이런 상태가 발생하면 평소보다 훨씬 남쪽에서 오로라를 볼 수 있다.

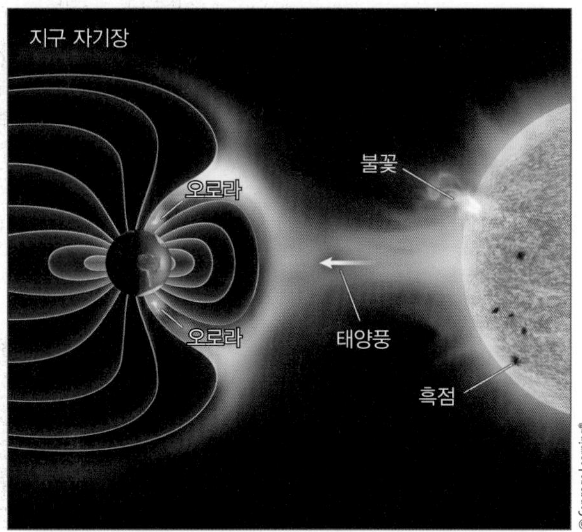

그림 6 ● 태양에서 발생한 하전입자–태양풍으로 불리는–들이 지구의 자기장을 교란하는 모습. 자력선을 따라 나선형으로 움직이는 이들 입자는 대기가스와 상호작용하면서 오로라를 만들어 낸다.

오로라의 미관과 함께 태양폭풍은 수많은 부정적 영향을 자아낼 수도 있다. 1859년 대규모 태양폭풍이 세계 전역에서 전신장애를 일으켰다. 1989년 3월에 발생한 또 다른 태양폭풍은 퀘벡 전역에서 수백만 주민들에게 수 시간 동안 전력공급을 중단시키기도 했다. 항공사들은 매우 강도가 높은 태양폭풍 기간에는 양극지역을 멀리 피해 항공노선을 재조정하여 무선통신 장애 위험을 줄이기도 한다. 태양폭풍은 인공위성 활동에도 영향을 끼칠 수 있다. 오늘날 수많은 유형의 인공위성이 통신, 항해, 기타 목적에 사용되고 있기 때문에 우려는 증폭되고 있다. 지난 2003년 10월에는 수백만 달러가 소요된 일본 연구위성이 강력한 태양폭풍 기간에 장애를 일으켰다. 태양폭풍은 외기권을 가열시키기 때문에 인공위성 지연을 증가시키고 이들 위성의 궤도수명을 단축시킬 수도 있다.

우주 기상 활동은 관측된 태양흑점이 거의 1세기만에 최저수준에 머물렀던 2008~2009년 태양활동 최소기(solar minimum)에는 조용한 편이었다. 또 2013~2014년 태양활동 최대기(solar maximum)가 1세기 이상의 기간 중 가장 약한 편에 속했을 때도 우주 기상활동은 낮은 편이었다. 과학자들은 태양활동 최대기와 태양활동 최소기 기간 중에 나타나는 이러한 활동 감소 추세가 얼마나 오래 지속될 것인지 판단할 수 없다. 태양활동주기의 강도를 예측하는 방법은 아직 연구와 실험 단계에 있기 때문이다.

없으며 지구와 대기의 평균기온은 해가 바뀌어도 상당히 일정하게 유지된다. 그러나 이와 같은 균형이 지구의 평균기온에 변화가 없다는 뜻은 아니다. 다만, 그 변화는 한 해 단위로 비교할 때 아주 미미하며(0.1℃ 미만) 여러 해 단위로 측정해야 의미 있는 변화를 읽을 수 있다.

지구와 대기가 연평균 에너지 균형을 이루고 있지만 위도별로는 그렇지 못하다. 고위도 지역은 해마다 태양으로부터 받는 양보다 더 많은 에너지를 잃고, 저위도 지역은 해마다 잃는 양보다 더 많은 에너지를 얻는다. 이 때문에 해마다 고위도에서는 태양으로부터 흡수하는 에너

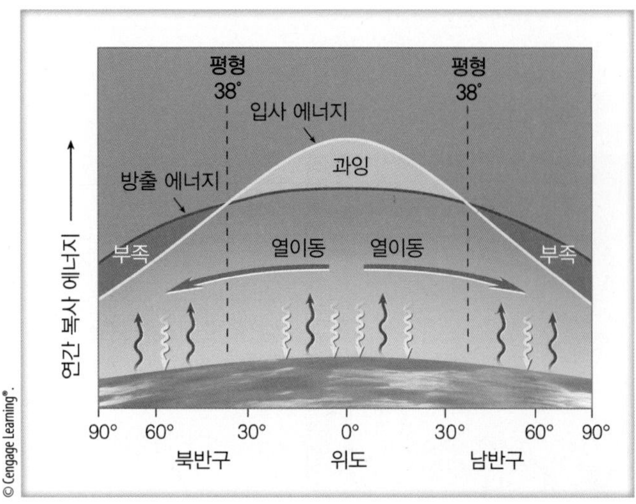

그림 2.19 ● 지표와 대기가 흡수하는 연평균 입사 태양 에너지(빨간색 선)와 지표와 대기가 방출하는 연평균 방출 지구 복사 에너지(파란색 선).

지보다 더 많은 에너지를 우주공간으로 방출하며, 반대로 저위도에서는 우주공간으로 방출하는 에너지보다 더 많은 에너지를 흡수한다. 그림 2.19를 보면 38° 근처의 중위도에서만 1년 중 흡수 에너지와 방출 에너지가 평형을 이룬다는 사실을 알 수 있다. 이렇게 보면 한대지방은 해마다 추워지고 열대지방은 점점 더 더워진다는 결론을 내릴 수도 있다. 그러나 실제로는 다르다. 이 같은 에너지의 획득과 상실을 조절하는 것이 대기의 바람과 해양의 해류이다. 바람과 해류는 따뜻한 공기와 물을 한대지방으로, 찬 공기와 물을 열대지방 쪽으로 이동시킨다. 이와 같은 열의 이동으로 저위도 지방이 점점 더워지고 고위도 지방이 점점 추워지는 것을 막는다. 이러한 순환은 기상과 기후에 매우 중요하며 7장에서 보다 자세히 알아볼 것이다.

이제 일사로 어떻게 지구의 계절이 나타나는지에 관심을 돌려보기로 한다. 그에 앞서 우선 태양 에너지 입자들이 **극광**(aurora)으로 알려진 찬란한 빛의 향연을 만들어 내는 과정을 설명한 포커스 2.3(P.50)을 읽어보자.

지구의 계절

지구는 타원을 그리면서 365일보다 약간 더 걸려 한 번씩 태양 주위를 완전히 공전한다. 지구는 태양 둘레를 공전하면서 24시간에 한 번씩 자전을 한다. 지구에서 태양까지의 평균거리는 1억 5,000만 km이다. 지구의 궤도는 타원이므로 지구와 태양 간 실제 거리는 연중 시점에 따라 차이가 난다. 지구는 1월에 태양에 보다 가까워지며(1억 4,700만 km), 7월에는 1억 5,200만 km로 멀어지게 된다(그림 2.20 참조). 이 사실에 의하면 1월이 가장 덥고 7월이 가장 추워야 하겠지만 북반구에서는 지구가 태양에 보다 가까워지는 1월에 추운 날씨가 되고 두 천체 사이가 멀어지는 7월에 더운 날씨가 된다. 만약 태양과의 거리가 계절의 주원인이 된다면, 1월이 7월보다 더워야 할 것이다. 그러나 이 거리는 아주 작은 요인에 불과하다.

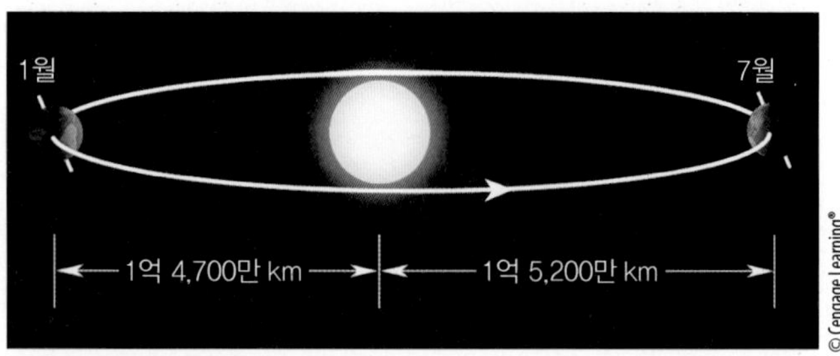

그림 2.20 ● 태양 주위를 공전하는 지구의 타원 궤도 때문에 지구는 7월보다 1월에 태양에 약간 가까워진다.

지구의 계절은 지표면에서 흡수되는 태양 에너지의 양에 좌우된다. 이 양은 태양광선이 지표면에 비치는 각도에 따라 주로 결정된다. 또 다른 요인은 일정한 위도상에 얼마나 오랜 시간 햇빛이 비치느냐(낮 시간) 하는 점이다.

지표면에 수직으로 비치는 태양 에너지는 비스듬히 비치는 것보다 훨씬 강력하다. 벽에 손전등을 벽면과 수직으로 비칠 때 빛은 벽에 작은 원을 만든다(그림 2.21 참조). 전등을 기울이면 빛의 점은 보다 넓은 면적으로 확산된다. 태양광선에도 같은 원리가 적용된다. 비스듬히 지구에 도달하는 태양광선은 수직으로 도달하는 광선보다 더 넓게 퍼져 보다 넓은 지역을 덥힌다. 태양광선을 수직으로 받는 지역은 비스듬히 받는 지역보다 더 많은 열을 흡수한다. 더욱이 태양광선을 비스듬히 비칠수록 더 많은 대기를 투과해야 하며 대기를 더 많이 통과할수록 더 많이 산란한다. 결국, 태양이 하늘 높이 떠 있을 때는 수평선에 낮게 걸려 있을 때보다 지상 기온을 훨씬 상승시킨다.

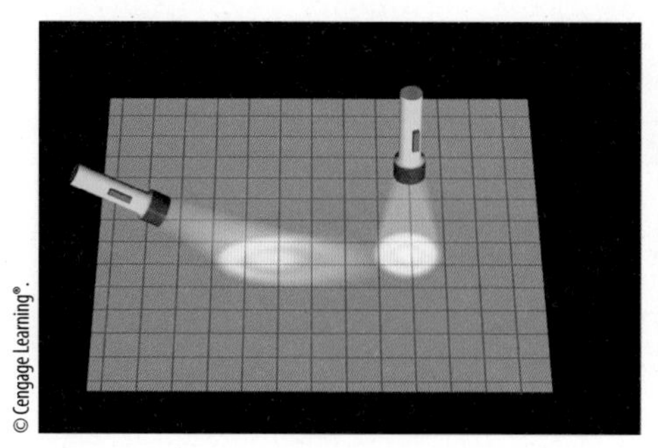

그림 2.21 ● 지표면에 비스듬히 도달하는 태양광선은 수직으로 도달하는 광선보다 넓은 지역에 확산된다. 비스듬한 태양광선은 수직 광선보다 적은 에너지를 운반한다.

지표 가열을 결정하는 두 번째로 중요한 요소는 일조 시간이다. 낮 시간이 길수록 태양에서 받는 에너지는 많아진다. 한 지점에서 볼 때 맑고 긴 낮에 지표면에 도달하는 태양 에너지는, 맑지만 짧은 낮에 도달하는 에너지보다 훨씬 많다. 그러므로 더 많은 지표 가열이 일어난다.

우리는 여름의 일광 시간이 겨울의 일광 시간보다 길고 여름날의 해가 겨울날의 해보다 높이 떠 있음을 잘 안다. 이것은 지구가 약간 기울어진 자전축 위에서 태양 주위를 공전하고 있기 때문에 일어나는 현상이다. 이 경사각은 23.5°이다(그림 2.22 참조). 지구의 축은 1년 내내 우주공간의 같은 방향을 가리키기 때문에 북반구는 여름(6월)에는 태양 쪽으로 기울고, 겨울(12월)에는 태양에서 멀어진다.

북반구의 계절 그림 2.22에서 북반구가 6월 21일 정면으로 태양을 향하고 있음을 눈여겨 보라. 이날 정오의 태양광선은 연중 다른 어느 때보다 더 정면으로 북반구를 비친다. 이때 태양은 하늘에 제일 높이 떠 있으며 북위

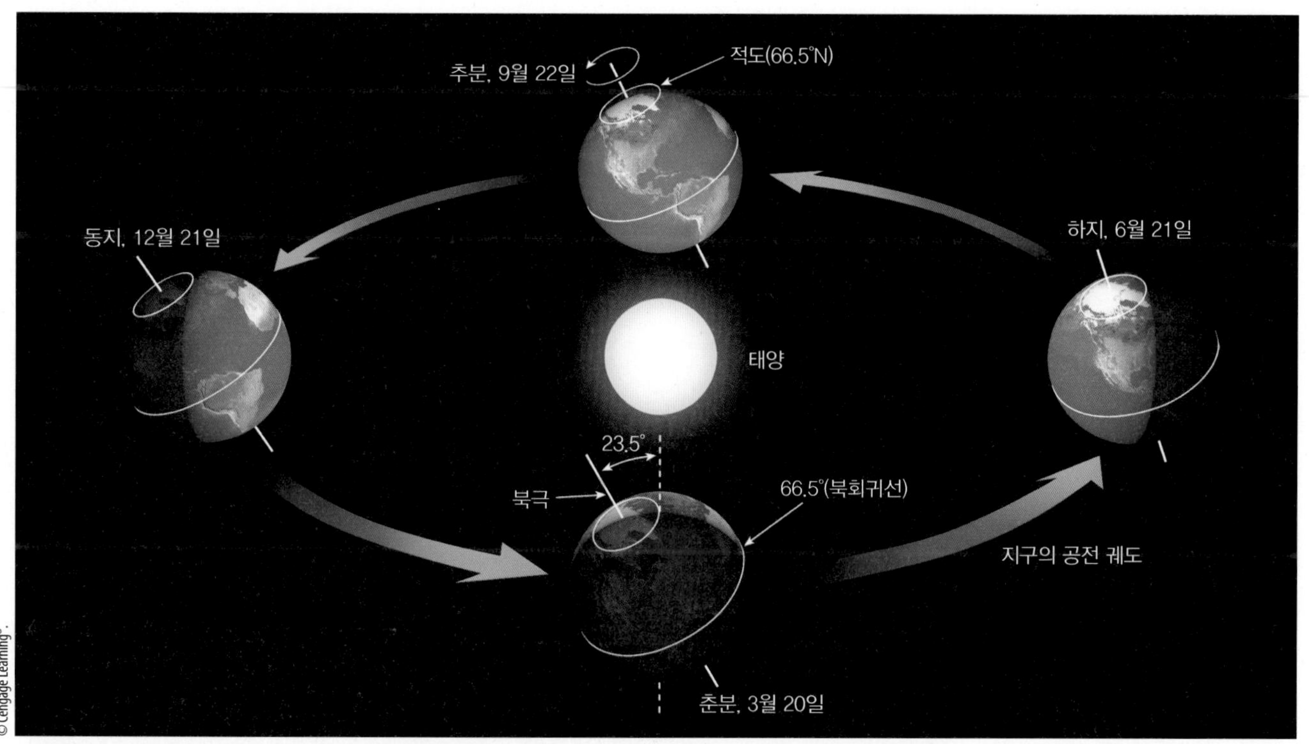

그림 2.22 ● 지구는 23.5°의 경사를 이루며 태양 주위를 돌고 있다. 지구의 축은 항상 우주공간의 같은 방향을 가리킨다. 북반구가 태양 쪽으로 기우는 6월에 햇빛이 보다 정면으로 장시간 비치기 때문에 지구가 태양으로부터 멀어지는 12월보다 날씨가 덥다(그림의 비율은 과장되어 있음. 지점(하지와 동지)과 분점(춘분과 추분)의 날짜는 그 지역과 시간대에 따라 그림의 날짜보다 하루 전후로 다를 수 있다).

23.5°(북회귀선) 바로 위에 위치한다. 만약 6월 21일 정오 북위 23.5° 선상에 서 있다면, 바로 그 지점에서 수직을 이룬 하늘에 해가 높이 떠 있음을 볼 수 있을 것이다. 이 날을 **하지**(summer solstice)라고 하며, 북반구의 여름이 시작되는 천문학적 첫날이다.

그림 2.22를 자세히 보면 지구가 자전할 때 태양을 향하는 쪽은 햇빛을 받고 반대쪽은 어두워지는 것을 알 수 있다. 그러므로 항상 지구의 반쪽은 햇빛을 받아 환하다. 만약 지구의 축이 경사를 이루지 않고 있다면, 정오의 태양은 늘 적도 상공에 있을 것이고 그렇게 되면 모든 위도상에서 1년 내내 매일같이 낮, 밤의 길이가 각각 12시간씩 똑같을 것이다. 그러나 지구는 비스듬히 기울어져 있으므로 북반구가 태양에 향해 있는 6월 21일 북반구의 모든 위도상에서 낮의 길이가 12시간을 넘게 된다. 북쪽으로 갈수록 낮의 시간은 길어진다. 북극권(66.5°N)에서는 낮이 24시간으로 해가 지지 않는다. 북극에서는 태양이 3월 20일 지평선 위로 떠 올라 6개월만인 9월 22일에야 진다. 이 지역을 '한밤의 태양이 있는 백야의 나라'로 부르는 것은 이 때문이다(그림 2.24 참조).

고위도 지방의 여름에는 태양이 여러 시간 지평선 위에 떠 있지만(표 2.3 참조, P.55) 지표면 온도는 낮이 아주 짧은 저위도에 비해 더 높지는 않다. 그 이유는 그림 2.23에 나타나 있다. 일사가 대기권에 진입할 때 미세한 먼지, 공기 분자, 구름 등이 이를 반사, 산란시키고 일부는 대기 중 기체들에 흡수된다. 태양광선이 통과할 대기층이 두꺼울수록 대기에서 반사되거나 흡수될 확률이 커

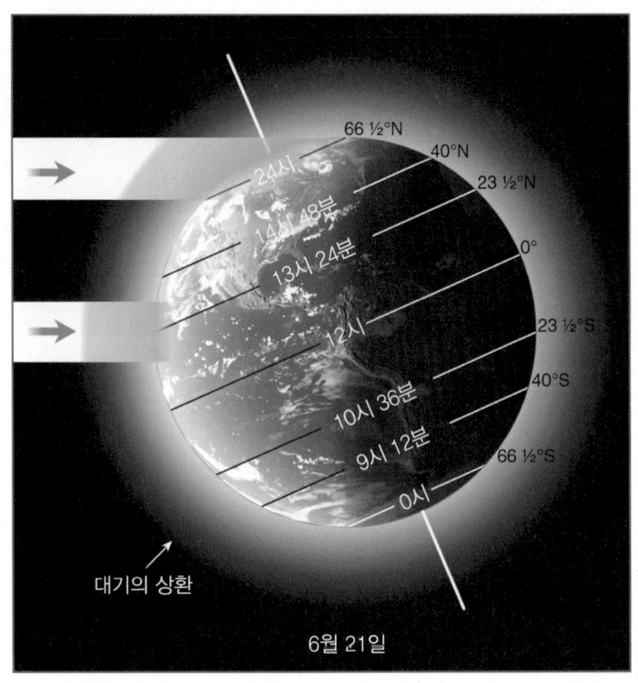

그림 2.23 ● 6월 21일 각기 다른 위도의 낮 시간 길이(시간 및 분). 낮 시간 길이가 북위 66.5°의 24시간에서 남위 66.5°의 0시간 사이에 분포돼 있음을 주목하라. 북반구의 여름철 고위도의 보다 두터운 대기층을 통과하여 지표에 도달하는 태양광선이 저위도의 지표에 도달하는 태양광선에 비해 흡수, 산란, 반사를 더 많이 일으키는 모습. 태양광은 순수 대기의 두께와 대기 중의 불순물에 의해 약해지며 지면과의 경사가 기울어질수록 그 효과는 더욱 커진다.

그림 2.24 ● 한밤에도 태양이 떠 있는 백야의 모습. 7월 알래스카 북부지역에서 카메라 셔터를 계속 노출해서 자정 전후에 찍은 사진.

▼ 표 2.3 북반구의 위도와 날짜에 따른 일출부터 일몰까지의 시간

위도	3월 20일	6월 21일	9월 22일	12월 21일
0°	12시간	12.0시간	12시간	12.0시간
10°	12시간	12.6시간	12시간	11.4시간
20°	12시간	13.2시간	12시간	10.8시간
30°	12시간	13.9시간	12시간	10.1시간
40°	12시간	14.9시간	12시간	9.1시간
50°	12시간	16.3시간	12시간	7.7시간
60°	12시간	18.4시간	12시간	5.6시간
70°	12시간	2개월	12시간	0시간
80°	12시간	4개월	12시간	0시간
90°	12시간	6개월	12시간	0시간

진다. 북극지방의 여름에도 태양은 지평선 높이 떠 있는 법이 없다. 그러므로 태양 복사 에너지는 두꺼운 대기층을 통과해야 지표면에 도달한다. 지표면에 도달하는 일부 태양 에너지는 얼어붙은 땅을 녹이거나 눈 또는 얼음에 반사된다. 그나마 흡수된 에너지는 넓은 지역으로 퍼진다. 따라서 고위도 지방 도시들은 낮 시간이 길어도 저위도 도시들에 비해 더 따뜻하지 않다. 이곳에 흡수되는 복사 에너지가 적은 데다 그것이 지면을 효과적으로 가열하지 못하기 때문이다.

다시 그림 2.22를 보자. 9월 22일에 가서는 태양이 적도 바로 위에 위치한다. 남극과 북극을 제외하고는 지구 전역의 낮과 밤의 길이가 똑같다. 이 날을 **추분**(autumnal equinox)이라 하며, 북반구의 가을이 시작되는 천문학적 첫날이다. 북극에서 태양은 24시간 동안 지평선 위에 있다. 이것은 대기에 의한 태양광선의 굴절 때문이다. 다음 날(또는 최소한 수일 이내에) 태양은 시야에서 사라져 길고 추운 6개월 동안 다시 뜨지 않는다. 북반구에서는 날이 갈수록 낮 시간이 짧아지고 정오의 태양 위치도 약간 낮아진다. 수직 태양광선의 양이 줄어들고 낮 시간이 짧아지면서 북반구의 날씨는 점점 서늘해지고 일광 감소, 기온 하강, 찬 바람 등이 아름다운 단풍의 장관을 형성한다(그림 2.25 참조).

어떤 해에는 한가을을 전후해서 계절에 맞지 않게 더운 날씨가 계속되는데, 특히 미국 동부지역에서 나타나는 이러한 더위를 **인디언 섬머**(Indian Summer)라 하며 수일에서 일주일 이상 지속되기도 한다. 이것은 넓은 고기압이 남동부 해안 근처에 머물러 생기는 현상이다. 이 고기압 주위에서는 대기가 시계 방향으로 흐르면서 멕시코만의 더운 공기를 미국의 중동부로 이동시킨다.

추분으로부터 3개월 후인 12월 21일 지구는 연중 태양에서 가장 멀리 기운다(그림 2.22 참조, P.53). 이때쯤 밤은 길고 낮은 짧다. 낮의 시간은 적도의 12시간에서 북으로 갈수록 짧아져 북위 66.5° 상에서는 0이 된다. 이때가 연중 낮이 가장 짧은 **동지**(winter solstice)이며 이날이 북반구의 겨울이 시작되는 천문학적 첫날이다. 이날 태양은 남위 23.5°, 즉 남회귀선 바로 위에 위치한다. 반면에 북반구에서는 정오의 태양이 가장 낮게 떠 있다. 북반구에 도달하는 태양광선 양이 상대적으로 적은 데다 눈이라도 깔리면 지표면은 급속도로 냉각되고 한파가 몰아친다. 입사광이 아주 적으면 지구 표면은 급속히 냉각된다. 지상을 담요처럼 덮는 신적설은 냉각을 더 심화시킨다. 캐나다 북부와 알래스카에서는 북극 공기가 신속하게 극도로 냉각되고 남쪽에 자리 잡은 상대적으로 따뜻한 공기와 다툴 대비태세를 취하게 된다. 주기적으로 이 한랭한 북극 공기는 미국 북부로 밀고 내려와 온도를 급속도로 냉각시킨다. 이러한 현상을 **한파**라고 부르는데, 때로는 한

Ron and Patty Thomas/Photographer's Choice/Getty Images

그림 2.25 ● 미국 뉴잉글랜드 지방에서 보는 추색의 향연. 가을색이 인상 깊게 색색이 드러나기에 적합한 기상으로 낮엔 따뜻하고 햇살이 밝으며 밤에는 맑고 서늘해 온도는 7°C 이하로 떨어지지만, 어는점 이상의 온도는 유지한다. 흔히 알고 있는 것과는 달리 활엽수 잎사귀의 색깔이 바뀌는 것은 첫서리 때문이 아니다. 실제 잎사귀를 물들이는 노랑과 주황색은 전형적으로 첫서리가 오기 전 몇 주일에 걸쳐 나타나기 시작한다. 그것은 낮의 길이가 짧아지고 밤 기온이 낮아지면서 녹색 엽록소 생성량이 줄어들기 때문이다.

파가 남부지역까지 멀리 전파된다. 가끔 한파는 동지(겨울의 "공식적인" 첫날)가 되기 한참 전에 폭설과 거센 바람을 동반한 채 닥친다. (겨울의 "공식적인" 첫날에 대한 추가정보를 알려면 포커스 2.4를 읽어보라.)

동지를 지나 3개월이 경과하면 천문학적으로 봄의 시작을 알리는 **춘분**(vernal equinox)이 온다. 3월 20일의 춘분에는 또다시 정오의 태양이 적도에 위치하며 세계 전역의 낮과 밤의 길이는 똑같아진다. 한편 북극에서는 6개월 만에 지평선 위로 해가 솟는다.

이 시점에서 흥미로운 사실 한 가지는 북반구의 6월 21일에 햇볕은 가장 강하게 내리쬐지만, 중위도 지방의 기온이 가장 높은 달은 이보다 몇 주씩이나 늦은 7월과 8월에 나타난다는 것이다. 이러한 현상을 일컬어 계절 기온의 지연이라고 한다. 비록 태양으로부터 오는 에너지가 6월에 최대에 도달할지라도 몇 주간은 지구가 방출하는 에너지보다 더 많다. 지구에 도달하는 태양 에너지와 지구가 방출하는 에너지가 평형을 이룰 때 최고 기온이 나타난다. 지구 복사 에너지가 태양 복사 에너지를 초과하면 기온은 내려간다. 동지(12월 21일)가 지난 후에도 지구 복사 에너지가 태양 복사 에너지를 초과하기 때문에

알고 있나요?

계절적 변화는 우리의 기분에 영향을 줄 수 있다. 예를 들면 낮이 특히 짧으며 밤은 길고 추운 고위도 지역에서는, 불안한 예감을 갖고 매년 겨울을 맞는 사람들이 있다. 우울감이 지속적이고 장애를 초래할 정도일 때 이런 문제를 **계절성 정서장애**(seasonal affective disorder, SAD)라고 한다. SAD 증상을 가진 사람들은 수면시간이 남들보다 길고 과식을 하며 낮에 피로감과 나른함을 느낀다.

12월 21일은 과연 겨울의 첫날일까?

추운 날씨가 시작되고 눈보라가 한두 차례 있은 후 거의 한 달이 지난 12월 21일(해에 따라 혹은 22일) 라디오나 텔레비전의 누군가는 "오늘은 공식적으로 겨울의 첫날"이라고 대담하게 선언한다. 지나간 몇 주가 겨울이 아니었다면 그 계절은 무엇이었을까?

실제로 12월 21일은 북반구에서는 천문학적인 겨울의 시작을 말한다. 북반구에서 6월 21일이 천문학적 여름의 첫날인 것이나 마찬가지이다. 지구는 23.5° 비스듬히 기울어진 축으로 태양 주위를 공전한다. 이 사실은 태양이 (우리가 지구에서 볼 때) 12월 21일 남위 23.5° 바로 상공 하늘로부터 시작하여 6월 21일 북위 23.5° 바로 상공 하늘로 움직이는 것으로 보이게 만든다. 북반구의 경우 봄의 천문학적 첫날은 태양이 적도면을 넘어 북쪽으로 움직이는 3월 20일경이다. 마찬가지로 북반구의 가을의 첫날은 태양이 적도면을 넘어 남쪽으로 이동하는 9월 22일쯤이다.

© Leland Bobbe/Getty Images AFP/Getty Images

그림 7 ● 2013년 12월 17일 뉴욕센트럴파크에 흰 눈이 덮여 있다. 이 눈보라는 동지 이전에 내린 것이기 때문에 늦가을 눈보라라고 해야 할까, 아니면 초겨울 눈보라라고 해야 할까?

계절의 "공식적인" 시작은 단순히 태양이 특정한 위도 상공을 통과하는 날일 뿐이며, 다음날이 얼마나 추울지 혹은 더울지는 상관이 없다. 사실은 지점(至點, 동지/하지)이나 분점(分點, 춘분/추분)을 전후하여 정상날씨보다 더 춥거나 더운 시기는 주로 그 지역으로 한랭 혹은 온난 공기를 몰아가는 상층 바람에 기인한다.

중위도 지역의 경우 여름은 가장 더운 계절로, 겨울은 가장 추운 계절로 통한다. 한 해를 각각 3개월씩 4계절로 나눈다면 북반구 여러 지역의 경우 여름을 가리키는 기상학적(혹은 기후학적) 정의는 가장 더운 6월, 7월, 8월이 될 것이다. 그리고 겨울은 가장 추운 12월, 1월, 2월이 될 것이다. 여름과 겨울의 과도기인 9월, 10월, 11월은 가을일 것이다. 봄은 겨울과 여름의 과도기인 3월, 4월, 5월이 될 것이다.

그러므로 다음에 누군가가 12월 21일 "공식적으로 오늘 겨울이 시작된다."라고 말하는 것을 들으면 이것은 겨울의 천문학적 첫날의 정의라는 점을 기억하라. 기후학적 정의에 따르면 수주일 전부터 이미 겨울인 셈이다.

가장 추운 날씨는 1월과 2월에 나타난다.

지금까지 살펴본 바와 같이, 태양 주위를 도는 지구는 기울어져 있고, 경사진 지구에 도달하는 태양 에너지의 증감에 따라 계절이 바뀐다. 지구의 경사로 낮의 길이와 지표면에 도달하는 일사의 강도가 변하는 것이다. 이러한 사실들을 그림 2.26에 요약하였다. 그림은 연중 여러 위도의 관측자에게 태양의 위치가 하늘에 어떻게 나타나는지를 보여준다. 앞에서 우리는 북극의 하늘은 3월에 해가 지평선 위로 떠서 9월까지 6개월간 낮이 지속됨을 학습하였다. 그림 2.26a에서처럼 북극의 6월에 태양이 최고도에 이르지만 지평선 위로 23.5° 밖에 도달하지 못한다. 보다 남쪽의 북극권(그림 2.26b)에서는 태양이 항상 하늘에 낮게 떠 있고, 24시간 지평선 위에 있는 6월에도 그러하다.

중위도(그림 2.26c)에서는 겨울철에 태양이 남동쪽에서 떠올라 정오에 최고도(남중고도는 북위 26° 정도 밖에 안 됨)에 도달한 후 남서쪽으로 진다. 눈에 보이는 이러한 궤도는 태양광의 세기가 약하고 낮의 시간도 짧다. 반면에 6월에는 태양이 북동쪽에서 떠서 정오에는 이전 하늘

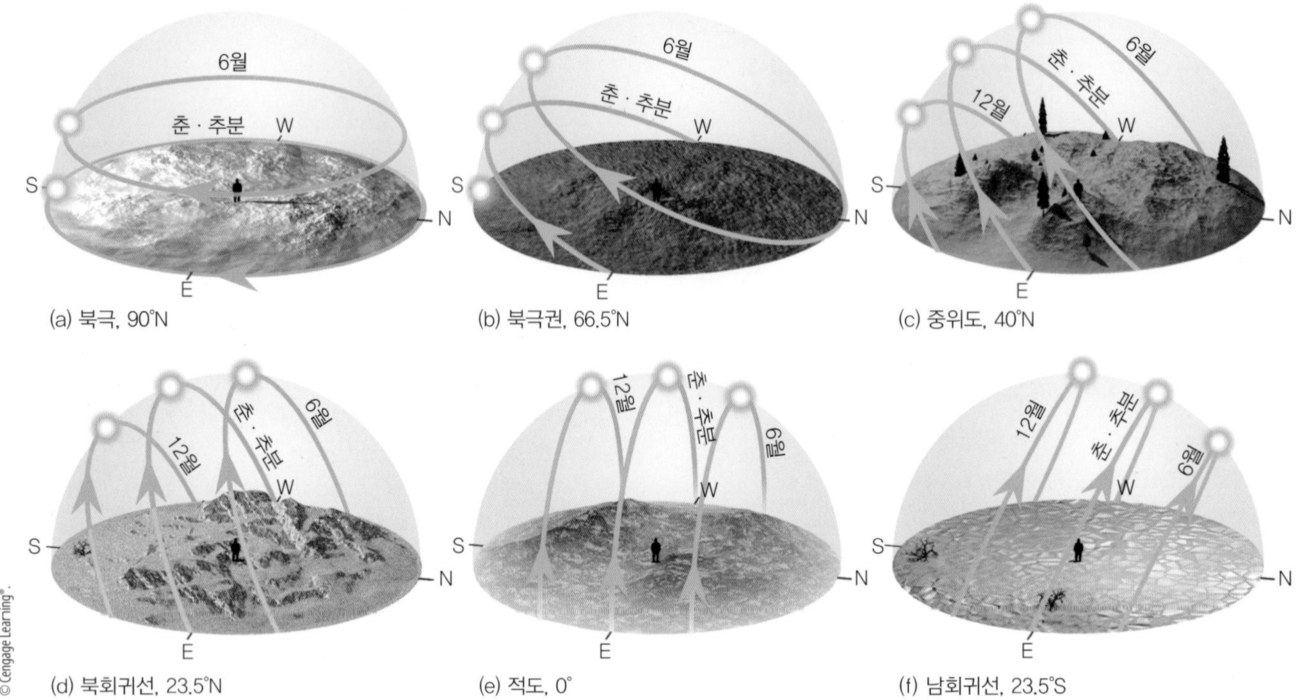

그림 2.26 ● 위도가 다른 지역들의 하지(6월 21일), 동지(12월 21일) 및 춘 · 추분점(3월 20일과 9월 22일)에서 태양의 남중고도와 경로.

보다 훨씬 높은 곳(남중고도 북위 약 74°)에 도달한 후 북서쪽 하늘로 진다. 이 명확한 궤도는 보다 강한 태양열과 긴 낮 시간, 그리고 따뜻한 날씨를 안겨 준다. 그림 2.26d는 지구의 경사로 인해 태양의 궤적이 북회귀선(북위 23.5°) 하늘에 어떻게 나타나는지를 묘사한다. 그림 2.26e는 적도에 있는 관측자의 위치에서 바라본 모습이다.

남반구의 계절 6월 21일 남반구는 북반구와 전혀 다른 계절을 맞는다. 이쪽은 연중 태양에서 가장 멀리 기울어져 있기 때문에 밤이 길고 낮이 짧으며 태양광선은 비스듬히 비친다(그림 2.26f 참조). 이 때문에 기온은 낮아진다. 남반구에서는 하지가 겨울의 시작을 알리는 천문학적 첫날이다. 남반구에서는 태양이 남위 23.5°의 남회귀선 바로 위에 오는 12월 21일이 되어야 '공식적인' 여름이 시작된다. 남반구에서는 6월이 겨울이지만 북반구에서는 6월이 여름이다. 북반구에서 여름나기가 싫다면 남반구로 가면 된다.

앞서 언급한 바와 같이, 지구는 7월보다 1월 태양에 보다 가까워진다. 비록 이와 같은 거리의 차이는 약 3%밖에 안 되지만, 지구 대기권 꼭대기에 도달하는 태양 에너지는 7월 4일보다 1월 3일이 7%나 더 많다. 이 통계대로라면 남반구의 여름은 북반구의 여름보다 더 따뜻해야 할 것이다. 그러나 실제로는 그렇지 않다. 남반구의 표면은 거의 81%가 물임에 비해 북반구는 61%가 물로 덮여 있다. 태양과의 거리가 좁혀져 더 받는 만큼의 에너지를 넓은 수면이 흡수해서 순환을 통해 섞어 버린다. 그러므로 남반구의 여름(1월) 평균기온은 북반구의 여름(7월)보다 상대적으로 낮으며, 물의 열용량이 크기 때문에 남반구의 겨울은 북반구 겨울보다 우리가 예상하는 것보다 더 따뜻하다.

국지 계절 변화 북반구 중위도 지역에서 연중 태양의 위치가 변하는 모습을 그림 2.26c에서 볼 수 있다. 겨울에는 태양이 남동쪽에서 떠서 남서쪽으로 지며, 여름에는 북동쪽에서 떠서 북서쪽으로 진다. 여름에는 정오의 태양이 겨울보다 훨씬 더 높이 떠 있다. 남쪽으로 향한 물체가

그림 2.27 ● 작은 온도 변화에도 토양수분에 큰 변화를 일으킬 수 있는 북반구의 중위도 지역에서는 남쪽 사면의 산비탈에 드문드문 보이는 식물들이 북쪽 경사면의 산비탈에 무성한 식물들과 대조적이기 일쑤이다.

북쪽으로 향한 것보다 연중 흡수하는 태양열이 더 많음은 물론이다. 구릉지역이나 산간지역의 경우에 특히 그렇다.

남향 구릉지대는 햇빛을 더 많이 받아 북향 구릉지대보다 기온이 높고 따라서 수분 증발률이 상대적으로 높아 토양이 약간 건조해진다. 같은 고도일지라도 남향은 북향보다 온도는 높고 그 습도는 낮다. 미국 서부지방의 경우 남향 비탈에서는 식물이 많이 자라지 않는 반면에 북향의 습기 있고 서늘한 비탈에서는 식물이 빽빽하게 자란다.

산간지역에서는 북향 비탈에 눈이 더 오래 머물러 있기 때문에 가능한 한 스키장을 북향으로 건설하는 것이다. 또 겨울철 잦은 폭풍으로 인한 눈의 무게를 견디도록 구릉지 북면에 건설하는 주택의 지붕은 경사를 가파르게 한다.

계절에 따른 태양의 위치 변화를 고려하여 따뜻하고 햇빛이 잘 드는 날씨를 필요로 하는 나무는 집 남쪽에 심어 태양열 외에도 집에서 반사되는 열까지 받을 수 있게 하는 것이 좋다.

집의 설계는 냉난방비를 절감하는 중요한 요인이다. 큰 창문을 남쪽으로 내서 겨울에 햇빛을 더 많이 받을 수 있게 해야 하며, 여름철에는 과잉 햇빛을 차단하기 위해 차양을 설치해야 한다. 집의 서쪽에 활엽수를 심어 놓으면 여름에는 그늘을 만들어 주고 겨울에는 잎을 떨어뜨려 햇빛이 잘 들도록 해준다. 침실을 다른 방보다 서늘하게 하려면 북향으로 배치하면 된다. 주택 설계 방향, 지형 등을 적절히 활용하여 전기, 천연가스, 화석연료 사용을 줄일 수 있다.

요약

2장에서는 열, 기온 등의 개념을 살펴보고 잠열은 대기 열에너지의 주요 원천임을 알게 되었다. 열은 전도, 대류와 전자기파를 통한 에너지의 전달인 복사에 의해 전달된다.

뜨거운 태양은 에너지 대부분을 단파 복사로 방출한다. 이 에너지의 일부가 지구를 가열시키며, 지구는 그 위의 대기를 가열한다. 찬 지구는 그 복사열 대부분을 장파 적외선 에너지로 방출한다. 수증기와 이산화탄소 같은 대기 중 선택 흡수체가 지구 적외선의 일부를 흡수하여 그 일부를 다시 지표면으로 복사하면 지표면은 더워져 대기 온실효과가 일어난다. 지구와 대기의 평균 평형 기온은 이들이 연중 흡수하는 에너지량과 상실하는 에너지량이 같기 때문에 일정하게 유지된다.

계절에 대해 살펴보았고, 지구는 자전축을 중심으로 비스듬히 기울어진 채 태양을 공전하기 때문에 계절이 존재한다는 사실을 배웠다. 지구가 기울어져 있기 때문에 낮의 길이와 지구표면에 도달하는 일사의 강도, 두 가지 측면에서 계절적 변화를 일으킨다. 끝으로 좀 더 국지적인 환경에서는 지구의 경사가 산의 북면과 남면, 그리고 주택의 주위가 받는 태양 에너지의 양에 영향을 미친다는 점을 확인하였다.

주요 용어

본문에 나온 주요 용어를 나열하였다. 각 용어를 정의하라. 그러면 복습에 도움이 될 것이다.

운동 에너지	복사 에너지(복사)	기온	절대영도
전자기파	열	마이크로미터	켈빈 눈금
광자	화씨 눈금	섭씨 눈금	가시역
자외선(UV)	잠열	적외선(IR)	현열
단파 복사	전도	장파 복사	대류
열기포	흑체	이류	선택 흡수체
복사평형온도	반사	알베도	온실효과
하지	온실가스	추분	대기의 창
인디언 섬머	태양 상수	동지	산란
춘분			

복습문제

1. 온도와 열의 차이를 구분하라.

2. 기체의 평균 운동 속도와 기온은 어떤 관계가 있는가?

3. 대기에서 열이 어떻게 전달되는지 다음을 설명하라.

(a) 전도 (b) 대류 (c) 복사

4. 잠열이란 무엇인가? 잠열은 어떻게 대기에너지의 중요한 열원이 되는가?

5. 켈빈 온도 눈금과 섭씨 온도 눈금의 차이는 무엇인가?

6. 지구가 방출하는 복사 에너지량과 태양이 방출하는 복사 에너지량의 차이는 어떠한가?

7. 물체의 온도는 복사 방출에 어떤 영향을 미치는가?

8. 태양이 방출하는 대부분의 복사 에너지 파장과 지표면이 방출하는 복사 에너지 파장의 차이는 어떠한가?

9. 한 물체가 복사 평형 온도에 도달할 때 어떤 현상이 일어나는가?

10. 왜 이산화탄소와 수증기를 선택 흡수체라고 하는가?

11. 지구 대기의 주요 온실가스 4가지를 열거하라.

12. 지구의 대기 온실효과는 어떻게 일어나는가?

13. 지구 온실효과를 증진시키는 것으로 추정되는 기체는 어떤 것인가?

14. 지구의 알베도와 대기의 반사율이 평균 30% 정도인 이유는 무엇인가?

15. 지표면 근처의 대기가 하부로부터 가열되는 과정을 설명하라.

16. 지구와 대기가 입사 에너지와 방출 에너지 간의 균형을 어떻게 유지하는지 설명하라.

17. 북반구에서 지구가 실제로는 1월에 태양과 더 가까워짐에도 불구하고 겨울보다 여름이 더운 까닭은 무엇인가?
18. 계절적 기온 변화를 좌우하는 주요 인자는 무엇인가?
19. 서울이 겨울철이고 1월이라면 오스트레일리아 시드니의 계절과 달은 무엇인가?
20. 북반구의 여름철 고위도의 낮 시간은 중위도보다 더 덥지 않은 이유를 설명하라.
21. 7월에는 북반구의 최북단 위도의 일광 시간이 중위도의 일광 시간보다 길다. 최북단의 위도가 중위도보다 더 따뜻하지 않은 이유를 설명하시오.
22. 북향 비탈의 식물이 같은 언덕의 남향 비탈 식물과 다른 이유를 설명하라.

사고 및 탐구 문제

1. 그림 2.28에서 볼 수 있듯이 다리 위가 먼저 결빙되는 이유를 설명하라.

그림 2.28

2. 물웅덩이의 표면이 결빙되면 공기로부터 열에너지를 빼앗는 것인가, 아니면 공기 중으로 열에너지를 방출하는 것인가? 설명하라.
3. 강제 순환 공기로 난로를 피우는 집이나 아파트의 경우 난방기가 천장보다는 바닥 근처에 설치되어 있다. 그 이유를 설명하라.
4. 달의 표면에서 열은 어떻게 손실되어 나가는가? (힌트: 달에는 대기가 없다.)
5. 대기 중의 이산화탄소를 전부 없애는 경우와 수증기를 전부 없애는 경우 중 어느 경우가 지구의 온실효과에 더 큰 영향을 주겠는가? 설명하라.
6. 지구 자전축의 기울기가 23.5°에서 40°로 변한다면 우리나라의 기후는 어떻게 변하겠는가?
7. 지구상 구름의 양이 증가하면 지구의 알베도는 증가하지만 지구 표면의 온도가 꼭 증가하지만은 않는다. 그 이유를 설명하라.
8. 맑고 바람이 없는 날 밤에 하층운이 밀려들면 종종 기온이 올라가는 이유는 무엇인가?
9. 만일 이산화탄소의 양은 계속 증가하지만 대기 중의 수증기 양이 감소한다면, 지상 온도는 어떻게 변할까? 설명하라.
10. 북반구의 12월 아침 햇살은 남향의 집안으로 환히 들어오지만, 6월에는 그렇지 못하다. 그림을 그려 설명하라.
11. 뉴욕에서 10월 21일과 2월 21일 양일의 햇빛의 세기와 낮 시간의 길이는 동일하다. 그러나 2월 21일 뉴욕의 날씨가 평균적으로 더 추운 까닭은 무엇인가?

3장

기온

우리는 무슨 일이 일어나는지 알아보기 위해 물이 담긴 접시를 대기 속으로 높이 던졌다. 접시는 땅에 떨어지기 전에 쉿 하는 소리를 냈고, 물은 얼고, 밀알 크기의 작은 둥근 얼음 알갱이들이 떨어졌다. 얼음은 표면에서 도끼가 튈 정도로 아주 단단했다. 아마 같은 온도에서 금속이 부러지고, 나무는 돌처럼 딱딱해지고, 고무는 마치 시멘트처럼 될 것이다. 또한 가죽으로 된 개 목띠는 굽혀지지 않고 부러질 것이다. 방향 감각을 잃는 것은 물론이거니와 관찰자가 함께 걷고 있었는데, 호흡 한 숨 한 숨은 그의 바로 뒷머리 높이에 부동의 작은 박무로 남아 있었다. 인간의 호흡이 만든 이 옅은 안개 조각들은 정체된 공기 속에 3~4분 동안 남아 있다가 사라졌다. 심지어 한 사람은 15분 후에 돌아올 때 아직도 그러한 흔적이 공중에 남아 있는 것을 발견하였다. 여러분의 코가 부지불식간에 얼어붙기 십상이다.

David Phillips, 날씨 탓으로 돌려라 중에서

- 지면 부근 공기의 가열과 냉각
- 기온 자료의 활용
- 기온과 인간의 쾌감도
- 기온의 측정

이 장의 도입부는 기온이 북아메리카 관측 사상 최저 기록인 −63°C까지 내려갔던 캐나다 유콘의 스내그 공항에서 1947년 2월 3일 기상관측자 2명이 언급한 실제 설명이다. 이것은 기온이 특히 매우 낮은 수준으로 하강할 때 다양한 일상에 미칠 수 있는 심대한 영향을 말해 준다.

기온은 날씨의 주요한 요소이다. 이것은 당일 옷차림을 어떻게 해야 할지를 결정하는 데 그치지 않는다. 기온 자료의 세심한 기록과 적용이 우리 모두에게 매우 중요하다. 이와 같은 정확한 정보 없이는 농민, 기상분석관, 발전소 기술자 및 그 밖의 많은 사람의 업무가 상당히 더 어려워지기 때문이다. 그러므로 우리는 기온의 일변화를 검토하는 것으로부터 이 장을 시작하기로 한다. 여기서 우리는 정상적으로 하루 중 고온이 왜 오후에 나타나는지, 왜 이른 아침이 가장 저온인지 등의 의문에 답할 것이다. 그리고 기온은 바람이 없고 맑은 밤이 바람 불고 맑은 밤보다 더 낮은 까닭에 대해서도 설명할 것이다. 우리는 장소에 따라 기온이 변화하도록 만드는 요인을 검토한 후 매일의 생활에 실용적으로 적용하기 위해 일, 월, 연평균 기온 및 그 교차를 알아볼 것이다. 이 장 끝무렵에서 우리는 기온 측정 방법과 체감 기온에 미치는 바람의 영향을 알아볼 것이다.

지면 부근 공기의 가열과 냉각

2장에서 태양 에너지와 지구의 운동은 상호작용을 하며, 계절이 변한다는 사실을 배웠다. 기온은 하루를 주기로 높고 낮음을 나타내므로, 어떤 의미에서는 맑은 날 하루하루를 작은 계절이라 할 수도 있다. 아침 나절에는 해가 점점 하늘 높이 떠오름에 따라 기온이 올라간다. 정오를 전후해서 태양은 가장 높이 떴다가 오후에 접어들면서 서서히 서쪽 지평선으로 다가가기 시작한다. 하루 중 지구에 가장 강력한 태양광선이 비치는 때가 정오경이다. 그러나 하루 중 기온이 가장 높은 때는 정오가 아니다. 정오가 지나도 대기는 계속 가열되어 오후에 최고기온에 도달한다. 이 같은 기온의 지체 원인을 알아보기 위해 지면과 접해 있는 얇은 층의 대기를 살펴볼 필요가 있다.

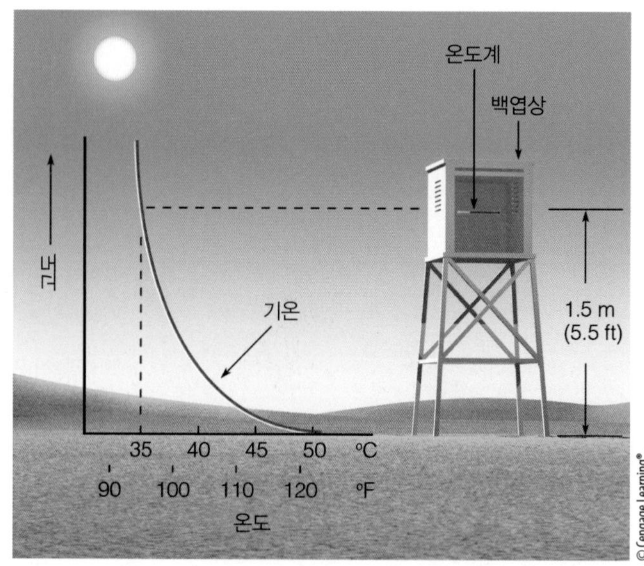

그림 3.1 ● 바람이 없는 맑은 날 지면 가까이 있는 공기는 1 m 또는 그 이상의 높이에 있는 공기보다 훨씬 더울 수 있다.

주간 가열 아침에 해가 뜨면 햇빛에 의해 지면이 데워지고, 그 데워진 지면은 전도를 통해 지면에 접한 대기를 덥게 한다. 그러나 공기는 열 전도율이 낮기 때문에 이 과정은 지상 수 cm 높이 이내에서만 일어난다. 해가 하늘에 좀 더 높이 떠오를 때 지면에 접한 대기의 온도는 더 상승하며 바람 없는 날에는 보통 지상으로부터의 높이에 따라 상당한 온도 차가 존재한다. 바람 없고 맑은 여름날 오후 조깅을 할 때, 발 높이 온도는 50°C 이상까지 올라가지만 허리 높이 온도는 35°C 밖에 안 되는 것은 이 때문이다(그림 3.1 참조).

지면 가까이에서 대류가 시작되면 상승하는 열기포의 영향으로 열은 재분배된다. 바람 없는 날씨에는 이들 열기포가 작기 때문에 지면 근처의 공기를 효과적으로 혼합하지 못한다. 따라서 수직으로 큰 기온차가 있을 수 있다. 그러나 바람 부는 날에는 격렬한 맴돌이로 지면에 접한 더운 공기와 상공의 찬 공기가 뒤섞인다. 때로는 강제대류로 불리는 이러한 기계적 혼합의 도움으로 열기포는 열을 보다 효과적으로 지면에서 이동시킬 수 있다. 따라

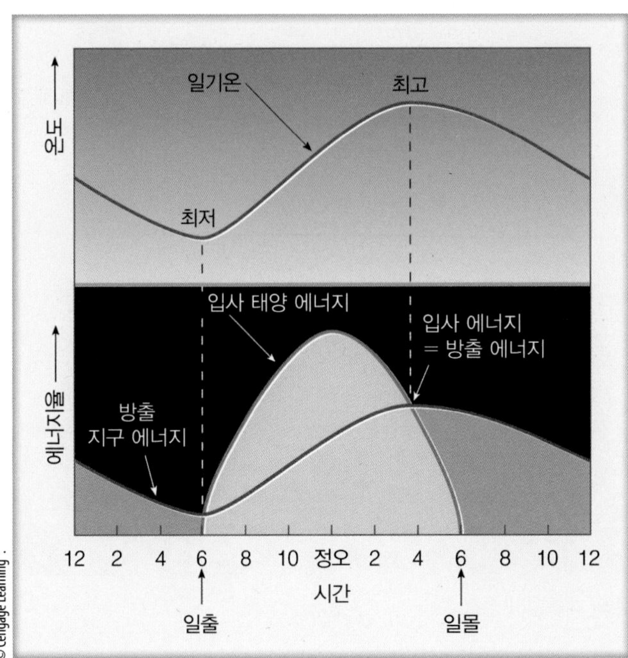

그림 3.2 ● 기온의 일변화는 지구의 입사 에너지와 방출 에너지에 따라 좌우된다. 입사 에너지가 방출 에너지보다 많을 때는 기온이 올라가고(오렌지색 부분) 방출 에너지가 입사 에너지보다 많을 때는 기온이 내려간다(회색 부분).

서 바람 부는 날에는 지면의 공기 온도와 상공의 기온 사이에 바람 없는 날만큼 기온차가 크지 않다.

왜 하루 중 가장 기온이 높은 때가 오후인지 알 수 있다. 정오 전후에 태양광선이 가장 강렬한 것은 사실이다. 그러나 정오를 지나서 일사량이 줄어들긴 하지만 한동안은 지구의 방출 에너지를 상회하므로, 오후 2~4시 사이에는 잉여 에너지가 생긴다. 이것은 태양의 가열이 최고에 이르는 시간과 지면 수십 cm 상공의 기온이 최고에 이르는 시간 사이의 시간차를 발생시키는 데 큰 원인이 된다(그림 3.2 참조).

최고기온이 나타나는 정확한 시간은 조금씩 다르다. 여름철 오후 내내 하늘에 구름 한 점 없을 때 최고기온은 오후 3~5시 사이에 나타난다. 흐린 날 오후에는 이보다 한두 시간 일찍 최고기온이 나타난다. 만약 하루종일 구름이 끼면, 낮기온은 보통 낮아진다. 구름이 일사량의 상당 부분을 반사하기 때문이다.

넓은 바다나 호숫가에서는 대륙으로 이동하는 찬 공기가 기온 변화의 리듬을 바꿔 하루 중 최고기온이 정오나 그 이전에 나타날 수도 있다. 겨울에는 따뜻한 대기를 북쪽으로 순환시키는 대기 폭풍의 영향으로 한밤중에 최고기온이 형성될 수도 있다.

기온의 승온 정도는 토양의 형태, 습도, 식물의 유무에 따라 다르다. 모래처럼 토양의 열 전도율이 낮으면 열에너지가 신속히 땅속으로 전달되지 않으므로, 지면에 접한 대기층 온도는 높아지고 상공의 대기를 가열할 수 있는 에너지를 보다 많이 보유하게 된다. 반대로, 땅에 습기가 있고 식물로 덮여 있으면 보유 에너지가 물을 증발시키는 데 다량 소모되어 대기를 가열시킬 에너지를 축내는 것이다. 맑은 하늘에 지면과 그 상공의 대기가 급속히 달아오르기 때문에 여름철 최고기온은 사막에서 기록된다.

공기 중의 습도, 구름, 얇은 안개 등은 태양광선을 일부 차단하기 때문에 최고기온을 낮추는 역할을 한다. 미국 조지아 주 애틀랜타는 습한 지역이어서 7월 평균 최고기온이 31.7℃ 정도이지만, 위도가 같은 애리조나 주 피닉스는 남서부 사막지대에 위치해 있어 7월 평균 최고기온이 41.1℃나 된다.

최고기온 기록 미국 남서부 사막지대의 여름 기온이 매우 높다는 것은 대부분 사람들이 알고 있다. 1913년 7월 10일 캘리포니아 주 데스밸리의 그린란드 목장에서 보고된 북아메리카 사상 최고기온은 57℃였다(그림 3.3 참조). 이곳 기온은 여름 내내 기승을 부려 7월 평균 최고기온 47℃에 이르렀다. 1917년 여름에는 최고기온이 49℃ 이상을 넘는 날이 43일이나 지속되었다.

미국에서 가장 더운 도시는 캘리포니아 주의 팜 스프링스일 것이다. 이곳의 7월 평균 최고기온은 42℃에 달한다. 우리나라에서 가장 더운 도시는 대구광역시일 것이다. 영남 지역의 분지에 속한 대구는 장마가 끝난 7월 중순부터 8월 하순까지 평균 최고기온이 32℃에 달한다. 1940년에 대구의 최고기온은 40.0℃에 이르렀고 2018년도에는 연속 17일 동안 37.1℃를 기록하였다.

습도가 보다 높은 기후에서는 최고기온이 41℃를 넘는 경우가 드물다. 그러나 1936년 폭염이 기록적 수준에

© Mike Whittier

그림 3.3 ● 1913년 7월 기온이 세계 최고기온이 57°C에 도달했던 캘리포니아 주의 데스밸리 정경.

달했을 당시 캔자스 주 앨턴 부근의 기온이 49°C에 이르렀다. 또 1983년 폭염이 엄습했을 때는 노스캐롤라이나 주 파예트빌 기온이 43.3°C로 최고 기록을 세웠다. 우리나라에서 폭염이 가장 극심하였던 2018년도에는 강원도 홍천의 낮 최고기온이 41.0°C를 기록하였고, 폭염 일수도 최장 31.4일을 기록하였다.

그러나 위의 기록은 세계의 가장 더운 지역과는 비교가 되지 않는다. 미국의 데스밸리가 비록 세계에서 공식적으로 관측된 최고기온의 기록을 보유하고 있지만 지구상에서 가장 더운 곳은 아니다. 에티오피아의 달롤이 여기에 속한다. 달롤은 홍해 남쪽 북위 12° 근처의 뜨겁고 건조한 다나킬 저지대에 위치한다(그림 3.4 참조). 한 탐사 회사가 1960~1966년까지 이곳에서 기상을 관측했는데, 이 기간 동안 일평균 최고기온 12월과 1월을 제외하고 매월 38°C를 넘었다. 달롤의 6년간 연평균기온은 34°C였고 많은 경우 일 최고기온이 48°C을 넘었다. 이에 비해 캘리포니아 주의 유마의 연평균기온은 23°C이며 데스밸리의 연평균기온은 24°C이다.

지구상의 최고기온은 1922년 9월 23일 북위 32° 지역의 리비아 엘 아지지아에서 기록된 58°C로 알려져 있었다. 최근까지 이곳은 표준 관측 기술을 사용하여 지구에서 기록된 최고온도인 것으로 간주되었다. 그러나 2012년 이후 세계기상기구(WMO)의 전문가 패널이 조사한 결과 이 기록은 무효로 선언되었다. 이 패널은 관측 기기의 문제, 경험이 부족한 관찰자 및 사막 토양을 나타내기에는 부적절했던 관측소 아래의 아스팔트와 같은 물질 등으로 엘 아지지아의 판독이 몇 가지 중대한 문제가 있음을 발견하였다.

이러한 중요한 몇 가지 요인으로 인해, 엘 아지지아의 실제 온도는 보고된 기록보다 7°C 낮을 것으로 판단되었다. 결과적으로, 데스밸리에서 1913년에 관측된 수치는 공식적으로 측정된 세계에서 가장 높은 온도인 것으로 선언되어 1세기 전의 기록을 유지하게 되었다.

야간 냉각 밤은 낮보다 기온이 낮다. 이것은 해가 기울면 그 에너지는 보다 넓은 지역으로 확산되어 지면을 가열하는 데 쓰일 열은 감소하기 때문이다. 그림 3.2와 관측을 보면 늦은 오후나 이른 저녁 무렵 지면과 상공의 대기는 얻는 에너지보다 잃는 에너지가 더 많아지므로 냉각되기 시작한다.

지면과 대기는 적외선을 복사함으로써 냉각되며 이 과정을 **복사냉각**(radiational cooling)이라 한다. 지면은 공

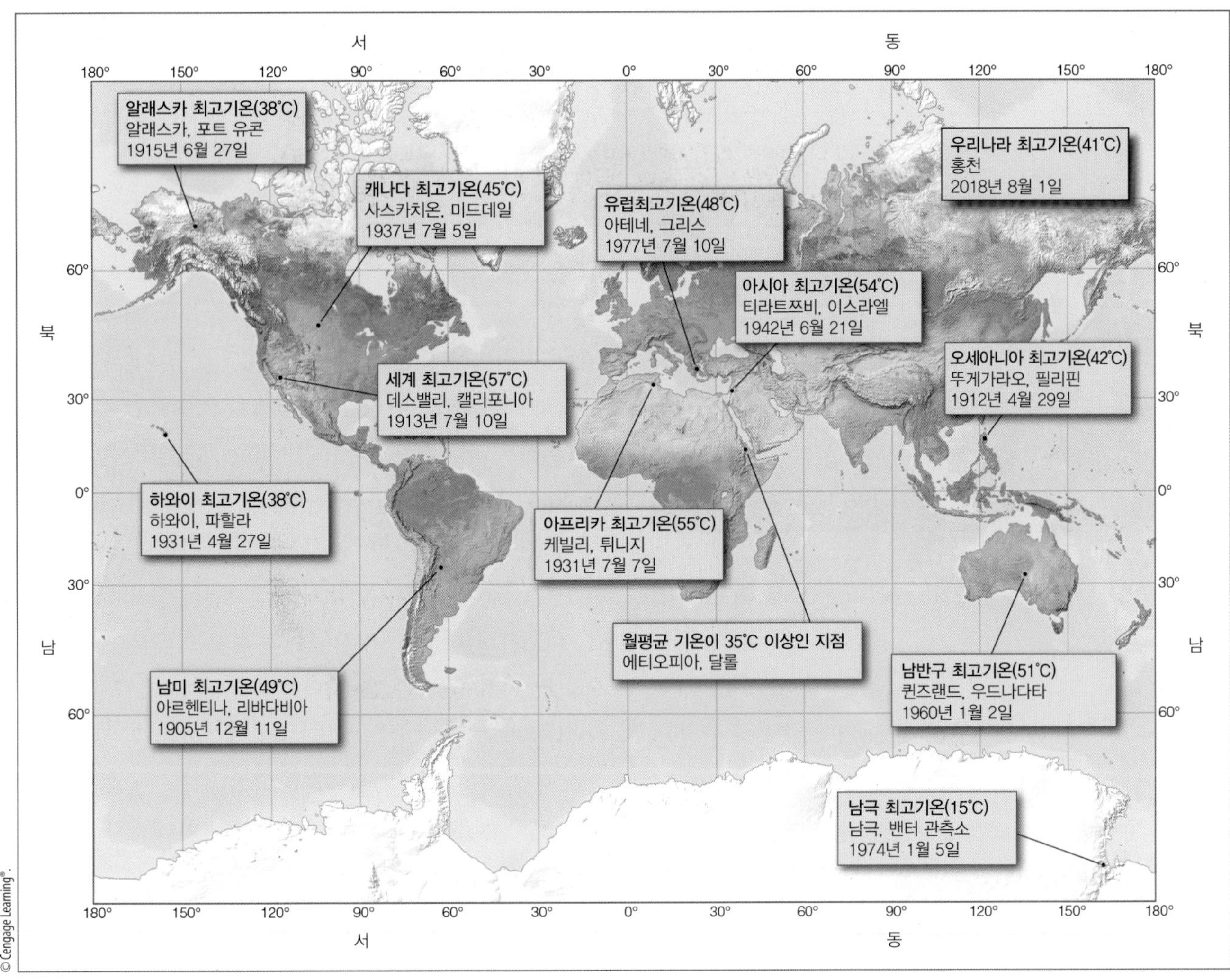

그림 3.4 ● 전 세계의 최고기온 기록.

기보다 훨씬 좋은 복사체이므로 보다 빨리 냉각된다. 따라서 일몰 직후 지면의 온도가 바로 위 공기보다 약간 낮다. 지면에 접한 공기는 전도를 통해 일부 에너지를 지면으로 전달하지만 지면은 이를 신속히 방출해 버린다.

밤이 오면 지상과 그 인접 공기는 지상 수 m 상공 공기보다 빠른 속도로 냉각이 계속된다. 위층의 따뜻한 공기는 열의 일부를 밑으로 전달하는데 공기는 열 전도율이 낮아 그 속도가 느리다. 따라서 늦은 밤 또는 이른 아침까지 가장 차가운 공기는 지면에 접한 부분에 있다.

지면 바로 위 공기가 지면에 접한 공기보다 약간 더운 것을 **복사역전**(radiation inversion)이라고 하며, 이것은 주로 지면의 복사냉각을 통해서 일어난다. 복사역전은 바람 없는 맑은 날 밤에 나타나므로, 이를 야간역전이라고도 부른다.

지표 근처의 찬 공기 지표 근처의 공기가 상공의 공기보다 훨씬 차가울 때 강한 복사역전이 일어난다. 따라서 강한 역전과 야간 저온을 일으킬 수 있는 이상적인 조건은 바람이 없고 밤이 길며 공기가 건조하고 구름이 없는 것이다.

바람이 강하게 불면 지면의 찬 공기와 상공의 더운 공기가 섞이게 되므로, 강한 복사역전이 일어나려면 바람이 없는 밤이 필수적이다. 지면의 찬 공기와 상공의 더운 공기의 혼합은 더운 공기가 차가운 지상과의 접촉을 통해

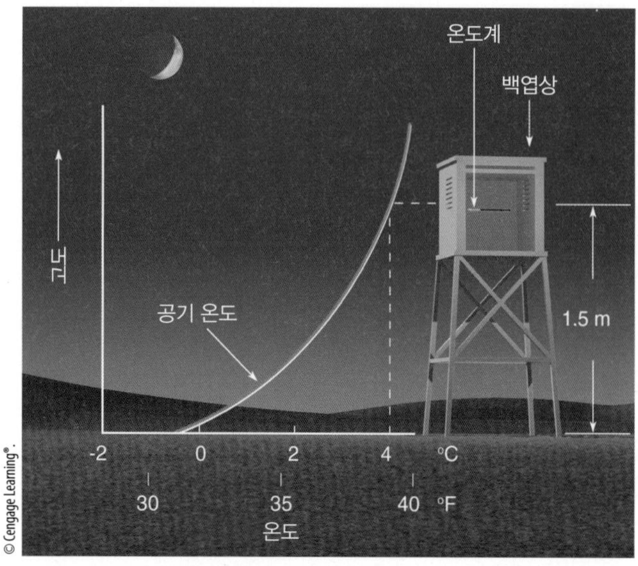

그림 3.5 ● 맑고 바람 없는 밤 지표 부근 공기는 상공의 공기보다 온도가 훨씬 낮다. 지상에서 높이질수록 기온이 올라가는 현상을 복사기온역전이라 한다.

냉각되는 과정과 합쳐 지상 수십 cm의 대기층에 등온선과 거의 같은 연직 기온 분포를 형성하게 한다. 바람이 없을 때는 보다 차고 밀도가 큰 지면의 공기가 보다 따뜻하고 밀도가 작은 상공의 공기와 잘 섞이지 않는다. 이때 역전은 더 강하게 발달한다(그림 3.5 참조).

긴 밤은 강한 역전 생성에 도움이 된다. 일반적으로 밤이 길수록 복사냉각 시간이 길어져 지면 근처 기온이 상공 기온보다 훨씬 낮아질 가능성이 크다. 그러므로 겨울밤은 강한 복사역전을 일으킬 수 있는 가장 좋은 조건이 된다.

마지막으로 복사역전은 하늘이 맑고 공기가 건조할 때 일어나기 쉽다. 이러한 조건에서는 지면이 에너지를 우주 공간으로 복사하고 급속히 냉각될 수 있다. 그러나 구름이 끼고 습도가 높은 공기 중에서는 방출 적외선이 다량 흡수되어 다시 지상으로 돌아오기 때문에 냉각이 지연된다. 더욱이 습한 밤에는 안개나 이슬 형태의 응결을 통해 잠열을 방출하게 되므로 대기온도를 높인다. 그래서 복사역전은 어떤 밤에도 일어날 수 있지만, 바람과 구름이 없고 비교적 건조한 긴 겨울밤에 강력하고 깊은 역전이 발생한다. 춥고 건조한 겨울밤에는 지면 근처에서 영하의 온도를 경험하고 허리춤에서는 5°C 이상 따뜻한 공기를 경험하는 것이 일반적이다. 이러한 과정은 공식 최저기온(1.5 m 높이에서 측정)이 0°C 이하로 내려가지 않더라도 지면에 얼음이나 서리가 나타날 수 있는 이유를 설명한다.

이로써 밤의 길이, 대기 중 수증기량, 운량, 바람에 따라 밤기온이 영향을 받는다는 사실을 확실히 알게 되었다. 바람은 처음에는 찬 공기를 몰아올 수도 있다. 그러나 가장 추운 밤은 보통 바람과 구름이 없는 밤이다.

그림 3.2를 보면 하루 중 최저기온은 일출 전후에 나타난다. 그러나 지면과 지면에 접한 대기의 냉각은 일출 후 30분 이상 계속되기도 한다. 이는 지상에서 방출되는 에너지가 흡수되는 에너지보다 많기 때문이다. 그리고 이른 아침에는 태양광선이 대기의 두꺼운 층을 통과하게 되고 비스듬히 비치기 때문이다. 따라서 이때는 태양 에너지가 지면을 효과적으로 가열하지 못한다. 지면에 습기가 있어 증발로 열을 뺏길 때는 지면 가열이 더욱 줄어든다. 그러므로 최저기온은 일출 직후 나타난다.

추운 밤 식물과 특정 농작물들은 저온 피해를 입을 수 있다. 특정 작물들에 피해를 줄 수 있을 정도로 오랫동안 광범위한 지역에 한파가 지속될 경우 이러한 극심한 추위를 **프리즈**(freeze, 결빙)라고 한다. 캘리포니아, 텍사스 혹은 플로리다에서는 단 한 차례 동해로 수백만 혹은 수십억 달러 상당의 농작물 손실이 발생될 수 있다. 실제로 플로리다에서는 1977년 1월의 혹심한 동해로 20억 달러 이상, 그리고 2009년 12월 프리즈로 수백만 달러를 넘는 감귤류 피해가 각각 발생했다. 캘리포니아의 경우 2001년 봄 몇 차례 닥친 프리즈로 북부 해안지대 포도원에서 수백만 달러 상당의 작황 손실이 빚어졌으며, 이는 포도주 가격 상승을 유발했다. 그리고 2012년 3월의 매우 따뜻한 날씨로 인해 과일나무가 일찍 개화했으나, 4월의 한파로 인한 영하의 온도는 뉴욕 주의 사과 작물의 거의 절반, 미시간 주의 거의 90%가 피해를 입었다. 또 다른 광범위한 한파의 발생으로 2007년 4월 미국 동부와 중서부에 걸쳐 과일과 농작물에 20억 달러 이상의 손해가 발생했다.

저지대에서는 흔히 가장 찬 공기와 가장 낮은 온도가

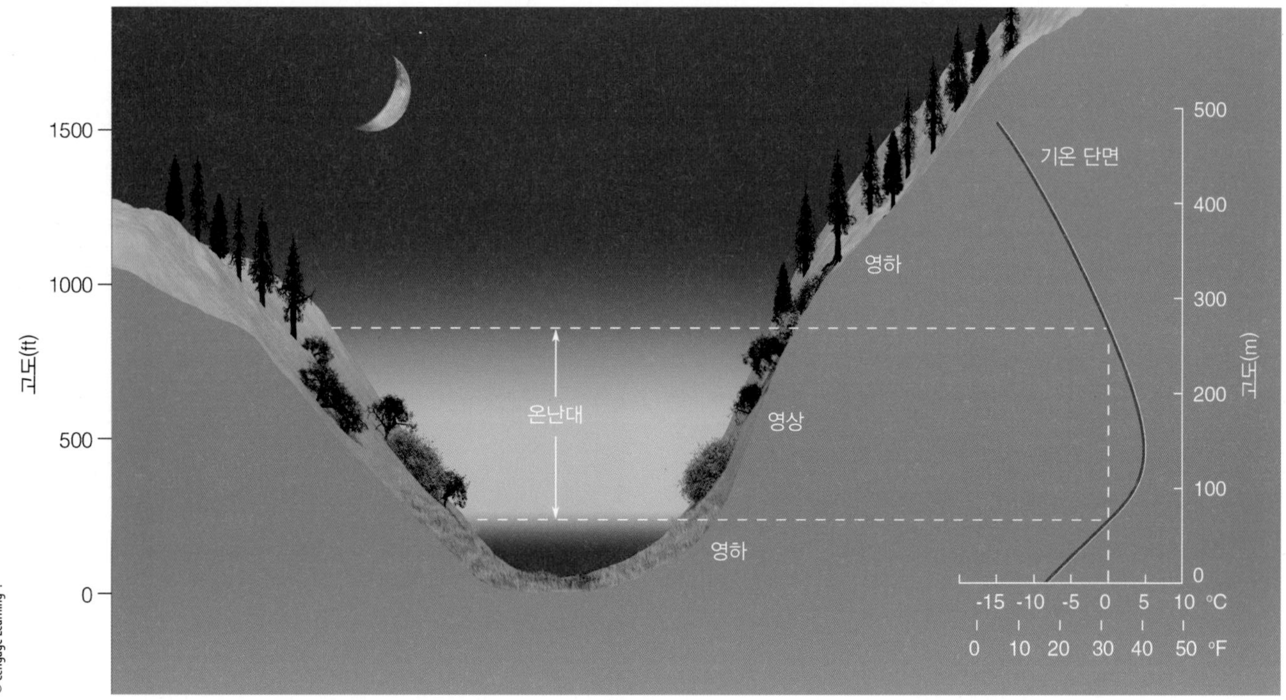

그림 3.6 ● 맑고 추운 밤 공기가 계곡으로 내려앉아 계곡의 기온이 산허리보다 낮아진다. 기온이 영상을 나타내는 곳을 온난대라고 한다.

기록되기도 한다. 이런 상황이 발생하는 이유는 야간에 차고 무거운 지표공기가 내리막길을 따라 서서히 이동해 결국 저지대의 분지와 계곡에 자리를 잡기 때문이다. **온난대**(thermal belts)로 불리는 중위도 지역에 위치한 비교적 고온의 산허리 일대에서는 그 아래 계곡에서보다는 결빙 기온을 경험할 가능성이 상대적으로 낮다(그림 3.6 참조). 이와 같은 현상을 고려해 농민들은 계곡의 저온에 견딜 수 없는 나무와 민감한 작물들은 산허리에 심는다. 더욱이 계곡 바닥에서는 차고 무거운 공기가 상승하지 못함에 따라 이처럼 무거운 공기에 갇힌 연기 및 기타 오염물질들은 시정을 악화시킬 수 있다. 그러므로 계곡 바닥은 상대적으로 더 추울 뿐 아니라 인근 산허리보다 상대적으로 더 자주 오염이 일어난다.

찬 밤공기로부터 농작물 보호 추운 밤에는 많은 식물이 저온 피해를 당한다. 작은 식물과 관목을 보호하려면 짚이나 헝겊 또는 비닐로 덮어 주어야 한다. 그렇게 하면 지상에서 열이 발산되는 것을 막아 준다. 정원의 꽃이나 나무를 추운 날씨에 보호하려면 하나하나를 비닐로 싸 주거나 종이컵으로 덮어 주어야 한다.

유실수는 꽃을 피우는 봄철 추운 날씨에 특히 약하다. 구름과 바람 없는 밤의 최저기온은 지면 가까이에서 나타나므로 낮은 가지들이 가장 큰 피해를 당할 수 있다. 이런 피해를 막는 한 가지 방법은 지면에 가까이 있는 공기를 가열시키는 것이다. **과수서리방지 가열기**(orchard heater)를 이용해 지면 부근에 대류를 형성해 줌으로써 주변 공기를 따뜻하게 해줄 수 있다. 또한, 오일 또는 가스 연소의 가열기에서 방출되는 열에너지는 나무의 새싹에 의해 흡수되어 온도를 상승시킨다. "모닥불 솥"으로 알려진 연기를 발생시키는 과수서리방지 가열기는 수십 년 동안 사용되었지만, 현재는 대부분 지역에서 대기오염 문제로 사용이 금지되어 있다.

나무를 보호하는 또 한 가지 방법은 지상의 찬 공기를 상공의 더운 공기와 뒤섞어 지면에 접한 공기 온도를 높여 주는 것이다. 동력으로 돌아가는 비행기 프로펠러처럼 보이는 **바람기계**(wind machine)를 이용해 이 목적을 달성

그림 3.7 ● 바람기계는 지표의 찬 공기와 상공의 더운 공기를 혼합시킨다.

그림 3.8 ● 얼음이 플로리다 주 클레몬트에 있는 감귤 나무를 덮고 있는 모습. 이른 아침에 물을 뿌려 2010년 12월 15일 영하 5°C로 내려가는 저온 동해로부터 보호하고 있다.

할 수 있다(그림 3.7 참조). 헬리콥터를 빌려 쓸 수도 있으나, 비용이 비싼게 흠이다.

물이 풍부하다면 관개로 나무를 보호할 수도 있다. 추운 밤이 예상될 때, 나무 밑둥이 물에 잠기도록 하면 잠열을 많이 지니고 있는 물은 마른 땅보다 훨씬 느리게 냉각되기 때문에 지면의 기온이 덜 내려간다. 게다가 젖은 땅은 마른 땅보다 전도율이 높아 땅속의 열이 보다 빨리 위로 전도되어 지면을 따뜻하게 만든다.

지표와 그 상공의 기온이 모두 영하로 내려갈 경우 농민들은 어려운 상황에 직면한다. 바람기계는 단지 지면의 찬 공기와 상공의 더욱 찬 공기를 혼합할 뿐이기 때문에 도움이 되지 않는다. 과수서리방지 가열기와 관개 역시 다만 지표 바로 위의 가지들만 보호할 뿐이므로 별 도움이 되지 않을 것이다. 그러나 효과적인 한 가지 보호 방법이 있다. 과수용 스프링클러 장비를 돌리면 미세입자 형태의 물이 분사된다. 찬 공기 중에서 물은 가지들과 새싹들 둘레에서 얼어붙어 얇은 얼음 베니어판을 형성해 감싸준다. 물분사 작업을 계속하는 동안 물이 얼음으로 바뀔 때 방출하는 잠열은 얼음의 온도를 0°C로 유지시켜 준다. 얼음은 새싹(혹은 열매)의 온도를 상해를 일으키는 온도보다 높게 유지시킴으로써 보호막 구실을 한다. 얼음이 너무 많으면 가지들이 부러질 염려가 있으므로 주의해야

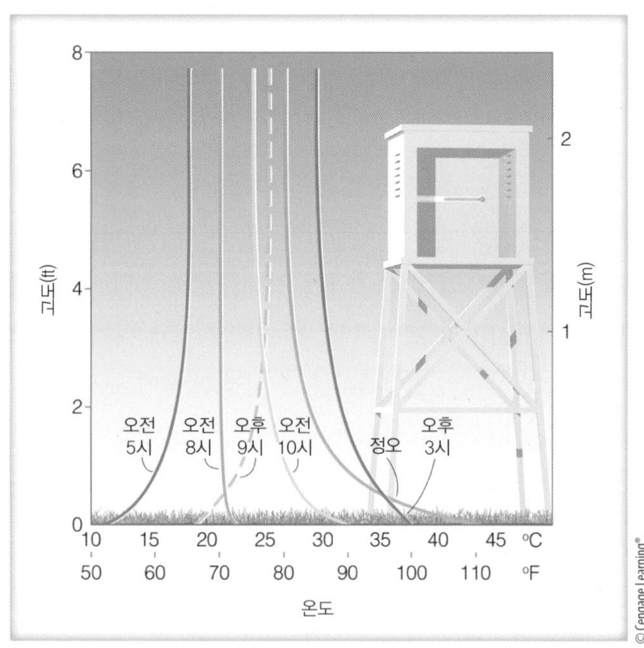

그림 3.9 ● 하루 중 지상 기온의 이상적 분포. 기온 곡선은 맑고 고요한 여름날 중위도 도시의 잔디 위 평균기온의 변화를 나타낸다.

한다. 열매는 찬 공기의 피해를 받지 않을 수 있으나 나무 그 자체는 과도한 얼음 보호막에 피해를 입을 수 있다. 스프링클러는 습도가 높을 때 잘 작동한다. 스프링클러는 공기가 건조할 때는 물이 상당량 증발되어 없어지기 때문에 작동이 원활하지 못하다.

지금까지 우리는 지표 근처 기온이 하루 24시간의 시간대에 따라 어떻게 다른지 그리고 그 이유를 살펴보았다. 우리는 하루 중 낮에 지표면 근처의 공기는 상당히 따뜻해질 수 있으나 밤이 되면 갑작스레 냉각될 수 있음을 알았다. 그림 3.9는 지표 위의 평균기온이 24시간 중 시간대에 따라 어떻게 변하는지를 설명하는 방법으로 이러한 관찰 내용을 개괄했다. 그림에서 지표 위 수 미터 상공의 공기는 냉각과 승온 모두 가능하지만 지표에 닿아있는 공기보다는 그 속도가 상대적으로 느리다는 점을 주목하라.

최저기온 기록 아주 기온이 낮은 지역으로 이름난 미국의 도시 중 하나는 미네소타 주 인터내셔널 폴스로 1월 평균기온이 −15℃이다. 이곳에서 남쪽으로 수백 km 떨어져 미니애폴리스-세인트폴은 겨울철 3개월 평균기온이 −9℃로 미국에서 가장 추운 도시로 꼽힌다. 미니애폴리스는 1911~1912년 겨울 연속 186시간 동안 수은주가 −18℃ 이하를 기록했다. 그러나 인근 48개 주의 경우 최장 혹한을 기록한 곳은 1936년 연속 41일 동안 수은주가 −18℃ 이하에 머물렀던 노스다코다 주 랭던이다.

미국 역사상 가장 대규모적인 한파는 1899년 2월 발생했다. 그때 기온은 플로리다를 포함한 미국 전역에서 −18℃ 이하로 하강했다. 이와 같은 혹한은 미국 관측사상 최초 그리고 유일한 사건이었다. 이러한 극심한 한파 기간 중 최저기온 기록은 오늘날까지 미국 내 여러 도시에서 깨어지지 않고 있다. 인근 48개 주에서 나온 공식적 최저기온 기록은 1954년 1월 20일 아침 몬타나 주 로저스 패스에서 기록된 −57℃이다. 한편, 알래스카의 공식 최저기온은 1971년 1월 23일 프로스펙트 크릭에서 기록된 −62℃이다.

북아메리카 대륙에서 가장 추운 곳은 캐나다의 유콘과 노스웨스트 테리토리이다. 캐나다의 레저루트(북위 75°)는 1월 평균기온이 −32℃이다.

북반구에서 가장 낮은 온도와 가장 추운 겨울은 시베리아와 그린란드의 내륙에서 발견된다. 시베리아 야쿠츠

NASA/James Yungel

그림 3.10 ● 기온이 종종 −73℃ 이하로 내려가는 지구에서 가장 추운 남극 대륙의 풍경.

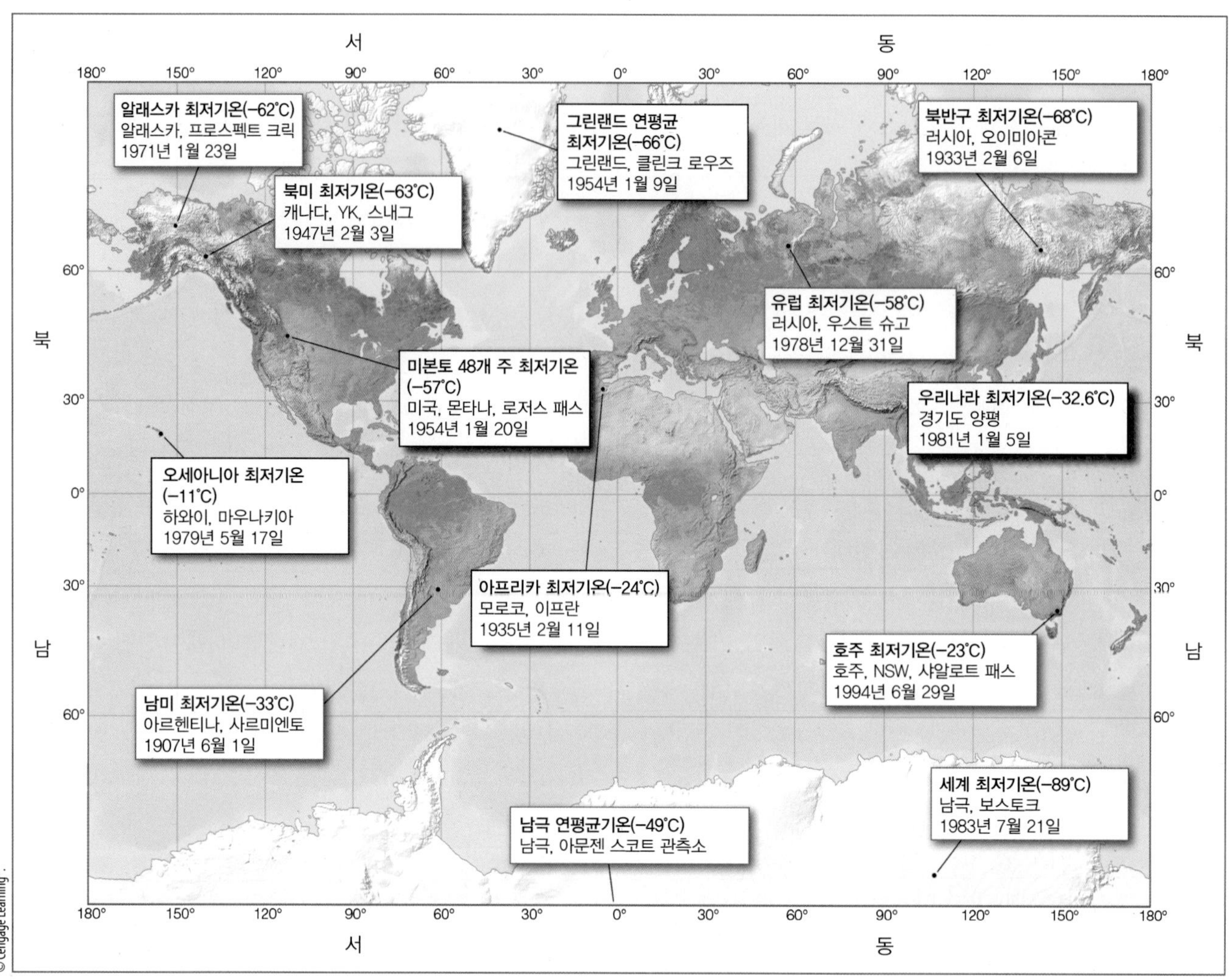

그림 3.11 ● 전 세계의 최저기온 기록.

크(위도 62°N)의 1월 평균기온은 −39°C이고, 연평균기온은 −9°C이다. 그린란드의 아이스미테는 2월(가장 추운 달)의 평균기온은 −47°C이며, 연평균기온은 −30°C이다. 그러나 이러한 기록도 세계에서 가장 추운 남극에 비하면 별 것 아니다(그림 3.10 참조).

지리적 남극인 해발 2,745 m의 아문센−스콧 과학기지에서 지난 50년 이상 측정한 바에 따르면 7월(겨울) 평균기온은 −56°C, 연평균기온은 −46°C이다. 이곳의 최저기온 기록은 구름이 없고 바람이 약간 있었던 1983년 6월 23일 관측된 −83°C이다. 그러나 이것이 세계 최저기온 기록은 아니다. 남위 78°에 위치한 남극의 러시아 기지 보스토크에서 1983년 7월 21일 관측된 최저기온은 −89°C였다(그림 3.11은 전 세계적으로 최저기록을 세운 기온에 대한 정보를 제공하고 있다).

요점 복습

지금까지 다룬 주요 개념 및 사실을 정리해 보자.

- 낮 동안 입사 에너지(주로 태양광선)의 양이 방출 에너지의 양을 초과하는 한 지표와 그 상공의 대기는 계속 가열된다.
- 밤에는 흡수량보다 많은 적외선 복사의 방출에 따라 지표가 냉각되며 이 과정을 복사냉각이라 한다.
- 겨울밤 최저기온은 바람이 없고, 맑고 건조하며, 구름이 없는 날 발생한다.
- 낮의 최고기온과 밤의 최저기온은 보통 지표에서 관측된다.

- 복사역전은 지표 부근의 공기가 상공의 공기보다 찬 밤중에 발생한다.
- 가장 차고 낮은 야간의 기온은 일반적으로 저지대에서 발견된다. 산허리 주변은 통상적으로 계곡 바닥보다는 훨씬 더 따뜻하다.

기온의 일변화 하루 중 가장 큰 폭의 일 기온 변화는 지표에서 나타난다. 사실 일최고기온과 최저기온의 차이—**기온의 일교차**(daily [diurnal] range of temperature)—는 지표 바로 위에서 가장 크고 지표에서 높아질수록 작아진다(그림 3.12 참조). 이러한 일변화는 흐린 날보다 맑은 날 훨씬 크다.

일교차가 가장 큰 곳은 고도가 높은 사막지대이다. 공기가 매우 건조하고 구름 없이 맑은 날이 자주 있는 사막에서는 낮 동안 태양 에너지에 의해 땅이 빠른 속도로 가열되어 이따금 수은주가 38°C를 넘어선다. 그러나 밤에는 적외선을 우주공간으로 복사함으로써 땅이 빨리 냉각되어 기온이 7°C 이하로 낮아져 31°C 이상의 일교차를 나타낸다.

구름은 기온의 일교차에 큰 영향을 미칠 수 있다. 2장에서 본 바와 같이, 구름(특히 낮고 두꺼운)은 입사 태양 복사 에너지를 반사시키는 좋은 반사체이다. 그 때문에 구름은 태양 에너지의 상당 부분이 지면에 도달하지 못하도록 막아준다. 이와 같은 영향으로 낮 기온이 낮아지는 경향이 있다(그림 3.13a 참조). 구름이 밤까지 지속될 경우 야간 기온을 높이는 경향이 있다. 구름은 적외선 복사 에너지의 좋은 흡수제이자 복사체이기 때문이다. 구름은 실제 많은 양의 적외선 에너지를 지면으로 다시 복사한다. 그러므로 구름은 일교차를 줄이는 효과를 낸다. 날씨가 맑을 경우(그림 3.13b) 낮 기온은 태양광선이 지면에

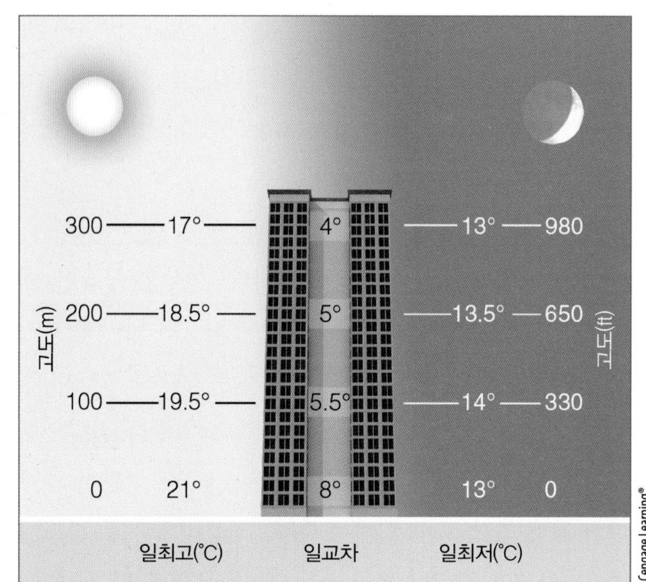

그림 3.12 ● 기온의 일교차는 지상 고도가 높아질수록 감소한다. 따라서 고층아파트의 낮과 밤 기온차는 단층집보다 작다.

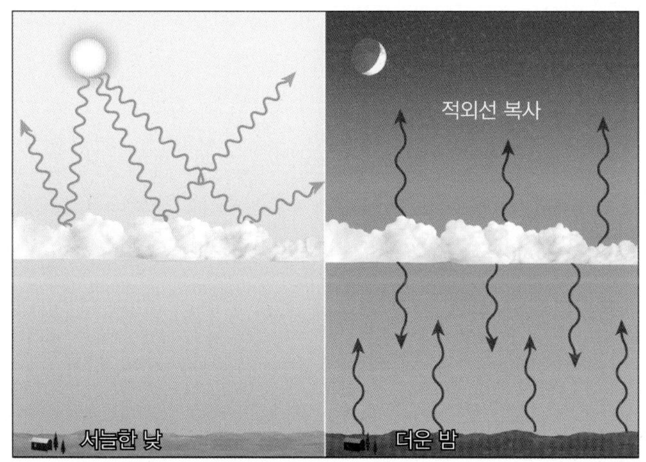

(a) 일교차가 작음

(b) 일교차가 큼

그림 3.13 ● (a) 구름은 주간 기온을 낮추고 야간 기온을 높이면서 작은 일교차를 만들어 낸다. (b) 구름이 없을 때 주간은 더워지고 야간은 차가워져 상대적으로 큰 일교차를 만들어 낸다.

직접 부딪히기 때문에 높아지는 경향이 있고, 반면에 밤 기온은 신속한 복사냉각 때문에 일반적으로 낮아진다. 따라서 쾌청한 낮과 쾌청한 밤은 복합적으로 커다란 일교차를 촉진한다.

습도 역시 일교차에 영향을 줄 수 있다. 예를 들면, 습한 지역의 일교차는 통상적으로 작다. 연무와 구름은 태양 에너지 일부가 지면에 도달하지 못하도록 막아 최고기온을 낮추는 결과를 낳는다. 야간에는 습한 공기가 지구의 적외선 복사 에너지를 흡수하고 그 일부를 지면으로 복사함으로써 최저기온을 높게 유지시킨다. 여름철 일교차가 작은 습한 도시의 예는 사우스캐롤라이나 주 찰스턴으로, 이 도시의 7월 평균 최고기온은 33°C이며 평균 최저기온은 23°C이고 일교차는 10°C 밖에 안 된다.

큰 호수나 바닷가에 위치한 도시는 내륙의 도시보다 기온의 일교차가 작다. 이러한 현상은 부분적으로 수증기가 공기 중으로 추가로 유입되기 때문이며, 물이 지표보다 천천히 더워지고 식기 때문이다.

더욱이 공항에서 기온을 측정하는 도시들은 시내 중심가에서 기온을 측정하는 도시보다 일교차가 크기 십상이다. 그 이유는 도시의 야간 기온은 멀리 떨어져 있는 전원지역보다 더 높은 경향이 있기 때문이다. 도시열섬으로 불리는 이러한 도시의 야간 열기는 산업 및 도시 개발에 따른 것으로, 12장에서 좀 더 충실하게 다루어질 것이다.

하루 24시간 중 3시간 간격으로 8회 관측(03, 06, 09, 12, 15, 18, 21, 24시)한 기온의 평균을 **일평균기온**(mean daily temperature)이라고 하며, 간단히 최고기온과 최저기온의 평균을 일평균기온으로 사용하는 경우도 있다. 대다수 신문들은 전날의 최고 · 최저기온과 함께 일평균기온을 수록한다. 특정 날짜의 일평균기온을 30년간 평균한 값을 해당 날짜의 평균기온 혹은 평년기온이라고 한다. 월평균기온은 일평균기온의 한 달 평균치이다. 평년기온의 개념에 관한 추가정보는 포커스 3.1(p.76)에 실려 있다. 기상청을 비롯한 세계의 여러 나라들은 30년간(1981~2010년)의 기온을 이용하여 평균기온을 계산한다. 특정 날짜의 어느 도시에서 평균 최고기온이 20°C인 경우, 이 날의 최고기온이 20°C가 되어야 한다는 것일까? 답을 잘 모르겠다면 포커스 3.1을 읽으시오.

지역 기온 변화 장소에 따라 기온 변화를 일으키는 주요 인자를 **기온 인자**(controls of temperature)라 한다. 앞장에서 기온을 결정하는 최대 요인은 지표에 도달하는 태양 복사량임을 설명했다. 이것은 물론 낮 시간의 길이와 태양열의 입사 강도에 좌우된다. 두 가지 모두 위도와 연관된 것이므로 위도는 기온 변화의 중요한 인자가 된다. 기온 인자는 주로 다음과 같다.

1. 위도
2. 수륙 분포
3. 해류
4. 고도

그림 3.14와 그림 3.15는 이들 기온 인자들을 좀 더 잘 설명하고 있다. 두 그림에는 1월과 7월의 세계 월평균기온이 나타나 있다. 지도에 그려진 선은 같은 기온을 나타내는 곳들을 연결한 **등온선**(isotherm)이다. 그림 3.14와 그림 3.15는 위도가 기온에 미치는 중요성을 보여주고 있다. 평균적으로 기온은 1월과 7월 열대지방과 아열대지방에서 한대지방으로 갈수록 낮아짐을 알 수 있다. 그러나 여름보다 겨울에 고위도와 저위도 사이에 태양 복사의 변화폭이 크기 때문에 1월의 등온선은 7월보다 간격이 좁다. 다시 말해 기울기가 보다 크다.

그림 3.14와 그림 3.15를 보면 등온선이 수평으로 되어 있지 않고 여러 곳에서 굽어져 있으며, 특히 대륙과 해양 경계에서 더욱 두드러짐을 알 수 있다. 1월 지도를 보면 위도는 같아도 내륙의 기온이 해안의 기온보다 훨씬 낮게 나타나 있다. 7월 지도에서는 그 반대 현상이 나타난다. 이와 같은 기온 변화의 원인은 육지와 물의 불균등한 가열 및 냉각 속성에서 찾아볼 수 있다. 지상에 도달하는 태양 에너지는 지면의 얇은 층에 흡수되지만 해면에 도달하는 태양 에너지는 깊숙이 스며든다. 또 물은 순환하기 때문에 열을 훨씬 깊은 층까지 전달한다. 게다가 물에 도

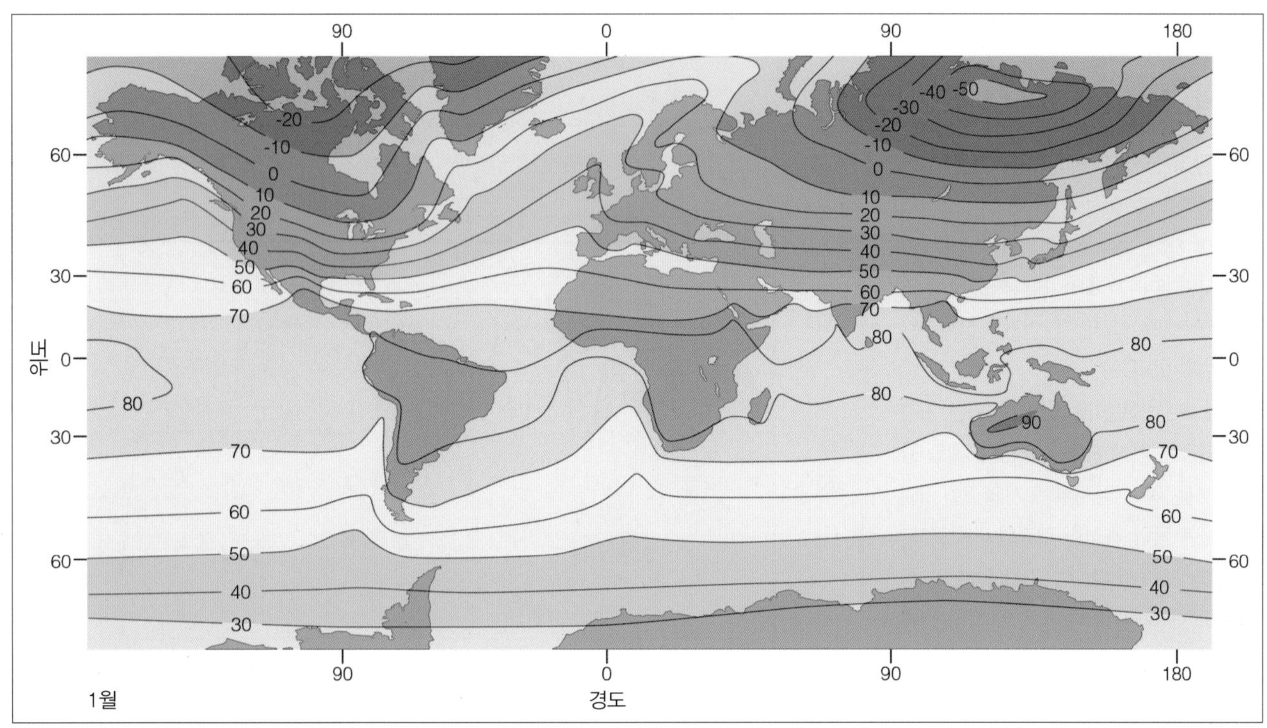

그림 3.14 ● 해수면 부근의 1월 평균기온(°F). 남극의 기온은 나타나지 않는다.

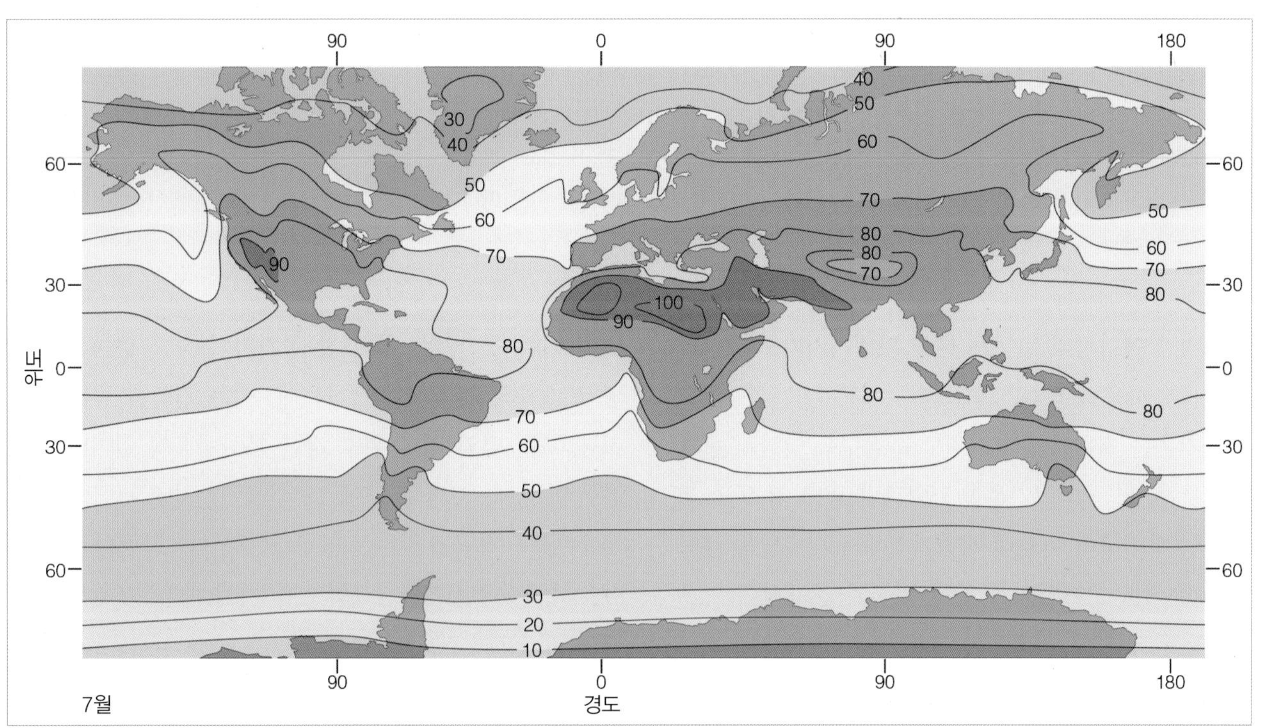

그림 3.15 ● 해수면 부근의 7월 평균기온(°F). 남극의 기온은 나타나지 않는다.

기온의 평년값이란?

기상예보관이 "오늘의 평년 최고기온은 화씨 68°입니다"라고 예보할 때 이것은 그날의 최고기온이 대개 화씨 68°임을 의미하는 것인가, 아니면 우리가 화씨 68° 가까운 최고기온을 예상해야 한다는 말인가? 실제로는 두 가지 모두 아니다.

평년값 혹은 평년이란 단어는 30년 기간에 걸쳐 평균한 기상 자료를 말한다. 예를 들어, 그림 1은 어느 남서부 도시의 5월 6일 기온을 30년 동안 측정한 결과를 기초로 한 최고기온을 보여 준다. 이 기간(실선)의 평균 최고기온은 화씨 68°이므로 이 날의 평년 최고기온(큰 빨간색 점)은 화씨 68°이다. 그러나 30년 동안 단 하루에만 최고기온이 화씨 68°로 측정된 사실을 주목하라. 실제 가장 보편적인 최고기온(모드라고 한다)은 화씨 60°이고, 이것은 4일에 걸쳐 발생했다(파란색 점).

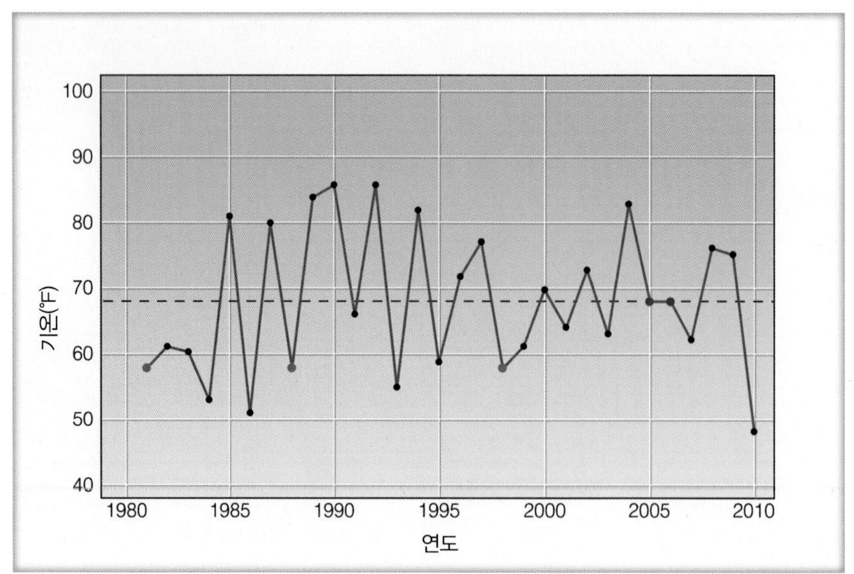

그림 1 ● 미국 남서부 한 도시에서 5월 6일에 측정한 30년간의 최고기온. 점선이 30년 평균의 평년 기온이다.

그렇다면 무엇을 이날의 대표적인 최고기온으로 간주해야 하는가? 실제로 화씨 47°와 89°(68°를 전후한 양쪽의 표준편차) 사이에 있는 어떤 최고기온이라 해도 이날의 대표 최고기온으로 간주될 것이다. 화씨 80°라는 최고기온으로 매우 더운 반면, 화씨 47°라는 최고기온은 매우 서늘하겠지만 두 수치는 30년 동안의 평년(평균) 최고기온인 화씨 68°나 마찬가지로 이례적인 것은 아니다. 이와 동일한 유형의 이치는 평년강수량에도 적용된다. 실제 강수량은 30년 평균보다 많을 수도 적을 수도 있기 때문이다.

달하는 태양 에너지의 일부는 물을 가열시키기보다는 증발시키는 데 사용된다.

평균기온은 저위도에서 고위도로 갈수록 낮아지는 경향이 있지만, 평균 최고기온이 7월(그림 3.15 참조)의 적도가 아닌 북반구의 아열대 사막지역에서 나타남을 주목하자. 이곳에는 고기압역의 하강 기류가 존재하여 맑은 날씨와 낮은 습도가 지속된다. 위의 조건들과 불모지와 같은 환경에 강한 일사가 더해져서 몹시 더운 기온을 유발한다.

극한 추위의 경우, 평균 최저기온이 1월(그림 3.14 참조)의 시베리아 내륙에서 발생하고 이 지역의 1월 평균기온은 −40°C를 밑돈다. 이곳이 춥긴 하지만 남극 대륙에 비할 바는 못 된다. 극히 찬 공기가 일사도 없는 캄캄한 남극 대륙의 겨울에 발생하는데, 이는 건조한 공기와 고지대의 눈 덮인 지면 위로 강한 복사냉각이 일어나기 때문이다. 비록 그림 3.15에 보이지는 않지만 남극의 가장 추운 달의 평균기온은 −55°C를 밑돈다. 극심한 추위의 예로서, 1968년 7월 남극의 고원 기지에서 −75°C의 월평균 최저기온이 관측되었다.

또 하나 바다와 육지의 확연한 기온차의 중요한 원인은 물이 육지보다 **비열**(specific heat)이 높다는 것이다. 어떤 물질의 비열은 그 물질 1g을 1°C 높이는 데 필요한 열량을 가리킨다. 일정량의 물의 온도를 1°C 올리는 데 필요한 열량은 흙이나 암석의 같은 양을 1°C 올리는 데 필요한 열량보다 훨씬 많다. 따라서 물의 비열은 흙이나 암석의 비열보다 훨씬 높다. 마찬가지로, 물은 땅보다 천천히 더워질 뿐 아니라 천천히 식는다. 즉, 해양은 거대한 열 저장소라고 할 수 있다. 해양의 여름과 겨울 기온의 차는 내륙의 연 기온차에 비해 그 폭이 훨씬 작은 까닭을 여기서 알 수 있다.

해양에 접한 대륙 연변에서는 해류가 기온에 자주 영향을 준다. 미대륙 동안에서는 난류가 따뜻한 물을 한대 쪽으로 전달하는 반면, 서안에서는 한류가 열대 쪽으로 찬물을 운반한다. 어떤 해안에서는 용승류가 나타나며, 그때 하층으로부터 찬물이 올라오기도 한다. 커다란 호수 역시 주변 기온을 변화시킨다. 미국에 있는 오대호의 여름철 날씨는 육지보다 서늘하며, 겨울철에는 물의 냉각 속도가 육지보다 느리므로 미시간호 동쪽 연안의 첫 얼음은 상대적으로 늦게 언다.

어떤 위치에서든 가장 따뜻한 달의 평균기온과 가장 추운 달의 평균기온 간 차이를 **기온의 연교차**(annual range of temperature)라고 한다. 통상적으로 가장 큰 연교차는 육지에서 일어나며 가장 작은 연교차는 바다 위에서 일어난다(그림 3.16 참조). 특히 섬 지역 도시의 연교차는 해안 도시보다 작다. 적도 근처에서는 낮의 길이에 변화가 적고 태양이 항상 정오의 하늘에 높이 떠 있기 때문에 연교차가 작으며 보통 3℃ 미만이다. 에콰도르의 수도 키토—적도상 해발 2,850 m 고도에 위치—는 연교차가 1℃ 미만이다. 중위도와 고위도에서는 지면에 도달하는 태양광선의 양에 계절적으로 큰 변화가 있어 겨울과 여름 사이에 기온 변화가 크다. 이들 지역, 특히 대륙 한가운데의 연교차는 크다. 북극권 근처 시베리아 북동부의 야쿠츠크의 연교차는 매우 커서 62℃나 된다.

한 해를 통틀어 어느 관측소의 평균 기온을 **연평균기온**

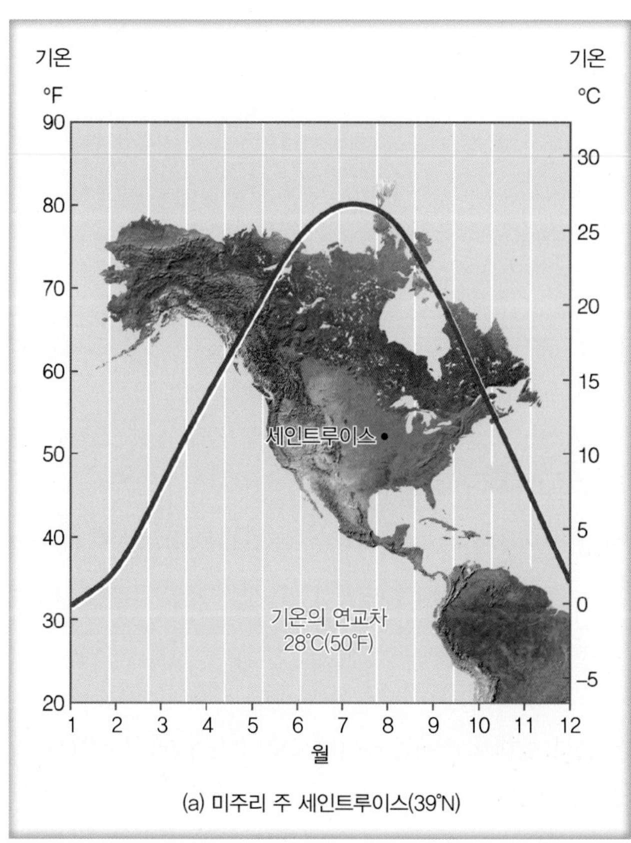

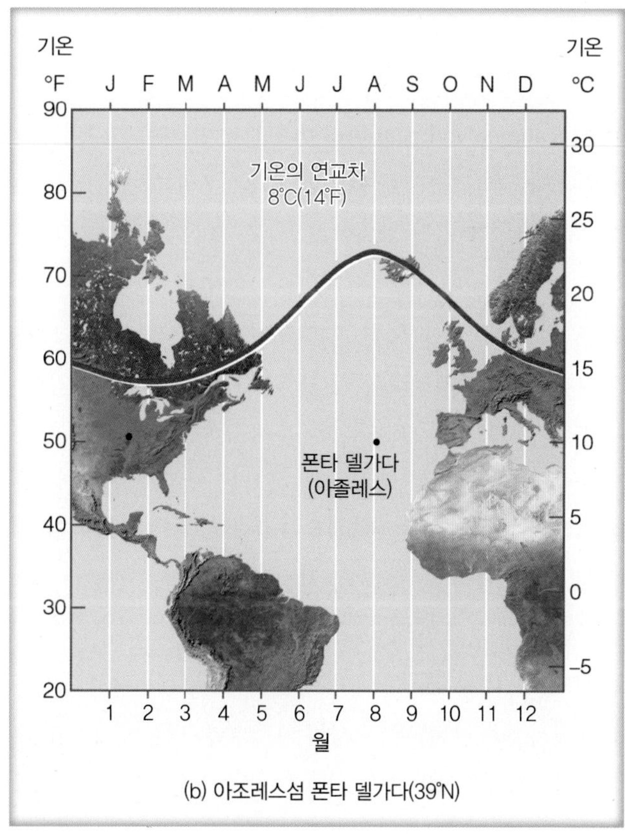

그림 3.16 ● (a) 대륙 중앙 부근에 위치한 도시인 미주리 주 세인트루이스와 (b) 대서양 아조레스 군도에 위치한 도시 폰타 델가다의 월평균 기온과 연교차의 비교.

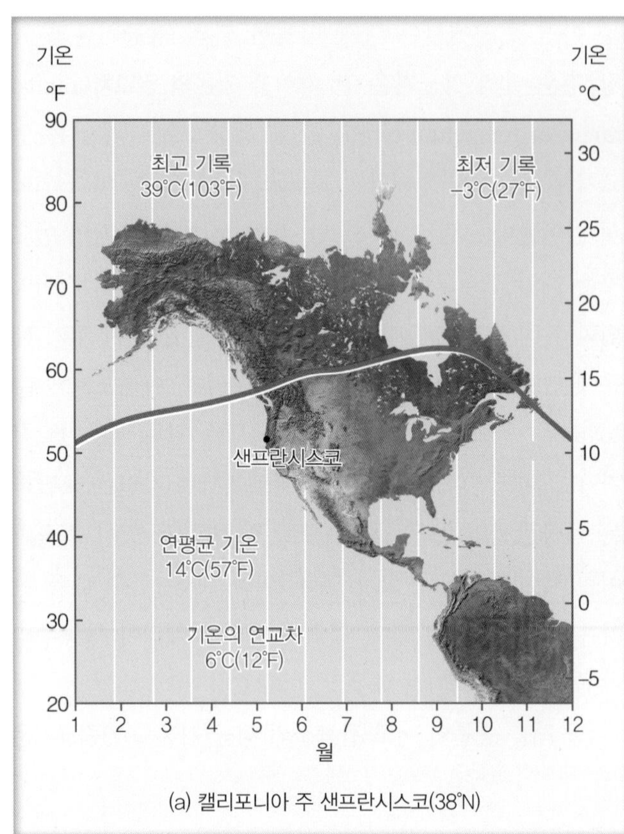

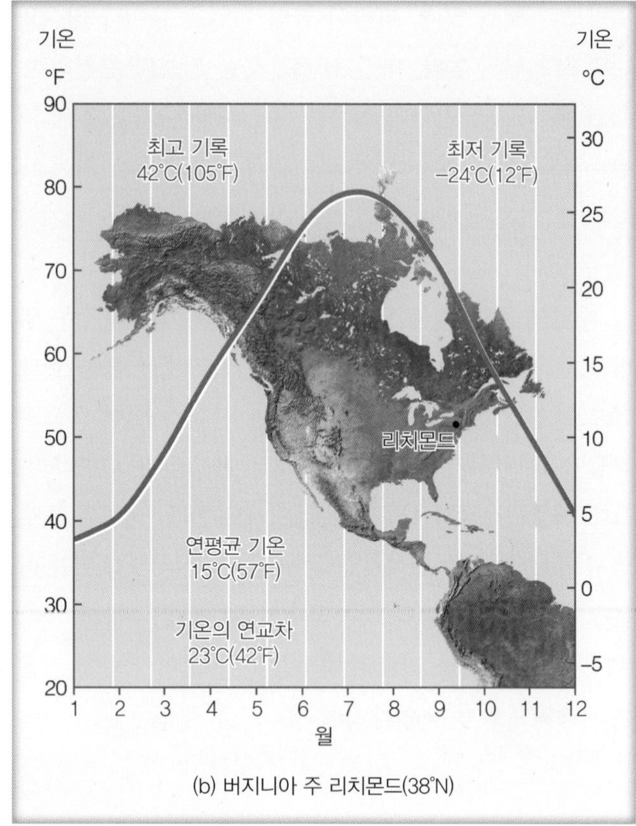

그림 3.17 ● (a) 캘리포니아 주 샌프란시스코와 (b) 버지니아 주 리치몬드의 연평균기온과 연교차의 비교.

(mean annual temperature)이라고 하며, 이는 12개월의 월평균기온의 평균치를 의미한다. 2개 도시의 연평균기온이 동일할 경우 얼핏 보기에는 두 도시의 기온이 1년 내내 매우 비슷한 것처럼 보일 수 있다. 그러나 종종 그렇지 않을 수도 있다. 예를 들면, 캘리포니아 주 샌프란시스코와 버지니아 주 리치몬드는 동일 위도(북위 38°)상에 있다. 두 도시는 연중 낮 시간대가 비슷하고 연평균기온은 15°C로 동일하다. 그러나 유사성은 여기서 그친다. 두 도시의 기온 차이는 리치몬드의 여름 날씨에 적합한 옷가지를 가득 넣은 가방을 들고 여름에 샌프란시스코를 여행하는 사람이면 누구나 확연하게 느낄 수 있다.

그림 3.17은 샌프란시스코와 리치몬드의 평균기온을 요약해서 보여준다. 두 도시의 가장 추운 달은 1월임을 주목하라. 리치몬드의 1월 기온은 샌프란시스코의 1월 기온보다 불과 평균 8°C 낮지만, 리치몬드 사람들이 1월 평균 최저기온으로 알고 있는 −3°C가 샌프란시스코에서는 관측 사상 최저 기록에 해당한다. 샌프란시스코 날씨에서 잘 자라는 나무들은 리치몬드의 겨울철에는 생존하기 어려울 것이다. 따라서 샌프란시스코와 리치몬드의 연평균기온이 같다고 해도 두 도시의 기온 변화와 연교차는 상당히 다르다.

기온 자료의 활용

일 기온은 다양한 방면에서 활용된다. 난방공들이 에너지 수요를 추산하기 위해 개발한 일 기온 적용 기준을 **난방도일**(heating degree day)이라고 한다. 일평균기온이 18°C 이하로 떨어질 때 사람들이 난로를 사용하기 시작한다는 가정에 토대를 둔 것이 난방도일이다. 따라서 18°C에서 일평균기온을 뺀 수치가 난방도일인 것이다. 만약 일평균기온이 17°C라면, 난방도일은 1이다.

일평균기온이 18°C를 넘는 날은 난방도일이 없다. 일

▼ 표 3.1 특정 작물의 생육도일

농작물(품종, 지역)	기본 온도(°F)	생육도일
콩(깍지/사우스 캐롤라이나)	50	1,200~1,300
옥수수(사탕/인디애나)	50	2,200~2,800
목화(삼각잎/아칸소)	60	1,900~2,500
완두콩(조생종/인디애나)	40	1,100~1,200
쌀(베골드/아칸소)	60	1,700~2,100
밀(인디애나)	40	2,100~2,400

평균기온이 낮을수록 난방도일은 많아지고, 연료소비 예측량도 많아진다. 난방도일이 산출되면 그 지역의 난방연료 소요량도 추산할 수 있다.

일평균기온이 65°F(18.3°C) 이상 올라갈 때 사람들은 실내를 서늘하게 하기 시작한다. 이때 적용하는 지수를 **냉방도일**(cooling degree day)이라 한다. 일평균기온이 예보되면 여기에서 65°F(18.3°C)를 빼면 냉방도일이 산출된다. 일평균기온이 70°F(21.1°C)라면 냉방도일은 5가 된다. 냉방도일이 많아지면 기온이 높고 냉방용 전기도 많이 든다는 것이다.

특정 지역의 냉방도일을 감안해 건물의 크기와 냉방장비 유형을 적절히 조화시켜 건물을 설계할 수 있다. 발전소들은 냉방도일 예보를 참작해 절정기의 에너지 수요를 예측할 수 있다. 냉 · 난방도일을 종합적으로 감안해 연간 에너지 수요를 추산할 수 있다.

한편 농민들은 파종, 재배 및 수확의 적절한 시기를 결정하는 데 **생육도일**(growing degree day)이란 지수를 사용한다. 특정 작물의 생육도일은 일평균기온이 기본 온도보다 1°C 높은 날로 정의된다. 옥수수의 기본 온도는 10°C, 완두콩의 기본 온도는 4.5°C이다.

아이오와 주의 여름철 일평균기온은 26.6°C(80°F) 정도이다. 표 3.1을 보면 이날 옥수수의 생육도일은 30이며 (80 − 50) 총 2,200도일을 축적할 때가 수확 적기임을 알 수 있다. 그러므로 4월 초에 옥수수를 심어 매일 평균 약 20도일을 축적한다면 약 110일 정도가 지난 7월 중순경에 수확할 수 있다는 이야기가 된다.

기온과 인간의 쾌감도

사람은 누구나 같은 기온일지라도 상황에 따라 다르게 느낀다. 긴 겨울 혹한이 지나간 후 3월의 바람 없고 맑은 날 기온이 20°C만 되어도 사람들은 아주 기분 좋게 느끼지만 바람이 세게 부는 여름 오후 기온이 이 정도일 때 사람들은 불안할 정도로 선선함을 느낀다. 이것은 사람이 열에너지를 환경과 조화시키는 과정 때문이다.

인체는 주로 음식을 열로 전환(신진대사)시킴으로써 체온을 안정시킨다. 일정한 온도를 유지하기 위해서는 인체에서 생성, 흡수된 열이 주위에 빼앗긴 열과 같아야 한다. 따라서 피부 표면에서 인체와 주변환경 사이의 열교환이 끊임없이 진행된다.

적외선 에너지 방출은 인체가 열을 상실하는 한 가지 방법이다. 그러나 사람들은 복사 에너지를 방출할 뿐 아니라 흡수하기도 한다. 인체는 전도와 대류를 통해서도 열을 방출 또는 흡수한다. 추운 날 따뜻한 공기 분자로 이루어진 얇은 층이 피부 가까이 형성되어 주변의 찬 공기로부터 피부를 보호해 주며 몸에서 열이 급속도로 빠져나가지 않도록 막아 준다. 그러므로 바람 없는 추운 날씨에 사람이 느끼는 **체감온도**(sensible temperature)는 수은주에 기록되는 온도보다 높다. (기온이 매우 높아도 사람이 차갑게 느끼는 반대의 효과가 나타나는 경우가 있을까? 이 질문에 대한 해답이 궁금하다면 포커스 3.2를 참조하여라.)

일단 바람이 불기 시작하면 따뜻한 공기 분자의 단열막은 흩어지고 찬 공기가 피부에 닿음으로써 피부에서 열이 급속도로 빠져나간다. 여타 요인에 변함이 없을 때 바람이 빨리 불수록 열의 손실이 많아져 점점 더 춥게 느끼는 것이다. 바람에 따라 추위를 느끼는 정도가 다른데 이것을 **바람 냉각지수**(wind-chill index, WCI)라 한다.

현대 바람냉각 상당온도 도표(표 3.2 참조)는 2001년 미 국립 기상청과 여타 유관기관과의 협력하에 작성되었다. 최선 상당온도지수는 통상 10 m 상공의 풍속 측정 대신에 지상 1.5 m 상공의 풍속을 고려하였다. 더불어 사람

일천도의 고온에서 동사한다고?

우리 대기권 어딘가에 기온이 극도로 높지만(약 500°C) 사람들은 매우 춥게 느낄 수 있는 곳이 있을까? 그런 곳이 있다. 그러나 지표 위에 있는 것은 아니다.

1장(그림 1.25 참조)에서 우리는 대기권 상층부(열권 중간 및 상층부)에서는 기온이 500°C를 넘을 수 있다는 대목이 포함되었던 것을 기억할 것이다. 그러나 대기권의 이 같은 권역에서 태양광이 차단된 온도계는 매우 낮은 온도를 가리킬 것이다. 이와 같은 뚜렷한 불일치는 기온의 정의와 그 측정방법 때문에 일어난다.

2장에서 우리는 기온이 공기 분자들이 이동하는 평균 속도와 직접 연관되어 있다는 것—온도가 높아지면 속도는 빨라진다는 것—을 배웠다. 고도가 300 km에 이르는 열권의 중간 및 상층부에서 공기 분자들은 매우 높은 온도에 상응하는 속도로 질주한다. 그러나 전도(노출된 피부나 온도계 구부)를 통해 어떤 물체를 가열시키기에 충분한 에너지를 전달하기 위해서는 엄청나게 많은 분자가 그 물체에 충돌해야 한다. 대기권 상층부의 '희박한' 공기 중에서 공기 분자들은 매우 빠른 속도로 움직이지만, 온도계 구부에 높은 온도가 기록될 수 있을 만큼 충분히 많은 분자가 충돌하지는 못한다. 실제로 태양으로부터 적절하게 차단된 온도계 구부는 받는 에너지보다 훨씬 많은 에너지를 잃게 되며, 그 결과 절대 영도에 가까운 온도를 가리키게 된다. 이런 현상은 우주인이 우주 산책을 할 때 500°C가 넘는 고온을 극복할 뿐 아니라 태양의 복사 에너지로부터 차단될 때는 혹심한 추위를 느끼는 이유를 설명해 준다. 이처럼 높은 고도에서는 기온의 전통적 의미(어떤 물체가 얼마나 '뜨겁게' 혹은 얼마나 '차게' 느껴지는지)는 더 이상 적용될 수 없다.

NASA

그림 2 ● '대기' 온도가 1000°C인 고온에서 우주인은 어떻게 살아남을 수 있을까?

의 얼굴에서 열을 빼앗아가는 능력(공기의 냉각력)을 바람냉각상당온도로 환산하였다.

예를 들어, 표 3.2를 참조하면 기온이 −10°C이고 풍속이 30 km/hr(8.3 m/sec)의 경우 상당온도는 −17.9°C에 달한다. 이러한 상태에서 노출된 얼굴 피부는 1분 만에 많은 열을 빼앗긴다. 물론 추위를 느끼는 정도는 옷의 유형과 피부의 노출면적 등 기타 인자에 따라 다르다.

영하의 날씨에 바람이 강하게 불면 피부에서 열이 급속히 방출되어 피부색이 변하고 얼게 된다. 피부가 어는 **동상**(frostbite)은 보통 인체의 말단에서 일어나는데, 이들 부위가 인체 열의 발생원에서 가장 멀기 때문이다.

추운 날 피부가 젖어 있으면 더 춥게 느낀다. 노출된 피부에 물기가 있으면 공기보다 더 빨리 몸으로부터 열을 전도시킨다. 춥고 습하고 바람 부는 날에는 체내에서 생성되는 열보다 더 빨리 열이 상실된다. 이러한 현상은 10°C의 비교적 온화한 날씨에도 일어날 수 있다. 몸에서 열이

▼ 표 3.2 바람냉각 상당온도(체감온도, ℃)

	기온(℃)*													
	Calm	10	5	0	−5	−10	−15	−20	−25	−30	−35	−40	−45	−50
풍속 (KM/HR)	10	8.6	2.7	−3.3	−9.3	−15.3	−21.1	−27.2	−33.2	−39.2	−45.1	−51.1	−57.1	−63.0
	15	7.9	1.7	−4.4	−10.6	−16.7	−22.9	−29.1	−35.2	−41.4	−47.6	−51.6	−59.9	−66.1
	20	7.4	1.1	−5.2	−11.6	−17.9	−24.2	−30.5	−36.8	−43.1	−49.4	−55.7	−62.0	−68.3
	25	6.9	0.5	−5.9	−12.3	−18.8	−25.2	−31.6	−38.0	−44.5	−50.9	−57.3	−63.7	−70.2
	30	6.6	0.1	−6.5	−13.0	−19.5	−26.0	−32.6	−39.1	−45.6	−52.1	−58.7	−65.2	−71.7
	35	6.3	−0.4	−7.0	−13.6	−20.2	−26.8	−33.4	−40.0	−46.6	−53.2	−59.8	−66.4	−73.1
	40	6.0	−0.7	−7.4	−14.1	−20.8	−27.4	−34.1	−40.8	−47.5	−54.2	−60.9	−67.6	−74.2
	45	5.7	−1.0	−7.8	−14.5	−21.3	−28.0	−34.8	−41.5	−48.3	−55.1	−61.8	−68.6	−75.3
	50	5.5	−1.3	−8.1	−15.0	−21.8	−28.6	−35.4	−42.2	−49.0	−55.8	−62.7	−69.5	−76.3
	55	5.3	−1.6	−8.5	−15.3	−22.2	−29.1	−36.0	−42.8	−49.7	−56.6	−63.4	−70.3	−77.2
	60	5.1	−1.8	−8.8	−15.7	−22.6	−29.5	−36.5	−43.4	−50.3	−57.2	−64.2	−71.1	−78.0

*도표에서 청색 구역은 30분 이내에 동상이 일어나는 온도이다.

급속도로 빠져나가면 체온이 정상 이하로 내려가 정신과 신체기능이 빠른 속도로 무너지는 **저체온증**(hypothermia)을 일으킬 수 있다.

저체온증의 첫 증상은 탈진 상태이고, 추위에 계속 노출될 경우 판단력과 사고력이 감퇴되며, 영하의 기온에 장시간 노출되면 혼수상태나 허탈상태가 일어나고, 체온이 약 26℃ 이하로 떨어지면 사망한다.

추운 날씨에 급속한 열의 손실에 반응하여 인체의 모세혈관이 수축하게 되면 피부 바깥층에 대한 혈액 공급이 차단된다. 더운 날씨에는 혈관이 확장되어 열을 주변에 더 많이 배출하고 땀의 증발작용에 따라 피부는 식는다. 대기 중 습도가 높아 포화 상태에 가까워지면 땀의 증발이 쉽지 않고, 이렇게 되면 사람들은 실제 기온보다 더 덥게 느낀다.

기온의 측정

온도계는 기온을 측정하기 위해 개발된 것이다. 모든 온도계에는 확실한 눈금이 그려져 있고, 서울에서 0℃를 가리키는 온도계는 대구에서도 똑같은 온도를 가리키도록 눈금이 매겨져 있다. 위치에 따라 덥거나 추운 정도를 다르게 표시한다면 그런 온도계는 쓸모가 없을 것이다.

지표의 기온을 측정하는 데 가장 널리 사용되는 것은 **유리관 액체 온도계**(liquid-in-glass thermometer)이다. 이는 약 25 cm 길이의 눈금을 새긴 밀폐유리관에 구부가 달린 것이다. 아주 가는 관이 구부로부터 유리관 끝까지 통해 있는데, 구부 안의 액체(보통 수은이나 붉은색 알코올)가 이 작은 관을 통해 오르내린다. 기온이 상승하면 액체가 올라가고 기온이 내려가면 액체도 내려간다. 이때 관 속 액체의 길이가 기온을 나타낸다. 관은 매우 좁기 때문에 기온의 작은 변화라도 액체 기둥의 길이에는 큰 변화로 나타난다.

일최고기온과 일최저기온만을 측정하는 유리관 액체

알고 있나요?

지구상에서 가장 낮은 체감온도가 기록된 곳은 아마도 2005년 8월 25일 남극의 러시아 보스토크 기지일 것이다. 이 기지에서는 −73℃의 기온과 50.5 m/s의 풍속을 기록하여 체감온도가 −100℃ 이하를 나타내었다. 이러한 극한 조건에서 노출된 피부는 단 몇 초 안에 얼게 된다.

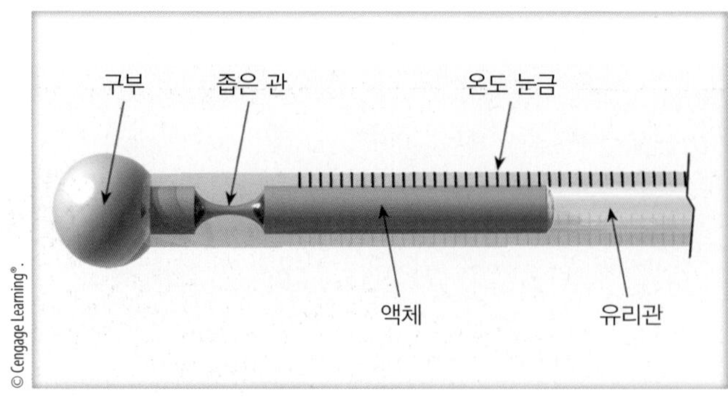

그림 3.18 ● 최고온도계의 구조.

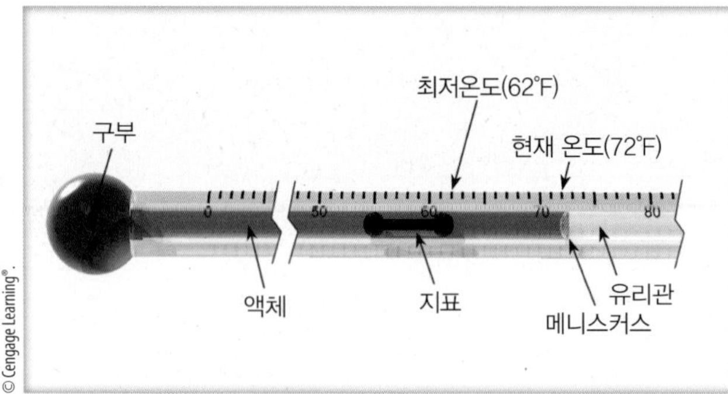

그림 3.19 ● 최저온도계의 구조. 현재 온도와 최저온도가 표시되어 있다.

온도계를 최고온도계, 그리고 최저온도계라 한다. **최고온도계**(maximum thermometer)는 구부 바로 위에 잘록한 부분이 있는 것을 제외하고는 일반 유리관 액체온도계와 모양이 같다(그림 3.18 참조). 기온이 상승하면 수은은 팽창하면서 잘록한 부분을 지나 최고온도가 표시될 때까지 유리관 위쪽으로 올라간다. 그러나 기온이 하강하기 시작하면 잘록한 부분이 수은의 하강을 막아주기 때문에 정지 상태의 수은주 끝을 읽으면 최고기온이 되는 것이다. 온도계 윗부분을 잡고 몇 번 축에 놓고 팔을 강하게 흔들어 주면 수은은 다시 제자리로 돌아간다. 수은이 제자리로 돌아가면 수은주 끝의 수치는 현재 기온을 가리킨다.

최저온도계(minimum thermometer)는 주어진 기간 중 최저로 내려가는 기온을 측정하기 위해 만들어진 것이다. 최저온도계는 대부분 알코올을 사용한다. 수은보다 어는 점이 훨씬 낮기 때문이다. 최저온도계와 일반온도계의 유일한 차이는 유리관에 작은 아령 모양의 지표가 들어 있는 점이다(그림 3.19 참조). 지표의 길이는 약 2.5 cm로 유리관 액체 안에서 자유롭게 움직이지만 액체관 끝 메니스커스(유리관 속 액체 표면의 반달 모양)의 표면 장력 때문에 액체 밖으로 나가지 못한다.

최저온도계는 수평으로 놓여지며 기온이 떨어지면 액체가 수축하면서 구부 속으로 돌아가고 지표도 밑으로 내려간다. 기온이 하강을 멈추면 액체와 지표도 멈춘다. 공기가 따뜻해지면 알코올은 팽창하여 지표를 지나 자유롭게 유리관 위쪽으로 움직이지만 지표는 이와 관계없이 움직이지 않기 때문에 지표의 위쪽 끝을 보아야 최저기온을 읽을 수 있다.

최저온도계를 다시 설치하려면 간단히 거꾸로 쳐들면 된다. 그러면 지표는 현재 기온을 가리키게 된다. 최저기온을 다시 측정하려면 수평으로 놓는다.

매우 정확하게 기온을 측정하려면 서미스터나 전기저항온도계 같은 **전기온도계**(electrical thermometer)를 사용해야 한다. 이들 측정계는 어떤 물질의 전기저항을 측정하는 것이다. 이들 온도계에 사용되는 물질의 저항은 온도 변화에 따라 달라지기 때문에 이 저항을 측정하여 기온을 잴 수 있다.

다른 유형의 전기온도계는 서미스터이다. 세라믹 재질로 만들어지고 기온이 변함에 따라 전기저항이 변하는 원리로 작동한다. 서미스터는 라디오존데에서 사용되는 온도 측정 장치로, 지면에서 고도 30 km까지의 기온을 측정한다(라디오존데에 대한 자세한 내용은 1장의 포커스 1.2를 참조하시오).

전기저항온도계는 900개소 이상의 완전 자동 지상 기상관측소(Automated Surface Observing System, ASOS)에서 기온을 측정하는 데 사용되는 유형의 온도계이다. 이들 전기저항온도계는 우리나라 전역의 공항들과 군사시설에 배치되어 있다(그림 3.20 참조). 이들 시설에서는 유리관 액체온도계 다수가 전기온도계로 교체되었다.

여기서 유리관 액체온도계를 전기온도계로 교체하는 문제가 기후학자들의 관심을 불러일으키고 있는 점을 주목할 필요가 있다. 한 가지 예를 들면, 기온 변화에 대한 전기온도계의 반응은 유리관 액체온도계보다 상대적으로

FOCUS ON AN OBSERVATION 3.3

기온은 왜 백엽상에서 측정해야 할까?

유리관액체온도계로 기온을 측정할 때 엄청난 수의 공기분자가 구부에 충돌하여 에너지를 유리관 구부 안팎으로 전달한다. 공기가 온도계보다 더 따뜻할 때 액체는 에너지를 얻고 팽창하며 유리관 위로 올라간다. 공기가 온도계보다 차가울 때 그 반대가 발생한다. 들어오고 나가는 에너지 사이의 평형이 이루어지면 액체는 상승(또는 하강)을 멈춘다. 이 시점에서 우리는 유리관에 있는 액체의 높이를 관찰하여 온도를 읽게 된다.

온도계는 공기분자의 에너지와 태양복사에너지를 동시에 흡수하기 때문에 직사광선에서 기온을 정확히 측정하는 것은 불가능하다. 온도계는 방출할 수 있는 양보다 훨씬 빠른 속도로 에너지를 흡수하고, 액체는 들어오고 나가는 에너지 사이에 평형이 이루어질 때까지 계속해서 팽창하고 상승한다. 온도계의 액체 수준은 태양복사에너지를 직접 흡수하기 때문에 실제 기온보다 훨씬 높은 온도를 나타낸다. 따라서 "오늘 기온은 태양 아래에서 40℃를 나타냈다"라는 진술은 아무런 의미가 없다. 유리관액체온도계는 공기의 온도를 정확하게 측정하기 위해서 그늘진 곳에 보관해야만 한다.

© Ross DePaola

그림 3 ● 여기에 나타낸 백엽상은 온도계를 보관하는 그늘진 장소 역할을 한다. 백엽상 내부의 온도계는 기온을 정확히 측정할 수 있다. 직사광선에 보관된 온도계는 그렇지 않다.

더 빠르다. 따라서 전기온도계는 상대적으로 반응이 느린 유리관 액체온도계로는 놓칠 수도 있는 짧은 순간의 양극단의 온도도 측정할 수 있다. 더욱이 공항 기상대에서 수행해왔던 여러 가지 온도 측정을 지금은 공항 활주로 근처 또는 활주로들 사이에 설치된 ASOS에서 맡아 하고 있다. 이러한 기계장비의 개편과 측정소의 재배치는 기상관측소에 때로는 작지만 중요한 온도 변화를 알려준다. 이러한 온도 변화의 영향을 줄이기 위해 미국의 경우 약 100개의 기상관측소를 기후 표준 네트워크로 만들었다. 이러한 표준관측소는 일관되고 정확한 기온을 장기적으로 측정하기 위해 신중하게 배치, 교정 및 유지된다.

기온은 또 적외선 감지기, 즉 **라디오미터**(radiometers)로 불리는 기계를 통해서도 측정할 수 있다. 라디오미터는 온도를 직접 측정하는 대신 방출된 복사(보통 적외선)를 측정한다. 궤도위성에 장치된 라디오미터는 복사 에너지의 강도와 특정 기체(수증기 또는 이산화탄소)의 최대 배출 파장을 모두 측정함으로써 대기권의 지정된 고도에서 기온 측정치를 획득할 수 있다.

쌍금속판온도계(bimetallic thermometer)는 두 가지 금속(보통 놋쇠와 철)을 하나의 금속편으로 용접해 만든 것

그림 3.20 ● 중앙의 소형 백엽상과 자동관측기기체계(ASOS)를 구성하는 각종 관측기기.

인데, 기온이 변화함에 따라 놋쇠는 철보다 더 많이 팽창하기 때문에 굽어지기 마련이다. 이때 작은 굽어짐을 지렛대 장치를 통해 증폭시켜 눈금에 표시되게끔 한다. **자기온도계**(thermograph) 중 온도를 감지하는 부분이 쌍금속판 온도계이다(그림 3.21 참조).

자기온도계는 차츰 자동 자료 기록기(data loggers)로 대체되고 있다. 이 기기들은 크기가 작고 기기 내부에 전자 서미스터 회로판이 설치되어 있다. 관측이 기록되는 간격은 컴퓨터에 의해 프로그램된다. 자동 자료 기록기는 자기온도계에 비해 가격이 저렴할 뿐만 아니라 기온에도 보다 민감하게 반응한다.

여러분들은 간혹 매체를 통해 "오늘 그늘진 지역의 온도가 32°C를 기록했습니다"라고 방송하는 것을 들은 적이 있을 것이다. 그렇다면 직사광선에 바로 노출된 곳에서도 기온을 잰다는 뜻일까? 이 물음에 확실히 답변할 수 없다면 포커스 3.3을 읽기 바란다.

온도계 및 각종 기기는 보통 **백엽상**(instrument shelter) 내에 설치한다. 백엽상은 비, 눈, 태양의 직사광선 등으로부터 기기들을 보호한다. 백엽상은 태양광선을 반사하도록 백색으로 칠해져 있고 측면에 미늘판이 되어 있어 공기가 자유롭게 소통되고 안팎의 온도가 균일하게 유지된다.

백엽상 내 온도계는 지상 약 1.5~2 m 높이에 설치된다. 기온은 표면의 유형에 따라 상당한 변화를 보이므로 백엽상은 보통 잔디밭이나 풀밭 위에 설치하여 동일 유형 표면 위 동일 높이에서 온도를 측정할 수 있게 한다. 아스팔트나 콘크리트 또는 2층 건물 옥상에 백엽상을 설치하는 경우가 있는데, 이 경우에는 각기 다른 위치에서의 기온 측정치를 비교하기 어렵다. 만약 여러분 거주지의 최고기온이나 최저기온이 인근 도시의 기온과 상당한 차이를 보인다면 백엽상 설치 장소가 어딘지 살펴보라.

종래의 백엽상은 최고 · 최저온도계를 넣는 신형 백엽

상으로 바뀌었다(그림 3.20 참조). 신형 백엽상은 외부의 파이프 기둥에 설치되어 있고 전선으로 건물과 연결되어 건물 내부에서 자료가 검출되도록 되어 있다. 이러한 형태의 신형 백엽상은 자동관측기기체계(ASOS)를 구성한다.

기온은 여러 형태의 지표상에서 상당히 다르게 나타나므로 동일 유형 표면 상공의 같은 고도에서 기온이 측정되도록 하기 위해 통상적으로 잔디 위에 백엽상을 설치한다. 유감스럽게도 일부 백엽상은 아스팔트나 콘크리트 또는 건물 옥상에 설치되어 각기 다른 위치의 기온 측정치를 비교하기 어렵게 만들고 있다. 실제로 여러분이 사는 지역의 최고기온이나 최저기온이 인근 지역에 비해 의심스러울 정도로 다르게 보일 경우에는 측정기기의 백엽상이 어디에 위치해 있는지를 살펴보라.

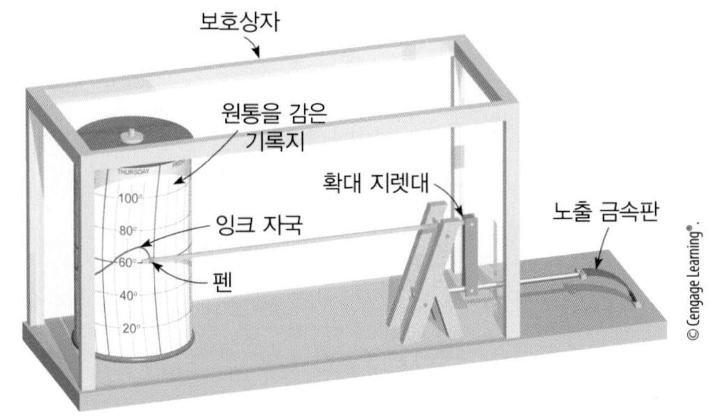

그림 3.21 ● 자기온도계.

요약

지표 근처의 기온 일변화는 주로 태양 에너지의 유입과 지표로부터의 에너지 유출에 의해 조절된다. 바람이 없고 맑은 낮에는 에너지 유입량(주로 태양광선)이 에너지 유출량(주로 대류와 적외선 복사)을 초과하는 한 지표 기온이 올라간다. 반대로, 열에너지의 유출이 유입량을 초과하는 밤에는 지표 기온이 내려간다. 밤에는 지표가 그 위의 대기보다 빨리 냉각되므로 최저 기온은 복사역전이 이루어지는 지표에서 나타나는 것이다. 농경지의 기온이 위험 수준으로 내려갈 경우 유실수와 포도밭을 보호하는 방법은 공기를 혼합시키는 법, 나무와 넝쿨에 물을 뿌려 주는 법 등 여러 가지가 있다.

가장 큰 폭의 일교차는 지표에서 나타난다. 습도가 높은 기후보다는 건조한 기후에서 일교차와 연교차가 더 크다. 두 도시의 연평균기온이 비슷 할지라도 일교차, 연교차, 최고 및 최저기온은 크게 다를 수 있다. 기상 정보는 여행복의 선택 등 일상생활에 영향을 줄 뿐만 아니라 에너지 사용 예측과 영농 계획 등에 중요한 요인이 된다. 우리가 사용하는 온도계 중에는 최고온도계, 최저온도계, 쌍금속판온도계, 전기온도계, 복사계 등이 있다. 지표 부근 기온을 측정하는 기기들은 직사광선과 강수 피해를 받지 않도록 백엽상에 설치한다.

주요 용어

본문에 나온 주요 용어를 나열하였다. 각 용어를 정의하라. 그러면 복습에 도움이 될 것이다.

복사냉각	기온의 연교차	복사역전	프리즈(결빙)
연평균기온	온난대	난방도일	과수서리방지 가열기
냉방도일	바람기계	기온의 일교차	생육도일
일평균기온	체감온도	기온 인자	바람 냉각지수
등온선	동상	저체온증	유리관 액체 온도계
쌍금속판 온도계	최고온도계	최저온도계	자기온도계
전기온도계	백엽상	복사계	

복습문제

1. 하루 중 기온이 가장 높은 때가 태양광선이 직접 비치는 정오가 아니라 오후인 까닭은 무엇인가?
2. 바람이 없고 맑은 낮에 지표 부근의 기온이 1 m 상공의 기온보다 훨씬 높은 이유는 무엇인가?
3. 입사 에너지와 방출 에너지가 기온의 일변화를 어떻게 조절하는지 설명하라.
4. 바람이 없고 맑은 날 (a) 오후와 (b) 일출 직전 이른 아침 지표에서 3 m 높이까지의 연직 기온분포를 그려보라. 기온 곡선이 다른 이유를 설명하라.
5. 복사냉각이 복사역전을 일으키는 과정을 설명하라.
6. 추운 밤과 강력한 복사역전이 일어나기에 적합한 기상 조건은 무엇인가?
7. 밤에 구릉의 사면에 온난대가 형성되는 까닭은 설명하라.
8. 추위로부터 농작물을 보호하기 위해 농민들이 사용하는 4가지 방법을 열거하고, 그 원리를 설명하라.
9. 나무의 낮은 가지들이 추위에 가장 취약한 원인은 무엇인가?
10. 기온 인자들을 설명하라.
11. 그림 3.14(1월의 등온선도)를 보면서 북반구에서 등온선이 남쪽으로(적도 쪽으로) 기울어져 있는 이유를 설명하라.
12. 겨울철 최저온도계가 낮은 영상의 기온을 가리키고 있을 때 지상에 서리가 내릴 수 있는 이유를 설명하라.
13. 가을철 첫 결빙과 봄철 마지막 결빙이 강변 저지대에서 나타나는 이유는 무엇인가?
14. 일교차가 (a) 습지보다는 건조지역에서 (b) 구름낀 날

보다는 맑은 날 더 큰 이유를 설명하라.

15. 해양에서 멀리 떨어진 내륙에서 가장 큰 연교차가 나타나는 이유는 무엇인가?

16. 두 도시의 연평균기온이 같다고 할지라도 연중 기온이 비슷하지 않은 이유는 무엇인가?

17. 난방도일, 냉방도일은 무엇이며 어떻게 산출하는가?

18. 차고 바람 없이 맑은 날 온도계가 가리키는 기온보다 우리가 더 따뜻하게 느끼는 이유는 무엇인가?

19. (a) 풍속이 48 km/hr이고 −15℃라고 가정할 때 바람 냉각 상당온도는 얼마인가?

(b) 어떤 기상조건 하에서 저체온증이 생길 수 있는가?

20. 최저온도계의 유리관 속에 아령 모양의 지표가 들어 있는 이유를 설명하라.

21. "오늘 양지바른 곳의 기온이 37℃를 기록했습니다"라고 누군가 보도하였다. 이러한 진술이 의미가 없는 이유는 무엇인가?

22. 다음 온도계들을 사용하여 기온을 측정하는 방법을 간단히 설명하라.

(a) 유리관액체온도계

(b) 쌍금속판온도계

(c) 복사계

(d) 전기온도계

사고 및 탐구 문제

1. 구름의 분포가 일 기온의 지연에 어떤 영향을 미치는가?

2. 적도의 열대우림지역과 네바다의 사막지대 중 어느 곳이 기온의 일변화가 더 크겠는가? 설명하라.

3. 기온이 영하인 곳에 겨울철 방한복을 장시간 비치하였다가 입어도 우리의 신체를 효과적으로 보온할 수 있는 이유를 설명해 보라.

4. 빌딩이나 옥사의 전광판에 비치된 온도계가 대개 정확하지 않은 이유는 무엇인가?

5. 만약 피치 못하게 백엽상을 잔디가 아닌 아스팔트 위에 설치해야 한다면, 어떻게 개조해야 백엽상 내의 온도가 실제 공기의 온도를 잴 수 있겠는가?

6. 미국 샌프란시스코의 12, 1, 2월의 평균기온은 11℃(52℉)이다. 똑같은 시기에 동부의 버지니아 주 리치먼드 시의 평균기온은 4℃(40℉)이다. 하지만 두 도시의 연간 난방도일은 거의 일치한다. 이유를 설명하라. (힌트: 그림 3.17를 참조하라.)

7. 일 기온의 지연에 있어서 지면과 수면 간에는 어떤 차이가 있는가?

8. 5월 1일 인디애나 주에 콩을 심었다고 가정하자. 콩을 수확하기 전까지 1200의 생육도일이 필요하고, 5월과 6월의 평균 일최고기온이 27℃(80℉)이고 평균 일최저기온이 16℃(60℉)라면 언제쯤 콩을 수확할 수 있을까? (기본 온도를 13℃(55℉)로 가정하라.)

4장

습도, 응결 및 구름

Tomas Tichy/Shutterstock.com

세계에서 가장 덥고 습한 도시 중의 하나인 태국 수도 방콕에서 2005년 4월 26일 오전 9시경에 발생한 사건이다. 거리는 차량으로 꽉 막혔고 이 무덥고 끈적끈적한 오전, 직장에 늦지 않게 도착하기 위해 초조하게 서두르는 사람들의 얼굴에서는 땀이 비 오듯 흘러내렸다. 이 날이 특이한 날로 꼽히는 것은 기상 이변이 일어났기 때문이다. 기온은 32.8°C(91°F), 습도는 94%, 체감상 더운 정도를 말해주는 열지수는 무려 54°C(130°F)에 달했다.

- 대기 중에서 물의 순환
- 증발, 응결 및 포화
- 이슬과 서리
- 안개

1장에서 배운 바와 같이, 지구 대기 중의 수증기 함량은 전체 대기 분자의 2~3%도 안 된다. 그럼에도 불구하고 이것은 구름방울과 빙정으로 형태를 바꿔 점차 크기가 커지면 지구에 강수 형태로 떨어지기 때문에 매우 중요한 기체이다. **습도**란 대기 중 수증기의 양을 일컫는 말이다. 습기가 많은 날 습도가 높다고 보통 알고 있다. 그러나 대기가 뜨겁고 '건조한' 사하라 사막의 대기 중 수증기가 미국 뉴잉글랜드의 차갑고 '습한' 겨울 대기보다 더 많다는 흥미로운 사실을 음미해 보자. 사막의 대기가 더 높은 습도를 지니고 있다는 말인가? 이 질문에 대한 답은 이 장에서 배우겠지만, 우리가 말하는 습도의 유형에 따라 답은 긍정일 수도 있고 부정일 수도 있다.

습도의 개념을 이해하기 위해 대기 중 수증기의 순환부터 살펴보기로 한다. 그런 다음 습도를 표현하는 여러 가지 방법을 검토하기로 한다. 이 장 끝부분에서는 이슬, 안개, 구름을 포함한 여러 가지 형태의 응결을 공부할 것이다.

대기 중에서 물의 순환

대기 중에서는 물이 끊임없이 순환한다. 지구 표면의 70% 이상이 해양이므로 물의 순환은 해상에서 시작된다고 생각할 수 있다. 해상에서 태양 에너지는 엄청난 양의 물을 **증발**(evaporation)이라는 과정을 통해 수증기로 변환시킨다. 그러면 바람이 습윤공기를 다른 지역으로 이동시키고 거기서 수증기는 액체로 돌아가 구름을 만드는데, 이 과정을 **응결**(condensation)이라 한다. 특정한 조건을 만나면 액체 구름 입자들(또는 고체 얼음 결정들)은 커져서 지상으로 떨어지며 이것을 **강수**(precipitation)라 한다. 비, 눈, 우박은 강수에 포함된다. 바다에 떨어지는 강수는 또다시 순환을 시작하게 되지만 대륙에 내리는 강수는 많은 부분 복잡한 경로를 거친 후에야 바다로 돌아간다. 이처럼 물의 분자를 액체에서 기체로, 기체에서 다시 액체로 전환시키는 과정을 **수문(물) 순환**(hydrologic [water] cycle)이라고 한다. 물의 분자는 바다에서 대기로 이동했다가 육지를 거쳐 다시 바다로 돌아가는 것이다.

그림 4.1은 복잡한 수문 순환 과정을 보여 준다. 예를 들면, 비는 지상에 도달하기 전 일부가 증발해 대기 중으로 돌아가기도 하고 일부는 식물에 가로채여 나무가 머금고 있다가 나중에 증발하거나 물방울이 되어 땅으로 떨어지기도 한다. 일단 지표에 도달한 물의 일부는 흙과 바위의 작은 구멍들을 통해 땅속으로 침투하여 지하수를 형성한다. 땅속으로 스며들지 않은 물은 진흙 속에 포함되어 있거나 시냇물 또는 강물로 흘러들어 결국 바다로 돌아간다. 심지어 지하수도 천천히 움직여 결국 지표로 흘러나와 증발하거나 강물에 합쳐져 바다로 간다.

육지에서도 토양, 호수, 하천으로부터 증발이 일어나 상당량의 수증기가 대기에 추가된다. 심지어는 식물도 **증산작용**을 통해 습기를 방출한다. 식물뿌리에서 흡수된 수분은 줄기를 따라 올라가 잎사귀 밑의 무수한 작은 구멍을 통해 발산된다. 대륙으로부터의 증발과 증산은 연간 대기로 유입되는 약 570경(10^{18}) 리터의 수증기 중 약 15%에 지나지 않는다. 나머지 85%는 바다에서 증발된다. 대기 중에 저장된 수증기의 총량은 세계의 일주일치 강수량보다 약간 많다. 이 양은 날마다 약간의 변화밖에 없기 때문에 수문 순환은 대기 중 수분을 순환시키는 데 매우 효과적이다.

증발, 응결 및 포화

대기 중 수증기가 어떻게 존재하는지 좀 색다르게 보기 위해 그림 4.2a와 같이 그릇에 담겨진 물을 살펴보자. 그릇에 담긴 물의 표면적을 약 10억 배로 확대시킬 수 있다면 물분자들이 아주 가까이서 흔들리고 튀어오르며 떠돌아다니는 모습을 볼 수 있을 것이다. 또 분자들이 모두 같은 속도로 움직이지 않는다는 것을 알 수 있을 것이다. 2장에서 배운 바와 같이, 물의 **온도**는 분자들의 평균 운동 속도를 측정한 것이다. 표면에서 분자들이 충분한 속도를 얻으면 액체 표면에서 이탈해 그 위 공기 속으로 들어간다. 액체 상태에서 기체 상태로 바뀌는 이들 분자는 증발한다.

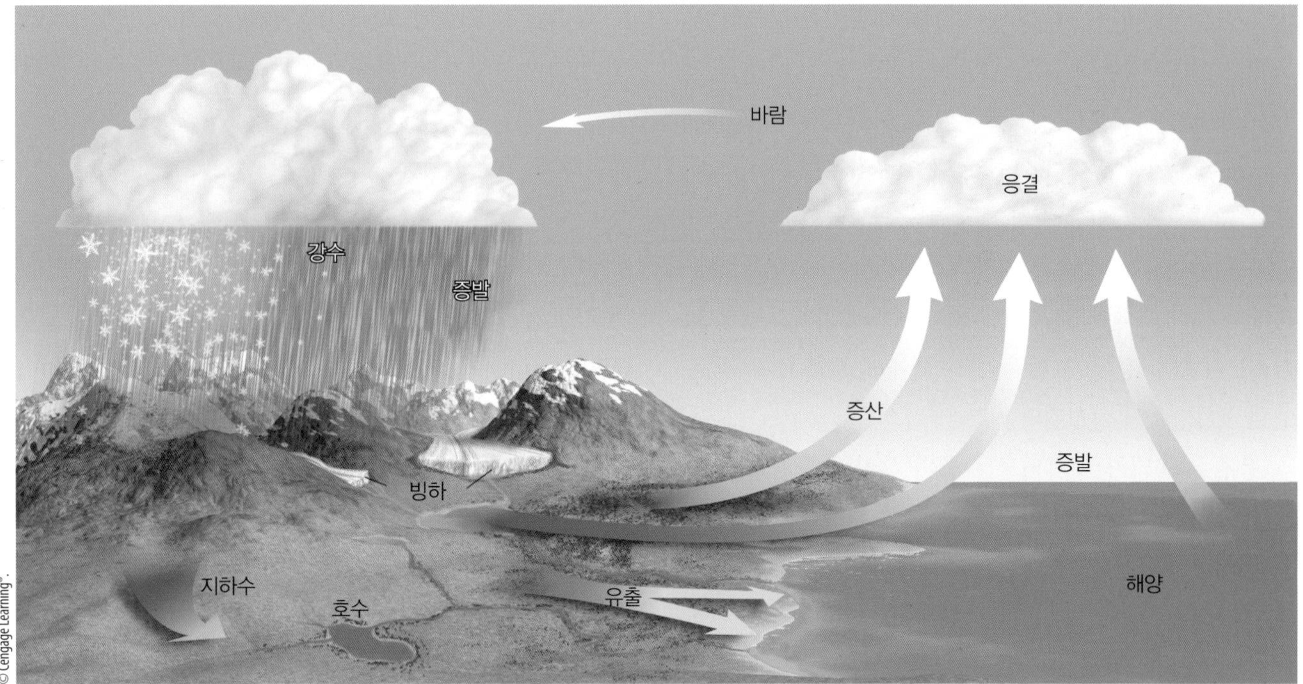

그림 4.1 ● 수문 순환.

물 분자 중 일부는 액체를 이탈하지만 다른 일부는 액체로 돌아온다. 돌아오는 분자들은 수증기 상태에서 액체 상태로 응결한다.

그림 4.2b에서처럼 그릇에 뚜껑을 덮으면 잠시 후 액체에서 도망치는(증발) 분자의 총수는 돌아오는(응결) 분자의 수와 균형을 이룬다. 이러한 조건이 형성될 때 공기는 수증기로 **포화**(saturated)되었다고 말할 수 있다. 포화 상태에서는 분자 1개가 증발했다면 똑같이 1개는 응결되어 액체나 수증기 분자의 증감은 발생하지 않는다.

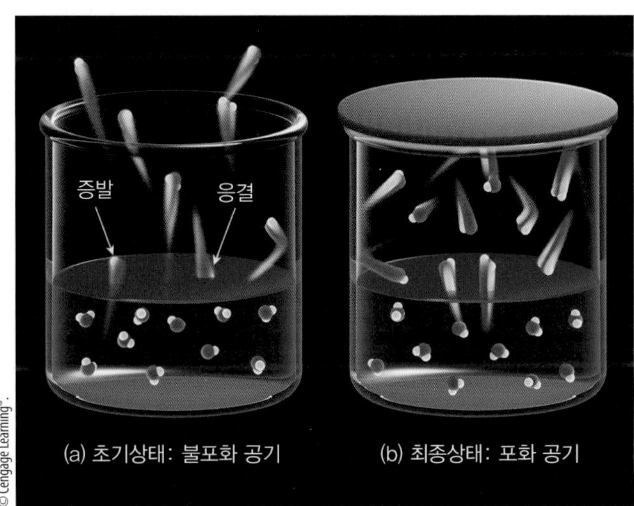

그림 4.2 ● (a) 물 표면의 분자들은 증발하고 응결한다. 응결 분자보다 증발 분자들이 더 많으면 순증발이 일어난다. (b) 액체 상태를 벗어나는(증발) 물 분자수가 액체로 돌아오는(응결) 분자수와 균형을 이룰 때 그 위의 공기는 수증기로 포화된다.

뚜껑을 열고 위를 '후'하고 불어 보면 수증기 분자 중 일부가 날아감으로써 실제 수증기 분자수와 포화에 필요한 분자수 사이에 차이가 발생하게 된다. 이렇게 되면 포화 상태가 형성되지 않으며 바람이 수면 위에 불고 있을 때처럼 보다 많은 양의 증발이 일어난다. 바람은 증발을 촉진한다.

물의 온도 역시 증발에 영향을 준다. 다른 조건이 동일할 경우, 따뜻한 물은 차가운 물보다 더 빨리 증발하는데, 이는 물 분자는 가열하면 더 빨리 움직이기 때문이다. 온도가 높을수록 더 많은 부분의 물 분자들이 물의 표면 장력을 뚫고 물 위 공기 중으로 튀어 들어가기에 충분한 속도를 얻게 된다. 따라서 수온이 높을수록 증발률도 높다.

그림 4.2b에서 물 위 공기를 살펴보면 수증기 분자가 자유자재로 운동하다가 자기들끼리 충돌하거나 주변의 산소 및 질소 분자와도 충돌한다는 것을 알 수 있다. 또

공기 분자에는 먼지, 연기, 바닷물에서 뿜어진 염분이 아주 미량 섞여 있음을 알 수 있다. 이러한 것들 위에 수증기가 응결할 가능성이 있으므로 이들을 **응결핵**(condensation nuclei)이라 한다. 물 위의 더운 공기에서 빠른 속도로 운동하는 수증기 분자들이 응결핵에 충돌했다가 그 충격으로 튀어 나가지만 공기가 차가울 때는 분자의 운동속도가 느려져 핵에 엉겨붙어 응결하는 것이다(그림 4.3a 참조). 수증기 분자 수십억 개가 핵에 응결할 경우 작은 액체 구름방울이 형성된다.

응결은 공기가 냉각되고 수증기 분자 속도가 감소할 때 더 잘 발생한다. 기온이 상승하면 수증기 분자들이 기체 상태로 남아 있을 만큼 충분한 속도를 갖기 때문에 응결 가능성은 낮아진다. **응결은 주로 공기가 냉각될 때 일어난다.**

공기냉각 시 응결 발생확률이 높아지는 것은 사실이지만 공기냉각 정도에 상관없이 수증기로 남아 있기에 충분한 속도(에너지)를 유지하는 소수의 분자들이 항상 있다는 사실을 주목하라. 그렇다면 대기 중 수증기 분자수가 동일한 경우 더운 공기에서보다는 차가운 공기에서 포화상태가 더 잘 일어나는 이유가 명백해진다. 이로 미루어 "온난공기는 한랭공기보다 더 많은 수증기 분자를 포함할 수 있다"는 말이 성립된다. 이러한 사실로부터 "온난공기는 한랭공기보다 수증기 수용량이 더 크다"는 말이 대체로 성립된다. 이러한 말의 뜻이 옳다고 해도 공기가 물의 '자리'를 만들어 주는 것은 아니므로 '지닌다'라든가 '용량'이란 어휘를 수증기량을 설명하는 데 사용하면 혼란을 초래한다.

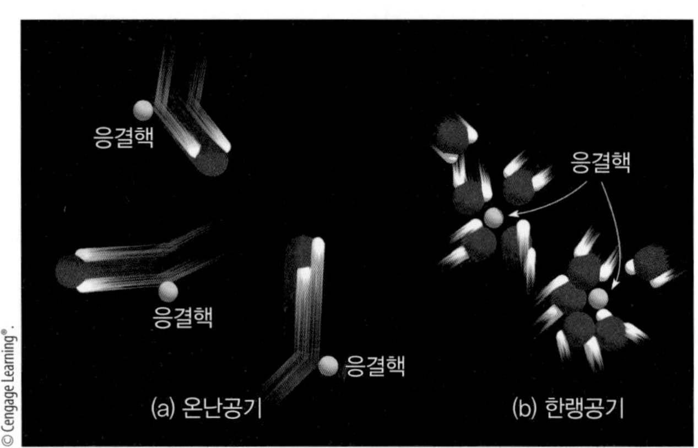

그림 4.3 ● 응결은 공기가 냉각될 때 일어난다. (a) 온난공기 속에서 빨리 움직이는 H_2O 수증기 분자는 응결핵과 충돌 후 멀리 튀어 나가며 (b) 한랭공기 속에서 H_2O 수증기 분자는 응결핵에 달라붙으려는 경향이 있다. 수십억 개의 물 분자가 응결하여 하나의 물방울을 형성한다.

습도

습도(humidity)란 대기 중 수증기의 양을 표시하는 여러 가지 방법 중 하나이다. 대부분의 사람들이 상대습도라는 말을 들어봤고 이후 다룰 것이지만, 대기 중 수증기량을 표시하는 방법에는 여러 가지 다른 방법들도 있다.

가령 얇고 탄력성 있는 가상의 용기—**공기덩이**—속에 일정량의 공기가 담겨 있다고 가정해 보자(그림 4.4 참조). 이 용기에서 수증기를 뽑아낸다고 가정하면 다음과 같이 습도를 산출할 수 있을 것이다.

1. 수증기의 질량과 용기 속 공기의 부피를 비교하여 수증기 밀도, 즉 **절대습도**를 구할 수 있다.
2. 용기 속 수증기의 질량을 용기 속 공기의 총 질량(수증기 포함)과 비교하여 **비습**을 구할 수 있다.
3. 용기 속 수증기의 질량을 수증기를 뺀 나머지 건조한 공기의 질량과 비교하여 **혼합비**를 구할 수 있다.

절대습도는 공기 1 m^3당 수증기 g (g/m^3)으로 표시하고, 이에 비해 비습과 혼합비는 공기 1 kg당 수증기 g (g/kg)으로 표시한다.

그림 4.4를 보고 대기 중 습도를 **수증기압**, 즉 수증기 분자들이 용기의 내벽에 작용하는 힘으로 표시할 수도 있다는 사실에 유의하라.

수증기압 공기덩이가 해수면 부근에 있고 그 내부의 기압이 1,000헥토파스칼(hPa)[1]이라고 가정해 보자. 공기덩이 내 총 기압은 모든 분자들이 내벽에 충돌하는 힘으

1 헥토파스칼은 지상 일기도에서 자주 쓰이는 기압의 단위로, 주어진 면적에 가해지는 힘을 나타낸다.

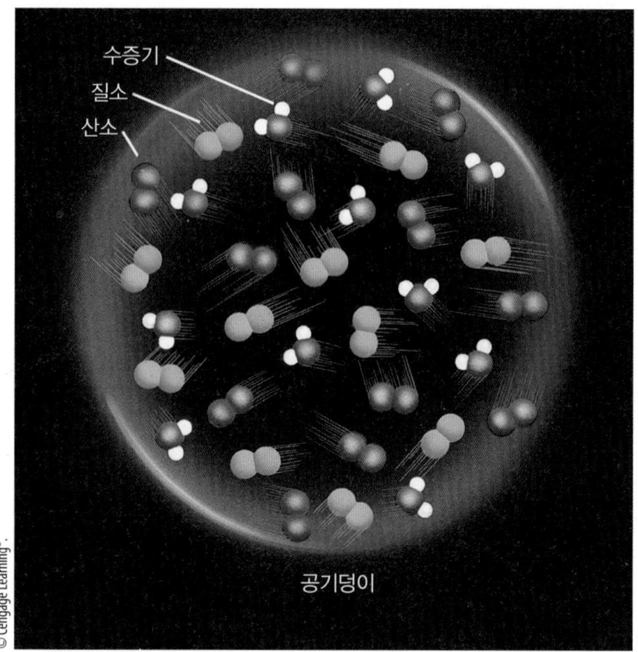

그림 4.4 ● 공기덩이 내 습도는 수증기의 밀도, 수증기의 질량 또는 수증기 분자가 내벽에 미치는 압력을 알아내 구할 수 있다.

로 결정된다. 다시 말해 공기덩이 내 전체 압력은 개별 기체들의 압력을 합친 것과 같다. 공기덩이 내 전체 압력이 1,000 hPa이고 기체 중에는 질소(78%), 산소(21%), 수증기(1%)가 포함되어 있으므로, 질소의 분압은 780 hPa, 산소의 분압은 210 hPa, 그리고 **실제 수증기압**(actual vapor pressure)으로 불리는 수증기의 분압은 10 hPa밖에 안 된다. 일정한 부피의 공기 중 전체 분자수에 비해 수증기 분자는 소수에 그치므로 실제 수증기압은 전체 압력의 작은 부분을 차지한다.

조건이 모두 같은 상황에서 공기덩이 내의 공기 분자수가 많을수록 전체 압력은 커진다. 풍선을 불 때 공기를 많이 불어 넣을수록 내부의 압력이 증가하는 것처럼 수증기 분자수가 증가하면 총 수증기압도 증가한다. 따라서 실제 수증기압은 대기 중 수증기 총량을 재는 매우 적합한 측정단위이다. 실제 수증기압이 높음은 수증기 분자수가 많다는 증거이며, 실제 수증기압이 낮음은 수증기 분자수가 상대적으로 적다는 표시이다.

실제 수증기압이 공기 중 총 수증기량을 표시하는 데 비해 **포화 수증기압**(saturation vapor pressure)은 주어진

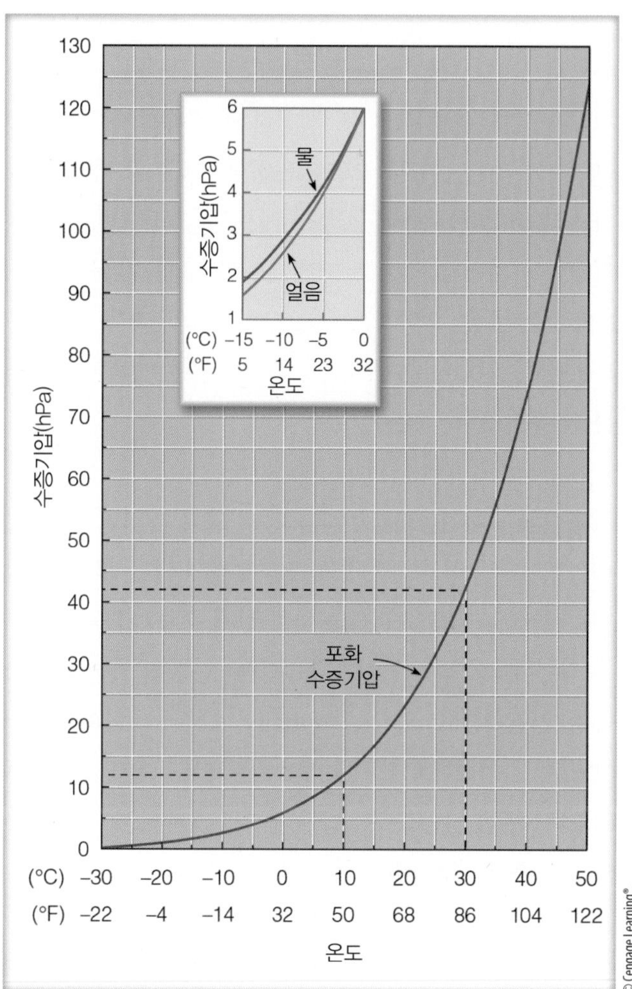

그림 4.5 ● 포화 수증기압은 온도가 상승함에 따라 증가한다. 10℃일 때 포화 수증기압은 약 12 hPa이지만 30℃일 때는 약 42 hPa이다. 그림 속에 삽입된 작은 그림은 물에 대한 포화 수증기압이 얼음에 대한 포화 수증기압보다 더 크다는 사실을 보여 준다.

온도에서 대기의 포화를 이루는 데 필요한 수증기의 양을 말한다.[2] 다시 말해 주어진 온도에서 공기가 수증기로 포화 상태에 있을 때 수증기 분자들이 발휘하는 압력을 포화 수증기압이라고 한다.

수면에서 분자들이 증발하는 모습을 상상해 보면 포화 수증기압 개념을 더 쉽게 이해할 수 있을 것이다(그림 4.2b 참조). 공기가 포화될 때 수면을 이탈하는 분자수는 액체로 돌아오는 분자수와 같다는 사실을 상기하라. '빠른

2 포화상태에서 공기 중 수증기량은 해당 온도와 압력에서 공기가 가질 수 있는 최대 수증기량과 같다.

속도로 움직이는' 분자의 수는 기온 상승과 비례하여 증가하므로 1초당 이탈 분자수도 늘어난다. 평형을 유지하기 위해 이러한 상황은 액체 위 공기 중의 수증기 분자수를 늘어나게 한다. 결과적으로 **기온이 높아지면 공기를 포화시키는 데 더 많은 수증기가 필요하게 된다.** 그리고 수증기 분자가 많아지면 압력은 더 커진다. **포화 수증기압은 주로 기온에 좌우된다는 이야기가 된다.** 그림 4.5의 그래프를 보면 10°C에서 포화 수증기압은 약 12 hPa임에 비해 30°C에서는 약 42 hPa임을 알 수 있다.

상대습도 대기습도를 나타내는 가장 보편적인 것이 상대습도이지만 유감스럽게도 가장 오해가 많은 것 역시 상대습도이다. 상대습도는 대기 중 실제 수증기량을 나타내지 않는 대신 공기가 얼마나 포화에 근접해 있는지를 말해준다. **상대습도**(relative humidity, RH)는 **특정 온도(그리고 압력)에서 포화에 필요한 최대 수증기량에 대한 실제 수증기량의 비율을 말한다.** 즉, 공기의 수증기 수용량에 대한 공기의 수증기 **함량 비율**이 상대습도인 것이다.

$$상대습도 = \frac{수증기\ 함량}{수증기\ 수용량}$$

실제 수증기압으로 대기의 실제 수증기 함량을 알 수 있다. 그리고 포화 수증기압으로 대기의 수증기 수용 총량을 산출할 수 있으므로 다음과 같이 상대습도를 표시할 수 있다.

$$상대습도 = \frac{실제\ 수증기압}{포화\ 수증기압} \times 100\%$$

상대습도는 %로 표시한다. 상대습도가 50%인 공기는 실제로 포화에 필요한 수증기량의 절반에 해당하는 수증기를 함유하고 있는 것이다. 상대습도가 100%인 공기는 **포화 상태**에 있다고 말할 수 있으며, 상대습도가 100% 초과인 공기를 **과포화**(supersaturation)라고 하는데, 이러한 상태는 드물고 대개 오래 지속되지 않는다.

상대습도의 변화는 주로 두 가지 방법으로 이루어진다.

1. 공기 중 수증기량 변화
2. 기온의 변화

그림 4.6a를 보면, 대기 중 수증기 성분이 증가할 경우 (기온 변화 없이) 대기의 상대습도도 증가함을 알 수 있다. 이런 현상은 수증기 분자들이 대기에 많이 추가될수록 수증기 분자들 일부는 서로 엉겨붙어 응결될 가능성이 커지는 사실 때문이다. 응결은 공기가 포화될 때 일어난다. 따라서 수증기 분자들이 대기에 많이 추가될수록 대기는 점진적으로 포화 상태에 도달해서 대기 중 상대습도가 증가하는 것이다. 반대로, 대기에서 수증기가 제거되면 포화 가능성은 줄어들고, 그 결과 대기의 상대습도를 낮추게 된다. 대기에 수증기를 추가하면 상대습도는 증가하고 대기에서 수증기를 제거하면 상대습도는 낮아진다.

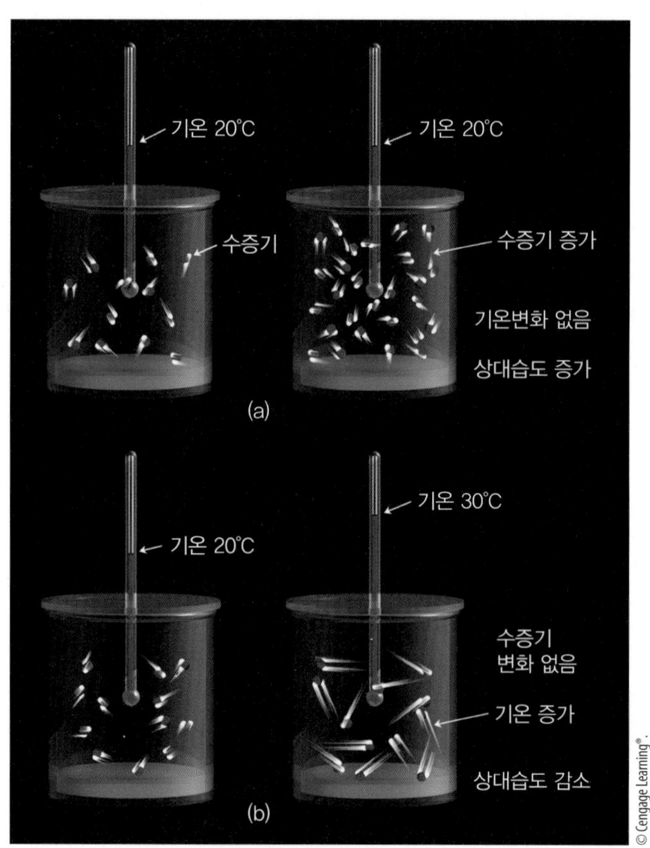

그림 4.6 ● (a) 기온이 동일할 때 대기 중의 수증기량이 증가하면 대기가 포화 상태에 접근함에 따라 상대습도는 높아진다. (b) 수증기량이 동일할 때 기온이 상승하면 대기가 포화 상태에서 멀어짐에 따라 상대습도는 낮아진다.

그림 4.6b는 기온이 상승함에 따라 (수증기량에는 변화 없이) 상대습도가 낮아지는 것을 보여 준다. 상대습도의 감소는 상대적으로 따뜻한 대기에서 수증기 분자들이 고속으로 움직이므로 서로 엉겨 응결될 가능성이 낮아지기 때문에 일어난다. 기온이 높을수록 수증기 분자의 속도는 빨라지고 포화가 발생할 가능성은 감소하며 상대습도는 낮아진다. 기온이 낮아질 때[3] 수증기 분자들의 움직임은 느려진다. 응결은 기온이 포화 상태에 근접할수록 가능성이 증가하고 상대습도도 상승한다. 요약하면, 수증기량에 변화가 없을 때 기온이 올라가면 상대습도는 낮아지며, 반대로 기온이 내려가면 상대습도는 올라간다.

여러 지역의 경우 하루 중 대기의 수증기량 변화는 미미하기 때문에 상대습도의 일변화에 주로 영향을 미치는 변수는 기온 변화이다(그림 4.7 참조). 밤에는 공기가 냉각되므로 상대습도는 높아진다. 일반적으로 하루 중 최대 상대습도는 기온이 가장 낮은 이른 아침에 나타난다. 낮에 기온이 올라가면 상대습도는 낮아져 오후에 기온이 가장 높을 때 최저 수준을 보인다.

이와 같이 상대습도의 변화는 식물과 습한 지표로부터의 증발량을 가늠하는 데 중요한 역할을 한다. 상대습도가 낮은 더운 오후에 잔디밭에 물을 뿌리면 땅속으로 스며들기보다는 잔디밭에서 금세 증발해 버린다. 상대습도가 높은 저녁에 물을 주면 증발량을 줄여 효과를 높일 수 있다.

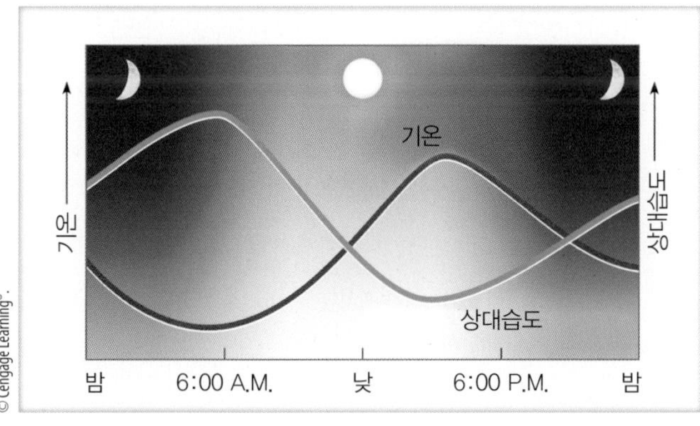

그림 4.7 ● 기온이 낮을 때(아침) 상대습도는 높으며 기온이 높을 때(오후) 상대습도는 낮다. 이런 상태는 바람이 없거나 풍속이 일정한 맑은 날에 나타난다.

상대습도와 이슬점 온도 이른 아침 바깥 공기가 포화되어 있다고 가정해 보자. 또 기온은 10°C이고 상대습도는 100%라고 해보자.

$$상대습도 = \frac{실제\ 수증기압}{포화\ 수증기압} \times 100\%$$

그림 4.5의 그래프를 보면, 기온이 10°C일 때 포화 수증기압은 12 hPa이다. 공기는 포화되어 있고 상대습도는 100%이므로 실제 수증기압은 포화 수증기압과 같은 12 hPa이 되어야 한다.

$$상대습도 = \frac{12\ \text{hPa}}{12\ \text{hPa}} \times 100\% = 100\%$$

낮에 기온이 30°C까지 상승하고 대기 중 수증기량(혹은 기압)에는 변화가 없다고 가정해 보자. 수증기량에 변화가 없기 때문에 실제 수증기압은 공기가 포화 상태에 있었던 이른 아침과 마찬가지로 12 hPa로 같아야 한다. 그러나 기온 상승에 따라 포화 수증기압은 높아졌다. 그림 4.5에 따르면, 기온이 30°C일 때 포화 수증기압은 42 hPa이다. 불포화 상태에 있는 더워진 공기의 상대습도는 이른 아침보다 훨씬 낮아진 29%가 된다.

$$상대습도 = \frac{12\ \text{hPa}}{42\ \text{hPa}} \times 100\% = 29\%$$

그렇다면 기온이 30°C일 때 바깥 공기를 다시 포화시키려면 기온을 몇 도까지 냉각시켜야 하는가? 답은 물론 10°C이다. 대기 중 수증기가 이 정도일 때 10°C를 **이슬점 온도**(dew point temperature), 혹은 간단히 말해 **이슬점**(dew point)이라 한다. 이슬점 온도는 기압 또는 수증기 함량에 변화가 없는 상태에서 포화가 형성되도록 하기 위해 도달해야 하는 기온을 가리킨다. 지표의 기압은 차이가 근소하므로 이슬점 온도는 대기 중의 실제 수증기량을 가리키는 좋은 척도가 된다. 대기 중 수증기가 추가되면 이슬점 온도는

3 반면 기온이 상승하면 포화 수증기압이 증가한다. 이때 공기 중 수증기량이 변하지 않는다면 포화 상태에서 멀어져 상대습도가 감소한다.

(a) 한대 공기: 기온 −2°C, 이슬점 온도 −2°C, 상대습도 100%

(b) 사막 공기: 기온 35°C, 이슬점 온도 10°C, 상대습도 21%

그림 4.8 ● 한대 공기의 상대습도가 더 높지만 사막 공기의 이슬점 온도가 더 높기 때문에 사막 공기가 수증기를 더 많이 포함하고 있다.

올라가고 수증기를 제거하면 이슬점 온도는 내려간다.

기온과 이슬점 온도의 차이로 상대습도의 높고 낮음을 알 수 있다. 기온과 이슬점 온도의 차이가 벌어지면 상대습도는 낮고, 둘 사이의 차이가 좁아지면 상대습도는 높다. 기온과 이슬점 온도가 같을 때 공기는 포화되고 상대습도는 100%가 된다.[4]

비록 상대습도가 100%일지라도, 특정 조건하에서 공기는 '건조'한 것으로 간주될 수 있다. 예를 들어 그림 4.8a를 보면, 한대공기에서는 기온과 이슬점 온도가 같기 때문에 공기는 포화되고 상대습도는 100%임을 관찰하라. 반대로, 기온과 이슬점 온도의 차이가 큰 사막 공기에서는 상대습도가 훨씬 낮은 21%이다.[5] 그러나 이슬점 온도는 공기 중 수증기량의 척도이기 때문에 (이슬점이 더 높은) 사막 공기는 더 많은 수증기를 포함하고 있을 것이 틀림없다. 따라서 한대 공기의 상대습도는 더 높을지라도 더 많은 수증기를 포함하고 있는 사막 공기는 상대적으로 더 높은 수증기 밀도, 즉 높은 **절대습도**(absolute humidity)를 갖는다. (특정한 습도와 혼합 비율 역시 사막 공기에서는 상대적으로 더 높다.)

흔히 비(또는 눈)가 오면 밖의 상대습도는 100%여야 한다고 오해하고는 한다. 그림 4.9를 보면 구름 내부에서는 상대습도가 100%이지만, 지표에서는 상대습도가 100%보다 훨씬 작다는 것을 볼 수 있다. 비가 지표 근처 건조한 공기로 떨어지면서 일부 빗방울들은 증발해 공기를 차갑게 만들고 공기의 수증기량을 증가시킨다. 기온이 낮아지고 이슬점 온도가 올라가면 상대습도는 증가한다. 비가 계속해서 내린다면, 지표공기는 포화되어 상대습도 100%에 도달할 수도 있다.

---

4 경험적으로 기온과 이슬점 온도의 차이는 상대습도가 70%인 경우 약 5.6°C, 상대습도가 50%인 경우 약 11.1°C이다.

5 상대습도는 그림 4.5를 이용해 계산할 수 있다. 기온 35°C의 사막 공기의 포화 수증기압은 약 56 hPa이다. 이슬점 온도가 10°C라는 것은 사막 공기의 실제 수증기압이 약 12 hPa이며, 따라서 상대습도는 약 21%라는 것을 의미한다.

그림 4.9 ● 구름 속에서는 기온(T)과 이슬점 온도(T_d)가 같고 공기는 포화 상태이며 상대습도(RH)는 100%이다. 그러나 기온과 이슬점 온도가 다른 지표면에서는 공기가 불포화 상태이며(비가 내림에도 불구하고) 상대습도는 100%에 크게 못 미친다.

요점 복습

지금까지 다룬 주요 개념 및 사실을 정리해 보자.

- 상대습도는 대기가 얼마나 포화에 근접한지를 말해준다.
- 상대습도는 대기 중 수증기량의 변화에 따라, 또는 기온의 변화에 따라 변할 수 있다.
- 일정한 양의 수증기를 가지고 있는 공기를 냉각시키면 상대습도가 상승하고 가열하면 상대습도는 하강한다.
- 이슬점 온도는 대기 중 수증기량을 알려주는 좋은 척도이다. 높은 이슬점 온도는 높은 수증기량을, 낮은 이슬점 온도는 낮은 수증기량을 의미한다.
- 기온과 이슬점 온도가 서로 근접하면 상대습도는 높고, 차이가 크면 상대습도는 낮다.
- 대기가 차갑고 기온과 이슬점 온도가 서로 가까우면 건조한 대기도 높은 상대습도를 가질 수 있다.

상대습도와 인간의 불쾌감 상대습도가 높은 몹시 무더운 날 사람들은 '더위보다는 습기가 문제'라고 불평한다. 맞는 말이다. 더운 날씨에 몸을 식히는 주된 방법은 땀의 증발이다. 기온이 높아도 상대습도가 낮으면 피부에서 땀이 빨리 증발해 기온이 실제보다 낮은 것으로 느끼게 되지만, 기온도 높고 상대습도도 높으면 공기가 수증기로 거의 포화되어 인체에서 땀이 원활하게 증발되지 않고 오히려 땀방울이 피부에 맺혀 있게 된다. 그 결과 몸이 잘 식지 않아 더위를 더 느끼는 것이다.

피부의 냉각 정도, 다시 말해 공기 중으로 수분이 증발함으로써 달성할 수 있는 최저냉각온도를 **습구온도**(wet-bulb temperature)라 한다.[6] 습구온도가 낮은 더운 날에는 피부 표면에서 급속도로 증발이 일어난다. 따라서 피부의 냉각도 빨라진다. 그러나 습구온도가 기온에 근접하면 냉각도 둔화되어 피부온도는 올라가기 시작한다. 습구온도가 피부온도를 초과하면 순증발은 없고 몸의 온도는 급속도로 올라간다. 그러나 다행히도 습구온도는 거의 항상 피부온도보다 상당히 낮다. 날씨가 찌는 듯 무더울 때 더위와 관련된 여러 가지 문제가 일어난다. 날씨가 몹시 더워지면 체온을 조절하는 뇌의 **시상하부선**이 인체의 더위조절 메커니즘을 활성화시키며 1,000만 개 이상의 땀샘들이 시간당 2 L 정도씩 몸을 수분으로 적셔 준다. 이 땀이 증발할 때 수분과 염분이 급속도로 상실되면서 화학적 불균형을 일으켜 고통스런 **열경련**을 초래할 수도 있다. 땀을 과도하게 흘리면서 체온이 올라가면 피로, 두통, 메스꺼움, 기절 등 **열피로**를 유발할 수 있다. 만약 체온이 약 41°C 정도로 올라가면 **일사병**(heat stroke)을 일으켜 순환기능의 정지를 가져올 수 있다. 계속 체온이 더 올라가면 사망에 이를 수 있다. 실제로 매년 북아메리카에서는 수백 명의 사람들이 온열질환으로 목숨을 잃는다. 2001년 7월 31일 미네소타 주 맨카토에서 훈련 후 쓰러져 15시간 후에 사망한 미네소타 바이킹 팀의 프로 미식축구 공격 라인맨 코리 스트링어(Korey Stringer)처럼 건강하고 강한 사람이라도 열사병에 굴복할 수 있다. 스트링어가 쓰러지기 전 미식축구 운동장의 기온은 30~40°C였고 상대습도는 55%가 넘었다.

이러한 날씨 관련 건강위험에 주의를 환기시키기 위해

6 습구온도는 이슬점 온도와 다르다. 습구온도는 공기 중으로 수증기를 증발시키면서 도달하는 온도인 반면, 이슬점 온도는 공기를 냉각시켜 도달하는 온도이다.

기온℃

습도(%)	27	28	29	30	31	32	33	34	35	36	37	38	39	40	41	42	43
40	26.9	27.7	28.6	29.7	30.9	32.3	33.8	35.4	37.2	39.1	41.2	43.4	45.8	48.3	50.9	53.7	56.6
45	27.1	28.0	29.1	30.3	31.7	33.2	34.9	36.8	39.8	41.0	43.4	45.9	48.5	51.3	54.3	57.5	60.8
50	27.4	28.4	29.7	31.0	32.6	34.4	36.3	38.4	40.7	43.1	45.8	48.6	51.6	54.8	58.1	61.7	65.4
55	27.7	28.9	30.3	31.9	33.7	35.6	37.8	40.2	42.7	45.5	48.5	51.6	55.0	58.5	62.3	66.2	70.4
60	28.1	29.4	31.0	32.8	34.8	37.1	39.5	42.2	45.1	48.1	51.4	55.0	58.7	62.7	66.8	71.2	75.8
65	28.5	30.0	31.8	33.9	36.2	38.7	41.4	44.4	47.6	51.0	54.7	58.6	62.7	67.1	71.7	76.5	
70	28.9	30.7	32.7	35.0	37.6	40.4	43.5	46.8	50.3	54.2	58.2	62.5	67.1	71.9	77.0		
75	29.3	31.4	33.7	36.3	39.2	42.3	45.7	49.4	53.3	57.5	62.0	66.7	71.8	77.0			
80	29.7	32.1	34.7	37.7	40.9	44.4	48.1	52.2	56.5	61.2	66.1	71.3	76.8				
85	30.2	32.9	35.9	39.1	42.7	46.6	50.8	55.2	60.0	65.1	70.4	76.1					
90	31.1	34.0	37.2	40.8	44.7	49.0	53.5	58.4	63.7	69.2	75.1						
95	32.0	35.2	38.7	42.5	46.8	51.1	56.5	61.9	67.6	73.6							
100	32.9	36.4	40.2	44.4	49.0	54.2	59.7	65.5	71.7								

낮음 보통 높음 매우 높음 위험

그림 4.10 ● 기온(℃)과 상대습도(%)를 결합하여 열지수(HI) 혹은 겉보기온도를 산출한다. 기온이 33℃이고 상대습도가 65%이면 열지수는 41.4℃에 이른다. 우리나라에서는 열지수를 폭염특보의 보조 자료로 활용하고 있다. (기상청)

미국기상청은 **열지수**(heat index, HI)라는 지수를 도입했다. 이 지수는 기온과 상대습도 등 복합적 요인을 감안하여 평균적으로 사람들이 느끼는 **겉보기온도**(apparent temperature)를 알아내기 위해 기온과 상대습도를 결합한 것이다. 예를 들면, 그림 4.10에서 기온이 39℃이고 상대습도가 60%이면 겉보기온도는 59℃이다. 지수가 이 정도에 이르면 일사병이 생길 수 있다. 그러나 이전 문단에서 보았듯이 열지수 값이 59℃보다 현저히 낮아도 일사병으로 인해 사망할 수 있다. 또한 그림 4.10의 값들은 그늘을 상정한 값인데, 햇빛을 모두 내리쬔다면 유효 열지수는 표시된 값보다 8℃까지 높아질 수 있다.

비극적이게도 한 번의 폭염으로 많은 사람이 목숨을 잃을 수 있다. 동아시아의 경우 2018년 대폭염이 그러한 사례인데, 당시 한국에서는 폭염이 한 달 가까이 이어졌으며 열대야도 2주 넘게 지속되었다. 이 폭염 동안 한국에서는 관측 역사상 가장 높은 최고기온(2018년 8월 1일 홍천, 41℃)과 최저기온(2018년 8월 8일 강릉, 30.9℃)이 관측되었다. 일본 또한 사이타마현 구마가야시가 2018년 7월 23일 최고기온 41.1℃를 기록해 최고기온 기록을 갱신했다. 그 결과 한국은 2018년 폭염 시작일부터 8월 중순까지 48명이 열사병으로 추정되는 질환으로 사망했다. 일본은 폭염 시작 이래 8월 초까지 138명의 온열질환 사망자를 기록했다. 특히 7월 15일부터 22일까지 일주일 동안에만 65명의 사람들이 폭염으로 목숨을 잃었다.

밀폐된 차 안에서 온도는 몇 분 만에 바깥보다 급격하게 높아질 수 있다. 1998년 이래 미국에서는 600명이 넘는 아이들이 주차된 차 안에 남겨져 목숨을 잃었다. 햇볕이 강하다면 바깥이 지독히 덥지 않더라도 이러한 비극이 일어날 수 있다. 기온이 27℃인 햇빛이 환한 낮에, 밀폐된 차 내부 기온은 10분 만에 37℃로, 1시간이면 46℃로 치솟을 수 있다. 기온이 38℃인 낮이라면 차 내부 온도는 1시간 내로 60℃까지 오를 수 있다. 불행히도, 창문을 여는 것은 차 내부에 축적되는 열을 줄이는 데 큰 역할을 하지 못 한다.

알고 있나요?

전 세계에서 측정된 이슬점 온도 중 최고기록은 2003년 7월 7일 오후 2시 사우디아라비아 다란의 페르시아만 연안 부근에서 측정된 35°C다. 당시 기온은 42.2°C로, 상대습도는 67%였고 열지수는 무려 80°C에 달했다.

여기서 덥고 습한 날씨에 관한 통속적 신화는 떨쳐버리는 것이 좋다. 종종 사람들은 특별히 후덥지근한 날을 "기온이 32°C였고 상대습도는 90%에 달한다"라거나 심지어 "기온은 35°C나 되고 상대습도는 95%에 육박했다"라고 회상하고는 한다. 우리는 그림 4.10에서 기온이 32°C이고 상대습도가 90%이면 열지수 49°C를 기록할 것이란 점을 알 수 있다. 이러한 기상 상황은 가능성이 전혀 없다고는 할 수 없지만, 기온 32°C와 상대습도 90%는 이슬점 온도가 믿을 수 없을 정도로 높은 값(거의 31°C)이어야 비로소 일어날 수 있으며, 이 정도로 높은 이슬점 온도는 장마철 이외에는 그 가능성이 극히 희박하다.

마찬가지로 덥고 끈적이는 날씨에는 몸으로 느끼는 공기의 '무게' 혹은 '밀도'가 어느 정도인지를 언급하는 사람들이 있다. 덥고 습한 공기는 과연 덥고 건조한 공기보다 밀도가 더 높을까? 그 답이 궁금하다면, 포커스 4.1을 읽어보길 바란다.

이때까지 우리는 높은 습도에 의한 불편함에 대해서만 살펴보았다. 마찬가지로 매우 낮은 상대습도도 사람에게 악영향을 끼칠 수 있을까? 겨울 동안 집 내부의 상대습도는 매우 낮은 값까지 떨어질 수 있으나 거주자들은 보통 이를 잘 인지하지 못 한다. 차가운 한대 공기가 실내로 유입되어 가열되면, 상대습도는 급격히 감소한다. 그림 4.11에서 기온과 이슬점 온도가 −15°C인 공기가 집 내부로 들어와 20°C로 가열될 경우, 상대습도가 사막의 가장 더운 날 보통 겪게 되는 상대습도보다도 낮은 8%까지 떨어진다는 것에 주목하라.

집 내부의 극도로 낮은 상대습도는 실내에 사는 생물체들에게 안 좋은 영향을 미칠 수 있다. 예를 들어 실내에서 키우는 식물들은 수분이 잎과 토양에서 매우 빠르게 증발해 생존에 어려움을 겪을 수 있다. 따라서 여름보다 겨울에 더 자주 실내 식물에 물을 주어야 한다. 사람들도 상대습도가 상당히 낮을 때 고통받을 수 있는데, 노출된 피부로부터의 빠른 수분 증발은 피부 건조증, 갈라짐, 벗겨짐이나 가려움증을 유발할 수 있다. 낮은 습도는 또한 코와 목의 점막을 자극해 목 가려움증을 유발할 수 있다.

비슷하게 비강이 건조해지면 흡입한 박테리아가 잘 번식해 지속적인 감염을 일으킬 수 있다. 이러한 문제들에 대한 해결책은 간단하다. 상대습도를 높이면 된다. 실내에서는 단순히 물을 가열해 공기 중으로 증발하도록 하면 상대습도를 높일 수 있다. 추가된 수증기는 상대습도를 보다 쾌적한 수준으로 높일 것이다. 현대 가정에서는 보일러 근처에 설치된 가습기가 방 하나에 하루 약 3.8 L의 수증기를 공기 중으로 공급한다. 수증기량이 많아진 이 공기는 실내 가열 시스템에 의해 집 전체를 순환하게 된다. 이러한 방식으로 수증기가 공급된 방 뿐만 아니라 모든 방들이 공평하게 수분을 나눠 갖는다. 만약 당신이 추운 겨울날 실내에 있는데 목이 가렵기 시작한다면, 냄비에 물을 받아 끓여 공기의 상대습도를 높였을 때 목 가려움이 덜해지는지를 한 번 확인해 보라.

그림 4.11 ● 기온과 이슬점 온도가 −15°C인 바깥 공기가 실내로 들어와 수증기 유입 없이 20°C로 가열되면 상대습도는 8%로 떨어져 실내 동식물과 사람들에게 스트레스를 준다. (T는 온도, T_d는 이슬점 온도, RH는 상대습도를 뜻한다.)

FOCUS ON A SPECIAL TOPIC 4.1

습윤공기와 건조공기 중 어느 것이 더 무거울까?

일정한 부피의 온난습윤한 공기가 동일한 부피의 온난건조한 공기보다 과연 무게가 더 나갈까? 정답은 '아니오'이다. 대기의 온도와 고도가 같은 경우, 온난습윤한 공기가 온난건조한 공기보다 가볍다(밀도가 낮음). 그 이유는 수증기(H_2O)의 분자량(무게)이 질소(N_2)나 산소(O_2)의 분자량보다 적게 나가기 때문이다. 참고로 여기서는 기체 상태인 수증기만을 고려하며 떠 있는 물방울을 고려하고 있지는 않다.

따라서 부피가 일정한 공기덩이에 가벼운 수증기가 질소나 산소와 맞바꾸어 있게 되면 부피 내의 총 분자수는 변하지 않지만 공기의 총 무게는 약간 줄어든다. 공기의 밀도는 단위 부피당 공기의 질량을 표시하므로, 습윤한 공기가 많을수록 건조한 공기보다 더 가볍게 된다. 그러므로 지상의 온난습윤한 공기는 온난건조한 공기보다 더 가볍다(밀도가 낮음).

이러한 사실은 날씨에 중요한 영향을 미칠 수 있다. 공기가 가벼울수록 상승할 가능성도 크다. 다른 요소들이 동일할 경우, 밀도가 낮고 가벼운 온난습윤한 공기가 밀도가 크고 무거운 공기보다 더 쉽게 상승한다(그림 1 참조). 이렇게 상승하는 수증기는 액체인 구름방울이나 고체인 얼음 알갱이로 바뀌어 자라게 되고, 충분히 커지면 지상에 강수로 떨어진다.

그림 1 ● 여름철 매릴랜드의 어느 날 오후, 가벼운 (밀도가 낮은) 온난습윤한 공기가 상승하면서 응결하여 위로 치솟은 적운을 형성하고 있다.

일기에는 별로 중요치 않지만 스포츠에서 중요한 사실 한 가지는, 야구공은 밀도가 가벼운 공기에서 더 멀리 날아간다는 것이다. 그래서 바람의 영향이 없는 경우 온난건조한 날보다는 온난습윤한 날에 공이 더 멀리 날아간다. 즉, 스포츠 아나운서가 "오늘은 습도가 높아서 공기가 무겁네요"라고 이야기한다면 이는 틀린 사실임을 주지해야 한다. 실제로 습윤한 날의 123 m 홈런이 아주 건조한 날에는 단지 122 m로 아웃이 될 수도 있다.

습도의 측정 오늘날 습도는 (비록 몇몇 관측지점에서는 여전히 사람이 직접 측정하지만) 거의 대부분 자동화된 기기를 통해 측정된다. 이슬점 온도와 상대습도를 측정하는 데 사용되는 상용적인 기기가 **건습계**(psychrometer)이다. 습도계에는 2개의 유리관 액체온도계가 끝에 손잡이 또는 체인이 달린 금속 조각에 나란히 연결되어 있다(그림 4.12 참조). 2개의 온도계 중 하나는 구부를 거즈로 감싸고 있다. 이렇게 거즈로 감싼 온도계를 습구온도계라 하며, 습구는 깨끗한 물에 잠겨 있고 건구온도계는 건조하게 유지한다. 습도는 몇 분 동안 습도계를 돌려 주거나 **휘돌이 건습계** 전기팬으로 공기를 불어 주면 **통풍 건습계**의 젖어 있는 거즈에서 증발작용이 일어나 이 온도계가 냉각된다. 공기가 건조할수록 증발량과 냉각 정도는 커진다. 몇 분 후 거즈로 감싼 온도계는 가능한 한 최저온도까지 냉각된다. 앞에서도 설명했듯이 이것이 **습구온도**, 즉 공기 중에 수증기를 발산함으로써 얻을 수 있는 최저온도이다.

건조한 온도계(**건구온도계**)가 나타내는 온도는 현재 기온, 즉 **건구온도**이다. 건구와 습구의 온도 차이를 **건습구 온도차**라 한다. 건습구 온도차가 크면 수분이 다량 공기 중으로 증발할 수 있고 상대습도가 낮다는 표시이다. 반대로, 건습구 온도차가 작으면 증발할 수 있는 여지가 적고 따라서 공기는 포화 상태에 가깝고 상대습도는 높

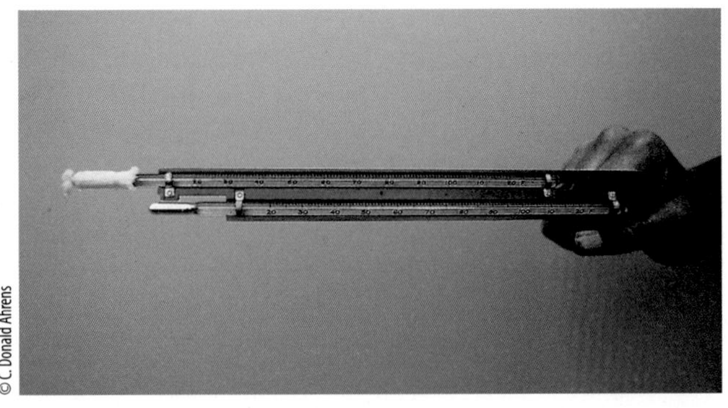

그림 4.12 ● 휘돌이 건습계. 일반적인 온도계인 건구온도계와 젖은 천으로 둘러싸인 습구온도계로 구성되어 있다.

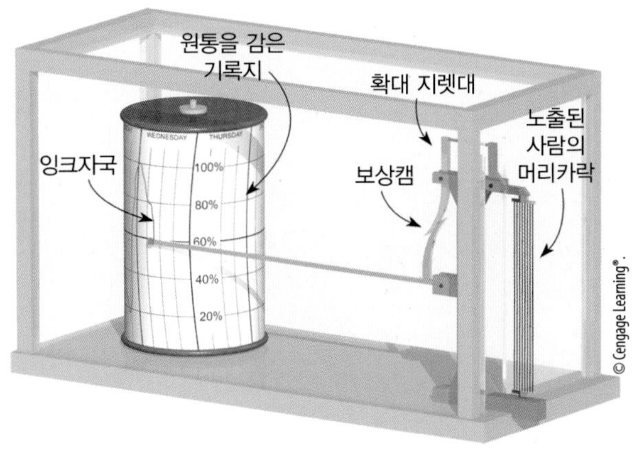

그림 4.13 ● 모발 습도계는 사람이나 말의 모발 길이에 나타나는 변화를 측정, 증폭시킴으로써 상대습도를 측정한다.

게 된다. 만약 차이가 없다면, 건구와 습구, 그리고 이슬점 온도가 모두 같고 공기는 포화되어 있으며 상대습도는 100%임을 의미한다.

보통 습도를 측정하는 기기를 **습도계**(hygrometer)라 하며 사람이나 말의 털 또는 합성 섬유를 사용하는 것을 **모발 습도계**라 부른다. 이것은 상대습도가 증가하면 모발의 길이가 늘어나고 상대습도가 감소하면 모발의 길이가 짧아진다는 원리에 따라 제작된 것이다. 기름기를 제거한 여러 가닥의 모발이 지렛대에 부착되어 있다. 모발 길이에 작은 변화가 생기면 연결 시스템을 통해 이를 증폭하여 상대습도를 나타내도록 눈금이 그려진 다이얼에 전달해 주는 것이다(그림 4.13 참조). 모발 습도계는 (특히 상대습도가 매우 높거나 매우 낮을 때) 건습계만큼 정확하지 못하므로 상대습도의 일변화 폭이 큰 지역에서는 자주 보정할 필요가 있다.

습도를 측정하는 자동화 기기가 바로 **전기 습도계**이다. 이것은 탄소막을 입힌 납작한 접시 모양을 하고 있다. 여기에 전류를 통과시키면 수증기가 흡수되면서 탄소막의 전기저항에 변화가 일어난다. 이 변화를 상대습도로 환산해 주는 것이다. 이 기기는 지상 여러 고도에서 기상자료를 수집하는 라디오존데에서 널리 사용된다. 한편 이슬점 습도계는 거울 표면에 응결(이슬)이 생길 때까지 거울 표면을 냉각시켜 이슬점 온도를 측정한다. 이러한 타입의 기기가 자동화된 기상 관측소(Automated Surface Observing System; ASOS)에 설치되어 이슬점 온도를 측정한다. ASOS의 그림은 그림 3.20에서 볼 수 있다.

앞서 여러 절에서 우리는 공기가 냉각됨에 따라 기온은 이슬점 온도에 접근하고 상대습도는 높아진다는 것을 보았다. 기온이 이슬점 온도에 도달하면 공기는 수증기로 포화되고, 이때 상대습도는 100%이다. 그러나 여기서 공기가 계속 냉각되면 수증기 일부는 액체로 응결된다. 냉각은 대기의 두꺼운 층에서 일어날 수도 있고 지표 부근에서 일어날 수도 있다. 다음 절에서 우리는 지표 근처에서 일어나는 응결을 살펴볼 것이다.

이슬과 서리

맑고 바람이 없는 밤 지표 부근의 물체들은 적외선 복사를 방출함으로써 급속히 냉각된다. 지면과 주위 물체들은 주변 공기보다 훨씬 차가워지기도 한다. 이러한 차가운 지면과 접촉하는 대기는 전도에 의해 냉각된다. 궁극적으로 대기는 이슬점 온도까지 냉각된다. 나뭇가지, 나뭇잎, 풀잎들이 이 온도 이하로 냉각되면 이들 위에 수증기가 응결하기 시작하여 작은 물방울, 즉 **이슬**(dew)을 만든다(그림 4.14 참조). 기온이 어는점 이하로 내려가면 이슬도 얼어 작은 얼음구슬, 즉 언 **이슬**이 되는 것이다. 가장 온도가 낮은 공기는 지표 부근에 있으므로 수십 cm 상공의 물체보다는 지면에서 가까운 풀잎에 이슬이 더 잘 맺히는

© C. Donald Ahrens

그림 4.14 ● 이슬은 지표상의 물체가 이슬점 온도 이하로 냉각되는 맑은 날 밤에 만들어진다. 이 물방울이 얼면 언 이슬이 된다.

© Ross DePaola

그림 4.15 ● 추운 겨울날 아침 창문에 낀 기묘한 얼음 결정 모양의 서리.

것이다. 이슬은 맨발을 적시기도 하지만, 더 중요한 것은 강우량이 적은 기간 동안 식물에 수분을 공급하는 소중한 원천이라는 점이다.

바람 불고 구름 낀 밤보다는 맑고 바람이 없는 밤에 이슬이 잘 맺힌다. 맑게 갠 밤에는 지표 부근의 물체들이 급속도로 냉각되고 바람이 고요하다는 것은 가장 차가운 공기가 지표 위에 깔린다는 의미가 된다. 이러한 대기 상태는 통상 맑은 날 고기압과 관련이 있다. 반대로, 흐리고 바람 부는 날씨는 지표 부근의 급속냉각을 저해하여 이슬이 맺히지 못하게 하며 비를 동반하는 폭풍이 오고 있음을 예고하는 경우가 있다. 다음의 민요가사는 이와 같은 관찰에서 연유했다.

이슬이 풀잎에 맺힐 때,
비는 오지 않으리.
아침 햇살에 풀잎이 말라 있으면,
밤이 오기 전 비를 기다려라!

춥고 바람 없이 맑은 날 아침 이슬점 온도가 어는점 이하로 내려가면 하얀 서리가 앉는다. 기온이 이슬점 온도(여기서는 **서리점**)에 도달하고 그 이상 냉각이 계속될 때 수증기는 액체 상태를 거치지 않고 곧장 얼음으로 변하며 이 과정을 **침착**이라 한다.[7] 이렇게 형성되는 흰색의 정교한 빙정들을 **서리**(frost)라 한다. 서리는 나뭇가지와 같은 모양을 하고 있어서 언 이슬과는 쉽게 구별된다(그림 4.15 참조).

매우 건조한 날씨에 기온이 매우 떨어져 이슬점 온도를 거치지 않고 어는점 이하로 내려갈 수도 있다. 또 눈에 보이는 하얀 서리가 오지 않을 수도 있다. 이러한 상황을 일컫는 말이 **결빙**과 **흑서리**로, 이들은 특정 농작물에 극심한 피해를 입힐 수 있다(3장 참조).

밤에는 두꺼운 대기층이 냉각함에 따라 그 상대습도는 높아진다. 대기의 상대습도가 약 75%에 이르면 수증기 일부는 공중에 떠다니는 염분과 기타 물질의 작은 입자들, 즉 **흡습성 응결핵**에 붙어 응결하기 시작한다. 수분이 응결핵에 달라붙기 때문에 이들 핵은 커진다. 이들 응결핵은 여전히 작기는 하지만 가시광선을 모든 방향으로 산란시키기에는 충분한 크기가 된다. 이때 대기 중에 형성되는 입자들의 층을 **연무**(haze)라 한다(그림 4.16 참조).

상대습도가 점차 100%에 접근함에 따라 연무 입자들은 굵어지고 덜 활성적인 핵 위에서도 응결이 시작된다. 이 무렵 많은 응결핵에서 응결이 일어나고 응결방울의 크

---

7 얼음이 녹지 않고 바로 수증기로 바뀌는 것을 승화(sublimation)라고 한다.

그림 4.16 ● 상대습도가 높은 찬 공기가 고요한 겨울 새벽 호수 위에 연무층을 형성하고 있다.

기는 더욱 커져 결국 사람의 육안으로 볼 수 있게 된다. 응결방울의 크기가 커지고 방울의 밀도가 커지면 시정을 제한하게 된다. 시정이 1 km 미만으로 짧아지고 공기가 떠다니는 수많은 작은 물방울로 젖어 있을 때 연무는 지표 근처에 낮게 자리 잡는 구름, 즉 **안개**(fog)가 되는 것이다.

안개

안개도 구름과 마찬가지로 다음 두 과정 중 하나에 의해 형성된다.

1. 냉각—공기는 포화점(이슬점 온도) 이하에서 응결한다.
2. 증발과 혼합—수증기는 증발에 의해 대기 중에 유입되며 습한 공기는 상대적으로 건조한 공기와 혼합한다.

일단 형성된 안개는 기존 핵을 중심으로 계속해서 형성되는 새로운 작은 안개방울들에 의해 유지된다. 다시 말해 공기는 지속적인 냉각 혹은 증발 및 수증기와 공기의 혼합에 의해 포화 상태를 유지해야 한다.

지표의 복사냉각으로 형성된 안개를 **복사안개**(radiation fog) 또는 **땅안개**라 한다. 땅안개는 지표 부근의 얇은 습윤 대기층이 보다 건조한 대기 밑에 깔리는 구름 없는 밤에 가장 잘 발생한다. 얇은 습윤 대기층은 지표에서 방출되는 적외선 복사를 많이 흡수하지 못하므로 이런 날 땅은 급속도로 냉각된다. 땅이 냉각됨에 따라 바로 위의 공기도 냉각하며 접지역전이 일어나게 된다. 차가운 땅 때문에 급속냉각된 습윤한 하층 대기는 급속도로 포화되어 안개를 형성한다. 밤이 길수록 냉각 시간은 길어지며 안개의 발생은 많아진다. 이렇게 볼 때 복사안개는 늦가을과 겨울철 육지에서 흔히 발생한다.

복사안개를 촉진하는 또 다른 요인은 풍속 2.5 m/sec 미만의 약한 미풍이다. 대체로 바람이 없을 때 복사안개가 형성된다고는 하지만 공기가 약간 움직이면 습윤공기가 차가운 땅과 직접 접촉하게 되고 열의 전달이 보다 빠르게 일어난다. 웅풍(된바람)은 지표 부근의 공기를 그 위의 보다 건조한 공기와 섞어 주기 때문에 복사안개가 형성되지 않는다. 맑은 하늘과 약한 바람은 고기압과 관련이 있다. 그러므로 겨울철 고기압이 지속되는 곳에서는 연일 복사안개가 낄 가능성이 있다.

차갑고 무거운 공기는 구름 밑으로 내려가 계곡 바닥에 쌓이기 때문에 대개 저지대에서 복사안개를 많이 볼 수 있다. 그래서 복사안개를 흔히 **골안개**라고도 한다. 하천 계곡의 찬 공기와 고습도는 복사안개를 일으키는 최적의 요건이다. 복사안개는 주로 저지대에서 발생하므로 언덕 밑 계곡에 안개가 끼어 있어도 언덕은 하루종일 쾌청

그림 4.17 ● 계곡에 낀 복사안개.

© C. Donald Ahrens

할 수 있다(그림 4.17 참조).

하루 중 복사안개가 가장 짙게 끼는 시간은 해뜰 무렵이다. 그러나 보통 엷은 안개는 오후에 이르면 소산된다. 소산이라고 하지만 실제로는 태양광선이 안개 속으로 침투, 땅을 가열시키므로 접지 대기의 온도를 상승시킨다. 따뜻한 공기는 위로 올라가 안개와 혼합하여 안개의 기온을 높이게 된다. 기온이 약간 올라가면 일부 안개방울이 증발하고 태양광선이 더 많이 투과해 지표를 더 높게 가열시킴으로써 결국 안개는 완전히 걷히게 되며 그 지역 상공에 **층운**이라고 하는 낮은 구름층이 형성되는 것이다. 이러한 유형의 안개를 **높은 안개**라 한다.

따뜻하고 습윤한 공기가 충분히 차가운 지표 상공을 이동할 때 이 습윤한 공기는 포화점까지 냉각되어 **이류안개**(advection fog)를 형성할 수도 있다. 여름철 황해에서 이류안개의 좋은 본보기를 찾아볼 수 있다. 이 지역에 안개가 끼는 이유는 연안 부근 수면의 온도가 연안에서 떨어진 바다의 수면온도보다 훨씬 낮기 때문이다. 태평양으로부터 따뜻하고 습윤한 공기가 남풍을 타고 연안으로 이류되면 그 공기의 온도는 하부로부터 냉각되어 이슬점 온도까지 떨어지고 안개가 형성되는 것이다. 이류안개는 복사안개와는 달리 항상 공기가 움직이며, 그렇기 때문에 여름철 황해에 남풍 또는 남서풍 계열 바람이 불면 이류안개가 연안 도시들을 지나 이동하는 모습을 볼 수 있다 (그림 4.18 참조).

여름 바람에 실려 내륙으로 이동함에 따라 지면에 가까운 안개는 흩어지고 윗부분만 낮게 뜬 회색구름 형태로 남아 태양을 가리게 된다. 더 내륙으로 들어가면 더운 공기를 만나 이 낮은 구름도 사라져 버린다.

이류안개는 연안의 북아메리카 삼나무에 수분을 공급하기 때문에 태평양 연안 경관에 이바지하는 중요한 역할을 한다. 삼나무의 침과 가지는 안개로부터 습기를 흡수해 나무가 저 아래에 있는 뿌리로부터 수분을 끌어들이지 않고도 높게 자랄 수 있도록 해준다. 추가적으로 안개 물방울이 땅에 떨어져 얕은 나무뿌리에 물을 공급해준다. 삼나무들은 여름철 안개 없이는 건조한 캘리포니아 여름 동안 살아남는 데 어려움을 겪을 것이다. 그러므로 해안을 따라 펼쳐진 안개벨트에 삼나무숲이 조성되었음을 알 수 있다. 또한 이류안개는 온도가 다른 두 해류가 나란히 흐르는 곳에 흔히 나타난다. 뉴펀들랜드(Newfoundland) 앞 대서양에는 남쪽으로 흐르는 래브라도(Labrador) 한류와 북쪽으로 흐르는 멕시코만 난류가 이곳에서 거의 평행선을 이루고 있다. 이곳은 여름철에 3일에 2일 꼴로 안개가 발생한다.

육지에서도 이류안개가 형성된다. 겨울철 멕시코만에서 오는 따뜻하고 습한 공기는 기온이 점차 낮아지고 표고가 약간 높은 육지로 북진한다. 이 공기가 이슬점 온도

Herbert Spichtinger/Bridge/Corbis

그림 4.18 ● 샌프란시스코의 금문교를 통과하는 이류 안개. 안개가 내륙으로 이동하는 동안 기온이 상승하면 지면부터 걷히기 시작한다. 기온이 충분히 상승하면 안개는 결국 모두 증발해 사라진다.

까지 냉각되면 미국 남부 또는 중부에 안개가 형성된다. 지면은 복사냉각에 의해 차가워지기 때문에 이러한 과정으로 생기는 안개를 **이류-복사안개**라 한다. 같은 시기 멕시코 난류를 횡단하여 이동하는 공기가 영국의 차가운 육지를 만나 일대에 짙은 안개를 형성하게 된다. 해양의 대기가 얼음이나 눈이 덮인 지표 위를 이동할 때도 안개가 형성된다. 기온이 매우 낮은 북극에서는 물방울 대신 빙정이 형성되어 **얼음안개**를 일으킨다.

이류안개는 습한 공기가 바람에 의해 상대적으로 더 찬 지표 위로 이동할 때 형성되는 반면, 복사안개는 비교적 안정된 조건에서 형성된다. 그림 4.19는 이들 두 가지 유형의 안개가 형성되는 과정을 시각적으로 설명하고 있다.

습기를 지닌 공기가 고원, 언덕, 또는 산을 따라 이동할 때 생기는 안개를 **활승안개**(upslope fog)라 한다. 활승안개는 겨울과 봄 로키 산맥 동쪽 사면의 평원에 형성되는 것이 전형이다. 이곳은 그의 동쪽보다 표고가 거의 1 km나 더 높다. 때때로 찬 공기는 동부의 낮은 평원에서 서쪽으로 이동한다. 이 공기는 점차 상승했다가 팽창하고 냉각하여 습기가 충족되면 안개를 형성한다. 광범위한 지역에 걸쳐 형성되는 활승안개는 여러 날 지속될 수도 있다(그림 4.20 참조).

지금까지 공기의 냉각으로 안개가 형성되는 과정을 살펴보았다. 그러나 안개는 2개의 불포화 공기덩이를 혼합함으로써 형성되기도 한다는 사실을 유의하자. 이렇게 형

(a) 복사안개

(b) 이류안개

© Cengage Learning®.

그림 4.19 ● (a) 복사안개는 맑고 바람이 잔잔한 밤 건조한 공기 아래에 한랭습윤 공기가 놓일 때 형성되고 복사냉각이 심할 때 자주 발생한다. (b) 이류안개는 바람에 의해 습윤공기가 찬 지면 위로 이동할 때 이슬점 온도까지 냉각되어 발생한다.

FOCUS ON AN ENVIRONMENTAL ISSUE 4.2

안개의 소산

공항은 항공기 이착륙 시 시점을 확보하기 위해 안개를 걷어내야 하는 문제를 안고 있다. 현재 안개를 소산시키는 방법은 다음 4가지가 있다: (1) 안개방울을 크게 성장시켜 가랑비가 되어 지면으로 떨어지게 하는 방법, (2) 차가운 안개에 드라이아이스를 뿌려 과냉각된 안개방울들을 얼음알갱이로 바꾸는 방법, (3) 공기를 가열시켜 안개를 증발시키는 방법, (4) 지표 부근의 차가운 포화공기를 상층의 따뜻한 공기와 섞는 방법.

이들 방법 중 차가운 안개에 드라이아이스를 뿌려 주는 방법만이 합리적 수준에서 효과를 내고 있다. 차가운 안개는 기온이 어느점 이하로 내려갈 때 형성되지만, 안개방울 대부분은 액체 상태로 존재한다. 이를 과냉각 안개방울이라 부른다. 여기에 수백 kg의 드라이아이스를 주입하면 안개가 사라질 수 있다. 드라이아이스 입자들이 과냉각 안개방울을 일부 결빙시켜 얼음알갱이로 만든다. 이들 얼음알갱이는 주위의 과냉각 안개방울들을 끌어들여 더 큰 얼음알갱이로 성장하고 결국에는 지상으로 떨어진다. 이렇게 되면 안개층에 일종의 '구멍'이 생기며 항공기 이착륙을 위한 시계가 확보될 수 있다.

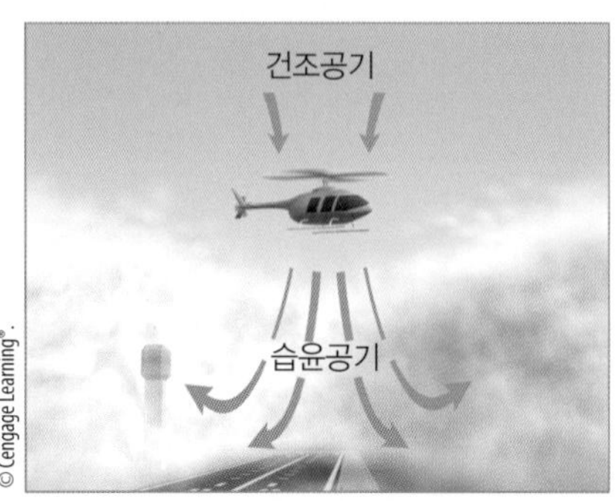

그림 2 ● 얇은 안개층 위에서 비행하는 헬리콥터가 안개층 위의 건조공기를 밑의 안개층 공기와 섞어줌으로써 안개를 걷어내고 있다.

그러나 드라이아이스 방법은 따뜻한 안개에는 적용되지 않는다. 이 경우 흡습성 입자들을 안개에 주입하는 방법을 사용해야 한다. 예를 들어 커다란 소금 입자 혹은 특정 화학물질을 주입하면 작은 안개방울을 끌어들여 큰 안개방울을 만들 수 있다. 큰 안개방울은 보슬비로 떨어질 수 있다. 설령 그렇지 않더라고 작은 안개방울 수를 줄여 시계를 개선시킬 수 있다. 그러나 여기에 사용되는 화학물질의 비용은 비싼 반면, 효력 발생 시간이 짧아 경제성이 낮다.

또다른 안개 소산 방법은 공기를 가열해 안개를 증발시키는 것이다. 그러나 고비용, 저효율 문제로 더이상 사용되지 않고 있다. 특히 공기를 가열시킬 때 발생하는 연기가 안개를 다시 응결시킬 수 있는 응결핵을 제공하는 결과를 초래하기도 한다. 이 밖에 헬리콥터로 안개층을 가로질러 비행함으로써 상층의 건조한 공기와 지면 근처의 습윤한 공기를 혼합시키는 방법이 있다(그림 2 참조). 비교적 액체수함량이 낮은 얇은 복사안개일 경우 효과적이다. 그러나 안개가 두껍게 발달했을 때에는 효과가 적다. 아직까지 따뜻한 안개를 실용적으로 소산시키는 방법은 개발되지 않았다.

성되는 안개를 보통 **증발안개**라고 한다. 처음 증발이 대기 중 수증기를 증가시키기 때문이다. **증발(혼합)안개**(evaporation [mixing] fog)라고 하는 것이 보다 더 적합한 이름일지도 모른다. 추운 날 사람들은 모르는 사이 증발(혼합)안개를 형성할 수 있다. 사람의 입과 코에서 나온 습기는 찬 공기와 만나 혼합하여 공기를 포화시키고 숨을 내쉴 때마다 작은 구름이 형성되는 셈이다.

증발–혼합안개의 일반적인 형태가 **김안개**이다. 이것은 찬 공기가 따뜻한 물 위를 이동할 때 생긴다. 겨울철 옥외 수영장을 가열할 때 이런 안개가 형성된다. 물의 온도가 상공의 불포화 공기보다 높은 한 수영장의 물은 계속 공기 속으로 증발한다. 수증기가 많아지면 이슬점 온도는 상승하며, 만약 충분한 혼합이 이루어질 경우 수영장 위 공기는 포화된다. 물 바로 위의 차가운 공기는 하부로부터 가열되면 바로 그 위 공기보다 따뜻해진다. 이 따뜻해진 공기가 위로 올라갈 때 멀리서 보면 상승하면서 응결하는 수증기가 '김'으로 보이는 것이다.

가을철 아침 호수에서 찬 공기가 아직은 온기를 가지고 있는 물 위로 내려앉을 때 김안개를 볼 수 있다. 때때로 미국 옐로스톤 국립공원 상공에 응결된 수증기 기둥이 **김회오리**를 형성하면서 안개층으로부터 치솟는 것을 볼 수 있다(그림 4.21 참조). 한대지방과 바다에서 형성되는 김안개를 **북극해 연기**라고 한다.

화창한 날 젖은 땅 위에서도 김안개가 형성될 수 있다.

그림 4.20 ● 활승안개는 습윤공기가 높은 지형을 따라 서서히 상승하며 냉각 및 응결되어 형성된다.

그림 4.21 ● 여름철에도 미국 옐로스톤 국립공원의 노천 온천지역은 따뜻한 공기의 상승으로 김안개가 형성된다.

소나기가 온 후 젖은 도로 위에 햇빛이 비칠 때 아스팔트가 가열되어 수분이 급속도로 증발하면서 이 현상이 일어난다. 공기 중에 추가되는 수증기는 공기와 혼합해 김안개를 형성한다.

차고 습윤한 대기층을 뚫고 내리는 따뜻한 비도 안개를 일으킬 수 있다. 찬 공기층에 더운 빗방울이 떨어지면 빗물의 일부는 공기 속으로 증발한다. 이 과정으로 공기가 포화되고 혼합이 일어나면 안개가 생긴다. 이러한 안개는 통상 온난전선이 오기 직전 또는 한랭전선이 지나간 직후 얇은 찬 대기층에서 발달한다. 이런 유형의 증발안개를 **강수안개** 또는 **전선안개**라고도 하는 것은 이 때문이다.

요점 복습

지금까지 다룬 주요 개념 및 사실을 정리해 보자.

- 이슬, 서리, 언 이슬은 대체로 지상 물체들의 온도가 대기의 이슬점 온도 이하로 냉각되는 맑은 밤에 형성된다.
- 눈에 보이는 하얀 서리는 기온이 어는점 또는 그 이하로 내려갈 때 포화대기에서 형성된다. 이러한 조건에서 수증기는 침착작용을 통해 직접 얼음으로 변할 수 있다.
- 응결핵은 수증기가 달라붙어 응결할 수 있는 표면 역할을 한다. 이들 핵은 흡습성을 지니고 있다.
- 안개는 지상에 내려앉아 있는 구름이라 할 수 있다. 안개는 물방울, 빙정 또는 둘의 결합으로 되어 있다.
- 복사안개, 이류안개, 활승안개는 모두 공기가 냉각될 때 형성된다. 복사안개는 지표가 복사냉각될 때 이류안개는 온난한 공기가 한랭한 지표 위를 통과할 때, 활승안개는 습윤한 공기가 경사진 지면을 서서히 올라가며 팽창냉각될 때 형성된다. 증기안개와 전선안개 같은 증발(혼합)안개는 물이 증발하여 건조한 공기와 혼합될 때 형성된다.

구름

구름은 심미적으로는 매력적인 존재이며 대기에는 자극을 준다. 구름이 없다면 비나 눈, 천둥이나 번개, 무지개나 무리(halo)도 없을 것이다. 구름 없는 푸른 하늘만 보인다면 얼마나 단조롭겠는가!

구름은 공중에 떠 있는 작은 물방울 또는 빙정들의 집합체이다. 어떤 것은 높이 떠 있고 어떤 것은 거의 땅에 닿아 있다(또는 땅에 닿은 경우 안개로 분류된다). 구름은 두꺼운 것, 얇은 것, 큰 것, 작은 것 등 끝없이 다양한 모양을 가진다. 이러한 다양성에 질서를 매기기 위해 구름을 10가지 기본 유형으로 분류한다. 주의 깊게 훈련된 눈으로 관찰하면 정확하게 유형을 식별할 수 있을 것이다.

구름의 분류 고대 천문학자들은 약 2,000년 전 별자리에 이름을 붙여 주었지만 구름을 구별하여 공식으로 분류한 것은 겨우 19세기 초의 일이다. 프랑스 자연주의자 장

바티스트 라마르크(Jean-Baptiste Lamarck, 1744~1829)는 1802년에 구름 분류체계를 처음으로 제의했다. 그러나 그의 연구는 광범위한 공감을 얻지 못했다. 1년 후 영국 자연주의자 루크 하워드(Luke Howard)가 구름 분류체계를 개발, 전반적으로 인정을 받았다. 요컨대 하워드(Howard)의 혁신적 분류체계는 지상의 관측자에게 보이는 대로 구름을 라틴어로 표현하는 방법을 채택했다. 홑이불처럼 생긴 구름을 **층운**(stratus, 라틴어로 '층'이라는 뜻)이라 명명했고, 부풀어 오른 모양의 구름을 **적운**(cumulus, '더미'란 뜻의 라틴어)이라 했다. 숱이 적은 흰 깃털 같은 구름은 **권운**(cirrus, '곱슬털'이라는 라틴어)으로 명명했다. 또 비구름에는 **난운**(nimbus, '폭우'란 뜻의 라틴어)이란 이름이 붙었다. 이들은 하워드 체계의 4대 기본 유형이다. 기본 유형을 조합하여 다른 형태를 표현할 수 있다. 예를 들면, 난운과 층운을 결합하여 **난층운**(nimbostratus)이란 이름을 붙인 구름은 층을 보여주는 비구름이며 적운과 난운을 합친 **적란운**(cumulonimbus)은 수직으로 발달한 비구름이다.

1887년 랠프 애버크럼비(Ralph Abercromby)와 힐데브란드손(Hugo Hildebrandsson)이 하워드의 구름 분류체계를 확대하여 이를 책으로 발행했는데, 이는 약간의 수정을 거쳐 오늘날까지 사용되고 있다. 10가지 기본 유형은 4개 그룹으로 나뉜다. 각 그룹은 구름이 떠 있는 높이에 따라 상층운, 중층운, 하층운, 수직으로 발달한 구름(수직운)으로 불린다(표 4.1 참조).

▼ 표 4.1 **기본 구름 유형에 따른 그룹**

1. 상층운	2. 중층운	3. 하층운	4. 수직운
권층운(Cs)	고층운(As)	층운(St)	적운(Cu)
권운(Ci)	고적운(Ac)	층적운(Sc)	적란운(Cb)
권적운(Cc)		난층운(Ns)	

각 그룹별 구름의 대략적 운저 높이가 표 4.2에 표시되어 있다. 상층운과 중층운을 구별하는 고도는 부분적으로 겹쳐 있고 위도에 따라 달라지는 점을 유의하라. 큰 기온의 변화가 대부분의 위도 변화를 일으킨다. 예를 들면, 상층의 권운은 거의 전적으로 빙정으로 구성되어 있는데 아열대 지방에서는 고도가 약 6 km를 넘어야 모든 액체를 결빙시킬 수 있는 온도에 도달할 수 있다. 반면 극지방에서는 동일한 기온이 약 3 km의 낮은 고도에서도 나타날 수 있다. 즉, 러시아 북부에서는 권운을 4 km 상공에서 보겠지만, 동남아시아 지역에서는 같은 고도에서 권운을 볼 수 없는 것이다.

구름은 엄격하게 운저 고도의 기준에 따라 정확하게 구분할 수는 없다. 다른 시각적인 단서가 필요한데, 이 중 몇몇은 다음 절에서 설명할 것이다.

상층운 중 · 저위도상의 상층운은 6 km 상공에서 형성된다. 이 정도의 고도에서는 공기가 매우 차고 '건조'하므로 상층운이 거의 빙정으로 형성되며 비교적 얇은 층을 이룬다. 상층운은 태양광선 중 빨간색, 오렌지색, 노란색 부분이 구름층 밑으로부터 반사되는 일출, 일몰시를 제외하고는 보통 흰색이다.

상층운 중 가장 일반적인 구름은 **권운**(cirrus, Ci)으로, 높은 바람에 날려 **말꼬리구름**으로 불리는 얇고 성긴 구름

▼ 표 4.2 **위도별 구름의 고도**

구름	열대지방	중위도 지방	극지방
상층운 Ci, Cs, Cc	6,000~18,000 m	5,000~13,000 m	3,000~8,000 m
중층운 As, Ac	2,000~8,000 m	2,000~7,000 m	2,000~4,000 m
하층운 St, Sc, Ns	0~2,000 m	0~2,000 m	0~2,000 m

그림 4.22 ● 권운.

그림 4.23 ● 권적운.

모양을 하고 있다(그림 4.22 참조). 권운은 보통 풍향에 따라 서쪽에서 동쪽으로 이동하며 맑고 기분 좋은 날씨에 자주 발생한다.

권적운(cirrocumulus, Cc)은 권운처럼 자주 보이지는 않지만 개별적으로 또는 긴 줄을 이루며 작고 둥근 흰색의 부풀어 오른 모양으로 나타난다(그림 4.23 참조). 기다

그림 4.24 ● 햇무리가 희미하게 나타난 권층운. 동심원 가운데의 밝고 흰 부위가 태양이 위치한 곳이다.

랗게 줄을 형성할 때 이 구름은 잔물결 모양으로 나타나 권운이나 권층운과 구별된다. 이 구름이 지는 해의 빨간색이나 노란색 광선을 반사하면 아주 아름다운 모습으로 하늘을 장식한다. 권적운의 잔물결은 물고기의 비늘과 닮아 권적운으로 가득 덮인 하늘을 고등어 하늘이라고 말하기도 한다.

종종 하늘 전체를 덮는 얇은 홑이불 모양의 상층운을 **권층운**(cirrostratus, Cs)이라 하며(그림 4.24 참조), 너무 얇아 해와 달이 선명하게 보인다. 이 구름을 형성하는 빙정들은 투과광선을 굴절시켜 무리(halo)를 빚어내기도 한다. 권층운은 너무 얇아 무리를 보고 그 존재를 알 수 있는 경우도 있다. 권층운이 두껍게 나타날 때는 하늘이 눈부시게 흰 빛을 내며 폭풍이 다가오고 있음을 예고하기도 한다. 따라서 12~24시간 내 눈 또는 비를 예측하는 데 이를 참고할 수 있다.

중층운 중층운의 운저는 중위도상에서 약 2~7 km 높이에 자리 잡고 있다. 이 구름은 물방울들로 구성되어 있고 기온이 낮을 때는 일부 빙정을 포함하고 있다. 중층운이 충분히 두꺼워지면 구름 내에서 강수가 형성될 수도 있다.

고적운(altocumulus, Ac)은 때로는 수평적 파도 또는

그림 4.25 ● 고적운. 권적운과 달리 구름의 어둡고 밝은 부분의 대조가 두드러진다.

그림 4.26 ● 고층운. 회색 구름을 통해서 희미하게 보이는 '엷은 해'로 미루어 고층운임을 알 수 있다.

띠 모양을 형성하는 흰색의 부풀어 오른 덩이들로 나타난다(그림 4.25 참조). 이 구름의 일부는 다른 부분보다 색깔이 짙어 이보다 높이 뜨는 권적운과 구별된다. 또 고적운의 개별덩이들은 권적운보다 크기도 커 보인다. 그러나 고적운은 때때로 고층운과 혼동되는 수가 있다. 판단이 어려운 경우에는 둥근 덩어리가 있는지를 관찰하여 있을 경우 고적운으로 판단하면 된다. 하늘에 '작은 성' 모양의 고적운이 나타나면 구름 높이의 대기에서 상승공기가 있음을 시사한다. 여름철 아침에 이런 구름이 나타나면 오후 늦게 뇌우가 닥칠 수도 있다.

고층운(altostratus, As)은 수백 km^2에 걸친 광범위한 지역의 상공 전체를 덮기도 하는 회색 또는 청회색 구름이다. 이 구름의 얇은 부분에서는 해나 달이 희미하게 보이는데, 이 현상을 '엷은 해'(그림 4.26 참조)라고 한다. 얇은 고층운과 두꺼운 권층운이 가끔 혼동되기도 하지만 회색 빛, 높이, 태양의 희미함으로 고층운을 식별할 수 있다. 또 무리는 권운형일 때만 발생한다는 사실도 실마리가 된다. 두 종류의 구름을 구별하는 또 한 가지 방법은 지면에 나타나는 그림자 관찰이다. 그림자가 없으면 이는 고층운일 가능성이 높다. 권층운은 보통 투명하기 때문에 지면 위 물체는 그림자를 형성한다. 고층운은 종종 광범위하고 상대적으로 지속성이 있는 강수를 동반한 중위도 저기압 전면에 형성된다. 고층운에서 강수가 내리는 경우 구름의 하층은 보통 낮아지며, 적운형 구름에서 볼 수 있는 소나기보다 약한 지속적인 강수가 내린다. 이때 강수가 지면에 도달하면 구름은 **난층운**으로 식별된다.

하층운 고도 2,000 m 이하에 자리 잡는 하층운은 거의 항상 물방울로 구성되지만 기온이 낮을 때는 일부 얼음 입자와 눈을 포함할 수도 있다.

난층운(nimbostratus, Ns)은 짙은 회색의 비를 가진 구름층으로 다소 지속적인 비나 눈을 동반한다(그림 4.27 참조). 이 경우 강수강도는 대개 약한 비 또는 보통 비이며, 강한 비나 소나기로 내리지는 않는다. 강수로 인해 난층운의 운저는 정확히 밝히기가 어렵다. 난층운의 운정과 운저 사이 거리는 3 km를 넘을 수도 있다. 난층운은 고층운과 쉽게 혼동된다. 얇은 난층운은 두꺼운 상층운보다 더 짙은 회색을 띠는 것이 보통이며, 이 구름에 덮여 있으면 대체로 해나 달을 볼 수가 없다. 난층운이 하늘을 덮고 있을 때는 비가 증발하여 공기와 섞이기 때문에 이 지역의 시계가 아주 나빠지는 것이 보통이다. 이때 공기가 포화되면 그림 4.27과 같이 구름 밑에 또 하나의 낮은 구름

그림 4.27 ● 약한 비를 동반하는 홑이불 모양의 난층운. 난층운 밑에 자리 잡은 불규칙한 모양의 구름이 조각구름이다.

층이나 안개가 형성될 수도 있다. 이렇게 형성된 보다 낮은 구름층은 바람에 의해 빠른 속도로 표류하기 때문에 불규칙한 조각들을 나타내는데, 이런 모양의 구름을 조각구름이라 부른다.

푸른 하늘에 줄을 짓기도 하고 조각을 형성하기도 하며 둥근 덩어리로 나타나기도 하는 낮게 떠 있는 뭉게 구름층을 **층적운**(stratocumulus, Sc)이라 한다(그림 4.28 참조). 층적운은 일몰 무렵 보다 큰 적운의 흩어진 잔해의 형태로 자주 형성된다. 종종 구름이 갈라진 사이 태양빛이 비추면 지면까지 도달하는 틈새빛살을 만들기도 한다. 이 구름의 색깔은 옅은 회색에서 짙은 회색까지 변화를 보인다. 층적운은 고적운보다 운저가 낮고 개별 구름요소의 크기가 더 크다(그림 4.25와 4.28 비교). 층적운에서는 비나 눈이 내리는 일이 드물지만, 구름 상부 온도가 −5°C 이하로 떨어질 정도로 구름이 훨씬 두껍게 발달한다면 약한 소나기나 겨울철 눈보라가 발생할 수 있다.

층운(stratus, St)은 자주 하늘 전체를 가리는 회색의 구름으로 지면에 도달하지 않는 안개와 비슷하다(그림 4.29 참조). 실제로 두꺼운 안개가 걷힐 때 나타나는 구름이 낮은 층운이다. 이 층운에서는 강수가 없는 것이 정상이지만 때로는 가벼운 안개나 이슬비를 동반한다. 두꺼운 층운은 난층운과 혼동을 일으킬 수 있으나 구름의 운저를 보아 식별할 수 있다. 층운은 난층운에 비해 운저의 모양이 획일적이다. 층운은 또 고층운과 혼동되기도 하지만 층운이 고층운보다 낮고 더 짙은 회색이기 때문에 이를 구별할 수 있다.

그림 4.28 ● 층적운. 고적운보다 둥글둥글한 덩어리가 크다.

그림 4.29 ● 낮게 뜬 층운.

수직운 거의 모든 사람들이 친숙하게 느끼는 부풀어 오른 **적운**(cumulus, Cu)은 여러 가지 모양을 만들지만 가장 흔히 볼 수 있는 것은 평평한 운저에 또렷한 윤곽을 가진 떠다니는 솜 같은 모양이다(그림 4.30 참조). 운저는 흰색 또는 엷은 회색이며, 습도가 높은 날에는 지상 수백 m밖에 안 되는 높이에 떠 있고 폭은 800 m 남짓 된다. 둥근 탑 모양을 하기 일쑤인 구름의 꼭대기는 상승 공기의 한계를 말해주는데 일반적으로 그리 높지 않다. 이 구름은 군데군데 멀찌감치 떨어져 있어 푸른 하늘이 사이사이 많이 보인다는 점에서 층적운과 구별된다. 적운은 또 꼭대기가 돔이나 탑 모양을 하고 있는 데 반해 층적운의 꼭대기는 일반적으로 평평하다. 다만 약간의 수직 발달 모습을 보여 주는 적운을 **넙적적운**이라 하며 이런 구름은 갠 날씨를 동반한다. 따라서 이런 구름을 '갠날적운'으로 부

그림 4.30 ● 적운. 그림과 같은 소형 적운을 때때로 갠날적운 또는 넙적적운으로 부르기도 한다.

© C. Donald Ahrens

그림 4.31 ● 웅대적운. 일련의 줄을 이루고 있는 웅대적운이 미국 매릴랜드 동부 해안을 따라 형성되어 있다.

른다. 구름 모양이 작고 가장자리가 불규칙한 깨어진 조각처럼 보이는 적운을 **조각적운**이라고 한다.

더운 여름 아침 종종 나타나는 적운이 오후가 되면서 좀더 수직으로 발달해 크기가 커지는 수가 있다. 확대되는 모양이 꽃양배추 머리와 비슷해질 때 이것은 **웅대적운** 또는 **탑적운**이 된다. 하나의 거대한 구름을 형성하는 것이 대부분의 경우이지만 몇 개가 나란히 형성되는 일도 이따금 있다(그림 4.31 참조). 웅대적운에서 내리는 비는 항상 강수 세기가 자주 변하는 소나기성 강수다.

웅대적운이 계속 수직으로 발달하면 뇌우를 동반한 거대한 **적란운**(cumulonimbus, Cb)이 된다(그림 4.32 참조). 이 구름의 운저 고도는 600 m를 넘지 않으나 꼭대기는 12 km 이상의 권계면 혹은 그보다 수 km 이상까지 도달할 수 있다. 적란운은 단독으로 발달할 수도 있으나 구름

© T. Ansel Toney

그림 4.32 ● 적란운. 오른쪽에서 왼쪽으로 부는 강한 상층 바람으로 인해 모루 모양이 형성되어 있다. 하강하는 빙정들에 의한 태양광선 산란으로 밑에 백색역이 조성되어 있다. 하층에서는 강수 현상이 일어나고 있다.

▼ 표 4.3 구름 식별에 자주 사용되는 용어

용어	라틴 어근의 의미	설명
렌즈구름	렌즈모양	렌즈 또는 비행선 모양의 구름. 구름의 가장자리가 뚜렷하고 길게 늘어진 형태를 띠며 주로 권적운, 고적운, 층적운에 나타남.
조각구름	찢어진, 깨어진 모양	깨져서 흩어진 것처럼 보이는 가는 조각모양의 구름으로서 층운과 적운에서 나타남.
넓적구름	작은	구름꼭대기가 연직방향으로 뭉게뭉게 피어오르지 못하고 넓적하게 보이는 적운.
봉우리구름	퇴적되다, 증대하다	연직방향으로 크게 발달하여 봉우리 모양으로 부풀어 오른 적운.
파상구름	파도모양	구름조각이나 작은 구름덩이 혹은 넓게 퍼지는 큰 구름덩이 등이 파도모양으로 배열되어 있는 구름.
반투명구름	투명한	상당히 큰 구름덩이 또는 광범위하게 퍼진 구름층의 대부분이 구름을 통해서 태양이나 달의 위치를 알 수 있을 정도로 얇고 반투명한 구름.
유방구름	유방모양	소 등의 유방과 같이 구름 밑면으로부터 아래로 늘어진 둥근 혹과 같은 모양의 구름을 말하며, 주로 권운, 권적운, 고적운, 고층운, 층적운, 적란운에 나타남.
삿갓구름	모자모양	주로 적란운이나 적운의 상부에 달라붙어 있거나 구름꼭대기 약간 위쪽에 떨어져서 나타나는 모자모양의 구름.
탑구름	성 또는 방벽모양	구름 상부에 둥근 봉우리나 몇 개의 작은 탑모양을 한 돌출부가 마치 성벽 위의 작은 탑이나 총구멍모양으로 줄지어 있는 것처럼 보이는 구름.

띠 또는 구름 '벽'의 일부로 발생할 수도 있다.

적란운 내부에서 일어나는 수증기 응결로 방출되는 에너지는 엄청나게 크며 풍속 35 m/sec를 넘는 격렬한 상승기류와 하강기류를 일으킨다. 이 구름의 하부(상대적으로 온도가 높은)는 물방울로만 구성되어 있는 것이 보통이다. 상부에는 물방울과 빙정이 섞여 있으며 위로 올라갈수록 빙정만으로 구성된다. 이 구름의 상부에 강한 바람이 불면 상층부 모양이 커다란 모루처럼 변할 수 있다.[8] 이 거대한 적란운에는 커다란 빗방울, 눈송이, 싸락눈, 우박 등 모든 형태의 강수요소들이 포함되어 있다. 번개, 천둥, 토네이도 등도 이 적란운에서 비롯된다. (뇌우와 토네이도의 격렬한 성질에 관한 더 자세한 정보는 10장에 나와 있다.)

웅대적운과 적란운은 서로 비슷해 식별이 어려울 때가 종종 있다. 그러나 구름의 상부를 보고 구별할 수 있다. 구름 상부의 모양이 섬유질 형태가 아닌 뚜렷한 돌출 형태를 띠고 있으면 이것은 웅대적운이며, 반대로 상부 모양이 선명하지 않고 섬유질 형태를 띠고 있으면 이는 적란운이다(그림 4.31과 4.32 비교). 번개, 천둥, 우박을 동반하는 날씨는 적란운과 함께 발생한다.

지금까지 구름의 10가지 기본 유형을 살펴보았으며 그림 4.33에 종합적으로 요약되어 있다. 이 그림은 여러 가지 구름 사진 및 설명과 함께 여러분이 구름 형태를 식별하는 법을 배우는 데 도움을 줄 것이다. 구름의 높이를 추산하는 것은 상당한 훈련을 요하는 어려운 직업이다. 높이가 알려져 있는 언덕, 산, 고층빌딩을 기준으로 삼을 수 있다.

구름의 모양과 형태를 잘 묘사하기 위해서 많은 서술적 용어가 구름의 명칭과 연계하며 사용된다. 우리는 앞 절에서 일부를 언급했다. 예를 들어, 깨어져 흐트러진 모

8 모루는 금속을 두들겨 가공할 때 받치는 평평한 윗면을 가진 무거운 철 또는 쇳덩어리를 말한다.

알고 있나요?

구름 애호가들이 관심 가질 만한 새로운 구름이 확인되었다. **거친물결구름**(asperitas)이라 불리는 이 인상적인 구름은 심하게 일렁이고 요동쳐 매우 위협적으로 보이지만, 폭풍우 치는 날씨를 만들지 않는다. 2016년 세계 기상 기구(World Meteorological Organization; WMO)는 1951년 공식 관측 이래로 최초의 새로운 구름 형성 과정으로 인정할지 심사하고 있었다.

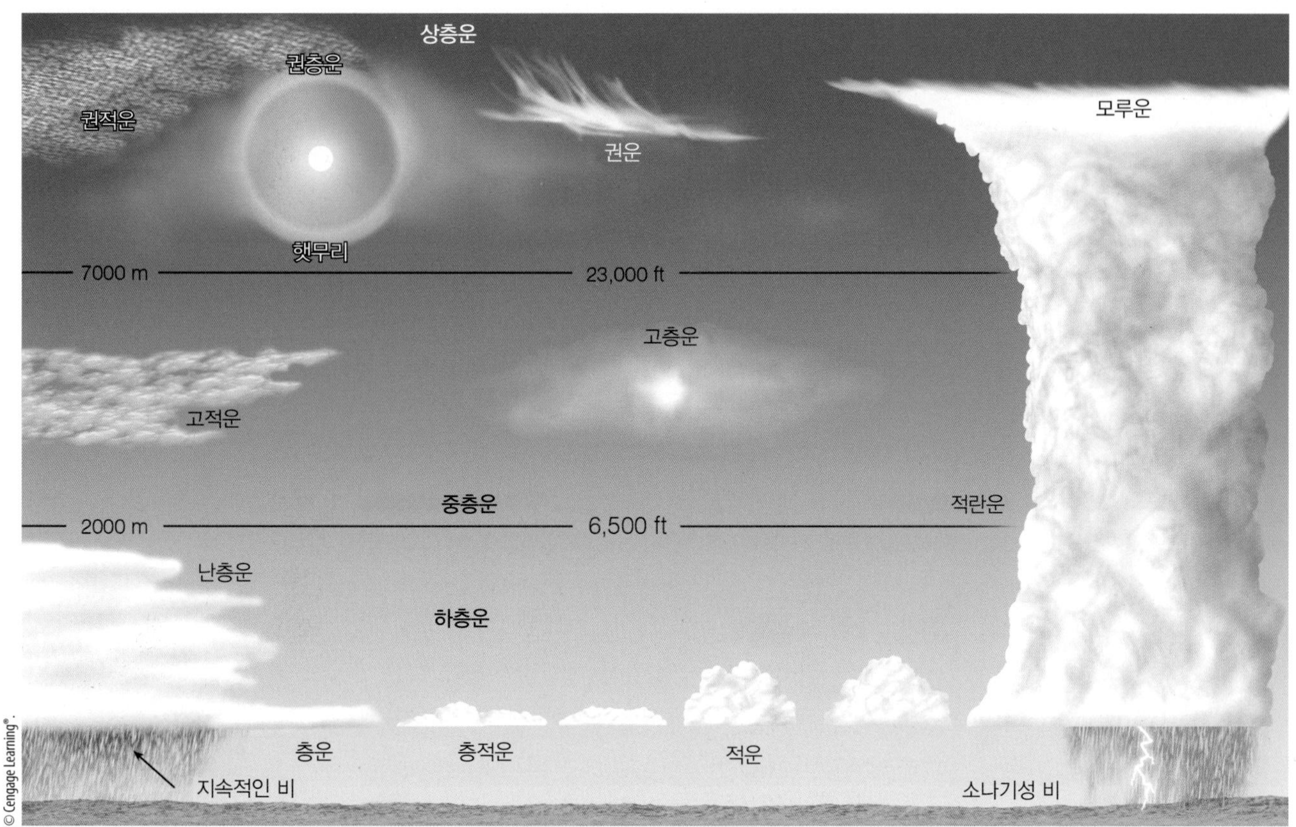

그림 4.33 ● 지표로부터의 고도별로 분류한 기본 유형의 구름과 수직 발달 구름을 종합적으로 보여 주고 있는 그림.

양의 층운은 조각구름이고, 뚜렷하게 연직으로 발달한 적운은 봉우리구름(웅대적운)이다. 표 4.3은 구름 식별에 자주 사용되는 용어이다.

독특한 구름 가장 보편적으로 볼 수 있는 10개의 기본 유형 외에 특이한 구름들이 있다. 예를 들면, 습윤공기가 산을 넘을 때는 파를 일으키는데, 이 파의 정점에 형성되는 구름은 렌즈 모양을 하고 있어 **렌즈구름**(lenticular cloud)이라 한다(그림 4.34 참조). 렌즈구름은 종종 팬케이크를 쌓아 놓은 것처럼 아래위로 포개져 형성되어 멀리서 보면 일단의 우주선처럼 보인다. 이와 같은 렌즈구름이 형성될 때 UFO(미확인 비행물체)가 목격되었다는 주장이 많이 나오는 것은 이 때문이다.

렌즈구름과 비슷한 것이 **모자구름**(pileus)이다. 이것은 발달하는 적운 상층부에 형성된다(그림 4.35 참조). 모자구름은 습한 바람이 발달 중인 웅대적운 또는 적란운의 상층부 위에서 전향할 때 형성된다. 구름 정상 위의 이동하는 공기가 응결하면 모자구름이 형성되기 쉽다.

대부분의 구름은 공기가 상승할 때 형성되지만 **유방구름**(mammatus cloud)은 하강공기에서 형성된다. 유방구름은 구름 밑에 자루 같은 모양이 매달려 있어 흡사 유선을 연상시키기 때문에 붙여진 이름이다(그림 4.36 참조). 유방구름은 종종 적란운 밑에 형성되지만 권운, 권적운, 고층운, 고적운, 층적운 밑에 생길 수도 있다.

제트기가 권운과 비슷한 응결 수증기 꼬리를 만들어 내기도 하는데 이러한 구름을 **비행운**(contrail)이라고 한다(그림 4.37 참조). 수증기의 응결은 항공기의 배기가스에서 대기에 추가되는 수증기가 직접적인 원인이 될 수 있다. 이 경우 뜨거운 배기가스와 찬 공기가 혼합하여 포화상태가 형성된다. 주변 공기의 상대습도가 낮을 때 비행운은 급속도로 증발한다. 그러나 상대습도가 높으면 비행운은 여러 시간 지속될 수 있다. 비행운은 비행기 날개 위

© UCAR, Photo by Carlye Calvin

그림 4.34 ● 콜로라도 볼터 근처 로키산맥 풍하측에 발달한 렌즈구름.

© C. Donald Ahrens

그림 4.35 ● 발달 중인 적운 위에 형성되는 모자구름.

에서 이동하는 공기의 압력 감소로 공기가 냉각할 때 형성되기도 한다.

때로는 성층권을 뚫고 들어가기도 하는 적란운을 제외하고 지금까지 설명한 모든 형태의 구름은 하층 대기권, 즉 대류권 내에서 관측된다. 그러나 경우에 따라서는 대류권 위에서 구름이 나타날 수도 있다. 예를 들면, 부드러운 배처럼 보이는 **자개구름**(nacreous cloud) 또는 진주조개

© Robert Henson

그림 4.36 ● 유방구름은 뇌우의 하부에서 형성된다.

© C. Donald Ahrens

그림 4.37 ● 제트기가 지나간 자리에 형성된 비행운.

© Pekka Parvianinen

그림 4.39 ● 사진 속의 파상구름을 야광운이라 하며 보통 75~90 km 고도에서 관측된다.

구름은 고도 30 km의 성층권에서 형성된다(그림 4.38 참조). 이런 구름은 태양이 지평선 바로 밑에 위치하는 겨울철 극지방에서 가장 잘 보인다. 이 구름의 정확한 성분은 밝혀지지 않았으나 고체 형태 아니면 과냉각 액체 형태의 물로 구성된 것 같다.

너무 얇아 별빛도 투과하는 청백색 파도 모양의 구름을 고도 75 km의 상부 중간권에서 가끔 볼 수 있다. 이 구름은 굉장히 높이 있어 지상에서 볼 때 어두운 배경에 밝은색으로 나타나고, 그러한 이유로 이 구름을 **야광운**(noctilucent cloud)이라고 부른다(그림 4.39 참조). 이 구름은 위도가 50°N보다 북쪽인 지역의 여름철 석양 무렵에 가장 잘 보인다. 이런 구름은 작은 빙정들로 구성되어 있는 것으로 연구 결과 밝혀졌다. 빙정을 만드는 물은 대기권 상층부에 진입할 때 해제되는 유성체 또는 대기권의 높은 고도에서 화학적으로 분해되는 메탄가스에서 연유된다.

구름을 분류하는 우리의 체계는 어쩌면 절대 완성되지 않을 수도 있다. 한 예로 거친물결구름이라는 구름은 최근에서야 별개의 구름 유형으로 간주되었다(알고 있나요?(p.114)와 그림 4.40 참조).

구름과 위성 사진 기상 위성은 지구 주변을 도는 구름 관측 플랫폼이다. 위성들은 지상 관측치가 없는 지역에 매우 귀중한 구름 이미지를 제공한다. 물이 지구 표면의 70% 이상을 덮고 있으므로 구름에 대한 지상 관측이 없

© Pekka Parvianinen

그림 4.38 ● 자개구름의 모습. 이 구름은 성층권에서 형성되며 고위도 지방에서 가장 잘 관측된다.

© Robert Henson

그림 4.40 ● 콜로라도 동부에서 찍힌 이 거친물결구름은 위협적으로 보이지만 폭풍우 치는 날씨를 만들지 않는다.

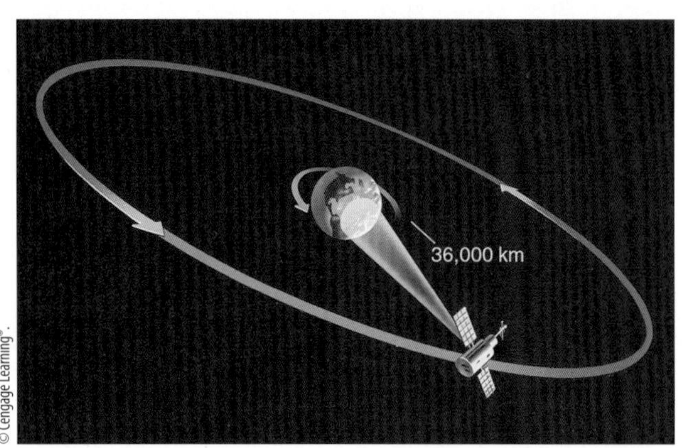

© Cengage Learning®.

그림 4.41 ● 정지궤도위성은 지구 자전 속도와 같은 속도로 궤도를 돌아 적도 위 고정된 점 상공에서 지속적으로 한 지역을 관찰할 수 있다.

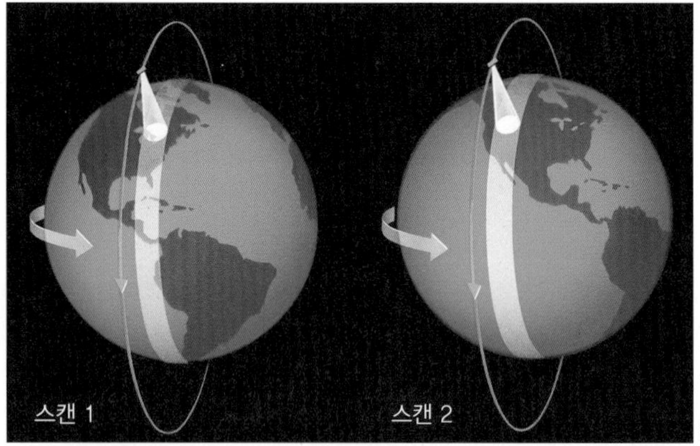

© Cengage Learning®.

그림 4.42 ● 극궤도위성은 북에서 남으로 훑고 지나가며 한 번 지구 주위를 돌 때마다 이전 궤도보다 서쪽 지역을 지나간다.

거나 있더라도 매우 적은 지역들이 매우 많다. 기상 위성들이 사용되기 전에는 허리케인이나 태풍과 같은 열대 폭풍들은 대체로 거주지에 위험할 정도로 가깝게 접근하기 전까지는 감지되지 못했다. 피해 지역 주민들은 이에 대한 사전 경고를 거의 받지 못했다. 오늘날 위성들은 이러한 폭풍들이 먼 바다에 있을 때부터 이들을 감지하고 정확히 추적한다.

구름을 관측하는 기상 위성에는 크게 두 가지 종류가

있다. 첫 번째는 **정지궤도위성**(geostationary satellites [또는 geosynchronous satellites])으로, 지구와 같은 속도로 적도 궤도를 돌고 그에 따라 지구 표면 위 고정된 지점의 약 36,000 km 상공에 머물기 때문에 이와 같이 부른다(그림 4.41). 이러한 위치 선정은 특정 지역을 연속적으로 관찰할 수 있게 해준다.

정지궤도위성은 사진을 찍자마자 지상의 신호 수신 시스템으로 바로 이미지를 전송하는 "실시간" 자료 시스템을 이용한다는 점에서 또한 중요하다. 이러한 위성들의 연속적인 구름 사진들을 저속 촬영 영상으로 재생해서 전선이나 폭풍과 관련된 구름의 이동, 소멸, 성장을 볼 수 있다. 이러한 정보는 거대한 일기계들의 진행을 예보하는 데 매우 큰 도움이 된다. 또한, 정지궤도위성으로 구름 이동을 지속 관찰해 다양한 고도에서의 풍향과 풍속을 근사적으로 알 수 있다.

정지궤도위성을 보완하는 위성은 지구의 경도선에 거의 평행하게 도는 **극궤도위성**(polar-orbiting satellites)이다. 이 위성들은 한 번 공전할 때마다 북극과 남극을 지나간다. 지구가 위성 아래에서 동쪽으로 회전함에 따라, 위성은 이전 궤도에서 지나간 영역보다 서쪽의 영역을 관찰한다(그림 4.42 참조). 결과적으로 위성은 지구 전체를 관찰하게 된다.

극궤도위성은 그들 바로 밑에 있는 구름을 관측할 수 있다는 장점을 가지고 있다. 정지궤도위성은 극 지역을 낮은 각도로 바라보아 이미지가 왜곡되는 데 반해 극궤도위성은 극지방에 대한 선명한 이미지를 제공한다. 극궤도위성은 또한 정지궤도위성보다 훨씬 낮은 고도(850 km)에서 지구를 돈다. 극궤도위성의 낮은 고도는 위성으로 하여금 격렬한 폭풍이나 구름들과 같은 현상에 대한 자세한 이미지를 얻을 수 있게 한다.

지속적으로 발전된 탐지 장비들은 위성의 기상 관측을 그 어느 때보다 더 다재다능하도록 만들었다. 1960년에 발사된 TIROS Ⅰ과 같은 초기 위성들은 구름 사진을 찍기 위해 텔레비전 카메라를 이용했다. 현대 위성들은 구름 상부로부터 나오는 복사를 감지함으로써 낮과 밤 모

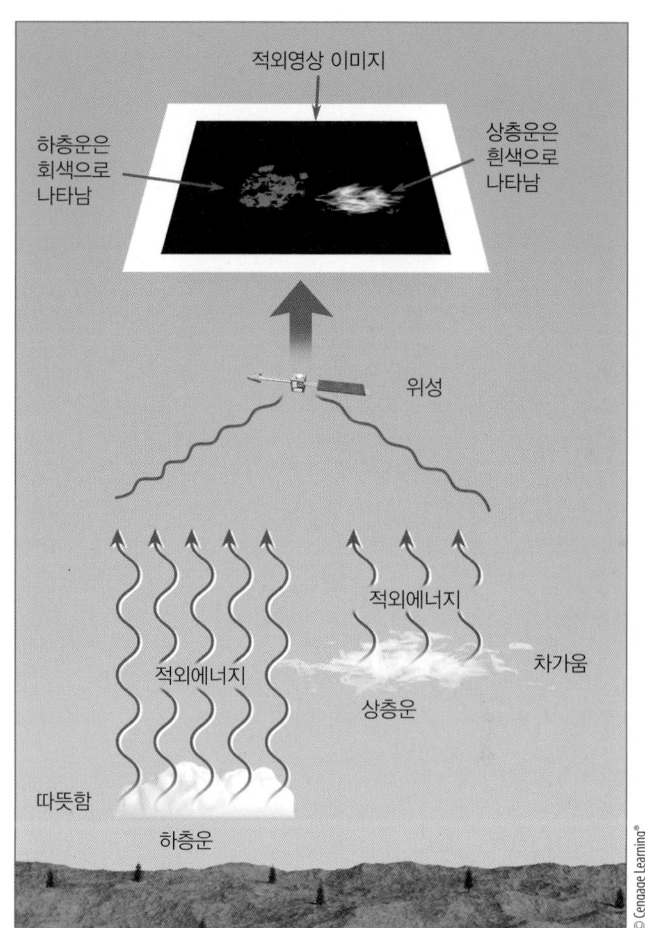

그림 4.43 ● 일반적으로 구름의 고도가 낮을수록 구름 상부 온도가 높다. 따뜻한 물체는 차가운 물체보다 더 많은 적외선을 방출하므로, 위성의 적외영상에서 따뜻한 하층운(회색)과 차가운 상층운(흰색)을 구별할 수 있다.

두 구름을 관측할 수 있도록 하는 복사계를 사용한다. 복사계가 구름에서 반사된 가시광선만을 측정할 경우 위성에 찍힌 사진을 **구름의 가시영상**이라고 부른다. 추가적으로 위성은 구름 사진을 찍음과 동시에 수증기와 같은 대기 중 기체로부터 방출된 복사를 감지해 기온과 습도의 연직 분포를 제공한다. 현대 위성들에는 고도화된 복사계(영상화 장비)가 있어 과거 영상화 장비보다 훨씬 높은 해상도의 위성 영상을 제공한다. 게다가 연직탐측기라는 또 다른 특수한 복사계는 이전 관측 장비들보다 더 정확하게 다양한 고도에서의 대기의 기온과 습도의 연직 분포를 제공한다. GOES(Geostationary Operational Environmental Satellite) 위성들 중 가장 최신인 GOES-R은 고해상

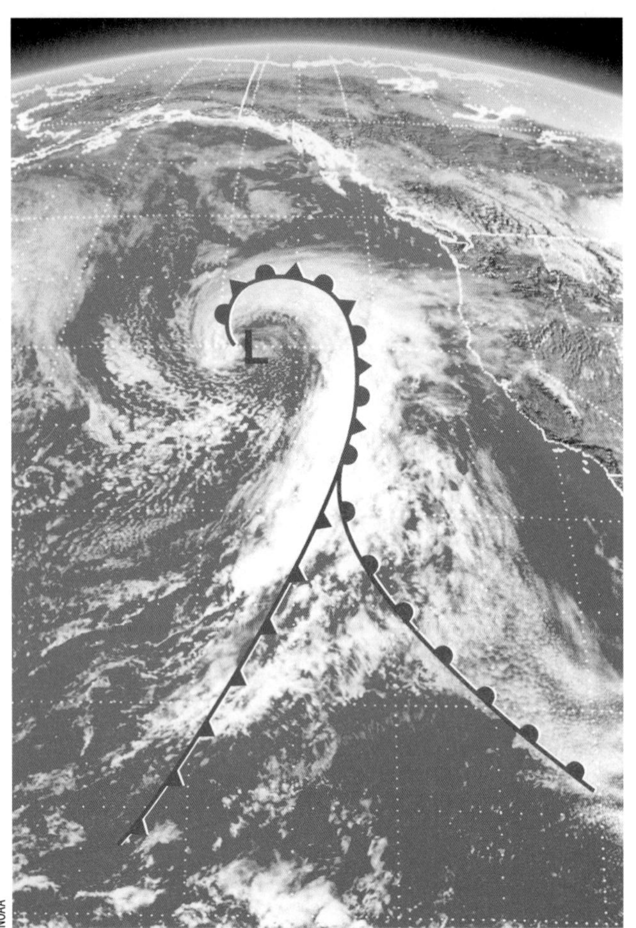

NOAA

그림 4.44 ● 그림 4.45와 거의 같은 날, 같은 시각에 찍힌 동태평양 가시영상 사진. 가시영상에서 구름은 흰색으로 나타남을 볼 수 있다. 이미지 위에 한랭, 온난, 폐색전선이 그려져 있다.

NOAA

그림 4.45 ● 그림 4.44와 거의 같은 날, 같은 시각에 찍힌 동태평양 적외영상 사진. 적외영상에서 하층운은 다양한 회색 음영으로 나타난다.

도 이미지 제공 및 번개 활동 분포 파악 등 많은 추가적인 기능을 갖고 있다.

구름 두께와 높이에 관한 정보도 위성 영상으로부터 유추할 수 있다. 가시광선 영상은 구름 상부 표면으로부터 반사된 태양광선을 보여준다. 두꺼운 구름은 얇은 구름보다 반사도가 더 높기 때문에 이들은 가시광선 영상에서 더 밝게 나타난다. 그러나 중층 및 하층운들은 거의 동일한 반사도를 가져 단순히 가시광선만으로는 그들을 구별하기 어렵다. 그 둘을 구별할 때는 구름의 적외영상을 사용한다. 이 영상은 강하게 반사된 태양광선을 보여주지 않기 때문에 실제 복사면에 관한 더 정확한 영상을 보여준다. 따뜻한 물체는 차가운 물체보다 더 많은 에너지를 방출하므로, 온도가 높은 지역은 적외영상에서 더 어둡게 나타나도록 인위적으로 만들 수 있다. 하층운의 상부는 상층운보다 더 따뜻하기 때문에, 적외선 영역에서 구름을 관측하면 따뜻한 하층운(어둡게 나옴)과 차가운 상층운(밝게 나옴)을 구별할 수 있다(그림 4.43 참조). 게다가 구름 온도는 컴퓨터를 통해 구름의 3차원 영상으로 변환할 수 있다. 많은 기상예보관들이 텔레비전에서 보여주는 구름의 3차원 사진들이 바로 이것이다.

그림 4.44는 정지궤도위성이 동태평양에서 찍은 중위도 저기압의 가시광선 영상 사진을 보여주고 있다. 사진 속 구름이 모두 하얗게 보인다는 점에 주목하라. 반면 같은 날 비슷한 시각에 찍은 적외영상 사진(그림 4.45)에서 구름은 여러 회색 음영을 띠는 것처럼 보인다. 가시광선 영상에서는 미국 오레곤과 캘리포니아 북부를 덮고 있는 구름들은 서쪽의 두껍고 밝은 구름들에 비해 상대적으로 두께가 얇다. 또한, 이 얇은 구름들은 적외영상에서 밝게

그림 4.46 ● 그림 4.44, 그림 4.45와 같은 날 찍힌, 화질 향상된 동태평양 적외영상 사진.

그림 4.47 ● 수증기 적외영상 사진. 어두울수록 공기가 건조하고, 밝은 회색일수록 중층 또는 상층 대류권의 공기가 다습함을 의미한다. 밝은 흰색 영역은 권운 또는 뇌우 상부를 나타낸다. 기타 색으로 색칠된 영역은 가장 차가운 구름 상부를 나타낸다. 소용돌이 모양의 미국 서해안의 수증기 분포는 잘 발달된 중위도 저기압을 의미한다.

보이므로 분명 높은 구름임에 틀림없다.

한랭전선 및 폐색전선과 관련 있는 줄지어진 구름띠는 두 영상 사진에서 모두 밝고 하얗게 나타나 두껍고 무거운 구름대라는 것을 암시한다. 전선 뒤쪽의 덩어리진 구름들은 적외영상(그림 4.45)에서 회색으로 나타나 상부가 낮고 비교적 따뜻할 것으로 보아 아마도 적운일 것이다.

적외영상에서 강한 구름과 지표 위 물체들의 온도 차이가 작으면 둘을 바로 구별하기 어려워진다. 이 때문에 보고자 하는 물체와 배경의 대조를 높이는 방법을 찾아야 한다. 이 작업은 컴퓨터를 통한 화질 향상이라는 과정을 통해 할 수 있다. 적외영상에서 특정 온도 범위의 물체에 검은색부터 흰색 사이의 특정 회색 음영을 부여한다. 보통 구름 상부가 차갑거나 어는점 부근일 때 가장 어두운 회색을 부여한다.

그림 4.46은 그림 4.44, 그림 4.45와 동일한 날과 영역에 대한 향상된 화질의 적외영상 사진이다. 구름을 더 돋보이게 만들기 위해 가장 차가운, 즉 가장 높은 구름 상부들에 어두운 파랑, 빨강, 또는 보라 등의 색을 부여했다. 따라서 그림 4.44의 한랭 및 폐색 전선을 따라 내포된 어두운 빨강 영역은 가장 차가운, 즉 가장 높고 두꺼운 구름이 위치한 곳이다. 이곳이 아마도 가장 폭풍우가 치는 곳일 것이다. 또한, 그림의 남쪽 끝부분에 흰색 영역으로 둘러싸인 어두운 빨간색 반점들은 따뜻한 적도 해수 위에 발달한 뇌우라는 점에 주목하라. 그들은 가시광선과 적외영상 모두에서 하얗고 두꺼운 구름으로 뚜렷하게 나타난다. 연속적인 위성 사진에서 이들 구름의 이동을 관찰함으로써 예보관들은 구름과 폭풍의 도달과 전선의 통과를 예측할 수 있다.

구름이 없는 지역들에서는 공기의 흐름을 관찰하기 어렵다. 이를 돕기 위해 정지궤도위성들은 중 · 상층 대류권 대기 내 수증기의 분포를 측정할 수 있는 수증기 센서를 갖고 있다(그림 4.47 참조). 이 사진에서 수증기가 휘감아 치는 모양으로부터 건조하고 습한 지역을 뚜렷하게 볼 수

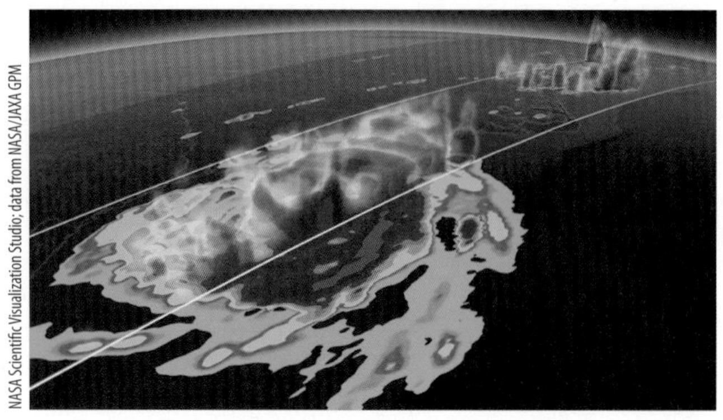
NASA Scientific Visualization Studio; data from NASA/JAXA GPM

그림 4.48 ● 2014년 10월 6일 GPM(Global Precipitation Mission) 위성에 의해 탐지된, 도쿄 동쪽에 위치한 태풍 판폰(Phanfone)의 강수량. 연두색으로 갈수록 약한 강수를, 어두운 빨간색 또는 보라색에 가까울수록 강한 강수를 나타낸다. 상층의 자주색 영역은 언 강수를 암시한다.

있으며, 또한, 대류권 중층의 휘감아 치는 바람과 제트류도 볼 수 있다.

특수한 위성들은 20년 이상 강수와 구름에 관한 자료를 수집했다. 1997년부터 2015년까지 장수한 TRMM (Tropical Rainfall Measuring Mission) 위성은 35°S에서 35°N 영역 내 구름과 강수에 관한 정보를 제공했다. NASA와 JAXA(Japan Aerospace Exploration Agency)의 합동 미션인 이 위성은 400 km 고도에서 지구를 공전하며 지름이 2.4 km 정도로 작은 개별 구름들까지도 탐지했다. TRMM은 구름과 폭풍의 3차원 영상, 강수의 자세한 세기 및 분포, 그리고 지구의 에너지 수지와 폭풍 내 번개 발생에 관한 정보를 수집했다. TRMM은 또 다른 NASA/JAXA 프로젝트인 GPM(Global Precipitation Mission)에 의해 계승되었고, 이 프로젝트의 핵심 발사체는 2014년에 발사되었다. GPM은 TRMM보다 더 넓은 지역인 65°S에서 65°N 영역을 훑고 지나가며, 강수의 세기와 종류 및 구름의 특성까지 구별할 수 있는 진보된 센서를 갖고 있다(그림 4.48 참조).

또 다른 전문화된 위성도 구름과 강수에 관해 더 자세

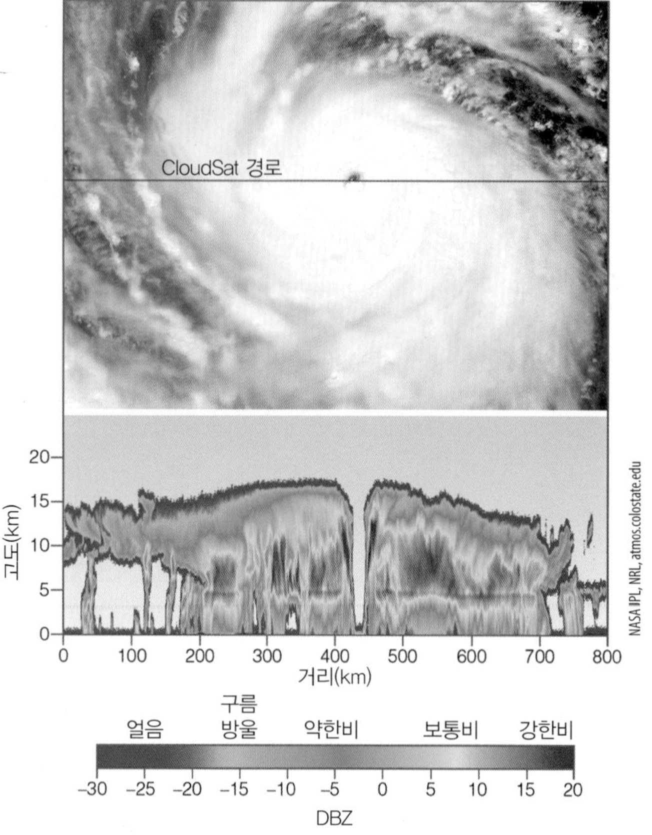

NASA JPL, NRL, atmos.colostate.edu

그림 4.49 ● (위) 2009년 9월 15일 적도 서태평양 위에 있던 슈퍼 태풍 Choi-Wan의 가시영상 사진. (아래) CloudSat 위성의 슈퍼 태풍 Choi-Wan 연직 레이더 단면 사진. 단면의 위치는 위쪽 사진의 빨간선과 같다.

한 정보를 제공한다. 2006년에 발사된 NASA의 CloudSat 위성은 지표로부터 약 700 km 상공에서 궤도를 돈다. CloudSat에 탑재된 매우 민감한 레이더인 CPR(Cloud Profiling Radar)은 마이크로파를 사용해 구름 속을 꿰뚫어 봄으로써 운정과 운저, 구름 두께, 광학적 특성, 액체 및 얼음 성분의 양, 구름 내 강수의 세기를 포함한 구름의 매우 세밀한 구조를 밝혀낸다. CloudSat은 이러한 정보를 그림 4.49와 같이 연직단면으로 제공한다. 이러한 구름 조성에 대한 연직 구조 탐측은 구름 내에서 일어나는 강수 과정과 구름이 전지구 기후 시스템에 미치는 역할에 대한 과학자들의 이해를 도울 것이다.

요약

이 장에서는 물 순환 과정을 검토하고, 물이 지구 대기권 안에서 어떻게 순환하는지를 알아보았다. 또한, 이 과정에서 습도를 표현하는 여러 가지 방법을 살펴보고, 상대습도란 대기 중에 얼마나 많은 수증기가 포함되어 있느냐가 아니라 공기가 포화될 때까지 얼마나 근접해 있느냐를 말해준다는 사실을 배웠다. 공기 중 실제 수증기 함량은 이슬점 온도로 알아낼 수 있다. 기온과 이슬점 온도가 근접해 있을 때 상대습도는 높으며 그 차이가 벌어질 때는 상대습도가 낮다.

지표 부근 얇은 대기층에서 기온이 이슬점 온도 이하로 내려갈 때 이슬이 형성된다. 이슬이 결빙하면 언 이슬이 된다. 공기가 냉각하여 이슬점 온도가 영하로 될 때 하얀 서리가 형성된다. 지표 부근의 보다 두꺼운 층의 공기가 냉각되면 상대습도는 올라가고 수증기는 '흡습성' 응결핵에 응결하기 시작하고, 이때 연무가 형성된다. 상대습도가 100%에 접근하면 공기는 작은 물방울(또는 빙정)로 가득해져 안개가 된다. 안개는 주로 (1) 공기냉각과 (2) 수증기의 증발 및 공기와의 혼합 등 두 가지 방법으로 형성된다.

지표 상공의 응결이 구름을 만들어 낸다. 구름은 높이와 형태에 따라 상층운, 중층운, 하층운, 수직운의 4가지 그룹으로 나눌 수 있다. 구름은 각기 다른 구름과 구별되는 특성을 갖고 있으므로 주의 깊게 관측하면 어떤 유형인지 정확히 식별할 수 있다.

위성은 과학자들로 하여금 구름에 대한 전지구적 스케일의 조감도를 볼 수 있게 했다. 극궤도위성은 극과 극 사이를 지나며 전지구 자료를 수집하고, 적도 위 정지궤도 위성은 지구 위 원하는 지점을 연속적으로 관찰한다. 두 위성 모두 방출된 복사를 감지하는 복사계(영상화장비)를 사용한다. 그 결과 낮과 밤 모두 구름을 관측할 수 있다.

구름 상부 표면에서 반사된 태양빛을 보여주는 위성의 가시영상에서 두꺼운 구름과 얇은 구름을 구별할 수 있다. 적외영상은 구름 상부의 복사를 보여주며 낮은 구름과 높은 구름을 구별할 수 있게 한다. 구름 요소들/특징들 간의 대조를 높이기 위해 적외영상 사진에 화질 향상 과정을 적용한다. 위성에 탑재된 전문화된 장비들은 구름 특성과 강수를 분석하는 데 사용될 수 있다.

주요 용어

본문에 나온 주요 용어를 나열하였다. 각 용어를 정의하라. 그러면 복습에 도움이 될 것이다.

증발	권운	응결	권적운
강수	수문 순환	권층운	포화공기
고적운	응결핵	고층운	습도
난층운	실제 수증기압	포화 수증기압	층적운
상대습도	층운	이슬점 온도 (노점)	적운
습구온도	적란운	열사병	렌즈구름
열지수(HI)	모자구름	겉보기온도	유방구름
건습계	비행운	습도계	자개구름
이슬	야광운	서리	지구 정지 위성
연무	안개	극궤도위성	복사안개
이류안개	활승안개	증발안개 (혼합안개)	

복습문제

1. 수문 순환에서 물의 이동을 간단히 설명하라.

2. 응결과 강수는 어떻게 다른가?

3. 응결핵은 무엇이며 지구 대기에서 그것이 중요한 이유는 무엇인가?

4. 일정 부피의 공기에서 실제 수증기압은 포화 수증기압과 어떻게 다른가? 두 압력은 언제 같아지는가?

5. 포화 수증기압은 주로 무엇에 좌우되는가?

6. (a) 상대습도는 무엇을 뜻하는가?

(b) 상대습도가 주어져 있을 때, 기온을 알아야만 하는 중요한 이유는 무엇인가?

(c) 상대습도에 변화를 가져오는 두 가지 방법은 무엇인가?

(d) 하루 중 상대습도가 최저일 때와 최고일 때는 보통 언제인가?

7. 고온다습한 여름날이 고온건조한 날보다 더 덥게 느껴지는 까닭은 무엇인가?

8. 한랭한 한대 공기를 상대습도가 높음에도 불구하고 '건조'하다고 하는 까닭은 무엇인가?

9. 사람 피부의 냉각 정도를 측정하는 데 습구온도가 좋은 척도가 되는 까닭은 무엇인가?

10. (a) 이슬점 온도(노점)란 무엇인가?

(b) 상대습도와 관련한 이슬점 온도와 기온의 차이는 어떠한가?

11. 휘돌이 건습계를 이용해서 이슬점 온도와 상대습도를 알아내는 방법은 무엇인가?

12. 이슬, 언 이슬, 서리가 어떻게 형성되는지 설명하라.

13. 안개가 형성되는 두 가지 과정을 말하라.

14. 다음 현상이 일어나기 위해 필요한 조건을 설명하라.

(a) 복사안개

(b) 이류안개

15. 증발(혼합)안개는 어떻게 생기는가?

16. 구름은 일반적으로 높이에 따라 분류한다. 그 주요 분류기준을 열거하고 각 분류에 속한 구름의 유형을 설명하라.

17. 고층운과 권층운은 어떻게 다른가?

18. 다음 특성과 관련 있는 구름은 무엇인가?

(a) 고등어 하늘

(b) 번개

(c) 무리

(d) 우박

(e) 말꼬리

(f) 모루 상부

(g) 약한 지속성 비 또는 눈

(h) 강한 비 또는 소나기

19. 대류권보다 위에서 형성되는 구름 이름을 열거하라.

20. 정지궤도위성은 극궤도위성과 어떻게 다른가?

21. 위성의 가시영상과 적외영상을 어떻게 구분할 수 있는가?

22. 왜 위성 적외영상은 화질 향상이 필요한가?

사고 및 탐구 문제

1. 응결과 포화의 개념을 이용해 추운 겨울날 실내로 들어서면 안경에 김이 서리는 이유를 설명해 보라.

2. 한 학기 동안 힘겨운 기상학 교과 과정을 마친 후 여름 방학 기간 중 여행을 가기 위해 여행사에 연락을 했다. 여행사 직원이 사막지역으로 여행을 권유했으나 건조한 공기로 인해 피부가 손상될 것을 우려하여 거절했다. 여행사 직원은 "사막의 상대습도는 거의 매일 90% 이상을 웃돈다"라며 여러분을 설득한다. 여행사 직원이 옳을 수도 있을까? 설명하라.

3. 공기의 실제 수증기압이 포화 수증기압보다 클 수도 있을까? 설명하라.

4. 건습구온도계를 이용하여 상대습도를 측정하는 과정에서 실수로 건구와 습구 온도계 둘 다를 적셨다. 관측 후 계산한 상대습도가 대기의 참된 상대습도보다 크겠는가, 작겠는가?

5. 다른 모든 요소들이 동일하다면, 야간에 권운이 낀 날의 최저기온이 더 낮겠는가? 이유를 설명하라.

6. 빙산이 안개로 흔히 둘러싸여 있는 이유를 설명해 보라.

7. 영하의 찬 공기지역에서 영상의 따뜻한 공기지역으로 운전하면 전면 유리창에 서리가 형성된다. 이 서리는 차창 안에 형성되는가, 아니면 바깥에 형성되는가?

공기가 따뜻한데도 서리가 형성될 수 있는 이유는 무엇인가?

8. 오염된 공기가 좀처럼 100% 상대습도에 도달하지 못하는 이유는 무엇인가?

9. 만약 모든 안개방울이 지면으로 가라앉는다면, 안개가 사라지지 않고 며칠 동안 지속될 수 있는 이유를 설명하라.

10. 야간에 기온이 이슬점 온도로 떨어지면서 안개가 형성되었다. 안개가 형성되기 전 기온은 매시간 2°C씩 떨어졌다. 안개가 형성된 후 공기의 온도는 매시간 0.5°C씩만 떨어졌다. 안개가 형성된 이후 기온이 천천히 떨어지는 이유를 두 가지 들라.

11. 추운 아침에 여러분의 입에서 나오는 김을 볼 수 있는 이유는 무엇인가? 기온이 영하 이하일 때만 이런 현상이 나타나는가?

12. 하늘이 구름으로 잔뜩 흐린 채 비가 오고 있다. 이 비가 난층운에서 오는지 적란운에서 오는지 어떻게 알 수 있는가?

13. 맑은 날 오후 집안에 앉아 있다고 생각하자. 커튼은 걷혀있고 창밖을 내다보던 중 태양이 약 10초간 가려지는 것을 목격한다. 그 후 30여 분간 밖이 밝아졌다 어두워졌다를 반복한다. 태양의 전면을 지나는 구름이 권적운, 고적운, 층적운, 적운 중 어느 것인가? 합리적으로 설명하라.

5장

구름의 발달과 강수

어린 소년은 길 건너 가로등 불빛에 반짝이는 눈송이들을 보고 싶다는 생각에 차가운 유리창에 코를 갖다 댔다. 아마도 눈이 온다면 어쩌면 하루, 가능하면 일주일, 아니 어쩌면 영원히 학교 수업을 중단할 정도로 충분히 많이 왔으면 좋겠다고 그는 생각했다. 하지만 맑은 하늘과 만월로 보아 오늘밤에 눈이 오기는 글렀다. 뒷방에서 들려오는 목소리도 그런 희망은 주지 못했다. "눈에 대해서는 생각조차 말아라. 오늘밤은 눈이 오지 않을 거다. 눈이 오기에는 날씨가 너무 춥다." 희망이 사라지면서, 소년은 정말로 너무 추워서 눈이 올 수 없는 것일까 하고 곰곰이 생각해 보았다.

Zastolskiy Victor/Shutterstock.com

- 대기의 안정도
- 안정도의 판별
- 구름의 발달과 안정도
- 강수 과정
- 강수의 유형
- 강수의 측정

하늘의 장관을 이루는 구름은 자연경관에 아름다움과 색채를 가미한다. 그러나 심미적 이유를 떠나서도 구름은 중요한 일을 한다. 구름이 형성될 때 대기로 방출되는 열은 방대한 양이다. 구름은 태양 복사 에너지의 반사 및 산란, 그리고 지구 적외선 에너지의 흡수를 통해 지구 에너지 균형을 조절하는 역할을 한다. 구름이 없다면 강수도 없을 것이다. 구름은 또 대기에서 일어나고 있는 물리 과정을 시각적으로 보여 준다.

이 장의 서두에서는 이러한 과정을 살펴볼 것이며, 첫 번째로 대기의 안정도를 다룰 것이다. 뒷부분으로 가면서 구름방울의 작은 세계를 들여다 보고 비, 눈, 기타 강수 형태를 알아보기로 한다. 그리고 도입문에서 제기된 문제에 대해 대답을 할 것이다.

대기의 안정도

공기가 상승, 팽창, 냉각됨에 따라 대부분의 구름이 형성된다는 사실은 다 아는 일이다. 그러면 공기는 왜 어떤 상황에서는 상승하고 어떤 상황에서는 상승하지 않는가? 공기가 상승할 때 구름의 크기와 모양이 그토록 다양한 까닭은 무엇인가? 이러한 의문을 풀기 위해 대기의 안정도 개념에 관심을 집중해 보자.

대기의 안정도란 평형조건을 말한다. 예를 들어, 그림 5.1에서 움푹한 곳에 놓여진 바위 A는 **안정한 평형 상태**에 있다. 만약 바위를 어느 쪽으로든 위로 굴려 올렸다가 놓으면, 재빨리 본래의 위치로 돌아온다. 반대로, 언덕 꼭대기에 있는 바위 B는 **불안정한 평형 상태**에 있으므로 조금만 밀어도 원래 위치에서 멀리 굴러간다. 이러한 개념을 대기에서 적용하면 대기는 상승 또는 하강 요인에 의해 상하로 움직였다가 다시 본래 위치로 돌아가려는 성향을 보일 때 안정한 평형 상태에 있는 것이다. 불안정 평형 상태에 있는 대기는 약간의 힘만 가해도 본래 위치에서 멀리 이동한다. 즉, 이러한 대기는 상승과 하강 운동을 선호한다.

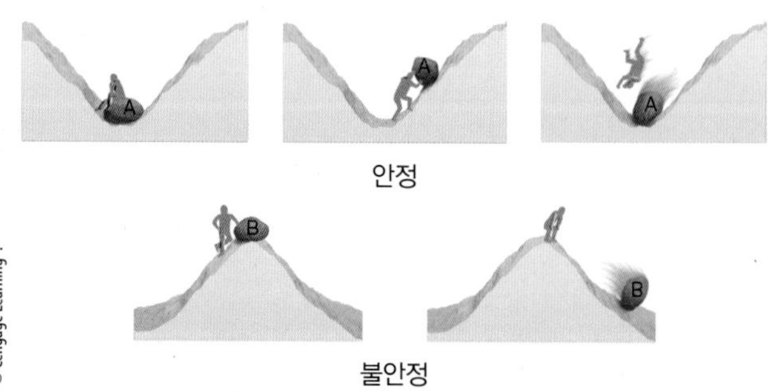

그림 5.1 ● 바위 A를 원위치에서 굴려 올리면 이는 다시 제자리로 돌아온다. 그러나 바위 B를 굴리면 원위치에서 점점 더 빨리 멀어진다.

대기의 상승과 하강 운동을 탐색하기에 앞서 앞의 장들에서 배운 몇 가지 개념을 복습할 필요가 있다. 기구 모양의 공기집합체를 **공기덩이**라 하였다. 공기덩이가 상승하면 이는 주위의 기압이 보다 낮은 영역으로 들어가게 된다. 이 같은 상황에서 공기덩이 내부의 공기 분자들은 공기덩이 벽 쪽으로 압력을 가하여 이를 팽창시킨다. 공기덩이가 팽창하면서 안의 공기는 냉각된다. 만약 이 공기덩이를 지표로 다시 이동시킬 경우, 공기덩이 둘레에 가해졌던 압력은 감소되고 공기덩이는 본래의 부피로 돌아간다. 이와 함께 내부의 공기는 다시 따뜻해진다.

공기덩이가 주변과 열을 상호교환하지 않고 팽창, 냉각 또는 압축, 승온의 과정을 겪는 것을 **단열 과정**(adiabatic process)이라 한다.

공기덩이 내 공기가 불포화 상태(상대습도 100% 이하)에 있는 한 단열냉각률이나 단열승온율은 일정하게 유지되며 고도 변화는 1,000 m당 약 10℃의 감률을 보인다. 이러한 냉각 및 승온율은 불포화 공기에만 적용되므로 이를 **건조단열감률**(dry adiabatic rate)이라 한다(그림 5.2 참조).

상승공기가 냉각되면 기온이 이슬점 온도에 접근함에 따라 상대습도는 증가한다. 만약 공기가 이슬점 온도까지 냉각되면, 상대습도는 100%가 된다. 공기가 계속 상승하면 응결이 일어나고 구름이 형성되며 잠열이 방출되어 상승공기 속으로 유입된다. 응결 과정에서 추가된 열은 팽창에 따른 냉각을 상쇄하기 때문에 건조단열감률의 냉각은 더 이상 일어나지 않고 **습윤단열감률**(moist adiabatic

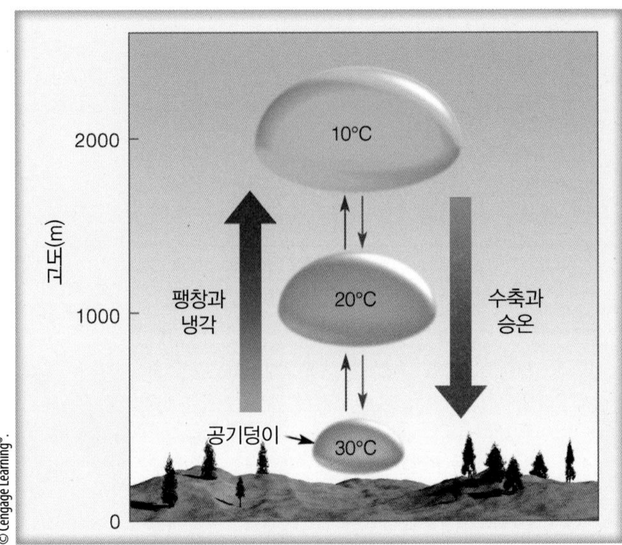

그림 5.2 ● 건조단열감률. 공기덩이가 불포화 상태로 남아 있는 한 이 공기는 팽창하여 고도 1,000 m당 10℃씩 냉각된다. 하강하는 공기덩이는 압축되면서 1,000 m당 10℃씩 승온하게 된다.

rate)이라고 하는 보다 적은 감률에 의한 냉각이 일어난다(잠열이 상승 포화공기에 추가되기 때문에 이 과정은 실질적인 단열 과정은 아니다).[1] 만약 물방울을 포함하고 있는 포화공기덩이가 하강한다면, 물방울의 증발로 압축승온율이 상쇄되기 때문에 습윤단열 승온율로 압축승온이 일어날 것이다. 따라서 상승 또는 하강하는 포화공기의 온도 변화율—습윤단열감률—은 건조단열감률보다 작다.

건조단열감률과는 달리 습윤단열감률은 일정하지 않고 온도와 습도에 따라 변동폭이 크다. 온난한 포화공기는 한랭한 포화공기보다 많은 액체물을 생성하기 때문이다. 온난한 포화공기에서 발생하는 추가 응결은 보다 많은 잠열을 방출한다. 결국 상승공기의 온도가 매우 높으면 습윤단열감률은 건조단열감률보다 훨씬 적다. 그러나 상승공기의 온도가 매우 낮으면 습윤단열감률과 건조단열감률은 거의 동일해진다. 습윤단열감률에 변화가 있기는 하지만 이 책에서 다루는 보기와 계산에서는 고도 1,000 m당 6℃라는 평균치를 사용하기로 한다.

1 응결된 물이나 얼음이 상승하는 포화공기로부터 제거될 경우, 이 때의 냉각 과정을 위단열(pseudoadiabatic)이라 한다.

안정도의 판별

대기의 안정도는 상승공기덩이의 온도를 주위 온도와 비교하여 판단할 수 있다. 만약 상승공기의 온도가 주위 공기보다 낮으면, 그 밀도는 더 커져(더 무거워져) 본래의 고도로 다시 하강하려 할 것이다. 이 경우 공기는 위로의 이동을 방해하기 때문에 **안정**하다고 말할 수 있다. 반대로, 상승공기의 온도가 주위 공기보다 높아 밀도가 상대적으로 작으면(가벼우면) 주위 온도와 같아질 때까지 계속 상승할 것이다. 이 경우 공기는 **불안정**하다. 공기의 안정도를 알아내려면 상승공기와 주위 공기의 온도를 여러 고도에서 측정해 보아야 한다.

안정 대기 기구에 관측기기(라디오존데)를 실어 공중에 띄워 놓고 기온 자료를 수신한다고 가정해 보자(그림 5.3 참조). 수직으로 기온을 측정해 보면 1,000 m 올라갈 때마다 4℃씩 하강한다는 사실을 알게 된다. 1장에서 언급했듯이, 고도에 따른 기온 변화율을 **기온감률**이라 한다. 이 비율은 지표에서 높이 올라갈수록 주위 기온이 변하는 비율을 말하기 때문에 **환경기온감률**(environmental lapse rate)이라고 한다.

그림 5.3a에서 환경기온감률이 1,000 m당 4℃일 때 불포화공기, 즉 '건조'공기는 모든 고도에서 주위 공기보다 더 차고 무겁게 나타나 있다. 설사 이 공기덩이가 처음에는 포화되었다고 하더라도(그림 5.3b 참조) 상승하면서 모든 고도에서 주위 기온보다 더 낮은 온도를 나타내고 있음을 알 수 있다. 두 경우 모두 상승한 공기는 그 주위 공기보다 더 차고 무겁기 때문에 이 대기는 **절대안정**(absolutely stable) 상태에 있다고 하겠다. 만일 놓아두면 이 공기덩이는 본래의 위치로 돌아가려 할 것이다.

안정된 공기는 연직 상승 운동에 강하게 저항하기 때문에 만약 강제로 상승시키려 들 경우 수평으로 확산하려 할 것이다. 만약 이러한 상승공기에서 구름이 형성된다면, 그 구름도 역시 수평으로 확산되어 비교적 얇은 층을 이룰 것이며 운저와 상층부가 모두 평평한 모습을 보일

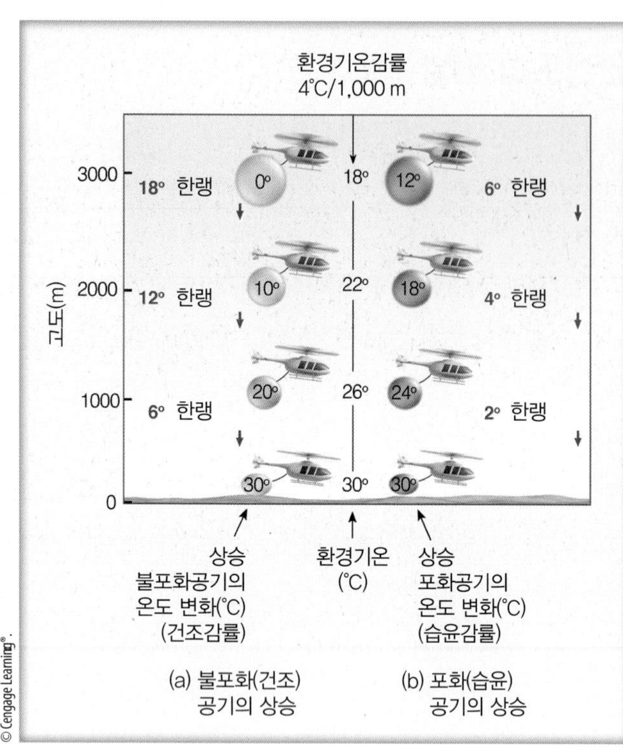

그림 5.3 ● 안정한 대기. 위 그림처럼 헬리콥터가 공기덩이를 옮길 수 있다고 생각해보자. 상승하는 공기덩이가 주위 공기보다 더 차고 무거울 때 대기는 절대안정 상태에 있다. 만약 공기덩이를 놓아주면 두 가지 상황에서 다 같이 공기덩이는 본래의 위치인 지표면으로 돌아가려 할 것이다.

것이다. 이와 같이 안정된 대기에서는 권층운, 고층운, 난층운, 또는 층운이 형성될 수 있다.

환경기온감률이 작을 때 대기는 안정하다. 이는 지표기온과 상공기온의 차이가 비교적 작을 때를 말한다. 높은 고도의 기온이 오르거나 지표기온이 냉각됨에 따라 대기는 보다 더 안정되는 경향을 보인다. **지표공기의 냉각요인**은 다음과 같다(그림 5.4 참조).

1. 지표의 야간복사냉각
2. 바람에 의해 찬 공기 유입
3. 찬 지표 위로 공기 이동

지상 기온이 최저로 내려가는 일출 무렵인 새벽에 일반적으로 대기는 가장 안정하다. 지상의 기온이 안정 대기에서 포화될 경우 지속적인 안개층이 형성될 수 있다(그림 5.5 참조).

높은 상공에서 기온은 바람에 의해 더운 공기가 유입

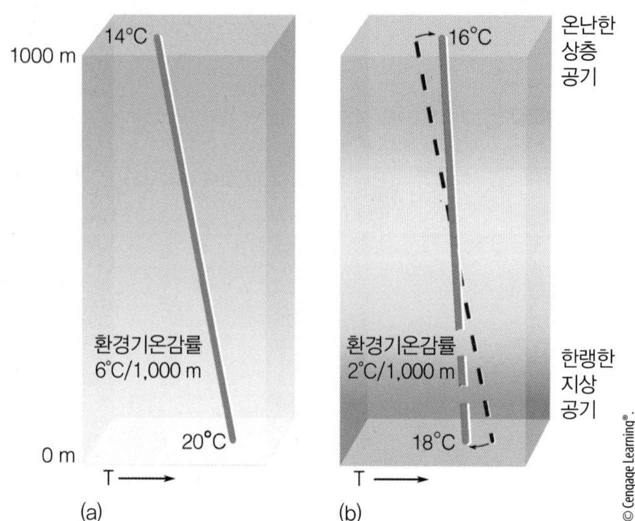

그림 5.4 ● (a) 초기 환경기온감률에서 (b) 대기의 상층은 가열되고 하층은 냉각됨으로써 대기가 더욱 안정화되는 모식도.

되거나 넓은 지역 위로 공기가 서서히 침강하면 상승할 수 있다. 침강하는 공기는 압축되면서 승온한다. 승온은 **역전**을 일으킬 수 있는데, 그런 경우 상공의 공기는 지상의 공기보다 실제로 더 따뜻하다(기온의 역전은 고도가 증가할수록 대기가 더 따뜻해지는 대기권 현상을 의미한다. 3장에서의 설명을 상기하라). 서서히 침강하는 공기에 의해 형성되는 역전을 **침강역전**(subsidence inversion)이라고 한다. 역전층은 매우 안정된 대기를 의미하기 때문에 연직 대기 운동을 저해하는 덮개 역할을 한다. 지표 부근에 역전이 존재할 경우 층운, 안개, 연무가 형성되고, 오염물질 등은 모두 지표 부근에 갇히게 된다. 실제로 우리가 14장에서 배우게 되겠지만, 대부분의 대기오염 문제는 침강역전과 함께 발생한다.

불안정 대기 상공으로 올라감에 따라 기온이 급격히 하강할 때는 대기가 불안정하다. 그림 5.6을 예로 들어 보자. 고도가 1,000 m씩 높아짐에 따라 기온은 11°C씩 떨어지고 있으며, 이는 환경기온감률이 1,000 m당 11°C라는 이야기다.

그림 5.6a에서의 상승한 불포화 '건조'공기와 그림 5.6b에서의 상승한 포화 '습윤'공기는 지상 모든 고도에서

그림 5.5 ● 어느 날 아침, 지면의 찬 공기가 안정대기를 형성하여 연직운동을 저지하고 안개와 연무를 지상에 머물도록 하는 모습.

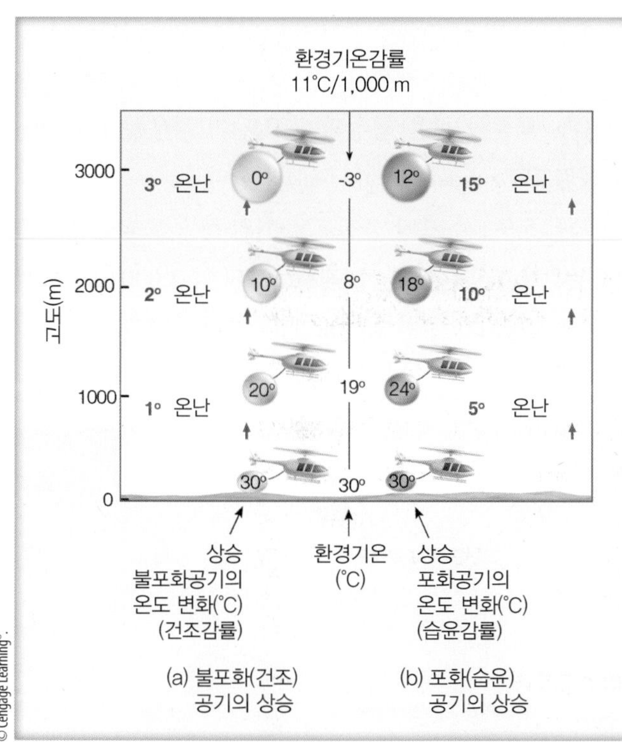

그림 5.6 ● 불안정한 대기. 상승하는 공기덩이가 주위 공기보다 더 따뜻하고 더 가벼울 때 절대불안정 대기가 형성된다. (a)와 (b)의 상승한 공기덩이는 기회가 주어지면 계속 점점 더 빨리 상승, 원래 위치에서 멀어진다.

주위 공기보다 더 높은 온도를 나타낼 것이다. 두 경우 모두 상승하는 공기는 주위 공기보다 온도가 더 높고 밀도는 더 작기 때문에 이들 공기는 일단 상승을 시작하면 계속 올라가 지표로부터 멀어질 것이다. 이것을 **절대불안정 대기**(absolutely unstable atmosphere)라 한다. 불안정대기에서, 공기덩이는 주위 공기보다 온도가 더 높기 때문에 위 방향으로 부력을 받는다. 공기덩이가 주위 공기보다 따뜻해질수록, 더 강한 부력을 받아 더 빨리 상승한다.

환경기온감률이 커짐에 따라 대기는 점점 더 불안정해진다. 환경기온감률이 커진다는 것은 고도가 높아질수록 기온이 급격히 낮아진다는 의미이다. 이러한 상황은 상공의 공기가 더 차가워지거나 지표의 공기가 더 따뜻해짐으로써 조성될 수 있다(그림 5.7 참조). **지표공기의 승온요인**은 다음과 같다.

1. 낮 동안 태양에 의한 지표의 가열
2. 바람에 의한 온난공기 유입
3. 더운 지표 위로 공기 이동

상공의 찬 공기와 지상의 더운 공기가 결합하면 기온감률은 더욱 커지고 대기는 불안정해진다(그림 5.8 참조).

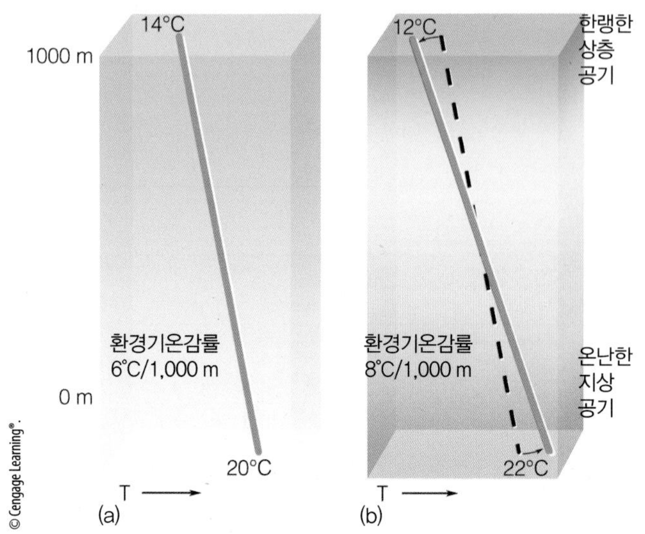

그림 5.7 ● (a) 초기 환경기온감률에서 (b) 대기의 상층은 냉각되고 하층은 가열됨으로써 더욱 불안정화 되는 모식도.

일반적으로 낮 동안 지표기온이 상승하면 대기는 보다 더 **불안정**해진다. 상공의 공기는 바람에 의해 찬 공기가 유입되거나 공기(또는 구름)가 적외선 복사를 우주공간으로 방출(복사냉각)함으로써 냉각될 수 있다. 하강하는 공기가 승온하고 보다 안정된 대기를 형성하는 것과 마찬가지로 상승하는 공기, 특히 상부는 건조하고 하부의 습한 공기층은 냉각되고 보다 불안정한 대기를 형성하게 된다. 상승한 공기층은 높이 올라갈수록 더 불안정해져 연직으로 늘어나며, 이때 더 높은 쪽 공기밀도는 더 낮아진다. 이와 같이 연직 확산은 환경기온감률을 더욱 크게 한다. 이것은 이 공기층의 상부는 하부보다 더 냉각되기 때문이다. 공기의 상승으로 인한 대기 불안정은 종종 뇌우, 토네이도와 같은 악천후를 일으킨다.

그러나 대기권 깊숙이 자리 잡은 공기층이 절대불안정 상태에 도달하는 일은 드물다. 절대불안정은 통상 덥고 쾌청한 날 지표 부근의 매우 얇은 대기층에 국한된 현상이다. 여기서는 환경기온감률이 건조단열감률을 초과할 수 있다. 이때의 감률을 **초단열감률**이라 한다.

조건부 불안정 대기 불포화(그러나 습기 있는) 공기가 그림 5.9에서처럼 어떤 과정에 의해 강제로 상승했다고 가정해 보자. 공기덩이는 상승하면서 팽창할 것이고 그 기온은 이슬점 온도에 도달할 때까지 **건조단열감률**로 냉각될 것이다. 이때 공기는 포화되고 상대습도는 100%가 된다. 여기서 상승이 계속되면 응결이 일어나고 구름이 형성된다. 구름이 처음 형성되는 고도(이 경우는 1,000 m)를 **응결고도**(condensation level)라 한다.

그림 5.9에서 보면 응결고도 위의 상승 포화공기는 **습윤단열감률**로 냉각된다. 또 지표로부터 약 2,000 m 고도까지는 상승공기가 주변 공기보다 더 차게 나타나 있다. 즉,

그림 5.8 ● 2003년 8월 미국 아이다호의 산불로 인해 공기가 가열되어 지면 부근 공기가 불안정해졌다. 따뜻하고 밀도가 작은 공기(그리고 연기)는 기포처럼 상승하고 팽창하면서 냉각된다. 상승하는 공기는 결국 이슬점 온도까지 냉각되어 응결이 시작되고 적운을 형성한다. 만약 상승하는 공기덩이가 충분히 크고 강하다면, 결과적으로 만들어지는 구름(종종 "화재구름"이라고 불리는)은 강수와 천둥번개를 동반할 수 있다.

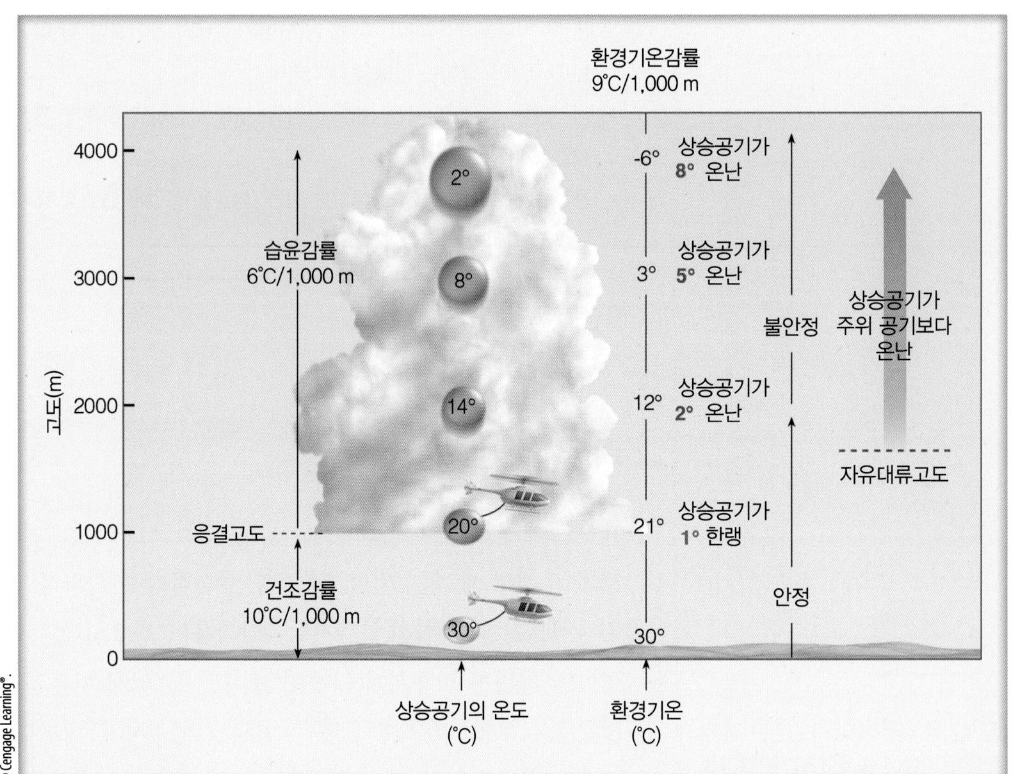

그림 5.9 ● 조건부 불안정 대기. 불포화 안정 대기가 일정한 고도까지 상승, 포화를 이루고 주위 공기보다 따뜻해질 때 조건부 불안정 상태가 조성된다. 만약 대기가 계속 불안정 상태에 남아 있을 경우 상당한 높이까지 적운이 발달할 수 있다.

이 고도까지의 대기는 **안정**하다. 그러나 잠열의 방출로 고도 2,000 m 부근의 상승공기는 주위 공기보다 따뜻해진다. 치올려진 공기는 저절로 상승할 수 있기 때문에 대기는 이제 **불안정 상태**에 있다. 치올려진 공기덩이가 주위 공기보다 따뜻해지는 대기의 고도를 **자유대류고도**라 한다.

그림 5.9에서 보면 고도 4,000 m까지의 대기층은 상승공기가 포화, 구름 형성, 그리고 공기를 가열시키는 잠열 발생을 일으키기에 충분한 습기를 함유하고 있기 때문에 안정에서 불안정으로 바뀐 것을 알 수 있다. 만약 구름이 형성되지 않았다면, 상승공기의 온도는 모든 고도에서 주위 공기보다 낮게 나타났을 것이다. 지표로부터 고도 4,000 m까지의 대기층을 상승공기의 포화 여부에 따라 불안정 여부가 결정되는 **조건부 불안정 대기**(conditionally unstable atmosphere)라 한다. 따라서 **조건부 불안정**이란 만약 불포화 안정 대기가 어떤 경로로든 포화를 일으키는 고도까지 상승할 경우 불안정 상태가 빚어질 수 있다는 이야기다.

그림 5.9에서 환경기온감률은 1,000 m당 9℃이다. 이 값은 건조단열감률과 습윤단열감률 사이에 있다. 그러므로 **조건부 불안정은 환경기온감률이 건조단열감률과 습윤단열감률 사이에 있을 때면 언제나 조성될 수 있다.** 1장에서 본 바와 같이 대류권 내에서 평균기온감률은 약 6.5℃/1,000 m이다. 이 값은 건조단열감률과 평균습윤감률 사이에 놓여 있으므로, 대기는 통상 조건부 불안정 상태이다. 그림 5.10은 대기 안정도의 세 가지 종류(절대 안정, 조건부 불안정, 그리고 절대 불안정)가 건조단열감률 그리고 습윤단열감률과 어떤 연관성이 있는지 보여 준다.

대기의 안정도는 하루 중 수시로 변한다는 사실이 명백해졌다. 맑고 바람 없는 날 해뜰 무렵 지표공기는 상층공기보다 차갑고 복사역전이 존재하며, 대기는 매우 안정되어 있는 것이 정상이다. 시간이 지나면서 햇빛으로 지표가 가열되면 그 지열로 상층공기가 따뜻해진다. 지표 부근 기온이 상승함에 따라 하층대기는 점차 불안정해져 보통 하루 중 가장 더운 시간에 불안정 상태가 최고에 달한다. 습한 여름철 오후 적운이 발달하는 모습으로 이러한 현상을 목격할 수 있다.

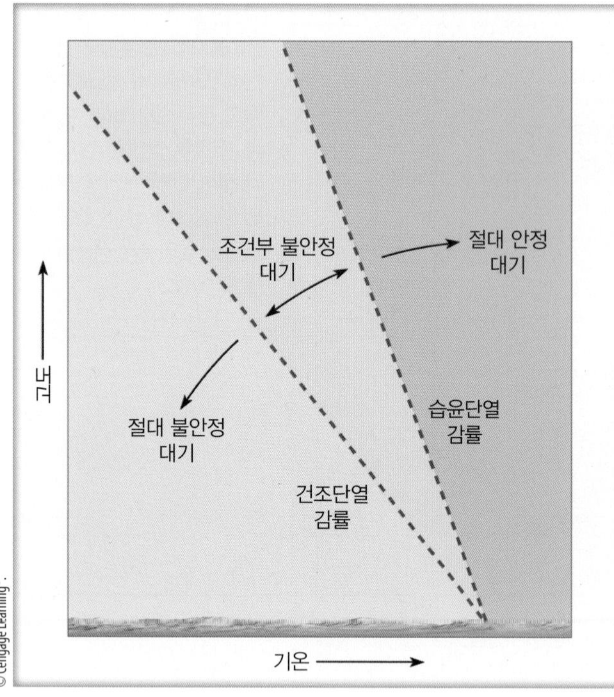

그림 5.10 ● 환경기온감률이 건조단열감률(파란색 영역)보다 큰 경우, 대기는 절대 불안정 상태에 있다. 환경기온감률이 습윤단열감률(빨간색 영역)보다 작은 경우, 대기는 절대 안정 상태에 있다. 그리고 환경기온감률이 건조단열감률과 습윤단열감률의 사이에 있는 경우(초록색 영역), 대기는 조건부 불안정 상태에 있다.

요점 복습

지금까지 다룬 주요 개념 및 사실을 정리해보자.

- 상승하는 불포화 공기덩이의 기온은 건조단열감률로 감소하는 데 비해 상승하는 포화공기덩이의 기온은 습윤단열감률로 감소한다.
- 건조단열감률과 습윤단열감률의 차는 상승하는 포화공기덩이의 잠열 방출에 기인한다.
- 안정 대기 중에서 상승한 공기덩이는 그 주변의 공기에 비해 더 차다(무겁다). 이 때문에 상승한 공기덩이는 본래의 위치로 하강하려는 경향을 보인다.
- 불안정 대기 중에서 상승한 공기덩이는 그 주변 공기에 비해 더 따뜻해(가벼워) 본래의 위치에서 더 멀리 계속 상승하려는 경향을 보인다.
- 지상의 공기가 냉각되고 상공의 공기는 가열되거나 기층이 침강하면 대기는 안정하게 된다.
- 지상의 공기는 가열되고 상공의 공기는 냉각되거나 기층이 상승하면 대기는 불안정해진다.
- 조건부 불안정 대기는 공기덩이가 강제로 상승하여 포화에 도달한 후 구름을 형성하고, 더욱 상승하여 주위의 공기보다 더 따뜻한 고도에 도달하는 상태의 대기이다.
- 대기권은 정상적으로는 이른 아침에 가장 안정하고 오후에 가장 불안정하다.
- 층운은 안정 대기에서 형성되는 반면, 적운은 조건부 불안정 대기에서 형성되는 경향이 있다.

구름의 발달과 안정도

대부분의 구름은 공기가 상승, 냉각, 그리고 포화된 수증기가 응결할 때 형성된다. 공기가 상승하기 시작하려면 정상적으로는 '방아쇠'와 같은 촉발작용이 필요한데, 그렇다면 공기를 상승시켜 구름이 형성될 수 있게 하는 촉발작용은 무엇인가? 흔히 볼 수 있는 기본 운형은 대부분 다음 메커니즘을 통해 발달한다.

1. 지표 가열과 자유대류
2. 지형에 따른 상승
3. 지표공기의 수렴에 의한 광범위한 상승
4. 전선에 따른 상승(그림 5.11 참조)

공기의 상승을 유발하는 첫 번째 메커니즘은 대류이다. 2장에서 상승 온난 기류가 대기 상층부로 열을 전달하는 과정을 통해 대류에 대해 간단히 알아보았지만, 이번 단원에서는 대류를 조금 다른 시각으로 살펴볼 것이다: 상승 온난 기류가 어떻게 적운을 형성하는가?

대류와 구름 지표의 어떤 지역은 다른 지역에 비해 태양광선을 더 잘 흡수한다. 따라서 더 빨리 가열된다. 이러한 '뜨거운 지표'에 접한 공기는 주위 공기보다 온도가 높다. 이때 뜨거운 공기의 '기포(열기포라 부른다)'는 따뜻한 지표에서 분리되어 상승하면서 팽창하고 냉각된다. 열기포는 상승하면서 보다 차고 건조한 주변 공기와 혼합하여 점차 그 특성을 상실한다. 그리고 상승 운동은 둔화된다. 이 열기포가 완전히 약화되기 전에 뒤따라 상승하는 열기

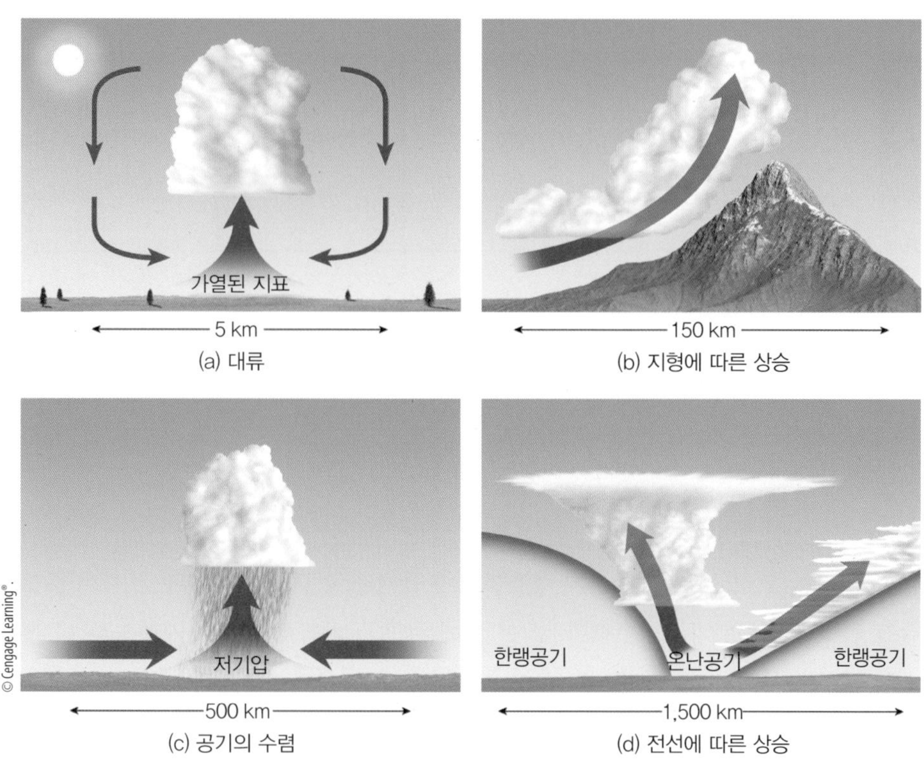

그림 5.11 ● 구름 형성의 주요 과정.
(a) 지표 가열과 대류, (b) 지형에 의한 강제 상승, (c) 지표공기의 수렴, (d) 전선에서의 강제 상승.

포들이 이를 뚫고 들어가 이 기포를 약간 더 상승하도록 돕는 경우가 종종 있다. 상승공기가 포화점까지 냉각되면 습기는 응결하고 열기포들은 적운의 형태로 나타나는 것이다.

응결고도

© Cengage Learning®.

그림 5.12 ● 눈에 보이지 않는 열기포들이 지표에서 떠나 상승하면서 응결고도까지 냉각된다. 적운 아래와 내부에서는 공기가 상승하고 있으며 구름 주변에서는 공기가 하강하고 있다.

그림 5.12를 보면 적운의 바깥쪽에서는 공기가 하강 운동을 하고 있다. 하강 운동은 구름의 가장자리에서 증발이 일어나면서 공기가 냉각되고 무거워지는 데 부분적으로 기인하며(밀도 증가), 또 열기포에 의해 일어나기 시작한 대류가 더 이상 일어나지 않을 때 일어난다. 냉각된 공기는 서서히 내려앉아 상승하는 더운 공기가 있던 자리

그림 5.13 ● 따뜻한 여름날 오후 적운이 성장하고 있다. 개개의 구름들은 열기포가 지면으로부터 상승하고 있는 곳을 나타낸다. 구름 사이의 맑은 구역은 공기가 하강하는 지역이다.

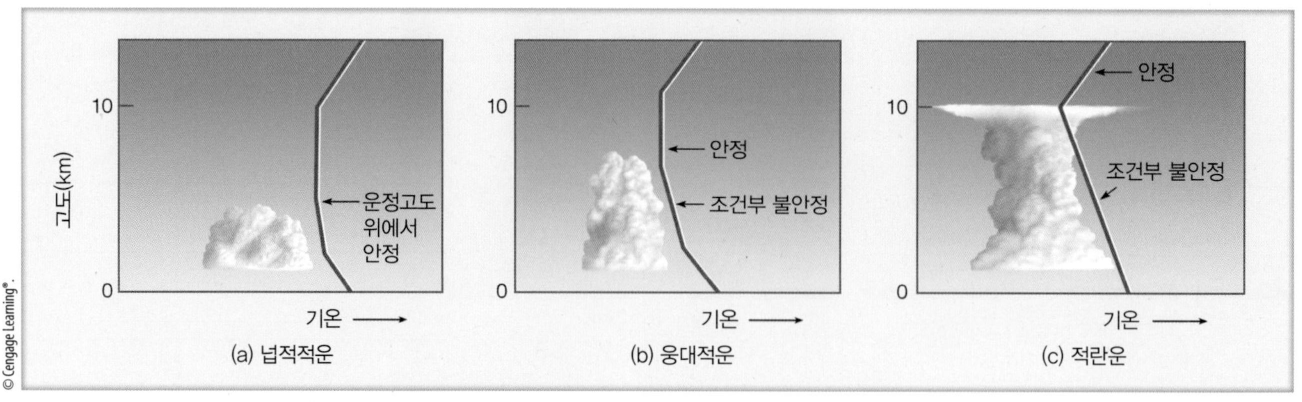

그림 5.14 ● 공기의 안정도 변화. 적운의 형성에 영향을 미치는 환경기온감률이 표시되어 있다.

를 메운다. 그러므로 구름 속에는 상승공기가 있고 그 주변에는 하강공기가 있다. 하강공기는 그 밑에서 열기포가 커지지 못하도록 막기 때문에 통상 소형 적운들 사이사이에 푸른 하늘이 많이 보이는 것이다(그림 5.13 참조).

적운은 커지면서 햇빛을 가리게 된다. 이렇게 되면 지표가열과 상승대류는 차단된다. 상승공기가 계속 공급되지 않으면 구름을 형성하는 방울들이 증발함에 따라 구름은 모양을 잃기 시작한다. 이 경우 발달 단계에 있는 적운의 뚜렷한 윤곽과는 달리 구름의 가장자리가 희미해진다. 구름이 흩어지면(또는 바람에 불려 가면) 지표가열은 다시 시작되고 또 다른 열기포가 생겨 새로운 적운을 만든다. 적운이 생겼다가 서서히 없어진 후 그 자리에 다시 나타나는 것은 이 때문이다.

대기의 안정도는 적운의 연직 발달에 중요한 영향을 준다. 그림 5.14를 보면 적운의 꼭대기 부근에 안정 대기층이 존재할 경우 이 구름은 훨씬 높게 상승하기 어렵고 '갠날'적운으로 남아 있게 된다(넓적적운). 그러나 구름 위에 두꺼운 불안정 또는 조건부 불안정 대기층이 존재할 경우 구름은 연직으로 발달하여 꼭대기가 꽃양배추 모양을 한 높다란 웅대적운이 된다. 불안정 대기층의 두께가 수 km에 달할 경우 웅대적운은 꼭대기가 평평한 모루 모양인 적란운으로까지 발달한다.

그림 5.15에서 멀리 보이는 뇌우의 꼭대기가 평평한 모루 모양임을 유의하라. 이런 모양이 되는 것은 구름이 안정된 성층권에 도달해 상승공기가 그 속으로 깊이 뚫고 들어갈 수 없기 때문이다. 따라서 구름의 상층부는 이 높이(약 10,000 m)에서 부는 강한 바람으로 인해 수평으로 확산되는 것이다.

여기서 대기의 안정도가 대부분의 경우, 오전보다 오후에 바람이 더 많이 불게 하는 역할을 한다는 것을 주목하면 재미있을 것이다. 이 문제는 포커스 5.1에서 좀 더 자세히 다루고 있다.

그림 5.15 ● 대평원 상공의 조건부 불안정 대기에서 적운이 뇌우로 발달하는 모습. 꼭대기가 모루 형태를 한 멀리 보이는 적란운은 안정 대기층에 도달했다.

FOCUS ON A SPECIAL TOPIC 5.1

대기의 안정도와 바람 부는 오후–모자를 눌러 써라

날씨가 맑거나 구름이 약간 끼어 있는 더운 날 오후에 하루 중 가장 강한 바람이 분다는 사실을 잘 알고 있을 것이다. 이렇게 오후에 강한 바람이 부는 이유는 지표의 가열, 대류 및 대기의 안정 등 몇 가지 요인이 복합적으로 작용하기 때문이다.

이른 아침에 대기가 대체로 안정해 상하 운동을 저지한다는 사실을 우리는 알고 있다. 예를 들면, 그림 1a에서 설명한 대로 이른 아침 공기의 흐름을 관찰해 보라. 지표 가까이에는 약한 바람이 존재하며 상공에는 상대적으로 더 강한 바람이 부는 사실을 주목하라. 대기가 안정되어 있으므로, 지표의 공기와 상공의 공기 사이에 연직혼합은 일어나지 않는다.

하루가 시작되어 시간이 경과함에 따라 태양은 점점 떠오르고 지표는 가열되며 상대적으로 온도가 높은 공기는 더욱 불안정해진다. 뜨거운 지표상에서 공기는, 느리게 이동하는 공기를 운반하는 열기포의 형태로 상승하기 시작한다(그림 1b 참조). 지표 상공 일정 고도에서, 상승하는 공기는 빠르게 이동하는 상공의 공기와 연결된다. 공기가 대류 순환의 일환으로 침강하기 시작할 경우, 상대적으로 더 강한 상공의 바람을 일부 끌어당긴다. 이처럼 하강하는 공기는 지표에 도달하면 순간적으로 강한 돌풍을 일으킨다. 더욱이 이와 같은 공기의 순환은 지표의 평균 풍속을 증가시킨다. 이러한 유형의 공기 순환은 대기가 가장 불안정한 맑은 날 오후에 가장 크기 때문에, 가장 강한 돌풍은 오후에 발생하기 쉬운 것이다. 대기가 안정한 밤중에는 지표와 상공의 공기 간의 순환이 최소화되고 지표의 바람은 잦아들기 쉽다.

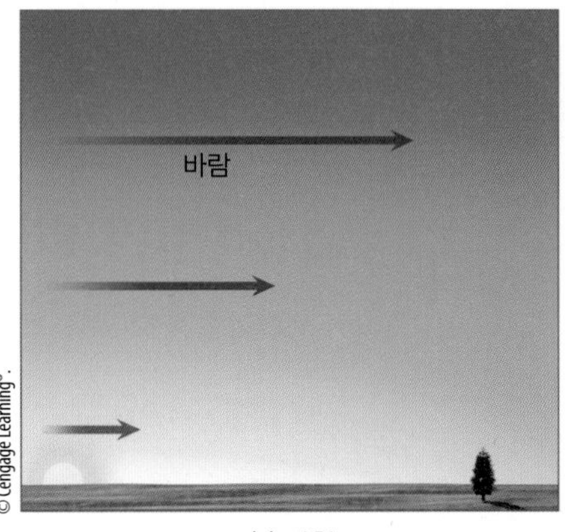

(a) 아침

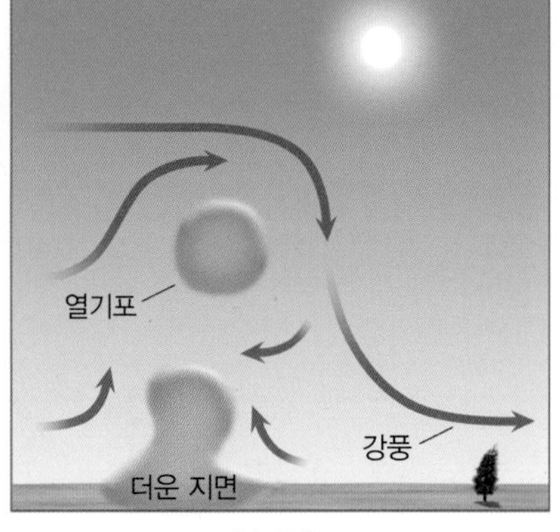

(b) 오후

그림 1 ● (a) 이른 아침에는 지표의 바람과 상공의 바람 사이에 순환이 일어나지 않는다. (b) 대기가 가장 불안정한 오후에는 상승하는 열기포 형태의 대류가 지표의 공기를 상공의 공기와 연결시켜, 상공으로부터 강한 바람이 지표에 도달해 강한 지상 돌풍이 일어난다.

지형과 구름 수평으로 이동하는 공기는 산과 같은 거대한 장애물을 뚫고 갈 수는 없으므로 장애물을 넘어서 가야 한다. 이런 지형적 장벽 앞에서는 대기의 강제 상승이 불가피하다. 이를 **지형치올림**(orographic uplift)이라고 한다. 시에라 네바다나 로키 같은 긴 산맥에 접근할 때 거대한 공기덩이들이 상승하는 일이 종종 있다. 이러한 상승은 냉각을 동반하며 충분한 습기가 있으면 구름이 형성된다. 이와 같이 형성된 구름을 **지형운**이라 한다.

그림 5.16에 지형치올림과 지형운 발달 과정이 나타나 있다. 공기가 산 위로 올라온 후에는 풍하측 지표공기가 풍상측 지표공기보다 상당히 따뜻하다. 그 이유는 풍상측의 응결 과정 중 잠열이 현열로 전환되기 때문이다. 실제로 산꼭대기의 상승공기는 응결이 일어나지 않았을 경우에 비해 상당히 따뜻하다.

그림 5.16에서 풍하측 공기의 이슬점 온도는 그 공기가 산을 넘기 전보다 낮아졌음에 유의하라. 이슬점 온도가 낮아져 보다 건조해진 풍하측 공기는 풍상측에서 수증기가 응결해 액체 구름방울 및 강수로 남아 있기 때문에 나타나는 것이다. 강수량이 현저하게 적고 공기는 건조한 풍하측 지역을 **비 그늘**(rain shadow)이라고 한다.

그림 5.16에서 다음 두 가지 기억해 두어야 하는 주요 개념을 파악할 수 있다.

1. 산 위에서 하강하는 공기는 압축 가열 작용으로 온도

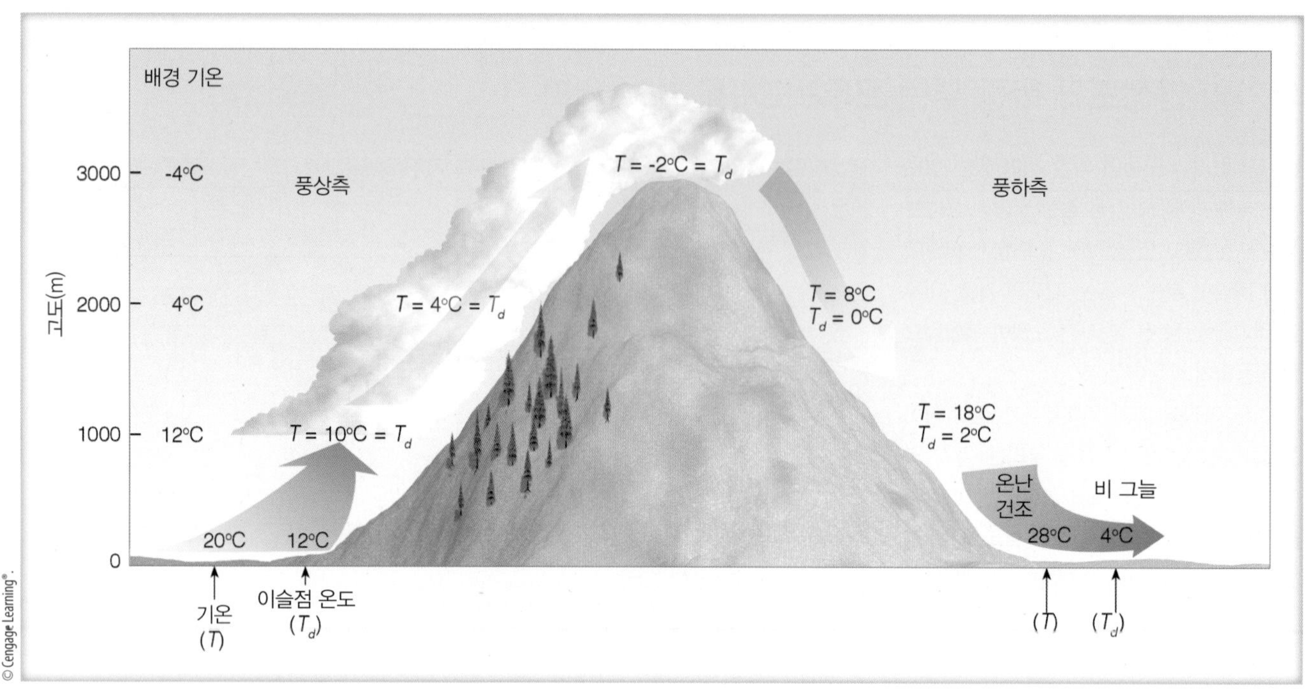

그림 5.16 ● 지형치올림, 구름의 발달 그리고 비 그늘의 형성.

가 높아지며 지표에 도달하면 같은 고도의 풍상측 공기보다 훨씬 더 더워질 수 있다.

2. 산에서 풍하측의 공기는 보통 풍상측의 공기보다 상대적으로 더 건조하다(이슬점이 더 낮다). 풍하측의 더 낮은 이슬점과 더 높은 기온은, 보다 더 낮은 상대습도와 더 많은 증발로 비 그늘 사막을 형성한다.

산의 풍상측에서 구름을 더 많이 볼 수는 있으나 특정한 대기조건하에서는 풍하측에서도 구름이 형성될 수 있다. 예를 들어, 산을 넘는 안정한 공기는 종종 풍하측에 수백 km에 걸쳐 일련의 파동을 일으키며 이동한다. 이러한 파동은 흔히 거대한 둥근 돌을 지나 하류 강물에 생기는 파도와 비슷하다. 4장에서 언급한 바와 같이 파상구름은 흔히 렌즈 모양을 하고 있어 **렌즈구름**이라 한다.

그림 5.17는 렌즈구름의 형성 과정을 보여주고 있다. 습윤공기가 풍상측에서 상승할 때 냉각과 응결을 거쳐 구름이 형성된다. 풍하측에서는 공기가 하강하면서 더워져 구름이 증발한다. 지상에서 보면, 구름은 공기가 그 속으로 치달을 때 움직이지 않는 것처럼 보인다. 구름을 형성하는 대기층 사이의 공기가 너무 건조해서 구름을 만들지 못할 때 렌즈구름들이 위쪽으로 차례차례 형성되어 때로는 성층권까지 뻗어 나가며 마치 일단의 우주선을 방불케 하는 것이다. 산맥 위에 형성된 렌즈구름을 산악파 구름이라고 한다(그림 5.18 참조).

그림 5.17에서 산악파 구름 밑에 커다란 맴돌이가 형성되고 있음을 알 수 있다. 맴돌이의 상승쪽 공기는 **두루**

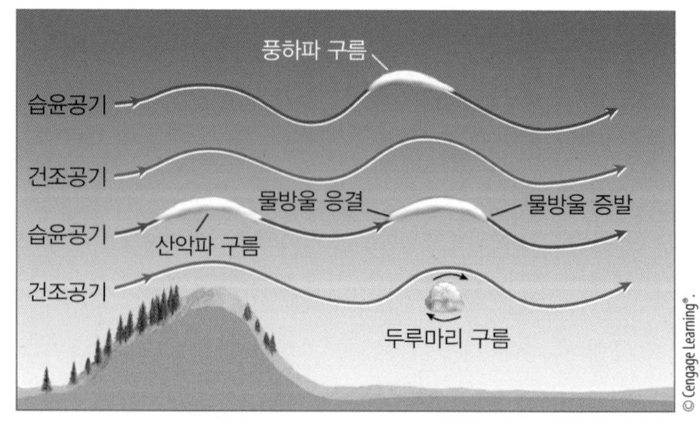

그림 5.17 ● 산 정상에 형성되는 렌즈 모양의 구름은 산악파 구름이라 하며 풍하측에서 발생하는 구름은 풍하파 구름이라고 한다. 산악파의 능 아래에는 소용돌이치는 두루마리 구름이 발생할 수 있다.

© Momatiuk-Eastcott/Corbis

그림 5.18 ● 아르헨티나 로스글라시아레스 국립공원에서 촬영된 렌즈구름. 렌즈구름은 보통 산악지역 상공이나 풍하측에 발달한다. 기류가 렌즈구름을 관통해 지나가기 때문에 한자리에 오래 머무르는 경향이 있다.

마리 구름을 형성할 수 있을 정도까지 냉각된다. 두루마리 구름 속 공기는 요란이 심하기 때문에 인근을 비행하는 항공기에 위험요소가 된다. 강한 하강기류가 있는 산의 풍하측 부근도 비행조건은 위험하다.

대기의 안정도와 구름의 형성을 살펴보았으니 이제는 작은 구름 입자들이 비와 눈으로 바뀌는 과정을 알아볼 차례이다. 강수를 유발하는 과정을 살펴보자.

강수 과정

잘 아는 바와 같이 날씨가 흐렸다고 해서 반드시 비나 눈이 오는 것은 아니다. 실제로 구름낀 날이 며칠간 지속되어도 비는 안 올 수도 있다. 예를 들어, 캘리포니아 주 유레카의 8월 낮시간은 50% 이상 흐려 있다. 그러나 8월 평균 강수량은 2.5 mm 밖에 안 된다. 그렇다면 구름방울(혹은 수적)이 얼마나 굵어져야 비가 될 수 있는가? 왜 어떤 구름에서는 비가 내리고 어떤 구름에서는 비가 오지 않을까?

그림 5.19에서 보면, 보통 구름방울은 매우 작아 평균 직경이 0.02 mm 밖에 안 된다. 또 보통 구름방울의 직경은 보통 빗방울의 1/1,000밖에 안 된다. 구름방울은 너무 작아 좀처럼 비가 되어 떨어지지 않는다. 이 작은 방울들에 약간의 상승기류만 작용해도 이들은 공중에 떠 있을 수 있으며, 간혹 떨어지는 방울이 있다 해도 구름 밑 건조한 대기층에서 증발해 버린다.

4장에서 설명한 바와 같이 응결은 응결핵이라고 불리는 작은 입자들에서 시작된다. 응결로 말미암은 구름방울

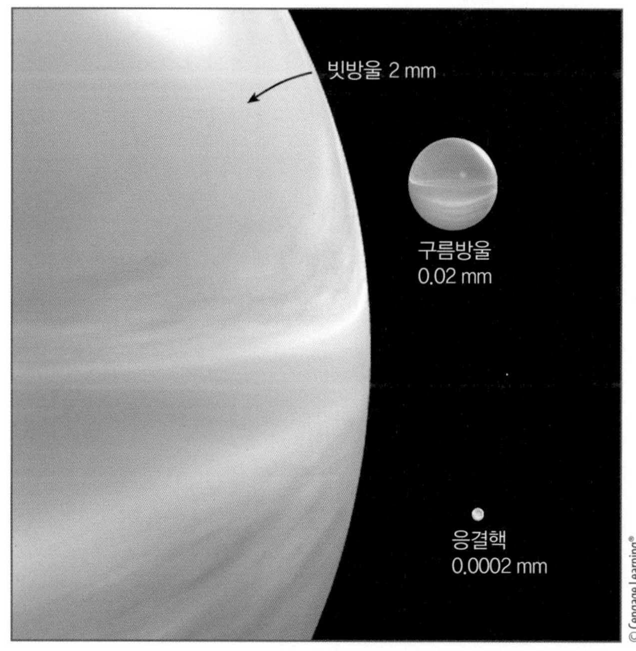

© Cengage Learning®.

그림 5.19 ● 빗방울, 구름방울, 응결핵의 크기 비교.

의 성장은 속도가 느려서 이상적인 조건이 구비된다 해도 빗방울이 되려면 수일이 걸린다. 스스로 응결해서 비를 만들어 내기까지는 너무 오래 걸린다는 이야기다. 그러나 구름이 발달해 1시간도 채 못 되어 비를 만들어 내기 시작하는 현상이 관측되고 있다. 그렇다면 구름방울이 굵어지고 무거워져 강수를 일으키는 다른 과정이 분명히 있을 것이다.

비가 어떻게 해서 오는지 그 복잡한 과정은 아직 완전히 규명되지는 않았지만 두 가지 중요한 과정만은 확실하다: (1) 충돌-병합 과정, (2) 빙정 과정(Bergeron 과정).

충돌과 병합 과정 구름 꼭대기의 온도가 −15°C보다 높은 비교적 온난한 구름에서는 구름방울 간의 **충돌-병합 과정**(collision-coalescence process)이 강수를 일으키는 데 중요한 역할을 한다. 빗방울을 형성하기에 충분한 수많은 충돌을 일으키기 위해서는 일부 구름방울들이 다른 것보다 크기가 더 커야 한다. 상대적으로 큰 방울들은 소금 입자 같은 커다란 응결핵 위에 형성되거나 방울들의 임의 충돌을 통해 형성될 수 있다. 최근의 연구에 의하면 구름과 보다 건조한 주위 공기 간에 난류 혼합이 일어날 때 보다 큰 구름방울이 형성된다.

구름방울이 떨어질 때 공기는 이를 방해하려 한다. 이때 공기의 저항력은 구름방울의 크기와 하강 속도에 좌우된다. 속도가 빠를수록 초당 구름방울에 부딪히는 공기 분자수는 더 많아진다. 구름방울의 하강 속도는 공기저항이 중력과 같아질 때까지 빨라진다. 그런 다음 구름방울은 계속 떨어지며 일정한 속도를 유지하는데, 이것을 종단 속도라 한다. 상대적으로 큰 구름방울은 작은 구름방울보다 더 빠른 속도로 낙하한다.

결국, 큰 구름방울들은 낙하하는 과정에서 상대적으로 작은 구름방울들을 추월하기도 하고 이들과 충돌하기도 한다. 이와 같이 충돌을 통해 구름방울들이 합쳐지는 것을 **병합**(coalescence)이라고 한다. 구름의 내부에는 상승기류와 하강기류가 동시에 존재할 수 있다. 만약 상승기류가 강하다면, 다양한 크기의 구름방울들은 위로 밀어 올려질 것이다. 작은 구름방울들은 큰 구름방울에 비해 더 빨리 밀어 올려지게 되므로, 그들의 경로에 있는 큰 구름방울과 충돌하면서 병합이 일어날 수 있다. 실험실 연구 결과 충돌이 항상 병합을 일으키지는 않는다는 사실이 밝혀졌다. 실제로 구름방울들은 그들을 결합하고 있는 힘(표면 장력)이 크므로 다른 작은 구름방울 충돌 시 병합이 일어나지 않고 오히려 분열이 일어나기도 한다(그림 5.20 참조). 그러나 충돌하는 방울들이 서로 반대되는 전하를 띨 때는 병합효과가 커지는 것처럼 보인다.

충돌 과정을 통해 구름방울이 성장하는 데 영향을 주는 중요한 요인은 구름방울이 구름 속에서 보내는 시간의 길이다. 상승기류는 떨어지는 구름방울의 속도를 늦추기 때문에 강한 상승기류를 동반한 두꺼운 구름은 구름방울들의 구름 속 지체시간과 그 크기를 최대한으로 보장한다.

온난 적운이 하늘 높이 발달하는 열대지방에서는 강한 대류성 상승기류에 의해 온난운이 자주 발생한다. 그림 5.21에서 구름방울이 강한 상승기류에 붙잡혔다고 가정

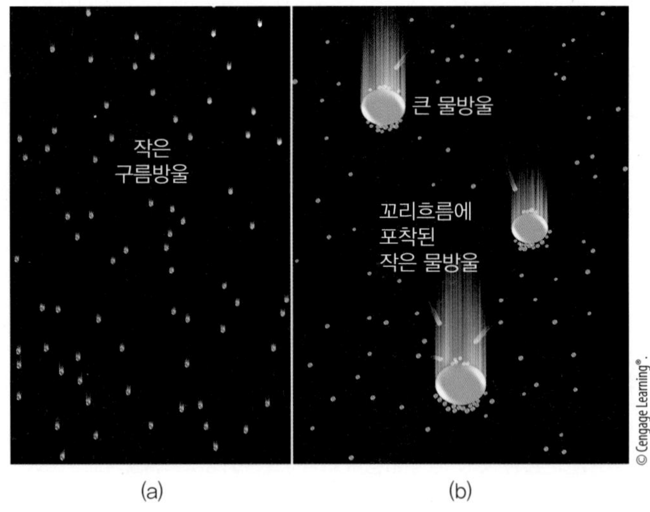

그림 5.20 ● 충돌과 병합. (a) 균일한 크기의 작은 구름방울로 구성된 온난운에서 작은 구름방울들이 동일 속도로 천천히 낙하를 할 때는 충돌이 별로 일어나지 않는다. 충돌한 구름방울들은 각각의 작은 구름방울들을 붙잡고 있는 강한 표면 장력으로 인하여 병합이 일어나지 않는다. (b) 크기가 다른 물방울로 구성된 구름 내에서는 큰 물방울이 작은 물방울보다 빠른 속도로 낙하한다. 일부 작은 물방울들은 스쳐 지나가지만 일부는 큰 물방울의 전면에서 수집이 일어나며, 나머지는 큰 물방울의 후면에서 병합이 일어난다.

해 보자. 이 구름방울은 상승하는 길목에서 작은 구름방울들과 충돌하고 그것들을 끌어당겨 직경 약 1 mm 정도의 물방울로 증대된다. 이때 구름 속 상승기류는 단지 물방울에 미치는 중력을 상쇄할 정도의 힘을 발휘한다. 이렇게 되면 물방울은 크기가 좀 더 자랄 때까지 공중에 떠 있게 된다. 일단 물방울의 속도가 구름 속 상승기류의 속도보다 더 커지면, 물방울은 서서히 낙하하기 시작한다. 이 물방울이 떨어지면 그 주변에 있던 작은 구름방울들은 기류에 휩쓸려 버린다. 비교적 큰 구름방울들은 낙하하는 물방울에 붙잡히며, 결과적으로 이 물방울은 더 커진다. 이 물방울은 구름 밑까지 내려올 때쯤이면 직경 5 mm 이상의 굵은 빗방울이 된다. 이 정도 크기의 빗방울은 속도가 점점 빨라져 땅 위에 떨어진다. 온난대류성 적운에서 비롯되는 소나기는 이렇게 시작되는 것이다.

지금까지 온난운에서 구름방울이 충돌과 병합 과정을 통해 커져 빗방울로 떨어지는 과정을 검토해 보았다. 빗방울을 만들어 내는 가장 중요한 요인은 구름에 함유된 액체수 함량이다. 구름에 충분한 물이 포함되어 있을 때 다른 주요 요인은 다음과 같다.

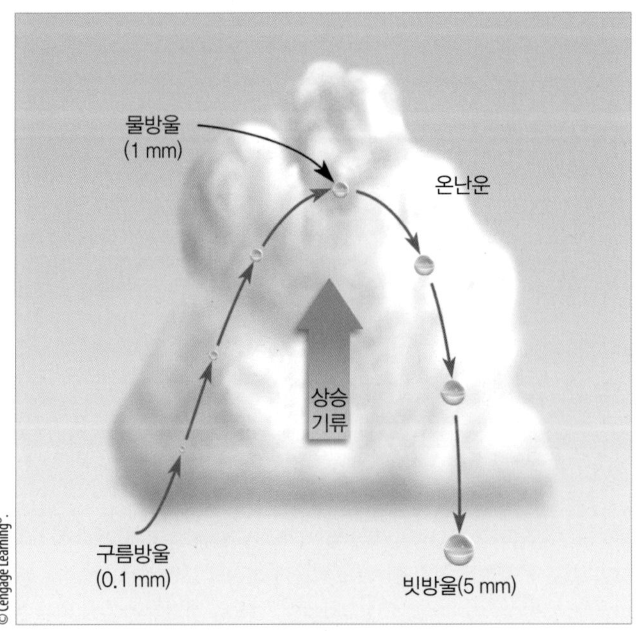

그림 5.21 ● 온난적운 속에서 상승했다가 낙하하는 구름방울은 충돌과 병합을 통해 크기가 커져 굵은 빗방울로 된다.

1. 구름방울의 크기
2. 구름의 두께
3. 구름 속의 상승기류
4. 구름방울의 전하와 구름 속 전기장

느리게 움직이는 상승기류를 동반한 비교적 얇은 층운에서는 고작해야 이슬비 정도가 내릴 수 있음에 비해, 빠른 속도의 상승기류를 동반한 두꺼운 적운에서는 폭우가 내릴 수 있다. 이번에는 빙정 과정을 살펴보자.

빙정 과정 **빙정 과정**(또는 Bergeron 과정)의 이해는 영하의 구름에 빙정과 액체 구름방울이 공존한다는 전제에서 시작한다. 비를 형성하는 데 있어 이 과정은 특히 구름의 온도가 영하로 내려가는 높이까지 구름이 뻗어 올라갈 수 있는 중위도 및 고위도 지방에서 매우 중요하다. 이러한 구름을 **한랭운**이라 한다. 그림 5.22은 전형적인 적란운의 연직 구조를 보여 준다.

영하의 구름에서 유일하게 물방울이 존재하는 온난역에서는 구름방울들이 충돌과 병합을 통해 커지는 것을 관측할 수도 있다. 놀랍게도 어는 고도 바로 위의 찬 공기 속에서도 구름방울은 거의 모두 액체로 구성되어 있다. 영하에서 존재하는 물방울을 **과냉각 물방울**(supercooled droplets)이라 한다. 고도가 높아질수록 빙정이 많아지지만 그래도 물방울보다는 적다. 빙정은 구름 상층부에 압도적으로 많이 존재한다. 구름 상층부 온도는 영하인 경우가 많다. 온도가 영하인 구름 중간층에 빙정이 적은 이유는 무엇일까? 실험실 연구 결과 순수한 물의 양이 적을수록 물이 어는 온도는 더 낮다는 사실이 밝혀졌다. 구름방울은 매우 작기 때문에 이들이 결빙하려면 매우 낮은 온도가 필요하다.

액체 구름방울이 응결핵 위에 형성되듯이 영하의 기온에서 빙정이 형성되려면 **빙정핵**(ice nuclei)이 존재해야 한다. 대기 중에는 빙정핵이 적으며, 특히 온도가 −10℃ 이상인 경우는 더욱 적다. 무엇이 빙정핵이 되는지에 대해서는 불확실한 점이 있으나 특정한 점토광물, 썩어가는

그림 5.22 ● 적란운 속의 빙정과 물방울의 분포.

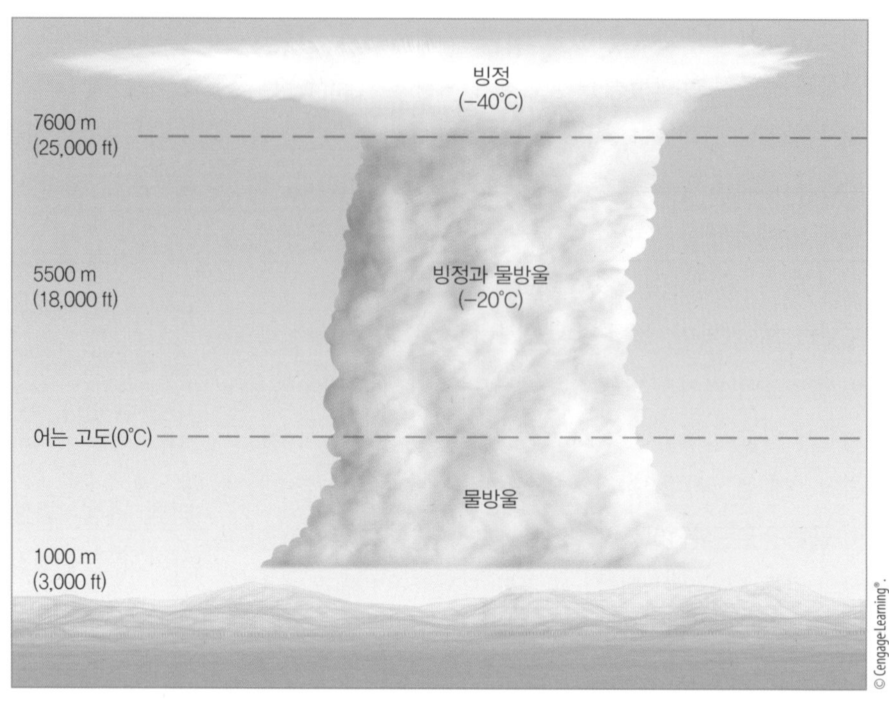

나뭇잎의 박테리아, 그리고 빙정 그 자체가 빙정핵이 되는 것으로 알려져 있다.

영하의 구름층에 빙정의 수가 매우 적은 이유는 액체 구름방울들이 매우 낮은 온도를 만나야 결빙하기 때문이다. 빙정핵은 빙정이 커지도록 촉진할 수는 있지만 자연 상태에서는 그 수가 많지 않다. 그러므로 낮은 온도에서도 구름에는 빙정보다는 물방울이 더 많다. 작은 물방울이든 고체 입자이든 간에 강수를 이룰 만큼 크지 않다. 그렇다면 빙정 과정이 어떻게 비나 눈을 만들어 내는가?

구름의 영하의 공기에서는 수많은 과냉각 물방울들이 빙정을 둘러싸고 있을 것이다. 그림 5.23에서 빙정과 물방울이 과냉각(−15°C) 포화구름의 일부라고 가정해 보자. 공기가 포화되어 있으므로 물방울과 빙정은 평형상태에 있다. 다시 말해 물방울과 빙정 표면에서 이탈하는 분자의 수는 돌아오는 분자의 수와 같다는 것이다. 그러나 물방울 위에 더 많은 수증기 분자가 있는 이유는 얼음 표면에서보다는 물 표면에서 분자들이 훨씬 쉽게 이탈할 수 있기 때문이다. 따라서 주어진 온도에서는 물 표면에서 더 많은 분자가 떨어져 나가며 포화를 유지하기 위해서는 수증기가 더 많이 요구된다. 그러므로 물방울 바로 위에서는 빙정 바로 위에서보다 공기를 포화시키는 데 더 많은 수증기 분자가 필요하다. 다시 말해 **똑같은 영하 온도에서도 물 표면의 포화 수증기압은 얼음 표면의 포화 수증기압보다 더 크다.**

이와 같은 수증기압의 차로 인해 수증기 분자는 물방울에서 빙정 쪽으로 이동한다. 수증기 분자의 이동은 물방울 위의 수증기압을 감소시킨다. 주변과의 포화 상태를

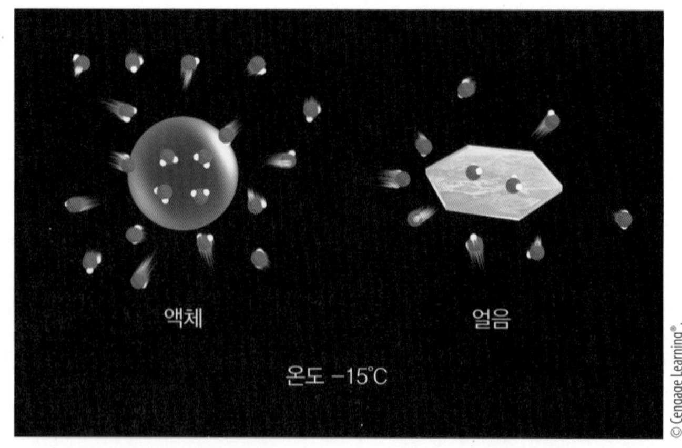

그림 5.23 ● 포화된 환경에서는 물방울과 빙정의 표면에서 이탈하는 분자수가 표면으로 돌아오는 분자수와 같기 때문에 물방울과 빙정이 평형을 이룬다. 그러나 물방울 위의 수증기 분자수가 빙정에 비해 더 많은 것은 물 위의 포화 수증기압이 얼음 위의 포화 수증기압보다 더 크다는 것을 의미한다.

벗어나게 된 물방울은 증발하여 줄어든 수증기 공급을 보충하게 된다. 이러한 과정은 빙정에 계속해서 습기를 공급하며 빙정은 이 수증기를 흡수하여 급속도로 성장한다(그림 5.24 참조). 요컨대 **빙정 과정에서 빙정들은 주변의 물방울들을 흡수함으로써 크기가 커진다.**

빙정은 계속해서 더 크게 자랄 수도 있다. 예를 들어, 어떤 구름에서는 빙정들이 과냉각 물방울들과 충돌할 수도 있다. 일단 빙정과 접촉하는 물방울은 얼어붙어 버리는데, 이것을 **결착**(accretion) 또는 **상고대화**라고 한다. 이렇게 형성된 얼음덩이가 **싸락눈**이다. 싸락눈은 내려오면서 구름방울들과 충돌해 작은 입자들로 부서지기도 한다. 파쇄 과정은 자체적으로도 계속되어 새로운 싸락눈을 만들고 다시 파쇄가 이어진다. 한랭운에서는 빙정들이 다른 빙정들과 충돌하여 보다 작은 얼음 입자 또는 얼음씨로 부서지고 이들은 무수히 많은 과냉각 액체방울들을 결빙시키는 일을 한다. 두 경우 모두 연쇄반응을 일으켜 보다

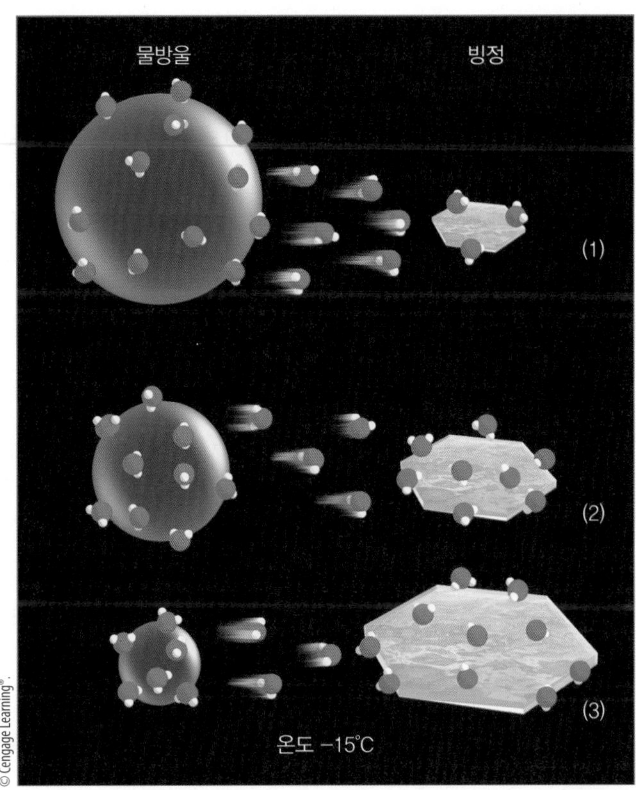

그림 5.24 ● 빙정 과정. (1) 물방울 주변의 더 많은 수증기 분자수는 물 분자들로 하여금 물방울에서 빙정 쪽으로 확산되도록 한다. (2) 빙정은 수증기를 흡수하여 크기가 커지지만, (3) 물방울은 크기가 줄어든다.

많은 빙정이 형성된다(그림 5.25 참조). 이들은 떨어지면서 서로 충돌하거나 결착하기도 하며 **눈송이**를 형성한다. 만약 눈송이가 지상에 도달하기 전에 녹아내리면, 빗방울이 된다. 그러므로 북반구의 중위도 및 고위도 지방에 내리는 비는 대부분 눈으로 시작된다.

구름씨 뿌리기와 강수 **구름씨 뿌리기**(cloud seeding) 실험의 주목적은 구름에 작은 입자들을 주입해 이것들을 핵으로 하여 구름 입자들이 커져서 강수 형태로 지상에 떨어지도록 하는 데 있다. 물론 구름씨 뿌리기 자체가 구름을 만들어 내는 것은 아니므로, 구름씨 뿌리기 계획을 실천에 옮기는 데 첫 번째 요소가 되는 것은 구름의 존재이다. 최소한 구름의 일부(상층부라면 더욱 좋음)는 기온이 어는점 이하인 과냉각 상태에 있어야 한다. 구름씨 뿌리기는 우선 빙정과 물방울 간 비율이 너무 낮은 구름을 찾아내어 여기에 인공 얼음핵을 충분히 주입, 그 비율을 강수를 일으키는 데 최적인 수준(1 : 100,000)으로 만드는 데 주안점을 두고 있다.

구름씨 뿌리기는 1940년대 말 Vincent Schaefer와 Irving Langmuir에 의해 처음으로 시행되었다. 두 사람은 항공기에서 분쇄된 **드라이아이스** 입자들(고체 이산화탄소)을 구름에 투하했다. 드라이아이스의 온도는 −78℃이므로 냉매 역할을 한다. 구름 속에 투입된 입자들은 물방울이 일순간 얼음으로 변할 수 있는 수준까지 공기를 냉각시킨다. 새롭게 형성된 빙정들은 주변의 물방울들을 흡수해 확대되며 충분한 크기가 되면 강수로 떨어지는 것이다.

1947년 Bernard Vonnegut는 옥화은(AgI)을 구름씨 뿌리기의 촉매로 사용할 수 있음을 시범하였다. 옥화은은 빙정과 비슷한 결정체 구조를 갖고 있으므로 어느점 이하 온도에서 효과적인 빙정핵 구실을 할 수 있다. 옥화은은 다음 두 가지 과정으로 빙정의 형성을 일으킨다.

1. 빙정은 옥화은 결정체가 과냉각 물방울들과 접촉할 때 형성된다.

(a) 빙정은 떨어지면서 접촉하는 과냉각 물방울을 결착시켜 더 큰 얼음 입자를 만들어낸다.

(b) 얼음 입자들은 내려오면서 서로 충돌하여 아주 작은 (2차) 얼음 입자로 부서진다.

(c) 낙하하는 빙정은 다른 빙정과 충돌, 부착하여 눈송이를 만들어낸다.

그림 5.25 ● 구름 속의 얼음 입자들.

2. 빙정은 수증기가 옥화은 결정체에 결착함으로써 성장한다.

옥화은은 지상 또는 소형항공기 날개에 설치된 버너로부터 구름으로 공급될 수 있기 때문에 드라이아이스보다 훨씬 다루기 쉽다. 이 밖에 옥화연, 황화구리 같은 물질도 빙정핵 역할을 할 수 있으나 구름씨 뿌리기 사업에서 가장 보편적으로 사용되는 것은 역시 옥화은이다. 구름씨 뿌리기의 효과성에 관한 추가 정보는 포커스 5.2를 참조하라.

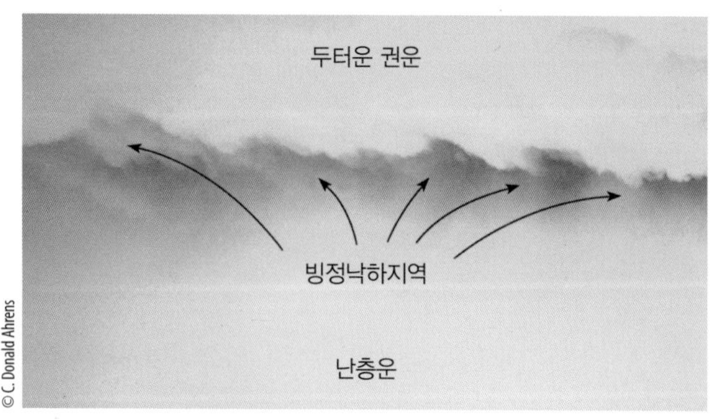

그림 5.26 ● 짙은 권운형 구름에서 아래의 난층운으로 떨어지는 빙정의 모습. 이 사진은 6 km 상공에서 찍은 것으로, 이때 지상에는 보통 강도의 비가 내렸다.

특정 조건하에서 구름의 씨는 자연적으로 뿌려질 수도 있다. 예를 들어, 권운이 상대적으로 낮은 구름층 바로 위에 자리 잡고 있을 때 빙정이 상대적으로 높은 구름으로부터 내려와 그 아래에 구름씨를 뿌릴 수 있다(그림 5.26 참조). 빙정들이 상대적으로 낮은 구름으로 혼합되어 들어감에 따라 과냉각 상태의 작은 물방울들은 빙정으로 전환되며 강수 과정이 강화된다. 때로는 상대적으로 낮은 구름의 빙정들이 내려앉으면서 구름에 투명한 부분 혹은 '구멍'을 조성하기도 한다(포커스 5.2의 그림 2 참조). 권운이 산맥으로부터 바람이 불어가는 쪽으로 파를 형성할 때는 강수대가 자주 형성된다(그림 5.27 참조).

구름 속에서의 강수 차고 강한 대류성 구름 속에서는 구름의 형성 직후 수분 내에 강수가 시작될 수 있으며 충돌–병합 또는 빙정 과정을 통해 촉발될 수 있다. 충돌–병합이나 빙정 둘 중 어느 한 과정이 시작되면 대부분 결

구름씨 뿌리기는 강수를 촉진하는가?

옥화은으로 인공 구름씨를 뿌리는 것은 강수 증가에 얼마나 효과적일까? 이는 기상학자들 사이에서 많은 논쟁을 일으키는 문제이다. 우선 구름씨 뿌리기 실험의 결과를 평가하기가 어렵다. 인공 구름이 강수를 일으킬 때 만약 구름씨를 뿌리지 않았더라면 강수량이 어느 정도였을까는 항상 의문으로 남는다. 구름씨 뿌리기 실험을 평가할 때 고려해야 할 다른 요인들도 있다: 구름의 유형, 구름의 온도, 습도, 작은 물방울 크기 분포 및 구름 속 상승기류의 속도.

구름씨 뿌리기가 강수를 증가시키지 않을 것이라고 시사하는 일부 실험들이 있음에도 불구하고, 다른 실험들은 적절한 조건하의 구름씨 뿌리기는 강수를 5~20% 증가시킬 수 있음을 시사하고 있다. 그래서 논란은 계속되고 있다.

구름씨를 뿌린 후 일부 적운은 '폭발적' 증가를 보인다. 작은 물방울들이 동결하면서 방출한 잠열은 구름을 따뜻하게 하는 기능을 통해 구름의 부력을 높인다. 구름은 빠르게 불어나 오래 지속되면서 강수량을 증가시킬 수 있다.

구름씨 뿌리기는 지나치면 빙정들을 너무 많이 형성하기 때문에 다소 까다로운 일일 수 있다. 이런 현상이 발생할 때 구름은 결빙(작은 물방울들은 모두 얼음으로 변함)되고 매우 작은 얼음 입자들은 강수를 이루어 떨어지지 않는다. 물방울들이 거의 없기 때문에 빙정들은 Bergeron 방식의 빙정 과정에 의한 성장을 할 수 없다. 그들은 오히려 증발하면서 얇은 층운에 투명한 부분을 남긴다(그림 2). 드라이아이스는 과냉각 구름 속에서 가장 많은 빙정을 만들어 낼 수 있기 때문에 이것은 계획적인 구름씨 뿌리기에 가장 적합한 물질이다. 따라서 이것은 공항에서 냉각안개를 소산시키는 데 가장 일반적으로 사용되는 물질이기도 하다(4장, p108).

© Alan Sealls/Weatherthings

그림 2 ● 항공기가 과냉각 물방울로 이루어진 고적운 층을 통과하면 구름에 구멍이 생기는 경우가 있다. 가운데의 권운형 구름은 항공기 배기가스에 의해 우연히 구름씨 뿌리기가 이루어진 것으로 생각된다.

비를 만들기 위한 시도로서 구름씨 뿌리기를 통해 결빙온도 이상의 온도를 지닌 따뜻한 구름을 조성하기도 한다. 작은 물방울들과 흡습성 소금 입자들을 구름 밑바닥이나 꼭대기에 주입한다. 구름씨 방울로 불리는 이들 입자는 상승기류를 타고 구름으로 이동할 때 커다란 구름방울을 만들어 내며 그것들은 충돌-병합 과정에 따라 더욱 커진다. 구름씨 방울의 크기는 흡습성 입자를 이용한 구름씨 뿌리기의 효과를 결정짓는 주요 역할을 하는 것 같다. 그러나 지금까지 이런 방법을 사용해 얻은 결과는 확정적이지 않다.

요약하면, 특정 경우의 구름씨 뿌리기는 강수를 증가시킬 수 있으나 다른 경우에는 강수를 덜 내리게 하거나 강수량에 변화를 가져오지 않을 수도 있다. 구름씨 뿌리기에 관한 많은 문제들이 아직까지는 해결되지 않고 있다.

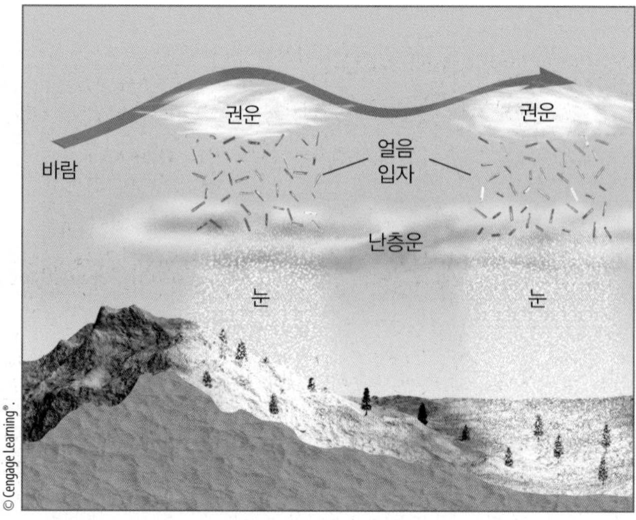

그림 5.27 ● 권운에 의한 자연적인 구름씨 뿌리기로 산맥의 풍하측에 강수대가 형성될 수 있다.

착으로 강수가 증진된다. 층운과 같은 온난층을 이룬 구름에서는 강수가 형성되지 않는 것이 보통이나 난층운과 고층운 같은 한랭층이 있는 구름에서는 강수가 발생될 수 있다. 이러한 구름의 액체수함량은 대체로 대류성 구름의 그것보다 낮아 충돌–병합 과정이 훨씬 비효과적이므로, 이 경우 강수는 주로 빙정 과정에 의해 형성된다.

요점 복습

지금까지 다룬 주요 개념 및 사실을 정리해 보자.

- 구름방울은 매우 작아 비의 형태로 떨어지기 어렵다.
- 구름방울은 구름 응결핵 위에 형성된다. 소금 같은 흡습성 핵은 상대습도가 100% 이하일 때 응결이 시작되게 한다.
- 영상의 대기 중에서 구름방울은 보다 크고 빠른 속도로 하강하는 방울들이 주변의 보다 작은 방울들과 충돌하고 병합함으로써 확대될 수 있다.
- 강우를 형성하는 빙정(Bergeron) 과정에서 빙정과 액체 구름방울은 영하의 온도에서 공존해야 한다. 빙정과 과냉각 구름방울 사이의 포화 수증기압 차이로 수증기가 물방울에서 증발하여 빙정쪽으로 이동할 수 있다. 그 결과 물방울은 축소되고 빙정은 확대된다.
- 중위도 지역에 내리는 비는 대부분 빙정(Bergeron) 과정으로 형성된 눈이 녹아서 내리는 것이다.
- 옥화은을 이용한 구름씨 뿌리기는 구름의 과냉각 물방울과 빙정 간의 적정 비율이 존재할 경우에만 강수를 가능하게 할 수 있다.

강수의 유형

지금까지는 구름방울이 비나 눈의 형태로 지상에 떨어질 수 있을 정도로 성장하는 과정을 살펴보았다. 빗방울이나 눈송이는 낙하하는 동안 구름 밑의 대기조건에 따라 다른 강수 형태로 바뀌어 지구 환경에 심각한 영향을 줄 수도 있다.

비 대부분의 사람들은 액체 형태의 물이 방울져 떨어지는 것을 모두 **비**(rain)로 알고 있다. 그러나 기상학자들의 기준으로는 떨어지는 방울의 직경이 0.5 mm 이상 되어야만 비로 간주된다. 직경 0.5 mm 미만의 낙하 방울은 **이슬비**(drizzle)라 한다. 이슬비는 대부분 층운에서 내린다. 그러나 불포화 대기를 통해 작은 빗방울이 떨어지면서 일부는 증발하고 일부는 이슬비로 지상에 도달하는 수도 있다. 안개나 박무를 이루는 물방울들은 강수가 되어 지면으로 낙하하기에는 너무 작음에도 불구하고, 바람이 많이 부는 환경에서는 지면을 촉촉하게 만들 수 있다.

때에 따라서는 구름에서 떨어지는 비가 낮은 습도로 말미암아 급속히 증발하기 때문에 지면에 도달하지 못하기도 한다. 방울이 점점 작아져 낙하 속도가 줄어들게 되면 비 스트리머처럼 공중에 걸려 있는 것 같이 보이는데, 이 같이 땅에 도달하기 전에 공중에서 증발하는 강수층을 **꼬리구름**(virga)이라 한다(그림 5.28 참조).

구름에서 빗방울이 떨어지다가도 빠른 속도로 올라가는 상승기류를 만나면 지상에 도달할 기회를 상실할 수도 있다. 그러나 상승기류가 약화되어 방향을 바꿔 하강기류가 되면 떨어지다가 중단되었던 방울들이 급작스런 **소나기**(rainshower)가 되어 지표면에 내리게 된다. 적운에서 내리는 소나기는 대개 짧고 산발적이다. 소나기가 매우 심하게 내릴 때는 이를 **폭우**라 한다. 일반적으로 대규모의 대류를 포함하고 있는 적란운 밑에서는 거리 하나를 사이에 두고 한쪽은 맑은(상승기류 쪽) 데 반해 건너편 쪽은 심한 소나기(하강기류 쪽)가 쏟아지는 경우도 있다(그림 5.29 참조). 그러나 지속적인 비는 광범위한 지역에 내

© Ross DePaola

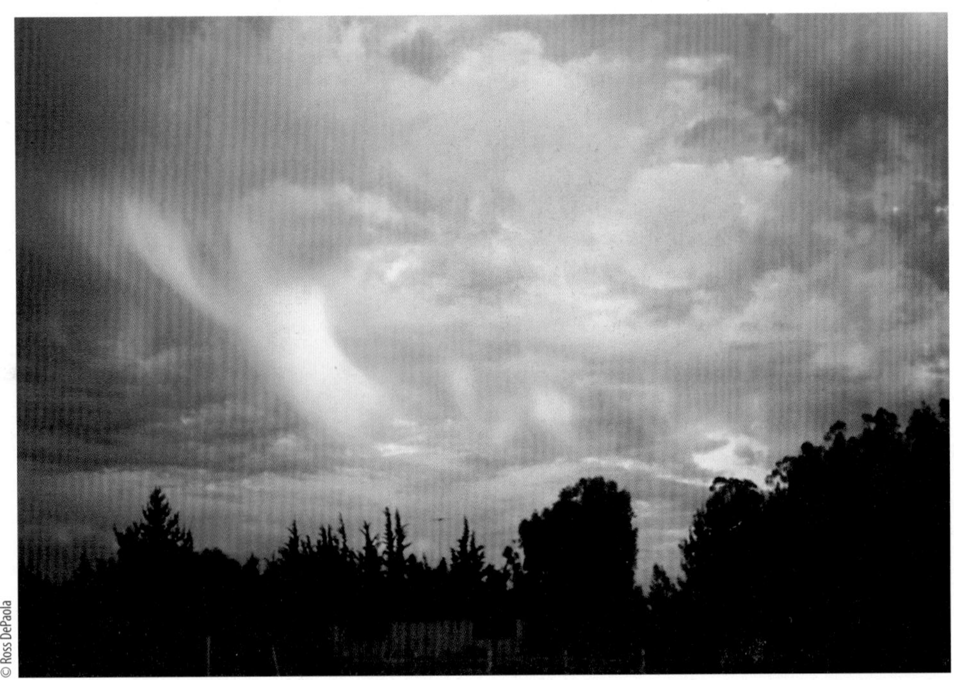

그림 5.28 ● 줄무늬처럼 보이고 강수가 땅에 도달하기 전에 증발하는 현상을 꼬리구름이라고 한다.

리고 규모가 상대적으로 작은 연직기류를 포함하고 있는 층운에서 내리는 것이 보통이다. 일반적으로는 난층운이 이러한 조건을 가지고 있다.

지표에 도달하는 빗방울의 직경이 5 mm 이상 되는 것은 드물다. 그 이유는 빗방울끼리 충돌해 작은 방울로 부서지기 때문이다. 또 빗방울이 너무 굵어지면 불안정해져 부서진다. 그렇다면 떨어지는 빗방울은 어떤 모양일까?

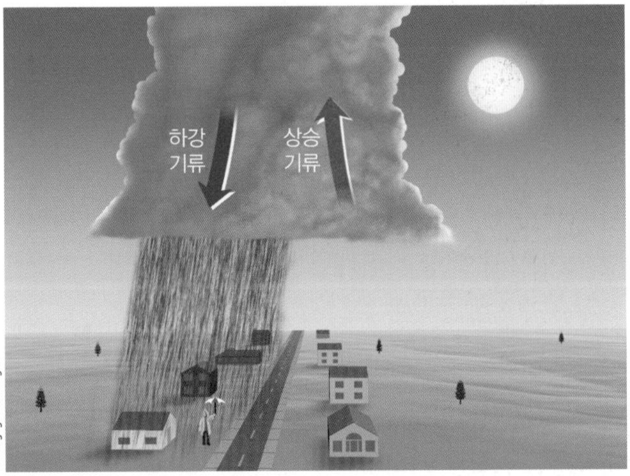

© Cengage Learning®.

그림 5.29 ● 적란운의 강한 상승기류와 강한 하강기류는 길의 한쪽에는 비를 내리고, 다른 한쪽에는 비를 내리지 않게 할 수 있다.

원형 아니면 눈물 방울 모양? 포커스 5.3에서 답을 확인할 수 있다.

폭풍우 끝에 시정이 좋아지는 것은 주로 강수로 공중에 떠 있던 입자들이 제거되기 때문이다. 비가 황산화물이나 질소산화물 같은 기체오염물질과 혼합되면 **산성비**가 되어 식물과 수자원을 오염시키며, 이는 세계 공업지역의 골치 아픈 문제가 되고 있다. 산성비 문제는 대기오염을 다루는 14장에 자세히 소개되어 있다.

눈 지표에 도달하는 강수는 실제로 처음에는 **눈**(snow)으로 시작된다는 사실을 앞서 언급한 바 있다. 여름에는 어는 고도가 높아 구름에서 떨어지는 눈송이는 지표에 도달하기 전에 녹아 버리는 것이 보통이다. 그러나 겨울에는 어는 고도가 훨씬 낮아 낙하하는 눈송이가 그대로 지표에 도달할 확률이 크다. 눈송이는 일반적으로 어는 고도에서 300 m는 더 내려와야 완전히 녹는다. 눈은 비보다 입사광선을 더 많이 산란시키기 때문에 경우에 따라서 지평선 부근의 해를 바라보고 있을 때 눈이 녹는 고도를 알 수 있을 것이다. 구름 아래의 검은 구역은 강설구역이며, 밝은 구역은 강우구역이다. 반면에, 녹는 구역은 어두운

ON A SPECIAL TOPIC 5.3
FOCUS

빗방울은 눈물 모양?

비가 내릴 때 빗방울은 특징 있는 모양을 띤다. 그림 3에서 빗방울을 가장 정확히 보여주고 있다고 생각되는 것을 하나 선택해보라. 1번의 눈물 모양은 오랫동안 화가들이 그려 온 빗방울 모양이다. 그러나 유감스럽게도 빗방울은 눈물 모양이 아니다. 실제로 빗방울의 모양은 그 크기에 좌우된다. 직경 2 mm 이하의 빗방울은 거의 구형으로 2번 모양과 같다. 액체 분자의 표면 장력으로 표면적이 가장 작은 구형을 이루게 된다.

그림 3 ● 세 가지 그림 중 어느 것이 진짜 빗방울과 닮았을까?

직경 2 mm 이상의 커다란 빗방울은 떨어지면서 다른 모양을 띠게 된다. 믿거나 말거나 이런 방울들은 옆으로 길죽하게 늘어나 밑은 평평하고 위는 둥근 모습, 즉 3번 모양을 만든다. 커다란 빗방울이 떨어질 때 방울에 미치는 기압은 밑바닥에서 가장 크고 옆면에서 가장 작다. 이렇듯 밑바닥에 미치는 기압이 크기 때문에 밑이 평평해지는 것이다. 한편, 측면은 기압을 덜 받기 때문에 옆으로 약간 팽창할 수 있는 것이다. 3번 모양은 낙하산 같기도 하고 빵 같기도 하지만 눈물 모양은 아니다.

그림 5.30 ● 눈이 비보다 태양빛을 더 효과적으로 산란시킨다. 따라서 강수가 내리는 지역을 향해 태양을 바라보면 융해점의 고도가 아래보다 검게 보인다.

구역과 밝은 구역의 중간에 있다(그림 5.30 참조).

만약 구름 밑의 상대적으로 온난한 대기가 비교적 건조하다면, 눈송이는 일부만 녹는다. 이때 액체가 증발하면서 눈송이를 냉각시켜 녹는 속도를 약화시킨다. 이 때문에 대기가 비교적 건조할 때는 기온이 어는점보다 상당히 높다고 해도(4.5℃) 눈송이가 지표면에 도달할 수 있게 된다.

흔히 "눈이 내리기에는 너무 춥다"라는 말을 하지만 실은 눈이 내리기에는 너무 춥다는 것은 있을 수 없다. 실제로 눈은 찬 공기에서 훨씬 더 차가운 지표로 내린다. 찬 포화공기에서보다는 따뜻한 포화공기에서 보다 많은 수증기가 응결되는 것이 사실이다. 그러나 공기의 냉각 정도에 관계없이 공기에는 항상 눈을 만들어 낼 수 있는 수증기가 포함되어 있다. 사실 −47℃나 되는 낮은 기온에서 작은 빙정들이 내리는 것이 관측된 일도 있다. 흔히 매우 추운 날씨에는 눈이 오지 않는다고 생각하는데, 그것은 가장 추운 겨울날씨가 바람 없이 맑은 밤에 이루어지기 때문이다. 이러한 조건은 구름이 별로 없는 강한 고기압 지역에서 형성된다.

높이 떠 있는 권운에서 빙정과 눈송이가 내릴 때 이를 **낙하흔적**(fallstreak)이라고 한다. 이것은 얼음 입자들이 상대적으로 건조한 대기에 떨어져 얼음에서 수증기로 승화하면서 사라져 버린다는 점에서 꼬리구름과 비슷하다. 고공의 바람은 저공의 바람에 비해 구름과 얼음 입자들을 더 빨리 수평 이동시키기 때문에 낙하흔적은 종종 매달려 있는 스트리머처럼 보이기도 한다(그림 5.31 참조). 낙하흔적이 하층의 과냉각 구름에 떨어지면 응결핵으로 작용하기도 한다.

기온이 어는점보다 약간 높고 습기 있는 대기를 뚫고 내리는 눈송이는 서서히 녹아내린다. 서서히 녹을 때 눈송이 가장자리에 얇은 액체막이 형성되면 다른 눈송이와 접촉할 때 아교와 같은 역할을 한다. 이런 방법으로 몇 개

© C. Donald Ahrens

그림 5.31 ● 권운 아래로 하얗게 드리워져 있는 빙정의 줄무늬를 낙하흔적이라고 한다. 이 줄무늬가 구부러져 보이는 이유는 풍속이 고도에 따라 다르기 때문이다.

의 눈송이가 엉겨 붙어 거대한 눈송이가 되는 일이 종종 있다. 습도가 높고 기온이 어는점 근처로 유지될 때 이처럼 큰 눈송이가 형성된다. 그러나 눈송이가 습도가 낮은 매우 찬 공기를 뚫고 내릴 때는 서로 엉겨 붙지 않으며 작고 가루 같은 눈으로 지상에 쌓이게 된다.

떨어지는 눈송이를 검은 물체에 받아 자세히 살펴보면 보통 눈송이 모양은 **나뭇가지 모양 결정**임을 알 수 있을 것이다(그림 5.32 참조). 빙정은 구름을 뚫고 낙하하기 때문에 끊임없이 변화하는 온도와 습도를 만나게 된다. 빙정들은 합쳐져(부착) 훨씬 큰 눈송이를 이루기 때문에 여러 가지 복잡한 모양을 띠게 된다.

발달 중인 적운에서 떨어지는 눈은 **소낙눈**(flurry) 형태로 자주 내린다. 이것은 가벼운 눈 소나기로 짧게 간헐적으로 내려 조금밖에 쌓이지 않는다. 좀 더 강한 눈 소나기를 **눈스콜**(snow squall)이라 한다. 짧은 시간, 그러나 강하게 내리는 이와 같은 눈은 여름철 소낙비에 비교할 수 있으며 통상 적운에서 비롯된다. 만약 눈이 천둥번개를 동반하는 적운형 구름에서 내린다면, 이 눈을 **눈폭풍**(thundersnow)이라 한다. 수 시간 동안 일정하게 지속적으로 내리는 눈은 난층운과 고층운에서 내리는 것이 보통이다. 강설 강도는 관측 시점의 수평 시정 거리의 감소 정도에 따라 분류한다(표 5.1 참조). 그러나 수평 시정을 통해 강설의 강도를 측정하는 방법은, 강설이 얼마나 많은 양의 물을 지표로 운반했는지 정량화하는 데 적용할 수 없다. 중간 강도의 눈은 크기는 작지만 밀도가 높은 눈송이로 이루어져 있어서, 크고 푹신한 눈송이로 이루어진 강한 강도의 눈에 비해 더 많은 양의 물을 포함하기 때문이다.

지면에 강풍이 불면 눈은 날려가 거대한 눈더미를 형성하며, 이때 **높날림눈**을 동반하는 것이 보통이다. 높날림

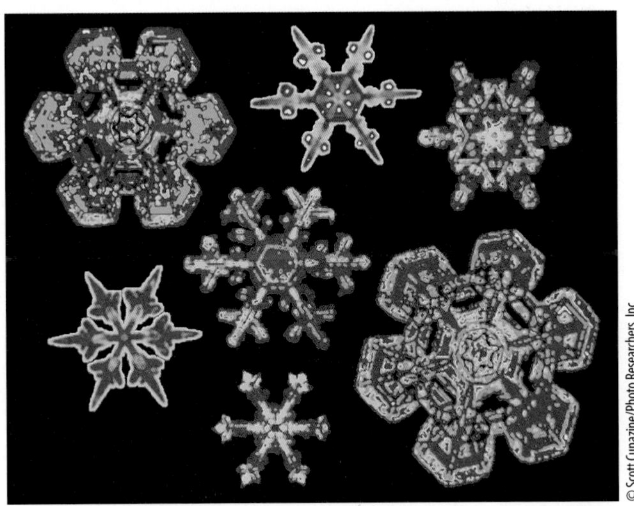

© Scott Camazine/Photo Researchers, Inc.

그림 5.32 ● 컴퓨터로 색채 처리한 나뭇가지 모양 결정의 눈송이 영상.

▼ 표 5.1 강설 강도

설명	수평시정
경미한 눈	800 m (0.5 mile) 이상*
보통 눈	400~800 m 사이
많은 눈	400 m (0.25 mile) 이하

*우리나라는 세계기상기구의 표준인 관측 가능한 최대 거리를 시정거리로 정의함.

눈은 강한 바람으로 지상의 눈이 대량으로 날려 횡적으로 시정을 크게 제한하는 현상을 말한다. 강설이 그친 후 강풍으로 표류와 높날림눈이 겹친 상태를 **땅눈보라**라고 한다. **눈보라**(blizzard)는 낮은 기온과 15 m/sec 이상의 강풍으로 작고 건조한 눈가루가 대량으로 휘몰아쳐 최소 3시간 이상 반경 수 m로 시정을 제한하는 기상조건을 가리킨다(그림 5.33 참조).

그림 5.34는 우리나라의 연평균 강설량을 보여준다. 가장 눈이 많이 내리는 지역은 강원도의 대관령으로 261.1 cm이며, 가장 적은 지역은 제주특별자치도의 고산으로 1.9 cm에 불과하다. 남부지방의 경우 동해안에 비해 상대적으로 서해안에 눈이 더 많이 내리는 것을 확인할 수 있다. 이는 차갑고 건조한 시베리아 고기압이 상대적으로 따뜻하고 습한 서해를 지나는 과정에서 눈 구름이 잘 발생하기 때문이다. 이처럼 차고 건조한 공기 덩어리가 따뜻한 호수 또는 바다를 지나면서, 온도차에 의해 눈 구름을 형성하는 현상을 **호수효과**(lake effect)라고 한다. 호수효과는 8장에서 자세하게 다룰 예정이다.

© Robert Robinson/iStockphoto.com

그림 5.33 ● 눈보라에 의해 초래되는 강한 바람과 날리고 구르는 눈.

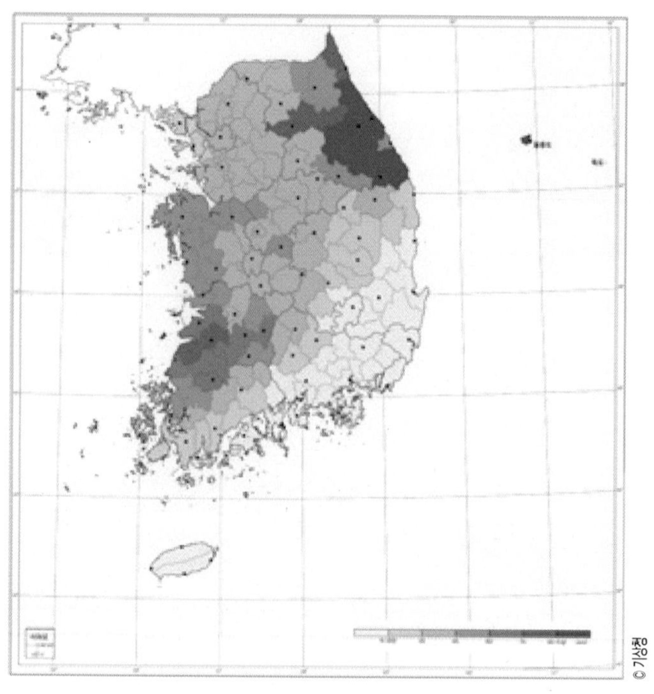
© 기상청

그림 5.34 ● 우리나라의 평균 강설량.

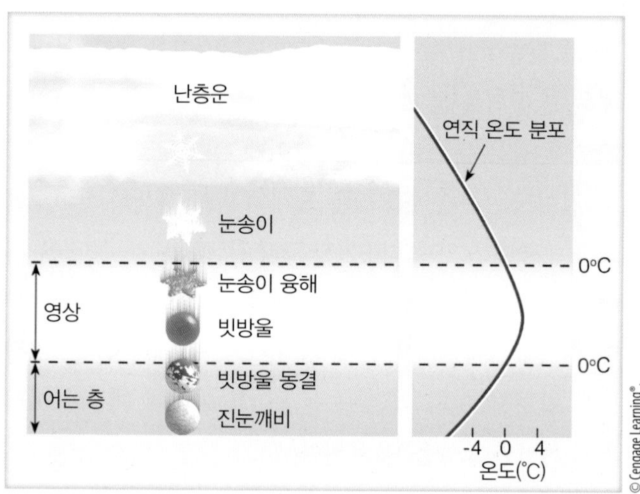

© Cengage Learning®.

그림 5.35 ● 부분적으로 녹은 눈송이 또는 찬 빗방울이 지면에 도달하기 전 얼음 싸라기로 결빙할 때 형성되는 것이 진눈깨비이다.

진눈깨비와 어는 비 그림 5.35에 표시된 떨어지는 눈송이를 관찰해 보자. 눈송이는 보다 따뜻한 대기층으로

알고 있나요?

맑은 날 대기가 조건부 불안정 상태일 때, 열기포는 지표 부근의 공기를 가지고 빠르게 상승할 수 있다. 만약 열기포가 퇴비 혹은 쓰레기 더미 부근에서 형성된다면 악취가 4천 m 상공으로 전달될 수 있다.

떨어지면서 녹기 시작한다. 눈송이가 영하의 지표 부근 대기층을 뚫고 떨어질 때 부분적으로 녹은 눈송이 또는 찬 빗방울은 다시 얼음으로 변하는데, 이 경우 눈송이가 아니라 어는비 또는 **진눈깨비**(sleet)라고 불리는 작고 투명한 얼음 싸라기가 된다.

구름 밑 지표 부근의 찬 대기층은 매우 얇아 이 층을 통과하는 동안 빗방울이 얼지는 못한다. 이 경우 빗방울은 과냉각 액체방울로 지면에 도달한다. 방울들은 찬 물체에 닿는 순간 확산되면서 즉각 얼어 얇은 얼음막을 형성한다. 이러한 형태의 강수를 **어는 비**(freezing rain) 혹은 **우빙**이라고 한다. 작은 과냉각 구름방울 또는 안개방울이 영하의 물체에 부딪치면 작은 방울들은 결빙하여 흰색 낱알 모양의 **상고대**(rime)를 형성한다(그림 5.36 참조).

가끔 약한 비, 이슬비, 또는 과냉각 안개방울은 영하로 냉각된 교량과 육교 등 지표와 접촉해 어는점 이하로 온도가 내려가기도 한다. 작은 액체방울들은 도로 표면이나 포장도로와 접촉해 결빙함으로써 비교적 검게 보이는 빙정막을 형성한다. 일반적으로 **도로 살얼음**(black ice)으로 불리는 그 같은 빙정은 매우 위험한 운전 환경을 조성할 수 있다.

© UCAR

그림 5.36 ● 과냉각 안개방울들이 영하의 대기와 접촉하면서 결빙 나뭇가지에 상고대를 형성하고 있다.

어는 비는 모든 물체를 은빛으로 빛나는 빙정들로 덧씌워 겨울철 동화의 나라를 창조할 수 있다. 동시에 고속도로를 자동차용 스케이트장으로 변화시키며, 나무 한 그루에 수 톤에 해당하는 얼음이 얼고 그 파괴적 하중은 나뭇가지를 부러뜨리고 전선과 전화선을 끊고 전주를 쓰러뜨리기도 한다. 어는 비가 상당량 내릴 경우 이런 폭우를 **얼음폭풍**(ice storms)이라고 부른다(그림 5.37 참조). 그 예로 2009년 1월 미국 오클라호마부터 버지니아 서부를 강타한 엄청난 얼음폭풍을 들 수 있다. 200만 명 이상의 주민들에게 전기 공급이 끊기고, 65명의 사망자가 발생했다. 대부분의 사망자는 일산화탄소 중독으로, 적절한 환기 없이 비상 히터를 사용했기 때문이다. 미국의 경우 이런 유형의 얼음폭풍 피해를 가장 자주 겪는 지역은 텍사스에서 미네소타까지 그리고 동쪽으로는 대서양에 면한

Syracuse Newspapers/Dick Blume/The Image Works

그림 5.37 ● 1998년 1월 미국 뉴욕 주 시라큐스에 얼음폭풍에 의해 어는 비가 두껍게 쌓여 나뭇가지가 꺾이고 전선들이 끊어졌다.

FOCUS ON AN OBSERVATION 5.4

항공기 착빙

항공기 표면에 얼음이 형성되는 현상을 항공기 착빙이라 하며 때론 항공기 사고를 유발하여 매우 위험하다. 착빙은 1997년 1월 9일 미국 디트로이트 공항에서 발생한 항공기 불시착 사고의 원인으로 지목되고 있다. 항공기에 탑승하고 있던 승객 29명이 전원 사망한 사고이다. 다행히도 안전 대책이 발전하면서 항공기 사고의 사망자 수는 급격하게 감소하고 있다. 항공기 착빙은 어떻게 발생하는가?

어는 비가 내리는 구역이나 커다란 과냉각 물방울로 형성된 적운형 구름 속을 비행하는 항공기를 생각해 보자. 커다란 과냉각 물방울은 날개 끝에 충돌하면서 파열되어 물의 막을 형성한다. 이 막은 신속히 얼어 고체 얼음막으로 변한다. 이렇게 형성된 매끄럽고 투명한 얼음막은 나뭇가지에 형성되는 우빙과 흡사하다. 맑은 얼음으로 불리는 이 얼음막은 무거우며 최신의 제빙부츠(deicer)로도 잘 제거되지 않는다.

© Annebique Bernard/Sygma/Corbis

그림 4 ● 겨울철 악천후 때 항공기에 결빙 방지재를 살포하는 모습.

항공기가 작은 과냉각 물방울로 구성된 구름을 통과할 때에 상고대가 형성될 수도 있다. 상고대는 구름방울 일부가 항공기 날개에 충돌, 깨어져 흩어지기 전에 즉시 얼어붙을 때 만들어지고 항공기 날개에 거칠고 바삭한 막을 형성한다. 이 얇은 얼음막 사이에 공기가 갇혀 희게 보이는 경우가 많다(그림 5.36 참조). 상고대는 맑은 얼음보다 날개 위의 공기흐름을 더 많이 확산시키지만, 무게가 가볍고 제빙부츠로도 쉽게 제거할 수 있다.

구름 속의 빗방울과 구름방울은 크기가 다양하므로 항공기 날개에는 맑은 얼음과 상고대가 혼합 형성되는 경우가 많다. 또한, 따뜻한 공기일 때 액체수함량이 가장 높아지는 경향이 있으므로 항공기 착빙은 기온이 0~−10°C인 경우에 가장 심하게 일어난다.

항공기 운항에 아주 위험한 착빙은 항공기 무게를 증가시켜 운항에 역효과를 준다. 이 밖에 착빙 부위에 따라 여러 가지 부정적 영향을 미친다. 날개 혹은 동체에 착빙 현상이 일어나면 기류를 교란시키고 비행 능력을 감소시킨다. 엔진의 공기 흡입 부분에 착빙이 생기면 동력 감소를 일으킨다. 착빙은 또 브레이크 착륙 기어, 기타 기계에 영향을 줄 수도 있다. 얼음이 항공기에 미치는 위험성 때문에 춥고 악천후 시에는 착빙을 막기 위해 이륙 전 날개에 결빙 방지재를 살포한다(그림 4). 눈폭풍 속에서는, 눈 속에 포함된 물의 총량이 항공기 제빙에 필요한 액체의 양을 결정하는 가장 주요한 요인이다.

중부의 몇몇 주와 뉴잉글랜드까지 광범하게 걸쳐 있다. 그와 같은 얼음폭풍은 캘리포니아와 플로리다에서는 극히 드물다(어는 비와 그것이 항공기에 미치는 영향에 관한 추가 정보는 포커스 5.4를 참조하라).

그림 5.38은 다양한 겨울철 연직 기온 분포와 그에 따른 강수의 여러 종류를 요약해서 보여준다. (a)의 경우 모든 고도에서 기온이 어는점 이하이기 때문에 눈송이가 지면에 도달할 수 있다. (b)의 경우는 기온이 어는점 이상인 구간에서 눈송이가 부분적으로 녹는다. 이후, 지표 부근의 두껍고 차가운 공기층에 의해 진눈깨비가 형성된다. 지표 부근에 얇고 차가운 공기층을 가지고 있는 (c)의 경우, 부분적으로 녹은 눈송이가 과냉각 물방울이 된다. 과냉각 물방울은 지면에 닿아 얼어붙게 되고, 어는 비가 된다. (d)의 경우는 지표 부근 아주 두꺼운 공기층의 기온이

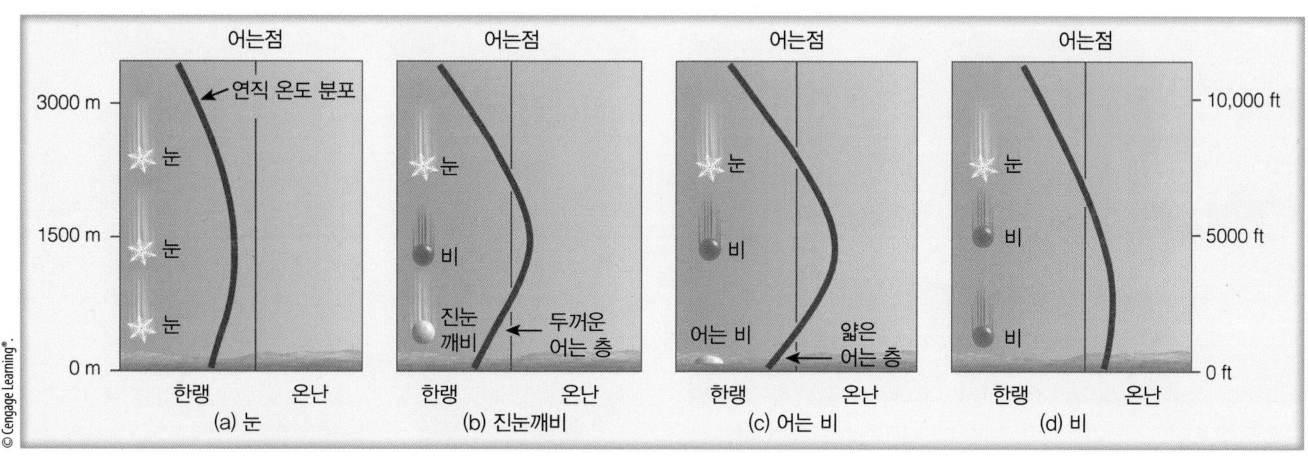

그림 5.38 ● 연직 기온 분포(빨간색 실선)와 그에 따른 강수의 상.

그림 5.39 ● 눈송이에 상고대층이 달라붙어 싸락눈이 되는 과정.

어는점 이상이다. 따라서 강수는 지표에서 비의 형태로 내린다.

쌀알눈과 눈싸라기 **쌀알눈**(snow grains)은 작고 투명한 얼음알갱이들로 고체형 이슬비에 해당된다고 말할 수 있다. 이것은 층운에서 조금씩 내리며 소나기 형태로 오는 법은 없다. 이것은 딱딱한 지면에 부딪힐 때 튀어 오르거나 부서지지 않는다. 이에 비해 **눈싸라기**(snow pellets)는 평균적인 빗방울 크기의 투명한 흰색 얼음알갱이로 가끔 쌀알눈과 혼동되기도 한다. 그러나 눈싸라기는 쌀알눈과는 달리 아삭아삭하고 부서지기 쉬우며 딱딱한 지면에 부딪히면 튀어 오르거나 부서진다.

눈싸라기는 대개 소나기 형태로 내리며 특히 웅대적운에서 내린다. 눈싸라기는 빙정이 과냉각 물방울과 충돌할 때 형성된다. 얼음 입자들이 모여서 두꺼운 상고대층을 형성하는 경우 **싸라기**라고 일컫는다. 겨울철에 대기의 빙점온도가 지면 가까이 나타나면 싸라기들이 지면에 가볍게 원형의 눈 얼음 입자 형태로 떨어지는데, 이를 **싸락눈**이라고 한다(그림 5.39 참조).

싸락눈이 쌓이면 간혹 지면에 전분을 뿌린 것처럼 보이기도 한다. 뇌우 시에는 빙결고도가 높아서 지면에 도달하는 싸라기를 보고 **연한 우박**이라고 칭하기도 한다. 여름에는 싸락눈이 녹아 지면에 떨어질 때는 커다란 빗방울이 된다. 그러나 대류가 활발한 구름에서는 싸락눈이 커다란 우박덩이로 발달할 수 있다.

우박 **우박덩이**(hailstone)는 작은 콩에서 골프공 이상에 이르기까지 크기가 다양한 투명 또는 불투명 얼음조각을 말한다(그림 5.40 참조). 어떤 것은 원형, 어떤 것은 불규칙한 모양이다. 우박이 빈번한 미국에서 발견된 가장 큰 우박은 2010년 7월 23일 사우스 다코타 주의 비비안에서 발견된 것으로, 직경이 20 cm에 달하고 무게는 0.87 kg이었다(그림 5.41 참조). 세계에서 가장 무거운 우박은 1986년 4월 14일 방글라데시의 뇌우에서 떨어진 것으로, 1.02 kg에 달한다. 대형 우박덩이의 파괴력은 엄청나다. 유리창을 깨뜨리고, 자동차를 찌그러뜨리며, 지붕을 박살낼 수 있다. 작은 우박이라 하더라도 많은 양이 내릴 경우, 가축에 부상을 입히고 농작물에 심각한 피해를 줄 수 있으며 특히 바람이 강할 때 더 심각하다. 우박을 동반한

그림 5.40 ● 강한 뇌우가 지나간 후 텍사스 서부에서 발견된 다양한 크기의 우박.

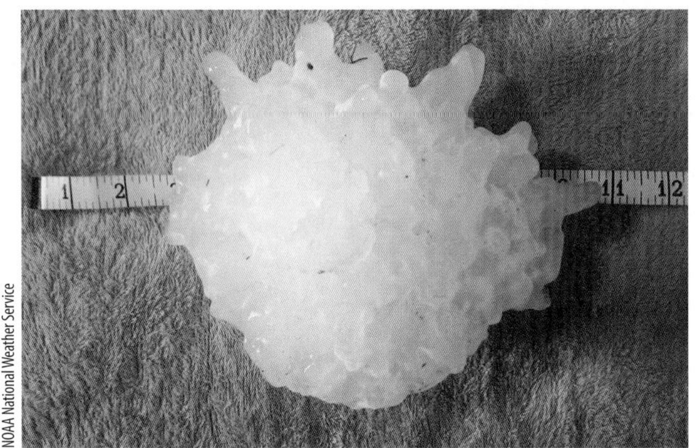

그림 5.41 ● 거대한 우박. 2010년 7월 23일 사우스 다코타 주의 비비안에서 발견된 거대 우박. 직경이 20 cm, 무게는 0.87 kg이며, 둘레는 47.2 cm에 달한다.

폭풍이 단 한 차례만 닥쳐도 수분 이내에 한 농가의 농작물이 몽땅 파괴될 수 있다. 농부들은 우박을 **"하얀 전염병"**이라고 부르기도 한다.

우박은 적란운에서 싸락눈, 커다란 언 빗방울, 또는 기타 입자들(심지어 곤충도 가능)이 **시초**가 되어 과냉각 액체방울들을 **결착**시킴으로써 커질 때 형성되는 것이다. 우박덩이가 골프공만큼 커지려면 5~10분은 구름 속에 머물러 있어야 한다. 우박 씨앗이 되는 입자들은 구름 속에서 격렬한 상승기류를 타고 어는 고도 이상의 높이까지 올라간다. 이때 상승기류가 비스듬히 기울면 우박 씨앗은 구름 속에서 옆으로 뻗어 나가게 된다(그림 5.42 참조).

얼음 입자는 액체 물 양이 각기 다른 부분을 통과하면서 둘레에 얼음막을 형성하고 점점 더 커진다. 얼음 입자

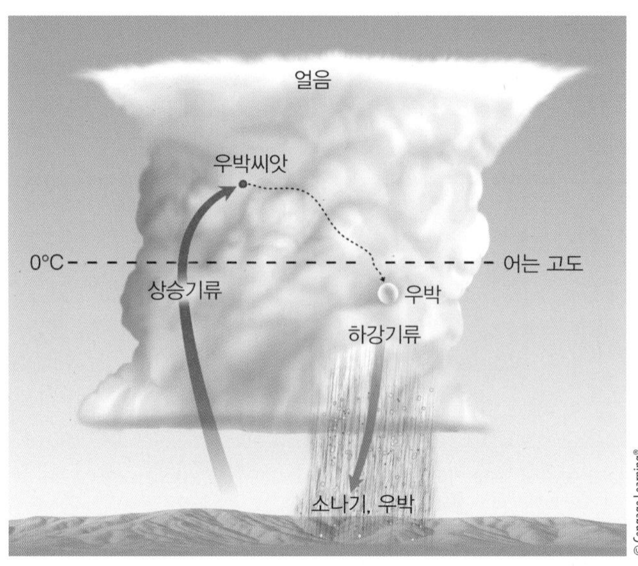

그림 5.42 ● 우박덩이의 형성 과정. 적란운의 상승기류가 얼음 입자들을 떠받쳐 올린다. 얼음 입자는 과냉각 액체방울과 충돌, 이들을 결착시켜 점점 커지며 궁극적으로 우박덩이가 되어 지면에 떨어진다.

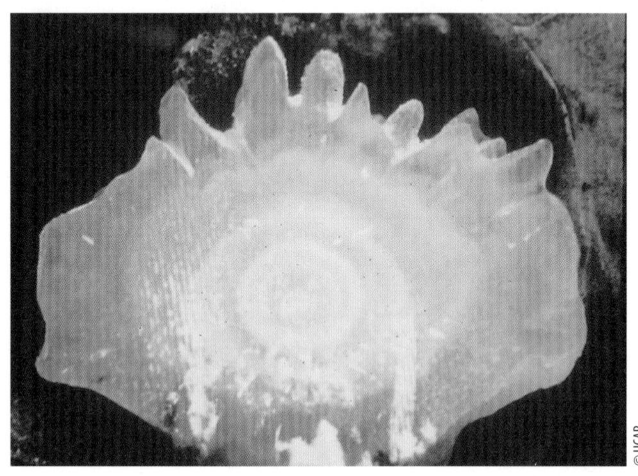

그림 5.43 ● 커다란 우박을 자연광에 노출시켜 찍은 단면도. 층상 구조로 이루어진 우박을 통해 구름 속의 다양한 환경을 통과했음을 알 수 있다.

가 상당히 커지면 상승기류에 있기에는 너무 크고 무거워져 우박 형태로 떨어지기 시작한다. 우박은 서서히 하강하다가 다시 강력한 상승기류에 휩싸여 한 번 더 올라가서 이 과정을 반복하기도 한다.

구름 아래 따뜻한 공기층에서 우박은 녹아내리기 시작한다. 작은 우박들은 지상에 도달하기 전에 대부분 녹지만, 늦은 봄과 여름 심한 뇌우가 발생할 때에는 우박이 충분한 크기로 성장하여 완전히 녹기 전에 지표에 도달하기도 한다. 이상하게도 일 년 중 가장 더운 계절에 가장 큰

형태로 결빙된 우박이 내리는 것을 우리는 경험하고 있다.

그림 5.43은 대형 우박의 단면도를 보여주고 있다. 우윳빛처럼 희고 투명한 얼음으로 구성된 특이한 동심원 층을 주목하라. 우박은 과냉각 물방울들이 모여 커진다는 사실을 우리는 알고 있다. 점점 커지는 우박이 액체상 물의 온도가 비교적 낮은 폭풍우권(**건조 성장역**) 속으로 진입할 경우 과냉각 물방울들은 그 우박에 즉각 결빙해 수많은 공기방울을 포함한 백색 혹은 불투명한 거친 얼음(서리) 피막을 만들어 낸다.

우박이 액체상 물 성분의 온도가 비교적 높은 폭풍우권(**습윤 성장역**) 속으로 쓸려 들어갈 경우 과냉각 물방울들은 매우 빠르게 우박에 달라붙게 되므로, 우박의 표면 온도는 잠열의 방출 때문에 주변 공기가 훨씬 더 차가울지라도 결빙 상태를 유지한다. 이제 과냉각 물방울들은 더 이상 충격에 따른 결빙작용은 하지 않는다. 과냉각 물방울들은 그 대신 우박 둘레에 물의 피막을 확산시켜 다공성 구역을 메우며 그렇게 해서 우박 둘레에 투명한 얼음층이 남게 된다. 그러므로 우박이 액체상 물의 양이 위치마다 다른 (건조 및 습윤 성장역) 뇌우를 통과할 때, 그림 5.43에서 설명하고 있는 바와 같이, 불투명한 얼음층과 투명한 얼음층이 교대로 형성되는 것이다.

적란운은 이동할 때 그 속에 **우박선**으로 알려진 길고 가느다란 띠를 동반할 가능성이 있다. 만약 구름이 한동안 거의 정지 상태에 있으면 상당량의 우박이 축적될 수 있다. 2008년 10월 영국의 오터리 세인트 메리 지역에 22.8~25.4 cm 크기의 우박이 두 시간 동안 내린 적이 있고, 이 외에 고속도로에 우박이 쌓여 1989년 9월 미국 캘리포니아주 소다 스프링스에서는 15중 차량 충돌로 4명이 사망한 사건도 있다.

우박은 많은 피해를 주므로 이 같은 피해를 예방하기 위해 뇌우 발생 시 우박이 형성되지 않도록 하는 방법이 여러모로 연구되어 왔다. 그중 한 가지가 구름 속에 옥화은을 대량 살포하는 방법이다. 옥화은 핵은 과냉각 물방울을 결빙시켜 이들을 빙정으로 변화시킨다. 빙정은 추가로 과냉각 구름방울을 흡수하여 더욱 커진다. 때가 되면 빙정은 **싸락눈**으로 불릴 수 있을 정도의 크기가 된다. 이렇듯 크게 자란 빙정은 우박의 싹이 되지만 큰 수효가 양산됨으로써 과냉각 구름방울을 끌어들일 쟁탈전이 치열해져 어느 것도 파괴적인 크기의 우박덩이로 자라지 못한다는 원리에 착안한 것이다. 러시아 과학자들은 옥화은, 옥화연 같은 빙정핵을 이용해 우박덩이를 예방하는 방법에 성공했다고 주장한다. 미국의 우박 억제 실험은 아직 결론에 이르지 못하고 있다.

강수의 측정

우량계 보통 강우량을 측정하는 데에는 **표준우량계**(standard rain gauge)를 사용한다. 이 우량계는 기다란 저수통과 거기에 부착된 깔때기 모양의 수수기로 구성되어 있다(그림 5.44 참조). 수수기의 직경은 우량되 직경의 10배이다. 따라서 이 용기에 떨어지는 비는 우량되에서 10배로 증폭되어 0.01 mm까지의 정확도를 가지고 측정할 수 있다. 이보다 적은 양은 **강수흔적**(trace)이라 한다.

강우량을 측정하는 또 다른 측기로는 **전도형 우량계**가 있다. 그림 5.45를 보면 비를 받는 깔때기가 2개의 작은

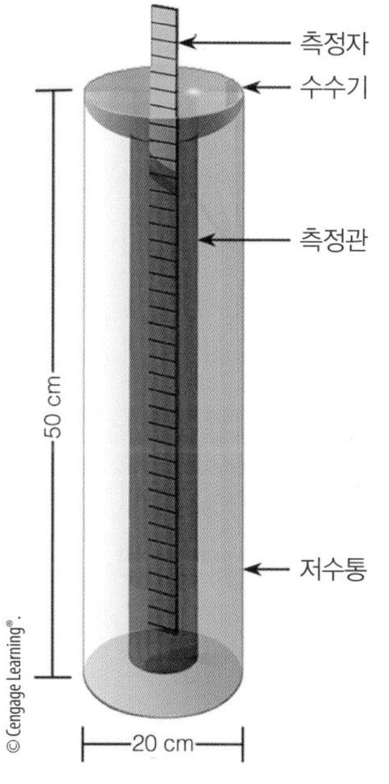

그림 5.44 ● 표준우량계의 구조.

그림 5.45 ● 전도형 우량계. 전도되에 빗물 0.5 mm가 채워질 때마다 이것이 기울어져 물을 비우게 되며, 이와 동시에 원격 기록계에 전기신호를 보낸다.

금속 전도되로 이어져 있음을 알 수 있다. 깔때기 밑의 전도되에 빗물이 0.5 mm 고이면 그 물의 무게로 되가 기울어져 물을 비우게 된다. 그러면 두 번째 전도되가 즉각 깔때기 밑으로 이동, 빗물을 받는다. 물이 채워지면 다시 첫 번째 전도되처럼 물을 비우고 첫 번째 전도되가 원위치로 돌아가 같은 일을 반복한다. 이때 전도되가 기울어질 때마다 전기접촉으로 원격 기록지에 펜으로 표시를 하게 된다. 표시된 숫자를 모두 합치면 일정 기간의 강우량을 산출할 수 있다.

이 밖에 **저울형 우량계**를 이용해서도 강우량을 원격 기록할 수 있다. 강우를 실린더 안에 가두어 저수병에 모은 뒤 저수병을 민감한 무게 측정대 위에 얹어 놓는다. 특수기계가 집적된 비나 눈의 무게를 밀리미터 또는 인치로 해석해 준다. 그러면 기록지에 펜으로 총 강수량이 표시된다. 특수 전자장비를 사용해 이 정보를 우량계로부터 멀리 떨어진 인공위성 또는 지상 관측소에 송신함으로써 관측이 어려운 지역의 총 강수량을 알아낼 수도 있다.

눈은 측정하기가 어려운데, 이는 위치에 따라서 적설량의 변화가 매우 크기 때문이다. 특히 바람이 강할 때 어려움이 크다. 일반적으로 적설량은 3개 이상의 대표지역에 쌓인 눈의 높이를 측정하여 알아낸다. 강설량은 이들 측정치를 평균해서 산출할 수 있다. 적설률은 적설판을 이용해 한 위치에서 측정할 수 있다. 적설판을 지면에 놓아 6시간 간격으로 적설량을 측정한다. 표준우량계의 수수기와 내곽 원통을 제거하여 눈이 외곽 원통에 쌓이도록 함으로써 측정할 수도 있다. 대부분의 지역에서 자동으로 적설량과 그 속에 포함된 물의 양을 측정해주는 기구를 사용하고 있다. 일반적으로 이 기구는 하나 혹은 그 이상의 8각형의 울타리로 둘러싸여 있는데, 이 울타리는 바람을 막아주고 측정의 정확도를 높여주는 역할을 한다. 원격탐사는 적설량을 측정하는 대중적인 방법이 되고 있으며, 특히 관측소에 방문하기 힘든 극심한 겨울환경에서 유용하게 쓰인다. 송신기에서 레이저나 펄스와 같은 초음파 에너지를 쏘면, 눈이 덮인 지면에 반사되어 다시 송신기로 돌아온다. 이 방법은 레이더를 이용해 낙하하는 비까지의 거리를 구하는 과정과 동일하게 적설량을 측정할 수 있게 해준다(도플러 레이더와 강수에 대해서는 다음 절에서 다룬다). 눈이 쌓인 지면으로부터 인공위성까지 GPS 신호가 전달되는 데 걸리는 시간은 적설량에 민감하다. 일반적으로 약 10 cm의 눈이 녹으면 약 1 cm의 물이 된다. 따라서 새로 쌓인 눈덩이의 **물당량**(water equivalent: 채취한 눈을 녹여 측정한 물의 깊이−역주)은 10 : 1이지만 적설의 밀도에 따라 비율은 달라질 수 있다.

도플러 레이더와 강수 **레이더**(radio detection and ranging, radar)는 이것이 개발되기 전에는 관측이 불가능했던 지역에서 폭풍과 강수에 관한 정보를 수집할 수 있게 되었기 때문에 대기과학자들에게 필수 장비가 되었다. 대기과학자들은 내과의들이 X선으로 인체 내부를 검진하듯 기상 레이더로 구름의 내부를 조사할 수 있다. 기본적으로 기상 레이더는 짧은 마이크로파 펄스를 송출하는 송신기를 갖추고 있다. 레이더 에너지의 작은 일부가 송신기 쪽으로 산란되며 이것이 수신기에 감지된다. 이때 회귀신호가 증폭되어 스크린에 나타나는데, 이것이 목표물의 영상 또는 '에코'인 것이다. 송신에서 수신까지 걸린 시간을 측정해 목표물의 거리를 알아낼 수 있다(그림 5.46 참조).

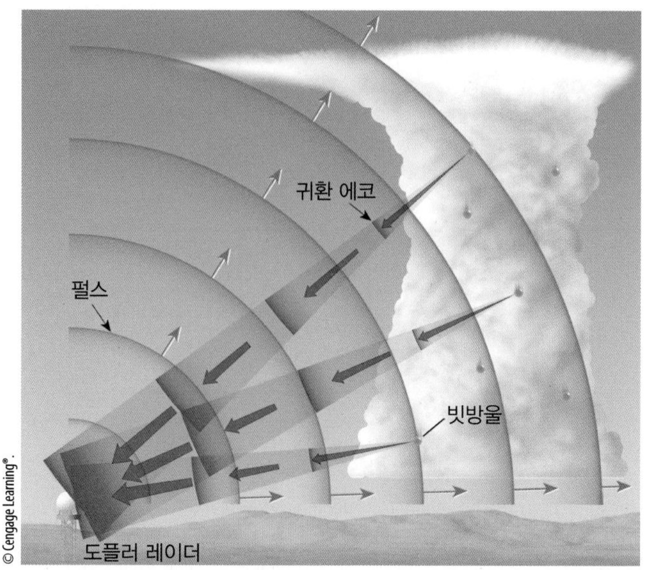

그림 5.46 ● 레이더 송신기에서 마이크로파 펄스를 발사한다. 이 펄스가 구름 속의 빗방울에 반사되고 그중 일부분만 레이더 수신기에 포착되어 그림 5.47처럼 화상으로 표시된다.

스크린에 나타나는 에코의 밝기는 구름 속 강수(비, 눈 또는 둘 다) 강도와 직접적인 관계가 있다. 그러므로 레이더 스크린은 강수 지역뿐 아니라 강도까지 보여 준다. 최근에는 레이더 범위 내의 강수강도를 여러 가지 색으로 보여 주는 레이더 영상법도 사용되고 있다(그림 5.47 참조).

1990년대 들어서는 제2차 세계대전 직후 사용하기 시작한 재래식 레이더 장비를 **도플러 레이더**(Doppler radar)로 대체하였다. 도플러 레이더는 재래식 레이더와 마찬가지로 강수 지역은 물론 강수강도(그림 5.47a 참조)를 측정할 수 있다. **알고리즘**이라고 하는 특수 컴퓨터 프로그램을 이용하여 어떤 장소에서 주어진 시각에 강수강도를 추산하고 영상화할 수 있다(그림 5.47b 참조). 그러나 도플러 레이더는 재래식 레이더보다 더 많은 일을 할 수 있다.

도플러 레이더는 **도플러 편이**라는 원리를 사용하고 있기 때문에 레이더 안테나에 멀어지는 방향과 안테나를 향한 방향에 대한 강수의 수평 이동 속도를 측정할 수 있다. 강수 입자들은 바람에 따라 움직이기 때문에 과학자들은 도플러 레이더를 이용하여 토네이도를 발생시키는 뇌우 속을 들여다보고 그 바람을 관측할 수 있다. 악뇌우와 토네이도를 다루는 10장에서 이 문제를 좀 더 자세히 살펴볼 것이다.

어떤 경우 레이더 영상은 지면에 도달하지 못하는 강수역을 나타낸다. 이러한 상황은 레이더 빔의 직선 이동과 지표면의 곡률 때문에 일어난다. 그러므로 귀환 에코는 강수가 지면에 도달함을 나타내는 것이 아니라 구름 속의 빗방울을 나타내는 것이다.

도플러 레이더의 개량형은 **편파 레이더**이며, **이중 편파 레이더**라고 불리기도 한다. 2010년대 초반 미국에서 개발된 이 도플러 레이더는 수평과 수직으로 파동을 동시에 전파하여 지면에 도달하는 강수가 눈인지 비인지를 보다

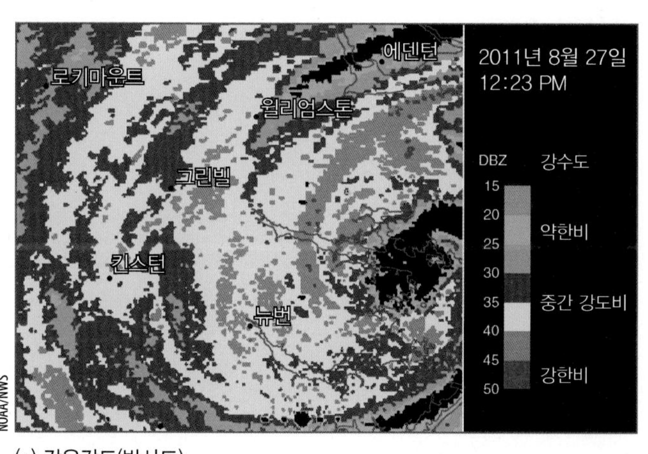

(a) 강우강도(반사도)

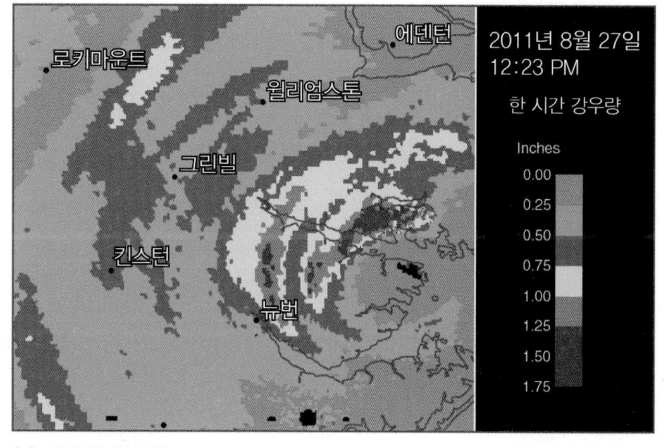

(b) 시간당 강수량

그림 5.47 ● (a) 2011년 8월 27일 미국 캘리포니아 북부에서 내륙으로 이동하는 태풍 아이린의 강우강도를 보여주는 도플러 레이더. (b) 같은 날 시간당 강우량을 보여주는 도플러 레이더 영상. 도플러 레이더를 이용해 시간당 4 cm 이상의 비가 내리는 지역을 확인할 수 있다.

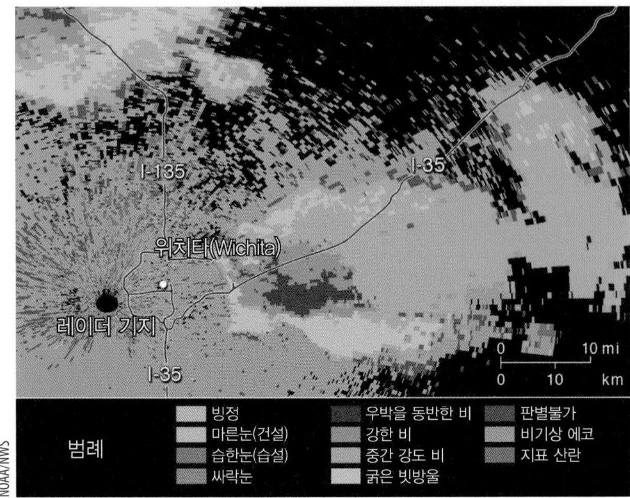

그림 5.48 ● 이중 편파 기술이 탑재된 도플러 레이더로 촬영한 2012년 5월 30일 미국 켄자스 주의 위치토에서 발생한 뇌우 속의 강수와 구름 입자 영상. 이 기술은 레이더에 추가되어 강수의 종류와 토네이도 순환을 보다 명확히 구분하는 데 사용되고 있다.

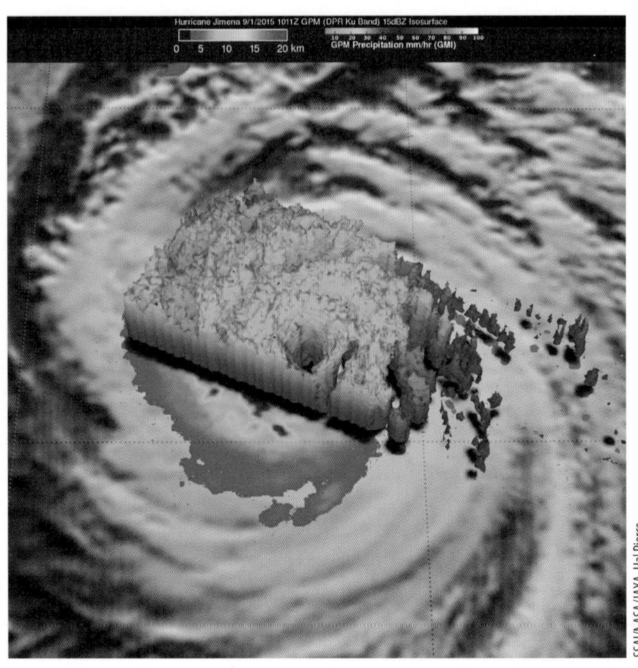

그림 5.49 ● GPM이 2015년 9월 1일 태평양 중부에서 발생한 허리케인 히메나를 촬영한 3차원 영상. 빨간색과 주황색 영역은 지표에서 비가 가장 강하게 내리는 영역을 표시한 것이다. 히메나의 눈은 뇌우 한 가운데 움푹 파인 빈 공간이다.

명확하게 판정할 수 있도록 도와준다. 그림 5.48은 이중 편파 레이더의 예시를 보여준다. 개발되고 있는 또 다른 종류의 레이더는 위상 배열 레이더이다. 이 레이더는 하나의 커다란 송신기 대신 수많은 격자 형태의 작은 송신기를 사용해 훨씬 더 많은 양의 데이터를 처리할 수 있다.

4장에서 논의했던 특수한 인공위성들도 우주에서 강수를 측정하는 데 사용된다. 2015년까지 TRMM(Tropical Rainfall Measuring Mission) 인공위성은 방대한 양의 3차원 강수 데이터를 수집했다. 새로운 GPM(Global Precipitation Mission) 인공위성은 TRMM의 역할을 이어받아 훨씬 더 넓은 지역의 데이터를 수집하고 있다. GPM은 TRMM에 비해 더 가벼운 강수를 측정할 수 있고, 이중 편파 레이더를 탑재해서 빗방울과 우박, 그리고 다른 강수입자들의 크기를 세세하게 분류할 수 있다(그림 5.49 참조). 2006년에 발사된 NASA의 CloudSat 인공위성은 강수 세기에 대한 3차원 데이터를 수집하고 있다. CloudSat 인공위성에서 얻은 이미지는 그림 4.49에서 확인할 수 있다.

요약

이 장에서는 대기의 안정도, 구름의 형성 및 강수의 개념을 함께 검토했다. 안정한 대기는 연직 상승 운동에 저항을 일으키는 경향이 있으므로 안정한 대기에서 형성되는 구름은 종종 수평으로 퍼져 층상을 띠게 된다. 지표 대기가 냉각되거나 상층 대기가 승온할 때 대기의 안정이 이루어질 수 있다.

불안정 대기는 연직 운동 기류에 부응하는 경향이 있으므로 적운을 형성한다. 불안정 대기는 지표 대기의 승온 또는 상층 대기의 냉각으로 야기될 수 있다. 조건부 불안정 대기 속에서는 불포화 상승공기가 응결이 시작되고 잠열이 방출되며 불안정 상태가 조성되는 고도까지 올라간다. 대부분의 구름은 지표면 가열, 지형치올림, 지표 공기의 수렴, 그리고 전선을 따라 상승하는 공기에 의해 발달한다.

구름방울은 너무 작고 가벼워서 비를 형성해 땅에 떨어지지 못하지만 그 크기가 커져 구름 속에서 하강하면서 다른 방울들과 충돌 · 결합하게 된다. 영하의 구름 속에서는 빙정들이 주위의 액체방울들을 끌어들여 크게 자랄 수 있다. 빙정은 떨어지면서 액체방울과 충돌, 액체방울을 결빙시킨다. 강수를 증가시키기 위한 노력의 일환으로 구름씨 뿌리기가 시도되기도 한다.

강수에는 충격에 따라 결빙되는(어는 비) 빗방울에서 진눈깨비라 불리는 얼음 싸라기로 결빙하는 빗방울에 이르기까지 여러 가지 형태의 강수를 살펴보았다. 적란운 속의 강력한 상승기류를 타고 얼음 입자들이 어는 고도 이상 높이 올라가 거기서 더 두껍게 얼음막을 형성해 파괴적인 우박덩이로 변할 수 있다. 강수 측정 기계로는 우량계가 가장 보편적으로 사용되지만 도플러 레이더가 강수강도와 강우량을 측정하는 중요한 기기가 되고 있다. 열대지방의 강수량은 레이더와 마이크로파 스캐너를 장착한 항공기에서 측정한다.

주요 용어

본문에 나온 주요 용어를 나열하였다. 각 용어를 정의하라. 그러면 복습에 도움이 될 것이다.

단열 과정	절대안정	건조단열감률	습윤단열감률
절대불안정대기	환경기온감률	응결고도	눈
조건부 불안정 대기	낙하흔적	지형치올림	눈폭풍
눈스콜	비 그늘	소낙눈	강수
눈보라	충돌-병합 과정	진눈깨비	어는 비
병합	상고대	빙정(Bergeron) 과정	얼음폭풍
쌀알눈	빙정핵	눈싸라기	결착
우박	구름씨 뿌리기	표준우량계	비
강수흔적	이슬비	물당량	꼬리구름
레이더	소나기	도플러 레이더	

복습문제

1. 단열 과정이란 무엇인가?
2. 환경기온감률은 어떻게 구하는가?
3. 습윤단열감률과 건조단열감률이 다른 이유는 무엇인가?
4. 대기를 보다 안정되게 하는 방법은 무엇인가? 또 보다 불안정하게 하는 방법은 무엇인가?
5. 만약 대기가 조건부 불안정 상태라면, 이는 무엇을 의미하는가?
6. 역전이 매우 안정한 대기를 의미하는 이유는 무엇인가?
7. 안정한 대기에서 예상할 수 있는 구름의 형태는 무엇인가? 또 불안정한 대기에서는 어떤 형태의 구름이 형성될 것으로 예상되는가?
8. 적운을 오후에 더 자주 볼 수 있는 이유는 무엇인가?
9. 적운 사이사이에 보통 푸른 하늘이 넓게 자리 잡고 있다. 그 이유를 설명하라.

10. 대부분의 뇌우 꼭대기가 평평한 이유는 무엇인가?

11. 구름이 형성되는 4가지 기본 과정을 열거하라.

12. 산의 풍하측에 비그늘이 형성되는 이유는 무엇인가?

13. 산의 어느 쪽(풍상측과 풍하측)에 렌즈구름이 형성되는가?

14. 구름방울과 빗방울의 주요 차이점은 무엇인가?

15. 전형적인 구름방울이 비가 되어 지상에 도달하지 않는 이유는 무엇인가?

16. 충돌과 병합 과정이 어떻게 비를 만드는지 설명하라.

17. 빙정 과정은 어떻게 강수를 유발하는가? 이 과정이 일어나기 위해 필요한 전제조건은 무엇인가?

18. 구름씨 뿌리기의 주원리를 설명하라.

19. 구름이 어떻게 자연적으로 발달하는지 설명하라.

20. 비와 이슬비의 차이는 무엇인가?

21. 강한 소나기가 통상 적운에서 형성되는 이유는 무엇인가? 꾸준히 내리는 비는 왜 주로 층운에서 내리는가?

22. 너무 추워 눈이 내리지 못하는 법은 없다. 왜 그런가?

23. 꼬리구름과 낙하흔적을 어떻게 구별할 수 있는가?

24. 어는 비와 진눈깨비는 어떻게 다른가?

25. 진눈깨비를 형성하는 대기조건과 우박을 형성하는 조건은 어떻게 다른가?

26. 표준우량계로 강수를 측정하는 과정을 설명하라.

27. 눈이 쌓인 깊이를 측정하는 방법은 무엇인가?

28. (a) 도플러 레이더란 무엇인가?

    (b) 기상 레이더는 어떻게 강수강도를 측정하는가?

29. 인공위성은 어떻게 구름 내부의 강수강도를 측정하는가?

사고 및 탐구 문제

1. 산악 등반가가 초고층 빌딩 외벽을 오르고 있다고 가정해 보자. 이 등반가의 허리에는 (직사광선으로부터 가려진) 온도계 2개가 걸려 있다. 한 온도계는 자유로이 매달려 있고, 다른 온도계는 약간 부풀려진 풍선 안에 들어 있다. 등반가가 빌딩 위로 올라가는 동안 각 온도계의 온도가 어떻게 변할지 설명해 보라.

2. 적도와 북극지역 중 습윤단열감률이 더 큰 곳은 어디인가? 그 이유를 설명하라.

3. 절대 안정한 대기를 절대불안정한 대기로 바꾸려면 어떠한 기상현상이 지면 근처에 필요하겠는가?

4. 중위도 지방에서 어떠한 조건일 경우 산악지대의 서쪽에 비그늘이 형성될 수 있는가?

5. 대전 지방에 아주 큰 눈폭풍이 몰아쳤다. 자원봉사자 3명이 다음과 같은 방법으로 강설량을 관측하였다면, 이 중 누가 올바르게 총 강설량을 측정하였겠는가? 관측자 1은 매 시간마다 새로 내린 눈의 깊이를 측정하였다. 눈이 그친 후 관측자 1은 측정한 값을 더하여 총 30 cm의 강설량을 기록하였다. 관측자 2는 두 번에 걸쳐 측정하였다. 한 번은 눈폭풍이 내리는 중간에 관측하고 또 한 번은 마지막에 관측하여 총 25 cm의 적설량을 기록했다. 관측자 3은 한 번만 측정하였는데, 눈이 다 내린 후 관측한 값이 21 cm였다. 총 강설량 값이 다른 이유를 적어도 5가지 이상 열거해 보라.

6. 적도지방의 온난한 적운이 한랭한 층운보다 강수를 내릴 가능성이 더 큰 이유는 무엇인가?

7. 두꺼운 난층운 속에 크기가 비슷한 빙정과 과냉각 수적이 같이 있다고 가정하자. 이 구름의 경우 어느 과정이 더 중요하게 작용하여 비를 내리게 하겠는가? 그 이유는 무엇인가?

8. 수면 위에서 형성된 구름이 지면 위에서 형성된 구름보다 대체로 강수를 보다 효율적으로 만든다. 왜 그런가?

9. 대전의 기온이 −12℃(10℉)인데 어는 비가 내리고 있다. 그 이유는 무엇인가? 지상에 어는 비가 내리는 경우의 기온의 연직 분포를 그려 보라.

10. 함박눈이 싸락눈과 섞여 내릴 경우, 시간이 지나면 흔히 함박눈이 비로 바뀌어 내리게 되는 이유는 무엇인가?

11. 얼음폭풍이 웅대적운이나 적란운과 같은 적운형 구름에서 발생하지 않는 까닭은 무엇인가?

6장

기압과 바람

1980년 12월 19일 매사추세츠 주 Lynn의 날씨는 추웠다. 그러나 이날 정오 작은 항공기에서 뿌려질 1,500달러 중 단 1달러라도 손에 쥐는 행운을 꿈꾸며 Central Square 광장에 모여든 2,000여 명의 시민들의 기를 꺾을 정도의 추위는 아니었다. 정확하게 시간을 맞춰 비행기가 상공을 돌면서 사람들을 향해 돈다발을 투하했다. 그러나 때마침 불어온 서풍으로 땅에 떨어지려던 돈이 멀리 대서양으로 날아가 버렸고, 사람들은 닭 쫓던 개처럼 어찌할 바를 몰랐다. 만약 조종사나 이 행사를 후원한 피혁 제조업자가 사전에 일기도를 확인했더라면 바람이 이 광고행사를 망칠 것이란 점을 예측할 수 있었을 것이다.

Tomas Tichy/Shutterstock.com

- 기압
- 지상 일기도와 상층 일기도
- 바람이 부는 까닭
- 바람과 연직 운동
- 바람의 측정

앞의 시나리오는 두 가지 의문을 제기한다: (1) 바람은 왜 부는가? (2) 일기도에서 바람의 방향을 어떻게 알 수 있는가? 첫 번째 질문에 대한 해답은 이미 1장에 나와 있다. 대기는 수평기압차에 대한 반응으로 움직인다. 밀폐된 진공 깡통을 열면 기압의 불균형을 해소하기 위해 기압이 높은 깡통의 바깥 공기가 저기압의 깡통 속으로 불어들어오는 것을 볼 수 있다. 그렇다면 이것은 바람이 항상 고기압 쪽에서 저기압 쪽으로 분다는 의미일까? 그렇지 않다. 공기의 이동은 기압차 외에 다른 힘에 의해서도 영향을 받기 때문이다.

이 장에서는 우선 기압이 어떻게, 왜 변하는지는 알아본 뒤 상공 및 지표면의 대기 운동에 영향을 미치는 힘에 대해 살펴보기로 한다. 이러한 힘을 학습함으로써 지표면과 상공의 일기도로부터 특정 지역의 바람을 예측할 수 있을 것이다.

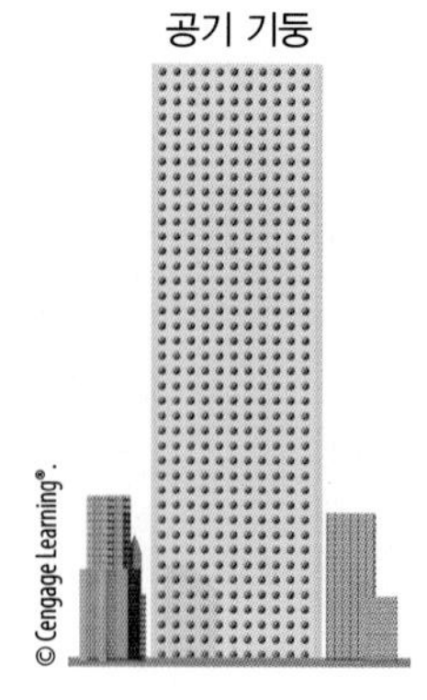

그림 6.1 ● 고도와 상관없이 공기밀도가 일정한 대기 모델. 지표의 기압은 상공의 공기 분자 수와 관계가 있다. 같은 온도의 공기를 기둥에 주입할 때 지상기압은 상승하며 기둥에서 공기를 제거하면 지상기압은 하강한다(실제 대기에서는 이러한 가정과 달리 밀도는 고도에 따라 감소한다).

기압

1장에서 기압에 대한 몇 가지 중요한 개념을 학습했다. **기압**(air pressure)은 주어진 고도에서 그 상부에 있는 공기의 무게다. 지표로부터 높이 올라갈 때 공기 분자는 적어진다. 따라서 고도가 증가할수록 기압은 감소한다. 1장에서 설명한 또 한 가지 개념은 지구 대기의 대부분이 지표 부근에 밀집해 있고, 이 때문에 고도가 높아질수록 처음에는 급속히, 그런 뒤 서서히 기압이 하강한다는 것이다.

따라서 기압을 변화시키는 방법 중 하나는 대기를 따라 위아래로 움직이는 것이다. 그렇다면 기압을 수평으로 변화시키는 것은 무엇일까? 그리고 지상의 기압은 왜 변화할까?

수평기압의 변화 이러한 질문에 대답하기 위해 대기의 복잡성을 일부 단순화하기 위해 간단한 모델을 설정한다. 그림 6.1은 단순한 대기 모델, 즉 지표에서 대기권 높이까지 올라가는 공기 기둥을 보여주고 있다. 공기 기둥의 점들은 공기 분자를 말해 준다. 그림의 모델을 보면 (1) 실제 대기와는 달리 공기 분자들이 지표 가까이에 밀집되어 있지 않고 지면에서 기둥 꼭대기까지 공기밀도가 일정하고, (2) 공기 기둥의 폭은 고도에 따라 변화하지 않고, (3) 공기는 자유로이 기둥 속으로 들어가거나 나올 수 없다.

그림 6.1에서 기둥 속으로 공기를 더 집어넣는다고 가정해 보자. 어떤 일이 일어날까? 기둥 안의 기온에 변화가 없다면 추가된 공기로 인해 기둥의 밀도는 높아질 것이다. 또 기둥 속 공기질량의 추가로 지상기압은 증가할 것이다. 마찬가지로 기둥에서 공기를 다량 제거하면 지상기압은 감소할 것이다. 결과적으로, 지상기압을 변화시키기 위해서는 공기 기둥의 질량을 변화시켜야 한다. 그렇다면 이러한 현상은 어떻게 발생할 수 있나? 그림 6.1의 가정을 전제로 그림 6.2a를 보자.

표시된 2개의 공기 기둥이 같은 고도에 위치해 있고 똑같은 지상기압을 갖고 있다고 가정해 보자. 이 조건은 물론 두 도시 위의 각 공기 기둥에 포함된 공기의 분자 수와 질량이 동일하다는 뜻이다. 더 나아가 두 도시의 지상기압에 변화가 없는 가운데 도시 1 상공의 대기는 냉각되는 반면, 도시 2 상공의 대기는 가열된다고 가정해 보자(그림 6.2b 참조). 기둥 1의 공기가 냉각됨에 따라 분자들은 보다 서서히 이동, 서로 가까이 밀집함에 따라 공기밀도는 증가하게 된다. 한편, 도시 2 상공의 따뜻한 대기에서 공기 분자들은 보다 빨리 움직여 서로 떨어지게 됨에 따라 공기밀도가 줄어든다.

두 기둥의 폭에는 변화가 없으므로(그리고 두 기둥 사이에 보이지 않는 장벽이 있다고 가정할 때) 지상기압에

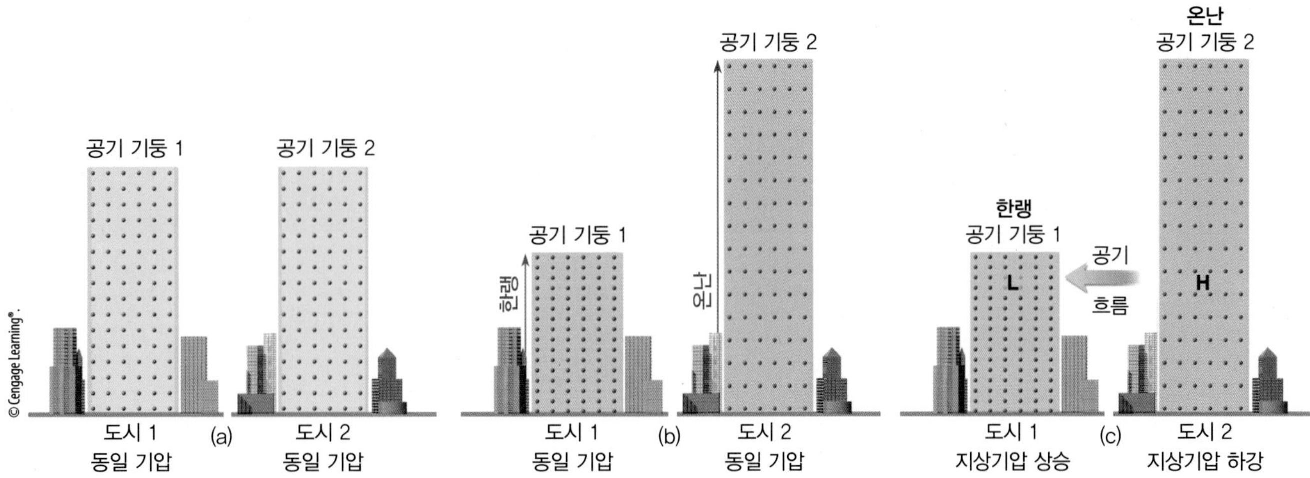

그림 6.2 ● 온도의 변화가 수평 기압차를 발생시키는 것을 보여주는 그림. 키가 큰 따뜻한 공기 기둥과 똑같은 압력을 미치려면 찬 공기 기둥은 키가 작아야 한다. 따라서 상공의 찬 공기는 저기압과 관계되며 따뜻한 공기는 고기압과 연관된다. 상공의 기압차는 공기가 고기압역에서 저기압역으로 이동하는 힘을 일으킨다. 기둥 2에서 공기를 제거하면 지상기압은 하강하고 기둥 1에 공기가 추가되면 지상기압은 상승한다.

는 변화가 없으며 두 도시 상공의 총 공기 분자 수는 같아야 한다. 그러므로 도시 1 상공의 밀도가 큰 찬 공기에서는 기둥이 수축되는 반면, 도시 2 상공의 밀도가 작은 따뜻한 공기에서는 기둥이 팽창한다.

그 결과 도시 1 상공에는 상대적으로 키가 작은 찬 공기 기둥이 있고 도시 2 상공에는 상대적으로 키가 큰 더운 공기 기둥이 생기게 된 셈이다. 여기서 우리는 상대적으로 키가 크고 밀도가 작은 따뜻한 공기 기둥과 똑같은 지상기압이 유지되려면 상대적으로 키가 작고 밀도가 큰 찬 공기 기둥이 되어야 한다는 결론을 도출할 수 있다. 이러한 개념은 기상학적으로 상당한 중요성을 지니고 있다.

찬 공기 기둥에서는 고도에 따라 기압이 보다 빨리 감소한다. 도시 1 상공의 찬 공기(그림 6.2b 참조)에서는 위로 올라갈수록 기압이 급속히 감소한다. 그러나 밀도가 작은 따뜻한 공기에서는 같은 고도를 올라갈 때 상대적으로 적은 양의 공기 분자를 타고 오르는 셈이므로 위로 올라갈수록 천천히 기압이 감소한다.

그림 6.2c에서 따뜻한 공기 기둥의 *H*자 표시 높이까지 그리고 같은 높이의 찬 공기 기둥의 *L*자 표시 높이까지 올라가 본다. 수직으로 같은 거리임에도 따뜻한 공기 기둥 속 *H*자 위의 공기 분자가 차가운 공기 기둥 속 *L*자 위의 공기 분자보다 많다는 점에 유의하라. 이를 통해 어떤 고도 위의 공기 분자수로 기압을 측정할 수 있다는 사실로 중요한 개념을 도출할 수 있다. 즉, 상공의 따뜻한 대기는 일반적으로 고기압과 연관되며 상공의 찬 공기는 저기압과 연관된다는 사실이다.

그림 6.2c에서 수평기온차는 수평기압차를 야기한다. 압력의 차는 기압경도력(pressure gradient force, PGF)이라고 하는 힘을 만들어 낸다. 이 힘에 따라 대기는 고기압에서 저기압으로 이동한다. 만약 두 개의 기둥 사이의 보이지 않는 장벽을 제거하여 공기가 수평 방향으로 이동할 수 있다고 가정할 때, 공기는 기둥 2에서 기둥 1로 이동할 것이다. 공기가 기둥 2를 빠져나감에 따라 이 기둥의 공기 질량은 감소하며, 따라서 지상기압도 감소한다. 한편 기둥 1의 공기 축적은 이 기둥 아래 지상기압을 상승시킨다.

공기 기둥 1의 지면에 위치한 상대적으로 높은 기압과 공기 기둥 2의 지면에 위치한 상대적으로 낮은 기압 때문에 지면의 공기는 도시 1에서 도시 2로 이동한다(그림 6.3 참조). 지면공기가 도시 1에서 멀리 이동함에 따라 높이 자리 잡은 공기는 서서히 가라앉아 이렇듯 밖으로 확산되는 지면공기를 대체한다. 도시 1의 지면공기는 도시 2로 흘러간 뒤 서서히 상승하여, 높은 위치에 있다가 빠져나

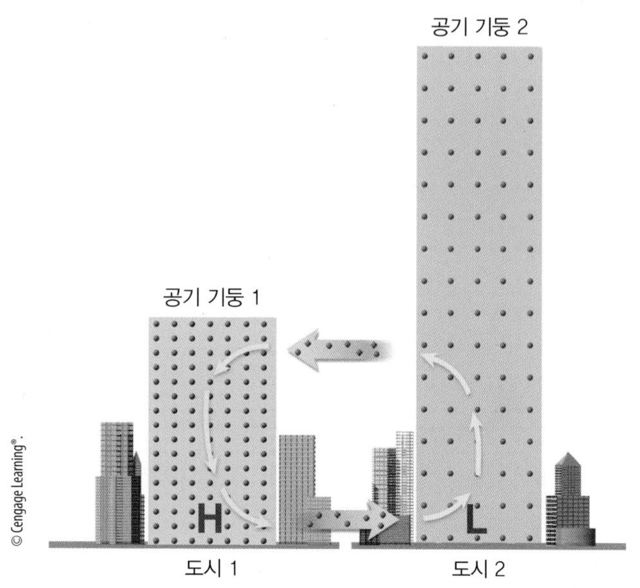

그림 6.3 ● 공기 기둥의 가열과 냉각은 상공과 지면에서 수평기압 변화를 일으킨다. 이러한 기압 변화는 상대적으로 기압이 높은 곳에서 낮은 곳으로 공기를 이동시킨다. 이러한 수평 공기 이동에 의해 공기는 지상 고기압의 상공에서 서서히 하강하다가 지상 저기압의 상공에서 상승한다.

간 공기를 대체한다. 이런 방법으로 공기 기둥의 가열과 냉각에 따라 공기의 완전 순환이 이루어진다. 7장에서 배우게 되듯이, 이러한 형태의 열적 순환은 전 세계에 걸쳐 나타나는 다양한 바람들의 원인이 된다.

요약하면, 공기 기둥을 가열 또는 냉각시킴으로써 공기를 이동시키는 기압의 수평 변화를 일으킬 수 있다. 이로 인해 발생하는 기압의 수평적 차이는 바람을 불게 한다.

기압의 측정 지금까지는 어떤 고도의 대기의 무게 개념으로 기압을 설명했다. 기압은 주어진 면적 위의 공기 분자들이 주위에 미치는 힘으로 정의할 수도 있다. 수십억 개의 공기 분자들은 인체에 끊임없이 힘을 미친다. 이 힘은 모든 방향에서 고르게 미친다. 그러나 인체 내부의 수십억 개에 달하는 분자들도 바깥쪽으로 같은 강도의 힘을 미치기 때문에 인체는 파열되지 않는다.

사람은 비록 공기 분자들이 몸에 끊임없이 충돌하는 것을 느끼지 못할지라도 빠른 변화를 감지할 수는 있다. 이를테면 높은 곳을 급히 올라갈 때 귀에서 소리가 나는 것을 느낄 수 있다. 이것은 기압이 감소함에 따라 고막 밖의 공기충돌이 감소하기 때문이다. 고막 안과 밖 사이의 공기충돌이 균형을 이룰 때까지 귀에서 소리가 난다.

기압의 변화를 감지하여 측정하는 기계를 기압계라고 한다. 기압의 단위로는 hPa(hectopascal)을 사용한다. 1 hPa은 종래 사용하던 1 mb(millibar)와 같은 값으로 1 m^2의 면적에 1 Newton의 힘이 작용하는 압력을 1 Pa(Pascal)이라 하고 이에 100배를 뜻한다. 해면에서의 평균 또는 **표준기압**(standard atmospheric pressure)은

$$1013.25\text{ hPa} = 1013.25\text{ mb} = 29.92\text{ in.Hg} = 76\text{ cmHg}$$

이다. 그림 6.4는 hPa과 in.Hg로 표시된 기압의 도표이다. 기압은 **기압계**(barometer)로 측정한다. 1643년, 갈릴레오 갈릴레이(Galileo Galilei)의 제자 토리첼리(Evangelista Torricelli)가 **수은 기압계**(mercury barometer)를 발

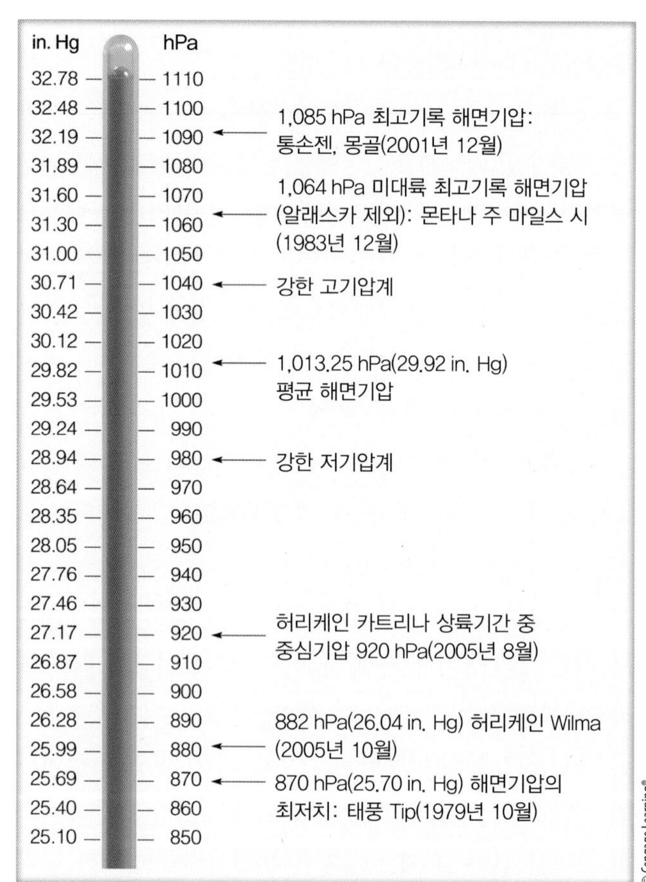

그림 6.4 ● 기압을 in.Hg와 hPa 두 가지로 표시한 눈금표.

FOCUS ON A SPECIAL TOPIC 6.1

대기와 기체법칙

대기에서 압력, 온도, 밀도 사이의 관계는 다음과 같이 표현할 수 있다.

$$\text{압력} = \text{온도} \times \text{밀도} \times \text{상수}$$

이 간단한 관계식을 기체법칙 또는 기체의 상태방정식이라 한다. 여기서 상수를 무시하고 기체의 법칙을 기호로 표시하면 다음과 같이 된다.

$$p \sim T \times \rho$$

여기서 p는 압력, T는 온도, ρ는 밀도다. 선 ~는 '…에 비례하는'이란 뜻을 지닌다. 하나의 변수에 변화가 생기면 나머지 두 변수에도 상응하는 변화가 생긴다. 따라서 변수 하나를 상수로 놓고 나머지 두 변수의 운동을 관측하면 기체의 운동을 보다 쉽게 이해할 수 있다.

예를 들어, 온도를 일정하게 유지하면

$$p \sim \rho(\text{일정한 온도})$$

의 관계가 될 것이다. 이것은 기체의 압력은 온도에 변화가 없는 한 그 밀도에 비례한다는 뜻이다. 다시 말해 공기 등 기체의 온도가 일정할 때 압력은 밀도의 증가에 따라 역시 증가한다. 또 압력이 감소함에 따라 밀도도 감소한다. 다시 말하면 동일한 온도에서 기압이 높은 공기는 기압이 낮은 공기보다 큰 밀도를 갖는다. 이 개념을 대기에 적용하면 온도와 고도가 거의 같을 경우 고기압역 상공의 공기는 저기압역 상공의 공기보다 밀도가 크다(그림 1 참조). 그러면 지상 고기압과 지상 저기압의 형성은 이들 기압계 상공의 밀도(공기의 질량)가 변해야만 함을 알 수 있다.

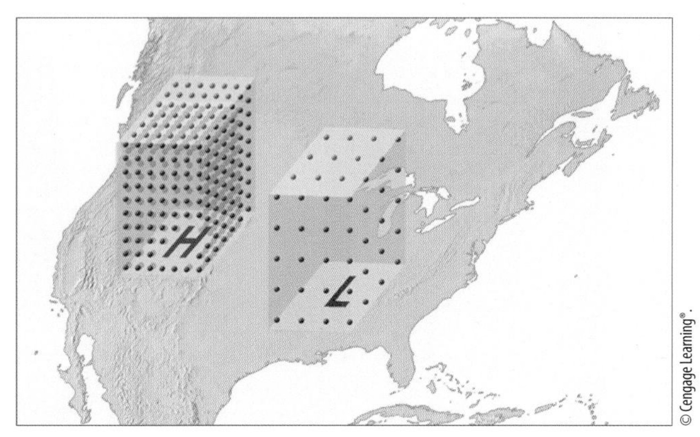

그림 1 ● 지상기압이 높은 지역 상공의 대기는 지상기압이 낮은 지역 상공의 대기보다 밀도가 크다(기온이 동일하다는 전제 하에). 기둥 속의 점들은 공기 분자를 나타낸다.

앞에서 온도가 일정할 때 압력과 밀도는 비례한다고 설명했다. 그렇다면 기체의 압력이 일정하다면 기체법칙은 어떻게 되는가? 간단히 기호로 표시하면 기체법칙은

$$(\text{일정한 압력}) \times \text{상수} = T \times \rho$$

가 된다.

이것은 압력이 일정할 경우 온도가 올라감에 따라 밀도는 작아진다는 이야기다. 따라서 일정한 기압에서 찬 공기는 따뜻한 공기보다 밀도가 크다. 찬 공기가 더운 공기보다 밀도가 크다는 개념은 수평 방향으로 압력의 변화가 적은 경우 동일 고도의 대기를 비교할 때에 한해 적용된다는 점을 유념해야 한다.

명했다. 오늘날 사용되는 것과 비슷한 그의 기압계는 한쪽 끝은 열려 있고 다른 쪽은 닫혀 있는 기다란 유리관으로 되어 있다(그림 6.5 참조). 토리첼리는 관에서 공기를 제거하고 유리관의 열린 끝을 덮은 채 아랫부분은 수은접시에 담갔다. 이런 상태에서 덮개를 제거했을 때 수은이 접시 바닥에서 거의 76 cm 가량 유리관을 타고 올라갔다. 토리첼리는 유리관 속 수은 기둥의 높이가 접시 위 공기의 무게를 나타내며, 따라서 수은 기둥의 높이가 기압의 크기라는 결론을 내렸다. 수은 기압계는 현재도 많은 곳에 사용되고 있으나, 유럽을 비롯한 많은 곳에서는 수은이 인체 건강에 미치는 유해성 때문에 수은 기압계를 더 이상 생산 또는 판매하지 않고 있다.

가장 보편적으로 사용되는 기압계인 **아네로이드 기압계**(aneroid barometer)에는 액체가 들어 있지 않다. 이 기기 속에는 작고 신축성 있는 금속상자가 들어 있다. 아네로이드 셀(공합)이라고 하는 이 금속상자를 완전히 밀폐하

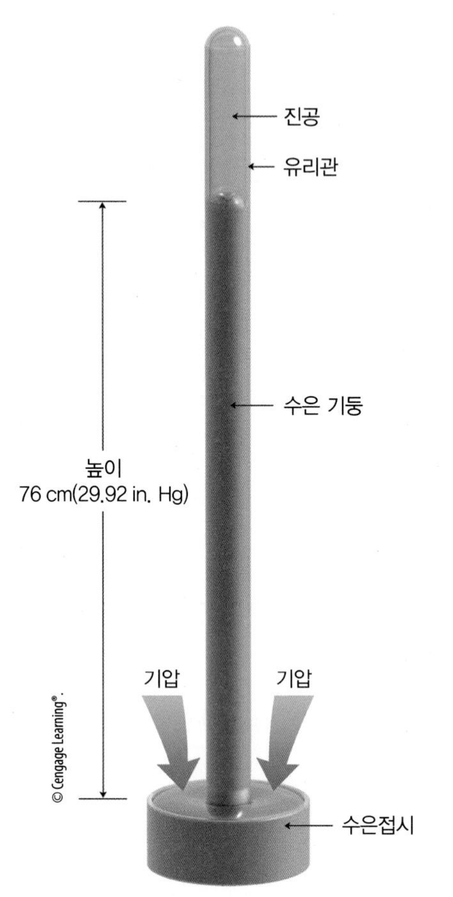

그림 6.5 ● 수은 기압계. 수은 기둥의 높이가 기압의 크기를 가리킨다.

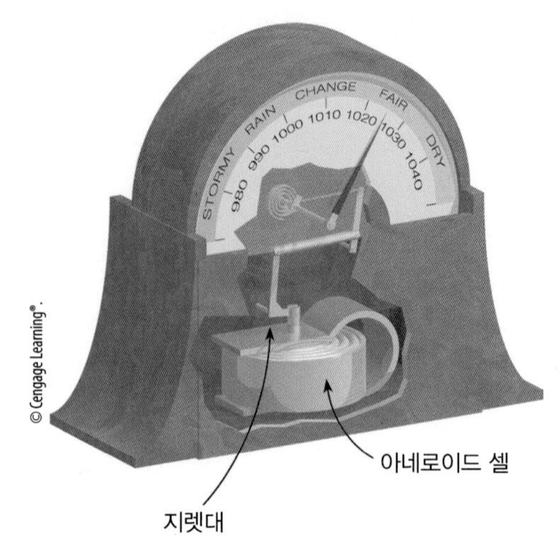

그림 6.6 ● 아네로이드 기압계.

기 전 공기를 일부 제거하여 외부의 작은 기압 변화에도 상자가 팽창 또는 수축될 수 있게 했다. 각기 다른 기압에 따른 상자의 크기 변화를 지렛대로 증폭하여 표시기로 송신하면 현재의 기압이 표시된다(그림 6.6 참조).

아네로이드 기압계는 종종 특정 기압의 수치 위에 기상 관련 문구를 표시해 주기도 한다. 이런 수식어는 기압의 정도에 따라 예상되는 기상조건을 말해 준다. 기압이 높을수록 맑은 날씨가 될 가능성이 있고, 기압이 낮을수록 궂은 날씨가 될 가능성이 있다. 지상기압이 높으면 공기가 하강하며 날씨가 맑아지는 반면, 기압이 낮으면 공기가 상승, 구름이 끼고 습한 날씨가 된다.

아네로이드 기압계에는 고도계와 자기 기압계의 두 유형이 있다. 고도계는 압력을 측정하는 아네로이드 기압계이면서 고도를 나타내는 눈금이 그려져 있다. 자기 기압계는 기록용 아네로이드 기압계이다. 기본적으로 자기 기압계는 표시기와 그곳에 붙어 있는 펜으로 구성되어 있으며, 이것은 기록지에 연속적인 기압의 변화를 기록한다. 기록지는 내장된 시계에 의해 서서히 돌아가는 드럼에 부착되어 있다(그림 6.7 참조). 많은 비행기에는 레이더를 이용하여 지상까지의 거리를 측정하는 방식의 고도계가 장착되어 있다. 이 장비는 특히 비행기의 고도가 급격히

알고 있나요?

1013.25 hPa이 해면에서의 표준기압으로 사용되고 있지만, 그것이 실제의 해면 평균 기압은 아니다. 지구상에서의 평균 해면 기압은 1011.0 hPa이다. 대부분의 지표면이 해면보다 높이 위치하기 때문에, 연평균 지표면 기압은 984.43 hPa 정도다.

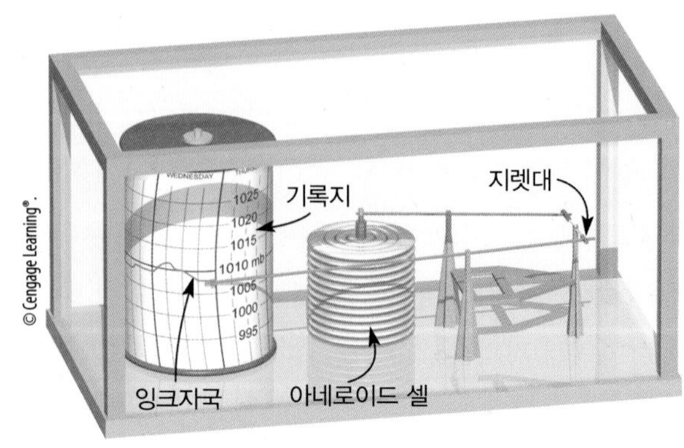

그림 6.7 ● 자기기압계.

변화하는 착륙 시에 매우 중요하다.

디지털 기압계는 점점 더 보편적으로 이용되고 있다. 이러한 기압계는 표면에 작용하는 압력의 변화를 정밀하게 감지할 수 있는 변환기를 장착하고 있어서, 압력의 변화를 전기적인 신호로 측정할 수 있다. 이러한 디지털 기압계는 크기가 매우 작아 스마트폰 등에 장착된다.

기압 읽기 수은 기둥의 높이를 읽어 기압을 알아내는 것은 간단한 일처럼 보이지만 실제로는 그리 간단하지 않다. 수은은 액체이므로 온도 변화에 민감하며, 가열되면 팽창하고 냉각되면 수축한다. 따라서 온도의 영향을 받지 않고 정확하게 기압을 측정하려면 모든 수은 기압계가 동일한 온도에서 읽은 것처럼 보정되어야 한다. 또 지구는 완전한 구가 아니므로 중력도 일정하지 않다. 아무리 작은 중력의 차이라 할지라도 수은 기둥의 높이에 영향을 주기 때문에 수은 기압계를 읽을 때는 이러한 변수들을 고려해야 한다. 더욱이 기압계 자체의 오차, 즉 유리관에 대한 수은의 표면 장력에 부분적으로 기인하는 기차(instrument error)도 있다. 온도, 중력, 기차 등을 고려해 보정을 거친 후 특정 위치, 특정 고도에서 읽은 기압을 **관측소 기압**(station pressure)이라고 한다.

그림 6.8a는 불과 수백 km씩 떨어진 4개 위치에서 측정한 관측소 기압을 보여주고 있다. 이들 4개 도시의 기압차는 이들 도시의 고도가 각기 다르기 때문에 나타난다. 수평으로 움직일 때보다 연직으로 움직일 때 훨씬 더 크게 기압이 변화한다는 점을 감안하면 이 사실은 더욱 명

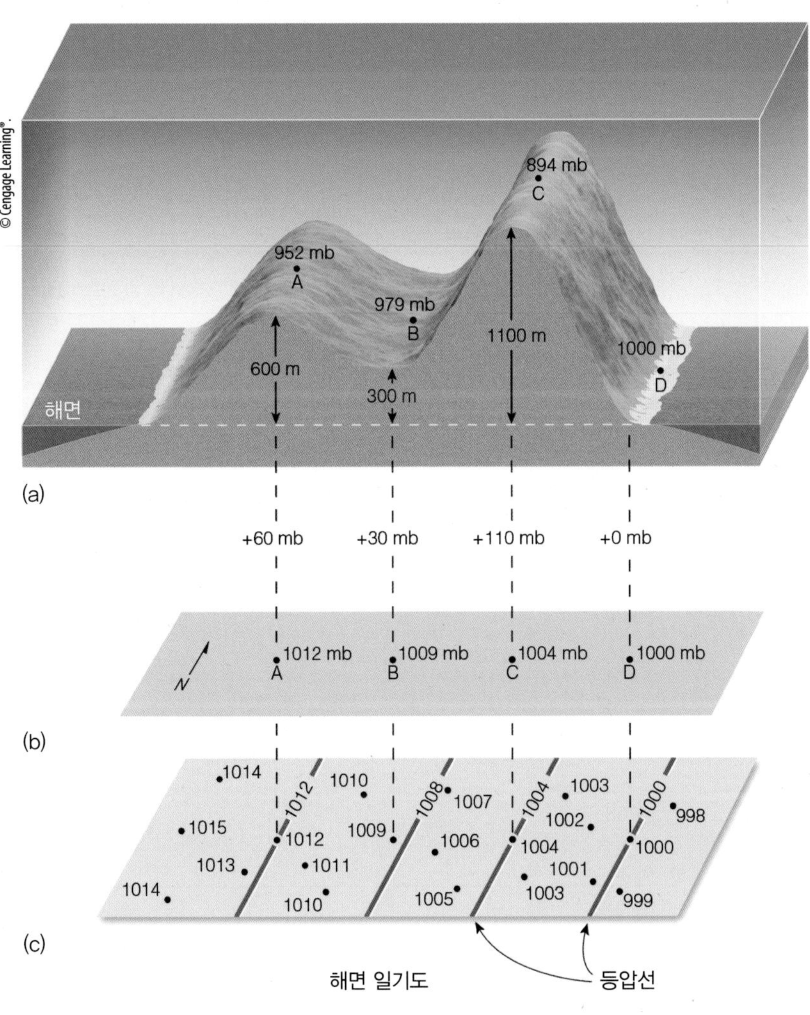

그림 6.8 ● 맨 위의 그림 (a)는 고도가 각기 다른 A, B, C, D 4개 도시의 각기 다른 관측소 기압을 나타내고 있다. 중간의 그림 (b)는 이들 4개 도시에서 해면 일기도 위에 기입한 각각의 해면기압을 보여주고 있다. 그림 (c)는 4 hPa씩 간격을 두고 그려진 등압선을 보여 준다.

백해진다. 두 개의 관측소 간 고도 차이가 작아도 관측소 기압의 차이는 크게 나타날 수 있다. 그러므로 기압의 수평 변화를 제대로 알아내려면 고도에 따른 보정을 거쳐 기압계를 읽어야 한다.

고도가 다른 두 곳에서 읽은 기압을 직접 비교할 수 있도록 고도보정이 이루어진다. 기압 관측소들은 고도를 평균해수면으로 조정해 기압을 읽는다. 이처럼 표고를 조정해 읽은 기압을 **해면기압**(sea-level pressure)이라고 한다.

지표 부근의 기압은 고도가 100 m 올라갈수록 평균 10 hPa씩 감소한다. 그림 6.8a에서 보면 도시 A의 관측소 기압은 952 hPa이다. 그리고 이 도시의 해발고도는 600 m이다. 이 관측소 기압에 높이 100 m당 10 hPa씩 더하면 해면기압은 1,012 hPa이 된나(그림 6.8b 참조). 모든 관측소 기압을 해면으로 조정하고 나면 해면기압의 수평 변화를 알 수 있게 된다. 그림 6.8a에서처럼 관측소 기압만으로는 이것을 알 수 없다.

기압 자료를 더 추가하면(그림 6.8c) 기상도를 분석하여 기압 패턴을 시각적으로 나타낼 수 있다. 1,000 hPa을 기점으로 하여 4 hPa씩 간격을 두고 굵은 선으로 **등압선**(isobar)을 그린다. 이 그림에서 보면 등압선은 모든 점을 통과하지 않고 그들 점 사이를 지나간다. 예를 들면, 1,008 hPa 등압선 상에는 1,008 hPa의 기압을 가진 점은 없다. 그러나 1,008 hPa 등압선은 해면기압이 1,010 hPa인 관측소보다는 1,007 hPa인 관측소를 더 가까이 지나간다. 등압선이 그려진 그림 6.8c의 일기도를 해면 일기도 또는 **지상 일기도**(surface map)라고 한다.

지상 일기도와 상층 일기도

그림 6.9a는 고기압역과 저기압역을 보여주는 간단한 지상 일기도이며 화살표는 바람의 방향을 나타낸다. 지도 상의 대문자 *H*는 **고기압**(anticyclone)의 중심을 나타내며 대문자 *L*은 저압부, **중위도 저기압**(mid-latitude cyclone storm), 또는 온대 서기압이라고 하는 저기압의 중심을 나타낸다. 굵은 선은 hPa 단위로 표시된 등압선을 나타낸다. 지상의 바람은 등압선을 가로질러 저기압역으로 부는 경향을 보인다. 1장에서 간단히 언급한 바와 같이, 북반구에서 바람은 반시계 방향으로 저기압의 중심으로 불어 들어가고 고기압의 중심에서는 시계 방향으로 불어 나온다.

그림 6.9b는 그림 6.9a의 지상 일기도와 같은 날 그린 상층 일기도이다. 상층 일기도는 정압(등압) 위의 지표상 고도 변화를 보여주도록 구성된 것이므로 **등압면도**

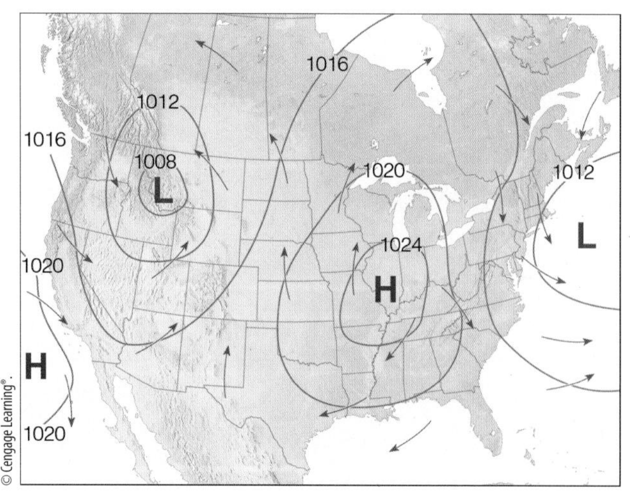

(a) 지상 일기도

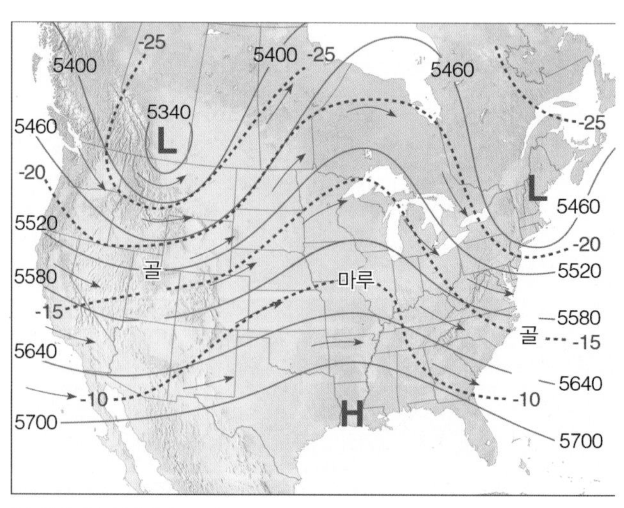

(b) 상층 일기도(500 hPa)

그림 6.9 ● (a) 고기압과 저기압을 보여주는 지상 일기도. 굵은 선은 4 hPa 간격으로 그려진 등압선이며 화살표는 풍향이다. (b) 같은 날 그려진 상층 일기도. 이 500 hPa 일기도의 굵은 선은 등고선(m)이며, 점선은 등온선(℃), 화살표는 풍향을 나타낸다.

> **알고 있나요?**
>
> 1962년 10월 12일, 태평양 북서부 해안 근처에서 발생한 강력한 중위도 저기압 폭풍이 미국 오레곤과 워싱턴주를 강타했다. 중심기압이 960 hPa인 이 폭풍의 강력한 기압경도력으로 인해, 폭풍의 동쪽인 캘리포니아와 브리티시 컬럼비아에 걸친 태평양 해안에 시속 120 km가 넘는 강력한 바람이 불었으며, 오레곤주 카페 블랑코에서는 순간 시속 288 km의 강풍이 관측되었다.

(isobaric map)로 불리기도 한다. 이 등압면도에는 기압 500 hPa(해발 약 5,600 m) 등압면상의 고도 변화가 나타나 있다. 따라서 이 지도를 500 hPa 일기도라고 한다. 그림 6.9b에 500 hPa 고도는 5,340 m에서 5,700 m 범위를 나타낸다. 중위도 지역에서 500 hPa 고도는 대체로 약 5,600 m 정도이다. **등고선**(contour line)은 같은 고도에 해당하는 지역을 연결한 선이며 등압선처럼 기압을 설명해 주기도 한다. 따라서 낮은 고도의 등고선은 저기압역을 의미하며 높은 고도의 등고선은 고기압역을 나타낸다.

그림 6.9b의 500 hPa 일기도에서 등고선의 값이 남쪽에서 북쪽으로 갈수록 작아지는 점을 주목하라. 이 현상은 (빨간색)점선, 즉 등온선으로 설명된다. 북쪽으로 갈수록 공기는 차가워지고 남쪽으로 갈수록 공기는 따뜻해진다. 앞서 설명한 바와 같이 상층의 찬 공기는 저기압과 관계가 있고, 따뜻한 공기는 고기압과 관계가 있다는 점도 생각하자. 등고선은 곧게 뻗어 있지 않고 굴곡을 이루면서 공기가 상대적으로 따뜻한 **마루**(ridge)와 공기가 상대적으로 찬 **골**(trough)을 나타내고 있다. 500 hPa 일기도의 화살표는 바람의 방향을 표시한다. 그림 6.9a에서 지상의 바람이 등압선을 가로지르는 것과는 달리 500 hPa 일기도의 바람은 대체로 서에서 동으로 등고선과 평행한 방향으로 불고 있다.

기상학자들은 지상 일기도 및 상층 일기도를 중요한 도구로 사용한다. 지상 일기도는 고기압과 저기압의 중심 위치, 그리고 이같은 구조와 관련된 바람과 기상현상을 설명해 준다. 이에 반해 상층 일기도는 일기를 예측하는 데 매우 중요한 역할을 한다. 상층의 바람은 지상의 기압체계 이동뿐만 아니라 지상기압계의 강화 또는 약화를 결정하는 요인이 된다.

지금까지 설명한 지상 일기도와 상층 일기도를 이용해 지상과 상공에서 바람이 부는 모습이 왜 다른지를 규명해 보자.

바람이 부는 까닭

바람이 부는 까닭에 대한 인간의 지식은 수세기 전으로 거슬러 올라간다. 공기의 운동을 이해하는 데 많은 과학자의 공로가 있으나 그중에서도 여러 가지 근본적인 운동 법칙을 정립한 뉴턴(1642~1727)의 공로가 가장 결정적이다.

뉴턴의 운동법칙 뉴턴의 첫 번째 운동법칙을 기술하면 다음과 같다. 어떤 물체에 힘이 가해지지 않는 한 정지 상태의 물체는 정지 상태로, 운동 상태의 물체는 운동 상태로 직선을 따라 일정한 속도로 움직인다. 예를 들면, 투수의 손에 있는 야구공은 힘(밀어내는)이 가해지기 전에는 투수의 손에 남아 있을 것이며 일단 던져진 공은 공기마찰력(공의 운동을 늦추는), 중력(땅으로 끌어당기는), 그리고 포수의 미트(공을 정지시키려는 반대 방향의 같은 힘)가 없다면 계속 그 방향으로 움직일 것이다. 마찬가지로 공기를 움직이기 시작하게 하고, 그 속도를 빠르게 또는 늦게 하고, 심지어는 방향을 바꾸게 하려면 외부 힘이 작용해야 한다. 여기서 뉴턴의 제2법칙은 어떤 물체에 가하는 힘은 물체의 질량에 가속도를 곱한 것과 같다는 것이다. 이 법칙은 수식으로 다음과 같이 표시할 수 있다.

$$F = ma$$

이 식에서 물체의 질량(m)이 일정할 때 그 물체에 작용하는 힘(F)은 이때 일어나는 가속도(a)와 직접 관계된다는 사실을 알 수 있다. 힘의 가장 간단한 형태는 밀기와 당기기이다. 가속도는 물체의 속도를 빠르게 하거나 느리게 하며 또는 방향을 변화시키는 것을 말한다.

FOCUS ON A SPECIAL TOPIC 6.2

등압면도

그림 2는 따뜻하고 상대적으로 밀도가 낮은 공기가 남쪽으로 자리 잡고, 차고 상대적으로 밀도가 높은 공기는 북쪽으로 자리 잡고 있는 공기 기둥을 보여 준다. 공기 기둥 꼭대기의 회색 구역은 압력이 일정한 등압면을 보여주며, 그곳의 기압은 지면을 따라 모든 지점에서 500 hPa이다.

등압면의 고도는 일정하지 않다는 점을 주목하라. 상대적으로 따뜻한 공기에서는 상대적으로 높은 고도에서 기압이 500 hPa로 측정되나, 상대적으로 찬 공기에서는 500 hPa의 기압이 훨씬 낮은 고도에서 관측된다. 500 hPa 등압면의 고도 변화는 공기 기둥 밑바닥에 위치한 등압선도에서 등고선으로 표시되어 있다. 각각의 등고선은 기압이 500 hPa로 측정되는 해발고도를 말해 준다. 앞서 그림 6.2와 그림 6.3에서 기압에 대해 알아본 바에 따라 예상할 수 있듯이, 따뜻한 공기에서는 고도가 상대적으로 높고 찬 공기에서는 고도가 상대적으로 낮다.

등고선은 고도를 나타내는 선이지만 그들은 등압선과 마찬가지로 기압을 설명해 주고 있음을 유의하라. 고도가 높은(따뜻한 공기 윗부분) 등고선은 상대적으로 고기압 지역을 의미하고 고도가 낮은(찬 공기 윗부분) 등고선은 저기압 지역을 의미하기 때문이다.

여러 경우 등압면도의 등고선은 직선이 아니며 파 모양을 하고 있는 것처럼 보인다. 그림 3은 일기도상 이들 파 모양 등고선이 등압면의 고도 변화와 어떻게 관련되는지를 설명해 준다.

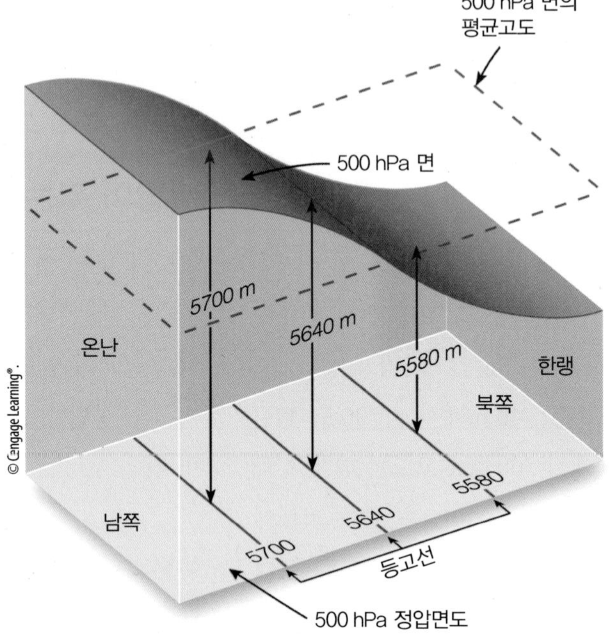

그림 2 ● 그림에서 회색으로 칠해진 구역은 기압이 같은 면을 의미한다. 공기 밀도의 변화 때문에 등압면은 따뜻하고 상대적으로 밀도가 낮은 공기에서는 올라가고 차고 밀도가 높은 공기에서는 내려간다. 등압면(500 hPa)의 고도 변화는 500 hPa 등압면도에서 등고선으로 나타나 있다.

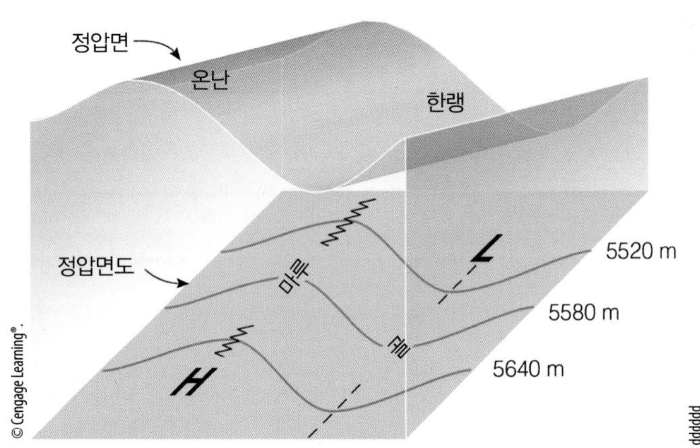

그림 3 ● 파 모양을 하고 있는 등압면의 패턴은 기온의 변화를 반영한다. 등압면도에서 따뜻한 공기 윗부분의 길게 연장된 구역은 상대적으로 높은 고도와 마루로 나타나 있고 상대적으로 찬 공기는 낮은 고도와 골로 표시되어 있다.

물체에는 하나 이상의 힘이 작용하기 때문에 뉴턴의 제2법칙은 항상 결과적인 힘의 순(net) 또는 총량에 관한 것이다. 물체는 항상 물체에 작용하는 총 힘의 방향으로 가속한다. 그러므로 바람이 부는 방향을 알아내려면 공기의 수평 이동에 영향을 미치는 모든 힘을 밝혀내 검토해 봐야 한다. 이들 힘은

1. 기압경도력
2. 코리올리힘
3. 마찰력

등이다.

먼저 상층 대기의 흐름에 영향을 미치는 힘에 대해 학습한 후 지표 부근에서 바람을 변경시키는 힘에는 어떤 것이 있는지 알아보기로 하자.

바람에 영향을 미치는 힘 수평기압차로 공기가 이동하여 바람이 분다는 사실을 앞서 설명한 바 있다. 공기는 보이지 않는 기체이므로 물과 같이 잘 보이는 액체를 통해 기압차의 원리를 이해하는 것이 쉬운 방법이다.

그림 6.10을 보면 2개의 커다란 탱크가 파이프로 연결되어 있다. 탱크 A에는 물이 2/3 정도 차 있고, 탱크 B에는 물이 반만 차 있다. 두 탱크 밑바닥의 수압은 그 위 물의 무게에 비례하므로 탱크 A 밑바닥의 수압이 탱크 B 밑바닥 수압보다 높다. 또 액체의 압력은 모든 방향으로 균일하게 작용하므로 탱크 A에서 탱크 B로 향하는 파이프 속의 압력이 탱크 B에서 탱크 A로 향하는 압력보다 크다.

압력은 단위면적에 미치는 힘이기 때문에 탱크 A에서 탱크 B 쪽으로 순 힘이 작용해야 한다. 이 힘이 물을 왼쪽에서 오른쪽으로, 고압에서 저압으로 흘러가게 한다. 압력차가 클수록 힘은 더 강해지며 물의 이동 속도는 더 빨라진다. 마찬가지로 수평기압차가 공기를 움직이게 한다.

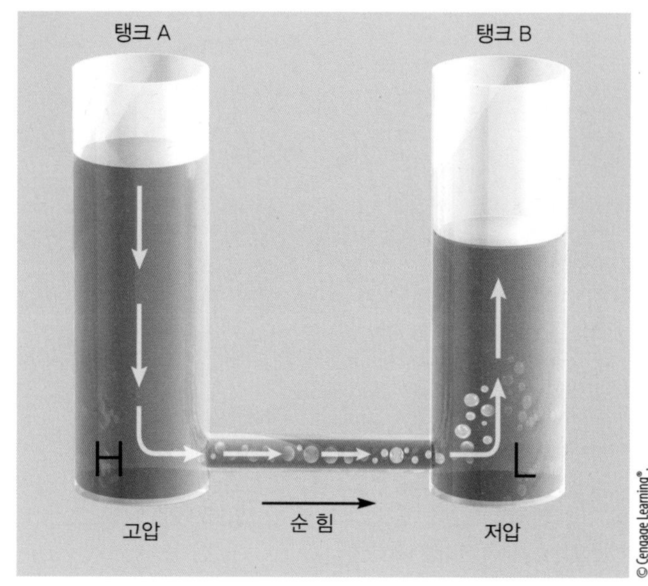

그림 6.10 ● 탱크 A의 높은 수위는 탱크 A 밑바닥에 높은 수압을 미치고, 탱크 B 밑바닥의 낮은 수압 쪽으로 작용하는 순 힘을 창출해 낸다.

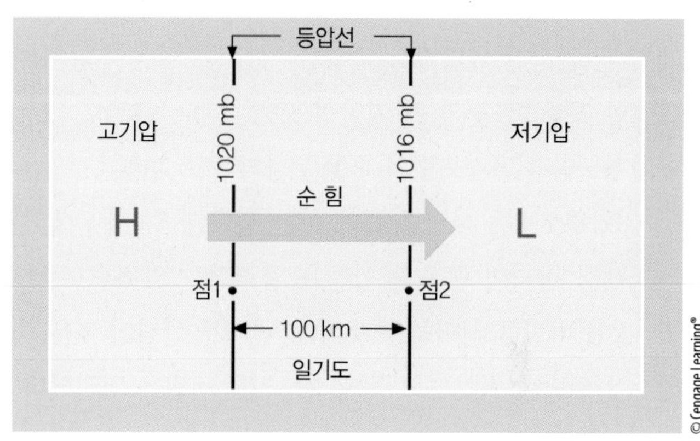

그림 6.11 ● 점 1과 2 사이의 기압경도는 100 km당 4 hPa이다. 고기압에서 저기압 쪽으로 작용하는 순 힘을 기압경도력이라 한다.

기압경도력 그림 6.11은 왼쪽의 고기압역과 오른쪽의 저기압역을 보여준다. 등압선은 수평기압 변화가 어떻게 일어나는지를 보여주고 있다. 주어진 거리에서 일어나는 기압 변화의 양을 계산해 보면 **기압경도**(pressure gradient)를 구할 수 있다.

$$\text{기압경도} = \frac{\text{기압차}}{\text{거리}}$$

그림 6.11에서 점 1과 2 사이의 기압경도는 100 km당 4 hPa이다.

그림 6.11에서 기압이 변한다고 가정해 보자. 그리고 등압선 간격이 좁아진다고 가정해 보자. 이러한 조건에서는 비교적 짧은 거리에서 급격한 기압 변화가 일어날 것이다. 즉, 급격한(또는 강한) 기압경도가 나타날 것이다. 그러나 기압이 변하되 등압선 간격이 넓어질 경우는 비교적 먼 거리에서 작은 기압차가 나타날 것이다. 이 같은 상황을 완만한(또는 약한) 기압경도라고 한다.

그림 6.11을 보면 수평기압차가 존재할 때 순 힘이 공기에 작용함을 알 수 있다. **기압경도력**(pressure gradient

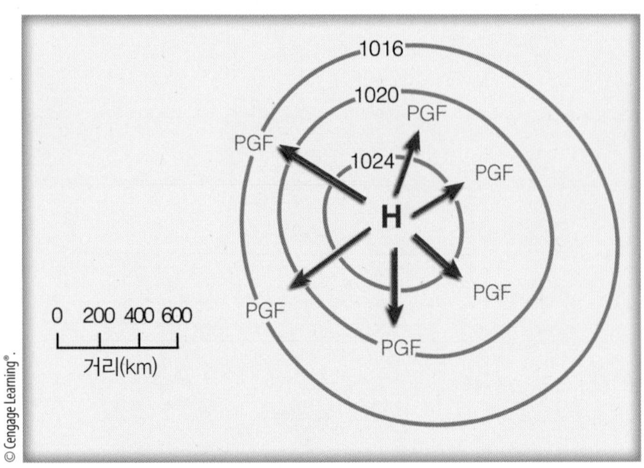

그림 6.12 ● 등압선 간격이 좁을수록 기압경도는 크며, 기압경도가 클수록 기압경도력도 커진다. 화살표는 항상 고기압에서 저기압 쪽으로 작용하는 힘의 상대적 크기를 나타낸다.

force, PGF)은 등압선에 대해 직각으로 고기압에서 저기압 쪽으로 작용한다. 이 힘의 크기는 기압경도와 직접 관계된다. 급격한 기압경도는 강한 기압경도력을 작용하며 완만한 기압경도는 약한 기압경도력을 낸다. 그림 6.12는 기압경도와 기압경도력의 관계를 나타내고 있다.

기압경도력은 바람을 불게 하는 힘이다. 이 때문에 일기도에서 간격이 좁은 등압선은 급격한 기압경도, 강한 힘, 강한 바람을 시사하는 것이다. 반대로 간격이 넓은 등압선은 완만한 기압경도, 약한 힘, 약한 바람을 의미한다.

예를 들면 그림 6.13의 지상 일기도는 급격한 기압경도와 강풍의 예를 설명하고 있다. 허리케인 샌디 주변을 따라 조밀하게 그려진 등압선들은 급격한 기압경도와 강한 지상 바람, 특히 41 m/s의 강력한 돌풍을 뉴욕주(NY)롱아일랜드 쪽으로 일으키고 있음을 주목하라.

공기에 작용하는 힘이 기압경도력뿐이라면 바람은 항상 고기압에서 저기압으로 곧장 불 것이다. 그러나 공기는 움직이기 시작한 순간 코리올리힘에 의해 도중에 전향한다.

코리올리힘 **코리올리힘**(Coriolis force)은 지구의 자전에 기인하는 겉보기힘이다. 이 힘이 어떻게 작용하는지 이해하기 위해 두 사람이 회전목마의 양쪽 끝에 미주 보고 앉아 공받기 놀이를 한다고 가정해 보자(그림 6.14 플랫폼 A 참조). 만약 회전목마가 움직이지 않는다면, 공은 던질 때마다 상대방을 향해 직선으로 이동할 것이다.

그러나 회전목마가 지구의 자전 방향과 똑같이 반시계 방향으로 돌기 시작했다고 가정해 보자. 만약 위에서 공받기 놀이를 내려다본다면, 공이 앞에서처럼 직선으로 움직이는 것을 볼 수 있을 것이다. 그러나 공놀이를 하고 있는 사람들이 보기에는 공이 던져질 때마다 오른쪽으로 벗나가는 것처럼 보이며 공을 던진 사람이 의도했던 것보다

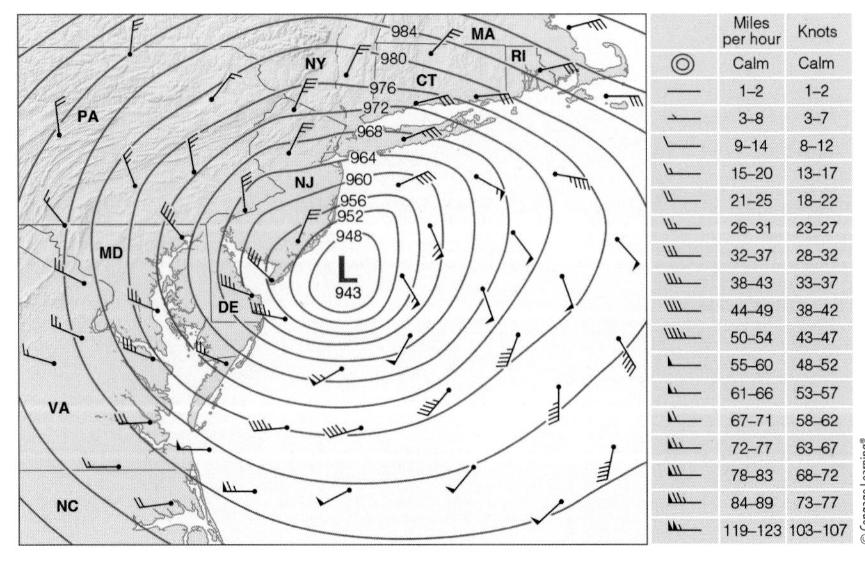

Miles per hour	Knots
Calm	Calm
1–2	1–2
3–8	3–7
9–14	8–12
15–20	13–17
21–25	18–22
26–31	23–27
32–37	28–32
38–43	33–37
44–49	38–42
50–54	43–47
55–60	48–52
61–66	53–57
67–71	58–62
72–77	63–67
78–83	68–72
84–89	73–77
119–123	103–107

그림 6.13 ● 2012년 10월 29일 오후 4시(미국 동부시간)의 지상 일기도. 허리케인 샌디(Sandy)가 동쪽에서 뉴저지 해안으로 접근하고 있다. 진한 회색 선들이 hPa 단위의 등압선으로 등압선 간 간격은 4 hPa이다. 샌디의 중심기압은 943 hPa을 나타내고 있다. 저기압 주변에 촘촘히 그려진 등압선은 수평으로 강한 기압 차이를 나타내므로, 이 지역의 강한 기압경도력이 있음을 알 수 있다. 따라서 뉴욕주 롱아일랜드로 불어 들어가는 시속 41 m/sec의 강한 돌풍이 나타나 있다. 풍향은 바람과 평행한 선으로 표시되어 있다. 풍속은 깃과 깃발 모양으로 표시되어 있다(그림 속 깃 하나로 표시된 바람은 풍속 5 m/sec임). 파란색 실선은 한랭전선, 빨간색 실선은 온난전선, 그리고 자주색 실선은 폐색전선이다. 굵은 파선은 골을 표시하고 있다.

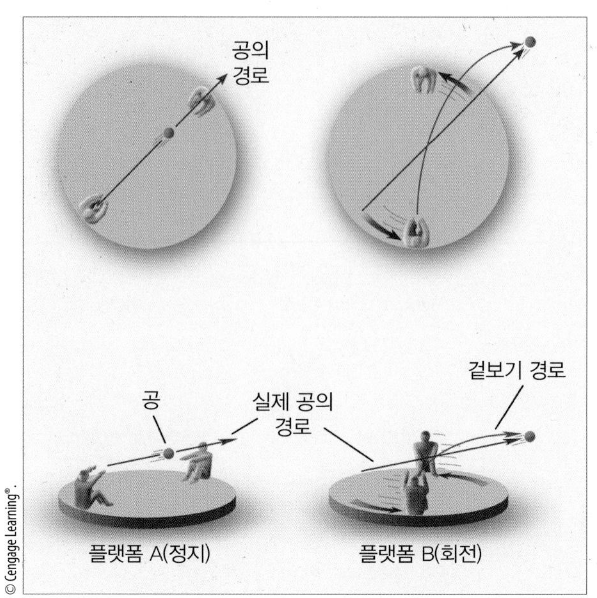

그림 6.14 ● 돌지 않는 플랫폼 A에서 던져진 공은 직선으로 움직인다. 반시계 방향으로 도는 플랫폼 B에서도 공은 직선으로 움직인다. 그러나 플랫폼 B는 공이 날아가는 동안 돌기 때문에 플랫폼 B에 탄 사람이 보기에 공의 운동 방향은 의도된 길의 오른쪽으로 전향된 것처럼 보인다.

오른쪽에 떨어지는 것처럼 보일 것이다(그림 6.14 플랫폼 B 참조).

이것은 공이 직선으로 움직이지만 회전목마는 그 밑에서 돌고 있기 때문이다. 공이 상대편에 도달할 때쯤 잡는 사람은 그 자리에서 이동한 것이다. 회전목마에 탄 모든 사람에게는 공을 오른쪽으로 전향시키는 어떤 힘이 있는 것처럼 보인다. 이와 같은 겉보기힘을, 수학적으로 이를 규명한 19세기 프랑스 과학자 코리올리(Gaspard Coriolis)의 이름을 따서 코리올리힘이라 한다(지구의 자전에 따른 겉보기힘이란 점에서 코리올리 효과라고도 한다). 코리올리 효과는 자전하는 지구에도 일어난다. 해류, 기류, 포탄, 공기 분자 등 모든 자유 운동체는 그 밑에서 지구가 자전하기 때문에 직선에서 벗어나 전향하는 것처럼 보인다.

코리올리힘은 북반구에서는 바람을 오른쪽으로 전향하게, 남반구에서는 왼쪽으로 전향하게 한다. 이 점을 설명하기 위해 극궤도상의 인공위성을 생각해 보자. 지구가 자전하지 않는다면 위성의 움직임은 북에서 남으로 지구의 자오선에 평행하게 곧장 움직이는 것으로 관측될 것이다. 그러나 지구는 자전하며 인간과 자오선들을 동쪽으로 돌게 한다. 지구의 자전 때문에 북반구에서는 위성이 정남 방향 대신 남서쪽으로 움직이는 것으로 보인다. 위성은 자신의 본래 궤도에서 약간 굽어 오른쪽으로 움직이는 것처럼 보인다. 한편, 남반구에서는 남극상공에서 볼 때 지구의 자전 방향이 시계 방향과 같으므로 남극에서 북쪽으로 이동하는 위성은 북서쪽으로 이동하는 것처럼 보일 것이다. 다시 말해 진로의 왼쪽으로 휘는 것처럼 된다.

풍속이 증가함에 따라 코리올리힘도 증가한다. 그러므로 바람이 강할수록 전향도 커진다. 또 코리올리힘은 모든 풍속에 대해 적도에서 0이고 북극과 남극에서 최대치에 달한다. 그림 6.15를 보면 항공기 세 대가 각기 다른 위도에서 외부 힘의 영향을 받지 않는 가운데 직선항로를 운항하고 있다. 이들 항공기의 행선지는 동쪽에 위치하며, 그림 6.15a에서 점으로 표시되어 있다. 우주공간의 고정된 점에 위치한 관측자가 볼 때 각 비행기는 직선으로 움직인다. 움직이는 비행기 밑에서 지구가 자전하기 때문에 위도 30°와 60°상 목적지는 우주공간에서 볼 때 약간 방향을 변경하게 된다(그림 6.15b 참조). 그러나 지구상에 있는 관측자가 보기에는 항공기의 방향이 빗나가는 것처럼 보인다. 이와 같은 편향의 정도는 극으로 갈수록 커지며 적도에서는 영이다. 그러므로 코리올리힘은 저위도 상공을 운항하는 항공기보다 고위도 상공을 운항하는 항공기에 훨씬 큰 영향을 미친다. 적도 상공에서는 코리올리 효과가 없다. 바람에 대해서도 그 영향은 마찬가지다.

요약하면, 지구상의 관측자에게는 어떤 물체가 동서남북 어느 방향으로 움직이든 북반구에서는 본래 의도된 길에서 오른쪽으로, 그리고 남반구에서는 왼쪽으로 빗나가는 것으로 보인다. 이 같은 전향의 크기는

1. 지구의 자전
2. 위도
3. 물체의 속도

에 좌우된다. 그리고 코리올리힘은 풍향에 직각으로 작용하여 바람의 방향에만 영향을 줄 뿐 풍속에는 결코 영향

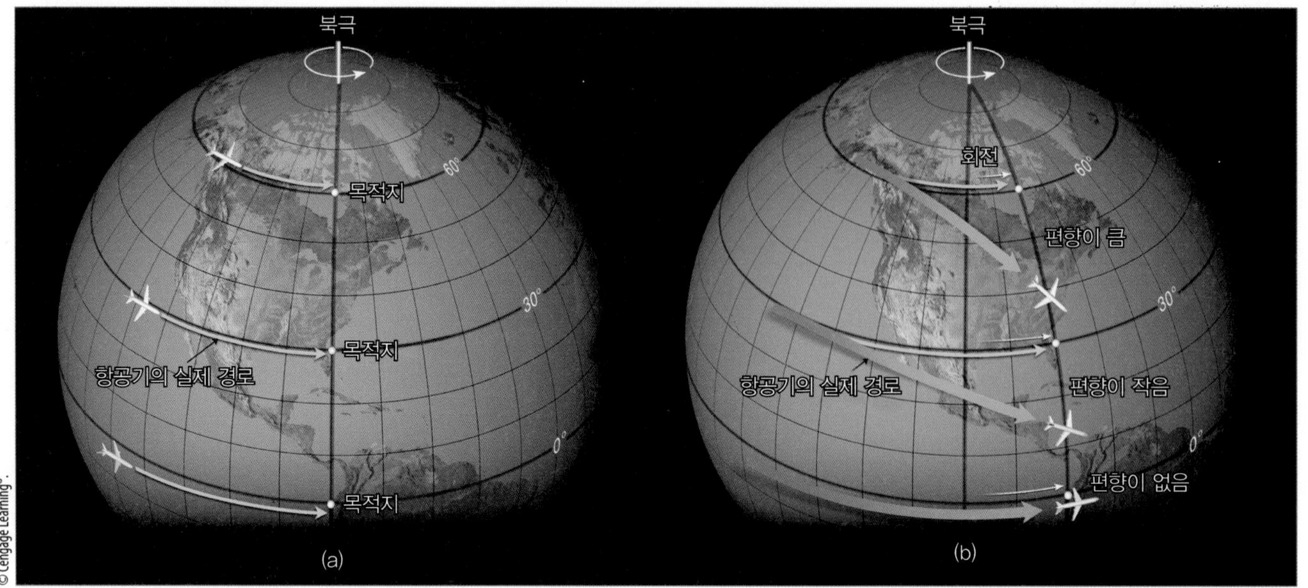

그림 6.15 ● 적도에서만 예외이고 동서 어느 방향으로 움직이든 모든 자유 운동 물체는 지구상에서 볼 때 본래의 진로에서 빗나가는 것처럼 보인다. 이러한 편향(코리올리힘)은 북극과 남극에서 가장 크고 점점 줄어 적도에서는 영이 된다.

을 주지 않는다.

이러한 힘은 지구상에서 볼 때 모든 움직임에 작용한다. 그러나 '공기에 작용하는' 다른 힘에 비해 코리올리힘은 아주 작기 때문에 간과되고 있으며, 일반적인 통념과는 달리 싱크에서 물이 빠질 때 배수를 시계 방향으로, 또는 반시계 방향으로 선회시키지도 않는다.

여름철 해안을 따라 내륙으로 부는 바람과 같은 작은 규모의 바람에는 코리올리힘의 영향이 아주 미미하다. 코리올리힘은 강한 바람 때문에 커질 수도 있으나 비교적 짧은 거리에서는 풍향을 크게 전향시킬 수 없다. 바람이 대규모 지역 위에 불 때에만 코리올리 효과가 큰 의미를 갖는다. 이를 바탕으로 먼저 기압경도력과 전향력이 지표면의 마찰 영향을 벗어나 상공의 직선바람을 어떻게 형성하는가를 검토할 것이다.

요점 복습

지금까지 다룬 주요 개념 및 사실을 정리해 보자.

- 어떤 지역 상공의 공기 기둥이 누르는 압력을 기압이라 한다.
- 지상기압은 지면 위 공기질량의 변화에 의해 변한다.
- 상공과 지상의 수평기압의 변화는 공기 기둥의 가열과 냉각에 의해 일어난다.
- 수평기압차가 수평기압경도력을 일으킨다.
- 기압경도력은 항상 고기압에서 저기압으로 작용하며 공기를 움직이게 하는 원동력이다.
- 경사가 큰 기압경도(조밀한 등압선)는 기압경도력과 강한 바람을 일으키며, 완만한 기압경도(성긴 등압선)는 약한 기압경도력과 약한 바람을 일으킨다.
- 일단 바람이 불기 시작하면 코리올리힘으로 인해 북반구에서는 바람이 진로의 오른쪽으로, 남반구에서는 왼쪽으로 전향하는 경향을 보인다.

상공의 직선 바람 우리는 이 장 앞부분에서 상층 일기도에 표시된 상공의 바람들이 등압선이나 등고선에 거의 평행으로 불고 있음을 살펴보았다. 그림 6.16은 지상 1,000 m 상공, 즉 마찰층[1] 위에 부는 바람을 표시한 북반구 일기도로, 이를 자세히 살펴보면 그 이유를 알 수 있다. 일정한 간격으로 그려진 등압선은 왼쪽의 빨간 화살

1 마찰층(지표면의 물체들로 인해 바람이 마찰의 영향을 받는 층)은 대개 지상에서부터 1,000 m 상공까지 나타난다.

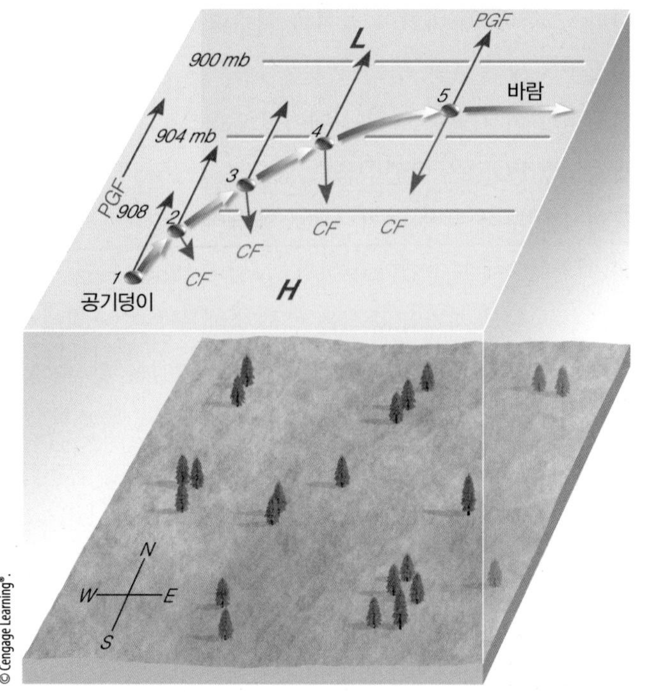

그림 6.16 ● 마찰층 위의 공기는 처음에는 정지 상태에 있다가 움직이기 시작한 후 가속적으로 이동하다가 코리올리힘과 기압경도력이 균형을 이루면 일정한 속도로 등압선에 평행하게 움직인다. 이러한 조건하에서 부는 바람을 지균풍이라 한다.

표가 보여주듯이 남쪽에서 북쪽으로 일정한 기압경도력(PGF)이 작용하고 있음을 의미한다. 그렇다면 그림은 왜 서풍이 불고 있음을 나타내는가? 이 그림의 위치 1에 공기덩이를 놓고 그 운동을 관찰함으로써 답을 얻을 수 있다.

위치 1에서 기압경도력은 즉각 공기덩이에 작용한다. 그 결과, 공기덩이는 북쪽의 저기압 쪽으로 움직이기 시작한다. 그러나 공기가 움직이기 시작하는 순간 코리올리힘(CF)이 공기를 오른쪽으로 전향시켜 그 진로를 휘게 한다. 공기덩이에 가속도가 붙으면서(위치 2, 3, 4로 이동) 코리올리힘의 크기도 커진다(기다란 파란색 화살표 참조). 이때 바람의 방향은 점점 오른쪽으로 전향한다. 궁극적으로 풍속은 CF가 PGF와 균형을 이루는 점까지 증가한다. 이 점(위치 5)에 이르면 순 힘이 0이 되므로 바람은 더 이상 가속되지 않으며 일정한 속도로 등압선에 평행하게 직선으로 분다. 이와 같은 상태의 공기흐름을 **지균풍**(geostrophic wind)이라고 한다. 북반구에서 지균풍은 저기압을 왼쪽에, 고기압을 오른쪽으로 두고 분다.

공기의 흐름이 온전히 지균풍일 때 등압선은 직선의 등 간격으로 형성되며 풍속은 일정하다. 대기 중에서 등압선이 직선으로 등간격으로 형성되는 일은 드물다. 그렇기 때문에 보통 풍속은 변하기 마련이다. 그러므로 지균풍은 일반적으로 실제 바람의 근사치를 말한다. 적어도 지균풍은 상공의 바람이 어떻게 부는지를 보다 명확히 이해하는 데 큰 도움이 된다.

지균풍의 풍속은 기압경도와 직접적인 관계가 있다. 그림 6.17에서 등압선에 나란히 부는 바람은 둑과 평행선을 이루면서 흐르는 냇물과 비슷하다는 점을 알 수 있다. 위치 1에서 바람은 약하게 불지만, 위치 2에서는 기압경도가 커지면서 풍속도 증가한다.

지균풍은 등압선과 평행하게 불기 때문에, 우리는 상층 일기도에서 등압선의 배치를 보고 지균풍을 직접 추정할 수 있다. 상공의 바람은 항상 직선으로 불지는 않으며 때때로 등압선의 모양에 따라 곡선을 그리며 불기도 한다. 북반구에서 바람은 저기압 주위에서 반시계 방향으

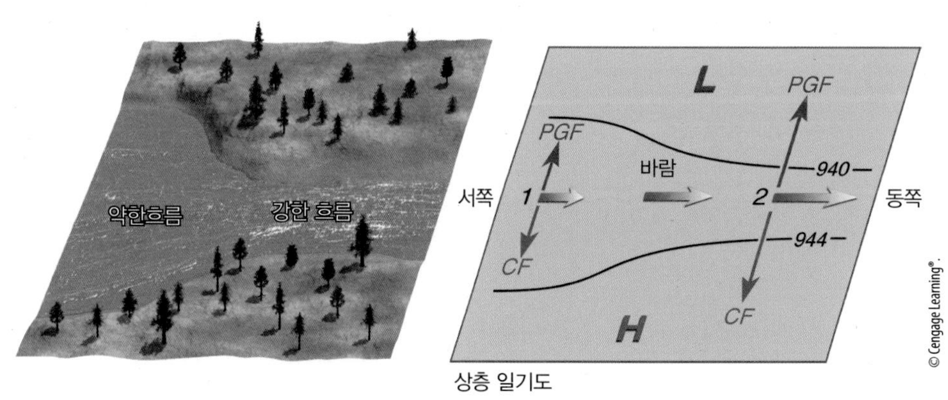

그림 6.17 ● 상층 일기도의 등압선과 등고선은 흐르는 시냇물의 둑과 같다. 양쪽 둑 사이가 넓게 벌어져 있는 곳에서는 물살이 약하고 사이가 좁은 곳에서는 물살이 세다. 그림에서 바람이 강한 곳에서는 코리올리힘(CF)이 커져 기압경도력(PGF)과 평형을 이룬다.

로, 고기압 주위에서는 시계 방향으로 분다. 다음 절에서 그 까닭을 알아보자.

상층 고·저기압 주위의 곡선바람 저기압은 사이클론이라고도 하며, 저기압 둘레에서 반시계 방향으로 흐르는 기류를 저기압성 흐름이라고 부를 때도 있다. 마찬가지로, 고기압 둘레에서 시계 방향으로 흐르는 기류는 고기압성 흐름이라고 한다. 그림 6.18a에서 북반구의 상층 저기압 주위를 흐르는 저기압성 흐름을 살펴보라. 처음에는 바람이 반시계 방향으로 돌면서 왼쪽으로 휨으로써 마치 코리올리힘에 도전하는 듯이 보인다. 바람이 왜 이런 양상으로 부는지 알아보자.

처음에는 정지 상태에 있는 공기덩이가 위치 1에 있다고 생각해 보자. 기압경도력에 의해 이 공기는 저기압 중심을 향해 움직이게 된다. 이때 코리올리힘 때문에 이동하는 공기는 오른쪽으로 전향되며, 위치 2에 이르면 등압선과 나란히 움직인다. 만일 등압선이 북쪽 방향으로 직선 형태로 계속 뻗어 있다면 바람은 북쪽으로 같은 속도로 계속 불어 위치 3에 도달할 것이다. 그런데 실제로는 등압선이 곡선으로 휘어져 있어서 바람은 이 곡선을 따라 위치 4를 향해 불게 된다. 이렇게 곡선 등압선과 평행하면서 일정한 속도로 부는 바람을 경도풍(gradient wind)이라 한다. 그런데 왜 바람이 곡선을 이루며 부는 것일까? 위치 2를 자세히 보면, 공기덩이는 북쪽으로 움직이고 있고, 만일 바람이 지균풍 평형 상태이면 안쪽으로 작용하는 기압경도력(PGF)은 바깥쪽으로 향하는 코리올리힘(CF)과 균형을 이루어 북쪽 위치 3으로 향해야 한다. 이 공기덩이가 위치 3에 도착했다고 하자. 그림 6.18b를 보면 기압경도력은 항상 저기압 중심을 향하기 때문에 이 지점에서는 기압경도력이 남서쪽으로 작용하고 있음을 알 수 있다. 이러한 상황에서는 기압경도력이 남쪽으로 향하는 힘이 있어 북쪽 방향으로의 풍속이 약간 감소한다. 코리올리힘은 풍속에 비례하기 때문에 감소한 풍속만큼 코리올리힘이 감소한다. 감소한 코리올리힘의 결과로 기압경도력(PGF)은 바람을 왼쪽으로 휘게 하고, 그림 6.18c와 같이 저기압 주변의 곡선 등압선과 평행하게 반시계 방향으로 회전하는 곡선 바람이 나타난다.

그림 6.19a와 같이 지면마찰력의 영향이 미치지 않는 상층의 고기압 주변에서는 바람이 시계 방향으로 분다. 등압선은 그림 6.18a와 같은 간격으로 배치되어 있어 기압경도력이 같다. 이때 위치 2에서 바람이 고기압 바깥쪽 방향으로의 기압경도력과 안쪽 방향으로의 코리올리힘이 균형을 이루는 지균 평형 상태로 분다고 가정해 보자. 이때 그림 6.19b에서 등압선이 남쪽 방향으로, 즉 직선으로

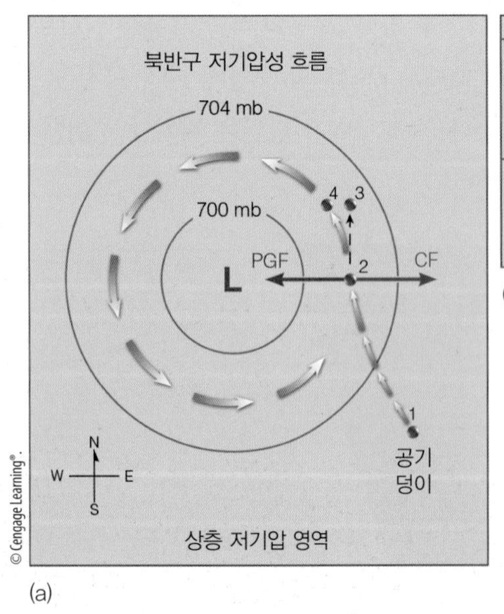

(a)

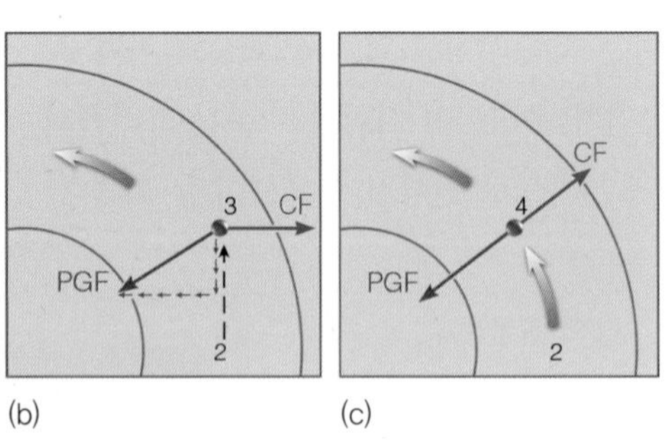

(b) (c)

그림 6.18 ● 북반구 상공 마찰층 위 저기압 주변의 바람 및 그와 관계된 힘들을 보여주고 있다. 기압경도력(PGF)은 빨간색, 코리올리힘(CF)은 파란색으로 표시하였다.

구름을 관찰하여 바람 방향과 상층 기압 배치를 추정하기

지상에서 중층이나 고층 구름을 관측하여 바람의 방향과 상층 등압선의 배치를 추정할 수 있다. 만일 북반구에서 그림 4와 같이 약 3000 m 상공에 남서쪽에서 북동쪽으로 이동하는 구름이 관찰된다면, 이는 이 고도에서 지균풍이 남서풍이라는 것을 의미한다. 지균풍은 등압선에 평행하게 왼쪽에 저기압, 오른쪽에 고기압이 있는 방향으로 분다. 즉, 공기가 구름이동 방향으로 이동 중이라면 왼쪽에는 저기압이, 오른쪽에는 고기압이 위치한다. 이로부터 우리는 대략적인 상층 일기도를 그려낼 수 있다(그림 4b).

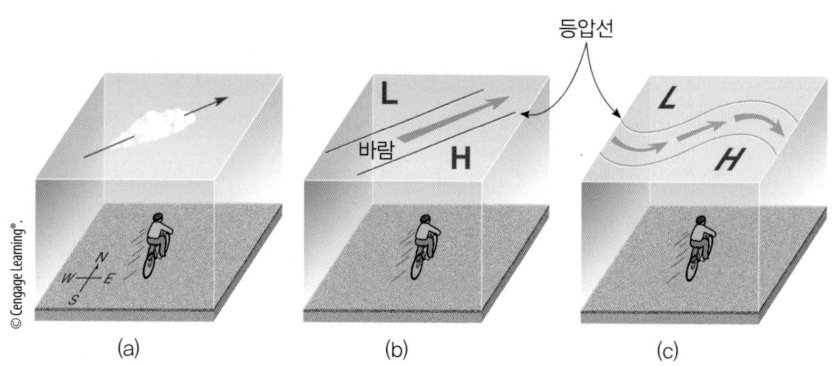

그림 4 ● 구름의 이동 방향을 통해 지균풍의 방향과 등압선의 형태를 유추할 수 있다. 구름이 (a)와 같이 남서쪽에서 다가오고 있으면, 상층에는 (b)와 같은 형태의 기압이 배치되어 있을 것이다. 만일 수평적으로 좀 더 확장해서 생각한다면 상층 일기도는 (c)와 같은 형태일 것이다.

등압선은 남서–북동 방향으로 계속 이어지지 않고 파동 형태로 굽이칠 것이다. 따라서 우리의 관측을 조금 더 확장한다면 그림 4c와 같이 굽이치는 등압선을 유추할 수 있다. 즉, 상층에 남서풍이 분다면 기압골이나 저기압이 서쪽에, 기압능이나 고기압이 동쪽에 위치할 것이다. 만일 상층 바람이 북서쪽에서 불어온다면 기압 배치는 어떠할 것인가? 기압골이 동쪽에, 기압능이 서쪽에 위치할 것이다.

계속 뻗어 있다면 남쪽으로 불 것이다. 하지만 등압선은 곡선으로 휘어져 있다. 만일 공기가 위치 2에서 3으로 남쪽으로 이동한다고 생각해 보자. 기압경도력은 등압선을 가로질러서 남동쪽을 향하므로 남쪽 방향의 힘은 풍속을 조금 증가시킬 것이다. 증가된 풍속에 의해 코리올리힘이 커지고 공기는 오른쪽으로 휘게 되어, 결국 고기압 주변

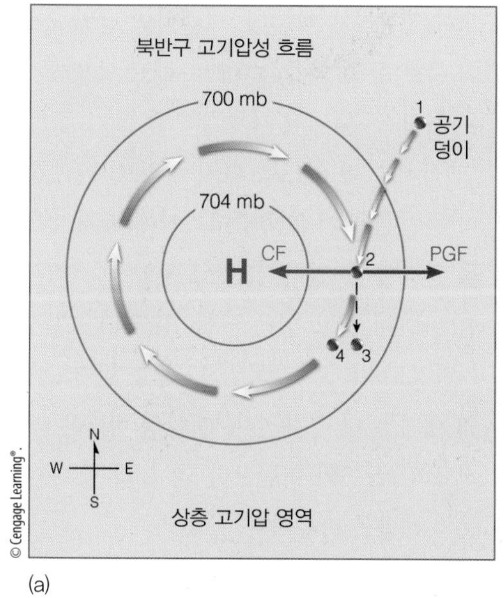

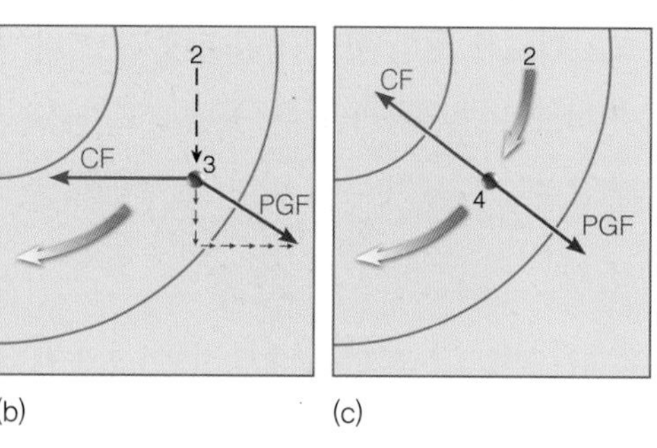

그림 6.19 ● 북반구 상공 마찰층 위 고기압 주변의 바람 및 그와 관계된 힘들을 보여주고 있다. 기압경도력(PGF)은 빨간색, 코리올리힘(CF)은 파란색으로 표시하였다.

의 곡선 등압선과 평행하게 시계 방향으로 회전하는 곡선 바람이 나타난다.[2]

저기압 주변보다 고기압 주변에서 코리올리힘이 더 큰 것은 재미있는 결과를 가져온다. 같은 위도에서 코리올리힘은 풍속이 증가할 때만 커질 수 있으므로 같은 기압경도력(같은 등압선 간격)이 있을 때, 바람은 고기압(기압능) 주변에서 저기압(기압골) 주변보다 더 강하게 불게 된다. 그러나 일반적으로 이러한 풍속의 차이는 저기압 주변, 특히 저기압 폭풍 주변에 발생하는 강력한 바람 때문에 비교적 잘 느껴지지 않는다.

남반구에서는 기압경도력이 공기덩이를 이동시키기 시작하면 코리올리힘이 이를 왼쪽으로 휘게 하기 때문에 북반구와는 반대로 바람이 저기압 주변에서는 시계 방향, 고기압 주변에서는 반시계 방향으로 회전하게 된다. 지금까지 우리는 바람이 이론적으로 어떻게 부는지 알아보았다. 그렇다면 실제 일기도에서는 어떻게 나타날까?

상층 일기도상의 바람 상층 500 hPa 일기도(그림 6.20)상에서 바람은 예상대로 파형을 그리며 서에서 동으로 등고선에 나란히 불고 있음을 주목하라. 또한, 등압면의 고도는 남에서 북으로 갈수록 낮아짐도 주목하라. 이러한 상황은 이 고도에서 남으로 갈수록 온난하고 북으로 갈수록 한랭하기 때문이다. 일기도상에서 수평적으로 기온차가 큰 곳은 고도경도가 크며 등고선 간격이 좁고 바람이 강하다. 수평적으로 기온차가 작은 곳은 고도경도가 작으며 등고선 간격이 넓고 바람이 약하다. 일반적으로 이 일기도상에서 보면 남북 간의 온도차는 여름에 비해 겨울에 크다. 이 때문에 상공의 바람은 겨울에 여름보다 강하다.

그림 6.20에서 동일 간격에 나란히 직선 경로로 부는 바람이 지균풍이며 곡선 등고선을 따라 부는 바람이 경도풍이다. 바람이 커다란 고리 모양을 그리며 북-남 방향을 따라 움직이는 곳(그림 6.20의 북아메리카 서부해안) 바람의 흐름을 **남북류**(meridional flow)라고 한다. 이에 반해 바람이 동-서 방향으로 흐르면(그림 6.20의 미국 동부 지역) 이러한 흐름을 **동서류**(zonal flow)라고 한다.

중위도와 고위도 상공의 바람은 서쪽에서 동쪽으로 불기 때문에 이 방향으로 비행하는 항공기는 순풍의 덕을 본다. 샌프란시스코발 뉴욕행 비행시간이 반대 방향의 비행시간보다 약 30분에서 45분이나 단축되는 이유가 여기에 있다. 만약 상공의 흐름이 동서류일 경우 구름, 폭풍 및 지상 고기압은 서쪽에서 동쪽으로 보다 빨리 이동하려 할 것이다. 그러나 상공의 흐름이 남북류일 때는 이후 8장에서도 다루겠지만 지상폭풍은 보다 천천히 이동하고 때로는 주요 폭풍계로 강화되기도 한다.

우리는 기압경도력과 코리올리힘(북반구에서 움직이는 공기를 오른쪽으로 전향하게 하는) 때문에 북반구 중위도 상공에서 바람이 서쪽에서 동쪽으로 부는 경향이 있음을 알고 있다. 코리올리힘이 남반구에서는 공기를 왼쪽으로 전향하게 하는데, 그렇다면 남반구 상공에서는 바람이 주로 동쪽에서 서쪽으로 불고 있을까? 이 질문의 대답은 포커스 6.4에 있다.

잠시 그림 6.13을 다시 살펴보자. 지상 일기도의 바람이 등압선을 가로질러 고기압에서 저기압으로 불고 있음을 관찰할 수 있다. 그리고 등압선이 조밀한 지역에는 강한 바람이 불고 있음을 볼 수 있다. 그러나 이와 똑같은 기압경도력(기온도 동일)을 상층 일기도에 표시하면 바람의 세기는 더 강해진다. 지상의 바람은 왜 등압선을 가로지르며, 상공의 바람보다 왜 느리게 부는 것일까? 두 질문의 해답은 마찰이다.

---

2 이 장 앞부분에 우리는 물체의 속력 또는 방향의 변화가 있을 때 가속이 발생한다고 배웠다. 그러므로 저기압 중심을 회전하는 경도풍은 계속 방향이 변하므로 지속적으로 가속하는 것이다. 이 가속은 구심 가속도(centripetal acceleration)라 하며 바람의 오른쪽 직각 방향, 저기압의 중심을 향한다. 물체가 가속하면 그것에 작용하는 알짜힘(net force)이 있다는 뉴턴의 제2법칙을 생각하면, 이 경우 바람에 작용하는 알짜힘은 저기압의 중심을 향한다. 이렇게 안쪽으로 향하는 힘을 구심력이라 한다. 어떤 경우에는 구심력을 이것과 정확히 반대 방향의 같은 크기 겉보기힘인 원심력(centrifugal force)으로 표현하는 것이 편리할 때도 있다.

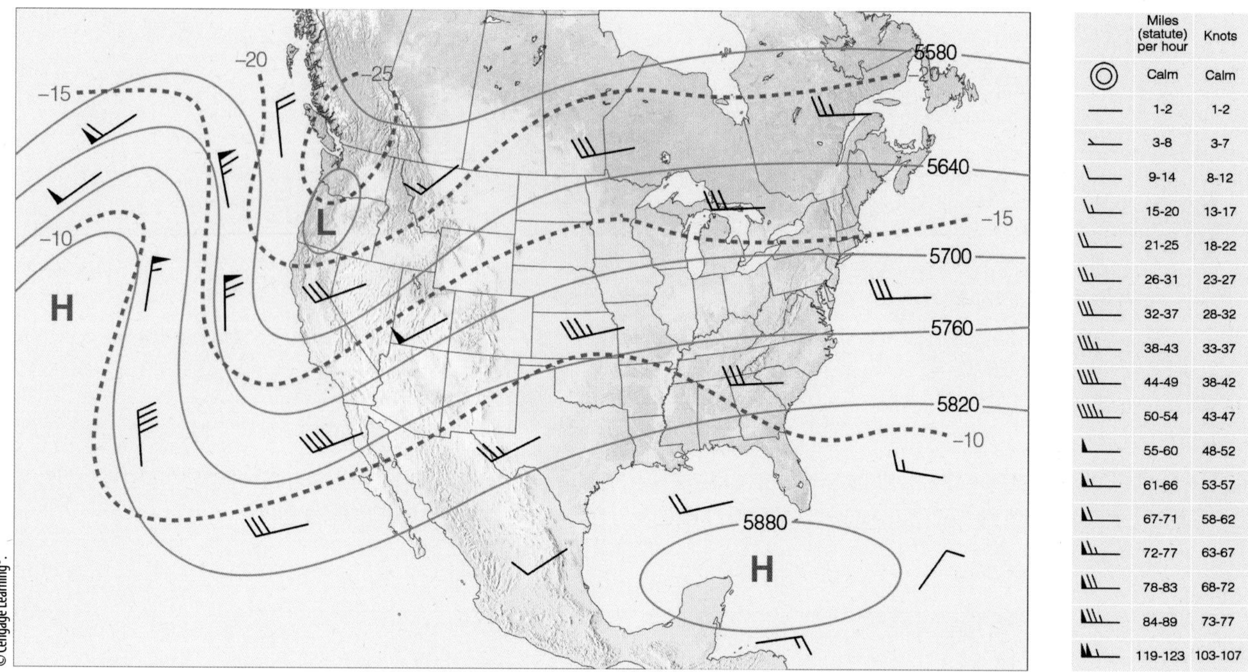

그림 6.20 ● 500 hPa 상층 일기도에 바람의 방향이 나타나 있다. 화살촉과 깃발 모양으로 풍속이 표시되어 있다(일기도 옆의 도표 참조). 굵은 회색 선은 m 단위의 등고선이고, 빨간색 점선은 섭씨 단위의 등온선이다.

지상풍 지상 일기도상에서 바람은 지표면의 마찰 때문에 등압선과 정확히 평행하게 불지는 않는다. 바람은 오히려 등압선을 가로질러 고기압에서 저기압으로 이동한다. 바람이 등압선을 횡단하는 각도는 일정하지 않으나 평균 30° 정도이다.

지상의 마찰력은 풍속을 감소시킨다. 지표에서 멀어질수록 마찰효과는 감소하기 때문에 풍속은 고도가 증가함에 따라 증가한다. 지상 마찰의 영향을 받는 대기층을 **마찰층**(friction layer) 또는 행성경계층이라고 하며 이러한 마찰의 영향은 1,000 m 상공까지 이른다. 그러나 강풍과 험한 지형은 마찰의 영향을 더 넓히므로 마찰층의 고도는 경우에 따라 변할 수 있다.

그림 6.21a에서 보면 상공의 바람은 마찰층 위의 고도에서 불고 있다. 이 정도 높이에서 바람은 왼쪽에 작용하는 기압경도력(PGF)과 오른쪽에 작용하는 코리올리힘(CF) 사이에 균형이 이루어진 가운데 등압선과 나란히 부는 지균풍에 근접하고 있다. 그러나 지상에서는 바람의 속도가 더 느리다. 지상에서와 동일한 크기의 기압경도력이라 해도 상공에서 만들어진 풍속은 지상과 같지 않고 풍향도 서로 다르다.

지표면 부근에서는 마찰로 풍속이 감소하고 이에 따라 코리올리힘도 줄어든다. 그 결과, 약해진 코리올리힘으로는 기압경도력과 평형을 이루지 못하기 때문에 바람은 등압선을 넘어 저기압 쪽으로 이동한다. 이 단계에 와서 기압경도력은 마찰력과 코리올리힘을 합한 힘에 의해 평형을 이루게 된다. 이와 같은 이치로 북반구에서는 지상풍이 반시계 방향으로 불어 저기압으로 들어가고 고기압에서 나와 시계 방향으로 부는 것이다(그림 6.21b 참조).

한편, 남반구에서는 바람이 지상 저기압 주변에서 시계 방향으로 불어 안쪽으로 향하고 지상 고기압 주변에서

알고 있나요?

높이가 약 500 m인 뉴욕 마천루 고층건물들의 바닥에서 꼭대기까지의 기압 차이는 약 55 hPa인데, 이는 뉴욕에서 플로리다주 마이애미까지 약 1800 km 거리에서 나타나는 일반적인 수평 기압차보다도 훨씬 크다.

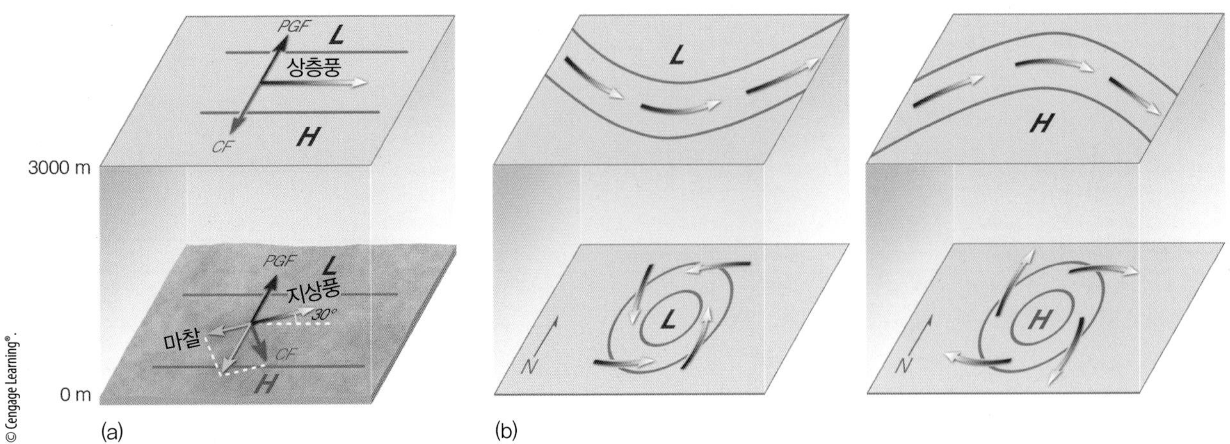

그림 6.21 ● (a) 지면 마찰효과로 풍속이 감소되기 때문에 지표면 부근에서는 바람이 등압선을 넘어 저기압으로 분다. (b) 이 같은 현상으로 고기압 주변에서는 유출류가, 저기압 주변에서는 유입류가 나타난다. 상공에서 바람은 등압선에 나란히 불며 동-서 파의 모양을 한다.

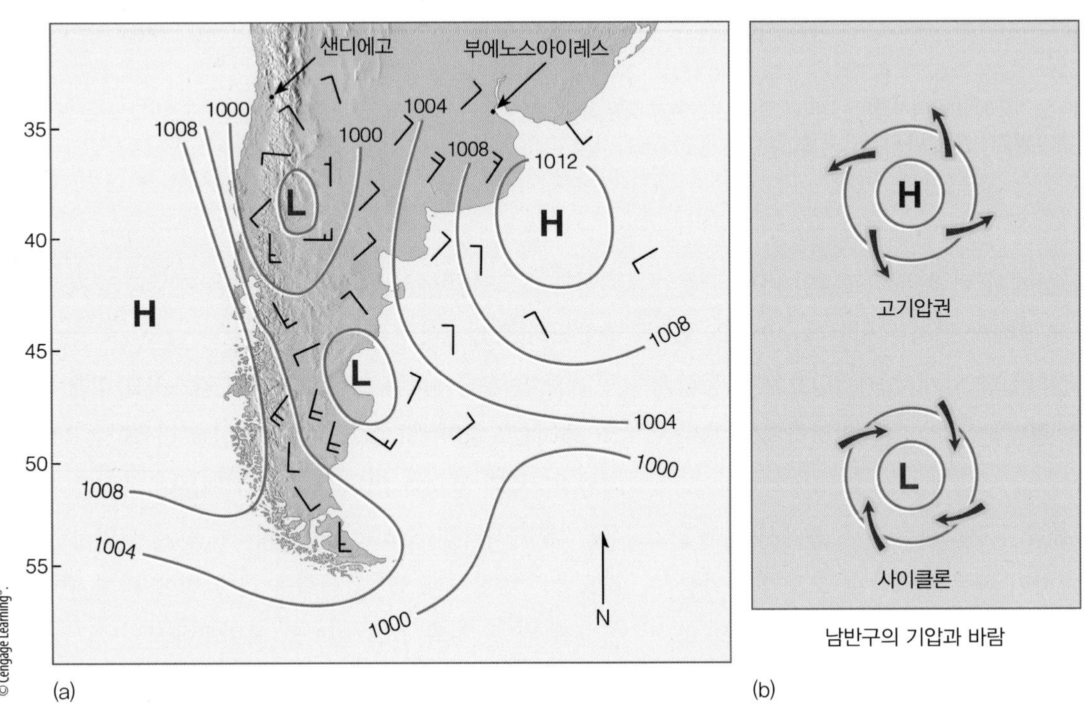

그림 6.22 ● 남반구의 지상 일기도. (a) 12월 남미 지역의 등압선과 바람을 표시한 지상 일기도. (b) 남반구 지상 기압계의 바람 모식도.

바깥쪽으로 향해 반시계 방향으로 분다. 그림 6.22는 남미의 지상 일기도와 일반적 바람의 패턴을 보여 준다.

바람과 연직 운동

지금까지 살펴본 바와 같이 지상풍은 저기압 중심을 향해 불어 들어가고, 고기압 중심에서는 불어 나온다. 저기압 중심을 향해 안으로 부는 바람은 어디론가 가야 한다. 땅속을 뚫고 들어갈 수는 없으므로 일단 저기압 중심으로 수렴한 공기는 서서히 상승한다(그림 6.23 참조). 지상 저기압 상공 약 6,000 m 고도에서 이 공기는 지상의 수렴을 보상하려고 발산하기 시작한다.

FOCUS ON AN OBSERVATION 6.4

남반구 상공의 바람

남반구에서도 북반구에서와 마찬가지로 수평기압차 때문에 상공에 바람이 분다. 기압차는 기온의 변화에 기인한다. 앞서 기압에 대한 설명에서 지적했듯이 상공의 더운 공기는 고기압과 관련이 있고 상공의 찬 공기는 저기압과 관련이 있다. 그림 5는 북반구에서 남반구로 확장하는 상층 일기도를 보여준다. 공기가 보다 따뜻한 적도 상공의 기압은 높다. 공기가 상대적으로 차가운 적도의 북쪽과 남쪽 상공의 기압은 상대적으로 낮다.

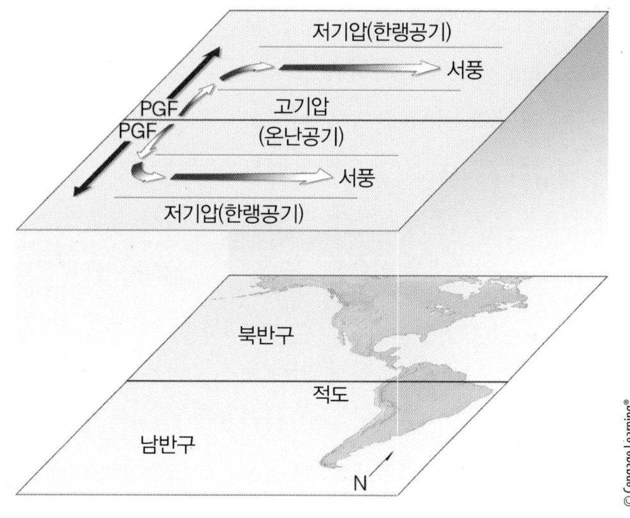

그림 5 ● 남북반구 상공의 일기도. 일기도상의 연보라색 실선은 등압선이다.

우선 일기도상에 바람이 없다고 가정하자. 북반구에서는 북으로 향하는 기압경도력에 의해 공기가 저기압 쪽으로 이동하기 시작한다. 일단 공기가 움직이기 시작하면 코리올리힘에 의해 공기는 오른쪽으로 전향하여 서풍이 되면서 등압선과 평행하게 분다.

남반구에서는 남으로 향한 기압경도력이 공기를 남쪽으로 움직이기 시작한다. 그러나 남반구에서는 코리올리힘에 의해 이동 중인 공기가 왼쪽으로 휘어져 서쪽으로부터 등압선과 나란히 부는 것을 주목하라. 따라서 양반구의 중위도와 고위도 상공에서 바람은 대체로 서풍이 되는 것을 알 수 있다.

상층공기의 발산과 지상공기의 수렴이 평형을 유지하는 한 저기압의 중심기압은 변하지 않는다. 그러나 상층공기의 발산과 지상공기의 수렴 사이에 균형이 깨지면 지상기압에는 변화가 생긴다. 예를 들어, 이 장의 앞 절에서 두 도시 위의 기압에서 보았듯이, 지표 위의 공기의 질량이 변화하면 지면기압이 변화한다. 상층의 발산이 지상의 수렴보다 강하면(지표에서 들어오는 양보다 상층에서 빠져나가는 공기가 많다면) 저기압의 중심기압은 낮아지고 저기압 주변의 등압선 간격은 좁아진다. 이 과정으로 기압경도와 기압경도력이 증가함으로써 지상풍은 강하게 된다.

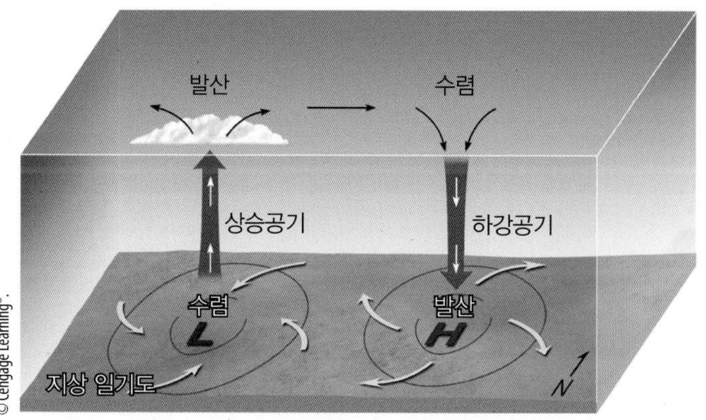

그림 6.23 ● 북반구의 지상 고기압 및 저기압과 관련된 바람과 공기의 운동.

지상풍은 고기압역 중심으로부터 빠져나와 밖으로 이동(발산)한다. 이와 같이 옆으로 빠져나가는 공기를 대체하기 위해 상공의 공기가 수렴, 천천히 하강하게 된다(그림 6.23 참조). 이때에도 수렴하는 상층의 공기와 발산하는 지상의 공기가 평형을 유지하는 한 고기압의 중심기압은 변화하지 않는다. 하지만 지상에서 발산하는 공기가 상층에 수렴하는 공기보다 많다면(상층에서 공급되는 것보다 지상에서 더 많은 공기가 제거된다면), 고기압 중심의 기압은 감소하고, 기압경도력이 약화되고, 지상풍은 점점 더 약하게 불 것이다(수렴과 발산은 기압계의 강화 및 약화에 매우 중요하므로 8장에서 기압계의 구조에 대해 자세히 다룰 것이다).

저기압 상공 공기의 상승 속도와 고기압 상공 공기의 하강 속도는 이들 두 기압계 주위를 회전하는 수평 바람에 비하면 매우 약하다. 일반적으로 연직 이동거리는 보통 초당 2~3 cm, 하루에 1.5 km 정도에 불과하다.

앞서 설명했듯이 공기는 기압의 차이에 의해 이동한다. 상공으로 올라갈수록 기압이 급속도로 감소하기 때문에 기압경도력은 항상 위쪽으로 강하게 작용한다. 그럼에도 공기가 우주공간으로 빠져나가지 않는 이유는 무엇일까?

이는 위로 작용하는 기압경도력이 거의 항상 아래로 작용하는 중력과 평형을 이루기 때문이다. 이 두 가지의 힘이 정확한 평형을 유지하는 상태를 **정역학 평형**(hydrostatic equilibrium)이라고 한다. 공기가 정역학 평형 상태에 있을 때는 여기에 작용하는 순 연직힘이 없기 때문에 순연직가속도도 없다. 대기는 대부분의 시간 동안 심지어는 공기가 서서히 일정한 속도로 상승하거나 하강할 때조차도 정역학 평형상태를 유지한다. 그러나 심한 뇌우나 토네이도 등 공기가 상당한 연직가속도를 보이는 상황에서는 이러한 평형이 존재하지 않는다. 그러나 이러한 연직가속도가 작용하는 거리는 대기 전체의 연직거리를 감안하면 비교적 짧다.

바람의 측정

바람의 특성을 결정짓는 요소는 풍향, 풍속 및 돌풍도이다. 공기는 투명하기 때문에 볼 수가 없다. 사람은 물체가 바람에 흔들리는 것을 볼 뿐이다. 예를 들면, 공기가 지나갈 때 물체가 움직이는 것을 보고 바람의 방향을 알 수 있다. 작은 나뭇잎들이 살랑거리는 모습, 연기가 지면 가까이서 표류하는 모습, 깃발이 나부끼는 것을 보아 풍향을 알 수 있다. 약한 미풍이 불 때 젖은 손가락을 공중으로 들어 보면 바람이 불어오는 쪽은 수분이 빨리 증발하여 피부를 차갑게 한다. 인근 철도나 공항에서 들려오는 교통 소음을 이용해서 바람의 방향을 알아낼 수도 있다. 또 닭튀김이나 햄버서 냄새가 인근 식당에서 바람에 날아올 때도 풍향을 알 수 있다.

풍향이란 바람이 불어오는 방향을 가리키는 말이다. 북풍은 북쪽에서 남쪽으로 부는 바람이다. 그러나 큰 수면이나 구릉지 근처에서는 풍향을 달리 표현할 수 있다. 예를 들면, 수면에서 육지로 부는 바람은 **상안풍**(onshore wind), 육지에서 수면으로 부는 바람은 **하안풍**(offshore wind)이라고 부른다(그림 6.24 참조). 언덕 위쪽으로 부는 바람은 활승바람, 언덕 아래쪽으로 부는 바람은 활강바람이라고 말한다. 또 360° 원의 각도로 바람의 방향을 표

그림 6.24 ● 상안풍과 하안풍.

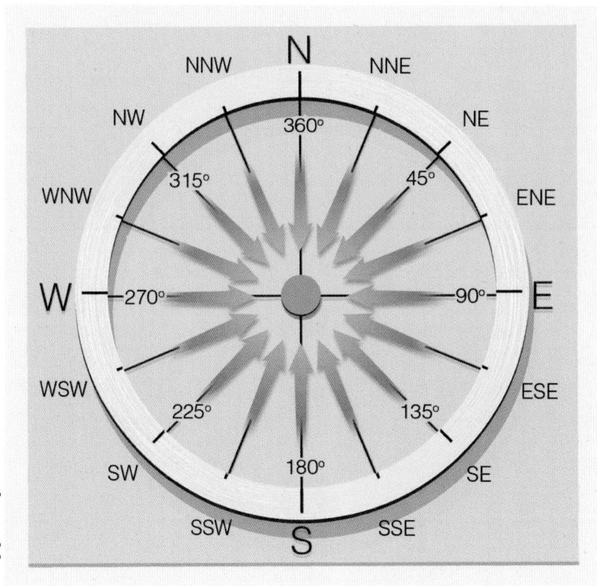

그림 6.25 ● 원의 각도 또는 나침반의 지향점으로 풍향을 표시할 수 있다.

그림 6.26 ● 콜로라도 주 고산지대에 강풍에 의해 조각된 '깃발' 나무.

현하기도 한다. 그림 6.25에서 보면 360°의 풍향은 북풍이고, 90°의 풍향은 동풍, 180°의 풍향은 남풍, 무풍은 0으로 표시한다. 나침반의 지향점 N, NW, NE 등으로도 풍향을 표시할 수 있다.

탁월풍의 영향 많은 지역에서 어느 한 방향에서의 바람이 여타 방향에서 부는 바람보다 빈도가 큰 경우가 많다. 주어진 기간 동안 가장 빈번히 관측되는 풍향의 바람을 **탁월풍**(prevailing wind)이라고 한다. 이 탁월풍은 해당 지역의 기후에 큰 영향을 준다. 예를 들면, 탁월풍이 활승바람인 지역에서는 활강바람인 지역에서보다 구름, 안개, 강수 가능성이 높다. 또 여름철 탁월 해풍은 해안지역에 습윤한 공기, 안개 등을 실어 나르는 반면, 탁월 육풍은 따뜻하고 건조한 공기를 같은 지역에 운반한다.

도시계획을 할 때는 탁월풍을 고려하여 공업지구, 공장, 쓰레기 하치장 등의 위치를 정하는 것이 좋다. 물론 바람에 오염물질이 주거지역으로 이동하지 않도록 해야 한다. 하수처리장은 대단위 주택개발지와 반대 방향으로 바람이 부는 쪽에 위치해야 하고 공항 활주로는 항공기 이륙 시 항공기가 탁월풍의 도움을 받도록 방향을 맞추어야 한다. 고지대에서는 강한 탁월풍으로 나뭇가지들이 한쪽으로 쏠려 깃발 나무가 되는 일도 있다(그림 6.26 참조).

일반 주택 건설에서도 탁월풍은 중요한 요인이 된다. 미국 북동부 지역에서는 겨울에는 북서쪽에서 탁월풍이 불고 여름에는 남서쪽에서 탁월풍이 불기 때문에 이 지역 주택의 창문은 남서쪽으로 내는 것이 보통이다. 그리고 북서쪽 벽에는 단열시공을 철저히 하고 방풍시설을 하기도 한다.

탁월풍은 각 방향에서 부는 바람의 시간 비율을 나타내는 **바람장미**(wind rose; 그림 6.27)로 표시하는데, 이는 각 방향에서 불어오는 바람의 시간 백분율을 나타낸다. 원의 중심점에서 바람 방향으로 그어진 직선의 길이가 그 방향에서 부는 바람의 시간 백분율이다. 풍속은 이 직선에 길이에 영향을 주지 않는다. 하지만 각 방향에서 불어오는 바람의 강도는 매우 유용한 정보이다. 따라서 바람장미는 그림 6.27과 같이 이러한 정보를 포함한다. 이 경우에는 탁월풍은 남쪽에서 불어오고, 서쪽이나 북쪽에서도 상당히 자주 바람이 불어온다. 바람장미는 사계절과 모든 시간을 포함하나, 하루 중 특정 시간 혹은 일 년 중 특정 월의 바람 방향을 표시할 수도 있다.

풍향 · 풍속계 풍향을 측정하는 **풍향계**(wind vane)는 오

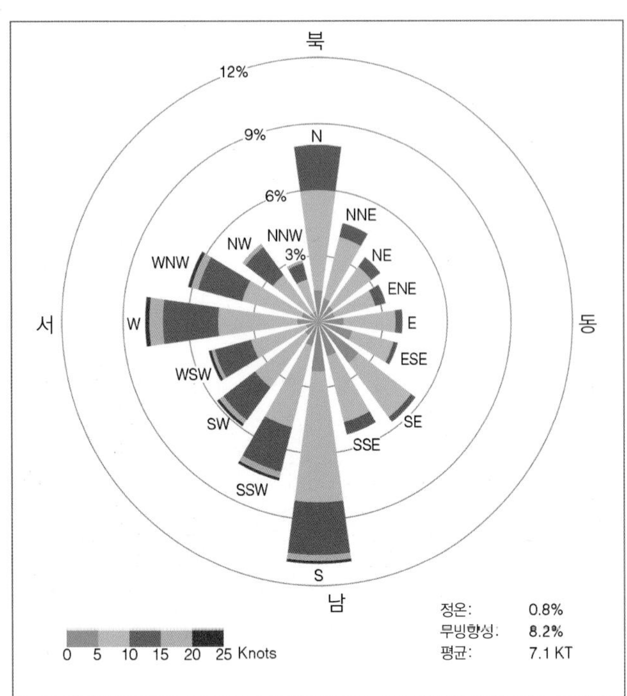

그림 6.27 ● 이 바람장미는 켄터키 루이즈빌 국제공항에서 1977~2006년 사이에 관측한 바람의 방향에 따른 백분율을 나타낸 것이다. 주풍은 남풍(S)과 북풍(N)이며 북북서(NNW)풍이 가장 작은 빈도를 나타내고 있다. 각각의 막대는 각 방향에서 불어오는 바람의 풍속을 나타낸다. 매우 약한 무방향성 바람이나 바람이 없는 경우가 9% 정도를 차지한다. (바람장미에 표시되지 않음) (미국 미드웨스트 지역 기후센터)

그림 6.28 ● 풍향계와 컵 풍속계.

래된 것이긴 하지만 믿을 만한 기상 계기이다. 대부분의 풍향계에는 꼬리가 달린 기다란 화살이 달려 있는데, 이것은 수직으로 세운 막대를 축으로 바람에 따라 자유롭게 움직이게 되어 있다(그림 6.28 참조). 화살은 항상 바람을 향하게 되어 있어 풍향을 알려 준다. 풍향계는 어떤 재료로도 만들 수 있다. 공항 활주로 근처에는 양쪽 끝이 열려 있는 고깔 모양의 풍향계가 설치되어 있어 조종사들이 착륙 시 지상의 풍향을 알 수 있다. 이런 모양의 풍향계를 바람 자루라고 한다.

풍속을 측정하는 기기는 **풍속계**(anemometer)이다. 풍속계는 대부분 반구형 컵 3개를 수직축 꼭대기에 부착한 것이다(그림 6.28). 컵의 한 면의 풍압과 다른 면의 풍압의 차이로 컵은 축 주위를 돌아간다. 이때 회전 속도는 풍속에 비례한다. 컵의 회전 속도를 기계를 통해 풍속으로 환산하여 눈금지에 표시하거나 기록계에 송신하게 된다.

풍속과 풍향을 함께 측정하는 기상 계기로 널리 사용되고 있는 것이 **에어로베인**(aerovane) 또는 스카이베인이다. 이것은 풍속에 비례하여 돌아가는 프로펠러 모양의 장치이다(그림 6.29 참조). 이 장치는 기록계에 부착되어 시시각각 풍속과 풍향을 알려 준다.

최근 수년간 자동 기상 관측소의 ASOS 네트워크의 컵 형태의 풍속계가 **초음파 풍속계**(sonic anemometer)로 교체되고 있다(그림 6.30). 이 풍속계는 바람이 3개 축의 발신기(transmitter)와 수신기(receiver)를 지날 때 생기는 초음파 신호의 변화를 측정한다. 이 신호 속도 변화는 세 방향의 풍속으로 변환된다.

지금까지 설명한 풍향 · 풍속계는 지상에 설치한 것으로써 특정 위치의 풍향 · 풍속만을 측정할 수 있다. 그러나 바람은 건물, 나무 등 국지적 조건에 영향을 받으므로 풍속은 지상 고도가 높아질수록 급속히 빨라진다. 그러므로 풍향 · 풍속계는 건물 지붕 꼭대기에 높이 설치해야 자유로운 공기흐름을 반영할 수 있다. 풍속계를 적절치 않은 높이에 설치하면, 바람을 부정확하게 관측하는 오류를 범하는 수도 있다.

바람 정보는 연직으로 상승하거나 하강하는 관측기기를 이용해서도 얻을 수 있다. **라디오존데** 관측을 통해 바람에 대한 정보를 얻을 수도 있다. 라디오존데(기온, 기

© C. Donald Ahrens

그림 6.29 ● 에어로베인(스카이베인).

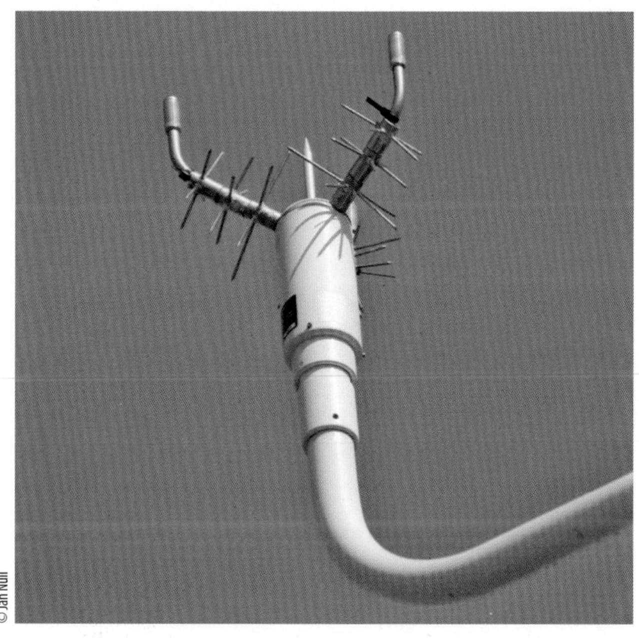

© Jan Null

그림 6.30 ● ASOS 시스템에 장착되어 풍속을 측정하는 초음파 풍속계.

압, 습도의 연직 분포를 측정하기 위한 관측기기 패키지)를 장치한 풍선을 공중으로 띄우고 지상에 설치된 장비가 기구를 추적하면서 고도와 연직각도 및 수평각도를 측정하게 된다. 여기서 얻는 정보를 컴퓨터로 처리하여 바람과 습도의 연직 분포를 얻을 수 있다. 기구는 고도 30 km 부근의 성층권에 올라가면 터지게 된다. 라디오존데 기구를 이용한 바람의 관측을 **레윈존데**(rawinsonde) **관측**이라 한다.

전 세계에서 12시간 간격으로 띄워지는 레인존데 자료는 70년 이상 상층 바람을 추적하는 데 매우 중요한 수단이 되어 왔다. 특정지역을 연구하거나 허리케인이 접근할 때와 같은 특별한 경우에는 항공기를 통해 **드롭존데**(dropsonde)라고 불리는 관측장비 패키지를 낙하산에 장착하여 하강시켜 기상 요소를 관측하기도 한다. 이 방법을 **드롭존데 관측**이라 한다.

도플러 레이더의 도움으로 고도 16 km 이상 상공까지 풍속 및 풍향의 연직 프로파일을 얻을 수 있다. 이 같은 바람의 연직분포 측정을 **바람 탐측**이라고 하며 그 레이더를 **바람 프로파일러**(wind profiler 혹은 단순히 profiler)라고 부른다. 도플러 레이더도 재래식 레이더와 마찬가지로 마이크로파 복사 펄스를 방출하며 이 파는 표적(이 경우에는 바람과 함께 이동하는 난류와 요동치는 맴돌이로 형성된 습도와 기온의 불규칙성)으로부터 후방 산란되어 되돌아온다. 도플러 레이더는 이와 같은 맴돌이가 수신안테나를 향해 또는 그 반대 방향으로 이동함에 따라 후방 산란되는 레이더파의 주파수에 변화를 초래할 것이라는 원리에 입각해 작동한다. 도플러 레이더의 바람 프로파일러는 매우 민감해 맴돌이로부터 후방 산란되는 에너지를 높이 16 km 공기기둥 내의 풍속과 풍향의 연직 그림으로 환산할 수 있다. 바람 프로파일러는 NASA의 플로리다 케네디 우주센터와 대평원(Great Plains) 등지에서 사용되어 왔다.

위성을 통해서도 상층대기의 바람을 관측할 수 있다. 4장에서 보았듯이 특정 상공에 위치한 지구 정지위성들은 구름의 이동 모습을 보여줄 수 있으며, 그 정보를 통해 풍향과 풍속을 알아낼 수 있다. 인공위성들은 현재 바다의 거칠기를 관측함으로써 바다 상공의 지상풍을 측정하고 있다. **스케터로미터**(scatterometer)라고 불리는 장비는 구름을 통과해 해수면까지 마이크로파 에너지를 내려보낼 수 있다. 이러한 에너지의 일부는 산란되어 위성으로 되돌아가며, 그 에너지의 양은 바다의 거칠기에 좌우된다. 바다가 거칠수록 되돌아가는 에너지의 양은 많아진다. 바다의 거칠기는 그 위에 부는 바람의 강도에 좌우되기 때

풍력발전

수십 년 동안 수천 개의 소형 풍차들이 물을 퍼올리고, 벌목을 하며, 소규모 농장에 전력을 보충해 주는 역할을 해왔다. 그러나 1970년대 초의 에너지 위기 이후에야 비로소 바람으로 돌아가는 터빈으로 발전기를 가동시킬 생각을 진지하게 논의하기 시작했다. 미국의 풍력발전량은 수년마다 두 배 정도씩 커지고 있으며, 2015년에는 중국만이 풍력발전 설치용량이 미국보다 큰 상황이다.

풍력발전은 오염물질을 발생시키지 않고, 태양발전과는 달리 밤낮에 상관없이 활용할 수 있어 매우 매력적인 에너지 생산 수단이다. 상업적 풍력 터빈은 한 대를 건설하고 설치하는 데 수백만 달러가 들지만 수백 가정과 회사에 전기를 공급할 수 있으며, 그 비용은 화석연료 발전과 비슷한 정도이다. 밀집해 있을 경우 미관상으로도 좋지 않은 등 문제점도 있다. 또한, 불행히도 매년 회전하는 터빈 날개에 의해 많은 조류가 죽어간다. 이러한 문제를 예방하기 위해 풍력 터빈 회사들은 조류 전문가들을 고용하여 새들의 행태를 조사하고 번식기에는 일부 터빈의 가동을 중단하는 등의 노력을 하고 있다. 그리고 신형 고용량 터빈은 날개가 보다 천천히 돌기 때문에 새들이 이를 피할 수 있게 만들어져 있다. 풍력 터빈이 전기를 생산하기 위해서는 바람이 있어야 하는데, 이 바람이 너무 강하지도, 너무 약하지도 않아야 한다. 약한 바람으로는 터빈이 돌아가지 않는다. 반대로, 바람이 너무 강하면 기계를 손상시킬 수 있다. 따라서 풍력에 의한 전력 생산 가능성이 가장 큰 지역은 바람이 적당하면서도 지속적으로 부는 곳이다.

그 때문에 미국의 대평원 지역은 풍력발전에 매우 적합한 지역으로 알려져 있으며, "풍력의 사우디아라비아"라고 불리운다.

2015년 미국에는 48,000기 이상의 풍력 터빈이 설치되어 74,000메가와트 이상의 에너지를 생산하고 있는데, 이는 1,500만 이상의 가구에 전기를 공급할 수 있는 규모이다. 캘리포니아주에만 풍력 터빈이 수천 기에 달하며, 대부분 50여 기의 터빈이 밀집해 있는 풍력발전단지에 설치되어 있다(그림 6 참조). 풍력발전은 2015년 미국에서 필요한 전력의 4% 정도를 공급하고 있으며, 이는 2010년에 비해 두 배 증가한 것이다. 미국 에너지부(The United States Department of Energy)는 현재 기술 수준으로도 풍력이 2030년까지 국가 총에너지 요구량의 20%를 공급할 것으로 예측하고 있다.

Sunpix Travel/Alamy

그림 6 ● 미국 캘리포니아 팜비치 근처의 풍력 단지는 전기를 생산하고, 이를 남부 캘리포니아에 판매하고 있다.

그림 6.31 ● 2014년 4월 10일 싸이클론 이타(Ita)의 풍속과 구름꼭대기 온도를 나타내는 위성사진. 이 강력한 열대 싸이클론은 결국 북동부 호주(사진 왼쪽편)를 강타했다. 색깔은 싸이클론 구름꼭대기의 온도를 나타내는데, 이는 대류현상과 관련되어 있다. 각 바람 가시(wind barb) 하나는 10 m/s을 나타내는데, 위성관측 풍속이 이타 중심에서 50 m/s에 달하고 있다. 풍속은 MetOp-A 위성에 탑재된 European Advanced Scatterometer(ASCAT)로 측정되었다.

문에, 그림 6.31이 설명하고 있듯이 되돌아가는 에너지의 강도로 미루어 지상풍의 속도와 방향을 알아낼 수 있다.

바람은 여러모로 우리의 환경에 영향을 미칠 수 있는 강력한 기상요소이다. 바람은 풍경을 조성하고, 한 곳에서 다른 곳으로 물질을 이동시키며, 바다의 파도를 일으킨다. 바람은 또 풍차의 날개를 돌리고 늘어선 나무들을 넘어뜨릴 수도 있다. 바람이 이러한 능력을 발휘할 수 있는 것은 바람이 물체에 부딪치면서 그 물체에 힘을 가하기 때문이다. 바람이 어떤 곳에 가하는 힘의 크기는 풍속의 제곱에 비례하여 증가한다. 따라서 풍속이 2배가 되면 물체에 가해지는 바람의 힘은 4배 비율로 증가한다. 풍력의 일부를 동력화해서 전력으로 전환하기 위해 여러 나라들이 풍력발전소를 건설하고 있다. 이 문제에 관한 더 많은 정보는 위에 포커스 6.5에 나와 있다.

요약

이 장에서는 바람이 왜, 어떻게 부는지를 살펴보았다. 기온의 수평 변화가 존재하는 상공에는 그에 상응하는 수평 기압 변화도 존재한다. 기압차는 기압경도력이라고 하는 힘을 만들어 내고, 이 힘이 공기를 고기압에서 저기압으로 이동시키기 시작한다.

공기는 일단 움직이면 코리올리힘에 의해 북반구에서는 진로의 오른쪽으로, 남반구에서는 왼쪽으로 전향하게 된다. 지상 마찰 고도의 상층에서는 바람이 등압선 또는 등고선에 거의 나란히 불 정도로 전향한다. 바람이 직선으로 이동하고 기압경도력과 코리올리힘 사이에 평형이 형성될 때 이 바람을 지균풍이라고 한다. 굴곡이 있는 등압선(또는 등고선)에 평행하게 부는 바람을 경도풍이라 한다. 상층 바람 패턴이 주로 동-서 방향이면 동서류, 남-북 방향이면 남북류라 한다.

이러한 힘들의 상호작용으로 북반구에서는 바람이 고기압 주위를 시계 방향으로 불고 저기압 주위를 반시계 방향으로 분다. 남반구에서는 고기압 주위를 반시계 방향, 저기압 주위를 시계 방향으로 바람이 분다. 지상 마찰 효과는 풍속을 감속시킨다. 이 때문에 지상의 공기는 등압선을 가로질러 고기압에서 저기압 쪽으로 이동한다. 따라서 남북반구 다 같이 지상풍은 고기압 중심에서 밖으로 불며 저기압 중심을 향해 안으로 분다.

이 장의 마지막에서 우리는 바람의 세기와 방향을 결정하고 측정하는 다양한 방법과 관측기기들을 살펴보았다.

주요 용어

본문에 나온 주요 용어를 나열하였다. 각 용어를 정의하라. 그러면 복습에 도움이 될 것이다.

기압	등압선	지상 일기도	표준기압
고기압	기압계	중위도 저기압	수은기압계
등압면도	아네로이드 기압계	등고선	관측소 기압
마루	해면기압	골	기압경도
해풍	기압경도력 (PGF)	상안풍	코리올리힘
탁월풍	지균풍	바람장미	경도풍
풍향계	남북류	풍속계	동서류
에어로베인	마찰층	바람 프로파일러	정역학 평형

복습문제

1. 고도 증가에 따라 기압이 낮아지는 이유를 설명하라.
2. 공기 기둥 맨 아래의 기압을 변화시키는 원인은 무엇인가?
3. 찬 공기 기둥에서 기압이 더 급속히 감소하는 이유는 무엇인가?
4. hPa과 mmHg로 표시한 표준 해면기압은 무엇인가?
5. 해면기압 1,040 hPa은 높은 편인가, 낮은 편인가?
6. 그림 6.5를 보고 수은기압계의 원리를 설명하라.
7. 해면기압과 관측소 기압의 차이를 설명하라.
8. 콜로라도 주 덴버의 관측소 기압이 일리노이 주 시카고 보다 항상 낮은 이유는 무엇인가?
9. 등압선이란 무엇인가? 지상 일기도에 등압선은 대개 얼마 간격으로 표시되어 있는가?
10. 상층 일기도에서 상공의 찬 공기는 대체로 고기압과 관련이 있는가, 아니면 저기압 관련이 있는가? 따뜻한 상층공기는 무엇과 관계되는가?
11. 뉴턴의 제1운동법칙과 제2운동법칙을 설명하라.
12. 기압경도력이 크다는 것은 무엇을 의미하는가? 큰 기압경도력은 지상 일기도에 어떻게 나타나는가?
13. 공기를 움직이기 시작하게 하는 힘의 이름은 무엇인가?
14. 일기도에서 간격이 좁은 등압선(또는 등고선)은 강한 바람을 시사하고 간격이 넓은 것은 약한 바람을 의미

하는 이유는 무엇인가?

15. 코리올리힘은 움직이는 공기에 대해 (a) 북반구에서, (b) 남반구에서 어떤 영향을 주는가?

16. 다음 요소는 코리올리힘에 어떤 영향을 주는가?

    (a) 풍속 (b) 위도

17. 남북반구 중위도 상공의 상층풍이 일반적으로 서쪽에서 동쪽으로 부는 까닭은 무엇인가?

18. 지균풍이란 무엇인가? 상층 일기도에서 지균풍은 어떻게 나타나는가?

19. 공기의 수평 이동에 영향을 주는 힘은 무엇인가?

20. 지표 부근과 상공에서의 고기압과 저기압을 중심으로 바람이 어떻게 부는지 (a) 북반구의 경우와 (b) 남반구의 경우를 설명하라.

21. 동서류는 남북류와 어떻게 다른가?

22. 머리 위 구름이 북쪽에서 남쪽으로 이동한다면 상층 저기압의 중심은 여러분의 동쪽과 서쪽 중 어느 쪽에 있겠는가?

23. 지상 일기도에서 지상풍은 왜 등압선을 가로질러 고기압에서 저기압으로 불려 하는가?

24. 상향 기압경도력이 항상 있음에도 불구하고 공기가 우주공간으로 빠져나가지 않는 이유는 무엇인가?

25. 풍향과 풍속을 알아내는 방법을 모두 열거하라.

26. 아래 열거한 계기로 풍속 · 풍향을 추정하는 관점을 설명하라.

    (a) 풍향계 (d) 라디오존데
    (b) 컵 풍속계 (e) 기상위성
    (c) 에어로베인(스카이베인)
    (f) 바람 프로파일러

27. 상공의 풍향이 225°일 때 이 바람은 나침반의 어떤 방향에서 부는가?

사고 및 탐구 문제

1. 기체법칙은 압력이 온도와 밀도의 곱에 비례한다는 것을 가르쳐 준다. 냉장고 속의 농구공 바람이 빠지는 이유를 기체법칙을 이용하여 설명하라.

2. 관측소의 기압이 해면기압보다 높을 수 있는가? 설명하라.

3. 기압경도력은 바람이 등압선과 직각으로 고기압에서 저기압으로 불어 가게 하지만, 실제로 바람이 그렇게 부는 경우는 거의 없다. 그 이유를 설명하라.

4. 북반구에서 코리올리힘은 바람의 궤적을 오른쪽으로 편향하게 만들지만, 저기압 부근의 바람은 시계 반대 방향으로 불어 마치 왼쪽으로 편향되는 것처럼 보인다. 그 이유는 무엇인가?

5. 맑은 날에 아네로이드 기압계를 산이나 언덕 정상으로 들고 가면 폭풍우가 몰아치는 날씨처럼 가리키는데 그 이유는 무엇인가?

6. 조종사들은 "고온에서 저온으로 비행 시 아래를 조심하라"는 표현을 자주 한다. 이것이 무엇을 의미하는지 상층의 기온과 기압의 관계를 이용하여 설명하라.

7. 만약 지구가 회전하지 않는다면, 고기압과 저기압 중심의 바람은 어떻게 불겠는가?

8. 해수면 위에 부는 바람이 지면 위에 부는 바람보다 더 지균풍에 가까운 이유는 무엇인가?

9. 북반구에서 지상의 바람이 북-북동-동으로 바뀌며 불다가 남동풍으로 바뀌었다. 이러한 관측으로부터 여러분이 있는 곳의 북쪽에 서에서 동으로 이동하는 고기압이 있다고 결론짓는다. 그림을 그려서 이렇게 결정할 수 있었던 이유를 설명하라.

10. 유람선이 적도를 통과하자 선상의 관계자가 이제 배가 남반구에 있으므로 수조의 물이 반대 방향으로 회전하며 빠질 것이라고 외친다. 이 관계자의 주장이 틀린 이유를 두 가지 들어 보라.

7장

대기의 순환

1997년 12월 28일 유나이티드 에어라인(UA) 소속 보잉 747 여객기가 374명의 승객을 싣고 일본에서 하와이로 비행하고 있었다. 저녁식사가 나왔고 비행기는 9,450 m(31,000 ft)의 순항고도에 도달했다. 그때 도쿄 동부와 태평양 상공을 지나는 이 일상적이고 평온무사한 항로가 갑자기 비극으로 변했다. 경보를 발할 사이도 없이 비행기는 난기류에 휘말렸고 요동쳤다.

비행기는 위로 솟구쳤다가 갑자기 약 30 m를 곤두박질한 후에 안정을 되찾았다. 좌석벨트를 매지 않고 있던 승객들은 비명을 지르며 비행기 벽에 부딪쳤다가 떨어졌다. 가방들과 배식쟁반들과 좌석 밑에서 미끄러져 나온 짐들이 비행기 안을 날아다녔다. 불과 몇 초만에 벌어진 일이었으나, 이 사고로 160명이 부상당했고, 그중 12명은 중상이었다. 불행하게도 사망자가 1명 발생했다. 비행기 천장에 충돌했다가 심한 뇌손상으로 사망한 32세 여성이었다. 어떤 종류의 대기현상이 그러한 난기류를 초래할 수 있었을까?

Artem Loskutnikov/Shutterstock.com

- 대기 운동의 각종 규모
- 대 · 소규모의 맴돌이
- 국지풍계
- 지구상의 바람
- 대기-해양 상호작용

이 장 첫머리에 소개한 항공기는 통칭 '에어포켓'이라 하는 청천난류 맴돌이 현상을 만난 것이다. 이 같은 맴돌이 현상은 특히 제트류 부근에서 자주 발생한다. 이 장에서는 여러 가지 형태의 맴돌이에 대해 알아보기로 하자. 그 후 약간 큰 규모의 대기순환—국지풍—을 고찰해 보기로 한다. 해풍, 치눅바람 등의 국지풍이 어떻게 형성되어 어떠한 기상 현상을 가져오는지를 알아보고, 끝으로 지구 주위를 도는 대기의 일반 흐름에 대해 알아보자.

대기 운동의 각종 규모

우리가 보통 바람이라 부르는 운동 중에 있는 공기는 비록 보이지는 않으나 거의 모든 곳에서 그 존재의 증거를 찾아볼 수 있다. 바람은 바위를 풍화시키고, 나뭇잎을 흔들며, 연기를 날리고, 수증기를 상승시킨다. 상승한 수증기는 응결하여 구름이 된다. 우리가 어디를 가든 바람이 따라다닌다. 더운 날에는 몸을 식혀 주고 추운 날에는 몸을 떨게 한다. 미풍이 불면 인근 빵집의 냄새를 풍겨 입맛을 돋운다. 바람은 강력한 힘이기도 하다. 기상의 역군이라 할 수 있는 바람은 지구에 폭풍을 몰아오기도 하고 청명한 날씨를 형성하기도 한다. 열, 수증기, 먼지, 곤충, 박테리아, 꽃가루 등을 한 지역에서 다른 지역으로 이동시키는 것도 움직이는 공기, 즉 바람이다.

대기에는 여러 규모의 순환이 존재한다. 상대적으로 큰 회오리바람 속에 작은 회오리바람이 형성되고, 큰 회오리바람은 **맴돌이**(eddy)라고 하는 더 큰 규모의 강력한 소용돌이를 초래할 수 있다. 기상학에서는 이러한 대기순환을 그 규모에 따라 분류하고 있다. 작은 돌풍에서 거대한 폭풍에 이르는 공기 운동의 크기를 **운동 규모**(scales of motion)라고 한다.

대도시 공단의 굴뚝에서 나온 연기가 깨끗한 공기 속으로 상승하는 경우를 생각해 보자(그림 7.1a 참조). 연기 속에서 무질서한 작은 운동, 즉 작은 맴돌이는 곤두박질치고 선회하는 운동을 일으킨다. 이러한 맴돌이를 제일 작은 규모의 운동, 즉 **미규모**(microscale)라고 한다. 직경 수 m 미만의 미규모 맴돌이는 연기를 확산시킬 뿐 아니라 나뭇가지를 흔들고 먼지와 종이를 공중으로 날려 보낸다. 대류 또는 장애물을 통과해서 부는 바람으로 형성되는 미규모 맴돌이는 보통 단명하여 고작 몇 분 동안 지속될 뿐이다.

그림 7.1b에서 보면 연기는 상승하면서 도시 중심 쪽으로 표류한다. 이와 같은 도시 대기의 순환은 **중규모**(me-

(a) 미규모

(b) 중규모

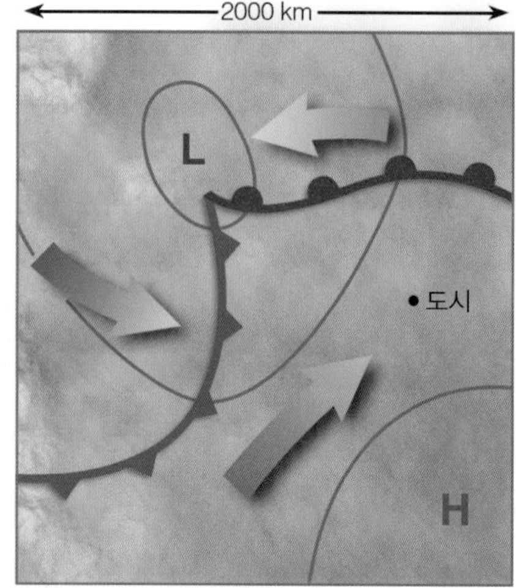

(c) 종관 규모

그림 7.1 ● 대기 운동의 규모. 작은 미규모 대기 운동은 보다 큰 중규모 운동의 일부를 이루며, 중규모 운동은 훨씬 더 큰 종관규모 대기 운동의 일부이다. 규모가 커질수록 작은 규모에서 관측되었던 운동은 더 이상 보이지 않는다.

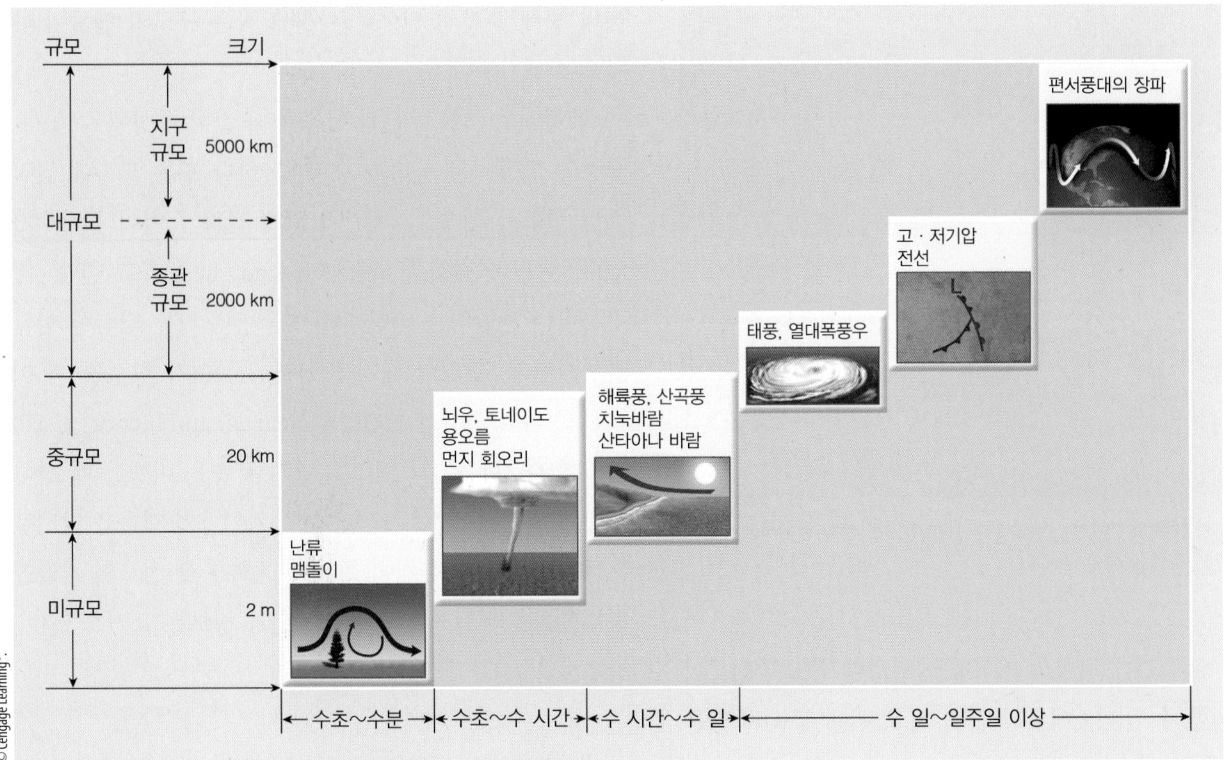

그림 7.2 ● 대기 현상의 평균 크기와 수명을 나타낸 대기 운동의 규모.

soscale)에 속한다. 중규모의 직경은 최소 수 km에서 최고 수백 km에 이른다. 일반적으로 중규모 순환은 미규모보다 길어 지속시간이 분 단위, 시간 단위, 때로는 하루 종일이 되는 경우도 있다. 중규모 순환에는 해안선, 산악지대를 따라 형성되는 국지풍, 뇌우, 토네이도, 소형 열대폭풍 등이 포함된다.

그림 7.1c의 지상 일기도를 보자. 연기나 도시 공기의 순환 모습은 나타나 있지 않고 고기압역과 저기압역 주위의 순환만 그려져 있다. 다시 말해 중위도 상공의 저기압과 고기압이 표시되어 있을 뿐이다. 우리는 이제 **대규모**(synoptic scale)와 일기도 규모(**종관 규모**라고도 함)를 살펴보자. 이 정도 규모의 대기순환은 수백 내지 수천 km^2의 지역에 영향을 미친다. 그 수명은 통상 수일간 지속되나 경우에 따라서는 수주일 가는 것도 있다. 전지구의 바람 패턴을 보면 **행성 규모**(planetary scale) 혹은 **전지구 규모**(global scale)의 운동을 볼 수 있다. 일기도 규모와 전지구 규모를 합해 대기 운동 중 가장 큰 **대규모**(macroscale)라고 한다. 그림 7.2는 각종 규모의 대기 운동 규모와 그들의 평균수명을 요약해 주고 있다.

대 · 소규모의 맴돌이

바람이 딱딱한 물체를 만나게 되면 그 물체의 풍하측에 **맴돌이**가 형성된다.[1] 이때 맴돌이의 규모는 장애물의 크기와 모양, 그리고 바람의 속도에 좌우된다. 가벼운 바람은 작은 정체형 맴돌이를 일으킨다. 나무, 관목, 사람의 몸을 통과하는 바람은 아주 작은 맴돌이를 일으킨다. 바람 부는 날 종이를 떨어뜨려 그것을 주우려고 몸을 굽히는 순간 맴돌이 바람에 종이가 날아가는 경험을 해 본 사람들이 있을 것이다. 건물을 통과하는 바람은 건물 크기 정도의 맴돌이를 일으킨다. 야외 스타디움을 통과하는 강풍은

1 불규칙하고 어지러운 거친 바람의 흐름과 맴돌이를 난류라고 한다.

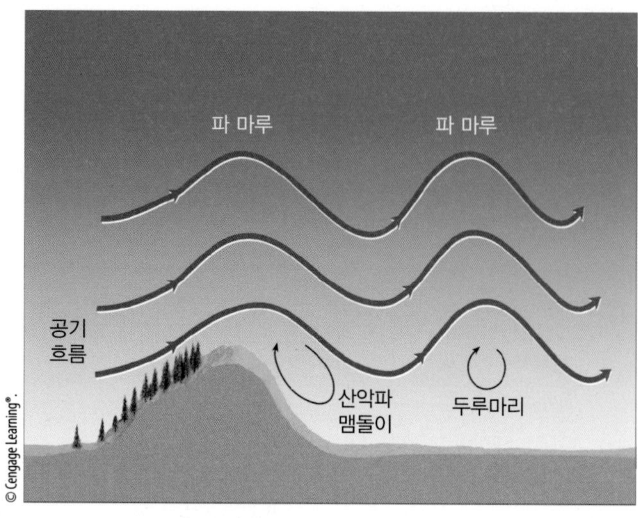

그림 7.3 ● 안정 대기에서 산맥을 통과하는 바람은 산의 풍하측에 수 km에 걸쳐 맴돌이를 형성할 수 있다.

운동장 위에 반대 방향의 지상풍을 일으킬 정도의 맴돌이를 형성할 수 있다. 매우 매끈한 지표 위에 부는 바람은 맴돌이를 거의 일으키지 않으나 지표가 거칠 때는 많은 맴돌이가 형성된다.

바람이 통과하는 길에 있는 장애물의 풍하측에 형성되는 맴돌이는 여러 가지 흥미 있는 효과를 가져온다. 예를 들면, 안정된 대기 속에서 20 m/sec 이상으로 산맥을 통과해 부는 바람은 그림 7.3에서 보는 바와 같은 파동과 맴돌이를 일으킨다. 산과 근접한 곳은 물론 파동의 마루 밑마다 맴돌이가 형성되는 것을 볼 수 있다. 이른바 **두루마리 맴돌이**(rotor)라고 하는 이 현상은 격렬한 연직 운동 상태로 극심한 난류를 형성해 항공기 운행에 위험을 초래할 수 있다. 안정한 대기 중에서 산 위를 부는 강한 바람은 풍하측 지면 부근에 반대로 흐르는 **산악파 맴돌이**를 형성한다. 밤중에 휘몰아치는 험한 바람소리는 굴뚝, 지붕 모서리 등에 부딪쳐 일어나는 훨씬 작은 규모의 맴돌이 때문으로 생각된다.

맴돌이는 지표 부근과 상공에 다 같이 형성될 수 있다. 상공의 맴돌이는 풍속과 풍향 중 하나 또는 모두에 급작스런 변화가 있을 때 예기치 않게 갑자기 일어나는 수가 있다. 이러한 변화를 **바람시어**(wind shear)라고 한다. 바람시어는 혼합역을 따라 맴돌이를 일으키는 강력한 힘을 발생시킨다. 청명한 대기 중에서 맴돌이가 형성될 때 이러한 형태의 난류를 **청천난류**(clear air turbulence, CAT)라고 한다. 항공기가 이러한 난기류 속을 비행할 때 상하요동이 발생하고, 이는 작은 흔들림이나 승객들을 앞뒤로 흔들고 짐칸에서 물건이 튕겨져 나오게 할 정도의 격렬한 상하운동을 일으키기도 한다. (추가 정보는 포커스 7.1을 참조하라.)

알고 있나요?

바람이 많이 부는 밤에는 맴돌이에 의해 마치 휘파람 소리같은 휘잉~ 하는 바람소리가 발생할 수 있다. 바람이 굴뚝과 지붕모서리를 지나면서 작은 맴돌이들이 발생한다. 이러한 작은 소용돌이들은 압축공기의 파동이 되어 고막에 닿을 때 휘잉~ 하는 바람소리를 낸다.

국지풍계

해마다 여름이 되면 미국인들은 내륙의 찜통 더위와 습기를 피해 뉴저지 해안으로 몰려든다. 고온다습한 날 여행객들은 바다에서 30여 km 떨어진 곳에서 불과 수분 동안 지속되는 뇌우를 종종 만난다. 하지만 이들 휴양객들이 해변에 도착할 무렵이면 하늘은 대체로 맑게 개고 기온은 훨씬 내려가 있으며, 시원한 바닷바람이 이들을 맞이한다. 이들이 오후에 집으로 돌아갈 때 이 '신비스런' 소나기는 먼젓번과 거의 같은 위치에 또다시 발생하는 경우가 종종 있다.

그러나 이 소나기는 신비스런 현상은 아니다. 이것은 **해풍**이라고 하는 국지풍계에 의해 만들어진 현상이다. 서늘한 바다 공기가 내륙으로 이동함에 따라 덥고 불안정한 습윤공기는 상승하여 응결하면서 구름을 형성, 국지풍계가 만나는 선을 따라 소나기가 내리는 것이다.

이때 해풍은 열순환의 일환으로 형성된다. 이어서 열순환의 형성을 검토하고 국지풍에 대해 학습한다.

열순환 그림 7.4a에서처럼 기압의 연직 분포를 생각해

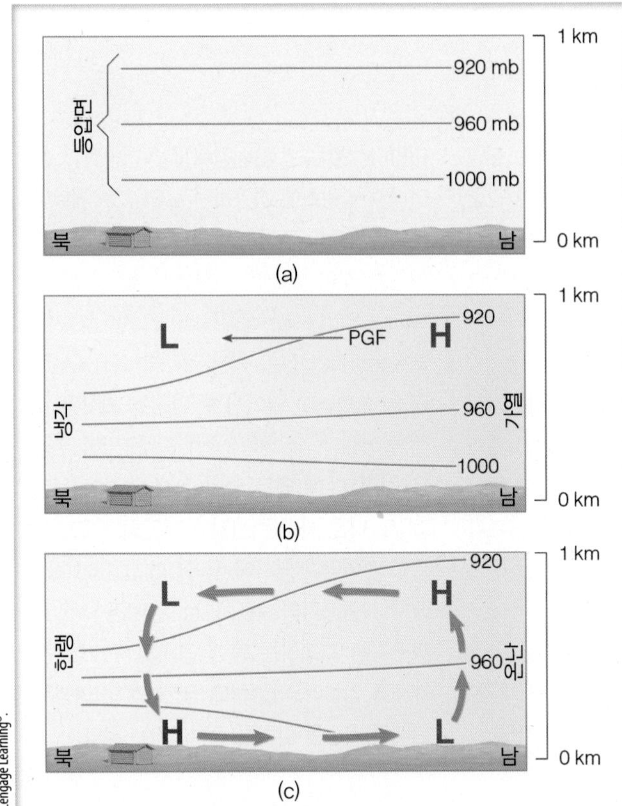

그림 7.4 ● 지표 근처 대기의 가열 및 냉각으로 생긴 열순환. H와 L은 기압의 고저를 나타낸다(실선은 등압면을 표시하고).

보자. 등압선[2]은 모두 지표면과 평행을 이루고 있다. 따라서 수평기압(또는 기온) 변화는 없으며, 기압경도와 바람도 없다. 북으로 갈수록 공기가 차고 남으로 갈수록 따뜻하다고 가정하자(그림 7.4b 참조). 공기가 차고 밀도가 큰 상공에서는 등압선이 조밀하고, 공기가 따뜻하고 밀도가 작은 상공에서는 등압선의 간격이 넓다. 이 같은 차이로 상공에 수평기압경도력(*PGF*)이 생겨 공기를 고기압에서 저기압으로 이동하게 한다.

상공의 공기가 움직이기 시작할 때까지 지상의 기압에는 변화가 없다. 상공의 공기가 남쪽에서 북쪽으로 움직임에 따라 남쪽 상공을 떠난 공기는 북쪽 상공에 '축적'된다. 이와 같은 공기 분포 변화로 남쪽으로 가면서 지상기압은 하강하고 북쪽으로 가면서 지상기압은 상승한다. 그 결과, 지표면에는 북쪽에서 남쪽으로 기압경도력이 발생하고 북에서 남으로 지상풍이 불기 시작한다.

이렇게 해서 기압과 기온이 재분포되고 대기의 순환이 이루어진다(그림 7.4c 참조). 지상의 찬 공기는 남쪽으로 이동하면서 따뜻해지고 밀도는 낮아진다. 지상 저기압역에서는 따뜻한 공기가 서서히 상승, 팽창, 냉각하면서 지상 약 1 km 고도에 이르러서는 북쪽 상공의 저기압 쪽으로 수평 이동한다. 이 고도에서 공기는 수평 방향으로 기압이 낮은 북쪽으로 이동, 천천히 하강하고 지상 저기압에서 다시 불어 나가는 순환을 형성한다. 따뜻한 공기는 상승하고 찬 공기는 하강하는 온도변화에 따른 순환을 **열순환**(thermal circulation)이라 한다.

대기의 냉각 또는 가열로 형성되는 지상고기압역과 저기압역을 **열**(한랭핵)**고기압**과 **열**(온난핵)**저기압**이라 한다. 이러한 대기 운동계는 지상 수 km 미만의 얇은 층에서 일어난다.

해륙풍 해풍은 일종의 열순환이다. 육지와 수면의 차등 가열율 때문에 일어나는 것이 중규모 해안풍이다. 낮에는 육지가 인접한 수면보다 더 빨리 가열되고 그 상공의 공기도 집중 가열되어 얇은 열저기압역을 형성한다. 수면 위의 공기는 상대적으로 기온이 낮아 얇은 열고기압역을 형성한다. 이 같은 기압 재분포가 가져오는 전반적 효과가 바다에서 육지로 부는 **해풍**(sea breeze)이다(그림 7.5a 참조). 가장 강력한 기온 및 기압경도는 육지와 수면의 경계에서 나타나기 때문에 가장 강한 바람도 해변 가까이에서 일어나 내륙으로 가면서 약해진다. 또 육지와 수면의 가장 큰 기온차는 오후에 나타나기 때문에 해풍도 오후에 가장 강하게 분다. 해안 대신 거대한 호수의 호반에서 부는 같은 유형의 바람을 **호수풍**이라 한다.

밤에는 육지가 수면보다 더 빨리 냉각되므로 수면 위보다 육지 위의 기온이 더 낮아져 기압 재분포가 이루어진다(그림 7.5b 참조). 육지 상공의 기압이 더 높아진 관

---

2 이 그림에서 등압선은 사실 하나의 선을 나타내는 것이 아니라 기압이 일정한 면, 즉 등압면을 나타내고 있다. 등압면에 대한 정보는 포커스 6.2를 참고하라.

FOCUS ON AN OBSERVATION 7.1

맴돌이와 공기포켓

바람시어 지역을 따라 맴돌이가 형성되는 과정을 알기 쉽게 설명하기 위해 고공에 연직 풍속시어를 지닌 안정 대기층이 있다고 가정해 보자(그림 1a 참조). 이 대기층의 상반부는 하반부 위에서 서서히 움직이고 상 · 하반부 공기의 상대 속도는 낮다. 상반부와 하반부 사이의 바람시어(높이에 따른 풍속의 변화)가 작은 한, 맴돌이는 형성되지 않거나 형성되어도 소수에 그친다. 그러나 상하 양쪽의 시어와 상대속도가 증가하면 파도와 같은 기복이 생길 수 있다(그림 1b와 1c 참조). 이때 시어가 특정한 값을 넘어서면 파는 부서져 큰 연직 운동을 동반하는 커다란 회오리를 일으킨다(그림 1d 참조). 이와 같은 맴돌이는 상층대류권 내 커다란 풍속시어가 존재하는 제트류 근처에서 종종 형성된다. 산악을 통과할 때 일어나는 바람의 파동과 관련해 이러한 맴돌이가 형성되기도 하는데, 이런 맴돌이는 성층권까지 미칠 수도 있다(그림 2 참조). 맑은 하늘에서 일어나는 거대한 맴돌이를 청천난류(CAT)라 한다.

직경이 수 m 내지 수백 m에 이르는 청천난류에 항공기가 잘못 휩쓸리면 위험한 결과를 초래할 수 있다. 만약 하강기류 속에 들어가면 기체가 급락하여 날개를 떠받칠 공기가 없으므로 곤경에 처할 수 있다. 이러한 구역을 공기포켓이라 한다.

공기포켓에 진입한 항공기가 수백 미터나 급강하하여, 미처 안전벨트를 매지 않은 승객과 승무원이 부상당하는 사고가 자주 일어난다. 2014년 2월 강력한 청천난류가 몬타나주 빌링스에 접근하던 보잉 737 제트여객기를 덮쳐 5명의 승객과 승무원이 병원에 입원한 적이 있었다. 1981년 4월, 중부 일리노이 약 11 km 상공을 비행하던 DC-10 제트여객기가 심한 청천난류 지역과 조우하여 약 600 m나 떨어진 후 안정을 되찾은 일이 벌어졌다. 154명의 승객 중 21명이 부상을 입었고, 한 명은 엉덩이 뼈 골절이 생겼고, 또 다른 사람은 천장에 부딪히고 포크에 코를 얻어맞고 의자에 떨어졌다. 청천난류는 때때로 항공기의 수직 안정 유지 장치와 꼬리구조를 파괴하는 등 항공기의 구조에 큰 재해를 입힌다. 다행히도 청천난류의 여행은 위에서 기술한 것처럼 극적이지는 않다.

(a) 작은 시어

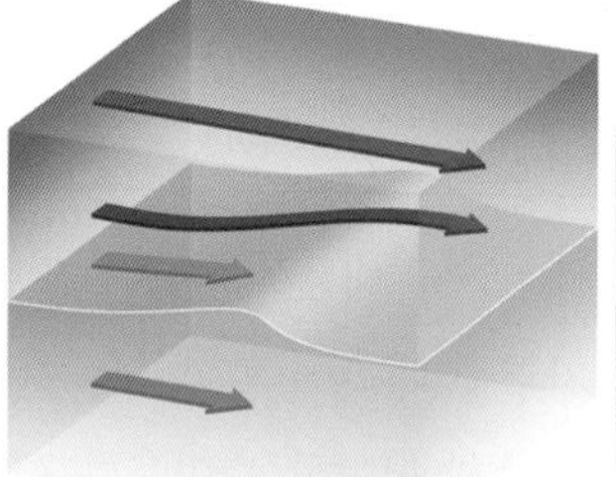
(b) 시어 증가, 경계층 변형

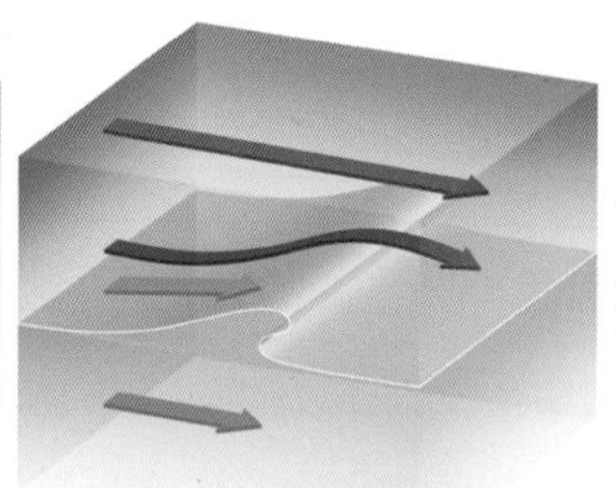
(c) 파 형성

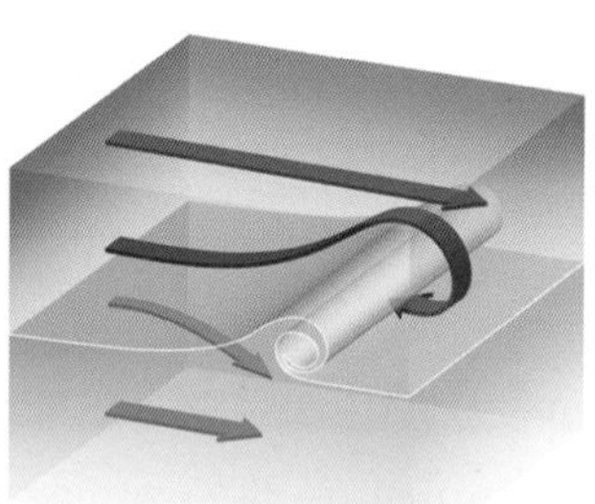
(d) 난류 맴돌이 파괴

그림 1 ● 증가하는 풍속시어 경계를 따라 형성되는 청천난류. 측면에서 봤을 때 상반부 대기가 하반부 대기 위를 이동하고 있다.

그림 2 ● 바람시어 지역에서 형성되는 난류 맴돌이로 물결구름이 나타나고 있다.

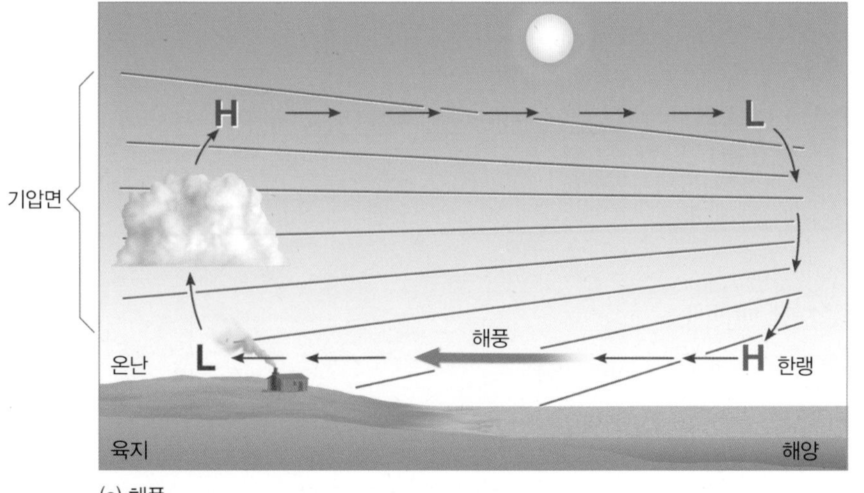

(a) 해풍

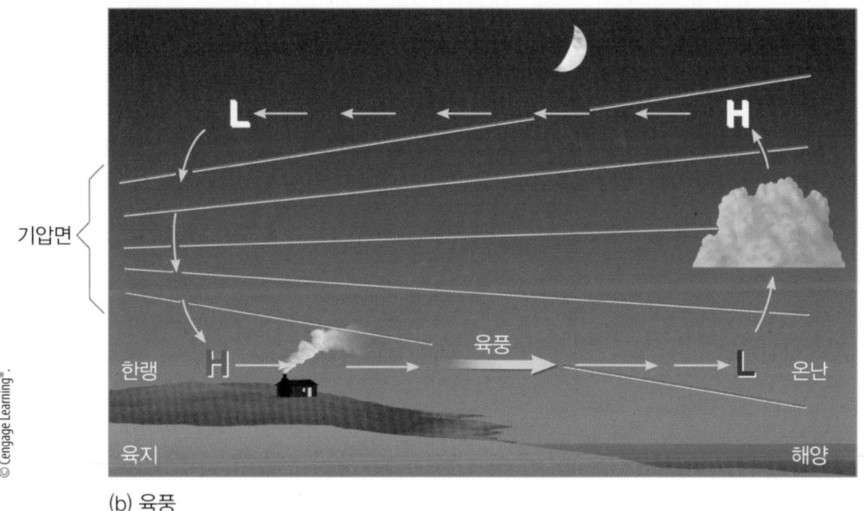

(b) 육풍

그림 7.5 ● 해풍과 육풍의 발달 형태. (a) 해풍이 바다에서 육지로 분다. (b) 육풍이 육지에서 바다로 분다. 해풍이 불 때는 육풍의 경우보다 기압면 수가 더 많아 보다 강력한 기압경도를 일으키며, 이는 보다 강한 바람을 시사한다.

계로 이번에는 육지에서 바다로 바람이 분다. 이 바람을 **육풍**(land breeze)이라고 한다. 밤에는 육지와 바다의 기온차가 훨씬 작아 통상 육풍은 낮의 해풍보다 약하다. 육지와 바다의 야간 기온차가 비교적 큰 지역에서는 해안선 앞바다에 비교적 강한 육풍이 분다. 이 바람은 해안가 육지에서는 잘 느껴지지 않지만 해안 가까운 바다에 떠 있는 배에서는 자주 관측된다.

그림 7.5에서 낮에는 육지 위의 공기가 상승하고 밤에는 수면 위의 공기가 상승하는 점을 살펴보라. 습윤한 미국 동부해안을 따라 낮에는 육지 위에, 밤에는 바다 위에 구름이 생기곤 한다. 이 때문에 야간에 먼바다에서 자주 번개가 치는 것이다.

해풍의 앞면을 **해풍전선**이라 한다. 이 전선이 내륙으로 이동함에 따라 바로 그 뒤의 기온은 급격히 낮아진다. 지역에 따라서는 처음 몇 시간 동안 기온차가 5°C 이상 벌어져 무더운 낮에는 아주 신선한 느낌을 준다. 바다의 온도가 따뜻한 지역에서는 이러한 해풍에 의한 냉각효과가 크지 않다. 바다에 가까이 위치한 도시는 정오 이전에 해풍이 불기 때문에 내륙 도시들에 비해 일최고기온이 훨씬 일찍 나타난다. 북아메리카 동해안을 따라서 해풍이 전선(front)을 만들면서 이동하는데, 이는 서풍에서 동풍으로의 급격한 바람 변화로 나타난다. 서늘한 바다 공기에서는 기온이 떨어질수록 상대습도는 올라간다. 만약 상대습도가 70% 이상으로 상승하면 수증기는 바다 소금이나 공장배출연기의 입자들에 응결하기 시작하여 연무를 생성하게 된다. 바다 공기의 오염물질 농도가 높을 경우 해풍전선은 비교적 깨끗한 공기를 만나 **연기전선** 또는 **스모그 전선**으로 나타나게 된다. 만약 바다 공기가 포화되면, 낮은 구름무리와 안개가 바다 공기의 앞면을 장식하게 될 것이다.

전선을 사이에 두고 현격한 기온차가 존재할 때 따뜻하고 가벼운 공기는 수렴하여 상승할 것이다. 많은 지역에서 사람들은 상승하는 해풍을 이용한 글라이더 비행을 즐기고 있다. 이처럼 상승하는 공기의 수증기가 충분하면 해풍전선을 따라 일련의 적운이 형성될 것이고, 또 이 공기가 불안정하면 뇌우가 형성될 수 있다. 앞에서도 언급했듯이, 고온다습한 여름날 사람들은 비닷기로 드라이브하면서 바다로부터 수 km 떨어진 곳에서 세찬 소나기를 맞고, 해변에 도착해서는 맑은 날씨와 지속적인 해풍을 즐길 수 있다.

한랭하고 밀도가 높은 안정한 해양공기는 장애물로 줄지어 있는 언덕들을 만나면, 그들을 넘기보다는 그들 주위를 돌아 흐르는 경향이 있다. 육풍이 장애물 반대편에서 불 때는 **해풍수렴대**를 형성한다. 이런 조건(상황)은 북미의 태평양 연안을 따라서 공통적인 현상이다.

미국 플로리다 주에는 해풍의 영향으로 여름에 많은 비가 내린다. 플로리다 주의 대서양 쪽에서는 해풍이 서쪽에서 불어오고 멕시코만 쪽에서는 동쪽에서 불어온다. 이 2개의 습윤한 풍계가 수렴하고 거기다 낮 동안의 대류까지 합세하여 육지에 구름과 소나기를 동반한 날씨를 형성하게 된다(그림 7.6 참조). 이들 두 습윤풍계의 수렴이 주간 대류와 맞물리게 되면 육지 상공은 흐려지고 소나기성 비를 내린다(그림 7.7 참조). 상대적으로 더 차고 안정한 공기가 지면에 근접한 바다 상공의 하늘은 종종 구름 없는 맑은 상태가 유지된다. 그러나 1998년 6월과 7월 여러 날 동안 플로리다의 수렴풍계는 나타나지 않았고, 지

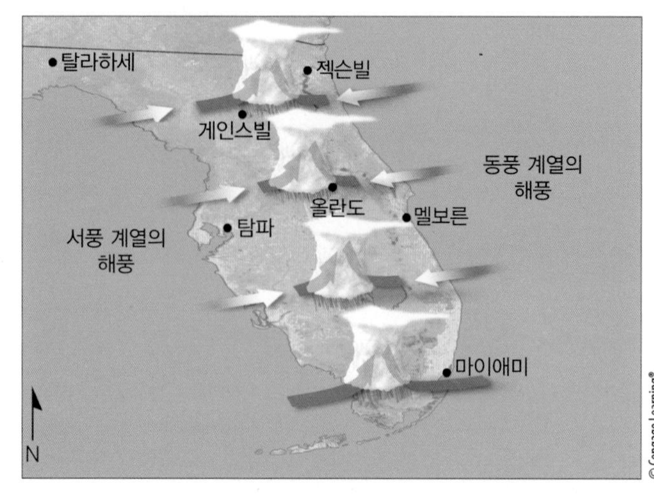

그림 7.6 ● 일반적으로 플로리다의 여름날 오후에는 수렴하는 해풍이 뇌우의 발달과 강수를 강화하는 상승기류를 일으킨다. 그러나 지상의 서풍이 우세하고 상공에 고기압 마루가 형성되면, 뇌우 활동은 줄어들고 건조한 조건이 우세해진다.

그림 7.7 ● 여름철 플로리다 남부 지역은 지면 가열과 해풍의 수렴이 합세하여 강한 상승기류를 일으켜 거의 매일 천둥번개를 동반한 소나기가 내린다.

상의 공기수렴과 그것이 동반하는 소나기의 부재로 플로리다 대부분 지역은 가물었다. 플로리다 북부와 중부에서는 큰 산불이 일어나 수백 명이 집을 잃고 수천 에이커의 초목이 전소되었다. 약화된 해풍과 건조한 조건은 2006년 봄을 포함해 수많은 다른 경우에도 사나운 산불을 야기했다.

해풍의 수렴은 해양지역에만 국한된 현상은 아니다. 미시간 호와 슈피리어 호에서도 호수풍이 형성될 수 있다. 넓은 수면이 좁은 지협으로 분리되어 있는 미시간 북부에서는 2개의 호수풍이 내륙으로 불면서 반도 중심부 근처에서 수렴, 오후의 구름과 소나기를 형성한다. 한편, 호숫가 지역은 맑고 서늘하며 건조하고 쾌적한 날씨를 보인다.

산곡풍 산비탈을 따라 부는 바람이 산곡풍이다. 그림 7.8를 보면 낮에는 햇빛으로 계곡의 벽이 가열되고 따라서 거기에 접하는 공기도 따뜻해짐을 알 수 있다. 가열된 공기는 계곡의 같은 고도의 다른 공기보다 밀도가 작아져 **골바람**(valley breeze)으로 불리는 부드러운 활승바람을 일으키며 상승한다. 밤에는 역현상이 일어난다. 산비탈은 빠른 속도로 냉각되고 거기에 접하는 공기도 따라서 냉각된다. 냉각과 함께 밀도가 커진 공기가 비탈을 따라 계곡으로 내려오면서 **산바람**(mountain breeze)을 일으킨다. 이러한 바람을 언덕 아래로 끌어내리는 힘은 중력이므로 이 바람을 **중력풍** 또는 **야간 배출풍**이라고도 한다.

활승 골바람이 잘 발달하고 충분한 수증기를 지닐 때는 산 정상 위에 적운을 형성할 수도 있다(그림 7.9 참조). 골바람은 보통 이른 오후에 가장 강하며, 하루 중 기온이 가장 높게 올라가는 이 시간에는 산 위에 흔히 구름이 끼고 소나기가 내리며 심지어 뇌우가 형성된다.

활강바람 산 위에서 계곡 쪽으로 부는 바람을 모두 **활강바람**(katabatic wind)이라고 할 수 있으나 이 명칭은 일반 산바람보다 훨씬 강한 바람에 한해 사용된다. 활강바람은 높은 산비탈을 태풍과 맞먹는 속도로 불어칠 수도 있으나 대부분의 경우 이 정도는 아니며 5 m/sec 미만인 경우가 많다.

활강바람을 일으키기 적합한 조건은 산으로 둘러싸여 있고 한 면은 급경사의 비탈로 뚫려 있는 고원지대이다(그림 7.10 참조). 이 고원에 겨울눈이 쌓이면 그 위를 이동하는 공기는 극도로 냉각된다. 밀도가 커진 공기는 고원의 가장자리를 따라 산등성이나 골짜기를 내려오면서 가벼운 한랭풍을 일으킨다. 그러나 이 바람이 협곡이나 좁은 수로에 집중될 때는 흐름이 빨라져 마치 폭포수처럼 활강하는 경우가 종종 있다.

활강바람은 세계 도처에서 관측된다. 예를 들면, 옛 유고슬라비아의 북부 아드리아 해안을 따라 러시아에서 내습한 극지방의 한랭바람이 고원의 비탈을 타고 저지대로 휘몰아칠 때 때로는 50 m/sec 이상의 풍속을 내는 강력한 한랭 북동풍, 즉 **보라**(*bora*)가 분다. 이보다 다소 약

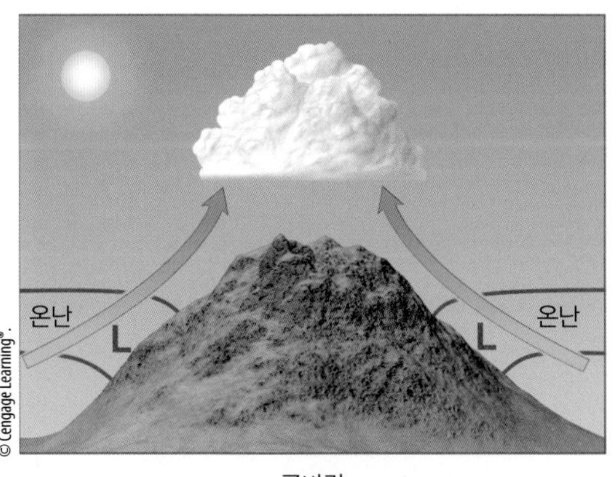

골바람

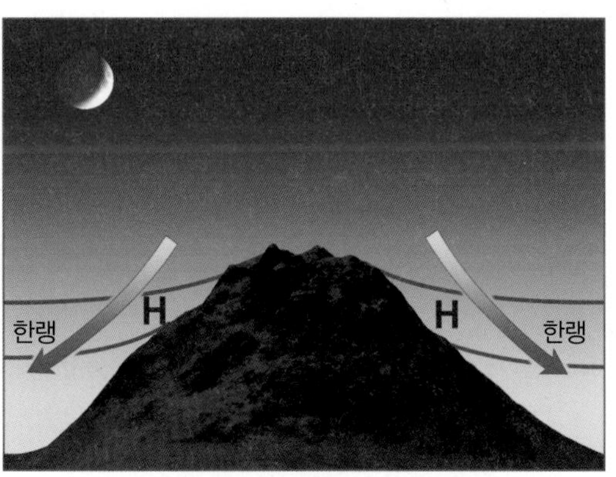

산바람

그림 7.8 ● 낮에는 골바람이 계곡에서 산 위로 불고 밤에는 산바람이 계곡 아래로 분다. H와 L은 기압을 나타내며 가로선은 등압면을 나타낸다.

그림 7.9 ● 산기슭이 낮 동안에 가열되면 공기는 상승하고 응결하여 사진과 같은 적운형 구름을 빈번히 형성한다.

하지만 이와 비슷한 찬바람으로 프랑스 론 계곡으로 부는 **미스트랄**(mistral)이 있다. 이 바람은 계곡을 거쳐 지중해로 빠져나 간다. 이 과정에서 지나는 포도농장에 서리 피해를 입히고 온화한 기후인 리비에라 지역 주민들에게 급작스러운 추위를 몰고 온다. 또 그린란드와 남극의 빙산 꼭대기에서도 아래쪽으로 강력한 한랭성 활강바람이 불며 풍속이 50 m/s를 넘을 때가 있다.

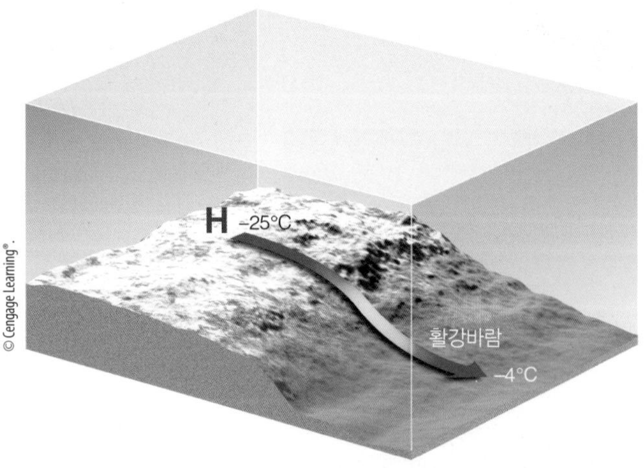

그림 7.10 ● 강한 활강바람은 눈 덮인 고원에서 한랭기류가 몰아쳐 내려올 때 형성될 수 있다.

북아메리카에서는 아이다호, 오레곤, 워싱턴주에 걸쳐 있는 컬럼비아 고원 위에 축적된 찬 공기가 컬럼비아 강 계곡을 통해 서쪽으로 이동하면서 강력하고 세찬 바람, 때로는 폭풍을 일으킨다. 이때 침강하는 공기는 압축됨에 따라 따뜻해지기는 해도 본래 매우 냉각되어 있기 때문에 캐스케이드 산맥의 바다쪽 면에 도달할 즈음에는 바다 공기보다 훨씬 차갑다. **컬럼비아 계곡풍**(coho라고도 함)은 종종 장기적 한파의 전조가 된다.

산의 계곡을 따라 부는 강력한 활강바람은 막대한 피해를 가져오기도 한다. 1984년 1월 요세미티 국립공원(Yosemite national Park)에 50 m/sec의 강력한 활강바람이 불어 나무뿌리가 뽑히고 천막에서 잠자던 공원 직원 한 명이 쓰러지는 나무에 치여 사망한 일이 있다.

치눅(찐)바람 **치눅바람**(chinook wind)이란 로키산맥의 동쪽 비탈을 따라 내려오는 바람을 말한다. 치눅바람이 통과하는 지역은 뉴멕시코 북동부에서 캐나다로 연결되는 비교적 좁은 지역이다. 세계 다른 지역의 산비탈에서도 이와 비슷한 바람을 볼 수 있다. 유럽 알프스에서 나

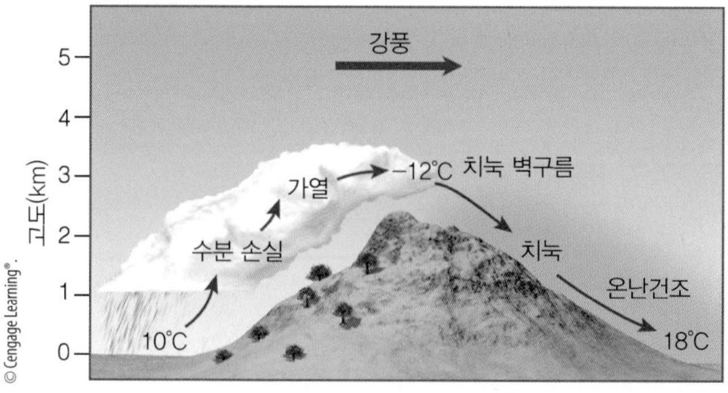

그림 7.11 ● 치눅바람은 산의 풍상측에 구름이 형성될 때 강화될 수 있다. 풍상측에서 가열되고 습기를 잃으면 풍하측에 따뜻하고 건조한 바람이 분다.

타나는 이 같은 바람을 푄(foehn)이라고 하며, 아르헨티나에서는 존다(zonda)라고 한다. 이런 바람은 한 지역을 통과하면서 온도가 급격히 상승하여 때로는 1시간에 20°C 이상 오르고, 이와 상응하여 상대습도는 급격히 하락하여 때로는 5% 미만으로 떨어지기도 한다.

치눅바람은 로키나 캐스케이드처럼 남북으로 뻗어 있는 산맥 상공에서 강력한 서풍이 불 때 일어난다. 이와 같은 조건은 산의 동쪽 면에 저기압골을 형성, 공기를 아래쪽으로 밀어 내린다. 공기는 하강하면서 압축해 따뜻해진다. 이와 같이 치눅바람의 온기의 주 열원은 **압축가열**이다.

산의 풍상측에 구름이나 강수가 발생할 때 치눅바람을 일으킬 수 있다. 예를 들면, 그림 7.11에서 산의 풍상측에 구름이 형성되면 잠열은 현열로 전환하여 풍하측의 압축가열을 보충한다. 이 현상으로 풍하측 산기슭의 하강공기는 풍상측에서 이동을 시작했을 때에 비해 따뜻해져 있다. 또 풍상측에서 강수로 수분을 많이 상실했기 때문에 보다 건조해져 있다. 치눅바람과 관련한 온도변화는 포커스 7.2에 좀 더 자세하게 설명되어 있다.

로키산맥 앞자락을 따라 구름이 둑처럼 길게 형성되면 치눅바람이 임박했다는 징조이다. 이 같은 **치눅 벽구름**은 보통 정체 상태로 있으면서 공기가 상승, 응결했다가 풍하측으로 급강하하면서 산 아래의 동네에 강한 바람을 일으킨다. 이처럼 거센 바람이 콜로라도 주 볼더시의 겨울철에 악명 높으며, 바람에 의한 연평균 피해 규모만 백만 달러 정도에 이른다. 그림 7.12는 치눅 벽구름이 콜로라도 평원에서 서쪽으로 로키산맥을 바라볼 때 어떻게 나타나는지 보여 준다. 이 그림은 어느 겨울 오후 기온이 대략 −7°C일 때 찍은 사진이다. 같은 날 저녁 치눅바람은 빠른

그림 7.12 ● 평원에서 바라본 콜로라도 로키산맥 위 치눅 벽구름의 형성 광경.

FOCUS ON A SPECIAL TOPIC 7.2

눈 먹는 바람과 급속한 기온 변화

치누바람은 목마른 바람이다. 치누바람은 두껍게 덮인 눈의 상공을 이동하면서 하루도 안 되는 기간에 두께 1 ft의 눈을 녹이고 증발시킬 수 있다. 이 같은 상황이 이른바 '눈 먹는 바람(snow eaters)'이라는 과장어휘를 만들어 냈다. 캐나다에서 전래되는 속설에 따르면 썰매 여행자가 한 번은 치누바람을 앞질러 보려 했다. 하지만 시종일관 그의 앞길은 눈으로 덮여 있었던 반면, 등 뒤의 길은 눈이 녹아 없어진 맨땅이었다.

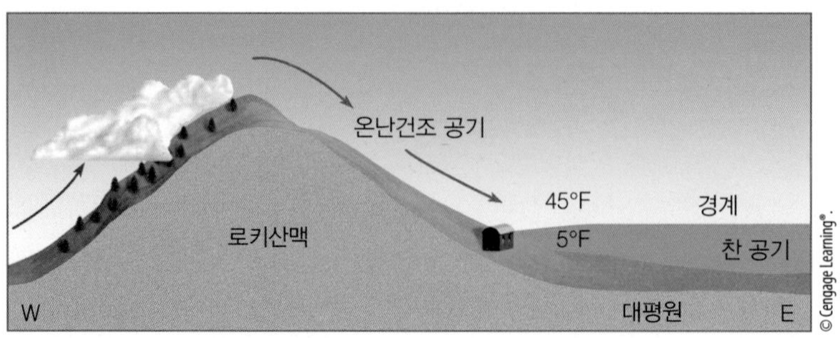

그림 3 ● 따뜻한 공기와 찬 공기의 경계선 근처에 위치한 도시들은 찬 공기가 그릇 속의 물처럼 상하로 흔들릴 경우 심한 기온변화를 경험할 수 있다.

실제 치누바람은 경제적으로 중요하다. 이는 겨울철 추위를 안화시킬 뿐 아니라 가축들이 확 트인 목장에서 풀을 뜯어 먹을 수 있도록 대초원에서 눈 덮개를 벗겨주기도 한다. 따뜻한 치누바람은 또 철도 궤도에 덮인 눈을 말끔히 없애 열차가 거침없이 달리도록 만들어 준다. 반면에, 치누바람의 건조효과는 심각한 화재를 일으킬 수도 있다. 봄철 파종기 직후 치누바람이 불면, 씨앗이 메마른 땅에서 말라 죽을 수도 있다. 건조한 대기와 함께 정전기가 발생, 간단히 악수만 해도 전기충격이 일어날 수 있다. 이렇듯 따뜻하고 건조한 바람은 때로는 인간행동에 역효과를 준다. 치누바람이 부는 동안 일부 사람들은 과민반응을 보이고 우울해지는가 하면 다른 사람들은 몸이 아파지기도 한다. 이런 현상이 일어나는 정확한 이유는 알려져 있지 않다.

치누바람은 급속한 기온변화와 관련 있는 것으로 알려져 왔다. 실제로 1980년 1월 11일 치누바람 때문에 몬타나 주 그레이트 폴스 기온은 불과 7분 만에 영하 −35.6℃에서 영하 −8.3℃로 27.3℃나 급상승했다. 이처럼 빠른 기온변화가 어떻게 일어날 수 있는지 그림 3이 설명하고 있다. 매우 찬 얇은 공기층이 캐나다에서 이동해 현재 로키산맥 뒤편에 머물고 있는 것을 주목하라.

찬 공기는 보통 액체처럼 움직이며 때로는 대기조건에 따라 마치 그릇이 앞뒤로 흔들릴 때 그 안의 물처럼 상하로 움직일 수 있다. 이러한 요동은, 찬 공기와 더운 공기의 경계선 변두리에 면한 언덕 밑 도시들이 찬 공기에 휩쓸렸다가 거기서 빠져나왔다가 하는 과정에서, 이들 도시에 극심한 기온변동을 유발할 수 있다.

1943년 1월 22일 오전 사우스다코타 스피어피시에서 기록된 2분 만의 27.2℃ 차라는 매우 빠른 기온변화는 이런 상황에 기인한 것으로 판단된다. 같은 날 오전 인근 래피드시티의 기온은 새벽 5시 30분 영하 −20℃에서 오전 9시 40분 영상 12.2℃로 상승했다가 오전 10시 30분에는 다시 영하 −11.7℃로 하강했으며, 불과 15분 후 다시 영상 12.8℃로 반등했다. 인근 도시들에서도 파도 모양의 찬 공기는 몇 시간 계속해서 비슷한 기온변동을 일으켰다.

속도로 산을 내려오며 산기슭 계곡의 모래와 자갈들을 같이 휘몰아쳐 자동차를 우그러트리고 유리창도 깨뜨렸다. 이 치누바람은 마치 따뜻한 이불처럼 평원으로 퍼져 나갔고 다음 날 기온을 온화한 15℃로 끌어올렸다. 치누과 그 벽구름은 며칠간 더 지속되어 겨울철 동장군으로부터 약간의 휴식을 가져다 주었다.

우리나라에서도 동해에서 북동풍이 불어올 때 치누바람과 같은 고온 현상이 종종 발생한다. 그림 7.13a는 실제로 고온 현상이 일어났을 때의 기압 배치와 풍계이며, 그림 7.13b는 이때 한반도의 기온 분포를 보여 준다.

2011년 5월 24일, 만주에 위치한 고기압의 영향으로 동해안에서 차고 습한 공기가 불어와 강원 영동을 비롯한 동해안 지방은 평년보다 낮은 기온을 보였으나 태백산맥 서쪽 서울 · 경기도를 비롯한 영서지방은 평년보다 높은 고온의 봄 날씨를 보였다. 이것은 동해안에서 불어온 바람이 태백산맥을 넘으면서 온도가 상승하는 푄 현상 때문

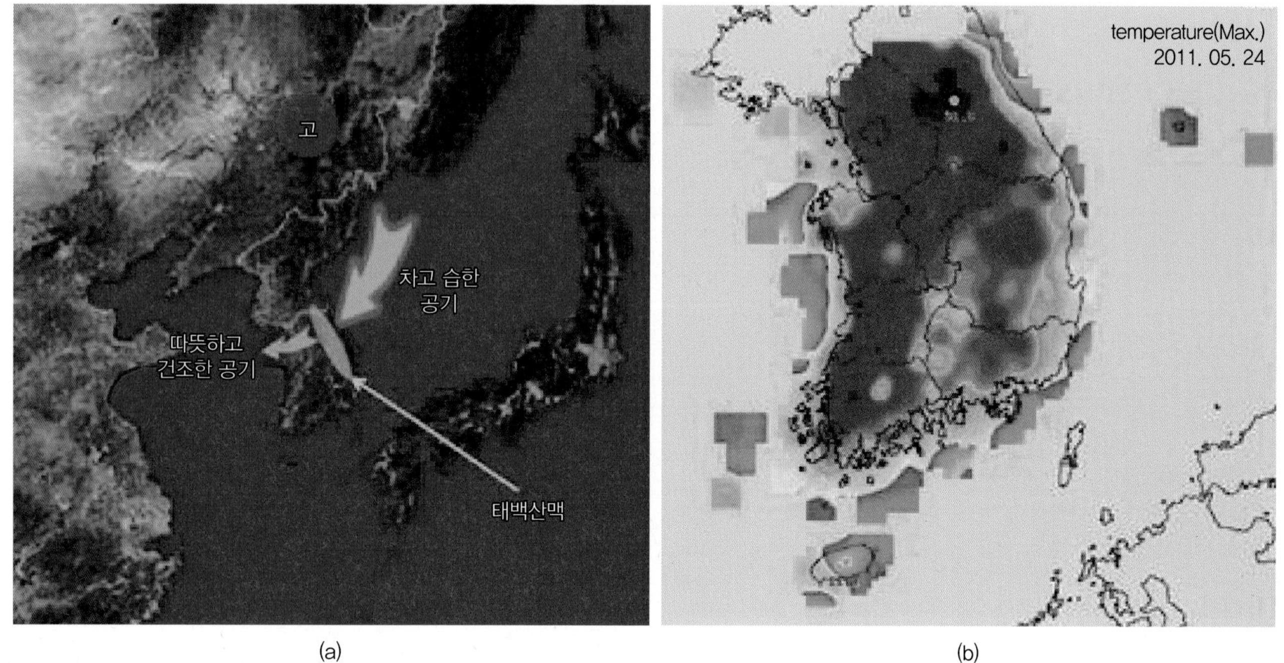

그림 7.13 ● 2011년 5월 24일 발생한 (a) 푄 현상 모식도(기상청 제공), (b) 2011년 5월 24일 낮 최고기온의 분포도(기상청 제공).

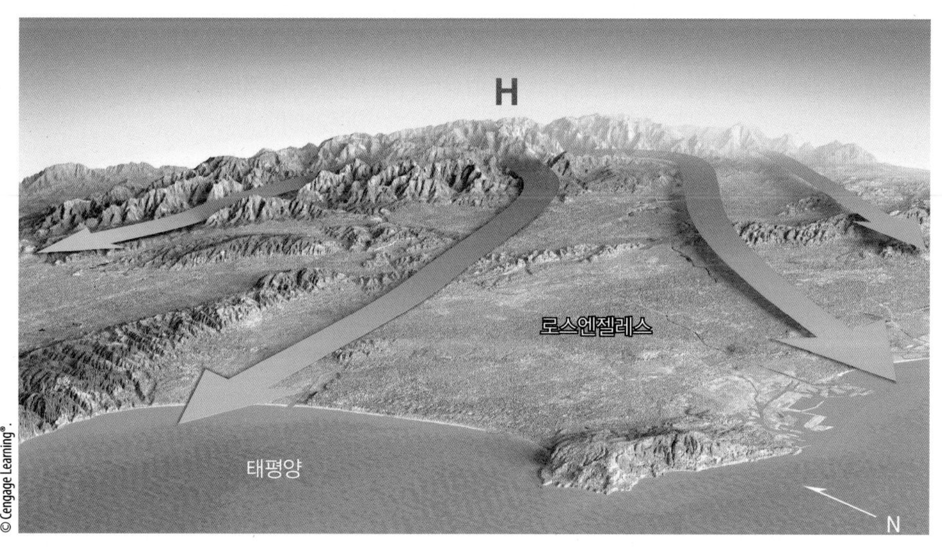

그림 7.14 ● 온난건조한 산타아나 바람이 남부 캘리포니아의 협곡을 따라 내려가고 있다. 대문자 H는 고원의 기압이 높음을 표시한다.

으로 이 바람을 높새바람이라고 부른다. 이날 16시 낮 최고기온은 강릉 21.4℃에 비해 서울 28.0℃, 수원 26.2℃, 춘천 29.5℃로 영동과 영서지방은 확연한 기온차를 보였다(기상청).

산타아나 바람 미국 캘리포니아 남부를 향해 동쪽 또는 북동쪽에서 부는 온난건조한 바람을 **산타아나**(Santa Ana) **바람**이라 한다. 높은 사막고원으로부터 하강하는 공기는 센가브리엘과 샌버나딘 산 계곡을 지나 LA 분지나 산페르난도 계곡으로 불어 태평양 상공까지 퍼져 나간다(그림 7.14). 이 바람은 종종 예외적 풍속(45 m/s)으로 산타아나 계곡에 불어온다. 여기서 산타아나 바람이라는 이름이 붙었다.

이러한 온난건조풍은 미국 서부 대분지 상공에 고기압

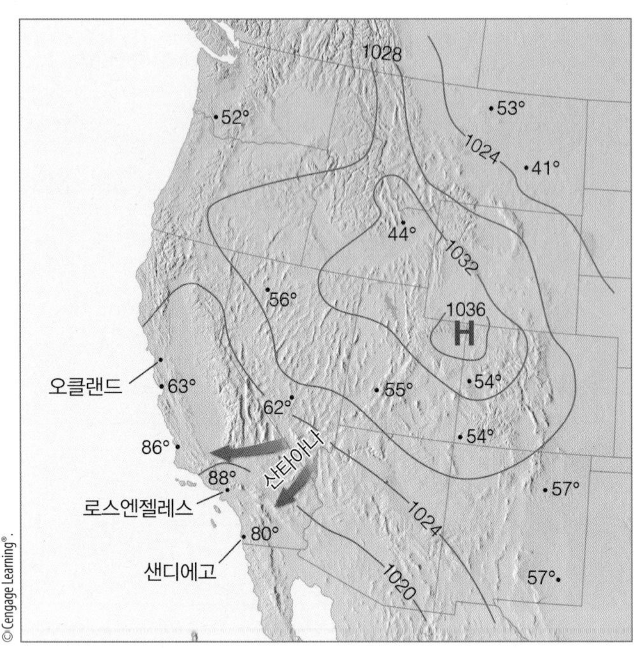

그림 7.15 ● 산타아나 바람이 분 1월 어느 날의 지상 일기도. 이 날의 일 최고기온이 화씨(℉)로 표시되어 있다. 산사면으로 바람이 불어 내려가 남부 캘리포니아는 기온이 80℉ 후반(약 30℃)을 웃도는 반면, 주변 지역은 기온이 훨씬 낮다.

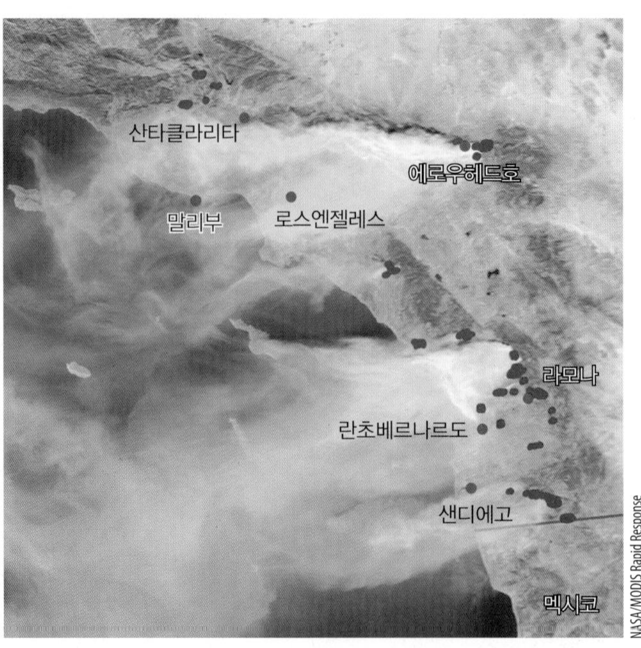

그림 7.16 ● 2007년 10월 23일 북동쪽에서 불어오는 산타아나 바람이 대규모 들불 연기를 캘리포니아 남부를 지나 태평양 상공으로 이동시키고 있다.

역이 형성될 때 발달한다. 고기압역 주변의 시계 방향 순환으로 공기는 고원으로부터 아래쪽으로 밀려 내려간다. 이때 공기는 **압축가열**로 열을 받게 되는데, 사막에서 왔기 때문에 본래부터 건조한 공기는 가열로 더욱 건조해진다. 그림 7.15는 산티아나 바람이 불 때 전형적인 지상 일기도를 나타낸다.

계곡으로 몰아치는 바람은 먼지와 모래를 불어 올리고 식물의 수분을 빼앗는다. 특히 떡갈나무 덤불이 덮여 있고 여름철 가뭄으로 이미 메말라 있는 산에 이런 바람이 불면 심각한 산불이 일어나기 쉽다.[3] 1961년 11월 이렇게 발생한 벨에어 산불로 3일 동안 가옥 484채가 파괴되고 2,500만 달러 이상의 피해가 발생했다. 2003년 10월 강력한 산타아나(Santa Ana) 바람으로 인한 대규모 들불이 남부 캘리포니아를 휩쓸었다. 이 화재로 750,000에이커의 땅이 불타고 가옥 2,800채 이상이 파괴되었으며, 20명이 사망하고 20억 달러가 넘는 재산피해가 발생했다. 그로부터 불과 4년 후인 (그리고 역대 최고로 건조한 기간에 뒤따른) 2007년 10월 남부 캘리포니아에서 또다시 들불이 발생했다. 초속 40 m 이상의 맹렬한 기세로 불어치는 산타아나 바람을 타고 화염은 건조한 목초지대를 지나가면서 모든 것을 닥치는 대로 태웠다. 로스엔젤레스 북쪽에서 멕시코 국경까지 이어진 화재(그림 7.16 참조)로 500,000에이커의 지역이 불타고 가옥 1,800채 이상이 파괴되었으며 9명이 사망했다. 총 피해액은 15억 달러를 넘어섰다.

북쪽으로 640 km 떨어진 캘리포니아 주 오클랜드에서는 1991년 10월 사나운 산타아나형 바람이 불어 주택 3,000채 이상을 파괴하고 약 150억 재산피해를 초래했으며 25명의 생명을 앗아간 **오클랜드산불 참사**가 발생했다(그림 7.17). 보호막 구실을 했던 초목이 사라진 후, 겨울비에 표토가 유실되고 지역에 따라서는 심각한 진흙사태가 발생하여 땅이 침식되기 십상이었다. 바람으로 인한 산타아나 화재의 악영향은 진화된 후에도 오랫동안 남았다.

3 이러한 지역은 차파렐(Chaparral)이라 하며, 불이 잘 붙는 기름 성분은 많이 함유한 식물들로 구성된 관목지대이다.

사막의 바람 사막에도 각종 규모의 바람이 발달한다. 강력한 바람이 공기를 밀어올리고 미세한 먼지 분자들을 공기 속에 불어넣을 수 있는 건조한 지역에서는 거대한 먼지폭풍(dust storm)이 형성된다. 2001년 2월, 아프리카 사하라 상공에 발달한 스페인 크기의 거대한 먼지폭풍은 아프리카 해안을 서쪽으로 휩쓸고는 다시 북동 방향으로 휘몰아쳤다. 1930년대 가뭄기에는 미국 대평원에서 대형 먼지 폭풍들이 발생하였다. 어떤 폭풍들은 3일이나 지속되었는데, 동쪽으로 대서양 연안 너머까지 수백 km 거리에 먼지를 퍼트렸다. 가는 모래가 도처에 퍼져 있는 사막지

©Jim Pire

그림 7.17 • 1991년 10월 20일 오클라호마 라크리지 지역의 주민이 옆집이 들불에 의해 타고 있는 것을 망연자실하게 바라보고 있다.

AP Photo/Amanda Lee Myers

그림 7.18 • 2011년 7월 5일 대형 하부브(먼지 폭풍)가 애리조나 피닉스 지역을 통과하고 있다.

그림 7.19 ● 먼지 회오리의 형성. 고온건조한 날 지표면 부근은 불안정하게 되고 가열된 공기가 상승함에 따라 장애물을 지나던 바람은 상승기류를 비틀리게 하여, 회전 기둥이나 먼지 회오리를 일으킨다. 측면의 바람은 상승하는 기둥 속으로 불어 들어가면서 모래, 먼지, 잎사귀, 기타 지표면의 작은 물건들을 끌어올린다.

역에서는 지표면의 가열로 온도가 급속히 상승하고 상공의 바람에 모래 입자들이 포함됨에 따라 **모래폭풍**이 발달한다.

먼지 혹은 모래로 구성된 폭풍의 좋은 예는 국지풍 **하부브**(haboob: 영어의 blown과 같은 뜻의 아랍어 hebbe에서 온 말)이다. 거대한 모래 벽을 동반하는 하부브는 뇌우의 가장자리를 따라 지상으로 흐르는 차가운 하강기류가 지상에 도달한 후 발산하면서 먼지나 모래를 수평적으로 수백 km 날려보내고 수직으로 뇌우의 운저까지 상승시키면서 형성된다. 하부브는 아프리카 수단(해마다 약 24개가 발생)과 미국 남서부, 특히 애리조나 남부 사막지대에서 가장 흔하다. 특히 강력했던 하부브가 2011년 7월 애리조나주 피닉스를 휩쓸고 지나갔는데, 가뭄으로 인해 메말라 있던 지역에서 막대한 양의 먼지를 이끌고 왔다 (그림 7.18 참조).

건조지역에서는 상대적으로 작은 규모에서 바람이 지상으로부터 먼지나 모래를 끌어올리는 상승 및 회전 공기 기둥을 형성할 수 있다. **먼지 회오리**(dust devil) 또는 **회오리바람**[4]으로 불리는 회전 소용돌이는 일반적으로 청명하고 더운 날 태양광 대부분이 지면에서의 증발산에 사용되지 않고 지표를 가열시키는 데 투입되는 건조한 지표 상공에서 형성된다. 뜨거운 지표 상공의 대기가 불안정해지면서 대류가 발생하며 가열된 공기는 상승한다. 때로는 작은 지형적 장벽으로 굴절되는 바람이 이 권역으로 유입되어 그림 7.19에서 보여주듯이 상승공기 주변을 회전하게 된다. 지형적 특성에 따라 중심핵 둘레를 휘감는 모래바람의 회전은 저기압성일 수도 있고 고기압성일 수도 있는데, 대략 같은 빈도로 발생한다(모래바람은 규모가 작아서 코리올리힘의 영향이 매우 작기 때문이다).

직경 수 m밖에 안 되고 높이가 100 m도 채 못 되는 대부분의 회오리바람(그림 7.20 참조)은 규모가 작고 지속시간도 짧다. 그러나 지표면에서 수백 m 상공까지 확장되는 대규모의 회오리바람도 더러 있다. 그런 회오리바람은 상당한 피해를 낼 수 있다. 38 m/s를 초과하는 바람

4 호주에서는 '윌리윌리(wily–wily)'라는 원주민 말로 불리운다.

은 이동식 주택을 전복시키고 건물지붕을 날릴 수도 있다. 다행히도 회오리바람의 대다수는 규모가 작다. 회오리바람은 토네이도가 아님을 명심하라. 토네이도의 회전은 (10장에서 알 수 있듯이) 통상 뇌우의 운저로부터 하강하는 데 비해 회오리바람은 경우에 따라 대류형 구름 밑에서 형성되기도 하지만 통상적으로는 대개 맑은 날 지표면에서 시작된다(간혹 대류형 구름이 있을 때 발달하기도 한다).

그림 7.20 ● 맑고 더운 여름날 사막에 형성된 잘 발달한 먼지 회오리.

사막 먼지 회오리는 지구에만 국한된 것은 아니며, 화성에서도 형성된다. 화성의 모래폭풍은 대부분 규모가 작고 그것이 미치는 범위도 화성의 비교적 작은 부분에 그친다. 그러나 2001년에는 엄청난 모래폭풍이 발생해 사실상 화성 전체를 휩쓸었다. 먼지 회오리는 강풍이 화성의 울퉁불퉁한 지형 상공을 휩쓸 때 형성되기도 한다.

계절풍–몬순 **몬순**(monsoon)이란 단어는 계절이란 뜻을 가진 아랍어 mausim에서 유래했다. **몬순풍계**(monsoon wind system)는 **계절적으로 풍향이 바뀌는**, 즉 여름에는 일정 방향에서 바람이 불고 겨울에는 그 반대 방향에서 바람이 부는 풍계를 말한다. 이 같은 계절적 풍향반전 현상은 특히 아시아 동부와 남부에서 잘 발달한다.

몬순은 어떤 점에서 거대한 해풍과 흡사하다. 겨울철에는 대륙 상공의 공기가 해양 상공의 공기보다 훨씬 차다. 시베리아 대륙 상공에는 넓은 지역에 걸쳐 얇은 고기압역이 발달해 **시계 방향**의 대기순환을 일으키며, 이 대기는 인도양과 남중국해 상공으로 이동한다(그림 7.21a 참조). 고기압권의 침강대기와 내륙 고원지대에서 불어오는 북동풍의 활강 이동으로 아시아 동부와 남부에는 대체로

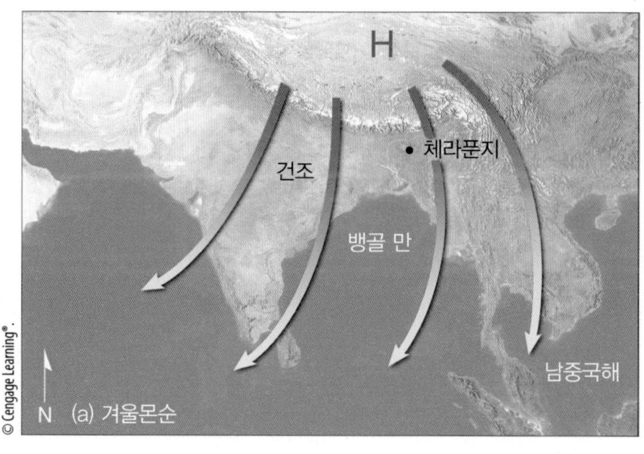

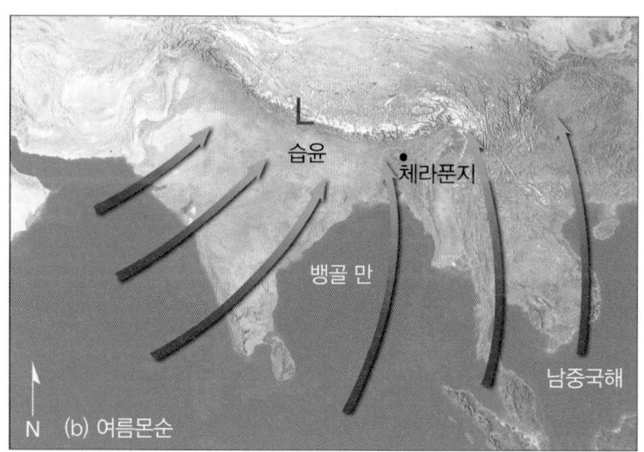

그림 7.21 ● 겨울 및 여름 아시아몬순과 관계된 바람 패턴의 변화.

맑은 날씨와 건기가 형성된다. 따라서 **겨울몬순**은 대륙에서 해양으로 불며 맑은 하늘을 동반한다.

여름에는 대륙 상공의 대기가 해양 상공보다 훨씬 더 워져 바람의 방향이 반대가 된다. 대륙 내륙지방 상공에는 얇은 열저기압이 발달한다. 저기압권의 가열된 공기는 상승하며 그 주변의 공기는 이에 반응하여 **반시계 방향**으로 돌아 저기압 중심으로 흘러간다. 이로 말미암아 습한 바람이 바다로부터 대륙 쪽으로 불게 된다. 습윤한 대기는 건조한 서풍과 수렴하여 이를 상승하게 하며, 이때 구릉과 산이 상승 공기를 더욱 높이 치올린다. 공기는 상승과 함께 포화점까지 냉각되며, 그 결과 강한 소나기와 뇌우가 발달한다. 이와 같이 동남아시아의 **여름몬순**은 해양에서 대륙으로 불며 우기를 형성하게 된다(그림 7.21b 참조). 우기 동안이 전체 강우량의 대부분을 차지한다고 해도 비가 계속 내리는 것은 아니다. 사실 15~40일 정도의 비 오는 기간 중 몇 주는 덥고 맑다.

인도몬순의 강도는 열대 남태평양의 반대편 끝에서 매 2~7년의 불규칙한 간격으로 발생하는 지상기압의 역전과 관계가 있다. 이 장의 뒷부분에서 보겠지만, 이러한 기압의 역전(**남방진동**)은 **엘니뇨**로 알려진 해수 온도의 상승과 연관되어 있다. 엘니뇨 기간 중 적도 부근의 표면수는 중부 태평양과 동부 태평양에서 훨씬 더 따뜻하다. 온난수역에서는 상승공기, 대류, 폭우가 있다. 한편, 여름몬순의 영향을 받는 지역인 온난수역 서부에서 하강기류는 구름의 형성과 대류를 방해한다. 엘니뇨 기간 동안에 몬순의 강우량은 적어지게 된다.

남부아시아에 부는 여름몬순은 기록적인 강수량을 동반하기도 한다. 인도 북동부 카시 구릉 남쪽 기슭에 위치한 내륙 체라푼지 지방에는 연평균 1,176 cm의 비가 내리는데 대부분 4~10월 사이의 여름몬순 기간에 내린다(그림 7.22 참조). 여름몬순이 가져오는 비는 이 지역 농업에 필수적이다. 이 지역은 12개월 누적 강수량과 48시간 누적 강수량의 세계 최고 기록이 발생한 지역이다. 1860년 8월부터 1861년 7월까지 2,647 cm의 12개월 누적 강수량이 발생하였고, 1995년 6월 15~16일 48시간 동안 249 cm의 강수량이 발생하였다.

그림 7.22 ● 인도 체라푼지의 연평균 강수량. 여름몬순 기간(4~10월)의 많은 강수량과 겨울몬순 기간(11월~이듬해 3월)의 강수 부족을 주목해 보라.

여름철 몬순 강우는 남아시아와 동아시아 지역 농업에 필수적이다. 20억 이상의 인구가 여름철 강우에 의존하는 농업을 주업으로 살아가고 있으며, 식용수 또한 여름철 강우에 의존하고 있다. 하지만 몬순의 지속기간과 강도가 예상을 빗나가는 데 문제가 있다. 기상학자들은 몬순의 강도와 지속기간을 정확하게 예측하는 방법을 연구 개발하는 데 주력하고 있다. 현재 진행 중인 많은 연구 프로젝트들 결과와 최신 기후 모델(해양과 대기의 상호작용을 포함)의 사용으로 인해 향후 몬순 예측의 정확도는 계속 증가할 것이다.

몬순풍계는 호주, 아프리카, 남북아메리카 등 바다와 대륙 사이의 기온차가 큰 세계 여러 지역에 존재한다. (그러나 통상적으로 이들 풍계는 아시아 남동부에서만큼 확연하지는 않다.) 예를 들면 몬순 같은 순환은 미국 남서부

지역, 특히 애리조나, 뉴멕시코, 네바다, 남부 캘리포니아 등 봄철과 이른 여름철이 건조하고 따뜻한 서풍이 상공에 부는 지역에 존재한다. 그러나 7월 중순경에 이르면 남풍 또는 남동풍이 더 자주 불어, 오후 소나기와 뇌우가 더 흔해진다(그림 7.23과 그림 7.24 참조).

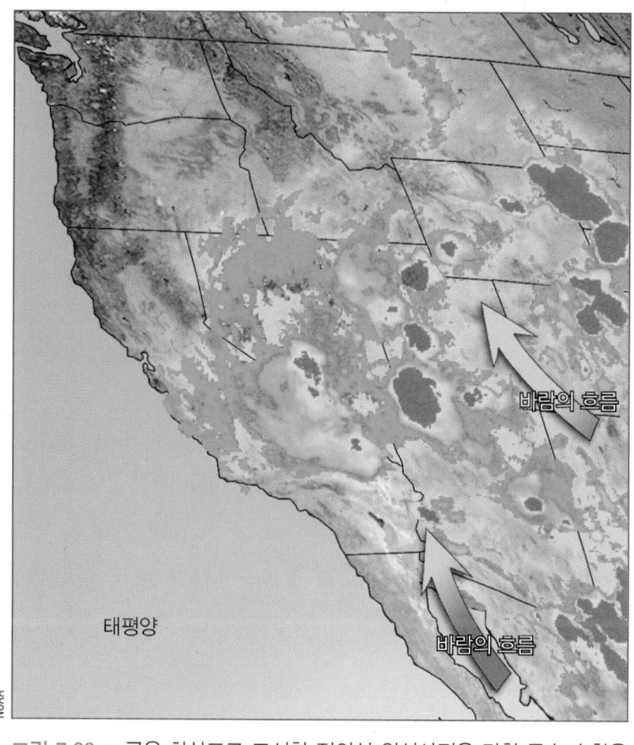

그림 7.23 ● 굵은 화살표로 표시한 적외선 위성사진은 강한 몬순 순환을 보여주고 있다. 습한 남풍에 의해 2001년 7월 미국 남서부 상공에서 소나기와 뇌우(노란색과 빨간색 구역)가 형성되고 있다.

요점 복습

지금까지 다룬 주요 개념 및 사실을 정리해 보자.

- 대기 순환은 가장 작은 미규모(microscale)부터 이보다 규모인 일기도규모(종관 규모), 그리고 가장 큰 규모의 대규모(macroscale)가 있다.
- 열적 기압계는 지표면의 불균일한 가열이나 냉각 때문에 생기는 얕은 기압계이다.
- 해풍과 육풍은 열적 대기순환이며 육지와 바다의 가열 및 냉각 속도가 다르기 때문에 생긴다.
- 지표 근처에서는 해풍은 바다에서 육지로 불고 육풍은 육지에서 바다로 분다.
- 낮에는 골바람이 산 정상쪽으로 불고 밤에는 산바람이 산 아래로 분다.
- 치눅(푄) 바람은 따뜻하고 건조한 바람으로 로키산맥의 동쪽으로 불어 내려간다.
- 치눅 바람의 온기의 주원인은 압축 가열이다.
- 산타아나 바람은 압축가열에 의한 따뜻하고 건조한 내리막 바람으로 동쪽 또는 북동쪽에서 남부 캘리포니아 지역으로 부는 바람이다.

그림 7.24 ● 습한 몬순 대기의 흐름을 따라 애리조나 상공에 구름과 뇌우가 형성되고 있다.

- 먼지 회오리(dust devils)는 맑고 더운 날 건조한 지형에 형성된다. 이는 토네이도는 아니지만 구조물에 경미한 손상을 일으킬 수 있다.
- 몬순풍은 계절에 따라 방향이 바뀌는 바람이다. 남아시아에서 육지에서 바다로 부는 겨울몬순 바람은 건조하고, 바다에서 육지로 불어 들어가는 여름몬순 바람은 습하다.

지구상의 바람

지금까지 날에 따라, 계절에 따라 크게 변하는 국지풍을 살펴보았다. 이러한 바람은 훨씬 큰 대기순환의 일부에 속한다. 만약 회전하는 고기압역과 저기압역을 큰 강물 속의 맴돌이에 비교한다면 지구 둘레를 움직이는 대기흐름은 굽이쳐 흐르는 강 그 자체에 비교할 수 있을 것이다. 전 세계에 부는 바람을 장기간에 걸쳐 평균할 때 국지풍의 패턴은 사라지고 지구 전체 규모의 바람 형태가 떠오를 것이다. 이것을 **대기 대순환**(general circulation of the atmosphere)이라 한다.

대기 대순환 대순환 설명에 들어가기 전에, 이것은 지구를 둘러싼 대기의 **평균** 흐름을 의미한다는 점을 염두에 두자. 특정 지역, 특정 시간의 실제 바람은 이 평균과는 상당한 차이를 보일 수 있다. 그러나 이 평균은 세계 각지의 바람이 왜, 어떻게 부는지, 이를테면 왜 호놀룰루의 탁월 지상풍은 북동풍인 데 비해 뉴욕시에는 편서풍이 부는지를 알 수 있게 해준다. 또 이 평균은 이러한 바람 이면의 유발 메커니즘과 열이 열대에서 극으로 이동하면서 중위도의 기후를 온화하게 유지하는 모델을 도출할 수 있다.

대순환의 원인은 지표의 차등가열에 있다. 2장에서 설명했듯이, 지구 전체를 평균할 때 태양열의 입사량은 지구로부터의 방출량과 대략적으로 같다. 그러나 이러한 에너지 균형은 열대지방에서 과잉인 반면, 극지방에서는 부족을 가져오는 등 위도에 따라 다르다. 이와 같은 불균형을 해소하기 위해 대기는 더운 공기를 극지방으로, 찬 공기를 열대로 이동시킨다. 간단한 것 같지만 실제 공기의 흐름은 복잡하다. 그 과정에 대해서는 아직까지 알려지지 않은 부분도 있다. 우선 대순환의 복잡한 속성 일부를 제거하고 인공적으로 설정한 모델을 살펴보기로 한다.

단세포 모델 첫 번째 모델은 단세포 모델로 다음 사항을 가정한 것이다.

1. 지구의 표면은 물로 균일하게 덮여 있다.
   (육지와 바다의 차등가열을 고려하지 않음)
2. 태양은 항상 적도 상공에 있다.
   (바람의 계절적 변화를 고려하지 않음)
3. 지구는 자전하지 않는다.
   (기압경도력 이외의 힘은 고려하지 않음)

이러한 가정하에서 볼 때 대기의 대순환은 그림 7.25a에서 보듯이 남반구와 북반구에서 각각 열에 의해 형성된 거대한 대류세포 모습을 방불케 한다. (참고를 위해, 대략적인 위도에 따른 지구상의 여러 지역에 대한 이름을 그림 7.25b에 표시하였다.)

이 아이디어를 처음 제시한 18세기 영국의 기상학자 조지 해들리(George Hadley)의 이름을 따서 이 모델을 **해들리 세포**(Hadley cell)라 한다. 이 같은 대기순환 구도는 태양 에너지에 의한 것이다. 열대지방의 과도한 가열은 광범위한 지상 저기압을 형성하는 반면, 극지방의 과도한 냉각은 지상 고기압을 형성한다. 수평기압경도에 따라 극지방의 찬 지상공기는 열대지방 쪽으로 흐르고, 그보다 상층에서 열대지방의 더운 공기는 극쪽으로 이동한다. 적도 부근에서는 대기가 상승하고 극지방 상공에서는 대기가 하강하며, 극에서 열대로 가는 기류는 하층, 열대에서 극으로 가는 기류는 상층에 위치하게 된다. 열대지방의 과잉에너지 일부는 현열과 잠열 형태로 극지방의 에너지가 부족한 곳으로 이동한다.

그러나 지구에 이 같은 단세포 순환은 존재하지 않는다. 지구의 자전으로 코리올리힘이 북반구에서는 남쪽으로 이동하는 지상공기를 오른쪽으로 전향시켜 사실상 모든 위도에서 편동 지상풍을 일으킬 것이다. 하지만 중위

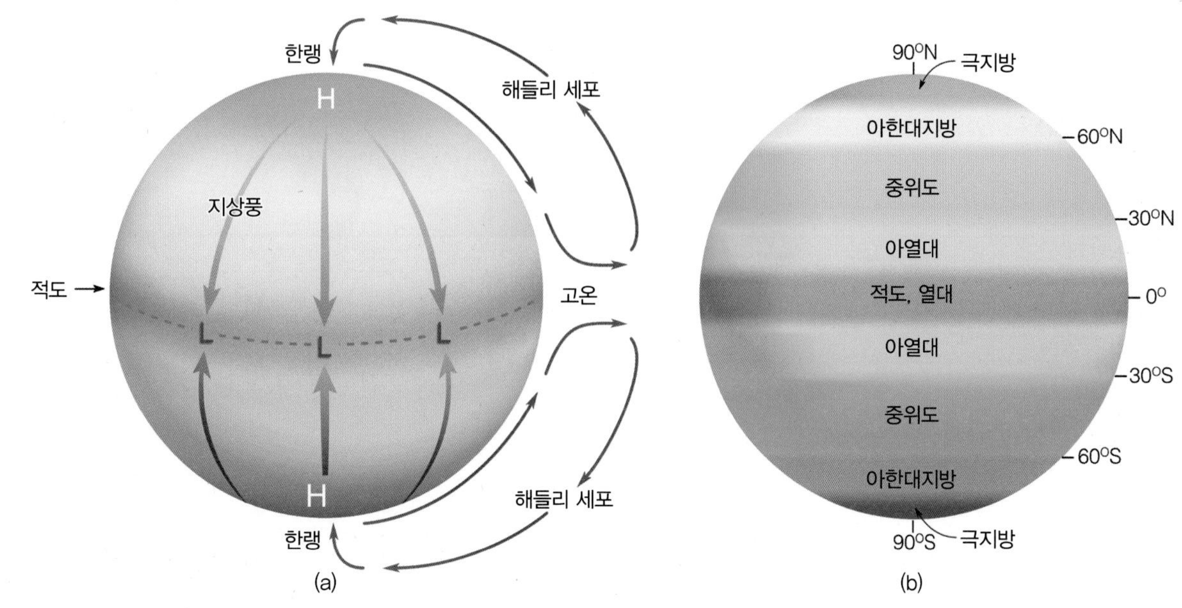

그림 7.25 ● 그림 (a)는 지구가 자전하지도 않고, 물로만 일정하게 채워져 있으며, 태양이 적도 바로 위에서 내리쬐는 경우의 대기 대순환을 보여 준다. (연직으로 움직이는 공기의 운동은 과장되어 있다.) 그림 (b)에는 각기 다른 지역의 위도대별 명칭을 표시하였다.

도상의 탁월풍은 서쪽에서 동쪽으로 분다. 그러므로 적도와 극 사이의 폐쇄된 순환은 자전하는 지구의 적절한 모델은 아니다. 하지만 이 모델은 회전하지 않는 행성이 어떻게 적도의 과잉 에너지와 극지역의 에너지 부족을 해소해 균형을 이루게 할 수 있는지 보여준다. 그렇다면 자전하는 지구 위에서 바람은 어떻게 불까? 상기 3개 항목 중 처음 2개의 가정을 그대로 유지한 채 간단한 모델을 생각해 보자.

3-세포 모델 지구의 자전을 고려할 때, 단순대류계는 그림 7.26에서처럼 일련의 회전세포로 세분된다. 이 모델은 단세포 모델보다 복잡하기는 해도 몇 가지 유사점이 있다. 열대지방이 과도한 열을 받는 반면, 극지방은 열이 부족한 점은 양쪽이 같다. 남북반구에서 다 같이 하나의 세포 대신 3개의 세포가 에너지 재배치 역할을 하고 있다. 극에는 지상 고기압이 자리하고 적도에는 여전히 광범위한 지상 저기압골이 존재한다. 적도에서 남북위도 30°까지 대기의 순환은 해들리 세포의 그것과 매우 흡사하다. 자, 이 모델을 좀 더 주의 깊게 살펴 적도 상공 대기에 무슨 일이 일어나고 있는지를 알아보자(다음 장에 나올 그림 7.26을 참고하라).

열대수면 상공의 대기는 뜨겁고 수평기압경도와 바람은 약하다. 이 지역을 **적도무풍대**(doldrums)라고 한다. 여기서 더운 공기는 상승, 종종 응결이 일어나면서 막대한 잠열을 방출하여 거대한 적운으로 발달한다. 이 잠열은 공기에 부력을 가하고 해들리 세포를 움직일 에너지를 제공한다. 상승공기는 장벽과 같은 역할을 하는 대류권 계면에 이르면 극을 향해 옆으로 이동한다. 이때 코리올리 힘은 북반구에서는 극으로 향하는 대기의 흐름을 오른쪽으로, 남반구에서는 왼쪽으로 전향시켜 양반구 다 같이 상공에 편서풍을 일으킨다. 이 편서풍은 남북위도 30°와

알고 있나요?

크리스토퍼 콜럼버스는 운이 좋은 사람이었다. 콜럼버스가 신대륙을 발견한 해에 무역풍이 이례적으로 상당한 고위도에서도 나타났고, 그의 항해 동안 안정적인 북동풍이 지속적으로 불어주었다. 단지 열흘 정도 말위도(horse latitude)라 불리우는 악명높은 지역(30N 부근)에서 약하고 방향성이 약한 바람이 불었을 뿐이다.

그림 7.26 ● 물로 균일하게 덮여 있는 자전하는 지구상의 이상적인 바람 및 지상기압 분포.

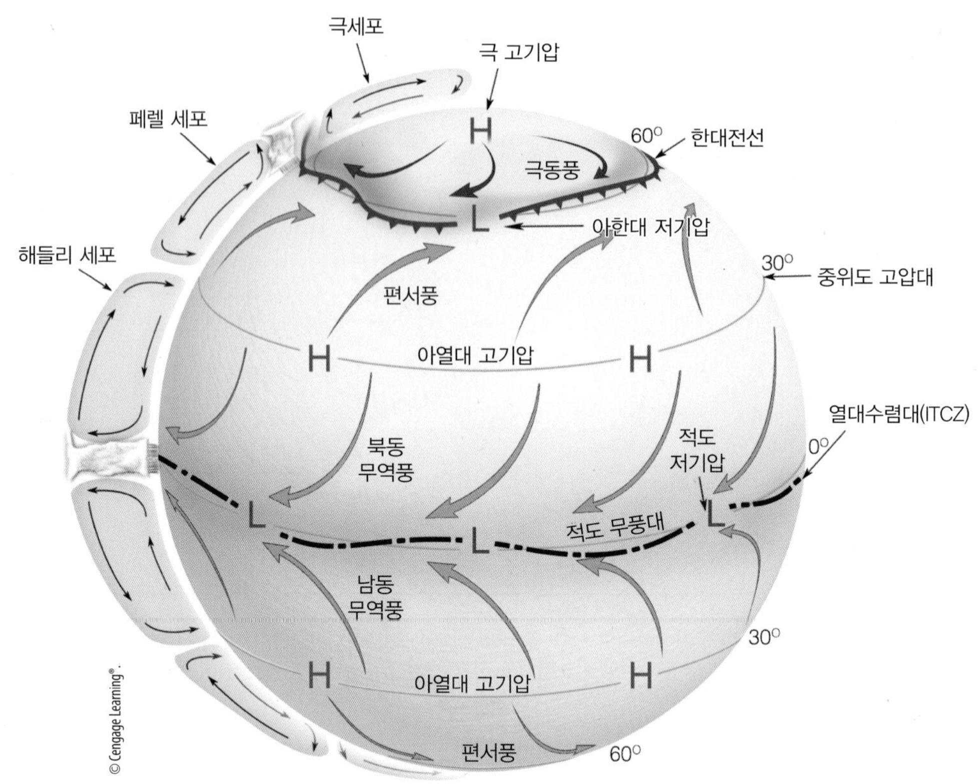

60°에서 최대 풍속을 발휘하여 제트류를 형성한다.

열대에서 극으로 이동하는 상공의 대기는 복사에 의해 일정하게 냉각되며, 동시에 중위도에 접근함에 따라 수렴하기 시작한다.[5] 상공대기의 이 같은 수렴(축적)은 지상대기의 질량을 증가시키며, 따라서 지상기압이 높아진다. 이와 같이 남북위도 30° 내외의 상공에서 발생하는 수렴으로 **아열대 고기압**(subtropical high)이라고 하는 고기압대가 형성된다. 고기압 상공의 비교적 건조한 수렴대기는 서서히 침강하면서 압축하며 승온한다. 이와 같이 대기가 침강할 때 대체로 하늘은 맑고 지상기온은 따뜻하다. 아프리카의 사하라 사막이나 북미의 소노란 사막과 같은 세계의 주요 사막은 이런 곳에 위치한다(그림 7.27 참조).

해양에서는 고기압 중심의 약한 기압경도로 미약한 바람이 불 뿐이다. 구전되는 이야기에 따르면, 신세계를 찾아 나선 범선들은 이 해역에 이르러 멈춰서게 되어 식량과 보급품은 동이 나고, 굶어 죽게 된 선원과 승객들은 말을 잡아먹거나 바다로 던져 버리기도 했다고 한다. 이 해역을 때로는 말위도(아열대 무풍대)라고 하는 것은 이런 전설에서 연유한다.

아열대 무풍대에서 지상대기의 일부는 적도 쪽으로 되돌아간다. 그러나 코리올리힘 때문에 똑바로 역류하는 대신 북반구에서는 북동풍으로, 남반구에서는 남동풍으로 분다. 이와 같이 일정한 방향으로 부는 바람에 따라 신세계를 향한 범선들의 항로가 열리게 되었다. 이 때문에 붙여진 이름이 **무역풍**(trade wind)이다. 적도 부근에서 북동무역풍은 **열대수렴대**(intertropical convergence zone, ITCZ)라고 하는 경계를 따라 남동무역풍과 수렴하게 된다. 이 수렴대에서 대기는 상승하여 다시 세포적 순환을 계속하게 된다. 열대수렴대 주변은 상승하는 공기가 거대한 뇌우를 만들어 폭우를 내리므로 일반적으로 매우 습하다(그림 7.27 참조).

5 지구본이 있으면 간단하게 공기가 왜 극 방향으로 이동할 때 수렴할 수 밖에 없는지 알 수 있다. 지구본의 적도 위 자오선에 손가락을 하나씩 올려놓고 북쪽으로 자오선을 따라 올라가보자. 중위도 정도에서 손가락들이 붙는 것을 알 수 있다.

그림 7.27 ● 아열대 사막은 이 지역의 아열대 고기압과 그 하강 기류로 인해 형성된다.

한편, 위도 30°에서 지상공기가 모두 적도 쪽으로 되돌아가는 것은 아니다. 일부는 북극과 남극으로 향하며 동쪽으로 전향하여 탁월 편서풍, 또는 간단히 **편서풍**(westerly)을 형성하기도 한다. 결과적으로 우리나라가 위치한 동아시아나 미국 지역에서는 동쪽에서 불어오는 바람보다 서쪽에서 불어오는 바람이 훨씬 더 흔하게 나타난다. 그러나 현실 세계에서는 고기압역과 저기압역이 수시로 이동하므로 지상대기 흐름의 유형이 깨질 수도 있다. 남반구 중위도 지역의 대부분은 바다로 덮여 있는데, 여기서는 서쪽으로부터 꾸준하게 바람이 분다.

이 온화한 바람은 극으로 가면서 극에서 내려오는 한랭대기를 만나게 된다. 기온차가 심한 두 기단은 쉽게 혼합되지 않고 **한대전선**(polar front)이라고 하는 경계에서 분리된다. **아한대**(subpolar low)라고 하는 이 저기압대에서는 지상대기가 수렴하여 상승하면서 폭풍우가 발달한다. 상승대기의 일부는 고공에서 말위도로 되돌아가 아열대 고기압 근처의 지표로 다시 하강하며, 이 지상대기가 한대전선 쪽으로 흘러가면 중위도 세포가 완성된다. 이 세포를 미국 기상학자 William Ferrel의 이름을 따서 페렐 세포라고 한다.

한대전선 뒤에서는 극지방을 출발한 찬 공기가 코리올리힘에 의해 전향, 전반적인 대기흐름은 북동풍이다. 따라서 이 지역을 **극동풍**(polar easterly) 역이라 한다. 겨울철에는 찬 공기를 지닌 한대전선이 중위도 및 아열대까지 전진, 돌발한파를 몰아치기도 한다. 이 전선을 따라 상승공기의 일부가 극을 향해 이동할 때 코리올리힘에 의해 전향되어 고공에 서풍을 일으킨다. 상공의 대기는 궁극적으로 극에 도달, 서서히 지상으로 내려앉아 한대전선에 되돌아가 약한 극세포를 완성하게 된다.

이 과정을 그림 7.26을 보고 요약할 수 있다. 지상에는 2개의 고기압역과 2개의 저기압역이 표시되어 있다. 고기압역은 위도 30° 부근과 극에 자리 잡고 있으며, 저기압역은 적도와 한대전선 부근의 위도 60° 근처에 위치해 있다. 저기압역과 고기압역 주위의 바람 형태에 근거하여 전 세계 지상풍의 그림을 그릴 수 있다. 무역풍은 아열대 고기압에서 적도로 불고 아열대 고기압으로부터 한대전선 쪽으로는 편서풍이 불며, 극에서 한대전선 쪽으로는 극동풍이 분다.

이상 살펴본 3세포 모델은 실제 관측 바람 및 기압과는 어떻게 비교되는가? 우리가 아는 바로는 중위도 상공의 바람은 서쪽에서 분다. 그러나 중위도 세포는 상공의 대기가 적도 쪽으로 이동하면서 동풍이 된다는 것을 제시

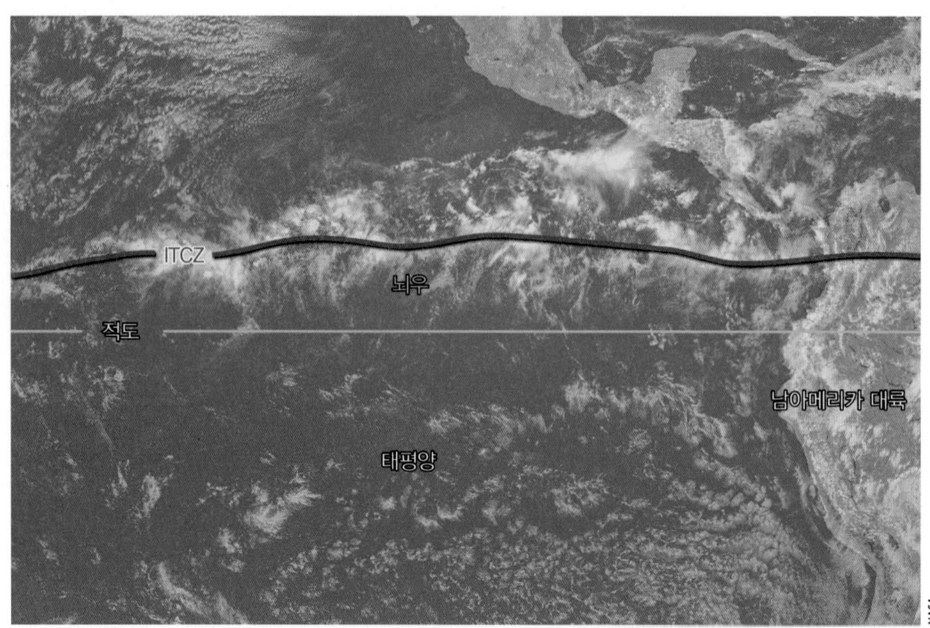

그림 7.28 ● 가시영상의 빨간 실선은 동태평양 지역의 ITCZ를 나타낸다. 밝고 흰 구름들은 ITCZ 상에서 형성된 커다란 폭우이다.

하고 있다. 모델과 실제 대기 관측 결과 사이에는 이 같은 차이가 있으나 이 모델은 지상의 바람 및 기압분포와 비슷하다. 다음 절에서 이들을 검토할 것이다.

평균지상풍과 기압 대륙과 해양, 산악과 빙하로 덮인 실제 세계를 관측할 때, 우리는 그림 7.29a와 7.29b에서처럼 1월과 7월의 평균 해면기압 및 바람의 분포를 얻는다. 이들 자료는 비록 사람이 살지 않는 지역에서 듬성듬성 수집한 관측 자료이긴 하지만 연중 일정한 기압계를 나타내는 지역이 있음을 보여 주고 있다. 이들 기압계는 연중 약간의 변화밖에 보이지 않기 때문에 **반영구 고 · 저기압**이라 한다.

그림 7.29a를 보면 1월 중 북반구에 4개의 반영구 기압계가 자리 잡고 있음을 알 수 있다. 대서양 동부 북위 25~35° 사이에 버뮤다-아조레스 고기압 또는 **버뮤다 고기압**(Bermuda high)이 있고 태평양에 **태평양 고기압**(Pacific high)이 있다. 이들은 상공의 대기 수렴으로 발달하는 아열대 고기압이다. 이들 고기압을 중심으로 지상풍은 시계방향으로 불기 때문에 무역풍은 남쪽으로 불고 탁월 편서풍은 북쪽으로 분다.

육지가 비교적 적은 남반구에서는 육지와 바다의 기온의 격차가 덜하므로 아열대 고기압은 명확한 순환을 갖는 잘 발달한 기압계로 나타난다. 한대전선이 형성되는 곳으로 예상되는 40~65° 사이의 위도에는 2개의 반영구 아한대 저기압이 자리 잡고 있다. 북대서양에 그린란드-아이슬란드 저기압 또는 **아이슬란드 저기압**(Icelandic Low)이 있고 북태평양 알류샨 열도 상공에 **알류샨 저기압**(Aleutian low)이 있다. 이들 저기압 활동대는 동쪽으로 움직이는 무수한 폭풍이 특히 겨울철에 수렴하는 경향을 보이는 곳이다. 남반구에서는 아한대 저기압이 끊임없이 골을 형성, 지구를 완전히 둘러싼다.

그림 7.29a의 1월 일기도에는 반영구 성격이 아닌 다른 기압계도 표시되어 있다. 예를 들어, 아시아 상공에는 거대하지만 키 작은 열고기압이 자리 잡고 있다. **시베리아 고기압**(Siberian High)이라고 부르는 이 고기압은 육지의 극심한 냉각 때문에 형성된다. 이 기압계 남쪽에는 겨울 몬순이 현저하게 발달한다. 이와 비슷하지만 강도가 덜한 **캐나다 고기압**이라고 부르는 고기압은 북아메리카 상공에 자리한다.

여름이 다가옴에 따라 육지가 가열되면 차갑고 키 작은 고기압계는 사라진다. 일부 지역에서는 지상 고기압역이 저기압역으로 교체되기도 한다. 따뜻한 육지 상공에

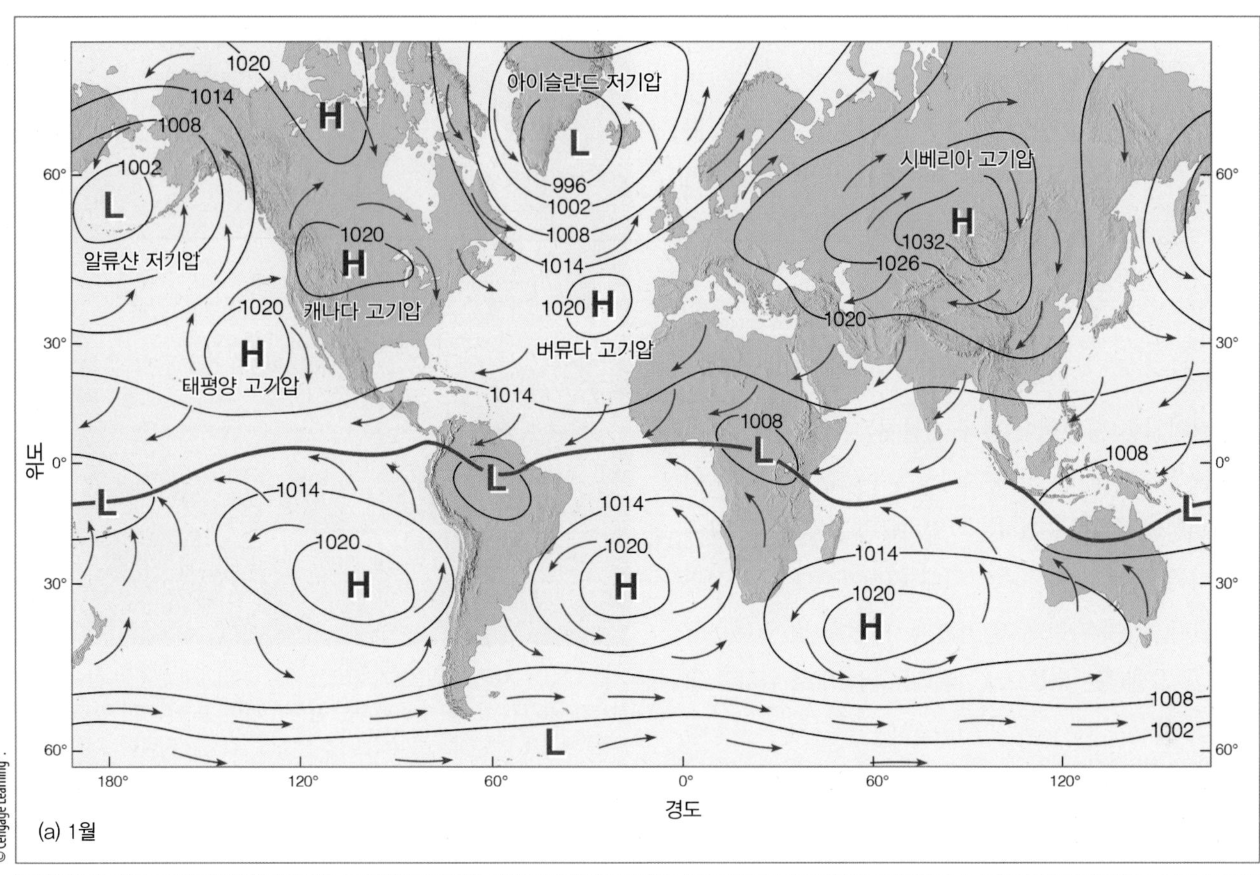

(a) 1월

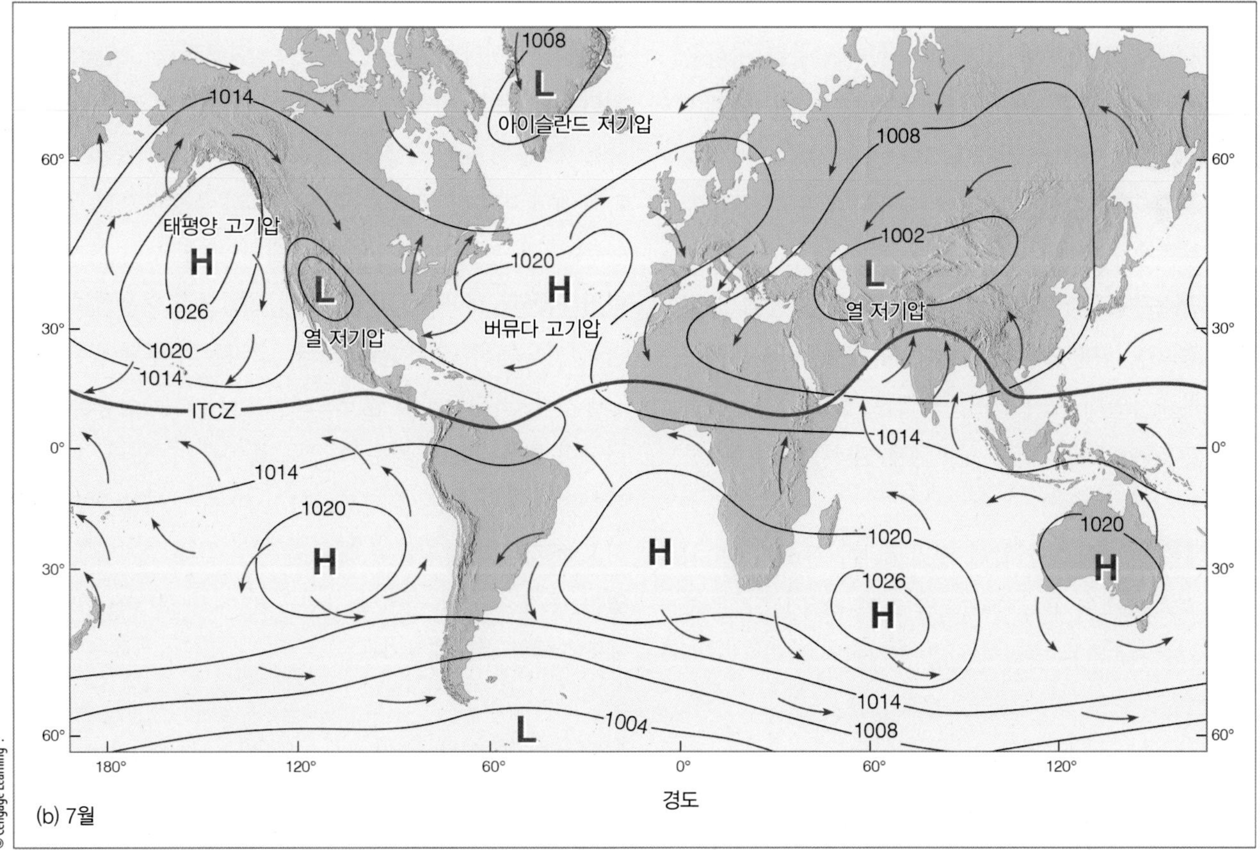

(b) 7월

그림 7.29 ● 1월 (a)과 7월 (b)의 평균 해면기압 분포와 지상풍 패턴. 빨간색 실선은 열대수렴대의 위치를 나타낸다.

형성되는 저기압을 **열저기압**이라 한다. 그림 7.28b의 7월 일기도에서는 미국 남서부 사막, 이란의 고원지대, 그리고 인도 상공에 **열저기압**이 나타나 있다. 인도 상공의 열저기압이 강해지면서 바다에서 온도와 습기가 높은 공기가 그 속으로 불어 들어감으로써 인도와 동남아시아 일대에 특유의 여름몬순이 생기는 것이다.

1월과 7월의 일기도를 비교하면 반영구 기압계에 몇 가지 변화를 읽을 수 있다. 1월에는 북반구 상공에 강력한 아한대 저기압이 형성됨에 반해, 7월에는 이를 거의 알아보기 힘들다. 그러나 아열대 고기압은 1월과 7월 모두 위력을 발휘한다. 북반구에서는 7월, 남반구에서는 1월에 태양이 머리 위에 위치하므로 최대 지상가열대는 계절적으로 바뀐다. 이에 따라 주요 기압계, 바람대 및 열대수렴대(ITCZ)는 **7월에는 북쪽으로, 1월에는 남쪽으로** 위치를 옮긴다.[6]

대순환과 강수 패턴 대기 대순환에 나타나는 주요 양상의 위치와 연평균 약 10~15°의 변화를 보이는 이들 양상의 위도상 변위는 세계 여러 지역의 기후에 큰 영향을 준다. 예를 들면, 지구 규모로 볼 때 공기가 상승하는 지역에는 강우량이 많고 공기가 하강하는 지역에는 강우량이 매우 적을 것으로 예상된다. 따라서 강우량이 많은 지역은 습윤공기가 열대수렴대와 관련하여 상승하는 열대지방과 중위도 폭풍우와 한대전선이 공기를 강제로 상승시키는 40~55° 위도상에 존재한다. 이에 비해 강우량이 적은 지역은 아열대 고기압 인근의 위도 30° 부근과 공기가 차고 건조한 한대 지방에 위치하게 된다(그림 7.30 참조).

여름에는 태평양 고기압이 캘리포니아 근해의 한 지점을 향해 북쪽으로 표류한다(그림 7.31 참조). 그 동쪽에서 하강하는 공기는 강력한 상층 침강역전을 일으키며,

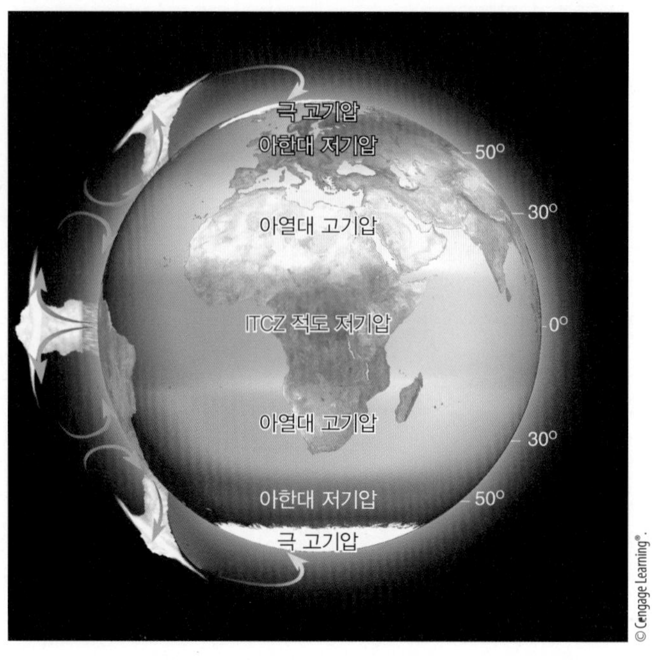

그림 7.30 ● 지구의 대순환에 따르는 주요 기압계와 연관된 상승 및 하강공기. 공기가 상승하는 곳에서는 강수가 많아지는 경향이 있고(푸른색 부분) 공기가 하강하는 곳에서는 상대적으로 건조한 지역이 우세하다(갈색 부분). 아열대 고기압의 하강하는 공기가 세계의 주요 사막지대를 형성하는 점에 유의하라.

이 때문에 서해안의 여름 날씨는 비교적 건조한 경향이 있다. 우기는 전형적으로 고기압이 남쪽으로 이동하고 폭풍우가 이 지역에 침투할 수 있는 겨울에 나타난다. 그림 7.31에서 버뮤다 고기압 주변에서 시계 방향으로 움직이는 바람의 순환이 멕시코만과 대서양으로부터 동해안을 따라 미국과 캐나다 남부를 향해 북쪽으로 더운 열대공기를 실어오는 점을 관찰해 보라. 고기압의 후면에서는 하강공기가 잘 발달하지 않으므로 습한 공기는 상승하고 응결하며 탑상적운과 뇌우 속으로 들어갈 수 있다. 따라서 부분적으로 이것은 캘리포니아의 여름 날씨를 건조하게 하고 조지아의 날씨를 습하게 하는 아열대 고기압과 관련 있는 공기 이동인 것이다(그림 7.32에서 로스앤젤레스와 애틀랜타를 비교해보자).

편서풍과 제트류 6장에서 언급했듯이, 남 · 북반구 모두 중위도 상공의 바람은 대체로 서쪽에서 동쪽으로 분다. 이러한 편서풍의 원인은 일반적으로 열대지방 상공에

6 지상기압의 계절 변화를 쉽게 기억하는 방법은 철새의 이동을 생각하는 것이다. 북반구에서 철새들은 겨울에는 남쪽으로, 여름에는 북쪽으로 이동한다.

그림 7.31 ● 여름에는 태평양 고기압이 북쪽으로 이동한다. 그 왼쪽 변두리(캘리포니아 상공)를 따라 하강하는 공기는 강력한 침강역전을 일으키며, 이것은 비교적 건조한 날씨를 유발한다. 버뮤다 고기압의 서쪽 변두리를 따라서 남풍이 습한 공기를 몰아오면 이것이 상승해 응결하면서 많은 강수를 만들어 낸다.

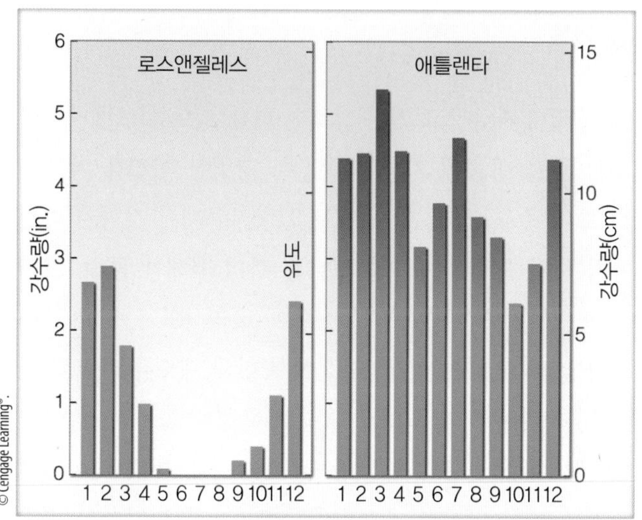

그림 7.32 ● 캘리포니아 로스앤젤레스(로스앤젤레스 국제 공항)와 주지아주 애틀랜타(하츠필드-잭슨 국제 공항)의 연간 강수량 비교. 1981~2010년 기간의 자료의 기후값.

는 상대적으로 고기압이, 극지방 상공에는 상대적으로 저기압이 형성되기 때문이다. 이와 같은 상공의 바람이 좁은 띠로 집중하는 경향을 보이는 곳, 즉 빠른 흐름의 강을 **제트류**(jet stream)라고 한다.

제트류의 특징 대기 중의 제트류는 길이 수백 km, 폭 수백 km 이내, 두께 1 km 이내로 형성되는 고속 이동 기류를 말한다. 제트류 중심핵의 풍속은 흔히 50 m/sec를 초과하며 100 m/sec에 달할 때도 있다. 제트류는 보통 고도 10~14 km의 대류권 계면에서 형성되지만 그 이상 및 그 이하 고도에서 일어날 수도 있다.

제트류와 최초로 조우한 비행기는 제2차 세계대전 당시의 고공비행 군용기였으나 전문가들은 그 이전부터도 제트류의 존재를 짐작하고 있었다. 빠른 속도로 이동하는 권운을 추적하던 지상 관측소들은 고공에서 부는 편서풍의 속도가 매우 빠르다는 사실을 포착했다.

그림 7.33은 겨울철 북반구 제트류의 평균 위치와 대기 대순환을 설명해 주고 있다. 이 그림에서 대류권과 성층권 대기가 섞이는 권계면 사이에 2개의 제트류가 자리 잡고 있음을 알 수 있다. 북위 30° 부근 아열대 고기압 상공 약 13 km 고도에 자리한 제트류를 **아열대 제트류**(subtropical jetstream)[7]라고 한다. 그 북쪽으로 한대전선 근처 고도 약 10 km에 위치한 제트류를 **한대전선 제트류**(polar front jet stream), 혹은 간단히 한대 제트류라고 한다.

그림 7.33에서 제트류 중심의 바람은 보는 사람을 기준으로 서풍이 되지만, 이러한 방향은 물론 평균적인 것에 불과하다. 제트류는 종종 서쪽에서 동쪽으로 파동처럼 이동하는 패턴을 보이기 때문이다. 북극 한대 제트류가 북쪽과 남쪽을 에워싸는 폭넓은 루프형으로 흐르면서 아열대 제트류와 결합할 수도 있다. 때때로 한대 제트류는 2개의 제트류로 분리되기도 한다. 북으로 흐르는 제트류를 종종 한대 제트류의 **북방지류**로 부르고 남으로 흐르는 제트류를 **남방지류**로 부른다. 그림 7.34는 한대 제트와 아

7 아열대 제트류는 대개 위로 20~30° 사이에 위치한다.

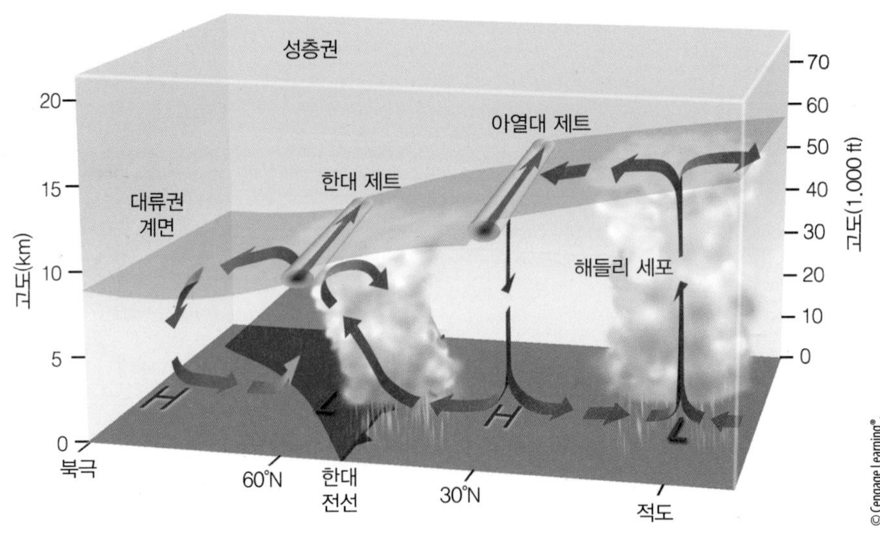

그림 7.33 ● 겨울철 대기 대순환 모델에 준한 한대 제트류와 아열대 제트류의 평균 위치. 두 기류 모두 서쪽에서 동쪽으로 이동한다.

열내 제트가 북반구 겨울에 지구를 이떻게 휘돌고 있는지 나타낸다.

2005년 3월 9일 300 hPa(약 9 km) 상공에 형성된 한대 제트류와 아열대 제트류의 위치를 보여 주고 있는 그림 7.35a를 검토하면 제트류의 루프형 패턴을 좀 더 잘 알 수 있다. 가장 빠른 속도로 흐르는 기류, 즉 **제트핵**은 굵은 검은색 화살표로 표시되어 있다. 이 그림은 대평원 남쪽을 빠르게 지나가고 있는 강력한 한대 제트류와 멕시코만 유역 주들 상공에 자리한 똑같이 강력한 아열대 제트류를 보여 주고 있다. 한대 제트류는 본류에서 갈라져 다시 합치는 지류가 많고 그중 하나는 북미 서해안 근해, 그리고 또 하나는 캐나다 동부 상공에 자리하고 있음을 주목하라. 그림 7.35b의 위성사진에서 한대 제트류(파란색 화살)는 차가운 한대공기를 대평원 주들로 몰아가고, 아열대 제트류(오렌지색 화살)는 짙은 구름의 형태로 아열대 습기를 미국 남동부 주들 위로 휘몰아가고 있음을 관찰하라.

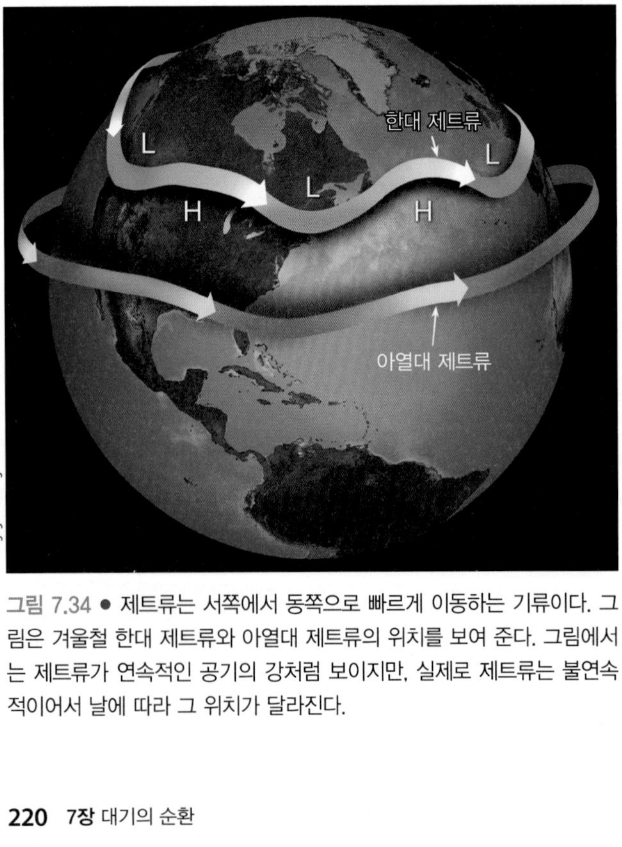

그림 7.34 ● 제트류는 서쪽에서 동쪽으로 빠르게 이동하는 기류이다. 그림은 겨울철 한대 제트류와 아열대 제트류의 위치를 보여 준다. 그림에서는 제트류가 연속적인 공기의 강처럼 보이지만, 실제로 제트류는 불연속적이어서 날에 따라 그 위치가 달라진다.

한대 제트류의 루프형 패턴은 중요한 기능을 갖고 있다. 제트류가 남쪽을 향할 때 북반구에서는 빠르게 이동하는 공기가 찬 공기를 적도 쪽으로 몰고 간다. 이 빠른 기류가 북쪽을 향할 때 따뜻한 공기가 극 방향으로 운반된다. 그러므로 제트류는 지구의 열 이동에서 중요한 역할을 한다. 더욱이 제트류는 전 세계를 구불구불 사행하는 경향이 있으므로 우리는 지구의 한 부분에서 대기로 유입되는 오염물질과 화산재가 궁극적으로 멀리 수천 km 떨어진 지역에 내려앉을 수 있음을 쉽게 이해할 수 있다. 8장에서 살펴보겠지만, 루프를 형성하는 한대 제트류의 특성은 중위도 저기압 폭풍의 발달과 관련해 중요한 역할을 한다.

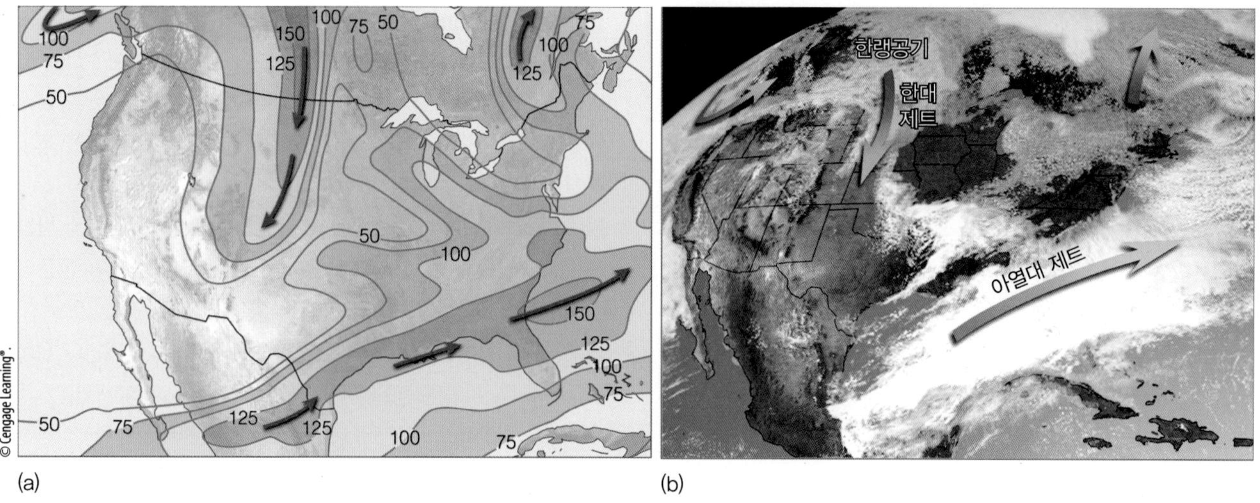

그림 7.35 ● (a) 2005년 3월 9일 300 hPa(약 9 km) 상공에 위치한 한대 제트류와 아열대 제트류. 실선은 등풍속선(m/sec)이며, 굵은 선은 제트 핵의 위치를 보여 준다. (b) 같은 날 구름과 제트류의 위치를 보여 주는 위성사진.

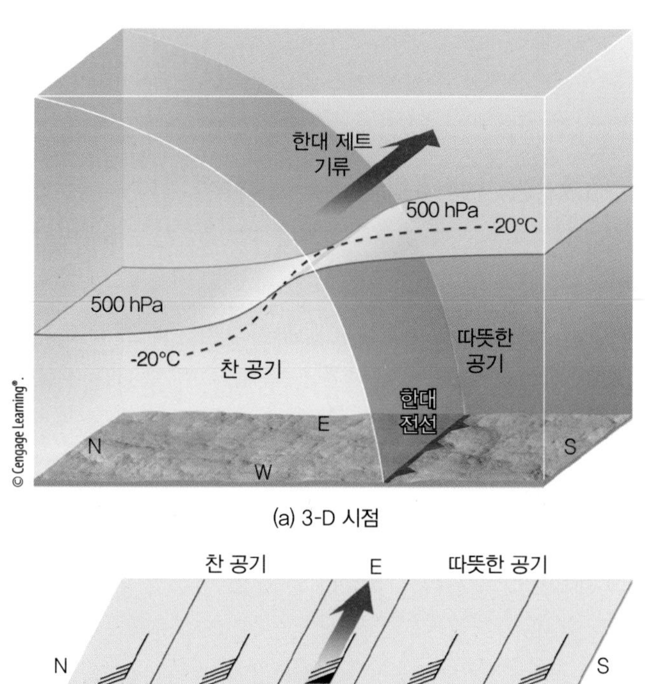

그림 7.36 ● 연직 3-D시점으로 나타낸 급격히 낮아지는 500 hPa 기압면을 동반한 한대전선 모델. 등온선(점선)과 한대전선(polar front), 한대전선 제트(polar front jet)가 나타나 있다. (a) 그림에서 한대전선 500 hPa 부근 단면을 나타낸다. 전선 주변에 강한 온도 차이에 의해 촘촘한 등고선과 강한 바람이 나타나고 있다.

제트류의 형성 제트 기류는 매우 강한 바람의 밴드이기 때문에 다른 바람들처럼 수평 방향의 기압차에 의해 생기게 된다. 그림 7.36a에서 한대 제트 기류는 온도의 급격한 대비와 급격한 수평 기압 변화가 존재하는 한대전선 상에서 강한 바람이 유도되는 지점에 형성되는 것을 볼 수 있다. 또한, 7.36a에서도 20°C 등온선이 전선 경계를 가로질러 갈 때 급격히 내려감을 볼 수 있다. 이러한 급격한 온도의 변화는 500 hPa 등압면이 전선을 교차할 때 급격히 낮아지는 것에서도 확인할 수 있다.

그림 7.36a에서 500 hPa 등압면이 구부러지는 것은 500 hPa 일기도에서 전선을 따라 촘촘하게 배치된 등고선과 강한 바람으로도 나타난다(그림 7.36b). 전선을 따라 남–북 간 온도차가 여름보다 겨울에 더 크기 때문에, 한대 제트류는 계절적 변화를 보인다. 겨울에는 한대 제트의 바람이 더 강해지고 제트가 남쪽으로, 때로는 플로리다와 멕시코만큼 남쪽으로 더 멀리 이동한다. 여름에는 한대 제트가 약해지고 극쪽으로 이동한다.

그림 7.33을 다시 살펴보면, 아열대 제트는 해들리 셀의 극쪽(북쪽)에, 한대 제트보다 높은 고도에서 형성된다. 이때 해들리 순환에 의해 극쪽으로 운반된 따뜻한 공기는 급격한 온도차와 강한 기압 경도에 따른 강한 바람을 일

알고 있나요?

제트류는 제2차 세계대전 동안 미국 본토에서 발생한 인명사상에 어느 정도 책임이 있다. 전쟁 동안 제트류의 존재가 확인되었고, 일본은 미국본토에 폭발성, 인화성 물질을 담은 풍선을 제트류에 실려 보내기로 계획했다. 수소로 채워진 풍선은 고도 30,000 ft(약 9.1 km)의 높이에서 일본 동쪽 수천 마일 태평양을 날아 건너갔다. 불행하게도 오레곤 주 숲속에서 6명의 소풍객이 이 풍선 폭탄 하나를 발견하여 이를 운반하려다가 그만 폭발하여 사망하는 일이 발생하였다. 약 300개의 풍선폭탄이 여전히 미국 서부지역에 산재되어 있는 것으로 추산되고 있다.

으킨다.

한대 제트와 아열대 제트는 뉴스 일기예보에서 가장 빈번히게 등장히지만 알아둘 만한 다른 제트류도 있다. 예를 들어, 미국 중부 대평원 위에 형성되는 하층 제트 기류가 있다. 이 제트는 풍속 30 m/s 이상의 강도를 보일 때도 있으며, 북쪽으로 습기와 따뜻한 공기를 운반하여 야간 뇌우의 형성에 종종 기여한다. 아열대 지방 상층대기에는 여름철에 **열대 동풍 제트**라고 하는 제트류가 대류권계면 아래에 형성된다. 그리고 어두운 극지역 겨울에는 성층권 상부에 **성층권 극 제트**가 나타난다.

요점 복습

지금까지 다룬 주요 개념 및 사실을 정리해 보자.

- 북아메리카 기상에 영향을 미치는 두 개의 반영구적 아열대 고기압은 서해안에 자리한 태평양 고기압과 남동 해안상의 버뮤다 고기압이다.
- 한대전선은 종종 폭풍을 일으키는 저기압역이다. 이 전선은 중위도의 온화한 편서풍과 고위도의 한랭한 극동풍을 분리시키고 있다.
- 적도지방에서는 열대수렴대(ITCZ)를 경계로 북동무역풍과 남동무역풍의 수렴에 의해 대기가 상승한다. ITCZ를 따라 거대한 뇌우가 발달하고 폭우를 내린다.
- 북반구에서는 주요 전지구적 기압계와 바람대가 여름에는 북쪽으로, 겨울에는 남쪽으로 이동한다.
- 여름철 태평양 고기압의 북상으로 북아메리카 서해안의 기상은 비교적 건조하다.
- 강력한 바람이 좁은 띠에 집중할 때 제트류가 형성된다. 한대전선 제트류는 서쪽에서 동쪽으로 파형 굴곡을 형성하면서 이동하며 고위도와 중위도 간 기온차가 가장 큰 겨울에 가장 강력해진다.
- 아열대 제트류는 위도 20~30° 사이의 해들리 세포의 극쪽 상공에 나타난다. 이 제트류는 통상 한대전선 제트보다 더 높은 고도에서 관측된다.
- 남북반구의 일반적인 공기의 흐름을 살펴보면, 지표 근처의 바람은 열대에서는 동풍, 중위도에는 서풍, 극지역에서는 다시 동풍이 주로 분다.
- 남북반구 지상에는 극지역과 위도 약 30° 지역에서 고기압이 위치한다. 저기압 지역은 적도와 위도 40~55°에 위치한다.

대기-해양 상호작용

대기와 바다는 다양하고 복잡한 방식으로 서로 상호작용하는 역학적 유체 시스템이다. 예를 들어, 해수의 증발은 대기에 여분의 물을 제공하여 강수를 발생시킨다. 증발하는 동안 수증기에 의해 흡수되는 잠열은 수증기가 다시 응결될 때 다시 대기로 돌아가 폭풍을 만드는 연료가 된다. 폭풍은 다시 바다 위 바람을 불게 하여 파도와 해류를 일으킨다. 해류는 다시 따뜻하거나 차가운 물을 대량으로 수송하여 지역의 날씨와 기후를 조절한다.

대기-해양 사이 상호작용의 복잡성으로 인해 이들이 어떻게 전국 규모에서 영향을 주고 받는지 아직 완전히 이해되지는 않았다.

이 장의 나머지 부분에서는 해류부터 시작하여 우리가 현재 이해하는 부분까지 다룰 것이다. 뒤에는 대기-해양 상호작용으로 발생하는 중요한 날씨 및 기후 진동에 중점을 둘 것이다.

전지구 바람 패턴과 표층 해류 해양에 바람이 불면 수면이 바람을 따라 표류한다. 움직이는 물은 서서히 쌓여 물 자체 내에 압력차를 일으킨다. 그 결과물의 운동은 수백 m 깊이까지 이어진다. 이와 같이 전구적 바람의 흐름은 주요 해면에서 해류의 움직임을 촉발한다. 대순환과 해류의 관계는 그림 7.37과 그림 7.38을 비교해 보면 알 수 있다.

물속에서는 마찰력이 더 크게 작용하므로 해류는 탁월풍보다 서서히 움직인다. 해류의 전형적 속도는 적게는 하루 수 km에서 많게는 시간당 수 km에 이른다. 그림 7.37과 그림 7.38에서 보면 해류는 반달형으로 선회하는 경향을 나타낸다. 북대서양에서는 미국 동해안을 따라 열대수를 고위도 지역으로 대량 이동시키는 엄청난 멕시코 만류가 북쪽으로 흐른다. **멕시코 만류**(Gulf Stream)는 노스캐롤라이나 해안 일대에 덥고 습윤한 대기를 공급하고 중위도 폭풍우를 발달시킨다.

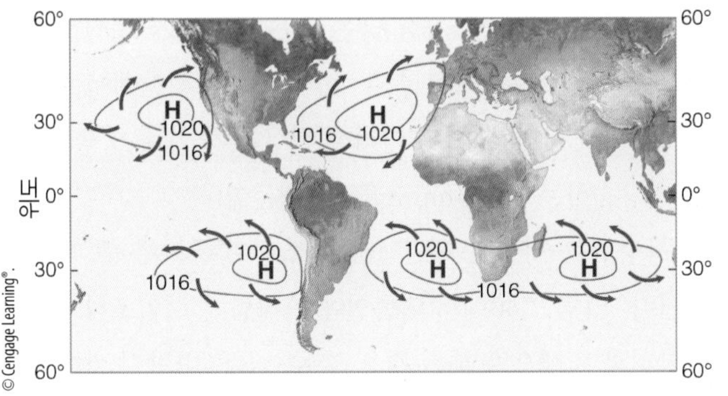

그림 7.37 ● 연평균 전구 바람 패턴과 해양의 고기압 지역.

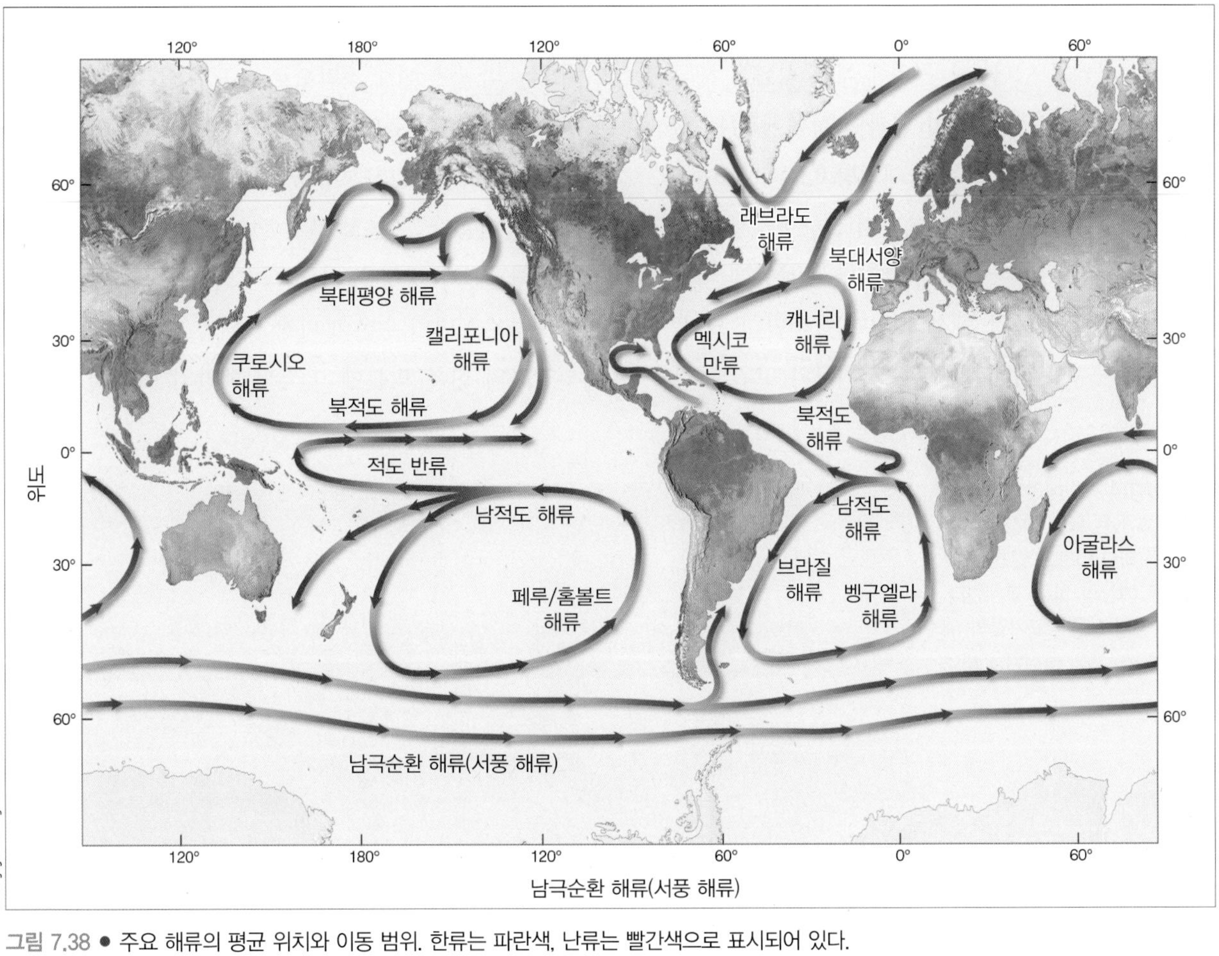

그림 7.39에서 볼 수 있듯이 멕시코 만류는 북으로 이동하는 도중에 탁월 편서풍의 영향으로 북아메리카 해안에서 동쪽으로 방향을 틀어 유럽 쪽으로 흐른다. 만류는 점차 폭이 넓어지고 속도가 느려져 보다 광범위한 **북대서양 해류**와 합류한다. 이 해류는 유럽에 도달한 후 일부는 영국과 노르웨이 해안을 따라 북쪽으로 이동한다. 겨울철 위도상의 기온이 예상 외로 따뜻한 것은 이 난류 때문이다. 유럽에 도달한 북대서양 해류의 다른 일부는 남쪽으로 되돌아 북쪽의 한류를 적도 쪽으로 이동시킨다. 이 해류를 **캐너리 해류**라 한다. 캐너리 해류에 맞먹는 태평양의

그림 7.38 ● 주요 해류의 평균 위치와 이동 범위. 한류는 파란색, 난류는 빨간색으로 표시되어 있다.

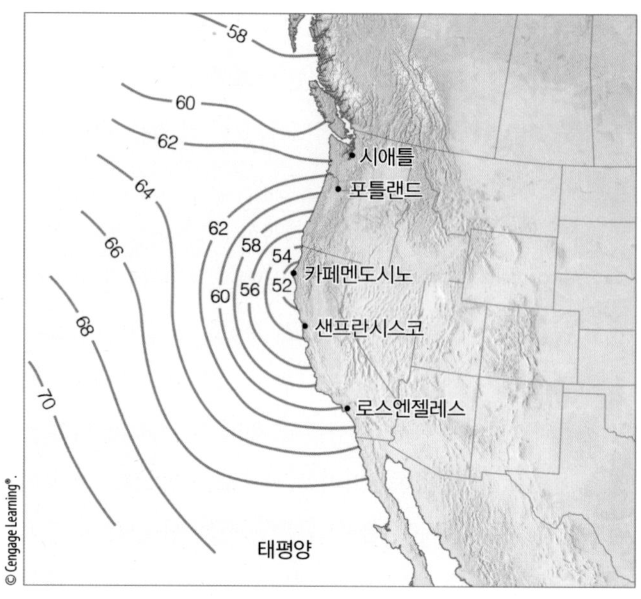

그림 7.39 ● 8월 미국 서부 연안의 평균 수온(°F).

해류가 캘리포니아 해류이다. 이 해류는 미국 서해안을 따라 찬 해수를 남쪽으로 이동시킨다.

이상에서 고찰한 바와 같이, 대기순환과 해류순환 사이에는 밀접한 관계가 있다. 바다 위에 부는 바람은 해류를 일으킨다. 해류는 바람에 따라 열과잉 상태에 있는 열대지방에서 열부족 상태에 있는 한대지방으로 열을 이동시킨다. 이처럼 해류는 위도상의 에너지 불균형을 해소하는 데 기여한다. 북반구 열 이동의 약 40%는 해류에 의한 것이다. 이 같은 열 이동의 환경적 의미는 대단히 크다. 만약 에너지 불균형을 방치할 경우, 저위도와 고위도 간의 연간 기온차는 크게 벌어질 것이며, 그 결과 기후는 점차 변화할 것이다.

바람과 용승류 캘리포니아 한류는 대략 미국 서해안과 평행으로 흐른다. 여기서 우리는 여름에 해안의 수면 온도는 낮고 남쪽으로 내려갈수록 높아질 것으로 생각하기 쉽다. 그러나 8월 중 가장 낮은 수온은 위도가 훨씬 낮은 샌프란시스코 북쪽으로 북부 캘리포니아 해안에서 관측되었다(그림 7.39 참조). 이러한 현상은 찬 해수가 밑으로부터 상승하는 **용승류**(upwelling) 때문이다.

용승류는 바람이 해안선과 다소간 평행되게 불 때 발생한다. 그림 7.40에서 여름철에는 바람이 캘리포니아 주 해안선과 평행으로 부는 것을 알 수 있다. 바람이 바다 위를 불 때 해면은 움직이기 시작한다. 해면의 물은 움직이면서 코리올리힘의 영향으로 약간 오른쪽으로 전향한다. 표면의 물이 움직이면 그 밑의 물도 약간 오른쪽으로 전향하면서 움직인다. 이러한 현상의 결과로 아주 얇은 층의 해수는 바람에 대해 직각으로 움직여 육지와 반대쪽으로 방향을 잡는다. 표면의 물이 해안에서 멀어짐에 따라 밑으로부터 차갑고 영양이 풍부한 물(용승류)이 올라와 이 자리를 메운다. 여름철 북부 캘리포니아 해안에서처럼 풍향이 해안선과 평행을 이룰 때 가장 강력한 용승 현상이 나타나며 해면의 수온이 가장 낮다.

해안가의 한류 덕분에 미국 서해안의 여름철 일기는

그림 7.40 ● 바람이 북아메리카 서해안에 평행으로 불고 있는 동안 해상의 물은 오른쪽으로 이동(바다로)하고 있다. 차가운 물이 용승해 해상의 물을 교체한다. 대문자 H는 여름철 태평양고기압의 위치를, 청색 화살표는 물의 움직임을 보여 준다.

종종 낮은 구름과 안개를 동반한다. 해수 바로 위 대기가 냉각하여 포화점에 이르기 때문이다. 용승류의 긍정적 영향으로는 어획 증가, 수중 영양분의 표면 부상 등을 들 수 있다. 그러나 표면의 수온이 여름철 같은 위도상의 대서양 해안평균수온보다 10°C 가까이 낮기 때문에 수영에는 적합하지 않다.

해양의 표면과 대기 사이에는 열과 습기가 교환되며 그 양은 해수와 대기의 온도차에 부분적으로 결정된다. 기온-수온 차이가 가장 큰 겨울에는 해양 표면으로부터 대기로 현열과 잠열이 크게 이동한다. 이 에너지가 전구적 대기흐름을 유지하는 힘이 된다. 따라서 해면 온도에 약간의 변화가 생겨도 대기순환을 변동시킬 수 있고 지구 일기 패턴에 심대한 영향을 미칠 수 있다. 다음 절에서는 기상현상과 열대 태평양의 수면온도 변화 사이의 상관성을 다룬다.

엘니뇨와 남방진동 페루 한류가 북쪽으로 흐르는 남아메리카 서해안을 따라 부는 남풍은 용승류를 일으켜 영양이 풍부한 물을 밑으로부터 상승시킴으로써 풍부한 어족, 특히 멸치떼를 불러온다. 풍부한 어족에 따라 해조류도 대거 몰려들게 되고 **구아노**라고 불리는 새똥은 인을 대량 함유하고 있어 비료업체에 도움을 준다. 2~5년마다 한 번씩 영양분이 거의 없는 열대의 난류가 남쪽으로 이동하여, 차갑고 영양분이 풍부한 표층해수를 대체한다. 이러한 조건은 흔히 크리스마스를 전후하여 형성되므로 이 지역 어부들은 약 1세기 전부터 이 현상을 아기예수를 일컫는 스페인어인 **엘니뇨**로 부른다.

오래전에는 엘니뇨가 페루와 에콰도르 서해안에서만 발생한다고 생각하였다. 하지만 이제 엘니뇨와 관련된 해양의 온난화는 미국 대륙보다 더 큰 영역에서 광범위하게 일어난다는 것을 알고 있다. 최근 수십 년간 **엘니뇨**(El niño)란 용어가 전 세계적으로 유명해졌는데, 약 3~7년의 불규칙한 간격으로 발생하여 광범위한 지역에서 오랜 기간 동안 발생하는 수온상승을 엘니뇨 현상이라고 한다. 엘니뇨 현상이 발생하면 열대 태평양에서 해수의 온도가 0.5°C 이상 수개월 혹은 일 년, 그 이상 동안 상승한다.

엘니뇨 현상이 지속되는 동안에는 비정상적으로 따뜻한 수온 때문에 많은 어류 및 해양 식물이 죽거나 열대에서 멀리 떨어진 곳으로 이동한다. 2015~2016년에 발생한 아주 강력한 엘니뇨 시기에는 고래아귀상어가 캘리포니아 해안까지 북상하였으며, 캘리포니아 오징어는 알래스카 남동부에서까지 발견되었다. 1972~1973년에 페루를 엄습한 엘니뇨 현상으로 인해 이 나라의 연간 멸치어획고는 1,030만 톤에서 460만 톤으로 크게 줄어들었다. 멸치는 대부분 어분(fishmeal)으로 가공되어 사료용으로 수출되는데, 엘니뇨 때문에 1972년도 세계 어분 생산고는 크게 감소했다. 이에 따라 미국의 가금류 가격은 40% 이상 인상되는 등 파동을 겪었다. 페루의 어업은 이제 엘니뇨 정보를 좀더 신중하게 고려하여 관리되고 있으므로, 엘니뇨 동안 멸치 어획이 줄어드는 것에 그렇게 엄청난 타격을 받지 않게 되었다.

왜 엘니뇨 기간 동안 이렇게 광대한 영역이 따뜻해지는 것일까? 정상적으로 열대 태평양에서는 무역풍이 동부의 고기압역에서 인도네시아 상공의 저기압역을 향해 서쪽으로 분다(그림 7.41a 참조). 이 편동무역풍은 남아메리카 해안을 따라 자리 잡고 있는 한류의 일부를 끌고 간다. 이 해류는 서쪽으로 이동하면서 햇빛과 대기에 의해 가열된다. 결과적으로 적도 주변의 표층 해수는 일반적으로 서태평양이 동태평양에 비해 따뜻하다. 게다가 무역풍이 남아메리카 해안으로부터 해수의 일부를 끌어가기 때문에 태평양 서쪽의 수면은 높아지는 반면, 동쪽의 수면은 낮아진다. 그 결과, 열대 서태평양에는 두꺼운 난류층이 형성되고 **반류**라고 부르는 약한 해류는 남아메리카를 향해 동진하게 된다.

수년에 한 번씩 서태평양 상공의 기압이 상승하는 반면, 동태평양 상공의 기압은 하강함에 따라 정상적인 지상기압 패턴에 변화가 일어난다(그림 7.41b 참조). 이 같은 기압의 변화는 무역풍을 약화시키며 강력한 기압반전 현상이 일어날 때는 동풍이 서풍으로 바뀌기도 한다. 이때 서풍은 반류를 강화시켜 광범위한 열대 태평양에 걸쳐

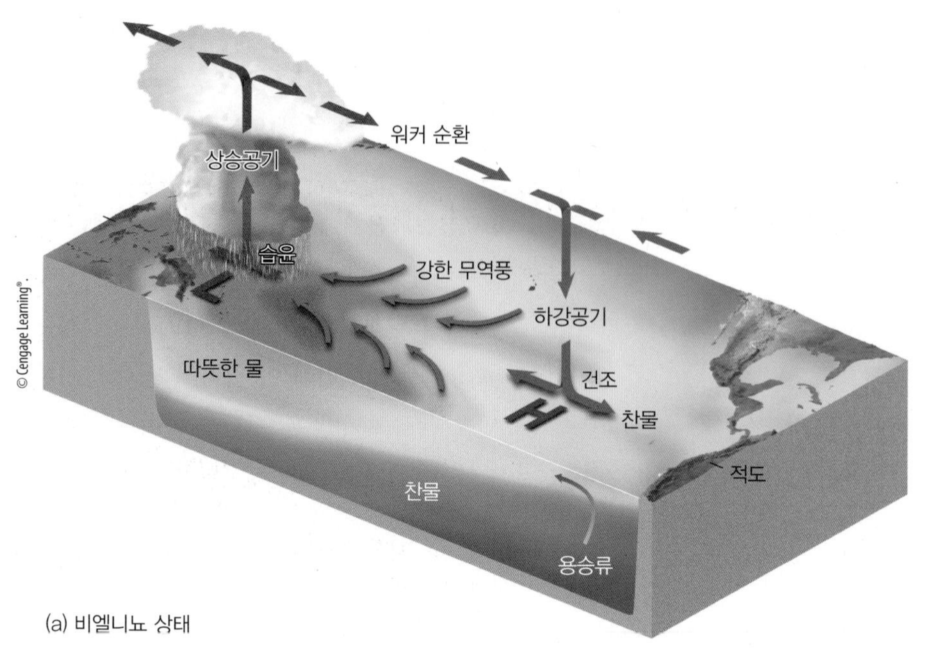

(a) 비엘니뇨 상태

그림 7.41 ● (a) 보통의 조건 하에서 남동 태평양상의 고기압과 인도네시아 부근 상공의 저기압은 적도를 따라 부는 편동무역풍을 발생시킨다. 이 바람은 동태평양에 한랭한 용승류를 일으키지만 서태평양 수온은 온난하다. 무역풍은 서태평양에서 상승하고 강한 비를 내리고 동태평양에 하강기류와 가뭄을 가져오는 순환의 일부인 것이다. 무역풍이 예외적으로 강할 때 동태평양 적도지방의 수온은 매우 낮게 된다. 이 한랭 현상을 라니냐라 한다. (b) 엘니뇨 기간 중 동태평양 상공의 기압은 하강하고 서태평양 상공의 기압은 상승한다. 이러한 기압의 변화는 무역풍을 약화시키거나 반전시킨다. 이러한 상황에서는 서태평양의 온난한 해수가 적도 동태평양상의 광범위한 지역으로 이동하는 반류가 강화된다.

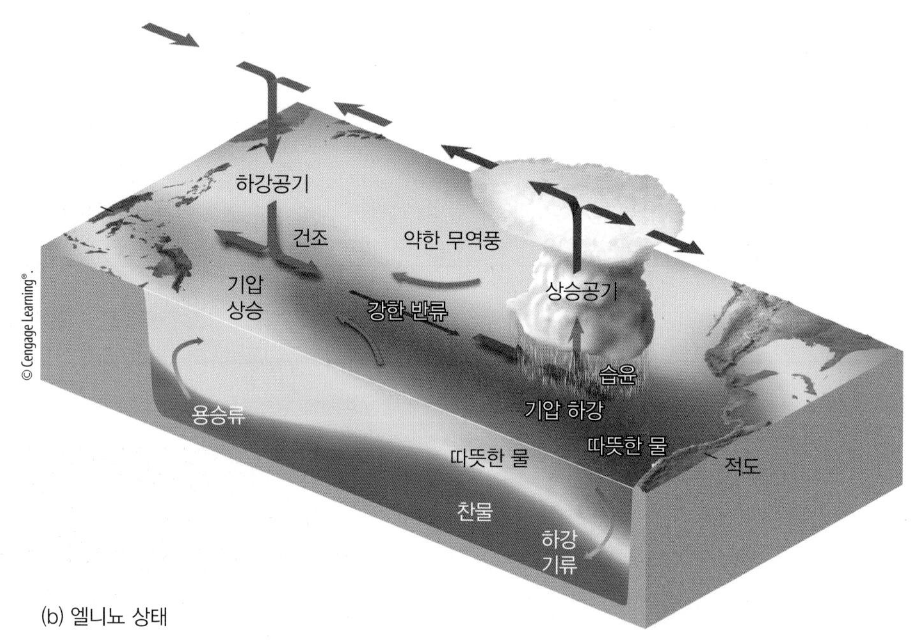

(b) 엘니뇨 상태

난류가 남아메리카를 향해 동진하는 결과를 가져온다. 표층의 따뜻한 해수는 거대한 적운 구름의 성장에 에너지를 제공한다. 따라서 소나기와 뇌우의 위치도 동쪽으로 이동할 수 있다. 만일 해양이 따뜻해지는 정도가 어느 수준을 넘어가고 그 이상으로 오랜기간 동안 유지된다면, 엘니뇨가 발생하였다고 한다.

대략 1~2년간 지속되는 온난기의 끝 무렵 동태평양 상공의 기압은 반전, 상승을 시작하는 반면, 서태평양 상공의 기압은 하강한다. 이와 같이 태평양 양편의 지상기압이 반전하는 시소 패턴을 **남방진동**(Southern Oscillation)이라고 한다. 이 같은 기압반전과 해수면 온도 상승은 대략 동시적으로 발생하기 때문에 과학자들은 이를 가리켜 **엘니뇨/남방진동**, 또는 약어로 **ENSO**라고 부른다. 대부분의 ENSO 현상은 비슷한 진화 과정을 밟지만, 그 강

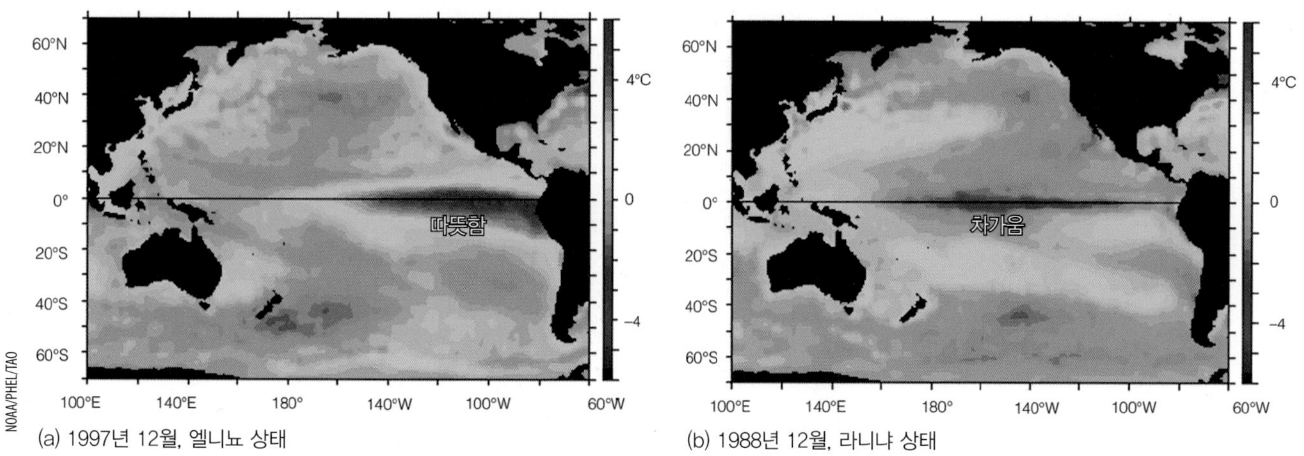

(a) 1997년 12월, 엘니뇨 상태

(b) 1988년 12월, 라니냐 상태

그림 7.42 ● (a) 인공위성이 측정한 해수 온도 편차. 엘니뇨 기간 중 용승류는 크게 사라지고 고온의 해수(짙은 빨간색)가 남아메리카 서안에서 태평양을 횡단하여 넓게 퍼져 있다. (b) 라니냐 기간 중 강한 무역풍이 용승류를 강화시키고 저온의 해수(짙은 파란색)가 태평양 동부 및 중앙까지 퍼져 있다. (NOAA/PHEL/TAO)

도와 활동 형태에 따라 각기 다른 특성을 지닌다.

그림 7.41b와 같이 특히 강력한 엘니뇨가 발생한 시기(예를 들어 1982~1983년, 1997~1998년, 2015~2016년)에는 편동무역풍이 실제 편서풍으로 바뀌기도 한다. 이 서풍은 동쪽으로 이동하면서 해수 일부를 끌고 가 동태평양의 해수면을 서태평양보다 높아지게 했다(그림 7.41b 참조). 동쪽으로 이동하는 해류는 열대 대양의 영향으로 서서히 가열되어 정상적인 열대 동태평양 수온보다 6°C나 높아졌다. 그리고 점차 두꺼운 난류층이 에콰도르와 페루 해안가로 밀려가 용승류를 차단하는 결과를 가져왔다. 비정상적으로 수온이 높은 해수는 남아메리카 해안에서 적도를 따라 수천 km 떨어진 해역까지 서진했다(그림 7.42a 참조). 엘니뇨가 끝나면 무역풍은 대개 정상 상태로 돌아온다. 하지만 정상적인 무역풍 정도로 돌아오는 것이 아니라 훨씬 강한 무역풍(동풍)이 발생하면 그 결과로 중태평양, 중동태평양에서 표층해수가 비정상적으로 차가워지고, 이때 적도 태평양의 따뜻하고 강우가 많은 날씨는 주로 서태평양에 국한되어 나타나게 된다(그림 7.42b). 이렇게 엘니뇨와 반대로 차가운 수온이 나타나는 현상을 **라니냐**(La Niña, "여자아이"라는 뜻)라고 한다. 라니냐 시기에 동태평양의 수온이 평상시보다 낮아지므로(엘니뇨 시기에는 높아졌다) 어떤 면에서 라니냐는 엘니뇨의 반대라고 생각할 수 있다. 엘니뇨는 동풍과 서쪽으로 향하는 평상시 해류의 방향이 반대로 바뀌는 현상이며, 라니냐는 평상시의 동풍과 해류가 더욱 강화되는 현상이다. 라니냐는 때때로 엘니뇨 이후 바로 발생하기도 하지만 때때로 독립적으로 발생하기도 한다.

엘니뇨와 관련된 비정상적으로 따뜻한 해수나 라니냐와 관련된 차가운 해수가 광범위한 영역에 퍼지게 되면, 이는 남미 대륙을 넘어서 멀리 떨어진 지역에 영향을 미칠 수 있다. 엘니뇨 시기에 서태평양의 따뜻한 해수는 동쪽으로 수천 km 이동한다. 이 따뜻한 해수는 대기에 열과 습기를 추가하여 폭풍과 강우를 증가시키는 결과를 초래한다. 해양으로부터 대기에 열이 추가되고 응결 과정에서 잠열이 방출된다. 이러한 요인들은 지역 대기순환을 변화시키고, 나아가 그 영향이 수천 km를 전파하여 상승과 하강운동이 나타나는 지역의 위치를 바꾸기도 한다. 그 결과, 엘니뇨 시기에는 세계 특정 지역에는 비가 너무 많이 내리는 반면, 다른 지역에는 강우량이 매우 적어질 수 있다. 한편, 온난해지는 적도 중부 태평양상에는 태풍의 발생이 증가하지만, 아프리카와 중앙아메리카 사이의 열대 대서양에서는 상공의 바람이 허리케인 발달에 필요한 뇌우의 조직을 방해하여 강력한 엘니뇨 기간 중 허리케인이 발생하지 못하였다. 그리고 이 장의 앞부분에서 다루었듯

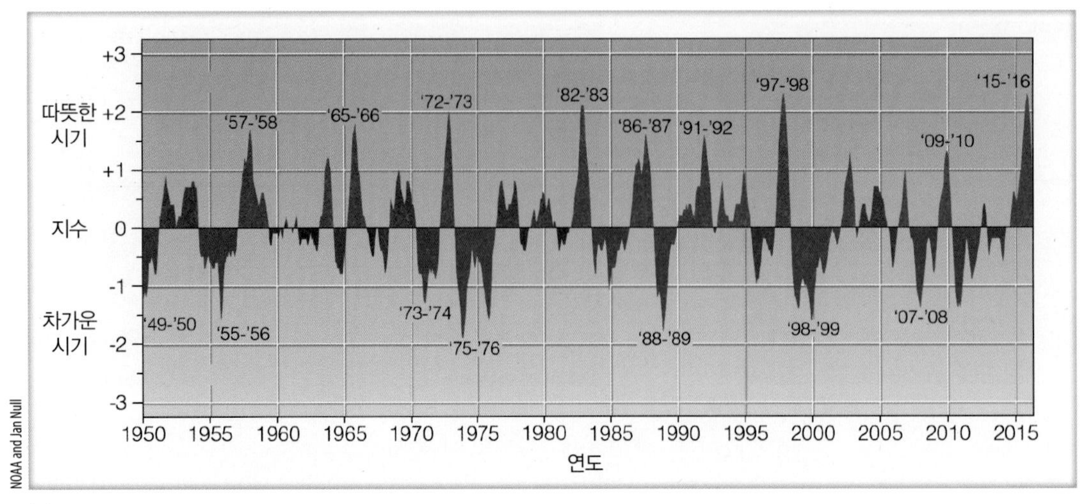

(a)

그림 7.43 ● 해양의 엘니뇨 인덱스(ONI). 그림 왼편의 x축의 숫자는 오른쪽 하단 그림에 박스로 나타내어진 열대 태평양 지역(위도 5S~5N, 경도 120W~170W)의 3개월 평균 해수면 온도(평년 대비 값, ℃) 변화를 나타낸다. 이 지역이 따뜻한 엘니뇨 시기는 빨간색으로, 차가운 라니냐 시기는 파란색으로 표시되어 있다. 엘니뇨나 라니냐 시기는 이 값이 각각 0.5 이상이거나 −0.5 이하일 때를 의미한다(빨간색 및 파란색 색깔로 표시). 이 값의 절대값이 0.5~0.9, 1.0~1.4, 1.5~2.0, 2.0 이상일 때, 각각 약한, 중간 정도의, 강한, 매우 강한 엘니뇨/라니냐 상태임을 나타낸다.

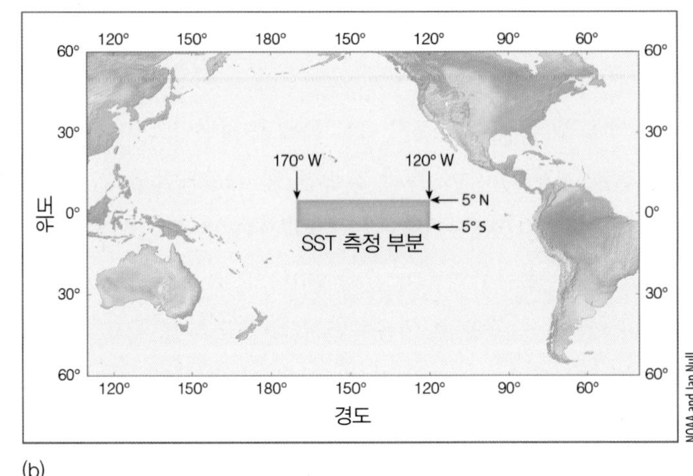

(b)

이 강력한 엘니뇨 기간 중 여름몬순이 인도에서 약화되는 경향이 있다.

표면 수온의 변화가 전구바람 패턴에 영향을 주는 실제 메커니즘은 아직 완전히 규명되지 못하였더라도, 그 파생효과는 쉽게 발견할 수 있다. 예를 들어, 아주 강력한 온난 엘니뇨 시기에는 인도네시아, 남부 아프리카, 오스트레일리아에 주로 가뭄이, 에콰도르와 페루에는 기록적인 강우와 홍수가 자주 발생한다. 북반구에서는 이례적으로 강력한 아열대 편서풍 제트류가 발생하여 캘리포니아에서 멕시코만 연안지역에 이르기까지 폭풍우를 몰아왔다. 그 때문에 엘니뇨 시기에 발생한 홍수, 바람, 가뭄은 전 세계에 수십억 달러 이상의 피해를 가져올 수 있다. 주요 엘니뇨 시기에는 대기 중으로 많은 양의 열이 이동하므로 전구온도가 불과 몇 개월 동안 몇 도(℃) 정도 상승하기도 한다. 아주 강력했던 2015~2016 엘니뇨에 의해 2015년, 2016년에는 전구 지상 온도의 최곳값이 연속으로 경신되었다.

그림 7.43은 따뜻한 엘니뇨 시기를 빨간색, 차가운 라니냐 시기를 파란색으로 나타내고 있다. 그림을 보면 중간에 중립 시기로 나누어진 2회 혹은 그 이상 횟수로 엘니뇨나 라니냐 현상이 연속적으로 발생할 때도 있음을 볼 수 있다. 엘니뇨는 일반적으로 북반구 가을에 발달하기 시작하여 겨울에 최고조에 달하며, 봄-여름을 거쳐 약화한다. 엘니뇨 현상은 일 년 이상 계속 지속되는 경우가 거의 없지만 라니냐는 2년 혹은 3년 연속으로 반복될 때가 많다. 수십 년 동안 기록을 보면, 열대 태평양에서 엘니

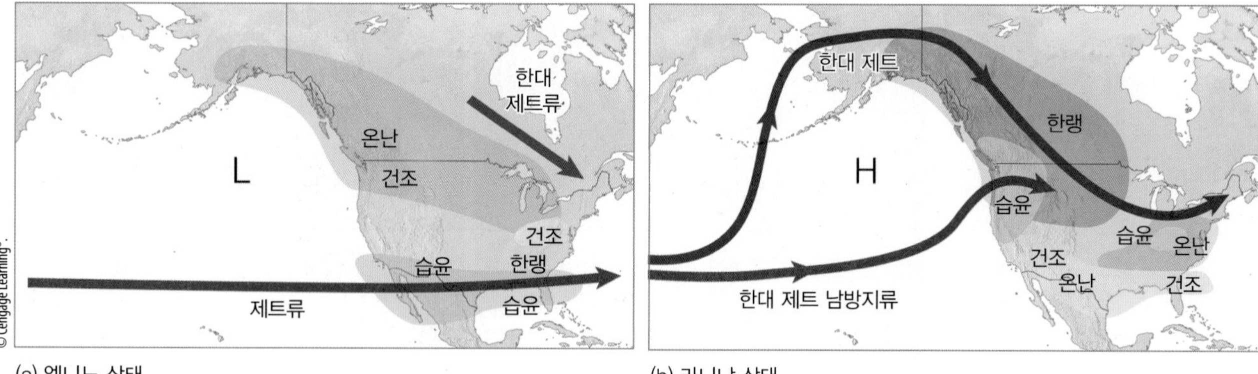

(a) 엘니뇨 상태

(b) 라니냐 상태

그림 7.44 ● 엘니뇨 온난 현상(a) 기간과 라니냐 한랭 현상(b) 기간 중 북아메리카 전역의 전형적 겨울날씨. 엘니뇨 상태 하에서 지속적인 저기압골이 북태평양 상공에 형성되며 저기압 남쪽으로는 태평양으로부터 온 제트류가 습한 날씨와 폭풍을 캘리포니아와 미국 남부로 이동시킨다. 라니냐 상태에서는 지속적인 고기압이 알래스카 남쪽에 형성되어 한대 제트류와 그것이 동반하는 한랭공기를 북아메리카 여러 지역 상공으로 이동시킨다. 한대 제트류의 남방지류는 해양으로부터 습한 공기를 북서 태평양으로 이동시켜 그 지역에 습윤한 겨울을 만들어 낸다.

뇨, 라니냐, 중립 시기는 거의 같은 기간을 차지한다.

우리가 보았듯이 엘니뇨와 남방진동은 그 과정이 수년에 걸릴 수 있는 대규모 대기-해양 상호작용의 일환이다. 그 기간에는 세계 특정 지역에서 ENSO 현상에 의해 중대한 기후 반응이 일어날 수 있다. 그림 7.44는 엘니뇨와 라니냐 발생에 따라 북아메리카의 전형적 겨울철 기상 유형이 변화하는 것을 보여주고 있다. 이렇게 상대적으로 따뜻하거나 찬 해수면 조건에 의해 발생하여 멀리 떨어진 지역의 기상 패턴까지 영향을 미칠 수 있는 대기-해양 상호작용을 **원격상관**(teleconnection)이라고 한다. 원격상관의 예로, 그림 7.44를 보면 태평양 연안 미국 북서부지역은 라니냐 겨울에는 평상시보다 따뜻하고, 엘니뇨 시기에는 평년보다 건조한 겨울이 나타나는 것을 볼 수 있다.

그림 7.44에서 한 가지 주목할 점은, 일부 지역에서는 라니냐와 관련된 원격상관 패턴이 엘니뇨 패턴과 반대 양상을 나타내지만, 어떤 지역에서는 반대가 아닌 것을 볼 수 있다. 이는 엘니뇨와 라니냐와 관련된 메커니즘이 정확히 반대가 아니기 때문이다. 또 한 가지 사실은, 엘니뇨나 라니냐 이벤트마다 이러한 패턴이 항상 발생하는 것은 아니라는 점이다. 각각의 엘니뇨나 라니냐는 독창적인 특징이 있다. 예를 들어, 캘리포니아의 로스앤젤레스는 2015~2016년 엘니뇨 기간 동안 겨울이 건조하였는데, 일반적으로는 엘니뇨 시기에 이 지역은 평상시보다 비가 많이 오는 경향이 있다. 하지만 장기적인 관점에서 그림 7.44의 특징은 엘니뇨나 라니냐 시기에 예상되는 가장 일반적인 상태라고 할 수 있다. 따라서 엘니뇨 겨울에 캘리포니아에 더 많은 강수가 있을 것이라 100% 확신할 수는 없지만, 강한 엘니뇨가 발생할 경우에는 어느 정도 그러할 것으로 예상할 수 있다. 수십 년 동안 대기과학자들은 미래의 ENSO의 진행, 그리고 엘니뇨와 라니냐 시작 시기를 예측하는 기술을 개발하고 향상시켜 왔다. ENSO 현상이 전형적인 일기 현상들과는 상당히 다른 것이기에 이는 쉽지 않은 과제이다. ENSO는 바다와 대기의 상호작용을 통해 훨씬 점진적으로 복잡한 과정을 거쳐서 전개되는 현상이다. 장기 예측기후 모델을 이용하여 우리 기상청 및 세계 다른 나라의 관계기관들은 향후 몇 개월 동안 엘니뇨나 라니냐가 어떻게 발달할지, 그 확률은 어떻게 되는지 발표하고 있다. 다가올 겨울철에 엘니뇨나 라니냐가 어떻게 발달할 것일지를 여름 또는 가을에 미리 알 수 있다면, 기상예보관은 몇 개월 전에 이번 겨울에는 어떠한 형태의 날씨 형태가 주로 발생할 것인지 발표할 수 있을 것이다.

지금까지 우리는 엘니뇨와 남방진동에 대해 살펴보았으며, 어떻게 이와 관련된 해수면 온도와 대기압의 변화가 특정 지역은 물론 전지구의 날씨 및 기후 패턴에 영향을 줄 수 있는지도 알아보았다. 엘니뇨나 라니냐 이외에

그림 7.45 ● 태평양 10년 주기 진동의 따뜻한 위상, (a) 그리고 찬 위상 (b) 시기 겨울철 표층 해수면 온도의 전형적인 평년편차.

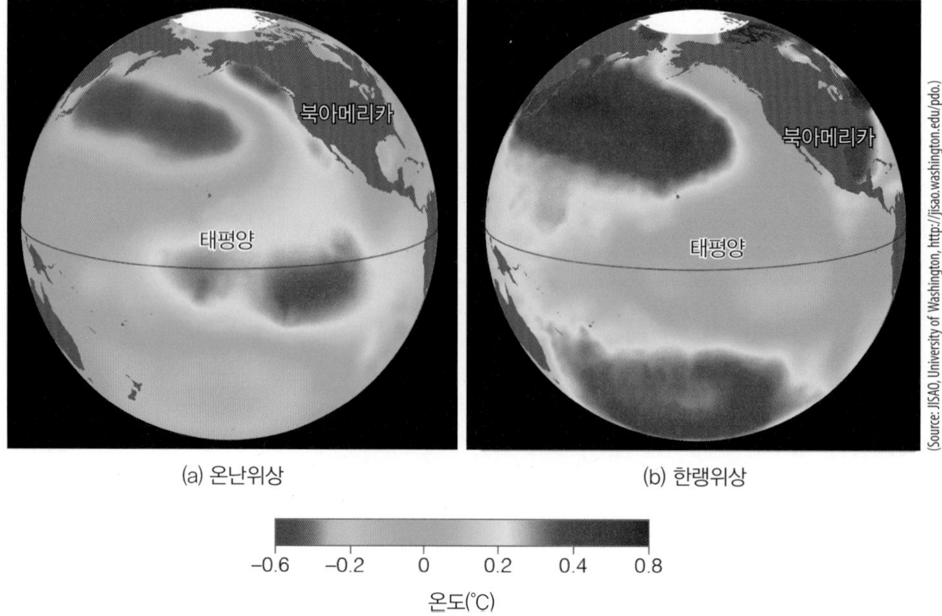

도 기후시스템에는 대규모 날씨 패턴에 영향을 줄 수 있는 해양-대기 상호작용들이 많은데, 이 중의 일부 현상들은 다음 장에 설명되어 있다.

그 밖에 대기-해양 상호작용들 북태평양에서 표층 해수면 온도의 주기적인 변화는 북미 서해안의 날씨를 엘니뇨나 라니냐보다 훨씬 긴 시간 규모로 영향을 줄 수 있다. **태평양 십년 주기 진동**(Pacific Decadal Oscillation; PDO)은 따뜻한 위상과 차가운 위상이 있는 것이 ENSO와 비슷하며, PDO에 의해 만들어진 온도 변동 패턴은 일부 지역에서 ENSO에 의해 만들어진 패턴과 유사하다. 하지만 PDO는 열대 태평양보다 중위도 북태평양에 더 많은 영향을 미치며 ENSO보다 훨씬 더 긴 시간 규모로 움직인다. 각각의 PDO 위상은 다른 위상으로 변화하기 전까지 20~30년 동안 우세하게 유지되는 경향이 있다.

PDO의 따뜻한(양의) 위상에서는 북미 서해안을 따라 평년보다 따뜻한 표층 해수가 나타나고 북태평양에서는 차가운 해수가 나타난다(그림 7.45a). 동시에 알래스카만의 알류산 저기압이 강해져 더 많은 태평양 폭풍이 알래스카와 캘리포니아로 향한다. 이 시기에는 겨울이 북미 북서부지역에서 전반적으로 따뜻하고 건조해진다. 오대호 주변에서는 건조한 겨울이, 미국 남부에는 시원하고 습한 겨울이 나타난다.

PDO의 차가운(음의) 위상 시기에는 북미 서해안을 따라 평년 차가운 표층 해수가 나타나고 일본에서부터 중부 북태평양 지역까지는 따뜻한 표층 해수가 나타난다(그림 7.45b). 이 시기에는 북미 북서부지역의 겨울이 춥고 습한 반면, 오대호 연안은 습하고, 남부지역은 따뜻하고 건조하다.

이러한 기후 패턴은 평균적인 것이고, 매해 상당히 달라질 수 있다. 특히 PDO는 때때로 짧은 기간 동안 반대 위상으로 바뀌곤 한다. 이렇게 수개월에서 1년 혹은 그 이상 지속되는 불규칙한 변동 특성 때문에 언제 PDO가 장기적으로 한 위상에서 다른 위상으로 바뀌었는지 판단하기가 매우 어렵다. PDO의 따뜻한 위상은 엘니뇨 기후 패턴을 강화하여 엘니뇨 이벤트의 영향을 강화하므로 PDO의 장기적인 위상을 파악하면 계절 기후 예측을 하는 데 도움이 된다. 마찬가지로 라니냐는 PDO가 시원한(음의) 위상일 때 강화된다. PDO는 1922~1947년까지 양, 1947~1977년까지 음, 1977~1998년까지 양,

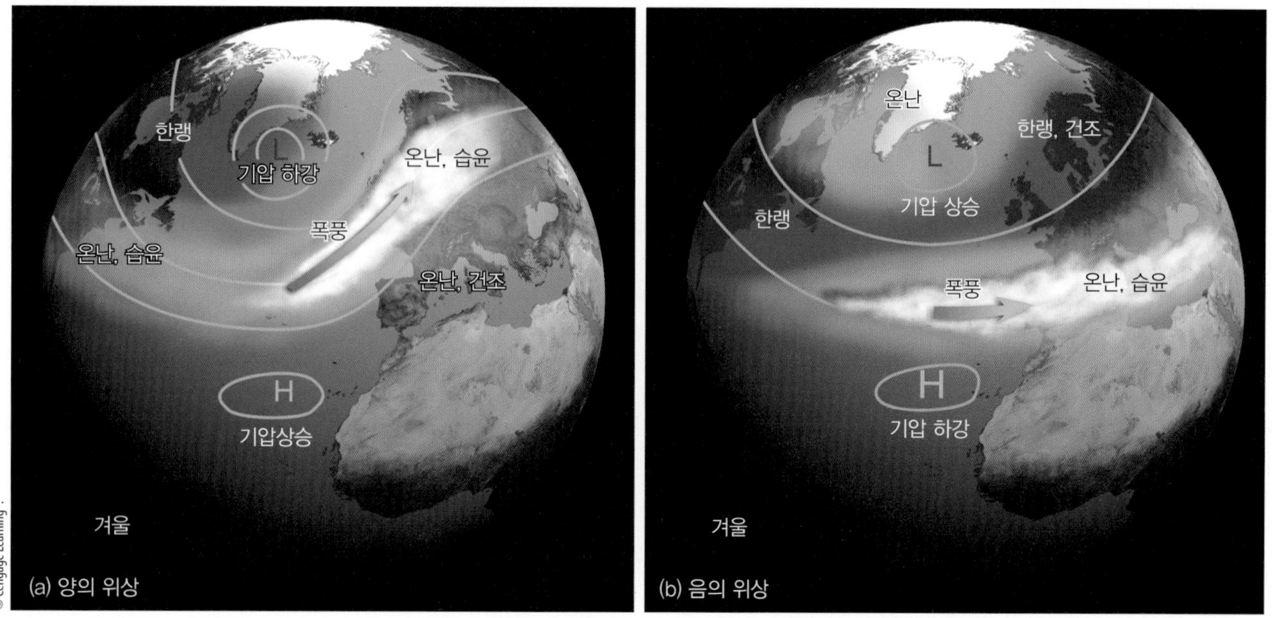

그림 7.46 ● 북대서양 진동의 (a) 양의 위상 및 (b) 음의 위상에 따른 지상기압의 변화, 이와 관련된 전형적인 겨울날씨 패턴.

1998~2013년까지 음의 위상이었다. 2010년대 중반에 PDO는 새로운 양의 위상 시기에 돌입한 것으로 보인다. 과학자들은 PDO의 장기적인 위상을 변화시키는 요인들을 연구하고 있다.

대서양 지역에서 **북대서양 진동**(North Atlantic Oscillation, NAO)이라 불리는 주기적인 기압계의 역전 현상은 유럽의 날씨와 북미 동해 연안, 특히 겨울철 날씨에 상당한 영향을 미친다. NAO의 위상과 강도는 아이슬란드 저기압 주변과 버뮤다-아조레스 고기압 지역의 기압 차이로 측정된다. (NAO는 대기 변화에 의해 정의되는 반면, ENSO와 PDO는 해양 변화에 의해 정의된다.) 북대서양 지역의 기압 패턴이 아조레스 제도 근처에서 평년보다 높고 아이슬란드 근처에서 낮을 때, 증가한 압력 경도에 의해 강력한 서풍이 나타난다. 이 서풍은 북유럽 지역으로 빈번하게 강력한 사이클론을 이동시키기 때문에 겨울은 습하고 온화하게 된다. NAO의 양의 위상 시기에 미국 동부의 겨울은 습하고 상대적으로 온화하지만, 캐나다 북부와 동유럽은 일반적으로 춥고 건조하다(그림 7.46a).

NAO의 음의 위상은 아이슬란드 저기압 주변의 기압이 상승하고 버뮤다 고기압 지역의 기압은 낮아질 때 나타난다(그림 7.46b). 이로 인해 압력 경도가 줄어들고 서풍이 약해져 대서양 전역에서 겨울 폭풍이 줄어들고 감소한다. 약해진 제트 기류 때문에 폭풍이 훨씬 남쪽에서 이동하고 발달하게 하여 남부 유럽과 지중해 지역에 습한 날씨가 나타난다. 음의 NAO 위상 시기에 약하고 크게 사행하는 제트류는 북극지역의 차가운 기단을 좀 더 쉽게 남쪽으로, 북유럽이나 미국 동부지역으로 이동할 수 있게 하여 이 지역이 매우 춥고 건조해진다. (때때로 이 찬공기는 미국 동부지역에 강력한 겨울 폭풍을 몰고 올 때도 있다.) 극동 캐나다와 동유럽은 음의 NAO 시기에 주로 온화한 겨울이 나타난다. NAO는 거의 달마다 그 위상이 변화하지만 때때로 몇 년 동안 특정 위상이 많이 나타나기도 한다.

북대서양 진동과 밀접하게 관련되어 있지만 보다 고위도에서 분석되는 것으로 **북극 진동**(Arctic Oscillation; AO)이 있다. AO는 북극과 북태평양-대서양 지역 간의 대기압의 차이로 정의된다. 양의(따뜻한) AO 시기에는 남쪽의 높은 기압과 북극 지역의 낮은 기압이 상층에 강한 서풍을 만든다. 이 바람은 북극의 상층에 위치한 반영구적인 저기압 지역을 둘러싸고 있어서, **북극 소용돌이**(polar vortex)라고도 부른다. 양(따뜻한)의 AO 시기에 극 소용돌이는 평소보다 강하며 차가운 북극 공기는 극지역 내에 갇혀 있게 된다. 그 때문에 미국과 유럽, 동아시아 등 많은 중위도 지역의 겨울은 평소보다 따뜻한 경향이 있는 반면, 뉴펀들랜드와 그린란드의 겨울은 매우 추운 경향이 있다. 동시에 대서양의 강한 바람은 폭풍을 주로 북유럽 쪽으로 이동시켜 습하고 온화한 날씨를 가져온다.

음(차가운)의 AO 시기에는 북극과 중위도 사이의 기압 차이는 더 작아지며, 이에 따라 더 약하고 사행하는 서풍이 나타난다. 서풍이 약해지는 것은 결국 북극 소용돌이가 보다 쉽게 남쪽, 중-고위도로 침범할 수 있다는 것으로, 이때 차가운 북극 공기가 평소보다 훨씬 더 남쪽으로 침투하여 대부분의 미국, 북유럽, 동아시아 등에 추운 겨울을 가져온다. 반면에 뉴펀들랜드와 그린란드는 따뜻한 겨울이 나타난다. NAO와 비슷하게 AO는 위상 변화가 매우 불규칙하게 일어나며, 한 가지 위상이 몇 년간 우세하게 나타나 연속적으로 추운 겨울이나 온화한 겨울을 가져오기도 한다.

엘니뇨나 라니냐와는 달리 NAO와 AO는 단 몇 주 만에 위상이 전환될 수 있으며, 이러한 변화는 몇 주 전에도 예측할 수 없다. 이 때문에 미국 동부와 유럽의 겨울을 예측하기가 천천히 변하는 ENSO나 PDO에 주로 영향을 받는 북미 서부 지역의 겨울을 예측하기보다 더 어렵다. 해양과 대기 사이의 상호작용에 대한 우리의 지식이 향상되어 과학자들은 이러한 현상들의 변화를 미리 예측하고 지역 날씨나 기후에 미치는 영향을 예측하는 기술을 가질 수 있게 되었다.

요약

이 장에서는 대기순환의 다양한 측면을 살펴보았다. 소규모 바람이 무엇인지 알아보았고 맴돌이는 강한 바람시어, 특히 제트류 근처에서 일어난다는 사실을 알았다. 이보다 약간 큰 규모의 해륙풍은 육지와 수면의 차등가열 및 냉각률에 따른 국지 기압차 때문에 생긴다. 몬순은 계절적으로 풍향이 바뀌며 산곡풍은 매일 풍향이 변한다.

로키산맥의 동쪽 측면에 하강하는 온난하고 건조한 바람을 치눅이라 하고, 알프스산맥에 부는 비슷한 바람은 푄이라 한다. 남부 캘리포니아로 부는 온난건조한 활강바람은 산타아나 바람이라 한다. 강력한 지면 가열로 생긴 국지 회전바람은 먼지 회오리를 일으키고, 뇌우 내의 하강기류는 사막에 하부브를 일으킨다.

지구 둘레에 지속적으로 존재하는 최대 규모의 바람 패턴을 대순환이라고 한다. 양반구의 지상에서 보면 열대에서는 동풍이, 중위도에서는 편서풍이, 그리고 극지방에서는 극동풍이 분다. 상층의 편서풍이 좁은 띠로 집중하는 곳이 제트류이다. 주요 기압계와 바람대는 7월에는 북상하고 1월에는 남하하여 여러 지역의 연간 강수에 큰 영향을 준다.

이 장의 마지막 부분에서는 대기와 해양의 상호작용을 검토하였다. 대규모 운동에서 해수면 위에 부는 바람으로 해류가 움직인다. 해류는 대기에 에너지를 방출하여 대순환이 유지되게 한다.

대기순환 패턴에 변화가 일어나고 무역풍이 약화되거나 방향이 반전될 때 열대난류가 남아메리카쪽으로 동진, 용승류를 막아 경제적 재해를 초래한다. 이러한 난류가 열대 태평양의 광범위한 해역을 덮을 때 일어나는 온난화를 엘니뇨라 하며, 이와 관련한 태평양상의 기압 반전 현상을 남방진동(ENSO)이라 한다. 엘니뇨와 남방진동 기간 중 대기와 해양의 대규모 상호작용은 지구 대기순환 패턴에 영향을 준다. 그 영향으로 어떤 지역에는 비가 너무 많이 내리고 어떤 지역에는 비가 부족하게 된다.

중태평양 북부와 북미 서해안의 표층 해수의 온도는 매 20~30년마다 역전되는데, 이를 태평양 10년 진동이라고 한다(PDO). 대서양에는 세계 여러 지역 날씨에 영향을 미치는 북대서양 진동이라고 불리는 주기적인 기압 역전현상이 있다. 북극 지역의 기압 변화는 북극진동(AO)이라고 하는 변동을 통해 미국, 그린란드, 유럽 및 동아시아의 겨울 날씨 패턴을 변화시킨다. 연구자들은 대기와 해양의 상호작용이 어떻게 이러한 변동들을 일으킬 수 있는지 연구하고 있다.

주요 용어

본문에 나온 주요 용어를 나열하였다. 각 용어를 정의하라. 그러면 복습에 도움이 될 것이다.

운동 규모	무역풍	미규모	열대수렴대
중규모	종관 규모	편서풍	전지구규모
한대전선	대규모	회전자	한대 편동풍
바람시어	버뮤다 고기압	청천난류(CAT)	태평양 고기압
열순환	아이슬란드 저기압	알류샨 저기압	해풍
시베리아 고기압	육풍	제트류	골바람(곡풍)
아열대 제트류	산바람	한대전선 제트류	활강바람
멕시코 만류	치눅(푄)바람	용승류	산타아나 바람
엘니뇨	하부브	남방진동	먼지 회오리
ENSO	몬순	라니냐	몬순풍계
원격상관	아열대 고기압	태평양 10년 주기진동(PDO)	해들리 세포
북대서양 진동(NAO)	적도무풍대	북극 진동	아열대 고기압
극동풍			

복습문제

1. 대기 운동의 각종 규모를 설명하고 예를 하나씩 들라.
2. 바람시어란 무엇이며, 청천난류와 어떤 연관이 있는가?
3. 도표를 이용해 열순환의 발달 과정을 설명하라.
4. 해풍은 왜 바다에서 육지로 불며 육풍은 왜 육지에서 바다로 부는가?
5. 골바람과 산바람 중 어떤 바람이 구름을 형성하는가? 그 이유는 무엇인가?
6. 활강바람은 어떻게 형성되는가?
7. 치눅바람이 따뜻하고 건조한 이유를 설명하라.
8. 먼지 회오리는 주로 어떻게 형성되는지 설명하라.
9. (a) 동아시아와 남아시아에서 몬순풍계가 발달하는 과정을 간단히 설명하라.
   (b) 인도의 여름몬순은 다습하고 겨울몬순은 건조한 이유는 무엇인가?
10. 커다란 원을 그려 지구라 가정하고 주요 반영구적인 지상기압계와 바람대를 대략적인 위도상에 표시하라.
11. 그림 7.26에 따르면 우리나라는 어떤 바람대에 위치해 있는가?
12. 평균 지상기압 양상이 여름과 겨울에 어떤 변화를 보이며, 그 이유는 무엇인지 설명하라.
13. 여름철 미국 서부 해안지역의 기후는 건조한 반면, 동부 해안지역의 기후는 습윤한 까닭을 설명하라.
14. 한대전선은 한대 제트류가 발달하는 데 어떤 영향을 미치는가?
15. 한대 제트류가 겨울철에 더 강하게 발달하는 이유는 무엇인가?
16. 대기의 대순환과 해류의 순환 사이의 관계를 설명하라.
17. 북아메리카 서해안을 따라 부는 바람이 용승류를 일으키는 과정을 설명하라.
18. 엘니뇨 현상은 무엇인가? 남방진동에 따라 태평양의 양쪽 끝지역에는 기압의 어떤 변화가 생기는가?
19. 어떻게 ENSO가 세계 다른 지역 날씨에도 영향을 줄 수 있는지 설명하여라.
20. 라니냐 기간 중 열대 동부 및 중부 태평양은 어떤 상태인가?
21. 태평양 10년 주기 진동과 관련된 해수면 온도변화를 설명하라.
22. 양의 위상의 북대서양 진동과 음의 위상의 북대서양 진동은 어떻게 다른지 설명하라.
23. 한랭위상의 북극진동 시 그린란드는 온화한 겨울을 맞이한다. 그렇다면 북유럽 지방은 겨울이 온화하겠는가, 아니면 춥겠는가?

사고 및 탐구 문제

1. 이른 아침 산속의 시냇가에서 낚시를 하고 있다고 가정하자. 이때 바람은 산 위로 불겠는가, 아니면 산 아래로 불겠는가? 설명하라.
2. 남극에서 고원의 바람이 가파른 해안가의 골짜기 바람보다 약하게 부는 이유는 무엇인가?
3. 편서풍의 한대전선 제트류가 편동풍의 제트류로 바뀌려면 어떤 대기의 조건이 바뀌어야 하는가?
4. 눈 폭풍 이후에 와이오밍주 사이엔 지역에서는 48 cm의 적설이 있었다. 하지만 주변 교외 지역에는 28 cm의 적설이 나타났다. 만일 폭풍의 강도나 지속시간이 사이엔 반경 50 km에서 똑같았다면 왜 사이엔 지역이 더 많은 적설이 있었는지 설명해보라.
5. 우리나라 여름철의 주풍은 남동풍이다. 이러한 사실로 볼 때 서해안과 동해안 중 어느 곳에 더 강한 해풍이 불겠는가? 또한, 육풍은 어디가 더 강한가?
6. 빙산은 왜 바람 방향의 직각으로 이동하는가?
7. 조종사들이 제트류의 바로 위나 아래보다는 그 중심으로 비행하는 것을 선호하는 이유 두 가지를 들라.

8. 북인도양의 주요 해류가 여름철과 겨울철에 방향이 바뀌는 이유는 무엇인가?

9. 북부 캘리포니아 연안의 해수면 온도가 여름철보다 겨울철에 더 따뜻한 이유를 설명하라.

10. 코리올리힘은 북반구의 해류를 오른쪽으로 이동하게 하고 남반구에서는 왼쪽으로 이동하게 한다. 그렇다면 왜 용승류가 양반구의 대륙 서안에서 일어나는 것인가?

8장

기단, 전선 및 중위도 저기압

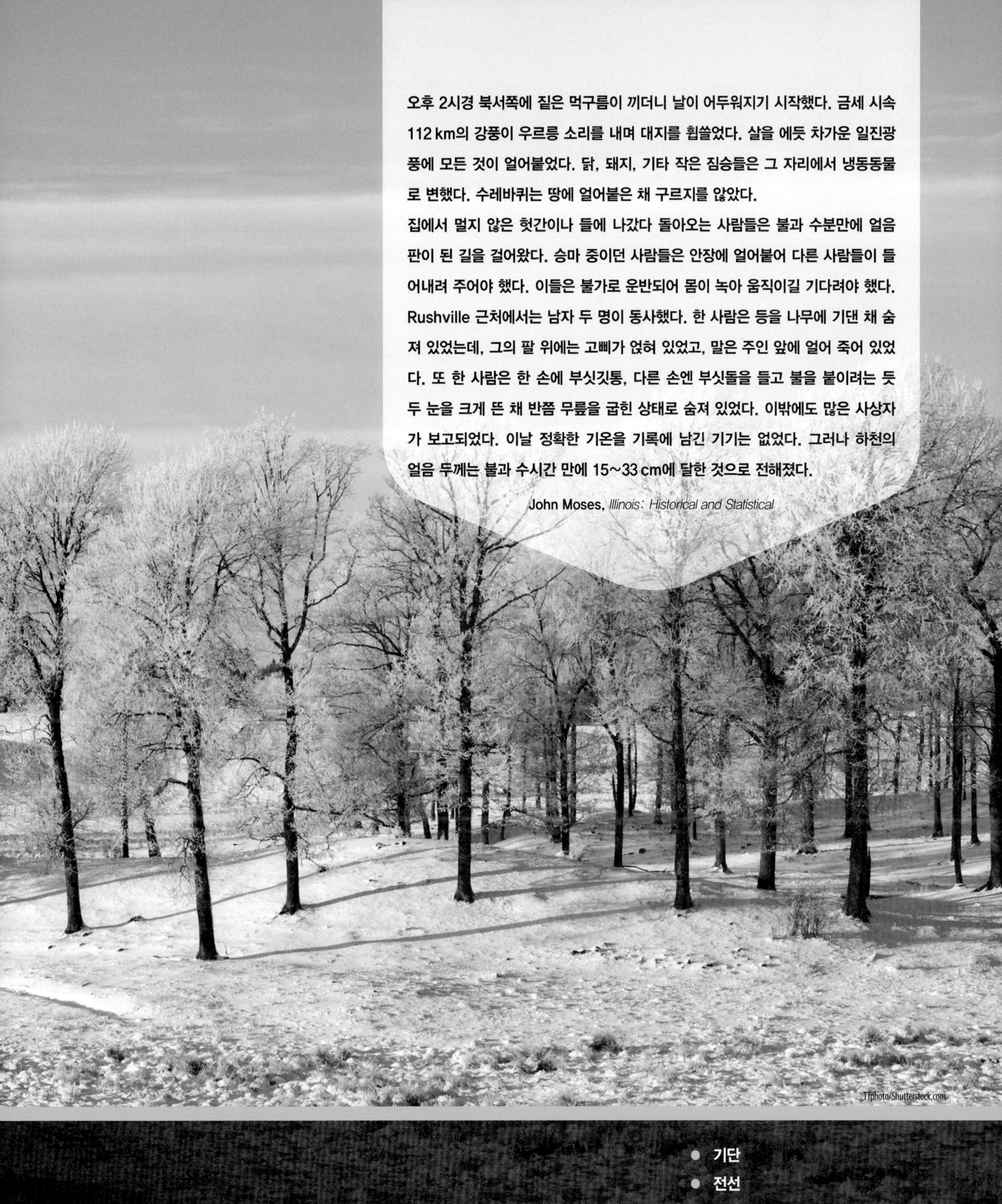

오후 2시경 북서쪽에 짙은 먹구름이 끼더니 날이 어두워지기 시작했다. 금세 시속 112 km의 강풍이 우르릉 소리를 내며 대지를 휩쓸었다. 살을 에듯 차가운 일진광풍에 모든 것이 얼어붙었다. 닭, 돼지, 기타 작은 짐승들은 그 자리에서 냉동동물로 변했다. 수레바퀴는 땅에 얼어붙은 채 구르지를 않았다.
집에서 멀지 않은 헛간이나 들에 나갔다 돌아오는 사람들은 불과 수분만에 얼음판이 된 길을 걸어왔다. 승마 중이던 사람들은 안장에 얼어붙어 다른 사람들이 들어내려 주어야 했다. 이들은 불가로 운반되어 몸이 녹아 움직이길 기다려야 했다. Rushville 근처에서는 남자 두 명이 동사했다. 한 사람은 등을 나무에 기댄 채 숨져 있었는데, 그의 팔 위에는 고삐가 얹혀 있었고, 말은 주인 앞에 얼어 죽어 있었다. 또 한 사람은 한 손에 부싯깃통, 다른 손엔 부싯돌을 들고 불을 붙이려는 듯 두 눈을 크게 뜬 채 반쯤 무릎을 굽힌 상태로 숨져 있었다. 이밖에도 많은 사상자가 보고되었다. 이날 정확한 기온을 기록에 남긴 기기는 없었다. 그러나 하천의 얼음 두께는 불과 수시간 만에 15~33 cm에 달한 것으로 전해졌다.

John Moses, *Illinois: Historical and Statistical*

TTphoto/Shutterstock.com

- 기단
- 전선
- 중위도 저기압

앞에 소개한 글은 1836년 12월 21일 미국 일리노이 주를 엄습한 한랭전선이 남긴 피해 상황을 상술하고 있다. 믿을 만한 기록은 없으나 이 한랭전선이 휩쓸었을 때 기온은 사람이 상쾌하게 느낄 정도의 8°C 부근에서 순식간에 영하 18°C로 곤두박질친 것으로 추산된다. 이 정도의 기온 변화 폭은 한랭전선에 동반하는 변화 폭으로서도 상당히 드문 사례이다.

이 장에서는 한랭전선 및 온난전선과 관련한 전형적인 일기를 검토해 보기로 한다. 한랭전선은 왜 통상 소나기를 동반하는가? 겨울철에 온난전선이 광범한 지역에 걸쳐 어는 비와 진눈깨비를 형성할 수 있는 것은 어떤 이치인가? 구름을 관측함으로써 어떻게 온난전선의 접근을 예측할 수 있는가? 기상전선이 어떻게 중위도 저기압 폭풍의 한 부분이 될 수 있는가? 이러한 의문들을 하나하나 풀어나가기로 한다. 그러나 전선과 폭풍의 이해를 돕기 위해 우선 기단에 대해 알아볼 것이다. 기단이 어디에 어떻게 형성되는지, 그리고 기단과 관련한 일기 유형은 어떠한지 알아보자.

기단

기단(air mass)이란 주어진 고도에서 온도, 습도 등 그 성질이 수평적으로 비슷한 거대한 공기덩이를 일컫는다. 기단이 차지하는 면적은 수천 km²에 달한다.

기단의 발원지 기단이 최초로 형성되기 시작하는 곳을 **발원지**(source region)라고 한다. 거대한 기단이 일정한 특성을 갖추려면 발원지가 대체로 평탄한 곳, 균일한 조성, 약한 지상풍 등의 요건을 구비해야 한다. 기단은 발원지 상공에 오래 정체해 있을수록 지상의 특성을 전달받게 된다. 따라서 이상적인 발원지는 통상 고기압권에 위치한 곳이다. 눈과 얼음이 덮인 겨울철의 북극 평원과 여름철의 아열대 해양 및 사막지대가 좋은 발원지이다. 지상기온과 습도에 상당한 변화가 있는 중위도 지역은 적합하지 않다. 중위도 지역은 각기 다른 물리적 특성을 지닌 기단들이 진입해 서로 충돌하고 여러 가지 흥미로운 기상활동을 형성하는 전선(front)이 존재하는 지역인 것이다.

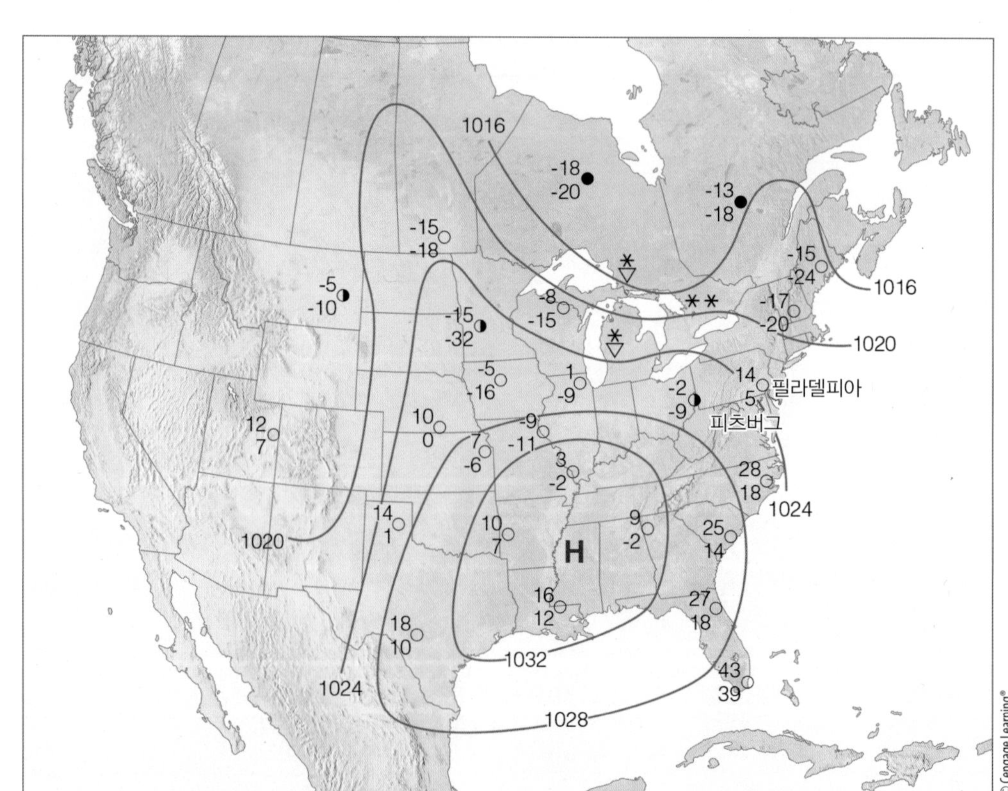

그림 8.1 ● 거대하고 극도로 찬 기단이 미국 대부분 지역을 덮고 있다. 대부분의 도시들에서 공기는 차고 건조하다. 위쪽 수치는 기온(°F); 아래쪽 수치는 이슬점온도(°F)이다.

▼ 표 8.1 기단의 분류 및 특성

발원지	북극(A)	한대(P)	열대(T)
대륙(c)	cA	cP	cT
	혹한, 건조, 안정 지표는 빙설로 덮여 있음	한랭, 건조, 안정	고온, 건조, 안정(상공) 불안정(지상)
해양(m)		mP	mT
		서늘, 습윤, 불안정	온난, 습윤, 불안정

기단의 분류 기단은 주로 수평적으로 균일한 성질을 갖는 기온과 습도에 의해 분류된다. 한랭 혹은 온난기단과 습윤 혹은 건조한 기단 등이 한 예이다. 일반적으로 기단의 대분류는 5가지로 나눌 수 있다(표 8.1 참조). 한랭한 한대지방에서 발원하는 기단은 대문자 'P'(한대, polar)를, 열대지방에서 발원하는 기단은 대문자 'T'(열대, tropical)를 사용하여 표시한다. 또한, 대륙에서 발원하는 기단은 건조하며 소문자 'c'(대륙, continental)를 사용하여 나타내고, 대문자 P나 T 앞에 표시한다. 기단이 해양에서 발원하는 경우 습하므로 소문자 'm'(해양, maritime)을 사용하여 역시 대문자 P나 T 앞에 표시한다. 위의 분류를 조합하면 한대지방의 대륙에서 발원하는 기단은 일기도에 cP(대륙성 한대기단)로 나타낼 수 있고, 열대지방의 해양에서 발원하는 기단은 mT(해양성 열대기단)로 표시할 수 있다. 겨울철 북극에서 발원하는 공기는 매우 한랭하여 cA(대륙성 북극기단)로 분류한다. 북극기단과 한대기단은 간혹 구별하기가 어려운 경우도 있는데, 특히 북극기단이 비교적 따뜻한 지표 위로 이동해 올 경우 더욱 그러하다.

기단은 발원지에 잠시 정체하다가 상층의 바람에 의해 이동하기 시작한다. 발원지를 떠나 이동하는 기단은 자신보다 더 따뜻하거나 찬 지면과 만나게 된다. 기단의 하부가 지면보다 더 찬 경우 기단 하부는 따뜻해져 하층이 불안정해진다. 이러한 경우, 지면 부근의 대류와 난류 혼합의 증가로 시정의 향상, 적운 형성, 소낙비나 소낙눈 등이 내린다. 반면에, 기단이 지면보다 더 따뜻한 경우 기단 하부는 지면과의 접촉으로 냉각된다. 위는 따뜻하고 아래가 찬 공기는 연직 혼합이 없으므로 안정한 대기를 형성한다. 이러한 대기 상태는 먼지, 연기, 오염물질 등을 축적시켜 지면 부근의 시정을 악화시킨다. 공기가 습할 경우, 이슬비나 안개를 동반한 층운이 발생할 수 있다.

우리나라 부근의 기단 우리나라 부근에 위치하며 우리나라에 영향을 미치는 기단은 8.2와 같다.

시베리아 기단은 대륙성 한대기단(cP)으로 한랭건조한 시베리아 대륙에서 발생하기 때문에 한랭건조한 특성을 갖고 있으며 겨울철 우리나라 날씨에 영향을 미치고 있다. 이 기단이 내습하면 우리나라 날씨는 강한 북서풍이 불고 전반적으로 추위가 맹위를 떨치게 되어 전국이 영하권으로 떨어지며, 이 기단의 성장과 쇠약에 의해 7일을 주기로 삼한사온 현상이 나타나기도 한다. 삼한사온은 동북아 지역의 기후 특성이었으나 근년에 지구 온난화로 이

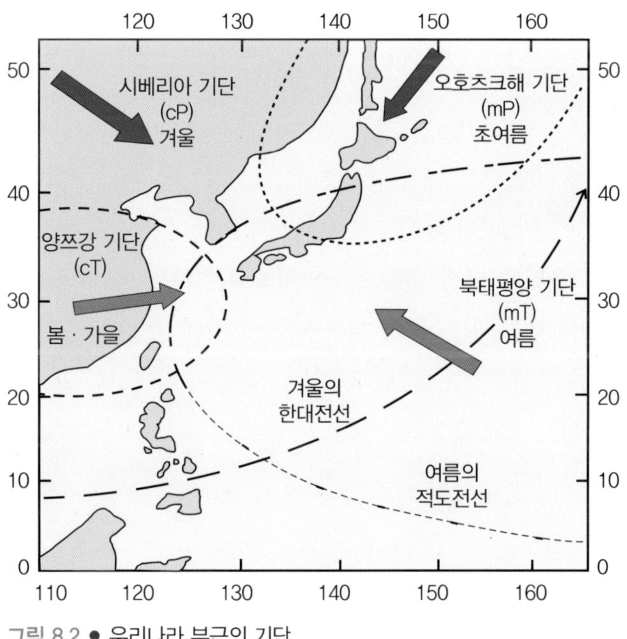

그림 8.2 ● 우리나라 부근의 기단.

▼ 표 8.2 우리나라 부근의 기단

명칭	기호	발원지	발달시기	특성
시베리아 기단 (대륙성 한대기단)	cP	시베리아 대륙	주로 겨울	한랭건조하다. 겨울의 혹한을 일으키고 겨울 계절풍과 더불어 삼한사온 현상을 일으킨다.
오호츠크해 기단 (해양성 한대기단)	mP	오호츠크해	주로 장마기	한랭다습하다. 동해안 지역을 흐리게 하고 비를 내리게 한다.
북태평양 기단 (해양성 열대기단)	mT	북태평양	주로 여름	고온다습하다. 여름철 더위, 폭염을 가져온다. 적운, 적란운을 발생시킨다.
양쯔강 기단 (대륙성 열대기단)	cT	양쯔강 이남 지역	봄과 가을	온난건조하다. 이동성 고기압과 함께 동진해 와서 따뜻하고 건조한 일기를 나타낸다.

현상은 그리 뚜렷하지 않다. 시베리아 기단은 서해상을 통과할 때 불안정해져 서해안 지역에 많은 강설을 내리기도 한다.

봄철이 됨에 따라 우리나라는 양쯔강 부근에서 발달한 대륙성 열대기간(cT)인 양쯔강 기단의 영향을 받게 되는데 이 기단은 비교적 규모도 작고 이동 속도도 빠르며, 저기압의 통과와 더불어 급격한 날씨의 변화를 나타낸다. 이 기단은 겨울철의 날씨도 좌우하고 있다. 한편, 초여름의 장마기에는 해양성 한대기단(mP)인 오호츠크해 기단의 영향을 받는데 우리나라의 장마는 오호츠크해 기단과 북태평양 기단이 서로 만난 불연속선, 즉 한대전선의 일종인 장마전선에서 나타나는 현상이다. 장마가 지나면서 본격적인 더운 날씨는 북태평양에서 발달한 고온다습한 해양성 열대기단(mT), 즉 북태평양 기단의 영향을 받기 때문이며 이때 남풍 내지 남서풍이 불고 최고기온이 나타나게 된다. 우리나라는 겨울철 시베리아 기단의 영향과 여름철 북태평양 기단의 영향으로 탁월풍이 변하는 몬순 현상이 나타나며 동일 위도의 다른 지역에 비해 겨울은 춥고 여름은 무더운 기온의 연교차가 큰 특성이 나타난다(표 8.2 참조).

요점 복습

지금까지 다룬 주요 개념 및 사실을 정리해 보자.

- 기단은 온도와 습도 등 공기의 특성이 수평적으로 매우 균일한 거대한 공기의 덩어리이다.
- 기단의 발원지는 대체로 지표면이 평평하고 비슷한 조성을 하고 있으며, 지상고기압이 지배하는 바람이 약한 권역에 위치하는 경향이 있다.
- 대륙기단은 대륙의 지표 위에서 발생하며, 해양기단은 해수면 위에서 발생한다. 한대기단은 한대지방의 한랭지역에서 발원하며 매우 한랭한 북극기단은 북극지방에서 형성된다. 열대기단은 더운 열대지방에서 발원한다.
- 대륙성 한대(cP)기단은 차고 건조하며 대륙성 북극(cA)기단은 극도로 한냉하고 건조하다. 겨울철 우리나라에 내습하는 한파는 시베리아에서 발원한 cP기단이며, 북아메리카를 통과하면서 겨울철 혹한을 유발하는 기단은 대륙성 북극기단이다.
- 대륙성 열대(cT)기단은 덥고 건조하며 우리나라는 봄철 중국 양쯔강 유역에서 발원하며, 여름철 미국 서반부에 열파를 발생시키는 원인이다.
- 해양성 한대(mP)기단은 차갑고 습하며 우리나라 부근의 오호츠크해에서 발원하여 장마철 날씨를 좌우한다. 북미 대륙에서 이 기단이 북미 북동부 해안을 따라 추위와 녹녹함, 그리고 때로는 습윤한 날씨와 북아메리카 서해안을 따라 춥고 비 내리는 겨울 날씨를 일으키는 원인이다.
- 해양성 열대(mT)기단은 무덥고 습하며 여름철 우리나라에 무더위를 초래하는 기단은 북태평양에서 발원한다. 북대서양에서 발원한 mT기단은 미국 동반부에 자주 만연하는 무덥고 후덥지근한 날씨를 발생시키는 원인이다.

호수효과와 강설

겨울철 미국 중서부의 오대호 동쪽 연안에 사는 사람들은 맑고 한랭한 cP(혹은 cA) 공기의 내습으로 인한 소낙성 폭설을 염두에 두고 지낸다. 오대호의 풍하측에 내리는 이러한 폭설을 일컬어 호수효과 강설이라 한다. (호수가 강설량을 크게 증가시키기 때문에 호수증진 강설이라고 부르기도 하며, 특히 한랭전선이나 중위도 저기압을 동반한 강설의 경우가 여기에 해당한다.) 이러한 저기압은 지역적으로 매우 국한되어 수 km에서 100 km 정도의 내륙에만 영향을 미친다. 눈은 한정된 지역에 소낙성으로 혹은 스콜처럼 내린다. 일례로 도시의 일부 지역은 수십 cm의 폭설이 내리는 반면, 다른 지역은 전혀 강설이 없을 정도로 집중되어 내린다.

호수효과 강설은 11~1월 사이에 가장 자주 발생한다. 이 시기에는 한랭한 공기가 비교적 따뜻하고 아직 덜 언 호수 위로 이동한다. 수면과 공기의 온도차는 크게 25°C (77°F) 정도의 차이를 보이기도 한다. 연구에 의하면, 온도차가 크면 클수록 소낙성 폭설의 가능성도 증가하는 것으로 나타났다. 그림 1에서 보는 것처럼, 한랭한 공기가 따뜻한 수면 위를 이동하면서 기단의 하부가 온난해져 부력이 증가하고 불안정해진다. 공기는 급속히 습기를 머금어 금방 포화된다. 수면 위의 수증기는 응결되어 김 안개를 형성한다. 공기는 계속해서 따뜻해지고, 상승하여 소용돌이치는 적운을 형성하고 대기는 더욱 불안정해져서 구름이 계속 커진다. 궁극적으로 이들 구름이 소낙성 폭설을 만들어 호수를 마치 눈을 만드는 공장으로 둔갑시킨다. 공기와 구름이 호수의 풍하측 연안에 도달하면 작은 언덕과 지면 마찰에 의한 수렴으로 더욱 상승하게 된다. 겨울철 막바지에는 수면과 공기의 온도차가 줄어들고 호수도 많이 얼어붙어 호수효과 강설의 빈도나 강도가 줄어들게 된다.

일반적으로, 기단이 수면 위를 지나는 경로가 길면 길수록 호수로부터 기온과 습기를 더욱 많이 얻게 되어 소낙성 폭설이 내릴 가능성도 증가한다. 그 결과, 호수효과 강설량의 예측은 공기가 수면 위를 지나는 궤적에 크게 의존한다. 호수효과 강설의 영향을 크게 받는 지역이 그림 2에 표시되어 있다.

한랭한 공기가 계속 동쪽으로 이동하면서 소낙성 폭설은 차차 줄어든다. 그렇지만 미국 애팔래치아 산맥의 서쪽 사면으로는 공기가 다시 상승하여 소낙성 강수가 증진되는 경우가 있다. 수증기의 응결로 인한 잠열 방출은 기온을 상승시키고 산맥의 동쪽 사면을 따라 공기가 하강하면서 단열 압축에 의한 승온이 일어난다. 눈은 그치게 되고, 이 공기가 필라델피아, 뉴욕, 보스턴 등에 이르면 산맥 반대편에 내리는 폭설의 흔적은 찾을 수 없고 뭉게구름이 흘러가는 것만 보인다.

호수효과(혹은 증진) 강설은 오대호 연안으로 한정된 것만은 아니다. 사실, 겨울철에 얼지 않는 큰 호수들(유타주의 솔트레이크 호수처럼)은 얼마든지 강설량을 증가시킬 수 있다. 더욱이 한랭한 공기가 따뜻한 바다 위를 이동하여 육지에 도달, 상승하면 호수효과 강설과 같은 눈이 형성된다. 겨울철 우리나라 영동 지방이나 호남의 서해안 지방 등도 이러한 해수효과 강설의 영향을 흔히 받는다.

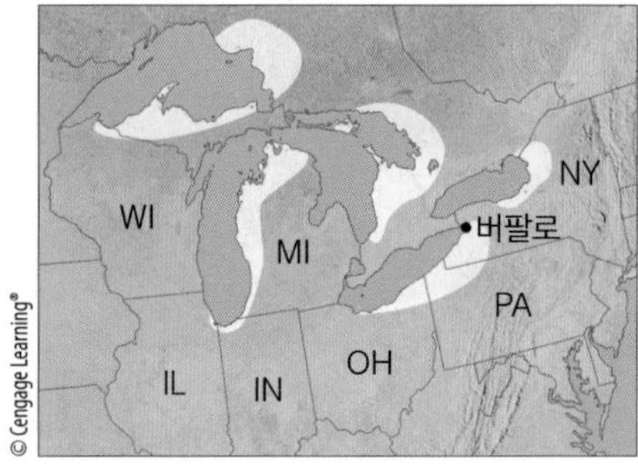

그림 2 ● 호수효과 강설이 집중되는 지역이 흰색으로 표시되어 있다.

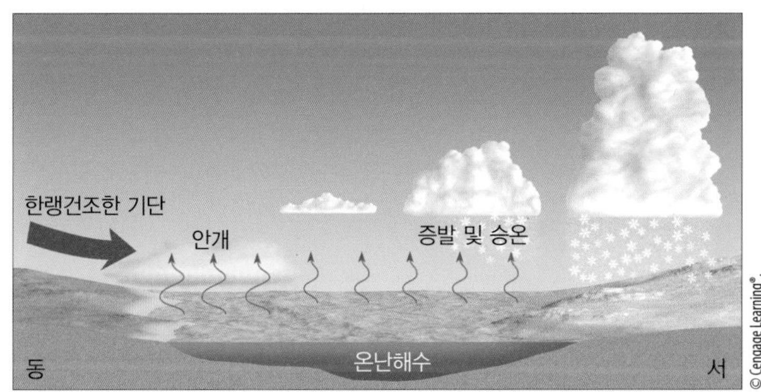

그림 1 ● 호수효과 강설의 형성. 한랭건조한 공기가 호수 위를 지나는 동안 따뜻해지고 습도가 증가한다. 이렇게 부력을 얻은 공기는 상승하여 구름을 형성하고 풍하측의 호수 연안에 많은 눈을 내린다.

전선

1장에서 간단히 서술한 전선을 여기서는 깊이 있게 다루게 되며, 이는 일기예보에 도움을 줄 것이다. 전선의 일반적 특성, 즉 전선이 어떻게 이동하며 그와 관련한 기상 패턴 등은 무엇인지 알아보자.

전선(front)은 밀도가 각기 다른 두 기단 사이의 전이대이다. 밀도의 차를 일으키는 가장 큰 요인은 기온차이므로 전선은 보통 대조적인 기온으로 두 기단을 분리한다. 습도차로 기단들을 분리할 때도 있다. 기단은 수평 및 연직 양면으로 발달할 수 있기 때문에 위로 확장하는 전선을 **전선면** 또는 **전선대**라고 한다.

그림 8.3은 한대전선과 북극전선이 연지 분포를 보여준다. 한대전선의 경계는 연직으로 5 km 이상 확장하고 남쪽의 온난습윤한 공기와 북쪽의 한랭한 공기를 분리시킨다. 북극전선은 한랭한 공기를 매우 한랭한 북극의 공기로부터 구분하는 경계이며 한대전선보다 두께가 훨씬 얇아 고도 약 1~2 km 정도까지만 미친다. 다음의 여러 단락에서 2차원 일기도를 가지고 전선을 분석하더라도 전선은 항상 수평과 연직 분포를 지닌다는 사실을 명심하기 바란다.

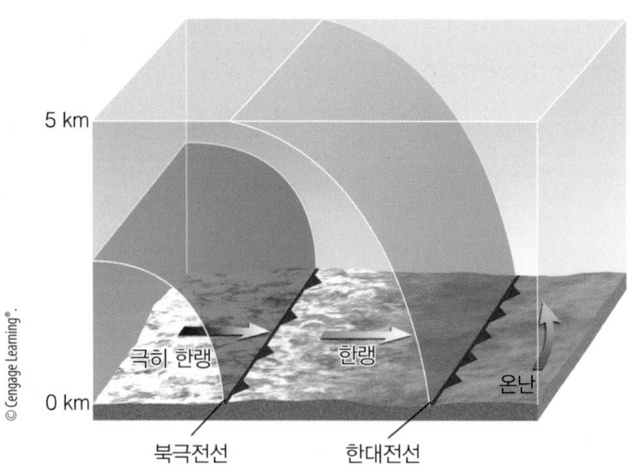

그림 8.3 ● 한대전선은 지상과 상공에서 온난공기와 한랭공기를 분리하는 경계를 표시한다. 더욱 얕은 북극전선은 극히 한랭한 공기와 한랭공기를 분리한다.

그림 8.4는 4개의 전선을 설명해 주는 단순화된 일기도이다. 지도상에서 우리가 서쪽으로부터 동쪽으로 이동할 때 전선들은 다음 순서대로 나타난다. 점 A와 점 B 사이의 정체전선, 점 B와 점 C 사이의 한랭전선, 점 C와 점 D 사이의 온난전선, 점 C와 L 사이의 폐색전선. 이제 이들 각 전선의 특성을 검토해 보자.

정체전선 **정체전선**(stationary front)은 본질적으로 움직임이 없는 상태이다.[1] 일기도에서 빨간색 선과 파란색 선으로 번갈아 표시된 것이 정체전선이다. 점 A와 B 사이의 정체전선은 밀도가 큰 한랭 cP기단이 남북으로 뻗은 로키산맥과 충돌하는 경계선이다. 이 장벽을 넘을 수 없게 된 한랭대기는 cP기단과 서쪽의 비교적 온화한 mP기단을 분리하는 선을 따라 그려져 있다. 이때 지상풍은 전선과 평행하게, 그러나 전선의 양쪽에서 반대 방향으로 분다.

이 전선 주변의 일기는 맑거나 부분적으로 구름이 끼고 전선 서쪽보다는 동쪽의 기온이 훨씬 낮게 나타난다. 2개의 기단은 모두 건조하므로 강우를 동반하지 않는다. 그러나 예외도 있다. 찬 공기 상층에 따뜻한 습윤공기가 얹혀 있을 경우에는 광범위한 지역에 구름이 끼고 가벼운 강수가 일어날 수 있다. 이런 조건은 동서로 형성되는 정체전선의 북쪽에서 일어날 수 있다.

그림 8.4에서처럼 정체전선 서쪽의 상대적으로 따뜻한 공기가 움직이기 시작해 동쪽의 찬 공기를 교체하게 되면 정체전선은 온난전선으로 바뀌게 된다. 그러나 반대로 상대적으로 찬 공기가 산을 넘어 서쪽의 따뜻한 공기를 교체할 경우 정체전선은 한랭전선이 된다.

한랭전선 그림에서 점 B와 C 사이의 **한랭전선**(cold front)은 한랭, 건조, 안정한 한대공기가 온난, 습윤, 불안정한 아열대 공기를 교체하는 경계를 말한다. 삼각형이 연쇄적으로 붙어 있는 굵은 곡선이 한랭전선이며, 삼각형

1 때때로 준정체전선이라고도 한다. 조금씩 움직이기 때문이다.

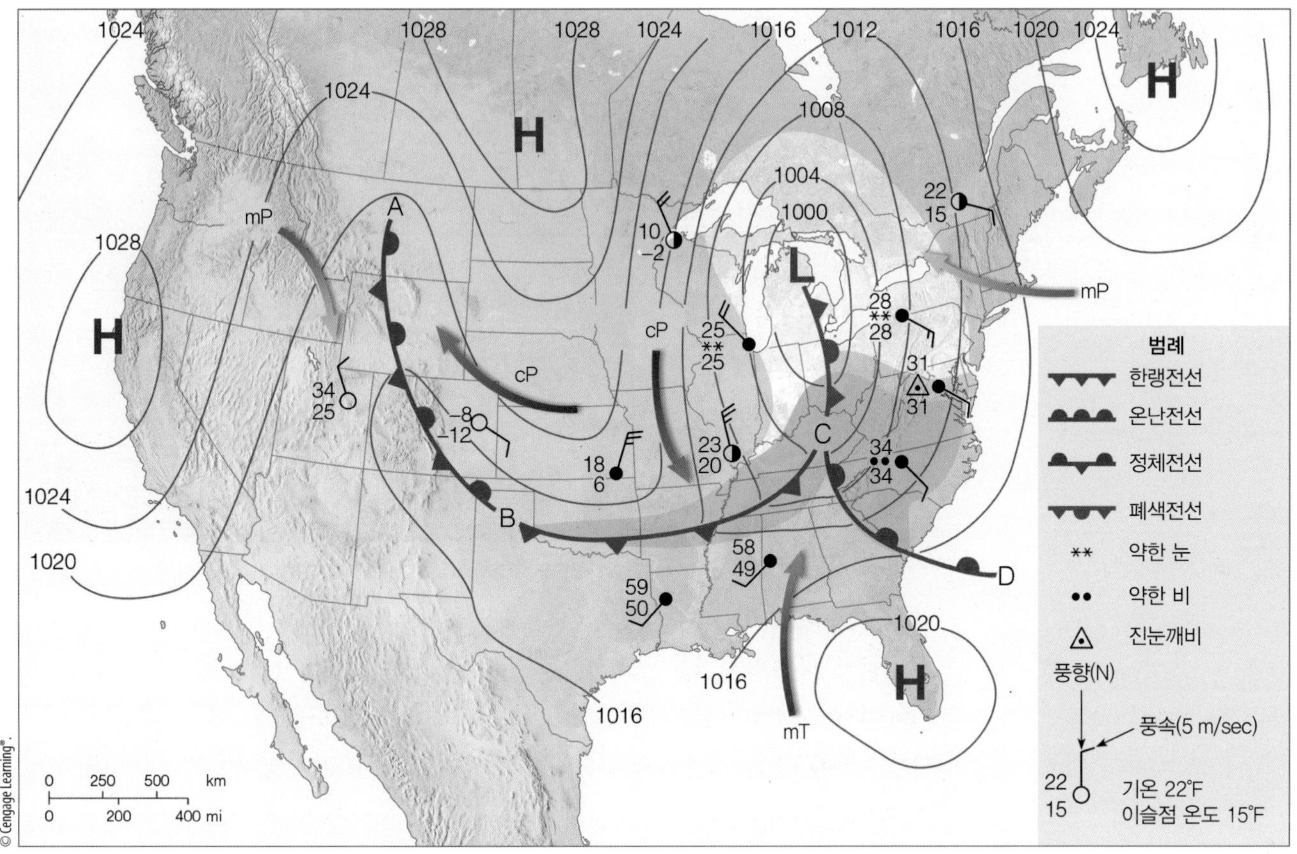

그림 8.4 ● 지상기압계, 기단, 전선 및 등압선을 보여 주는 단순 일기도, 초록색으로 칠한 부분은 강수지역이다.

의 정점은 전선이 이동하는 방향을 표시한다. 기상학자들은 어떻게 그 위치를 그릴까?

한랭전선 부근의 일기 상황은 그림 8.5에 나타난다. 일기도에 기입된 데이터는 선정된 도시의 현재 일기이다. 그림에서 기온, 이슬점 온도, 현재 일기, 운량, 해면기압, 풍향 및 풍속은 간소화된 기입 모형에 따라 표현되었다. 그림 오른쪽 아랫부분에서 각 관측소 오른쪽의 작은 선은 기압의 상승(╱) 또는 하강(╲)을 가늠하는 **기압 경향**을 보여 준다. 부록 C에 일기 기호 및 기입 모형을 자세히 수록하였다.

지상 일기도에 전선의 위치를 표시하려면 다음 기준을 고려해야 한다.

1. 비교적 단거리상에서의 급격한 기온 변화
2. 이슬점 온도의 현저한 변화로 표시되는 대기 중 수증기량의 변화
3. 풍향의 변화
4. 기압과 기압 변화
5. 구름과 강수 패턴

그림 8.5를 보면 전선 양편의 기온과 이슬점 온도에 큰 차이가 있음을 알 수 있다. 이 그림을 보면 전선 앞쪽에서는 남서풍이 불고 전선 뒤에서는 북서풍이 부는 것을 알 수 있다. 등압선들은 한결같이 전선을 넘을 때 굴절하여 기다랗게 저기압골(**기압골**)을 형성함으로써 바람의 변화를 일으킨다. 지상풍은 원래 고기압 쪽에서 등압선을 넘어 저기압 쪽으로 불기 때문에 전선 앞에서는 남쪽에서 바람이 불고 전선 뒤에서는 북쪽에서 바람이 부는 것이다.

한랭전선은 저기압골이기 때문에 전선의 위치를 알아내는 데 기압의 현저한 변화가 크게 기여한다. 전선에 다가갈수록 기압은 낮아지며, 전선에서 멀어질수록 기압은

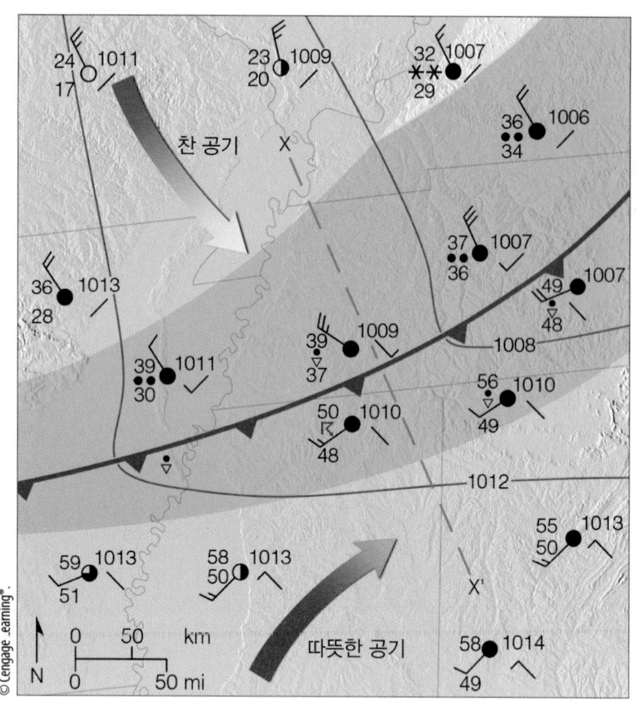

그림 8.5 ● 미국 남부에 위치한 한랭전선에 동반된 일기 상황을 자세히 보여 주는 일기도(회색선–등압선, 초록색–강우지역, 흰색–강설지역을 나타낸다).

높아진다.

그림 8.5의 한랭전선을 따라 강수 패턴을 도플러 레이더 영상으로 보면 그림 8.6과 같이 나타날 것이다. 강우강도가 약에서 보통인 비(초록색)는 전선을 따라 넓게 분포한 반면, 강한 비(노란색)는 전선상에만 보인다. 뇌우(빨간색)는 전선의 일부 지역에만 국한되어 있다.

그림 8.5의 X–X′선을 따라 전선의 측면을 확인해 보면 강수와 구름의 분포를 더 자세히 볼 수 있다. 그림 8.7에서 X–X′선을 따라 전선을 단면으로 보면, 이 전선에서 밀도가 큰 한랭공기는 온난공기 밑으로 파고들어가 온난공기를 위쪽으로 밀어 올린다. 불안정한 습윤공기는 상승하면서 응결하여 일련의 적운을 형성한다. 이때 강한 상층 서풍이 적란운 꼭대기 부근에 형성된 작은 빙정들을 권층운(Cs)과 권운(Ci)에 불어넣는다. 이러한 구름은 한랭전선이 다가오고 있음을 일찌감치 알려주는 전조이다. 전선 자체는 비교적 좁은 뇌우(Cb)대로서 강한 소나기와 돌풍을 일으킨다. 전선 뒤에서는 공기가 급격히 냉각된다. 바람은 남서풍에서 북서풍으로 변하고, 기압은 상

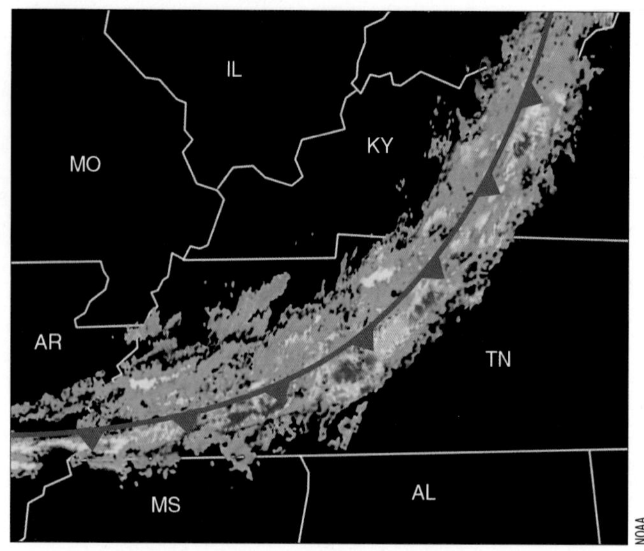

그림 8.6 ● 한랭전선을 따라 강수 분포를 나타낸 도플러 레이더 영상.

승하며 강수는 그친다. 공기가 건조해지면서 하늘은 미처 사라지지 못한 약간의 적운을 빼고는 맑게 갠다.

전선의 앞면은 지상 부근의 공기흐름을 느리게 하는 마찰력 때문에 경사가 급하다. 그러나 상공의 대기가 전진하면서 전선면을 무디게 한다. 전선이 지면과 닿은 곳에서 한랭전선 뒤로 걸어간다면 전선의 거리는 50 km, 높이는 1 km에 달할 것이다. 그러므로 전선의 기울기는 1:50이 된다. 이것이 빠른 속도(약 45 km/hr)로 이동하는 한랭전선의 전형적인 기울기이다. 서서히 이동하는 한랭전선은 그만큼 경사도 작다. 한랭전선이 서서히 이동할 때 전선 뒤 광범위한 지역에 구름과 강수가 형성되는 것이 보통이다. 상승하는 온난공기가 안정할 때도 난층운과 같은 층운형 구름이 주류를 형성하며 강우지역에 안개가 발달할 수도 있다. 경우에 따라서는 급속히 이동하는 전선을 따라 **스콜선**이라 하는 활성 소나기와 뇌우가 다가오는 전선과 평행으로 또는 선행하여 발달하기도 한다.

지금까지 '전형적인' 한랭전선의 일반적 기상 패턴을 고찰해 보았다. 예를 들어, 상승 온난공기가 건조하고 안정상태에 있을 때는 산발적인 구름이 전부이고 강수는 없다. 극도로 건조한 날씨에는 이슬점 온도의 현저한 변화와 약간의 바람 변화만이 전선 통과의 유일한 실마리가 된다. 게다가 지형적 특성은 통상 바람의 패턴을 크게 왜

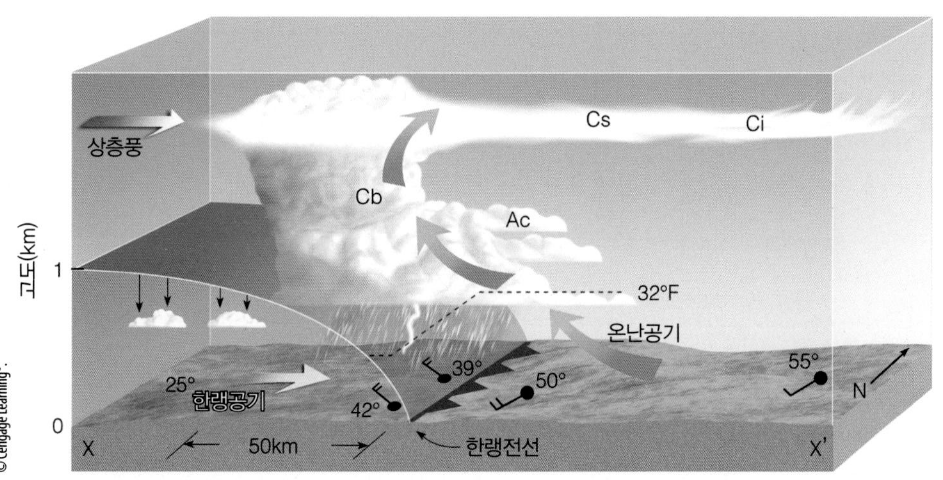

그림 8.7 ● 그림 8.16의 X–X′ 선을 따라 본 한랭전선 전 · 후면의 일기.

▼ 표 8.3 한랭전선에 동반되는 전형적 기상 상태

기상요소	통과 전	통과 시	통과 후
바람	남풍 또는 남서풍	돌풍	서풍 또는 북서풍
기온	온난	갑자기 하강	서서히 하강
기압	서서히 하강	갑자기 상승	서서히 상승
구름	Ci, Cs 증가 후 탑상적운 또는 적란운	탑상적운 또는 적란운	가끔 적운, 지면이 온난할 때는 층적운
강수	단기간 소나기	강한 소나기 또는 소낙눈, 가끔 우박, 천둥, 번개 동반	소나기 강도 약화 후 맑음
시정	중~악화(박무)	악화 후 회복	양호
이슬점 온도	일정	급하강	하강

곡하기 때문에 전선의 위치와 통과시간을 측정하기란 극히 어렵다. 표 8.3은 전형적인 한랭전선 일기를 요약해 보여주고 있다.

온난전선 그림 8.4에서 **온난전선**(warm front)은 점 C에서 D를 잇는 굵은 선을 따라 형성되어 있다. 멕시코만에서 다가온 온난습윤 아열대 대기의 전면이 북대서양에서 온 한랭한 대륙성 한대 대기를 이곳에서 만난다. 전선의 이동 방향은 한랭공기 쪽을 향한 반원형으로 표시되어 있다. 이 전선은 북동쪽으로 향하고 있다. 온난전선의 평균 속도는 약 20 km/hr로 평균 한랭전선 속도의 절반 정도이다. 낮에는 전선 전후에서 대기의 혼합이 발생하므로 전선의 속도가 훨씬 빠르다. 온난전선은 종종 빠른 속도로 점프하면서 이동하기도 한다. 그러나 밤에는 복사냉각으로 전선 뒤에 밀도가 큰 한랭 지상공기가 형성된다. 이 때문에 대기의 상승과 전선의 전진이 저지된다. 온난전선의 앞면이 관측소를 통과할 때 바람이 변하고, 기온은 상승하며 전반적인 기상조건은 나아진다. 그 이유를 알아보기 위해 온난전선과 관련한 지상과 상공의 기상조건을 검토해 본다.

그림 8.8을 자세히 보면 비교적 밀도가 작고 온난한 공기는 상승하여 비교적 밀도가 크고 한랭한 지상공기 위에 자리 잡는 것을 알 수 있다. 이처럼 한랭공기 위로 온난공기가 상승하는 것을 **활승**(overrunning)이라 하며, 이 같은 상황은 온난전선의 지면 경계가 다가오기 훨씬 전 구름과 강수를 일으킨다. 2개의 기단을 갈라놓는 온난전선은 약 1 : 300의 평균경사를 이루는데, 이는 전형적 한랭전선의 경사보다 훨씬 완만한 것이다.

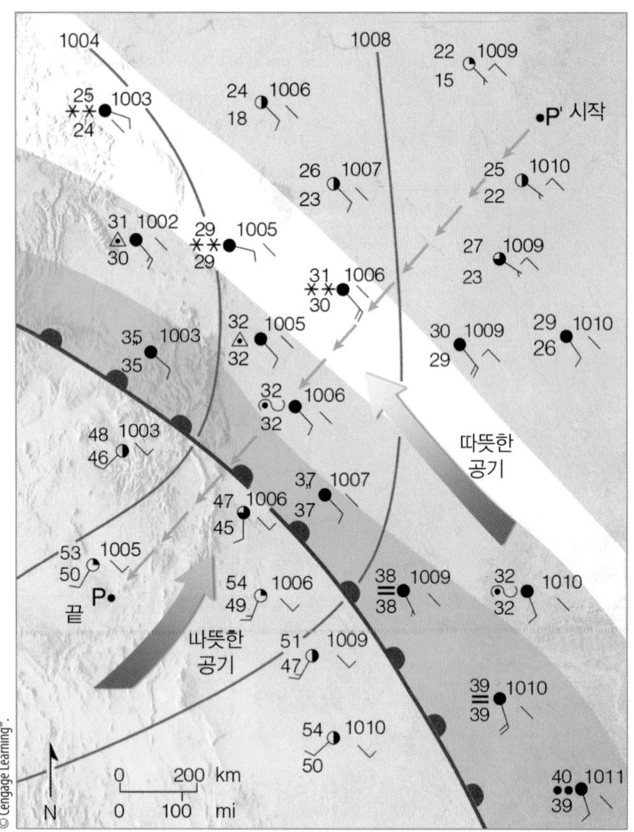

그림 8.8 ● 전형적인 온난전선과 관련된 지상 일기도. 초록색으로 칠한 부분은 강수지역, 분홍색은 어는 비와 진눈깨비, 그리고 흰색은 강설지역을 나타낸다.

그림 8.8과 그림 8.9에서 P′로 표시된 위치에 서 있다고 가정해 보자. 그렇다면 그 위치는 지상전선보다 1,200 km 이상 앞서 있는 곳이다. 이곳의 지상풍은 약하고 가변적이다. 대기는 차고 온난전선의 전진을 시사하는 유일한 조짐은 높이 뜬 권운이다. 이는 전선이 서서히 다가오고 있음을 말해 주며, 그로부터 하루 이틀 안에 전선이 이곳을 통과할 것이다. 전선이 다가오기를 기다리는 대신 그 전선 쪽으로 차를 타고 이동하면서 일기를 관측한다고 가정해 보자.

전선 쪽으로 이동하면서 권운(Ci)이 서서히 두꺼워져 흰색의 얇은 권층운(Cs)을 형성하며, 이때 빙정들이 태양 둘레에 무리를 형성하는 것을 목격할 수 있을 것이다. 구름은 어느덧 두꺼워지고 낮아져 고적운(Ac)과 고층운(As)으로 변하며, 이때 태양은 회색 구름으로 덮인 하늘에서 희미한 점으로 보일 뿐이다. 눈송이가 내리기 시작할 즈음 운전자의 위치는 아직도 지상전선에서 600 km 이상 떨어져 있다. 눈은 많아지고 구름은 두꺼워져 난층운(Ns)으로 발달한다. 바람은 활기를 띠고 남동쪽에서 불어오며 기압은 서서히 내려간다. 전선에서 400 km 이내 거리에 이르면 한랭 지상 기단은 상당히 얇은 상태이다. 전선으로 더 다가갈수록 지상기온은 온화하며 약한 눈은 진눈깨비로 변하다가 어는 비가 되며, 결국에는 기온이 영상으로 상승함에 따라 비와 이슬비로 발전한다. 강수의 강도는 약하지만 그 영향권은 광범위하다. 여기서 전선 쪽으로 더 다가가면 온난습윤 공기가 한랭습윤 공기와 혼합하여 층운(St)과 안개를 형성한다. 따라서 온난전선 가까이 비행하는 것은 매우 위험하다.

마침내 1,200 km를 전선쪽으로 거슬러 오면 온난전선의 지면 경계에 도달하게 된다. 여기서 전선을 가로질러 넘으면 기상 변화는 뚜렷해지나 한랭전선의 경우만큼 현격하지는 않다. 급격한 변화가 아닌 점진적 변화를 경험하게 된다. 전선의 온난측 기온과 이슬점 온도는 상승하

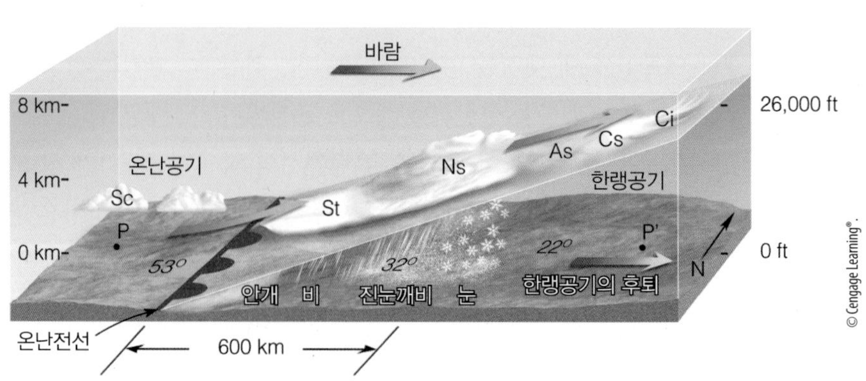

그림 8.9 ● 그림 8.8의 P와 P′를 연결한 선을 따라 온난전선상의 구름, 강수, 바람의 패턴을 보여주는 연직 단면도.

고 바람은 남동풍에서 남풍 또는 남서풍으로 변하며 기압계의 하강은 정지된다. 약한 비는 그치고 약간의 층적운을 제외하고는 안개와 하층운도 걷힌다.

위에서 설명한 온난전선이 접근할 때의 시나리오는 온난전선이 동반하는 평균적 일기 혹은 전형적인 일기를 나타낼 뿐이다. 어떤 때는 일기가 이와 같은 전형에서 크게 벗어나기도 한다. 가령 접근하는 온난공기가 상대적으로 건조하고 안정할 때는 상층운과 중층운만 형성될 뿐 강수는 없다. 한편, 온난공기가 비교적 습윤하고 조건부 불안정(여름철이 흔히 그렇듯이)일 때는 구름덩이 내에 뇌우가 형성되면서 심한 소나기를 동반할 수 있다. 미국 남부의 대평원에는 온난습윤한 기단이 온난건조한 기단과 만나 **건조선**을 형성하는 경우가 있다. 이 경계선을 따라 이슬점 온도가 km당 9°C까지도 하강하기 때문에 건조선을 다른 말로 **노점전선**이라 고도한다. 그림 8.10은 발달한 건조선이 2001년 5월 텍사스와 오클라호마 주를 지나는 모습을 보여 주고 있다. 10장에서, 건조선이 뇌우 발달에 어떤 영향을 주는지에 대해 더 자세히 살펴보기로 하겠다.

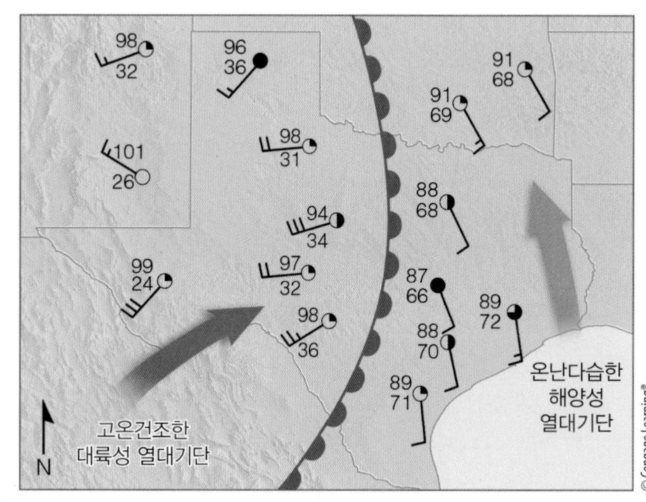

그림 8.10 ● 건조선은 온난전선이나 한랭전선이 아니며, 이슬점 온도의 급격한 변화를 나타내는 가파른 습기의 수평 변화가 일어나는 좁은 경계이다. 건조선은 동쪽의 온난다습한 해양성 열대기단(mT)과 서쪽의 고온건조한 대륙성 열대기단(cT)을 분리한다.

미국 서해안을 따라 태평양이 지상대기를 크게 변모시키기 때문에 지상 일기도에 온난전선을 표시하기는 용이하지 않다. 또 온난전선이 모두 북쪽 또는 북동쪽으로 이동하는 것도 아니다. 아주 드물게는 전선이 해안 앞바다에 자리 잡은 폭풍을 중심으로 선회함에 따라 대서양으로부터 동해안으로 이동하기도 한다. 전선에 선행하는 한랭 북동풍은 전선 뒤에서는 보통 온난 북동풍으로 변한다. 이러한 예외가 있기는 하나 정상적인 온난전선 일기 패턴을 알아두는 것이 유익하다. 표 8.4는 전형적인 온난전선 일기를 요약해 보여 주고 있다.

폐색전선 한랭전선이 온난전선을 따라잡아 압도할 때 두 기단 사이에 형성되는 전선 경계를 **폐색전선**(occluded front)이라고 한다. 그림 8.4에서 볼 때 반원이 연속된 온난전선과 삼각형이 연속된 한랭전선이 마주쳐 형성된 삼각형과 반원의 혼합선이 폐색전선을 나타낸다. 삼각형과

▼ 표 8.4 온난전선에 동반되는 전형적 기상 상태

기상요소	통과 전	통과 시	통과 후
바람	남풍 또는 남동풍	계속 변함	남풍 또는 남서풍
기온	서늘하다 서서히 따뜻해짐	서서히 상승	따뜻하게 된 후 일정
기압	급강하	하강	약간 상승 후 하강
구름	Ci, Cs, As, Ns, St 및 안개, 때때로 Cb (여름)의 순서로 나타남	층운형	맑으나 가끔 Sc(특히 여름) 가끔 Cb(여름)
강수	약한 비에서 보통 비, 어는 비, 이슬비, 소나기(여름)	이슬비 혹은 없음	보통 강수 없음 때때로 약한 비 또는 소나기
시정	악화	악화 후 회복	양호
이슬점 온도	서서히 상승	일정	상승 후 일정

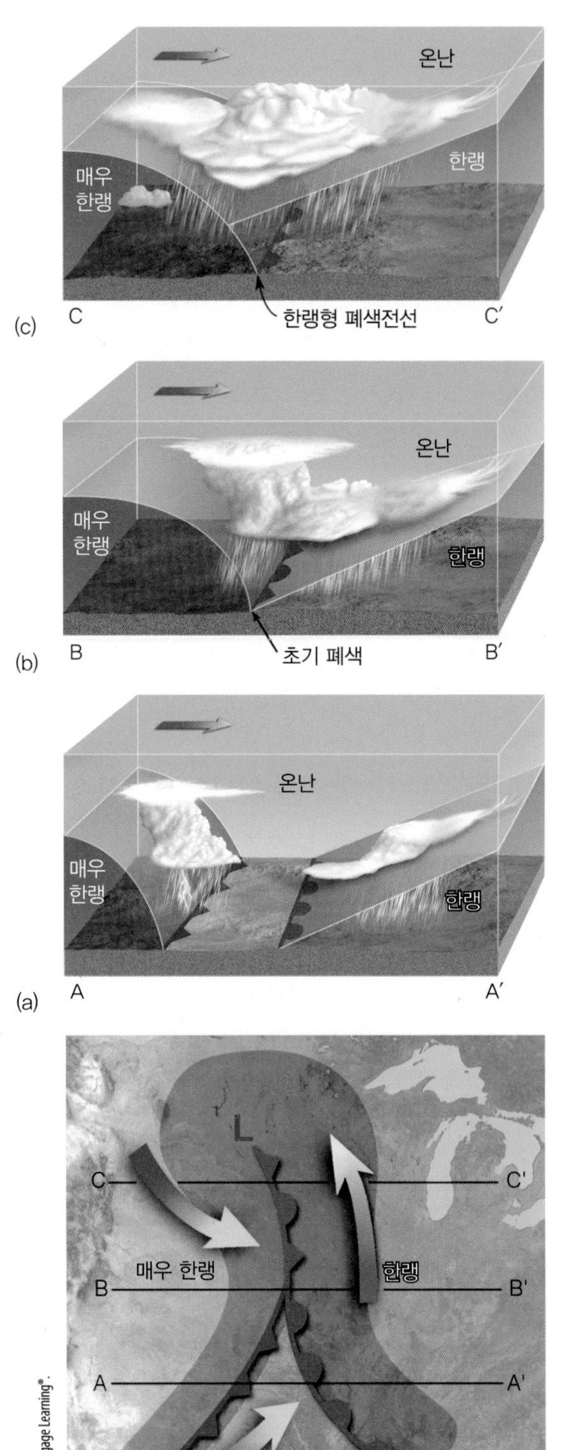

그림 8.11 ● 한랭형 폐색전선의 형성. 빠르게 이동하는 한랭전선(a)은 서서히 이동하는 온난전선(b)을 따라잡아 이를 지상으로부터 치올린다 (c). (초록색 부분은 강수지역이다.)

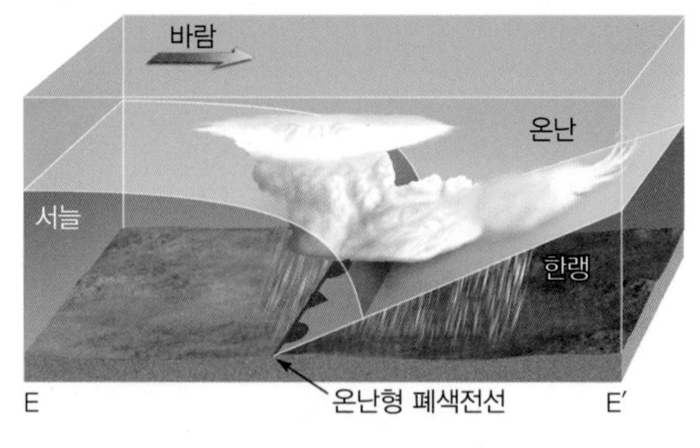

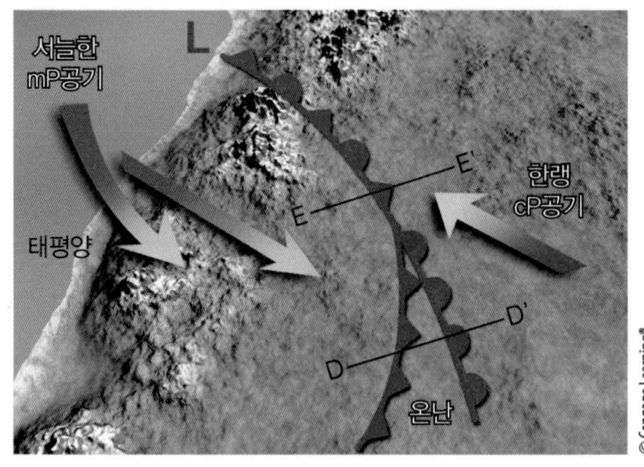

그림 8.12 ● 온난형 폐색전선의 형성. (a)에서 빠르게 이동하는 한랭전선은 (b)에서 서서히 이동하는 온난전선을 덮친다. 한랭전선 뒤의 보다 가벼운 공기는 온난전선 앞쪽의 상대적으로 고밀도인 공기 위로 상승한다. 이러한 상황의 지상 일기도를 보여 주고 있다.

반원이 향하고 있는 쪽이 전선의 이동 방향이다. 폐색전선의 앞쪽보다는 뒤쪽의 기온이 더 낮은 데 유의하라. 이런 전선을 **한랭형 폐색전선**이라 한다.

한랭형 폐색전선의 발달 과정을 그림 8.11에서 알 수 있다. 한랭전선은 A-A′선을 따라 서서히 이동하는 온난전선에 빠른 속도로 다가가고 있다. B-B′선을 따라 한랭전선은 온난전선을 추월하고 C-C′선을 넘어 온난전선과 온난기단을 지상으로부터 치올린다. 한랭형 폐색전선이 다가옴에 따라 기상조건은 상층운이 낮아져 중층운 또는

▼ 표 8.5 폐색전선에 동반되는 전형적 기상 상태

기상요소	통과 전	통과 시	통과 후
바람	동풍, 남동풍, 또는 남풍	계속 변함	서풍 또는 북서풍
기온 한랭형 온난형	 차거나 서늘 한랭	 하강 상승	 한랭 온화
기압	하강	저압점	보통 상승
구름	Ci, Cs, As, Ns의 순서	Ns, 가끔 Tcu와 Cb	Ns, As 혹은 흩어진 Cu
강수	약한, 보통 또는 강한 비	약한, 보통 혹은 강한 연속 강수 또는 소나기	약~보통 강수 후 맑아짐
시정	강수로 악화	강수로 악화	회복
이슬점 온도	일정	한랭형이면 약간 하강	약간 하강, 온난형이면 상승

하층운으로 두터워지고 지상전선에 훨씬 앞서 강수가 형성되는 등 온난전선의 경우와 비슷한 일련의 패턴을 보인다. 이 전선은 저기압골을 나타내므로 남동풍과 기압 하강이 전선에 선행한다. 그러나 한랭형 폐색전선은 통과하면서 많은 강수, 바람의 변화 등 한랭전선 때와 유사한 일기를 초래한다. 일정 기간 궂은 날씨가 계속된 후 하늘이 맑아지기 시작하고 기압이 상승하며 기온이 낮아진다. 한랭전선이 온난전선을 추월하는 바로 그때, 즉 폐색 시점에 가장 큰 기온차가 발생하므로 이때 가장 격렬한 일기 변화가 일어난다.

미국 워싱턴 주와 오리건 주 동부 상공의 대륙성 한대공기가 태평양에서 내륙으로 이동하는 해양성 한대공기보다 훨씬 차가울 수 있다. 그림 8.12에서 이 사실을 알 수 있다. 온난전선의 앞쪽 공기는 한랭전선의 뒤쪽 공기보다 차갑다. 따라서 한랭전선이 온난전선을 따라잡아 추월할 때 한랭전선 뒤쪽의 상대적으로 따뜻하고 가벼운 공기는 상대적으로 차갑고 무거운 공기를 지상으로부터 치올릴 수 없다. 그 결과, 한랭전선은 온난전선의 경사면을 따라 놓이게 되는데, 이러한 전선을 **온난형 폐색전선**이라 한다. 온난형 폐색전선이 동반하는 지상일기조건은 온난전선의 경우와 같다.

그림 8.11과 그림 8.12를 비교하면서 온난형과 한랭형 폐색전선의 주된 차이점은 상층전선의 위치에 있음을 주목하라. 온난형 폐색전선에서는 상층의 한랭전선이 지상의 폐색전선보다 앞서가는 데 반해, 한랭형 폐색전선에서는 상층의 온난전선이 지상의 폐색전선을 뒤따르고 있다.

기상전선의 세계에서는 폐색전선을 이단자로 비유할 수 있다. 앞서 한랭전선이 온난전선을 덮칠 때 폐색전선이 형성된다고 설명했다. 그러나 한랭전선과 온난전선이 와해되어 동쪽으로 이동한 후 한랭공기역에서 지상폭풍이 강화될 때 발달하는 새로운 폐색전선도 있다. 이러한 새로운 폐색전선은 2개의 한랭 기단을 갈라놓는 저기압골로 지상 일기도에 표시된다. 폐색전선을 확인하기는 어려운 일일지 모른다. 그러나 폐색전선이 동반하는 일기 패턴은 표 8.5와 비슷하다고 추정할 수 있다.

지금까지 설명한 전선계는 그보다 훨씬 큰 폭풍우계, 즉 중위도 저기압계의 일부에 지나지 않는다. 그림 8.13은 이러한 폭풍우계와 한랭전선, 온난전선, 폐색전선의 모습을 보여주고 있다. 예상하듯이, 한랭전선을 따라서는 구름과 강수가 좁은 지역에 형성되는 반면, 온난전선과 폐색전선으로는 폭넓은 지역에 형성되었다.

다음 절에서는 중위도 저기압이 어디서, 왜, 어떻게 형성되는지를 살펴보기로 하겠다.

중위도 저기압

초기 기상예보관들은 강수는 기압의 하강 및 저기압역에 동반되어 내리는 것으로 생각했다. 그러나 20세기 초에

장마전선과 장마

중위도에 위치한 우리나라는 봄, 여름, 가을 그리고 겨울 등 사계절이 비교적 뚜렷하게 나타난다. 그러나 제5계절에 해당하는 우기의 장마철이 있다. 장마를 유발하는 장마전선은 대체로 하지 전후에 제주도에서 시작하여 점차 북상하여 7월 하순이면 그친다. 약 1개월 동안 지속하면서 우기를 형성한다. 이 기간 중 300~400 mm의 많은 강수가 내리고 지역에 따라 호우, 그리고 홍수가 발생하여 매년 많은 인명 피해와 막대한 재산상 손실이 반복되고 있다(표 1 참조).

장마를 유발하는 장마전선은 큰 틀에서는 아열대 기단과 한대 기단이 형성하는 한대전선이다. 한대 기단이 북반구를 덮고 아열대 기단이 위축된 겨울철에는 위도 30도 이남에 한대전선이 위치하다가 계절의 추이에 따라 한대 기단은 위축하고 아열대 기단이 확장함에 따라 북상한다. 그러나 동아시아 지방에서는 발달한 한랭습윤한 오호츠크 기단과 고온다습한 북태평양 기단이 만나 정체전선이 형성되며 이 전선을 우리나라는 장마전선, 중국과 일본은 각각 바이유전선(Baiu front), 메이유전선(Meiyu front)이라고 부른다. 이 장마전선에 의해 며칠씩 지속적으로 내리는 비를 기상학적으로 장맛비라고 부른다. 흔히 비가 며칠씩 지속적으로 오는 비도 장마라고 하나 이것은 학문적으로는 장마가 아니다. 장마의 어원은 몇 가지 설이 있으나 확실치 않으며 한자의 표기도 없다.

그림 3 ● 장마전선과 기압 배치 그리고 공기의 이동 모식도(기상청).

북태평양 고기압의 성쇠에 따라 장마전선은 북상하다 다시 남쪽으로 후퇴하는 등의 남북진동을 거듭하면서 북으로 올라가면 장마는 끝나고 우리나라는 무더위의 한 여름이 된다. 북상했던 장마전선이 북태평양 고기압의 후퇴로 전선이 남하하여 한반도상을 지날 때 내리는 비를 흔히 가을 장마라 한다. 장마전선상에서 발생한 저기압은 북태평양 고기압에서 불어오는 고온다습한 공기와 북쪽의 한랭건조한 공기나 상공의 한랭건조한 공기와 만나면 극심한 대류 불안정 상태에서 더욱 발달하여 많은 강우와 집중호우가 발생한다(그림 3 참조). 최근 지구 온난화로 장마의 시작과 끝, 진행 상황, 강우강도, 강우량 등이 불규칙하고 예년과 상이한 특이 현상을 보임은 주목을 요한다.

▼ 표 1 **우리나라 지역별 장마의 진행(기상청)**

지역	시작일	종료일	기간	평균 강수량(mm)
중부지방	6.24~25	7.24~25	32	362.8
남부지방	6.23	7.23~24	32	351.2
제주도	6.19~20	7.20~21	32	398.6

통계 기간: 1981~2010년

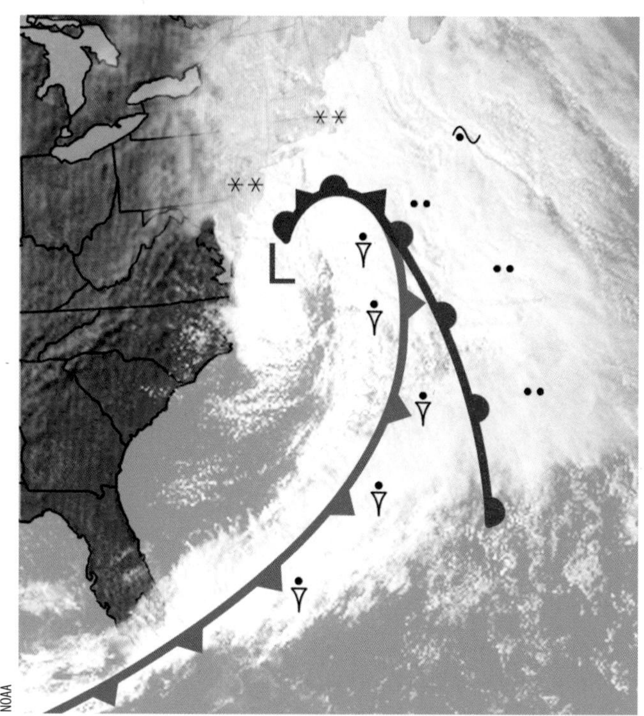

그림 8.13 ● 2005년 3월 미국 대서양 연안을 따라 여러 전선을 동반한 중위도 저기압의 가시광선 위성사진. 사진 위에 지상의 한랭전선, 온난전선 및 폐색전선의 위치를 표시하였다. 지상에 도달하는 강수의 형태도 일기해설로 표시하였다.

접어들면서 과학자들이 규명하기 시작한 정보를 기초로 현대 기상학과 저기압성 폭풍의 체계가 정립되었다.

노르웨이의 베르겐 소재 과학자들은 주로 지상 관측을 통해 열대 밖, 중위도 및 고위도에서 형성되는 온대저기압의 일생을 설명하는 모델을 개발하였다. 이들 과학자는 빌헬름 비에르크네스(Vilhelm Bjerknes), 그의 아들 야곱 비에르크네스(Jakob Bjerknes), 솔베르그(Halvor Solberg), 베르제론(Tor Bergeron)이었다. 이들이 제1차 세계대전 직후 발표한 이론은 널리 인정받아 '파동 저기압 발달에 관한 한대전선 이론', 즉 **한대전선론**(polar front theory)으로 정착했다. 이들은 중위도 저기압의 형성, 발달, 소멸의 단계를 거치는 과정을 보여 주는 실용 모델을 제시했다. 이 모델의 중요한 부분은 한대전선을 따라 일어나는 기상의 발달에 관한 것이다. 이와 같은 연구로 새로운 정보가 규명되자 초기의 연구는 수정이 불가피하게 되었다. 오늘날 한대전선론은 그림 8.13과 같은 중위도 이동성 저기압을 기술하는 편리한 이론적 모델로 자리잡게 되었다.

한대전선론 노르웨이 학자들의 모델에 따르면, 파동 저기압의 발달은 한대전선을 따라 시작된다. 앞서 설명한 대로, 한대전선은 한랭공기를 아열대성 온난공기와 분리시키는 반연속성 경계선이다. 그림 8.14는 **파동 저기압**(wave cyclone)의 발달을 단계별로 연속 일기도를 통해 보여 주고 있다.

이 그림 8.14a는 한대전선의 일부를 정체전선으로 표시하고 있는데, 이는 양쪽에 고기압을 끼고 있는 저기압골을 나타낸다. 북쪽의 한랭공기와 남쪽의 온난공기는 전선과 평행으로, 그러나 각기 반대 방향으로 이동한다. 이와 같은 유형의 대기흐름은 저기압성 바람시어를 형성한다. 펜을 두 손바닥 사이에 걸쳐 올려놓은 채 왼손을 몸쪽으로 끌어당기면 펜은 반시계 방향으로 돌 것이다. 이 실험을 통해 저기압성 바람시어의 개념을 파악할 수 있다.

적절한 조건이 만족되면 그림 8.14b에서처럼 전선에 파 모양의 비틀림이 나타나는데, 이렇게 형성되는 파동을 **전선파**(frontal wave)라고 한다. 전선파는 마치 해변에서 바라보는 파도처럼 쌓였다가 부서지고 결국 흩어진다. 저기압성 폭풍계를 파동 저기압이라 부르는 이유가 여기에 있다.

그림 8.14b는 한랭전선은 남쪽으로, 온난전선은 북쪽으로 이동하는 가운데 새로이 형성된 전선파를 보여 주고 있다. 기압이 가장 낮은 지역은 두 전선의 합류점에 위치한다. 한랭공기가 전선을 따라 온난공기를 밀어 올리고 온난전선에 앞서 **추월** 현상이 일어날 때 좁은 강수대가 형성된다. 상공에 부는 바람에 의해 전선파는 동쪽 또는 북동쪽으로 이동, 12~24시간 만에 발달한 **열린파**(open wave)가 된다(그림 8.14c 참조). 이때 중심기압은 훨씬 낮아지며 파동의 정점을 중심으로 몇 개의 등압선이 형성된다. 보다 조밀하게 형성된 이들 등압선은 바람이 저기압 중심을 향해 반시계 방향으로 불기 때문에 더욱 강력한 저기압 흐름을 야기한다. 온난전선 앞에는 넓은 강수

그림 8.14 ● 한대전선론에 입각한 이상적인 북반구 파동 저기압의 일생. 파동 저기압계는 역동적인 모습으로 동쪽으로 이동한다. L자 바로 옆의 작은 화살은 폭풍의 이동 방향을 나타낸다.

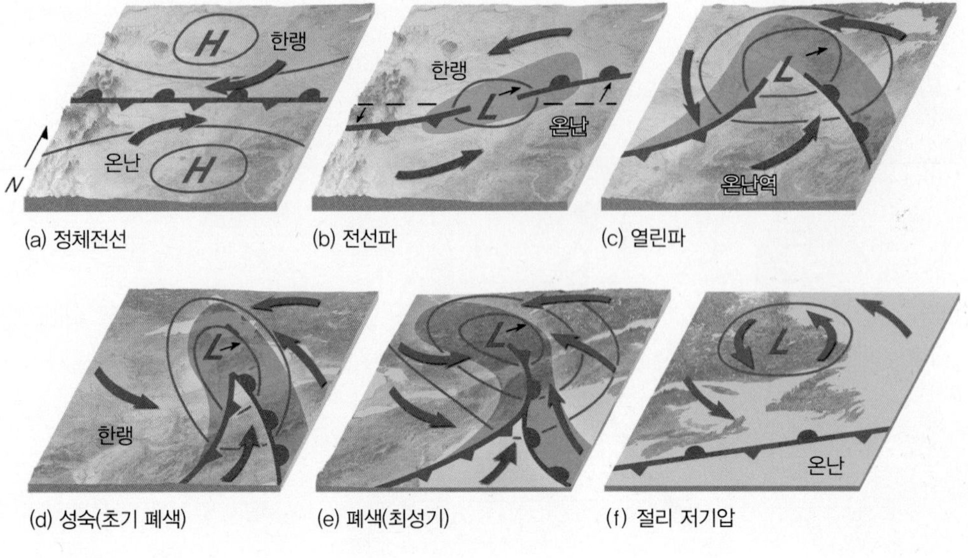

대가 형성되며 한랭전선의 좁은 띠를 따라서도 강수가 발달한다. 한랭전선과 온난전선 사이의 따뜻한 공기가 자리 잡고 있는 곳을 **온난역**이라 한다. 이곳의 일기는 부분적으로 구름이 끼고 공기가 불안정할 때는 산발적인 소나기가 발달할 수도 있다.

폭풍의 에너지는 여러 원천에서 온다. 기단이 균형을 이루려 할 때 온난공기는 상승하고 한랭공기는 하강한다. 이 과정에서 위치 에너지는 운동 에너지로 바뀐다. 응결 또한 잠열의 형태로 폭풍계에 에너지를 공급한다. 또 지상공기가 저기압 중심으로 수렴할 때 풍속이 증가됨으로써 운동 에너지도 증가시킨다.

열린파가 동쪽으로 이동할 때 중심기압은 계속 하강하며 바람은 좀 더 강하게 분다. 보다 빨리 이동하는 한랭전선은 끊임없이 온난전선에 다가가 온난역을 그림 8.14d에서처럼 작게 위축시킨다. 한랭전선은 궁극적으로 온난전선을 덮쳐 폐색전선을 형성한다. 이 시점에서 폭풍은 강도가 최고조에 달하며 넓은 지역에 구름과 강수를 형성한다. 그림 8.14e는 폐색전선 양편에 다 같이 한랭공기가 자리 잡게 됨에 따라 폭풍이 서서히 흩어지는 모습을 보여 준다. 상승 습윤공기가 공급하는 에너지가 없어지면 이 폭풍계는 소멸해 사라지게 된다(그림 8.14f 참조). 그러나 이따금 한대전선 서쪽 끝에 새로운 전선파가 형성되는 일이 있다. 파동 저기압의 발달 단계를 흐르는 냇물의 장애물 뒤에 생기는 맴돌이 현상에 견주어 생각해 볼 수 있다. 맴돌이는 물살을 따라 내려가다가 하류로 가면서 점차 사라진다. 파동 저기압의 수명은 수일 내지 일주일 이상에 이른다.

그림 8.15는 겨울철 한대전선을 따라 여러 단계를 거쳐 발달하는 일련의 파동 저기압을 보여 준다. 전선의 북쪽으로 한랭 고기압이 놓여 있고 남쪽으로 대서양 상공에는 반영구적 온난 버뮤다 고기압이 자리 잡고 있다. 한대전선은 일련의 루프형으로 발달해 있으며, 각 루프의 정점에 저기압이 있다. 북부 평원 상공의 저기압(**저기압 1**)은 방금 형성 중이고, 미국 동해안의 저기압(**저기압 2**)은 열린파이며 아이슬란드 근처의 저기압(**저기압 3**)은 소멸 과정에 있다. 생성에서 소멸까지 파동 저기압의 평균 이동 속도는 시속 45 km이다.

지금까지 파동 저기압 발달에 관한 한대전선 모델을 살펴보았다. 실제로 이 모델에 그대로 들어맞는 폭풍은 별로 없으나 폭풍의 구조를 이해하는 데 있어 이 모델은 훌륭한 기초가 된다. 그러므로 다음 절을 읽을 때 이 모델을 염두에 두기 바란다.

중위도 저기압 발생지 저기압의 발달 또는 강화를 통

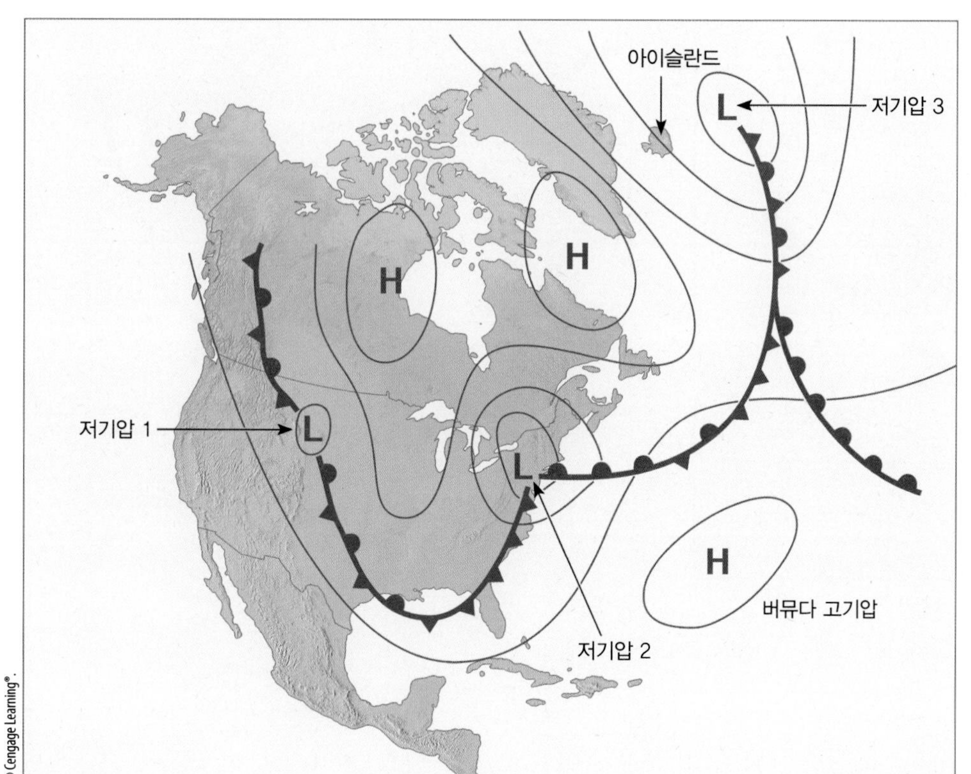

그림 8.15 ● 한대전선을 따라 형성되고 있는 일련의 파동 저기압(저기압 가족).

칭해 **저기압 발생**(cyclogenesis)이라고 한다. 미국의 경우 로키 산맥 동쪽 비탈을 포함하여 저기압 발생 다발지역이 있다. 로키산맥 동쪽 비탈에서 발달하거나 강화되는 폭풍을 **풍하측 저기압**(lee-side low)이라고 한다(그림 8.16 참조). 그 밖에 대평원, 멕시코만, 그리고 캐롤라이나 동쪽 대서양에서 저기압이 잘 발달한다. 예를 들면, 노스캐롤라이나의 Cape Hatteras 부근은 온난한 멕시코 만류가 정체전선의 남측에 습기와 온기를 공급하여 기단 간의 차이를 크게 하며, 전선을 따라 폭풍우가 급작스럽게 또는 예기치 않게 발달한다.

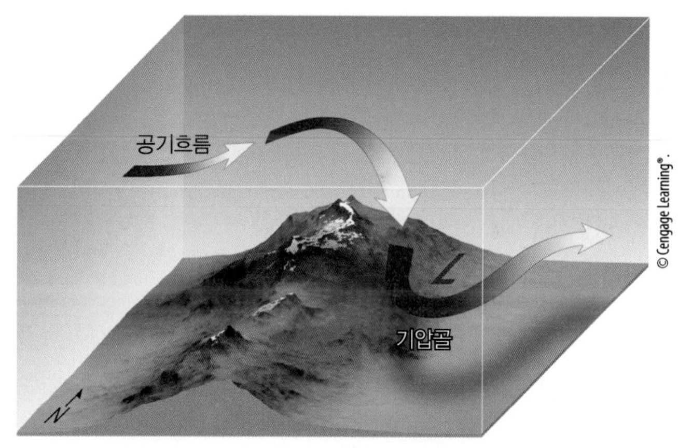

그림 8.16 ● 편서풍이 산맥 위로 불어감에 따라 공기흐름이 편향되어 풍하측에는 기압골이 형성된다. 이렇게 형성되는 기압골이나 폭풍우를 일컬어 풍하측 저기압이라 한다.

거대한 폭풍으로 발달하는 전선파는 통상 돌발적으로 형성되어 규모가 커진 다음 서서히 흩어지며, 전 과정은 수일에서 일주일 정도 걸린다. 그 밖의 전선파는 소형에 머물러 커다란 기상현상을 일으키지 못한 채 소멸한다. 전선파 중 일부는 거대한 폭풍으로 발달하는 데 반해 다른 전선파는 하루 이틀만에 사라지기도 한다. 그 이유는 무엇일까?

이 의문은 일기예보에 있어서 풀어야 할 현실적 과제이다. 해답은 복잡하다. 전선파 형성에 영향을 미치는 여러 가지 지상조건 중에는 산맥, 육지-해양 간 기온차 등이 있다. 그러나 파동 저기압 발달의 진짜 열쇠는 상층 편서풍역에서의 **상층풍 흐름**에서 찾아볼 수 있다. 그러므로 정답에 이르기 전 상공의 바람이 지상기압계에 미치는 영향을 알아보아야 한다. 우리나라 주변의 저기압 발생지와

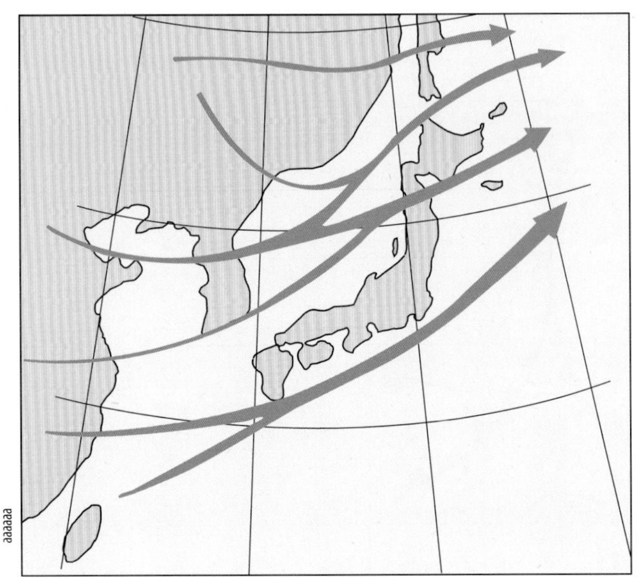

그림 8.17 ● 우리나라 주변에서 저기압의 진로.

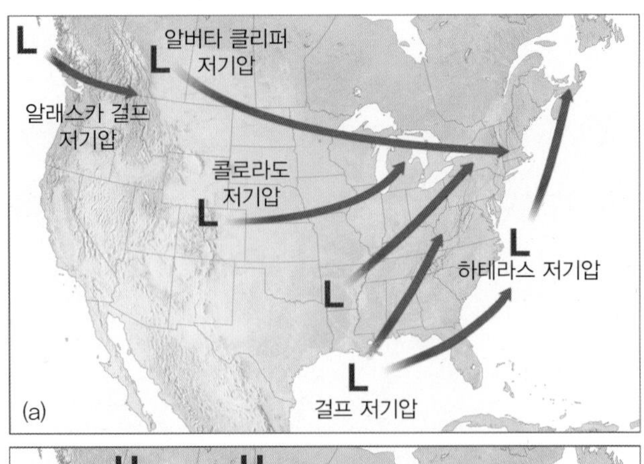

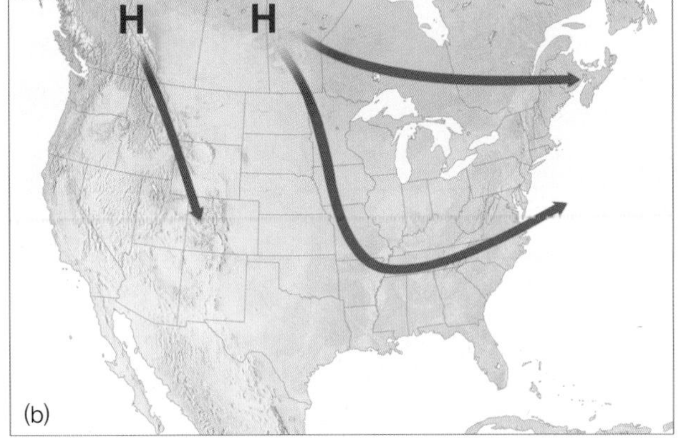

그림 8.18 ● (a) 겨울철 중위도 저기압의 전형적인 이동 경로. 저기압명은 발원한 지역을 근거로 지어졌다. (b) 겨울철 고기압의 전형적인 이동 경로.

그 진로는 그림 8.17과 같다.

그림 8.17에서 보는 바와 같이, 우리나라를 통과하는 저기압은 티베트 고원 동부, 중국 양쯔강 상류 유역에서 발달하여 남해안 지방을 통과해 이동하는 것과 중국 하북 지방에서 발달하여 중부지방을 통과하는 경로가 있다. 미국에서 저기압과 고기압의 주경로는 그림 8.18과 같다.

중위도 고 · 저기압의 발달 7장에서 배운 것처럼, 열대 기압계는 키가 작고 고도가 높아짐에 따라 약화된다. 반대로, 발달하는 지상폭풍계는 키 큰 저기압층으로 고도가 높아질수록 강화된다. 이것은 지상 저기압역이 상층 일기도에서는 폐색 저기압 또는 기압골로 표시된다는 뜻이다.

상층 저기압이 지상 저기압 바로 위에 위치해 있다고 가정해 보자(그림 8.19 참조). 마찰력 때문에 지상에서만 바람이 저기압 중심을 향해 안으로 분다는 사실을 염두에 두자. 이들 바람이 수렴함에 따라 대기는 쌓이게 된다. 이 같은 대기의 축적을 **수렴**(convergence)이라고 하며, 수렴은 지상 저기압 바로 위 밀도를 증가시킨다. 질량의 증가는 지상기압의 상승을 야기하며 서서히 지상 저기압은 소멸한다. 지상 고기압에도 같은 이치를 적용할 수 있다. 바람은 지상 고기압의 중심에서 나와 바깥쪽으로 분다. 만약 폐색 고기압이나 마루가 지상 고기압 바로 위에 있을 때는 지상대기의 **발산**(divergence)으로 지상 바로 위 기둥으로부터 대기가 이동하게 된다. 이렇게 되면 지상기압은 하강하고 기압계는 약화된다. 이 같은 이치대로라면 결국 상층기압계가 지상기압계 바로 위에 자리 잡고 있을 경우

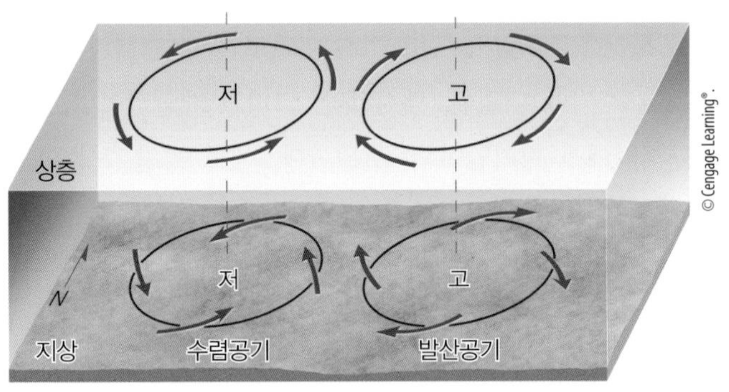

그림 8.19 ● 만약 지상 저기압과 지상 고기압 바로 위 상공에 항상 저기압과 고기압이 존재한다면, 지상기압계는 급속히 소멸될 것이다.

저기압과 고기압은 형성된 후 곧 소멸된다고 볼 수 있다. 그럼에도 실제로 이들 기압계가 발달하고 강화되는 이유는 무엇인가?

공기 수렴과 발산의 역할 중위도 저기압과 고기압이 현상을 유지하거나 강화시키려면 상공의 바람은 대기의 수렴대와 발산대 형성에 도움이 되는 패턴으로 불어야 한다. 예를 들면, 그림 8.20에서 지상풍은 저기압 중심 가까이에 수렴하는 한편, 그 저기압 바로 위 상공의 바람은 발산하고 있다. 지상 저기압이 큰 폭풍계로 발달하기 위해서는 **상층의 발산이 지상의 수렴보다 더 커야 한다**. 다시 말해 지상 저기압 주변에 유입되는 대기보다 상공에 유출되는 대기가 더 많아야 한다. 이런 현상이 발생할 때 지상기압은 하강하고 폭풍계는 **강화** 또는 **심화**되는 것이다. 반대 현상이 일어나면 지상기압은 상승하고 폭풍계는 약화되어 점차 소멸한다. 이를 **메워짐**이라 한다.

다시 그림 8.20을 보자. 고기압 중심 부근에서는 지상풍이 발산하는 한편, 바로 위 상공의 바람은 수렴하고 있다.

지상 고기압이 강화되기 위해서는 **상층대기의 수렴이 지상대기의 발산을 능가해야 한다**. 다시 말해 고기압 바로 위 상공에 모여드는 대기량이 그 밑 지상에서 나가는 대기량보다 많아야 한다. 이 현상이 일어날 때 지상기압은 증가하고 고기압역은 **확장**된다.

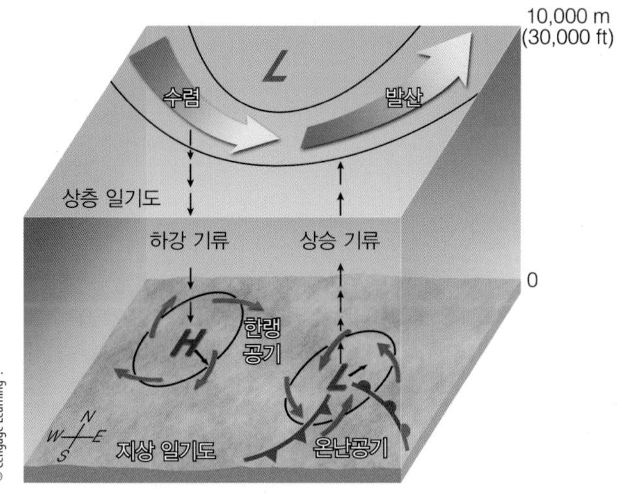

그림 8.20 ● 지상기압계와 관련한 수렴, 발산 및 연직 운동. 지상폭풍계가 강화되려면 상층의 저기압골은 지상 저기압의 왼편(서쪽)에 위치해야 한다.

고기압 상공의 수렴으로 대기는 축적되고 그 결과, 서서히 하강, 발산하는 지상대기를 교체하는 것을 알 수 있다. 반대로 저기압 상공에서는 대기의 발산과 함께 수렴하는 지상대기가 상승하여 기둥 꼭대기 위로 흘러나온다.

그림 8.20의 상층 일기도에서 보듯이, 상층골이 매우 깊을 때는 통상 수렴역이 골의 서쪽에 형성되고 발산역은 동쪽에 형성된다. 발산역은 지상 저기압 바로 위, 수렴역은 지상 고기압 바로 위에 각각 형성되는 것을 주목하라. 이 그림은 지상 폭풍계가 강화되려면 상층골이 지상 저기압의 뒤편(또는 서쪽)에 위치해야 함을 설명해 주고 있다. 상층골이 이 같은 위치에 있을 때 하층 수렴역이 상층 발산역으로 보충되고, 그 반대 현상도 가능하기 때문에 대기는 기단의 재분포가 이루어질 수 있다.

상공의 바람은 지상기압계의 이동을 조절한다. 지상 폭풍계 상공의 바람은 남서쪽에서 불기 때문에 지상 저기압은 북동쪽으로 이동해야 한다. 지상 고기압 상공의 북서풍은 고기압을 남동쪽으로 이동시킨다. 미국 동부의 평균적인 지상기압계 이동은 이러한 양상을 보인다(그림 8.18).

편서풍파 대기 상층에 존재하는 파동은 중위도 저기압을 발달시키는 데 결정적인 역할을 할 수 있다. 6장에서 중위도 상층공기의 흐름은 골과 마루가 연속적으로 배치되어 파동 형태를 보이는 경우가 많다고 설명하였다. 골과 골 혹은 마루와 마루 사이의 거리를 파장이라고 하며, 파장이 수천 km 정도인 경우의 파를 **장파**(longwave)라고 한다. 그림 8.21a에서 보면 장파의 길이는 대략 북미대륙의 너비를 상회한다. 특정 시각에 지구 주위를 감싸는 장파의 개수를 헤아려 보면 적게는 3개, 많게는 6개 정도가 항상 존재하고 있음을 알 수 있다. 이러한 거대한 대기 상층의 파동 형태의 흐름은 유명한 기상학자인 로스비(C. G. Rossby)에 의해 심도 있게 연구되었으며, 후에 **로스비 파동**(Rossby Wave)이라 명명된다. 그림 8.21a에서 장파에 내재된 작은 파동이 **단파**(shortwave)이다. 장파와 단파 모

ON A SPECIAL TOPIC 8.3
FOCUS

수렴과 발산

수렴이란 어느 지역 상공에서의 대기 축적을 의미하는 반면, 발산은 어느 지역 상공에서의 대기 확산을 의미한다. 대기의 수렴과 발산은 풍향과 풍속의 변화로 야기될 수 있다. 예를 들어, 자동차들이 고속도로로 진입할 때 병목 현상을 이루듯이 대기가 한 지역으로 집중할 때 수렴이 형성된다. 반대로, 2차로가 3차로로 넓어질 때 차량들이 산개하듯이 이동하는 대기가 산개할 때 발산이 일어난다.

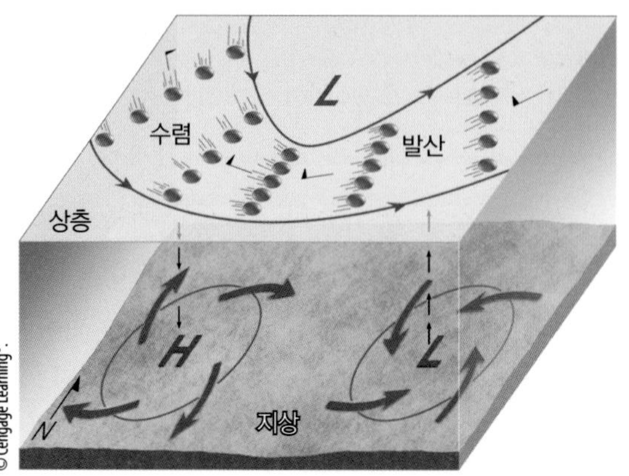

그림 4 ● 상층 대류권에서 일정한 풍속으로 형성되는 수렴(CON)과 발산(DIV). 깃발로 표시하였다. 원은 등고선도에서 등고선에 나란히 부는 공기덩이를 나타낸다. 상층 수렴역 밑의 하강공기는 지상 고기압(H)을, 발산역 밑의 상승공기는 지상 저기압(L)을 형성함을 알 수 있다.

상층 일기도에서 보면 이러한 유형의 수렴(합류)은 일정한 바람이 등고선과 평행으로 불어 등고선 간격이 좁아질 때 발생하며(그림 4 참조), 동일한 일기도상에서 이런 유형의 발산은 등고선과 평행으로 부는 일정한 바람의 영향으로 등고선 간격이 넓어질 때 발생한다.

수렴과 발산은 풍속의 변화로 일어나기도 한다. 바람의 속도가 느려질 때 풍속 수렴이, 속도가 빨라질 때 풍속 발산이 일어난다. 공기 분자들이 떼를 지어 행진한다고 가정해 보자. 선두의 분자들이 속도를 늦추면 뒤따르는 분자들은 서로 간격이 좁아져 수렴을 일으키며, 선두 분자들이 달리기 시작하면 나머지 분자들의 간격은 넓어져 발산현상이 일어난다.

요약하면, 풍속 수렴은 풍하측에서 풍속이 감소할 때, 풍속 발산은 풍하측에서 풍속이 증가할 때 일어난다.

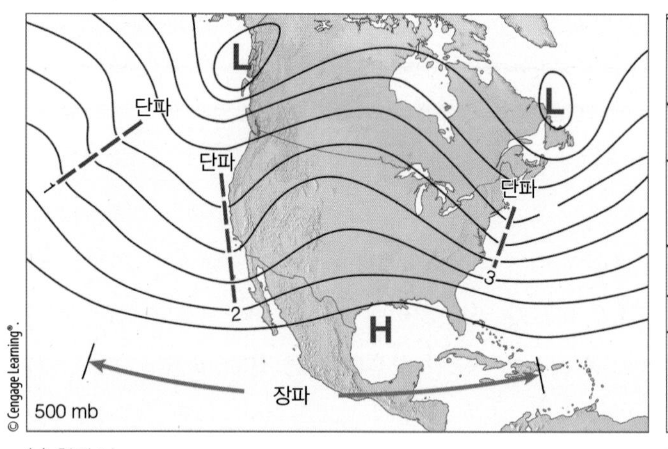

(a) 첫째 날

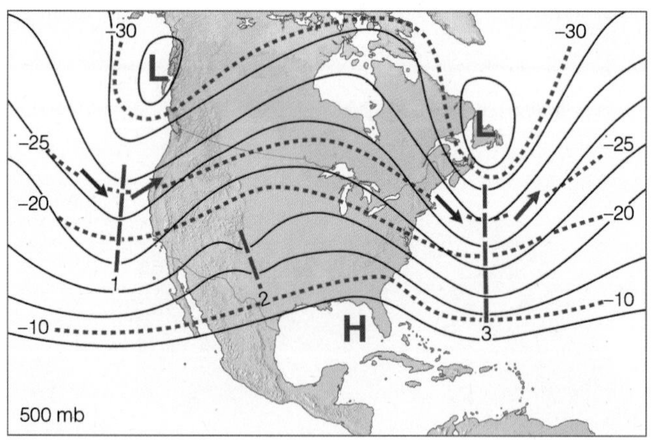

(a) 둘째 날

그림 8.21 ● (a) 1개의 장파와 3개의 단파가 포함되어 있는 상층공기흐름. (b) 24시간 후, 단파가 장파 내에서 빠르게 동쪽으로 이동해 간 상황. 단파 1과 단파 3은 이 경우 장파의 골라 중첩되면서 장파를 강화하고 있으며, 단파 2는 장파의 마루와 중청되어 악화되고 있음에 주목. 그림에서 붉은 점선은 등온선이며 푸른 화살표는 한랭이류, 붉은 화살표는 온난이류를 나타낸다.

두 상층의 기본적인 편서풍의 영향으로 이동하나 장파의 경우 단파에 비해 그 이동 속도가 현저히 느리며 때로는 거의 정체된 흐름을 보인다.

이에 반해 단파는, 그림 8.21a와 그림 8.21b를 비교하면, 장파가 동쪽으로 매우 느리게 이동하는 동안 장파 주위에서 상당히 빠르게 움직인다. 일반적으로 단파의 골은 장파의 골에 접근할 때 중첩에 의해 강화되고, 장파의 능에 접근할수록 상쇄에 의해 약화된다. 따라서 상층 단파와 장파가 어떻게 배치되냐에 따라 지상 저기압이 강화 또는 쇠퇴할 수 있음을 그림 8.20을 고려하면 쉽게 알 수 있다.

그림 8.21b에서 특정 지역에서는 바람(파란색과 빨간색 화살표)이 등온선(붉은파 선)을 가로지르고 있음을 알 수 있다. 이러한 지역에서는 온도 이류가 발생하게 된다. 바람이 찬 공기 쪽에서 따뜻한 공기 쪽으로 불어나가는 경우 **한랭 이류**(cold advection)라 하고, 그 반대의 경우를 **온난 이류**(warm advection)라 한다. 온도 이류는 중위도 저기압 발달에 매우 중요한 역할을 하기에 다음 섹션에서 이에 대해 자세히 알아보기로 한다.

지상 저기압 발달을 돕는 상층조건 어떻게 초기에 약한 파동 형태의 작은 섭동이 강력한 중위도 저기압으로 발달해 나갈 수 있는지 살펴보기 위해서는 대기의 상층과 하층의 흐름을 동시에 살펴보아야만 한다. 그림 8.22a에서처럼 초기에 500 hPa의 상층 장파가 지상의 정체전선과 나란히 배치되어 있는 상황을 생각해 보자. 이때 500 hPa 차트에서 등온선과 지위고도선은 서로 교차되지 않고 나란히 배치되어 있는 경우를 생각하자. 이 경우, 상대적으로 찬 공기는 북측에 존재하고, 따뜻한 공기는 남쪽에 배치되어 있다. 이러한 상황에서 단파가 갑자기 이 지역으로 들어와서 그림 8.22b처럼 상층 흐름이 교란된 상황을 생각해 보자.

이 경우, 상층공기의 수렴이 **1** 지역에, 발산이 **2** 지역에 형성되게 됨으로써 지상 기압계 발달에 필요한 연직운동이 그림 8.22b와 같이 형성되고, 지상 기압계 시스템이 급격히 성장한다. **1** 지역의 수렴은 지상기압을 급격히 상승시켜 고기압을 유도하고, 이러한 고기압의 발생은 하층 공기의 발산을 강화시키면서 존재하는 하강기류를 더욱 강화시킨다. 동시에 **2** 지역의 발산은 지상기압을 급격히 떨어뜨리고 저기압을 유도하고, 이러한 저기압의 발생은 하층 공기의 수렴을 강화시키면서 존재하는 상승기류를 더욱 강화시킨다. 한편, 하층의 수렴하는 공기는 코리올리 가속에 의해 저기압의 회전을 강화시키는 역할을 하는데, 이로 인해 한랭 이류와 온난 이류가 더 강화되게 된

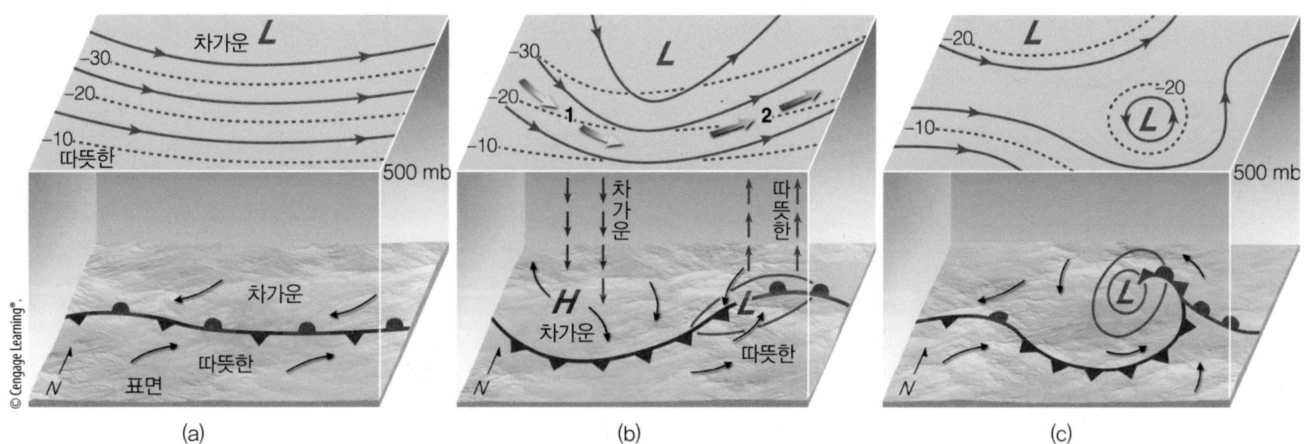

그림 8.22 ● 중위도 저기압 형성에 관한 3차원 모식도. (a) 상층 장파가 지상 정체전선의 상공에서 나란히 배치되어 있다. (b) 상층의 단파가 흐름을 교란시켜 온도 이류(푸른 화살표: 한랭 이류, 붉은 화살표: 온난 이류)를 발생시킨다. 상층의 기압골이 강화되면서 기압골의 전면(우)과 후면(좌)에 지상 고/저기압 발달에 필요한 연직운동을 유발한다. (c) 지상 저기압이 북동쪽으로 이동함에 따라 폐색이 일어나게 되고, 지상 저기압에 의해 수렴된 공기가 더 이상 상층에서 발산하지 않으므로 저기압 시스템이 소멸된다.

다. 그림 8.22b에서 정체전선은 이제 지상 저기압을 기준으로 서쪽은 한랭전선, 동쪽은 온난전선으로 바뀌게 된다. 이 전선은 상층까지 이어져 한랭 이류와 온난 이류를 500 hPa까지 유도한다.

그림 8.22b의 500 hPa 차트에서 한랭 이류는 1 지역에서 발생하며, 이는 찬 공기를 보다 상층 기압골 쪽으로 이류시킨다. 이로 인한 밀도 높은 차가운 공기가 상층 기압골 중심부로 유입됨에 따라 기압골은 더욱 깊어지게 된다. 반대로 2 지역에서의 온난 이류는 기압능을 강화시키는 역할을 하게 된다. 따라서 하층의 온도 이류로부터 시작된 상층 온도 이류의 강화는 상층 장파의 기압골과 기압능을 더 발달시키게 되어, 결국 상층 파동을 강화시키게 된다. 상층 파동의 강화는 곡률을 강화시키며 1 지역과 2 지역의 수렴/발산을 강화시켜 하강/상승기류를 강화하므로 이 시점부터는 지상 저기압이 급격히 성장하게 된다.

한랭 이류가 존재하는 지역에서는 차갑고 무거운 공기가 하강하게 되고, 온난 이류가 존재하는 지역에서는 반대로 따뜻하고 가벼운 공기가 상승하게 된다. 찬 공기의 하강과 따뜻한 공기의 상승은 잠재 에너지의 운동에너지로의 전환을 의미하며 전환된 에너지는 발달하는 저기압의 에너지원으로 사용되게 된다. 이러한 상황에서 구름이 형성된다면 잠열 방출에 의해 대기가 가열되고 이는 지상 기압을 떨어뜨리게 된다. 이로 인해 지상 저기압은 더욱 발달하게 된다. 이러한 일련의 과정들이 발달하는 저기압의 일생에서 나타나게 된다.

최종적으로는 그림 8.22c와 같이 따뜻한 공기가 저기압의 북쪽을 감싸게 되고 저기압 시스템이 결국 폐색된다. 일부 저기압은 이 상태에서 더 발달하지만 대부분의 경우, 더 이상 상층공기의 발산 영역에 위치하지 않게 되어 발달을 멈추게 된다. 더욱이 지상에서는 더 이상의 따뜻한 공기 유입이 차단되고 건조하고 차가운 공기가 한랭전선의 후면으로부터 지상 저기압으로 유입되기 시작하면서 지상 저기압은 쇠퇴하게 된다.

제트류의 역할 지상 저기압과 고기압의 형성에 영향을 주는 또 하나의 요인은 제트류이다. 제트류가 서쪽에서 동쪽으로 파동형으로 이동할 때(그림 8.23a 참조) 상공에 깊은 골과 마루가 형성된다. 강한 바람의 핵인 골에는 최대 제트역인 **제트 스트리크**(jet streak)가 형성된다. 최대 제트역 주변의 풍속 변화에 따른 굴곡은 제트류를 따라 강력한 수렴역과 발산역을 조성한다. 폭풍계 상공의 발산역은 지상의 온난대기를 제트류로 끌어올리며, 폭풍계 상

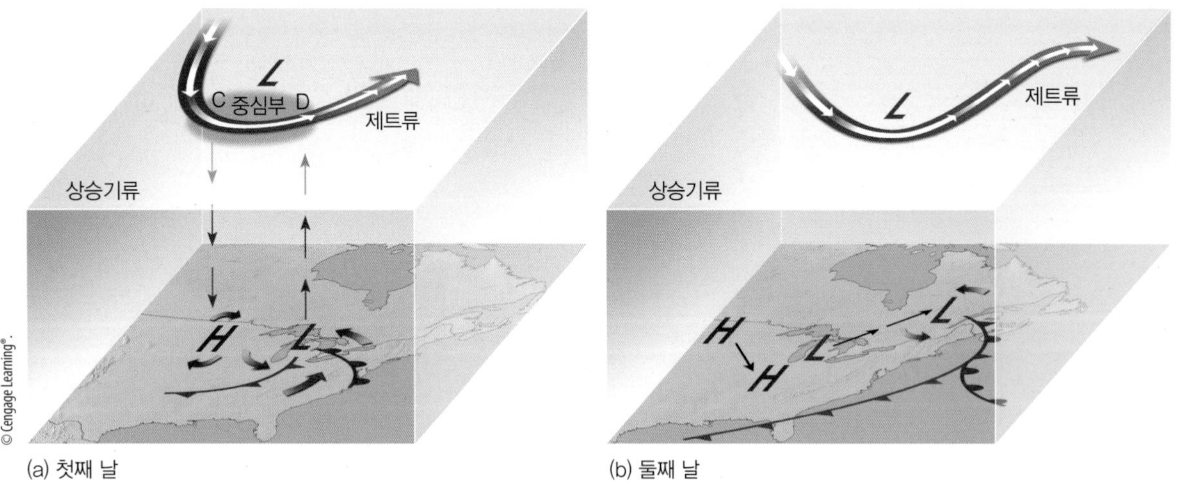

그림 8.23 ● (a) 한대 제트류와 그것이 동반하는 최대 제트역이 발달하는 중위도 저기압 상공에 걸려 있을 때 발산역(D)은 지상의 온난공기를 위로 끌어올리며 수렴역(C)은 한랭공기를 침강시킨다. 제트류는 지상 폭풍 상공의 공기를 제거하고 지상 고기압역에 공기를 공급함으로써 2개의 지상 기압계를 발달시킨다. (b) 지상 폭풍이 북동쪽으로 이동하여 폐색되면 이는 더 이상 상층 제트류의 지지를 받지 못하게 되어 서서히 소멸한다.

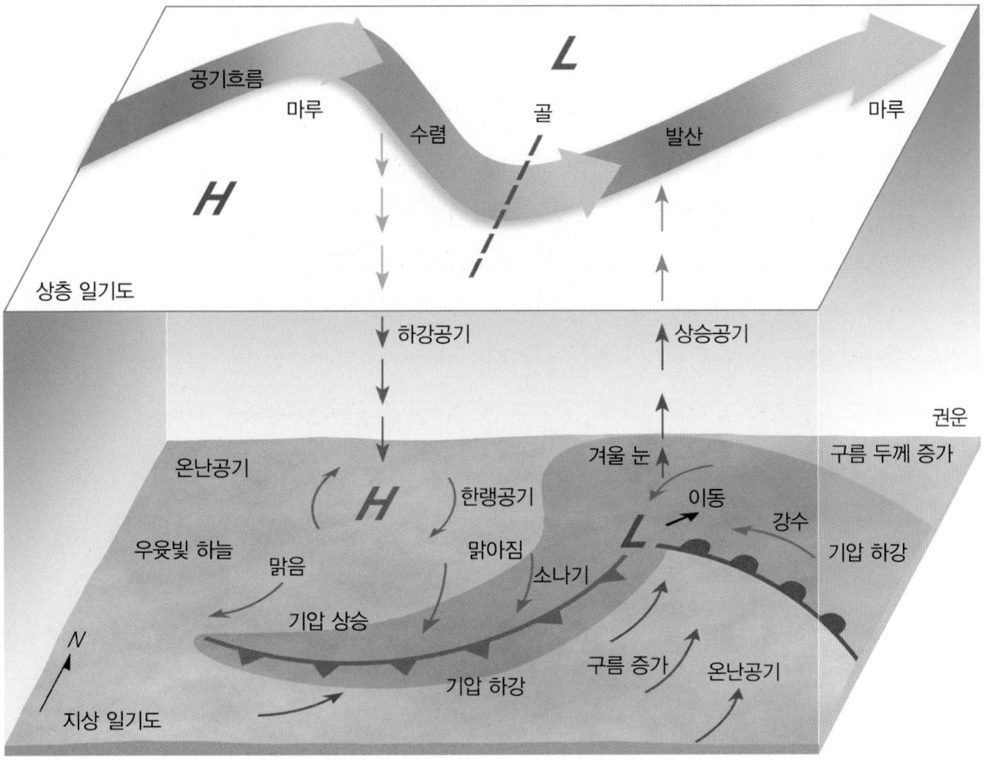

그림 8.24 ● 발달하는 중위도 저기압에 동반되는 구름, 일기, 연직 운동 그리고 상승기류.

공의 공기는 수렴하는 지상풍이 폭풍의 중심에 공기를 공급할 수 있는 것보다 더 빠른 속도로 빠져나가기 때문에 폭풍의 중심기압은 급속히 하강한다. 지상기압경도가 증가할수록 풍속도 증가한다. 고기압 상공에는 수렴역이 형성되어 밑의 고기압역으로 찬 공기를 내려보내 발산하는 지상공기를 교체하도록 한다. 여기서 우리는 **제트류가 지상 저기압 상공의 공기를 분산시키고 지상 고기압에 공기를 공급한다**는 사실을 알 수 있다. 또 찬 공기의 하강과 더운 공기의 상승으로 말미암아 위치 에너지가 운동 에너지로 변함에 따라 저기압 발달의 에너지를 형성하게 된다.

제트류가 폭풍을 북동쪽으로 이동시킴에 따라 지상 한랭전선은 온난전선을 따라잡게 되고 폭풍계는 폐색 상태에 이르게 된다(그림 8.23b 참조). 지상 저기압은 상공의 발산 대기 포켓 밑의 위치로부터 이동했기 때문에 폐색폭풍이 점차 그 자리를 메우게 된다.

가장 강력한 제트류는 겨울철에 남쪽으로 이동하는 한대 제트류이다. 가장 추운 달에 중위도 저기압폭풍이 보다 잘 발달하고 보다 빨리 이동하는 것은 한대 제트류 때문이다. 여름에는 한대 제트가 북쪽으로 이동하여 주로 캐나다의 앨버타와 북서구역 상공에 저기압 발달이 일어난다.

지상 저기압의 일부는 거대한 폭풍으로 발달하지만 그렇지 않은 것들도 있다. 폭풍이 강화되려면 지상 저기압 서쪽에 자리 잡은 상층 기압골이 있어야 한다. 동시에 한대 제트는 파동을 형성해야 하고 발달 중인 폭풍의 남쪽으로 약간 기울어야 한다. 이러한 조건이 구비될 때 상승 및 하강 공기와 더불어 수렴 및 발산역이 폭풍의 성장에 필요한 에너지를 제공하게 된다. 발달하는 중위도 저기압에 동반되는 수평 및 연직 운동, 구름 패턴, 그리고 일기를 요약하면 그림 8.24와 같다.

요약

이 장에서는 각종 기단과 이들이 특정 지역에 가져오는 여러 형태의 일기를 살펴보았다. 대륙성 북극 기단은 겨울철 혹한을 초래하며 대륙성 한대기단은 겨울에는 춥고 건조한 날씨, 여름에는 상쾌한 날씨를 동반한다. 해양성 한대 기단은 상당히 멀리 해양을 통과해 왔기 때문에 서늘하고 습한 날씨를 동반한다. 여름철 고온건조한 일기는 대륙성 열대 기단 탓이며 고온다습한 일기는 해양성 열대 기단 때문이다. 현저하게 특성이 다른 기단끼리 부딪치는 곳에 전선이 형성된다.

온난공기가 한랭공기로 대체되는 한랭전선의 앞면을 따라 온난공기가 다습하고 불안정하면 소나기가 내린다. 온난공기가 한랭전선 위로 올라가는 온난전선을 따라 광범위한 구름과 강수를 형성한다. 일기도상에서 정확한 위치와 정의를 내리기 어려운 폐색전선은 한랭전선과 온난전선의 특성을 모두 갖는다.

전선은 실제로는 중위도 저기압의 일부임을 배웠다. 폭풍이 어디에, 어떻게, 왜 형성되는지를 알아보았고 제트류를 비롯한 상층기류가 폭풍 발달에 중요한 영향을 준다는 사실을 알았다. 상층 저기압이 지상 저기압의 서쪽에 위치하고 제트류가 전향하여 지상 폭풍의 남쪽으로 향할 때 중위도 폭풍은 깊은 저기압역으로 발달할 수 있다.

주요 용어

본문에 나온 주요 용어를 나열하였다. 각 용어를 정의하라. 그러면 복습에 도움이 될 것이다.

기단	수렴	전선	풍하측 저기압
단파	열린파	전선파	한대전선론
대륙성 북극기단	온난전선	정체전선	한랭전선
대륙성 열대기단	장마	제트 스트리크	해양성 열대기단
대륙성 한대기단	장마전선	추월	해양성 한대기단
발산	장파	파동 저기압	호수효과 강설
발원지(기단의)	저기압 발생	폐색전선	

복습문제

1. (a) 기단이란 무엇인가?
(b) '좋은 기단 발원지'란 어떠한 지역인가?

2. 대륙성 북극기단(cA)과 대륙성 한대기단(cP)의 차이는 무엇인가?

3. 호수효과 강설이란 무엇이며 또한 어떻게 형성되는가? 호수의 어느 지역에서 주로 발생하는가?

4. 미국의 중부 내륙이 기단 발원지로 부적절한 이유는 무엇인가?

5. 주요 기단의 기온 및 습도의 특성을 열거하라.

6. 미국 동해안의 해양성 한대기단(mP)이 서해안의 경우보다 찬 이유는 무엇인가? 또 이들이 탁월한 이유는 무엇인가?

7. 상층의 공기흐름이 어떻게 공기덩어리의 움직임을 조절하는지 기술하시오.

8. 여름보다는 겨울에 기단과 기단 사이의 경계가 더 강하게 발달하는 이유는 무엇인가?

9. 다음의 일기조건에 부합하는 기단의 종류는 무엇인가?
(a) 고온다습한 여름철 날씨
(b) 상쾌하고, 선선하며, 건조한 바람이 여름 뒤 찾아올 때
(c) 가뭄과 고온의 날씨
(d) 우리나라에 한파를 몰고 온다.
(e) 추운 날씨와 강설을 동반하는 서해안 지방
(f) 오후 소나기와 뇌우를 동반한 날씨

10. 다음의 특성을 설명하라.

(a) 온난전선

(b) 한랭전선

(c) 폐색전선

11. 전형적 한랭전선, 온난전선, 한랭형 폐색전선의 단면도를 그려 보라. 각 그림에 구름 유형과 패턴, 강수지역, 전선 양편의 상대온도를 표시하라.

12. 한대전선론을 이용하여 파동 저기압의 발달 단계를 설명하라.

13. 중위도 저기압은 한대전선을 따라 형성되는 경향이 있는데 그 이유는 무엇인가?

14. 지상 저기압이 발달하거나 강화되려면 상층 저기압이 그 서쪽에 자리 잡아야 하는 이유는 무엇인가?

15. 지상 저기압 상공의 발산기류가 하층의 수렴기류보다 강하면 이 저기압은 발달할 것인가 쇠퇴할 것인가? 설명하라.

16. 중위도 지역의 작은 저기압이 폭발적 성장을 하는 폭풍으로 성장하게 하는 필수조건에 대해 기술하시오.

17. 파동 저기압의 발달에서 상층 발산의 역할을 설명하라.

18. 한대 제트류는 파동 저기압의 형성에 어떻게 영향을 미치는가?

19. 미국의 동부지역에서 중위도 저기압이 동진 혹은 북동진하는 이유를 설명하라.

사고 및 탐구 문제

1. 가을철 고기압이 기록적인 최저기온과 대륙의 한대기류를 몰고 왔다가 하루나 이틀 후 같은 지역에 다시 기록적인 고온과 열대성 해양 기단을 몰고 올 수 있는 이유를 설명하라.

2. 겨울철에는 한대전선을 동반한 날씨가 온난전선을 동반한 날씨보다 보통은 더 혹독하다. 왜 그런가? 여름철에는 꼭 그렇지 않은 이유도 설명하라.

3. 이웃한 두 기단의 경계가 여름철보다 겨울철에 더 두드러지는 이유를 설명하라.

4. 남반구의 중위도 저기압을 그려 보라. 등압선과 적어도 2개의 전선 유형도 그려 넣어라. 이 남반구 저기압과 북반구 저기압을 비교 대조해 보라.

5. 중위도 저기압을 파동으로 설명하는 이유는 무엇인가?

6. 같은 시간에 중위도 저기압은 대륙의 동안을 따라 북동진하는 반면에 대륙의 지상 고기압은 남동진한다. 어떻게 이러한 현상이 일어날 수 있는지 설명하라.

7. 지상의 저기압 동쪽에 상층의 기압골이 존재한다면 이 파동 저기압은 발달하겠는가, 아니면 쇠퇴하겠는가? 그림을 이용하여 설명해 보라.

9장

기상예보

기상예보에 종사하는 사람은 안정적인 고용을 보장받지 못할 때가 종종 있다. 실제로 한 기상예보관은 자신의 예보를 수정하지 않은 책임을 지고 해고당했다. 2001년 4월 15일, 유명한 보수파 라디오 토크쇼 호스트를 예우하는 행사가 캘리포니아 주 Madera의 야외에서 예정되어 있었다. 이야기는 이렇다. 행사를 후원한 그 라디오 방송국의 기상예보관은 4월 15일의 '비 올 확률'을 예보했다. 그러한 예보가 사람들의 행사 참석률을 감소시킬 것이라는 데 화가 난 방송국 매니저는 예보를 수정해 해가 날 가능성을 예보하라고 담당자에게 지시했다. 담당자는 이를 거부했고 즉각 해고되었다. 하지만 최상의 보복이 뒤따랐다. 행사장에는 실제로 비가 퍼부었기 때문이다.

- 기상 관측
- 기상 정보의 획득
- 기상예보의 각종 도구
- 기상예보의 방법
- 예보의 시간 범위
- 기상예보의 정확도와 숙련도
- 지상 일기도를 이용한 기상예보
- 기상 예측을 위한 예보 도구 이용

기상예보는 인명, 재산, 농산물을 보호하고 지구의 대기환경에 일어날 일을 예측하기 위해 발표한다. 미래의 일기를 미리 알아내는 것은 여러 가지 인간 활동에 매우 중요하다. 예를 들어, 장기간 많은 비가 오고 기온이 내려갈 것이라는 여름철 기상예보가 있을 때는 건축 공사 감독들이 공사장에 방수막을 설치하도록 명령해야 하고, 백화점에서는 수영복 대신 우산판촉 계획을 짜야 하며, 빙과류 공급업자들은 영업을 일시 중단해야 한다. 농민들은 땅이 너무 질어져서 기계 사용이 어려워지기 전에 수확을 서둘러야 한다. 통근자들은 비가 장기화될 때 도로침수, 철도차단, 교통체증, 늦은 저녁식사 등 불편을 겪는다.

기상예보관과 입장을 바꿔 생각해 보자. 수많은 사람들이 집을 나설 때 우산을 준비해야 하는지, 코트를 입고 가야 하는지, 또는 겨울바람에 대비해야 하는지를 결정하기 위해서는 정확한 기상예보가 필요하며, 그 책임이 예보관에게 있는 것이다. 본래 기상예보가 정확한 과학은 아니다. 따라서 예보가 부정확할 수도 있다. 빗나간 예보로 놀림감, 모욕, 심지어는 항의의 표적이 될 수도 있다. 그런가 하면 예측할 수 없는 것을 예측할 수 있다고 기대하는 사람들도 있다. 이를테면 2주 후 월요일 날씨가 피크닉에 적합할 것인지라든가, 다음 겨울 날씨는 어떻겠는가 등의 질문을 하는 사람들이 있다.

불행히도, 이런 질문에 정확한 답을 주는 것은 현재의 기상기술로는 불가능하다. 앞으로 이와 같은 의문에 자신 있게 답변할 수 있게 되려면 예보기술을 향상시키기 위해 어떤 조치들이 취해져야 하는가? 예보는 어떻게 이루어지는가? 왜 때로는 예보가 빗나가는가? 이러한 질문들이 우리가 이 장에서 다룰 중요한 질문들이다.

기상 관측

기상예보는 기본적으로 현재의 대기 상태가 어떻게 변할지를 예측하는 것을 말한다. 따라서 만약 우리가 기상예보를 하고 싶다면, 우리는 넓은 지역에 걸쳐 현재의 기상 상태를 알아야 한다. 전 세계에 위치한 관측소의 네트워크는 이 정보를 기상예보관에게 제공한다. 기상예보관들은 다양한 대기 높이에서 현재 상태를 보여주는 많은 지도와 도표를 볼 수 있을 뿐만 아니라 온도, 이슬점, 바람의 연직종단을 볼 수 있다. 또한 가시 및 적외선 위성 영상과 강수량과 뇌우의 강도를 탐지하고 감시할 수 있는 도플러 레이더 정보도 이용할 수 있다. 이 모든 것들은 기상예보관들이 현재의 날씨를 감시하고 미래의 상황을 예보하기 위해 사용된다. 이러한 관측 중 많은 것은 또한 이 장의 뒷부분에서 볼 미래의 날씨를 예보하는 컴퓨터 기반 대기 모델에도 도입된다.

전 세계에 산재한 1만여 개의 지상관측소와 수백 척의 관측선과 부표가 적어도 하루 4회씩 지상 기상 정보를 제공한다. 대부분의 공항들은 매시간 상황을 관찰하며, 수백 개의 자동화 관측소는 더 자주 정보를 제공한다. 상층 대기 상황을 보기 위해 전 세계의 800개 이상의 장소에서 라디오존데를 띄운다. 연구와 관련하여 관측장비를 띄우거나 겨울 폭풍 또는 폭풍우와 같은 위험 기상이 발생할 경우 더 많은 데이터를 제공할 수 있다. 일부 항공기가 비행할 때 상층 대기의 데이터를 수집하여 제공할 수 있다. 또한 위성에 의해 수집된 많은 유형의 관측을 기상예보관들이 이용할 수 있어 대기를 명확하게 표현할 수 있다(그림 9.1).

100개 이상의 도플러 레이더 장치로 구성된 네트워크는 48개의 미국의 주를 포괄한다. 이 레이더들은 비, 눈(진눈깨비), 우박의 진화에 대한 24시간 정보를 제공한다. 도플러 레이더는 강우량뿐만 아니라 바람까지 추적할 수 있기 때문에 다음 장에서 볼 수 있듯이 폭풍과 토네이도의 경고를 제공하는 유용한 도구이다. 가장 최신 컴퓨터 예보 모델 중 일부는 레이더의 정보를 실시간으로 반영하여 예보 결과를 향상시키고 있다.

기상 정보의 획득

날씨 데이터 수집은 예보로 이어지는 과정의 시작일뿐이

(a) 가시광선

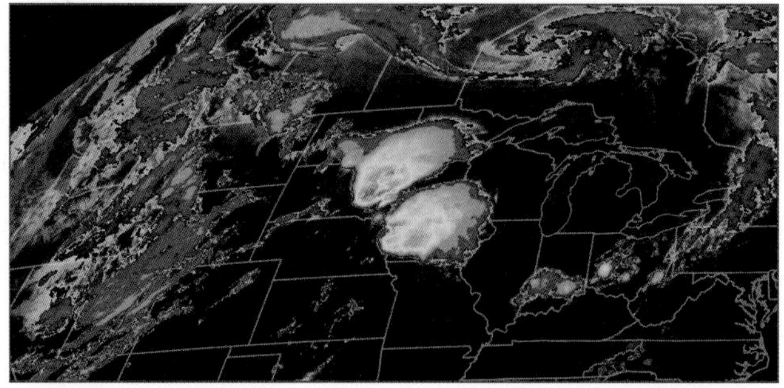

(b) 적외선

NASA/MSFC Earth Science Office

(c) 수증기

그림 9.1 ● 위의 3개의 위성사진은 각각 2014년 6월 16일 오전 11시 15분 GOES-East 위성이 수집한 것으로 (a) 반사되는 태양 복사를 감지하는 가시광선 사진은 낮 시간 동안 뇌우로 발전하는 네브라스카 지역의 하층 적운의 특징 뿐만 아니라 눈 덮인 지역을 관측하는 데에도 유용하다. (b) 적외선 사진은 구름 최상단의 온도를 분석하는 데 이용되며, 이는 방출되는 적외선 에너지의 양과 관련이 있다. 영상에서 가장 밝은 부분은 강한 뇌우의 높고 차가운 구름이 존재하는 지역을 의미한다. (c) 수증기 사진은 중간 및 상부 대류권에 존재하는 수증기의 양을 나타내는 특정 파장에서 흡수된 에너지의 양을 관측한다. 밝은 색은 더 많은 수증기의 양을 나타내며, 어두운 색은 상층 대류권의 건조한 곳을 나타낸다.

다. 전 세계 정부 기상청 및 민간 기업의 기상학자들은 지역에 대한 예보를 위해 정확한 기상 데이터 제공에 의존한다. UN 산하에 세계 175여 개국으로 구성된 세계기상기구(WMO)는 기상 자료의 국제교환을 담당하고 있다. WMO의 존재는 국가 간 관측 절차가 동일하지 않다는 점을 인증한다. 관측 결과는 비교 가능해야 하기 때문에 WMO의 존재는 매우 중요한 일이다.

전 세계에서 수집되는 기상 정보는 각국 기상청에 전송된다. 미국의 경우 워싱턴 DC근교에 있는 국립기상청(NWS)의 국립환경예측센터(NCEP)가 있다. 여기서 데이터를 분석하고, 모델을 돌리며, 날씨 지도와 도표를 작성하고, 국내 및 전 세계의 일기예보를 한다. NCEP에서 생산한 관측 및 컴퓨터 모델 결과는 공 · 민영 기상관청에 기상정보를 제공한다. NCEP의 많은 데이터들은 홈페이지에 게시되어 있다. 전국적으로 수십 개의 NWS 기상예보 사무소(WFOs)는 이 정보를 지역 및 일기예보를 발표하기 위해 사용한다. 표준예보는 12시간 마다 작성되며, 이 간격 사이에 필요에 따라 업데이트 된다.

대중은 라디오, 텔레비전, 컴퓨터, 스마트폰을 포함한 다양한 채널을 통해 일기예보를 받는다. 많은 방송국은 민간 기상 회사나 전문 기상학자를 고용하여 NWS예보를 수정하여 자체적으로 예보한다. 전문 훈련을 받지 않은 아나운서들이 기상예보를 전할 때는 보통 기상청의 예보를 그대로 낭독한다. 웹과 스마트폰에서 대중은 눈길을 끄는 정보로 제시되는 NWS와 민간 지역예보를 접할 수 있다.

기상예보의 각종 도구

하루 동안의 작업 과정에서, 전문적인 기상예보관은 수십 또는 수백 개의 개별 기상 지도를 검토하며 비교할 수 있다. 기상청이 모든 차트와 지도를 종합적으로 다루기 위해, NWS는 **초고속 기상처리 시스템**(AWIPS)를 사용한다. AWIPS II라고 하는 2세대 버전은 2013년부터 NWS에서 사용되었다(그림 9.2 참조).

AWIPS II 시스템은 데이터 통신, 저장, 처리 및 표출 기능을 갖추고 있어 기상예보관들이 필요한 정보를 뽑아 결합할 수 있도록 되어 있다. 또 AWIPS는 이중 편광 기술이 포함된 도플러 레이더 시스템(WSR-88D)에서 수신한 정보를 처리할 수 있다. ASOS(Automated Sufrace

그림 9.2 ● 2013년 NWS에서 사용되는 AWIPS II 시스템을 2명의 예보관들이 테스트하고 있다.

Observing Systems) 및 도플러 레이더로부터 얻은 많은 정보들은 예보관에게 가기 전에 **알고리즘**이나 이미 결정된 공식에 의한 소프트웨어에 의해 처리된다. 어떤 기준 또는 관측의 결합은 예보관으로 하여금 직면한 기상 상태에 대해 경보를 내릴 수 있게 한다(그림 9.2 참조).

그래픽 예보 편집기라고 불리는 AWIPS II의 소프트웨어의 일부는 기상예보관이 2.5 km(1.6 mi)의 간격을 가진 격자 형태로 온도와 이슬점같은 날씨 요소의 일일예보를 볼 수 있게 해준다. 이런 방식으로 데이터를 분석함으로써 예보관은 비교적 좁은 지역에 보다 정확한 예보를 할 수 있다.

예보관이 처리해야 할 정보가 매우 많으므로 데이터에

그림 9.3 ● 미국 2007년 11월 19일 아침 6시부터 11월 21일 낮 12시까지 지상과 상층의 일기를 예측한 미티오그램이다. 예보는 NOAA의 전지구 예측시스템(GFS)으로부터 도출한 것이다.

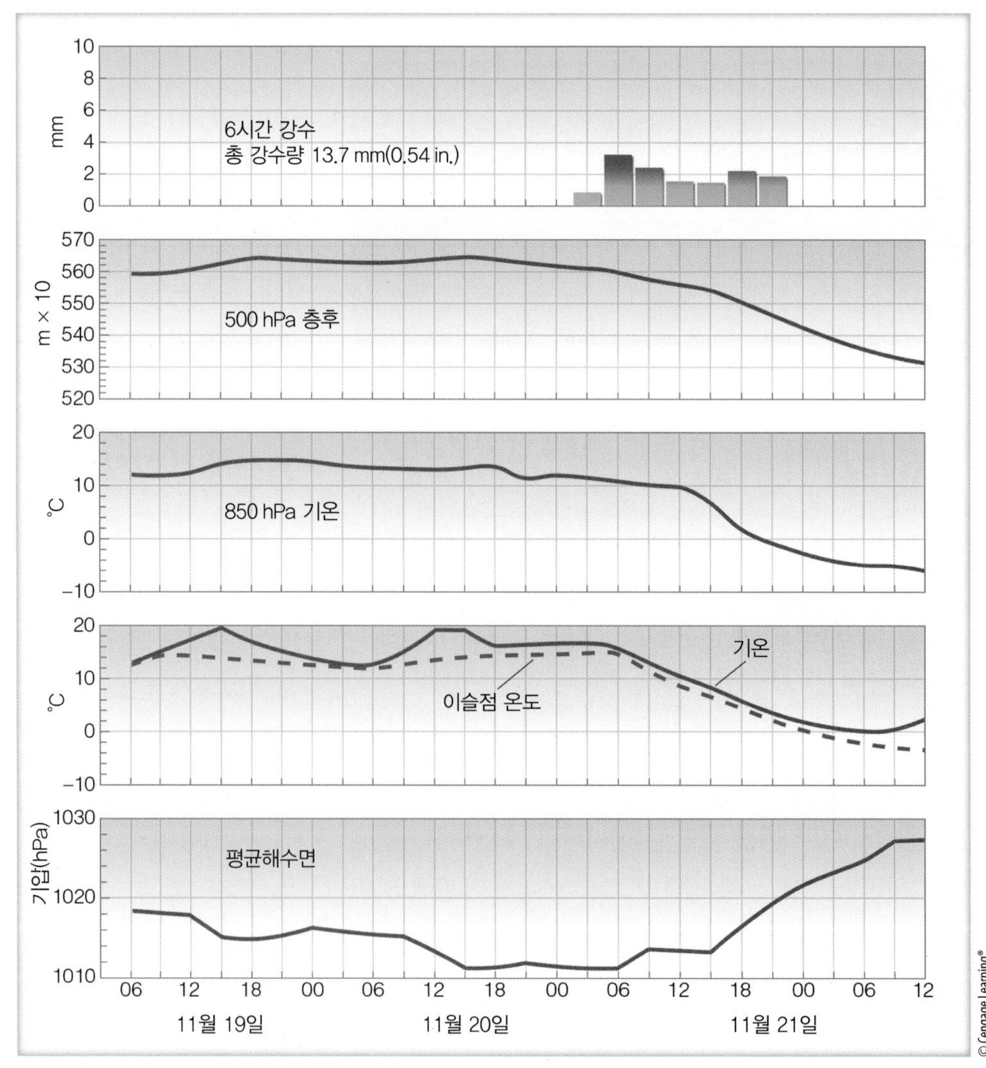

쉽게 접근할 수 있도록 하고, 기상변수들을 한눈에 볼 수 있도록 틀에 맞춰 정돈하는 일이 필수적이다. **미티오그램**(meteogram)은 하나 또는 여러 개의 기상변수가 주어진 시간동안 어떻게 변하고 있는가를 보여주는 기상도표이다. 예를 들어, 도표는 기온, 이슬점 온도, 해면기압이 지난 5일간 어떻게 변하였는가를 나타내거나 동일한 변수들이 추후 5일간 어떻게 변할 것인가를 나타낸다(그림 9.3 참조).

기상예보에 도움을 주는 또 한 가지 방법으로 기온, 노점 및 바람의 2차원 연직 단면을 사용하는 **탐측**(sounding)을 들 수 있다(그림 9.4 참조). 탐측분석은 특히 비교적 작은 지역에 관한 단기예보에 도움이 된다. 예보관은 인근 지역의 탐측과 바람이 불어오는 쪽 몇 군데의 탐측을 검토하여 대기가 어떻게 변할 것인지를 알아볼 수 있다. 그 다음에는 컴퓨터가 탐측으로부터 여러 개의 기상지수를 자동으로 계산해낸다. 예보관은 이 결과를 보고 뇌우, 토네이도, 우박과 같은 소규모 기상현상의 발생확률을 예측할 수 있다. 탐측은 또한 안개예보, 대기오염주의보 등에도 도움을 준다.

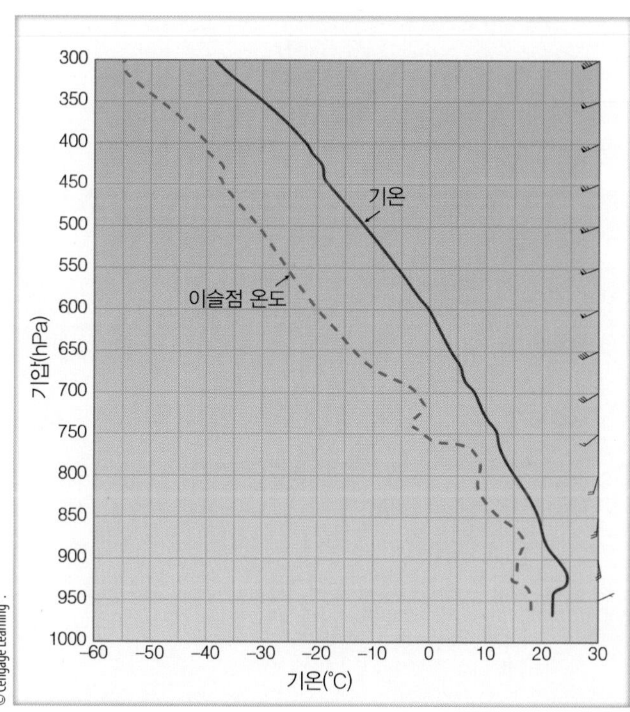

그림 9.4 ● 오클라호마의 2013년 5월 20일 저녁 시간대의 기온, 이슬점 온도 및 바람의 탐측.

위성 정보 또한 예보에 중요한 도구다. 가시광선, 적외선, 수증기의 이미지는 양질의 기상정보를 제공해준다. 특히 사람이나 관측장비가 접근하기 어려운 지역에서 오는 중요한 정보들을 빠르게 획득할 수 있다. 위성에 탑재된 특별한 장비는 낙뢰, 해수면 온도, 산불로 나타나는 연기와 같은 다양하고 중요한 현상을 탐지할 수 있으며, 다양한 위성들의 관측 자료는 예보 모델에 이용된다.

기상예보의 방법

지금까지 우리는 기상예보에 사용되는 기상 데이터와 도구에 대해 알아보았다. 기상학자들은 어떻게 앞의 정보를 종합하여 기상예보를 할 수 있을까?

컴퓨터와 기상예보: 수치 날씨 예측 매일 수천 가지가 넘는 지상과 상층 관측 자료가 기상청으로 전달된다. 기상학자들은 날씨 패턴을 해석하고 나타날 수 있는 모든 오류를 수정한다. 최종 차트를 **분석**(analysis)이라고 한다.

컴퓨터는 도표(plot)를 만들고 데이터를 분석하는 일뿐만 아니라 훨씬 도전적인 일인 날씨 예측에 직접 활용된다. 오늘날 슈퍼컴퓨터는 수많은 데이터를 아주 짧은 시간내에 계산하여 빠르게 분석할 수 있다. 대기는 상당히 복잡하기 때문에 성능이 좋은 슈퍼컴퓨터를 사용하는데, 날씨와 기후 예측에 사용되는 수학 방정식을 슈퍼컴퓨터를 이용하여 풀어내서 날씨를 예측하는 일을 **수치예보**(numerical weather prediction)라 한다.

다양한 날씨는 순간적으로 변하기 때문에 기상학자들은 현재 대기를 묘사하여 **대기 모델**(atmospheric models)을 고안했다. 이들 모델은 발달하는 폭풍을 그림으로 나타내는 물리적 모델이 아니고 기온, 기압, 습도가 시간의 경과와 함께 어떻게 변할지를 알려주는 많은 수학방정식으로 구성된 수학적 모델이다. 지구 곳곳에서 매 순간 수많은 복잡한 일이 일어나기 때문에 모델은 실제 대기를 완전히 구현해내지 못한다. 대신에 모델은 아주 유용한

근사치로 이를 모델링 한다.

이러한 모델들이 실제로 어떻게 작동하는지를 조금 더 상세히 알아보자. 방정식들은 포트란과 같은 컴퓨터 언어로 표현되어 컴퓨터의 메모리상에 적재되어 작동하며, 지상과 상층의 온도, 기압, 습도, 바람, 공기의 밀도에 대한 관측은 일정하게 배치된 격자(grid point)에 배치되게 된다. 관측자료를 수치모델에 적절히 입력하는 과정을 **자료동화**(data assimilation)라고 한다.

주요 기상 변수가 어떻게 변할 것인지 결정하기 위해, 각 방정식은 적당한 간격으로 떨어져 있는 수많은 격자 포인트에서 5분과 같은 짧은 시간에 대해 적분을 한다. 추가적으로 각 방정식은 대기의 50개의 층에 대해 계산된다. 계산된 결과는 초기 방정시에 적용된다. 컴퓨터는 다시 5분 동안 예측된 새로운 데이터를 다시 방정식에 적용하여 다음 5분을 예측한다. 이러한 과정을 예측하고 싶은 기간까지 반복한다. 예를 들면 수치예보 모델은 매시간 18시간 이후까지 예측해낸다. 또 다른 장기간의 경우 매 3시간마다 84시간(3.5일)을 예측한다. 또 다른 모델은 386시간(16일)을 예측한다. 미래 날씨에 대해 계산하는 것이 끝나면 컴퓨터는 데이터를 분석하여 기압시스템의 등압선 또는 등고선과 함께 예상된 지점에 나타낸다. **예상도**(prognostic chart prog)라고 불리는 마지막 예보 차트는 특정 시간의 미래 일기를 보여준다.

슈퍼컴퓨터는 대기 운동 방정식을 빠르고 효과적으로 계산할 수 있다. 오늘날, 일기예보에 모델은 당연한 것으로 여겨진다. 모델이 없었다면 현재 수준의 날씨 예측은 불가능했을 것이다. 어떤 경우에는 컴퓨터 모델이 날씨 변화가 나타나기 전 고요한 날씨에 며칠간의 기온 변화 예측을 사람만큼 잘한다. 그러나 예보관들은 모델 예측이 항상 옳다고는 생각하지 않아야 한다. 바람직한 예보는

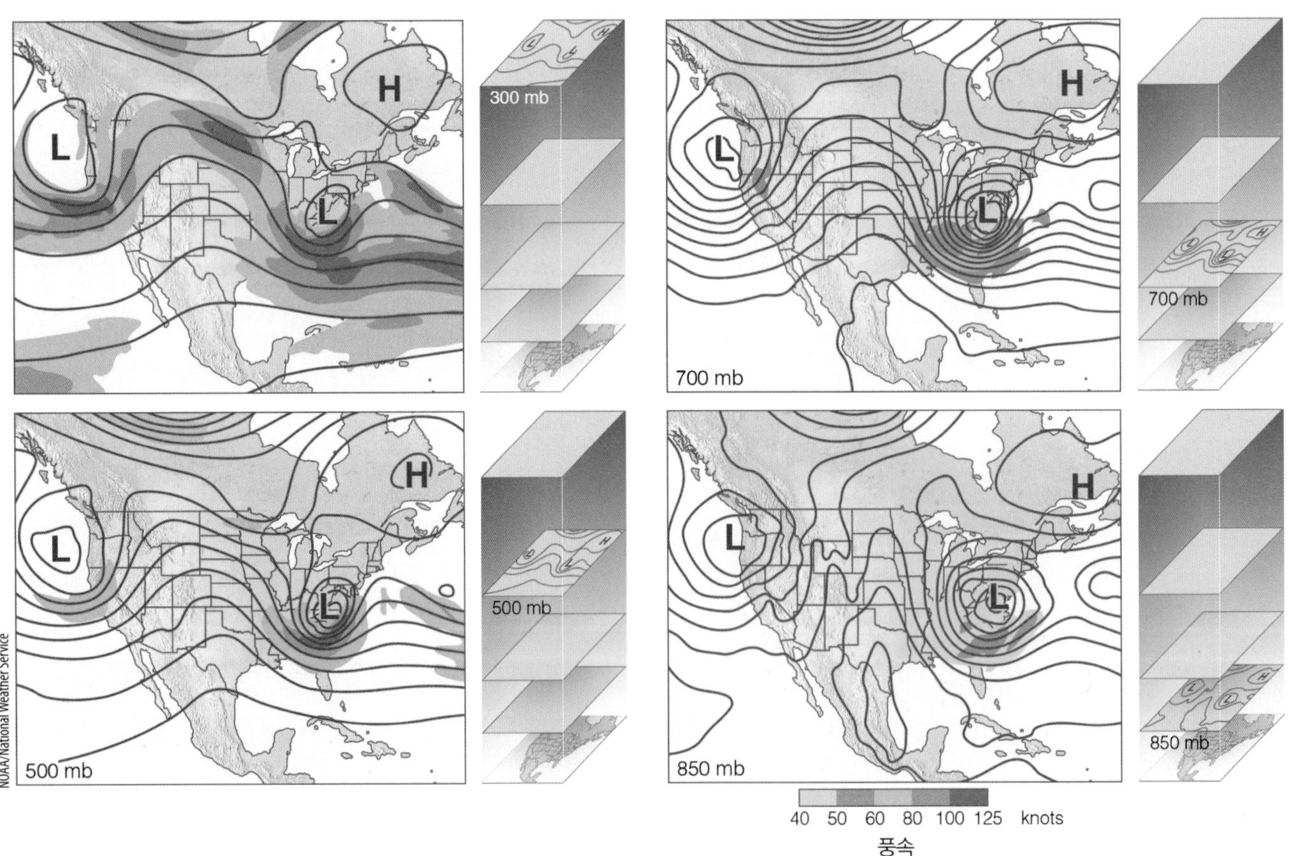

그림 9.5 ● 전지구 예측 시스템 모델을 이용하여 2013년 3월 5일에 3월 6일 오전 7시 850 hPa, 700 hPa, 500 hPa, 300 hPa의 예상도. 실선은 등고선을 나타내며, 주황색은 풍속을 나타낸다. 초록색은 70% 이상의 습도가 나타나는 지역을 나타낸다.

모델 결과와 예보관의 경험, 예보적 지식을 바탕으로 예보하는 것이다.

예보관은 점점 다양해지는 모델을 이용할 수 있으며, 같은 시간대 예상된 대기에 대하여 각각 조금씩 다른 해석을 보여준다. 그림 9.5를 보면 서로 다른 4개의 층에 대해 앞으로 24시간 후의 예상도가 나타나 있다. 예보관이 각 예상도를 어떻게 활용하는지는 표 9.1을 참조하라.

각 모델별로 서로 다른 방정식을 사용하거나, 소위 해상도라고 불리는 격자 간격이 차이가 있으면 예상도에 차이가 나타날 수 있다. 일부 모델은 다른 모델에 비해 특정한 특징을 더 잘 예측할 수 있다. 어떤 모델은 상층의 골 위치 예측에 뛰어나고, 또 다른 모델은 지상의 저기압 위치 예측에 뛰어나다. 비록 고해상도 모델이 더 자세한 정보를 제공하지만, 향상된 디테일만으로 모델이 더 정확하다는 것은 아니다.

예보관은 각 모델의 특성을 알고 신중하게 모든 예상도를 조사한다. 그 다음, 예보관은 컴퓨터의 가이던스(guidance)를 바탕으로, 예측 영역 내의 날씨 상황에 대해 자신의 해석을 예보한다.

현재, 예보 모델은 4~6일 정도 후의 미래까지 합당한 수준으로 예보한다. 이런 모델들은 강수보다는 기온과 제트기류 패턴 예측에 좋다. 그러나 국가 기상청 및 민간 기업에서 제공되는 일기예보는 기술의 발전으로 더 좋은 성능의 컴퓨터를 이용하고 있지만 종종 잘못된 예보를 한다.

컴퓨터를 활용한 예보가 빗나가는 원인과 개선방안 기상예보는 왜 때때로 틀리는가? 이러한 불미스러운 상황에는 여러 가지 이유가 있다. 컴퓨터 모델에는 결함이 따르므로 기상예보의 정확도에는 한계가 있기 마련이다. 예를 들어, 컴퓨터 예측 모델은 실제 대기가 아닌 이상화한 대기를 다루며, 각 모델은 대기상태에 대한 특정한 가정들을 포함하여 만들어진다. 이러한 가정들은 일부 기상 상황에 적합할 수 있으나, 다른 상황에서는 부정확할 수 있다. 따라서 컴퓨터로 만들어진 예상도는 어떤 날에는 실제에 매우 근접하지만 그렇지 않은 날도 있다. 실제와 다른 날씨를 예상한 컴퓨터에 의존하여 '맑고 쌀쌀

▼ 표 9.1 다양한 층의 예보 활용

층	해발고도	발견 및 추적될 수 있는 요소
지상		• 고기압과 저기압의 위치와 운동 시스템 • 흐린 지역, 강수, 강풍, 안개 • 저기압의 강화, 약화를 나타내는 등압선 교차 • 대기 상태가 불안정한 경우 온난 습윤한 공기가 강우와 뇌우를 발달시킬 수 있다.
850 hPa	1500 m(4900 ft)	• 습도가 많으면 강한 강수가 나타날 수 있다. • 수렴하는 바람은 저기압의 발달과 관련 있다. • 기온은 강우, 강설 등 강수의 형태를 결정한다.
700 hPa	3000 m(9800 ft)	• 습도는 중위도 폭풍 발달에 기여한다. • 온도 이류는 구름의 발달 또는 전면 약화에 영향을 준다. • 건조하고 따뜻한 층은 뇌우 발달을 제한할 수 있다. • 기온은 빙정과 강설량에 영향을 준다.
500 hPa	5600 m(18,400 ft)	• 중위도 폭풍 시스템, 허리케인 및 열대 저기압의 일반적인 지향 흐름 • 지상의 현상을 생성 및 강화하는 기압골, 기압능과 단파의 위치 및 움직임 • 조건부 불안정성을 높이고 뇌우의 발달은 유발하는 한기 이류 • 지역 및 연도별 시간에 따라 지상에서 비 정상적으로 따뜻하거나 추운 조건에 해당하는 고기압과 저기압의 영역
300 hPa	9180 m(30,100 ft)	• 제트 기류의 중심 위치 • 지상의 저기압 발달을 유발할 수 있는 제트류의 흐름 • 허리케인의 발달을 지원할 수 있는 열대 및 아열대 지역의 고기압의 발산지역

한' 날씨를 '비 오고 바람부는' 날씨로 예보하는 예보관도 있을 수 있다.

또 다른 컴퓨터 예측 모델의 문제는 다수의 모델이 전지구를 표출하지 못하므로 모델의 경계에서 오차가 발생할 수 있다는 것이다. 예를 들어, 북아메리카의 날씨를 예측하는 모델은 서태평양에서 경계를 따라 이동하는 기상현상에 대해 정확한 예보를 못한다. 그로 인해 전구 모델이 선호되나, 높은 해상도를 가진 정교한 전구 모델은 엄청난 수의 계산을 요하게 된다.

전지구에서 하루에도 수천 번의 기상 관측이 시행되지만 해상과 고위도 지역은 관측소가 많지 않아 자료가 부족하다. 이 문제를 완화하기 위해 최신 위성은 컴퓨터 모델보다 정확한 온도 및 습도의 프로파일을 제공한다. 바람정보는 도플러 레이더, 상업용 항공기, 부표, 그리고 해양 표면의 거칠기를 이용한 기상위성 등 여러 관측 기기부터 얻는다.

격자 간격 컴퓨터는 100 km에서 작으면 0.5 km의 간격의 **격자점**(grid point)에서 대기를 나타내는 각종 방정식을 계산한다. 그 결과, 격자점 간격이 큰(60 km) 컴퓨터 모델은 대형 중위도 저기압과 고기압 등의 기상계는 컴퓨터 예상도에 나타낼 수 있지만, 뇌우와 같은 작은 기상계는 나타내지 못한다. 이 모델은 소나기 및 뇌우를 직접 모의하기에는 너무 격자가 크기 때문에 이러한 기능은 포함하지 못하여 특정 지점에 대해 예측하기보다는 넓은 영역에 대하여 근사하여 나타낸다. 따라서 북아메리카와 같은 광대한 지역에 대한 예보를 하는 컴퓨터 모델은 소나기나 뇌우보다는 큰 저기압과 연관된 강수예보에 적합하다. 여름철 강수의 대부분이 국지적 소나기이므로, 만약 내릴 경우 컴퓨터 예상 일기도는 맑은 날을 예보하지만 외곽지역은 폭우가 내리기도 한다.

국지 지형과 같은 작은 규모의 기상현상을 포착하기 위해서는 격자 간격을 축소시켜야 한다. 예를 들어 HRRR(High-Resolution Rapid Refresh)이라는 예측 모델의 격자는 3 km이다. HRRR과 같이 고해상도를 가진 모델은 실제로 레이더 정보를 통합하고 소나기 및 뇌우가 어떻게 전개될지 예상할 수 있다. 고해상도 모델의 문제점은 격자점 사이의 수평 간격이 줄어들면 계산 수가 증가한다는 것이다. 격자 거리를 절반으로 줄이면 수행해야 할 계산 횟수가 8배이며, 모델을 실행하는 데 필요한 시간(및 계산 비용)이 16배 증가한다.

또 다른 문제점은 컴퓨터가 물, 얼음, 지면마찰 등 기상계에 미치는 작용과 영향을 적절하게 해석하지 못한다는 점이다. 큰 규모 모델의 대다수는 산악지역이나 해양을 고려하고, HRRR과 같은 일부 모델은 격자 간격이 큰 대규모 모델이 놓치는 작은 요소들을 고려한다. 국지 지형의 영향과 앞에서 언급한 다른 문제의 영향을 고려할 때 넓은 규모의 날씨를 예측하는 컴퓨터 모델은 지표온도, 바람, 강수와 같은 국지 규모의 날씨를 예측하는 데 부적절하다.

관측기술이 더 발달하고 컴퓨터 모델이 완벽에 근접한다고 해도 대기에는 예측 불가능한 **카오스**(chaos)의 작은 변동들이 수없이 많다. 예를 들면, 작은 맴돌이(eddy)는 컴퓨터 모델상의 격자 간격보다 더 작아서 측정이 불가능하다. 대기의 작은 요동과 데이터상의 작은 오차(불확실성)는 컴퓨터의 예측시간이 길어질수록 더 크게 증폭되어 수일 후 초기 불안정성은 더욱 커져 실제 대기의 움직임을 거의 예측할 수 없게 된다. 따라서 특정 장소와 시간에 정확한 날씨를 예측하기에는 한계가 있다. 그러나 특정 유형의 날씨가 미래에 나타날 수 있는 기후학적 **전망**(likelihood)을 만드는 것은 가능하다.

앙상블 예보 대기의 카오스적 특성 때문에 기상학자들은

알고 있나요?

일기예보에서 "갠 날씨"를 예보할 때 "갠 날"은 날씨가 "나쁨"보다 낫지만 "좋은" 수준이 아님을 의미하는가? National Weather Service에 따르면 주관적인 《갠》이라는 용어는 강우가 없고 온도가 계절적이며, 바람이 약하고 가시성이 좋으며 운량이 하늘의 40% 미만인 다소 쾌적한 날씨 상황을 의미한다.

중기 예보를 개선하기 위해 **앙상블 예보**(ensemble forecasting) 기법을 도입하고 있다. 이 방법은 몇 개의 예보 모델—또는 단일 모델의 여러 가지 버전—을 병행 운영하되 측정에 동반되는 오차를 반영하도록 약간의 다른 기상 정보를 가지고 출발하도록 하는 방법도 널리 사용되고 있다. 예를 들어, 하나의 예보 모델을 24시간 전 대기의 상태로부터 미래의 상태를 예측한다고 하면 앙상블 예보를 위해 전 모델의 모의가 반복되어야 한다. 그러면 초기 상태에는 차이가 있게 된다. 물론 이러한 불일치는 관측에서 불확실 정도를 나타내기도 하지만 이러한 과정을 여러 번 반복하면 작은 변화폭에 대한 앙상블 예보가 만들어진다.

그림 9.6은 2013년 3월 1일(96시간 또는 4일 후)의 앙상블 500 hPa 예측을 보여준다. 차트는 매번 약간 다른 초기 조건으로 모델을 17회 실행하여 구성된다. 동부 태평양과 같은 일부 지역에서는 앙상블 숫자가 상당히 일치하는 반면, 미국 중서부 지역과 같은 다른 지역에서는 큰 불확실성이 있다. 예측이 미래로 점점 더 진행됨에 따라 라인은 일반적으로 스크램블 스파게티처럼 보이므로 앙상블 예측 차트를 종종 **스파게티 플롯**(spaghetti plot)이라고 한다.

만약 특정 시간의 끝에 예상 일기도 혹은 모델 실행이 서로 조화를 잘 이루며 진행된다면, 기상예보는 믿을 만한 것이 될 것이다. 이런 상황이면 예보관은 높은 수준의 확신을 갖고 날씨를 예측할 수 있을 것이다. 만약 예상도들이 서로 일치하지 않는다면, 예보관은 컴퓨터 모델 예측에 대한 낮은 신뢰도를 갖고 확실성이 적은 일기예보를

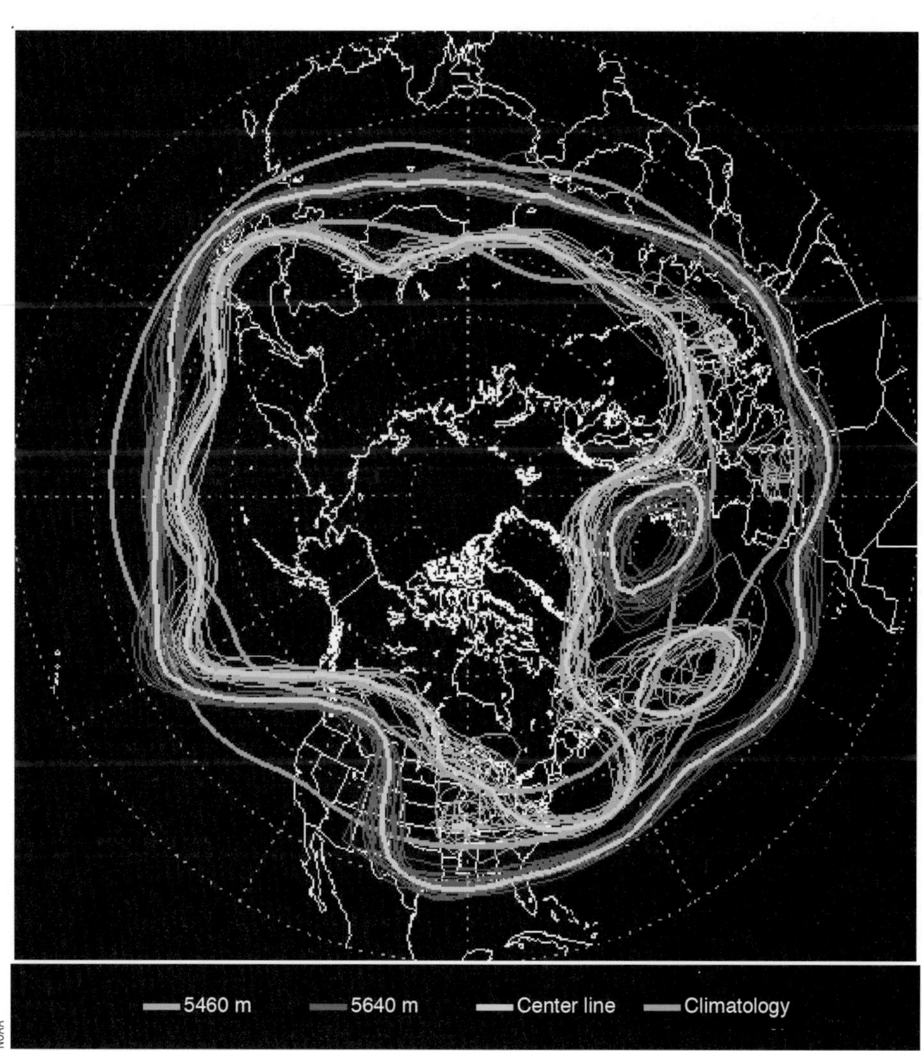

그림 9.6 ● 2013년 3월 1일 오전 2월 25일에 발표된 500 hPa 예상 차트이다. 파란색 선은 5460 m 윤곽을 나타내며, 빨간색 선 5640 m 윤곽을 나타낸다. 녹색 선은 16년 평균으로 두 윤곽선의 평균 위치를 나타낸다. 노란색 선은 예측 앙상블 평균의 윤곽을 나타낸다.

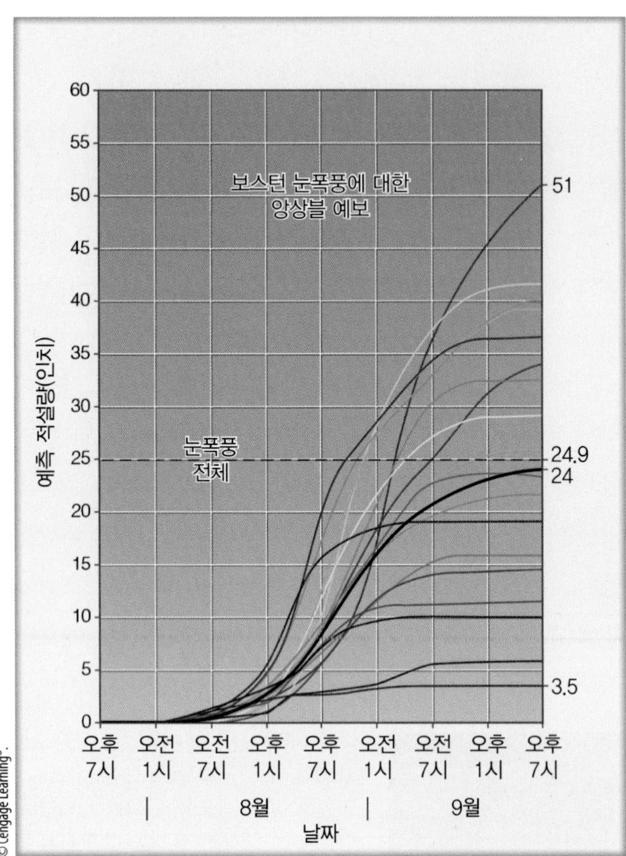

그림 9.7 ● 2013년 2월 8일부터 9일까지 매사추세츠 주 보스턴의 총 강설량 예측 결과는 2월 6일 초에 발표되었다. 각 선들은 서로 다른 모델 실행의 예측을 나타내며, 모두 동시에 수행되지만 초기 조건이 조금씩 다르다.

할 것이다. 요컨대 예상도들, 즉 모델 실행에 일치도가 낮을수록 기상예측 확실성도 줄어든다. 결국 월요일에 주말 날씨가 낮은 확실성으로 '맑고 따뜻할 것'으로 예보되었다면, 그 주일 토요일 옥외 활동 계획을 세우는 것은 현명치 못할 것이다. 대부분의 일일 일기예보는 그 신뢰도를 알려주지 않지만, 때때로 TV 일기예보나 NWS 특별 권고사항에 언급되기도 한다. 특별히 위협적인 날씨의 경우 더욱 그렇다.

그림 9.7의 예는 2013년 2월 초 뉴잉글랜드를 강타한 블리자드와 같이 앙상블 멤버들이 중요한 기상 상황에서 얼마나 광범위하게 분기될 수 있는지를 보여준다. 앙상블은 세 가지 모델로 구성되어 각각 약간 다른 여섯 가지 초기 조건에서 모델 실행이 되었고, 추가로 다른 두 가지 모델 실행이 되었다. 그 결과는 매사추세츠 주 보스턴의 총 강설량에 대한 20개의 예측이며, 8.9 cm에서 129.5 cm까지 예측은 매우 다양하다. 검은 실선은 앙상블 평균(60.9 cm)을 나타낸다. 이 폭풍에서 보스턴에 실제 강설량은 63.2 cm였기 때문에 앙상블 평균에 의한 예측은 훌륭했다. 앙상블 평균은 모든 경우에 완벽한 예측 변수는 아니지만 평균적으로 단일 모델보다 성능이 우수하거나 더 나은 경향이 있다.

요약하면, 불완전한 수치 기상 예측은 컴퓨터 모델의 결함, 모델의 경계를 따라 유입되는 오차, 데이터의 빈약, 그리고 대기 중에 발생하는 많은 각종 물리과정, 상호작용 및 혼돈스러운 동태에서 비롯되는 것일 수 있다. 그러나 잠재적인 모델 오류를 주의 깊게 관찰하고 여러 다른 모델 실행으로 구성된 앙상블을 사용함으로써 예측 정확도를 높일 수 있다.

기타 기상예보법 일기는 우리의 일상생활의 여러 면에 영향을 끼치는 것으로 수 세기 동안 정확한 예보를 위한 시도가 행해져 왔다. 초기 시도 중의 하나로 B.C 300년 아리스토텔레스의 제자인 테오프라스토스(Theophrastus)는『징후집(Book of Signs)』에 그때까지 알려진 모든 기상 징후를 수록하였다. 이 책은 2000년 동안 기상예보 분야에 지대한 영향을 미쳤으며, 이 작업은 구름의 색과 모양, 파리가 무는 강도와 같은 자연 징후를 검토하여 일기를 예보하는 방법으로 되어 있다. 이들 징후 중 어떤 것은 타당성이 있으며 '달무리는 비 올 전조'와 같은 일기속담이 그 일부이기도 하다. 오늘날 무리는 빛이 빙정을 통과할 때 빛의 굴절에 의해 생기며 빙정형 구름(권층운)은 접근하는 폭풍우에 앞서 나타남을 안다(그림 9.8 참조). 여러분은 눈을 크게 뜨고 약간의 실습만 하면 기상요소에 담긴 메시지의 해석을 통해 꽤 좋은 단기 국지예보를 할 수 있을 것이다.

공식 기상예보 활동은 1800년대 후반에 여러 국가의 정부에 의해 시작되었으며, 1900년대에 관측 기술이 개선됨에 따라 확대되었다. 컴퓨터 기반 기상 모델이 출현하기 전에 몇 년 동안, 많은 예측 방법은 대부분 예측자의

© C. Donald Ahrens

그림 9.8 ● 햇무리(달무리)는 비가 올 징조를 의미한다. 이는 하늘을 관측하여 일기를 예측하는 한 예이다.

경험에 기초했다. 이러한 기법들 중 많은 것들이 가치가 있었지만, 전형적으로 특정한 예측보다는 날씨가 어떠해야 하는지에 대한 일반적인 개요를 제공했다. 1950년대 중반까지만 해도 모든 일기도와 도표는 손으로 그려졌고 개인이 분석해야 했다. 기상학자들은 문제가 되는 특정 날씨 시스템과 관련된 특정 규칙을 사용하여 날씨를 예측했다. 6시간 미만의 단기예보는 지상기압계가 과거와 동일하게 진행한다는 규칙을 적용하여 예보하였다. 지상폭풍이 어디서 발달할지, 상공의 기압계가 어디서 강화 또는 약화될 것인지를 예측하는 데는 상층 일기도가 사용되었다. 현재의 일기도를 이용하여 장래의 기상계 발생 위치를 외삽법에 의해 추정했다. 많은 경우 이러한 예측은 놀라울 정도로 정확하였다. 그러나 현대식 슈퍼컴퓨터의 등장으로 오늘날 기상예보는 훨씬 개선되었다.

가장 쉬운 기상예보 방법은 아마도 미래의 일기가 현재와 같을 것이라고 간단히 예측하는 **지속성 예보**(persistence forecast)일 것이다. 만약 오늘 눈이 온다면, 눈이 내일까지 계속될 것이라고 말하는 것이 지속성 예보이다. 이 같은 예보는 수 시간 동안 제일 정확하게 들어 맞고, 그 이후에는 점점 정확도가 떨어진다. 지속성 예보는 날씨가 덜 급격하게 변하는 경향이 있는 시간과 장소에서 더 유용하다.

또 하나의 방법은 **정상상태 예보** 또는 **경향예보**(steady-state or trend, forecast)이다. 지상 기압계는 별다른 징후가 없는 한 같은 방향으로, 그리고 대략 같은 속도로 이동하는 경향이 있다는 원리에 입각한 방법이다. 예를 들어, 한랭전선이 평균시속 48 km로 동쪽으로 이동하고 있으며, 현재 위치는 여러분의 집 서쪽 144 km라고 가정해보자. 정상상태 예보법을 사용하면 이 전선은 3시간이면 여러분이 사는 지역을 벗어날 것이라고 예보할 수 있을 것이다.

기상예보의 또 한 가지 방법으로 **유사법**(analog method)이란 것이 있다. 이 방법은 기본적으로 일기도상의 현존하는 특성이 과거 어느 시기에 특정 기상조건을 초래했던 특성과 매우 유사하다는 데 근거하고 있다. 예보관이 볼 때 일기도는 '눈에 익은 것'이고 이런 이유로 유사법을 종종 패턴 인식법이라고도 한다. 이 경우 과거의 기상현상을 미래의 지침으로 활용할 수 있다. 그러나 여기서 문제가 되는 것은 일기 상황은 비슷해 보일지 모르지만 절대로 정확하게 같을 수는 없다는 점이다. 항상 많은 변수가 있기 마련이어서 이 방법을 적용하기란 간단치가 않다.

유사법은 최고 기온과 같은 기상요소들을 예측하는 데 사용할 수 있다. 가령 지난 30년 동안 특정한 날 뉴욕시의 평균 최고기온이 10°C라고 가정해보자. 이 최고 기온을 바람, 구름, 습도 등 다른 요소들과 통계학적으로 관련시켜 보면 이들 변수와 최고 기온 사이의 관계를 도출할 수 있다. 이 관계를 현재의 기상 정보와 연관시켜 그 날의 최고 기온을 예보할 수 있는 것이다.

과거의 모델 수행 결과를 근거로 예보 요소를 산정한 **통계적 예보**(statistical forecast) 또한 주기적으로 활용되고 있다. 흔히 MOS(Model Output Statistics)라 불리는 이 예보법은 수치예보 모델 결과와 기후값을 예보 인자로 활용하여 통계적으로 가중치를 적용하고 예보 요소를 구하는 방법이다. 예를 들어, 내일의 최고 기온을 예상하기 위해 수치 모델의 상대습도, 운량, 풍향 및 기온 등으로 통계식을 만드는 것이다.

기상청은 강수를 예보할 때 뒤에 보통 그 확률을 말한

다. 이것을 **확률예보**(probability forecast)라 한다. 예를 들면, '비올 확률은 60%'라는 식으로 표현한다. 이것은 (a) 예보 구역의 60%에 비가 내릴 것이란 뜻일까? 아니면 (b) 예보구역 내에 비가 내릴 확률이 60%라는 뜻일까? 둘 다 틀리다. 이것은 예보구역 내 임의의 장소, 이를테면 여러분의 집이 있는 곳에 측정 가능한 비가 내릴 확률이 60%라는 의미이다. 만약 향후 10일간의 예보에서 비 올 확률이 60%라면, 여러분이 사는 곳에 10일 중 6일은 비가 올 것이란 이야기다. 예보(실제로 비가 왔는지 안 왔는지)에 대한 검증은 보통 기상청에서 이뤄지지만 컴퓨터 모델은 개별 위치가 아닌 특정 지역에 대해 예보한다는 점을 기억해야 한다. 만약 기상청이 '약간의 비 올 가능성'을 예보했다면, 그 확률은 몇 %인지 표 9.2에서 알아보라.

기후 데이터를 사용한 확률예보의 예가 그림 9.9에 제시되어 있다. 이 지도는 미국 전역에 '화이트 크리스마스' 2.5 cm 이상의 눈이 내릴 가능성을 보여준다. 기후 데이터를 사용한 확률예보의 예가 그림 9.9에 제시되어 있다. 이 지도는 미국 전역에 '화이트 크리스마스' 2.5 cm 이상의 눈이 내릴 가능성을 보여준다. 또한 이 지도는 30년의 평균 데이터를 기반으로 하며, 확률 면에서 눈이 올 가능성을 제공한다. 예를 들어 미네소타 북부, 미시간 주, 메인 주의 일부가 화이트 크리스마스를 경험할 가능성이 90% 이상이다. 시카고에서는 50%에 가깝고 워싱턴 D.C.에서는 20%에 가깝다. 먼 서쪽과 남쪽의 많은 지역들은 확률은 5% 미만이지만, 정확히 0의 확률은 없다. 왜냐하면 크리스마스에 눈이 내릴 가능성은 항상 있기 때문이다. 예를 들어 2004년 12월 24~25일(그림 9.10 참조)에 텍사스 주 코퍼스 크리스티(Corpus Christi)가 11 cm의 강설량을 기록했고, 텍사스 주 브라운스빌(Brownsville)은 주 최남단에 3.8 cm의 눈이 내려 1899년 이후 브라운스빌(Brownsville)에 첫눈이 내렸다. 두 도시 모두 역사상 가장 많은 눈이 내렸다.

일기형(weather type)으로 일기를 예보할 때도 유사법을 적용한다. 일반적으로 일기 패턴은 아열대 고기압의 위치, 상층기류, 탁월폭풍 경로 등 범주를 적용하여 비슷한 그룹 또는 유형으로 분류된다. 예를 들어, 태평양 고기

▼ 표 9.2 측정 가능 강수(0.025 cm 이상)의 확률예보를 위해 미국 기상청이 사용하는 예보 용어

강수확률(%)	정상 강수의 예보 용어	소나기성 강수의 예보 용어
10~20%	낮은 확률로 강수 가능성	국지적인 소나기
30~50%	강수 가능성	산발적 소나기
60~70%	강수확률 높음	곳곳에 비/소나기
≥ 80%	눈, 비 예상	집중호우

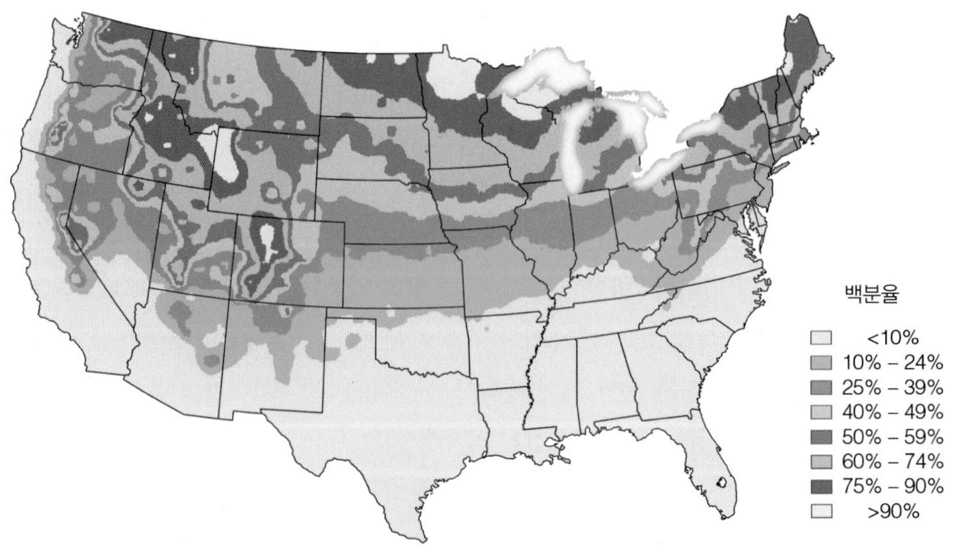

그림 9.9 ● 1981년부터 2010년까지 30년 평균에 근거한 '화이트 크리스마스' 2.5 cm 이상의 눈이 지상에 내릴 확률. 확률은 미국 서부의 모든 산악 지역을 포함하지 않는다. (NOAA)

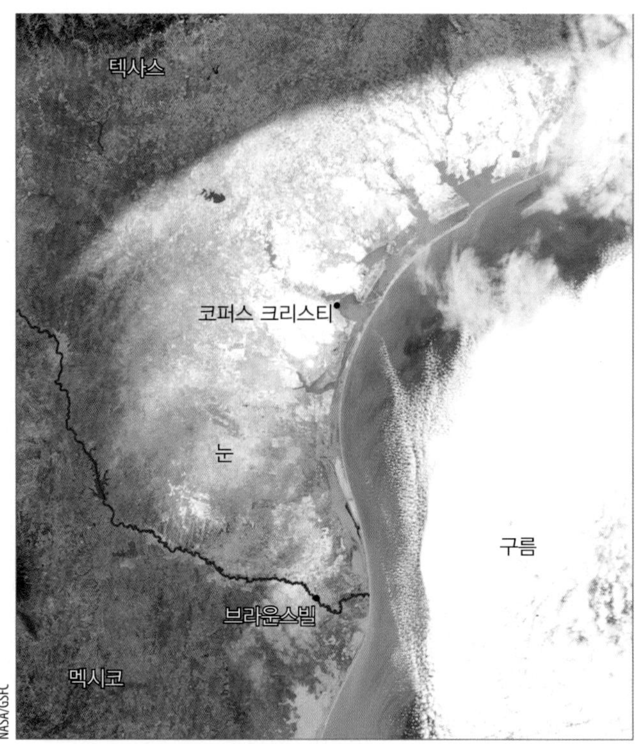

그림 9.10 ● 2004년 크리스마스에 걸프 해안을 따라 펼쳐진 남텍사스 위성사진. 코퍼스 크리스티(Corpus Christi)와 브라운스빌(Brownsville)을 덮고 있는 하얀 지역은 눈이다. 크리스마스에 두 도시 중 어느 한 곳에서 측정 가능한 눈이 내릴 확률은 1% 미만이다(그림 9.9 참조). 그러나 코퍼스 크리스티(Corpus Christi)는 10.2 cm 이상, 브라운스빌은 3.8 cm 가량 눈이 내렸다. 며칠 후 기온이 26.7°C로 올라갔다.

압이 약하게 남쪽으로 내려앉아 있고 상공에 동서풍이 불 때 지상폭풍은 태평양을 건너 빠른 속도로 동진, 심화된 기상계로 발달하지 않은 채 미국으로 진입하는 경향이 있다. 그러나 태평양 고기압이 정상 위치보다 북쪽에 자리 잡고 상층기류가 남북으로 흐를 때는 지상 저기압이 통상 거대한 폭풍으로 발달하는 가운데 상층기류에 루프 모양의 파동이 형성된다. 상층의 장파는 서서히 이동하고 수일에서 일주일 남짓까지는 거의 정체 상태에 있기 때문에 장파 주변 각기 다른 곳의 특정한 지상일기는 일정 기간 지속될 확률이 있다(그림 9.11 참조)

특정 지역에 대한 기후를 바탕으로 한 이 예측은 **기후학적 예보**(climatological forecast)라고 알려져 있다. 로스앤젤레스에 한동안 살았던 사람이라면 해당 지역에 7, 8월에 거의 비가 오지 않는다는 것을 알고 있다. 실제로, 수년간에 걸친 여름 기간의 강수량 데이터는 로스앤

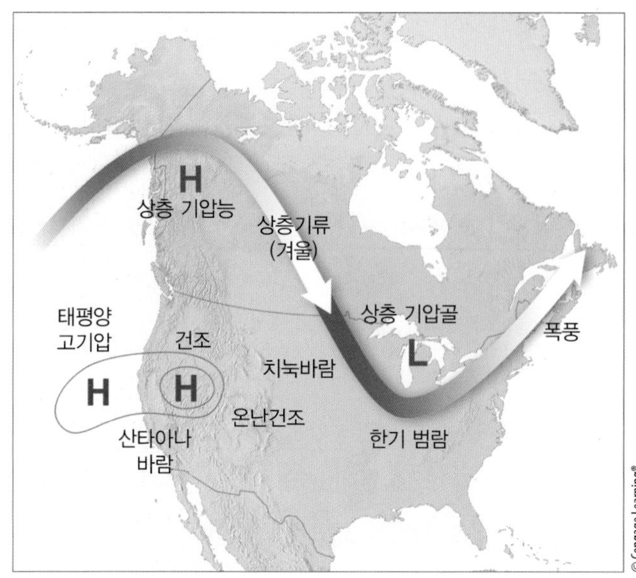

그림 9.11 ● 상층기류(굵은 화살표)를 나타낸 겨울 기상, 태평양 고기압의 지상 위치 및 전반적인 일기 상태를 보여주는 일기형.

젤레스에서 약 90일 중 1일 또는 거의 1%에 불과한 미량의 강수가 발생한다는 것을 나타낸다. 그러므로 만약 우리가 로스앤젤레스의 7월과 8월 중 특정 날짜에 대해 비가 오지 않는다고 예측한다면 과거 기록에 기반하여 맞출 확률이 거의 99%에 육박한다. 그리고 이러한 패턴은 크게 달라지기 않기 때문에 우리는 2025년에 대한 예측에서도 또한 확신할 수 있다.

예보의 시간 범위

기상 예측은 일반적으로 얼마나 먼 미래까지 예측하는가에 따라 분류된다. 예를 들어, 최대 몇 시간(보통 6시간 이하)의 일기예보를 **실황예보**(nowcast)라고 한다. 이러한 예보를 하기 위한 기술은 보통 지표 관측이나 위성 이미지 그리고 도플러 레이더 정보에 대한 주관적인 해석을 포함한다. 종종 예보관들은 경험과 패턴 인식을 통해 날씨 시스템을 안정한 상태나 예측에 대한 추세법을 따라 바꾸기도 한다.

심각하거나 위험한 기상상황이 발생할 가능성이 높거나 발생하는 경우, 국립기상국은 관심, 경보, 주의보 형태의 단기 경보를 발령한다. **관심**(watch)은 특정 시간과 지

역에 위험기상이 발생 가능한 대기 상태임을 나타낸다. 이러한 위험은 실제로 발생할 수도 발생하지 않을 수도 있으며, 지역과 시간 또한 불확실하기 때문에 관심 단계는 그 위협을 관찰하고 필요하다면 준비해야 함을 의미한다. 위험기상이 발달했거나 발달하려 할 때, 두 가지 유형의 경보가 발령될 수 있다. **경보**(warning)는 현재 재산이나 생명에 위협이 될 것이라 여겨지는 위험(예를 들어, 토네이도, 홍수, 심한 뇌우, 겨울 폭풍)이 발생하거나 임박했음을 나타낸다. **주의보**(advisory)는 상대적으로 덜 심각한 위험(예를 들어, 소량의 적설, 어는 비, 짙은 안개)을 나타낸다는 것을 제외하면 경보와 유사하다. 하지만 때로는 주의보 수준의 위험도 도로 상에 소량의 적설이 녹았다가 빠르게 얼어붙는 등의 크게 문제될 수 있다.

단기예보(short-range forecast)는 12시간에서 수일(일반적으로 최대 3일 또는 72시간)에 이르는 일기예보를 일컫는다. 예보관은 위성 사진, 도플러 레이더, 지상 일기도, 상층 바람 데이터, 패턴 인식과 같은 기술을 통해 단기예보를 할 수 있다. 예측 기간이 12시간을 초과할수록 MOS(Model Output Statistics)와 같은 컴퓨터 프로그램과 통계적 정보에 큰 비중을 두는 경향이 있다.

중기예보(medium-range forecast)는 3에서 8일(192시간)에 이르는 범위의 일기예보이다. 중기예보는 거의 온전히 MOS와 같은 컴퓨터 산출물을 바탕으로 이루어진다. 3일 이상 범위의 예보는 **중장기 예보**로 분류된다.

장기예보(long-range forecast)는 예측범위가 8일(192시간)을 넘는 일기예보를 말한다. 컴퓨터 프로그램이 16일까지 예측이 가능하지만, 국지온도와 강수량 예측에서 낮은 정확도를 보이며 기껏해야 광범위한 기상특징만 보여준다. NOAA 기후 예측 센터는 6일에서 10일, 8일에서 14일까지의 전망(outlook)이라 불리는 결과에 대한 추세를 요약하여 제공한다. 이들은 엄격한 의미에서는 예측이 아니지만, 예상 강수량과 온도 패턴이 평균장과 어떻게 비교될 수 있는지에 대한 개요를 제공한다. 그림 9.12는 전형적인 90일 전망이다.

NOAA는 또한 매달 **계절 전망**(seasonal outlooks)을 발표한다. 다시 이러한 전망은 특정 기상특성을 묘사하기보다는 주어진 영역에서 평균 이상 또는 이하의 온도와 강수량을 경험할 확률에 대한 전망을 보여준다. 처음에는 이러한 전망은 예측된 상층 평균류와 흐름의 유형이 생성하는 지상 기상 조건의 관계를 기초로 했다. 오늘날, 장기적인 전망은 Climate Forecast System Version 2(CFSv2)와 같은 해수면 온도와 대기를 결합한 모델을 요구한다. 많은 전망들은 직전의 월, 계절, 연도의 일반적인 날씨들을 이끄는 지속적인 통계 또한 고려한다.

7장에서 적도 열대 태평양의 엘니뇨(El Niño)와 라니냐(La Niña)가 세계 여러 지역의 날씨에 어떻게 영향을 미치는지 알아보았다. 상대적으로 온난하거나 한랭한 열대 태평양이 캘리포니아의 강우량에 영향을 줄 수 있는 상호작용을 **원격 접속**이라고 한다. 멀리 분리되어 있는 지역 간의 상호작용 유형은 통계적인 상관관계를 통해 확인된다. 예를 들어, CPC(Climate Prediction Center)는 엘니뇨와 라니냐 동안 온도와 강수량 패턴이 정상을 벗어난 북아메리카의 지역의 겨울이 습할 것인지 건조할 것인지에 대한 계절 전망을 몇 달 전에 미리 통보할 수 있다. 이처럼 원격 접속을 이용한 계절 전망은 점차 유용해졌다.

지금까지 우리는 일기예보가 어떻게 만들어지고 우리의 일상생활에 어떤 영향을 미칠 수 있는지 살펴보았다. 일기예보가 시장에 미치는 영향은 포커스 9.1을 통해 확인할 수 있다.

북미 대부분의 지역의 날씨는 비 오는 날보다 맑은 날이 더 많다. 따라서 당신이 사는 지역에 대해 "비는 오지

알고 있나요?

일기예보는 텔레비전 초기부터 발전해 왔다. 1950년대부터 1970년대까지 컴퓨터 그래픽이 사용화되기 전까지 일시적인 유행과 특수장치가 일반적이었다. 남녀 모두 광대 의상에 이르기까지 다양한 복장을 입고 기상예보를 전달했으며 종종 인형과 만화캐릭터가 예측을 전달하거나 리액션하기 위해 사용되었다. 많은 방송사에서 기상학자들은 스크린 뒤에 서서 실제로 온도를 기록하고 지도를 그렸으며 TV 카메라로 인해 이를 거꾸로 써야만 했다.

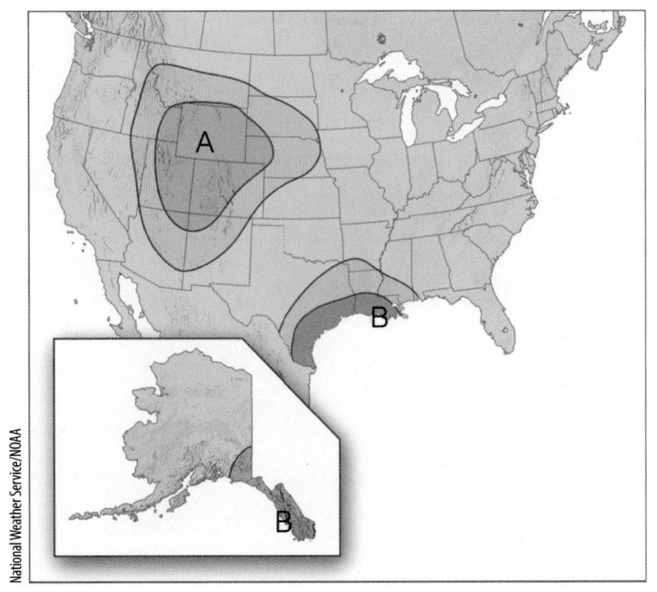

(a) 강수량

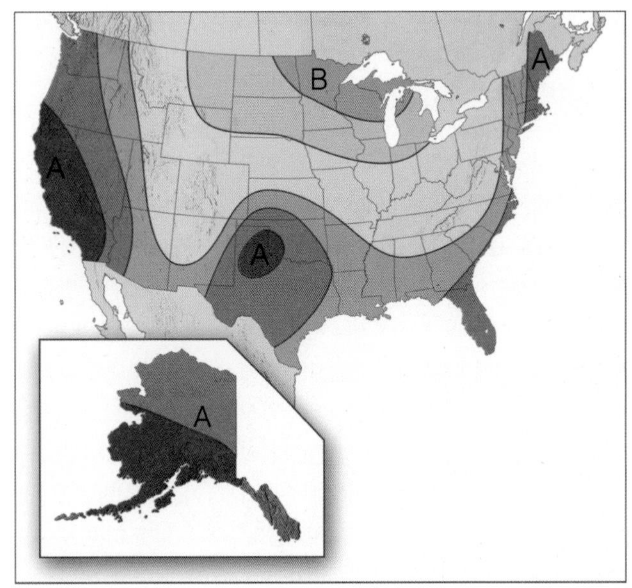

(b) 온도

그림 9.12 ● 2014년 5월 중순에 NOAA에서 발표한 2014년 6월부터 8월까지의 (a) 강수량과 (b) 온도에 대한 90일 전망. (a) 강수량의 경우, 어두운 녹색일수록 보통보다 많은 강수일 확률이 높은 반면에, 짙은 갈색일수록 보통보다 적은 강수일 확률이 높음. (b) 온도의 경우, 어두운 오렌지/적색일수록 보통보다 많은 강수일 확률이 높으며 더 어두운 청색일수록 보통보다 적은 강수일 확률이 높음. 두 지도에서 A는 "보통 이상"을, B는 "보통 이하"를 나타낸다.

않을 것"이라고 예보한다면, 이는 50%보다 정확할 것임을 의미한다. 하지만 당신이 예측을 성공하는 데에 어떤 기술을 보여주었는가? 무엇이 그 기술을 구성하는가? 그리고 국립 기상청에서 발표한 일기예보는 이에 비해 얼마나 정확한가?

기상예보의 정확도와 숙련도

끊임없이 변하는 대기의 속성과 복잡성에도 불구하고, 12~24시간 정도의 예보는 일반적으로 매우 정확하다. 또 2~5일간을 위한 예보는 그런대로 괜찮다. 그러나 약 7일을 넘기면 정확도는 급속히 떨어진다. 최장 3일까지의 기상예보가 완벽한 것은 결코 아니지만, 동전을 던져 알아맞히기보다는 훨씬 정확하다. 다만 그 정확도가 어느 정도냐가 문제이다.

기상예보의 정확도를 판정하려면 맞는 예보와 틀린 예보를 구성하는 요건이 무엇인지 결정해야 한다. 내일의 최저 기온이 1.7°C라고 예보했다고 가정해 보자. 만약 실제 공식 최저기온이 2.8°C로 나타났다면, 이 예보는 틀린 것일까? 또 대도시에 강설예보를 했을 때 눈이 도시의 남쪽 절반에만 내리고 북쪽 절반에는 내리지 않았다면, 혹은 강설예보 시간보다 3시간 일찍 내렸다면 이 예보는 맞는 것인가, 틀린 것인가? 현재 예보 정확도를 결정하는 확실한 해답이 없기 때문에 많은 기상학자들은 특정 시공간에서의 기상의 자연적 변동성과 데이터의 정확성을 고려하여 다양한 수학적인 기법들을 사용하여 예측 정확도를 측정하고 있다.

그렇다면 예보의 정확도와 숙련도는 어떤 관계에 있는가? 예를 들어, LA의 여름 날씨를 예보한다고 가정해보자. 오늘 비가 오지 않을 때 내일도 '비 없음'이라고 예보했고, 실제로 비가 오지 않는다면 그 예보는 정확하다고 말할 수 있다. 그러나 그와 같이 예보하는 데 숙련성이 개입되었는지를 따져볼 필요가 있다. 예보의 숙련도를 보여주기 위해서는 주어진 지역의 현재 일기(**지속성**) 또는 '정상' 일기(**기후학**)에만 의존한 예보에 비해 더 우수해야 한다. 따라서 가령 LA의 여름 날씨를 예보할 때 '측정 가능

기상예보와 시장

좋은 예측은 소풍 계획을 세우거나 깰 뿐만 아니라 전체 사업체의 손익의 차이가 될 수 있다. 일기예보는 경제의 많은 부분에 있어서 중요한 수단이 된다. 단기 예측은 오렌지 재배업자가 동해를 방지하거나 건설 회사에게 작업 지연에 대해 미리 전달하는 데에 도움이 될 수 있다. 더 넓은 범위에서 주식과 상품의 가격은 거대한 폭풍의 접근과 이에 대한 예측 그리고 남겨진 피해에 근거하여 오를 수도 떨어질 수도 있다. 예를 들어, 2004년 8월 허리케인 찰리가 플로리다의 많은 감귤 밭을 강타한 이후 냉동 농축 오렌지 주스의 가격은 한 달 만에 40% 이상 상승했다.

많은 기업들에게 계절 전망은 그날그날의 예보보다 훨씬 중요하다. 빵이나 파스타를 만드는 기업은 북미 지역의 밀 생산지의 공급 감소를 예상하기 위해 해당 지역의 온도와 강수량의 장기 전망에 세심한 주의를 기울일 것이다. 에너지 기업들에게는 작은 계절적 변화일지라도 여름철 냉방이나 겨울철 난방에 큰 역할을 미칠 수 있다. 유난히 포근한 겨울은 항공사와 트럭 운송회사에 활력을 불어넣어 줄 수 있지만, 이는 또한 겨울 의류 판매의 감소를 불러올 수 있다. 엘니뇨와 라니냐에 대한 장기적인 전망은 미국의 겨울이 평균보다 추울지 따뜻할지에 대한 수개월의 값진 선행 기간을 제공한다.

날씨와 관련된 재정 침체의 위험에 대한 가장 직접적인 보호는 우박, 홍수 그리고 가뭄 등에 대한 보험에서 나온다. 기상 보험은 일반적으로 만성질환이 아닌 심장 질환만을 다루는 의료 제도와 마찬가지로 가장 심각한 기상 위협만을 포함한다.

몇몇 다른 도구들은 대기와 관련된 이익의 잠재적인 등락을 완화하는 데 도움이 될 수 있다. 많은 상품들은 선물(先物) 계약을 통해 거래될 수 있다. 선물 계약은 이후에 고정된 가격으로 상품을 사고 팔기 위한 계약이다. 예를 들어, 빵을 굽는 회사는 예상 강수량 전망에 근거하여 밀 선물로 살 수 있다. 이러한 예보는 회사로 하여금 가뭄을 겪고 밀의 가격이 크게 오를지라도 판매 대금은 변하지 않는다는 것을 알고 있어 보다 자신감 있게 계획을 세우는 데 도움을 준다.

또한, 날씨 자체의 지수를 선물 계약하는 것도 가능하다. 날씨의 파생상품 계약은 에어컨의 수요를 가속시키는 기록적인 여름을 예측하는 여름과 같은 특정 날씨 결과에 가격표를 붙인다. 그러한 많은 계약들은 3장에서 기술한 난방, 냉방도 일수를 근거로 한다.

그림 1 ● 제빵회사는 만약 장기 전망이 흉작을 예측한다면 밀을 사전에 미리 보증된 가격에 구매하도록 일을 처리할 수 있다.

많은 투자자들과 투기꾼들은 종종 날씨 예측을 보거나, 선물 또는 날씨 파생상품을 사고 파는 것으로 대기의 변동성으로부터 이익을 얻으려고 한다. 상인은 석유와 가스 생산을 중단시킬 수 있는 허리케인의 경로와 같은 단기예보와 계절 전망을 주시하고 있다. 한 예로, 2005년 9월 20일 열대성 폭풍 리타가 세력을 키우고 메이저급 허리케인으로 걸프만에 접근한다는 예측이 나오면서, 유가는 일 최고치인 4.39달러 (약 7%) 상승을 기록했다.

한 강우는 없을 것'이라는 정확한 예보를 할 수 있겠지만, 어느 날 비가 내릴 것임을 정확하게 예측하기 위해서는 숙련이 필요하다. 만약 맑은 여름 날씨의 LA에서 내일 날씨가 '비가 옴'이라고 예보했고, 실제로 비가 왔을 경우 이는 지속성이나 기후학에만 의존하는 것이 아닌 정확한 기상학적 예보이며 그 숙련도를 보여주는 예시이다.

지속성이나 기후학에만 의존하는 예보보다 정확한 기상학적 예보가 나왔다면, 이 경우 예보는 숙련도를 보여준다고 말할 수 있다. 지속성 예보는 수 시간 미만의 기간에는 개선되기 어렵다. 이에 비해 12시간 내지 수일에 걸친 기상예보는 대체로 지속성 예보의 경우보다 훨씬 높은 숙련도를 보여준다. 그러나 예보 기간이 길어질수록 앞선 내용에서 언급하였던 카오스에 의해 숙련도는 급속히 떨어진다. 6~14일의 평균 전망에서 기온 예측에 비해 강수 예측의 정확도는 떨어지지만, 지난 수십 년간 발전해온 두 예측은 낮은 숙련도를 보인다. 오늘날, 7일 예보는 1990년도의 3~4일 예보 정도의 숙련도를 보여줄 만큼 발전한 것은 사실이지만, 예보 대상 기간이 15일을 넘

VINCENT DELIGNY/AFP/Getty Images

그림 9.13 ● 2013년 3월 20일 오클라호마 무어라는 도시에 발생한 강한 토네이도로, 15분이 넘는 리드타임이 있음에도 불구하고 아이들 10명을 포함한 24명의 사상자와 377명의 부상자가 발생하였다. 현재 토네이도가 형성될 정확한 위치를 예측하는 것은 불가능하지만, 미래에는 수일 동안에 강한 토네이도가 발생하는 시기와 위치를 예측할 수 있다.

어가면 기상특보라고 할지라도 그 숙련도는 기후예보 정도와 맞먹는다. 그러나 월평균 기온 및 강수 예측의 경우 1995년도부터 2006년도까지 보여주었던 예보의 2배 수준의 숙련도를 보여주고 있다.

대규모 일기 현상을 수일 앞서 예보하는 것은 토네이도나 악뇌우 같은 소규모의 수명이 짧은 기상계의 발달과 이동을 예보하는 것보다는 훨씬 정확하다. 실제로 오늘날 큰 저기압계의 발달과 이동을 3일 전에 예보하는 것이 1990년도에 이 같은 상황을 36시간 전 예보했을 때보다 더 정확하다. 토네이도 형성의 정확한 위치는 현대 예보기술로도 정확히 알아낼 수 없으나 폭풍 형성 가능성이 있는 포괄적 지역은 3일 전에 예보할 수 있다.

도플러 레이더나 최신의 위성영상 등 관측기술의 개선으로 악뇌우의 주의보 혹은 경보 발령 시간이 많이 앞당겨졌다. 실제로 토네이도 경보 발령 리드타임(경보 발령에서 실제 관측까지의 소요시간)은 1980년도 이후로 2배 이상 늘어나 평균 15분 정도이며 강한 토네이도의 경우 리드타임이 30분보다 큰 경우가 있다(그림. 9.13).

과학자들이 관측 자료를 이용하여 15일 이상의 일기예보를 정확히 예상할 수는 없을지 몰라도 **기후 경향**(climate trend)을 예측하는 데는 가능성이 있다. 각기 다른 기상 시스템들은 매우 다양하며 상당 기간 앞서서 예측하는 것은 어려울 수 있으나 전지구 규모의 바람이나 기압 패턴은 몇 주 혹은 몇 개월 주기로 강한 지속성과 예측 가능한 변화를 보인다.

최신의 고성능 슈퍼컴퓨터를 활용한 대순환 모델(GCMs)은 이전 버전의 모델들보다 대규모 대기 현상을 예측하는 데 뛰어난 성능을 보이고 있다. 수치 모델을 활용한 기후 예측의 세부사항은 13장에서 보다 자세히 알아보도록 하자.

요점 복습

지금까지 다룬 주요 개념 및 사실을 정리해 보자.

- 예보를 결정할 때 예보관은 지상 및 상층 일기도, 컴퓨터 예상 일기도, 미티오그램, 탐측, 도플러 레이더 및 위성정보 등의 각종 유용한 도구를 활용한다.
- 수치예보란 고성능 컴퓨팅을 통한 기상예보를 의미하며 수학적 모델 프로그램을 통해 시간에 따른 대기의 온도, 기압, 바람, 습도의 변화를 기술하며 지상 및 상층 일기도를 작성하고 각종 예상 일기도(프로그)를 생산해낸다.
- 컴퓨터 모델의 불확실성, 즉 대기의 카오스적 특성과 데이터의 작은 오차는 수일 후의 기상예보의 정확도를 크게 떨어뜨린다.
- 앙상블 예보는 여러 예보 모델 또는 하나의 예보 모델의 여러 버전에 관측 오차가 반영된 약간의 다른 정보를 초깃값으로 입력하여 운영하는 기법이다.
- 지속성 예보는 미래의 기상이 현재의 기상과 같을 것이라고 예측하는 것이며, 기후 예측은 특정 지역 기후에 기반을 둔 예측이다.
- 예보가 숙련도를 보여주려면 숙련도가 지속성 예보나 기후예보의 수준을 능가해야 한다.
- 12시간 이후에서 수일까지의 예보를 단기예보라고 하며, 3일 이후부터 8일까지의 예보를 중기예보, 8일 이후의 예보를 장기예보라고 한다.
- 계절 전망은 기온과 강수 패턴을 평년 상태와 비교하여 개략적 모습을 보여 준다.

지상 일기도를 이용한 기상예보

이전에 언급했듯이 최고의 예보는 수치 모델을 활용하여 얻은 여러 층의 대기 정보를 결합하여 만들어진다. 그러나 컴퓨터 모델이 큰 규모의 기상현상을 잘 모의하더라도 유능한 예보관들은 일기도에서 보이지 않는 기상현상을 찾아내는 능력을 필요로 한다. 예를 들어 단기예보를 하려는데 주어진 정보는 지상 일기도 밖에 없다고 가정해 보자. 이 일기도만 보고 예보가 가능할까? 물론 가능하다. 더욱이 수일 전의 일기도까지 갖고 있다면, 이와 같은 예보가 적중할 가능성은 현저히 증가한다. 과거의 일기도를 이용해 현재 일기도상에 나타난 특징의 과거 위치를 알 수 있고, 그로 미루어 그들의 이동을 유추 예측할 수 있다.

그림 9.14는 간단하게 표현된 지상 일기도의 예시이며 초겨울 화요일 아침 6시(CST)의 일기 상황을 보여주고 있다. 기압 중심 주위의 하나의 등압선으로 기압 중심을 표시하였다. 센트럴 플레인스에 위치한 열린 온대 저기압은 한랭전선을 따라 형성된 소나기, 약한 비, 눈, 온난전선 앞쪽에 내리는 진눈깨비를 동반한다. 지도에 표기된 점선은 6시간 전의 전선 위치를 나타낸다. 과연 어떠한 시스템이 전선을 움직였는가?

기상계 이동의 결정 지상 기압계와 전선의 이동을 예보하는 데 사용되는 몇 가지 경험적 법칙이 있다.

1. 짧은 시간 간격을 두고 저기압과 고기압은 (별다른 징후가 없는 한) 최근 6시간 동안의 움직임과 같은 방향, 같은 속도로 이동하려는 경향을 보인다.
2. 저기압은 온난역에 있는 등압선과 평행한 방향으로 이동하는 경향이 있다.
3. 저기압은 지상기압 하강이 가장 큰 곳으로 이동하는 반면, 고기압은 지상기압 상승이 가장 높은 곳으로 이동하는 경향을 보인다.
4. 지상기압계는 5,500 m 상공, 500 hPa 고도에 부는 바람과 같은 방향으로 이동하려는 경향을 보인다. 이때 지상기압계의 이동 속도는 5,500 m 상공 풍속의 약 절반이다.

그림 9.14에 경험적 법칙 1과 2를 적용시켰을 경우 저기압 지역은 센트럴 플레인스에서 북동쪽으로 움직일 것이다. 500 hPa 상층 일기도(그림 9.15)를 참고할 경우 지상의 저기압은 북동쪽으로 약 13 m/s 속도로 이동할 것이다.

6개 도시에 대한 예보 6개 도시에 대하여 예보를 진행하기 위해서 정상상태(steady-state condition)를 가정하

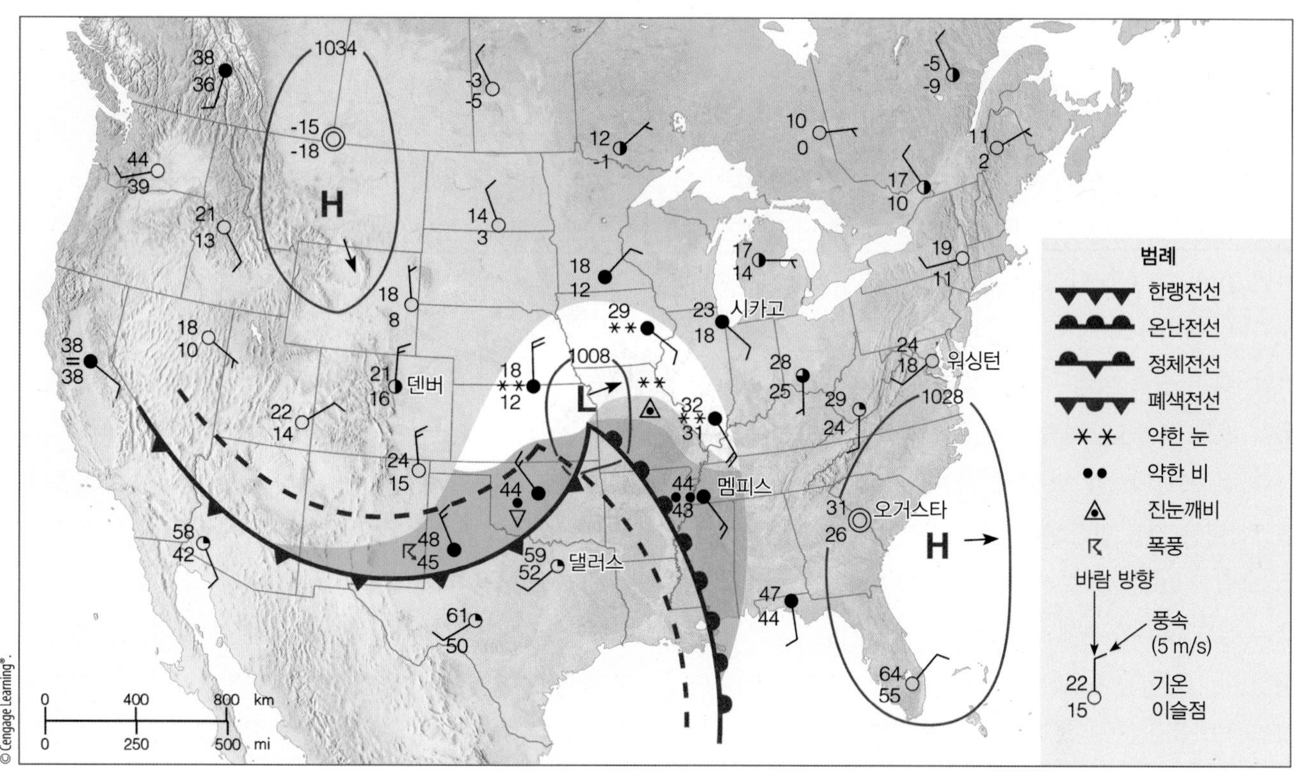

그림 9.14 ● 지상 일기도(화요일 오전 6시) 점선은 6시간 전 기상현상의 위치를 나타낸다. 녹색으로 표시된 지역은 비가 내리는 지역이며, 하얀색으로 표시된 지역은 눈이 내리는 지역, 분홍색으로 표시된 지역은 어는 비와 진눈깨비가 내리는 지역을 의미한다.

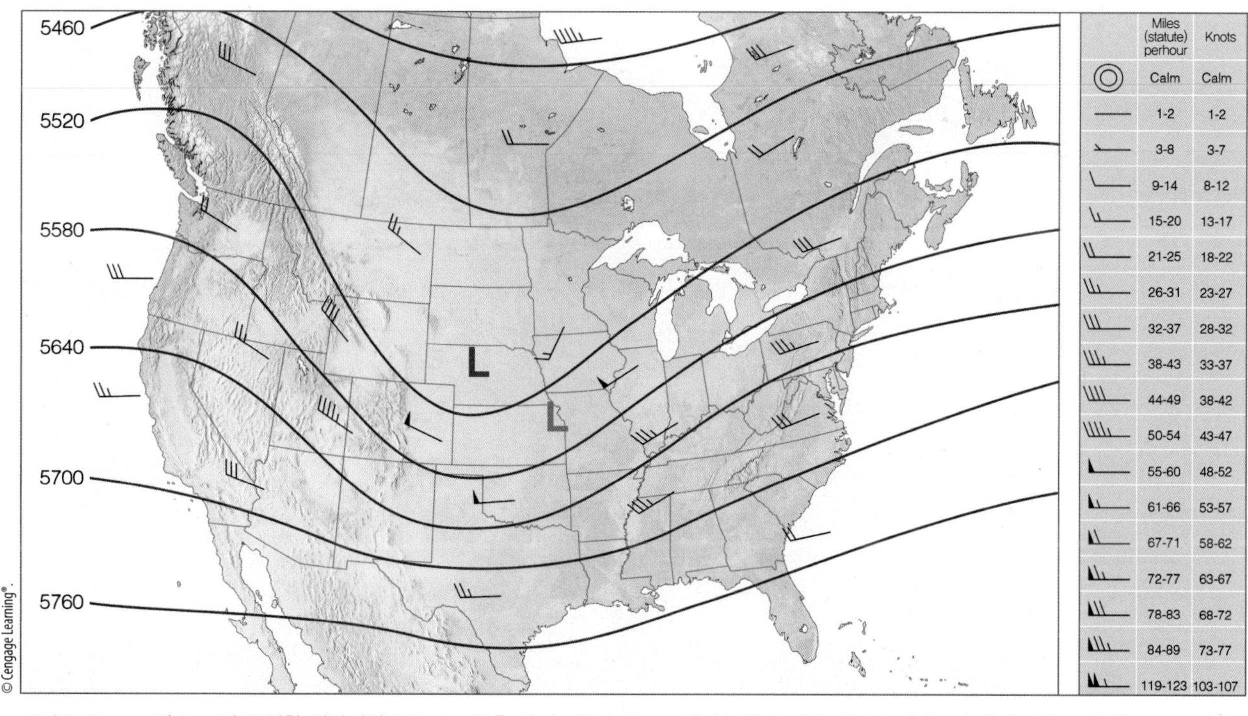

그림 9.15 ● 그림 9.14와 동일한 시간대의 500 hPa 상층 일기도이며, 등고도선과 바람에 대한 정보가 기입되어 있다. 연한 주황색으로 표시된 L은 지상의 저기압 위치를 의미한다. 상층 바람은 등압선을 따라 분다. 그러므로 지상의 저기압은 북서쪽으로 움직이며, 그림에 표기된 풍속의 절반(25 knots)으로 움직인다.

고 지상기압계, 전선, 기상현상에 대한 예측을 실행할 것이다. 그림 9.16은 기상현상에 대한 12시간, 24시간 예측을 보여주고 있다.

예보를 하기 전 주의해야 하는 것은 이러한 전선과 기압계의 움직임은 일정한 비율을 통해 예측되며 실제로는 거의 일어나지 않는다. 저기압 영역은 점점 폐색전선으로 변하며, 점점 느리게 움직인다. 게다가 저지고기압과 저기압, 혹은 상층 바람 경향에 따라 저기압의 움직이는 방향이 바뀔 수 있다. 그렇기 때문에 일정한 비율의 움직임을 가정하고 예보를 할 경우 예보가 길어질수록 오차에 민감하다는 것을 명심해야 한다.

그림 9.16과 같이 저기압과 고기압이 동쪽으로 이동했을 경우 많은 도시에 대하여 기초적인 기상예보를 만들 수 있다. 예를 들어, 화요일 아침 텍사스 지역 북쪽에 한랭전선이 들어왔을 경우 저녁에 댈러스에 "소나기를 동반한 온난한 날씨에서 추워질 것으로 예상"이라는 예보를 할 수 있다. 만약 진행 중인 기압과 전선에 동반되는 다른 기상상태를 알 수 있다면 기압, 기온, 습도, 구름양, 강수, 바람의 변화와 같은 자세한 기상예보를 할 수 있다.

앞으로 조지아주 오거스타시, 워싱턴 D.C., 일리노이주 시카고, 테네시주 멤피스, 텍사스주 댈러스, 콜로라도주 덴버 이렇게 6개 도시에 대한 화요일 아침부터 수요일 아침까지의 예보를 시작할 것이다.

조지아 주 오거스타에 대한 기상예보 화요일 아침, 고기압 지역과 관련된 차갑고 건조한 극지방의 공기는 오거스타 지역에 영하의 온도와 맑은 날씨를 가져왔습니다(그림 9.14 참조). 맑은 하늘, 가벼운 바람 및 낮은 습도로 인해 아침까지 온도가 −1.1℃ 이하로 낮아지는 빠른 야간 냉각이 가능했습니다. 그림 9.16을 자세히 살펴보고 고기압 지역이 오거스타에서 동쪽으로 천천히 멀어지고 있음을 확인하십시오. 이러한 시스템의 서쪽에 남풍이 불면 이 지역에 더 따뜻하고 습한 공기가 유입됩니다. 따라서 오후의 기온은 전날의 기온보다 따뜻합니다. 온난전선이 서쪽에서 접근할 때 구름은 먼저 권운으로 나타나고, 그 다음에는 정상적인 온난한 구름으로 점점 두껍게 내려갑니

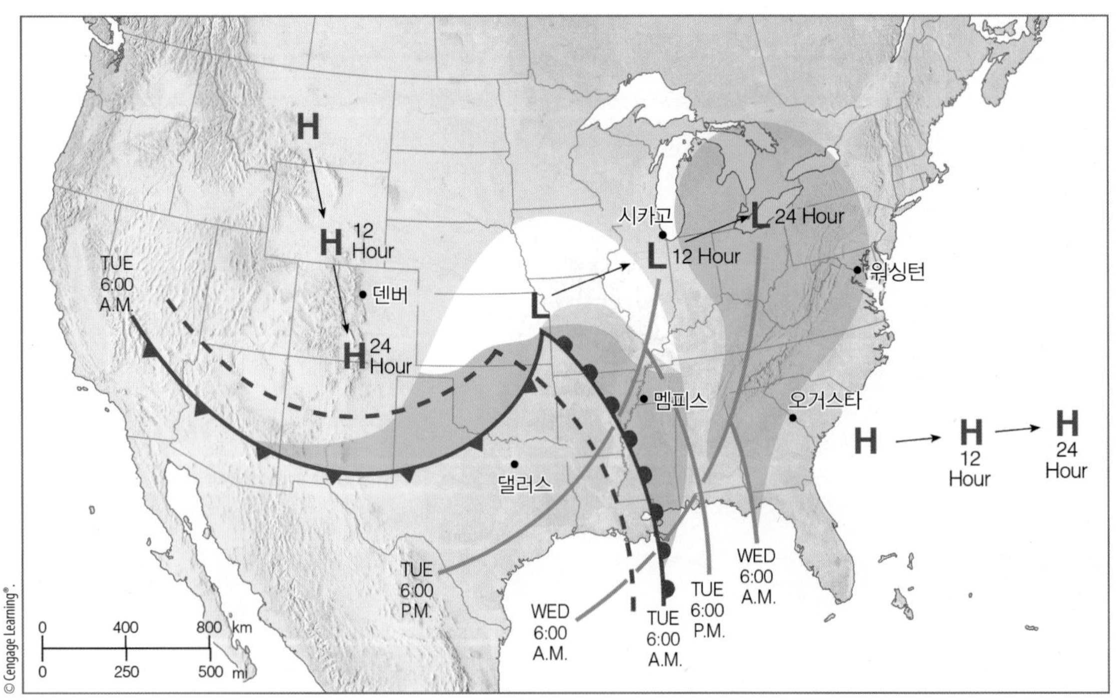

그림 9.16 ● 그림 9.14 시간대로부터 전선, 기압계, 강수지역의 12시간, 24시간의 변화를 나타낸다(점선의 경우 6시간 전 전선의 위치를 나타낸다).

다. 기압이 떨어지고 구름이 많고 습도가 높으면 화요일 밤에 최저온도가 어느점 이상을 유지해야 합니다. 그림 9.16에서 예상 강수 면적(녹색 음영 지역)은 오거스타에 도달하지 못합니다. 이 모든 것을 고려할 때 일기예보 결과는 다음과 같습니다.

> 오늘 아침 기온이 낮고, 맑으며 춥습니다. 저녁이 지나갈 때 하늘이 흐리고 구름이 많아집니다. 오늘 밤과 내일 아침은 흐리고 오늘만큼 춥지는 않습니다. 바람은 약하게 불며 남풍 또는 남동풍이 예상됩니다. 기압은 천천히 떨어집니다.

수요일 아침, 우리는 오거스타의 날씨가 최고 4.4℃의 온도와 함께 안개가 생기는 것을 발견했습니다. 그러나 안개는 예측에 없었습니다. 무엇이 잘못되었나요? 우리는 최근의 추위로 인해 땅이 여전히 차갑다는 것을 고려하지 않았습니다.

차가운 표면 위로 이동하는 따뜻하고 습한 공기가 이슬점 아래로 냉각되어 안개가 발생했습니다. 안개 위에는 우리가 예측한 낮은 구름이 있었습니다. 안개 형성에 의해 잠열이 방출되고 안개 방울에 의한 적외선 에너지의 흡수로 인해 최소온도가 예상보다 높게 유지되었습니다. 시작이 나쁘지 않네요. 이제 워싱턴 D.C.의 날씨를 예측해보겠습니다.

워싱턴 D.C.의 비 또는 눈? 그림 9.16을 보고 중앙 평원의 저기압 지역이 서쪽에서 워싱턴 D.C.까지 천천히 접근하고 있음을 확인하십시오. 따라서 화요일 아침 맑은 날씨, 약한 남서풍, 낮은 온도(그림 9.14)는 점차 더 흐려지고, 남동풍이 더 강해지며 약간 더 높은 온도로 이어질 것입니다. 수요일 아침까지 예상되는 강수는 도시 전체에 있을 것입니다. 비 또는 눈의 형태일까요?

수직분포측정(수직온도 프로파일)이 없이는 이 질문에 대답하기 어렵습니다. 그러나 그림 9.16에서 화요일 아침 워싱턴 D.C. 위도의 남쪽 도시들에서 눈이 내리고 있음을 알 수 있습니다. 따라서 합리적으로 예측한다면 눈

> **알고 있나요?**
>
> 그라운드호그의 날(2월 2일)은 겨울 동지와 춘분 사이의 중간 지점을 나타내는 날이다. 몇 년 전, 겨울의 나머지 절반이 어떻게 될지 예측하기 위해 사람들은 실제로 우드척이라고 하는 그라운드호그와 같은 다양한 동물들에게 날씨를 예측하게 했다. 민담에서는 그라운드호그가 땅에서 나와 자신의 그림자를 본다면(또는 던진다면) 겨울 날씨가 6주 더 지속될 것이라고 말한다. 그들을 땅속으로 다시 몰아넣는 것이 지면의 그림자인지 아니면 그들 주위에 멍청히 서있는 사람들인지 궁금하네요.

이지만, 따뜻한 공기가 전선에 가까이 다가와 상승운동을 한다면 비로 바뀔 수 있습니다. 워싱턴 D.C.에 대한 24시간 일기예보는 다음과 같습니다.

> 오늘 구름이 증가하고 계속 추워졌습니다. 수요일 아침 일찍 눈이 내리고 비가 올 수 있습니다. 바람은 남동풍이 붑니다. 기압은 떨어집니다.

수요일 아침, 워싱턴 D.C.의 한 친구가 진눈깨비가 떨어지기 시작했지만 비가 됐다고 말합니다. 진눈깨비? 또 다시 빗나간 예측! 이번에 우리가 잊어버린 것은 폭풍의 강화였습니다. 저기압 지역이 동쪽으로 이동함에 따라 더 강해졌다. 중앙기압이 낮아지고 기압 경도가 깊어지며 남동풍이 예상보다 강하게 불었다. 공기가 따뜻한 대서양에서 내륙으로 이동함에 따라 더 차가운 표면 공기 위로 올라갔습니다. 눈이 따뜻한 층으로 떨어지면서 부분적으로 녹았습니다. 그런 다음 지상 근처의 더 차가운 공기에 들어갔을 때 다시 얼어붙었습니다. 바다에서 온난한 공기가 유입되면서 표면온도가 서서히 올라갔고, 그 진눈깨비는 곧 비가 되었습니다. 예측을 할 때 이러한 가능성을 알지 못했지만, 예측자는 지역 환경에 더 익숙할 것입니다. 다음은 시카고를 알아봅시다.

시카고의 거대한 눈폭풍 그림 9.14와 9.16에서 시카고는 눈보라가 잦은 것으로 보입니다. 따뜻한 공기가 매우 많아 넓은 지역에 눈이 생성되고 모든 표시에서 시카고 지역으로 직접 향하고 있습니다. 저기압의 중심에서 북쪽으

로 차가운 공기가 시카고를 넘어갈 것이기 때문에 도달하는 강수는 얼어붙어야 합니다. 화요일 아침(그림 9.16)에는 강수가 내리는 가장 끝 지역이 시카고에서 6시간이 채 걸리지 않습니다. 저기압 지역(그림 9.16)의 예상 경로를 기준으로 화요일 정오경에 눈이 내리기 시작합니다.

저녁이 되면, 폭풍이 심해지면서 강설량이 많아질 것입니다. 저기압의 중심이 동쪽으로 이동함에 따라 점점 약해지고 자정이 되어 끝납니다. 총 12시간 동안 눈이 내릴 경우, 6시간 정도 약한 눈(3시간 마다 약 2.5 cm)이 내리고 이후 6시간 동안 폭설(시간당 약 2.5 cm)이 내려 총 예상 강설량은 40.6~25.4 cm입니다. 저기압이 시카고의 남쪽을 지나 동쪽으로 이동함에 따라 화요일에는 바람이 남동쪽에서 동쪽으로, 저녁에는 북동쪽으로 점차 이동합니다. 폭풍이 강화되고 있기 때문에 강풍이 발생하여 강설로 눈을 소용돌이 치게 하여 교통체증을 유발할 수 있습니다.

바람은 수요일 아침까지 북풍이 끝내 북동풍으로 계속 변합니다. 그때까지 폭풍의 중심은 아마도 하늘이 맑아지기 시작할 정도로 충분히 동쪽에 있을 것입니다. 폭풍 뒤 북서쪽에서 차가운 공기가 이동하면 온도가 더 떨어지게 됩니다. 화요일 밤 중 기온이 낮을 때 저기압의 중심이 다가오면서 최저기압에 도달한 후 상승하기 시작할 것으로 예상됩니다. 시카고의 일기예보는 다음과 같습니다.

> 정오부터 흐리고 약한 눈을 동반한 추위가 시작되고, 저녁부터 강해지며 수요일 아침 종료됩니다. 총 강설량은 40.6~25.4 cm입니다. 바람은 오늘 동풍 또는 북동풍이 강하게 몰아치고 오늘 밤에는 북풍이, 수요일 아침에는 동서풍이 불 것입니다. 기압은 오늘 급격히 떨어지고 내일 상승할 것입니다.

수요일 시카고 친구로부터 온 문자메시지는 지금까지 총 강설량이 33 cm라는 점을 제외하면 우리의 예측이 정확했음을 나타냅니다. 폭풍이 가려짐에 따라 속도가 느려졌기 때문에 예측에서 벗어났습니다. 우리는 정상상태 예측 방법으로 시스템을 이동했기 때문에 이것을 고려하지 않았습니다. 우리는 정상상태 예측 방법으로 폭풍을 이동시켰기 때문에 이것을 고려하지 않았습니다. 올해 초(초겨울) 미시간 호수는 얼지 않으며, 동서풍과 북동풍의 강풍에 의해 호수에서 흡수된 수분이 강설량을 높이는 데 도움이 되었습니다. 다시 한 번, 주변 환경에 대한 지식이 보다 정확한 예측에 도움이 되었을 것입니다. 시카고에서 남쪽으로 약 804.7 km 떨어진 날씨는 이것과 크게 달라야 합니다.

멤피스의 변덕스러운 날씨 24시간 이내에 따뜻한 것과 차가운 것이 모두 테네시 주 멤피스를 지나야 한다는 것을 그림 9.16에서 확인하십시오. 화요일 아침에 시작된 약간의 비는 시원한 공기를 포화시켜 낮에 구름과 안개가 많이 쌓이게 합니다. 화요일 오후 어느 때 이동하는 온난전선의 전면부는 바람이 남서쪽으로 이동시킴에 따라 온도가 약간 상승하게 합니다. 밤에는 맑고 부분적으로 흐린 하늘로 인해 지상과 대기가 차가워지므로 온도가 급격히 상승하는 경향을 상쇄해야 합니다. 온난한 공기에서 압력은 낮아지고 한랭전선 전면에 가까워지면 다시 떨어집니다. 그림 9.16의 예측에 따르면, 한랭전선은 화요일 자정 전에 도착하여 강한 북서풍, 소나기, 뇌우가 일어날 수 있으며, 기압의 상승 및 기온 하강의 가능성이 있습니다. 이 모든 것을 고려하면 멤피스(Memphis)의 일기예보는 다음과 같습니다.

> 이른 날에는 약한 비와 구름이 낮게 깔리며 안개를 동반하여 서늘하고 대체적으로 흐리지만 늦은 오후 기온은 올라가며 구름이 부분적으로 발생합니다. 몇 차례의 소나기와 뇌우가 발생할 수 있으며 늦은 밤에는 다시 더 추워집니다. 바람은 오늘 아침 남동풍이 불고 저녁에는 남풍 또는 남서풍이 불며 저녁에는 북서풍으로 바뀌겠습니다. 기압은 아침에 낮아지고 오후에는 수평을 유지한 다음 다시 떨어지지만 자정 이후에는 기압이 다시 상승합니다.

수요일에 멤피스 근처에 사는 친구가 뇌우가 생성되지

않았고, 화요일 밤 짙은 안개가 계곡에 낮게 형성되었지만 수요일 아침까지 소실되었다는 점을 제외하고는 우리의 예측이 옳았다고 알려주기 위해 이메일을 보냈습니다. 분명히 온난한 대기상태에서, 바람이 계곡에 정착된 차갑고 습한 공기를 상층의 따뜻한 공기와 혼합하기에 충분히 강하지 않았습니다. 다음은 댈러스에 대해 살펴봅시다.

댈러스의 한파 그림 9.16에서, 댈러스에 대한 일기예보는 화요일 정오경에 한랭전선이 이 지역을 정확히 통과할 것으로 예상되므로 간단할 것으로 보입니다. 전선 전면부의 날씨(그림 9.14)는 몇 차례의 뇌우가 발생하며 소나기가 내립니다. 전선 뒤의 대기는 맑지만 차갑습니다. 수요일 아침이면 한랭전선 전면부가 댈러스의 동쪽과 남쪽으로 멀리 떨어져 있고, 콜로라도의 남쪽을 중심으로 고기압이 자리잡을 것 같습니다. 고기압의 동편에서 북풍 또는 북서풍의 바람은 추운 북극의 공기를 텍사스로 가져와 24시간 내에 온도를 4.5°C까지 떨어트립니다. 최저기온이 영하보다 훨씬 낮으면 댈러스는 한파에 휩싸일 것입니다. 따라서 일기예보는 다음과 같이 읽습니다.

> 오늘 아침 온난하고 구름이 증가하다가 오후에는 소나기와 뇌우가 발생할 수 있습니다. 오늘밤과 내일 맑아지고 추워집니다. 바람은 오늘 남서풍이 불 것이며, 오후와 밤에는 강한 북풍 또는 북서풍이 예상됩니다. 기압은 오늘 아침 떨어지고 늦게 상승합니다.

우리의 예측은 어떻게 되었습니까? 수요일 아침 스마트폰에서 댈러스의 날씨를 빠르게 확인하자면 춥다고 하였으나 예상보다 춥지는 않았고 하늘이 흐린 것으로 나타납니다. 구름 낀 날씨? 어떻게 이럴 수 있어?

한랭전선의 전면부에서는 일정에 따라 소나기, 강한 바람이 불며 추운 날씨가 왔습니다. 남쪽으로 이동하면서 전선은 서서히 느려지고 멕시코만에서 텍사스 남부와 멕시코 북부를 지나는 전선을 따라 정지해 있습니다. (지상 일기도만으로는 이것이 일어날 것이라는 것을 알 방법이 없었습니다.) 정체된 전선을 따라 저기압의 파동이 형성되었습니다. 이 파동은 따뜻하고 습한 만의 공기를 북쪽으로 그리고 차가운 지면 대기 위로 미끄러지며 북쪽으로 상승시키는 원인이 되었습니다. 구름은 형성되고 최저온도가 예상대로 낮아지지 않아 예측에 실패했습니다. 마지막으로 덴버를 살펴봅시다.

덴버의 맑고 차가운 날씨 그림 9.14에서 우리의 예측에 따르면 차가운 고기압 지역은 수요일 아침까지 덴버의 남쪽에서 어느 정도 중앙에 위치한다는 것을 알 수 있습니다. 이 고기압 지역과 관련된 공기가 많이 쌓이면 하늘에 구름이 없어야 합니다. 약한 기압경도는 약한 바람만 생성하며 건조한 공기와 결합하면 강력한 복사 냉각이 가능합니다. 최저기온은 아마 −17.8°C 이하로 떨어질 것입니다. 따라서 우리의 일기예보는 다음과 같습니다.

> 내일은 맑고 추운 날씨가 예상됩니다. 오늘의 북풍은 오늘 밤에 약해지고 이리저리 변할 겁니다. 내일 아침 기온은 −17.8°C 이하입니다. 기압은 계속해서 상승할 겁니다.

수요일 아침 거의 마지못해 우리는 덴버의 날씨가 맑고 매우 춥다는 것을 알았습니다. 마침내 성공적으로 예보했습니다! 그러나 최저기온이 −17.8°C 아래로 내려가지 않았다는 것을 알았습니다. 실제로 −10.5°C도 춥습니다. 덴버 서쪽의 산에서 내리는 활강풍으로 인해 공기가 혼합되고 최저기온이 예상보다 높아졌습니다. 다시 한 번 말하지만, 덴버 지역의 지형에 익숙한 예보관은 이러한 활강풍으로 이어지는 조건을 예측하고 일기예보를 고려했을 것입니다.

그림 9.17을 보면, 수요일 오전 6시의 지상 기상 시스템에 대한 전체 그림이 나와있습니다. 이 차트를 그림 9.16과 비교하면, 우리가 예보한 것과 정확히 일치하지 않는 이유를 요약할 수 있습니다. 우선, 중앙 평원 저기압의 중심이 예상보다 느리게 움직였습니다. 이 느린 움직임은 온난한 대서양 대기의 남서흐름이 폭풍 전면의 더 차가운 지면공기로 넘어갈 수 있게 하는 반면, 저기압 뒤

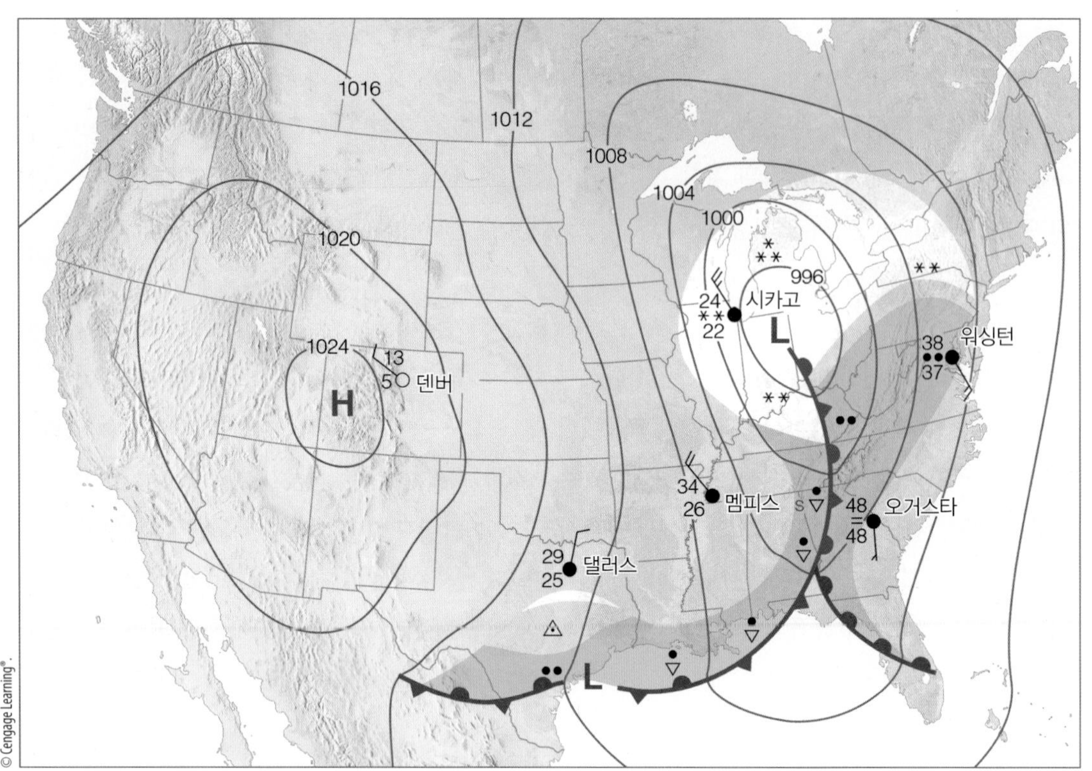

그림 9.17 ● 중부 표준시 수요일 오전 6시 지상 일기도.

편에서는 도시가 더 오랜 시간 눈이 내리게 만들었습니다. 남쪽 텍사스 위의 한랭전선을 따라 발달한 약한 파동은 흐린 날씨와 강수를 텍사스에 가져왔고, 실제로 차가운 공기가 남쪽으로 깊숙이 침투하는 것을 막았습니다. 먼 서쪽, 몬타나 주 상공의 고기압 지역은 남동쪽보다 남쪽으로 더 많이 이동하여 기압 경도를 만들었고, 이는 동쪽의 콜로라도에 서풍의 활강풍을 가져왔습니다.

이 6개 도시에서 보여지는 주관적인 예측 기술은 제한된 자원으로 단기 기상 예측을 할 때 사용할 수 있는 기술입니다. 다음 섹션에서는 기상예보관이 서부지역의 매우 많은 물에 의해 크게 수정되고 한정된 지표 및 상공 데이터만 사용하는 특별한 지표면 날씨를 예측하는 방법을 설명합니다. 여기서 예보관은 위성 데이터, 항공 차트, 도플러 레이더 및 컴퓨터 프로그램을 포함한 보다 정교한 도구 뿐만 아니라 경험에 크게 의존해야 합니다.

기상 예측을 위한 예보 도구 이용

늦은 오후, 샌프란시스코 기상 예보국 밖에서 기상학자는 하늘에 무슨 일이 일어날지를 숙고한다. 머리 위에는 얇은 권층운이 덮여 있으며, 산기슭이 드리워진 서쪽으로는 항상 존재하는 층운과 안개가 있다. 대기는 차고 바람은 서풍입니다. 3월 25일 일요일이며, 예보관의 일은 Central California의 해안지역 24시간 기상예보를 만드는 것이다.

내일 날씨는 어떨까? 오늘과 비슷할까? 아니면 크게 달라질까? 기압계는 1016 hPa에서 천천히 떨어지고 있고 상층운은 서쪽 지점에서부터 폭풍계쪽으로 접근한다. 같은 예보는 몇 시간까지는 좋을지 모르지만, 내일 아침 또는 오후는 어떨까? 현대 예보관이 겪는 가장 큰 어려운 점 중 하나는 어느 특정 날짜에 가장 중요한 요소에 초점을 맞추는 것이다.

예측 깔때기(forecast funnel, 그림 9.18)는 예보관이

큰 규모에서 작은 규모로, 단기에서 더 장기간까지 집중하는 단계를 설명한다. 예측 깔때기는 예보관이 큰 규모 특징을 조사하기 시작하여(깔때기 상단) 지역 예보를 끝냄으로써(깔때기 하단) 주어진 시간 내에 최상의 예측을 생성할 수 있다. 그러나 큰 규모를 보기 전에 현재 표면 상태를 살펴보자.

일요일 오후 4시(PST) 지상 일기도(그림 9.19)는 서부 해안에 접근 중인 날씨 전선이 없음을 보여준다. 사실 가장 가까운 전선은 로키산맥에 걸려 있는 정체전선이다. 그러나 샌프란시스코 서쪽으로 1100 km 떨어진 지역을 중심으로 며칠 동안 존재한(이전 일기도에 따르면) 저기압이 있다. 중심기압이 약 1012 hPa 정도이며, 상당히 약한 계이다. 이 약한 폭풍계로 인해 고층 운량이 증가하고 기압이 떨어질 수 있는가? 그리고 이 패턴이 내일 비로 이어질 수 있는가? 500 hPa 일기도를 보면 이러한 질문에 도움이 될 수 있다.

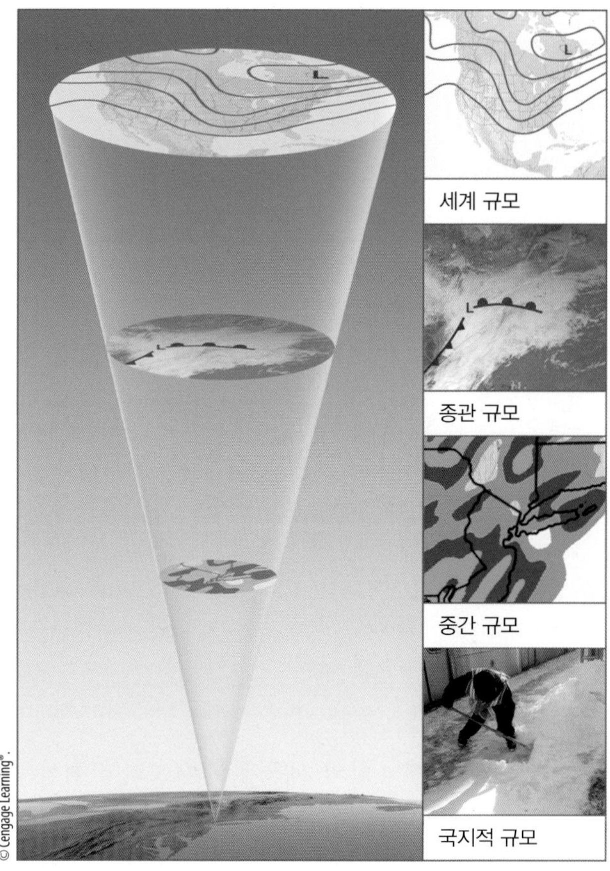

그림 9.18 ● 미국의 북부 해안 지역에 적용한 예측 깔때기.

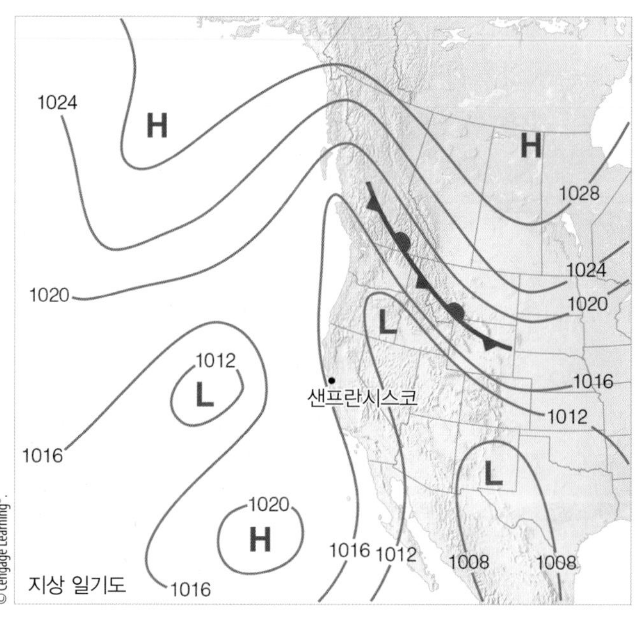

그림 9.19 ● 3월 25일 오후 4시 일요일 지상 일기도.

500 hPa 일기도 도움말 그림 9.20은 일요일 오후 4시 500 hPa 분석장을 보여준다. 일기도를 검토하는 동안, 기상학자는 예보를 만드는 데 도움이 될 단서들을 알아본다. 그중 하나는 5640 m 고도 등고선이 캘리포니아 북부에 있다는 것이다. 예보관은 등고선이 여기 또는 더 남쪽

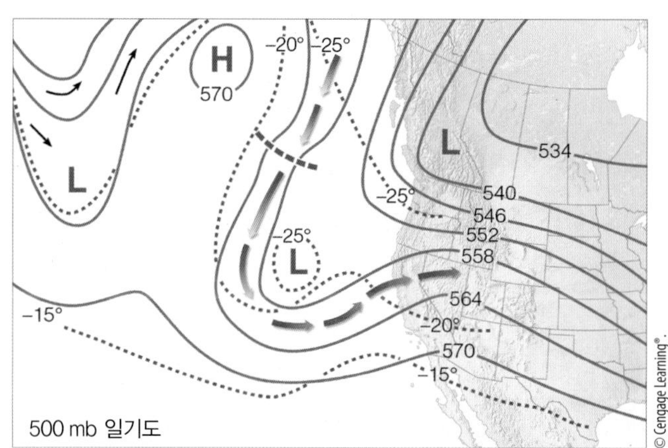

그림 9.20 ● 3월 25일 일요일 오후 4시 500 mb 일기도. 화살표는 바람의 방향을 나타낸다. 빨간색 화살표는 온난 이류, 파란색 화살표는 한랭 이류를 나타낸다. 실선은 564가 해발 5640 m와 같은 높이의 등고선이다. 점선은 등온선(°C)이다. 굵은 보라색 점선은 단파골을 보여준다.

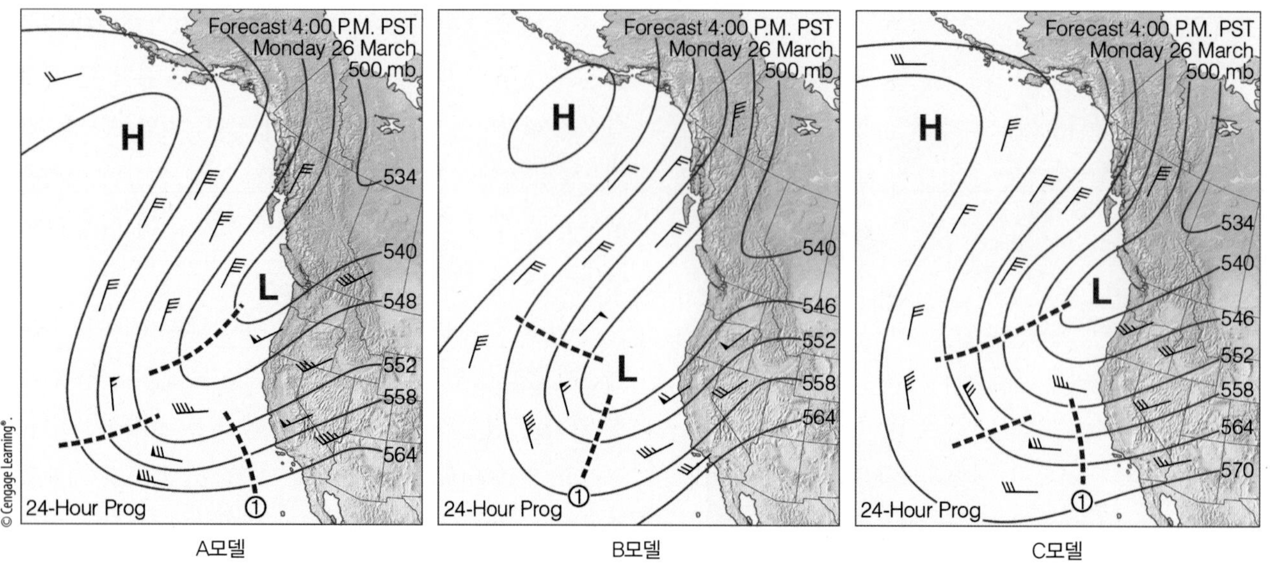

그림 9.21 ● 3개의 컴퓨터-그림 프로그램(A모델, B모델, C모델)의 24시간 500 hPa 예측을 보여준다. 실선은 등고선으로 564는 5640 decameters 높이를 나타낸다. 점선은 예측된 단파의 위치를 나타낸다(예측은 3월 25일 일요일 오후 4시(PST)에 만들어졌다).

에 있을 때, 중부 캘리포니아에서 측정할 수 있는 강우가 발생할 확률이 크게 증가한다는 것을 알고 있다.

샌프란시스코 서부는 동서방향으로 따뜻한 흐름이 있으며, 알래스카 바로 남쪽에 상층고기압이 위치하고 있다. 고기압 남부의 동쪽, 서쪽 모두 골이 있다. 고기압이 그리스 문자 오메가(Ω)를 닮아 있는 흐름형태이기 때문에, 고기압과 그 주변 기압능은 **오메가 고기압**이라고 알려져 있다. 예보관은 오메가 고기압을 오랫동안 같은 지리적인 위치에서 지속되는 경향이 있는 **저지 고기압** 인식한다. 이 저지 패턴은 또한 각각의 개별적인 위치의 골을 유지시키며, 이 경우에는 현재 며칠 동안 그러하다. 그러나 일기도는 샌프란시스코 서쪽에 위치하는 차가운 상층골이 다른 무언가로 바뀔 수 있을지 모른다고 알려준다.

골 주위의 등고선 간격을 확인해야 한다. 실제 바람 관측의 수가 제한되어 있지만, 골의 서쪽과 남서에 등고선이 가깝고 동쪽골은 더 넓게 떨어져 있으며, 이는 서쪽 골에 강한 바람이 있다는 것을 암시한다. 예보관은 이것이 보통 골이 발달할 것이라는 의미인 것을 과거 경험을 통해서 안다. 또한 서쪽 골에 한랭한 공기가 남쪽으로 불고 있는 중이며(파란 화살표), 이는 여기에 한랭 이류가 발생하는 중임을 알려준다. 골의 서쪽에 굵은 보라색 점선은 단파골을 나타내며, 남쪽으로 빠르게 움직인다. 한랭한 공기와 단파골이 주요 골쪽 유입은 주요 골을 강화시키는 요인이 된다. 주요 골의 동쪽에서 온난습윤한 공기가 북동쪽으로(빨간 화살표) 이동 중이며, 이는 온난 이류가 발생하는 중임을 암시한다. 샌프란시스코 위에 상층운이 생성되는 것은 이 습한 공기의 응축과 치올림이다. 이러한 조건들(상층 풍속, 한랭한 공기의 남쪽으로 이동, 그리고 따뜻한 공기의 북쪽으로 이동, 단파골의 장파골쪽 이동)은 장파골이 발달하는 것으로 나타난다. 상층골이 발달함에 따라서 지상 저기압이 주요 중위도 사이클론 폭풍으로 발달하기 위해 유리한 필요조건들을 제공할 수 있어야 한다. 예보관은 700 hPa과 850 hPa와 같은 다른 수준의 대기장을 참조할거다. 예를 들어 이 일기도들은 더 저층인 대기에서 저압중심으로 온난습윤한 공기가 유입되는 곳을 보여준다. 이러한 지식은 예보관에게 얼마나 빨리 그리고 강하게 지표의 폭풍이 발달할지의 정보를 준다.

8장에서 보았듯이, 지상 저기압의 발달과 강화에 필요한 주요 요소 중 하나는 상층 기류의 발산이다. 예보관은 상층 발산이 표면기압의 감소와 연관이 있다는 것을 안다. 그리고 이 감소는 표면대기가 수렴하여 올라가고, 대기의 수증기가 잠재적으로 광범위한 운량으로 응결될 수 있다. 그러나 내일 지도에서 대기의 수렴, 발산 및 상승 지역이 어디에서 발견될까? 그리고 오늘과는 얼마나 다를까? 이를 예측하기 위해서 예보관과 컴퓨터가 함께 일한다.

모델의 도움을 받는다 컴퓨터 예상도는 미래 기상계의 위치를 예측한다. 또한 일부 예상도는 단파골이 어디 위치할지 예측한다. 단파골의 동쪽에는 보통 상층 발산, 하층수렴, 대기상승, 구름 및 강수가 있기 때문에 단파골이 어디에 있는지 아는 것은 중요하다. 그러므로 단파골의 위치를 예측하는 것은 악기상 지역을 예측하는 것을 의미한다.

3월 26일 월요일 오후 4시의 단파골, 상층기압계의 위치와 500 hPa층 유속의 예측장을 3개의 예보 모델로 예측했다(각각의 예측은 일요일 오후에 만들어졌다). 각 모델이 상층골이 동쪽으로 천천히 이동하고, 해안에서 떨어진 곳에 위치하여 모델 간에 잘 일치한다. 예를 들어 A모델과 C모델은 B모델보다 상층골을 더 빠르게 동쪽으로 이동시킨다.

예보관은 각 예상도를 주의 깊게 검토한 뒤 어떤 모델이 가장 정확하게 미래의 대기 상태를 설명하는지 결정해야 한다. 예보관은 수년에 걸쳐서 A모델이 해양과 떨어진 곳에 위치한 상층골의 발달을 잘 맞춘다는 것을 안다. 마찬가지로 격자점 사이가 더 가깝고 더 많은 수의 자료를 사용하여 더 나은 해상도를 가지는 C모델도 상층골과 단파의 위치 예측을 훌륭하게 수행해왔다. 반면, B모델의 자체적인 장점이 있지만, 단파를 너무 느리게 이동시키는 경향이 있다. 결론적으로 예보관은 이러한 특정 상황에서 A모델과 C모델을 더 신뢰를 가지게 된다.

기상학자는 경험과 예상도를 사용하여 다음 24시간 동안의 날씨를 예측한다. A모델과 C모델의 24시간 예상도는 캘리포니아 해안에 단파가 접근하는 것을 보여준다. 단파가 해안선에 가까워 지면서 구름은 많아지고, 두꺼워질 것이며, 비가 올 가능성이 증가할 것이다. 그러므로 다음 24시간 예측은 다음과 같다.

> 일요일 밤부터 구름이 점차 증가하여 월요일 아침에 비가 내리기 시작하여 월요일 오후까지 지속된다.

유효한 예측 월요일 이른 아침, 일기도는 컴퓨터 예상도에서 예측된 변화를 보여준다. 월요일 새벽 4시 지상 일기도(그림 9.22)는 태평양의 저기압이 동쪽으로 이동하고, 캘리포니아 서쪽의 넓은 골로 발달한다(그림 9.19과 비교해보라). 1004 hPa의 중심기압으로 저기압이 상당히 발달했다. 두꺼운 중층운, 남풍, 그리고 12시간 전보다 거의 4 hPa 떨어진 기압은 샌프란시스코에 폭풍이 접근하고 있다는 증거이다. 이런 모든 신호들은 비가 오는 중임을 나타낸다.

월요일 새벽 4시 500 hPa 차트(그림 9.23)에서 상층골 주변 차가운 공기가 단파의 움직임에 따라서 남쪽으로 이동하여, 상층골이 더 발달할 수 있게 된다. 이제 등고선이 더 남쪽으로 이동했고, 중앙골의 등고선이 이전 500 hPa 장(그림 9.20)보다 더 낮다는 것을 주목해라. 그림 9.20와 그림 9.21의 24시간 예상도를 비교하고, A모델과 C모델 모두 단파의 움직임을 잘 투영하고 있음을 주목해라. 예

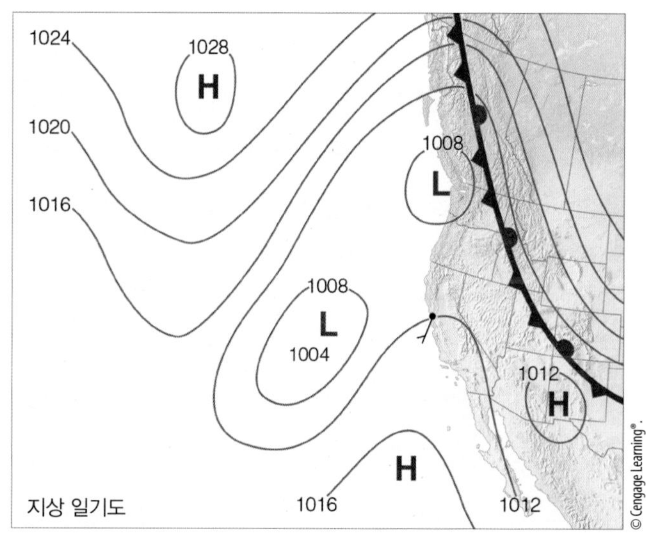

그림 9.22 ● 3월 26일 월요일 오후 4시(PST) 지상 일기도.

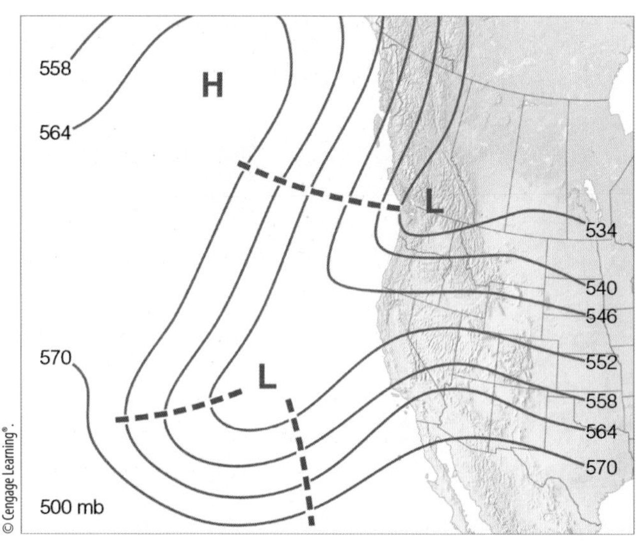

그림 9.23 ● 3월 26일 월요일 오후 4시(PST) 500 hPa 분석장. 굵은 점선은 단파의 위치를 보여준다. 실선은 564가 해발 5640 m와 같은 높이의 등고선이다(그림 9.21의 A모델과 C모델의 24시간 예상도와 비교해보라).

보관은 상층저기압과 단파의 위치를 예측하는 데 훌륭히 임무를 완수한 두 컴퓨터 모델을 신뢰하는 현명한 선택을 했다. 단파가 샌프란시스코 쪽으로 이동하고 있기 때문에, 오늘 비가 내릴 것이다. 그러나 언제부터 비가 내리기 시작할까? 예보관은 예측 경로에 대해서 깊이 조사해야 하며, 더 자세하게 지역 조건을 조사해야 한다. 여기에 위성 및 레이더 정보가 들어온다.

위성과 상층개황 월요일 오전 6시 45분에 촬영된 적외선 위성 사진(그림 9.24 참조)은 현재 캘리포니아 상공의 중층운이 곧 쉼표 모양의 조직화 된 적운형 구름 무리로 향할 것을 보여준다. 이러한 쉼표 구름은 연안 부근 지역의 지상 저기압이 중위도 사이클론으로 발전하고 있음을 예보관에게 알려준다. 이 쉼표 모양의 구름대는 그림 9.22에 표시된 지상 일기도의 저압부와 관련이 있다.

월요일 오전 4시 300 hPa 차트(그림 9.25)를 간략히 살펴보면 캘리포니아 북서쪽과 연안에서 강한 제트 기류가 흐르는 것을 알 수 있으며, 상층 남서풍으로 인해 큰 쉼표 모양의 구름이 캘리포니아 쪽으로 이동할 것으로 나타난다. 그리고 제트 기류와 관련하여 상층의 강한 발산이 있는 지역(지도상에서 분홍색과 붉은색)은 사이클론을

그림 9.24 ● 3월 26일 월요일 오전 6시 45분 촬영된 적외선 위성 사진. 쉼표 모양의 구름은 중위도의 격렬한 폭풍이 심화되고 있음을 나타낸다(두꺼운 점선은 쉼표 구름의 꼬리를 나타낸다).

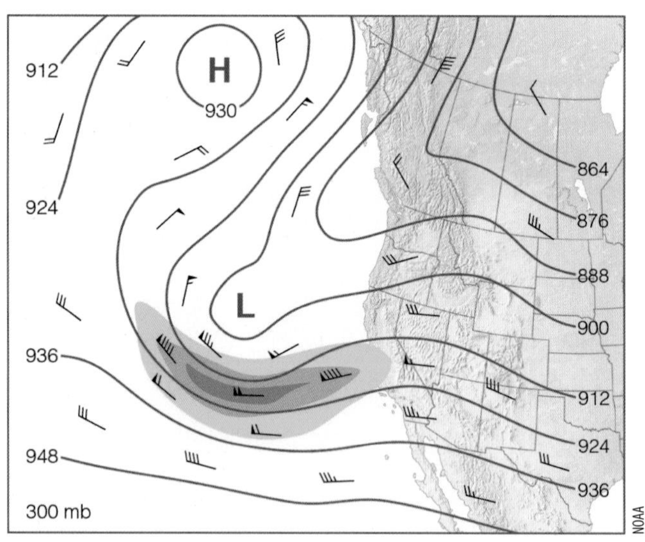

그림 9.25 ● 3월 26일 월요일 오전 4시 300 hPa 차트. 실선은 등고선의 높이이며, 900은 해발 9000 m와 같다. 지도에서 가장 어두운 색은 제트 기류의 중심부 또는 제트 기류를 나타낸다.

강화하는 데에 도움이 될 것이다.

연속되는 위성 영상에서 구름 무리의 이동을 파악함으

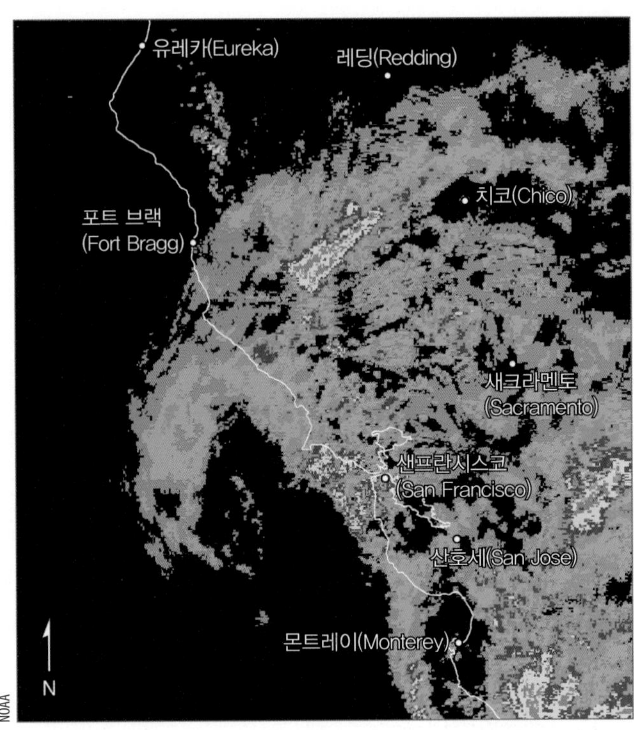

그림 9.26 ● 3월 26일 월요일 오후 5시 (PST) 도플러 레이더 영상에서는 캘리포니아 북부와 중부에 걸쳐 강수가 발생하고 있다. 파란색과 초록색 영역은 약하거나 보통의 강수, 노란색은 많은 강수, 주황색과 빨간색은 가장 많은 강수량을 나타낸다.

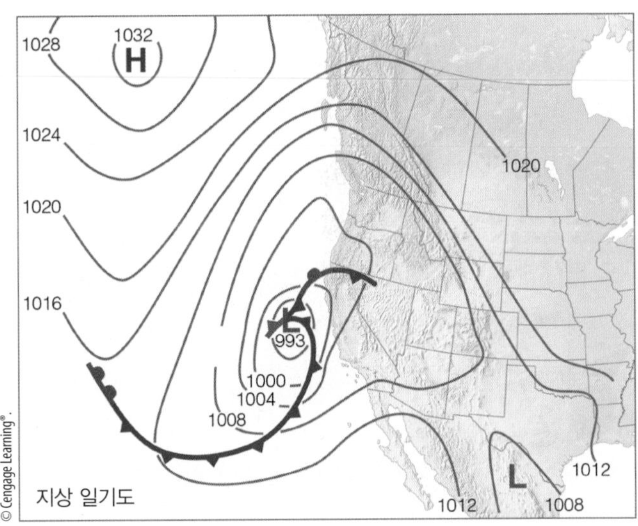

그림 9.27 ● 3월 26일 월요일 오후 4시 (PST) 지상 일기도.

로써 예보관은 언제 강우가 시작될지를 예측할 수 있다. 위성 영상에 따르면 쉼표 구름의 앞쪽 가장자리는 월요일 오후 연안에 위치해야 한다. 또한, 도플러 레이더는 연안에서 바로 떨어진 곳에 현재 중층운으로부터 약한 비가 내리고 있음을 나타낸다. 상층 단파 기압골과 지상저기압 위의 제트 기류는 저기압의 강세가 유지될 수 있도록 충분한 지원을 제공한다. 저기압 부근의 압력 구배가 증가하여 폭풍이 다가옴에 따라 남쪽으로부터 강한 돌풍을 일으킬 것으로 보인다. 수정된 샌프란시스코의 예보는 다음과 같다.

> 오늘 아침부터 비가 내리기 시작하여 오후까지 많은 비가 내릴 것이며 거칠고 강한 남풍이 동반된다.

비와 바람의 날 고층운에서 떨어지는 첫 빗방울은 아침의 혼잡한 출근 시간이 끝날 무렵 도시의 거리를 적신다. 비는 빠른 속도로 내륙까지 퍼지고 월요일 늦은 오후, 집으로 돌아가는 통근자들을 맞이하듯 캘리포니아 북부 및 중부 곳곳에 거센 남풍이 불고 비가 내리는 것을 도플러 레이더를 통해 볼 수 있다(그림 9.26 참조).

하루 동안 샌프란시스코의 기압계는 급격히 하락했고, 오후 4시의 기압계 수치는 1004 hPa로 6시간 만에 7 hPa가 떨어졌다. 그 이유는 월요일 오후 4시의 지상 일기도에서 찾을 수 있다(그림 9.27). 지상 저기압은 해안에 가까워졌을 뿐만 아니라, 12시간 만에 중심기압이 11 hPa 감소하며 상당히 강화되었다. 저압부를 중심으로 휘감은 한랭전선은 쉼표 모양 구름의 위치를 표시한다. 그림 9.22 이전의 지도에는 전선이 그려지지 않았기 때문에 처음에는 이것이 놀랍게 보일 수 있다. 그러나 강하게 발산하는 상층공기는 대조되는 온도 및 습도를 가진 지표공기를 반시계 방향으로 소용돌이치게 만든다. 지상 저기압의 서쪽 부분이 가장 찬 공기이면, 기상학자는 일기도에 한랭전선을 그리기 적합하다.

지상 저기압이 육지로 이동하면 강해질까, 약해질까? 앞 · 뒤로 불안정한 찬 공기는 우뚝 솟은 구름과 뇌우로 발달할까? 컴퓨터 프로그, 예보 차트, 도플러 레이더 그리고 위성 사진으로 처음부터 다시 돌아간다. 또 다른 예측을 하기 위한 도전과 기대가 목전에 닥쳤다.

요약

내일 날씨에 대한 예보에는 여러 가지 기법과 방법이 사용된다. 지속성 예보와 정상상태 예보는 0~6시간의 단기 예보에 유용하다. 장기예보에는 현황 분석, 위성 자료, 일기형, 직감, 경험, 그리고 기상청이 제공하는 다양한 컴퓨터 예상도의 종합적 활용이 필요하다. 월별 및 계절별 장기예보의 경우, 기상학자들은 태평양과 대서양의 해수면 온도변화를 북아메리카의 계절별 기온 및 강수량 전망에 반영한다.

각종 컴퓨터 예상도는 대기의 상태와 이것이 시간 경과에 따라 어떻게 변할 것인지를 보여주는 각종 대기 모델에 근거해 작성된다. 현 단계의 기술로는 모델의 결함과 자료상의 작은 오차(불확실성)라 할지라도 예보 대상 기간이 늘어날수록 크게 증폭하게 된다. 현재의 컴퓨터 예상도는 국지적 소나기나 뇌우보다는 중위도 고기압과 저기압을 예측하는 데 더 적합하다. 더 작은 규모를 능숙하게 예측하기 위해서 일부 모델은 격자 간격을 줄이고 있다.

대기 연구 프로그램의 새로운 정보가 최신 세대의 컴퓨터에 공급됨에 따라 앞으로 10일까지 날씨를 예측하는 데 더 많은 기술을 보여줄 수 있을 것으로 기대된다. 이때 더욱 유망한 것은 가장 최근 보편적인 순환 모델에 의한 대규모 기후 추세 모의실험이다.

이 장의 후반부에서는 수일간의 지상 일기도와 같이 제한된 정보로 단기예보를 할 수 있는 방법을 배웠다. 또한 우리가 대기라고 부르는 변화무쌍한 공기 덩어리의 흐름을 예측하려고 시도하는 사람들이 직면한 문제들도 보았다.

이 장의 예측법은 대부분 전선과 중위도 사이클론과 같은 대규모 기상 시스템과 관련된 현상을 예측하는 데 주로 적용된다. 악기상을 다룬 다음 장에서는 뇌우, 스콜선, 토네이도와 같은 소규모(중규모) 시스템의 형성과 예측에 대해 알아본다.

주요 용어

본문에 나온 주요 용어를 나열했다. 각각의 용어를 정의하라. 그러면 복습에 도움이 될 것이다.

AWIPS	통계적 예보	미티오그램	확률예보
탐측	일기형	기후예보	수치예보
날씨 현황 보도	대기 모델	계절예보	자료 동화
일기 경보	예상도(Prog)	단기예보	카오스
앙상블 예보	중기예보	지속성 예보	정상상태 (경향) 예보
장기예보	일기 감시	유사법	예측 깔때기

복습문제

1. 기상청의 기능은 무엇인가?

2. 단기예보를 할 때 예보관들이 활용하는 도구들을 4개 이상 열거하라.

3. 예상도와 분석은 어떻게 다른가?

4. 고속 컴퓨터는 기상예보에 어떻게 도움을 주는가?

5. 기상예보에서 컴퓨터 작업 과정을 간단히 설명하라.

6. 컴퓨터 모델 예보의 문제점은 무엇인가?

7. 기상예보의 4가지 방법을 열거하고 각각의 방법에 대해 예를 들라.

8. 패턴 인식법이 예보관들의 일기 예측에 어떤 도움을 줄 수 있는가?

9. 여러분이 사는 곳의 1월 중순 기온이 초순과 하순보다 전형적으로 몇 도 높다고 가정해 보자. 만약 내년 1월 중순의 '1월 해빙'을 예보하려 한다면, 어떤 형태의 예보를 하게 되겠는가?

10. (a) 창문을 내다보면서 내일 이맘때에 대한 지속성 예보를 해보자.

(b) 이러한 예측을 하는 데 어떤 숙련기술을 사용하였는가?

11. 앙상블 예보법이 중기예보를 어떻게 개선할 수 있는가?
12. 월별 혹은 계절 예보를 할 때 비나 눈 등의 특정 강수량 예측을 하는가? 설명하라.
13. 장기 계절 전망을 할 때 원격 상관이 어떻게 활용되는지 설명하라.
14. 오늘의 기상예보가 '눈 올 가능성'이라면, 눈이 올 확률은 몇 %인가? (힌트: 표 9.2, 274쪽 참조).
15. 정확한 예보가 예보관의 예보 숙련도와 일맥 상통하는가? 설명하라.
16. 일기 감시와 일기 경보는 어떻게 다른가?
17. 카오스는 15일 후의 날씨를 예측하는 데 어떤 문제를 제기하는가?
18. 지상 중위도 폭풍계의 이동을 예보하기 위해 사용되는 3가지 방법을 열거하라.

사고 및 탐구 문제

1. 여러분이 살고 있는 지역에는 어떠한 종류의 주의보나 경보가 자주 발령되는가?
2. 컴퓨터 모델은 소규모 지리적인 특성의 영향을 일기도상에 적합하게 고려하기 어려운 점이 있다. 그렇다면 수치예보관들은 왜 격자 간격을 가령 1 km로 간단히 줄이지 못하는가?
3. 밖의 날씨가 따뜻하고 비가 오고 있다고 가정하자. 한랭전선이 이 지역을 3시간 이내에 통과할 예정이다. 전선 후면은 춥고 눈이 내린다. 지금부터 향후 6시간 동안 지속적인 예보를 해보라. 여러분의 예보가 맞을 거라고 예상하는가? 이유를 설명하라. 이제 정상상태 혹은 경향 예보법을 이용하여 예측해 보라.
4. 정상상태 예보법은 두세 시간 미래의 일기를 예측하는 데는 정확하지 못하다. 정상상태 예보법을 개선하기 위해 어떠한 사항들을 고려할 수 있는가?
5. 밖에 나가서 날씨를 관측하라. 여러분이 관측한 일기 징후들을 보고 날씨를 예측해 보라. 여러분이 그렇게 예보를 한 이유를 설명해 보라.
6. 본문에서 '초기 조건에 민감한 반응'이라는 표현이 컴퓨터로 예측하는 일기예보와 어떠한 관계가 있는지 설명하라.
7. 올해 '화이트 크리스마스'가 될 확률이 10%라고 가정하자. 작년 크리스마스에는 눈이 왔다. 만약 내년의 크리스마스에는 눈이 오지 않는다고 예측해서 그 예보 결과를 맞추었다면, 여러분은 예보 숙련도가 있다고 말할 수 있는가? 설명하라.

10장

뇌우와 토네이도

1925년 3월 18일 수요일은 평상시처럼 아무 탈 없이 시작되었다. 그러나 불과 수 시간 내에 수천 명 주민들의 삶을 바꿔 놓은 기상학사에 남는 날로 변했다. 일리노이 주의 작은 마을 머피스보로(Murphysboro)에서는 오후 1시가 조금 지나자 하늘은 짙은 흑록색으로 변하였고 바람이 몰아치기 시작했다. 아서(Arthur)와 엘라(Ella Flatt) 부부는 2주만 지나면 만 네 살이 될 외아들 아트(Art)와 함께 교외에 살고 있었다. 아서는 차고에서 일을 하고 있던 중 포효하는 것과 같은 바람소리를 들었다. 하늘에서는 검은 구름이 소용돌이치고 있었다.

순간 가족의 안전이 걱정된 그는 집으로 달려갔고, 그때 토네이도가 이 지역을 무섭게 휘몰아치기 시작했다. 그가 달려가는 길에는 집에서 날아온 파편들이 휘날리고 있었고 고막을 찢을 듯한 천둥소리가 천지를 울렸다. 가까스로 현관에 도착한 그는 가족의 비명소리가 나는 곳으로 가려 했으나 허사였다. 현관 베란다와 그것을 떠받치는 육중한 기둥들이 무너지면서 그는 그곳에 파묻혔다. 집 안에서는 엘라가 어린 아들 아트를 양팔에 들쳐 안고 출입문을 향해 복도를 필사적으로 달려가고 있었다. 바로 그 순간 벽이 무너지면서 그녀는 바닥에 내동댕이쳐졌다. 아트에게는 엄마의 몸이 방패가 되었다. 순식간에 이들 모자 위에 집이 무너져 내렸다. 아서와 엘라 부부는 그 자리에서 숨졌으나 엄마 밑에 보호되었던 아트는 살아남았다.

폐허에서 사망자와 생존자들을 끌어내자 사망자 수는 불어났다. 대부분의 가구가 가족을 잃는 슬픔을 당했다. 3개 주에 걸쳐 엄습한 이 악명 높은 토네이도로 머피스보로(Murphysboro)에서만 234명이 사망하고 마을의 40%가 폐허가 되었다.

James LaDue

앞에서 소개한 치명적인 토네이도는 폭 1.6 km로 미주리, 일리노이, 인디애나 3개 주를 320여 km에 걸쳐 강타해 4개 도시를 쑥대밭으로 만들고 695명의 사망자, 2,000명 이상의 부상자를 냈다. 일련의 토네이도가 연속 발생한 것으로 보이는 이 정도의 토네이도는 물론, 이보다 작은 규모의 토네이도 역시 악뇌우와 연계되어 있다. 그러므로 우선 뇌우의 각종 유형을 검토한 후 토네이도의 형성 과정, 발달 위치 및 가공할 파괴력의 원인을 중점적으로 살펴보자.

뇌우

뇌우란 단순히 번개와 천둥을 동반하는 폭풍우란 점에서는 이상할 것이 없다. 때때로 뇌우는 지상에 돌풍과 함께 폭우와 우박을 초래한다. 폭풍 자체가 하나의 적운을 형성하거나, 몇 개의 뇌우가 무리를 짓거나, 또는 뇌우선이 형성되어 수백 km 이상 뻗어 나가기도 한다.

뇌우는 상승기류와 함께 형성되는 **대류성 폭풍우**(convective storms)이다. 따라서 뇌우의 발생은 종종 따뜻하고 습한 공기가 조건부 불안정 환경에서 상승할 때 시작된다. 상승하는 공기는 대형 풍선 크기에서 도시의 한 블록에 해당하는 크기의 공기덩이일 가능성이 있다. 혹은 기층 또는 평평한 공기층 전체가 상승하고 있는 것일 수도 있다. 상승하는 공기덩이의 온도가 주위 공기의 온도보다 높은(밀도는 낮은) 경우에는 그에 작용하는 **상향 부력**(buoyant force)이 존재한다. 공기덩이의 온도가 주위 공기의 온도보다 더 따뜻할수록, 부력은 더 커지며 대류는 더 강해진다. 공기의 상승이 시작되도록 하는 데 필요한 촉발역할(즉, '강제 메커니즘')로는 다음 사항을 들 수 있다.

1. 작은 공기 방울들을 상승시키는 무작위의 난류 소용돌이
2. 비균질한 지표 가열
3. 언덕이나 낮은 산 등의 지형효과, 또는 수렴하는 지상풍의 얇은 경계를 따라 발생하는 공기의 상승
4. 상층풍의 발산과 지상풍의 수렴이 결합하여 일어나는 상승
5. 산악 장벽이나 완만하게 상승하는 지형을 따라 발생하는 대규모의 상승
6. 전선대를 따라 상승하는 온난한 공기

보통 이들 메커니즘 가운데 몇 가지가 연직 바람시어와 합세해 극심한 악뇌우를 발생시킨다. 연직 바람시어는 바람이 고도에 따라 증가하거나(**풍속시어**, speed shear), 풍향이 고도에 따라 변화하거나(**풍향시어**, directional shear), 두 경우 모두에 해당될 때 발생한다.

우리가 뇌우의 형성을 주로 지면 공기가 상당히 따뜻하고 습윤한 곳에서 관측할 수 있기는 하지만, 지면 부근의 기온이 10°C 부근이거나 더 낮은 경우에도 뇌우는 발생할 수 있다. 낮은 온도에서 발생하는 뇌우는 겨울철에 차가운 공기가 북미 서해안 지역 상공을 지날 때 종종 나타난다. 상층에 차가운 공기가 있을 때 이 지점으로 공기덩이가 상승하여 유입되면, 그 유입된 공기는 주변보다 따뜻하고 가벼운 상태가 유지되기 때문에 계속하여 상승할 수 있다. 차가운 상층의 공기가 대기를 불안정화시키는 것이다. 상층의 차가운 공기가 충분한 불안정도를 유도하면 겨울철 강설에 천둥과 번개를 동반하는 **뇌설**(thundersnow)을 발생시킬 수도 있다.

북미 지역 상공에서 형성되는 대다수 뇌우의 수명은 길지 않지만 소나기, 지상 돌풍, 천둥번개, 그리고 때로는 작은 싸락눈을 동반한다. 뇌우의 다수는 그림 10.1에서 보는 성숙 뇌우와 유사하지만, 대부분 악뇌우 급에는 도달하지 못한다. 미 국립기상청은 **악뇌우**(severe thunderstorms)의 정의를 (1) 직경이 최소 2.5 cm에 달하는 우박이 내리거나, (2) 25 m/s 이상의 지상풍을 동반하거나, 혹은 (3) 토네이도를 일으킬 수 있는 상황 중 적어도 한 가지를 충족시켜야 한다고 규정하고 있다.

따뜻하고 습한 날 이곳저곳에서 발생하는 산발 뇌우(때로 "팝업" 또는 "팝콘" 폭풍우라고 불린다)는 주요 기

그림 10.1 ● 성숙 단계의 일반 뇌우. 상부에 뚜렷하게 보이는 모루를 주목하라.

상전선과는 무관하게 온난다습한 기단에서 발생하는 경향 때문에 일반세포 뇌우(ordinary cell thunderstorms) 또는 기단 뇌우(air-mass thunderstorms)라 한다. 일반세포(기단) 뇌우는 악뇌우로 발달하는 일은 드물기 때문에 '단순 폭풍우'로 간주되며, 전형적으로 폭은 1 km 미만이고, 발생에서 성숙을 거쳐 소멸에 이르기까지 보통 1시간 미만이면 끝나는 예측 가능한 일생을 갖는다. 그러나 적절한 대기조건(10장 후반부에서 설명) 하에서는 **다세포 뇌우**(multicell thunderstorm)와 **초대형세포 뇌우**(supercell thunderstorms) 등 좀 더 강력한 '복합 뇌우'가 형성될 수 있다. 이런 유형의 뇌우는 회전하는 거대한 폭풍으로 수 시간 동안 지속되면서 강력한 지상풍, 대규모 피해를 주는 우박, 돌발홍수 등 맹렬한 토네이도를 유발할 수 있다.

일반세포 뇌우 **일반세포 뇌우**(ordinary cell thunderstorm), 또는 간단히 **일반 뇌우**로 불리는 일반세포 뇌우는 바람시어가 제한적인 지역, 다시 말해 풍속과 풍향이 고도의 증가에 따라 갑자기 변하지 않는 지역에서 형성되는 경향이 있다. 대부분의 일반 뇌우는 바람이 불 때 소용돌이에 의해 공기덩이들이 지표에서 상승하면서 형성된다. 또 일반 뇌우는 때때로 지상풍이 수렴하는 좁은 구역을 따라 형성되기도 한다. 이러한 구역은 지형적 불규칙성, 해풍전선, 혹은 뇌우 내부에서 불어나와 지면에 도달했다가 수평으로 퍼지는 찬바람 등 여러 가지 요인으로 인한 것일 수 있다. 이들 수렴풍 경계는 보통 기온, 습도 및 공기 밀도가 대조적인 구역이다.

일반 뇌우는 발생부터 성숙, 쇠퇴까지 상당히 예측 가능한 발달 주기를 거친다. 제1단계는 **적운 단계**(cumulus stage) 또는 **성장 단계**이다. 따뜻하고 습한 공기덩이는 상승하면서 냉각 응결하여 단일 적운 또는 구름무리 속으로 들어간다(그림 10.2a 참조). 여러분이 뇌우의 발달을 목격한 적이 있다면 처음에는 적운이 짧게 위로 성장했다가 소산되는 것을 주목했을 것이다. 구름을 둘러싸고 있는 상대적으로 건조한 공기가 구름과 혼합함에 따라 구름방울들이 증발하기 때문에 구름 꼭대기 부분은 소산된다. 그러나 물방울들이 증발한 다음에는 공기의 습도가 전보다 높아진다. 그러므로 상승공기는 이 무렵 점점 더 높은 고도에서도 계속 응결할 수 있으며, 적운은 점점 성장하여 때로는 솟아오르는 돔이나 탑처럼 보인다.

구름이 형성됨에 따라 수증기가 액체 또는 고체 구름입자들로 전환되면서 다량의 잠열을 방출하며, 이 과정으로 구름 속에서 상승하는 공기는 주변 공기보다 상대적으로 온도가 높아지고 밀도는 낮아진다. 구름은 밑에서 상승하는 공기의 끊임없는 유입이 지속되는 한 불안정한 대기에서 계속 성장한다. 이런 방법으로 적운은 수직으로 발달하고, 불과 수 분 만에 웅대적운으로 성장할 수 있다. 적운 단계에서는 보통 강수를 형성할 시간이 불충분하며, 상승기류가 물방울과 빙정들을 구름 속에 떠 있게 만든

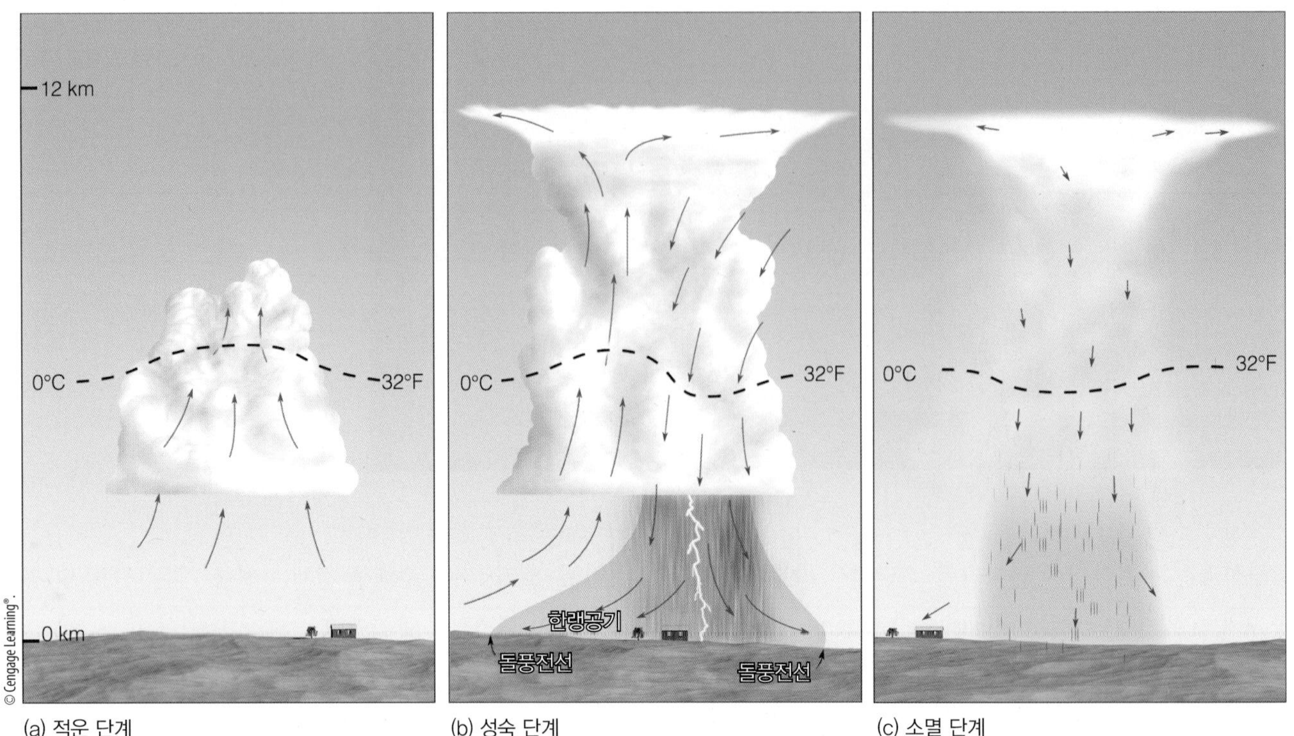

(a) 적운 단계 (b) 성숙 단계 (c) 소멸 단계

그림 10.2 ● 일반(기단) 뇌우의 일생을 보여주는 단순화된 모형. 화살표들은 연직기류의 이동을 보여준다. 가로 점선은 어느 고도인 0℃ 등온선을 나타낸다.

다. 또한 이 단계에서는 번개나 천둥도 없다.

구름이 빙결고도 훨씬 위로 솟아 올라감에 따라 구름 입자들은 점점 더 커지고 무거워진다. 결국 상승하던 공기는 더 이상 떠 있을 수 없게 되어 하강하기 시작한다. 이런 현상이 일어나는 동안 구름 주위의 상대적으로 건조한 공기는 **유입** 과정을 통해 구름 속으로 끌려 들어간다. 상대적으로 건조한 공기의 유입 현상은 빗방울 일부의 증발을 일으켜 공기를 냉각시킨다. 이렇게 주변 공기보다 더 차가워지고 무거워진 구름 속 공기는 **하강기류**를 이루어 내려오기 시작한다. 하강기류는 떨어지는 강수가 주변 공기 일부를 끌어들임으로써 더 강화될 수도 있다.

하강기류의 등장은 **성숙 단계**(mature stage)의 시작을 가리킨다. 이때 성숙뇌우 내부의 하강기류와 상승기류는 세포를 구성한다. 일부 폭풍우에는 30분 이내의 수명을 가지는 여러 개의 세포가 존재한다.

성숙 단계 동안 뇌우의 강도가 가장 세다. 대기의 안정 권역(성층권 정도 고도)에 도달한 구름 꼭대기는 상층 바람이 구름의 빙정들을 수평으로 확산시킴에 따라 모루 모양과 비슷해지기 시작한다(그림 10.2b 참조). 구름 그 자체는 12 km 이상의 고도까지 뻗어 올라가 구름 밑바닥 부근의 직경은 수 km에 이를 수 있다. 상승기류와 하강기류는 구름 한가운데서 가장 위력이 강해 심한 난류를 형성할 수 있다. 천둥과 번개 역시 성숙 단계에서 나타난다. 이 단계에서는 구름에서 집중호우(간혹 작은 우박)가 내리고, 지상에서는 강수가 시작되면서 보통 차가운 공기가 내려온다.

한랭 하강기류가 지면에 도달하는 곳에서 공기는 모든 방향의 수평으로 퍼져 나간다. 상대적으로 따뜻한 주변 공기와 다가오는 상대적으로 찬 공기를 분리하는 지면 경계를 **돌풍전선**(gust front)이라고 한다. 바람은 돌풍전선을 따라 풍향과 풍속을 재빨리 변경한다. 그림 10.2b에서 돌풍전선이 따뜻하고 습한 공기를 폭풍우 속으로 몰아넣어 구름의 상승기류를 강화하는 과정을 주목하라. 하강기류 역 내에서는 폭풍우 아래의 상대습도에 따라 강우가 지상에 도달할 수도, 그렇지 않을 수도 있다. 예를 들면, 남서부 사막지대의 건조한 공기에서는 성숙한 뇌우가 불길하게 보일 것이며, 다른 폭풍우에서 볼 수 있는 모든 요소들이 포함되어 있을 것이다. 다른 점이 있다면 빗방울이 지상에 도달하기 전에 증발한다는 것이다. 그러나 폭풍우에서 내려오는 강력한 하강기류는 지상에 도달해 강력한 돌풍과 돌풍전선을 야기할 수 있다.

폭풍우는 성숙 단계에 들어간 후 약 15~30분 후 소멸되기 시작한다. **소멸 단계**(dissipating stage)는 돌풍전선이 폭풍우로부터 멀리 이동해 더 이상 상승기류를 강화하지 않게 될 때 발생한다. 이 단계에서는 그림 10.2c에서 설명하고 있듯이 하강기류가 구름 대부분을 지배하는 경향이 있다. 일반세포 뇌우의 수명이 보통 그리 길지 않은 이유는 구름 속 하강기류가 습윤한 상승기류를 억제시킴으로써 폭풍우의 에너지 공급을 단절시키는 경향 때문이다. 따뜻하고 습한 공기가 충분히 공급되지 않기 때문에 구름방울은 더 이상 형성되지 않는다. 이때 단지 약한 하강기류를 동반한 적은 강수가 내린다. 폭풍우가 소멸하면서 하층의 구름 입자는 급속히 증발하며, 때로는 한때 강력한 폭풍우가 존재했다는 흔적으로 권운 모루만을 남긴다(그림 10.3 참조). 단일 일반 뇌우는 1시간 내에 3단계를 모두 거칠 수 있다.

뇌우는 미국의 여러 지역에 여름 강우를 만들어낼 뿐만 아니라 엄청나게 더운 날 후에 순간적 냉각 현상을 동반하기도 한다. 이런 여름날의 반가운 냉각은 성숙 단계에서 하강기류가 지상에 도달하면서 발생한다. 기온은 불과 수 분 동안에 10°C 이상 떨어질 수도 있다. 하지만 불행히도 이러한 냉각 효과는 하강기류가 감소되거나 뇌우가 이동해 가면서 보통 짧은 기간 동안만 유지된다. 실제 폭풍우가 끝난 후 기온은 보통 상승하며 강우가 증발하며 수분이 공기 속으로 유입되어 습도는 높아진다. 그렇기 때문에 때로는 폭풍우가 발생한 이후에 더욱 무덥다고 느끼는 경우가 있다.

지금까지 우리는 짧은 수명을 가지고, 악뇌우로 발달하는 일이 드물며, 약한 연직 바람시어가 존재하는 지역에서 형성되는 일반세포 뇌우를 살펴보았다. 이러한 폭풍우가 발달함에 따라 상승기류는 점차 하강기류로 바뀌게 되며 폭풍우는 결국 스스로 무너진다. 그러나 강력한 연직 바람시어가 존재하는 지역에서는 뇌우가 좀 더 복잡한 구조를 가지기도 한다. 강력한 연직 바람시어는 폭풍우를

Howard B. Bluestein

그림 10.3 ● 소멸 단계의 뇌우. 폭풍우의 하반부 내에 있는 구름 입자들의 대부분은 증발하였다.

2개 이상의 세포를 갖는 **다세포 뇌우**가 되는 방향으로 발전시킬 수도 있다.

다세포 뇌우 발달 단계가 다른 여러 개의 세포를 갖는 뇌우를 **다세포 뇌우**(multicell thunderstorms)라고 한다(그림 10.4 참조). 이러한 폭풍우는 보통 또는 강력한 연직 바람시어가 존재하는 권역에서 형성되는 경향이 있다. 그림 10.5를 보면서 삽화 왼쪽에서 풍속이 고도에 따라 급속히 증가해 강력한 풍속시어를 조성하는 것을 주목하라. 이 같은 유형의 시어 형성은 폭풍우 속 세포로 하여금 상승기류가 실제로 하강기류 상공으로 올라가게끔 하는 방향으로 기울어지게 만든다. 상승기류는 새로운 세포를 형성시켜 이들이 성숙 뇌우로 발달하게 할 수 있다. 폭풍우 내부 강수가 상승기류 안으로 떨어지지 않는다는 점, 그럼으로써 폭풍우의 연료 공급이 차단되지 않고 폭풍우 복합체가 오랫동안 생존할 수 있도록 만든다는 점을 주목하

그림 10.4 ● 다세포 폭풍우. 이 폭풍우는 연속적인 발달 단계의 일련의 세포들로 구성되어 있다. 중앙의 뇌우는 성숙 단계로 잘 발달된 모루구름을 동반한다. 구름에서는 비가 내리고 있다. 이 세포 오른쪽의 뇌우는 적운 단계에 있고 왼쪽에는 잘 발달된 탑상적운이 있다. 이것은 성숙기의 뇌우이다.

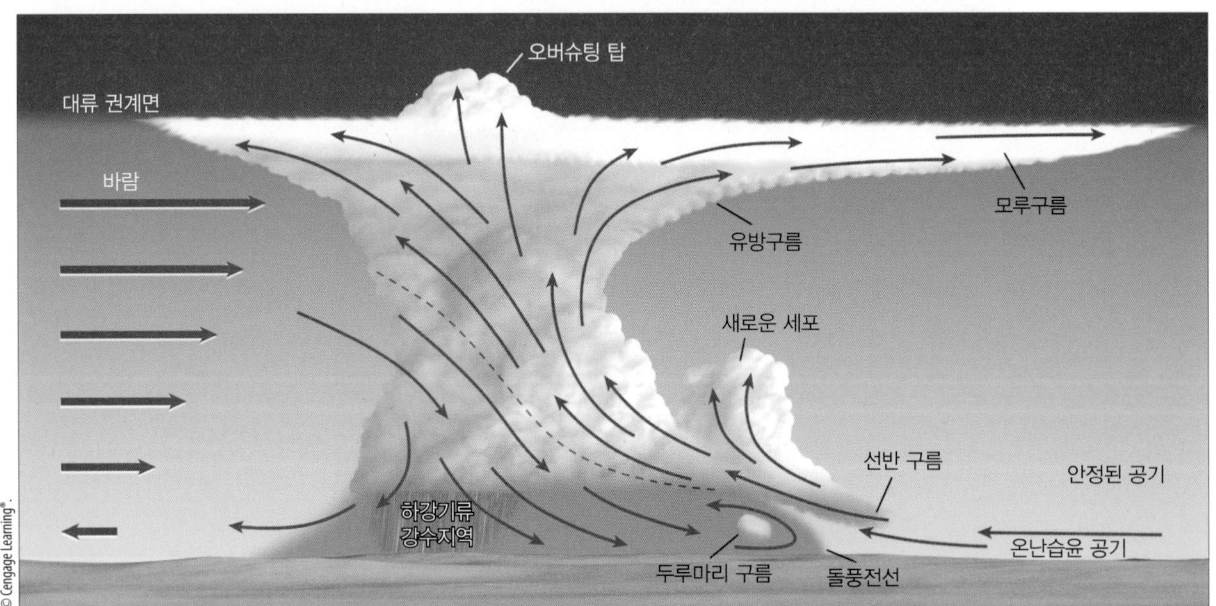

그림 10.5 ● 상승기류의 축이 기울어진 맹렬한 다세포 뇌우와 연관된 공기운동과 기타 특성을 보여주고 있는 모식도. 뇌우의 맹렬성은 폭풍우 순환 패턴의 강도에 좌우된다.

라. 오래 지속되는 다세포 폭풍우는 강렬해지고 짧은 기간 동안 극심한 날씨 현상들을 만들어 낼 수도 있다.

그림 10.5에서처럼 대류 현상이 강하고 상승기류가 강렬할 때 상승하는 공기는 실제로 안정한 성층권 깊이 침투해서 **오버슈팅 탑**(overshooting top)을 형성할 수 있다. 공기가 측면으로 확산되어 모루 속으로 들어감에 따라 폭풍우의 이 지역에서 하강하는 공기는 아름다운 유방구름을 생성하기도 한다. 뇌우의 한랭 하강기류와 지상의 차갑고 밀도가 큰 공기가 지상기압을 때로는 수 hPa 상승시킬 수도 있다. 비교적 규모가 작고 키 작은 고기압을 '**중규모 고기압**(mesohigh)'이라고 한다. 중규모 고기압은 폭풍우로 냉각된 공기와 폭풍우 너머에 존재하는 따뜻하고 불안정한 공기 사이의 기압 경도를 증가시켜 강풍 위험을 높일 수 있다.

돌풍전선 한랭 하강기류는 일단 지표면에 도달하면 사방으로 퍼져 한랭 유출 기류의 전면 경계를 의미하는 강력한 **돌풍전선**(gust front)을 생성한다(그림 10.6 참조). 지상의 관측자가 보기에 돌풍전선의 통과는 한랭전선의 통과와 비슷하다. 돌풍전선이 통과하는 동안 기온은 급격히 하강하며 풍향이 바뀌고 경우에 따라서는 풍속이 시속 96 km를 넘기도 한다. 강력한 돌풍전선 후방의 이 같은 강풍을 토네이도의 회전바람과 구별하여 **직선바람**(straight-line winds)이라고 한다. 이 장 후반부에서 다시 다루겠지만, 직선바람은 나무를 쓰러뜨리고 이동식 주택을 전복시키는 등 막대한 피해를 일으킬 수 있다.

그림 10.6 ● 뇌우의 하강기류가 지상에 접근하면 기류가 발산하면서 돌풍전선을 형성한다.

돌풍전선의 전면 경계에서는 강한 난류가 형성되어 먼지와 흙을 불어올려 거대한 흙먼지 구름을 일으킨다. 돌풍전선 후면의 찬 지면공기는 뇌우활동이 멈춘 후에도 수 시간 동안 지면에 머무르기도 한다.

따뜻하고 습한 공기가 돌풍전선의 전면을 따라 상승할 때, 그림 10.7에서 볼 수 있는 것과 같은 **선반구름**(shelf cloud; **아치구름**(arcus cloud)이라고도 함)이 형성될 수 있다. 이런 구름은 특히 대기가 뇌우의 기저 근처에서 매우 안정할 때 흔히 발생한다. 다시 그림 10.5와 10.7에서 선반구름이 뇌우의 기저에 붙어 있는 것을 유의하라. 경우에 따라서는 길게 뻗은 불길해 보이는 구름이 돌풍전선 바로 뒤에 형성된다. 수평축을 중심으로 서서히 회전하는 것처럼 보이는 이런 구름을 **두루마리 구름**(roll cloud)이라고 부른다(그림 10.8 참조).

대기가 조건부 불안정 상태일 때 돌풍전선의 선단은 습윤, 온난공기를 위로 상승시켜 여러 개의 돌풍전선을 동반하는 다세포 뇌우 복합체를 생성한다. 이들 돌풍전선은 합쳐져 **유출류 경계**(outflow boundary)라고 부르는 거대한 돌풍전선을 형성한다. 유출류 경계를 따라 공기는 강제 상승하고 종종 새로운 뇌우를 만들기도 한다(그림 10.9 참조).

마이크로버스트 강력한 뇌우 아래에서 하강기류는 국지화되어 지상에 도달하여 수평으로 퍼지면서, 마치 수도꼭지에서 물이 쏟아져 싱크대에 떨어져 내리는 것처럼 급격한 바람의 폭풍을 일으킨다. 이러한 하강기류를 **하강버스트**(downburst)라고 한다(그림 10.6의 하강기류를 보라). 바람이 4 km 범위 이내에 그치는 하강버스트를 **마이크로버스트**(microburst)라 한다. 규모는 작지만 시속 270 km

그림 10.7 ● 강력한 뇌우와 연관된 선반구름(일명 아치구름)의 극적인 본보기. 이 사진은 오클라호마 중부지역에서 뇌우가 북서쪽에서 다가오는 상황에서 찍은 것이다.

© Greg Stumpf

Gry Elise Nyland

그림 10.8 ● 2013년 6월 18일 오전 앨버타주 캘거리를 지나는 두루마리구름(roll cloud).

의 직선 바람 형태의 강풍을 일으키는 강력한 마이크로버스트도 있다(바람이 4 km 범위 이상으로 뻗치는 것을 **매크로버스트**라 한다). 그림 10.10은 콜로라도 덴버 북쪽에서 발생한 마이크로버스트에서 먼지구름이 발생한 것을 보여주고 있다. 마이크로버스트는 강력한 하강기류이기 때문에 그 전면은 돌풍전선으로 발달할 수도 있다. 마이크로버스트의 선단은 상대적으로 건조한 지역에서 내부가 먼지로 채워진 강력한 수평 회전 흐름을 가지기도 한다.

마이크로버스트는 나무뿌리를 뽑고 열악한 구조물에 큰 피해를 줄 수 있을 뿐만 아니라 수면에서 마이크로버스트와 마주치는 항해용 선박에도 큰 피해를 줄 수 있다. 사실 마이크로버스트는 이전에 토네이도로 인해 발생한 피해의 일부로 오인을 받은 경우도 있었다. 이는 특히 주로 수평 바람시어를 동반하기 때문에 특별히 항공기에 심각한 위험으로 작용할 수 있다. 바람시어는 풍속과 풍향이 짧은 거리 내에서 급속히 변화할 때 발생한다는 점을 기억하자. 항공기가 지상에서 300 m 정도의 비교적 낮은 고도에서 마이크로버스트를 통과하여 비행하면, 처음에는 맞바람을 만나게 되어 고도가 급히 올라간다(그

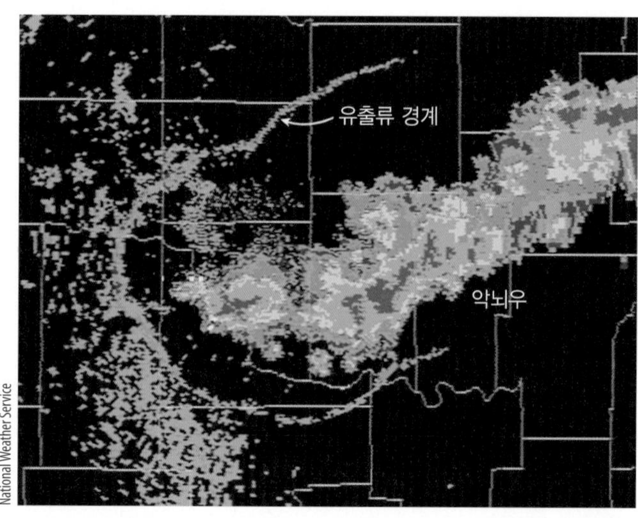

그림 10.9 ● 유출류 경계가 뚜렷한 레이더 영상. 악뇌우(빨간색 및 오렌지색) 내의 차고 밀도가 큰 공기가 폭풍우 밖으로 퍼져 나감에 따라 주변의 온난습윤하고 밀도가 작은 공기와 접촉하여 밀도 경계(파란색 선)를 형성하는데, 이를 유출류 경계라 한다. 종종 유출류 경계를 따라 새로운 뇌우가 형성되기도 한다.

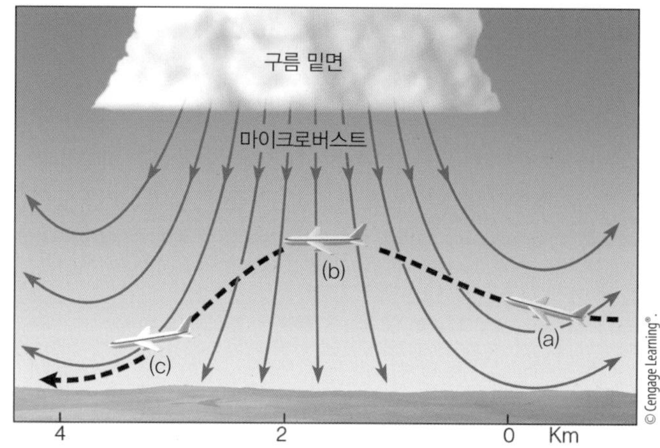

그림 10.11 ● 마이크로버스트 속으로의 비행. 위치 (a)에 있을 때 비행사는 맞바람을, (b)에서는 강한 하강기류를, (c)에서는 뒷바람을 맞아 상승력을 잃고 고도가 떨어지게 된다.

림 10.11a). 만약 항공기의 고도가 갑자기 높아지는 것 때문에 조종사가 기수를 내리게 되면 심각한 결과로 이어질 수 있다. 항공기는 수 초 뒤에 그림 10.11b 위치에 도달해 엄청난 하강기류를 만나게 되고 맞바람은 순식간에 뒷바람으로 바뀐다(그림 10.11c). 이 상황에서 항공기는 부력을 상실하고 조향성 감퇴에 봉착하게 되는데, 이때부터는 지상을 향하여 곤두박질치는 상황이 된다.

1970년대와 1980년대 미국에서는 수백 명의 승객이 마이크로버스트와 연관된 사고로 목숨을 잃었다. 마이크로버스트가 항공 운항에 가하는 위험을 인식한 과학자들은 집중적인 연구를 수행하여, 1990년대에는 미국 전역의 공항에 경보 시스템을 설치하였다. 이 경보 시스템은 자동기상관측소, 도플러 레이더, 그리고 마이크로버스트와 하층 바람시어를 탐지하는 알고리즘을 포함하고 있다. 이 시스템은 미국에서의 민항사 비행에서 마이크로버스트에 연관된 사고를 사실상 없앴다고 할 수 있다.

마이크로버스트는 악뇌우와 연계하여 일어날 수 있고, 강력하고 파괴적인 바람을 일으킨다. 그러나 연구 결과에 의하면 마이크로버스트는 일반세포 뇌우나 국지적인 소

그림 10.10 ● 콜로라도 주 덴버 북쪽에서 발생한 마이크로버스트의 아웃버스트 바람에 대한 반응으로 상승하는 먼지구름.

알고 있나요?

2011년 8월 13일, 수백 명의 팬들이 인디애나폴리스의 인디애나 주 박람회에서 컨트리 밴드 슈가랜드의 공연을 기다리던 중, 시속 96 km 이상의 강한 돌풍이 박람회장을 덮쳤다. 바람이 너무 강하여 무대를 넘어뜨려 금속 비계와 조명, 무대 장비가 군중 가운데 떨어졌는데 5명이 사망하고 수십 명이 심각한 부상을 당했다.

나기를 일으키는 데 그치고, 천둥과 번개는 동반할 수도, 동반하지 않을 수도 있다. 또한 마이크로버스트는 집중호우를 동반하는지, 약한 강수를 동반하거나 강수가 없는지에 따라 습윤 마이크로버스트와 건조 마이크로버스트로 구분될 수 있다. 미국 북서부에서는 많은 마이크로버스트가 미류운(강수는 발생하지만 지면에 닿기 전에 증발하는 비구름, 꼬리구름)에서 발생한다. 이러한 건조한 마이크로버스트에서는 강수의 증발이 대기를 냉각시킨다. 차가워진 무거운 공기는 아래에 존재하는 따뜻하고 가벼운 공기를 통과해 아래로 곤두박질친다. 습도가 높은 지역에서는 많은 마이크로버스트가 습윤한 형태로 강한 강수를 동반한다.

여기서 여러분은 뇌우의 하강기류는 항상 한랭하다고 생각할지 모른다. 대부분은 차갑지만 경우에 따라서는 매우 온난할 수도 있다. 예를 들어 2011년 6월 9일 막 자정을 넘긴 시간에 캔자스 주의 위치타에서는 소산되는 뇌우에서 발생한 엄청나게 뜨겁고 건조한 공기가 불과 20분 이내에 지면 부근의 기온을 약 30~40°C 가량 증가시켰으며, 바람은 시속 75 km 이상으로 나타났다. 이러한 돌발적인 고온의 하강버스트를 **열 버스트**(heat burst)라고 부른다. 연구 결과들은 열 버스트가 뇌우 높이에서 발생하여 지면을 향해 하강하면서 압축가열에 의해 온도를 높이는 것을 설명하였다. 일부 연구는 열 버스트가 뇌우 바깥의 공기가 하강하도록 강제되면서 폭풍우와 부딪히고 약한 강수가 이 외부 공기로 떨어지면서 발생할 수 있다고 제안하였다. 하지만 정확한 원인은 아직 알려지지 않았다.

스콜선 뇌우 다세포 뇌우는 **스콜선**(squall line)이라고 부르는 선형뇌우 형태로 형성될 수도 있다. 이와 같은 폭풍우선은 한랭전선 바로 곁을 따라 형성되어 수백 km 거리까지 확대될 수도 있고, 또는 폭풍우가 한랭전선 앞 100~300 km 거리의 따뜻한 공기에서 발생할 수도 있다. 중위도 상의 이와 같은 **전선 전면 스콜선 뇌우**(pre-frontal squall-line thunderstorm)는 지속기간 동안 상당 부분의 위험기상을 일으키며, 거대 뇌우를 동반한 최대 최악의 스콜선을 의미한다(그림 10.12 참조).

전선 전면 스콜선의 정확한 형성 과정에 대해서는 여전히 논쟁이 그치지 않고 있다. 스콜선 형성을 가상적으로 실험하는 모델들은 처음에는 한랭전선을 따라 대류가 시작된 후 멀리 이동하면서 재형성되는 것을 보여주고 있다. 더욱이 주 한랭전선 그 자체의 기압파 특성이나 전선을 따라 진행되는 적운의 발달은 상층공기가 산맥을 따라 형성하는 파동과 매우 흡사한 파동(**중력파**)으로 발달하도록 유도할 수 있다. 한랭전선 앞에서 상승하는 파동의 운동이 적운과 전선 전면 스콜선의 발달을 촉발하는 방아쇠 역할을 할 가능성이 있다.

전선 경계를 따라(그리고 돌풍전선을 따라) 상승하는

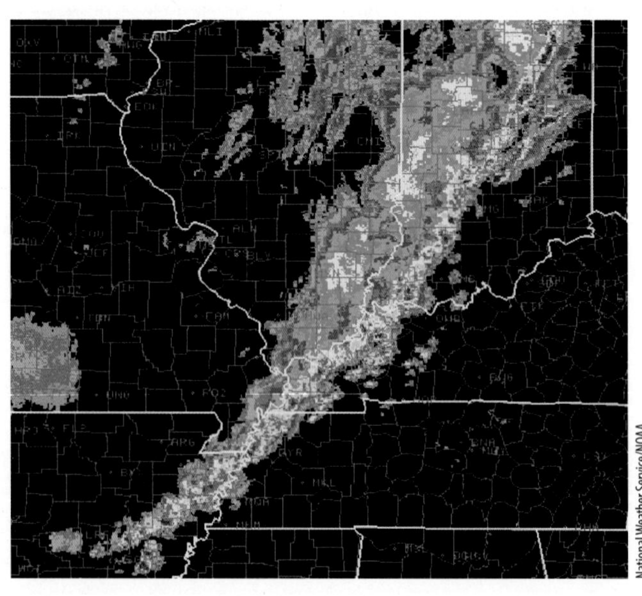

그림 10.12 ● 미국 인디애나에서 남서쪽 아칸소로 뻗어 내려간 전선에 선행하는 스콜선을 보여주는 도플러 레이더 합성그림. 스콜선과 연합한 악뇌우(빨간색과 오렌지색)가 2001년 10월 싸락눈과 세찬 바람을 일으켰다.

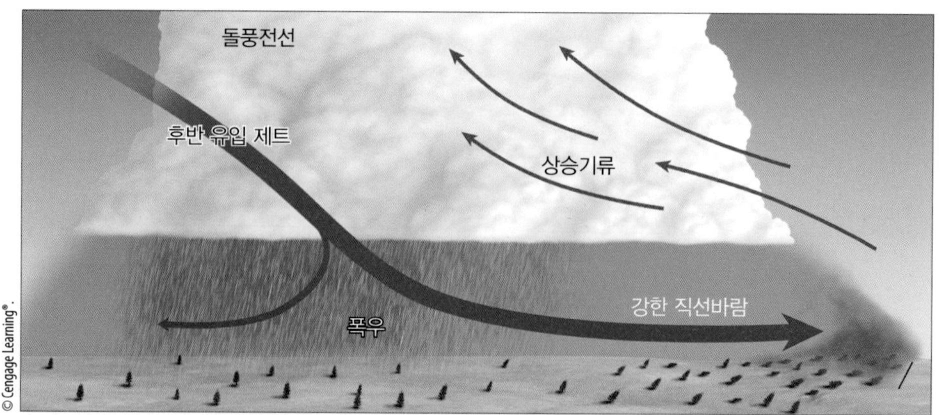

그림 10.13 ● 후방 유입 제트류가 높은 상공에서 지면으로 강풍을 이동시키고 있는 것을 측면에서 바라본 스콜선 뇌우의 하반부 모습. 이 같은 강풍은 지면을 따라 돌진하면서 속도가 50 m/sec까지 이를 수 있는 파괴적인 직선바람을 일으킨다. 이와 같은 강풍이 수평적으로 상당한 거리까지 미칠 경우 그런 폭풍을 드레쇼라고 한다.

공기는 상승기류가 기울어지면서 움직이는 특성과 맞물려 폭풍우의 진행 과정에서 새로운 세포가 발달하도록 촉진한다. 이렇게 해서 오래된 세포가 소멸하는 대로 새로운 세포가 끊임없이 형성되는 것이며, 그에 따라 스콜선은 수 시간 동안 유지될 수 있다. 때에 따라서는 돌풍전선이 진행할 때 전선 전면 주 폭풍우선 너머에 새로운 스콜선이 형성될 수 있다.

낙하하는 강수의 일부가 증발해 공기를 냉각시킴에 따라, 종종 강력한 하강기류가 스콜선 후방에 형성되기도 한다. 그러면 비교적 무겁고 차가운 공기는 주변 공기 일부를 끌어들이면서 하강한다. 찬 공기가 빠르게 하강할 경우 빠르게 흐르는 공기의 좁은 띠로 밀집될 수도 있는데, 이를 **후방-측면 유입 제트**(rear-flank inflow jet)라고 부른다. 이것은 그림 10.13에 나타나 있듯이 공기가 서쪽으로부터 폭풍우로 유입되기 때문이다. 이와 같은 바람은 지표에 도달하면 바깥쪽으로 쇄도하면서 초속 45 m를 넘는 파괴적인 **직선바람**을 생성한다.

강풍은 지면을 따라 돌진하면서 때로는 스콜선을 바깥쪽으로 밀어내 레이더 화면에 마치 활(또는 여러 활의 집합)처럼 보인다. 이 같은 활 모양의 스콜선을 **활 에코**(bow echo)라고 부른다(그림 10.14 참조). 가장 강한 바람은 주로 가장 예리하게 꺾임이 발생하는 활의 중앙 부근에서 나타난다. 토네이도는 특히 활의 왼쪽(북쪽) 끝에서 발생할 수 있지만 보통 규모가 작고 수명이 짧은 특징을 가진다.

직선 바람이 시속 90 km 이상으로 나타나고 400 km 이상의 경로를 따라 유지되면 그 바람폭풍을 스페인어로 '직진'이란 의미를 지니는 **드레쇼**(derecho)라고 한다. 미국에서는 보통 한해에 약 20건의 드레쇼가 발생한다. 드레쇼는 전형적으로 이른 저녁에 발생해 밤새도록 지속된다. 특히 강력한 드레쇼가 1995년 7월 15일 이른 아침 뉴욕주를 휩쓸어 애디론댁 주립공원(Adirondack State Park)의 수백만 그루의 수목을 쓰러뜨렸다. 온타리오에서 뉴잉글랜드까지 총 5억 달러 이상의 피해가 발생하였다. 또 다른 극도로 강력한 드레쇼는 2012년 6월 29일 중서부 지역으로부터 워싱턴 D.C.까지 훑고 지나갔다. 시속 130 km 이상의 돌풍이 불었고 22명의 사망자가 발생하였으며, 일부

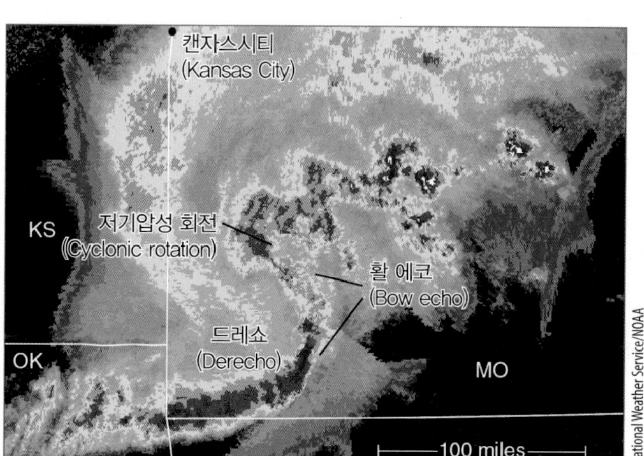

그림 10.14 ● 활 에코로 불리는 활 모양의 강력한 스콜선이 2009년 5월 8일 오전 미주리 주를 동쪽으로 이동하고 있는 모습을 담은 도플러 레이더 영상. 강력한 뇌우(적색과 오렌지색으로 표시된 부분)가 광범위한 지역에 파괴적인 직선바람을 일으키고 있다. 스콜선을 따라 상당한 거리까지 미치는 파괴적인 직선바람을 드레쇼라고 한다.

지역은 며칠 동안 400만 명 이상에게 전력 공급이 단절되었다. 드레쇼의 피해는 토네이도에 기인하는 것이 일반적이다. 하지만 토네이도에 의한 잔해는 좁고 둥근 형태를 가지며 여러 방향으로 퍼져 나가는 반면, 드레쇼의 경우는 파편들이 넓은 장소에 걸쳐 한 방향으로 날리는 특징을 가진다.

스콜선은 **중규모 대류계**(mesoscale convective system, MCS)라고 불리는 대류 현상의 한 형태이다. 스콜선은 대류 과정에 의해 유도되고 중규모에 해당되기 때문에 이렇게 분류된다. 중규모 대류계는 조직적인 뇌우들로써 길게 뻗은 스콜선에서 **원형의 복잡한 중규모 대류계**까지 다양한 구성을 가질 수 있다.

중규모 대류복합체 대류에 적합한 조건이 충족되어 있을 때는 여러 개의 개별 뇌우들이 규모가 커지고 조직을 이루며 하나의 거대한 대류 기상계를 형성하게 된다. 이처럼 대류로 조성된 일기계를 **중규모 대류복합체**(Mesoscale Convective Complex, MCCs)라고 한다. MCC는 그 규모가 방대해 일반 뇌우의 1,000배에 달하기도 한다. 실제로 미국의 주 하나를 전부 뒤덮을 수 있는 크기인 10만 km^2 정도의 지역이 완전히 그 영향권에 들어갈 수 있다(그림 10.15 참조).

MCC 내에서 개별 뇌우들은 복합적으로 작용하여 오래 지속되는 일기계를 조성할 수 있다. MCC는 최소 6시간에서 때때로 12시간 이상 지속되기도 한다. MCC 내부의 뇌우는 새로운 뇌우의 성장을 도와주며 광범위한 지역의 강수를 가져온다. MCC는 특히 미국의 옥수수 및 밀 지대의 농작물 생육기간의 강우 중 상당 부분을 제공하는 유익한 역할을 하는 반면에 우박, 돌풍, 돌발홍수, 토네이도 등 극한 현상들을 동반하기도 한다.

중규모 대류복합체는 여름철 상층풍이 약한 지역, 즉 고기압능의 하부에 형성되는 경향이 있다. 약한 한랭전선이 기압능 하부에 정체한다면, 지면 가열과 습기는 전선의 서늘한 구역에 뇌우를 생성시킨다. 남쪽에서 유입되는 습기는 1.5 km 이하 고도에서 주로 발견되는 하층 제트에

그림 10.15 ● 미국 캔자스 중부로부터 서부 미주리에 걸쳐 발달한 중규모 대류복합체(MCC)를 보여주고 있는 강조 적외 위성영상. 이 조직화된 뇌우 무리 일대에 우박, 폭우, 홍수가 발생했다.

의해 대류복합체 내로 유입된다. 다세포 폭풍우 복합체 내에서는 기존의 뇌우가 소멸되면서 새로운 뇌우가 형성된다. 대부분의 MCC는 상층 바람이 약할 때 집중호우를 내리면서 동쪽이나 남동쪽으로 매우 천천히 이동한다.

초대형세포 뇌우 강력한 연직 바람시어가 존재(풍속시어나 풍향시어, 또는 공존)하는 지역에서는 뇌우의 형성으로, 하강기류에서 유출되는 한랭공기가 상승기류를 약화시키지 못한다. 그러한 폭풍우에서는 바람시어가 상당히 강력해 수평회전을 형성할 수 있다. 수평회전은 바람시어가 상승기류 속으로 기울어져 들어갈 경우 상승기류를 회전하게 만든다. 맹렬한 기세로 회전하는 단일 상승기류를 동반한 오래 지속되는 대형 뇌우를 가리켜 **초대형세포**(supercell)라고 한다. 이 장의 후반부에서도 다루겠지만, 토네이도 형성으로 이어질 수 있는 것이 초대형세포의 회전 측면이다.

초대형세포의 내부구조는 폭풍우가 몇 시간 동안 자력으로 단일 주체로써 유지될 수 있게끔 조직되어 있다. 이런 유형의 폭풍우는 초속 45 m를 초과하는 상승기류와 파

괴적인 지상풍 그리고 대형 토네이도를 초래할 수 있다. 어떤 경우에는 폭풍우의 꼭대기가 지상에서 18 km 이상까지 확장하고, 그 폭은 40 km를 넘을 수 있다.

다양한 특징을 지닌 전형적인 초대형세포의 모델이 그림 10.16에 제시되어 있다. 그림은 남동쪽에서 바라보는 폭풍우가 나타나 있으며, 그 폭풍우는 남서쪽에서 북동부로 이동하고 있다. 폭풍우 남쪽에 위치한 폭 5~10 km의 회전하는 공기기둥을 가리켜 **중규모 저기압**(mesocyclone)이라고 한다. 중규모 저기압과 연관된 회전하는 상승기류는 매우 강력하기 때문에 강수는 그 속을 통과해 낙하할 수 없다. 이와 같은 현상으로 상승 구역 아래에 **무강우 구역**(rain-free base)이 생긴다. 강력한 상층 남서풍이 강수를 북동쪽으로 날려 버린다. 구름 속에서 성장하고 있던 대형 우박은 보통 상승기류 바로 북쪽에 떨어지며, 가장 강한 비는 우박이 낙하하는 지역 바로 북쪽에서 발생하는 반면, 상대적으로 약한 비는 폭풍우의 북동부 4분면에 떨어지는 것을 주목하라. 하층의 습윤한 공기가 상승기류 속으로 끌려 들어갈 경우, **벽구름**(wall cloud)이라고 하는 회전구름이 폭풍우 기저에서 하강할 가능성이 있다(그림 10.17 참조).

지구상에서 형성된 가장 큰 우박은 상승이 넓고 강력하게 나타나는 초대형세포 내부에서 관측된다. 드물게 이러한 우박들은 포도알 이상의 크기로 성장하기도 한다. 2010년 7월 23일 사우스다코타주의 비비안에 떨어진 우박은 900 g에 육박하였으며 지름이 20 cm 정도로 가장 무겁고 큰 우박으로 기록되었다. 초대형세포 내부의 넓고 강력한 상승은 우박이 오랜 시간 동안 떠있을 수 있게 해주어 많은 물방울이 우박에 쌓이고 얼어붙게 해준다. 우박이 충분히 커지면 구름의 바닥 아래로 하강기류를 타고 떨어지거나, 격렬한 회전 상승기류가 우박을 회전시켜 구

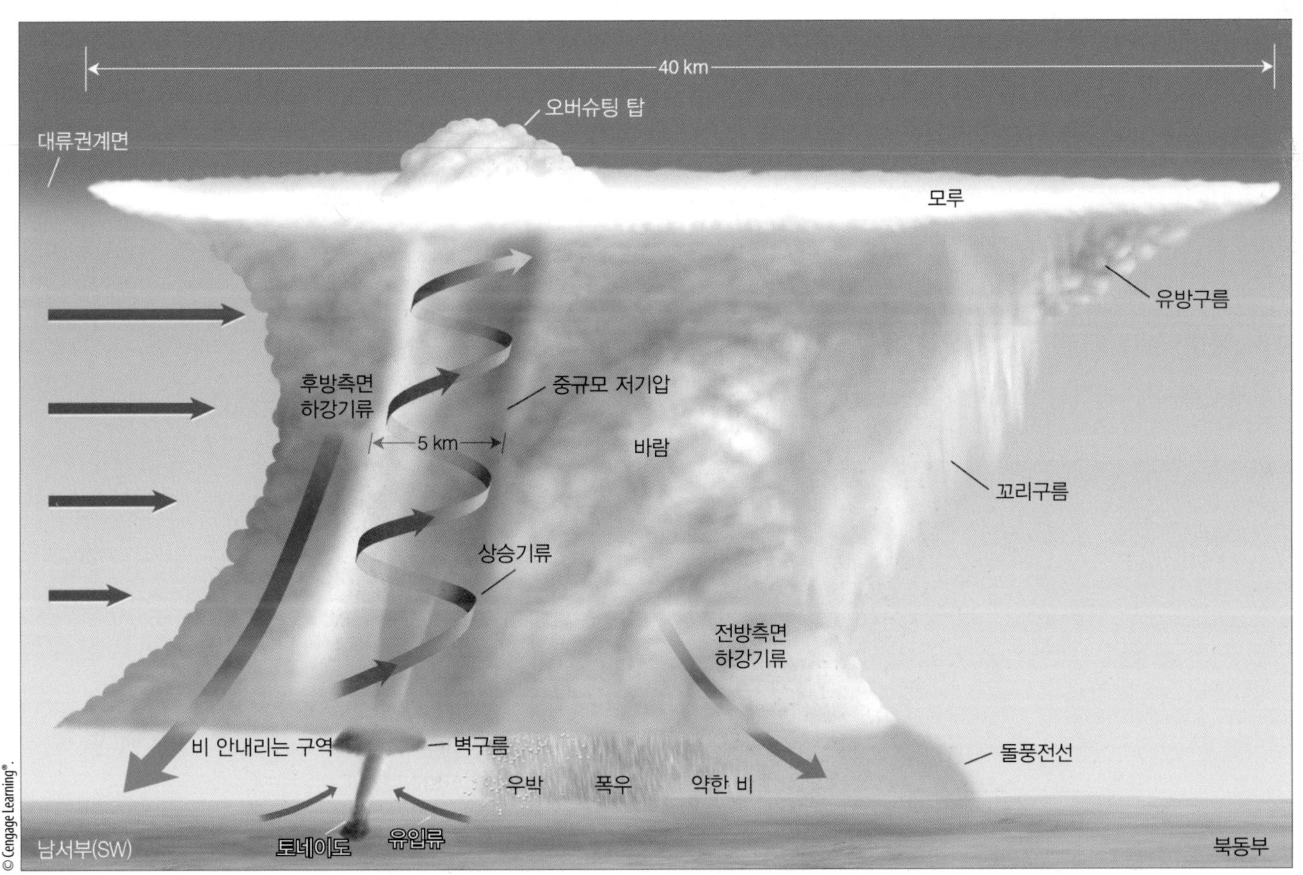

그림 10.16 ● 이 그림은 토네이도를 생성하는 전형적인 초대형세포 뇌우를 남동쪽에서 본 모습이다. 폭풍은 북동쪽으로 이동하고 있다.

그림 10.17 ● 2010년 4월 29일 캔자스 대초원 위에서 벽구름이 발달하고 있다.

름의 측면이나, 심지어는 모루의 바닥 밖으로 밀어낼 수 있다. 실제로 항공기가 폭풍우로부터 수 km 떨어진 맑은 지역에서 우박을 만나는 경우가 있다. 그림 10.18은 초대형세포 뇌우에서 큰 우박이 생기는 과정의 연직 단면도이다.

비록 2개의 초대형세포가 정확히 같지는 않지만, 편의상 세 가지 유형으로 나눌 수 있다. **전통적인 초대형세포**(그림 10.16)는 집중호우, 대형 우박, 강한 지상풍과 토네이도를 만든다. 초대형세포에서 집중호우, 강한 하강기류, 대형 우박이 우세한 때에는 **강한 강수형**(high precipitation, HP) 초대형세포로 분류된다(그림 10.19). HP 초대형세포에서 나타나는 토네이도는 집중호우에 싸여 있

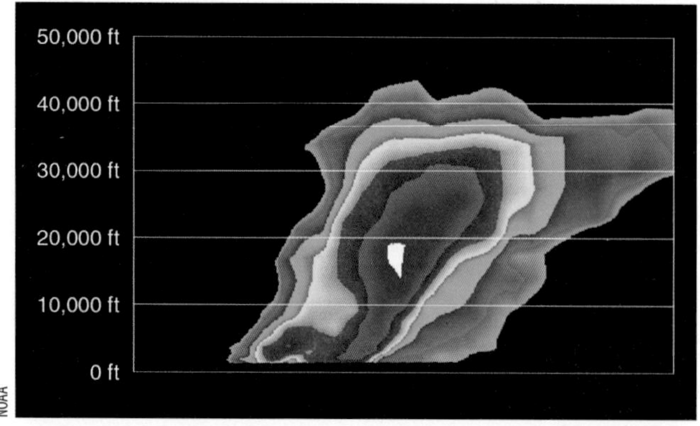

그림 10.18 ● 2009년 9월 16일 텍사스 엘 파소에서 골프공 크기의 우박을 생성한 초대형세포 뇌우의 도플러 레이더 반사도 연직 단면도.

어서 보기가 쉽지 않다. 반면, **약한 강수**(low precipitation, LP) 초대형세포에서는 토네이도와 구름의 특징들이 보통 잘 보이는 편이다(그림 10.20 참조). 비록 LP 초대형세포가 약한 강수를 생성하는 경향이 있지만 여전히 대형 우박이나 토네이도를 생산할 수 있다. LP 초대형세포의 회전은 종종 종탑모양으로 나타나는데 측면을 따라 코르크나사와 같은 패턴을 동반한다.

그림 10.21을 관찰해보면 연직 바람시어가 초대형세포 뇌우의 발달에서 어떠한 역할을 하는지 더욱 잘 파악할 수 있다. 이 그림은 미 중부 대평원의 봄철 대기조건을 보여주고 있다. 한랭 · 건조 공기가 이동하는 가운데 지표에는 열린파 중위도 저기압이 존재하고 온난전선 뒤에는 멕시코만에서 북서쪽으로 온난 · 습윤 공기가 밀고 올라가고 있다. 온난한 지상공기 위에서는 쐐기꼴 혹은 '혀' 모양의 습한 공기가 북쪽으로 이동하고 있다. **하층 제트**(low-level jet)라고 불리는, 때로는 초속 25 m를 초과하는 강풍의 비교적 좁은 띠가 발견되는 곳이 바로 이 구역이다. 습윤 공기층 바로 위에는 남서쪽에서 이동하는 더 차갑고 더 건조한 공기의 쐐기가 있다. 그보다 더 높은 500 hPa 층에는 저기압골이 바로 밑 지표의 서쪽에 위치한다. 300 hPa 층에서는 한대전선 제트류가 해당 권역 상공을 이동하며, 종종 지상 저기압 위에 최대풍(제트축)을

그림 10.19 ● 2013년 6월 14일 네브래스카 동부에 발생한 강한 강수형(HP) 초대형세포 뇌우. 집중호우, 대형 우박, 강풍과 번개를 동반하였다.

그림 10.20 ● 2010년 6월 10일 콜로라도 동부에서 발생한 약한 강수형(LP) 초대형세포 뇌우. 초대형세포의 바닥에서 아래로 토네이도가 내려오고 있다.

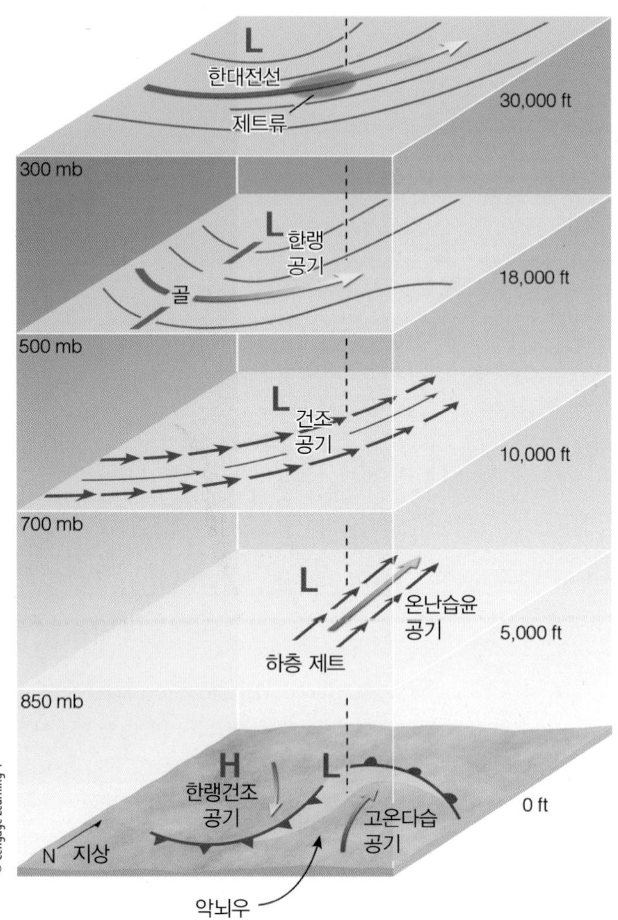

그림 10.21 ● 악뇌우와 초대형세포를 유발하는 대기 상태. 엷은 초록색 구역이 악뇌우 발생 가능성이 높은 곳이다.

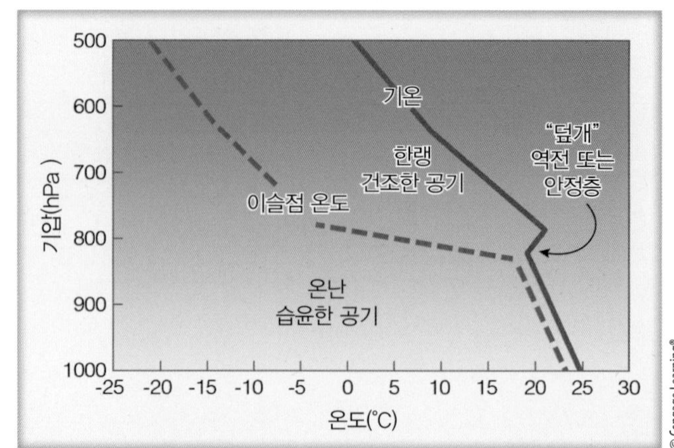

그림 10.22 ● 초대형세포 뇌우가 발달하기 전에 자주 발생하는 전형적인 기온과 이슬점 온도의 연직 구조. 지상에서 800 hPa 덮개까지 따뜻하고 습윤한 공기의 두께는 대략 2000 m이다.

동반한다. 이 층에는 제트류가 지상수렴 및 상승기류를 강화시키는 발산역을 조성한다. 이 단계에서 이제 초대형세포 뇌우의 발달 배경이 마련된 것이다.

지상 일기도에 표시된 노란색 구역(그림 10.21)은 초대형세포들이 형성될 가능성이 있는 곳이다. 초대형세포가 이 지역에서 형성되기 쉬운 것은 (1) 따뜻한 공기 위에 찬 공기가 위치함으로써 조건부 불안정 대기를 형성하고, (2) 강력한 연직 바람시어가 회전을 유발하기 때문이다.

지상에서 하층 제트 고도까지 풍속은 급속히 증가하면서 강한 풍속시어를 초래한다. 이 지역에서 바람시어는 공기가 수평축을 중심으로 회전하도록 유발한다. 왼손으로 펜이나 연필이 책상과 평행선을 이루도록 쥐고 실습해 보면 공기가 회전하는 양상을 더 잘 이해할 수 있을 것이다. 이제 오른손을 들어 펜을 앞으로 밀어내보라. 펜은 흡사 공기가 회전하는 것처럼 돌아간다. 돌아가는 펜을 연직 방향으로 기울여 보면 위에서 내려다볼 때 펜은 반시계 방향으로 돌 것이다. 공기가 회전할 때도 비슷한 상황이 일어난다. 회전하는 공기가 수평축을 중심으로 반시계 방향으로 돌아가는 가운데, 발달하는 뇌우로부터의 상승기류는 회전하는 공기를 구름 속으로 끌어당기고 이때 상승기류는 회전하게 된다. 모든 초대형세포의 특징을 이루는 것이 이 회전하는 상승기류이다. 300 hPa 고도까지 고도가 증가할수록 풍속은 증가하고 하층의 남쪽에서 상층의 서쪽으로 바뀌는 풍향과 맞물려 폭풍우의 회전을 더욱 촉진한다.

온난한 조건부 불안정 대기가 지표로부터 상승함에 따라, 전진하는 한랭전선 앞쪽의 온난대기에서 많은 초대형세포가 형성되는 것을 볼 수 있다. 하지만 지표 혼합층 위에 지속적인 역전이 존재할 수 있다. **덮개**(cap)라고 불리는 이 층은 상승하는 열에너지의 뚜껑 역할을 하며, 종종 작은 적운만이 형성되도록 한다. 그림 10.22는 덮개의 대기 구조를 보여준다. 때때로 덮개는 하루종일 뇌우가 발생하는 것을 막을 정도로 충분히 강력하다. 다른 시간에는 덮개가 없거나 약하여 여러 뇌우가 발생할 수 있지만 고립된 초대형세포가 발생할 수 있는 기회는 줄어든다. 많은 수의 뇌우가 오전 시간에 발달하는 것을 막을 만큼 덮개가 충분히 강한 경우에 가장 강력한 폭풍우가 발생하는 경향이 있다. 오전에서 시간이 흘러 지표 부근의 공기가 가열되면 상승하는 공기는 고립된 지역에서 덮개를 뚫고 올라가기도 한다. 이 경우에는 습한 공기가 벌어진 틈을 통해 위로 치솟으면서 구름은 급속도로, 때로는 폭발적으로 발달한다. 지면 부근 공기가 마침내 역전층을 뚫을 수 있을 때 하나 또는 그 이상의 초대형세포가 큰 높이까지 빠르게 발달할 수 있다.

요점 복습

지금까지 다룬 주요 개념 및 사실을 정리해 보자.

- 모든 뇌우에는 다음 3가지 기본 요소가 필요하다: (1) 습한 지상공기 (2) 조건부 불안정 대기 (3) 공기의 상승을 촉발하는 메커니즘.
- 일반세포(기단악) 뇌우는 조건부 불안정 대기에서 습한 공기가 상승하고 연직 바람시어가 약한 곳에서 발생하는 경향이 있다. 이들은 수명이 짧으며 1시간 이내에 발달(적운) 단계, 성숙 단계 그리고 소멸 단계의 일생을 보내며 악뇌우로 발달하지 못한다. 이들은 악기상 현상으로 발달하는 경우가 드물다.
- 바람시어가 증가하여 상공의 바람이 강해지면 폭풍우의 상승기류가 하강기류 위로 타고 올라가면서 다세포 뇌우가 형성되기 쉽다. 폭풍우의 기울어진 특성은 기존의 세포가 소멸되면서 새로운 세포가 생성되도록 한다.
- 다세포 뇌우는 스콜선(전선 경계의 전면을 따라 발생하거나 바깥에서 형성되는 뇌우들의 긴 선)이나 대류복합체(커다란 원형의 뇌우 집합체)와 같은 복잡한 폭풍우를 형성하기도 한다.
- 초대형세포 뇌우는 강력한 연직 바람시어가 존재하는 지역에 형성되는 단일 회전 상승기류를 동반하고 오래 지속되는 대규모의 강력한 뇌우이다. 회전하는 초대형세포는 (a) 상층의 바람이 강력하고 지상의 남쪽에서 상층의 서쪽으로 방향을 바꿀 때 (b) 하층 제트가 지표면 바로 위에 존재할 때 발달할 가능성이 비교적 높다.
- 돌풍전선이나 유출류의 경계는 뇌우의 내부에서 기원한 한랭공기의 선단을 나타내며 하강기류로 지상에 도달하고 뇌우에서 바깥쪽으로 멀리 이동한다.
- 하강버스트(하강기류의 영역이 4 km 이내일 때는 마이크로버스트)로 불리는 강력한 뇌우의 하강기류는 지상에 도달할 때 풍향과 풍속의 급격한 변화를 나타내는 극한의 바람시어를 일으킨다. 이 때문에 항공기가 추락한 사건이 여러 번 발생하였다.
- 드레쇼는 레이더 화면상에 활모양(활 에코)으로 자주 나타나는 강렬한 뇌우 내부로부터 불어 나오는 강한 직선 바람이다.

뇌우와 홍수 강력한 뇌우는 종종 **돌발홍수**(flash flood)를 일으킨다. 거의 예고 없이 닥치는 홍수를 돌발홍수라 한다. 돌발홍수는 뇌우가 정체하거나 매우 느리게 이동하면서 비교적 좁은 지역에 많은 비를 내릴 때 주로 발생한다. 뇌우가 빨리 이동하는 경우라도 동일 지역 상공을 계속 지나갈 때에도 일어난다. 최근 수년간 미국만 해도 돌발홍수로 연평균 100명 이상이 목숨을 잃었으며 막대한 재산 · 농작물 피해가 발생했다(포커스 10.1에 135명 이상의 사망자가 발생한 돌발홍수의 사례가 제시되어 있다).

뇌우가 반복적으로 집중호우를 같은 지역에 수일에서 수 주 동안 발생시키면 강물의 범람이 발생할 수 있다. 돌발홍수는 몇 분에서 수 시간 안에 작은 지역을 황폐화 시킬 수 있는 반면, 강의 홍수는 하천 시스템이 천천히 상승하여 넓은 지역을 범람할 때 발생한다. 1993년 여름, 수십 개의 중규모 대류 복합체가 미국 중서부를 가로질러 지나면서 기록된 최악의 홍수를 일으켰다(그림 10.23). 이 홍수로 수백만 에이커에 해당하는 많은 농지가 침수되었고 약 65억 달러로 추산되는 막대한 농작물 피해가 발생하였다. 미시시피강을 따라 발생한 홍수로 45명이 사망하였고, 45,000채의 가옥이 파손되거나 부서졌으며

그림 10.23 ● 1993년 여름의 홍수는 중서부의 광범위한 지역을 덮었다. 이곳에서는 1993년 7월 동안 아이오와 주 디모인 시내 부근의 홍수가 상수도 시설의 건물들을 침수시켰다. 홍수로 오염된 물은 25만 명이 식수난을 겪게 하였다.

FOCUS ON A SPECIAL TOPIC 10.1

빅 톰슨 협곡의 무서운 돌발홍수

1976년 7월 31일 토요일은 콜로라도 주에서 주민들과 방문객들이 주 100주년을 기념하여 축하 행사를 벌이는 날이었다. 그러나 기상학적으로 볼 때, 7월 31일은 콜로라도 로키산맥의 여느 여름날과 같았다. 작은 적운들이 평평한 바닥과 돔 모양의 꼭대기를 가지고 빅 톰슨 강과 캐시 라 푸드레 강 근처의 동쪽 경사면을 가로질러 발달하기 시작하였기 때문이다. 얼핏 보기에는 거의 매년 여름 오후에 구름들이 따뜻한 산비탈을 따라 형성되기 때문에 특이한 점이 없었다. 보통, 강한 상층 바람이 구름들을 평아 위로 밀어내면서 소나기를 내린다. 그러나 이날의 적운은 달랐다. 우선, 그들의 운저는 평상시보다 훨씬 낮았고, 이는 남쪽에서 불어오는 지면 바람이 많은 습기를 불러오고 있음을 의미했다. 또한, 구름의 상부는 다소 평평해졌는데 이는 상층의 역전층(혹은 "덮개")이 그들의 성장을 방해하고 있음을 의미했다. 그러나 이 무해하게 생긴 구름들은 그날 저녁 늦게 빅 톰슨 협곡에서 135명 이상의 사람들이 끔찍한 돌발홍수로 목숨을 잃을 것이라는 단서를 주지 못했다.

Robert J. Jarrett/USGS

그림 1 ● 1976년 7월 31일 빅 톰슨 협곡에서 홍수로 피괴된 400대 이상의 차량 중 하나.

늦은 오후가 되자 일부 적운이 덮개를 뚫을 수 있었다. 습윤한 남동풍에 의해 이 구름들은 곧 운고가 18 km를 넘는 거대한 다중세포 뇌우로 발달하였다. 초저녁 무렵, 이 구름들은 산악 지역에 엄청난 강수를 내리기 시작하였다. 빅 톰슨 강의 좁은 협곡의 일부 지역에서는 현지시간 오후 6시 30분에서 10시 30분 사이의 4시간 동안 30.5 cm의 비가 내렸다. 이 지역의 연간 강수량이 보통 40.5 cm라는 점을 감안하면 이는 실로 엄청난 양의 강수인 것이다. 폭우로 작은 계곡이 맹렬한 급류로 변했고 빅 톰슨 강은 순식간에 유지할 수 있는 최대량에 도달하였다. 협곡이 좁아지는 곳에서는 강물이 둑을 넘었고 도로는 물로 뒤덮여 도로가 유실되었다.

74,000명의 이재민이 발생하였다.

때때로 어떤 지역은 돌발홍수와 강의 범람이 동시에 일어난다. 2015년 5월 텍사스와 오클라호마에서 일어난 사례였다. 계속되는 집중호우로 인해 두 주에서 기록된 가장 습한 달이 되면서 며칠 동안 많은 강이 범람하였다. 5월 24일 밤, 뇌우가 30 cm 이상의 강수를 텍사스 힐 컨트리 지역에 퍼부어 평상시 평온했던 블랑코 강이 맹렬한 급류로 바뀌어 수백 채의 가옥을 파괴하였다. 텍사스와 오클라호마에서 최소 31명이 사망하였다. 2013년 9월 콜로라도 북동쪽에서도 재앙 수준의 홍수가 발생하였다. 수일 동안 발생한 강수 기간에 몇 시간 동안 같은 지역에 소나기와 뇌우가 반복적으로 지나면서 강수가 내려 돌발홍수와 엄청난 양의 강수가 내렸다. 콜로라도 볼더에는 직전 24시간보다 2배에 해당하는 23 cm의 강수가 발생하였다. 이 강수는 결국 합쳐져 콜로라도 북동쪽에서 네브라스카까지 남 플라테 강을 따라 기록적인 홍수를 일으켰다. 수일 동안 발생한 이 사례는 약 20억 달러의 피해를 입혔고, 최소 10명의 사망자가 발생했고 1,800여 채의 가

알고 있나요?

1993년 미시시피강과 미주리강 유역의 대홍수는 미주리 하딘 공동묘지의 700개 이상의 무덤을 열어 살아있는 사람들과 죽은 사람들에게 영향을 미쳤다. 어떤 관은 맹렬한 홍수에 휩쓸려 하류로 몇 km나 떠내려갔으며 일부는 찾을 수 없었다.

곧 자동차, 텐트, 이동식 주택, 리조트 숙소와 캠핑장이 강으로 뒤덮였고(그림 1), 기념 행사를 위해 주말을 보내려고 했던 수백의 사람들에게 영향을 주었다. 잔해들은 좁은 곳으로 모여들어 댐을 만들었다. 이 뒤에 가두어져 있었던 물이 파편의 댐을 뚫고 나오면서 물의 벽이 하류로 밀려들었다.

그림 2는 1976년 7월 31일 저녁의 기상 상태를 나타낸 것이다. 한랭전선이 이날 일찍 접근해오면서 저녁에는 덴버 남쪽에 위치하였다. 전선에 연계된 약한 역전층이 적운들이 이른 오후에 크게 발달하는 것을 저지하였다. 하지만 한랭전선 후면의 강한 남동풍이 유난히 습윤한 공기를 산맥의 산사면을 따라 밀어 올렸다. 아래에서 가열된 조건 불안정 공기는 역전층을 뚫었고 거대한 다중세포 뇌우 복합체로 발달하였으며, 상공의 약한 남풍으로 수 시간 동안 정체하게 되었다. 이 폭우는 한 시간 동안 19 cm의 강수를 빅톰슨 강의 분류지점에 쏟아부었다. 그 저녁에 약 2,000명의 사람들 중에서 140명 이상이 목숨을 잃었고 재산 피해가 3,500만 달러를 넘었다. 거의 모든 사망자의 사인은 익사가 아니라 강한 물살과 파편 때문에 외상으로 인한 것이었다. 이 재난의 결과로 주요 하천의 협곡에는 홍수가 발생할 경우 사람들이 그들의 집이나 차량을 떠나 안전한 곳으로 올라가도록 권장하는 표지판이 놓이게 되었다.

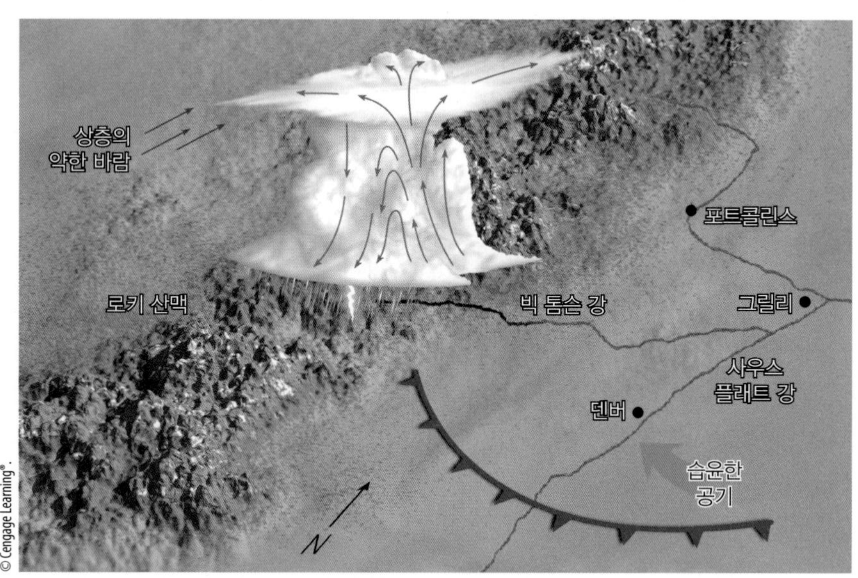

그림 2 ● 로키 산맥의 빅 톰슨 협곡 위에서 거의 정체한 상태로 남아 있었던 강한 다세포 뇌우 발달을 유도한 기상 상태. 뇌우 내부의 화살표는 공기의 흐름을 나타낸 것이다.

옥과 750여 개의 사업장, 321.8 km의 주 고속도로를 파괴했다.

뇌우의 분포 전 세계에서는 매일 5만 개 이상의 뇌우가 발생하는 것으로 추정된다. 이는 연간 1,800만 개 이상의 발생을 의미한다. 온기와 습도의 조합은 적도 지역에서 특히 뇌우 형성이 이루어지도록 한다. 뇌우는 3일 중 하루는 발생한다. 또한, 뇌우는 하층 수렴이 상승을 촉발하는 열대수렴대를 따라 주로 발생한다. 이러한 폭풍우에서의 열에너지 방출은 열에너지의 극향 재분배를 통하여 지구가 열 균형을 유지하도록 돕는다(7장을 보라). 뇌우는 극지역이나 아열대 고기압의 지배를 받는 사막 지역과 같은 건조한 기후에서는 거의 발생하지 않는다.

그림 10.24는 미국과 캐나다 남부에서 연중 뇌우가 발생하는 평균 일수를 나타낸 것이다. 뇌우가 걸프 해안을 따라 미국 남동부에서 가장 빈번하게 발생하며 플로리다에서 최대 발생한다는 점에 주목하라. 가장 뇌우가 적게 발생하는 지역은 태평양 해안지역과 내륙의 계곡 지역이다.

많은 지역에서 뇌우는 여름철에 일중 지면 부근 공기가 가장 불안정한, 가장 온도가 높은 시간에 형성된다. 하지만 예외가 존재하는데, 중앙 및 남부 캘리포니아의 계곡에서는 여름 동안 건조하고 침강하는 공기가 웅대적운의 발달을 막는 역전층을 형성한다. 이 지역에서는 뇌우가 겨울과 봄철에 가장 빈번히 발생하는데, 이 시기는 습하고 잔잔한 지면 공기 위로 상층공기가 특별히 차갑고 습하고 조건 불안정 상태를 형성한다. 이 시기의 지면 공기는 해양과 인접해 있으므로 비교적 따뜻한 상태를 유지한다.

대부분의 여름날에 뇌우는 로키산맥 부근에서 오후에 발달하고 저녁에 중부 평원을 가로질러 동쪽으로 이동하면서 강화된다. 종종 이러한 뇌우들은 큰 규모의 MCS로 발달하며 밤새 지속된다. 아이오와와 미주리 지역에서 천둥과 번개가 치는 일반적인 시간은 자정에서 여명 사이이다. 이러한 폭풍우는 일출 이후에 강화되는 남풍계열의 하층 제트에 의해 수분과 열을 공급받으며 북쪽으로 수분을 전달하여 지면 공기의 수렴과 상승을 촉발한다. 뇌우가 형성되면서 적외 복사의 형태로 상부가 냉각된다. 이러한 상부의 냉각 과정은 폭풍우 주변의 대기를 불안정화시켜 야간에 뇌우가 발달하기 적합한 상황을 만든다.

여기에서 그림 10.24와 10.25를 비교해 보는 것이 흥미로울 것이다. 걸프 해안 부근에서 가장 뇌우가 빈번히 발생하지만 우박 폭풍이 가장 빈번히 발생하는 곳은 대평원의 서부라는 점에 주목하라. 이는 대평원의 조건이 악뇌우가 발달하기에 적합하기 때문인데, 특히 우박이 땅에 떨어지기 전에 눈에 띄는 크기로 자랄 수 있도록 구름 속에 오랜 시간 동안 부유할 수 있도록 강한 상승 기류가 존재하는 초대형세포의 발달에 유리하기 때문이다. 또한, 걸프 해안을 따라 여름에 따뜻하고 습윤한 공기의 두터운 층이 지상에서 위쪽으로 확장함을 볼 수 있다. 대부분의 우박은 이 따뜻한 층으로 떨어져 땅에 닿기 전에 녹는다. 반대로, 뇌우가 로키산맥의 동쪽 고원지대에 위치하면 폭풍우의 많은 부분이 보통 어는 고도 이상에 위치하여 우박이 발생할 기회가 크게 증가한다.

지금까지 뇌우의 발달과 분포에 대하여 살펴봤다. 비록 아직 완전히 이해되지는 않았지만 모든 뇌우가 번개를 동반하는 흥미로운 측면을 살펴볼 준비가 되었다. (하지만 천둥과 번개를 공부하기 전에 건조선을 따라 뇌우가 발달하는 것에 대하여 설명하는 포커스 10.2를 읽어보는 것도 좋을 것이다.)

번개와 천둥 **번개**(lightning)는 단순히 성숙 단계의 뇌우에서 발생하는 방전이며 거대한 섬광이다. 번개는 구름 안에서, 하나의 구름에서 다른 구름으로, 구름에서 주변 대기로, 또는 구름에서 지면으로 발생할 수 있다(그림 10.26 참조). (대다수 전격은 구름 내부에서 일어나며 약 20% 남짓만 이 구름과 지면 사이에서 일어난다.) 전격이 지나는 곳의 공기는 가열되어 기온이 태양 표면 온도보다 5배나 뜨거운 30,000°C에 달한다. 이 엄청난 가열에 대기는 폭발적으로 팽창, 충격파를 일으키며, 이때 **천둥**(thunder)이라는 폭음을 동반하는 것이다.

간혹 천둥으로 착각하는 소리는 **음속 폭음**(소닉붐, sonic boom)이다. 음속 폭음은 항공기가 운항 고도에서 음속을 넘어설 때 발생한다. (해면고도에서 음속은 시속 1,200 km, 또는 초속 340 m이다. 하지만 고도가 증가하면 점차 속도는 줄어든다.) 항공기는 공기를 압축하여 항공기 뒤쪽에 원추형으로 따르는 충격파를 형성한다. 충격파를 따라 기압은 짧은 거리 사이에서 급격하게 변화한다. 급격한 기압 변화는 명확한 폭음을 발생시킨다. (불꽃놀이 또한 비슷한 충격파와 큰 소리를 만들어 낸다.)

번개가 얼마나 떨어져 있는가?–카운트 시작 당신이 번개를 본다면 이것이 얼마나 멀리 또는 얼마나 가까운지 말할 수 있는가? 빛의 속도는 매우 빠르므로 번개 섬광이 일어나는 즉시 사람들은 빛을 보게 된다. 그러나 천둥소리는 1초에 335 m씩 진행하므로 빛을 본 후 한참 지나서야 소리를 듣게 된다. 빛이 보인 직후 소리가 나기까지 소요된 시간으로 얼마나 먼 곳에서 번개가 발생하였는지 그 거리를 환산할 수 있다. 소리는 1 km를 이동하는 데 약 5초의 시간이 걸리므로, 만약 번개를 본 지 15초 후에 천둥소리가 났다면 그 거리는 약 5 km 떨어져 있을 것이다. 만약 매우 가까이에(수백 m 이내) 벼락이 떨어진다면, 먼저 파열음이 난 직후 커다란 폭음이 뒤따를 것이다. 벼락의 발생 위치가 멀 때는 천둥이 언덕, 빌딩 등과 같은 장애물을 거쳐오면서 우르릉 소리로 전달된다.

어떤 때는 번개는 보였는데 천둥소리는 안 들릴 경우

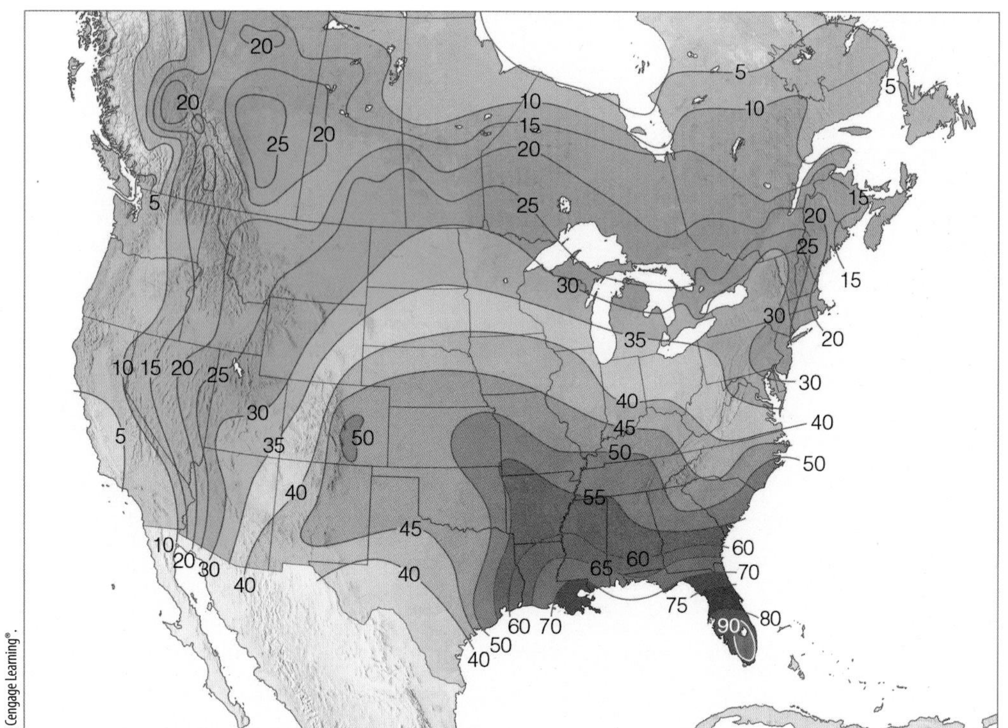

그림 10.24 ● 미국과 남부 캐나다에서 뇌우가 관측되는 연중 평균 일수. (자료의 부족으로 서쪽 산악지대에서는 뇌우의 수가 과소평가되었다.)

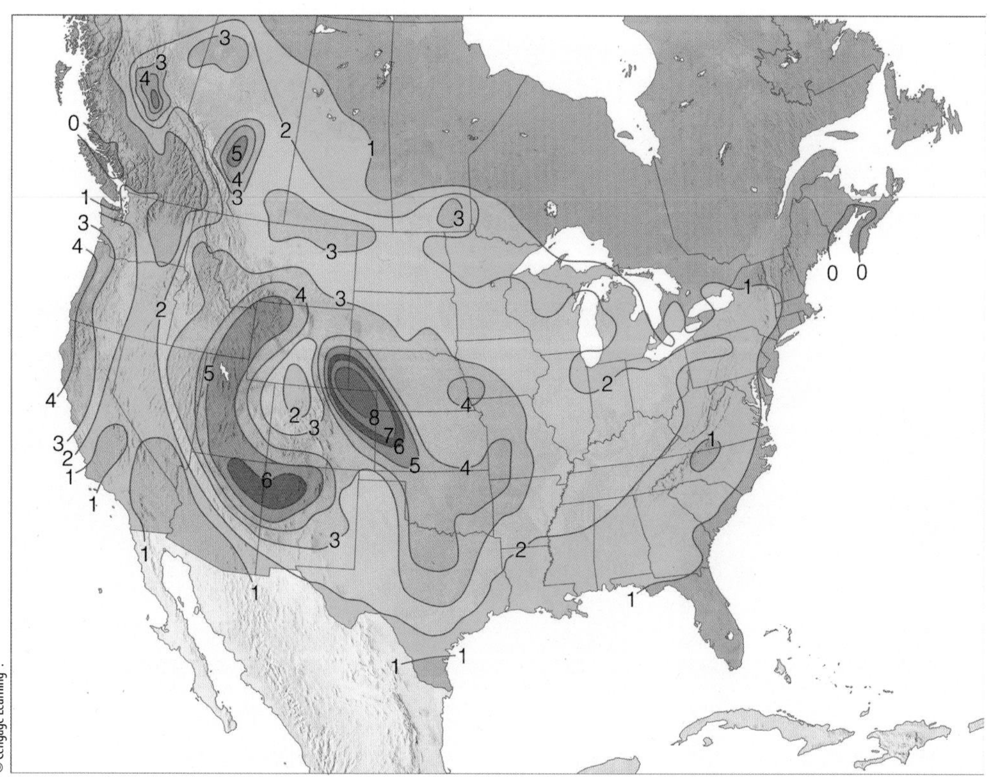

그림 10.25 ● 미국과 남부 캐나다에서 우박이 관측되는 평균 일수.

뇌우와 건조선

뇌우는 **건조선**(dryline)이라 불리는 경계를 따라 형성되거나 건조선의 바로 동쪽에 형성된다. 건조선은 습도의 현저한 수평 변화가 나타나는 좁은 지역을 의미한다. 미국에서는 건조선이 텍사스의 서쪽 절반, 오클라호마, 캔자스에서 봄과 초여름에 가장 빈번히 관측된다.

그림 3은 건조선의 발달을 가져올 수 있는 봄철 날씨 조건을 보여준다. 이 일기도는 한랭전선, 온난전선과 3개의 기단을 동반하여 발달하는 중위도 저기압을 보여준다. 한랭전선 후면에는 차고 건조한 대륙싱 한대기단 또는 변형된 서늘하고 건조한 태평양 기단이 북서쪽에서 밀려들고 있다. 한랭전선의 전면에 해당하는 온대 기단에는 뜨겁고 건조한 대륙성 열대 기단이 남서쪽에서 접근한다. 그보다 훨씬 동쪽에서는 매우 습윤한 기단이 멕시코만으로부터 북상하고 있다. 뜨겁고 건조한 기단과 따뜻하고 습윤한 공기를 나누는 경계가 곧 건조선이다.

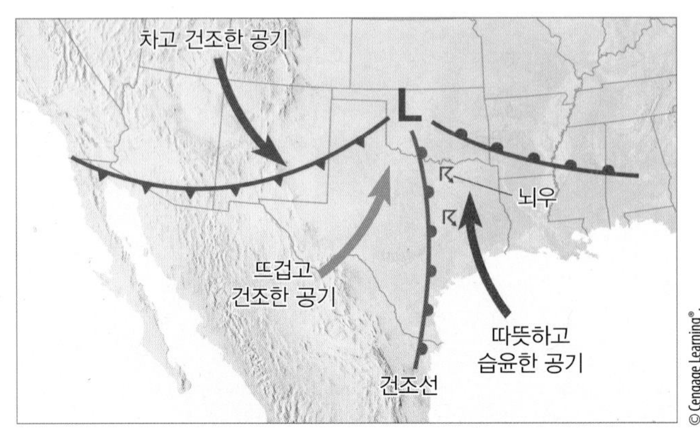

그림 3 ● 강한 뇌오를 동반한 건조선을 형성할 수 있는 지상 조건.

한랭건조한 기단이 따뜻하고 건조한 기단을 교체하는 한랭전선을 따라 뇌우 발달에는 불충분한 습기가 자리 잡고 있다. 습윤 경계는 건조선을 따라 위치한다. 북미 중부 평원은 서쪽으로 갈수록 표고가 높아지기 때문에 남서쪽에서 이동해 온 건조하고 더운 공기 중 일부는 멕시코만에서 이동해온 보다 서늘하고 습윤한 공기 위로 올라가게 된다. 이러한 조건은 건조선 바로 동쪽에 위치하여 불안정 대기를 조성한다. 건조선 부근의 수렴 지상풍은 상층의 발산과 함께 공기의 상승과 뇌우의 발달을 야기할 수 있다. 뇌우가 발달하면 지상의 찬 공기는 새로운(아마도 더욱 심한) 뇌우를 일으키는 데 필요한 공기의 치올림을 촉발할 수 있다.

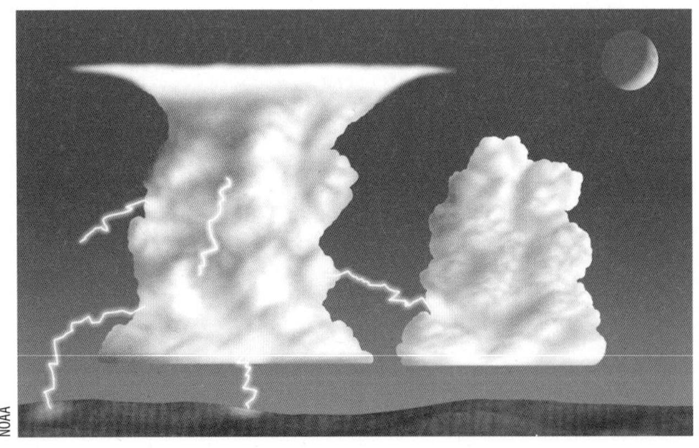

그림 10.26 ● 번개는 여러 방향으로 이동할 수 있다. 번개는 구름 내, 구름 간, 구름에서 대기 중으로, 혹은 구름에서 땅 등으로 칠 수 있다. 그림에서 보듯이, 구름에서 땅으로 치는 번개의 경우 먼저 구름 옆으로 이동하다가 아래로 방향을 틀어 이동하는 경우도 있어 뇌우로부터 수 km 떨어진 곳에서도 땅에 칠 수 있다. 이렇게 치는 벼락을 '마른 하늘의 번개'라 일컫는다.

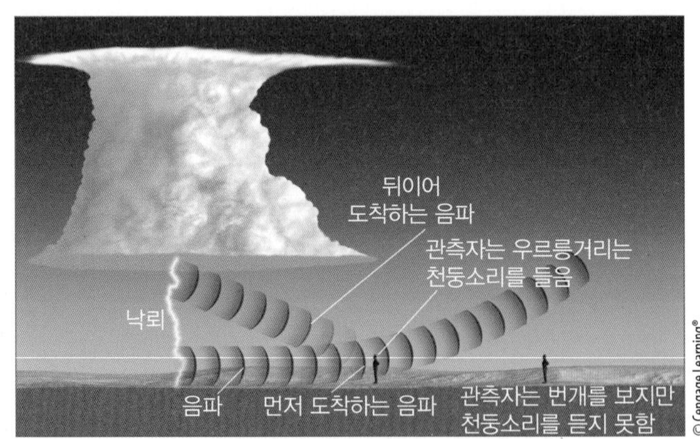

그림 10.27 ● 천둥은 낙뢰 지점으로부터 바깥쪽으로 파동의 형태로 퍼져나간다. 낙뢰 지점의 하부에서 발생한 음파가 상부에서 발생한 음파보다 먼저 관측자에게 도달하면 천둥소리는 우르릉거리는 것처럼 들린다. 만약 음파가 상층으로 휘어져 멀리 떨어진 관측자에게 도달하지 못하면 번개는 보이지만 천둥소리는 들리지 않는다.

가 있다. 이것은 번개에 의해 천둥이 생기지 않는 것을 의미하는가? 사실, 번개가 치더라도 천둥소리 음파가 대기에 의해 굴절되고 감쇄되면 소리가 들리지 않을 수 있다. 소리는 찬 공기에서보다는 더운 공기에서 속도가 더 빠르다. 뇌우는 기온이 고도에 따라 급격히 감소하는 불안정 대기에서 형성되므로 음파는 지면 근처의 따뜻한 대기 중에서 더 빨리 이동하고 위로 굴절함으로써 지상의 관측자로부터 멀어진다. 따라서 벼락 발생 위치에서 약 5 km 미만 떨어진 관측자에게는 천둥소리가 들리지만 15 km 떨어진 관측자에게는 들리지 않는 것이 보통이다.

번개의 발생 원인은 무엇인가? 보통 맑은 날에 대기의 전기장은 음전기를 띤 지표와 양전기를 띤 상층 대기로 나뉜다. 번개가 일어나려면 서로 반대되는 전하를 띤 두 영역이 하나의 적운 안에 함께 존재해야 한다. 하나의 구름 안에 어떻게 양전하와 음전하역이 분리 존재하게 되는지에 대해서는 완전히 규명된 바 없으나 이에 관한 많은 학설이 나와 있다.

구름의 대전 싸락눈(연한 우박이라고 하는 얼음알갱이)과 우박덩이는 과냉각 물방울과 빙정역을 통과하며 하강할 때 구름이 전기를 띠게 된다는 학설이 있다. 이 학설에 따르면, 액체 물방울은 얼음알갱이와 충돌해 착빙하면서 잠열을 방출한다. 이 때문에 얼음알갱이들의 표면온도는 주변 빙정들의 표면온도보다 높아진다. **온도가 상대적으로 높은 우박덩이들이 온도가 낮은 빙정들과 접촉할 때 중요한 현상이 일어난다.** 즉, 상대적으로 따뜻한 물체로부터 찬 물체로 양이온의 **순이전**(net transfer)이 발생하는 것이다. 이렇게 해서 우박은 음전기를 띠게 되고 빙정은 양전기를 띠게 된다는 것이다(그림 10.28 참조).

과냉각 물방울이 상대적으로 따뜻한 얼음알갱이에 착빙할 때도 같은 효과가 나타나 양전기를 띤 작은 얼음 파편이 파쇄된다. 이렇게 떨어져 나온 보다 가벼운 양전하 입자들은 상승기류에 의해 구름의 상층으로 이송된다. 이보다 큰 잔류 우박덩이들은 음전기를 띤 채 구름의 하층으로 내려온다. 이와 같은 메커니즘을 통해 구름의 상층

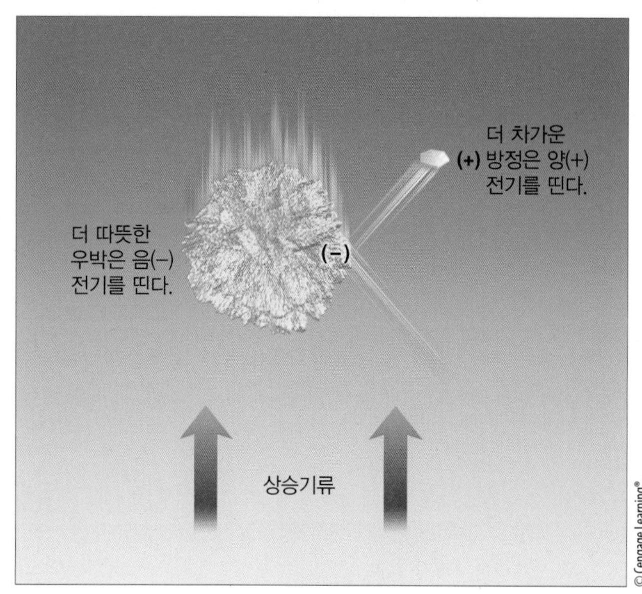

그림 10.28 ● 저온의 작은 빙정이 비교적 크고 온도가 높은 우박덩이와 접촉하면, 빙정은 양전기를 우박은 음전기를 띠게 된다. 양전기로 대전된 가벼운 빙정은 상승기류에 의해 구름 상부로 이송되고 이보다 무거운 우박덩이는 구름 하부로 낙하하여 구름의 대전이 이루어진다.

은 양전기를 띠고, 중간층은 음전기를 띠며, 하층은 대체로 음전기를 띠거나 녹는 고도 부근의 강수역에 이따금 자리 잡는 양전하역을 제외하고는 혼합전하를 띤다(그림 10.29 참조).

또 다른 학설에서는 강수가 형성되는 동안 작은 구름 알갱이와 큰 강수 입자 간에 서로 다른 전극을 형성하는 지역이 있다고 한다. 이러한 입자들의 상부에서는 음전기를, 하부에서는 양전기를 띤다. 강수가 낙하 도중 작은 입자와 충돌하면, 큰 강수 입자는 음전기를 띠게 되고 작은 입자는 양전기를 띠게 되는 것이다. 구름 내의 상승기류가 양전기를 띤 작은 입자들을 구름 상부로 이동시키고 음전기를 띤 큰 입자들은 구름 하부에 머무르거나 상승기

알고 있나요?

2014년 5월, 캐나다인 커플은 앨버타주 중부의 고속도로를 따라 운전하던 중 트럭에 번개가 떨어져 상당한 충격을 받았다. 트럭 외부에서 찍힌 영상은 빠르고 불타는 폭발 이후에 연기가 차량을 가득 채우는 장면을 보여주었다. 이 커플은 차량의 전자 장비가 고장 나서 창문이나 문이 열리지 않았던 상황에서 주변을 지나던 경찰관에 의하여 가까스로 구조되었다.

류에 의해 구름 중간층에 떠 있게 되어 대전된다. 이러한 구름 대전의 두 이론은 서로를 배제하지는 않는다. 두 과정 모두가 뇌우의 발달 과정에서 작용할 수 있다.

그림 10.29 ● 뇌우 내의 일반적 대전 분포.

낙뢰 서로 다른 전하끼리 끌어당기는 전기의 속성 때문에 구름 하부의 음전하는 바로 그 밑 지면에 양전하역을 조성한다. 뇌우가 이동함에 따라 지면의 양전하역도 그림자처럼 따라간다. 양전하는 나무, 장대, 건물 등 돌출 물체에 가장 큰 밀도로 조성된다. 구름과 지면의 전하 차이로 양자 간에는 전위가 생긴다. 그러나 건조한 대기 중에서는 공기가 절연체 역할을 하므로 전류가 흐르지 않는다. 서서히 전위 경도가 증가되어(미터당 100만 볼트급으로) 충분히 커지면 공기의 절연 기능은 와해되고 전류가 흐르면서 번개가 발생한다.

구름-지면 낙뢰는 국지적 전위차가 약 50 m 길이 정도의 경로에서 300만 V/m를 초과할 때 구름 내부에서 낙뢰가 시작된다. 이러한 상태는 방전된 전자를 운저와 지상

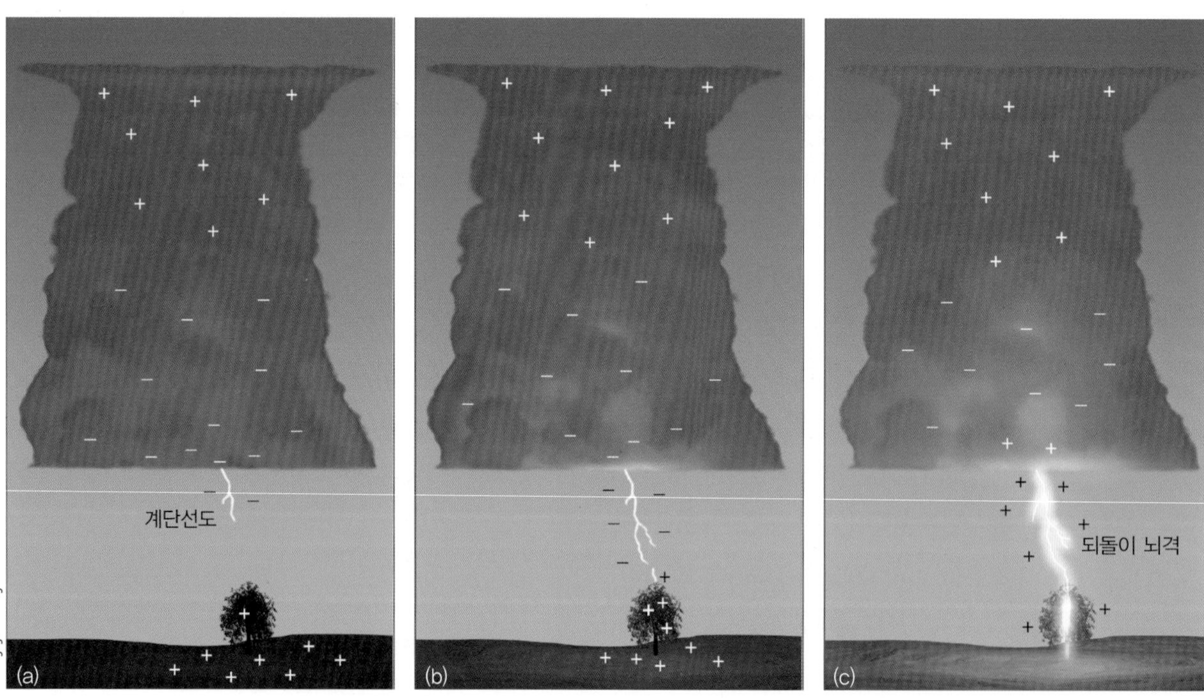

그림 10.30 ● 낙뢰의 발달. (a) 구름 밑층의 음전하가 대기의 저항을 극복할 수 있을 정도로 커지면 계단선도로 불리는 전자의 흐름이 지상으로 쇄도한다. (b) 전자들이 지상에 접근할 때 나무, 건물, 심지어 사람 같은 전도체를 타고 지상의 양전하역이 대기 중으로 상승한다. (c) 하강 전자들의 흐름이 상승 양전하 서지를 만날 때 발광 되돌이 뇌격이라는 강력한 전류가 구름으로 올라간다.

© Richard Lee Kaylin

그림 10.31 ● 콜로라도 주 덴버에서 카메라를 장시간 노출시켜 찍은 악뇌우의 사진. 밝은 섬광은 되돌이 뇌격이며, 끝이 갈라진 약한 섬광은 지상까지 도달하지 못한 계단선도로 보인다.

으로 일련의 단계를 거쳐 돌진하게 한다(그림 10.30a). 전자의 방출거리는 1회당 약 50~100 m이며, 약 100만분의 50초 간격을 두고 반복된다. 이 같은 **계단선도**(stepped leader)는 매우 미약해 통상 육안으로는 볼 수 없다. 계단선도의 끝이 지면에 접근하면 잠재 경도(미터당 볼트)가 증가하고 양전하가 지면에서 위로 흐르기 시작하여(통상 상승하는 물체를 따라) 구름에서 내려오는 전자와 만난다(그림 10.30b). 이후 수많은 전자가 지면으로 흐르는 반면, 그보다 훨씬 크고 밝은 **되돌이 뇌격**(return stroke)이 수 cm 직경을 가지면서 계단선도가 내려온 길을 따라 구름으로 올라간다(그림 10.30c). 이와 같은 하향 전자의 흐름은 상향전류의 길을 만들어 주는 셈이다. 지면에서 구름으로 상승하는 되돌이 뇌격은 밝은 빛을 발하지만 10,000분의 1초라는 극히 짧은 순간에 일어나기 때문에 사람들의 눈에는 연속적인 섬광으로만 보이는 것이다(그림 10.31 참조).

번개가 발생할 때 이따금 낙뢰가 단 하나에 그치는 수가 있으나 그보다는 선도-되돌이 과정이 이온화된 좁은 길을 따라 약 400분의 1초 간격으로 반복되는 경우가 잦다. **화살선도**(dart leader)라고 하는 후속선도는 구름으로부터 최초의 선도 때와 같은 경로를 따라 발생하지만, 이 경로의 전기저항이 낮아진 상태이므로 처음보다 빠른 속도로 내려온다. 화살선도가 지상에 접근할 때 일어나는 되돌이 뇌격은 처음 지상에서 구름으로 돌아가는 되돌이 뇌격보다 상대적으로 힘이 약하다. 번개의 섬광은 1회에 보통 3~4개의 선도를 동반하며, 매 선도에는 되돌이 뇌격이 뒤따른다. 여러 차례의 뇌격으로 구성된 번개 섬광은 1초도 못 되는 순간에 일어나기 때문에 육안으로 개별 뇌격을 감지하기는 불가능하다. 총 26회의 뇌격을 동반하는 번개가 카메라에 포착된 일도 있다.

위에서 서술한 번개(구름 하부는 음전하를 띠고 지면은 양전하를 띠는 현상)는 벼락이 칠 때 구름에서 지면으로 음전하의 이동이 있으므로, 이를 일컬어 **음의 구름-지면 번개**라고 한다. 전체 구름-지면 번개의 약 90%는 음의 낙뢰이다. 그러나 간혹 구름 하부가 양전하를 띠고 지면이 음전하를 띠는 경우에는 양의 구름-지면 번개가 발생하기도 한다. 양의 낙뢰는 대개 뇌우보다 더 강렬한 전류가 흐르고 번개도 밝고 오래 지속되어 보다 많은 피해를 야기한다.

번개의 유형 그림 10.32에서 보는 바와 같이, 번개의 모양과 형태는 다양하다. 화살선도가 지상을 향하다가 도중에 계단선도가 통과했던 본래의 길을 이탈하게 되면, 번개는 가랑이 모양이 되며, 이를 **가랑이 번개**(forked lightning)라 한다(그림 10.32a). 또 바람이 이온화된 좁은 길을 변형할 때 번개는 구름에 매달린 리본처럼 보이는데 이것을 **리본 번개**(ribbon lightning)라 한다(그림 10.32b). 만약 번개의 경로가 와해되거나 와해되는 것처럼 보이면, 번개는 끈에 꿴 구슬처럼 보이며 이것을 **구슬 번개**(bead lightning)라 부른다(그림 10.32c). **구상 번개**(ball lightning)는 빛나는 구형으로 보이고 보통 축구공 크기로 나타나며, 그림 10.32d처럼 공중에 떠다니거나 수 초 동안 천천히 달려간다. 수세기 동안 구형의 발광체가 건물에 부딪히거나 내부로 들어가는 것이 많이 보고 되었음에도 불구하고 과학자들은 구상 번개의 존재를 확인할 수 없었다. 결국, 구상 번개의 구체적인 관측은 2012년 중국 서부의 칭하이 고원 상공에서 고속 영상 비디오를 포함하여 처음으로 이루어졌다. 구상 번개에 대해서는 여러 가지 이론이 있으나 실제 원인은 수수께끼로 남아 있다. 번개의 섬광이 구름 내부에서 일어나거나, 사이에 끼어드는 구름이 섬광을 가려 구름의 일부가 흰빛을 내는 판처럼 보일 때 형성되는 것이 **판 번개**(sheet lightning)이다(그림 10.32e).

거리가 멀어 눈에 보이긴 하나 소리는 안 들리는 번개를 **열 번개**(heat lightning)라 하는데, 맑고 무더운 여름밤에 이런 번개가 자주 나타난다. 멀리 떨어진 대전 뇌우에서 발생하는 번개가 대기를 통과하면서 굴절함에 따라 공기 분자들과 미세분진은 가시광선의 단파장들을 산란

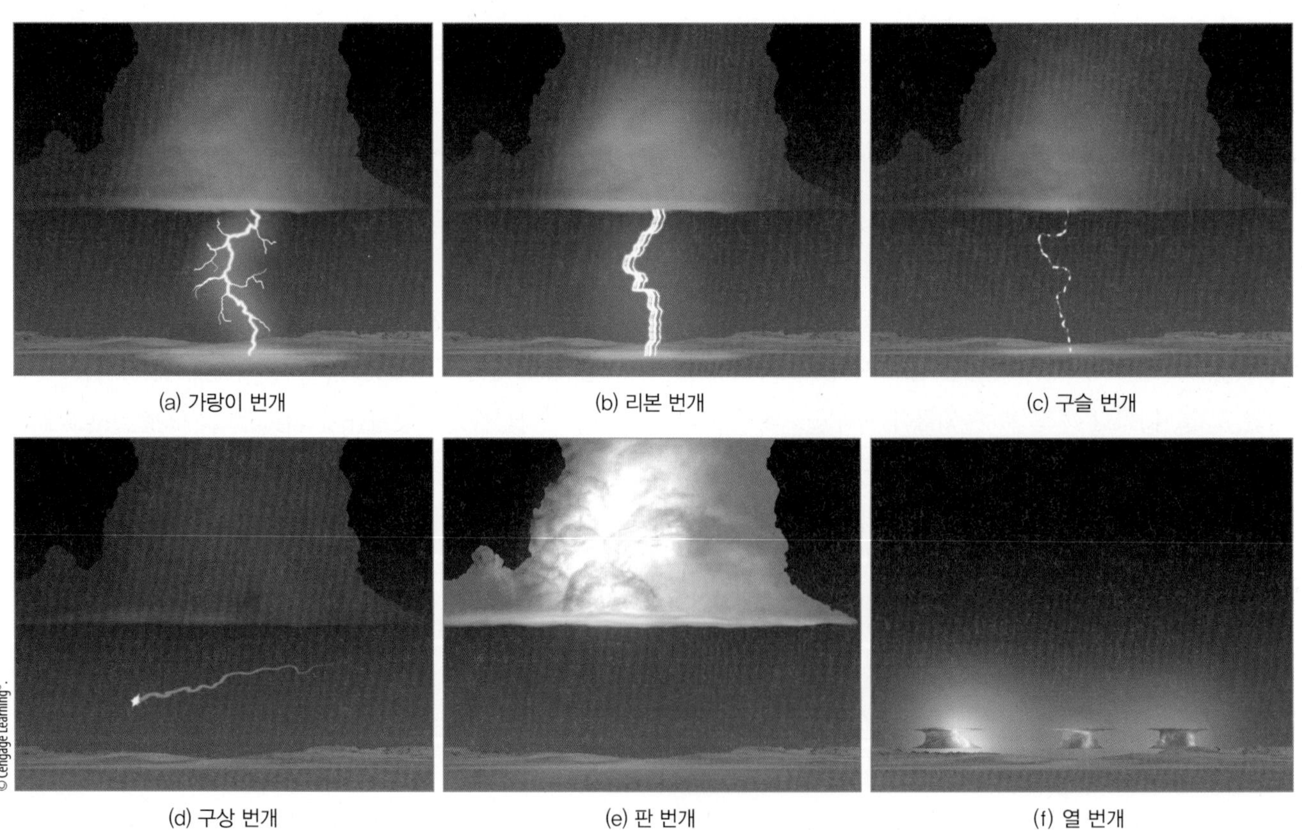
(a) 가랑이 번개 (b) 리본 번개 (c) 구슬 번개
(d) 구상 번개 (e) 판 번개 (f) 열 번개

그림 10.32 ● 번개의 여러 형태들.

시켜 멀리서 볼 때 열 번개는 오렌지색으로 보인다(그림 10.32f). 비가 내리지 않는 뇌우에서 구름에서 지상으로 번개가 칠 때 그 번개를 **마른 번개**(dry lightning)라 한다. 이와 같은 번개는 마른나무숲 지대에 산불을 가끔 일으킨다.

번개는 뇌우의 상부로부터 고층 대기로 희미한 붉은 섬광으로 올라가기도 하여 **적색 요정**(red sprite)으로 불리기도 하며, 좁은 청색 깔때기 모양을 하고 있어 **청색 제트**(blue jet)라 하기도 한다. 이런 현상은 수년 동안 조종사들에게 관측되어 왔지만 연구는 많이 이루어지지 못하였다. 1989년 이후 감광 저조도 카메라에 의해 촬영되면서 본격적으로 연구되었다.

지면 근처의 전위가 증가함에 따라 양전류는 안테나 또는 선박의 돛 같은 뾰족한 물체를 따라 위로 올라간다. 그러나 번개 대신 **코로나 방전**으로 불리는 연속적인 스파크의 발생으로 초록색 또는 파란색으로 빛나는 무리가 형성된다. 이 같은 방전이 발생하면 지나는 선박 돛의 꼭대기가 환하게 빛난다. 항해사들의 수호성인 이름을 따서 이러한 전기 방전을 **성 엘모의 불**(St.Elmo's Fire)이라고 한다(그림 10.33 참조). 성 엘모의 불은 전선이나 비행기 날개 주변에서도 목격된다. 성 엘모의 불이 보이고 뇌우가 근처에 있으면 곧 번개가 칠 수 있으며, 특히 대기의 전기장이 증가할 경우 가능성은 더 커진다.

낙뢰 피해를 막기 위해 건물 꼭대기에 피뢰침을 세운다. 피뢰침은 금속으로 뾰족하게 만들어 건물 위에 높이 세운다. 양전하의 밀도는 피뢰침 꼭대기에서 최대에 달하기 때문에 이곳에 벼락이 떨어져 금속 피뢰침을 타고 땅속 깊이 흘러 건물에 피해를 주지 않는다.

번개가 자동차와 같은 물체에 떨어질 때 차 안의 사람은 대체로 안전하다. 이것은 번개가 자동차의 금속 표면을 따라 매우 빠르게 지나가기 때문이다. 이때 번개는 대기를 통과하여 자동차를 뛰어넘거나 바퀴를 따라 길 위로 떨어진다. 동일한 유형의 보호 장치가 항공기 표면에도 설치되어 있어서 매년 수백 대의 항공기가 벼락을 맞지만 안전한 것이다.

그림 10.33 ● 성 엘모의 불은 비행기 날개, 선박의 돛, 그리고 깃대 등 물체의 상부에 주로 형성된다.

만약 여러분이 야외에서 뇌우를 만나면 어떻게 할 것인가? 물론, 즉시 피난처를 찾아야 한다. 그러나 나무 밑으로는 가지 마시오. 그 이유를 알려면 포커스 10.3을 보기 바란다.

번개의 감지와 억제 오랫동안 번개는 주로 육안 관측을 통해서 탐지되었다. 그러나 오늘날에는 **번개 방향 탐지기**라고 하는 기계를 통해 낙뢰 지면의 위치를 알아낸다. 이 탐지기는 번개가 발생하는 전파를 감지하는 기능을 한다. 이러한 장치의 도움으로 과학자들은 뇌우의 강화 및 이동에 따라 그 내부에서 발생하는 번개 활동을 자세히 살펴볼 수 있다. 이 과정을 통해 예보관은 강력한 번개가 예상되는 곳을 짐작하는 데 도움을 얻는다.

더욱이 현재 위성들은 번개에 대해 지상에 설치한 감지기보다 더 많은 정보를 제공할 능력을 보유하고 있다. 위성은 육지와 바다 상공에서 발생하는 모든 형태의 번개

FOCUS ON AN OBSERVATION 10.3

홀로 선 나무 밑에 앉지 말라

단일 벼락은 최고 10만 암페어의 전류가 흐를 수 있기 때문에 사람과 동물은 벼락에 감전될 수 있다. 연간 벼락에 의한 감전사는 미국의 경우에는 약 100명에 달하며 그중에도 플로리다가 최고이다. 대부분의 피해자들은 농기구를 타고 논밭에서 일하는 농민들, 골프 애호가들, 소형 선박을 이용하는 항해자들이다. 골프 챔피언 Lee Trevino와 같이 운이 좋아 살아남은 사람이 있는가 하면 목숨을 잃는 불운한 사람들도 있다. 벼락에 감전된 사람을 발견하면 즉시 심폐소생술을 적용해야 한다. 벼락을 맞으면 보통 심장박동과 호흡이 중단되어 의식을 잃는다. 살아남는 사람들은 성격변화, 우울증, 만성피로 등 장기적 심리장애를 겪기 일쑤이다.

벼락에 의한 감전사가 가장 빈번하게 발생하는 곳은 동떨어져 있는 나무 근처이다(그림 4 참조). 가장 비참한 예는 조지아 주 애틀랜타 시 인근에서 2004년 6월 나무 밑에 피신한 세 사람이 모두 벼락을 맞고 죽은 사건이다. 양전하는 돌출물체의 꼭대기로 집중하는 성향이 있으므로 계단선도와 마주치는 되돌이 뇌격은 그러한 물체로부터 발생할 가능성이 높다. 그러므로 번개가 칠 때 나무 밑에 앉아 있는 것은 현명치 못하다. 여러분이라면 어떻게 하겠는가?

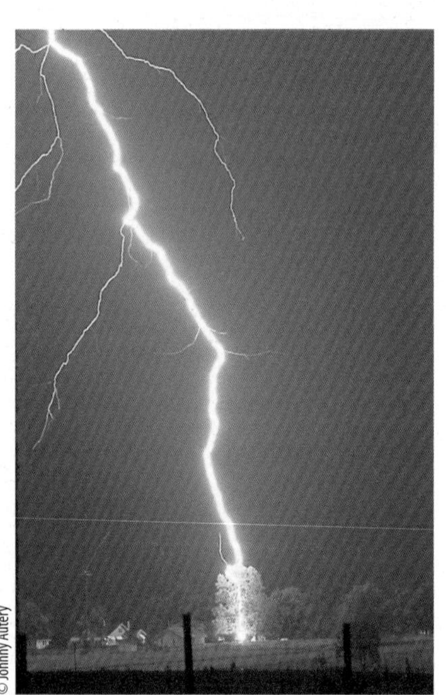

그림 4 ● 높이 약 20 m의 플라타너스 나무에 떨어진 낙뢰의 모습. 번개가 칠 때 나무 밑으로 피신해서는 안 되는 이유가 분명하다.

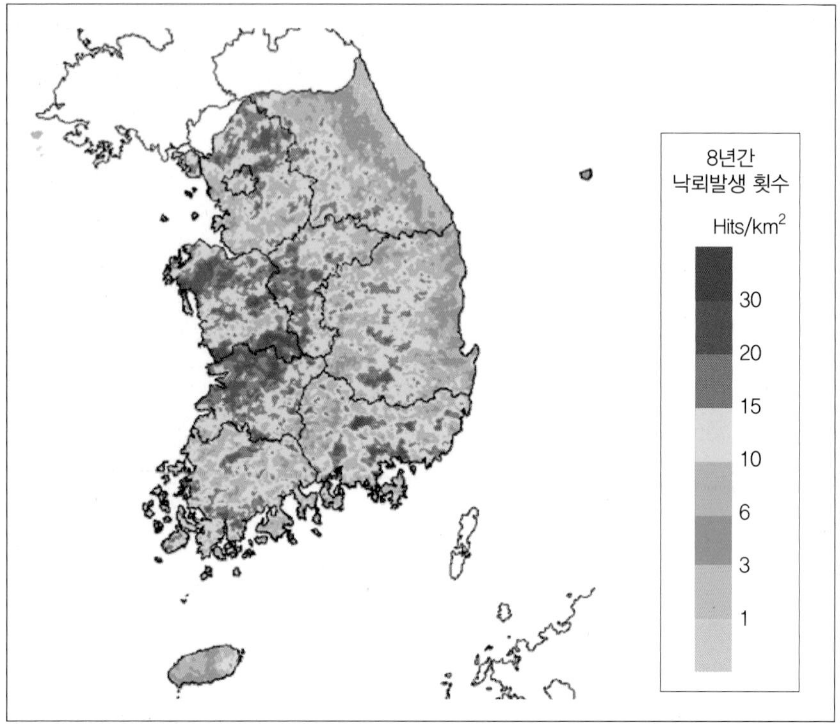

그림 5 ● 8년(2003~2010년)간 낙뢰 밀도분포.

뇌우를 만났을 때 최상의 안전책은 건물 안으로 들어가는 것이다. 승용차나 트럭으로 피할 수도 있으나 골프 카트는 금물이다. 적절한 대피소가 없을 때는 높은 곳이나 외딴 나무를 피하고 평평한 땅에 있을 때는 머리를 가능한 한 낮추되 눕지는 않는다. 번개의 통로는 벼락이 떨어진 지점의 땅을 통해 위로 뻗어 올라가기 때문에 누워 있는 자리가 지상 전류의 통로가 될 수 있다. 이 경우 부상 또는 사망할 수 있다. 그러므로 몸을 웅크려 낮추되 접지 면적을 최소한으로 줄여야 한다.

우리나라에서 낙뢰는 경기 북부, 충청남북도, 그리고 전라북도 등 서쪽 지방에 많이 발생하고 동해안이나 산간 지역(제주도 포함)에는 별로 발생하지 않고 있다(그림 5 참조).

계절적으로는 여름철(6~8월)에 많이 발생하고 새벽녘(5~6시경)과 오후 3~4시경에 많이 발생하고 있다. 번개가 칠 때는 사전 경고 신호가 있다. 머리카락 끝이 일어서기 시작하고, 피부가 따끔따끔해지며, 찰칵찰칵 소리가 들린다. 이런 때가 벼락 직전이며 자칫하면 여러분의 몸이 피뢰침이 될 수도 있다.

를 끊임없이 탐지할 수 있기 때문이다(그림 10.34). 위성 사진이 제공하는 번개 정보는 보다 완벽하고 정확한 뇌우 구조를 알려준다.

해마다 미국에서는 번개로 인해 약 2만 건 이상의 화재가 발생하고, 4억 달러 상당의 수목과 재산 피해가 발생한다. 현재 낙뢰를 억제할 수 있는 방법에 대한 실험이 진행 중이다. 일부 성과를 보인 한 가지 방법은 길이가 약 10 cm 정도 되는 머리카락 두께의 알루미늄 조각들을 이용해 적란운 구름씨를 뿌리는 것이다. 이 방법은 알루미늄 조각들이 작은 스파크, 즉 코로나 방전을 일으켜 구름의 전위가 번개 촉발점까지 증가하지 못하도록 차단한다는 원리에 입각한 것이다. 아직 실험 결과가 확정적인 것은 아니지만 많은 삼림전문가는 이 방법이 과도한 번개 피해를 예방하는 메커니즘과 맥을 같이 한다고 지적한다. 이들은 뾰족하고 긴 솔잎이 작은 피뢰침 구실을 해 전하의 집중을 감소시킴으로써 대규모 벼락을 예방할 수 있다고 믿는다.

지금까지 뇌우에 대해 살펴보았다. 이제 우리는 뇌우의 일부이자 자연의 가장 경이로운 현상인 토네이도에 대해 살펴볼 것이다. 토네이도는 빠르게 회전하는 공기 기둥으로 적란운의 운저에서 지면으로 확장하며 산발적이지만 맹렬한 파괴력을 지닌다.

토네이도

토네이도(tornado)란 좁고 강력한 저기압 주위에 부는 고속 회오리바람을 말한다. 토네이도의 회전은 깔때기 모양의 구름이나 소용돌이 치는 먼지 및 파편구름의 형태로 지상에 나타난다. 때때로 **트위스터** 또는 **사이클론**으로 불리기도 하는 토네이도의 모양과 형태는 밧줄 같은 깔때기형에서 실린더 같은 깔때기형, 거대한 흑색 깔때기형, 거대한 적란운에 매달린 코끼리 같은 깔때기형에 이르기까지 다양하다(그림 10.35).

회전이 지상에 도달하지 않은 토네이도를 **깔때기 구름**(funnel cloud)이라 한다. 하지만 지상에 도달한 구름이 보이지 않더라도 여전히 토네이도가 존재하고 있을 수 있

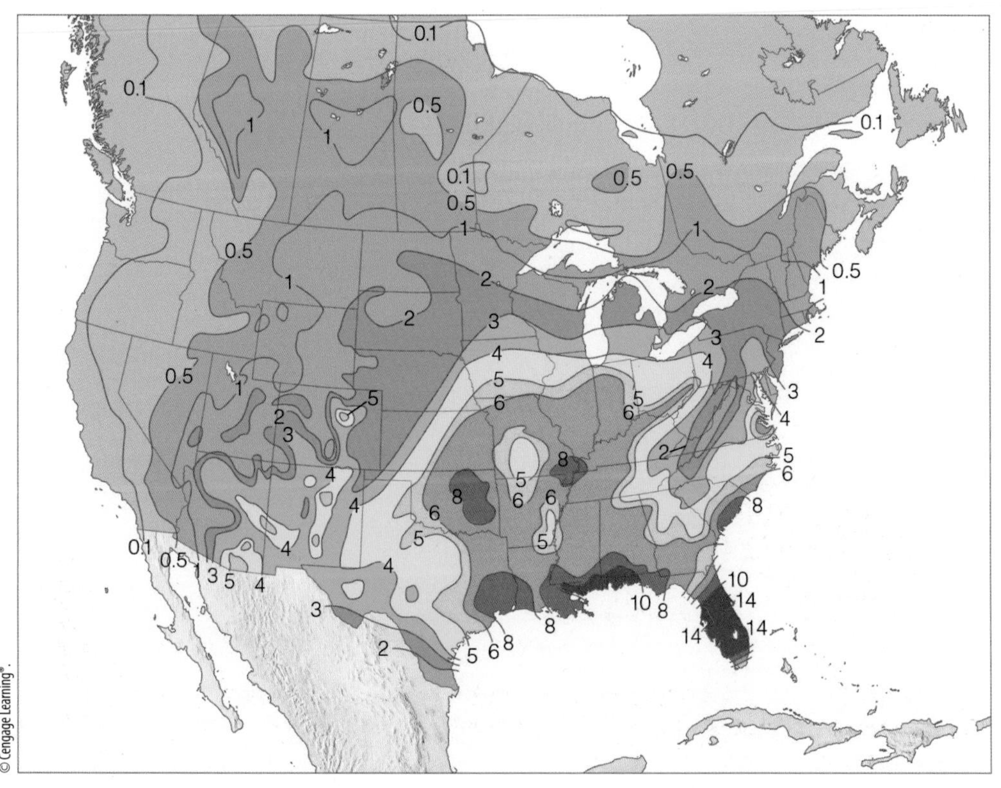

그림 10.34 ● 북미지역에서의 1997~2010년 기간 동안 평균된 연간 1 km^{2}당 번개 횟수. (북미 낙뢰 감지 네트워크의 데이터. Vaisala 제공)

다. 대략 깔때기 구름의 30% 정도만이 활동적인 토네이도로 발달한다. 위에서 내려다봤을 때 대부분의 토네이도는 반시계 방향으로 회전한다. 시계 방향으로 회전하는 것도 있지만 전체의 2% 정도로 매우 드물다.

토네이도의 크기, 강도, 풍속, 지속시간은 매우 다양하다. 토네이도의 풍속은 대체로 초속 50 m 이하이나 강력한 토네이도는 초속 100 m를 넘기도 한다. 토네이도의 직경은 대부분 100~600 m이나 간혹 폭이 몇 m에 불과하거나 1,600 m를 넘는 것도 있다. 기록된 가장 큰 토네이도는 폭이 4.2 km로 2013년 5월 31일 엘 리노 인근 오클라호마 서부 지역을 강타하면서 3명의 토네이도 연구원의 목숨을 앗아갔다.

진행하는 한랭전선 앞에 발생하는 토네이도는 종종 남서풍에 의해 조종되므로 보통 시속 40~80 km로 북동쪽으로 이동한다. 그러나 시속 140 km 이상의 속도를 내는 경우도 있다. 대부분의 토네이도는 수 분 동안 지속되며 그 진행 거리는 평균 7 km 정도이다. 그러나 몇 시간에 걸쳐 수백 km를 질주한 토네이도가 보고되기도 한다. 역사상 가장 긴 진행거리를 기록한 토네이도는 1925년 3월 18일 미국 미주리 일리노이 주와 인디애나 주 일부를 엄습한 것으로 352 km 거리를 이동했다.

토네이도의 일생 대다수의 토네이도는 보통 일련의 단계를 밟아 진화한다. 제1단계는 **먼지 회오리 단계**로 지상에서 공중으로 먼지 회오리가 일어나면 지상에 토네이도의 순환이 발생하고 있다는 증거이다. 이때 뇌우의 밑층으로부터 짧은 깔때기가 아래로 뻗어내려온다. 제1단계에서는 피해가 있더라도 가볍다. 다음 단계는 **성숙 단계**로서 토네이도의 강도가 증가되면서 깔때기가 온전한 모습으로 하향 확장한다. 이 단계에서 파괴력이 가장 극심한데 깔때기의 폭이 최대로 확장하는 데다가 지표와 거의 수직을 이루기 때문이다(그림 10.36). 성숙 단계를 지나면 깔때기의 폭이 전반적으로 축소되고 깔때기가 비스듬히 기울고 토네이도가 아직은 막대한 피해를 줄 수 있다 해도 지표에서는 피해지역이 좁아진다. **소멸 단계**라 하는 최종 단계에는 토네이도가 밧줄 모양으로 늘어나 있는 상태를 보여준다. 토네이도는 마지막으로 크게 일그러진 후 소멸된다.

이것은 대규모 토네이도의 전형적 진행 단계이지만 소규모 토네이도는 조직 단계만 거칠 수도 있다. 경우에 따라서는 성숙 단계를 건너뛰고 곧바로 소멸 단계로 가는 것도 있다. 토네이도가 성숙 단계에 도달하면 회전은 지면과 맞닿고 사라질 때까지 머문다.

그림 10.35 ● 2008년 5월 22일 대형 쐐기 모양의 격렬한 토네이도가 콜로라도 윈저 방향인 북서쪽으로 똑바로 이동하고 있다.

©Tony Hake/Denver Weather Examiner

토네이도 발생과 분포 토네이도는 세계 도처에서 발생하지만 미국이 가장 심하다. 미국에는 연평균 1,000여 회의 토네이도가 발생하며 2004년에는 1,819회나 발생했다. 보고된 연간 총 토네이도의 발생 횟수는 1950년대부터 현재까지 2배 이상 증가하였다(그림 10.37). 반면, 초속 60 m를 넘는 강한 토네이도의 발생 횟수는 명확한 추세를 보이지는 않는다. 토네이도 횟수의 차이는 대체로 작거나 짧은 수명을 가지는 토네이도가 과거보다 더 많이 보고되기 때문으로 보인다. 미국 내 토네이도 발생지는 알래스카, 하와이를 포함한 전 지역에 해당되나 가장 빈번하게 일어나는 지역은 텍사스 중부로부터 네브래스카에 이르는 중부 대평원의 토네이도 대 또는 **토네이도 통로**(Tornado Alley)이다(그림 10.38). 미시시피와 앨라배마를 가로지르는 토네이도 대는 때때로 딕시 통로(Dixie Alley)라고 불린다.

미국 대평원은 토네이도를 형성하는 뇌우가 발달하는 데 적합한 대기환경을 갖고 있어 토네이도 취약지구이다. 이곳은 특히 봄에는 온난하고 습한 공기가 상공의 한랭건조 공기 밑에 깔려 조건부 불안정 대기를 조성한다. 이 상태에서 강력한 연직 바람시어가 형성되어 지표공기가 강제 상승할 경우 토네이도를 낳을 수 있는 거대한 뇌우가 발달할 수 있다. 따라서 토네이도 발생 빈도는 봄에 가장 높고 따뜻한 지표공기가 없는 겨울에 가장 낮다.

그림 10.39에서 미국 토네이도의 70%가 3~7월 사이에 발생하는 것을 볼 수 있다. 그중에도 5월은 하루 약 6회로 발생 빈도가 가장 높은 달이다. 한편, 가장 맹렬한 토네이도는 연직 바람시어가 형성되기 쉽고 수평 및 연직 기온 및 습도차가 가장 크게 벌어지는 4월에 대부분 발생하는 추세이다. 미국에서 1950년 이후로 가장 많은 토네이도 발생이 기록된 달은 748건이 보고된 2011년 4월이다. 토네이도는 하루 중 어느 때에도 발생할 수 있지만, 가장 빈번하게 발생하는 시간은 지표 부근 공기가 가장 불안정한 오후 3시에서 7시 사이이다. 대기가 가장 안정한 일출 전 이른 아침에는 토네이도 발생이 가장 적었다.

파괴력이 큰 대형 토네이도는 주로 중부 대평원에서 발달하지만 조건만 구비되면 어디에서든 발생할 수 있다. 예를 들면, 1984년 3월 28일 최소한 36개의 토네이도가 노스캐롤라이나와 사우스캐롤라이나 주를 휩쓸어 59명이 사망하고 많은 재산피해를 냈다. 그중 한 토네이도는 직경이 최소 4,000 m, 풍속은 100 m/sec 이상에 달했다. 토네이도의 파괴력으로부터 예외인 지역은 아무데도 없다. 흔치 않은 일이지만, 토네이도가 1983년 3월 1일 로스앤

Robert Henson

그림 10.36 ● 2015년 5월 9일 콜로라도 동부에 무강수 뇌우에서 폭이 좁은 토네이도가 내려오고 있다.

그림 10.37 ● 미국에서 1952~2015년 기간 동안 보고된 총 토네이도 개수(파란색 막대)와 초속 117 m를 넘는 강한 토네이도의 개수(붉은색 실선). 강화 후지타 규모(EF)가 사용된 2007년 전 자료들은 새 규모에 맞춰 변환되었다.

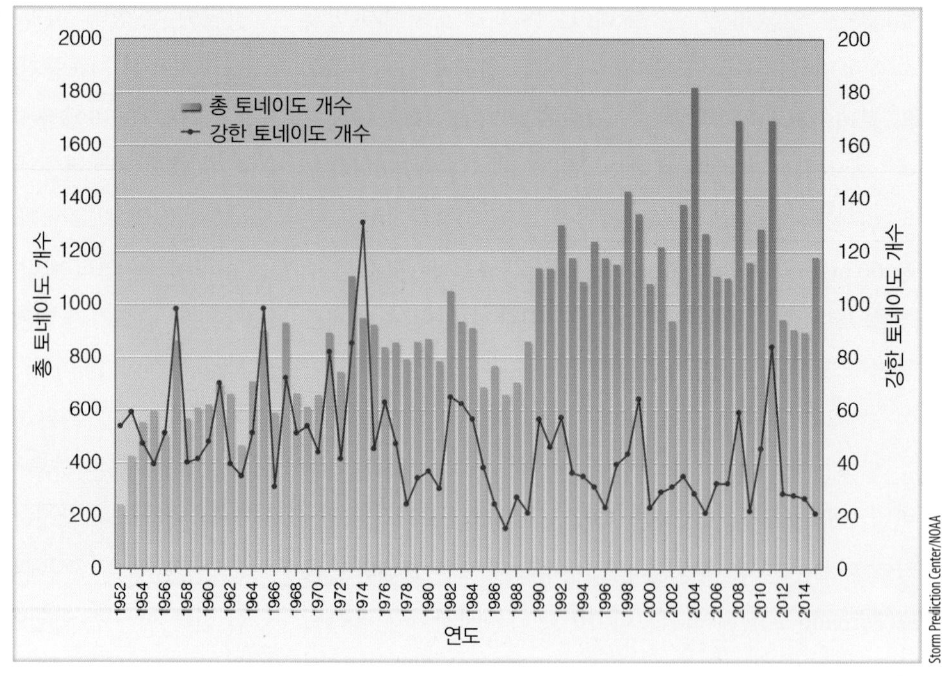

젤레스 중심부를 관통하며 직경 5 km 내에 위치한 100여 채의 집과 상업 시설들을 파괴하고 33명의 부상자를 내기도 했다. 2010년 여름에는 뉴욕시에 2개의 토네이도가 상륙하였다. 그중 7월 25일에 발생한 토네이도는 최소한의 피해를 입혔지만 7명이 부상을 입었다.

미국 중부 내륙의 어느 한 지역에 토네이도가 발생할 확률은 통계적으로 매우 낮다. 그러나 토네이도는 통계로부터 예외인 경우도 많다. 예를 들어, 오클라호마 시의 경우는 지난 100년 동안 약 35회의 토네이도가 발생하였다. 인접한 무어 교외 지역은 1999년 5월 3일, 2003년 5월 8일, 2013년 5월 20일에 파괴적인 토네이도를 겪었다. 코델이라는 캔자스 주의 작은 마을은 1916년부터 1918년까지 3년 연속으로 같은 날짜인 5월 20일에 토네이도가 발생하기도 했다! 과거 동안 형성되었던 수백만 개의 토네이도를 고려하면 적어도 1개는 당신의 집이 있는 땅을 가로질러 이동했을 가능성이 매우 높다. 특히나 당신의 집

그림 10.38 ● 1991~2012년 기간 동안 각 주별로 1000 mi²당 관측된 연간 평균 토네이도 개수.

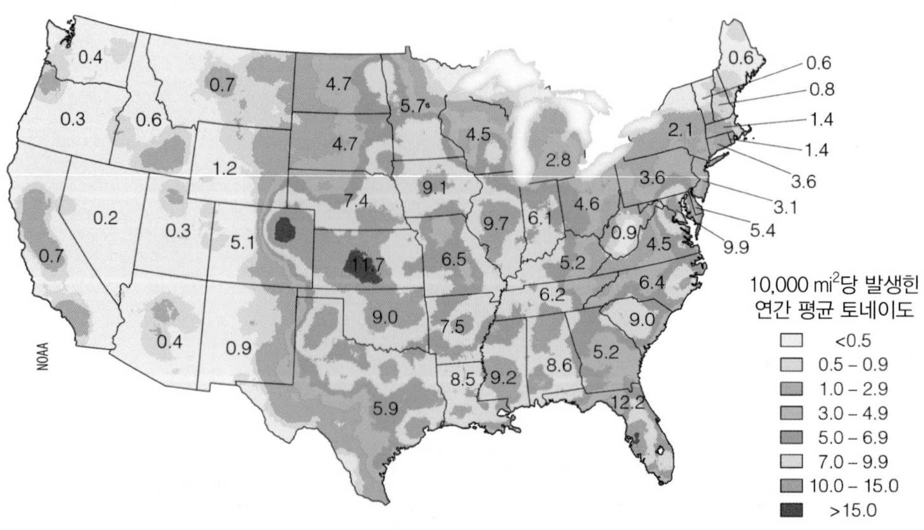

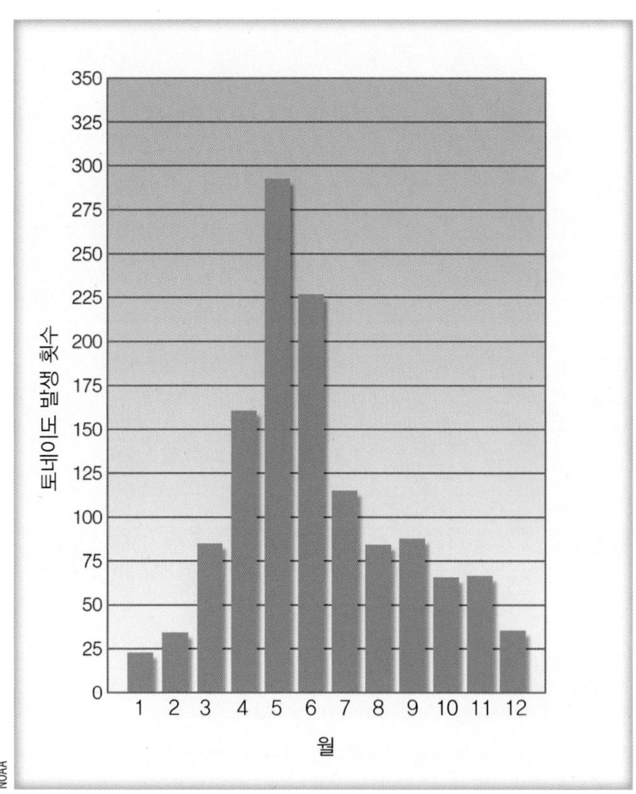

그림 10.39 ● 2000~2010년 동안 미국의 월평균 토네이도 발생 횟수.

이 중부 평원에 있다면 말이다.

토네이도 바람 한때 토네이도의 강력한 바람에 대한 우리의 지식은 주로 발생한 피해의 관측과 영화를 통해 얻어졌다. 오늘날은 도플러 레이더로 관측된 정교한 바람장이 사용 가능하다. 한때는 토네이도의 파괴적인 특징 때문에 초속 250 m 이상의 바람으로 둘러싸여 있다고 생각되기도 하였다. 하지만 레이더 관측을 통해 아무리 강력한 토네이도라도 바람이 초속 120 m를 넘지는 않으며 대부분의 토네이도가 대략 초속 65 m 이하의 바람을 가진다는 것이 밝혀졌다. 그럼에도 불구하고 아무리 약한 토네이도라도 직접 마주치는 것은 끔찍할 수 있다.

토네이도가 남서쪽에서 다가올 때 가장 강력한 바람은 남동쪽 측면에 분다. 그림 10.40에서 그 이유를 알아보자. 토네이도는 초속 25 m로 북동쪽으로 진행한다. 만약 그 회전 속도가 50 m/sec라면, 전진 속도는 남동측(위치 D)에 25 m/sec를 추가하고 북서측(위치 A)에서 25 m/sec를 뺄 것이다. 토네이도의 가장 파괴적인 바람은 남동측에 불 것이기 때문에 바람의 최대 영향을 받는 곳은 건물의 남서측이 될 것이다.

풍속 90 m/sec를 넘는 사나운 토네이도는 그 내부보다 작은 회오리바람을 내포하고 있는 것 같다. 이러한 토네이도를 **다중소용돌이 토네이도**라 하며 내부의 보다 작은 소용돌이를 **흡입 소용돌이**(suction vortices)라고 한다(그림 10.41 참조). 흡입 소용돌이는 직경이 10 m에 불과하지만 매우 빨리 회전하고 큰 피해를 입힌다.

대피처 찾기 강력한 풍력으로 건물이 휘어 붕괴될 때 가장 심한 피해가 발생한다. 또 지붕 위로 강풍이 불 때 지붕 위에는 저기압이 형성된다. 이 경우 건물 내의 상대적 고기압 때문에 지붕이 공중으로 날아간다. 토네이도의 강력한 저기압 중심이 건물 위를 통과할 때도 같은 결과가 나타난다. 토네이도의 중심기압은 그 주변보다 100 hPa 이상 낮기 때문에 토네이도가 건물 상공에 있을 때 그곳 기압은 일시적으로 하강한다. 한때 토네이도가 닥칠 때 건물의 폭발을 막기 위해 창문을 여는 것이 도움이 된다고 생각했으나 창문을 열면 오히려 반대편 벽의 기압을 증가시켜 건물 붕괴 위험이 높아진다. 사람들은 파편에 희생되기 쉬우므로 즉시 대피처를 찾아야 한다.

집에서는 지하실로 피하든지 창문 근처에는 가지 말아야 한다. 지하실이 없는 큰 건물에서는 욕실, 장롱, 복도 등 좁은 공간이 덜 위험하며 제일 아래층의 한 가운데일수록 좋다. 침대 매트의 양끝 줄을 붙잡고 몸을 감싸거나 안전모 등을 사용해 파편으로부터 머리를 보호해야 한다. 학교에서는 복도로 이동하여 머리를 감싸고 바닥에 납작

알고 있나요?

미국과 캐나다가 연간 토네이도 발생 숫자에서 세계 1, 2위를 차지하고 있지만, 방글라데시는 가장 치명적인 토네이도를 경험하였다. 1989년 4월 26일 발생한 파괴적인 토네이도가 다카 북부를 치고 지나갔을 때 1,300명의 사망자가 발생하였으며, 1996년 5월 13일 강한 토네이도가 탕가일 지역에 상륙하면서 700명 이상의 인명 피해가 발생하였다.

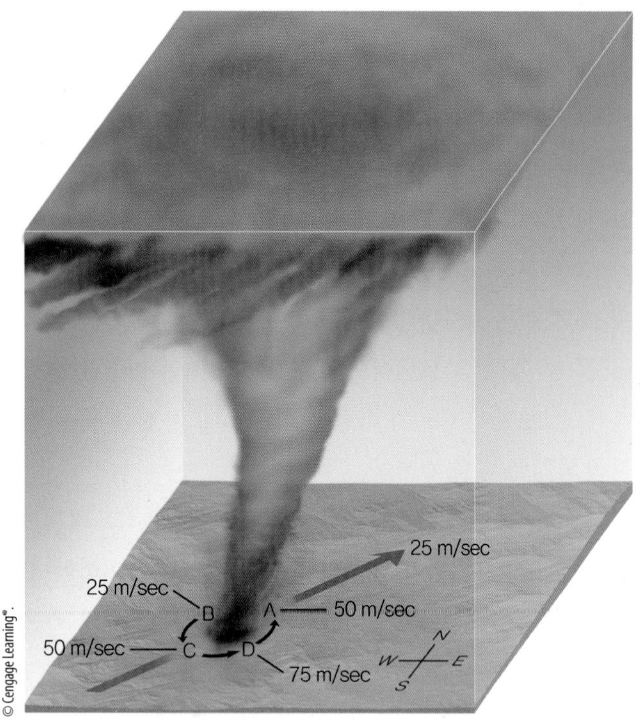

그림 10.40 ● 토네이도의 총 풍속은 한쪽이 다른 쪽보다 크다. 다가오는 토네이도의 바람이 가장 강력한 영향을 미치는 곳은 토네이도를 마주 본 상태에서 왼쪽이다.

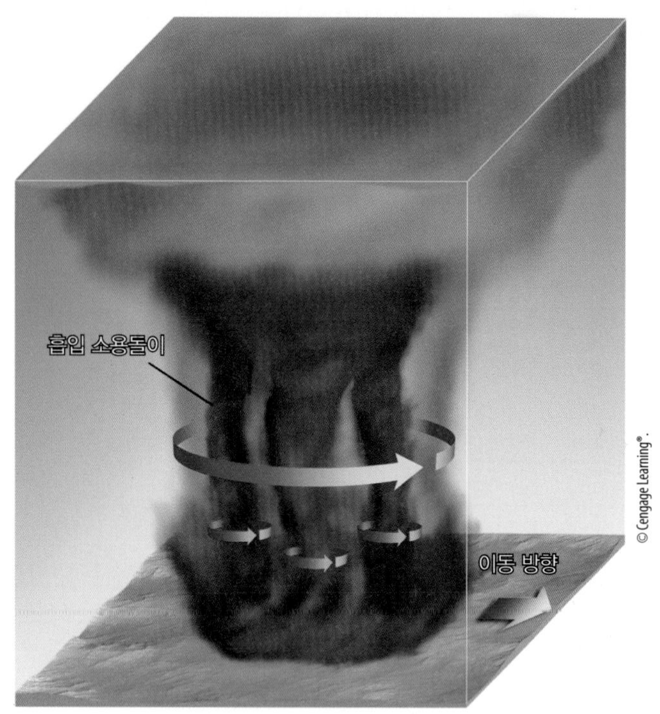

그림 10.41 ● 3개의 흡입 소용돌이를 내포한 강력한 다중소용돌이 토네이도.

하게 엎드리는 것이 좋다. 조립식 주택의 경우에는 즉시 집을 떠나 견고한 대피처를 찾아야 한다. 대피처가 없다면 움푹 들어간 곳이나 협곡에 납작하게 엎드려야 한다.

자동차나 트럭을 타고 이동할 때는 다가오는 토네이도를 앞질러 도망가려 하지 말라. 토네이도의 경로가 불규칙할 뿐만 아니라 이동 속도가 130 km/hr인 경우도 흔하다. 차를 세우고 토네이도가 지나갈 때까지 기다리거나 반대 방향으로 되돌아가라. 고가도로 밑에 대피해서는 안 된다. 구조물의 영향으로 토네이도 바람이 오히려 강화되기 때문이다. 야외에서 대피처를 찾지 못할 경우에는 웅덩이나 강바닥, 혹은 계곡 등지에 머리를 감싸고 납작하게 엎드려야 한다.

미국의 경우에는 토네이도가 몇 시간 후 발생할 가능성이 예측되면 시민들에게 경각심을 일깨우고 예상 지역과 시간대 등을 알려 주기 위해 오클라호마 주 노먼 시에 위치한 폭풍우 예보 센터(Storm Prediction Center)에서 **토네이도 주의보**(tornado watch)를 발령한다. 많은 지역사회에서는 교육받은 자원봉사자들이 토네이도 감시원으로 활동하며 토네이도 발생 유무를 주시한다. 주의보가 발령된 지역에서 토네이도가 확인되면 기상 라디오를 청취하며 예의 주시해야 한다. 토네이도의 발생이 직접 혹은 레이더상으로 관측되면 그 지역 관할의 지방 기상청에서 **토네이도 경보**(tornado warning)를 발령하게 된다. 지역 주

▼ 표 10.1 **연평균 토네이도 수와 사망자 수(미국)**

기간	연간 토네이도 수	연간 사망자 수
1950~59	480	148
1960~69	681	94
1970~79	858	100
1980~89	819	52
1990~99	1220 †	56
2000~09	1277	56
2010~15	1149 †	136*

† 최근에는 인구 증가에 따라 토네이도를 관측할 수 있는 사람이 증가하고 토네이도 탐지 기술이 향상됨에 따라 더 많은 토네이도가 보고되었다.
*이 6년간의 평균에는 533명의 사망자가 발생하여 특히 피해가 컸던 2011년이 포함되어있다. 2011년을 제외하면 연평균 53명의 사망자가 발생하였다.

ON A SPECIAL TOPIC 10.4

FOCUS

토네이도 피해의 기괴한 세계

토네이도의 강한 바람은 건물을 파괴하고, 나무를 뿌리째 뽑으며, 치명적인 미사일과 같은 물질들을 공중으로 던져 올릴 수 있다. 사람, 동물, 가전제품들을 뽑아 올려 수 km를 운반한 다음 지면에 처박아 넣을 수 있다. 자동차조차도 1 km 이상 던져지고 수표책과 같은 가벼운 물체들은 100 km 또는 그 이상 날아가 다른 주로 옮겨지기도 하였다. 한 토네이도는 승객 117명이 타고 있는 열차 객차를 들어 올려 약 25 m 떨어진 도랑에 던져 놓았다. 한 번은 학교 건물이 무너지고 안에 있던 85명의 학생들이 90 m 이상 날아갔지만 사망자는 없었다. 또 다른 기이한 예로 미시간에서 토네이도에도 살아남은 한 집은 옆으로 뒤집혀 사다리가 없으면 현관에 닿을 수 없는 상태가 되었다. 토네이도 바람이 주변 호우에서 두꺼비와 개구리를 빨아올려 구름 속에서 소나기처럼 떨어뜨리기도 한다. 다른 특이한 점으로 빨대 조각들이 금속 파이프 내부로, 냉동 핫도그가 콘크리트 벽으로 몰려드는 현상, 닭의 깃털이 모두 뽑혀 버리는 일 등이 있다. (사실 닭의 털이 뽑히는 현상에 대한 가장 유력한 설명은 플라이트 몰트(flight molt)라고 불리는 것으로 닭이 위협을 받을 때 무의식적으로 깃털을 방출하는 과정이다.)

그림 6 ● 2008년 5월 10일 오클라호마 피셔를 강타한 ET4 등급 토네이도의 강력한 바람에 자전거 타이어가 전신주에 휘감겼다.

강한 토네이도의 바람에 의해 전달되는 힘은 일상에서 겪을 수 있는 것보다 훨씬 크다. 바람의 압력(단위면적당 힘)은 풍속의 제곱만큼 증가하는데, 풍속이 2배가 되면 파괴 잠재력은 4배로 늘어난다는 것이다. 토네이도가 아닌 상황에서 매우 강한 바람이 부는 날을 상상해 보라. 최대 돌풍 시속 72 km 이상의 바람에 먼지가 강하게 일어 눈에 들어가고 물건들은 길 아래로 던져질 것이다. 이에 비해 지구상에서 발생한 가장 강력한 토네이도는 시속 321 km 이상의 바람을 발생시킬 수 있는데, 이는 앞에서 설명한 바람이 강한 날에 비해 16배 이상의 힘을 가지게 된다. 빨대나 냉동 핫도그와 같이 길쭉한 물체를 강력한 토네이도 내부에 길이 방향으로 던진다면 토네이도의 힘은 물체 끝의 작은 영역에 집중된다. 이는 바람에 날려간 물체가 단단한 물체를 관통할 수 있을 정도의 엄청난 힘을 준다.

토네이도의 기괴한 피해를 만들어 내는 또 다른 요소는 토네이도 활동의 엄청난 변동성이다. 토네이도는 단 몇 초 만에 극적으로 강해지거나 약해질 수 있으며, 규모가 수축되거나 커질 수 있다. 그림 10.40에 표현된 토네이도 내부의 흡입구는 지름이 10 m 정도로 작을 수 있기 때문에 흡입구의 소용돌이가 한 집에 부딪힐 때에 옆집은 이 흡입구를 온전히 피할 가능성이 있다. 바람이 건물을 파괴할 때에도 분산되어 있는 구조물 주변의 복잡한 흐름으로 인하여 일부 물체는 피해를 입지 않을 수 있다. 대형 토네이도에서는 파편 조각들이 1.6 km 또는 그 이상 떨어져 회전할 수 있다. 이러한 조각들은 기존에 무사했던 지역에 국지적인 피해를 야기할 수 있다.

민들에게는 경각심과 뇌우의 접근을 알리고자 사이렌을 울리게 된다. 라디오와 텔레비전 방송국들은 정규방송을 중단하고 경보 상황을 방송하게 된다. 비록 이러한 경보 체계가 완벽하지는 않지만 많은 인명피해를 줄이는 데 도움을 주고 있다. 지난 30년간 토네이도 발생 지역의 인구가 많이 증가하였음에도 불구하고 인명피해는 오히려 줄어들었다(표 10.1).

강화 후지타 규모 1960년대에 시카고대학 토네이도 권위자였던 고 후지타(T. Theodore Fujita) 박사는 회전 속도에 따라 토네이도를 분류하는 척도인 **후지타 규모**(Fujita scale)를 제시했다. 토네이도 바람은 그것이 야기한 피해에 근거해 추산되고 있다. 1971년 도입된 원래의 후지타 규모는 주로 목조가옥이 입은 토네이도 피해에 기초한 것이었다. 토네이도 피해에 취약한 구조물로는 여러 가지 유형이 있기 때문에 2007년 2월 새 척도가 도입되었다.

강화 후지타 규모(Enhanced Fujita Scale), 또는 간단히 **EF 규모**(EF Scale)로 명명된 새로운 규모는 28개 피해지표를 사용해 토네이도 바람을 추산하는 일련의 기준을 제공한다. 이들 지표에는 작은 곳간, 이동식 주택, 학교, 나무들이 포함된다. 먼저 각 항목의 지표가 어느 정도의 피해를 지탱했는지를 조사한다. 피해지표를 피해의 정도와 결합시켜 개연성 있는 풍속의 범위와 해당 토네이도의 EF 규모를 산출해낸다. EF 규모에 의한 바람 추정치가 표 10.2에 제시되어 있다.

그림 10.42에 미 대평원 또는 캐나다에 위치한 가옥을 표현하였다. 그림 10.43은 EF0에서 EF5 등급의 토네이도에 의해 이 가옥과 주변이 입을 수 있는 피해를 나타내었다. EF0 토네이도는 가장 적은 피해를 입히지만 EF5 등급의 토네이도는 가옥과 토대 모두를 완전히 무너뜨린다. 이 예제에서 가옥은 튼튼하게 건축되었다는 것을 가정하였으며, 그렇지 않으면 토네이도에 의한 피해는 그림에 제시된 것보다 더 클 수 있다. 2014년 4월 27일 중부 아칸소 중심부를 강타한 파괴적인 토네이도는 일부 주택

▼ 표 10.2 강화 후지타(EF) 규모와 예상 피해

EF 규모	구분	풍속(km/hr)*	풍속(m/s)*
EF0	약함	104~137	29~38
EF1		138~177	39~49
EF2	강함	178~217	50~60
EF3		218~266	61~73
EF4	극심함	267~322	74~89
EF5		> 322	> 89

*풍속은 피해 지표를 기준으로 피해 지점에서 추정된 3초 돌풍이다.

© Cengage Learning®.

그림 10.42 ● 대평원에 위치한 가옥. EF 등급에 따라 이 가옥과 주변이 어떻게 피해를 입는지가 그림 10.43에 그려져 있다.

EFO 104~137 km/hr

EF1 138~177 km/hr

EF2 178~217 km/hr

EFO 218~266 km/hr

EFO 267~322 km/hr

EFO 322 km/hr 이상

© Cengage Learning®.

그림 10.43 ● 그림 10.42의 가옥과 주변이 EF 등급에 따라 입는 피해.

의 토대까지도 휩쓸려 나갔음에도 EF5가 아닌 EF4로 평가되었다. 피해 조사관들이 이러한 주택들을 고정할 때 전반적으로 앵커 볼트가 아닌 못을 사용했다는 것을 발견했기 때문이다. 조립식 주택이나 이동식 주택들은 토네이도에 특히 취약하다. 최근 몇 년간 미국 전체 토네이도 사망자의 약 45%가 이동식 주택에서 발생하였다. 피해는 토네이도의 경로에 따라 크게 달라진다. 예를 들어 한 구역은 EF2나 EF3의 피해를 입는 반면, 다른 구역은 EF4 피해를 입을 수도 있다. 이러한 경우에는 나타난 가장 큰 피해에 근거하여 EF4 등급이 주어진다.

통계에 의하면, 대다수 토네이도는 풍속 약 48 m/sec(EF2급) 미만의 비교적 약한 수준이다. 해마다 막대한 피해를 입히는 맹렬한 수준의 토네이도 비율은 불과 몇 %에 지나지 않으며, 어쩌면 연간 한두 개의 EF5급 토네이도의 발생이 보고될 것이다(미국은 EF5급 토네이도를 경험하지 않고 몇 년을 보낼 수도 있다). 그러나 토네이도로 인한 사망 건수의 대다수를 점하는 것은 맹렬 토네이도이다. 예를 들면, 강력한 EF5급 토네이도가 2007년 5월 4일 저녁 캔자스 주 그린스버그에 엄습했다. 초속 90 m에 폭이 3.2 km 가까운 강풍을 동반한 토네이도는 도시의 95% 이상을 완파했다. 토네이도로 11명이 사망했다. 국립기상청의 토네이도 경보와 토네이도 피습 약 20분 전에 발령한 "대피" 사이렌이 아니었다면 사망자는 아마 그 이상이었을 것이다.

2011년 5월 22일 EF5급의 다중 소용돌이 토네이도가 미주리 조플린의 한 부분을 완전히 무너뜨렸다. 이 토네이도는 거의 1,000명의 부상자와 159명의 사망자를 발생시켜 1947년 4월 9일 오클라호마 우드워드 토네이도 이후 최대 사망자를 낸 사례로 기록되었다. 하지만 조플린 토네이도 발생 몇 주 전에 '토네이도 폭발'이라고 불리는 토네이도 무리에 의해 수백 명의 사람들이 더 사망하였다.

토네이도 폭발 지금까지 살펴본 것처럼 해마다 미국에서는 토네이도로 많은 인명피해가 발생한다. 연평균 100명 정도 발생하나 단 하루에 100명이 목숨을 잃기도 하였다. 단일 뇌우가 이동하면서 몇 개의 토네이도를 낳아 형성한 토네이도 가족은 최악의 피해를 가져올 수 있다. 수명이 긴 초대형 세포 뇌우에서 토네이도 가족이 형성되는 일이 가끔 있다. 특정 지역 상공에 여러 개(6개 이상)의 토네이도가 형성될 때 이를 **토네이도 폭발**(tornado outbreak)이라 한다. 토네이도 폭발은 며칠 동안 나타날 수 있다. 아주 극심한 토네이도 폭발은 보통 예측이 가능한데, 이는 넓은 지역에서 조건 불안정이 나타나고 상층 기압골을 따라 강한 연직시어가 발생하기 때문이다. 상층 기압골은 광범위한 초대형 세포의 형성을 촉발시킬 수 있는 환경을 제공한다. 이런 특징들은 수치모델에 의해 수일 이전에 탐지될 수 있다. 오클라호마 노먼의 미 해양대기국 폭풍예측센터에서는 극한 기상과 토네이도가 나타날 수 있는 대류 활동 전망을 향후 8일에 대하여 발표한다. 최근 연구자들은 토네이도 폭발로 인한 위기가 증가하는 시기의 예측 기간을 수 주일까지 확장하는 기술을 개발하고 있다.

특히 파괴적 폭발이 1999년 5월 3일 발생하였다. 78개의 토네이도들이 텍사스 주, 캔자스 주, 오클라호마 주의 여러 도시들을 가로질러 통과하였다. 오클라호마 시 남서부를 통과한 한 토네이도는 도플러 레이더의 관측에 의하면, 당시 폭이 1.6 km이고 풍속은 140 m/sec에 달하였다. 이 토네이도가 휩쓸고 지나간 64 km 거리 이내에서는 수천 채의 가옥들이 파괴되거나 손상을 입었고, 약 600명의 부상자와 36명의 사망자가 발생하였고, 10억 달러 이상의 재산상 손실을 초래하였다. 역설적이게도 2013년 5월 20일 발생한 최대 풍속 94 m/sec(시속 338 km)의 EF5 등급 토네이도는 1999년 치명적인 토네이도와 비슷한 경로로 이동하였고, 실제로 한 지점에서는 경로가 일치하였다. 2013년의 토네이도는 지상에서 27 km를 이동하였으며, 인구 밀도가 높은 무어 지역을 가르고 지나면서 10명의 어린이를 포함하여 24명의 사망자를 발생시켰으며 약 20억 달러의 피해를 입혔다.

1974년 4월 3일과 4일에 기록된 가장 강력한 토네이도 폭발이 발생하였다. 16시간에 걸쳐 148개의 토네이도

토네이도 주의보 및 경보 시스템의 발전

거친 토네이도가 접근하는 것만큼 무시무시한 날씨 상황은 거의 없다. 다행히 미국은 토네이도가 발생 가능하고 임박한 상황에서 사람들에게 알려주는 시스템이 잘 구축되어 있다. 미국의 토네이도 주의보 및 경보 시스템은 1950년대에 우연히 만들어졌다. 1947년 3월 20일 파괴적인 토네이도가 오클라호마 시티 남동쪽의 팅커 공군 기지를 강타하여 50대의 항공기가 파괴되었다. 이 손실 비용은 1,000만 달러(현재 가치로 1억 달러 이상)에 달하였다. 다음날 2명의 공군 기상학사인 E. J. Fawbush와 Robert Miller는 토네이도가 언제 발생할지 예측하는 기술을 개발하라는 요청을 받았다. 두 사람은 불안정도, 바람시어, 전선의 접근과 같은 요소들을 이용하여 빠르게 예측 방안을 개발하였다. 놀랍게도 첫 토네이도 이후 5일 만에 또 다른 토네이도가 기지를 덮쳤다. 하지만 이번에는 새로 개발된 Fawbush-Miller의 예측기술이 토네이도 발생을 통보하여 항공기는 안전히 보호되었고 피해도 훨씬 적었다.

앞서 언급된 것과 같이 토네이도 주의보는 심한 뇌우와 토네이도가 형성되기 좋은 환경에서 발령된다. 토네이도 주의보는 평균적으로 6~8시간 동안 대략 65,000 km^2 면적에 대하여 발령되는데, 이 크기는 사우스캐롤라이나 정도의 면적이다. 토네이도 주의보는 오클라호마 주의 노먼에 있는 미국 국립기상청(National Weather Service)의 폭풍예측센터(Storm Prediction Center)에서 지역 기상청과 협조하여 발령한다. 상황이 위협적으로 변하면 "특별히 위험한 상태(particularly dangerous situation)"를 뜻하는 "PDS"가 발령된다. 또한, 폭풍예측센터는 최대 향후 8일 내에 극한 기상 현상이 발생 가능한 곳을 강조하는 일반적인 전망도 발표한다. 만약 당신이 토네이도 주의보가 발령된 지역에 있다면 변화하는 기상 상황에 대하여 주시하고 경보가 발령되는지 집중하여 들어야 한다.

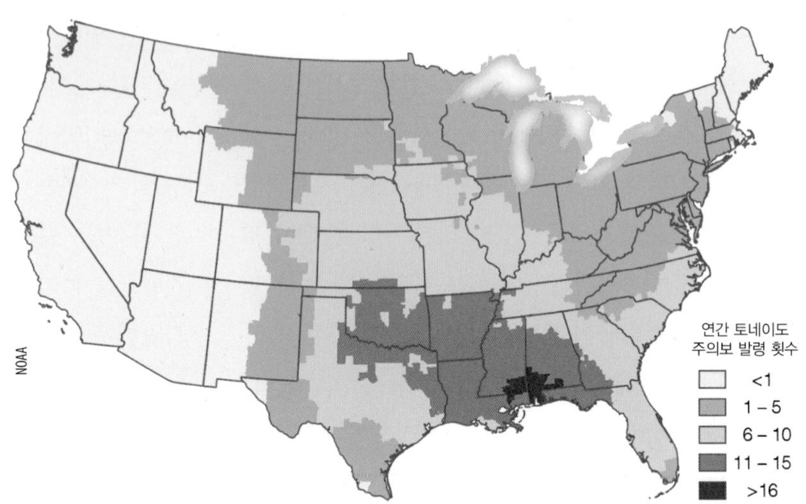

그림 7 ● 1993~2012년 기간 동안 폭풍 예측 센터에서 발령한 카운티별 토네이도 주의보의 연 평균수

토네이도가 실제 목격되거나 레이더에서 토네이도성 회전이 탐지되면 지역 기상청은 토네이도 경보를 발령한다. 경보는 일반적으로 1개 카운티 또는 여러 카운티의 일부를 포함하여 발령되며 30분에서 60분 동안 발효된다. 만약 당신의 스마트폰이 무선 긴급경보(Wireless Emergency Alert, WEA)를 수신할 수 있다면, 현재 위치에 토네이도 경보가 내린 경우 문자 메시지를 받게 될 것이다. 현재 위치에서 토네이도 경보를 받게 되면 즉시 대피하여야 한다. 가능하다면 잘 지어진 구조물 내부의 가장 저층으로 이동하여야 하며, 차량이나 이동식 주택으로는 대피하지 말아야 한다.

토네이도 경보 시스템은 완벽하지 않다. 전체 토네이도의 30% 가량은 경보가 내리기 전에 지나갈 수 있다. 또한, 경보의 절반 이상은 거짓 경보(false alarm, 경보가 내렸지만 실제 토네이도가 발생하지 않은 경우)인데, 이는 일반적으로 레이더상에 토네이도성 회전이 탐지되었지만 실제 토네이도로는 성장하지 못한 경우들이 있으며, 토네이도 발생이 정확히 탐지되어 경보가 발령된 경우라 하더라도 경보 발령 지역의 일부만을 치고 지나가기 때문이다. 그럼에도 불구하고 경보가 발령된 상황에서 부상이나 사망의 위험은 실제 일어날 수 있기 때문에 토네이도 경보에 신속히 대응하는 것은 많은 생명을 구할 수 있다. 미국에서는 차세대 도플러 레이더(Next Generation Doppler Radar, NEXRAD) 네트워크가 등장하면서 경보 시스템을 상당히 개선할 수 있었다. 토네이도 경보의 평균 선행 시간은 1970년대에 3분이었던 것이 1990년대 후반에는 13분으로 늘어났으며, 현재는 강력한 토네이도의 경우에 20분 이상 수준으로 늘어났다. 미국 기상청에서 새롭게 추진하고 있는 계획은 레이더 자료를 이용한 고해상도 컴퓨터 예측 모델이 토네이도 경보의 선행 시간을 1~2시간 수준으로 늘릴 수 있는지 연구하는 것이다.

AP Photo/The Tuscaloosa News, Dusty Compton, File

그림 10.44 ● 2011년 4월 27일 거대한 EF4급의 다중 소용돌이 토네이도에 의해 파괴된 앨라배마 터스컬루사 지역.

NOAA

그림 10.45 ● 그림 10.44의 토네이도가 지난 도시의 피해 상황.

가 미국 13개 주를 휩쓸어 사망 319명, 부상 5,000명 이상, 그리고 6억 달러 상당의 재산 피해를 초래했다. 이 초대형 폭발 기간 중 모든 토네이도의 총 연장은 4,181 km로 연평균 미국 내 발생 토네이도 총 연장의 절반을 훨씬 넘어섰다. 최고 인명피해를 기록한 토네이도는 1925년 3월 18일 미주리, 일리노이, 인디애나 3개 주에 걸쳐 발생한 것으로 7개의 토네이도가 703 km를 이동하면서 695명의 사망자를 냈다.

1974년 초대형 폭발과 동등한 수준으로 기록된 유일한 토네이도 폭발은 2011년 4월 25~28일 발생하였는데, 그중 357개의 토네이도(4개가 EF5급)가 미국 동부 일부와 캐나다 남동부 지역을 가로질러 이동하였다. 이 토네이도들은 316명의 목숨을 앗아갔고 수천 명의 부상자를 냈으며 100억 달러 이상의 피해를 입혔다. 특히 강한 EF4 토네이도는 4월 27일 시속 300 km 이상의 바람을 동반하고 앨라배마 터스컬루사를 통과하였다(그림 10.44). 이 토네이도는 2.5 km 폭을 갖는 피해 경로를 발생시켰으며, 43명의 사망자와 1,000명 이상의 부상자를 발생시켰다(그림 10.45 참조).

토네이도 형성

토네이도 형성에 관한 지식이 완전히 규명된 것은 아니지만, 강력한 뇌우가 발달할 때 형성되며 조건부 불안정 대기가 토네이도의 필수적인 요건이라는 사실은 확실히 알려져 있다. 그들은 강력한 연직 바람시어가 존재하는 환경에서 초대형세포 뇌우와 관련해 형성되는 경우가 가장 많다. 토네이도의 공기회전은 뇌우 속에서 시작되어 밑으로 하강하거나 지면에서 시작해 위로 상승할 수도 있다. 우선 우리는 초대형세포와 함께 조성되는 토네이도를 검토한 다음 비초대형세포 토네이도를 검토할 것이다.

초대형세포 토네이도 초대형세포 뇌우와 함께 형성되는 토네이도를 **초대형세포 토네이도**(supercell tornadoes)

라고 한다. 앞서 우리는 초대형세포란 몇 시간 동안 존속할 수 있는 단일 회전 상승기류를 내포하고 있는 뇌우라는 것을 배웠다. 그림 10.46은 이런 상승기류와 폭풍우로 발생한 강수의 유형을 설명하고 있다. 덥고 습한 공기는 초대형세포 속으로 빨려 들어가면서 반시계 방향으로 회전하며 상승하는 것을 주목하라. 폭풍우 꼭대기 근처에서는 강풍이 상승하는 공기를 북동쪽으로 밀어낸다. 상승기류 북동쪽에 내리는 폭우는 강력한 하강기류를 초래한다. 상승기류와 하강기류의 분리로 폭풍우는 수 시간 동안 존속할 수 있는 단일 주체로 유지될 수 있다.

토네이도가 빠르게 회전하는 공기기둥이라면, 공기의 회전을 촉발하는 힘은 무엇인가? 그림 10.47a를 살펴보면 회전이 일어날 수 있는 방법을 이해할 수 있다. 지상풍이 남풍이고 지상 수천 미터 상공의 바람은 북풍이므로 풍향시어가 존재하는 것을 주목하라. 또 풍속은 고도에 따라 급속히 증가하므로 풍속시어도 존재한다. 이 같은 바람시어는 지면 근처의 공기가 수평축을 중심으로 회전하게끔 만든다. 연필이 연필심을 중심으로 회전하는 것과 매우 흡사하다. 그 같은 수평 튜브 형태의 회전하는 공기를 **소용돌이관**(vortex tubes)이라고 일컫는다(이와 같은 나선형 소용돌이관은 남쪽에서 부는 지상풍 바로 상공에 하층 제트류가 존재할 때도 형성된다). 그림 10.47b에서 설명하듯이, 발달하는 뇌우의 강력한 상승기류가 소용돌이관을 위쪽으로 기울여 폭풍우 속으로 몰아넣을 경우 기울어진 소용돌이관은 폭풍우 속의 회전하는 공기기둥이 된다. 상승 및 회전하는 공기는 이제 폭이 5 내지 10 km인 비교적 더 낮은 기압의 권역인 **중규모 저기압**으로 불리는 폭풍우 구조의 일부이다. 상승기류의 회전은 뇌우 중간층의 기합을 떨어뜨리게 되고 그럼으로써 상승기류의 힘은 더 강화된다.

10장 앞부분에서 학습했듯이, 상승기류는 초대형세포에서 매우 강력해(때로는 45 m/sec에 도달) 강수는 그 속을 통과해 낙하할 수 없다. 상공의 남서풍은 통상적으로 강수를 북동쪽으로 이동시킨다. 중규모 저기압은 지속될 경우 강수의 일부를 상승기류를 중심으로 반시계 방향으로 순환시킬 수 있다. 이러한 소용돌이 강수는 레이더 화면에 나타나지만, 중규모 저기압의 내부구역(하층에는 거의 강수가 없는)은 레이더에 나타나지 않는다. 레이더가 강수를 탐지해 낼 수 없는 초대형세포 내부구역은 **유계 약에코 구역**(bounded weak echo region, BWER)으로 불린

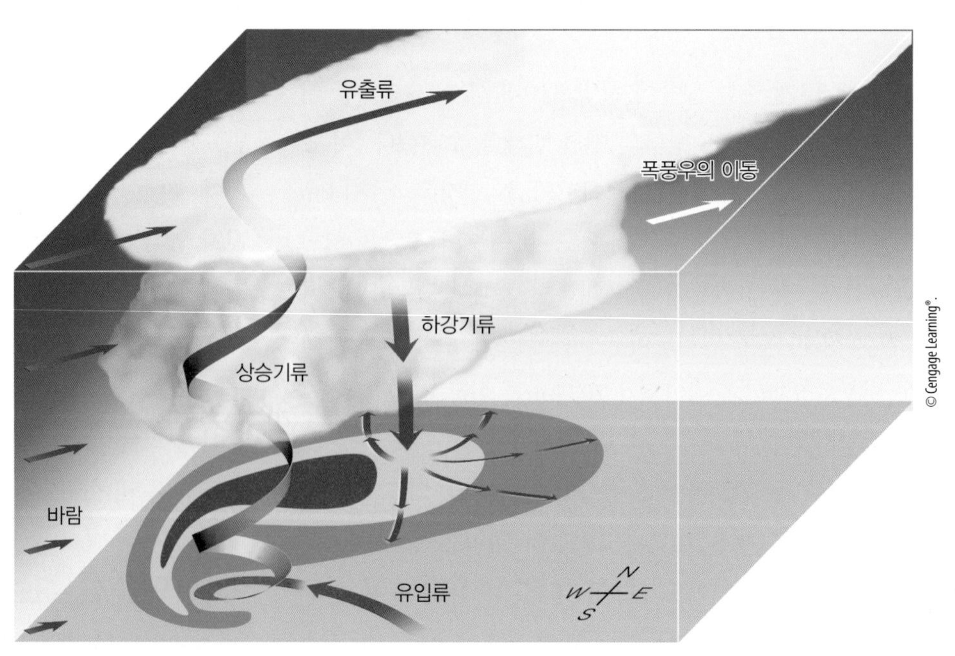

그림 10.46 ● 강한 바람시어가 있는 구역에서 발생하는 초대형세포 뇌우와 그 상승 및 하강 기류를 나타낸 모식도. 초대형세포 아래의 강수지역을 색깔별로 표시하였다. 초록은 약한 비, 노랑은 보통 비, 빨강은 강한 비와 우박이 내리는 지역이다.

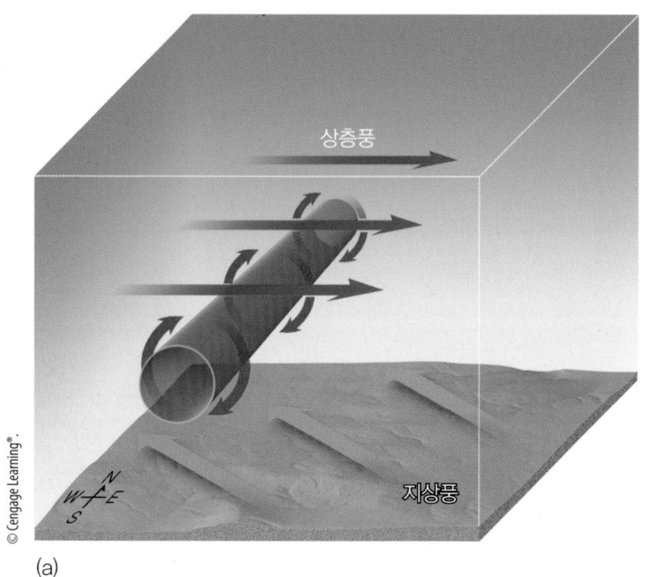

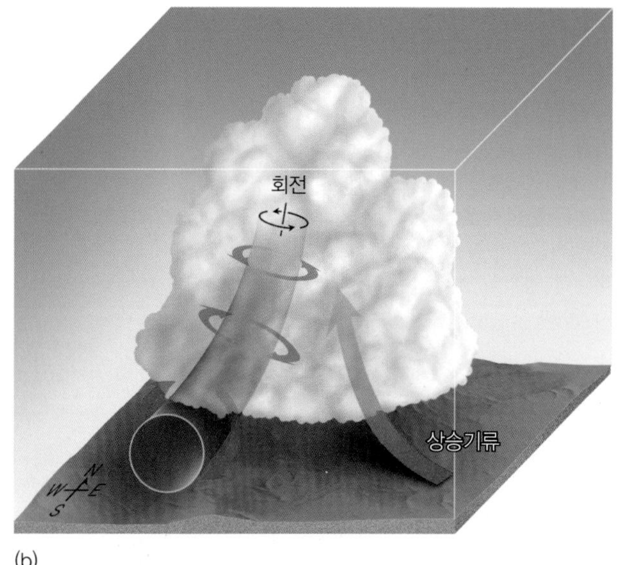

그림 10.47 ● (a) 바람시어로 형성된 회전 소용돌이관. (b) 성장뇌우 내의 강한 상승기류는 소용돌이관을 뇌우 속으로 운반하여 연직으로 뻗친 회전 기둥을 형성한다.

다. 한편, 강수가 중규모 저기압의 중심을 나선형으로 회전하는 저기압 속으로 끌려 들어감에 따라, 회전하는 강수는 도플러 레이더 스크린 상에는 **후크 에코**(hook echo)로 불리는 갈고리 모양으로 모습을 드러낼 수 있다(그림 10.48).

폭풍우의 발달이 이 단계에 이르면, 상승기류와 반시계 방향으로 회전하는 강수 그리고 주변 공기는 모두 상

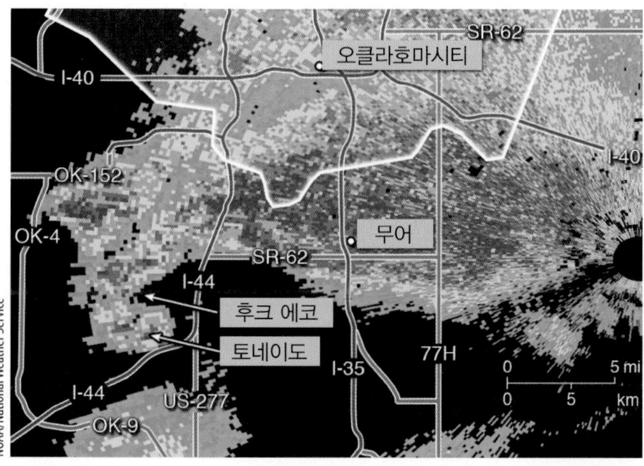

그림 10.48 ● 2013년 5월 20일 오후 오클라호마시티 상에서 토네이도를 일으키는 초대형세포 뇌우의 도플러 레이더 강수 반사도 패턴. 오클라호마시티 무어 서쪽에서 후크 에코(hook echo)가 나타난다. 붉은색과 주황색은 강한 강수를 나타낸다. 이 강수 패턴을 그림 10.46과 비교해 보라.

호작용하여 그림 10.49에서 보여주듯이 **후방-측면 하강류**(rearflank downdraft)를 생성할 수 있다. 이때 하강기류의 힘은 강수로 인한 폭풍우 상층의 냉각 정도에 좌우된다. 후방-측면 하강기류는 전형적인 초대형세포 토네이도를 일으키는 데 중요한 역할을 하는 것 같다.

후방-측면 하강기류는 지상에 충돌할 때 그림 10.49에서 설명하듯이(유리한 시어조건 하에서) 중규모 저기압 밑의 전방-측면(forward-flank) 하강류와 상호작용해 **토네이도 형성**(tornadogenesis)을 촉발시킬 가능성이 있다. 지상에서는 서늘한 비로 차가워진 후방-측면 하강류의(그리고 전방-측면 하강류의) 공기가 중규모 저기압 중심 둘레를 휩쓸어 상승하는 공기와 상대적으로 더 따뜻한 주변 공기를 효과적으로 차단하게 된다. 상승기류의 하반부는 이제 좀 더 천천히 상승한다. 공기기둥으로 상정할 수 있는 상승기류는 이제 수평적으로 위축되는 반면, 수직적으로는 늘어난다. 이처럼 **연직늘림**(vertical stretching) 회전 공기기둥은 상승 및 회전하는 공기를 더욱 빠른 속도로 회전하게 만든다. 이와 같이 늘림 과정이 계속될 경우 고속으로 회전하는 공기기둥은 가느다란 고속회전 공기기둥, 즉 **토네이도 소용돌이**(tornado vortex) 속으로 빨려 들

그림 10.49 ● 지상 공기가 토네이도 쪽으로 반시계 방향으로 불어 들어가는 모습과 상승 및 하강기류를 함께 표시한 전형적인 초대형세포 토네이도. 측선은 돌풍전선을 따라 지면의 공기가 상승하면서 적운이 줄지어 늘어서는 지역이다.

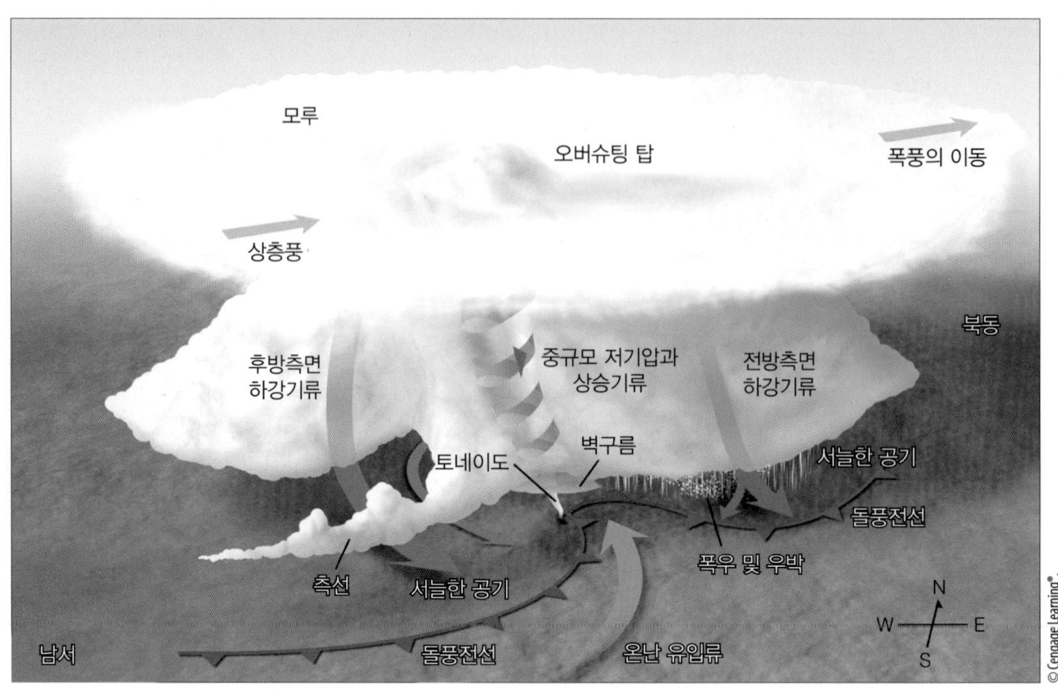

어간다.

공기는 중규모 저기압의 저기압 핵으로 급히 상승하면서 팽창, 냉각, 그리고 습도가 충분할 경우 응결해 **깔때기구름**이 형성되고 그 속으로 들어간다. 깔때기구름 밑의 공기는 핵 속으로 끌려 들어가면서 급속하게 냉각 및 응결하며, 깔때기구름은 지면을 향해 하강한다. 지면에 도달하면 토네이도의 순환은 먼지와 파편들을 빨아들여 검고 험악하게 보인다. 깔때기 외곽의 공기가 나선형으로 상승하는 동안 도플러 레이더에는 사나운 토네이도의 핵 내부에서 공기가 지면의 극히 낮은 기압 쪽으로 하강하는 모습이 드러난다. 핵 내부의 기압은 주변 공기의 기압보다 100 hPa이나 더 낮을 수 있다. 공기는 하강하면서 온도가 높아져 구름방울의 증발을 일으킨다. 이런 과정을 통해 토네이도의 핵은 구름을 소산시키게 된다. 관측 결과, 대다수의 초대형세포 토네이도는 폭풍우의 오른쪽 후면 부분 근처, 그림 10.49에 나타나 있듯이 북동쪽으로 이동하는 폭풍우의 남서쪽에서 발달하는 것으로 밝혀졌다.

다양한 대기 환경이 토네이도 형성을 억제할 수 있다. 예를 들어 구름 내부 강수가 상승기류에 의해 너무 멀리 휩쓸려가거나 중규모 저기압 주변을 너무 많은 강수가 둘러싸는 경우 후방 측면 하강기류를 일으키는 데 필요한 상호작용이 방해를 받아 토네이도가 형성되기 어렵다. 더욱이 차가운 지면 공기의 두터운 층 위로 따뜻하고 습윤한 공기가 공급되면 토네이도가 형성되기 힘들다. 토네이도는 보통 차가운 후방 측면 하강기류의 온도가 크게 낮으면 발생하지 않는다. 중규모 저기압을 동반한 초대형세포들 가운데에서도 약 25%만이 토네이도를 발생시킨다. 토네이도 연구자들의 주요 목표 중 하나는 어떤 초대형세포들이 토네이도를 발생시킬 가능성이 높은지, 특히 어떤 상황에서 파괴력이 강한 토네이도가 발생하는지를 더 잘 이해하는 것이다.

지상 관측자가 발견할 수 있는 토네이도를 발생시킬 수 있는 초대형세포의 징조는 폭풍우의 바닥에서 **회전구름**이 발견되는 것이다. 회전구름 영역이 하강할 경우 이것은 **벽구름**(wall cloud)이 된다. 그림 10.49에서 토네이도가 벽구름에서 지면으로 확장하는 것에 주목하라. 때로는 공기가 너무 건조하여 회오리바람은 지상에 도달해 먼지를 흡수하기 시작할 때까지 보이지 않는다. 유감스럽게도 사람들은 이들 '보이지 않는 토네이도'를 회오리바람으로 오인했다가 나중에야(종종 너무 늦게) 그렇지 않다는 것을 발견한다. 경우에 따라 깔때기는 강우, 먼지구름, 혹은 어둠 때문에 보이지 않을 수도 있다. 심지어 뚜렷하게 보이지 않을 때도 많은 토네이도는 수 km 거리에서도 들리는 분명한 굉음을 낸다. 마치 '1,000칸의 화물열차가 내는 우르릉 소리'로 표현되는 굉음은 토네이도가 지면과 접촉하는 순간 가장 크게 들리는 것 같다. 그러나 모든 토네이도가 이런 소리를 내는 것은 아니며, 이런 소리를 내지 않는 폭풍우가 엄습할 때 그들은 침묵의 살인자가 된다.

예보관들은 초대형세포가 형성되거나 초대형세포가 토네이도를 발생시킬 수 있는 가능성을 계산하는 데 도움이 되도록 다양한 정보들을 이용한다. 대기의 불안정도를 나타내기 위하여 **대류가용잠재에너지**(Convective Available Potential Energy, CAPE)를 사용한다. 이는 얼마나 많은 에너지가 강한 상승을 만들어낼 수 있는지를 나타내는 값이다. 바람시어의 정도는 고도별 풍속과 풍향을 비교하여 계산할 수 있다. 폭풍 속에서의 잠재 회전은 하층 바람시어의 함수인 **폭풍-상대 헬리시티**(storm-relative helicity)로 어림될 수 있다. 이는 상승이 성장하는 뇌우 내부에서 얼마나 나선형이 될 것인지를 나타낸다.

물론 뇌우가 토네이도를 형성할 확률은 폭풍우가 초대형세포화 할 경우 증가한다. 하지만 모든 초대형세포가 토네이도를 일으키는 것은 아니다. 또 모든 토네이도가 다 회전뇌우(초대형세포)로부터 비롯되는 것도 아니다.

비초대형세포 토네이도 초대형세포의 벽구름(혹은 중층 중규모 저기압)과 연계하여 발생하는 것이 아닌 토네이도를 **비초대형세포 토네이도**(nonsupercell tornado)라고 한다. 이런 토네이도는 비교적 약하긴 해도 일반세포 뇌우는 물론 강력한 다세포 폭풍우와 함께 발생할 수 있다. 뇌우의 밑바닥으로부터 가시적 깔때기구름 형태로 시작되는 비초대형세포 토네이도가 있는가 하면 응결 깔때기구름이 없는 상태에서 지상으로부터 시작해 위로 뻗어 나가는 토네이도도 있다.

비초대형세포 토네이도는 뇌우의 한랭 하강기류가 따뜻하고 습한 공기를 위로 밀어 올리는 돌풍전선을 따라

그림 10.50 ● 네브레스카 주 평원의 돌풍전선을 따라 형성된 돌풍토네이도가 소용돌이치는 모습.

형성되기도 한다. 돌풍전선을 따라 형성되는 토네이도를 일반적으로 **돌풍토네이도**(gustnadoes)라고 한다. 비교적 약한 이런 토네이도는 보통 단명하고 막대한 피해를 주는 일이 드물다. 돌풍토네이도는 종종 지면 위로 상승하면서 회전하는 먼지 혹은 파편구름처럼 보인다(그림 10.50).

때때로 비교적 약하고 단명하는 토네이도는 빠른 속도로 형성되는 적란운과 함께 발생한다. 이런 토네이도는

알고 있나요?

강력한 초대형세포는 토네이도와 함께 생명을 위협하는 돌발홍수를 동시에 발생시킬 수 있다. 1985년 8월 1일 와이오밍 남동부에 발생한 우박을 동반한 폭풍(5장에서 언급)은 샤이엔 지역에 178 mm 가량의 비를 내렸다. 불행히도 토네이도 경보가 내려졌을 때 한 주민은 지하실로 대피하였다가 홍수에 익사하였다. 2013년 5월 31일 오클라호마 엘 리노 부근에서 치명적인 토네이도를 발생시킨 초대형세포 사례에서도 비슷한 비극이 발생하였다(이 사례는 이 장의 여러 곳에서 언급되었다). 토네이도로 인하여 차량에 타고 있던 8명이 사망하였지만 폭풍이 오클라호마를 관통하면서 토네이도를 피하기 위하여 배수구에 웅크리고 있던 13명이 홍수로 인하여 사망하였다. 2015년 5월 6일 오클라호마 시티의 한 여성은 폭우가 쏟아지면서 야외의 폭풍 대피용 지하실에서 익사하였다. 돌발홍수의 위험이 있어도 토네이도 경보 상황에서는 적절한 토네이도 대피소를 찾아야만 하지만, 토네이도와 돌발홍수 모두 심각하게 위험하다는 것을 명심해야 한다.

보통 콜로라도 중동부 상공에서 형성된다. 그들은 바다 위에서 형성되는 물기둥과 비슷하게 보이기 때문에 때로는 **육지 용오름**(landspout)이라 불린다(그림 10.51).

그림 10.51 ● 잘 발달한 육지 용오름이 동부 콜로라도 상공을 지나가고 있다.

그림 10.52는 육지 용오름이 생성되는 과정을 설명하고 있다. 예를 들어, 지상풍이 그림 10.52a에서 보여주듯이 어떤 경계선을 따라 수렴한다고 가정해 보라. (바람은 지형의 불규칙성이나 기온 및 습도의 변화를 포함한 다른 요인들 때문에 수렴할 수 있다.) 경계선을 따라 공기가 상승, 응결하여 적란운을 형성하는 것을 주목하라. 또한 지상의 경계선을 따라 반대 방향으로 부는 바람에 의해 이 경계선을 따라 수평 회전이 발생하는 것을 주목하라. 발달하는 구름이 이 회전하는 공기권역 상공으로 이동한다면, 이 회전공기는 폭풍우의 싱승기류에 의해 구름 속으로 끌려 들어갈 것이다. 회전하면서 상승하는 공기는 직경이 축소됨에 따라 토네이도와 같은 구조인 육지 용오름을 형성한다. 육지 용오름은 통상 구름에서 비가 내려 상승기류를 파괴할 때 소멸된다. 토네이도는 이처럼 해풍과 돌풍전선을 포함한 여러 유형의 수렴풍 경계선을 따라 형성될 수 있다. 또한 비초대형세포 토네이도와 깔때기구름은 상공의 한랭공기(상층 기압골과 연계된)가 다른 지역 상공으로 이동할 때 형성되기도 한다. 북아메리카 서해안

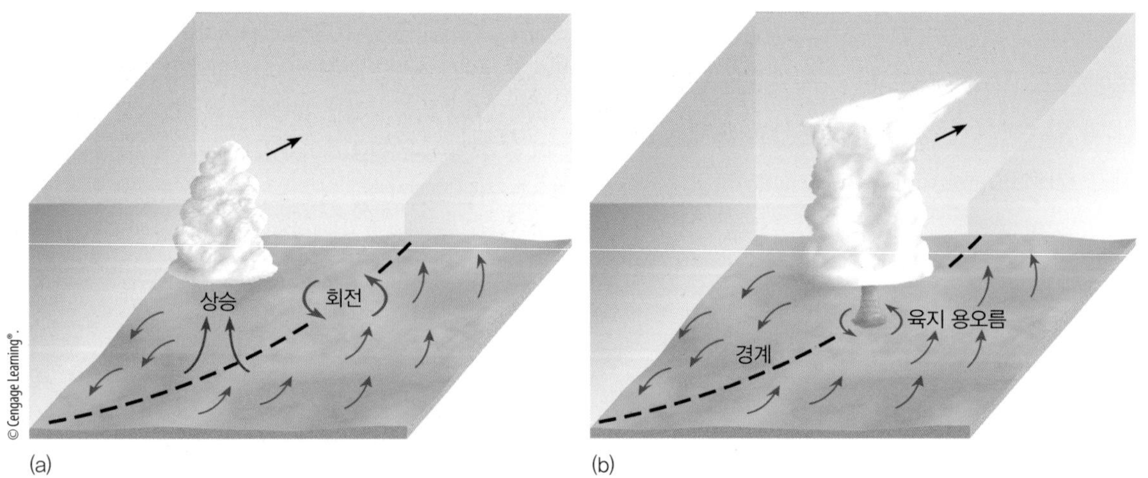

그림 10.52 ● (a) 수렴풍의 경계를 따라 공기는 상승하고 응결하여 탐상적운이 된다. 지상에서는 수렴풍의 경계를 따라 반시계 회전지역이 만들어진다. (b) 구름이 회전하는 지역 위를 지나가면 상승기류가 회전공기를 구름 속으로 끌어올려 비초대형세포 토네이도나 육지 용오름을 발생시킨다.

© Chris Whittier

그림 10.53 ● 캘리포니아 로디 부근의 뇌우에서 '냉기깔때기'로 불리는 깔때기 구름이 강하하고 있다.

에서는 흔히 볼 수 있는 이런 단명한 토네이도는 때로 냉기깔때기로 불리기도 한다(그림 10.53).

용오름 **용오름**(waterspout)이란 넓은 수면 상공에 형성된 적운형 구름과 연결된 회전하는 공기기둥을 말한다. 이 용오름은 육지 상공에 형성된 후 수면 상공으로 이동한 토네이도일 수도 있다. 그런 경우의 용오름을 때로는 **토네이도형 용오름**(tornadic waterspout)이라고 한다. 이와 같은 토네이도는, 특히 토네이도가 초대형세포일 경우 운항하는 선박들에 큰 피해를 줄 수 있다. 수면 상공에서 형성되어 육지 상공으로 이동하는 강력한 용오름은 상당한 피해를 일으킬 수 있다. 예컨대 2009년 8월 30일 온난한 멕시코만 상공에 강력한 용오름이 형성된 후 텍사스 주 갈베스턴 해안으로 이동, 여러 지역 상공에 EF1급 피해를 유발하고 그로 인해 3명이 부상했다.

특히 더운 열대지방 해안(여름철 매달 100건 가까이 용오름이 발생하는 플로리다 키스 제도 부근 등)에 면한 바다 상공에 형성되는 초대형세포와는 무관한 용오름을 **'갠날 용오름**(fair weather)'으로 부른다. 이러한 용오름은 일반적으로 직경이 보통 3~100 m로서 평균 토네이도보다는 훨씬 규모가 작다. 갠날 용오름은 거기 포함된 회전풍의 속도가 보통 23 m/sec 미만이기 때문에 강도도 덜하다. 게다가 이들 용오름은 토네이도보다 더 서서히 이동하는 경향이 있고 지속시간도 약 10~15분이다. 그러나 어떤 것은 최장 1시간이나 지속되기도 한다.

갠날 용오름은 육지 용오름이 형성되는 것과 동일한 방식, 즉 대기가 조건부 불안정이고 적운이 발달할 때 형성되는 경향이 있다. 일부는 소형 뇌우와 함께 발생하기도 하지만 대부분은 구름 꼭대기의 높이가 3,600 m 이하이고 빙결고도까지 확장되지 않은 발달하는 탑상적운에서 발생한다. 분명히 바다 근처의 고온다습한 공기는 대기의 불안정을 야기하고, 그 결과 형성되는 구름 밑의 상승기류가

그림 10.54 ● 캘리포니아 타호 호수를 가로질러 이동하는 잘 발달한 강력한 용오름. 그림 10.51의 육지 용오름과 비교해 보자.

지상 공기의 치올림을 촉발하는 것으로 보인다. 돌풍전선과 수렴하는 해풍이 플로리다 키스 상공에 나타나는 용오름 중 일부에 영향을 미친다는 연구 결과도 있다.

용오름 깔때기와 토네이도 깔때기는 둘 다 중심핵을 선회하며 상승하는 수렴풍을 동반하는 응결된 수증기 구름이라는 점에서 비슷하다. 흔히 생각하는 것과는 달리, 용오름은 그 중심으로 물을 빨아올리지는 않는다. 그러나 용오름 깔때기가 수면에 닿을 때 물방울들이 수면에서 수 미터 높이까지 소용돌이 분무 현상을 일으킨다. 육상에서 형성된 토네이도가 바다로 이동하여 용오름이 된 경우 파괴력이 매우 크다. 2011년 9월 2일 오후 강릉 경포대 앞 바다에도 용오름이 발생했다. 동해안에서는 매년 용오름이 수차례 관측된다.

토네이도 관측과 악기상

1940년대부터 시작된 폭풍 관측자들의 조직적인 네트워크는 하늘을 주시하며 악뇌우와 토네이도의 발달을 보고하였다. 관측자 네트워크는 지금도 여전히 미 국립기상청에 위협적인 날씨 상황을 통보하여 경보가 적기에 발령되게 하는 데 중요한 역할을 담당하고 있다. 이와 동시에 소용돌이 챔버(vortex chamber)라고 하는 공간의 실험실 모델은 수학적 컴퓨터 모델과 더불어 이들 흥미로운 폭풍우의 형성과 발달을 들여다볼 수 있는 새로운 지혜를 제공하고 있다.

토네이도를 일으키는 뇌우의 내부에서 일어나는 일에 대한 우리의 지식 대부분은 **도플러 레이더**를 사용해 수집된 것이다. 레이더 송신기는 마이크로파 펄스를 발신하고 이 에너지가 어떤 물체에 부딪치면 그중 일부가 부서져 안테나로 되돌아온다는 5장의 설명을 기억하라. 강수 입자들은 마이크로파를 다시 안테나로 반송하기에 충분할 정도로 크다. 따라서 그림 10.48의 레이더 화면에 보이는 다채로운 구역은 초대형세포 뇌우 내부의 강수를 의미한다.

도플러 레이더는 강우강도 측정 이상의 역할을 할 수 있다. 레이더는 실제로 강수가 레이더 안테나 쪽으로 혹은 거기서 다른 방향으로 수평 이동하는 속도를 측정할 수 있다. 강수 입자는 바람에 의해 이동하므로 도플러 레이더파는 폭풍우 속으로 뚫고 들어가 그 속의 바람을 파악할 수 있다.

도플러 레이더는 강수가 안테나 쪽으로 혹은 그 반대 방향으로 이동할 때 되돌아오는 레이더 펄스의 주파수가 달라진다는 원리에 입각해 작동한다. 사이렌이나 열차의 기적 등 접근하는 소리 발생원의 고주파수 음향이 청취자를 통과한 후 저주파수의 음향으로 바뀔 때도 유사한 변화가 일어난다. 이러한 음파 또는 마이크로파의 주파수 변화를 **도플러 변이**라고 하며, 여기서 도플러 레이더란 이름이 지어졌다.

단일 도플러 레이더로는 안테나와 평행으로 부는 바람을 탐지할 수 없다. 따라서 폭풍우 내부 바람의 완전한

3차원 사진을 얻으려면 동일 뇌우를 탐색하는 2개 이상의 도플러 레이더가 필요하다. 폭풍우의 공기 이동을 분간하는 데 도움이 되도록 풍속을 컬러로 표시할 수 있다. 레이더 방향으로 불어오는 바람은 녹색(또는 청색)으로, 레이더에서 멀어지는 방향으로 불어나가는 바람은 적색으로 표시된다. 바람이 미치는 범위의 윤곽을 컬러로 표시해 주면 폭풍우의 좋은 그림을 보여줄 수 있다(그림 10.55).

단일 도플러 레이더로도 여러 가지 악뇌우 특성을 발견할 수 있다. 중규모 저기압은 레이더 스크린에서 뚜렷한 이미지를 나타낸다. 토네이도 역시 레이더 화면에 **토네이도 소용돌이 징후**(tornado vortex signature, TVS)로 알려진 뚜렷한 표시를 보이는데, 이것은 중규모 저기압 내부에서 급속도로(혹은 갑자기) 변화하는 풍향의 구역으로 나타난다(그림 10.55).

도플러 레이더가 초대형세포 뇌우 내부의 강수강도(반사도)를 표출할 때 중규모 저기압(또는 토네이도)의 특징이 고리 형태의 부속물 또는 **후크 에코**(hook echo)로 레이더 화면에 나타날 수 있다(그림 10.56). 고리 형태는 강수 또는 파편들이 반시계 방향으로 중규모 저기압이나 토네이도 주변을 휘감으면서 나타난다. 그림 10.56에 나타난 도넛 모양의 짙은 붉은색 지역은 2011년 4월 27일 오후 5시 10분에 앨라배마 터스컬루사를 지나는 대규모의 다중 소용돌이 토네이도를 나타내고 있다. 고리 중앙의 보라색 지역은 토네이도에 의해 날린 파편들로 토네이도 주변을 반시계 방향으로 소용돌이치고 있다. 이와 같은 형태를 파편구(debris ball)라고 한다. 이중 편파 기술이 도플러 레이더에 적용되면서 파편들은 한층 더 깨끗하게 탐지된다(그림 10.57). 그림 10.56의 후크 에코는 그 내부로 관입된 토네이도가 존재하지만 모든 후크 에코가 토네이도와 연결되거나 모든 토네이도가 명확한 후크 에코 형태를 보이는 것은 아니라는 점에 주의할 필요가 있다.

유감스럽게도 도플러식 레이더의 해상도는 직경이 불과 수백 m 미만인 대다수 토네이도의 실제 풍속을 측정할 수 있을 정도로 높지 못하다. 그러나 **도플러 라이더**(Doppler lidar)라고 하는 신형 실험용 도플러 시스템은 마이크

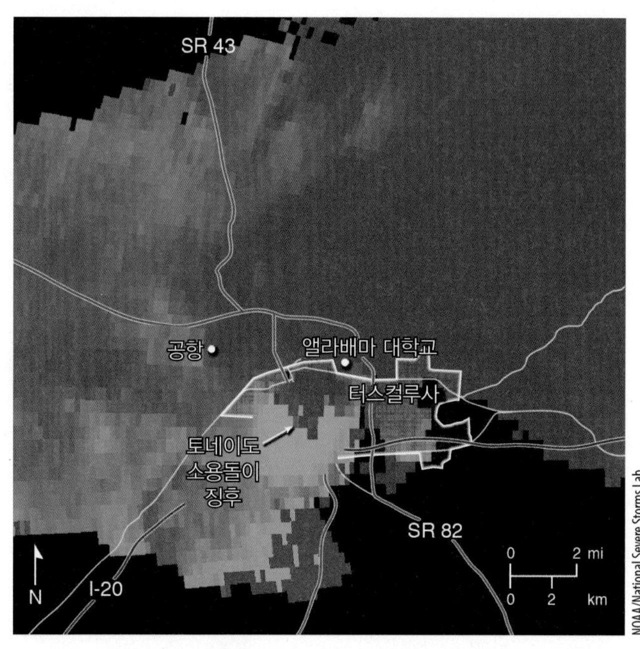

그림 10.55 ● 2011년 4월 27일 앨라배마 터스컬루사를 지나는 초대형세포 뇌우 내부의 도플러 레이더 바람 영상. 수평 바람의 한 덩이가 레이더 방향으로 불어오고(녹색 음영) 레이더 방향에서 불어나가는데(붉은색 음영), 이는 강한 저기압성 회전을 의미한다. 적색과 녹색의 작은 덩이가 만나는 지점에 토네이도성 회전(토네이도 소용돌이 징후)이 존재한다.

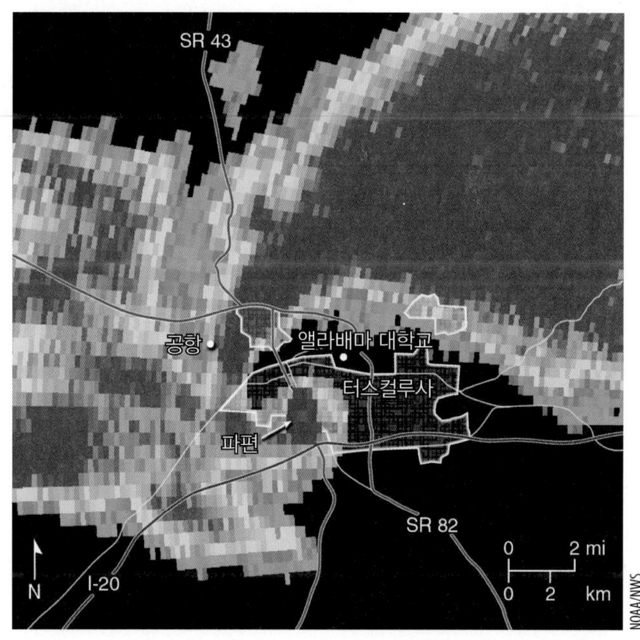

그림 10.56 ● 도플러 레이더의 고리 모양을 가지는 초대형세포 내부의 강수 영상. 이 후크 에코는 2011년 4월 27일 앨라배마 터스컬루사의 앨라배마 대학교를 관통하는 강력한 다중 소용돌이 토네이도와 연계되어 있다(이 토네이도로 인한 피해가 그림 10.45에 나타나 있다).

그림 10.57 ● (a) 2013년 5월 31일 도플러 레이더(반사도)의 초대형세포 뇌우의 내부 강우강도 영상. 집중호우(붉은색과 노란색 음영)가 오클라호마시티 서쪽에 내리고 있다. 후크 에코는 토네이도와 같이 엘 리노 남쪽에 존재하고 있다. (b) 이중편파 레이더가 더 명확하게 강수의 형태를 구분하며 파편들 또한 구별할 수 있는 것을 보여준다.

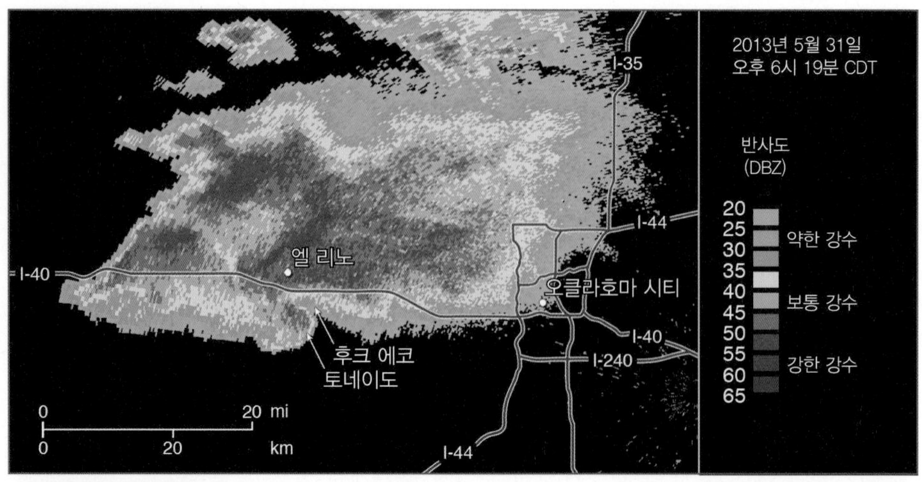

(a) 도플러 레이더(반사도)

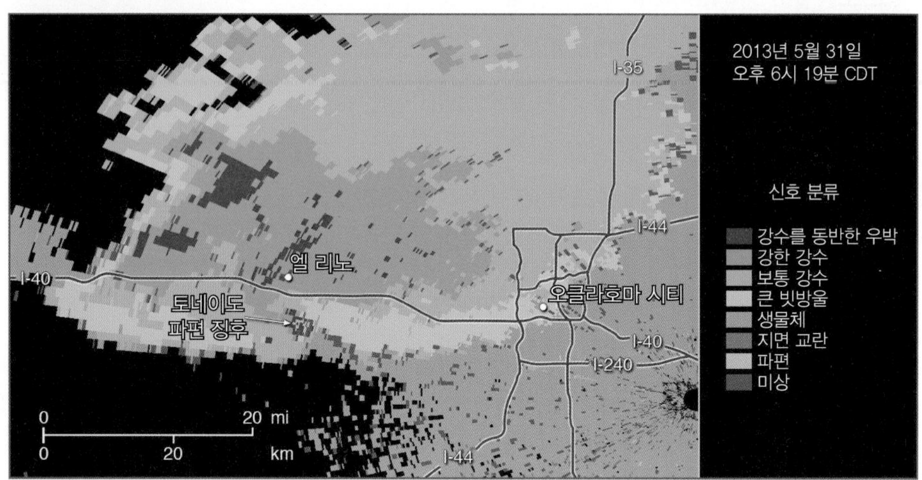

(b) 이중 편파 도플러 레이더(대기 수상 분류)

로파 대신 광선을 사용해 강수, 구름 입자 및 먼지의 주파수 변화를 측정한다. 이것은 상대적으로 짧은 파장의 광선을 사용하므로 도플러 레이더에 비해 광선의 폭은 좁지만 해상도는 높다. 10 km 미만의 상당히 근접한 거리에서 토네이도 바람의 정보를 얻기 위해서 이동식 도플러 레이더를 사용해 토네이도 발생 폭풍우를 탐지하기도 한다.

미국 본토 내 선정된 기상 관측소들에 배치된 도플러 레이더 150여 개로 구성된 네트워크를 **차세대 기상 레이더**(NEXt Generation Weather RADar, NEXRAD)라고 한다. NEXRAD 시스템은 WSR-88D 도플러 레이더 시스템과 다양한 기능을 수행하는 컴퓨터 세트로 구성된다.

이들 컴퓨터는 데이터를 수집한 뒤 모니터에 나타내고 다른 기상학적 데이터와 연결해 폭풍우 세포, 우박, 중규모 저기압 및 토네이도 등 악기상을 탐지하는 **알고리즘**이라고 하는 컴퓨터 프로그램을 실행한다. 알고리즘은 예보관들에게 많은 정보를 제공해 어떤 뇌우가 악기상과 잠재적 돌발홍수를 일으킬 가능성이 가장 높은지에 대해 좀 더 적절한 결정을 내릴 수 있도록 한다. 또 알고리즘은 접근하는 토네이도에 대해 진전된 경보를 제공한다. 물론 보다 믿을 만한 경보를 통해 정확하지 않은 경고 발령을 상당수 줄일 수 있다.

도플러 레이더는 폭풍우 속 공기의 수평 이동을 보여주기 때문에 돌풍전선, 드레쇼, 마이크로버스트 및 항공기에 위험을 주는 바람시어 같은 다른 악기상의 규모를 확인하는 데 도움이 된다. 물론 도플러 레이더에서 제공되는 정보가 점점 많아짐에 따라 악뇌우와 토네이도를 유발하는 과정에 대한 우리의 이해는 증진될 것이며, 토네이도와 극심한 폭풍우 경보체계를 개선함으로써 사상자를 줄일 것으로 기대된다.

도플러 레이더 기술의 다음 단계의 발전은 수평 및 연직 레이더 파를 모두 송출하는 **편파 레이더**(polarimetric radar)[혹은 **이중-편파 레이더**(dual-polarization radar)]를 탄생시켰다. 이것은 무엇보다 기상예보관들이 매우 심한 폭우와 우박을 좀 더 잘 식별할 수 있게 만들 것이다. NEXRAD 레이더 네트워크는 2010년대 초반에 업그레이드되어 개별 도플러 레이더들이 이중 편파기능을 가지게 되었다. 이는 대형우박, 폭우, 돌발홍수가 내릴 수 있는 지점에 대한 예측성을 높일 것이다. 연구자들은 또한 단일 레이더가 기존의 도플러 레이더보다 더 많은 정보를 얻을 수 있도록 하는 상배열(phased array) 레이더를 이용을 연구하고 있다. 이는 평판에 작은 송신기와 수신기들을 포함시키는 방식이다.

폭풍우 추적과 이동식 레이더

많은 사람들은 비공식적이거나 공식적인 관광 단체를 통해 봄철 대평원에서 "폭풍우 추적(storm chasing)"을 통해 악기상 현상을 관측하는 모험을 떠난다. 대부분 이러한 활동들은 기상학적인 연구와는 관계가 없다. 하지만 과학자들은 40년 이상 토네이도 형성의 비밀을 풀기 위해서 사진, 영상뿐만 아니라 현장 관측의 모험을 떠나왔다. 최초의 토네이도 현장 연구 중 하나는 1973년 5월 24일 이루어졌다. 오클라호마 유니온시티 부근에서 토네이도의 영상을 찍었으며, 같은 시간 토네이도가 실험용 도플러 레이더에 탐지되었다. 최초로 토네이도 소용돌이 징후(TVS)가 레이더로 관측되었으며, 실제 토네이도가 형성되기 20분 전에 TVS가 나타나는 것을 알아내었다.

지금까지 수행된 두 가지 가장 종합적인 토네이도 현장 연구는 1994년과 1995년에 수행된 회전하는 토네이도 기원 검증 실험인 VORTEX(Verification of the Origin of Rotational Tornadoes Experiment)와 2009년과 2010년에 수행된 VORTEX2이다. 이 두 실험에서 과학자들은 관측 차량과 최신의 기기들을 대규모로 사용하였다. 원래의 VORTEX에서는 트럭에 일련의 도플러 레이더들을 고정하여 처음으로 사용하였을 뿐만 아니라 프로펠러 비행기와 수십 개의 차량 상부에 부착된 기상 관측소를 사용하였다. VORTEX2에서는 소형의 지상 관측소와 무인항공기 뿐만 아니라 보다 다양한 이동식 도플러 레이더와 라이다를 이용했다(그림 10.58). 과학자들은 가급적 많은 정보를 획득하기 위해 일부 기기들을 접근하는 폭풍우의 진로에 직접 투입하는 한편, 다른 기기들은 폭풍우 둘레에 배치했다. 이 연구에서 획득한 데이터는 초대형세포와 토네이도의 내부에서 일어나는 현상에 대한 소중한 정보를 제공하고 있다.

폭풍우 추적은 경험 많은 연구자들에게도 위험한 활동이다. 2013년 5월 31일 오클라호마 엘 리노 부근에서 강력한 토네이도에 의해 세 명이 연구를 위한 폭풍우 추적 중 목숨을 잃었다. 그림 10.57은 이때의 도플러 레이더 영상이다. 연구팀 바로 앞에서 토네이도는 경로를 갑자기 바꾸고 가속하였으며 크기가 4.2 km까지 확장되었고 주 회전 주변으로 여러 회전들이 동반되었다. 폭풍우 추적 중 사망한 다른 한 사람은 지역 주민이었으며 다른 여러 추적 팀은 주변의 강한 바람에 피해를 입었다.

그림 10.58 ● 2009년 6월 5일 와이오밍주 라 그랜지 부근에서 토네이도를 생성한 뇌우를 밝히기 위한 이동식 도플러 레이더. 이 장비는 VORTEX2 현장 연구에 여러 번 참여하였다.

오클라호마 대학에 의해 운영된 이동식 편파 도플러 레이더는 이 토네이도 부근에서 시속 468 km에 달하는 지상바람을 탐지하였다. 하지만 EF 규모는 레이더 관측보다는 피해 규모에 의해 결정되는데, 이 토네이도의 가장 강한 바람은 건축물을 직접 강타하지 않았기 때문에 EF3급으로 결정되었다. 최근 전문가들은 토네이도의 풍속을 예측하고 보고할 수 있는 방법을 확대하는 시스템에 대하여 연구해왔다. 이 새로운 시스템은 이동식 레이더 데이터와 토네이도가 크게 발달한 지역을 통과할 때 나타나는 피해에 대한 정보를 통합할 수 있게 구성되었다.

요약

이 장에서는 뇌우와 이를 형성하는 대기조건을 살펴보았다. 고립된 일반(기단) 뇌우가 형성되려면 습한 지상공기, 지면 가열에 충분한 태양광선, 그리고 조건부 불안정 대기가 필요하다. 이러한 조건이 구비되면 작은 적운이 30분 내에 탑상적운으로 발달하여 뇌우가 될 수 있다.

뇌우의 발달을 위한 조건들이 무르익고 약한 또는 강한 연직 바람시어가 존재할 때 그 뇌우 속 상승기류는 비스듬히 기울어 하강기류 위로 올라갈 수 있다. 하강기류(돌풍전선)의 선도면(forward edge)이 지면을 따라 바깥쪽으로 쏠릴 경우 공기는 상승하고 새로운 세포가 형성되며, 이로써 여러 발달 단계별로 세포들이 형성되는 다세포 뇌우가 발생한다. 다세포 폭풍우 중 어떤 것은 스콜선(전진하는 한랭전선을 따라 혹은 그 앞에 뇌우선 형태로 형성되는)과 같은 뇌우복합체와 중규모 대류복합체(폭풍우 집합체로 형성되는)로서 형성된다. 다세포 폭풍우 속의 대류 현상이 강할 경우, 심한 피해를 일으키는 지상풍과 우박 및 홍수 등 위험기상을 유발할 수 있다.

초대형세포 뇌우는 회전하는 단일 상승기류를 가진 규모가 크고 위력이 강한 뇌우이다. 초대형세포 속 상승기류와 하강기류는 거의 균형을 이루기 때문에 폭풍우는 여러 시간 동안 지속할 수 있다. 초대형세포는 막대한 피해를 가져오는 토네이도 등의 위험기상을 유발할 수 있다.

토네이도는 뇌우의 밑층에서 지상으로 뻗어 내리는 고속 회전 대기 기둥이다. 토네이도는 대부분 폭 수백 m 이내, 풍속 50 m/sec 이하지만 120 m/sec를 초과하는 강력한 토네이도도 있다. 그 내부에는 흡입 소용돌이라고 하는 소규모 소용돌이가 내포되어 있을 수 있다. 과학자들은 도플러 레이더의 도움으로 토네이도 잉태 뇌우가 언제, 어디서, 어떻게 형성되는지를 규명하려 하고 있다.

일반적으로 규모가 작고 파괴력도 약한, 토네이도의 사촌 격인 '갠 날' 용오름은 여름철 따뜻한 수면 상공에서 형성된다.

주요 용어

본문에 나온 주요 용어를 나열하였다. 각 용어를 정의하라. 그러면 복습에 도움이 될 것이다.

일반세포 뇌우	계단선도	되돌이 뇌격	적운 단계
화살선도	성숙 단계	열 번개	소멸 단계
마른 번개	다세포 뇌우	성 엘모의 불	오버슈팅 탑
토네이도	돌풍전선	깔때기 구름	직선바람
토네이도 통로	선반구름	딕시 통로	두루마리 구름
흡입 소용돌이	유출류 경계	토네이도 주의보	하강버스트
토네이도 경보	마이크로버스트	열 버스트	후지타 규모
스콜선	토네이도 형성	비초대형세포 토네이도	벽구름
돌발홍수	돌풍토네이도	번개	육지 용오름
천둥	용오름	음속 폭음	차세대 기상 레이더

복습문제

1. 뇌우란 무엇인가?
2. 일반세포 뇌우 형성에 필요한 대기조건은 무엇인가?
3. 일반세포 뇌우의 발달 단계를 설명하라.
4. 뇌우에서 하강기류는 어떻게 형성되는가?
5. 일반 뇌우는 왜 오후에 자주 발생하는가?
6. 일반 뇌우가 초대형세포 뇌우보다 빨리 소멸하는 이유를 설명하라.
7. 미국 기상청에서는 극심한 뇌우를 어떻게 정의하는가?
8. 다세포 뇌우가 발달하기 위한 필요조건은 무엇인가?
9. (a) 돌풍전선은 무엇이며 어떻게 형성되는가?
   (b) 돌풍전선은 어떤 일기형을 동반하는가?
10. (a) 마이크로버스트 형성 과정을 설명하라.
    (b) 바람시어를 마이크로버스트와 연관시켜 언급하는 이유는 무엇인가?

11. 드레쇼는 어떻게 발생하는가?
12. 중규모 대류복합체는 스콜선과 어떻게 다른가?
13. 전선 전면 스콜선 뇌우의 발달에 대해 설명하라.
14. 일반세포(기단) 뇌우와 악뇌우를 어떻게 구별할 수 있는가?
15. 초대형세포 뇌우 발달에 필요한 지상과 상층의 대기 조건들을 설명하라. 이때 하층 제트류가 상승류의 회전에 어떤 영향을 미치는지도 설명하라.
16. 강한 강수형 초대형 세포와 약한 강수형 초대형 세포의 차이는 무엇인가?
17. 뇌우가 줄지어 서 있다는 의미는 무엇인가?
18. 미국에서 뇌우가 가장 빈번히 발생하는 곳은 어디이며 그 이유는 무엇인가?
19. 플로리다보다 캔자스에서 대형 우박이 더 일반적으로 나타나는 이유는 무엇인가?
20. 뇌우가 대전되는 데 필요한 과정 한 가지를 설명하라.
21. 천둥은 어떻게 발생하는가?
22. 구름–지면 낙뢰는 어떻게 발생하는지 설명하라.
23. 뇌우 발생 시 나무 밑으로 피하는 것은 왜 위험한가? 야외에서 뇌우를 만난다면 어떻게 대처해야 하는가?
24. 토네이도란 무엇인가? 토네이도의 규모, 바람, 이동에 대한 통계는 어떠한가?
25. 토네이도와 깔때기구름의 근본적인 차이점은 무엇인가?
26. 토네이도는 왜 남서에서 북동 쪽으로 자주 이동하는가?
27. 토네이도의 일생 중 밧줄과 비슷하게 나타나는 시점은 언제인가?
28. 토네이도가 접근할 때 창문을 열지 말아야 하는 이유는 무엇인가?
29. 미국 중부지역이 세계 다른 곳보다 토네이도에 취약한 이유는 무엇인가?
30. 토네이도 주의보와 토네이도 경보는 어떻게 다른가?
31. 만약 지하실이 없는 단층 건물에 있을 때 토네이도 경보가 발령된다면 어떻게 해야 하는가?
32. 토네이도 피해를 나타내는 원래의 후지타 규모가 강화 후지타 규모로 대체된 이유는 무엇인가?
33. 토네이도를 유발하는 초대형세포 뇌우는 바람의 시어가 강한 곳에서 발달한다. 풍향과 풍속의 변화가 어떻게 시어를 발생시키는지 설명하라.
34. 육지 용오름과 같은 비초대형세포 토네이도는 어떻게 형성되는가?
35. 갠 날 용오름을 형성하는 대기 조건은 무엇인가?
36. 도플러 레이더는 어떻게 악뇌우 내부의 바람을 측정하는지 기술하라.
37. 도플러 레이더는 악기상 예측에 어떤 도움을 주었는가?

사고 및 탐구 문제

1. 소멸하는 뇌우의 하부가 그 정상보다 더 빨리 '사라지는' 이유는 무엇인가?
2. 공기가 하강할 때 온도는 증가하지만 뇌우의 하강기류는 차갑다. 이유는 무엇인가?
3. 만약 광야에서 큰 토네이도와 직면하게 되었는데 빠져나올 방법이 없다면, 유일한 방도는 도망치며 웅덩이에 몸을 낮추는 것일 것이다. 토네이도와 직면하는 순간에 선택이 주어진다면, 여러분은 토네이도 왼쪽으로 도망칠 것인가, 오른쪽으로 도망칠 것인가? 이유를 설명하라.
4. 높은 산의 정상에 서 있는데 뇌우가 머리 위로 지나간다. 다음 중 무엇이 가장 현명한 대처 방법이겠는가: 곧게 서 있는다, 누워 있는다, 기어간다. 그 이유를 설명하라.
5. 토네이도는 강한 상승기류가 있는 곳에서 발생하지만, 구름 하부에서 아래로 발달한다. 왜 그런가?

6. 미국 지도에 대부분의 초대형세포 뇌우 형성에 필요한 지상 조건(기단, 전선 등) 및 상층 조건(제트류 등)을 표시하시오.

7. 미국에서 보고된 강한 토네이도 숫자는 지난 60년 동안 어느 정도 일정한 데 비해 약한 토네이도의 숫자는 두 배가 되었다. 이러한 추세에 대한 가능한 설명을 최소 2개 제시하시오. 그 설명들 중 어떤 것이 더 가능성이 있는지 어떻게 연구하겠는가?

8. 여러분의 친구들이 미국 중부지역으로 폭풍우 추적 모험을 떠났다고 가정하자. 추적을 도와주기 위해 여러분은 후방에서 인터넷과 휴대전화로 지원을 하기로 하였다. 폭풍우 추적을 가이드하기 위해 어떠한 현재 일기도와 예상 일기도를 사용할 것인가? 왜 그 일기도를 선택했는지 설명하라.

9. 다중소용돌이 토네이도가 63 m/sec의 회전 속도와 15 m/sec의 이동 속도로 남서쪽에서 북동진하고 있다. 이 토네이도 내의 흡입 소용돌이가 50 m/sec의 회전 속도를 지니고 있다고 가정하자.

(a) 다중소용돌이 토네이도의 최고 풍속은 얼마인가?

(b) 만약 접근하는 토네이도와 직면하게 된다면, 어느 쪽(북동, 북서 혹은 남동)에 가장 강한 바람이 불겠는가? 가장 약한 바람은 어느 쪽에 불겠는가? 답에 대해 설명하라.

(c) 후지타 규모(표 10.2)에 의하면 이 토네이도는 어떻게 분류되는가?

11장

태풍/허리케인

> 내가 뉴올리언스의 허리케인 카트리나[2005년 8월]의 여파를 취재할 때 지울 수 없는 기억은 현대적이고, 강력하고, 치안 유지되고, 질서 정연한 미국 도시가 얼마나 빨리, 그리고 완전히 혼란에 빠질 수 있는가 하는 것이었다. 911 서비스는 부를 수 없었고, 거리 통행도 불가능했다. 응급실, 전기 그리고 상점도 없었고, 통신 시스템 또한 되지 않았다. 그 도시는 중세 산업화 이전으로 돌아갔다. 아무도 오지 않았고 책임자도 없었다. 어느 누구도 어떻게 해야 할지 몰랐다. 사람들이 옥상에서 구조되어 마른 땅에 내려지자, 완전히 그들만 남겨졌다. 어떤 경우에는 기자들이 최초 대응자가 되었다. 우리는 몇몇 피난민들에게 침수된 이웃들 사이에서 겨우 빠져나올 때 처음으로 만난 사람들이었다. 그들은 음식, 물, 기저귀, 약을 원했다. 그들은 인터뷰를 원하지 않았다. 우리가 할 수 있는 건 그들의 이야기를 듣는 것뿐이었다. 나는 마감시한을 맞추는 것 외에는 사람들을 돕기 위해 우리가 할 수 있는 것이 아무것도 없다는 압도적인 무력감을 기억한다.
>
> 존 버넷, 내셔널 퍼블릭 라디오

Ted Jackson, NOLA.com/The Times-Picayune Archive

- 열대 기상
- 태풍/허리케인의 구조
- 태풍/허리케인의 발생과 소멸
- 태풍/허리케인의 이름
- 파괴적 바람과 폭풍 해일, 홍수
- 태풍/허리케인의 감시와 경고
- 태풍/허리케인 예측 기술
- 태풍/허리케인의 변조

앞에서 소개한 내용은 허리케인 카트리나가 상륙한 2005년 8월 최악의 뉴올리언스 상황을 서술하고 있다. 온난 열대해상에서 형성되어 충분한 수증기 공급으로 성장한 태풍은 엄청난 해일과 폭우 및 75 m/sec를 초과하는 강풍을 일으키는 맹렬한 폭풍우로 발달할 수 있다. 태풍이란 무엇이고, 어떻게 형성되며, 왜 특정 지역에 더 자주 발생하는지 알아보자.

열대 기상

적도를 기준으로 남 · 북위 23.5° 이내의 넓은 위도대를 열대라 하며 이 지역의 기상은 중위 지역과 큰 차이를 보인다. 열대의 정오 태양은 항상 하늘 높이 떠 있어 기온의 일변화 및 계절 변화가 적다. 낮의 지표 가열과 높은 습도로 적운과 오후의 뇌우가 발달하기 쉽다. 이들 뇌우는 개별적인 것으로 악뇌우는 아니다. 그러나 가끔 이들 뇌우가 **비스콜무리**라는 좁은 띠에 합류될 때가 있는가 하면, **스콜선**이라 하는 활발한 대류세포에 합류되기도 한다. 스콜선이 지나는 길에는 통상 갑작스런 돌풍에 이어 호우가 내린다. 호우 뒤에는 수 시간 동안 비교적 정상적인 강우가 따른다. 이러한 열대 스콜선은 10장에서 설명한 중위도 스콜선과 흡사하다.

열대지방은 1년 내내 기온이 높기 때문에 기온 변화에 의한 사계절은 없으나, 계절에 따른 강수 변화가 열대 기상의 특징을 이룬다. 구름과 강수가 가장 많은 때는 열대 수렴대가 이 지역으로 이동하는 태양 고도가 높은 기간이다. 건기라 할지라도 극도의 한발 뒤에 수일간 계속되는 호우 기간이 이어질 수 있기 때문에 불규칙한 강수가 있을 수 있다.

열대의 바람은 대체로 동쪽, 북동쪽, 혹은 남동쪽에서 부는 무역풍이다. 해면기압의 변화는 아주 적기 때문에 일기도에 나타난 등압선으로는 유용한 정보를 얻을 수 없다. 그러므로 등압선 대신 바람의 흐름을 나타내는 **유선**(streamline)이 활용되고 있다. 유선은 지상대기의 수렴역과 발산역을 보여주기 때문에 유용하다. 때때로 유선

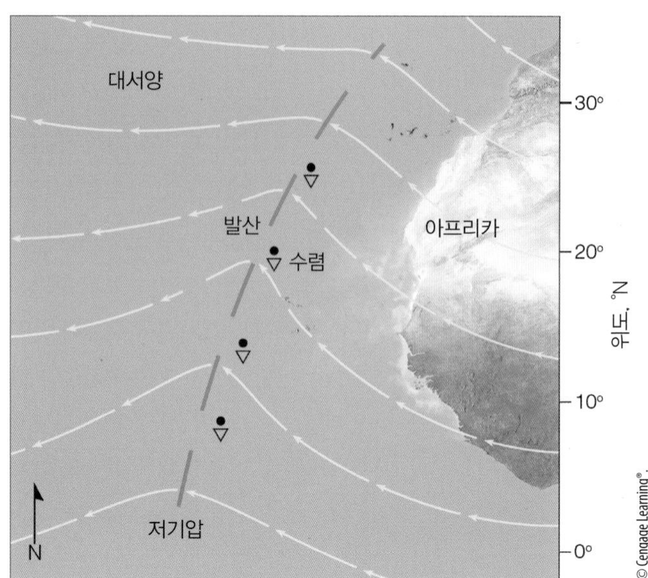

그림 11.1 ● 열대파(편동풍파)가 아프리카 연안에서 대서양으로 향하고 있다. 파가 있는 곳은 바람의 흐름을 나타내는 유선이 휘어진 지역으로, 굵은 점선은 이 파의 기압골 축이다. 파가 천천히 서진하는 동안 파의 서쪽으로는 맑은 날씨를 보이고 동쪽으로는 소낙성 강우가 내린다.

은 **열대파**(tropical wave) 또는 **편동풍파**(easterly wave)로 불리는 약한 저기압골에 의해 교란되는 경우가 있다(그림 11.1).

열대파의 파장은 2,500 km 정도이며 20~40 km/hr의 속도로 동에서 서쪽으로 이동한다. 그림 11.1에서 굵은 점선으로 표시된 기압골 서쪽에서는 편동풍과 북동 지상풍이 발산하고 하강공기는 대체로 맑은 날씨를 형성하는 것을 볼 수 있다. 골 동쪽 남동풍이 수렴하는 곳에서는 상승공기가 소나기와 뇌우를 일으키고 있다. 이와 같이 주 강수역은 기압골 **후면**에 형성된다. 경우에 따라 열대파가 강화되어 태풍으로 발달할 수도 있다.

태풍/허리케인의 구조

태풍(typhoon)은 열대에서 발원하여 33 m/sec 이상의 속도로 이동하는 강력한 폭풍이다. 태풍은 북태평양 서부 온난 해상에서 형성되며 지역에 따라 이름을 달리한다. 북대서양과 북태평양 동부에서 형성되는 것은 **허리케인**(hurricane), 북태평양 서부에서 형성되는 것은 **태풍**(ty-

그림 11.2 ● 2010년 9월 13일 북대서양 리워드 제도에서 동쪽으로 1370 km 떨어진 허리케인 Igor를 NASA Aqua 위성에서 촬영한 영상. 이 허리케인은 적도 북쪽에 위치하기 때문에 지면 바람은 중심(눈)에 대하여 반시계 방향으로 불고 있다. 중심 기압은 933 hPa로 눈 부근에서 시속 241 km(67 m/sec)의 바람이 지속적으로 불고 있다.

phoon), 필리핀 해상에서 형성되는 것은 **바기오**(baguio), 인도에서 발생하는 것은 **사이클론**(cyclone), 오스트레일리아 해역에서 형성되는 것은 **열대 사이클론**(tropical cyclone)이라 한다. 국제 협약에 따라 열대해역 상공에서 발원하는 모든 태풍형 폭풍을 **열대 저기압**(tropical cyclone)이라 한다. 편의상 이들 열대 저기압을 태풍 또는 허리케인으로 혼용하며 사용한다.

그림 11.2는 2010년 9월 13일 카리브해 동쪽 북대서양에 위치한 허리케인 Igor의 위성사진이다. 이 폭풍의 직경은 모든 태풍의 평균 직경과 비슷한 500 km가량이다. 한가운데 구름이 터져 있는 곳이 **태풍의 눈**(eye)이다. 허리케인 Igor의 눈은 너비 40 km로 20~50 km인 평균 직경에 해당한다. 허리케인의 눈에서는 바람은 약하고 구름은 주로 띄엄띄엄 있다. 태풍의 눈에 보이는 검은 반점은 맑은 하늘을 나타낸다. 지상기압은 933 hPa 정도로 매우 낮다. 구름은 **나선형 강우대**로 합류하고 있다. 나선형 강우대는 폭풍의 중심 내부로 선회하여 눈 주위를 감싼다. 지상풍은 점점 빠른 속도로 북반구에서는 반시계 방향으로 중심을 향해 안으로 분다. 태풍의 눈과 인접해 있는 **눈벽**(eyewall)은 태풍 중심을 선회하면서 해발 18 km 높이까지 치솟는 강력한 뇌우환(동심원)이다. 눈벽 안에 가장 많은 강수와 가장 강력한 바람이 존재한다. 이 허리케인의 경우 눈벽 내 풍속은 50 m/sec이며, 최고 60 m/sec의 돌풍이 분다.

그림 11.2에서처럼 만약 지상에서 서쪽에서 동쪽으로 이 태풍을 헤쳐 나간다면, 어떤 일이 일어날까? 태풍에 접근할수록 하늘에는 권층운이 드리워질 것이고 기압은 처음에는 서서히 하강하다가 태풍의 중심에 근접할수록 급속히 떨어질 것이다. 태풍의 눈에 다가갈수록 북쪽과 북서쪽에서 부는 바람은 점점 속도가 빨라질 것이다. 강풍과 함께 많은 소낙비와 10 m가 넘는 높은 파도가 일어날 것이다. 마침내 태풍의 눈 속으로 들어가면 기온은 상승하고 풍속은 작아지며 강우는 멈추고 하늘이 맑아지면서, 중층운과 상층운이 나타날 것이다. 이때의 기압은 태풍 외곽보다 50 hPa이나 낮은 최저점(955 hPa)에 도달한다. 이러한 짧은 휴식은 눈벽의 동부에 진입하면서 끝난다. 여기서는 폭우나 강한 남풍을 만나게 된다. 눈벽에서 벗어나면 기압은 상승하고 바람은 잦아들며 폭우도 그

그림 11.3 ● 전형적인 북반구 태풍에서의 대기의 운동, 구름, 강수 등을 나타낸 단면 모형. 연직 규모는 과장되어 있다.

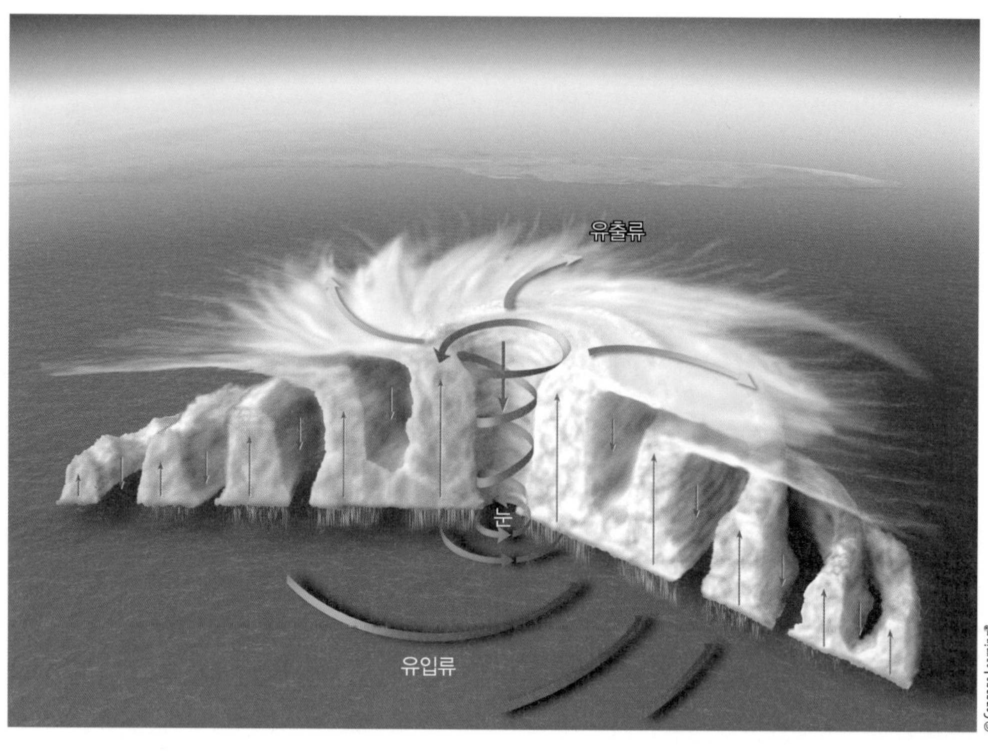

치고 결국 하늘은 개이기 시작한다.

이러한 상상적 모험은 여러 가지 의문을 일으킨다. 왜 태풍의 중심에서 지상기압이 최저로 내려가는가? 왜 폭풍역을 벗어난 직후 일기가 맑아지는가? 태풍의 중심을 직접 관통하는 연직 단면도를 보고 의문을 풀어보자. 물론 이 연직 단면도를 실제로는 얻을 수 없으며 모형일 뿐이다(그림 11.3 참조).

모형에 따르면, 태풍은 폭풍 순환계의 총체적인 모습을 형성하는 조직화된 뇌우 무리로 구성되어 있다. 지상 부근에서는 습윤 열대기류가 태풍의 중심을 향해 이동한다. 태풍의 눈 가까이에서 이 기류는 상승하고 응결하여 시간당 15 cm의 호우를 발생시키는 거대한 뇌우로 변한다. 뇌우의 상부에서는 상대적으로 건조한 공기가 태풍 중심으로부터 바깥쪽으로 이동하기 시작한다. 상공의 발산공기는 눈으로부터 수백 km 되는 곳에 시계 방향으로 흐르는 기류를 형성한다. 이처럼 바깥쪽으로 이동하는 대기는 태풍의 외곽에 이르면 침강, 승온하기 시작하면서 맑은 하늘을 형성하게 된다. 눈벽의 뇌우에서는 대량의 잠열 발생으로 기온이 올라간다. 이 때문에 상공의 기압이 약간 높아지며, 이로 말미암아 눈 내부에 대기의 하강운동이 촉발된다. 대기가 하강함에 따라 압축가열이 발생하며 이 과정에 따라 태풍의 중심에는 온난공기가 자리잡고 뇌우는 없어진다. 지상공기는 지상기압이 훨씬 낮은 지역으로 이동하면서 팽창, 냉각하므로 태풍의 눈 둘레의 공기는 더 바깥쪽보다 차가울 것으로 기대할지 모른다. 그러나 온난 해상으로부터 열이 대량 공급되기 때문에 지상 기온은 태풍 기간 중 상당히 고르게 유지된다(그

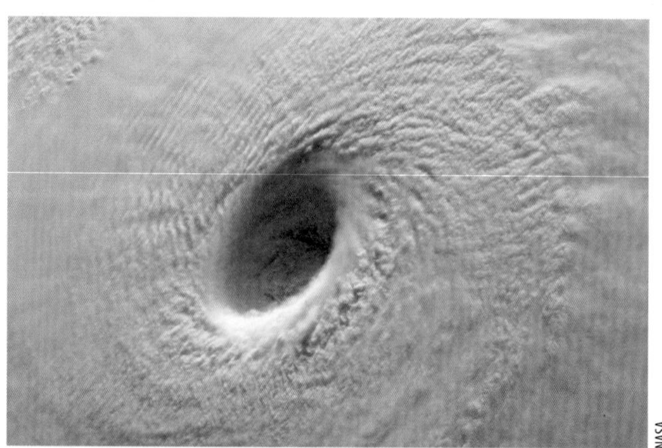

그림 11.4 ● 국제우주정거장에서 찍은 2015년 4월 2일 북서태평양 태풍 Maysak의 눈벽 확대사진. 태풍 눈의 폭은 약 30 km이다.

알고 있나요?

"허리케인"이라는 단어는 중앙아메리카 타이노족의 언어에서 유래되었다. 문자 그대로의 번역은 "악마의 신"이다. "태풍"은 한자어로 "큰 바람"을 의미한다.

림 11.4 참조).

그림 11.5는 멕시코만 중심부에 위치한 허리케인 Katrina의 3차원 레이더 합성그림이다. 이것을 그림 11.2와 그림 11.3의 전형적인 허리케인의 모습과 비교해 보라. 지면 근처의 가장 강력한 레이더 에코(최대 강우)는 눈 주위의 눈벽에 위치한다.

태풍/허리케인의 발생과 소멸

태풍은 어디에서 어떻게 발생하는가? 아직 전모가 밝혀지지는 않았으나 약한 열대 요란이 완전한 태풍으로 발달하려면 특정한 요건이 필요하다는 사실은 알려져 있다.

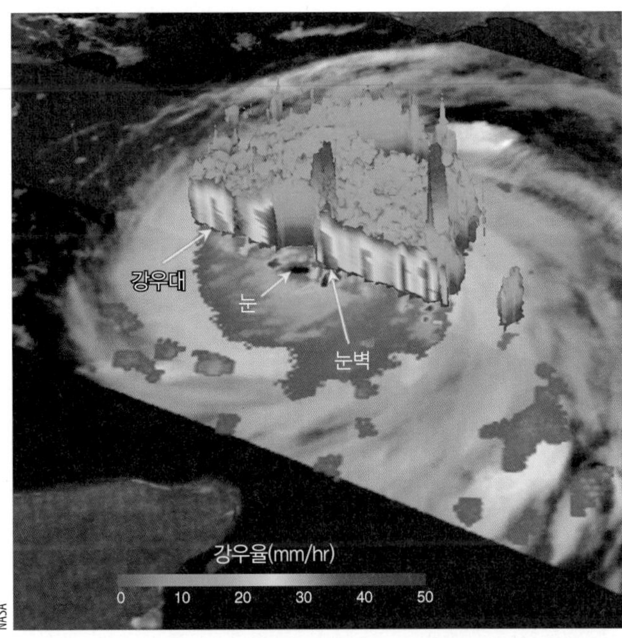

그림 11.5 ● 2005년 8월 28일 멕시코만을 통과 중인 허리케인 Katrina의 3차원 위성사진. 그림 속의 단면도는 허리케인의 눈을 중심으로 동심원의 집중호우 지역(구름 속의 붉은 지점)을 표시한다. 허리케인 눈벽에서 최대 호우를 보이며, 운고가 높은 탑상구름(빨간색)들은 해수면 위 16 km 상공에 달하기도 한다. 태풍의 눈벽에 이렇게 키 큰 구름이 형성되는 것은 태풍이 발달하고 있음을 나타낸다.

발생에 적합한 환경 태풍/허리케인은 바람이 약하고, 습도가 높으며, 해수면 온도가 26.5℃ 이상 되는 광범위한 열대 해상에서 발생한다. 더욱이 온난 표면해수는 태풍/허리케인이 발생하기 이전에 깊이 200 m까지 확장되어야 한다. 열대 및 아열대의 북태평양과 북대서양에서는 여름과 초가을에 이러한 조건이 구비된다. 이러한 해역은 2장에서 다룬 것과 같이 계절적 온도 지연으로 인하여 8월이나 9월에 최고 해수면 온도에 도달한다. 공식적인 허리케인 시기는 북동태평양에서는 5월 15일에서 11월 30일까지, 북대서양에서는 6월 1일에서 11월 30일까지이며, 일부 허리케인은 이 날짜 외에도 발생할 수 있다. 그림 11.6은 지난 100년 동안 열대 대서양 상공에 형성된 열대 폭풍우와 허리케인의 발생수를 보여주고 있다. 허리케인 활동은 8월부터 증가하기 시작하여 9월에 절정을 이루며 그 다음에는 급속히 감소하는 점을 주목하라.

조직화되지 않은 뇌우 무리가 태풍으로 발달하려면 지상풍은 수렴해야 한다. 북반구에서는 수렴공기가 지상 저기압역을 중심으로 반시계방향으로 회전한다. 이와 같은 형태의 공기 회전은 코리올리힘이 0인 적도에서는 형성되지 않기 때문에 태풍은 통상 위도 5~20°의 열대지방에서 발생한다. 실제로 열대 저기압의 2/3는 위도 10~20° 지역에서 발생한다.

태풍은 자발적으로 발생하지 않는다. 공기들이 수렴할 수 있도록 어떤 촉발작용이 필요하다. 7장에서 학습한 바와 같이, 지상풍은 열대수렴대(ITCZ)를 따라 수렴한다. 이따금 ITCZ를 따라 파가 형성될 때 저기압역이 발달하고 대류가 형성되며 대류는 조직화되고 기상계는 태풍으로 발전한다. 태풍이 발생하는 곳으로 알려진 열대파의 동쪽에서도 약한 수렴이 발생한다. 태평양 태풍 중 다수는 필리핀 근해에 형성되는 열대파에서 기원한다. 그러나 연중 형성되는 열대 요란 중 실제 태풍으로 발달하는 것은 소수에 지나지 않는다. 연구에 의하면, 주요 대서양 허리케인은 서부 아프리카 지역이 습윤할 때 더 많이 발생한다. 분명히 습윤한 해에는 열대파가 더욱 강력하고 보다 잘 조직되며, 그래서 강력한 대서양 허리케인으로 발

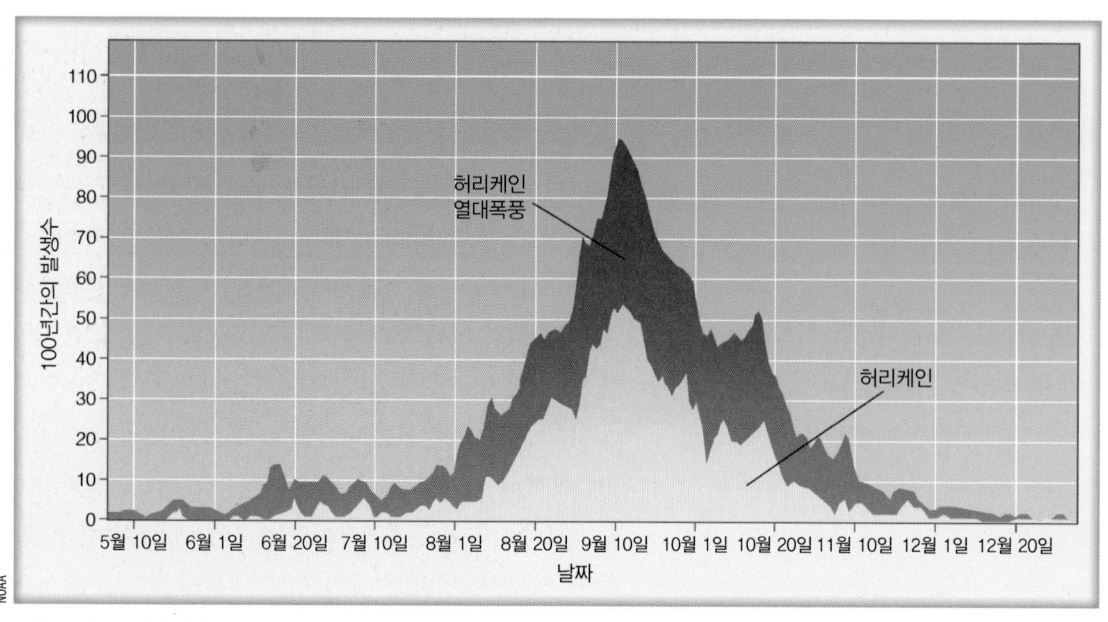

그림 11.6 ● 지난 100년간 카리브해와 멕시코만을 포함하는 대서양 해역에서 발생한 허리케인 열대폭풍(붉은색)의 총 발생수와 허리케인(노란색)만의 발생수. (국립해양대기청)

달하는 것 같다.

표면 바람의 수렴은 열대 지역에서 중위도로 이동하는 전선과 같이 이미 존재하고 있는 대기 교란을 따라 발생할 수 있다. 전선을 형성하는 두 기단 사이의 온도 대비가 사라지더라도 바람의 수렴은 뇌우를 형성할 수 있을 정도로 남아 있을 수 있다.

비록 해수면이 태풍 형성을 위한 거의 완벽한 조건을 갖추었다고 해도(예를 들어 온난해수, 습윤공기, 공기의 수렴 등) 상층 기상조건이 맞지 않으면 태풍이 발달하지 못한다. 예를 들어 무역풍 지역 내, 특히 위도 20° 근처에서 공기는 아열대고기압 때문에 하강할 때가 종종 있다. 하강공기는 승온하면서 **무역풍 역전층**(trade wind inversion)을 일으킨다. 이 역전이 강력할 경우 강한 뇌우나 태풍의 형성에 방해가 된다.

또 상층풍이 강력해도 태풍은 형성되지 않는다. 강한 바람은 조직화된 대류 패턴을 교란시켜 태풍의 성장에 필요한 열과 습기를 분산시킨다.

열대 대서양의 경우 엘니뇨 현상이 강하게 나타날 때 상층의 바람이 강하다. 그 결과로 엘니뇨 현상이 있는 동안은 대서양의 경우 평상시보다 허리케인이 적게 발생한다. 그러나 적도 태평양의 경우 엘니뇨로 인한 온난해수로 태풍이 더 많이 발생한다. 적도 태평양 해수면 저온기(라니냐 시기)에는 열대 대서양의 상공의 바람이 악화되어 동풍이 불고 태풍의 발달을 촉진시킨다.

과거 30년간(1981~2010년) 북반구 서태평양에서는 연평균 25.6개의 태풍이 발생하였으며, 그중 우리나라에는 연평균 3.1개가 영향을 미친다. 서태평양에서 발생하는 태풍의 수는 주로 7월에서 10월까지 월 평균 3.6~5.9개로 나타나며 8, 9월에 발생수가 가장 많다. 한반도에 내습하는 태풍은 주로 7월에서 9월 사이에 월 평균 0.7~1.1개로 나타난다.

태풍의 발달 태풍의 에너지는 온난한 해면으로부터 현열과 잠열이 직접 전환됨으로써 발생한다. 태풍이 형성되려면 뇌우 무리가 지상 저기압 중심부 주변에 조직화 되어야 한다. 그러나 이런 과정이 어떻게 일어나는지는 분명치 않다.

한 이론에 의하면 허리케인은 다음과 같은 과정으로 형성된다. 예를 들어, 무역풍의 역전 현상이 약하고 뇌우가 열대수렴대(ITCZ) 또는 열대파(편동풍파)를 따라 조직

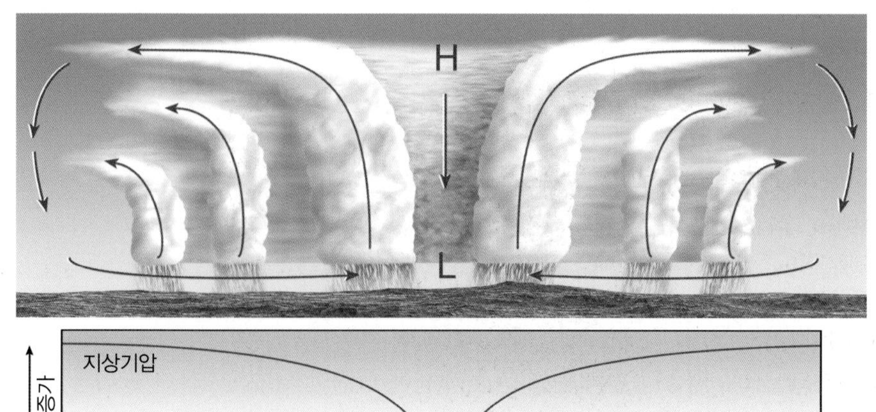

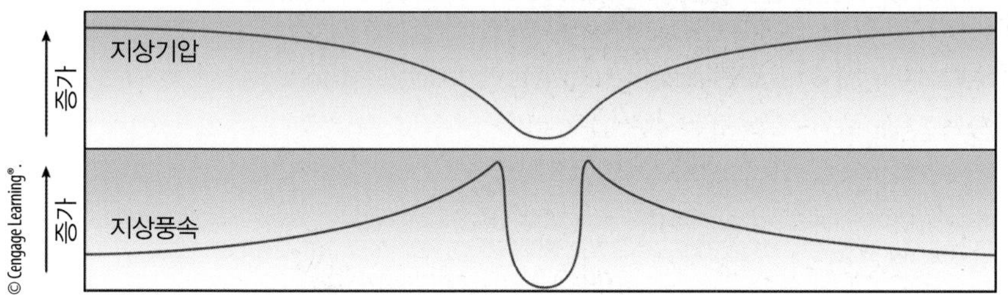

그림 11.7 ● 위의 모식도는 열대 저기압의 강화를 나타낸 것이다. 구름 내부에서 잠열이 방출되면서 상층공기가 가열되어 고기압역을 형성하고 고기압 중심에서 바깥쪽으로 불어 나가는 흐름을 유도한다. 가열된 공기는 밀도가 낮아져 지면 기압을 낮춰 저기압역을 형성한다. 지면 바람은 저기압역으로 불어 들어오면서 따뜻한 해면으로부터 현열, 잠열, 수증기를 추출한다. 따뜻하고 습윤한 공기는 폭풍의 중심으로 불어 들어오면서 눈벽의 구름으로 쓸려 올라간다. 가열이 지속되면서 지면 기압은 계속 떨어지고 폭풍은 강화되며 풍속은 빨라진다. 이러한 상황은 해면으로부터의 열과 수분의 수송을 증가시킨다. 중간의 그림은 폭풍 중심의 눈으로 가면서 기압이 빠르게 감소하는 구조를 보여준다. 아래의 그림은 눈벽 구역에서 지면 바람의 최대 풍속이 나타나는 구조를 나타낸다.

되기 시작한다고 가정해 보자. 응결 과정 중 내부 깊숙이 습윤한 조건부 불안정 환경에서 막대한 양의 잠열이 방출된다. 이 과정으로 상공의 공기가 더워져 뇌우 무리 근처의 온도는 먼 거리의 동일 고도의 기온보다 훨씬 높아진다. 이 같은 상층공기의 승온 현상으로 대류권 상층에 상대적으로 고기압역이 형성된다(그림 11.7 참조). 이러한 상황은 상공에 수평기압경도를 야기해 상공의 공기가 적란운 모루의 상대적 고기압역에서 외곽으로 이동하도록 유도한다. 이처럼 상공에서 발산하는 공기는 연직 공기 기둥의 승온과 함께 지상기압의 하강을 일으키며 지상 저기압이 형성되도록 한다. 이때 공기는 반시계 방향으로 (북반구) 회전해 지상 저기압역으로 들어가기 시작한다. 공기가 안으로 이동함에 따라, 마치 빙상 스케이터들이 두 팔을 몸에 가까이 붙일수록 빨리 회전하는 것처럼 회전 속도가 증가한다.

공기가 온난한 바다 상공으로 이동함에 따라 작은 맴돌이가 해수면으로부터 상공의 공기에 열에너지를 전달한다. 물이 따뜻하고 풍속이 강할수록 상공의 공기에 전

그림 11.8 ● 2012월 7월 10일 동부 하절기 시간 오전 8시 적외 영상. 동태평양의 세 종류의 열대 시스템이 포착되었으며 각각은 서로 다른 발달 단계를 나타내고 있다. 제일 왼쪽이 허리케인이었던 약화 중인 열대 폭풍우 Daniel로 시속 101 km(28 m/sec)의 바람이 나타난다. 중간은 허리케인 Emilia로 최성기에 해당하며 시속 222 km(61 m/sec)의 바람이 불고 있다. 가장 오른쪽에 나타난 작은 저기압 중심은 수일 뒤에 허리케인 Fabio로 발달하게 될 열대요란(이때는 98E로 불리는 상태)이다.

달되는 현열과 잠열은 많아진다. 공기가 저기압의 중심부로 향하면서 풍속이 증가하므로 열 전도율도 증가한다. 마찬가지로, 풍속이 높을수록 증발률도 커지며 상공의 공기는 거의 포화 상태에 이르게 된다. 그러면 사나운 맴돌이는 따뜻하고 습한 공기를 위로 상승시키며, 거기서 수증기는 응결되어 새로운 뇌우에 에너지를 제공한다. 지상기압이 하강함에 따라, 풍속은 증가하며 해수면에서는 더 많은 증발이 일어나고 뇌우는 더욱 조직화된다. 뇌우 꼭대기에서 열은 적외선 에너지를 우주공간으로 복사하는 구름에 의해 잃게 된다.

태풍의 추동력은 열기관과 비슷하다. 열기관에서는 고온에서 열이 흡수되어 동력으로 전환되었다가 저온에서 방출된다. 태풍에서는 열이 부근의 따뜻한 해수면에서 흡수되어 운동 에너지(또는 바람)로 전환되었다가 복사냉각을 통해 꼭대기에서 상실된다.

열기관에서 동력의 양은 열의 유입 및 유출 영역의 기온차에 비례한다. 태풍이 발휘할 수 있는 최대한의 위력은 권계면과 지면 사이의 기온차와 해면으로부터의 증발잠열에 비례한다. 그 결과, 해수면의 온도가 높을수록 태풍의 최저 기압은 낮아지며 바람은 강해진다. 태풍이 강해질 수 있는 정도에는 한계가 있기 때문에 돌풍의 최대 풍속은 100 m/sec를 넘는 일이 드물다.

허리케인은 생성된 후 내부순환에 의해 강화될 수도 있다. 강력한 허리케인을 예로 들면 눈벽 주위를 2차 눈벽이 둘러싸는 경우가 있는데, 이는 강한 뇌우 밴드가 원래 눈벽의 5~24 km 떨어진 곳에 형성되면서 이루어진다. 외눈벽이 성장하면서 원래의 눈벽에 공급되는 수분이 차단되어 내눈벽은 소멸한다. 원래 눈벽의 소멸과 바깥의 새로운 눈벽의 형성을 일컬어 **눈벽교체**(eyewall replacement)라 한다. 눈벽의 교체가 이루어지는 동안 허리케인의 중심기압은 상승하고, 최대 풍속은 감소할 수 있다. 그러나 궁극적으로 새로 형성된 이 눈벽이 폭풍 중심으로 수축하여 허리케인은 다시 강화된다.

태풍의 소멸 태풍은 온난 해면 위에 머무를 경우 오랫동안 지속될 수 있다. 예를 들면, 허리케인 Tina(1992)는 수심이 깊고 온난한 열대 해상을 수천 km나 이동하면서 24일 동안 허리케인급 바람을 유지해 북태평양 허리케인 중 최장기록을 세웠다. 그러나 대다수 태풍/허리케인은 일주일 미만으로 지속될 뿐이다.

태풍은 상대적으로 한랭 해상 위를 이동할 때 급속히 약화되며 열 공급원을 상실한다. 연구 결과에 의하면, 태풍의 눈벽(폭풍의 눈에 인접한 뇌우 구역) 아래 위치한 해면이 2.5℃ 냉각되면 태풍의 에너지 공급원은 끊기고 폭풍우는 소멸하는 것으로 나타났다. 태풍의 눈벽 밑 해수온도가 조금만 떨어져도 태풍은 현저하게 약화된다. 또한, 태풍 밑의 온수층이 얇을 경우 태풍이 약화될 수도 있다. 이러한 상황에서 강풍은 태풍 밑 해수에 난류를 형성하는 강력한 파를 일으킨다. 그와 같은 난류는 밑으로부터 상대적으로 찬 해수를 육지 쪽으로 밀고 가는 해류를 형성한다. 만약 태풍이 천천히 이동한다면, 눈벽이 상대적으로 찬 해면 위에 더 오래 머물러 있게 됨으로써 그 강도를 상실할 가능성이 높아진다.

태풍은 또 넓은 육지 위를 이동할 때 급격히 소멸될 수 있다. 여기서 태풍은 에너지 공급원을 상실할 뿐 아니라 육지면과의 마찰로 지상풍의 감속을 일으키며 폭풍우 속으로 더욱 직접적으로 불어 들어간다. 이로써 태풍의 중심기압은 상승한다. 그리고 그로 인해 태풍 또는 어떠한 열대 기상계라 할지라도 강력한 연직 바람시어 영역으로 이동할 경우 급속히 소멸할 것이다.

허리케인의 동태에 대한 우리의 이해는 완전하지 못하다. 그러나 컴퓨터 모델 시뮬레이션과 RAINEX와 같은 연구계획을 통해 과학자들은 열대 저기압이 어떻게 생성되고, 강화되고, 궁극적으로 소멸되는가에 대한 새로운 지식을 얻고 있다.

태풍의 발달 단계 태풍은 발생에서 소멸에 이르기까지 몇 단계를 거친다. 처음에는 약간의 바람만을 동반한 뇌우 무리로 시작되는데, 이를 **열대 요란** 또는 **열대파**라 한다. 풍속이 10~20 m/sec로 증가하는 단계에서 열대 요

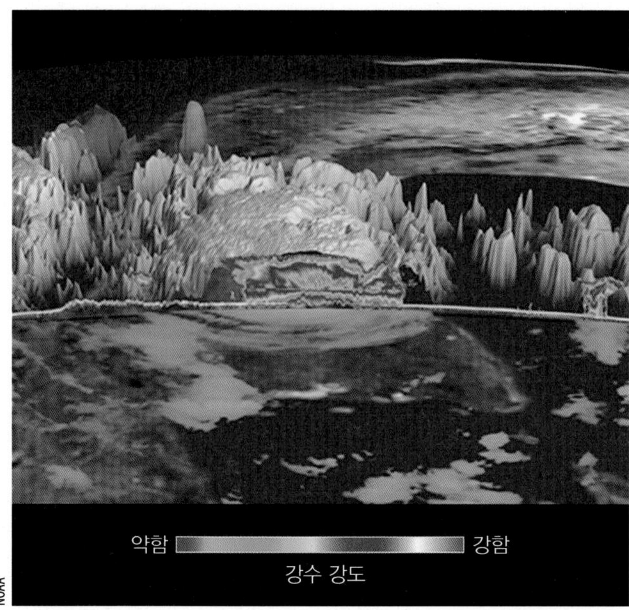

그림 11.9 ● 2010년 9월 16일 CloudSat 위성에서 관측한 캄페체 만에 위치한 허리케인 Karl의 3차원 이미지와 강우강도. Karl은 베라크루즈 북동쪽 멕시코 해안을 따라 대형 허리케인으로 상륙하였다.

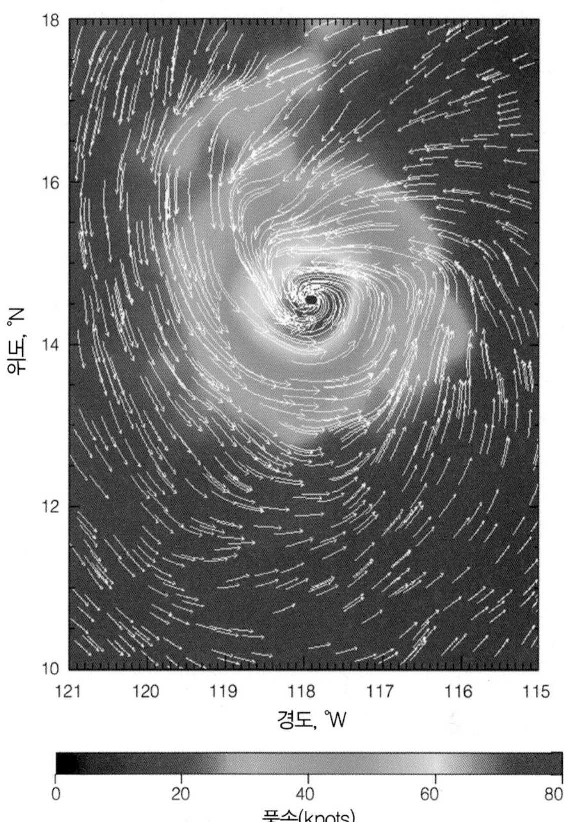

그림 11.10 ● 1999년 8월 열대 동태평양 위에 위치한 허리케인 Dora 주변의 반시계 방향의 지상 바람을 화살표로 나타내었다. 음영색은 지상풍 풍속을 나타낸다. 80노트(148 km/hr 또는 41 m/sec)의 바람이 눈(중앙의 검은 부분)을 감싸고 있다. 풍속과 풍향은 1999년에서 2009년까지 바람 자료를 수집한 QuikSCAT 위성에서 얻은 것이다.

란은 약한 **열대 저압부**(tropical depression)가 된다. 풍속이 17~32 m/sec가 되면 열대 저압부는 **열대 폭풍**(tropical storm)으로 발달한다. 이 시점부터 폭풍은 이름을 가진다. 만약 이 열대 폭풍의 풍속이 33 m/sec를 초과하면 **태풍** 또는 **허리케인**으로 분류된다(그림 11.9). 그러나 우리나라와 일본 등 동아시아에서는 풍속 17 m/sec 이상이 되면 태풍으로 부른다(표 11.1 참조). 열대 폭풍 또는 허리케인은 약화되어 열대 저압부로 돌아가더라도 이름을 유지하는 것이 보통이다. 만약 고위도 지역으로 이동하여 중위도 저기압의 특성을 가지기 시작하면 포스트 열대 저기압(post-tropical cyclone)으로 구분되기도 하며, 이 경우라도 원래의 이름은 유지한다. 간혹 해상의 저기압성 폭풍이 발달하면서 열대 저기압과 중위도 저기압의 특징을 모두 가지기도 한다. 이 경우 아열대 폭풍으로 구분되며 열대 폭풍이었던 것처럼 이름을 부여받는다.

태풍 연구 발달하는 태풍과 주변 환경에 대한 정보를 얻는 방법은 여러 가지가 있다. 정교한 레이더 기기들이 실제 태풍 속을 들여다보고 3차원 이미지로 구름을 보여주는 반면에 위성의 가시, 적외, 강조적외 영상들은 태풍을 위에서 내려다보는 시각을 제공한다(그림 11.5와 그림 11.9 참조). 일부 위성들은 지상 바람과 태풍 주변의 바람

▼ 표 11.1 **열대 저기압의 구분**

중심 부근 최대 풍속		17 m/sec(34 knot) 미만	17~24 m/sec(34~47 knot)	25~32 m/sec(48~63 knot)	33 m/sec(64 knot) 이상
구분	세계기상기구	열대 저압부 (Tropical Depression, TD)	열대 폭풍우 (Tropical Storm, TS)	강한 열대 폭풍우(Severe Tropical Storm, STS)	태풍/허리케인 Typhoon(TY)/Hurricane
	한국 · 일본	열대 저압부	태풍		

정보를 얻을 수 있는 기기도 탑재하고 있다(그림 11.10). 위성의 가시영상은 태풍이 계속하여 강화될 것인지를 확인하는 데 중요하다. 예를 들어 거대한 태풍의 눈벽 내부에서는 종종 권운으로 이루어진 막이 밀집하여 눈벽 바깥으로 빠져나가는 모습이 나타나기도 한다(그림 11.3). 만약 가시영상에서 태풍의 눈벽과 권운막이 명확하게 나타나면 태풍을 소멸시키기에는 불충분한 바람시어를 나타내어 이 태풍은 계속 강화될 가능성이 높다고 볼 수 있다.

태풍의 자세한 정보들은 태풍 안으로 직접 날아 들어가는 항공기로부터도 얻을 수 있다. **허리케인 헌터**(hurricane hunters)라고 불리는 이 항공기는 드롭존데와 같이 항공기에서 태풍으로 투하하는 장비뿐만 아니라 항공기에 직접 관측 장비를 설치하여 관측한다. 드롭존데가 투하되면 해면까지의 낙하경로상의 기온, 습도, 기압 정보를 항공기로 보낸다. 드롭존데는 GPS를 장비하고 있기 때문에 위치가 바뀌더라도 지속적으로 추적할 수 있으며, 바람 정보를 제공할 수 있다. 또 다른 기온 측정 장비인 **심해자기온도계**(bathythermograph)는 항공기에서 바닷속으로 투하되어 해저까지 천천히 내려가며 수온을 측정한다. 이 측정 방식은 해수의 밀도를 결정하는 데 중요한 요소인 해류 속도와 염분을 측정할 수 있다.

이상으로 태풍은 풍속 33 m/sec 이상의 열대 폭풍으로 온난 열대해역에서 형성, 발달한다는 사실을 알았다. 열대 저기압은 저기압 중심을 갖고 있고 풍향이 북반구에서는 반시계 방향으로 회전한다는 점에서 중위도 저기압과 유사하다. 그러나 둘 사이에는 여러 가지 차이점이 있다(포커스 11.1을 참조하라).

요점 복습

지금까지 다룬 주요 개념 및 사실을 정리해 보자.

- 태풍은 조직화 뇌우 무리로 구성된 열대 저기압이다.
- 태풍은 중심핵(눈) 주위에 최대 풍속 33 m/sec 이상의 강력한 바람을 동반한다.
- 최강풍과 폭우는 주로 태풍의 눈 주위의 강력한 뇌우의 고리인 눈벽 주위에서 일어난다.
- 태풍은 약한 지상풍이 수렴하고 두터운 층에 걸쳐 습도가 높으며 상공의 바람이 약한 온난 열대 해상에서 형성된다.
- 일단의 뇌우가 결합하여 태풍이 되려면 ITCZ를 따라 지상풍의 수렴이나 기존의 작은 요란 혹은 열대파와 같은 태풍 형성을 위한 촉발기제가 있어야 한다.
- 태풍은 온난 열대 해상 그리고 해면에서 물의 증발로부터 에너지를 얻는다. 열에너지는 거대한 대류운 내에서 물이 응결할 때 바람 에너지로 전환한다.
- 태풍은 온난 열대 해수와 수증기가 응결하여 구름으로 될 때 방출하는 잠열이 에너지원이다. 태풍이 차가운 수면이나 육지로 이동

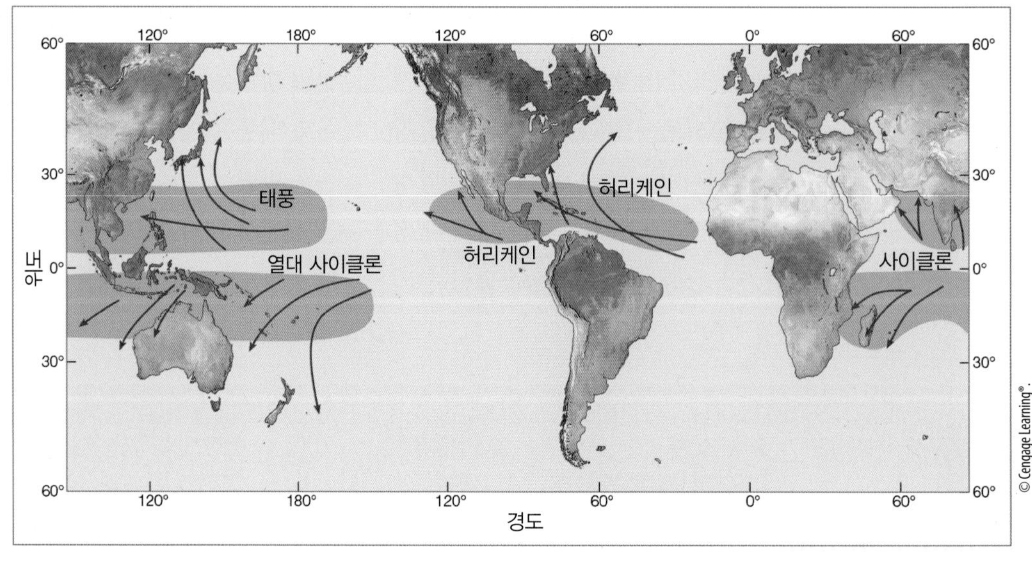

그림 11.11 ● 열대 저기압의 발생 해역(오렌지색 지역), 발생 해역별로 붙여진 열대 저기압의 이름과 전형적인 진로를 보여주고 있다(빨간색 화살표).

열대 저기압과 온대 저기압의 비교

열대 저기압(허리케인)은 온대 저기압과 매우 다르다. 허리케인은 온난해수와 응결잠열에서 유발되지만 온대 저기압은 수평온도차에 의해 발생한다. 허리케인의 수직구조를 보면 중심부의 공기 기둥은 밑에서 위로 가면서 따뜻하므로 허리케인은 온난핵 저기압(warm core low)이라고도 한다. 허리케인은 고도에 따라 약해지고 표면의 저기압역은 고도 12 km에 이르면 고기압역이 된다. 한편, 온대 저기압은 고도가 증가할수록 그리고 상층의 한랭 저기압 또는 기압골과 더불어 강화된다. 이들 기압계는 흔히 상공에 존재하거나 지상 저기압의 서쪽에 위치한다.

허리케인은 통상 공기가 하강하는 눈을 갖고 있으나 중위도 저기압은 중심부에서 공기가 상승한다. 허리케인의 바람은 표면 근처에서 가장 강하나 온대 저기압의 경우는 상공의 제트류 내에서 제일 강하다.

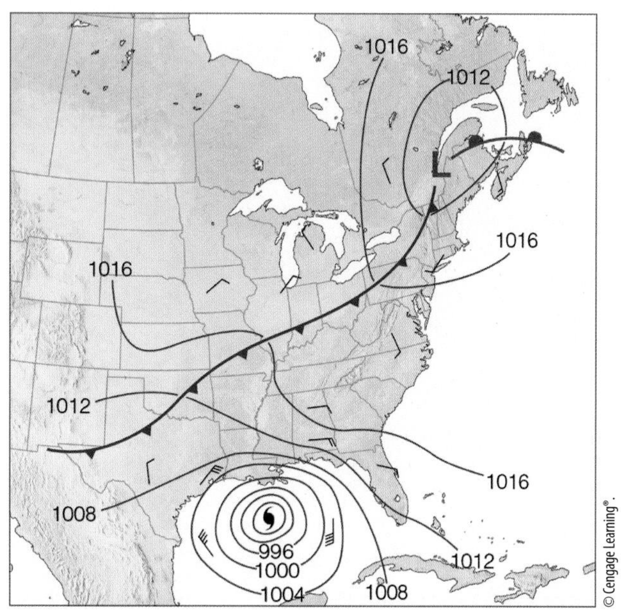

그림 1 ● 2005년 9월 23일 아침, 허리케인 Rita가 멕시코 만상에 위치하고 중위도 저기압이 뉴잉글랜드 북쪽에 있는 지상 일기도.

더욱이 그림 1의 지상 일기도를 보면 그들의 차는 더욱 뚜렷해진다. 그림 1은 멕시코 만상의 허리케인 Rita와 뉴잉글랜드 북쪽에 위치하는 중위도 저기압을 보여준다. 허리케인 주위의 등압선은 거의 원형이며, 기압경도는 매우 크고 바람은 매우 강하다. 허리케인은 전선을 동반하지 않으며 규모가 작다. 두 저기압계는 지상 저기압역에서 바람이 반시계 방향으로 회전하는 상사점도 있다.

북아메리카의 해안을 따라 북동쪽으로 이동하는 겨울 폭풍우인 northeaster는 호우, 고조, 강풍을 동반하며, 이 중 일부는 허리케인의 특성을 지니고 있음은 흥미롭다. 이들 중 어떤 것은 구름이 없는 눈 주위를 회전하며 불어 들어가는 대칭적 뇌우대, 저기압의 온난핵, 그리고 강풍을 동반한다. 그러므로 겨울철 극지방의 해상에서 발생한 한대 저기압은 허리케인의 특성을 지니고 있어, 이를 북극 허리케인이라고도 한다.

허리케인은 육지에 상륙하면 급격히 약화되지만 그의 반시계 방향 회전은 상이한 성질을 갖고 있는 공기를 안으로 끌어들인다. 허리케인이 상층 기압골과 연계되면 가을철 유럽의 강력한 중위도 저기압이 된다.

▼ 표 1 태풍/허리케인과 중위도 저기압의 비교

조건	폭풍우의 유형: 태풍/허리케인	폭풍우의 유형: 중위도 저기압
바람의 흐름	반시계 방향(북반구) 시계 방향(남반구)	반시계 방향(북반구) 시계 방향(남반구)
최대 풍속	지면 부근; 태풍의 눈 주위	상층 제트류 부근
지상기압	중심부에서 최저	중심부에서 최저
연직 구조	고도에 따라 약화; 상층 고기압; 온난 · 핵 저기압	고도에 따라 강화, 상층 저기압; 한랭 · 핵 저기압
중심의 공기	하강	상승
전선	없음	있음
에너지원	온난 해수; 잠열 방출	수평 기온 차

그림 11.12 ● 불규칙한 경로를 보인 허리케인 사례들.

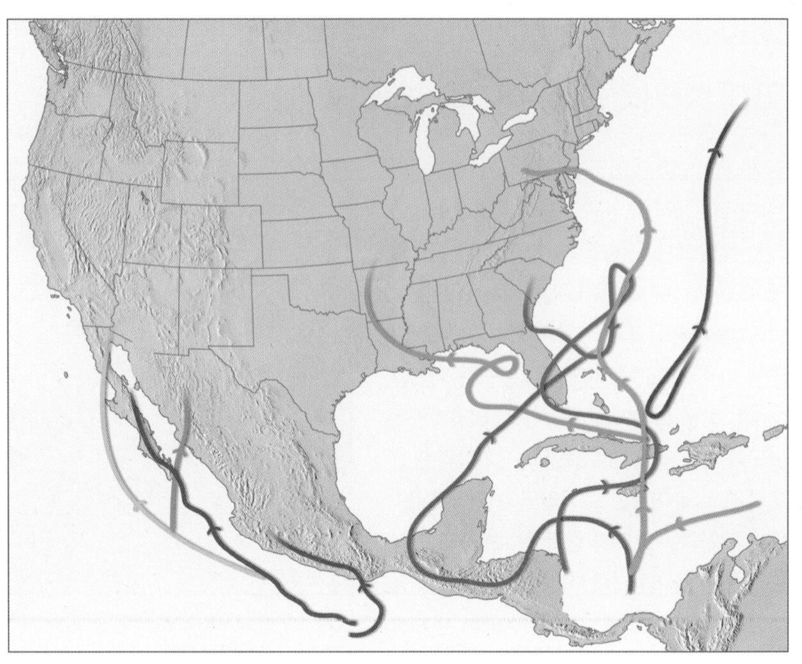

하여 에너지원인 온난해수가 없어지면 급격히 소멸한다.

- 발달하는 태풍의 세 가지 주요 단계는 열대 저압부, 열대 폭풍, 태풍/허리케인이다.

태풍의 이동 그림 11.11은 대부분의 태풍/허리케인이 발생하는 지역과 이들의 일반적인 이동 방향을 보여주며, 그림 11.14(p.364)는 1980년에서 2012년까지 북대서양에서 발생한 모든 허리케인과 열대 폭풍의 실제 경로를 나타내고 있다. 따뜻한 열대 북태평양과 북대서양 상에서 발생한 허리케인은 일반적으로 서쪽 또는 북서쪽으로 이동한다. 동풍인 무역풍의 영향을 받는 이 허리케인들은 평균 18 km/hr의 속도로 일주일 정도 이동한다. 이들은 아열대 고기압 주변을 선회하면서 점차 극쪽으로 이동하며, 북쪽으로 충분히 이동하면 편서풍의 영향을 받

그림 11.13 ● 2004년 3월 남대서양 브라질 해안지역에서 발생한 아주 희귀한 열대 저기압(공식적으로 이름이 붙지 않음). 남위 28° 부근에서 시계 방향으로 회전하는 모습이 나타난다. 이 해역은 수온이 낮고 연직 바람시어 때문에 이러한 폭풍이 아주 드물게 발생한다. 이는 이 지역에서 공식적으로 보고된 첫 번째 허리케인 강도의 열대 저기압이었다.

NASA

기 시작하여 진로가 북쪽이나 북동쪽으로 바뀐다. 중위도에서는 태풍의 진행 속도가 보통 증가하는데, 간혹 시속 93 km/hr 이상으로 증가할 때도 있다. 태풍의 실제 경로는 폭풍의 구조와 환경과의 상호작용에 의해 결정되는 것으로 보이며, 상당히 다를 수 있다. 현대의 예보 기술이 최소 하루나 이틀 전에 전향이나 경로에 대한 정보를 제공할 수 있지만, 일부 태풍은 불규칙한 경로로 움직이거나 이상하게 전향하여 예보관들을 놀라게 한다(그림 11.12). 똑바로 육지로 향하던 태풍이 갑자기 방향을 바꿔 피해가 확실시 되던 지역이 태풍으로부터 무사했던 많은 사례가 있었다.

그림 11.11로 돌아가 보면, 허리케인이 남대서양과 동태평양의 남쪽, 남미지역 주변 해역에서는 태풍이 발생하지 않는 것을 확인할 수 있다. 상대적으로 낮은 수온, 연직 바람시어, ITCZ의 위치 등이 이 지역에서 허리케인이 발달하지 못하는 원인으로 파악된다. 하지만 2004년 3월, 위성이 남대서양을 관측한 이후 처음으로 브라질 해안지역에서 허리케인 형성이 관측되었다. 그림 11.13은 위성에서 이 허리케인을 탐지한 가시영상이다. 열대 저기압은 이 지역에서 거의 나타나지 않아 정부 기관에 효과적인 경보 시스템이 구축되어 있지 않았기에 이 폭풍은 이름을 부여받지 못하였다. 이 폭풍이 산타 카타리나 주를 강타했기 때문에 비공식적으로 카타리나라고 불렸다. 이 폭풍으로 3억 5천만 달러 이상의 피해가 발생했고 7명이 사망하였다. 6년 뒤인 2010년 3월, 브라질 동쪽에 또 다른 열대 폭풍(비공식 이름 아니타)이 발생하면서 브라질 정부는 열대 저기압의 이름 목록을 가지기 시작하였다. 위성 관측 이전 시기에도 이 지역에 열대 폭풍이 발생하였을 가능성은 충분히 있다고 보인다.

태풍/허리케인의 이름

태풍에는 이름이 있다. 폭풍의 위력이 열대 폭풍 수준에 도달할 때 이름이 부여된다. 태풍의 명명제가 실시되기 전에는 위도와 경도에 따라 태풍을 구별했으나 혼란을 초래하기 일쑤였다. 특히 같은 해역에 2~3개의 태풍이 발생할 경우 혼란은 더욱 가중되었다. 이 문제를 해소하기 위해 알파벳 글자로 태풍을 구별했다. 제2차 세계대전 당시에는 A와 B의 무전 암호명이었던 Able과 Baker 같은 이름이 사용되었다. 이 방법 역시 적합하지 않은 것으로 판단되어 미국 기상청은 1953년에 여자 이름을 붙이기 시작했다. 한 해에 발생하는 태풍을 알파벳순으로 명명해 나갔다. 이는 한해 중 처음으로 발생하는 태풍에는 A로 시작되는 이름을 붙이고 두 번째 태풍에는 B로 시작되는 이름을 부여하는 방식이다.

1953년부터 1977년까지는 여자 이름만 사용되었다. 그러나 1978년부터는 동태평양에서 발생하는 허리케인에는 여자 이름과 남자 이름을 교대로 붙이되 영미식 이름뿐 아니라 스페인과 프랑스 이름도 사용했다. 이러한 관례는 1979년 북대서양에서 발생한 태풍에도 적용되었다. 현재 세계기상기구는 전 세계의 각 열대 저기압들의 명명체계를 관리하고 있다. 북동태평양과 중앙태평양은 각각 폭풍의 이름 목록을 가지고 있다. 예를 들어 북서태평양에서는 대부분의 태풍 이름을 사람 이름보다는 새, 꽃 또는 다른 물건들의 이름을 따서 명명한다. 만약 어느 태풍이 막대한 피해를 일으키면, 그 이름은 최소 10년 동안 사용되지 않는다. (현 시점에서 북대서양의 허리케인 중 사용되지 않는 이름은 없다.) 2000년 1월부터는 북서태평양의 태풍 이름을 서양식의 태풍 이름에서 아시아 14개국의 고유 이름으로 변경하여 각국 국민의 태풍에 대한 관심을 늘리고 태풍 경계를 강화하였다. 태풍의 이름 목록은 표 11.2와 같다. 각 국가별로 10개씩 제출한 총 140개의 이름이 각 조 28개씩 5개 조로 구성되어 1조부터 순환하면서 사용하게 된다. 태풍 이름의 순서는 제출 국가의 알파벳순과 같다.

표 11.3은 현재 사용되는 북대서양의 열대 폭풍과 허리케인의 이름 목록이다. 목록의 이름들은 6년마다 재사용되는데, 예를 들면 2019년의 이름들은 2025년에 다시 사용된다. 2005년 처음으로 발생한 경우처럼, 만약 어느 해에 이름을 부여받은 폭풍의 수가 목록 내의 이름 개

▼ 표 11.2 태풍의 이름(2020년 10월 5일 현재, 국가태풍센터/기상청)

국가명	1조	2조	3조	4조	5조
캄보디아	담레이(DAMREY)	콩레이(KONG-REY)	나크리(NAKRI)	크로반(KROVANH)	트라세(TRASES)
중국	하이쿠이(HAIKUI)	위투(YUTU)	펑선(FENGSHEN)	두쥐안(DUJUAN)	무란(MULAN)
북한	기러기(KIROGI)	도라지(TORAJI)	갈매기(KALMAEGI)	수리개(SURIGAE)	메아리(MEARI)
홍콩	윈욍(YUN-YEUNG)	마니(MAN-YI)	풍웡(FUNG-WONG)	초이완(CHOI-WAN)	망온(MA-ON)
일본	고이누(KOINU)	우사기(USAGI)	간무리(KAMMURI)	고구마(KOGUMA)	도카게(TOKAGE)
라오스	볼라벤(BOLAVEN)	파북(PABUK)	판폰(PHANFONE)	참피(CHAMPI)	힌남노(HINNAMNOR)
마카오	산바(SANBA)	우딥(WUTIP)	봉퐁(VONGFONG)	인파(IN-FA)	무이파(MUIFA)
말레이시아	즐라왓(JELAWAT)	스팟(SEPAT)	누리(NURI)	츰파카(CEMPAKA)	므르복(MERBOK)
미크로네시아	에위니아(EWINIAR)	문(MUN)	실라코(SINLAKU)	네파탁(NEPARTAK)	난마돌(NANMADOL)
필리핀	말릭시(MALIKSI)	다나스(DANAS)	하구핏(HAGUPIT)	루핏(LUPIT)	탈라스(TALAS)
한국	개미(GAEMI)	나리(NARI)	장미(JANGMI)	미리내(MIRINAE)	노루(NORU)
태국	프라피룬(PRAPIROON)	위파(WIPHA)	메칼라(MEKKHALA)	니다(NIDA)	꿀랍(KULAP)
미국	마리아(MARIA)	프란시스코(FRANCISCO)	히고스(HIGOS)	오마이스(OMAIS)	로키(ROKE)
베트남	손띤(SON-TINH)	레끼마(LEKIMA)	바비(BAVI)	꼰선(CONSON)	선까(SONCA)
캄보디아	암필(AMPIL)	크로사(KROSA)	마이삭(MAYSAK)	찬투(CHANTHU)	네삿(NESAT)
중국	우쿵(WUKONG)	바이루(BAILU)	하이선(HAISHEN)	뎬무(DIANMU)	하이탕(HAITANG)
북한	종다리(JONGDARI)	버들(PODUL)	노을(NOUL)	민들레(MINDULLE)	날개(NALGAE)
홍콩	산산(SHANSHAN)	링링(LINGLING)	돌핀(DOLPHIN)	라이언록(LIONROCK)	바냔(BANYAN)
일본	야기(YAGI)	가지키(KAJIKI)	구지라(KUJIRA)	곤파스(KOMPASU)	야마네코(YAMANEKO)
라오스	리피(LEEPI)	파사이(FAXAI)	찬홈(CHAN-HOM)	남테운(NAMTHEUN)	파카르(PAKHAR)
마카오	버빙카(BEBINCA)	페이파(PEIPAH)	린파(LINFA)	말로(MALOU)	상우(SANVU)
말레이시아	룸비아(RUMBIA)	타파(TAPAH)	낭카(NANGKA)	냐토(NYATOH)	마와르(MAWAR)
미크로네시아	솔릭(SOULIK)	미탁(MITAG)	사우델(SAUDEL)	라이(RAI)	구촐(GUCHOL)
필리핀	시마론(CIMARON)	하기비스(HAGIBIS)	몰라베(MOLAVE)	말라카스(MALAKAS)	탈림(TALIM)
한국	제비(JEBI)	너구리(NEOGURI)	고니(GONI)	메기(MEGI)	독수리(DOKSURI)
태국	망쿳(MANGKHUT)	부알로이(BUALOI)	앗사니(ATSANI)	차바(CHABA)	카눈(KHANUN)
미국	바리자트(BARIJAT)	마트모(MATMO)	아타우(ETAU)	에어리(AERE)	란(LAN)
베트남	짜미(TRAMI)	할롱(HALONG)	밤꼬(VAMCO)	송다(SONGDA)	사올라(SAOLA)

▼ 표 11.3 북대서양의 허리케인과 열대 폭풍 이름

2017	2018	2019	2020	2021	2022
Arlene	Alberto	Andrea	Arthur	Ana	Alex
Bret	Beryl	Barry	Bertha	Bill	Bonnie
Cindy	Chris	Chantal	Cristobal	Claudette	Colin
Don	Debby	Dorian	Dolly	Danny	Danielle
Emily	Ernesto	Erin	Edouard	Elsa	Earl
Franklin	Florence	Fernand	Fay	Fred	Fiona
Gert	Gordon	Gabrielle	Gonzalo	Grace	Gaston
Harvey	Helene	Humberto	Hanna	Henri	Hermine
Irma	Isaac	Imelda	Isaias	Ida	Ian
Jose	Joyce	Jerry	Josephine	Julian	Julia
Katia	Kirk	Karen	Kyle	Kate	Karl
Lee	Leslie	Lorenzo	Laura	Larry	Lisa
Maria	Michael	Melissa	Marco	Mindy	Matthew
Nate	Nadine	Nestor	Nana	Nicholas	Nicole
Ophelia	Oscar	Olga	Omar	Odette	Otto
Philippe	Patty	Pablo	Paulette	Peter	Paula
Rina	Rafael	Rebekah	Rene	Rose	Richard
Sean	Sara	Sebastien	Sally	Sam	Shary
Tammy	Tony	Tanya	Teddy	Teresa	Tobias
Vince	Valerie	Van	Vicky	Victor	Virginie
Whitney	William	Wendy	Wilfred	Wanda	Walter

*6년 단위로 반복

수를 초과하는 경우에는 열대 폭풍은 알파, 베타, 감마와 같이 그리스 알파벳의 이름을 부여받는다. 2005년 12월 30일에 마지막으로 형성된 열대 폭풍의 이름은 제타였다. 만약 이 폭풍이 이틀 뒤에 발달했다면 2006년 목록의 첫 이름인 Alberto로 불렸을 것이다.

파괴적 바람과 폭풍 해일, 홍수

북반구에서 태풍이 남쪽으로부터 접근할 때 가장 강한 바람은 보통 그 동쪽(오른쪽)에 위치한다. 이런 현상이 일어나는 이유는 태풍을 밀고 가는 바람은 동쪽의 바람에 합세하고 서쪽(왼쪽)의 바람에서는 감세하기 때문이다. 그림 11.16에서 설명하고 있는 허리케인은 중심을 반시계 방향으로 회전하는 50 m/sec의 바람과 함께 미국 동해안을 따라 북쪽으로 이동하고 있다. 폭풍우는 13 m/sec의 속도로 북진하고 있기 때문에 그 동쪽에서 지속되는 바람의 풍속은 63 m/sec인 데 비해 서쪽 바람의 풍속은 38 m/sec에 불과하다.

그림 11.14에서 태풍은 북쪽으로 이동하고 있지만 동쪽 해안을 향해 곧장 움직이는 해수의 순 수송이 있다. 이와 같은 움직임을 이해하기 위해 공해상에 바람이 불면 그 밑의 해수는 이동의 추진력을 얻게 된다는 7장 설

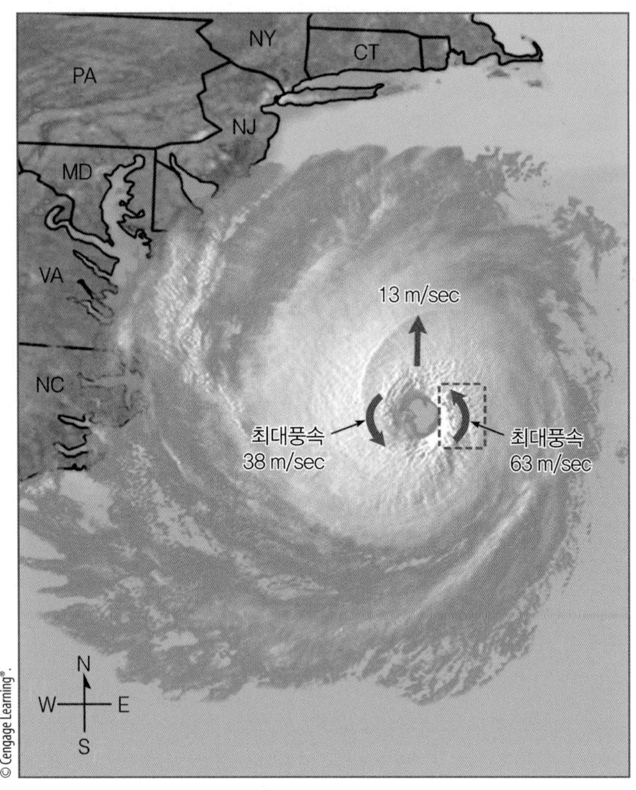

그림 11.14 ● 북쪽으로 이동하는 태풍은 그 서쪽보다는 동쪽에 더 강한 지속적 큰 바람을 동반한다.

명을 상기하라. 해수의 맨 위층이 여러 개의 층으로 바뀐다고 상정하면 각 층은 바로 위층의 오른쪽으로 이동한다는 것을 알게 될 것이다. (북반구) 에크만 나선으로 불리는 이런 형태의 깊이에 따른 해수의 운동(휘어짐)은 북반구에서 지상풍의 오른쪽으로 해수의 순 **에크만 수송**(Ekman transport)을 일으킨다. 따라서 태풍의 왼쪽(서쪽)의 북풍은 해안 쪽으로 해수의 순운송을 일으킨다.

태풍의 큰 바람은 또한 큰 파를 일으키는데, 때로는 그 높이가 10～15 m에 이른다. 이러한 파는 폭풍의 에너지를 멀리 떨어진 해변까지 이동시키는 너울의 형태로 태풍에서 멀리 이동한다. 결과적으로 태풍의 영향을 태풍이 도착하기 전 수일 동안 느낄 수도 있다.

태풍의 큰 바람은 막심한 피해를 유발하지만 대부분의 파괴는 보통 큰 파도, 풍랑 및 **홍수**가 일으킨다. 홍수는 많은 인명피해의 원인이기도 하다. 실제로 지난 세기의 태풍과 관련된 사망건수의 대다수는 홍수로 인한 것이었다. 홍수는 부분적으로 해수를 해안으로 밀어붙이는 바람과 24시간 만에 63 cm를 넘을 수도 있는 폭우로 인한 것이다. 태풍의 저기압도 홍수를 일으키는 데 가세한다. 저기압역은 흡사 공기가 빠지면서 청량음료병의 빨대가 위로 치솟아 오르듯 이 해수면이 50 cm 정도 상승하도록 만든다. 풍랑, 큰 바람, 해안을 향한 순 에크만 수송의 복합적인 영향으로 해수면을 수 m나 비정상적으로 상승시키고 저지대를 침수시키며 해변 주택들을 조각조각으로 부숴버리는 **폭풍 해일**(storm surge)을 일으킨다(그림 11.17 참조). 폭풍 해일은 정상적 높이의 조류와 맞물릴 때 특히 파괴적이다.

허리케인 강도 구분 허리케인의 지속적인 바람과 폭풍 해일이 해안지역에 미칠 수 있는 잠재적 피해를 예상하기 위해 **새퍼-심슨 풍력 계급**(Saffir-Simpson scale)이 개발되었다. 1등급에서 5등급까지 5단계로 표시된 이 계급은 폭

그림 11.15 ● 만조 때 폭풍 해일이 이동하면 범람하여 넓은 해안 저지대를 파괴할 수 있다.

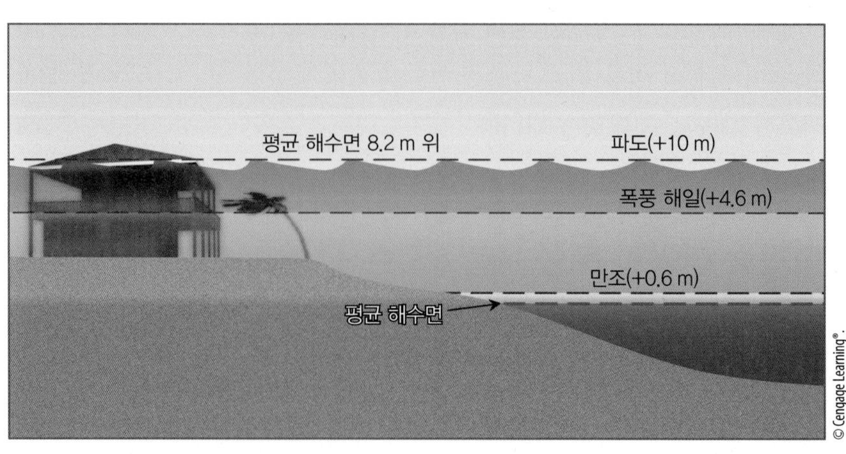

알고 있나요?

허리케인이 육지에 상륙하지 않더라고 치명적인 피해를 입힐 수 있다. 2009년 8월 허리케인 Bill이 메인 주 해안으로부터 북동쪽 240 km 이상 떨어진 위치로 이동했을 때 수천 명의 사람들이 Bill이 일으키는 거대한 파도를 보기 위하여 메인 주의 바위 해안으로 몰려들었다. 비극적이게도 유난히 큰 파도가 바위 절벽에 있던 몇 명을 아래의 거친 바다로 씻어 내렸으며, 이 중 포함된 7살 소녀는 사망하였다.

풍우의 일생 중 특정 시점의 실제 조건에 근거하고 있다. 허리케인이 강화 혹은 약화됨에 따라 계급의 숫자도 달라진다. 주요 허리케인들은 3등급 이상으로 분류된다. 서태평양에서 최소한 65 m/sec의 지속적인 바람 새퍼-심슨 척도상 4등급에 속한 풍속 범위의 상단을 동반한 태풍을 **초대형 태풍**(super-typhoon)이라고 한다. 그림 11.15는 강도가 증가하는 폭풍 해일이 육지에 상륙할 때 폭풍 해일이 해안을 따라 변화하는 과정을 설명하고 있다.

표 11.4가 보여주는 새퍼-심슨 허리케인 풍력 계급은 2010년 미국 국립기상청에 의해 수정된 것이다. 현재 **새퍼-심슨 허리케인 풍력 계급**(Saffir-Simpson Hurricane Wind Scale)은 더 이상 중심기압을 폭풍우의 바람강도의 측정 척도로 사용하지 않는다. 폭풍 해일도 현재는 계급에서 제외되었다. 폭풍우의 규모와 강도가 폭풍 해일 발생에 기여하는 것은 사실이나, 해안가의 현지 지형 특성과 수중 지형이 폭풍 해일의 높이와 그것의 파급 거리를 결정하는 데 핵심적인 역할을 한다. 그러나 그림 11.16은 점점 강도가 세지고 있는 허리케인이 육지 쪽으로 이동함에 따라 폭풍 해일이 해안을 따라 변화를 일으킬 수 있음을 설명하고 있다. 새로운 풍력 계급에는 폭풍 해일 수는 제시되지 않기 때문에, 국립허리케인센터는 현재 해안지역의 폭풍 해일 예보체계 개선에 주력하고 있다.

▼ 표 11.4 **새퍼-심슨 허리케인 풍력 계급**

등급	바람(1분 이상 지속)			요약*
	km/hr	m/sec	노트	
1	118–152	33–42	64–82	매우 위험한 바람으로 일부 피해 발생
2	153–176	43–48	83–95	극도로 위험한 바람으로 대규모 피해 발생
3	177–208	49–57	96–112	엄청난 피해 발생
4	209–252	58–70	113–136	큰 재앙 수준의 피해 발생
5	> 252	> 70	> 136	큰 재앙 수준의 피해 발생

*이 계급은 등급별로 사람, 애완동물에 대한 잠재 피해와 이동식 주택, 가옥, 아파트, 쇼핑센터와 같은 구조물에 대한 잠재 피해의 정보를 광범위하게 제공한다.

정상 고조

1등급(1.2 m 상승)

3등급(3.6 m 상승)

5등급(6 m 상승)

그림 11.16 ● 각종 등급의 허리케인이 해안선을 따라 상륙할 때 변화하는 해수면의 높이. 1등급의 경우 해수는 보통 약 1.2 m 상승하지만 허리케인이 5등급일 경우에는 6.6 m 이상 상승할 수 있다.

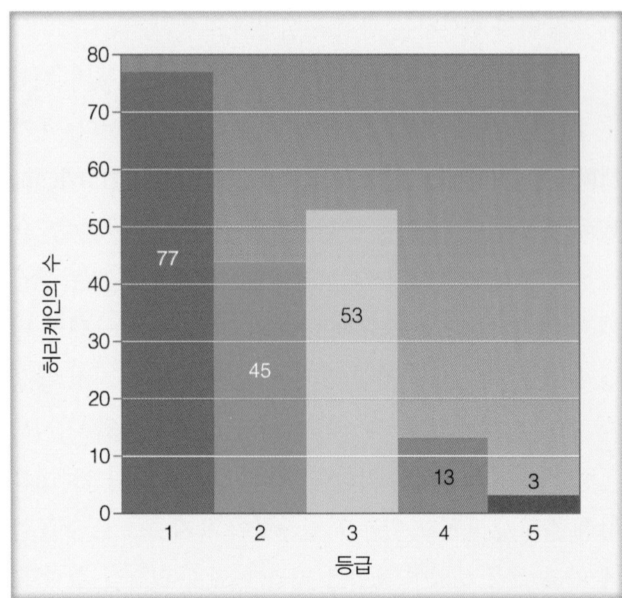

그림 11.17 ● 1900년부터 2009년까지 미국 해안에 상륙한 허리케인의 등급별 횟수. 허리케인 모두 멕시코만 또는 대서양 연안을 강타했다. 3, 4, 5등급이 주 허리케인으로 간주된다.

그림 11.20은 1900년부터 2015년까지 미국의 해안선을 따라 상륙한 허리케인의 수를 보여주고 있다. 같은 기간 미국 해안에 엄습한 191개의 허리케인 중 69개(36%)는 3등급 이상의 큰 것들이다. 따라서 멕시코만과 대서양 해안을 따라 3년마다 약 5개의 허리케인이 상륙했고, 그 중 2개는 48 m/sec 이상의 바람과 높이 2.5 m를 넘는 폭풍 해일을 동반한 대규모 허리케인이었다. 하지만 북대서양에서 발생하는 허리케인의 개수는 해마다 크게 차이가 나며, 10년 단위로 비교해도 큰 차이를 보인다.

허리케인에서 발생하는 토네이도 허리케인의 큰 바람은 한 지역을 파괴할 수 있으나 허리케인이 낳은 토네이도로 상당한 피해가 발생할 수도 있다. 미국에 내습하는 허리케인의 약 1/4은 토네이도를 발생시킨다. 실제로 2004년 6개의 열대 기상계가 미국 남부와 동부에서 300개 조금 넘는 토네이도를 형성했다. 이들 토네이도가 형성되는 정확한 메커니즘은 아직 알려지지 않았다. 그러나 연구 결과에 의하면 지면의 지형이 지상공기의 수렴(따라서 상승)을 촉발시킴으로써 어떤 역할을 수행하는 것으로 시사되고 있다. 더욱이 토네이도는 진행하는 허리케인의 연직 바람시어가 가장 강한 전면 오른쪽 4분원에서 형성되는 경향이 있다. 또 마치 한때 토네이도에 기인한 것으로 간주되었던, 낫으로 베어 낸 자리처럼 극심한 피해지역이 실은 허리케인 눈벽 주변의 대형 뇌우와 연관된 하강 버스트 때문임을 보여주는 연구 결과도 있다.

1992년 8월의 허리케인 Andrew에 의한 광범위한 피해를 조사한 결과, 연구자들은 가장 심한 피해지역은 좁은 띠로 형성되는 직경 30～100 m의 **소형 맴돌이**(mini-whirls)로 야기되었을 것이라는 학설을 주창했다. 오늘날 여러 과학자들은 그러한 빠른 속도로 회전하는 맴돌이가 실제 소형 토네이도일 것으로 믿고 있다. 약 10초 동안 지속되는 이러한 소용돌이는 허리케인 눈벽의 강력한 바람시어 구역에서 형성되어 상승하는 것으로 보였다. 강렬한 상승기류가 소용돌이를 연직으로 이동시키면, 소용돌이는 수평적으로 위축되고, 그 결과 소용돌이의 회전 속도를 더 높여 초속 약 35 m로 돌게 만든다. 소용돌이의 회전 바람이 허리케인의 강풍에 힘을 보태면 비교적 작은 지역 상공의 전체 풍속은 상당히 증가할 수 있다. 허리케인 Andrew의 경우 고립된 바람의 풍속은 좁은 범위의 플로라다 남부 상공에서 초속 87 m에 달했을지 모른다(그림 11.18 참조).

허리케인에 의한 사망자 2005년까지 약 30년 동안 미국에서 허리케인으로 인한 연간 사망건수는 평균 50명 미만이었다.[1] 이들 사망자 대다수는 홍수 때문이었다. 이렇듯 비교적 적은 인명피해는 부분적으로 미국기상청의 선진예보체계와 이 기간 중 육지에 상륙한 진짜 강력한 폭풍우는 별로 없었다는 사실 덕분이었다. 그러나 허리케인 관련 사망건수는 허리케인 Katrina가 미시시피와 루이지애나를 강타한 2005년에 극적으로 증가했다. 허리케인 Katrina는 멕시코만 해안지역을 위협하기도 전에 남부 플

1 다른 국가들에서는 연간 사망자 수가 상당히 더 많았다. 2004년 9월 허리케인 Jeanne이 카리브해로 이동했을 때 아이티에서는 홍수와 산사태로 3,000명 이상이 사망한 것으로 추정된다.

로리다를 가로지르면서 10억 달러 이상의 피해를 입혔고 14명의 목숨을 앗아갔다. Katrina가 멕시코만 내부로 이동하면서 5등급으로 강화되었고 멕시코만 위쪽의 해안으로 이동하자 뉴올리언스를 비롯한 저지대 주민들에게 대피령이 내려졌다. 수천 명이 높은 지대로 이동했으나, 유감스럽게도 많은 사람은 집을 떠나길 거부하거나 집을 떠날 방도가 없어 그대로 폭풍우를 맞을 수밖에 없었다. 불행하게도 뉴올리언스에서 헤아릴 수 없이 많은 건물을 파괴한 Katrina의 거대한 폭풍 해일의 큰 바람과 뉴올리언스의 홍수로 제방이 무너져 도시 일부 지역이 6 m 깊이의 물에 침수됨으로써 1,500명 이상이 사망했다. 취약한 해안지역의 인구밀도가 계속 늘어남에 따라 또 다른 허리케인에 의한 재난 가능성도 증가하고 있다. 게다가 미시시피 해안에서는 8m 이상의 거대한 폭풍 해일이 내륙으로 밀어닥치면서 200명 이상의 사망자가 발생하였다. 우리나라에도 매년 2~3개의 태풍이 내습하여 막대한 재산과 인명피해가 발생하고 있다. 우리나라에서 기상 관측이 시작된 이래 2008년까지 인명피해와 재산피해를 준 10대 태풍을 요약하면 표 11.6과 같다. 인명피해 1위는 1936년 태풍 3693호이고 재산피해 1위는 2002년 8월의 태풍 Rusa이다.

강한 허리케인의 여파는 그 자체로 엄청날 수 있다. 식수가 오염되고 식료품점이나 상점들이 수일에서 몇 주 동안 문을 닫게 되어 음식이 부족해질 수 있다. 쓰러진 나무와 잔해들, 폭풍해일이 몰고 온 모래가 퇴적되어 도로가 차단될 수도 있다. 전기와 전화는 중단되거나 완전히 소실될 수 있다. 수많은 사람들이 손상되거나 파괴된 집에서 쫓겨나 이재민이 된다. 심지어 피해지역을 청소하고 복구하는 과정에도 위험이 따르는 경우가 있는데, 어떤 지역에서는 독사들이 여러 구석진 곳이나 잔해의 틈새로 이동하는 경우가 있기 때문이다.

악명 높은 허리케인 Katrina와 Rita(2005년) 허리케인 Katrina는 미국을 강타한 허리케인 중 가장 큰 피해(비록 1926년 마이애미 허리케인이 요즘으로 환산한다면 두

NOAA/National Hurricane Center

그림 11.18 ● 1992년 8월 24일 아침 남부 플로리다를 횡단하며 이동하고 있는 허리케인 Andrew의 채색강화 적외 위성 영상. 허리케인의 중심기압은 932 hPa, 풍속은 63 m/sec에 달했다.

배 이상의 피해에 해당할 것으로 추산되지만)를 입힌 허리케인이다. 또한, Katrina는 70년 이상의 기간 동안 미국에 영향을 미친 가장 치명적인 허리케인이었다. 바하마의 나소 남쪽 더운 열대 해상에서 발생한 Katrina는 2005년 8월 24일 열대 폭풍으로 발달했고, 8월 25일 남부 플로리다에 상륙하기 전에 1등급 허리케인으로 성장하였다. (Katrina의 진로는 포커스 11.2에 표시되어있다.) Katrina는 플로리다를 가로질러 남서쪽으로 이동해 멕시코만 동쪽으로 들어갔다. Katrina는 서쪽으로 이동하여 환상 해류(Loop current)로 불리는 수심이 깊은 온난 해수대 위를 통과하면서 급속히 강화되었다. 이 허리케인은 12시간 안에 3등급에서 시속 280 km의 풍속과 중심기압 902 hPa의 5등급 폭풍으로 발달하였다.

멕시코만 상공에서 Katrina는 점진적으로 미시시피와 루이지애나를 향해 북쪽으로 방향을 바꾸었다. 강력한 5등급 허리케인이 천천히 해안으로 이동하면서 중심 근처의 강우대는 폭풍의 눈을 향해 수렴하기 시작했다. 이러한 과정은 수분이 눈벽으로 접근하지 못하게 단절시켰다. 기존의 눈벽이 소멸하면서 새로운 눈벽이 멀리서 형

2004년과 2005년의 기록적인 대서양 허리케인

2004년과 2005년은 북대서양 열대 해역 상공에서 허리케인이 활성화된 시기였다. 2004년에는 9개의 열대 폭풍이 완전한 허리케인으로 발달했다. 미국에 상륙한 3개의 허리케인(Charley, Frances, Jeanne)은 플로리다를 갈아엎다시피 했으며, 또 하나(Ivan)는 길게 뻗은 플로리다 남부의 바로 서쪽 해안까지 접근(그림 3 참조), 1861년 기록 보존을 시작한 이래 같은 해에 4개의 허리케인이 플로리다 주를 내습한 최초의 기록을 세웠다. 총 5개의 허리케인이 미국 전체에 끼친 피해 규모는 400억 달러를 넘었다.

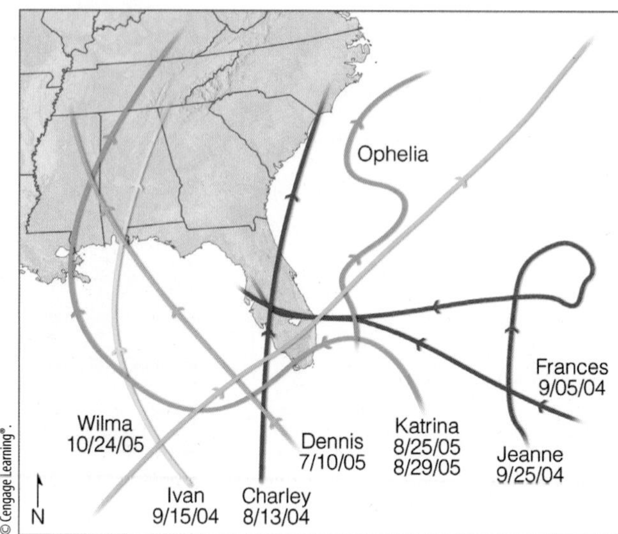

그림 3 ● 2004년과 2005년 플로리다에 영향을 준 8개 허리케인의 진로. 2004년 허리케인 Frances와 Jeanne이 플로리다 남서부 해안을 따라 대략 같은 지점에 상륙한 사실에 주목하라. 허리케인 이름 아래 적힌 날짜는 허리케인이 상륙한 날짜이다.

그 뒤 2005년에는 명칭이 붙은 열대 폭풍 27개(단일 시즌 기록으로는 최다)가 발생했는데, 그중 15개(또 다른 기록)가 허리케인급에 도달했다. 2005년 대서양 허리케인 시즌에는 또 4개의 허리케인(Emily, Katrina, Rita, Wilma)이 믿을 만한 기록 보존을 하기 시작한 이래 처음으로 5등급에 도달했다. 허리케인 Wilma는 대서양 허리케인에서 측정된 가장 낮은 중심기압(882 hPa)의 허리케인이었다. 미국에 상륙한 5개의 허리케인 중 3개(Dennis, Katrina, Wilma)는 허리케인 경계령 지역 내에 있는 플로리다에 상륙했다. 그리고 하나(Ophelia)는 플로리다 동해안을 따라 북쪽으로 휩쓸고 올라가 플로리다를 16개월 사이에 8개의 허리케인을 경험한 최초의 주로 만들었다(그림 3 참조). 미국에 상륙한 5개의 허리케인으로 인한 미국의 전체 피해 규모는 1,000억 달러를 넘었다.

2004년과 2005년에는 매우 온난한 해수와 약한 연직 바람시어가 허리케인 발달에 유리한 조건을 제공한 것으로 보인다. 그 이전 수년 동안은 미국 동부 상공에 머물고 있던 상층 기압골과 연관된 바람이 여러 개의 열대 폭풍우계에 의한 육지 상륙 이전에 이들 열대 폭풍우계를 해안에서 멀리 떨어진 곳으로 유도했다. 그러나 2004년과 2005년에는 고기압이 기압골을 대체함으로써 바람은 열대 저기압을 북아메리카 해안선을 향해 좀 더 서쪽 진로로 유도하는 경향을 보였다.

(a)

(b)

그림 2 ● 2004년 9월 허리케인 Ivan이 상륙한 (a) 전과 (b) 후의 앨라배마 주 오렌지 비치의 연안의 해변 주택들. (붉은 화살표를 참고하여 비교해 보라.)

그림 11.19 ● 2005년 8월 29일 아침 허리케인 Katrina가 미국 루이지애나/미시시피 주 연안에 막 상륙한 모습. 허리케인의 눈이 뉴올리언스 시 동쪽을 지나며 북진하고 있다. 상륙할 당시 Katrina는 풍속 55 m/sec, 중심기압 920 hPa, 해일 6 m의 규모의 3등급 허리케인이었다.

성되었는데, 기상학자들은 이런 현상을 눈벽 교체라고 부른다. 눈벽의 교체로 폭풍은 약화되었고, Katrina는 8월 29일 초속 55 m(시속 204 km), 중심기압 920 hPa의 3등급 허리케인으로 루이지애나 주 버라스 근처에 상륙하였다. 바람이 약화되었다고는 하지만 Katrina는 여전히 6~9 m 높이의 상당한 폭풍 해일을 동반하고 있었다.

Katrina 동편의 강풍과 높은 폭풍 해일은 미시시피 남부를 파괴했고 그중에도 빌록시, 걸프포트, 패스 크리스천이 특히 심각한 피해를 입었다. 바람은 매우 강한 구조물을 제외하고는 거의 모든 것을 파괴했고 거대한 폭풍해일이 내륙 6 km에 이르는 지역을 휩쓸어버렸다. 패스 크리스천에서 관측된 40 m 높이의 폭풍해일은 미국에서 기록된 가장 높은 수치였다. Katrina로 인한 강한 바람과 극심한 홍수는 미시시피에서 200명 이상의 사망자를 발생시켰다.

뉴올리언스와 그 일대는 실제 폭풍의 눈이 도시의 동쪽으로 통과했기 때문에 Katrina 바람의 가장 큰 타격은 피할 수 있었다(그림 11.19). 게다가 뉴올리언스 지역에 미친 폭풍 해일은 미시시피 지역보다는 훨씬 약했다. 그러나 강한 바람, 엄청난 파도 및 거대한 폭풍 해일이 합세해 뉴올리언스를 미시시피강, 멕시코만, 폰차트레인 호로부터 보호하는 제방 곳곳에 치명적인 구멍을 냈다. 제방이 무너지자 최고 6 m 깊이의 물이 수천 명의 주민이 미처 피하기도 전에 도시의 넓은 지역을 덮쳤다(그림 11.20). 해수면보다 낮은 뉴올리언스 일부 지역에서는 며칠 동안 홍수가 지속되었기 때문에 구조대원들이 많은 사람에게 즉각적인 도움을 주지 못하였고 피해는 더 심각해졌다. 허리케인 Katrina로 인한 사망자는 결국 1,800명

그림 11.20 ● 허리케인 Katrina가 동반한 바람과 폭풍 해일로 제방 몇 군데가 무너진 후 2005년 8월 홍수로 물에 잠긴 루이지애나 주 뉴올리언스의 모습.

최악의 태풍 루사(2002)와 매미(2003)

최근 지구 온난화와 더불어 서태평양 수온의 상승으로 태풍의 발생 횟수, 규모와 강도의 증가가 우려할 만하다. 우리나라는 매년 2~3개의 태풍의 영향 또는 피해를 입고 있으나 최근 루사(2002년)와 매미(2003년)는 우리나라에 최대강수량과 최대풍속을 기록하면서 그 피해 규모나 강도가 예전에 없던 매우 강력한 것이었다.

태풍 루사는 2002년 8월 23일 괌섬 동북동쪽 부근 해상에서 발생하여 일본 남쪽 해상을 거쳐 30일 제주도 남남동쪽 해상으로 느린 속노로 북상하였다(그림 4 참조). 31일에는 전라남도 고흥반도 남쪽 해안으로 상륙하여 9월 1일 13시 30분경 속초 부근해상으로 진출하였다. 이 태풍의 영향으로 제주 고산의 최대순간풍속이 56.7 m/sec를 기록하였고, 강수량은 제주도 산간지방 400~700 mm를 기록하였다. 또한 이 태풍으로 인명피해 246명, 재산피해 5조 원 이상이 발생했다.

태풍 루사가 북상할 당시 남해상의 해수온도가 평년보다 높아 강한 태풍의 세력을 유지하면서 우리나라로 접근하였다. 한편, 우리나라 남해안에 상륙한 후 내륙을 지나면서도 비교적 강한 세력을 유지한 원인은 상층의 편서풍이 약했고 동해상에 고기압이 놓여 있어 이 태풍이 동쪽으로 전향하지 못하고 계속 북상하였기 때문이다.

2003년 제14호 태풍 매미는 9월 6일 괌섬 부근 해상에서 발생하여 12일 20시경 경남 사천시 부근 해안으로 상륙하였고 북북동진하여 울진 부근 해안으로 통해 동해상으로 진출하였다(그림 5 참조). 매미는 우리나라에 영향을 미친 태풍 중 가장 강력한 태풍으로, 태풍의 오른쪽 반경에 위치한 부산, 마산 등이 큰 피해를 입었다. 남해안 상륙시 중심기압은 약 950 hPa로 주변 기압계와 비교하여 기압경도력이 매우 강하여 제주와 고산의 최대순간풍속이 60.0 m/sec(10분간 평균속도 51.1 m/sec)로 우리나라 관측 이래 최대순간풍속 극값을 경신하는 등 강한 바람을 동반하였다. 한편, 태풍이 남해안에 상륙한 시간과 만조 시간이 겹치면서 평상시보다 약 60cm 이상의 기상조가 추가되었다. 그리하여 최대풍속 약 40 m/sec의 강풍이 지속적으로 해안지방을 향해 불어들어, 높은 파고로 인해 해안지방이 침수되면서 더 큰 피해를 유발하였다. 이때도 131명의 인명피해와 4조 원 이상의 재산피해가 발생하였다.

(a) 합성영상

(b) 진로

그림 4 ● 2002년 제13호 태풍 루사(RUSA)의 (a) 합성영상과 (b) 진로.

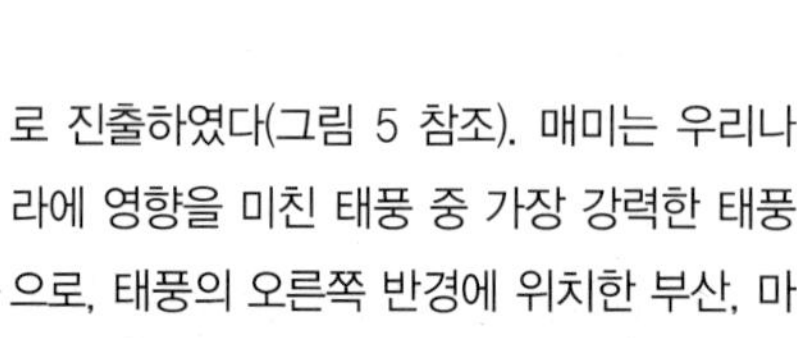

(a) 합성영상

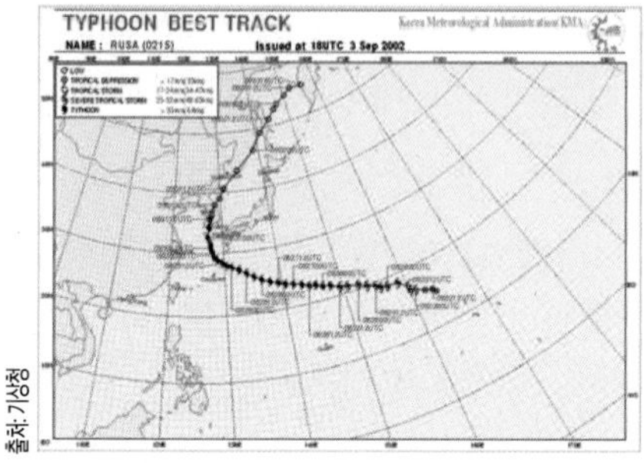

(b) 진로

그림 5 ● 2003년 제14호 태풍 매미(MAEMI)의 (a) 합성영상과 (b) 진로.

알고 있나요?

기록된 가장 큰 열대 저기압은 1979년 10월 5일 서태평양에서 발생한 초대형 태풍 Tip이다. 최성기에는 2,188 km에 걸친 열대성 폭풍의 순환을 가졌다. 이는 서울과 홍콩 사이의 거리에 해당하는 크기이다. 10월 12일 태풍의 중심 기압은 870 hPa까지 떨어졌는데, 이는 열대 시스템 중 가장 낮은 기압 값이다. 바람은 시속 305 km(초속 85 m)에 달했는데 허리케인 Patricia(2015년)에 이어 두 번째로 강한 관측값이었다. 다행히도 Tip은 육지에 상륙하지는 않았다.

이상에 달했고 피해액은 총 750억 달러 이상이었다.

한 달도 못되어 초속 78 m(시속 282 km)의 바람 동반한 또 다른 강력한 5등급 허리케인 Rita가 뉴올리언스 남쪽 멕시코만을 가로질러 이동했다. 강력한 열대성 폭풍 위력을 가진 동풍이 또 하나의 폭풍 해일과 함께 복구된 제방 일부를 다시 무너트려, 불과 며칠 전 물을 퍼낸 도시를 또 다시 침수시켰다. Rita는 텍사스 남동부에 상륙하여 텍사스 주에서 100명 이상의 사망자를 발생시켰다. 하지만 실제 Rita로 인한 사망자의 많은 수는 폭염으로 인한 것이었는데(아마도 최근 Katrina 재난으로 인해) Rita의 진로에서는 많은 사람이 대피한 상태였고, 엄청난 폭염 가운데 대규모 교통 체증에 갇혔기 때문이었다.

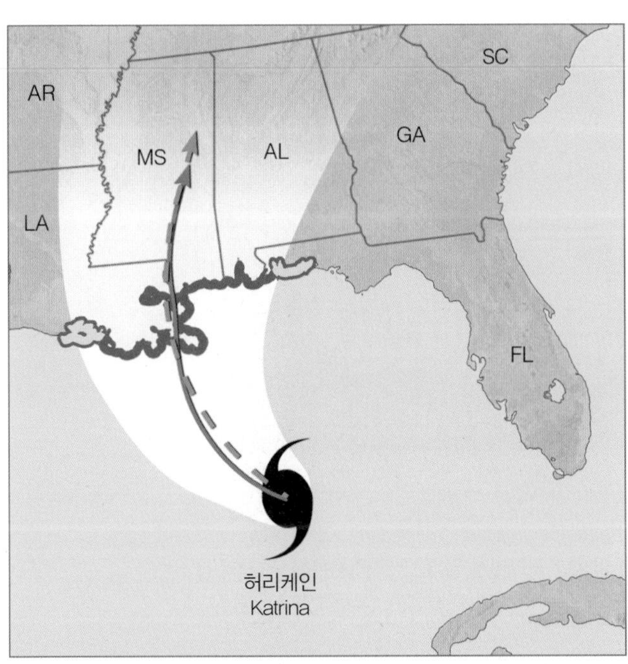

그림 11.21 ● 멕시코만에서 풍속 64 m/sec, 시속 13 km로 서북서진하는 허리케인 Katrina의 2005년 8월 28일 CDT 모습. 오렌지색 점선은 Katrina의 예측 이동 경로이고, 보라색 실선은 실제 이동 경로이다. 허리케인 경보가 발령된 지역은 빨간색, 주의보가 발령된 지역은 분홍색으로 표시되어 있다.

태풍/허리케인의 감시와 경고

허리케인의 위치와 강도는 선박들의 보고, 위성, 레이더, 부이 및 정찰기 등의 도움으로 포착하여 그 이동을 면밀하게 모니터한다. 허리케인이 특정 지역에 직접적인 위협을 제기하면 플로리다 주 마이애미 소재 국립허리케인센터 혹은 하와이 주 호놀룰루에 있는 태평양 허리케인센터에서 보통 폭풍의 도착 24~48시간 전에 **허리케인 경계령**(hurricane watch)을 내린다. 이 폭풍우가 특정 지역에 상

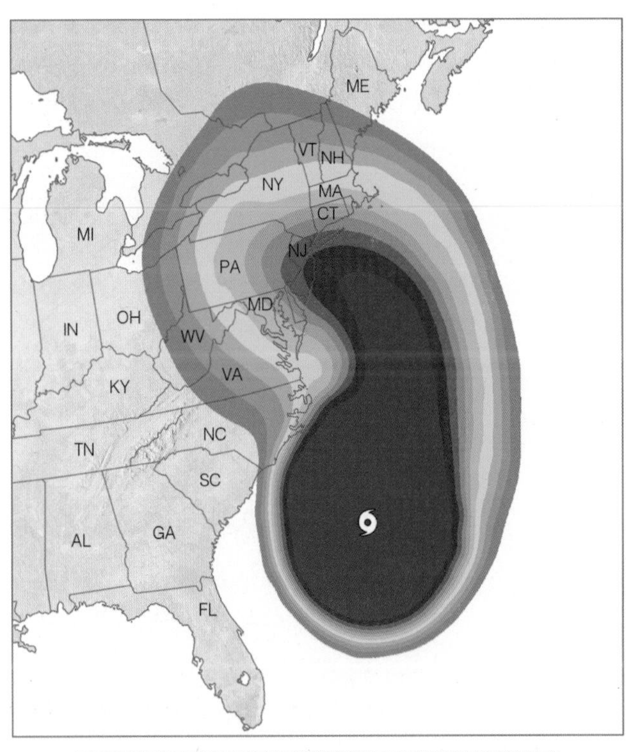

그림 11.22 ● 2012년 10월 28일 오전 2시(EDT)에 NOAA의 국립허리케인센터에서 예상한 향후 120시간 기간 동안 허리케인 Sandy의 바람이 열대 폭풍 기준(17 m/sec)에 도달할 가능성. 예보는 Sandy가 뉴저지에 상륙한 10월 29일 저녁으로부터 42시간 전에 발표된 것이다.

지금보다 더 온난한 세계에서의 허리케인

2005년의 기록적인 허리케인은 지구 온난화와 관련이 있을까?

우리는 허리케인이 온난한 열대 해수에 의해 촉진되는 것으로, 물이 더울수록 폭풍을 일으킬 동력이 커진다는 사실을 알고 있다. 해면온도가 단지 0.6℃만 올라가도 허리케인의 최대풍속은 약 2.5 m/sec 이상 빨라지며 다른 모든 것도 마찬가지이다.

2005년 5월, 허리케인 계절이 시작되기 직전 북대서양 열대상의 해면온도는 정상보다 상당히 높았다. 더욱이 콜로라도 주 볼더 소재 국립대기연구센터(NCAR)가 실시한 연구에서 2005년 6~10월 사이 열대 대서양의 해면온도는 같은 해역의 장기(1901~1970년) 평균온도보다 0.9℃나 높다는 사실을 발견되었다. 이 연구는 상승치의 절반(약 0.4℃)은 대기 중 온실가스 증가에 따른 지구 온난화 때문이라는 결론을 내렸다. 이들 연구 결과는 지구 온난화가 일부 폭풍우의 강도와 그들이 형성한 열대 폭풍우의 수에 영향을 미쳤을지도 모른다고 시사하고 있다. 해면온도는 10월이 훨씬 지나서도 정상보다 여전히 높았기 때문이다.

지구가 더워짐에 따라 기후 모델들은 열대지역의 해면온도가 금세기 말까지 0.6~2℃ 정도 상승할 것으로 예측하고 있다. 이러한 예측이 적중할 경우 오늘날 최대풍속 63 m/sec(4등급 폭풍우)의 지속적인 바람을 동반하여 대기에서 형성되는 허리케인이 지금보다 더 온난한 세계에서는 최대풍속이 70 m/sec(5등급 폭풍우)로 증가할 수 있다.

해면온도가 상승함에 따라 허리케인은 더 빈번해질까? 어떤 모델은 허리케인이 더 많아질 것으로 예측하는 반면, 어떤 모델은 줄어들 것이라고 예측하고 있기 때문에 현재로서는 이 의문에 대한 분명한 답은 없다. 지구 표면이 점차 더워지고 있는 만큼 오늘날의 허리케인은 과거의 허리케인보다 위력이 더 강한 것일까? 몇몇 연구 결과에 따르면, 주요 허리케인(3등급 이상)의 빈도는 증가해 왔다. 이들 연구의 문제점은 열대 저기압의 믿을 만한 기록은 보다 더 광범위한 위성 관측이 이루어진 1970년대부터 비로소 입수되었다는 사실이다. 오늘날 과학자들은 정밀한 기기들 덕분에 허리케인 내부를 탐지하고 그들의 구조와 바람을 과거에 비해 훨씬 더 명확하게 탐지할 수 있게 되었다. 허리케인 빈도 또는 강도와 관련한 경향은 과거의 열대 저기압 활동에 관한 보다 믿을만한 정보, 특히 과거 열대 저기압 발생에 실마리를 갖고 있는 해저 퇴적물 코어의 정보가 수집될 때 더 분명해질 것 같다.

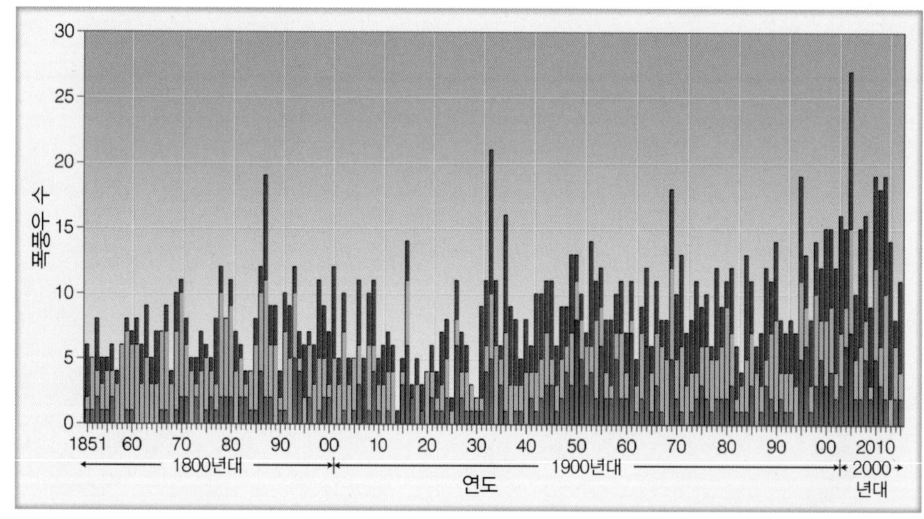

그림 6 ● 지난 60년(1851~2009) 동안 대서양 해역에서 발생한 허리케인 및 열대 폭풍(붉은색 막대)의 총 발생수와 허리케인(노란색 막대) 및 3등급 이상의 강한 허리케인(녹색 막대)의 발생수. (국립해양대기청)

륙할 기미를 보일 경우 **허리케인 경보**(hurricane warning)가 발령된다(그림 11.21). 몇 시간마다 갱신되는 표면 풍속 확률 지도는 바람이 특정 풍속(열대 폭풍 또는 허리케인 기준)으로 다양한 기간에 걸쳐 특정 지역에서 발생할 수 있는 가능성을 제시한다(그림 11.22). 허리케인 경보는 사람들에게 재산을 보호하고, 필요한 경우 대피하기 위한 충분한 시간을 주기 위하여 고안되었다. 허리케인이 상륙하기 전에 열대 특성을 잃어버리더라도 국립허리케인센터는 상륙시점까지 기존의 허리케인 경보를 유지할 수 있다. 이 새로운 정책은 허리케인 Sandy의 결과로 2013년에 시행되었다.

허리케인급 바람은 허리케인이 상륙할 것으로 예상되는 지점의 어느 쪽에서든 상당한 거리까지 파급될 수 있기 때문에 허리케인 경보는 꽤 광범위한 지역, 보통 500 km에 걸쳐 적용된다. 허리케인 피해지역의 평균면적은 경보 대상 지역 거리의 약 1/3에 이르므로 경보지역의 상당 부분은 '과잉경보'를 받는 셈이다. 따라서 경보 대상 지역의 많은 주민은 불필요하게 대피를 강요당했다고 느낄 것이다. 하지만 경보 구역이 훨씬 좁다면 경보 구역 외에서 허리케인 피해가 발생할 위험이 높아진다. 허리케인은 넓은 지역에 영향을 줄 수 있기 때문에 허리케인 예상 진로를 나타내는 "가는 선"에 너무 집중하지 말고, 허리케인 경보의 전체 범위에 관심을 기울여야 한다. 원추형의 예상 진로 또는 "불확실성의 원추형"(그림 11.21)은 지난 5년간의 대서양 열대 저기압 활동에 근거하여 가능한 예측 오차를 제공한다. 각각의 허리케인은 일반적으로 60~70%의 시간동안 예측 진로 범위 내에 머무른다.

대피 명령은 지역 당국에서 발령하는데, 일반적으로 폭풍 해일의 직접적인 영향을 받는 저지대 해안지역에만 내려진다. 고지대나 해안에서 멀리 떨어진 지역의 사람들에게는 보통 대피가 권고되지 않는데, 허리케인 Rita의 경우처럼 교통 정체 문제를 추가로 발생시키지 않기 위해서이다. 대피를 완료하는 데 걸리는 시간은 경보의 시점과 정확성에 특별한 주의를 강조하고 있다.

우라나라 기상청(KMA)은 태풍의 예상 진로는 강도와 확률 반경으로 나타내고, 태풍예보는 태풍 정보, 예비 특보, 특보(주의보, 경보)의 3단계로 나누어 발표한다. 태풍이 발생하여 이름이 붙으면 태풍 정보를 발표하고, 태풍이 우리나라로 접근하여 태풍 특보의 발표 가능성이 있을 때 태풍 예비 특보를 발표한다. 태풍으로 인하여 예보 구역에 강풍, 풍랑, 호우 등이 주의보 기준에 도달할 것으로 예상될 때는 태풍 주의보를 발표하고, 태풍으로 인하여 강풍 경보기준(육상에서 풍속 21 m/sec 이상 또는 순간풍속 26 m/sec 이상이 예상될 때)에 도달할 것으로 예상되거나, 총 강수량이 200 mm 이상 예상될 때, 폭풍해일 경보 기준에 도달할 것으로 예상될 때 태풍 경보를 발표한다.

태풍/허리케인 예측 기술

허리케인 Katrina와 같이 잠재적으로 파괴적인 폭풍이 육지로 접근하고 있다면 이 폭풍은 강화될 것인가, 현재 강도를 유지할 것인가, 약화될 것인가? 또한, 현재까지와 같은 방향으로, 같은 속도로 계속 움직일 것인가? 수십 년 동안 예보관들은 이와 같은 질문들을 받아왔다. 기상학자들은 태풍 또는 허리케인의 강도와 이동을 예측하기 위하여 허리케인과 주변 환경을 단순하게 표현하는 수치 예보모델을 사용한다.

인공위성, 부이, 정찰기(폭풍의 눈 속으로 드랍존데를 낙하시키는)에서 수집된 정보는 예측모델의 입력 자료로 사용되고, 모델은 태풍의 강도와 이동을 예측한다. 다양한 예측모델이 있으며 각 모델은 조금씩 다른 방법으로 대기의 특정 측면(해수면으로부터의 증발 등)을 처리한다. 간혹 모델들이 태풍이 어디로 이동하는지, 얼마나 강화되는지에 대해서 일치하지 않는 경우가 있다. 하지만 최근 사용되는 수치예보 모델은 대기에서 발생하는 현상들을 가능한 모두 고려하여 예측을 수행하며, 태풍 예측 성능이 과거보다 크게 향상되었다.

같은 태풍이나 허리케인에 대하여 여러 모델이 서로 다른 진로를 예측하는 문제는 앙상블 예보 방법을 사용함으로써 해결되었다. 9장에서 다룬 것과 같이 앙상블 예보

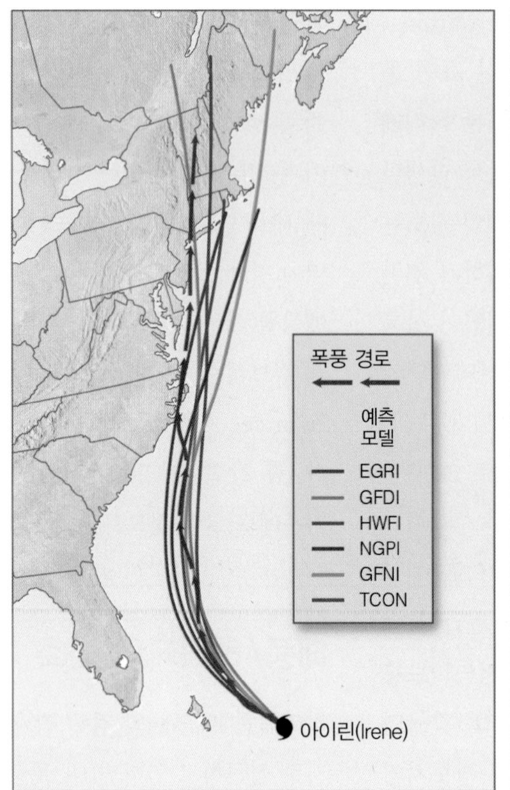

(a) 허리케인 Irene(2011년)

(b) 허리케인 Sandy(2012년)

그림 11.23 ● 6개 수치모델에서 예측한 허리케인 경로. (a) 2011년 8월 24일 허리케인 Irene이 노스캐롤라이나 외부를 강타하기 사흘 전, (b) 2012년 10월 25일 허리케인 Sandy가 뉴저지에 상륙하기 나흘 전 예측. Irene의 경우 모델들의 경로 예측이 근접하게 일치하는 반면, Sandy의 경우 모델 간 예측 경로 차이가 크다.

는 여러 개의 모델(또는 같은 모델의 여러 버전들)이 각각 조금씩 다른 기상정보를 가지고 수행된 것을 토대로 한다. 만약 예측 모델들(또는 같은 모델의 여러 버전들)이 태풍의 이동이 특정 방향으로 일치된 예측을 내놓는다면 예보관은 태풍 이동 예보를 생산하는 데 자신감을 가질 것이며, 반대로 모델 결과가 일치하지 않는다면 예보관은 어떤 모델이 태풍 경로를 가장 정확하게 예측할지를 결정해야 한다(그림 11.23).

우수한 예측모델을 이용한 앙상블 예보는 태풍 경로 예측 기술의 수준을 향상시켰다. 예를 들어, 1970년대에는 3일 후 예측 위치가 평균적으로 700 km 정도 빗나갔지만, 오늘날은 같은 예측 기간에 대하여 예측 위치 오차가 240 km 이하로 줄어들었다.

태풍의 강도를 예측하는 것은 조금 더 도전적인 일이다. 지난 수십 년 동안 태풍의 강도 예측은 거의 개선되지 않았지만, 2010년대 초반에 이르러 진전의 징후가 나타나기 시작했다. 태풍 강도 예측을 위해 예보관들은 전통적으로 현재의 폭풍의 특성을 과거 비슷한 열대 폭풍과 비교하는 통계모델을 이용해 왔다. 이러한 모델을 사용한 결과는 고무적이지 못하였다. 더 최근에는 예보관들이 폭풍의 강도를 예측하기 위하여 예상 진로 전면의 온난 해수 깊이를 고려한 역학 모델에 의존해 왔다. 앞서 검토한 바와 같이 폭풍 전면의 온난 해수층이 상대적으로 얕은 경우 태풍의 바람으로 인해 발생한 해양의 파도는 상대적으로 깊고 차가운 해수를 소용돌이쳐 수면으로 끌어 올릴 것이다. 비교적 차가운 해수는 폭풍의 에너지원을 차단하며, 태풍은 결과적으로 약화될 것이다. 반대로 태풍 전면에 깊은 온난 해수층이 존재할 경우, 비교적 한랭한 해수는 수면까지 올라오지 못할 것이며 태풍은 다른 요인들이 유지되는 한 세력을 유지하거나 강화될 것이다. 따라서 태풍 진로 전면에 존재하는 온난 해수층의 깊이를 아는 것은 태풍의 강화 혹은 약화 여부를 예측하는 데 중요하다. 높은 해상도의 새로운 태풍 예측모델이 적용되고, 태풍 특성에 대한 우리의 이해가 증가함에 따라 태풍 강화와 이동에 대한 예보는 지속적으로 개선될 것이다.

태풍/허리케인의 변조

태풍이 입힐 수 있는 잠재적 파괴와 인명 손실 때문에 과학자들은 오랫동안 어떻게 태풍의 위력이 약화될 수 있는지 생각해 왔다. 1960년대 동안 STORMFURY 프로젝트라는 실험은 몇몇 허리케인에 씨뿌리기를 수행하였다. 이 아이디어는 태풍의 눈벽 바로 바깥쪽 구름에 충분한 인공 빙정핵을 뿌려 잠열의 방출로 이 지역에서 구름 성장을 활성화시키고, 새로운 눈벽이 기존의 눈벽을 대체하도록 하는 것이다. 이렇게 생성된 더 넓은 눈벽은 더 약한 기압 경도와 약한 바람을 가질 것이다. STORMFURY 프로젝트에서 여러 폭풍들에 씨뿌리기가 수행되었고 일부 고무적인 결과를 얻기도 하였다. 하지만 씨뿌리기가 아니어도 눈벽 교체가 자연적으로 발생한다는 것이 명백해져 씨뿌리기가 효과가 있는지는 알 수 없게 되었다. 1970년대 이후로는 태풍 변조는 더 이상 시도되지 않았다.

컴퓨터 모델을 이용한 최근의 연구들은 대기 오염으로 인한 작은 입자들이 구름 씨뿌리기와 같은 효과를 가져 태풍 내부 핵을 잃어가며 태풍 외부 밴드가 강화되는 것을 도울 수 있다는 점을 보여주었다. 하지만 이러한 입자들이 내부 핵으로 유입되면 이것은 실제로 태풍을 강화시키기 때문에 실제 태풍에 시도하는 것은 위험할 수 있다.

태풍을 약화시키는 또 다른 아이디어는 수면에 기름막(분자막)을 형성하여 증발을 방해하고, 그 결과 구름 내부로 유입되는 잠열 방출을 감소시키는 것이다. 심지어 고대에 일부 선원들은 폭풍우가 치는 날씨에 바다로 기름을 버려 이것이 배 주변의 바람을 감소시켰다고 주장하였다. 하지만 태풍이 이동하는 넓은 해역에 기름막을 유지하는 것은 훨씬 어려울 것이다. 한 연구진은 해양 물보라가 태풍 바람에 영향을 미칠 것으로 추측했다. 이들의 컴퓨터 모델은 작은 물보라가 바람과 해수면 사이의 마찰을 줄인다고 제안하였다. 결과적으로 같은 기압경도를 가질 때 해양 물보라가 많을수록 바람이 강해진다. 이 아이디어가 사실로 판명된다면 해양 물보라가 공기로 유입되는 것을 제한하여 폭풍의 바람을 약화시킬 수 있을 것이다. 하지만 아직은 이 개념이 증명되지 못하였기 때문에, 고대의 선원들의 아이디어가 태풍의 끔찍한 영향과 싸우는 데 실제로 도움이 되었는지 여부를 답하기에는 너무 이르다.

요약

태풍은 33 m/sec 이상의 바람이 북반구에서는 중심 주위를 반시계 방향으로 부는 열대 저기압을 말한다. 태풍은 그 눈에 해당하는 극히 낮은 저기압을 향해 회전하는 조직화된 뇌우 무리로 구성된다. 가장 강력한 뇌우, 가장 많은 비, 가장 강한 바람은 태풍의 눈 외곽에 위치한 눈벽에서 발생한다. 눈 내부의 기온은 높고 바람은 약하며, 하늘에는 구름이 끼거나 부분적으로 맑기도 하다.

태풍은 상층풍이 약한 지역 내에 습윤한 공기, 수렴 지상풍, 조직화 뇌우 등의 조건이 구비될 때 온난 열대 해역 상공에서 발생한다. 지상대기의 수렴은 열대수렴대를 따라, 혹은 열대파 동편이나 상대적 고위도에서 열대로 이동한 전선에서 발생할 수 있다. 열대 요란이 더욱 조직화되면 열대 저압부로 발전한다. 이 단계에 이르면 이름이 부여된다. 열대 폭풍 중 일부는 따뜻한 해상에 머무르거나 강력한 연직 바람시어나 커다란 육지에 의해 방해받지 않는 한 완전한 태풍으로 강화된다.

대류조직화설에 의하면, 태풍계를 움직이는 에너지원은 주로 잠열의 방출이다. 태풍의 눈 부근에서는 방대한 양의 잠열이 방출되므로 지상기압의 강하와 아울러 바람의 강화, 상승공기 증가, 보다 강력한 뇌우 발달이 일어난다. 한편, 열기관 모델에 따르면 폭풍 발달에 필요한 에너지는 해수면에서 현열과 잠열 형태로 흡수된 후, 바람의 형태로 운동 에너지화하여 구름 꼭대기에서 복사냉각을 통해 발산된다.

열대 편동풍은 통상적으로 태풍을 서쪽으로 이동시킨다. 이렇게 움직이던 대다수의 폭풍우는 아열대 고기압을 중심으로 북서쪽으로 서서히 기울어 북쪽으로 향한다. 만약 이들이 중위도 지역까지 이동할 경우, 탁월 편서풍으로 그 방향은 북동쪽으로 바뀐다. 태풍의 에너지는 온난 해수면과 응결에 따른 잠열 방출에 의해 생성되므로 태풍이 상대적으로 낮은 수온의 해역이나 넓은 육상으로 이동할 경우 급속히 소멸한다.

태풍은 강력한 바람 그 자체로서도 막대한 피해를 야기하지만 거대한 파도와 폭풍 해일로 인한 홍수는 더욱 막강한 파괴력을 발휘한다. 태풍의 잠재적 파괴력을 예측하기 위해 새퍼-심슨 척도가 개발되었다.

주요 용어

본문에 나온 주요 용어를 나열하였다. 각 용어를 정의하라. 그러면 복습에 도움이 될 것이다.

유선	열대 폭풍	열대파	허리케인 헌터
허리케인	에크만 수송	폭풍 해일	태풍
새퍼-심슨 허리케인 풍력	열대 사이클론	초대형 태풍	태풍의 눈
새퍼-심슨 풍력 계급	무역풍 역전층	눈벽교체	허리케인 경계령
열대 저기압	허리케인 경보		

복습문제

1. 열대(편동풍)파란 무엇인가? 북반구에서는 열대파가 대체로 어떻게 이동하는가? 소나기는 열대파의 동편과 서편 중 어느 쪽에 발생하는가?
2. 열대의 지상 일기도에서 등압선 대신 유선이 사용되는 이유는 무엇인가?
3. 북태평양 서부에서 발생한 열대 저기압은 무엇이라 부르는가?
4. 태풍의 수평 및 연직 구조를 기술하라.
5. 태풍의 눈 속에서는 하늘이 맑거나 약간 흐린 까닭은 무엇인가?
6. 태풍 형성에 적합한 지상과 상공의 조건은 무엇인가?
7. 초기 단계의 태풍 발달을 돕는 세 가지 촉발작용을 나열하시오.
8. (a) 태풍은 종종 열기관으로 묘사되기도 한다. 태풍을 움직이는 연료는 무엇인가?

(b) 태풍의 최대강도(가장 강한 바람)를 결정하는 것은 무엇인가?

9. 태풍이 지상에서도 발생할 수 있을까? 그 여부에 대해 설명하라.
10. 태풍이 20 km/hr 속도로 북진한다면 가장 센 바람은 오른쪽과 왼쪽 중 어느 쪽에 발생하는가? 그리고 그 이유는 무엇인가?
11. 태풍을 약화시키는 요인은 무엇인가?
12. 열대 요란, 열대 저압부, 열대 폭풍 및 태풍은 어떻게 구별하는가?
13. 태풍은 중위도 저기압과 어떻게 다른가? 또 비슷한 점은 무엇인가?
14. 열대해역에서는 대다수 태풍이 왜 서쪽으로 이동하는가?
15. 태풍이 몰아오는 최대의 피해는 바람이 아닌 무엇 때문에 발생하는가?
16. 태풍에 의한 대부분의 사망 원인은 무엇인가?
17. 폭풍 해일은 어떻게 형성되는지 설명하라. 이 해일이 폭풍피해 상습지역에서 어떻게 피해를 주는가?
18. 열대 저기압 발달의 어느 단계에서 이름이 부여되는가?
19. 허리케인 Katrina가 루이지애나 해변으로 이동하면서 눈벽 교체 과정이 일어났다. 이 과정에서 실제로 눈벽에 무슨 일이 일어났는가?
20. 기상학자들은 태풍의 세기와 경로를 어떻게 예측하는가?
21. 태풍 감시와 태풍 경보의 차이점은 무엇인가?
22. 한때 어떤 허리케인에 요오드화은으로 씨뿌리기를 한 이유는 무엇이며, 왜 오늘날은 씨뿌리기를 하지 않는가?
23. 허리케인이 오리건보다 뉴저지를 강타할 가능성이 높은 두 가지 이유를 제시하라.

사고 및 탐구 문제

1. 태풍에 대한 해협을 지나 북동진하고 있고, 여러분은 동해안 지방에 살고 있다고 가정하자.
   (a) 태풍의 중심이 여러분이 사는 곳 동쪽으로 지나가는 동안 지상의 바람은 어떻게 변하는가? 태풍의 이동과 그 주변 바람의 흐름을 개략적으로 묘사해 보라.
   (b) 태풍이 여러분이 있는 곳의 동쪽을 통과한다면 가장 강한 바람은 어느 곳에서 불어오겠는가? 탑을 설명하라. (단, 이 태풍이 북동진하는 동안 약화되지 않는다고 가정하라.)
   (c) 최저 해면기압은 어느 방향의 풍향과 함께 일어나겠는가? 설명하라.
2. 세력이 약화된 태풍/허리케인이 다시 강력해질 수 있는 원인을 몇 가지 들어 보라.
3. 북대서양의 허리케인이 5월보다는 10월경에 더 잘 형성되는 이유는 무엇인가?
4. 보통 태풍이 지나간 후에 해수면의 온도가 왜 더 낮은지 설명하시오. (힌트: 태풍이 해양에서 열을 추출하기 때문이 아니다.)
5. 올해 북대서양에서 허리케인이 5개 발생할 것으로 예상된다면, 세 번째 허리케인의 이름이 알파벳 C로 시작할 가능성은 얼마인가? 그 이유를 설명하라.
6. 여러분이 다윈 오스트레일리아(북쪽 해변)에 있고 윌리윌리가 북쪽으로부터 접근한다고 하자. 여러분이 있는 곳으로부터 서쪽과 동쪽 중 어느 곳에 해수면 상승이 가장 크겠는가? 설명하라.
7. 친구가 그의 조부모가 멕시코만 연안에 사는 동안 1975년 Frederic이라는 끔찍한 허리케인을 경험했다고 말해주었다. 기후학적 기록을 살펴보기 전에 친구의 이야기에 문제가 있다는 것을 어떻게 알 수 있는가?

12장 세계의 기후

견디기 어려운 기후이다. 정오의 최고기온이 영하 33℃라니! 정말 겨울이 깊었나 보다. 낮은 점점 짧아지고 해는 낮아져서 따뜻한 느낌을 주지 못한다. 남쪽으로부터 활강바람이 계속 불어와 질풍과 눈보라를 일으킨다. 천막의 내벽에는 수 mm 두께의 얼음이 얼어붙어 마치 옻칠한 양피지로 도배를 한 것 같다. 매일 밤 벽에는 수 cm 두께로 서리가 쌓인다. 어쩌다 실수로 천막을 건드리면 얼굴로 빙정 소나기가 쏟아져 내린다. 밤에 침낭 속에 들어가 잠을 청하면 입김은 곧 큼직한 서리조각으로 변했다가 아침이 되어야 녹는다. 천막 쪽을 향한 침낭의 어깨 부분에는 서리와 얼음이 배어들어 아침에 일어나 침낭을 말아 올릴 때면 우지직 우지직 그릇 깨지는 소리가 난다. 수주일째 혹한에 시달리면서 손가락이 곱아 거의 마비되다시피 했고, 거듭되는 동상으로 손톱에 물집이 가득했다. 음식이란 음식은 모조리 얼음으로 변해 먹을 수 있게 녹이려면 오랜 시간이 걸린다. 창고에 햄이 있지만 자를 수가 없어 삽으로 쪼아야 했다. 우리는 부서진 햄조각을 황급히 주워 입에 넣고 공복을 달랬다. 씹히는 것은 음식 반, 얼음 반이었다. 그러나 조심해야 한다. 한 번은 겉주머니 속에 들어 있던 초콜릿 한 조각을 곧바로 입에 넣었다가 즉각 동상에 걸려 입천장에 물집이 생기기도 했다.

Ove Wilson(David M. Gates의 Man and His Environment에서 인용)

© Yakov Oskanov/Shutterstock.com

- 다양한 세계의 기후
- 기후 구분-쾨펜의 기후체계

앞에 소개한 글은 남극 대륙에서 자연의 가장 잔인한 기후를 경험한 노르웨이 연구진의 보고서에서 따온 것이다. 이들의 경험은 초콜릿 한 조각을 먹는 것 같은 가장 평범한 일상에서조차 기후가 얼마나 심각한 영향을 줄 수 있는지를 생생하게 설명한다. 우리가 의식하지 못하더라도 기후는 중위도 지역에서도 거의 모든 일에 깊은 영향을 줄 수 있다. 주택, 의복, 자연경관의 형태, 농업, 사람의 기분과 생활, 주거지 등 기후의 영향을 받지 않는 것이라고는 없다. 모든 문명은 좋은 기후환경에서 꽃피었고 기후가 나쁜 곳에서는 다른 곳으로 이동하거나 멸망해 버렸다. 기후는 그날그날의 일기를 장기간 평균한 것이다. 그러나 기후의 개념은 매일 일어나는 일기 이상의 훨씬 큰 의미를 함축한다. 예를 들면, 어떤 특정 지역에서 일어나는 하루 또는 계절적 일기의 극값(extreme)도 기후의 개념에 포함된다.

그러므로 기후를 말할 때는 해당 지역의 공간적 위치를 적시해야 한다. 가령, 어느 지방 상공회의소는 그들의 고장을 자랑하면서 겨울 기온이 영하로 내려가는 일이 드문 살기 좋은 곳이라고 말할 수 있겠으나 이것은 지상 1.5 m 높이에 설치된 백엽상의 기온이고, 지상의 기온은 야간에 영하로 내려가는 때가 여러 날이 될 수 있다.

이처럼 지면 근처 또는 지상의 소기후 지역의 기후를 **미기후**(microclimate)라고 한다. 일 기온의 훨씬 큰 극치는 1.5 m 상공보다는 지상 근처에 나타나기 때문에 작은 식물의 미기후는 백엽상 속 온도계가 가리키는 것보다 훨씬 가혹할 수 있다.

다음으로, 지표의 작은 지역에 발생하는 기후를 **중기후**(mesoclimate)라 한다. 이때 지역의 범위는 수 km^2에서 수천 km^2에 달할 수 있다. 중기후에 해당되는 지역은 산림, 계곡, 해변, 읍내 등을 포함한다. 주나 국가와 같은 훨씬 큰 지역의 기후를 **대기후**(macroclimate)라 한다. 지구 전체에 걸친 기후를 말할 때는 **세계의 기후**(global climate)라 한다.

이 장에서는 큰 규모의 기후를 집중적으로 다룬다. 우리는 세계의 기후를 조절하는 요소부터 논의한 후 기후의 구분과 각종 유형을 살펴볼 것이다.

다양한 세계의 기후

세계에는 여러 가지 유형의 기후가 있다. 열대 밀림에서 한대 '황무지'에 이르기까지 무수히 많은 기후 지역이 있다. 특정 지역의 기후를 형성하는 요소를 기후 인자라고 한다. 매일의 일기를 형성하는 요인과 동일한 기후조절 인자는 다음과 같다.

1. 일사의 강도 및 위도별 변화
2. 해륙의 분포
3. 해류
4. 탁월풍
5. 고기압과 저기압의 위치
6. 산맥
7. 고도

또한, 넓은 숲이 목초지로 대체될 때와 같이 인간의 정착이 기후 조절 역할을 할 수 있다. 다음 섹션에서는 인간에 의한 환경변화와 관련이 없는 대규모 기후 조절인자에 중점을 둘 것이다. 기후의 2대 요소인 기온과 강수의 세계 패턴을 관찰함으로써 이들 인자가 기후에 미치는 효과를 확인할 수 있다.

세계의 기온 그림 12.1은 세계의 연평균기온을 보여 준다. 지형학적 왜곡효과를 배제하기 위해 기온을 해수면 기준으로 조정했다.[1] 그림을 보면, 남 · 북반구에서 등온선은 모두 동-서로 연결되어 있어, 동일 위도상의 지역들은 거의 같은 양의 태양열을 흡수하고 있음을 알 수 있다. 또한 각위도별 연간 태양열 흡수량은 저위도에서 고위도로 갈수록 감소하며, 따라서 연간 기온은 적도에서 극으

---

1 이 보정은 각 관측소에 해발 위의 1000 m당 6.5°C 기온감률에 해당하는 온도의 양을 추가하여 이루어졌다.

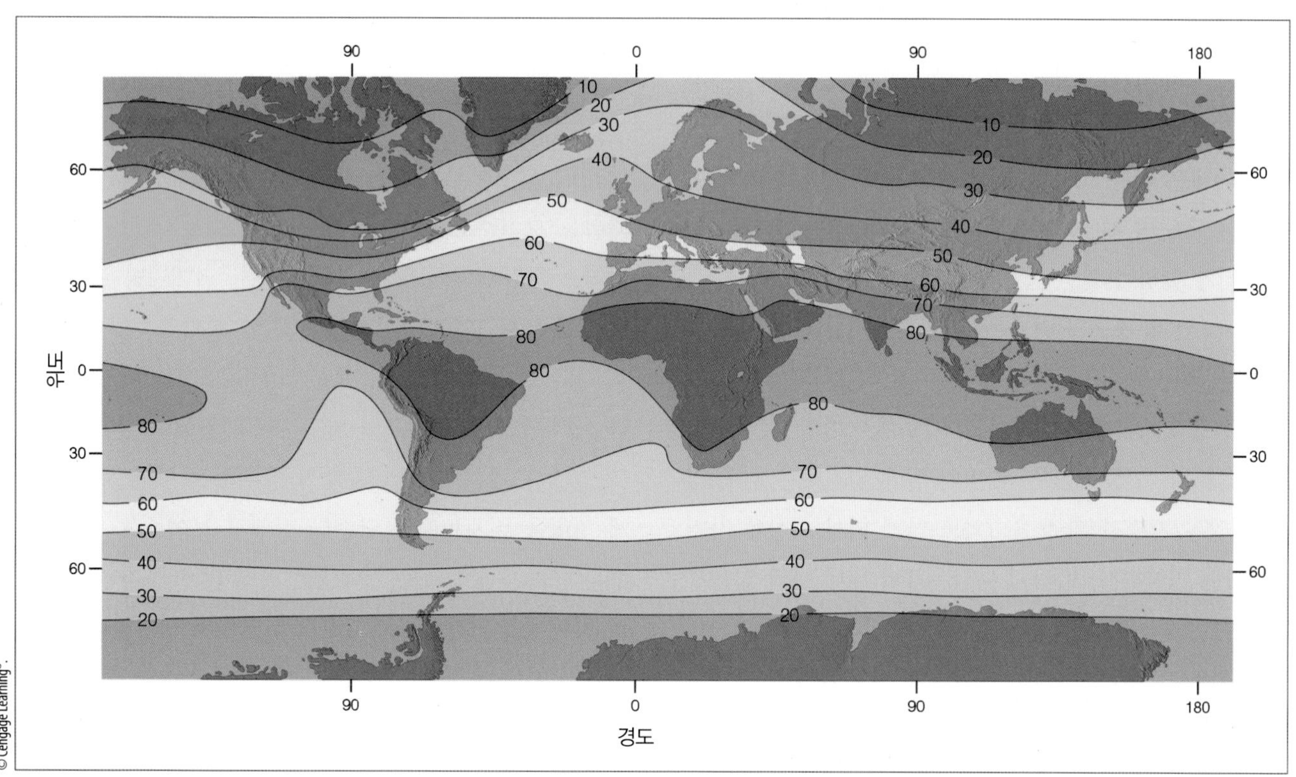

그림 12.1 ● 세계의 연평균 해수면 기온(°F).

로 갈수록 낮아진다.[2]

해안을 따라 등온선이 굴곡을 형성하는 것은 육지와 바다의 불균등 가열과 냉각에 기인한다. 2장에서 언급한 것처럼, 물은 토양보다 열용량이 크기 때문에 물의 온도를 상승시키는 데 에너지가 더 많이 필요해서 해양은 육지 지역보다 여름에 늦게 가열되고, 겨울에 늦게 냉각된다. 해안의 등온선 굴곡은 또한 해양의 해류와 용승과 관련 있기도 하다. 예컨대 남·북아메리카의 서해안에서는 해류가 찬물을 적도 쪽으로 이동시키고 바람은 해안선과 평행하게 되어 적도 쪽으로 분다. 이 같은 상황으로 찬물의 용승이 발생해 해안가를 냉각시킨다. 북위 40°N 이상의 북대서양 동부에서는 멕시코 만류와 북대서양 편류의 영향으로 등온선이 극 쪽으로 굽어 있다.

육지가 해양보다 더 빠르게 가열되고 냉각되기 때문에 여름과 겨울 사이의 온도 변동은 대륙의 서안 지역보다 내륙지역이 훨씬 크게 나타난다. 따라서 대륙의 내부에서는 여름에 더 높은 온도, 겨울에 더 낮은 온도를 갖기 때문에, 좀 더 극한 기후가 나타나게 된다. 반면에 대륙의 서안지역은 해양의 영향으로 같은 위도대의 다른 지역에 비하여 온화한 기후가 나타난다.

2 1월과 7월의 지구 평균 기온은 그림 3.14와 3.15에 나타냈다.

알고 있나요?

남극의 "여름"조차도 잔인할 수 있다. 1912년 남극 여름에 영국의 로버트 스콧(Robert Scott)은 남극에서 노르웨이의 로널드 아문센(Roald Amundsen)과의 경주에서 패배했을 뿐만 아니라 출발점으로 돌아가다가 블리자드를 만나 사망했다. 스콧과 그의 승무원이 촬영한 온도 데이터에 따르면 1912년의 "여름"은 비정상적으로 추웠으며 기온은 거의 한 달 동안 −1.1℃(−30°F) 미만으로 유지되었다. 예상했던 것보다 매우 낮은 온도는 그들의 건강을 약화시키고, 당기는 썰매에 마찰 저항을 증가시켰다. 스콧이 죽기 직전에 그는 저널에 《세계 어느 누구도 우리가 직면한 온도와 지면 상태를 예상하지 못했을 것》이라고 글을 남겼다.

지구상 장기간의 최고온도는 열대지역의 나라에 발생하지만, 특정기간의 고기온은 북반구의 아열대 사막에서 발생한다. 이곳에서는 아열대 고기압으로 발생한 침강기류가 대체로 맑은 하늘과 낮은 습도를 형성하고, 여름철의 높은 고도의 태양이 이 불모의 땅에 작열하면 타는 듯한 열기가 발생한다.

한편, 세계 평균 최저기온은 고위도 지방의 큰 대륙에서 나타난다. 북반구에서 가장 추운 지역은 시베리아와 그린랜드 지역 내부에서 나타나고, 지구에서 가장 추운 지역은 남극이다. 연중 태양이 지평선 밑에 위치하는 때도 있다. 태양은 지평선 위로 올라와도 낮게 떠서 지상을 가열하기에는 미약하다. 따라서 남극은 1년 내내 눈과 얼음으로 덮여 있다. 눈과 얼음은 지상에 도달하는 태양광선의 80%를 반사한다. 반사되지 않고 흡수되는 태양열의 대부분은 얼음과 눈을 수증기로 전환시키는 데 사용된다. 비교적 건조한 대기와 남극의 높은 해발 고도 때문에 어두운 겨울 몇 달 동안은 강한 복사냉각이 발생함으로써 지상대기는 극도로 차가워진다. 남극 대륙은 남극점 주변 지역을 덮고 있으며 1년 내내 눈과 얼음으로 덮여 있으며 북극점은 바다로 둘러싸여 있다. 여름에는 막대한 양의 북극 해빙이 녹아 햇빛이 북극해에 흡수 및 혼합된다. 이러한 태양에너지 흡수는 북극의 평균온도를 남극의 온도보다 높게 유지하게 만든다. 극도로 추운 남극은 전체적으로 남반구가 북반구보다 온도가 낮은 이유 중 하나이다.

세계의 강수 부록 G는 세계의 일반적인 연평균 강수량 패턴을 보여주고 있다. 특정 지역은 습윤지역 또는 건조지역으로 표시되어 있다. 예를 들면, 열대지방은 전형적으로 습윤지역인 반면, 아열대와 한대 지역은 비교적 건조하다. 강수의 세계적 분포는 7장에 소개한 대기 대순환과 산맥 및 고원의 분포와 밀접하게 연관되어 있다.

그림 12.2는 대기 대순환이 강수의 남북 분포에 어떻게 영향을 미치는지를 단순한 형태로 보여주고 있다. 강수는 공기가 상승하는 지역에서 가장 많고 공기가 침강하는 지역에서 가장 적다. 그러므로 열대지역과 한대진선에 강수가 많고 아열대 고기압과 극지방에 강수가 적다.

열대지방에서는 무역풍이 열대수렴대(ITCZ)를 따라 수렴해 연중 상승대기와 적운 및 많은 강수를 동반한다. 적도로부터 극 쪽으로 가면서 위도 30° 부근에서 아열대 고기압의 침강대기가 지구 둘레에 '건조대'를 형성한다. 북아프리카의 사하라 사막과 미국 남서쪽의 모하비 사막이 바로 이 건조대에 속해 있다. 이 지역의 연간 강수는 매우 적고 해에 따라 상당한 변화를 보인다. 주 바람대와 기압계는 계절에 따라 이동하는데 7월에는 북쪽으로, 1월

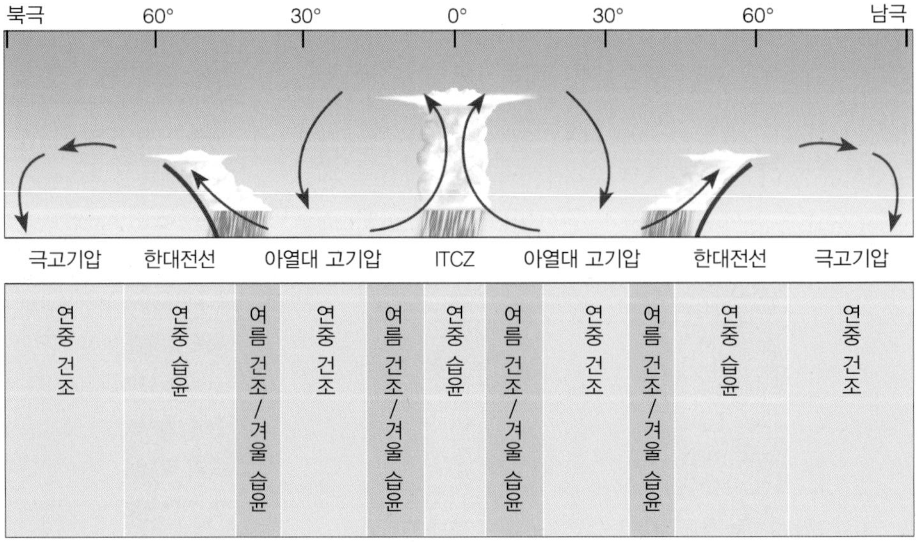

그림 12.2 ● 북에서 남으로 그은 수직단면이 세계의 상승 및 침강 공기 지역을 설명해 준다. 또 각 지역이 강수에 미치는 영향을 나타내고 있다.

에는 남쪽으로 이동한다. 강우량이 많은 열대와 건조한 아열대 사이에 위치한 이 지역은 열대수렴대와 아열대 고기압의 영향을 받는다.

극지방의 한랭공기는 습기가 매우 적어 강수량도 매우 적다. 겨울 폭풍우가 가벼운 눈가루를 뿌리면 낮은 증발률 때문에 오래 남아 있는다. 여름에는 고기압 마루가 폭풍계의 길을 막아 극지방의 강수는 전 계절을 통해 적다.

그러나 이 같이 단순화된 패턴에는 예외가 있다. 예를 들면, 중위도에서는 다른 곳에서 이동해 온 아열대 고기압이 강수의 동-서 분포에 영향을 준다. 이와 같은 기상계로 인한 침강공기는 고기압 동편에서 더 강력하게 발달한다. 따라서 고기압 동쪽의 대기가 보다 안정하다. 또 이곳은 고기압계를 중심으로 한 바람의 순환으로 찬 공기가 적도 쪽으로 이동함에 따라 더 건조하다. 더욱이 해안선을 따라 한랭 해수의 용승이 발생하여 지상공기를 더욱 냉각시키며, 그 결과 대기의 안정성은 더욱 높아진다. 따라서 태평양 고기압의 중심이 캘리포니아 해안 앞바다에 위치하는 여름에는 해안 지방 상공에서 강력하고 안정된 침강역전이 발생한다. 강력한 역전과 폭풍을 북쪽으로 이동시키는 고기압 특성의 영향으로 중부 및 남부 캘리포니아 지역은 여름철 강수가 거의 없거나 약간 있을 뿐이다.

아열대 고기압 서편에서는 보다 따뜻한 공기가 극으로 이동함에 따라 대기의 안정도는 낮고 습도는 높다. 여름에는 북대서양 상공에서 버뮤다 고기압이 멕시코만으로부터 습윤열대공기를 미국 동부를 향해 북쪽으로 이동시킨다. 이 습윤공기는 처음에는 조건부 불안정 상태에 있으나 상공으로 이동함에 따라 더욱 불안정해진다. 이 습윤공기는 적절한 조건을 만날 경우 상승 응결하여 적운으로 되며 이 구름은 뇌우를 형성하게 된다. 겨울에는 아열대 북태평양 고기압이 남쪽으로 이동하며, 이에 따라 폭풍우가 바다를 가로질러 미국 서부 주들로 진입하여 캘리포니아 주 일대에 길고 건조한 여름 동안 기다리던 비를 풍성하게 내린다. 미국 대부분 지역에 강력한 겨울폭풍이 발달하여 동쪽으로 이동하면서 종종 많은 강수를 동반

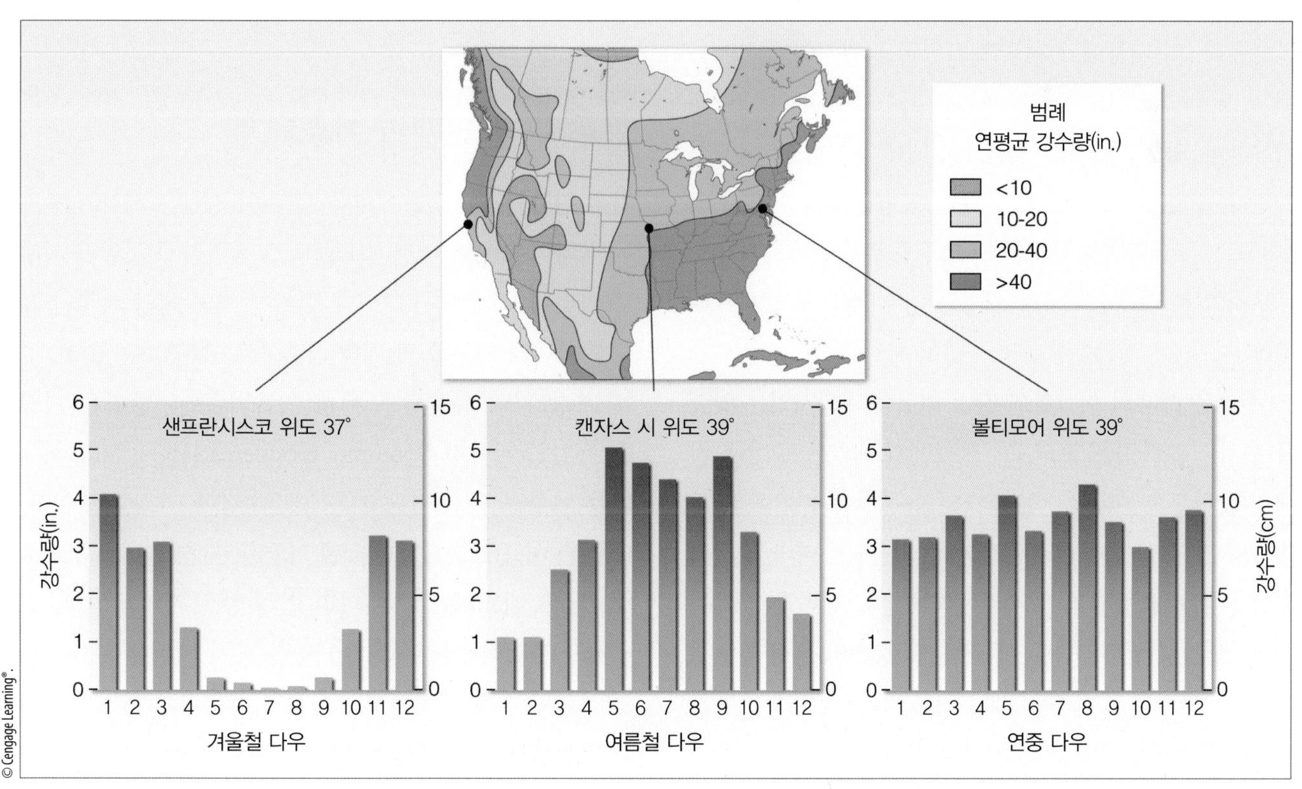

그림 12.3 ● 북미 대륙의 연평균 강수량 분포와 동일 위도상의 3대 도시에서의 강수량의 변화(averaged for the period 1981–2010).

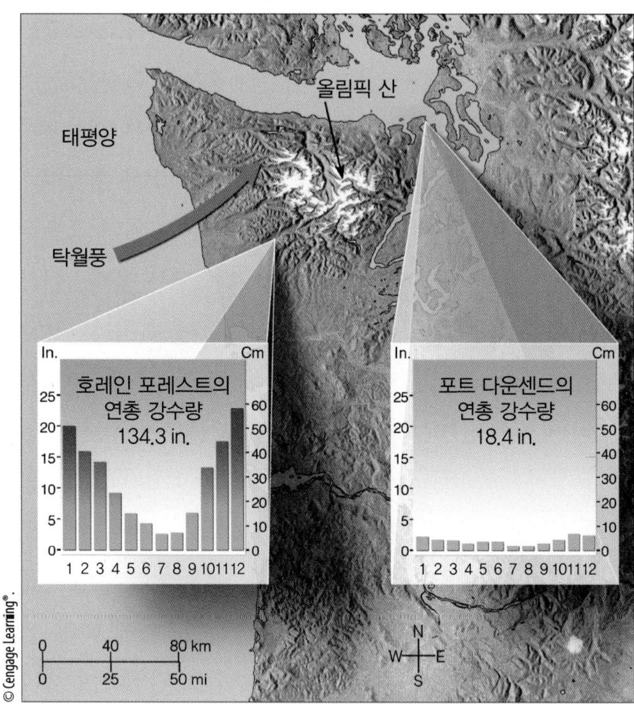

그림 12.4 ● 워싱톤 주 올림픽 산이 연평균 강우량에 미치는 영향.

한다. 이러한 폭풍계보다 앞서 멕시코만의 습윤공기가 북쪽으로 이동하기 때문에 가장 많은 강수는 미국 동부에서 발생한다. 이 때문에 전형적으로 미국 평원지역에는 여름에 비가 더 내리고, 서해안에서는 겨울에 최대 강수량을 기록하며, 중서부와 동부에는 1년 내내 충분한 강수가 형성된다. 그림 12.3은 북미 대륙의 연평균 강수량 분포와 3대 도시, 서부해안(샌프란시스코), 중부지역(캔자스 시), 동부지역(볼티모어)에서의 월평균 강수량의 변화를 보여 준다.

산맥은 세계의 이상화된 강수 패턴을 변화시키는 역할을 한다. 그 과정을 보면 (1) 산비탈의 대기는 주변에 비해 따뜻하므로 대류가 촉진되고 (2) 풍상측 비탈을 따라 대기의 강제 상승이 형성된다(지형 치올림). 따라서 산의 풍상측에는 '습윤'공기가 자라 잡기 쉽다. 풍하측 공기는 하강하면서 가열되기 때문에 구름 및 강수의 형성 가능성이 낮다. 따라서 풍하측 공기는 '건조'하다. 강수가 현저하게 적은 풍하측 지역을 **비그늘**이라 한다.

워싱턴 주 북서부는 비그늘 효과의 대표적 예이다. 올림픽 산맥의 서부 풍하측에 위치한 호레인 포레스트의 연평균 강수량은 340 cm임에 비해(그림 12.4) 불과 100 km 떨어진 포트 타운센드의 연평균 강수량은 48 cm에 불과하다. 그림 12.5는 지형에 의한 비그늘 효과의 예를 보여 준다(강수량의 극치에 관한 추가 설명은 포커스 12.1을 참조하라).

요점 복습

지금까지 다룬 주요 개념 및 사실을 정리해 보자.

- 기후 인자는 지역의 기후에 영향을 주는 요인이다.
- 지구상 가장 더운 지역은 맑은 하늘과 침강대기, 그리고 낮은 습도와 여름철 높이 뜨는 태양으로 극도의 고온이 형성되는 북반구의 아열대 사막지대에서 나타난다.
- 지구상 가장 추운 지역은 고위도 대륙의 내륙에서 나타나는 경향이 있다. 북반구의 가장 추운 지역은 시베리아와 그린란드, 전 세계를 통틀어 가장 추운 곳은 남극이다.
- 세계에서 가장 습한 지역은 온난습윤 대기가 활승하는 산악의 풍상측에 자리 잡고 있다. 한편, 풍하측에는 종종 비그늘이라고 알려진 '건조'역이 위치한다.

기후 구분-쾨펜의 기후체계

기후 인자의 상호작용에 따른 기후의 양상은 제각기 광범위한 차이를 보여 어떤 지역들과도 정확하게 동일한 기후를 나타내지 않는다. 그러나 주어진 지역 내의 기후의 유사성에 따라 지구를 몇 개의 기후구로 구분할 수 있다.

가장 널리 통용되는 세계 기후의 구분 방법은 저명한 독일의 과학자 Waldimir Köppen(1846~1940)이 개발한 연평균 및 월평균 기온과 강수량에 기초하고 있다. 1918년 처음 도입되었던 **쾨펜 기후 구분계**(Köppen classification system)는 그 후 여러 번 수정 보완되어 왔다. 전 세계적으로 적절한 관측소가 없던 당시 쾨펜은 토착식물의 분포와 유형을 여러 가지 기후에 적용해 보았고, 이러한 방법으로 기후 경계를 대략 구분할 수 있었다.

쾨펜은 세계의 기후를 다음 5가지 유형으로 구분하였다.

극한 강수량 값이 나타나는 지역

세계에서 '강수량이 가장 많은' 지역은 산맥의 풍상측에 위치해 있다. 하와이 주 카우 아이 섬의 와이알레알레 산은 연평균 강수량이 1,164 cm로 최고 기록을 세웠다. 인도 북동부 카시 구릉의 남부 비탈에 자리 잡은 체라푼지의 연평균 강수량은 1,187 cm이며 이 중 대부분은 4월부터 10월 사이의 몬순 기간 중에 내린다. 체라푼지에서는 연간 총 2,647 cm의 강우가 내린 바 있으며, 한때 이 지방에는 단, 5일 동안 249 cm가 내리기도 했다.

기록적인 강수는 가끔 열대 폭풍으로 형성되기도 한다. 인도양상 마다가스카르 동쪽에서 650 km 떨어진 라리유니언 섬에서는 열대 저기압의 영향으로 12시간 동안 벨루브에 114 cm의 폭우가 내린 바 있다. 단기간의 폭우는 어느 지역 상공을 서서히 이동하거나 한 곳에 정체하는 악뇌우로 발생하는 일이 종종 있다. 1956년 7월 4일 미국 메릴랜드 주 유니언빌에 단 1분 동안 3 cm나 비가 내린 일이 있다.

산맥의 풍상측에 습윤한랭공기가 형성될 때는 많은 눈이 내리는 경향이 있다. 북아메리카에서 최다강설량을 기록하는 지역 중 하나는 워싱턴 주 레이니어 산 국립공원의 파라다이스 레인저 관측소이다. 해발 1,646 m에 위치한 이곳의 연평균 강설량은 1,758 cm이며, 12개월 최대 강설량 기록은 1971년 2월부터 1972년 2월 사이에 내린 3,109 cm이다. 또 최대 계절 강설량은 1998~1999년 겨울 워싱턴 주 베이커 산 스키장에 내린 2,896 cm였다.

세계에서 가장 건조한 지역은 몹시 추운 극지방, 산맥의 풍하측, 그리고 위도 15~30°의 아열대 고기압대에 위치해 있다. 세계 최소강수량을 기록한 곳은 칠레 북부의 아리카로 연평균 0.08 cm밖에 안 된다. 미국에서는 캘리포니아 주의 데스 밸리가 연평균 5.9 cm로 가장 강수량이 적은 곳이다. 세계의 강수량 기록은 그림 1과 같다.

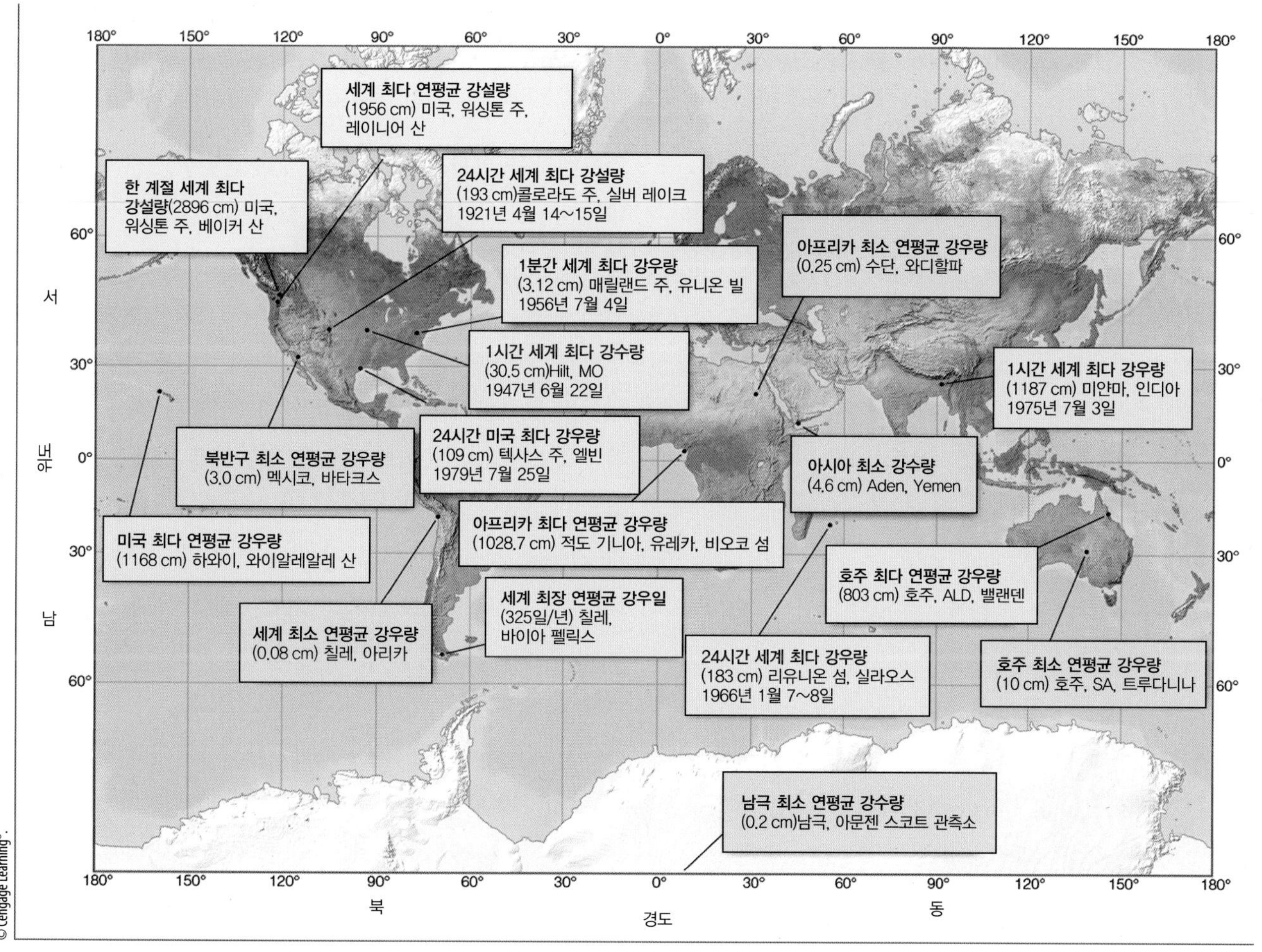

그림 1 ● 전 세계의 강수 기록.

그림 12.5 ● 태평양에서 캘리포니아 중부를 거쳐 네바다 주 서부에 이르는 선을 따라 지형이 연평균 강수량에 미치는 영향을 보여주고 있다.

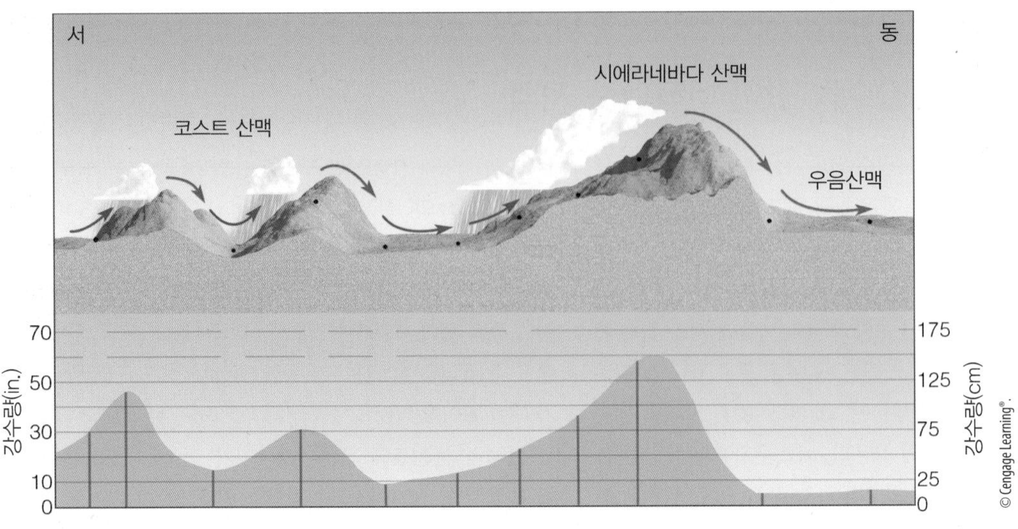

A. 열대습윤기후(tropical moist climates): 매 월평균기온이 18°C 이상으로 사실상 겨울이 없음.

B. 건조기후(dry climates): 연중 대부분 강수량이 부족하고 잠재 증발 및 증산량이 강수량을 초과함.

C. 동계 온난 중위도 습윤기후(moist mid-latitude climates with mild winter): 겨울은 온화하고 여름은 고온인 기후로 가장 추운 달의 평균기온이 18°C 이하 3°C 이상임.

D. 동계 한랭 중위도 습윤기후(moist mid-latitude climates with severe winters): 연중 가장 더운 달의 평균기온은 10°C 이상이고 가장 추운 달의 평균기온은 −3°C 이하임.

E. 한대기후(polar climates): 겨울과 여름이 매우 추운 기후로 가장 따뜻한 달의 평균기온이 10°C 이하이며, 사실상 여름이 없음.

이상 5개 그룹 산하에는 기온과 강수량에 계절적 변화가 있는 지역 특성을 가진 소기후구가 속해 있다. 가령, 고도의 급변으로 인해 기후형에 뚜렷한 차이를 보이는 산악지역에서는 기후구를 구분하는 것이 불가능하다. 이러한 지역을 고산기후(highland climates)라 하며 H로 표시한다.

그림 12.6은 쾨펜 체계에 따라 작성한 전 세계 주요 기후형의 개관을 보여주고 있다. 지도 위에 일부 기후 인자들이 포개져 표시되어 있다. 이들 인자에는 반영구적인 고기압 및 저기압 지역의 연평균 위치, 1월과 7월 열대수렴대의 평균 위치, 세계의 주요 산맥들과 사막들, 그리고 일부 주요 해류들이 포함되어 있다. 기후 인자들이 세계 여러 지역의 기후에 어떻게 영향을 미치는지 살펴보라. 예상대로 태양 에너지의 강도와 양의 변화에 따라 한대기후는 고위도에서, 열대기후는 저위도에서 발견된다. 건조기후는 하강기류가 존재하는 아열대 고기압이 위치한 위도 30° 근처 주요 산맥의 풍하측에 존재하는 경향이 있다. 비교적 온화한 겨울을 동반하는 기후(C 기후)는 혹한의 겨울을 동반하는 기후(D 기후)의 적도 쪽 방향에 위치하는 경향이 있다. 북아메리카와 유럽의 서해안을 따라 난류와 편서풍이 기후에 영향을 미쳐 해안지역은 멀리 내륙지역보다 훨씬 온화한 겨울을 경험하게 된다.

쾨펜 기후분류체계 안에서 각각의 주요 기후형은 기온과 강수의 계절적 변화와 같은 특정 지역적 특성을 나타내는 부 기후형을 포함하고 있다는 점을 유념하라. 여러 부 기후형을 포함하는 전체 쾨펜 기후분류체계는 부록 E에 실려 있다.

쾨펜의 기후 구분은 그 경계가 각 기후대의 자연 경계에 일치하지 않기 때문에 비판을 받아 왔다. 더욱이 쾨펜의 구분은 각 기후대 사이에 뚜렷한 경계선이 있는 것으로 간주하는 데 반해, 실제로는 뚜렷한 경계선 없이 점진적인 추이가 존재한다는 점에서도 결함이 있다는 지적을

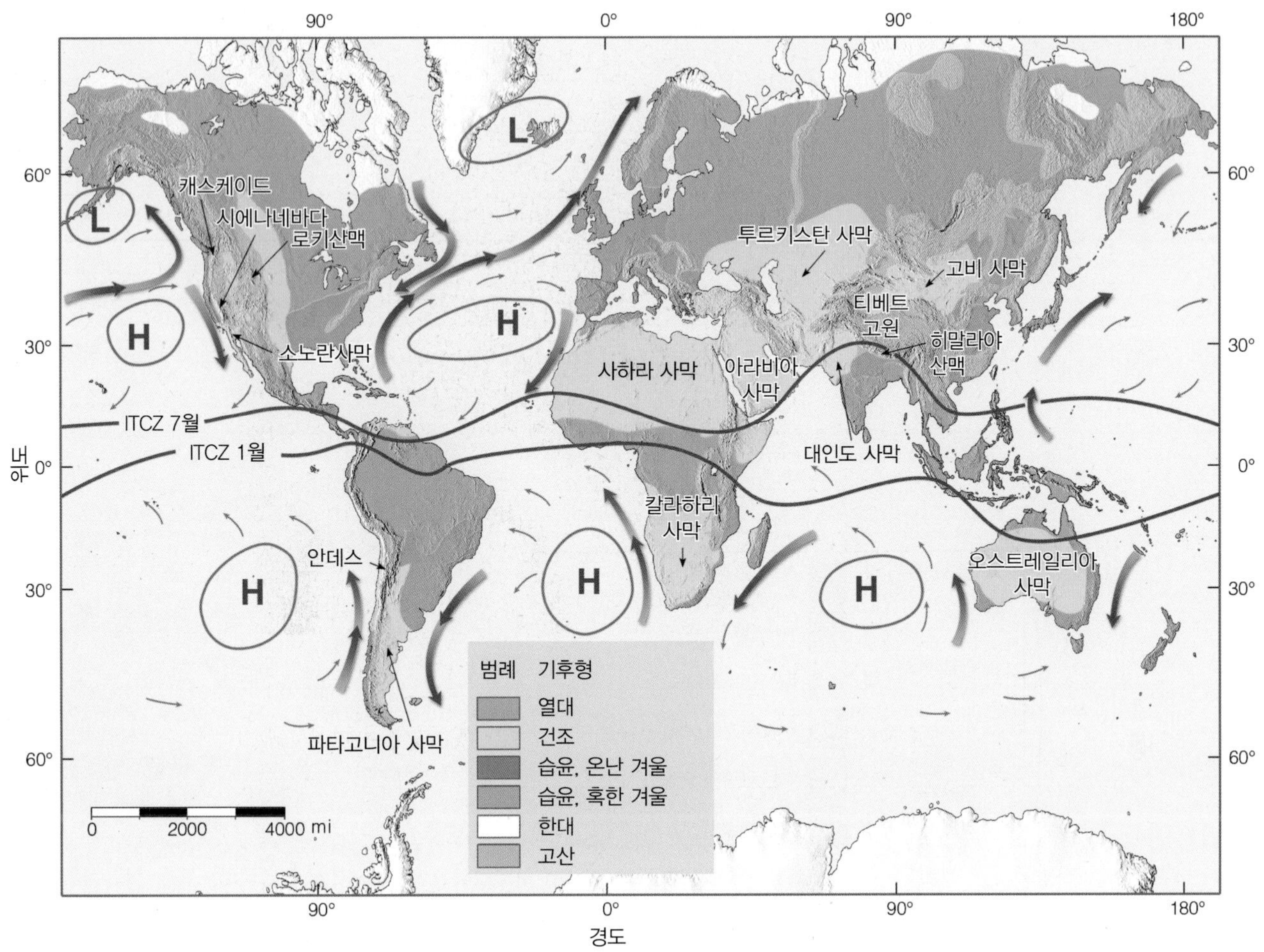

그림 12.6 ● 일부 기후 인자를 포함한 쾨펜 체계에 따른 주요 기후형의 개관도. 지도 위의 대문자 H와 L은 각각 반영구 고기압과 저기압의 평균 위치를 나타낸다. 빨간색 실선은 1월과 7월의 열대수렴대(ITCZ)의 평균 위치를 보여 준다. 빨간색 해류는 난류이고 파란색 해류는 한류이다. 세계의 주요 산맥과 사막도 표시되어 있다.

받았다. 이 때문에 쾨펜 구분계는 여러 번 수정되어 왔다. 특히 독일 기후학자 루돌프 가이거(Rudolf Geiger)는 쾨펜과 공동으로 특정 기후구의 경계를 조정했다. 또 미국 기후학자 글렌 트레와다(Glenn T. Trewartha)는 쾨펜의 기후형 중 일부를 수정하고 식물 생육계절의 길이와 여름 평균기온에 보다 큰 비중을 두는 방향으로 세계 기후도를 재구성했다. 미국의 기후학자인 C. Warren Thornthwaite가 만든 또 다른 시스템은 식물 성장에 중요한 월별 강수량과 월별 잠재증발산과 관련된 연간 지수를 사용한다. Thornthwaite 시스템은 열대 우림, 숲, 초원, 대초원, 사막 등 5개의 주요 습도 지역과 그 식생 특징을 정의한다.

세계의 기후 패턴

그림 12.7은 주로 쾨펜의 연구에 토대를 둔 세계 주요 기후의 분포를 보여주고 있다. 우선 저위도 지역의 열대습윤기후를 검토한 후 중위도와 한대기후를 차례로 살펴보자. 각 기후마다 지형, 표고, 거대한 면적의 물 등의 요인에 따라 국지적 차이를 보이는 여러 개의 소기후구를 대동하고 있다. 또 각 기후지역의 경계선은 점진적 추이를 상징한다는 점을 염두에 두라. 따라서 주어진 지역의 주요 기후 특성은 경계에서 떨어진 지역에서 가장 잘 관측될 수 있다.

그림 12.7 ● 쾨펜 구분에 준한 세계 기후 구분포.

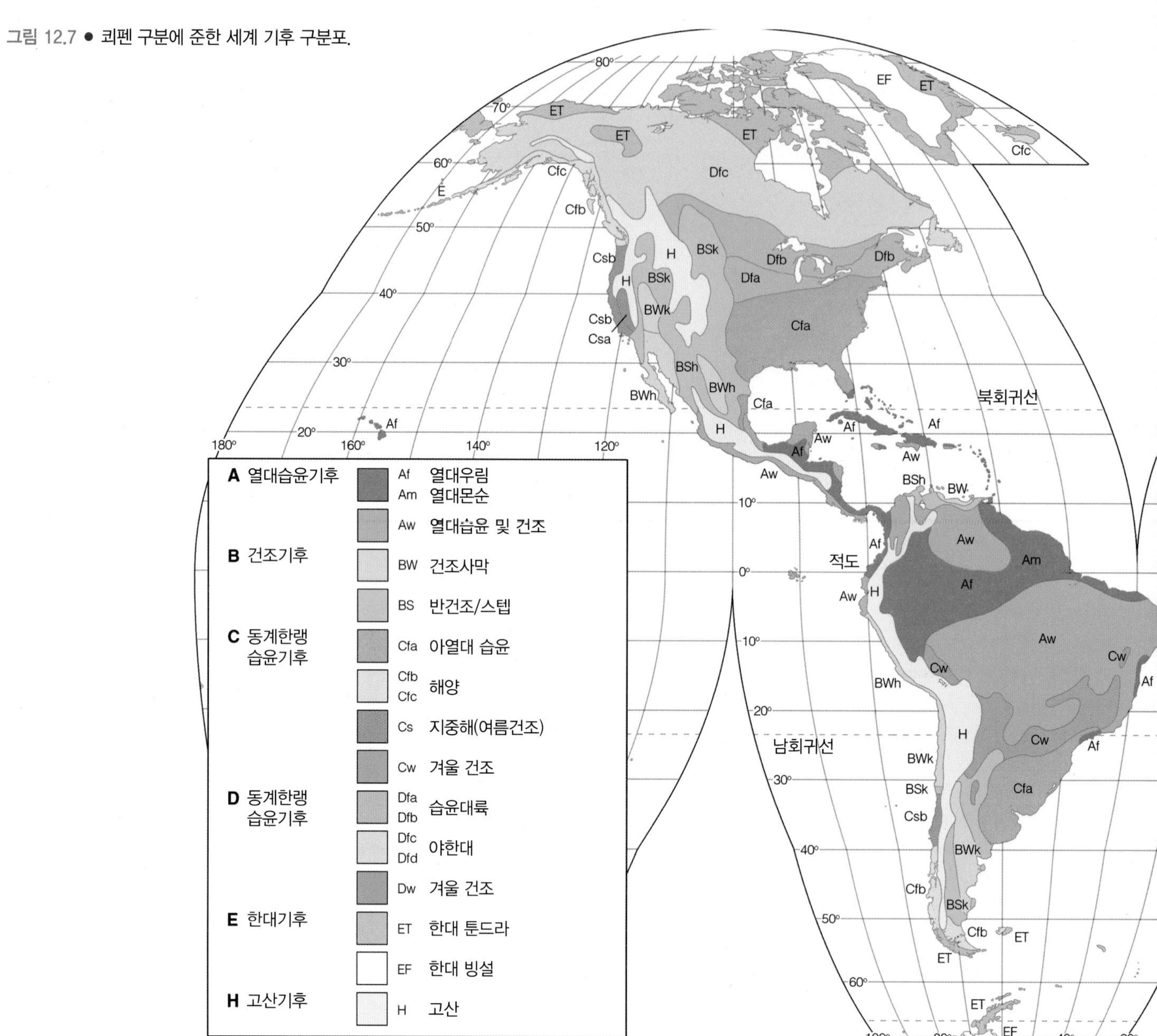

열대습윤기후(A 기후)

- 일반 특성: 평균기온 18°C 이상으로 1년 내내 기온이 높고 연평균 150 cm 이상의 풍부한 강우량을 갖는 지역
- 범위: 적도를 중심으로 남북위도 15~25°
- 주요 유형(계절적 강우 분포에 따른): 열대습윤기후(Af), 열대몬순기후(Am), 열대습윤 및 건조기후(Aw)

적도 근처의 저지대, 특히 남아메리카 아마존 강 유역, 아프리카의 콩고 강 유역, 수마트라에서 뉴기니에 이르는 동인도 제도에서는 고온다습한 기후로 잎사귀가 넓은 상록수림이 빽빽한 **열대우림**(tropical rainforest)을 형성하고 있다. 이 지역에는 각기 다른 빛의 강도에 적응하는 각종 식물이 서식하고 있다. 이들 지역에서는 두꺼운 잎사귀층을 뚫고 지상에 침투하는 일사량이 매우 적으므로 땅바닥에는 식물이 거의 자라지 못한다. 그러나 우림 외곽이나 군데군데 하늘이 뚫린 곳에는 입사량이 풍부해

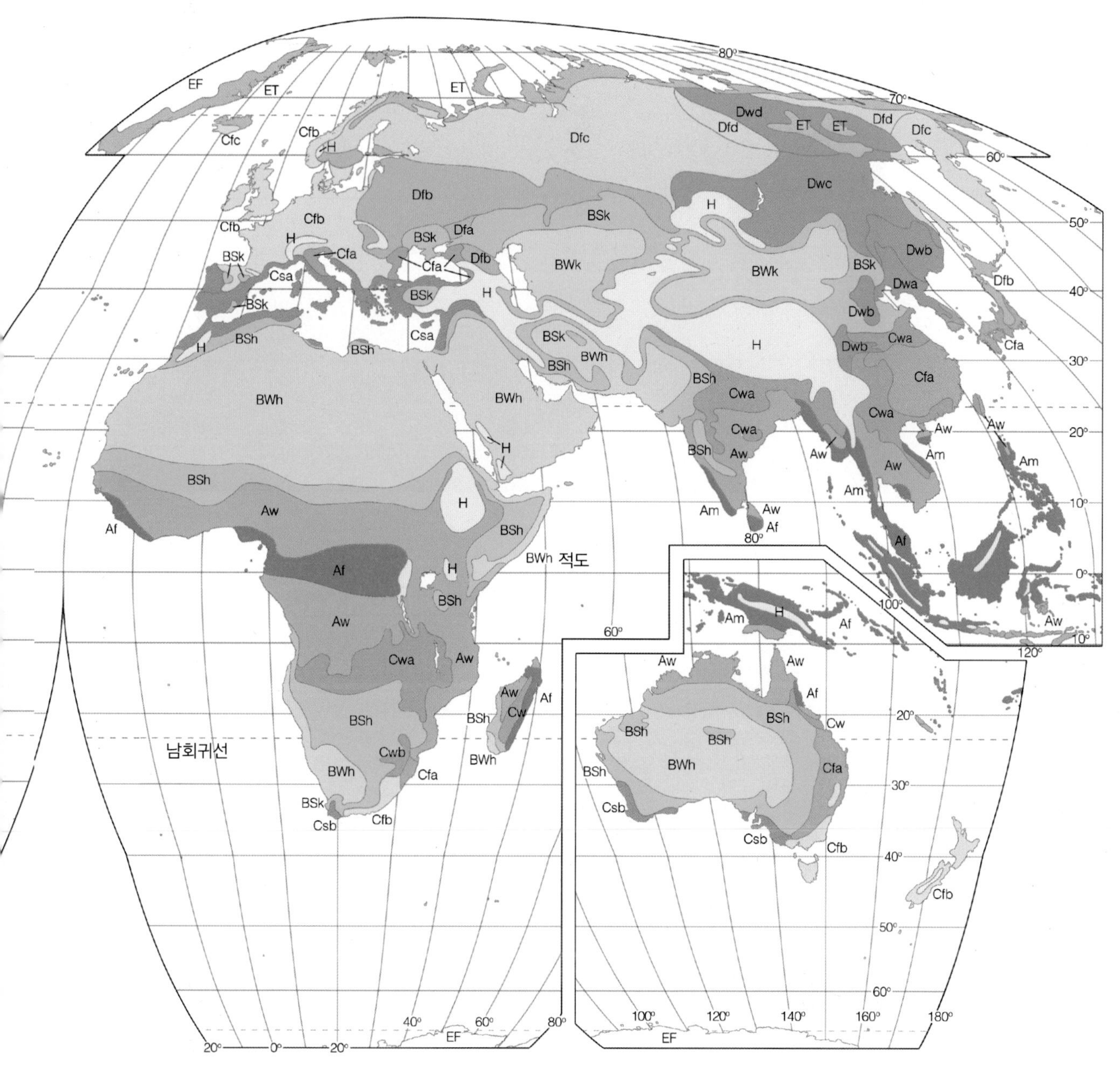

뒤엉킨 관목과 넝쿨 식물들이 **정글**을 형성하여 뚫고 들어가기가 거의 불가능하다(그림 12.8 참조).

열대습윤기후(Af) 지역에서는 계절적 기온 변화가 3°C 미만으로 매우 적다. 그 이유는 정오의 태양이 항상 높이 떠 있고 낮 시간이 비교적 일정하기 때문이다. 그러나 낮과 밤의 기온차는 비교적 크다. 이 때문에 열대지방의 겨울은 밤에 온다는 통설이 있다. 이 지역 일기는 단조롭고 무덥다. 날이 바뀌어도 기온에는 별 차이가 없고 거의 매일 적운이 높게 발달하여 이른 오후가 되면 국지적 소나기가 쏟아진다. 저녁이 되면 소나기는 그치고 하늘은 맑아진다. 전형적인 연 강우량은 150 cm 이상이며, 경우에 따라 구름이나 산의 풍상측 강우량은 400 cm를 초과하기도 한다.

이 지역의 높은 습도와 많은 구름은 최고기온을 더욱 상승하지 못하도록 제동 역할을 한다. 실제로 여름철 오후 기온은 이 지역보다 오히려 중위도 지역이 더 높다. 야

그림 12.8 ● 페루 이키토스 지방의 열대우림. 이 지역의 기후는 그림 12.9를 참조하라.

간 냉각은 대기의 포화를 일으켜 이슬층과 때로는 안개가 지상을 덮을 때도 있다. 열대습윤기후를 열대우림기후라고도 한다.

열대우림기후와 관련한 대기포화의 예로 페루의 이키토스를 꼽을 수 있다(그림 12.9 참조). 적도 근처인 남위 4°의 아마존 강 상류에 위치한 이키토스는 연평균기온 25°C에 연교차는 2.2°C에 불과하다. 월간 기온차보다는 월간 총 강우량의 차이가 더 크게 나타나 있다. 그 이유는 열대수렴대의 이동 위치와 그에 동반되는 바람 패턴 때문이다. 월 강우량은 크게 변하지만 월평균 강우량은 6 cm를 넘기 때문에 어느 달도 강우량이 부족하지는 않다.

잠시 짬을 내어 그림 12.8을 다시 보라. 사진을 보면 숲의 캐노피층 아래에 있는 흙은 농사짓기에 매우 적합할 것이라고 생각할 수 있다. 그러나 실제로는 그렇지 못하다. 호우가 토양에 닿으면 땅속으로 스며들면서 **침출**이라는 과정을 통해 영양분을 제거하게 된다. 실제로 무성한 숲을 유지하는 데 필요한 영양분은 이상하게도 죽은 나무가 분해되면서 생긴다. 나무의 뿌리는 이들 영양분이 침출되기 전에 흡수한다. 농업을 위해 우림을 파괴하거나 벌목을 하게 되면 두꺼운 붉은색의 **홍토**(laterite)층이 남는다. 적도의 강한 일사에 노출된 이 토양은 마치 벽돌처럼 단단해지기 때문에 경작하기가 어렵다.

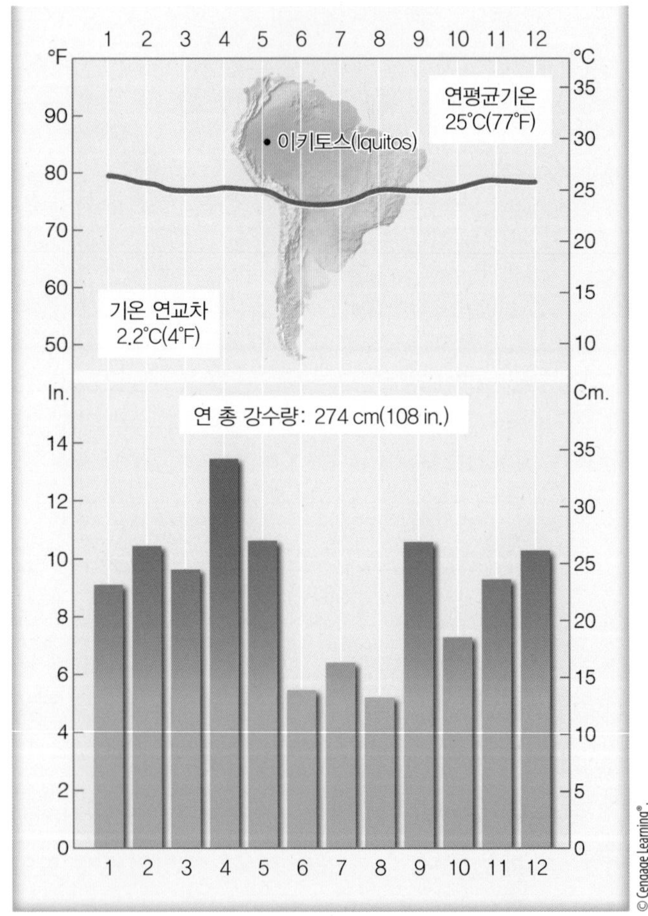

그림 12.9 ● 남위 4°에 위치한 페루 이키토스의 기온 및 강수량 자료. 이곳은 열대습윤기후(Af)에 속한다. (이런 형의 도표를 클라이모그램이라고 한다.) 이 도표도 통상 평균기온(적색 실선)과 월 강수량(막대 그래프)으로 표시한다.

쾨펜은 월 강우량이 한두 달 정도 6 cm 미만으로 줄어드는 열대습윤지역을 **열대몬순기후**(tropical monsoon climates, Am)로 구분했다. 그러나 이 지역의 연 총 강우량은 보통 150 cm를 넘어 열대습윤기후 지역과 비슷하다. 짧은 건기를 제외하고는 연중 강우량이 많기 때문에 건기에도 열대우림에 공급할 수분은 충분히 유지된다. 열대몬순기후의 예는 그림 12.7에 나타낸 동남아시아, 인도, 남아메리카 북동부 해안에서 찾아볼 수 있다.

열대습윤기후 지역의 연간 강우량은 위도가 높아질수록 감소한다. 또한, 위도가 높아질수록 열대습윤기후에서 **열대습윤 및 건조기후**(tropical wet-and-dry climate, Aw)로 점진적으로 이행한다. 열대습윤 및 건조기후에서는 건기가 뚜렷하게 존재한다. 이 지역의 연 강수량은 통상 100 cm를 초과하지만 건기에는 월 강우량이 6 cm 미만이다. 건기는 2개월 이상 지속된다. 열대우림은 이 정도의 '가뭄'에는 견디지 못하므로 점차 사라지고, 그 자리에 키가 크고 결이 거친 **사바나 초원**(savanna grass)이 번성하며 군데군데 키가 작은 낙엽수가 점철된다(그림 12.10 참조). 건기는 태양의 고도가 낮아지는 겨울에 형성된다. 이때 이 지역은 아열대 고기압권 내에 들어간다. 여름에는 열대수렴대가 고위도 방향으로 이동하면서 소나기 형태로 많은 강수를 발달시킨다. 이 지역을 서서히 관통하는 키작은 저기압으로 강수는 더 많아진다.

열대습윤 및 건조기후 지역은 열대습윤지역보다 총 강우량이 적을 뿐만 아니라 비가 온다 해도 해에 따라 총 강우량에 큰 차이가 있다. 한 해에 엄청난 홍수와 심한 가뭄이 교차하기도 한다. 일교차가 연교차를 초과하는 점에서는 열대습윤기후와 비슷하지만 일기는 열대습윤기후보다 덜 단조롭다. 평균 최고기온이 30~32℃ 정도인 겨울은 서늘한 계절이다. 밤에는 낮은 습도와 맑은 하늘로 빠른 속도의 복사냉각이 발생하며, 이른 아침 최저기온은 20℃ 이하로 떨어진다.

그림 12.7을 보면, 열대습윤 및 건조기후에 속하는 주요 지역은 중앙아메리카 서부, 남아메리카 아마존 유역의 북쪽과 남쪽, 아프리카 남중부와 동부, 인도와 동남아시아 일부, 그리고 오스트레일리아 북부에 위치해 있다. 특히 인도와 동남아시아 여러 지역의 강수량에 현저한 차이가 나타나는 것은 계절적 바람의 변화를 말하는 **몬순** 때문이다.

앞서 7장에서 설명한 바와 같이, 몬순의 순환은 육지와 바다의 가열 차이에서 부분적으로 비롯된다. 겨울철 북반구에서는 바람이 시베리아 대륙을 중심으로 한 키작은 고기압역으로부터 바깥쪽으로 분다. 고기압 내부로부터 부는 이 비교적 건조한 북동풍은 인도와 동남아시아에 대체로 맑은 날씨와 건조한 계절을 가져온다. 한편, 여름에는 바람 패턴이 바뀌어 내륙지역 상공에서 발달하는 열

그림 12.10 ● 바오밥과 아카시아는 동아프리카 초원 사바나의 열대습윤 및 건조기후(Aw) 지역의 전형적인 나무이다.

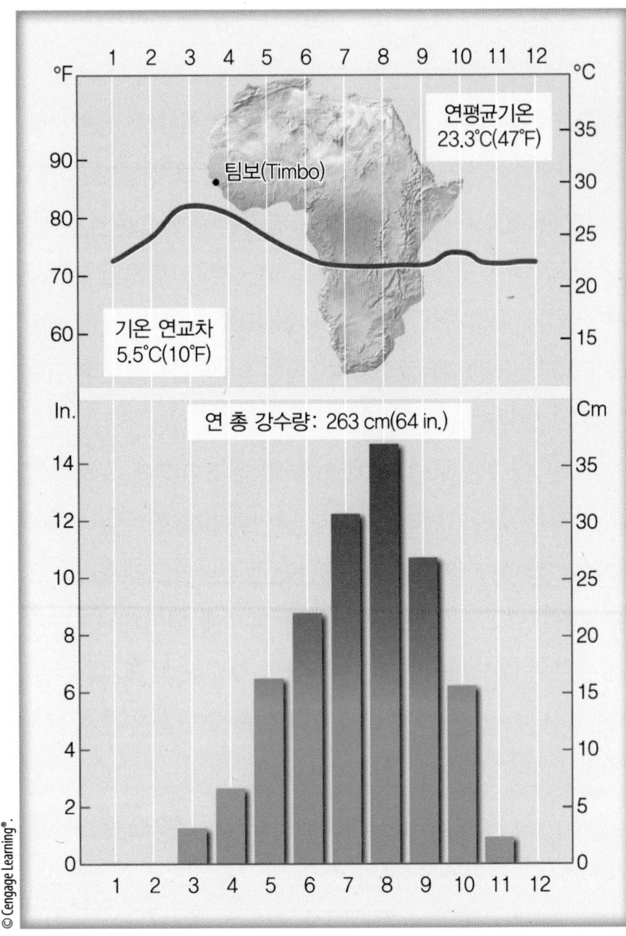

그림 12.11 ● 열대습윤 및 건조기후(Aw)에 속하는 기니의 팀보(북위 11°)의 기후 자료.

대 저기압 쪽으로 공기가 이동한다. 바다로부터 상승하는 습윤공기는 응결하여 많은 비와 우기를 형성한다(겨울과 여름 몬순에 대한 좀 더 상세한 그림은 그림 7.20을 참조하라).

열대습윤 및 건조기후 지역에 위치한 관측소로 그림 12.11에 나타난 서아프리카 기니의 팀보를 예로 들 수 있다. 북위 11°에 위치한 팀보의 연평균 강우량은 163 cm이다. 이곳의 우기는 열대수렴대가 최북단으로 이동한 여름에 발생한다. 또 이 지역이 아열대 고기압 및 그에 따른 침강기류의 영향을 받는 12월, 1월 및 2월에는 사실상 강우량이 없다.

팀보의 월간 기온 패턴은 대부분의 열대습윤 및 건조기후가 갖는 특성을 지닌다. 봄이 다가오면 정오의 태양고도는 약간 높아지며 보다 강력한 햇빛으로 지상기온은 상승한다. 오후 기온은 보통 32°C 이상이며 이따금 38°C 이상으로 상승, 사막과 같은 건조하고 무더운 일기를 형성하기도 한다. 이 같이 짧은 더위가 지나면 지속적인 구름의 형성과 비의 증발로 여름 기온이 낮아지기도 한다. 이 지역의 무더운 여름 날씨는 열대습윤기후(Af)를 방불케 할 때도 있다. 비가 많은 여름이 지나면 덥고 비교적 건조한 기간이 뒤따르는데, 이때 오후 기온은 통상 30°C를 넘는다.

열대습윤 및 건조기후 지역은 고위도로 가면서 건기가 심해진다. 수림은 단절되고 초원이 경관을 지배한다. 증발과 증산을 통한 잠재적 연 수분손실량이 연 강수량을 초과하게 되면 건조기후로 구분된다.

건조기후(B 기후)

- **일반 특성**: 연중 강수량 부족, 잠재적 연 증산량 및 증발량이 강수량을 초과
- **범위**: 아열대 사막은 위도 약 20~30°까지 위치하며 광범위한 중위도 대륙 지역이 여기에 속함
- **주요 유형**: 건조(BW)—'사막'—와 반건조(BS)

쾨펜 기후 구분에 의하면, 세계의 건조지역은 다른 기후형에 비해 육지의 면적이 상대적으로 넓다(약 26%). 이 건조지역에는 물이 부족하며 증발을 통한 잠재적 연수분손실량이 강수를 통한 획득량을 상회한다. 그러므로 건조기후는 총 강수량뿐만 아니라 증발에 큰 영향을 미치는 기온에도 분류기준을 두고 있다. 예를 들면, 기온이 높은 기후에서는 강수량이 35 cm라 할지라도 식물에 고루 도움이 되지 못하나 같은 양의 강수량이 캐나다 중북부에서는 침엽수림에 충분한 물을 공급할 수 있다. 또 연 총 강수량이 적은 지역은 강수의 대부분이 증발률이 높은 여름에 집중될 경우에는 건조기후로 구분된다.

건조기후 지역의 강수는 불규칙하고 양도 미미하다. 이 지역에서는 연평균 강우량이 적을수록 변수가 커진다. 가령, 연평균 강우량 5 cm를 보고한 관측소가 있다면, 이곳에서는 실제로 2년 동안 전혀 비가 오지 않다가 단 한

차례 10 cm의 비가 내렸을 수도 있다.

세계의 주요 건조지역은 2개의 범주로 나눌 수 있다. 첫 번째는 위도 15~30°의 아열대 지역으로서 아열대 고기압의 침강공기로 대체로 맑은 날씨를 형성한다. 두 번째는 중위도의 내륙지역이다. 수분 발원지로부터 멀리 떨어진 이 지역의 건조함은 비그늘 효과를 발생하는 산맥 때문에 더욱 가중된다.

쾨펜은 건조기후를 건조도에 따라 건조(BW: W는 독일어 Wüste = 사막을 뜻함)와 반건조(BS: S는 steppe = 초원을 뜻함)로 구분했다. 이 두 가지 유형은 더욱 세분될 수 있다. 연평균기온 18°C 이상의 고온건조한 기후는 BWh 또는 BSh(h는 독일어 heiss = 덥다를 뜻함)로 구분되며, 반대로 연평균기온이 18°C 이하로 겨울에 춥고 건조한 기후는 BWk 또는 BSk(k는 독일어 kalt = 차다를 뜻함)로 구분된다.

건조기후(arid climates, BW)는 세계 육지 면적의 약 12%를 차지한다. 이 지역은 아프리카와 남아메리카 서해안, 그리고 오스트레일리아 내륙의 많은 부분을 포함하고 있다. 뿐만 아니라 건조기후 지역은 아프리카 북서부에서 중앙아시아까지 뻗어 있다. 북아메리카에서는 멕시코 북부로부터 미국 남부내륙과 시에라 네바다의 풍하측 비탈에까지 건조지역이 미친다. 소노라, 모하비 두 사막과 서부 대분지가 모두 이 지역에 속해 있다.

북아메리카 남부 사막은 연중 대부분 아열대 고기압의 지배를 받기 때문에 건조하며, 겨울 폭풍우계는 이 지역으로 이동하기 이전에 약화되는 경향이 있다. 북부 지역은 시에라 네바다의 비그늘 안에 위치해 있다. 이들 지역은 연중 내내 강수가 부족해, 여러 관측소에서 기록되는 강수량은 연간 13 cm 미만이다. 앞서 지적한 것처럼, 내리는 비는 고르지 못하며 종종 산발적인 여름철 오후 소나기 형태를 보인다. 이들 소나기의 일부는 작은 도랑물을 걷잡을 수 없는 급류로 둔갑시키는 폭우로 돌변할 수도 있다. 그러나 대체로 비는 지상에 도달하기 전에 건조한 대기 속으로 증발하는 경우가 더 빈번하며, 그 결과로 구름 밑에 매달린 비 띠(꼬리구름 현상)를 초래한다(그림 12.12 참조).

일반적인 생각과는 달리, 식물이 전무한 사막은 별로 없다. 얼마 안 되긴 하나 사막에 자라는 식물은 간혹 내리는 비에 의존해야 한다. 따라서 사막의 토착 식물은 대부분 장기적 가뭄을 견딜 수 있는 **제로파이츠**(xerophytes)이다. 이런 종류의 식물 가운데 선인장과 우기에 잠깐 모습을 나타내는 수명이 짧은 식물이 있다(그림 12.13 참조).

저위도 사막(BWh)에서는 강력한 태양열로 건조한 땅이 뜨겁게 가열된다. 이 지역의 낮 최고기온은 50°C를 넘을 때도 있으나 보통은 40~45°C 정도이다. 한낮에는 상대습도가 보통 5~25%에 이르고 밤에는 습도가 비교적 낮아져 빠른 속도로 복사냉각이 일어난다. 야간 최저기온은 가끔 25°C 이하로 내려간다. 따라서 건조지역의 일교차는 자주 15~25°C 정도로 벌어지며, 경우에 따라서는 그 이상이 될 때도 있다.

겨울에는 기온이 온화한 편이며 최저기온은 경우에 따

그림 12.12 ● 비띠(꼬리구름)는 건조기후에서 자주 발생한다. 내리는 비는 지표면에 도달하기 전에 건조한 대기 속으로 증발한다.

그림 12.13 ● 건조한 미국 남서 사막지역의 전형적인 식생인 크레오소트 덤불 선인장.

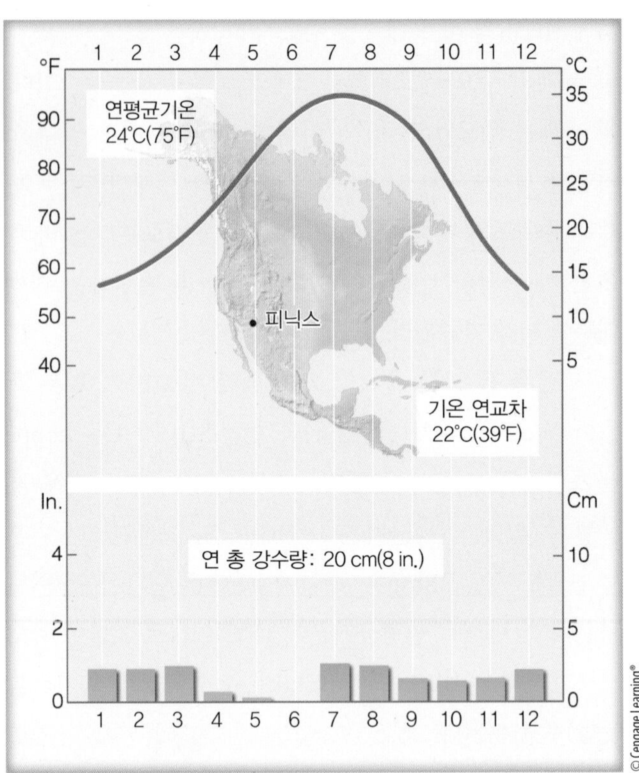

그림 12.14 ● 건조기후(BWh)에 속하는 애리조나 주 피닉스(북위 33.5°)의 기후 자료.

라 영하로 내려간다. 여름과 겨울 사이의 기온의 연교차는 매우 크다. BWh 기후에 속한 미국 남서부 애리조나 주 피닉스 시의 기후 기록을 그림 12.14에서 볼 수 있다. 연평균기온은 24°C이며 가장 더운 7월의 평균기온은 35°C이다. 연중 강우량은 미미하다. 그러나 비교적 습도가 높은 남풍이 불어와 오후 소나기와 뇌우를 형성하는 여름 몬순의 영향으로 7, 8월에 최대 강수량을 기록한다.

중위도 사막(BWk)에서는 연평균기온이 저위도 사막보다 낮다. 여름은 일반적으로 더워 오후 기온이 자주 40°C에 달한다. 겨울은 보통 매우 추워서 최저기온이 −35°C 이하로 내려간다. 이들 사막은 대부분 캐스케이드 산맥, 시에라 네바다 산맥, 아시아의 히말라야 산맥, 남아메리카의 안데스 산맥 등 큰 산맥의 부근에 위치해 있다. 겨울철 중위도 저기압이 통과하거나 이따금 여름 소나기가 발

알고 있나요?

건조기후 도시인 애리조나 주 피닉스는 2005년 10월부터 2006년 3월까지 강수량이 없는 143일 연속으로 기록을 세웠다. 2011년 여름 동안, 피닉스는 33일 동안 43.3℃(110℉) 이상의 기온을 기록했다.

그림 12.15 ● 반건조기후(BS)인 북아메리카 서부지역 스텝 초원 상공에 발달한 적운.

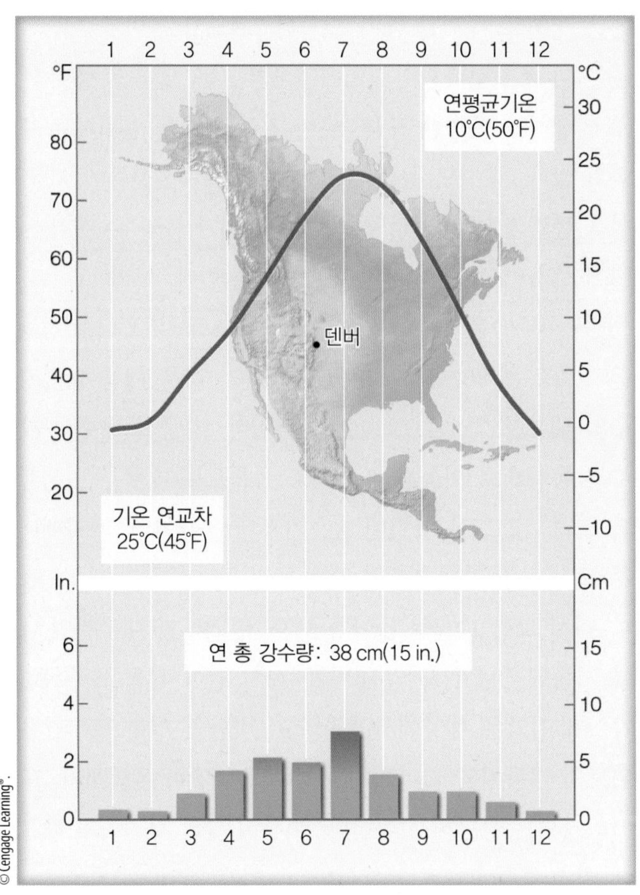

그림 12.16 ● 반건조기후(BSk) 지역에 속하는 콜로라도 주 덴버(북위 40°)의 기후 자료.

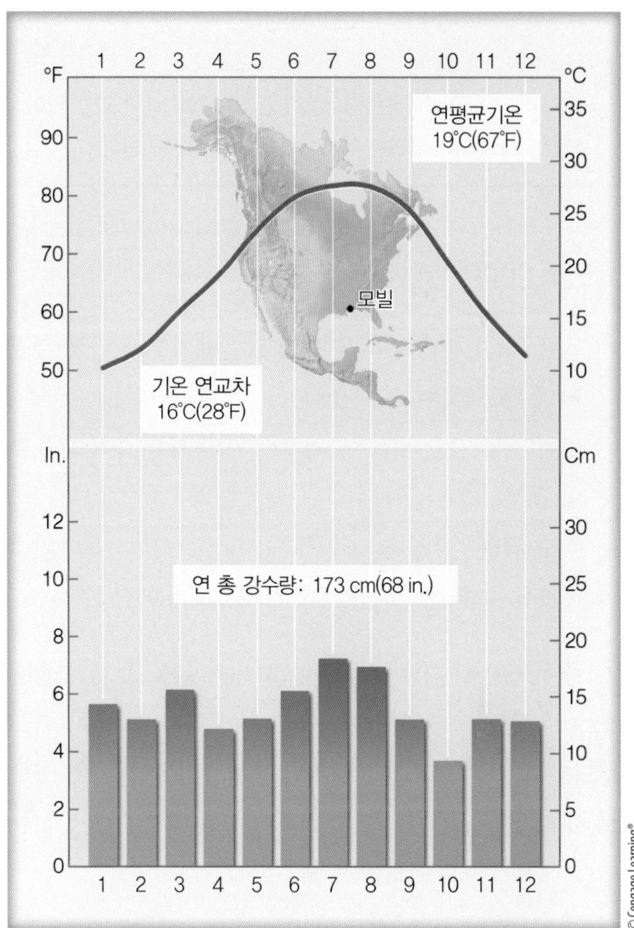

그림 12.17 ● 아열대 습윤기후(Cfa)에 속해 있는 미국 앨라배마 주 모빌(북위 30°)의 기후 자료.

달할 때 약간의 강수가 있을 뿐이다.

그림 12.7에서 보면, 건조지역의 가장자리에는 강우량이 상대적으로 많고 기후는 점진적으로 **반건조**(semi-arid, BS) 지역으로 이행한다. **스텝**(steppe)으로 불리는 이 지역에는 짧은 벼와 풀, 낮은 관목, 산쑥 같은 식물이 자란다(그림 12.15 참조). 이런 기후역에 속하는 북아메리카 지역으로는 대평원 대부분, 캘리포니아 남부 해안지대, 서부 대분지 북부 계곡이 포함된다. 건조지역과 마찬가지로 북부에서는 겨울에 기온이 낮아지고 눈이 비교적 잦다. 연간 강수량은 대체로 20~40 cm이다(그림 12.16 참조).

평균 강우량이 증가함에 따라 기후는 서서히 보다 습도가 높은 유형으로 이행한다. 반건조기후는 건조기후와 습윤기후 사이의 중간지대이다.

요점 복습

지금까지 다룬 주요 개념 및 사실을 정리해 보자.

- 쾨펜 기후 구분 체계는 전 세계 지역의 연중온도와 강수 분포에 기반한 주요한 기후 형태를 제시하고 있다.
- 열대습윤기후(그룹 A)는 풍부한 강수량과 함께 온난하다. 매월 기온이 최소 18°C를 넘어, 실질적인 겨울이 존재하지 않는다.
- 열대우림기후(그룹 Af)에서는 월별 온도와 강수분포가 매우 작게 나타난다. 모든 월의 강수량이 풍부해서 열대우림의 성장에 적합하다.
- 열대습윤 및 건조기후(그룹 Aw)는 뚜렷한 건조기가 있어서, 사바나 초원이나 가뭄저항력이 있는 식물들에 적합하다.
- 열대성 몬순 기후(그룹 Am)는 1~2개월 지속되는 건기를 경험한다는 점을 제외하고 열대성 습한 기후와 유사하다.
- 열대몬순기후(그룹 B)는 연중 대부분 강수가 부족해서, 잠재 증발

또는 증발산이 강수보다 크게 나타난다.

- 건조기후(그룹 Bw)는 실제 사막 지역으로 매우 건조하지만, 반건조 지역(그룹 Bs)에서는 강수량이 건조기후에 비해 조금 많아서 스텝(steppe)이라 불리는 지역에 짧은 풀들이 자라난다.

중위도 아열대 습윤기후(C 기후)

- **일반 특성**: 온화한 겨울을 가진 습윤기후로 가장 추운 달의 평균기온이 −3~18℃
- **범위**: 위도 25~40℃에 위치한 거의 모든 대륙의 동부와 서부
- **주요 유형**: 아열대 습윤기후(Cfa), 아열대 해양기후(Cfb), 여름 건조 아열대 혹은 지중해기후(Cs)

중위도의 C 기후는 뚜렷한 여름과 겨울을 나타낸다. 또 강우량도 충분해 건조기후와 대조된다. 겨울이 춥고 상당한 일기온 변화를 보이지만 월평균기온이 −3℃ 이하로 내려가는 달은 없다. 따라서 겨울철 혹한을 동반하는 습윤 대륙기후(D 기후)와 구별된다.

먼저 **아열대 습윤기후**(humid subtropical climate, Cfa)를 살펴보자. 그림 12.7을 보면, Cfa 기후는 위도 25~40°에 위치한 대륙의 동안에서 주로 발견된다. 미국 남동부, 중국 동부, 일본 남부가 이 기후에 속한다. 남반구에서는 남아메리카 남동부와 아프리카 및 오스트레일리아 남동해안이 이 기후 지역에 포함된다.

아열대 습윤기후의 전형적 특징은 고온다습한 여름 날씨이다. 그 이유는 이 지역이 저위도로부터 이동해 오는 길목에 발달하는 해양성 열대기류가 아열대 고기압의 서편에 위치하기 때문이다. 대체로 한낮에도 상대습도는 높다. 이 같은 높은 습도와 보통 32℃를 넘는 고온 때문에 적도지역보다 더 답답한 일기가 형성된다. 여름 아침 최저기온은 21~27℃나 된다. 때때로 약한 여름철 냉전선이 발달해 잠깐씩이나마 찌는 듯한 무더위를 식혀 준다. 그러나 상층 기류의 마루가 이 지역 상공을 이동할 때는 혹독한 열파가 수주일 동안 계속되기도 한다.

겨울은 비교적 온화하여 특히 저위도 지역의 겨울 기온은 영하로 내려갈 때가 드물다. 위도가 높아질수록 겨울은 더 추워진다. 이 지역에는 서리, 눈, 얼음 폭풍이 자주 발생하나 폭설은 드물다. 이 지역의 겨울 일기에는 변화가 많다. 중위도 폭풍과 그에 동반하는 전선들이 이 지역을 통과할 때는 거의 여름 같은 일기가 불과 수 시간 사이에 사라지고 찬 비와 찬 바람이 발달한다.

아열대 습윤기후의 강수는 연중 골고루 분포되며 연평균 강수량은 80~165 cm이다. 뇌우가 잦은 여름에는 강수의 대부분이 오후 소나기로 내린다. 겨울철 강수는 대부분 동쪽으로 이동하는 중위도 폭풍으로 대부분 발생한다. 그림 12.17은 아열대 습윤기후에 속한 미국 앨라배마주 모빌 시의 기후 현황을 보여 준다.

다시 그림 12.7로 돌아가 보자. C 기후가 대부분인 대륙 서쪽에서는 위도 약 40~60°까지 뻗어 있음을 주목하자. 이 지역은 해양에서 불어오는 바람의 영향으로 같은 위도의 내륙지역에 비해 겨울기후가 상당히 온화하다. 또 여름기후는 상당히 서늘하다. 여름이 짧고 서늘하기 때문에 이 기후를 Cfc로 분류한다. C 기후 지역 중 저위도로 갈수록 여름은 길어지며, 이러한 기후를 서해안 해양기후, 또는 간단히 **해양기후**(marine, Cfb)로 구분한다.

남·북아메리카의 서해안처럼 산맥이 해안선과 평행으로 형성되어 있는 지역의 해양기후 영향은 좁은 지역에만 국한된다. 높은 산맥의 방해를 받지 않는 서유럽 대부분 지역에서는 편서풍이 해양대기를 이 지역으로 이동시켜 해양기후(Cfb)를 형성한다.

해양기후의 특성은 연중 대부분 하층운과 안개와 이슬비가 발생하는 점이다. 일 년 열두 달 충분한 강수가 발생하며, 그 대부분은 해양성 한대기단에 동반되는 약한 강우 형태로 내린다. 눈이 오기도 하지만 1~2일 후면 녹는다. 지형에 따라 총 강수량에 큰 변화를 보이기도 한다.

북아메리카 북서부 해안에서는 여름에 강우량이 감소한다. 이 현상은 이 지역 남서부에 자리 잡은 아열대 태평양 고기압이 북상함에 따라 발생한다. 캐나다의 밴쿠버 아일랜드 해안에 위치한 포트 하디 관측소의 기후 기록을 보여 주는 그림 12.18에서 여름 강수량 감소 현상을 볼

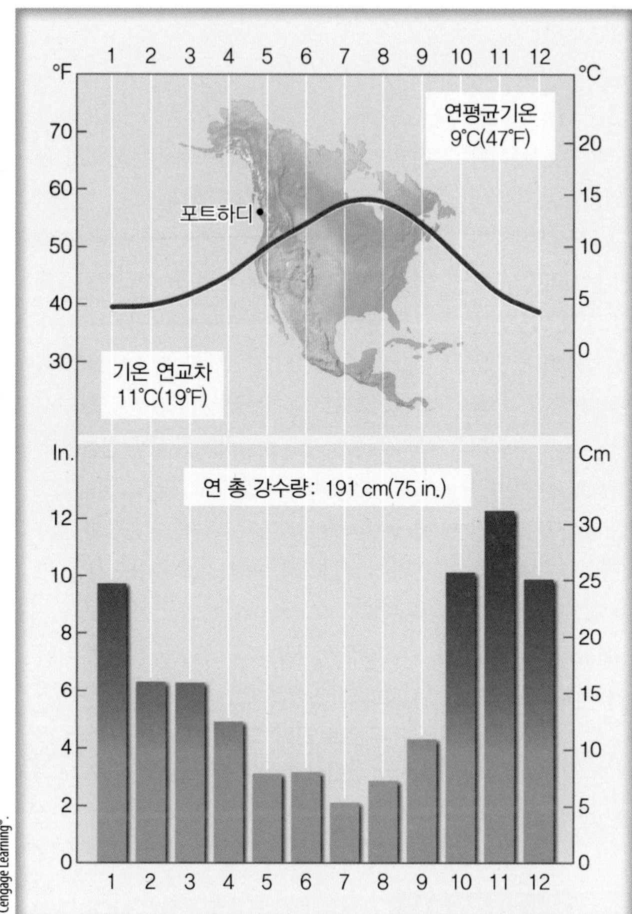

그림 12.18 ● 해양기후(Cfb)에 속해 있는 캐나다 포트 하디(북위 51°)의 기후 자료.

수 있다. 이 그림은 해양기후의 또 다른 특성을 설명해 준다. 즉, 이 정도 고위도 지역에서 연교차가 상당히 작다는 사실이다. 해양의 영향으로 일교차 역시 작다. 이 기후 유형에서는 비가 오는 날이 많고 비가 오지 않는 날에도 하늘은 통상 흐려 있다. 많은 강우량으로 빽빽한 더글러스 전나무 숲이 조성된다.

해양기후 지역 중 저위도 쪽으로 가면서 아열대 고기압의 영향은 커진다. 그리고 여름철 건기는 더욱 현저해진다. 기후는 점진적으로 해양기후에서 **아열대 여름-건조기후**(dry-summer subtropical, Cs) 또는 **지중해기후**(Mediterranean)로 변한다. 북아메리카 서해안의 오리건 주 포틀랜드는 해양기후가 아열대 여름-건조기후로 변하는 전환점에 위치해 있어서 여름이 건조한 편이다.

지중해기후의 특성인 극도의 여름 가뭄은 아열대 고기압으로 인한 침강대기 때문에 발생한다. 캘리포니아의 경우 여름 가뭄이 5개월간 지속되는 경우도 있다. 더욱이 이 고기압은 여름 폭풍계를 고위도 쪽으로 이동시킨다. 아열대 고기압이 적도 쪽으로 이동하는 겨울에는 해양에서 불어오는 중위도 폭풍이 자주 이 지역에 발생하여 오랫동안 기다려 온 강우를 형성한다. 요컨대 지중해기후의 특성은 온난 습윤한 겨울과 고온건조한 여름이다.

지상풍이 해안선과 평행으로 부는 지역에서는 차가운 해수의 용승으로 여름 내내 서늘한 여름을 유지할 수 있다. 때때로 낮은 구름과 안개에 휩싸이는 이들 연안지역의 기후를 **지중해 연안기후**(Csb)라 부르며, 이 지역의 여름 오후 기온은 보통 21°C, 밤에는 15°C까지 내려간다. 해양의 영향권에서 멀리 떨어진 내륙은 연안지역에 비해 여름은 무덥고 겨울은 약간 서늘하다. 이 **내륙 지중해기후**(Csa)의 여름 기온은 보통 34°C 이상, 때로는 40°C 이상 올라간다.

그림 12.19는 해양 지중해기후에 속하는 캘리포니아 주 샌프란시스코와 내륙 지중해기후에 속하는 캘리포니아 주 새크라멘토의 기후 자료를 비교하고 있다. 새크라멘토는 샌프란시스코에서 불과 130 km 떨어진 내륙이지만 7월 평균기온은 9°C나 더 높다. 새크라멘토의 연교차 역시 샌프란시스코보다 훨씬 높다. 두 지역 모두 이따금 서리가 내리지만 눈은 드물다.

지중해기후 지역의 연 강수량은 30~90 cm 정도이다. 그러나 주변 구릉지역과 산악지역에는 훨씬 강수량이 많다. 이 지역에는 여름철 건조기후로 키가 낮은 **관목류**의 나무밖에는 자라지 못한다(그림 12.20 참조).

실제로 지중해 해안의 여름은 북아메리카 서해안만큼 건조하지는 않다. 또한 지중해 연안기온은 지중해의 용승이 약하기 때문에 북아메리카 서해안보다 높다.

겨울이 건조한 기후는 Cw로 구분한다. 인도 북부와 중국 일부 지역에 비교적 건조한 겨울이 형성되는 이유는 한랭 시베리아 고기압을 중심으로 남쪽으로 순환하는 북풍 때문이다. 비교적 위도가 낮으면서도 Cw 기후에 속하

사막의 구름과 이슬비

우리는 사막의 날씨가 다 뜨겁지는 않다는 사실을 알고 있다. 마찬가지로, 사막의 하늘이 항상 맑은 것도 아니다. 실제로 해안과 인접한 사막에서는 구름이 끼는 경우가 있고 하층운이나 안개가 심한 경우도 많다.

놀랍게도 이들 사막 지역은 지구상에서 가장 건조한 지역들 중 하나이다. 여기에는 칠레와 페루의 아타카마 사막, 북서 아프리카 연안의 사하라 사막, 남서 아프리카의 나미브 사막, 그리고 바하 캘리포니아의 소노란 사막이 있다(그림 2 참조). 예를 들어, 아타카바 사막의 일부 지역은 몇십 년씩 측정 가능한 강수가 내리지 않은 때도 있다. 그리고 아프리카와 북부 칠레의 경우에는 연평균 강수량이 0.08 cm에 불과하다.

이렇듯 건조한 원인 중 하나는 이들 지역이 상대적으로 한랭한 바다 옆에 인접해 있기 때문이다. 그림 2에서 볼 수 있듯이, 이들 사막지역은 대륙의 서안에 위치하며, 아열대 고기압의 주풍으로 고위도의 한랭한 해류가 해안을 따라 (적도로) 남하하는 지역이다. 또한, 바람이 해수의 용승(하층의 찬 바닷물이 해면으로 올라오는 현상)을 일으켜 바닷물이 더욱 차가워진다. 이러한 복합적인 현상들로 인해 해수면 온도가 10~15°C 밖에 되지 않는데, 이는 저위도치고는 꽤 한랭한 것이다. 공기가 찬 바닷물 위를 지나가면서 이슬점 온도까지 내려가 안개층이나 하층운을 형성하고 이로부터 이슬비가 내린다. 그러나 이슬비로 내리는 강수량은 매우 적다. 대부분 지역은 이 비로 도로가 겨우 젖을 정도이고 강수량도 없다.

이 한랭하고 안정한 공기가 육지로 이동하며 따뜻해져 물방울이 증발한다. 따라서 대부분의 구름과 이슬비는 해안선을 따라 관측된다. 비록 이 공기의 상대습도는 높을지라도 이슬점 온도는 상대적으로 낮은 편이다(해안선 부근의 해수온도와 가깝다). 내륙으로 들어오며 더욱 따뜻해진 공기는 상승한다. 그러나 아열대 고기압역의 안정한 침강역전층으로 공기는 상승이 제한되고, 다시 바다로 흘러가며 하강하여 해풍을 형성한다. 또한, 준정체의 아열대 고기압의 영향으로 열대수렴대(TICZ)에서 발생한 불안정한 상승 공기가 유입되지 못해 건조해지는 것도 한 이유이다.

이와 같이 사막에도 구름과 이슬비가 있다. 이러한 현상은 한편으론 상대적으로 한랭한 해수로 인해, 또 한편으로는 아열대 고기압의 위치와 바람의 영향 때문이다.

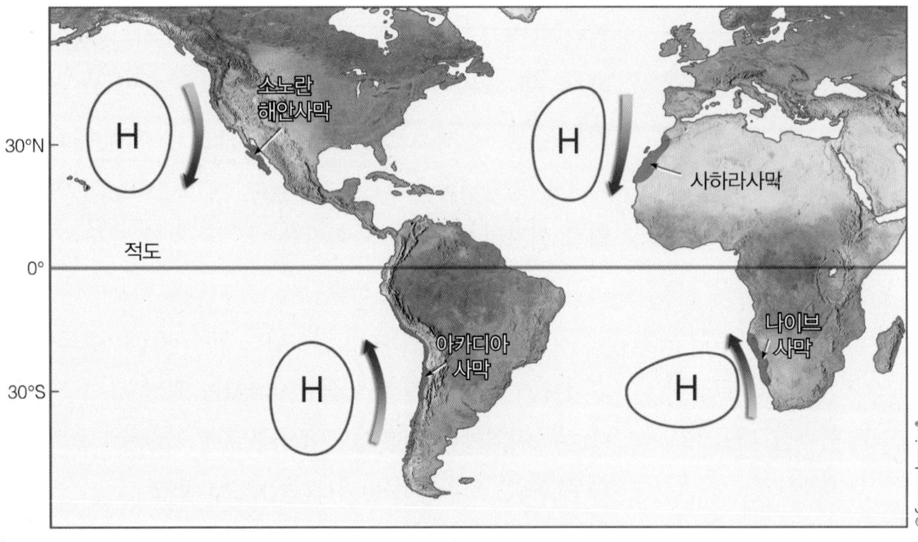

그림 2 ● 해안과 인접해 안개, 이슬비, 하층운이 잦은 사막지역(진한 오렌지색). 청색 화살선은 탁월풍과 한랭해류의 이동 방향을 표시한다.

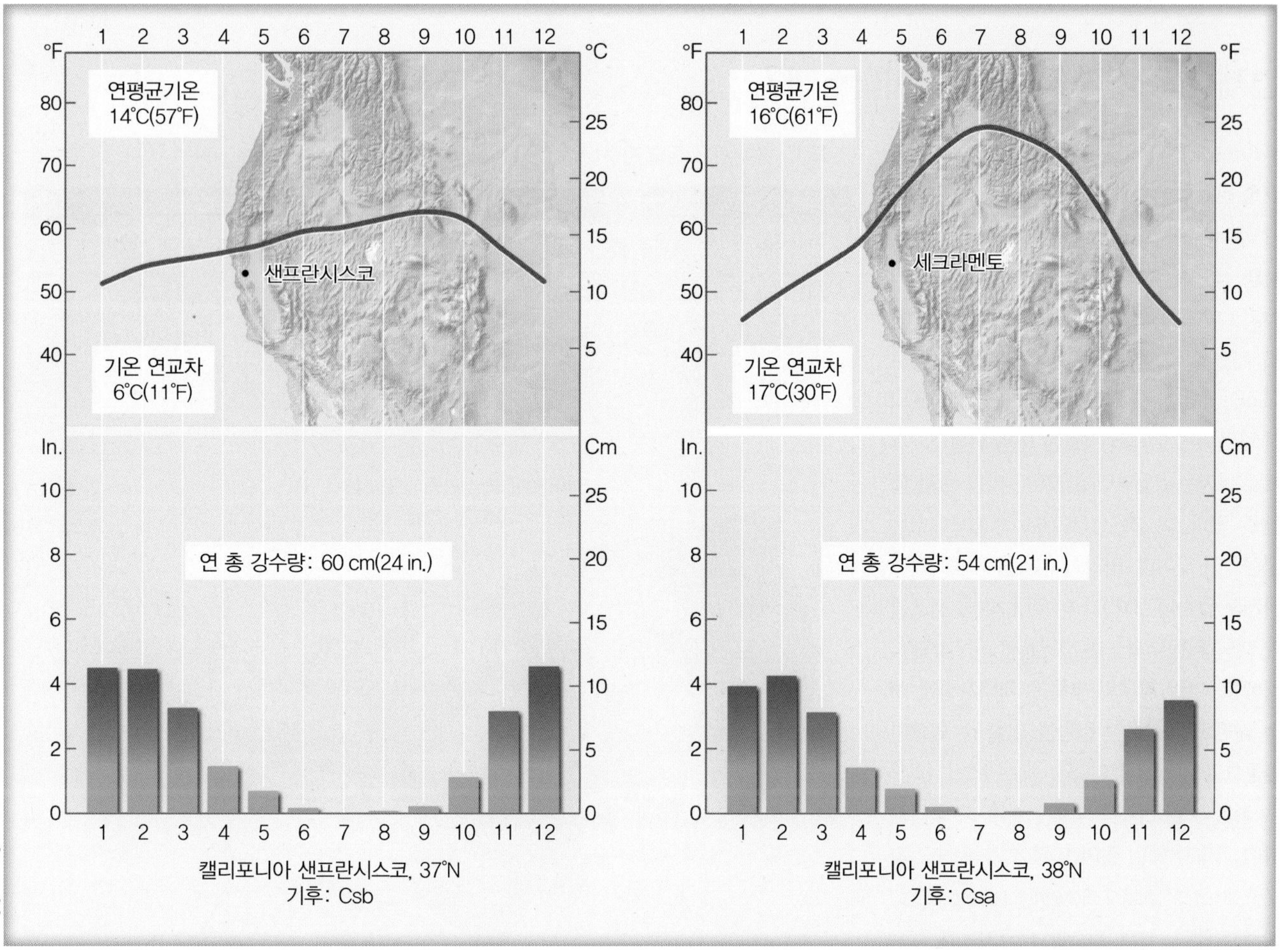

°F
1 2 3 4 5 6 7 8 9 10 11 12
°C
연평균기온
14°C(57°F)
80
70
60
50
40
25
20
15
10
5
샌프란시스코
기온 연교차
6°C(11°F)
In.
Cm
10
8
6
4
2
0
25
20
15
10
5
0
연 총 강수량: 60 cm(24 in.)
캘리포니아 샌프란시스코, 37°N
기후: Csb
°F
1 2 3 4 5 6 7 8 9 10 11 12
°F
연평균기온
16°C(61°F)
세크라멘토
기온 연교차
17°C(30°F)
연 총 강수량: 54 cm(21 in.)
캘리포니아 샌프란시스코, 38°N
기후: Csa

그림 12.19 ● 해안 지중해기후(Csb) 지역인 샌프란시스코(왼쪽)와 내륙 지중해기후(Csa) 지역인 새크라멘토(오른쪽)의 기후 비교.

는 지역들은 해발고도가 높고, 너무 서늘하기 때문에 열대기후에서 제외된다.

습윤기후가 건조기후로 바뀔 때, 가끔 가뭄이 초래된다. 무엇이 가뭄을 일으키며, 가뭄은 어떻게 측정하는가? 이것은 포커스 12.3을 참조하라.

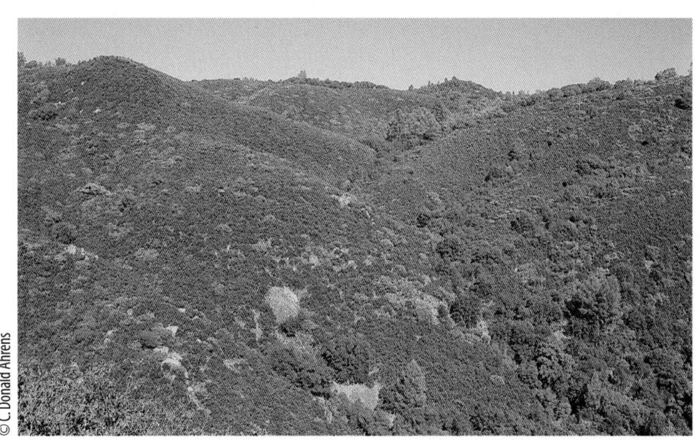

그림 12.20 ● 북아메리카 지중해성 기후 지역에 자라는 차미스, 만자니타, 구릉소나무 등 전형적인 관목류 식생.

습윤 대륙기후(D 기후)

- **일반 특성:** 가장 더운 달의 평균기온이 10°C를 넘는 따뜻하고 서늘한 여름. 겨울은 가장 추운 달의 평균기온이 −3°C 이하로 내려가는 한랭기후. 겨울에는 눈보라, 강풍, 혹한을 동반한 악천후가 잦음. 기후는 광대한 대륙의 영향을 받음.
- **범위:** 중위도 아열대 습윤기후의 북쪽
- **주요 유형:** 여름이 고온인 습윤 대륙기후(Dfa), 여름이 서늘한 습윤 대륙기후(Dfb), 아한대기후(Dfc)

FOCUS ON A SPECIAL TOPIC 12.3

언제 건조기가 가뭄으로 이어질까?

어느 지역의 평균 강수량이 상당 기간 급격히 감소할 경우 가뭄이 올 수 있다. 가뭄이란 용어는 작황에 피해를 주거나 지역 주민들의 급수에 불리한 영향을 미치는 등 여러 가지 부정적 결과를 초래하는 비정상적 건조 기간을 말한다. 가뭄은 건조기보다 정도가 더 심하다는 사실을 유의하라. 캘리포니아 주 센트럴밸리의 건조한 여름 아열대기후(Csa)에서는 5월부터 9월까지 비가 오지 않을 수 있다. 이 같은 건조기는 이 지역에서는 정상적인 것이며, 따라서 이것을 가뭄이라고 하지는 않는다. 그러나 이 같은 여름 건조기가 미국 남동부의 습윤 아열대(Cfa)기후에서 발생할 경우, 강우의 부족은 지역사회에 여러 방면으로 참담한 영향을 미칠 수 있으며 가뭄으로 이어질 것이다.

가뭄의 심도를 측정하기 위해 미 국립기상청 과학자 웨인 팔머는 팔머 가뭄 심도 지수(Palmer Drought Severity Index, PDSI)를 개발했다. 팔머 지수는 평균기온과 강수값을 참작해 가뭄의 심도를 정한다. 팔머 지수는 수개월 이상 계속되는 장기 가뭄을 평가하는 데 매우 효과적이다. 가뭄의 심도는 0(정상)에서 −4(극심한 가뭄)에 이르는 범위의 숫자로 표시된다. (표 1 참조) 이 지수는 또한 +2(이례적 다습)에서 +4(극심한 다습)에 이르는 범위의 숫자로 표시되는 습윤 상태를 평가하기도 한다. 팔머 수문학적 가뭄 지수(Palmer Hydrological Drought Index, PHDI)는 PDSI의 연장선상에서 어느 지역의 지하수 및 저수지 수면 등 수문학적 정보를 추가로 고려한 것이다.

▼ 표 1 **팔머 가뭄 심도 지수**

지수	가뭄	지수	다습
−4.0 이하	극심한 가뭄	+4.0 이상	극심한 다습
−3.0∼−3.9	심한 가뭄	+3.0∼+3.9	심한 다습
−2.0∼−2.9	보통 가뭄	+2.0∼+2.9	이례적인 다습
−1.9∼+1.9	정상	−1.9∼+1.9	정상

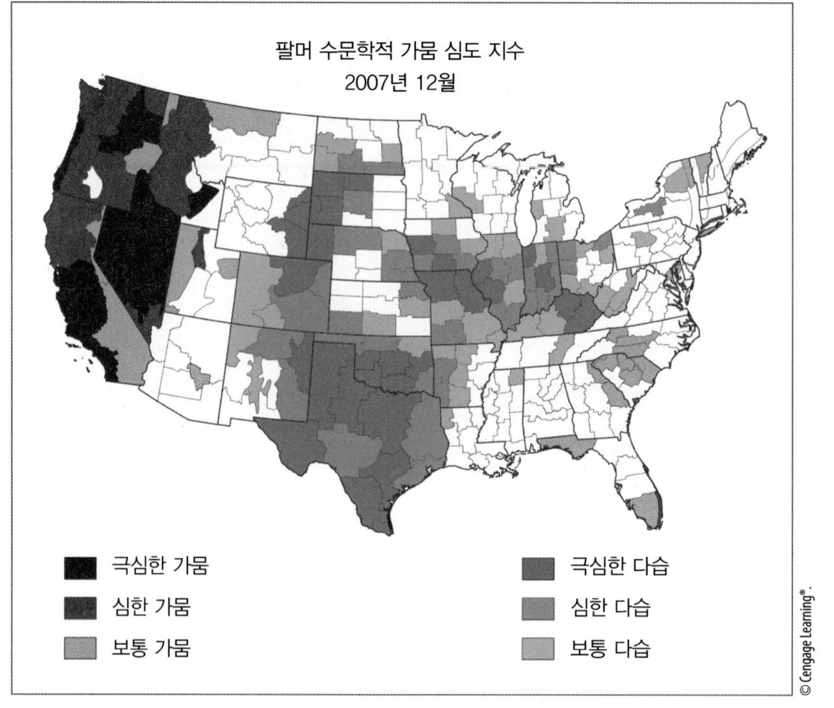

그림 3 ● 팔머 수문학적 가뭄 지수. 2015. 3.

PDSI 가뭄지수는 PHDI에 반영되기까지

D 기후는 큰 땅덩어리의 영향을 받는다. 따라서 이러한 기후는 북반구에만 존재한다. 그림 12.7의 기후도를 참고하면, D 기후는 북아메리카, 유라시아의 북위 40∼70° 지역에 걸쳐 형성된다. 이들 지역의 기후는 여름은 덥거나 서늘하고 겨울은 춥다.

D 기후가 되려면 가장 추운 달의 평균기온이 −3℃ 이하여야 한다. 이 값은 아무렇게나 정해진 것이 아니다. 쾨펜은 유럽에서 지속적인 겨울 강설대의 남방한계선 기온이 −3℃임을 발견했다.[3] 북아메리카에서는 가장 추운 달

3 연구에 따르면 북미 지역에서는 가장 추운 달의 평균 월간온도가 0℃ 이하이면 겨울철 눈 덮음이 지속되는 것으로 보인다.

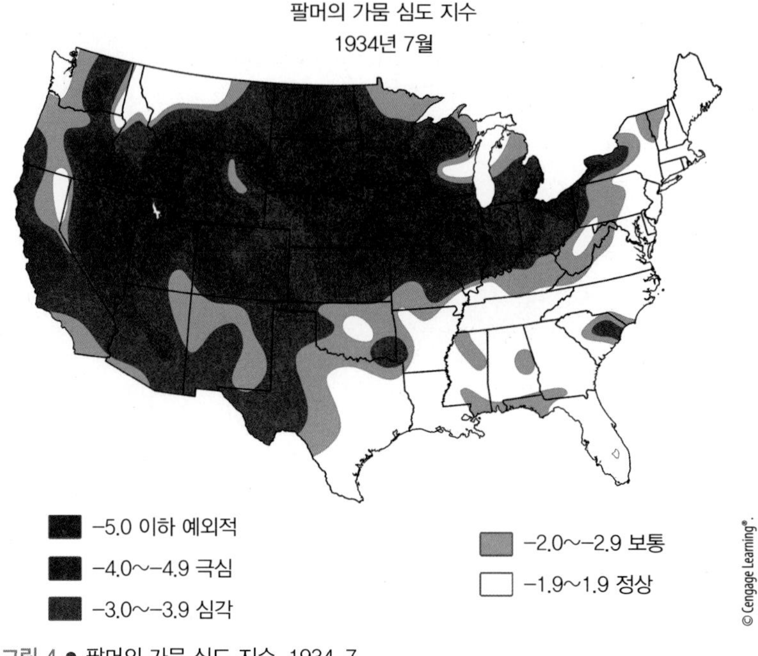

그림 4 ● 팔머의 가뭄 심도 지수. 1934. 7

몇 주 또는 몇 달이 걸릴 수 있다. 건조 조건이 된 후에도 지하수가 빠지는 데 시간이 걸리기 때문이다. 마찬가지로 가뭄이 심한 지역에 비가 오더라도, 저수지와 지하수가 채워지는 데 시간이 걸리기 때문이다. 그래서 PHDI는 가뭄에서 회복을 보여주기 위해 PSDI에 비해 시간 지연이 있을 수 있다.

그림 3은 2015년 3월 미국 전역의 PHDI를 보여준다. 네바다 지역의 대부분과 남부 캘리포니아의 2/3 이상을 포함한 서부 지역의 대부분이 극심한 가뭄(진한 빨강 음영)을 나타내고 있다. 이 시기는 가뭄이 네 번째로 심각했던 해였다. 캘리포니아의 비는 대부분 늦은 가을, 겨울 및 이른 봄에 내리지만, 대부분의 우기가 끝난 2015년 초에도 가뭄이 지속되었다. 그림 3에서 북부 대평원에 초록색의 패치가 보이는데, 다습한 상태를 의미한다.

가뭄은 북미에서 드문 일이 아니다. 실제로 20세기에 미국을 강타한 최악의 기상 관련 재난은 1930년대의 가뭄이었다. 대공황과 비극적으로 일치한 가뭄은 실제로 1920년대 후반에 시작되어 1930년대 후반까지 계속되었다. 그것은 오래 지속되었을 뿐만 아니라 광대한 지역으로 확장되었다(그림 4 참조).

가뭄은 농업의 피해와 함께 대평원의 표토가 바람에 의해 침식되게 한다. 결과적으로 강풍으로 인해 수백만 톤의 토양이 공기 중으로 들어 올려져 농가에 뿌려지는 엄청난 먼지 폭풍이 발생하여 수백만 에이커가 비생산적인 황무지로 감소했으며, 수천 명의 가족이 재정적으로 파괴되었다. 가뭄은 1934년과 1936년 여름에 가장 심했던 여름 폭염을 동반하여 이 가혹한 상황을 악화시켰다.

2014~2015년 캘리포니아 가뭄은 1934년 가뭄과 어떻게 비교될까? 우리는 그림 4에서 1934년 동안 대부분의 캘리포니아가 가뭄을 겪고 있음을 알 수 있다. 사실 1934년 가뭄은 2015년 가뭄만큼 심각하지 않았다. 그러나 1934년 극도의 건조한 지역은 평원과 극서의 광대한 지역에 존재했으며, 많은 지역에서 팔머 지수가 −4 이하로 나타났다. 불행히도 이 비참한 가뭄은 점차 악화되어서, 수백만의 사람들이 영향을 받았으며, 그중 많은 사람이 결국 빈민이 되었다. 책과 영화 The Graps of Wrath에 묘사된 것처럼 수천 명의 사람들이 구직을 위해 서쪽으로 이주했다.

의 평균기온이 0℃ 이하인 곳이 유럽의 −3℃ 이하인 지역과 상응하는 것 같다. D 기후 지역에는 겨울에 많은 눈이 내려 오래 쌓인다. 연중 어느 때도 평균기온 10℃인 달이 없는 추운 기후를 한대기후(E)라 한다. 쾨펜은 나무의 성장에 필요한 최저기온이 월평균 10℃임을 발견했다. 따라서 한대기후의 겨울 기온이 아무리 낮아진다고 해도 여름 기온이 충분히 상승하므로 나무들이 자랄 수 있다.

D 기후에는 두 가지 기본 유형이 있다. 하나는 **습윤 대륙 기후**(humid continental, Dfa와 Dfb)이며, 다른 하나는 **아한대기후**(subpolar, Dfc)이다. 습윤 대륙기후는 북위 40~50°(유럽에서는 북위 60°) 지역에 나타난다. 이 지역의 강수량은 연중 적당히 그리고 꽤 고르게 분포한다. 단,

그림 12.21 ● 습윤 대륙기후인 뉴욕 주 아디론닥 공원에 펼쳐진 가을 단풍 광경.

내륙지역에서는 여름에 강수량이 최고에 달한다. 연 강수량은 보통 50~100 cm이다. 비교적 습윤한 지역의 토착 식물 중에는 전나무, 소나무, 오크 등이 있다. 가을에는 낙엽수들의 잎이 빨간색, 오렌지색, 노란색으로 물들어 아름다운 자연의 모습을 드러낸다(그림 12.21 참조).

습윤 대륙기후를 여름 기온에 따라 더 세분할 수 있다. 여름이 고온[4]이고 긴 경우 하계 **고온습윤 대륙기후**(Dfa)라 한다. 한낮의 기온은 자주 32°C를 넘고 40°C까지 상승하는 경우도 있다. 여름밤은 덥고 습도가 높다. 이러한 계절은 보통 5~6개월간 지속되어 각종 농작물의 성장에 적합한 조건을 제공한다. 겨울에는 바람이 많이 불고 추우며 눈도 많이 온다. 여름이 짧고 그리 덥지 않은 북부의 기후를 긴 하계 **저온 습윤 대륙기후**(Dfb)로 구분한다. 이 지역의 여름은 서늘할 뿐만 아니라 습도도 낮다. 기온은 간혹 35°C를 넘을 때도 있으나 수주일 간 더위가 계속되는 예는 드물다. 서리 없는 계절은 Dfa보다 짧아 3~5개월에 그친다. 겨울은 길고 추우며 바람이 많이 분다. 기온이 −30°C 이하로 떨어지고 수일간, 길 때는 수주일간 −18°C 이하에 머무는 일도 종종 있다. 가을은 매우 짧아 여름에 이어 곧장 겨울이 오는 일도 종종 있다. 봄도 역시 짧아 특히 북부에서는 늦은 봄까지 눈이 오는 예가 많다.

그림 12.22는 미국 아이오와 주 디모인의 Dfa 기후와 캐나다 위니펙의 Dfb 기후를 비교하고 있다. 두 도시 모두 연교차가 크다. 이것은 대륙의 북부 내륙지역에 형성되는 기후의 특징이다. 극으로 갈수록 연교차는 증가한다. 디모인의 경우 연교차가 30°C이지만 950 km 북쪽의 위니펙은 36°C이다. 이 그림에는 여름철 최대 강수량도 표시되어 있다. 대부분의 여름 강수는 지역적인 대류성 소나기 형태를 띤다. 그러나 이따금 약한 전선이 발달하여 보다 광범위한 강수를 초래하기도 하며, 10장에서 기술한 중규모 대류복합체와 같은 뇌우군도 비를 내린다. 두 기후 유형의 일기는 큰 변화를 가져오기도 하는데, 특히 겨울철에는 잠시 온화했던 날씨가 매서운 바람과 함께 −30°C의 혹독한 일기로 변하기도 한다.

겨울은 매우 춥고 바람이 심한 반면, 여름은 짧고 서늘해 평균기온 10°C 이상 되는 기간이 1~3개월밖에 되지 않는 기후를 **아한대기후**(Dfc)라 한다. 그림 12.7을 보면, 북아메리카에서는 캐나다와 알래스카를 횡단하는 폭넓은

4 고온은 가장 따뜻한 달의 평균 온도가 22°C 이상이고, 4개월 이상 월 평균 기온이 10°C 이상임을 의미한다. 세부 그룹에 대한 자세한 설명은 부록 E을 참조하라.

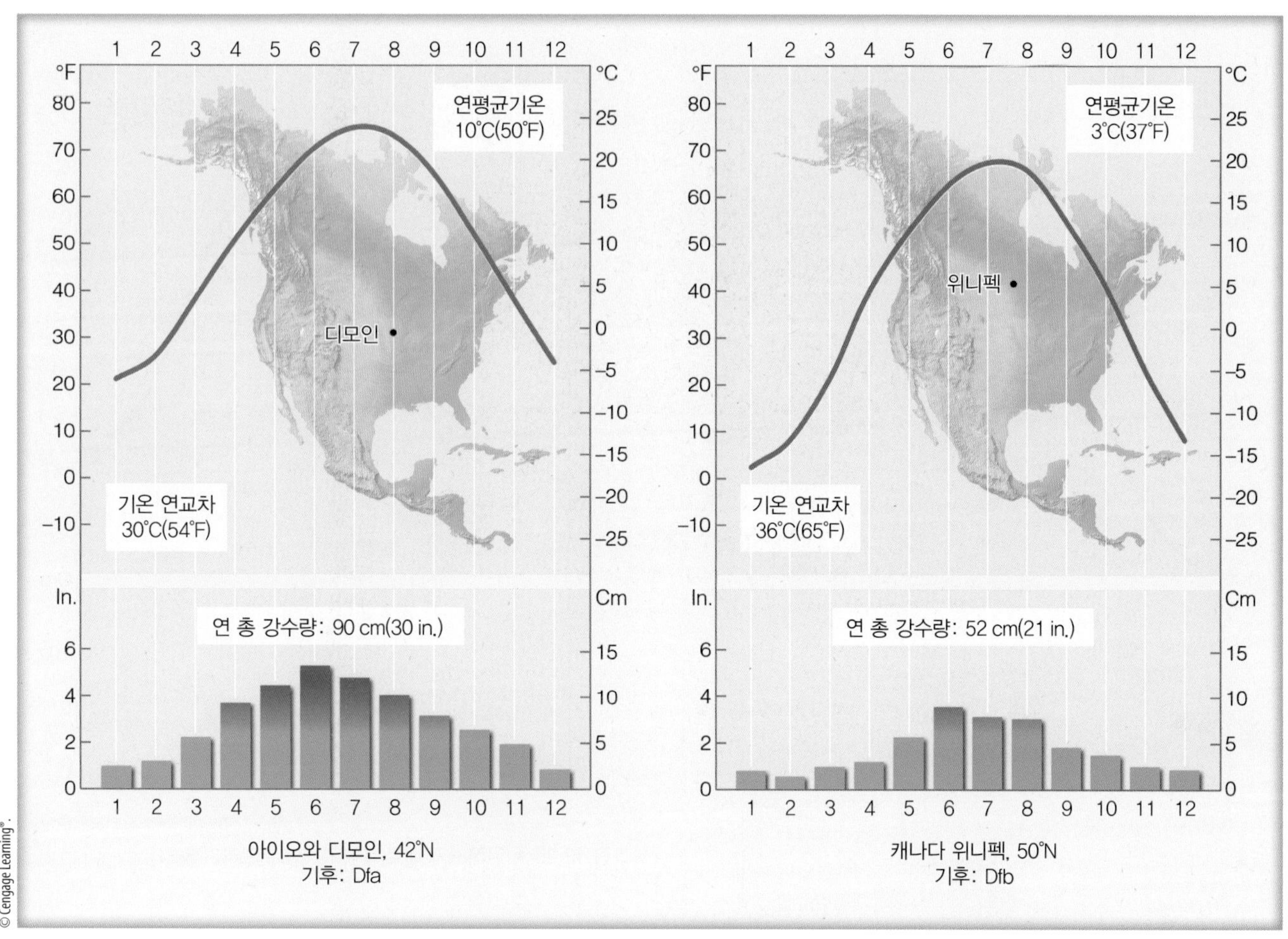

그림 12.22 ● Dfa 기후권의 디모인(왼쪽)과 Dfb 기후권의 위니펙(오른쪽) 기후 비교.

지대, 유라시아에서는 노르웨이에서 시베리아에 이르는 광범위한 지역에서 이 기후가 나타난다. 극도로 낮은 겨울 기온으로 미루어 대륙성 한대기단과 북극기단의 발원지가 이 지역임을 알 수 있다. 겨울철 혹한과 서늘한 여름으로 연교차는 크게 나타난다. 알래스카의 페어뱅크스 기후를 나타낸 그림 12.23이 이를 설명해 주고 있다.

아한대지역의 강수량은 비교적 적다. 특히 내륙지역은 더 적어 대부분 지역의 연 강수량은 50 cm 미만이다. 여름철 이 지역에서 약한 저기압 폭풍이 이동할 때 내리는 비가 강수의 대부분을 차지한다. 총 강설량은 많지 않으나 저온으로 녹지 않기 때문에 한 번 눈이 오면 여러 달 잔류한다. 저온으로 연간 증발률이 낮기 때문에 **타이가**(taiga)로 불리는 침엽수 및 자작나무 숲에 필요한 수분이 유지된다(그림 12.24 참조).

가장 추운 달의 평균기온이 −38℃로 떨어지는 시베리아와 아시아의 타이가 지역 기후를 Dfd라 한다. 그중에서도 겨울이 건조한 기후를 Dwd라고 한다.

한대기후(E 기후)

- **일반 특성**: 연중 기온이 낮아 가장 따뜻한 달의 평균기온이 10℃ 이하이다.
- **범위**: 북아메리카와 유라시아의 북부 해안지역, 그린란드, 남극이 포함된다.
- **주요 유형**: 툰드라기후(ET)와 빙설기후(EF).

한대 툰드라(polar tundra, ET) 지역에서는 가장 따뜻한 달의 평균기온이 10℃ 이하이나 영하는 아니다(그림 12.25 알래스카의 배로 기후도 참조). 이곳의 땅은 영구

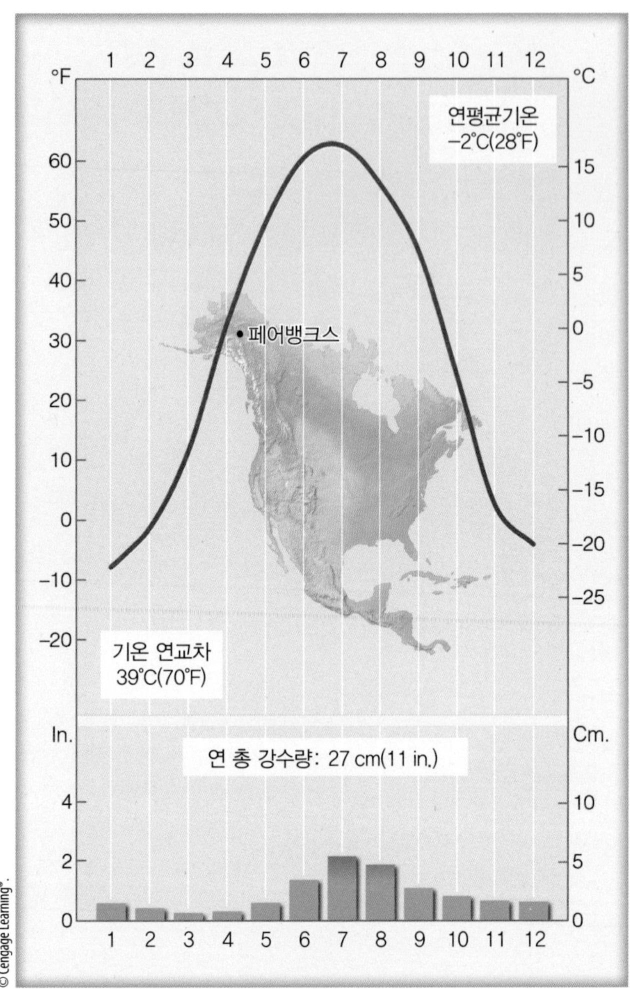

그림 12.23 ● 알래스카의 페어뱅크스(북위 65°)의 기후 자료. 이곳은 아한대기후(Dfc)에 속한다.

그림 12.24 ● 침엽수림(타이가). 겨울철 기온은 낮으나 강수가 많은 지역에 생성된다.

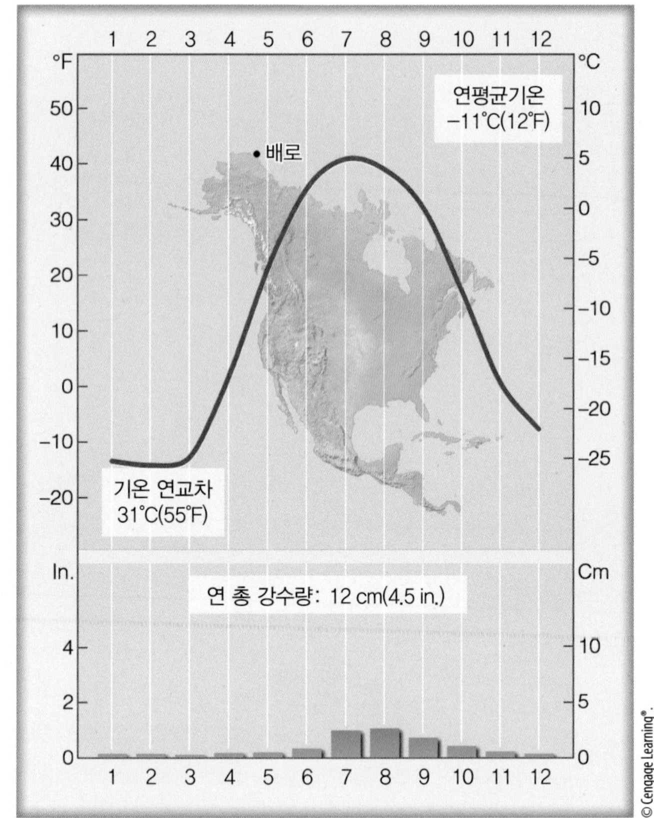

그림 12.25 ● 알래스카 배로(북위 71°)의 툰드라기후(ET).

적으로 얼어붙어서 **영구동토**(permafrost)라 불린다. 영구동토는 1 m 미만인 곳도 있고 1,000 m 이상인 곳도 있다. 여름에는 토양의 위층을 녹일 만큼 충분히 따뜻하기 때문에 툰드라가 진흙탕의 늪지로 바뀐다. 툰드라 지역의 연강수량은 얼마되지 않아 대다수 관측소는 20 cm 이하를 기록하고 있다. 위도가 낮은 지역에서는 강수량이 이 정도로 적을 때 사막이 형성되겠지만, 추운 한대지역에서는 증발률이 매우 낮아 적당한 습도가 유지됨으로써 사막은 형성되지 않는다. 생장 기간이 매우 짧은 **툰드라 식물**로는 이끼, 키 작은 나무, 드문드문 분포된 목본 식물 등이 있다(그림 12.26 참조).

여름의 낮 시간은 길지만 태양은 지평선 위로 높이 떠오르는 법이 없다. 더욱이 지상에 도달하는 태양광선조차도 일부는 눈과 얼음에 의해 반사된다. 땅에 흡수되는 태양열은 언 땅을 녹이는 데 사용된다. 그 결과 여름의 낮 시간은 길어도 기온은 매우 서늘하다. 서늘한 여름과 극

© Michio Hoshino/Minden Pictures

그림 12.26 ● 알래스카의 툰드라 식생. 이러한 기후형에는 사초속의 각종 식물이나 짧은 성장 계절에 피는 야생화가 주를 이룬다.

도로 추운 겨울로 연교차는 크게 벌어진다.

매월 평균기온이 영하로 낮은 기간에는 식물의 생장이 불가능하다. 이때는 이 지역이 눈과 얼음으로 영구적으로 덮여 있다. 이러한 기후 유형을 **빙설기후**(polar ice cap, EF)라 한다. 그린란드와 남극대륙 내륙의 빙설이 이 기후 지역에 속한다. 이 지역의 얼음 두께는 곳에 따라 수천 m에 이른다. 이 지역의 기온은 '한여름'에도 영상으로 크게 올라가는 일이 없다. 세계에서 가장 추운 곳이 이곳이다. 이 지역의 강수량은 극소량이어서 연간 10 cm도 못 되는 곳이 많다. 대부분의 강수는 '따뜻한' 여름에 눈의 형태로 내린다. 강력한 활강바람으로 눈이 날려 일기가 더 사나워지기도 한다. 그림 12.27은 그린란드 아이스미트의 기후 자료이며, 해발고도 3,000 m의 내륙에 위치한 아이스미트는 빙설기후(EF)를 대표한다.

13장에서는 지구의 기후가 어떻게 변화하고 있고, 과거 100여 년 동안 얼마나 온난해지고 있는지 소개될 것이다. 이런 변화는 쾨펜 기후 구분의 경계에 영향을 줄 것이다. 그러나 이런 경계의 변화는 종종 너무 작아서 정확히 평가하기 힘들다. 이러한 변화를 관측할 수 있는 좋은 방법으로 변화하는 온도가 얼마나 식물이 자라는 지역에 영향을 주는지 살펴보는 것이다. 온난한 기후에서 식물의

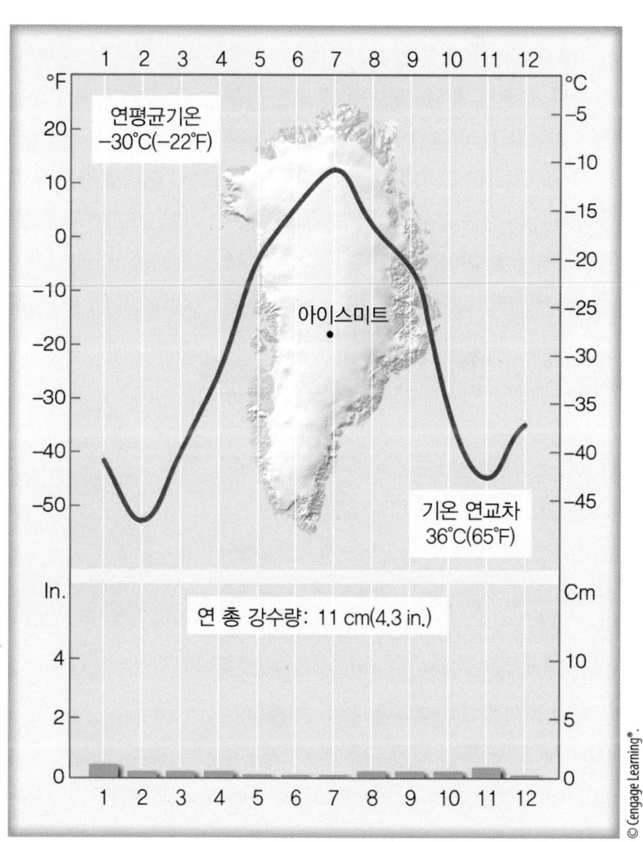

© Cengage Learning®.

그림 12.27 ● 그린란드 내륙의 고도 3,000 m에 위치한 아이스미트(북위 71°)의 기후 자료. 이곳은 빙설기후(ET)에 속한다.

내한성대(Plant Hardiness zone)은 북쪽으로 이동하고 있는가?

수많은 사람이 어떤 식물을 기를지 결정하기 위해 기후를 주목한다. 최근 동안, 미국 대부분의 지역에서 온도는 증가하였다. 사실, 2012년은 인접한 48개의 주에서 관측 기록 사상 가장 더운 해(1934년)로 기록되었다. 게다가 겨울은 여름보다 온도가 더 빨리 상승하기 때문에, 식물이 혹한에 의해 죽을 확률이 더 줄어든다. 2015~2016년 겨울은 미국 인접한 주에서 가장 더운 해로 기록되었다. 이런 변화는 이 장에서 소개한 쾨펜 기후 구분에 큰 변화를 만들기 충분하지 않을 수도 있지만, 어떤 지역에서는 기후 구분의 경계가 이동하고 있을지도 모른다. 이를 살펴보기 위한 방법 중의 하나는 식물들이 잘 성장할 수 있는 온도를 살펴보는 것이다.

농부, 정원사, 조경사를 위한 주요한 지침 중의 하나가 미국 농림국에서 만든 내한대성 지도이다(그림 5). 이 지도는 연평균 최저온도(1년 중 가장 추울 때 온도)를 13개 구역으로 나누어 미국의 주에 표시하였다. 각 온도 구역은 약 5.6°C 간격으로 나누어졌다. 예를 들어, 시카고는 5번째 구역에 해당되는데, 연평균 최소온도가 −23.3°C와 28.9°C 사이라는 것을 의미한다. 각 구역은 2.8°C 간격으로 부분구역으로 나누어진다(그림 5에서 부분구역은 표시하지 않음). 또한, 식물이 혹한에 얼마나 노출되는지 산정하는 방법도 있다. 예를 들면, 가을에 첫 번째 서리날과 봄의 마지막 서리날 사이의 기간을 평균하는 것이다. 하지만 연평균 최저온도는 특정 지역에 어떤 식물을 심는 게 좋을지 결정하는 데 유용한 가장 단순한 지수일 것이다. 이 지침은 특히 나무나 관목같이 겨울 동안에도 생존해야 하는 다년생 식물에 유용하다.

2012년 미국 농림부는 1976~2005년 기간에 관측된 온도를 기반으로 가장 최신 버전을 공개하였다. 이 버전은 1974~1986년 기간 관측을 이용했던 1990년 버전을 업데이트한 것이다. 예상했던 대로 식물들은 온실가스와 관련된 장기간 온난화를 겪고 있기 때문에, 새로운 버전에서 미국의 많은 부분이 기존에 비해 내한성대이 보다 온난구역으로 옮겨졌음을 보여줬다. 1990년 버전에 비해 34개 도시 중 절반 이상이 2012년 버전에서 새로운 구역으로 표시되었다.

1990년 버전은 일반적으로 평균 기후에 사용되는 30년 기간에 비해 적은 13년 기간의 자료를 기반으로 만들어졌다. 그렇기 때문에, 미국 농림국은 이러한 변화가 장기간 기후변화를 보여주기 위한 의도는 아니라고 기술하였다. 하지만 두 버전의 차이는, 1970년 이후 미국 지역의 전반적인 온도 상승을 보여주는 다른 분석들과 일치하고 있다. 심지어 수정된 버전의 변화는 현재의 상태를 충분히 반영하지 못했을지도 모른다. 2005년부터 2012까지 진행된 강한 온난화는 1/3에 해당하는 미국 주에 2012년 업데이트된 내한성대 구역보다 반구역(half zone) 더 이동시키기에 충분하다는 연구도 있다.

2015~2016년은 많은 지역에서 극한 온난화 경향을 보였다. 12월 25일은 많은 동부 해안 도시들에서 가장 온난한 크리스마스 날로 기록되었다. 포틀랜드와 메인은 17°C까지 올라갔고, 잭슨빌과 플로리다는 28°C까지 급등하였다. 워싱턴 D.C.의 유명한 벚꽃 개화는 3월 25일로 평균보다 며칠 일찍 나타났다. 1995~2016년 기간 중 오직 6년 만 장기간 평균 일이 4월 4일보다 늦게 벚꽃 만개가 나타났다.

하지만 온난화 기간에도 혹한들은 여전히 발생했다. 매우 온화했던 2015~2016년 겨울 동안, 보스톤은 10°C 이상의 날이 35일 이상으로 가장 길게 나타났다. 특히, 2월 14일, 영하 −23°C까지 떨어져서, 50년 기간 중 가장 추운 날로 기록되었다. 지구 온난화가 연 최저온도를 전체적으로 상승시키는지, 또는 온화한 온도에 적합한 식물들의 생존을 위협하는 극한 추위를 몇 년에 한 번씩으로 분배시켜서 빈도수를 줄이는지는 기후 연구의 가장 중요한 질문 중 하나이다.

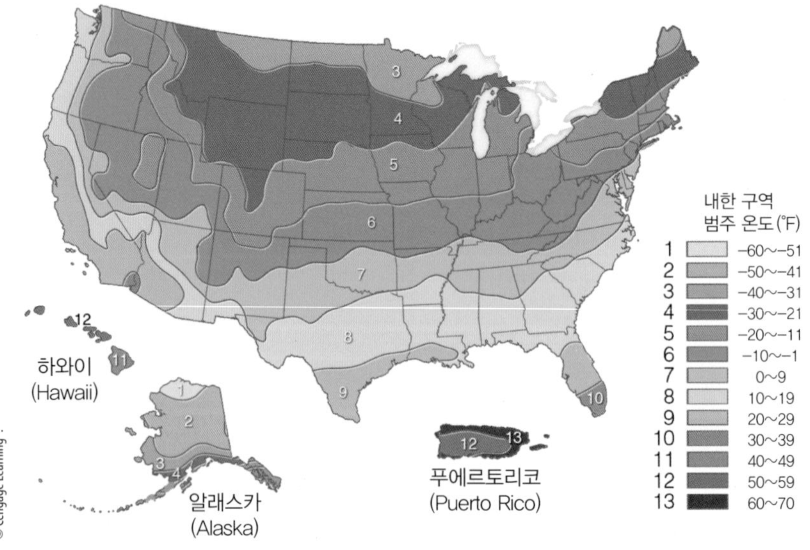

그림 5 ● 연간 예상 최저 기온에 기반한 내한대성 지도. (USDA 농업 연구 서비스와 오레건 주립 대학이 공동으로 제작한 공식 내한대성 지도에서 채택)

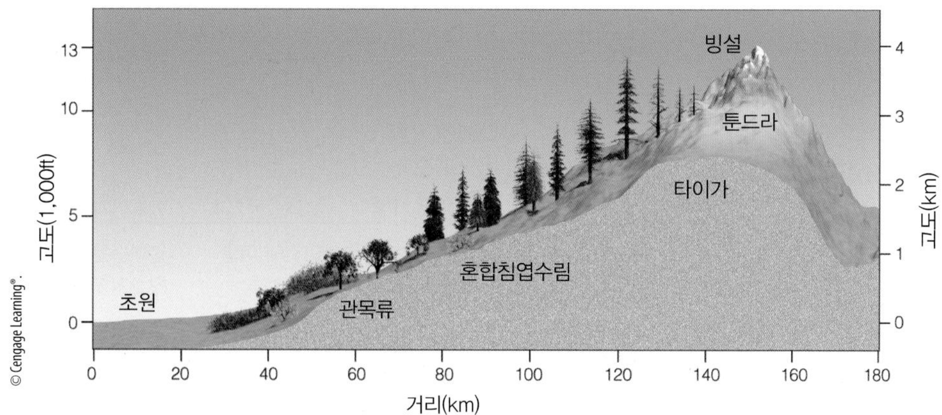

그림 12.28 ● 미국 시에라 네바다 산맥의 해발고도에 따라 달라지는 식물과 기후의 연직도면.

내한성대(plant hardiness zones)는 좀 더 극지역으로 이동할까? 포커스 12.4에서 살펴보도록 하자.

고산기후(H 기후)

한대기후를 경험하기 위해 반드시 한대지방으로 갈 필요는 없다. 기온은 고도에 따라 감소하기 때문에 고도 300 m에서 발생하는 기온차는 위도가 북쪽으로 약 300 km 이동할 때 발생하는 기온차와 대략 비슷하다. 따라서 에베레스트 같은 고산을 등반할 때 비교적 단거리에서 여러 기후 지역을 여행하는 것과 마찬가지 효과를 얻을 수 있다.

그림 12.28은 시에라 네바다 산맥 서쪽 비탈의 해발고도에 따라 각기 다른 기후와 식물이 나타나고 있음을 보여준다. 산 밑 기후와 식물은 반건조 조건을 드러내고 있는 반면, 산기슭의 작은 구릉지는 지중해기후를 띠어 식물이 키 작은 떡갈나무로 변한다. 더 높이 올라가면 기후는 아한대로 변하고 타이가는 키 작은 나무와 툰드라 식물에 밀려난다. 정상 부근은 만년빙과 만년설로 덮여 있다. 산 밑부터 정상까지 수직거리 4,000 m 미만 내에 반건조에서 한대에 이르는 여러 기후가 존재함을 알 수 있다.

요약

이 장에서는 세계의 기온과 강수 패턴, 그리고 각종 기후 지역을 살펴보았다. 열대기후는 정오의 태양이 항상 높이 뜨고, 밤낮의 길이가 거의 같으며, 덥지 않은 달이 없고, 겨울이 사실상 없는 저위도 지역에서 발생한다. 세계 최대 강수량은 열대지방에서 발생하며, 특히 더운 습윤공기가 산맥을 따라 활승하는 곳에 가장 많은 비가 내린다.

잠재적 증발량 및 증산량이 강수량을 초과하는 지역에는 건조기후가 형성된다. 사하라와 같은 일부 사막은 아열대 고기압으로 인한 침강공기의 결과로 형성된 것이다. 이 밖에 산의 풍하측에 형성되는 비그늘 효과로 사막이 생기기도 한다. 많은 사막이 이 두 가지 원인으로 형성된다.

중위도 지역의 특징은 겨울과 여름의 뚜렷한 계절 차이이다. 그중에도 위도가 낮은 지역의 겨울은 온화하고 위도가 높은 지역의 겨울은 춥다. 일부 대륙 동해안의 여름은 아열대 고기압을 중심으로 습윤공기가 극으로 이동하기 때문에 고온다습하다. 이 습윤 아열대기후에서는 종종 공기가 상승 응결하여 오후의 뇌우가 된다. 여러 대륙의 서해안은 비교적 건조한 편이다. 특히 여름에는 서늘한 바닷물과 아열대 고기압에 따른 침강공기가 상호작용하여 적운의 형성을 크게 가로막기 때문에 건조해진다.

북아메리카나 유라시아 같은 큰 대륙의 중부지역은 보통 여름이 겨울보다 습도가 높다. 겨울 기온은 해안지역보다 대체로 낮다. 북쪽으로 갈수록 여름은 짧아지고 겨울은 길고 춥다. 한대기후는 사실상 여름이 없고, 겨울에 혹한이 닥치는 고위도 지역에 조성된다. 고산을 등반할 때 비교적 단거리에서 여러 기후대를 경험할 수 있다.

주요 용어

본문에 나온 주요 용어를 나열하였다. 각 용어를 정의하라. 그러면 복습에 도움이 될 것이다.

미기후	쾨펜 기후 구분계	중기후	대기후
열대우림	세계의 기후	열대습윤기후	기후인자
홍토	열대몬순기후	아열대 여름-건조기후	열대습윤 및 건조기후
습윤 대륙 기후	사바나 초원	건조기후	아한대기후
제로파이츠	타이가	반건조기후	한대 툰드라
스텝	영구동토	아열대 습윤기후	빙설기후
고산기후	해양기후		

복습문제

1. 세계 강수 패턴에 영향을 주는 요인을 아는 대로 설명하라.
2. 북아메리카에서는 최대 강수량이 겨울에는 서해안, 여름에는 중부 평원에 집중되고 여름과 겨울 사이에는 동해안에 고르게 강수가 분포되는 이유를 설명하라.
3. 쾨펜은 어떤 기후 자료를 사용하여 기후를 구분하였는가?
4. 쾨펜은 열대기후를 어떻게 정의하였는가? 한대기후는 어떻게 정의하였는가?
5. 쾨펜의 기후 구분에 따르면(그림 12.7) 다음 지역에서는 어떤 기후형이 가장 많은가?
   (a) 북아메리카 (b) 남아메리카 (c) 세계 전역
6. 건조기후를 '건조하게' 만드는 1차적 요인은 무엇인가?
7. 다음의 현상들은 어느 기후구에서 발견되는가: 열대우림, 제로파이츠, 스텝, 타이가, 툰드라, 사바나.
8. 다음 기후 유형을 형성하는 주요 기후 인자는 무엇인가?
   (a) 열대습윤 및 건조 (b) 지중해 (c) 해양 (d) 습윤 아열대 (e) 아한대 (f) 빙설

9. 해양기후가 보통 대륙의 서해안에 위치하는 이유는 무엇인가?
10. D 기후에서 연교차가 큰 이유는 무엇인가?
11. D 기후가 북반구에만 존재하는 이유는 무엇인가?
12. 열대습윤 및 건조기후와는 달리 열대우림기후가 열대우림을 지탱할 수 있는 이유를 설명하라.
13. Cfa와 Dfa 기후의 주된 차이점은 무엇인가?
14. 해양 부근에 건조 사막이 위치하게 되는 과정을 설명하라.
15. 쾨펜이 D 기후와 E 기후를 구분하는 데 7월 평균기온 10℃를 사용한 이유는 무엇인가?
16. 북아메리카 서부 대분지에 BWk 기후가 존재하는 이유는 무엇인가?
17. 알래스카의 배로는 연 강수량이 11 cm밖에 안 된다. 이 지역이 건조 또는 반건조 지역으로 분류되지 않는 이유를 설명하라.
18. 아한대기후를 타이가 기후라고 부르는 까닭을 설명하라.

사고 및 탐구 문제

1. 로키산맥의 동쪽에 위치한 콜로라도주 덴버(Denver, Colorada)와 같은 도시는 시에라네바다의 동쪽에 위치한 네바다주 리노(Reno,Nevada)보다 왜 비가 더 많이 오는가?
2. 쾨펜의 기후 구분에 의하면 여러분이 사는 지역은 어떠한 기후형인가?
3. 로스앤젤레스와 시애틀, 그리고 보스턴은 모두 해안가에 위치한 도시이다. 그러나 보스턴은 해양성 기후가 아닌 대륙성 기후를 띤다. 그 이유를 설명하라.
4. 한대지역의 많은 구조물이 말뚝과 같은 구축물 위에 지어진 까닭은 무엇인가?
5. 아열대 습윤기후(Cfa)의 오후 기온이 열대습윤기후(Af)보다 더 높은 이유는 무엇인가?
6. 아열대 습윤기후가 위도 20~40°(북위 및 남위) 지역에만 발견되고 다른 지역에는 나타나지 않는 이유는 무엇인가?
7. 다음의 기후형 중 꼬리구름이 가장 자주 나타날 수 있는 지역은 어디인가: 습윤 대륙, 건조 사막 및 한대 툰드라? 이유를 설명하라.
8. 그림 12.19에서 보는 것처럼 샌프란시스코와 새크라멘토 캘리포니아 지역은 연평균기온은 비슷하지만 연교차는 다르다. 이들 두 지역의 연교차를 조절하는 요소는 무엇인가?
9. 왜 로키산맥의 양쪽 사면의 기후는 판이하게 다른 반면에 애팔래치아 산맥의 두 사면은 그렇지 않은가?
10. 해안지역과 대륙의 중심지역에 위치한 두 도시의 연중 기온 변화와 강수량 변화를 도표로 그려보라. 그리고 그래프를 보고 차이점을 설명하라.
11. 세계 백지도에 쾨펜의 주요 기후 지역들이 위치한 곳을 대략적으로 그려보라.
12. 지난 100년 동안 지구의 온도는 0.7℃(1.3℉) 이상 증가하였다. 만약 이러한 추세가 앞으로 100년 동안 계속 된다면, 온도 증가가 C와 D 기후형의 경계에 어떤 영향을 미칠지 설명하라. 온난화 D와 E의 기후형 경계에는 또 어떻게 영향을 미치겠는가?

13장

변하는 지구의 기후

우리의 기후는 매우 현저하게 변화하고 있다. 중년의 기억에 비춰보더라도 더위와 추위는 훨씬 누그러지고 있다. 강설 횟수가 줄어들고 적설량 또한 감소하고 있다. 눈이 내려도 하루, 이틀, 또는 사흘이면 녹아 버리고, 일주일 가는 경우는 매우 드물다. 예전에는 눈이 자주 왔고, 왔다 하면 깊이 쌓일 정도로 내려 오래 남아 있었다. 옛 어른들이 전하는 바에 따르면 매년 3개월 정도는 지구가 눈에 덮여 있었다 한다. 그러나 겨울이면 으레 얼어붙었던 강들이 지금은 웬만해서는 잘 얼지 않는다. 이와 같은 기후변화는 봄철 기온의 불안정한 변화를 초래하여 과일에 치명적 영향을 주고 있다. 몬티첼로 인근 지역에서는 과일이 서리 피해를 입는 날이 28년 동안 한 번도 없었다. 예전에는 겨울 동안 쌓인 눈이 봄철에 일시에 녹아 강을 넘쳐나게 하는 일이 잦았다. 그러나 지금은 그런 일이 매우 드물다.

Thomas *Jefferson, Notes on the State of Virginia*(1781)에서

- 과거 기후의 복원
- 지질시대의 기후
- 자연현상에 기인한 기후변화
- 인간 활동에 기인한 기후변화
- 기후변화: 지구 온난화

앞에 소개한 글은 미국의 3번째 대통령 Thomas Jefferson이 버지니아주에 있는 그의 뒷마당에서 기후의 변화를 묘사한 것이다. 기후의 어떤 변화는 자연변동 과정에 의한 것이지만, 인간활동과 관련된 이유도 있다. 우리시대 큰 환경문제 중의 하나는 대기 중에 증가된 온실기체의 결과로서 나타난 **기후변화**(climate change)이다. 빙하가 녹고 있고, 해수면은 상승하고, 강수는 많은 지역에서 더 강하게 오고 있으며, 전지구 온도는 증가하고 있다. 심도 있는 연구들은 최근 수십 년 동안의 이런 변화가 화석연료 사용과 같은 인간활동에 의한 것이라고 제시하여 왔다.

기후는 항상 변하고 있다. 각종 증거에 비추어 보면, 기후는 과거에도 변화했고 그 변화가 앞으로도 계속될 것으로 보인다. 도시환경이 변모됨에 따라 도시기후는 그 주변 지역의 기후와는 다른 양상을 보인다. 도시의 야간 기온이 교외 지역에 비해 더 높은 경우처럼 때로는 도시와 주변 지역의 기후 차이가 현저하게 나타난다. 연기와 연무층이 도시 상공을 덮을 때처럼 차이가 미묘하게 나타나는 경우도 있다. 지속적인 가뭄 또는 연례적 장맛비의 지연 등 형태로 나타나는 기후변화는 수백만 명 주민들의 생활에 타격을 줄 수 있다. 아무리 작은 변화라 할지라도 한때 가축 방목장으로 사용되던 초원이 불모의 사막으로 변화하는 것처럼 여러 해 동안 지속적으로 발생할 경우에는 부정적 영향을 낳을 수 있다. 그러므로 우리는 우선 과거의 기후변화를 보여주는 증거를 살펴본 후 자연적 변화와 인위적 변화의 두 가지 측면에서 기후변화 원인을 탐구하기로 한다.

과거 기후의 복원

지구의 기후는 항상 변화할 뿐만 아니라 불과 18,000년 전만 해도 지구는 한파에 휩싸여 고산빙하가 강기슭까지 뻗어 있었고, 북아메리카와 유럽은 거대한 **얼음벌판**(대륙빙하)으로 덮여 있었다(그림 13.1 참조). 얼음의 두께는 수 km에 달했고 그 거리는 뉴욕과 오하이오 강까지 내려와 있었다. 대륙빙하는 250만 년 동안 20번 전진했다가 후퇴한 것으로 추정된다. 빙하의 전진하는 시기들 사이의 온난기에는 전지구 평균온도는 지금과 비슷했거나 어

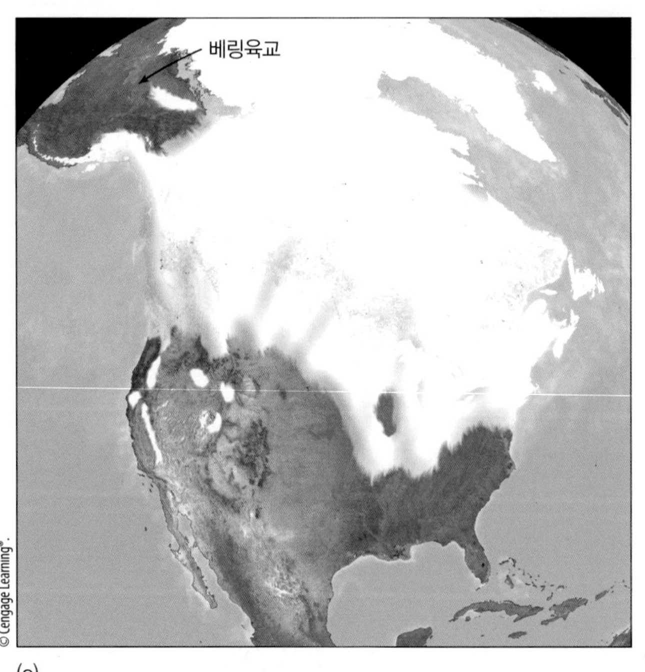

(a)

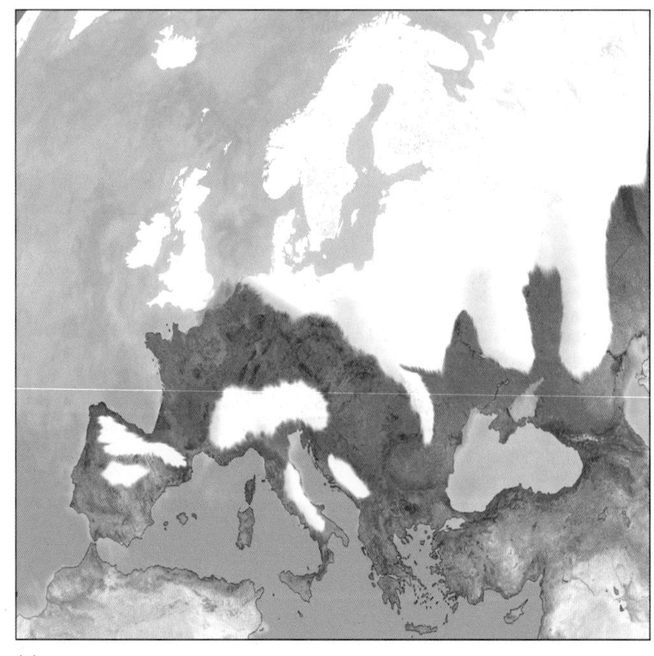
(b)

그림 13.1 ● 18,000년 전 (a) 북아메리카 대륙과 (b) 서유럽의 대륙빙하 범위.

© C. Donald Ahrens

그림 13.2 ● 만약 지구상의 모든 빙하와 얼음이 녹는다면 사진의 남부 플로리다 주 연안은 수면 61 m 아래에 놓일 것으로 추정된다. 약 1 m 가량의 작은 해수면 상승도 인류의 절반 정도를 위협할 것으로 보인다.

떤 경우에는 더 따뜻하기도 하였다. 빙하의 전진과 후퇴는 지구의 궤도의 변동과 밀접하게 관련이 있다. 이런 연구들은 다음 빙하기까지 수천 년 시간이 걸릴 거라고 제시하고 있다.

현재 빙하로 덮여 있는 면적은 지구 육지면적의 약 10%에 불과하다. 지구표면에 있는 빙하의 총 부피는 25,000,000 km^3 정도이다. 대부분의 빙하는 그린란드와 남극에 있고, 이곳에 축적된 빙하에서 과학자들은 과거 기후를 조사할 수 있다. 만약 이 얼음이 모두 녹을 정도로 지구 기온이 상승한다면, 바다의 수위는 약 66 m 올라갈 것이며 그로 말미암아 엄청난 재해가 발생할 것이다(그림 13.2 참조). 뉴욕, 상하이, 도쿄, 런던 같은 대도시는 침수될 것이다. 지구 기온이 몇 °C만 상승해도 해수면은 50 cm 이상 높아져 해안 저지대를 물바다로 만들 것이다.

빙하의 전진과 후퇴가 남긴 지질학적 증거를 연구한 결과, 지구의 기후는 서서히 계속적으로 변해왔음을 짐작할 수 있다. 과거의 기후를 재구성해 보기 위해 과학자들은 입수 가능한 모든 증거들을 면밀히 검토하여 조심스럽게 짜 맞춰 보아야 한다. 그러나 유감스럽게도 현재까지는 과거의 기후가 어떠했는지를 일부 이해하는 데 도움이 되는 증거만이 확보되었다. 예를 들면, 뉴잉글랜드 퇴적층에서 출토된 12,000년 전 것으로 추정되는 툰드라 식물의 꽃가루 화석은 그 지역의 당시 기후가 지금보다 훨씬 추웠을 것임을 시사하고 있다.

이 밖에 지구의 기후변화를 말해주는 다른 증거로는 그린란드 빙하와 해저침적물 표본이 있다. CLIMAP(Climate: Long-range Investigation Mapping and Prediction)라는 명칭의 대학 간 연구계획에 따라 여러 대학 학자들이 과거 수백만 년간의 지구 기후를 연구해 왔다. 깊이 수천 m 해저의 침적물을 드릴로 채집하여 분석했다. 이 침적물에는 한때 수면 근처에 서식했던 생물체의 껍질도 포함되어 있었고, 이들 껍질에서는 탄산칼슘이 검출되었다. 특정 유기물은 좁은 기온 범위 내에서만 생존하기 때문에 침적층에서 발견된 유기물의 분포와 형태로 미루어 당시의 수면온도를 유추할 수 있다.

또한, 이들 껍질의 산소동위원소 비율에 따라 빙하 전진의 연속성에 관한 정보를 알아낼 수 있다. 예를 들면, 해수에 포함된 산소의 대부분은 핵에 8개의 양자와 8개의 중성자를 보유하고 있어 원자량은 16이다. 그러나 산소 원자 약 1,000개마다 1개꼴은 중성자를 추가로 2개 더 보유해 원자량은 18이 된다. 바닷물이 증발할 때 원자량 18인 무거운 산소는 뒤에 남는 경향이 있다. 따라서 빙하 전진기에 물이 적어진 바다에는 산소 18의 밀도가 높아진다. 해양 유기물의 껍질은 해수 속 산소 원자로 형성되기

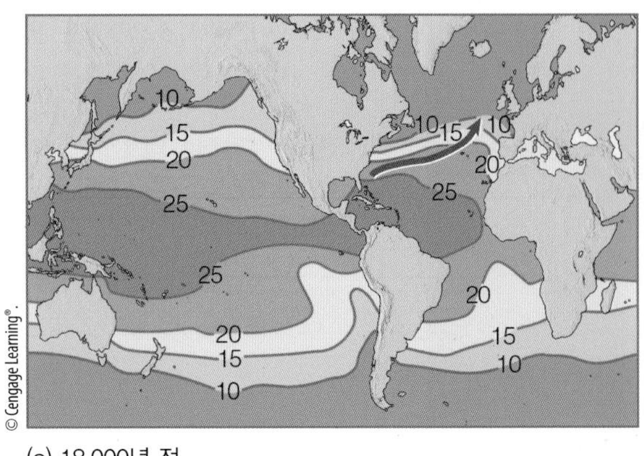

(a) 18,000년 전

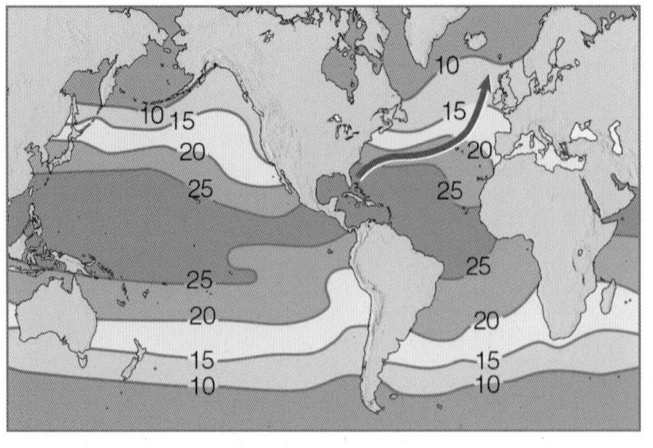

(b) 오늘날

그림 13.3 ● (a) 18,000년 전 8월 해수면 등온선(°C)과 (b) 오늘날 8월의 등온선. 빙하기(그림 a) 동안 걸프 스트림(굵은 빨간색 화살표)은 저위도에서 유럽에 접근하여 현재 북유럽의 온난 기후를 만들지 못하여, 강한 남북 온도 경도를 생성했다.

때문에 껍질 속에 함유된 산소 18과 산소 16 사이의 비율로 미루어 과거 기후가 어떻게 변해왔는지 추정할 수 있다. 침적물에 산소 16보다 산소 18의 구성비가 높으면 과거 기후는 더 추웠을 것이고 그 비율이 낮으면 과거 기후는 더 따뜻했을 것으로 추정된다. CLIMAP 프로젝트는 이 같은 자료를 이용하여 과거 여러 시기별 해수면 온도를 재구성할 수 있었다(그림 13.3 참조).

남극과 그린란드 빙하에서 적출한 연직 빙봉을 분석함으로써 과거 기온 패턴에 관한 추가 정보를 입수할 수 있다. 빙하는 기온이 매우 낮아 연중 강설량이 녹는 눈보다 많은 육지에서 형성된다. 여러 해에 걸쳐 적설이 계속되면 눈은 압축되어 서서히 얼음으로 재결정된다. 그리고 중력의 영향으로 얼음이 움직이기 시작하여 빙하가 되는 것이다. 얼음은 수소와 산소로 구성되므로 고대 빙봉의 산소동위원소 비율을 분석함으로써 과거 기온 패턴을 알아낼 수 있다. 대체로 강설 시 기온이 낮을수록 빙봉의 산소 16 밀도는 높아진다. 또 얼음 속에 갇힌 고대 대기의 기포를 분석하여 과거 대기의 구성을 알아낼 수 있다.

빙봉은 기후변화의 원인도 기록한다. 그러한 원인 중 하나는 얼음에서 추출한 황산층으로부터 추론할 수 있다. 황산은 화산의 대폭발 때 성층권으로 배출된 많은 양의 황 성분으로부터 기원한다. 황 성분의 에어로졸이 궁극적으로는 북극 인근의 지면 위에 산성눈으로 내리게 되어 얼음층에 보관된 것이다. 그린란드의 빙봉은 인간이 배출하는 황에 대해 연속적인 기록을 제공한다. 더욱이 양극의 빙봉은 태양 활동으로 인한 동위원소 베릴륨(^{10}Be)을 기록한다. 빙봉의 여러 곳에서 발견되는 먼지 종류를 통해 기후가 건조했는지, 습윤했는지를 알 수도 있다.

이 밖에 **연륜학**(dendrochronology)이라고 하는 나무의 나이테 연구를 통해서도 기후변화의 자료를 획득할 수 있다. 나무가 자람에 따라 나무껍질 안에 층을 만들어낸다. 매해 나무의 성장은 나무 몸통의 단면에 나타난 나이테로 나타난다. 나이테 두께의 변화, 특히 나무 성장 후반기에 나타난 변화는 이전 해와 다음 해 사이의 기후변화를 나타낸다(그림 13.4). 특별히 추운 기간 동안의 **상륜**(frost ring)의 존재와 나무 자체의 화학성분은 변화하는 기후에 대한 추가정보를 제공한다. 그러나 연륜은 나무가 연 단위 주기를 가지고 있고, 성장 과정에 온도나 습도에 의해 스트레스를 받는 경우에만 유용한 증거로 활용될 수 있다. 나이테의 성장은 과거 수백 년 전의 강수 및 기온 패턴과 관계가 있다.

과거 기후를 재구성하는 데 사용되어 온 기타 자료는 다음과 같다.

1. 호수 밑바닥의 침적물과 퇴적토
2. 깊은 얼음동굴, 퇴적토 및 해저침적물에 포함된 꽃가루

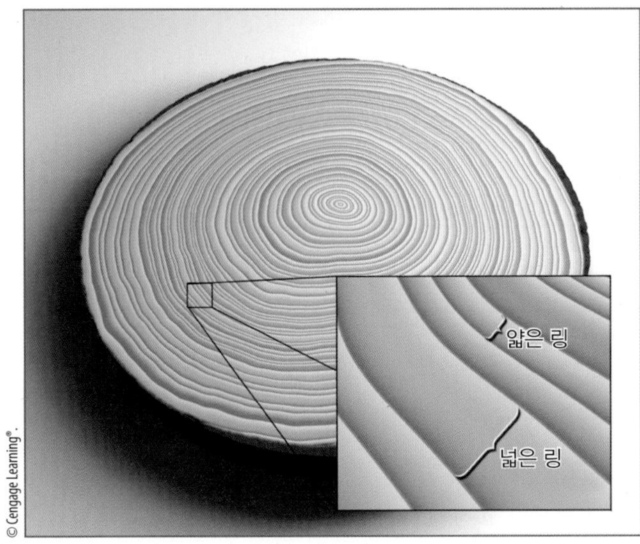

그림 13.4 ● 나이테의 너비는 각 해의 나무성장에 호조건인 시간의 양을 표현한다. 나이테의 너비에 더불어 어두운 후반과 밝은 어린 부분의 너비의 상대적인 비는 여러 요소에 의해 결정된다. 건조한 곳에서 주요 요소는 강수일 것이고, 고위도나 높은 고지에서는 온도가 될 것이다.

3. 특정 지질 증거(고대 탄층, 모래언덕, 화석 등)와 폐쇄분지 호수의 수위 변화
4. 가뭄, 홍수, 작황에 관한 문서
5. 산호의 산소동위원소 비율과 물고기의 귓속에서 자라는 탄산칼슘석
6. 동굴 내 종유석의 탄산칼슘층에 대한 연대 측정
7. 시추공 온도 단면을 이용하여 지상의 과거 기온 변화 기록을 역산
8. 빙봉 속의 중수소 비율은 기온 변화를 시사

이와 같은 지식을 전부 동원한다고 해도 과거의 기후에 대한 그림은 아직 완성되지 않았다. 이러한 결함을 염두에 두고 과거의 기후에 대한 정보가 밝혀주는 일이 무엇인지를 살펴보자.

지질시대의 기후

지구의 역사상 인류가 태어나기 훨씬 이전의 기후는 지금보다 훨씬 더워 평균기온이 8~15°C는 더 높았을 것이다. 이 시기의 대부분은 한대지방에 얼음이 없었다. 그러나 이 따뜻한 시기는 몇 차례의 빙하기로 중단되었다. 약 7억 년 전 한 차례 빙하기가 있었고 약 3억 년 전 또다시 빙하기가 도래했었음을 보여주는 지질 증거가 있다. **갱신세**, 또는 간단히 **빙기**(Ice Age)로 불리는 최근의 빙하기는 약 260만 년 전에 시작되었다. 갱신세 빙기까지의 기후조건을 간단히 요약해 보자.

약 6,500만 년 전지구 기온은 지금보다 높았다. 극지방의 빙관은 존재하지 않았다. 약 5,500만 년 전부터 지구는 장기간의 온도감소기에 돌입했다. 수백만 년 후 극빙이 등장했다. 평균기온은 계속 낮아졌고 얼음의 두께는 점점 두꺼워져 약 1,000만 년 전에는 두꺼운 얼음벌판이 대서양을 덮었다. 한편, 북반구의 고산 계곡에 눈과 얼음이 축적되기 시작했고, 곧 고산빙하 또는 계곡빙하가 등장했다.

약 250만 년 전에는 북반구에 대륙빙하가 등장, 갱신세 빙기의 시작을 알렸다. 그러나 갱신세는 빙하가 계속 형성되는 시기가 아니라 빙하의 전진과 후퇴가 북아메리카와 유럽의 광범위한 지역에서 교대로 발생한 시기였다. 빙하 전진기 사이의 비교적 따뜻한 시기를 **간빙기**(interglacial periods)라 하는데, 이 시기는 10,000년 이상 지속되었다. 가장 최근 간빙기는 에미안(Eemian)기로, 약 130,000년 전부터 114,000년까지 지속되었다. 최근에 얻은 빙봉 정보로부터 이 시기 여름철 그린란드 온도가 오늘날 가장 따뜻한 시기의 온도보다 높은 8°C 정도였다고 알려졌다.

가장 최근의 북아메리카 빙하는 18,000~22,000년 전에 두께와 깊이가 최고에 달했다. 당시 해수면 수위는 현재보다 120 m 낮은 것으로 추정된다. 이처럼 낮은 수위로 시베리아와 알래스카를 잇는 지협인 **베링 육교**와 같은 광범위한 면적의 땅이 노출되어 있었을 것이다. 이 지협을 따라 아시아로부터 북아메리카로 사람과 동물이 대거 이주할 수 있었다.

이 빙하는 지표 기온이 서서히 상승함에 따라 14,700년 전에 후퇴하기 시작했고, 뵐링-얼러뢰드(Bölling-Alleröd) 온난기가 시작되었다(그림 13.5). 그런 다음 13,000년에

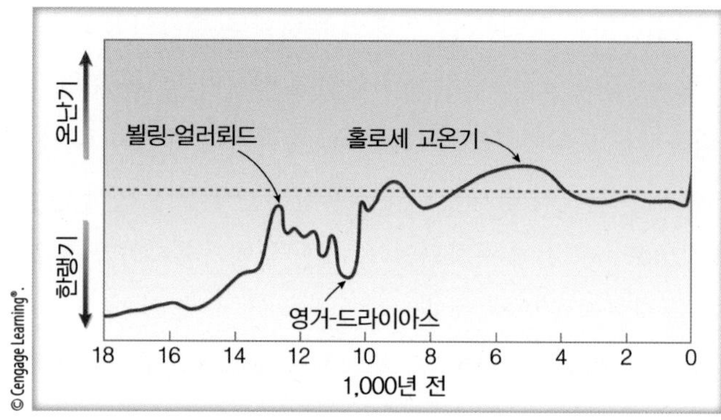

그림 13.5 ● 과거 1만 8,000년간의 평균기온 변화. 기온의 기록을 나타내는 이 데이터는 각종 자료원으로부터 합성한 것으로 단지 개략적인 기온 변화를 나타낼 뿐이다. 지구상의 어떤 지역에서는 도표의 변화보다 일찍 또는 늦게 한랭 또는 온난을 경험하기도 하였다.

평균온도가 갑자기 급강하하고, 북아메리카와 북부 유럽은 빙하기 상태로 되돌아갔다. 이 시기는 **영거-드라이아스기**(Younger Dryas)라고 알려져 있다. 약 10,000년 전, 영거-드라이아스 한랭기가 갑자기 끝나고 많은 지역에서 온도가 급등했다. 9,000년 전과 6,000년 전 사이 북아메리카의 대륙 빙하는 사라지고, 북반구 고위도 여름 온도는 오늘날 온도와 비슷해졌다. 이 현재 간빙기 동안의 북반구 온난기, 또는 홀로세 시기는 때때로 **중홀로세 고온기**(mid-Holocene Maximum)라고 불린다. 그러나 나머지 지역의 온도는 현재와 비슷하거나 약간 낮은 정도였다. 약 5,000년 전 온도감소 경향이 북반구에 나타나면서 이 시기 중 거대한 고산 빙하가 재등장하였지만, 대륙 빙하까지 발달하지는 못하였다.

그린란드 빙봉 자료를 분석한 결과, 빙하시대 조건에서 훨씬 따뜻한 상태로의 급속한 기후변화가 영거-드라이아스 말기 무렵 불과 수년 사이에 일어났다는 흥미로운 사실이 밝혀졌다. 이와 함께 빙하시대 말기로 가면서 몇 차례 비슷한 급속한 기후변화가 발생한 사실도 밝혀졌다. 무엇이 이러한 온도의 급격한 변화를 초래했을까? 한 가지 가능성이 포커스 13.1에 제시되었다.

알고 있나요?

중국, 이집트, 메소포타미아와 같은 최초의 지적인 인류 문명은 중홀로세 고온기(약 6,000년 전)로 알려진 시기 동안 발전했는데, 이 시기의 상대적인 온난 기후가 작물의 체계적인 재배와 마을과 도시의 발전이 가능하게 했기 때문일 것이다.

과거 1,000년간의 기온 변화 경향 그림 13.6은 과거 1,000년 동안 북반구의 지면온도가 어떻게 변해왔는지 보여주고 있다.[1] 1,000년 자료를 복원하기 위해, 나이테, 산호, 빙봉, 역사기록, 온도계와 같은 다양한 자료가 사용되었다. 1,000년 전에 북반구의 온도는 최근 몇십 년에 비해 1℃ 정도 낮았다. 그러나 북반구의 어떤 지역은 다른 지역보다 따뜻했다. 예를 들면, 영국에서는 포도재배가 번성하고 포도주를 생산했다. 여름은 덥고 건조했으며 봄은 춥지 않았다. 수백 년간 지속된 **중세 기후 최적기**라고 하는 이 시기에 바이킹족이 아이슬란드와 그린란드를 식민지화 했다.

그림 13.6에 나타난 것처럼, 11세기부터 14세기 동안은 상대적으로 따뜻한 기간이었지만, 여전히 20세기보다는 온도가 낮았다. 이 기간 동안 상대적으로 온화한 서유럽의 기후는 강한 변동성을 갖기 시작한다. 수백 년 동안 기후는 더욱 변화무쌍해졌다. 대홍수와 대기근이 발생하고, 혹한의 겨울과 상대적으로 온난한 겨울이 차례로 찾아왔다. 혹한이 발생했을 때, 영국의 포도원과 그린란드의 바이킹 정착촌이 큰 타격을 받았다.[2] 그린란드의 빙하가 전진하기 시작했고, 바이킹 정착촌은 사라져갔다.

15세기부터 19세기까지 북반구온도는 약간 하강하였다(그림 13.6). 이 온도하강은 고산지대의 빙하를 키우고, 협곡까지 전진시켰다. 온도하강이 북반구 전체적으로 1℃보다 작았지만, 유럽의 많은 지역에 큰 영향을 미쳤다. 겨

1 국립과학원(National Academy of Science)은 지난 1,000년 동안 그림 13.6의 결과와 다른 많은 온도 복원자료를 비교하여 유사한 결과가 나왔다는 보고서를 발표하였다.

2 기후변화가 그린란드 북부의 바이킹 정착촌이 사라지는 데 중요한 역할을 했지만, 그들이 이누이트로부터 사냥과 농업기술을 습득하지 못하고 기후에 적응하는 데 실패한 것도 그들의 몰락의 원인이었다.

기후 급변에 미치는 해양의 영향

최근의 빙하기 중 그린란드와 기타 지역의 기후는 수년 만에 빙기에서 훨씬 따뜻한 상태로 변화했다. 수년이란 짧은 기간에 커다란 기온 변화를 가져온 원인은 무엇일까? 오늘날 지식으로 보면 컨베이어 벨트로 알려진 광범위한 해수의 순환이 기후체계에 주된 역할을 하고 있는 것 같다.

그림 1에 해양 컨베이어 벨트 또는 열염 순환•으로 불리는 이 현상이 설명되어 있다. 해수의 컨베이어형 순환은 그린란드 및 아이슬란드 근처 북대서양에서 시작된다. 이 해역에서 염분이 있는 표면해수는 한랭 북극기단과 접촉하여 냉각된다. 밀도가 높은 이 냉각해수는 침강하여 대서양 심해를 거쳐 남쪽으로 흘러 아프리카 주변과 인도양 및 태평양까지 간다.

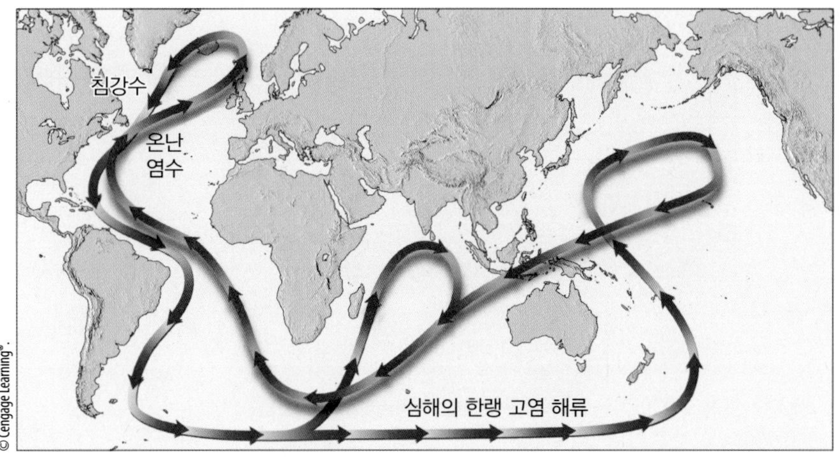

그림 1 ● 북대서양의 해양 컨베이어 벨트. 북대서양에서 차가운 염수가 침강하면 저위도 지역으로부터 따뜻한 해수가 북쪽으로 끌려온다. 온난해수는 상공의 대기에 온기와 습기를 제공하고, 서풍을 타고 이 대기가 북부 유럽으로 이동하여 정상보다 이 지역 기후를 따뜻하게 한다. 그러나 컨베이어 벨트가 중단되면 이 지역의 겨울 기후는 훨씬 추워진다.

북대서양에서는 차가운 물의 침강으로 저위도로부터 온난해수가 북쪽으로 끌려간다. 이 물이 북쪽으로 흐르면서 증발작용의 증가로 해수의 염분과 밀도도 증가한다. 염분과 밀도가 높은 이 바닷물은 북대서양 변방까지 도달하면 서서히 깊은 곳으로 침강한다. 컨베이어의 이 온난 부분은 방대한 양의 열대열을 대서양 북부로 전달한다. 겨울철에 이 열은 상공의 대기로 이전되고 증발에 따라 대기는 습기를 띠게 된다. 이때 강력한 서풍에 실려 온기와 습기가 북부 및 서부 유럽으로 전달되어 이곳 겨울은 다른 위도에 비해 온도와 습도가 높게 유지된다.

그린란드 지방의 빙봉 자료 분석과 해저 침적물 기록에 따르면, 거대한 컨베이어 벨트가 최근 빙하기 중 형성-쇠퇴를 거듭했으며 이 현상은 급격한 기후변화와 때를 같이 한 것으로 보인다. 이를테면 컨베이어 벨트가 강력히 작용할 때는 북부 유럽의 겨울이 비교적 온화하고 습했지만, 컨베이어 벨트가 미약하거나 활동을 중단할 때는 북부 유럽의 겨울 기후가 훨씬 추워진다. 따뜻한 겨울에서 혹한의 겨울로 전환되는 사례가 기후 역사상 여러 차례 나타나고 있다. 영거-드라이아스도 그중 하나이다. 이 사건은 기후가 얼마나 빨리 변할 수 있는지, 그리고 서부와 북부 유럽의 기후가 불과 수십 년 내에 한랭했다가 신속하게 온화한 상태로 되돌아갈 수 있음을 보여 준다.

컨베이어 벨트를 중단시키는 요인은 담수의 대량 유입에서 찾아볼 수 있다. 예를 들면, 약 13,000년 전 영거-드라이아스 사건 당시 거대한 빙하호수로부터 발원한 담수가 세인트 로렌스 강과 북대서양으로 흐르기 시작했다. 담수의 대량 유입으로 해수의 염분 및 밀도가 낮아져 침강은 중단되었다. 이에 따라 컨베이어 벨트는 이후 약 1,000년간 활동을 멈추게 되었으며, 이 기간이 곧 북부 유럽에 엄습한 혹한과 때를 같이 했다. 그 후 담수가 북대서양 대신 미시시피강으로 빠지기 시작하자 컨베이어 벨트는 다시 가동되기 시작했다. 북부 유럽에 온화한 겨울이 돌아온 것은 이 시기이다.

이산화탄소 수준의 증가는 해양 컨베이어 벨트에 어떠한 영향을 미칠까? 일부 기후 모델에 의하면, 이산화탄소 수준이 증가하면 북대서양의 강수도 증가하는 것으로 예측된다. 강수가 증가하면 바닷물의 밀도는 감소하며 컨베이어 벨트의 작용도 둔화된다. 만약 이산화탄소가 2배로 늘어나면, 컨베이어 벨트는 약 30% 감속하는 것으로 컴퓨터 모델에서 예측된다. 또 이산화탄소가 4배 증가하면 해양 컨베이어 벨트는 천천히 움직여 북부 유럽은 지구 기온의 대상승에도 불구하고 혹한을 맞게 될 것이다. 실제로 이산화탄소 농도가 현재보다 2배로 증가할 경우, 컴퓨터 모델에 의하면 컨베이어 벨트는 느려지고 유럽은 세계 여타 지역만큼 더워지지는 않을 것이다.

• 열염 순환(thermohaline circulation)이란 상이한 온도와 염분에 의해 생성되는 해양 순환이다. 해수 온도와 염분의 변화는 해수 밀도의 변화를 일으킨다.

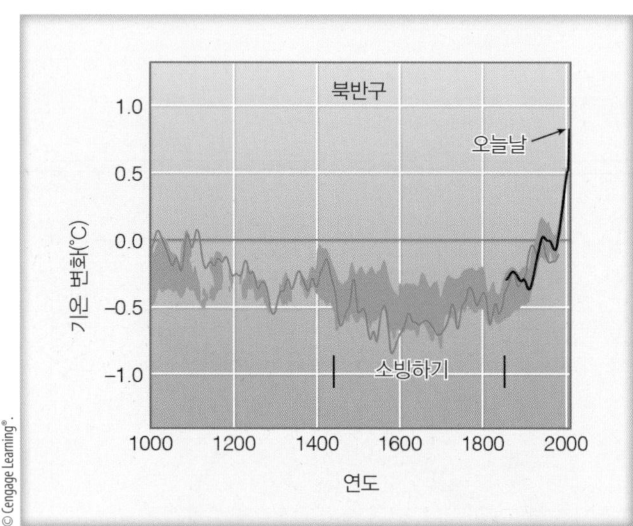

그림 13.6 ● 과거 1,000년 동안 북반구 평균온도의 상대적인 변동. 1961~1990년 평균값을 기준으로 함(zero line). 파란색 선은 나이테, 산호, 빙봉, 꽃가루 자료로부터 복원된 대기온도를 나타냄. 검은색 선은 온도계로 측정된 온도를 나타냄. 오렌지색 음영으로 표시된 부분은 이 복원 자료가 50% 이상 겹치는 부분을 나타냄. (Source: Adapted from Susan Solomon, ed., Climate Change 2007-The Physical Science Basis: Working Group 1 Contribution to the Fourth Assessment report of the IPCC, Vol. 4 Cambridge University Press, 2007. Present-day data courtesy of NOAA.)

울은 길고 혹독해졌으며, 여름은 짧고 호우는 강해졌다. 영국의 포도원은 사라졌고, 고위도에서 농사는 불가능해졌다. 하지만 이러한 혹한이 유럽 외에 지역에도 발생했다는 증거는 없다. 유럽지역의 이 추운 기간은 **소빙하기**(Little Ice Age)로 알려져 있다.

최근 100여 년간의 기온 변화 경향 1900년대 초 세계의 평균 지상기온은 상승하기 시작했다(그림 13.7 참조). 1900년경부터 1945년까지 평균기온이 0.5°C 가까이 상승한 점을 주목하라. 온난화 기간에 이어 다음 25여 년 동안 지구의 기온은 약간 하강했다. 1960년대 말과 1970년대에 걸쳐 하강 추세는 북반구 대부분 지역에서 종식되었다. 그러다 1970년대 중반에 온난화 추세가 다시 시작되어 21세기까지 계속되고 있다. 21세기 동안 북반구 평균온도의 증가는 과거 1,000년 어느 세기 보다 컸던 것으로 보인다. 2015년은 1880년 이래 가장 따뜻한 해였고, 연구들은 과거 1,000년 동안 가장 따뜻한 해로 추정하고 있다.

그러나 지구상에서 경험한 평균 온난화는 지역에 따라 일정치 않다. 최대 폭의 온난화는 겨울과 봄, 북극과 중위도 대륙에서 발생했으나 남반구 해양과 남극 일부 지역에서는 최근 수십 년간 온난화가 덜했다. 미국은 세계의 여타 지역에 비해 온난화를 덜 경험하였다. 더욱이 온난화 현상의 대부분은 여러 중위도 및 고위도 지역의 서리 없는 계절이 길어진 상황의 밤에 일어났다. (최근에는 온난화 경향은 낮과 밤에 거의 균일하게 나타난다.)

그림 13.7에 나타난 기온의 변화는 육상의 기온, 해상의 기온, 그리고 해면온도 등 3개의 자료원에서 유도해낸 것이다. 그러나 기온 기록에는 불확실성이 존재한다. 예를 들면, 이 기간 동안 관측소의 이동이 있었고 기온측정 기법의 변화가 있었다. 또 해양 관측소들도 드물었다. 게다가 도시화(특히 선진국의 경우)는 도시 규모가 커질수록 평균기온을 인위적으로 상승시키는 경향이 있다(도시열섬효과). **지구 온난화**(global warning)를 감안하고 해면온도에 관한 개선된 정보를 데이터에 결합하면, 1880년대 초반과 2010년대 중반 사이 온도는 1°C 정도 상승된 것으로 추정된다. 그림 13.7에서 2000~2009년 사이의 온도 상승 경향은 거의 없는 것으로 보이지만, 이 기간 동안 온도는 1990년도 보다 높았고, 1990년대는 1980년대보다 높았다.

1°C의 지구 기온 상승은 작은 것처럼 보이지만, 과거 10,000년 동안의 지구 기온 변화가 2°C를 넘지 않았다. 따라서 1°C 상승은 수천 년간의 기온 변화와 비교할 때 상당히 큰 값이 된다.

지금까지 우리는 지구표면의 기온 기록을 검토해 지구가 100년 이상 온난화 경향을 보이고 있는 점을 관찰하였다. 이러한 **지구 온난화**와 관련해서 중요한 문제는 온난화 경향이 기후체계의 자연적 변화 때문인지, 아니면 인간의 활동 때문인지의 여부이다. 혹은 이 두 가지의 결합 때문일까? 이 장의 뒷부분에서 알게 되겠지만, 기후학자들은 최근 온난화의 상당 부분은 이산화탄소 같은 온실가스 농도의 증가로 인한 온실효과 강화에 기인하는 것으로 믿고 있다. 인간의 활동이 지구 온난화에 최소한 부분적으로

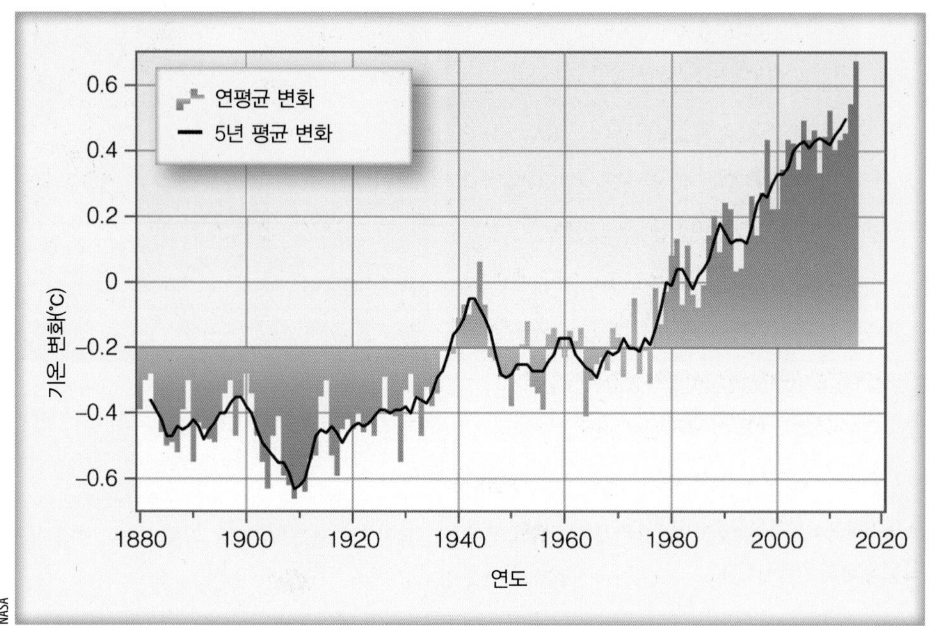

그림 13.7 ● 지난 1880년부터 2015년까지 전지구(육상 및 해상)의 평균기온 변화. 비교 대상(0선)은 1951~1980년의 30년 평균 기후값이다. 오렌지색 및 파란색 막대그래프는 연평균 기온의 변화를, 굵은 실선은 5년 평균의 기온 변화를 나타낸다.

원인이 된다면, 지구는 왜 먼 옛날 인간이 지구상을 걸어 다니기 이전부터도 온난화 기간을 거쳤던 것일까?

요점 복습

지금까지 다룬 주요 개념 및 사실을 정리해 보자.

- 지구의 기후는 끊임없이 변화한다. 드러난 증거에 따르면 지구의 기후는 지구 역사 중 상당기간 동안 지금보다 훨씬 따뜻했다.
- 가장 최근의 빙하기(또는 빙기)는 약 250만 년 전에 시작되었다. 이 기간 중 빙하의 전진이 간빙기로 불리는 상대적 온난기에 의해 중단되었다. 북아메리카의 빙하는 약 18,000~22,000년 전에 그 두께와 면적이 최고에 달했다가 약 6,000년 전 완전히 사라졌다.
- 영거-드라이아스기는 약 12,000년 전 북아메리카 북동부와 북부 유럽이 다시 빙하기 상태로 되돌아갔던 사건을 가리킨다.
- 1800년대 후반부터 2010년 초반대까지 지구표면온도는 1°C 정도 증가했다. 지구 온난화 경향은 최근 몇십 년 동안 더 크게 나타났다.

자연현상에 기인한 기후변화

지구의 기후는 왜 변하는가? 기후변화의 원인 중 세 가지 '외적' 요인은 다음과 같다.

1. 입사 태양복사의 변화
2. 대기 구성 성분의 변화
3. 지표면의 변화

자연현상은 위의 세 가지 방법으로 기후를 변화시킬 수 있다. 반면에, 인간 활동에 의한 기후변화는 두 번째와 세 번째 방법으로만 가능하다. 또한, 이러한 외적 요인 외에도 기후변화의 '내적' 요인이 있다. 기후체계의 에너지를 재분배하는 해양과 대기의 순환 패턴이 그 예이다.

기후체계가 복잡한 이유는 관련 요소들이 서로 다양한 상호관계를 가지고 있기 때문이다. 예를 들어, 기온이 변하면 다른 요소들도 변한다. 대기, 해양, 얼음 사이의 상호작용은 매우 복잡하며, 이들 상호작용의 수는 엄청나게 많다. 어떤 단일 요소도 다른 요소들과 독립되어 있지 않다. 그러므로 기후변화의 원인을 완전히 규명하기는 매우 어렵다. 이 점을 염두에 두고 우선 되먹임 메커니즘이 어떻게 작동하는지를 탐구하고, 지구의 기후가 어떻게 자연적으로 변화할 수 있는지에 대한 몇 가지 이론들을 살펴보기로 하자.

기후변화 되먹임 메커니즘 2장에서 언급한 바와 같이,

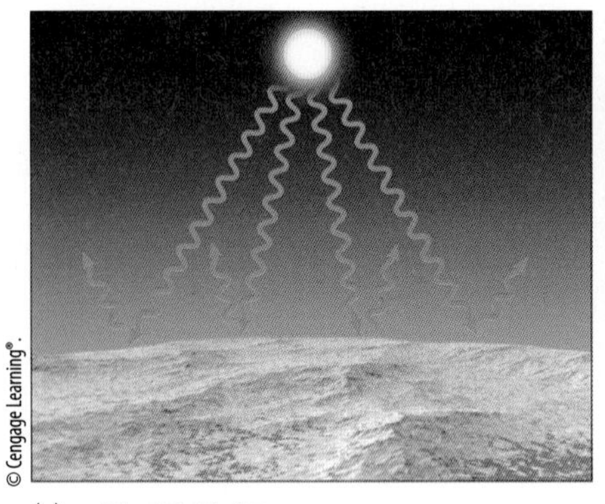

(a) • 큰 지면 알베도
• 작은 태양열 흡수
• 점진적 지면 온도 상승

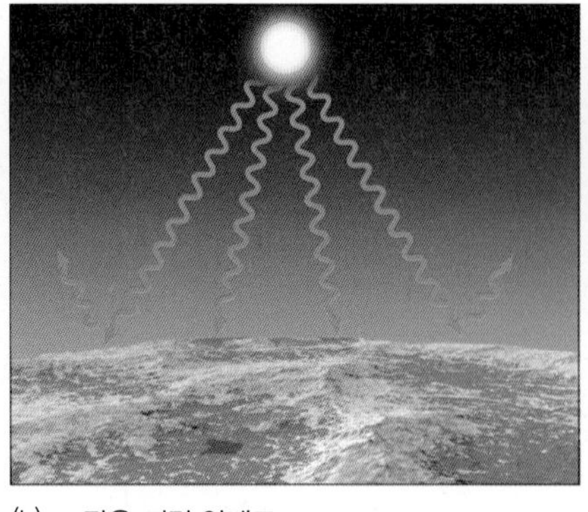

(b) • 작은 지면 알베도
• 많은 태양열 흡수
• 지면 온도 상승

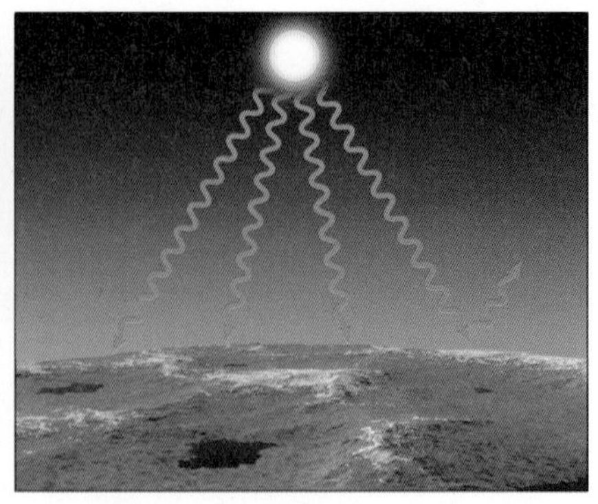

(c) • 매우 작은 지면 알베도
• 태양열 흡수 극대
• 지면 온도 급상승

그림 13.8 ● 지구 온난화가 증가할 경우, 눈-알베도 간 양의 되먹임 작용이 증가하여 온난화를 가속시킨다. (a) 극지방의 경우 눈이 태양 에너지의 상당량을 반사시킨다. (b) 기온이 점차 상승하면, 눈의 일부가 녹아 태양광이 적게 반사되고, 보다 많은 태양광이 지면에 도달하므로 기온 상승이 빨라진다. (c) 따뜻해진 지면은 눈을 보다 빨리 녹여, 기온의 상승을 가속시킨다.

지구-대기계는 흡수 에너지와 방출 에너지 간의 민감한 균형을 유지하고 있다. 이 같은 균형이 약간만 흔들려도 지구의 기후에는 여러 가지 복잡한 변화가 일어날 수 있다.

지구-대기계의 교란으로 지구가 느린 속도의 온난화 경향으로 진입했다고 가정해 보자. 여러 해에 걸쳐 기온은 서서히 상승하고 해수는 온난대기 속으로 증발할 것이다. 대기 중 수증기의 증가는 지구의 적외선 에너지 흡수를 증진시키며, 그 결과 대기의 온실효과는 강화된다.

대기의 온실효과가 강화되면 이에 기온은 더욱 상승하고 물의 증발도 촉진된다. 이러한 연관작용을 **수증기-온실 되먹임**(water vapor-greenhouse feedback)이라 하며, 다른 과정들에 의해 초기 기온 상승이 강화되기 때문에 **양의 되먹임 메커니즘**(positive feedback mechanism)이라고 한다. 이러한 되먹임 메커니즘에 제동이 가해지지 않는다면 지구 기온은 해수가 모두 증발해 버릴 때까지 계속 상승할 것이다. 이 같은 연쇄반응을 온실효과폭주라고 한다.

또 다른 양의 되먹임 메커니즘은 **눈-알베도 되먹임**(snow-albedo feedback)으로, 이는 지표의 기온 상승으로 한대지방의 눈과 얼음을 녹게 하는 것이다. 그 결과, 지표의 알베도(반사율)를 감소시켜 태양 에너지 흡수량이 증가하게 되고 이에 따라 기온은 더욱 상승한다(그림 13.8 참조).

모든 되먹임 메커니즘은 동시에 양방향으로 작용된다. 따라서 눈-알베도 되먹임은 한랭화하는 행성에서 양의 되먹임으로 작용한다. 예를 들어, 지구가 서서히 한랭화되는 경향이 있다고 가정하자. 저온으로 중위도 및 고위도 지방의 눈덮임은 증가하고, 지표의 반사율이 높아짐으로써 입사하는 태양광의 많은 양은 반사되어 우주로 되돌아 나갈 것이다. 그 결과 낮은 기온은 더 하강하고 눈덮임은 더욱 증가하여 기온이 더 하강한다. 이러한 메커니즘이 억제되지 않는 경우 눈-알베도 되먹임이 빙하기 폭주를 야기할 것이다. 그러나 지구 대기에서는 다른 되먹임 작용으로 냉각이 완화되기 때문에 빙하기 폭주가 지구에 형성될 가능성은 희박하다.

양의 되먹임 메커니즘을 견제하는 것이 **음의 되먹임 메커니즘**(negative feedback mechanism)이다. 음의 되먹임은 변수들 간의 상호작용을 강화하는 대신 오히려 약화시키는 역할을 한다. 예를 들면, 지면의 기온이 상승함에 따라 보다 많은 적외선 복사를 방출하게 된다. 이러한 지표에서의 복사 에너지 증가는 기온의 상승을 크게 감소시켜 기후를 안정되게 한다. 지상의 기온 증가와 지면의 복사에너지 증가는 기후체계에서 가장 큰 음의 되먹임의 한 예이며, 탈주온실효과의 가능성을 크게 감소시킨다. 결론적으로 지구상에서 온실효과 폭주가 일어났다는 증거는 발견된 적이 없고, 미래에도 일어날 가능성은 매우 희박하다.

또 다른 지구시스템의 음의 되먹임 작용은 **화학적 풍화-이산화탄소**(chemical weathering-CO_2 feedback) 되먹임 작용이다. 화학적 풍화는 암석의 규산염광물이 젖었을 때 분해되면서 이산화탄소가 대기로부터 제거되는 과정이다. 이 되먹임 작용으로 대기 중의 이산화탄소 농도는 감소하게 된다. 온난한 환경에서 화학반응이 빨라지고, 해양에서 증발이 증가하고 대륙지역의 강수가 증가하기 때문에, 화학적 풍화작용은 일반적으로 온난화되면서 더 빠르게 작동한다. 이산화탄소가 대기 중에서 빠르게 제거되면, 기후는 냉각되고 안정화된다. 지구 온도가 낮아지고, 증발이 줄어들며 화학적 풍화는 감소하고 이산화탄소 제거도 줄어들 것이다. 따라서 화학적 풍화작용은 지구 온난화의 음의 되먹임으로 작용하게 된다.

요약하면, 지구 대기 시스템에는 **되먹임 메커니즘**(feedback mechanism)으로 불리는 수많은 견제와 균형이 존재해서 기후변화 경향에 대응하도록 영향을 미친다. 비록 우리는 걷잡을 수 없는 온실효과 혹은 얼음으로 가득 찬 지구의 미래에 대해 걱정하지는 않지만, 대규모 양의 되먹임 메커니즘이 기후체계에 작용해 한대지방, 특히 그린란드 빙하의 융해를 가속화 할 가능성에 대한 우려는 떨쳐버릴 수 없다.

기후변화: 판구조론 및 조산운동 앞서 기후변화의 외부 원인 중의 하나가 지구표면의 변화라고 언급하였다. 지구 표면은 과거 지질학적으로 광범위한 변화를 겪어 왔다. 점진적인 대륙 및 해저의 이동이 그중 하나이다. 이 운동을 설명하는 이론을 **판구조론**(theory of plate tectonics)이라 한다. 이 이론에 따르면 지구의 외곽은 마치 조각그림 맞추기처럼 서로 이가 맞는 거대한 판들로 구성되어 있다. 이 판들은 그 밑의 부분적으로 녹아 있는 층 위에서 상호 연관하여 서서히 움직인다. 이들 판 위에 박혀 있는 대륙들은 컨베이어 벨트의 피기백(piggyback) 위에 얹혀 이동되는 짐짝처럼 느리게 이동한다. 이동 속도는 매우 느려 1년에 수 cm 정도이다.

지질학적 작용을 통찰할 경우 판구조론으로 과거의 기후를 설명할 수도 있다. 예를 들면, 오늘날 아프리카의 해변 부근에서 빙하작용에 의한 흔적이 발견되는 것은 이 지역이 수억 년 전에 빙하기를 거쳤음을 시사한다. 그렇다고 해서 적도 근처 저위도의 기온이 얼음벌판을 형성할 정도로 낮았던 것은 아닐 것이다. 아마도 이 육지가 훨씬 고위도에 위치해 있었을 때 얼음벌판이 형성되었을 것이다. 반대로, 열대식물의 화석이 오늘날 극지방의 얼음층에서 발견되는 것도 같은 이치로 볼 수 있다.

판구조론에 따르면, 현재 존재하는 대륙들은 한때 하나의 거대한 대륙으로 붙어 있었으나 나중에 분리되었다. 분리된 판들은 지구 위를 서서히 이동하여 육지와 해양의 분포를 바꾸어 놓았다(그림 13.9 참조). 땅덩어리들이 중위도 및 고위도상에 집중해 있을 때 얼음벌판의 형성 가능성은 더 높아진다고 일부 과학자들은 믿는다. 이 시기에는 태양 광선의 반사율이 증가하고 눈-반사율 되먹임 메커니즘으로 한랭화는 더욱 강화된다.

수백만 년에 걸쳐 일어나는 기후변화는 판의 이동속도, 대기 중 이산화탄소의 양과 관련 있을지도 모른다. 예를 들어, 판이 빠르게 움직이는 기간 동안, 화산활동의 증가는 이산화탄소를 다량 대기 중으로 배출하여, 전지구 온도를 상승시킨다. 반대로 판의 이동속도가 늦어지면, 화산활동은 줄어들고, 이산화탄소 배출이 줄어들어 한랭한 상태를 유도한다(현재의 화산활동은 인간활동에 의해 생산된 이산화탄소 양의 1%만 배출한다).

산맥은 다양한 방법으로 기후변화를 초래할 수 있다. 주풍대와 수직으로 형성된 화산들은 바람의 흐름을 변화시키고, 산맥을 기준으로 양쪽에 다른 기후를 형성시킨다. 같은 방법으로, 히말라야 산맥이나 티벳 고원같이 두 대륙의 판이 충돌해서 발생한 산맥들은 전지구 순환에 크게 영향을 미치게 되어서, 전체 반구의 기후에 영향을 주게 된다. 히말라야와 티벳고원에 의한 상승기류가 화학적

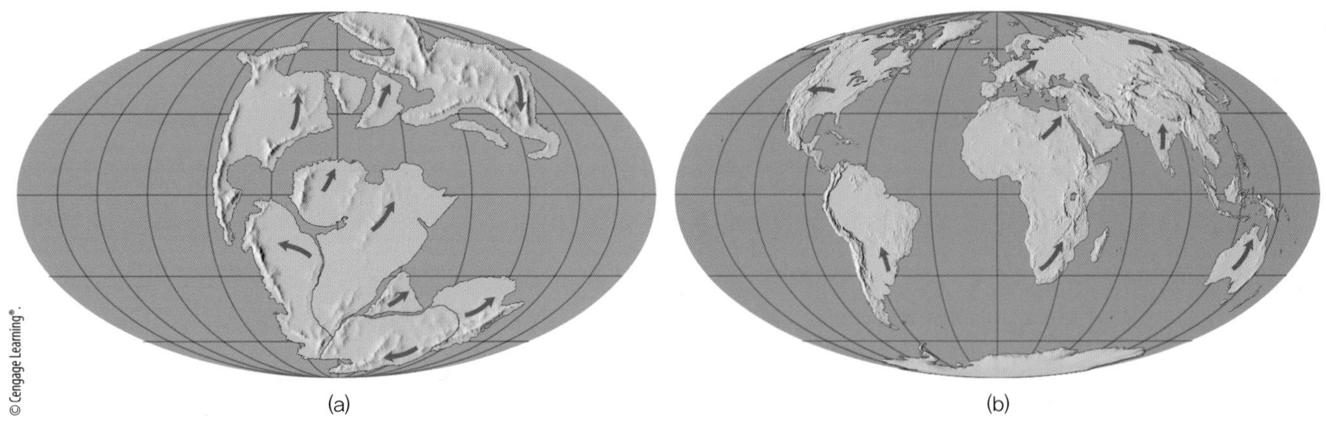

그림 13.9 ● (a) 약 1억 5,000만 년 전의 대륙 분포와 (b) 오늘날의 분포도. 화살표는 대륙 이동의 상대적 방향을 표시한다.

풍화를 증가시키는 데 도움을 줘서 대기의 이산화탄소를 감소시키고, 빙하기의 시작을 유도했다고 주장하는 이론도 있다.

지금까지 오랜 세월에 걸쳐 대륙 이동과 그와 관련한 대륙, 산맥, 해양의 재구성으로 어떻게 기후변화가 일어나는지를 살펴보았다. 이번에는 지구의 궤도와 기후변화 사이의 관계를 살펴보자.

기후변화: 지구 궤도의 변동 기후변화의 또 다른 외부 원인은 지구에 도달하는 태양복사에너지 변화와 연관된다. 기후변화를 지구 궤도의 변화와 연관시키는 학설이 **밀란코비치 이론**(Milankovitch theory)이다. 1930년대 천문학자 Milutin Milankovitch의 이름을 딴 이 학설은 지구의 공간 운행 시 3개의 개별 주기 운동의 복합작용으로 지구에 도달하는 태양 에너지량의 변화가 발생할 수 있다는 기본 전제에서 출발한다.

제1주기는 지구가 태양 주위를 공전할 때 지구 궤도의 모양의 변화(**이심률**[eccentricity])에 걸리는 주기이다. 그림 13.10에서 보면 지구 궤도는 타원형에서 점점 원형에 가까워진다. 일단 원형에 가까워졌던 궤도가 다시 타원형으로 서서히 돌아갔다가 또다시 원형에 가까워지기까지는 약 10만 년이 걸린다. 궤도의 이심률이 클수록 태양에서 가장 가까운 곳과 가장 먼 곳 사이의 태양열 흡수량에 큰 변화가 생긴다.

현재 지구는 최소 이심률기에 속해 있다. 지구는 1월 중 태양과 가까워졌다가 7월 중 멀어진다. 이 차는 약 3%에 불과하지만 태양과 지구 간 거리의 편차에 따라 7월부터 1월까지 대기권 꼭대기에서 흡수하는 태양 에너지는 거의 7% 증가한다. 거리의 편차가 9%(궤도의 최대 이심률)일 경우 태양 에너지 흡수량 편차는 20%로 벌어진다. 더욱이 이심률이 큰 궤도는 춘분과 추분 사이의 기간에 변화를 가져와 계절의 길이를 다르게 한다.

제2주기는 지구가 자전축을 중심으로 자전할 때 발생하는 자전축의 동요와 관련된 것이다. **세차운동**(precession)이라고 하는 이 현상은 약 23,000년 주기로 발생한

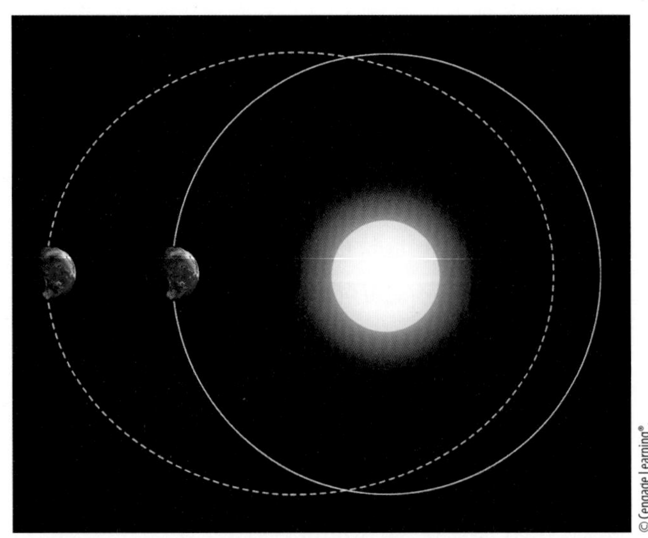

그림 13.10 ● 지구의 궤도가 거의 원(실선)에서 타원형으로 변했다가 다시 되돌아오는 데는 약 10만 년이 걸린다. 이 그림은 매우 과장된 것이다.

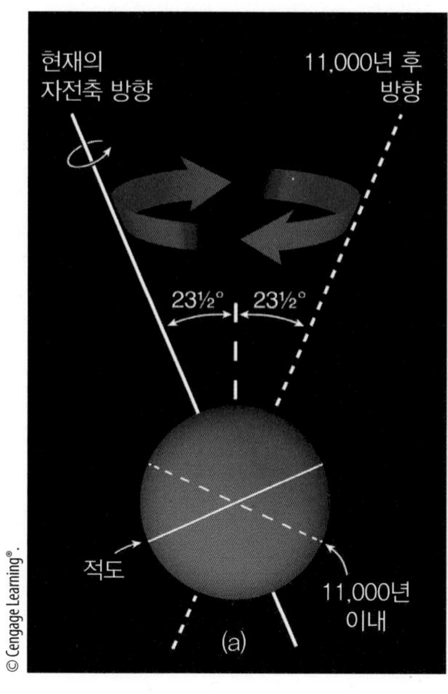

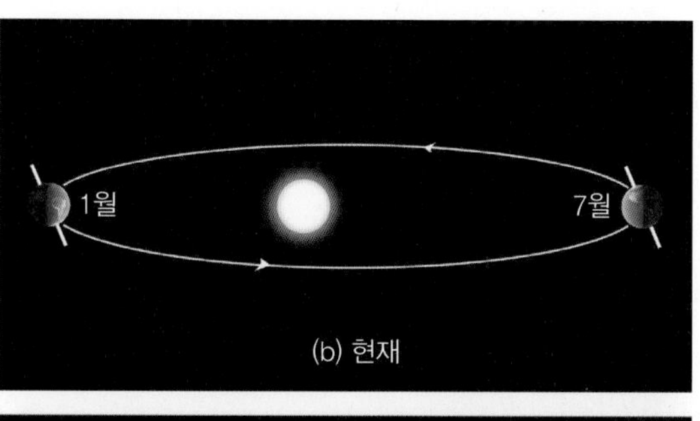

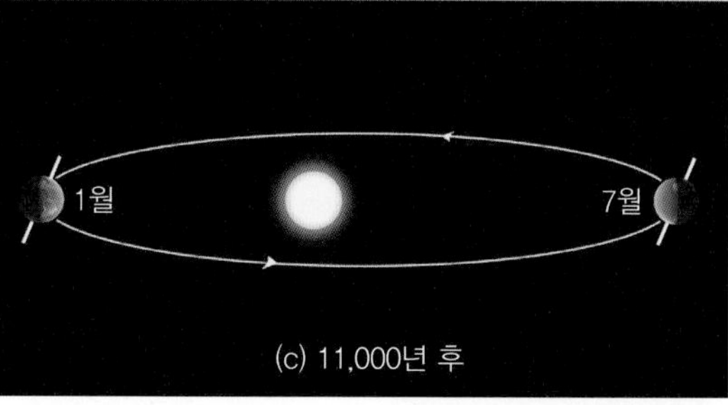

그림 13.11 ● (a) 회전하는 팽이처럼 지구의 자전축은 서서히 이동하며 원추형을 그린다. (b) 현재 지구는 1월에 태양에 가까우며 북반구에서는 이때가 겨울이다. (c) 약 11,000년 후에는 세차운동 때문에 지구가 북반구의 여름인 7월 중 태양에 더 가까워질 것이다.

다. 현재 지구는 1월에는 태양에 가깝고 7월에는 멀다. 세차운동 때문에 향후 약 11,000년 후에는 그 반대 현상이 발생할 것이다(그림 13.11 참조). 앞으로 약 23,000년 후에는 오늘날과 같은 위치로 되돌아올 것이다. 모든 변수가 그대로 남아 있다고 가정할 경우 11,000년 후의 북반구 계절 변화는 현재보다 커질 것이다. 남반구의 경우 육지에 비해 해양의 비중이 많아서 상쇄되기는 하겠지만, 계절 변동은 지금보다 줄어들 것이다.

제3주기는 시작에서 끝까지 41,000년이 걸리며, 이 주기는 지구가 태양 주위를 공전할 때 형성되는 **경사각**(obliquity)의 변화에 걸리는 시간이다. 현재 지구 궤도의 경사각은 23.5°이다. 그러나 41,000년이란 긴 주기 중 경사각은 22~24.5°에 이르기까지 수많은 단계를 거친다(그림 13.12 참조). 경사각이 작을수록 중위도 및 고위도 지방은 동·하계 계절 변화가 적다. 겨울은 온화하고 여름은 서늘한 편이다.

북반구 고위도상의 얼음벌판은 여름철 태양복사가 지표에 적게 도달할 때 형성되는 것 같다. 태양광이 적으면 여름철 기온은 낮아진다. 한랭한 여름 동안 지난 겨울 내린 눈은 다 녹지 않는다. 수년간 이렇게 쌓인 눈은 지표의 알베도를 증가시킨다. 태양광이 적게 지표에 도달하면 여름 기온은 점점 낮아지고 눈이 더 많이 쌓이게 되어 대륙

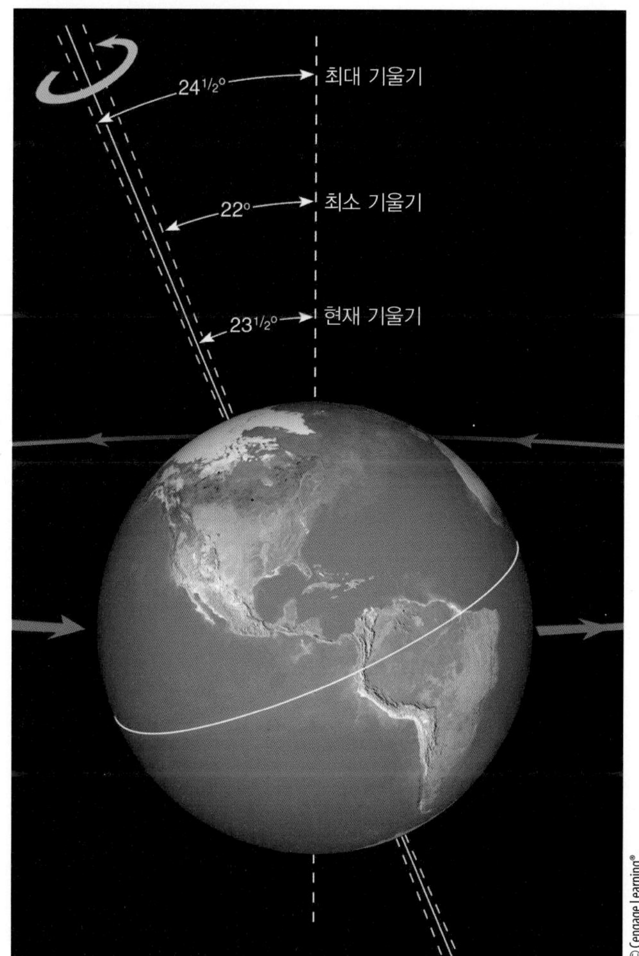

그림 13.12 ● 지구는 현재 자전축이 23.5° 기울어진 채로 태양 주위를 공전하고 있다. 약 41,000년을 주기로 이 각도가 22~24.5° 범위로 움직인다.

의 얼음벌판이 형성된다. 이 점에서 밀란코비치의 모든 주기를 고려해 볼 때, 현재의 추세가 북반구의 고위도에서 한랭한 여름을 향해야만 한다는 사실은 매우 흥미롭다.

지표에서 흡수되는 태양복사열에 변화를 일으키는 밀란코비치 주기를 요약하면 다음과 같다.

1. 태양 주위를 도는 지구 궤도의 모양(이심률) 변화
2. 지구 자전축의 세차운동
3. 지구 자전축의 경사각 변화

1970년대에 CLIMAP 프로젝트에 참여한 연구진은 심해 퇴적층에서 최근 수십만 년에 걸친 기후변화는 밀란코비치 주기와 밀접하게 연관되어 있음을 보여주는 강력한 증거를 발견했다. 최근의 연구에서도 이 같은 가설이 강조되었다. 최근 80만 년에 걸쳐 얼음벌판은 매 10만 년마다 절정을 이루었다고 결론을 지은 연구결과도 나왔다. 이 같은 결론은 당연히 지구의 이심률 변화와 상통한다. 10만 년 주기에 겹쳐져서 41,000년과 2,300년 간격으로 빙하의 전진이 나타난다. 위에 언급한 바와 같이 지구 자전축의 변화는 41,000년이다. 밀란코비치 주기는 빙하 변동과 혹독한 기후환경의 주기에 영향을 미치는 것으로 보인다.

그러나 궤도 변화만으로는 빙하의 형성과 후퇴의 원인이 될 수 없다. 그린란드와 남극 얼음벌판에 갇혀 있는 기포를 분석한 결과, 기온이 낮은 빙하기의 이산화탄소 함량은 상대적으로 기온이 높은 간빙기보다 약 30% 적은 것으로 나타났다. 이 사실로 미루어 대기 중 이산화탄소 수준이 낮으면 지구 궤도 변화로 인한 한랭화는 강화되는 것으로 추정된다. 마찬가지로 빙하기 말기의 이산화탄소 수준 증가로 인하여 얼음벌판이 빠른 속도로 녹았을 것으로 추정된다. 남극 빙붕의 공기방울 분석을 통해 메탄이나 다른 중요한 온실가스도 이산화탄소의 변화패턴과 비슷함이 밝혀졌다(그림 13.13 참조).

최근의 연구결과에 따르면, 수천 년 전의 기온 변화는 실제로 이산화탄소 농도 변화를 선행하는 것으로 드러났다. 이와 같은 연구는 기후체계에서 이산화탄소는 양의 되먹임으로써, 기온이 높아지면 이산화탄소 농도도 높아

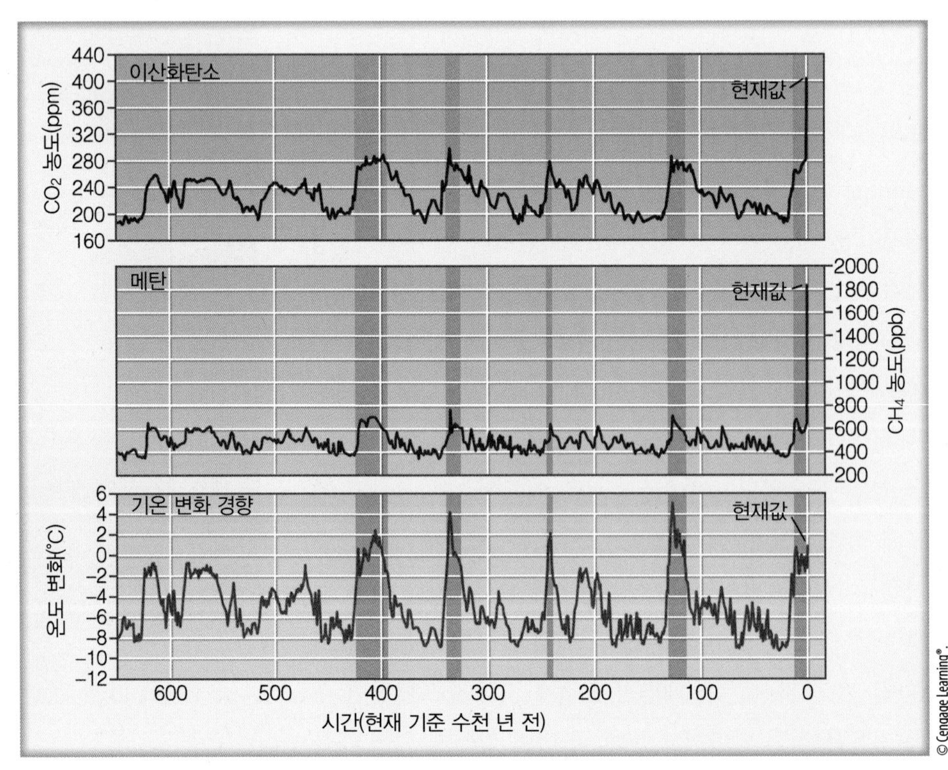

그림 13.13 ● 이산화탄소(맨 위, ppm), 메탄(중간, ppb), 기온(맨 아래, °C)의 변화. 이들 가스의 농도는 남극 빙하 속에 갇혀 있는 빙봉(핵)에서 추출한 기포에서 얻어낸 것이다. 기온은 산소동위원소 분석에서 얻은 것이다. 엷은 오렌지색 밴드는 현재와 과거의 간빙기를 표시하고 있다. (ppm은 백만분의 1, ppb는 10억분의 1을 의미) (이 자료는 PCC에 제출된 2007년도 제4차 평가보고서에 기여한 실무그룹 1이 작성한 기술요약에서 인용한 것이다.)

지고 기온이 낮아지면 이산화탄소 농도도 낮아지는 것을 시사한다. 따라서 이산화탄소는 지구의 기후체계에서 내재적이며 자연적인 부분인 것이다.

빙하의 확장과 수축에 따라 대기 중 이산화탄소 수준이 증감한 이유에 대해서는 많은 논란이 있으나 아마도 해양에서 발생하는 생물학적 활동의 변화에 기인한 것 같다. 게다가 해양이 차가워지면, 대기로부터 더 많은 이산화탄소를 흡수한다. 이산화탄소 수준의 변화는 또 해양 순환 패턴의 변화를 시사해 준다. 강수와 증발 속도의 변화가 초래하는 해양 순환의 변화는 세계의 열에너지 분포에도 변화를 가져올 수 있다. 이 같은 패턴의 변화는 전구적 바람 순환에 영향을 주게 된다. 최근 빙하기 중 밀란코비치 주기상 빙하 형성에 적합한 궤도 위치에 있지 않았던 남반구에서조차 북반구와 보조를 같이해 고산빙하가 확장했다가 수축한 이유도 여기서 찾을 수 있을지 모른다.

빙하기와 간빙기 사이의 기온차를 설명하기 위해 지구의 궤도 변화와 연관해 생각할 수 있는 또 다른 요인들로는 다음과 같은 것을 들 수 있다.

1. 대기 중 먼지 및 기타 에어로졸의 양
2. 얼음벌판의 반사율
3. 기타 온실가스의 농도
4. 구름의 특성 변화
5. 얼음으로 눌려 있던 땅의 반동

밀란코비치 주기는 다른 자연 요인들과 함께 1~10만 년의 기간에 걸쳐 발생한 빙하의 전진과 후퇴를 설명할 수 있다. 그러나 최초로 빙기의 발달을 가져온 원인은 무엇인가? 오랜 지질학적 역사에서 빙하기가 그처럼 드물게 형성되는 이유는 무엇인가? 이러한 의문은 밀란코비치 이론으로는 설명할 수 없다.

기후변화: 일사의 변동 기상위성에 탑재된 정교한 기기들이 측정한 태양 에너지는 태양의 에너지 방출(일사)은 태양 흑점활동에 따라 1%의 몇 분의 1에 해당하는 작은 부분만큼씩 변화할 가능성이 있음을 시사한다.

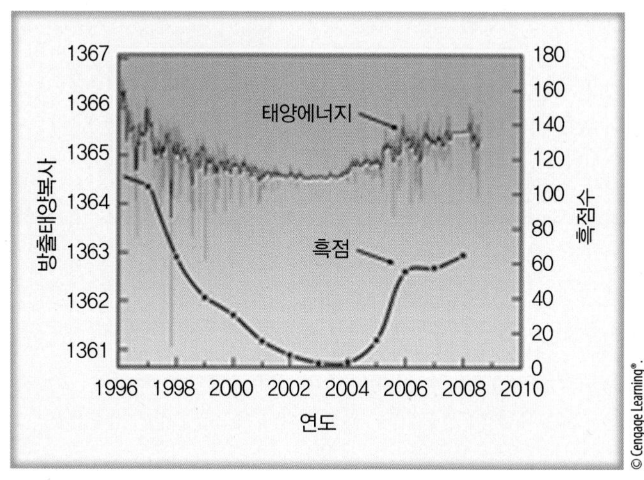

그림 13.14 ● NASA의 SOHO 위성이 측정한 평방미터당 와트 단위의 태양에너지 방출량(적색 선). 회색 선은 연평균 태양 흑점수를 말해 준다.

태양 흑점이란 태양에 일어나는 거대한 자기폭풍이 태양 표면에 상대적 저온역(어두운 부분)을 형성하는 것을 말한다. 주기적으로 나타나는 흑점은 약 11년에 한 번씩 그 수와 크기가 최고에 달한다. 흑점 최대기의 일사량은 흑점 최소기에 비해 약 0.1% 많다(그림 13.14 참조). 흑점 둘레의 밝은 백반 수가 많아짐으로써 에너지를 보다 많이 복사하고, 그 결과 흑점효과를 상쇄하는 것이 분명하다.

흑점 주기가 항상 11년인 것은 아니다. **모운더 최소기**(Maunder minimum)로 알려진 1645~1715년에는 흑점이 거의 없었다. 이 최소기가 '소빙기' 중 가장 추운 단계에 발생한 사실은 흥미를 끈다. (이 기간 동안 유럽의 많은 지역은 혹한기였다.) 비록 한랭화는 모운더 최소기가 시작되기 몇 년 전부터 시작되었지만, 일부 과학자들은 태양에너지의 감소가 이 혹한기를 강화하는 데 역할을 했다고 주장한다. 지금까지 이렇게 해서 추정된 일사량은 수십년 동안 불과 1%도 안 되는 작은 부분만이 변하였고, 이 값은 전지구적 온난화를 설명하는 데 충분하지 않다. 사실, 태양활동은 2010년에 100년 이상 기간 동안 최소였지만, 전지구 온도는 계속해서 증가하였다. 신뢰성 있는 자료는 최근 몇십 년만 가능하기 때문에, 태양활동과 지구 기후변화의 관련성을 잘 이해하기 위해서는 좀 더 시간이 필요하지도 모른다.

그림 13.15 ● 유황 성분이 많은 대규모 화산폭발은 기후에 영향을 줄 수 있다. 유황가스는 성층권에서 반사율이 높은 황산 미립자로 변형, 태양 에너지의 지상 흡수를 부분적으로 방해한다. 사진은 1991년 6월 피나투보 화산폭발 장면이다.

USGS

기후변화: 대기 미립자 인간에 의한 발생 또는 자연 발원에 의해 대기 속으로 진입하는 액체 및 고체 미립자(에어로졸)들은 기후에 영향을 미칠 수 있다. 그러나 그 영향은 매우 복잡하며 입자의 크기, 모양, 색깔, 화학적 성분, 그리고 상공의 연직 분포 등 수많은 요인에 의해 좌우된다. 이 절에서는 자연활동에 의해 대기 중으로 유입하는 미립자에 대해 알아보기로 한다.

지표 부근의 미립자 미립자들은 다양한 자연적인 방법으로 대기 중으로 유입된다. 예를 들면, 들불은 다량의 연기 미립자들을 발생시키고, 먼지 폭풍은 수톤의 작은 입자들을 대기 중으로 날려 보낸다. 연기를 내뿜는 화산은 많은 양의 황을 함유한 황산 에어로졸을 하층 대기 속으로 분출한다. 그리고 해양마저도 황산 에어로졸의 주요 배출원이다. 작은 부유 미생물들—즉, 식물성 플랑크톤—은 일종의 황을 발생시킨다. 이것은 산소와 결합하여 이산화황을 만들고 한편으론 황산 에어로졸로 전환된다. 또한 이 미립자들이 기후체계에 미치는 영향은 매우 복잡하고, 그들이 갖는 전반적 영향은 지표면에 도달하는 태양광을 막아 지표를 냉각시킨다.

화산폭발 화산폭발은 기후에 결정적인 영향을 미친다. 화산이 폭발하면 화산재와 먼지 및 각종 기체들이 대량으로 대기에 유입된다(그림 13.15 참조). 학자들은 화산폭발 시 기후에 가장 큰 영향을 미치는 요소는 유황가스라는 데 의견을 모은다. 이 기체는 2개월 동안 태양광선이 비칠 때 수증기와 결합하여 반사율이 높은 작은 황산 입자를 생성하며, 이들 황산 입자는 크기가 자라 밀도가 큰 연무층을 형성한다. 이 연무는 수년간 성층권에 잔류하면서 입사광선의 일부를 흡수했다가 다시 우주공간으로 반사한다. 그 결과, 성층권은 가열되는 반면, 지상기온은 특히 화산폭발이 발생한 반구에서 냉각되는 현상이 발생한다.

황 성분을 기준으로 볼 때, 20세기 최대 규모의 2대 화산폭발은 1982년 4월 멕시코에서 발생한 엘치촌 화산폭발과 1991년 6월 필리핀에서 발생한 피나투보 화산폭발이다. 1991년의 피나투보 화산폭발은 1980년 북서태평양 연안의 세인트 헬렌스 화산폭발보다 몇 배나 그 규모가 컸다. 사실, 세인트 헬렌스 화산의 최대 폭발은 측면 폭발이었고, 그 결과 화산의 북쪽 기슭은 완전히 붕괴되었다. 그로 인한 화산먼지와 화산재(유황함량은 매우 낮음)

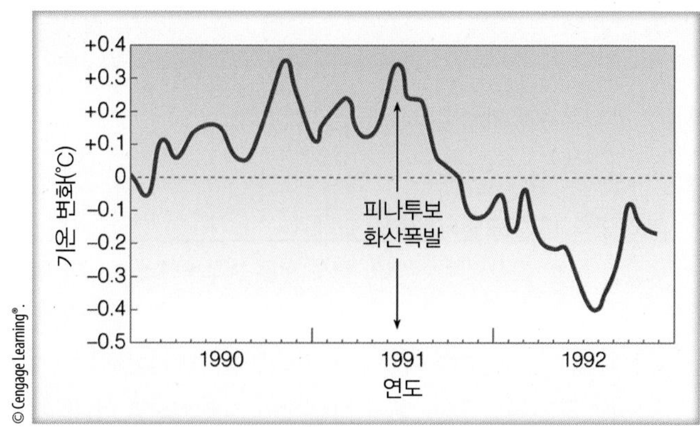

그림 13.16 ● 1990～1992년의 기간 중 세계 평균기온의 변화. 1991년 6월 피나투보 화산폭발 후 1992년 7월까지 세계의 평균기온은 1981～1990년의 기간 중 평균온도(점선)에 비해 약 0.5°C나 하강하였다.

는 지구 기후에는 거의 영향을 주지 않았다. 그것은 화산 물질이 주로 대기권 하층에 국한되었고 미국 북서부 넓은 지역 상공에 매우 빠르게 떨어졌기 때문이다.

피나투보 화산은 2천억 톤으로 추산되는 이산화황(엘치촌의 2배 이상)을 분출했으며, 이는 서서히 세계로 확산되었다. 이 정도 대폭발의 경우, 수학적 모델들은 폭발 이후 1～3년간 해당 반구의 평균기온을 약 0.2～0.5°C 혹은 그 이상 떨어뜨릴 수 있다고 예측한다. 1992년 초 세계 지상기온 중앙값이 0.5°C 하락한 것으로 나타나, 모델의 예측은 피나투보 화산폭발로 인한 기온 변화와 일치했다(그림 13.16 참조). 피나투보 폭발이 1990년 시작되어 1995년 초까지 계속된 엘니뇨 현상과 때를 같이 하지 않았더라면 냉각의 정도는 더 컸을 것이다(엘니뇨 관련 정보가 더 필요하다면 7장을 참조하라). 엘니뇨에도 불구하고 피나투보 화산폭발은 1991년과 1992년을 1990년대 중 가장 기온이 낮은 두 해로 만들었다. 크기가 작은 화산폭발이 자주 발생하면 기후에 영향을 줄 수 있다. 예를 들어, 과학자들은 연속적인 12개의 작은 화산폭발들이 지구 온난화에 영향을 줬음을 발견하였다. 이 효과는 2000년부터 2009년까지 지구 온난화를 25%까지 줄였을지도 모른다.

그러나 기후변화는 기온에 관한 것만은 아니다. 실제로 강수는 인간에 대한 영향력 면에서 가장 중요한 기상요소일 수 있다. 방금 살펴보았듯이, 유황 함량이 높은 화산폭발은 지표를 냉각시키는 경향이 있다. 화산활동과 연관된 악명 높은 한파가 '여름 없는 해'로 알려지게 된 1816년에 발생했다. 그해 유럽은 악기상으로 소맥 작황이 형편없었고 육지 전역에 기아가 확산되었다. 북아메리카에서는 5월과 9월 사이에 이례적인 한대기류가 캐나다와 미국 북동부를 관통했다. 한파는 6월 폭설과 7, 8월 살인적인 서리를 유발했다. 한파 뒤에 따르는 상대적 온난기에 농민들은 다시 파종을 했으나 또다시 한파가 닥쳐 농작물 피해를 입었다. 이례적으로 서늘한 여름 후에 혹독한 겨울이 찾아왔다. 북미와 서유럽지역의 혹한 날씨는 1815년 인도네시아 탐보라 화산폭발 이후 찾아왔다. 게다가 1809년 작은 화산폭발이 발생한 후라 기후 시스템이 1815년 폭발까지 충분히 회복되지 못했을지도 모른다.

> **알고 있나요?**
>
> 여름이 없는 해(1816년)는 문학에도 영향을 미쳤다. Mary Shelley는 제네바 호수 기슭의 춥고 우울한 여름 날씨에 영감을 얻어 소설 《Frankenstein》을 썼다.

과학자들은 유황 함유도가 높은 화산 분출물과 지구의 장기적 기후 경향 사이의 관계를 입증하기 위해 그린란드와 남극에 형성된 연도별 얼음층의 산성도를 측정하고 있다. 일반적으로 대기 중 황산 입자가 많을수록 얼음층의 산성도는 높아진다. '소빙기'에 해당하는 1350～1700년경 형성된 얼음층에서 비교적 산성을 띤 얼음이 발견된 바, 이는 유황 성분이 많은 화산폭발로 상대적인 저온기가 촉발되었을 것이라는 추정을 가능케 한다. 더욱이 최근 북태평양 해저에서 채취한 퇴적암 샘플을 분석한 결과, 북반구의 빙하작용이 시작된 250만 년 전의 북태평양 화산폭발은 그 이전의 화산폭발보다 규모가 최소한 10배는 컸을 것으로 추정된다.

대기 상층 입자와 대멸종 치명적인 사건으로 대기에 입자들이 많이 유입되면 기후변화와 생명 멸종을 발생시킬 수 있을까? 약 6천 5백만 년 전에 공룡과 지구상의 모든

© Don Davis

그림 13.17 ● 약 65억 년 전에 지구 표면에 닿은 거대한 운석이 엄청난 폭발을 일으켜 수십억 톤의 먼지와 파편을 발생시켜 지구의 기후변화를 초래함에 대한 예술가적 해석이다.

동식물종의 70~75%가 대량 멸종으로 사라졌다. 이 같은 대참화를 일으킨 원인은 무엇일까?

약 6,500만 년 전 직경 10 km의 거대한 운석이 시속 70,000 km 속도로 멕시코 유카탄 반도 근처에 떨어졌다(그림 13.17). 널리 받아들여진 이론 중 하나는 그 영향으로 수십억 톤의 먼지와 파편이 상부 대기로 보내졌는데, 이 입자들이 몇 달 동안 지구를 돌면서 햇빛을 크게 줄였을 거라고 제안했다. 줄어든 햇빛은 식물의 광합성을 방해하여, 결국 지구의 먹이 사슬에 큰 문제를 일으킬 수 있다. 먼지로 인한 온도하강 뿐만 아니라, 먹이 부족은 특히 대형 초식동물인 공룡에게 악영향을 미쳤을 것이다.

공룡이 지구에서 사라진 것과 비슷한 시기에 형성된 것으로 보이는 얇은 퇴적층이 전 세계적으로 발견되는 것은 이 같은 대충돌설을 입증하는 것이다. 이 퇴적층에는 지구상 희귀원소인 이리듐이 함유되어 있다. 이리듐은 특정 유형의 운성에서 흔히 발견되는 원소이다.

지난 몇 년간 증거가 축적되면서 대부분의 과학자들은 현재 유카탄 운석 공격이 공룡의 멸종에 대한 주요한 원인이라고 생각하고 있다. 그러나 거의 동시에 인도에서 발생한 거대한 화산폭발을 포함하여 다른 요인들도 역할을 했을 가능성도 있다.

요점 복습

지금까지 다룬 주요 개념 및 사실을 정리해 보자.

- 기후변화의 외적 요인에는 (1) 입사 태양복사의 변화, (2) 대기 성분의 변화, (3) 지표면의 변화가 있다.
- 대륙의 이동, 화산활동, 산맥의 형성 등은 기후변화의 잠재적 원인이다.
- 밀란코비치 이론은 과거 250만 년 전의 빙하기와 간빙기의 반복이 지구 자전축의 작은 변동과 태양 주위 지구 궤도의 이심률에 의한 결과라고 제안한다.
- 그린란드와 남극의 얼음벌판 속에 갇혀 있는 기포를 분석한 결과 이산화탄소와 메탄의 수준은 한랭 빙기 중에는 낮았고 온난 간빙기 중에는 높았다.
- 유황을 많이 함유한 화산의 폭발은 지질학적 과거에 짧은 기간 또는 수십 년 동안 한랭기를 유발하였다.
- 태양복사량의 변화는 수십 년부터 수백 년 기간에 걸쳐 작은 기후변화만을 설명할 수 있을지도 모른다.

인간 활동에 기인한 기후변화

이 장의 앞부분에서 우리는 이산화탄소의 농도 상승이 수천 년 내지 심지어 수백만 년 동안 지구의 기후체계에 변화를 일으킬 수 있다는 것을 알았다. 오늘날 우리는 장기적인 영향을 충분히 알지 못한 채 미립자들과 온실가스를 대기 중으로 다량 방출함으로써 대기의 화학성분과 특성에 변화를 초래하고 있다. 그러므로 이 절에서는 우선 인간의 활동으로 하층 대기권에 주입되는 미립자들이 기후에 어떤 영향을 끼치는지를 고찰해 보기로 한다. 그런 다음, 이산화탄소와 기타 미량가스들이 지구의 온실가스 효과를 높여 지구 온난화를 유발하는 과정을 학습할 것이다.

기후변화: 저층 대기권에 유입된 에어로졸 앞 절에서 우리는 작은 고체 및 액체 미립자들(에어로졸)이 인공 및 자연 배출원에서 대기권으로 유입할 수 있음을 알았다. 인공 배출원을 몇 가지만 열거하면 공장, 자동차, 트

력, 항공기, 발전소, 주택아궁이, 벽난로 등이 포함된다. 에어로졸은 대개 대기권으로 직접 유입되는 것은 아니며 가스가 입자로 전환될 때 형성된다. 황산과 질산 등 일부 입자는 주로 입사 태양광을 반사시키지만, 검댕이 같은 다른 입자는 태양광을 즉시 흡수한다. 지표에 도달하는 태양광의 양을 감소시키는 많은 입자들은 낮 동안 지상공기의 순냉각을 유발한다.

최근 수년간 반사도가 높은 **황산 에어로졸**(sulfate aerosol)이 기후에 미치는 영향에 관한 연구가 광범위하게 실시되어 왔다. 대류권에 존재하는 이들 입자 대부분은 사람의 활동과 관련된 것으로, 황을 함유한 화석연료의 연소에서 배출되는 것이다. 산업화 이전 시대 이후 세계적으로 2배 이상 늘어난 황 함유 오염물질은 주로 이산화황가스 형태로 대기권에 진입한다. 거기서 이 가스는 작은 황 함유물 혹은 입자로 변형된다. 이들 에어로졸은 통상적으로 불과 수 일간 저층 대기권에 머물러 있기 때문에 지구 전체로 확산될 시간은 없다. 이런 이유로 이들 에어로졸은 잘 혼합되지 않으며, 그들의 영향은 주로 북반구, 특히 오염지역 상공에 집중된다.

황산 에어로졸은 입사 태양광을 다시 우주로 반사시킬 뿐 아니라 구름방울을 형성시키는 미립자에 해당하는 응결핵 역할을 하기도 한다. 결과적으로 그들은 구름의 물리적 특성을 변화시키는 잠재력을 갖게 된다. 예컨대 구름 내부에 황산 에어로졸과 응결핵이 증가하면 구름은 유효습기를 추가된 핵과 분담해야 할 것이다. 그 같은 상황은 더 많은 (그러나 더 작은) 구름방울들을 추가 생성하게 될 것이다. 방울들이 더 많아지면 더 많은 태양광을 반사시켜 구름을 밝게 하는 반면, 지상에 도달하는 태양광의 양을 감소시키는 영향을 낳는다.

요약하면, 황산 에어로졸은 입사 태양광을 반사시켜 낮 동안 지구의 지상기온을 하락시키는 경향이 있다. 황산 에어로졸은 또한 반사도 증가를 통해 구름에 변화를 가져올 수 있다. 황산 에어로졸이 1940년부터 1970년까지 북반구 산업화지역에 크게 증가함에 따라 전지구 온도가 조금 밖에 증가하지 않았고, 에어로졸이 감소함에 따라 1980년대와 1990년대 온도가 크게 증가했을지도 모른다. 대기 하층 에어로졸의 기후에 대한 영향에 대한 연구는 활발히 진행되고 있다. 핵 전쟁 동안 방출된 에어로졸의 기후에 대한 여러 가능한 영향은 포커스 13.2에 다루었다.

기후변화: 온실가스 농도의 증가 우리는 2장에서 이산화탄소는 적외선을 강력히 흡수하며 하층 대기권의 온난화에 주요 역할을 담당하는 온실가스임을 배웠다. 다른 모든 변수가 동일하다는 전제하에, 대기 중 이산화탄소 농도가 많을수록 지상 대기는 더워진다. 또 대기 중 이산화탄소가 주로 석탄, 석유, 천연가스 같은 화석연료의 연소 등 사람의 활동으로 인해 꾸준히 증가하고 있는 점도 우리는 알고 있다(그림 1.18 참조). 나뭇잎들은 대기 중으로부터 광합성 작용을 통해 이산화탄소를 제거하는데, 벌목으로 인한 산림 감소는 이산화탄소의 양을 증가시킨다. 그런 다음, 이산화탄소는 잎사귀, 가지 및 뿌리에 저장되었다가 나무를 벌채하여 연소하거나 자연히 썩게 내버려 둘 경우 다시 대기 중으로 되돌아간다.

현재 이산화탄소 평균량은 405 ppm이고, 이 값은 매년 약 2~3 ppm씩 증가하고 있다. 최근 연구들은 21세기 말에 이산화탄소 농도가 421 ppm에서 1313 ppm까지 될 거라고 제시하였다. 실제 농도는 앞으로 인간활동에 의해서 얼마나 이산화탄소를 배출되고, 증가한 이산화탄소가 지구시스템과 어떻게 상호작용할 것인지에 달렸다. 사태를 악화시키는 요인으로 메탄(CH_4), 아산화질소(N_2O), 프레온가스(CFCs) 등 다른 온실가스들의 농도의 증가는 적외선 복사를 흡수하고 대기 온실효과를 증진시킨다. 이런 대기층 온실가스는 이산화탄소의 온실효과의 거의 절반에 해당한다. 온실가스 문제를 다루기 전에 인류가 지표를 변경시킴으로써 어떻게 기후에 영향을 미칠 수 있는지 살펴보자.

기후변화: 토지이용의 변화 모든 기후 모델들은 인류가 계속 대기에 온실가스를 배출함에 따라 기후는 변화할

ON A SPECIAL TOPIC 13.2

FOCUS

핵전쟁에 의해 발생한 핵겨울-기후변화

수백, 수천 개의 핵 폭발물이 동원되는 핵전쟁이 발발할 경우 지구 기후에 급격한 변화가 올 것임을 시사한 연구는 수없이 많다.

과학자들은 핵전쟁에서 공격이 있은 후 수일 내지 수주일간 계속될 대규모 화재로 엄청난 양의 그을음투성이 연기가 뿜어져 나올 것이라고 추정한다. 연기는 대기권 높이 올라가 상층에서 편서풍에 휘말려 북반구 중위도 지방을 회전할 것이다. 입사 태양복사 에너지를 산란 또는 반사시키는 땅 먼지와는 달리, 그을음 입자들은 쉽게 태양광을 흡수한다. 그러므로 태양광은 핵전쟁 후 수주일간 연기층을 거의 투과할 수 없으며, 그 결과 지상은 암흑으로 덮이거나 고작해야 한낮에 박명에 싸이게 된다.

이 같은 태양열 감소로 대륙의 지상 기온은 여름에도 영하로 내려가 식물과 농작물에 막대한 피해를 주고 수백만 명(내지 수십억 명)이 사망할 것이다. 이처럼 핵전쟁으로 닥치는 어둡고 추운 음산한 상황을 가끔 핵겨울이라고 부른다.

대류권 하층의 냉각과는 달리, 대류권 상층은 연기 입자들에 흡수된 태양 에너지 때문에 가열된다. 결국 지상에서 대기권 상층까지 강력하고 안정된 기온역전이 발생하게 된다. 강력한 역전에는 대류의 억제, 강수과정 변화, 바람 패턴 변화 등 여러 가지 부작용이 따른다.

연기구름 상층부의 가열로 연기는 성층권까지 상승한 후 남쪽으로 이동할 것이다. 이렇게 하여 연기의 1/3 정도는 10년 정도까지 대기권에 머무르게 된다. 나머지 2/3는 1개월여 만에 강수로 씻겨 버린다. 연기의 상승과 함께 초기 냉각에 따라 형성되는 바다얼음은 수년간 그 효과가 지속될 기후변화를 초래할 것이다.

모델 및 유사분석 연구를 비롯한 모든 핵겨울 관계 연구에서 공통적으로 이와 같은 시나리오가 제시되고 있다. 산불 관측에 의거해 보아도 연기 밑의 기온은 낮게 나타난다. 따라서 핵전쟁이 일어나면 지구 기후는 급격한 변화를 일으켜 우리의 생활환경을 파괴할 것으로 추측된다.

것이고 지구표면은 온난화될 것이라고 예측하고 있다. 그러나 인간은 다른 활동으로도 기후를 변화시키고 있는 것은 아닐까? 지금 일어나고 있는 지구표면의 변화는 특정 지역의 기후에 즉각적인 영향을 미칠 수 있다. 예를 들면, 아마존 강에 내리는 강우의 약 절반은 증발과 잎사귀들의 증산작용을 통해 다시 대기 속으로 돌아간다는 점을 보여주는 연구결과가 있다. 결과적으로 남미의 광대한 지역에 농경지와 목장을 조성하기 위해 열대우림을 제거하는 것은 증발에 의한 냉각효과를 감소시킬 가능성이 높다. 이 같은 냉각효과 감소는 해당지역의 기온을 적어도 섭씨 몇 도 상승시킬 수 있다. 반건조지역에서 초원의 과잉 방목과 과도한 경작으로 인한 알베도에 일어나는 유사한 변화는 사막조건[**사막화**(desertification)로 알려진 과정]을 증가시카는 원인이 된다.

현재 세계의 목장과 농경지 수십 억 에이커가 수백만 주민들의 복지와 함께 사막화로 영향을 받고 있다. 주원인은 과잉방목이지만, 과도한 경작과 허술한 관개 시책 및 산림남벌도 한몫하고 있다. 사막화는 지면의 알베도를 증가시키고, 먼지가 대기 중으로 쓸려 올라가기 때문에 기후에 영향을 미치지만 정확한 효과는 아직 불확실하다. 가축을 그들의 야생 선조들이 그랬던 것처럼, 넓은 지역에서 방목을 허용하면 집중적이고 지역화 된 방목의 영향을 최소화함으로써 사막화의 위험을 줄일 수 있다고 일부 연구는 제안했다. 1970년대와 1980년대 북아프리카 사하라 지역(사하라 사막이 있는 북쪽 경계부터 초원이 있는 남쪽 경계)의 몇 년에 걸친 건조기는 지독한 가뭄과 기근을 초래했다. 하지만 이 기간 후에 강수량이 증가하면서, 영향받았던 많은 지역에 식물들이 다시 자라기 시작했다.

인간은 현대문명 이전에 기후를 변화시켜 왔을 가능성이 있다는 일부 과학자들의 추론은 흥미 있게 주목할 대목이다. 예를 들면, 버지니아대학 명예교수인 윌리엄 러디먼(William Ruddiman)은 인류는 과거 8천 년 동안 기후변화에 영향을 미쳐 왔다고 주장하고 있다. 일부 기후학자들이 그의 주장에 강력히 반대하고 있기는 하지만,

러디먼 교수는 산업화 이전 메탄가스와 일정 양의 이산화탄소를 배출하는 농경활동이 아니었다면 인류는 자연발생적인 빙하시대에 돌입했을 것이라고 추측한다. 그는 심지어 15세기에서 19세기에 이르는 유럽의 소빙하시대는 수백만 명의 사망자를 발생시킨 전염병으로 농경활동이 감소했기 때문에 인공적으로 유발된 현상이라고까지 주장한다.

이러한 주장 이면의 추론은 대략 이렇다. 농경지를 확보하기 위해 산림을 제거하고 이산화탄소와 메탄가스 농도가 상승하면서 강력한 온실효과와 지상기온 상승이 발생한다. 예컨대 버본 페스트 같은 재앙적인 전염병이 엄습할 때 높은 사망률로 농장은 폐기된다. 돌보는 손길 없는 땅을 산림이 점령하기 시작함에 따라 이산화탄소와 메탄가스 농도는 감소하고 그에 상응하여 기온도 하락한다. 전염병이 수그러들면 농장은 부활하고 산림은 제거되며 온실가스 농도는 상승하고 지상기온도 상승한다는 추론이다. (최근 몇십 년 동안 온실가스의 급격한 증가는 위에 언급한 토지이용의 변화보다는 일차적으로 화석연료 사용에 의한 것임을 알아두자.)

기후변화: 지구 온난화

이 장에서 우리는 몇 차례 지구의 대기는 19세기 말부터 지구 온난화가 시작되었음을 깨달았다. 1800년대 후반 이후 전지구 평균 온도는 1°C 정도 증가할 정도로 지구 온난화 경향은 실제적이다. 게다가 1980년대 이후 각 10년 평균 온도는 그 전 10년 온도에 비해 높아지고 있다. 온도 뿐만 아니라, 지구 온난화가 진행되고 있다는 많은 증거가 있다. 예를 들면, 세계 빙하와 빙상에 얼어 있던 물의 양은 지속적으로 감소하고 있고, 해수면은 높아지고 있다. 지구 온난화는 우리가 살고 있는 곳에서도 분명하게 나타나고 있는지도 모른다. 예를 들어, 식물이 자라는 시기가 길어지거나 가을에 잎의 색깔이 변하는 시기가 과거보다 늦게 관측될지도 모른다. 그러나 특정한 해만 놓고 보면 지구 온난화의 신호는 작고, 수십 년 같은 많은 해들을 평균해야만 유의미하게 보인다. 그래서 특정 날씨 사건을 가지고 지구 온난화를 생각하지 않는 것이 중요하다. 아래 몇 가지 사실들이 이 점을 지적한다. 2014년, 1월 북미 동부지역의 한파 때문에 온도가 급락했다. 노스 캐롤라이나의 미첼 산 정상(Atop Mount Mitchell in North Carolina)에서 최저온도는 영하 31°C로 관측 이래 두 번째로 추운 날이었다. 뉴욕 빙엄톤(Binghamton)은 영하로 떨어진 날이 10일로 관측 이래 가장 많았다. 그러나 2014년 1월은 캘리포니아에서 3번째로 따뜻한 해였으며, 전지구 온도는 4번째로 따뜻한 해였다. 기후변화와 극한 기상 현상과의 관계에 대한 추가내용은 포커스 13.3을 참고하자.

최근의 지구 온난화: 추정 지난 100여 년간 우리가 경험한 온난화 추세는 증가하는 온실가스에 의한 온실효과 강화에 기인할 것일까? 이 문제를 풀기 전에 2장에서 배운 몇 가지 개념을 재검토해 볼 필요가 있다.

복사강제 요인 우리 지구의 기온은 수증기, 이산화탄소, 기타 온실가스가 없다면 현재보다 약 33°C나 낮아질 것이란 점을 2장에서 배웠다. 지구표면의 평균온도가 영하 18°C (0°F) 정도라면 지구의 많은 지역은 사람이 살 수 없을 것이다. 2장에서 우리는 지구로 유입되는 태양 에너지 비율이 지구표면과 대기에서 유출되는 적외선 에너지 비율과 균형을 이룰 경우, 지구 대기 체계는 복사 평형상태가 된다는 사실도 배웠다. 온실가스의 농도가 상승하면 이러한 균형이 깨지고 따라서 이것을 **복사강제 요인**(radiative forcing agent)이라 한다. 과다한 이산화탄소와 다른 온실가스에 의한 **복사 강제력**(radiative forcing)은 최근 수십 년 동안 급격히 커지면서, 과거 수백 년 동안 3 W/m^2 정도로 증가하였다. 동시에 인간활동에 의해 태양복사를 차단하는 에어로졸(황산 에어로졸 및 다른 오염물질)의 증가는 구름 효과와 함께 복사강제력을 대략적으로 1 W/m^2 감소시켜, 온실효과를 상쇄하였다.

따라서 지난 세기 지구 온난화의 일부는 온실가스 증

가에 기인했을 가능성이 크다. 그렇다면 지구 온난화에서 자연변동 요인의 역할은 무엇일까? 1990년 초기 이후 이산화탄소 농도가 30% 이상 증가했음에도 관측된 지구 기온의 상승폭이 작았던 이유는 무엇일까?

우리는 기후변화가 자연현상에 기인할 수 있다는 점을 알고 있다. 예를 들면, 태양 에너지 방출(**태양열 조사**)의 변화와 유황 성분이 풍부한 화산폭발은 2대 자연복사 강제 요인이다. 연구조사에 의하면, 1700년대 중반 이후 태양 에너지 방출의 변화가 기후체계에 소규모 양의 강제(약 0.05 W/m^2) 역할을 했다. 반면에, 유황 함유도가 높은 입자들을 성층권으로 주입하는 화산폭발은 폭발 후 수년 동안 지속되는 음의 강제(negative forcing)를 야기한다. 1880~1920년 사이와 1960~1991년 사이 및 차례 큰 폭발이 발생했다. 뿐만 아니라 수많은 작은 화산폭발이 2000~2011년 사이에 발생했다. 1988~2011년 사이에 화산활동과 태양활동 변화에 의한 복사강제력은 매우 약하게 줄어들어서, 지구표면온도를 낮춰주는 효과를 갖는다. 그렇기 때문에, 1998년 이후 예상했던 지구 온난화 경향을 자연변동 요소가 줄여줬을지도 모른다.

기후 모델과 최근의 기온 변화 경향 지구 표면의 평균기온은 19세기 후반 이후 1.0°C 상승하였다. 그렇다면 지난 세기 관측된 기온 변화와 기후 모델에서 유도한 기온 변화를 어떻게 비교할 것인가? 기후 모델이 보여주는 것을 검토하기 전에, 지구와 대기 사이의 상호작용은 매우 복잡하기 때문에 지난 100년간의 온난화 추세가 주로 온실가스 농도의 상승에 기인한다고 확실하게 입증하기는 어렵다는 사실을 이해하는 것이 중요하다. 문제는 인위적인 기후변화 신호를 엘니뇨-남방진동(ENSO) 현상과 같은 자연적 기후변화의 '잡음(noise)' 그대로 적용하는 것이다. 더욱이 기온 관측에 있어서는 자연적 기후변동에 의한 '잡음'과 신호를 구분하기 어렵다. 하지만 오늘날의 보다 정교한 기후 모델은 이러한 '잡음'을 훨씬 더 잘 여과함과 동시에 자연적이고 인위적인 강제 요인을 고려하고 있다.

그림 13.18a는 여러 기후 모델들(기후를 모의하는 수학적 모델들)이 태양 에너지와 화산폭발 등 자연강제 요인만을 사용해 미리 예측되었던 1900년부터 2005년까지의 지표면 기온 변화를 보여주고 있다. 모델들이 예측했던 기온(청색선)은 실제 관측된 지상기온(회색선) 경향과 일치하지 않는 점을 주목하라. 사실, 기후모형은 전체 기

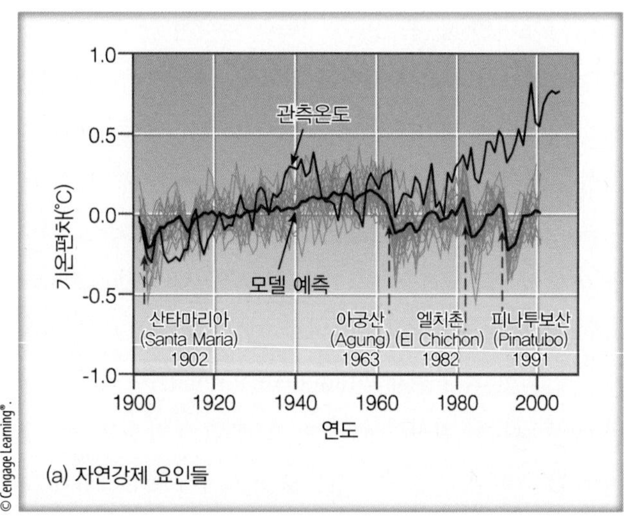

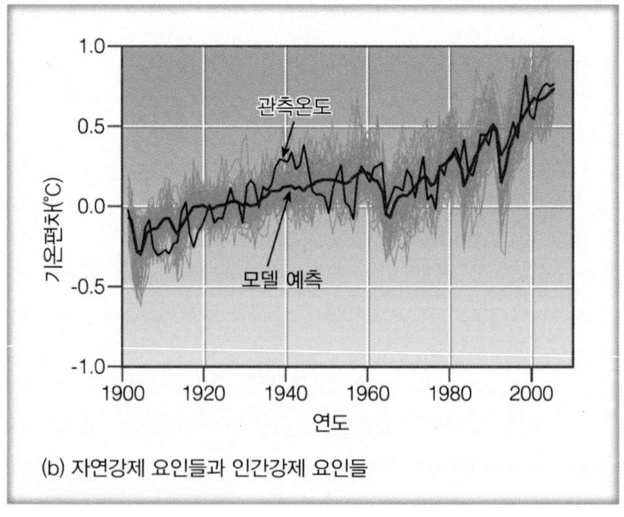

그림 13.18 ● (a) 자연강제 요인들만을 사용해서 예측한 지표면 기온 변화(진한 청색선)와 관측된 지표면 기온 변화(회색선)를 비교하고 있다. 연한 청색선은 모델 시뮬레이션의 범위를 보여준다. (주요 화산폭발의 이름과 연대가 그래프 하단에 제시되어 있다.) (b) 자연강제 요인들과 인간강제 요인(진한 적색선)들을 모두 사용해 예측된 지표면 기온 변화와 실제 관측된 지표면 기온 변화(회색선)를 비교하고 있다. 오렌지 선은 모델 시뮬레이션의 범위를 보여준다. ((a)와 (b) 모두 기온 변화는 1901년에서 1950년 사이의 기간에 해당하는 것이다.) (이 자료는 IPCC에 제출된 2007년도 제4차 평가보고서에 기여한 실무그룹 1이 작성한 기술요약에서 인용한 것이다.)

기후변화와 극한 기상현상

2011년에 미국인들은 끝없는 극한 기상현상을 겪었다. 1월에 두 차례의 주요 겨울 폭풍이 동부 해안을 강타하여, 뉴욕시는 1월 강설이 최고치를 기록하였다. 2월 폭풍으로 58 cm 눈이 내려 시카고를 마비시켰고, 여러 도시에서 역사상 가장 많은 강설량을 기록하였다(그림 2 참조). 봄철에는 치명적인 4일간의 토네이도 시리즈가 미국 남동부가 휩쓸었다. 최악의 날은 4월 27일로 전국에서 가장 많은 24시간의 트위스터 발생을 기록하여, 80년 이상 동안 가장 치명적인 피해를 입었다. 최소 322명이 사망하고 약 100억 달러의 피해가 발생했다. 한 달도 채 지나지 않아 미주리 주 조플린(Joplin, Missouri)을 통해 파괴적인 토네이도가 발생해서, 1947년 이후 단일 토네이도에서 발생한 사망자 중 최대인 159명이 사망하였다.

2011년 봄과 여름에 재앙적인 날씨가 계속되었다. 기록적인 홍수가 미주리 주와 미시시피 강 계곡에 퍼부었으며, 전례 없는 가뭄과 열파가 남부 평원을 강타했다. 텍사스는 주 전체 평균 온도가 30°C 이상으로 어느 주와 비교해도 역사상 가장 뜨거운 여름을 기록했다. 열대성 저기압은 대부분 미국을 우회했지만 8월에 허리케인 아이린이 뉴욕에 파괴적인 홍수를 일으킨 후, 동북부에서는 10월에 1세기 동안 가장 강한 폭설이 발생하였다.

사람들은 기후변화가 허리케인, 토네이도, 산불 및 홍수와 같은 재해를 촉진시킬 수 있는지 궁금해한다. 기후변화로 인한 단일 날씨 사건은 발생하지 않지만, 연구에 따르면 인간활동에 의한 온실가스로 인해 일부 극한 기상현상의 발생 가능성이 높아진다고 한다. 예를 들어, 열파는 앞으로 수십 년 동안 더 빈번하고 강렬해질 것으로 예상된다. 또한, 미국을 포함한 전 세계 여러 지역에서 강우와 폭설에 강수가 점점 더 집중되고 있다는 증거가 제시되고 있다. 온난한 기후는 더 많은 물을 바다에서 대기 중으로 증발시키기 때문에, 강수 지역의 눈과 비를 강화시키는 데 도움이 된다. 그러나 따뜻한 온도는 이미 건조한 땅에서 수분을 더 증발시킨다. 컴퓨터 모델은 금세기 동안 강수와 가뭄이 모두 강화될 것이라고 예측한다.

온실가스 증가와 직접적 관련성이 적은 극한 기상현상도 있다. 예를 들어, 토네이도는 큰 규모의 다양한 요소가 함께 작용하여 심각한 뇌우를 발생시키면서 발달하는 매우 국지적인 현상이다. 미국의 보고된 토네이도 수는 1950년대 이후 대략 두 배가 되었지만, 이 현상은 개선된 사후 조사와 증가된 관측망에 기인한다. 강한 토네이도 수에도 유의한 증가 또는 감소 경향은 없다. 일부 연구에 따르면 기후가 따뜻하고 불안정성이 평균적으로 증가함에 따라 미국 남부와 동부 일부 지역에서 심한 뇌우가 발생할 가능성이 있다고 지적했다. 가장 격렬한 토네이도가 발생하기 위해서는 이 높은 불안정성이 연직 바람시어와 동반되어야 한다. 미국 지역에서는 온난화가 진행되면 연직 바람시어는 평균적으로 감소할 것으로 예측된다. 그러나 어떤 기간 동안에는 강한 불안정성이 있는 지역에 충분한 연직 바람시어가 존재할 수 있다. 따라서 토네이도 발생은 더 변화무쌍해질 것 같다. 전체적으로 토네이도 발생이 줄어들 수 있지만, 충분한 연직 바람시어가 존재할 경우 더 강한 토네이도가 발생할 수 있는 것이다. 미국에서 2011년 끔찍한 토네이도는 500명이 넘는 사망자와 수십억 달러의 피해를 입혔으나, 2012년은 60년 관측 이래 가장 적은 토네이도가 발생하여 조용한 토네이도 시즌으로 이어졌다.

점점 더 많은 연구들이 탐지 및 원인규명(attribution)에 중점을 두고 있다. 이런 연구를 통해 기후변화를 식별하고 인간이 생산한 온실가스가 얼마나 많은 영향을 미치는지 추정하게 된다. 과학자들은 새로운 자료 분석과 수치모델링을 이용하여 어떤 기상 현상이 발생할 확률이 지구 온난화에 의해서 얼마나 증가했는지 추정하고 있다. 예를 들어 2015년 한 연구에서는 수치모델을 사용하여 기후변화가 2012년, 2013년 및 2014년의 가뭄기간 동안 캘리포니아에서 관측된 여름철 토양 수분 부족의 8~27%를 설명하는 것으로 추정했다.

REUTERS/John Gress/Landov

그림 2 ● 2011년 2월 강한 눈보라 후 좌초된 차들 사이로 이동하는 남자.

간에 걸쳐 평균 온도를 1900년대 초기 온도와 대략적으로 비슷하게 모의하고 있다. 그림 13.18b는 자연강제 및 인간강제 요인(온실가스, 황산염 에어로졸 등)들을 모두 모델에 입력했을 때 모델들이 1900년부터 2005년까지 지표의 기온 변화를 어떻게 예측하는지를 보여주고 있다. 이제 예측된 기온 변화(적색선)가 관측된 기온 경향(회색선)에 근접하고 있는 점을 주목하라. 이는 과학자들로 하여금 20세기의 일부 온난화 현상의 원인을 온실가스 증가 때문일 가능성이 매우 높다는 결론을 내리도록 유도한 컴퓨터 모델링 연구이다. 전 세계 2,000명의 우수한 지구과학자들로 구성된 정부 간 기후변화협의체(IPCC)는 25년 이상 동안 기후변화에 대한 가장 포괄적인 보고서를 작성해왔다. 정부 간 기후변화협의체는 심도 있는 기후변화 평가를 1990년, 1995년, 2001년, 2007년, 그리고 2013년에 출판했다. 2013년 5차 평가보고서에서는 다음과 같이 기술되어 있다.

> 인간의 영향이 20년대 중반 이후 관측된 온난화의 주요한 원인임이 거의 확실(extremely likely)하다. [이 보고서에서 거의 확실(extremely likely)이란 95% 이상의 확률을 의미한다.]

미래의 기후변화: 전망 기후 모델들은 금세기 말까지 증가하는 온실가스 농도로 인해 기온을 최소 섭씨 몇 도를 상승시키는 추가적 지구 온난화를 초래할 수 있다고 예측하고 있다. 최신형 최정밀 모델들은 해양과 대기권의 상호작용, 이산화탄소가 대기권에서 제거되는 과정, 그리고 하층 대기권에서 황산 에어로졸이 유발하는 냉각효과 등 중요한 관계 다수를 고려대상에 포함시키고 있다. 이들 모델은 온난화에 따른 해수면의 추가적 증발과 증발되는 수분의 대기권 진입을 예측하고 있기도 하다. 추가적인 물의 증발(가장 풍부한 온실가스)은 대기의 온실효과를 높이고 기온 상승을 가속화함으로써 기후체계에 되먹임을 초래할 것이다(이런 현상을 물 증발 온실 되먹임[water vapor-greenhouse feedback]이라고 함). 추가된 물 증발로 인한 이 같은 되먹임작용이 없다면 온난화는 훨씬 덜할 것이라고 모델들은 예측한다.

그림 13.19는 온실가스와 다양한 강제요인의 증가 정도에 따른 기후모형들의 21세기 온난화 전망을 보여준다. 그림 오른쪽의 4가지 색깔에서 보여준 것처럼, 4종류의 모형 전망이 생산되었다. 각 전망은 서로 다른 대표 농도 경로(RCP)를 사용했으며, 이는 전체 복사 강제력이 금세기에 어떻게 변할 수 있는지를 보여준다(표 13.1 참조). 가장 낮은 RCP2.6이 가능하기 위해서는, 향후 수십 년 동안 온실가스 배출량이 급격히 감소해야 한다. 배출량이 계속 빠르게 증가하면 가장 높은 RCP8.5에 가까워질 것이다. 각 RCP에 대해 수십 개의 기후 모델을 사용하여 다양한 선방이 만들어졌나. 파란색(RCP2.6)과 빨간색(RCP8.5) 음영 영역은 기후 모델이 특정 RCP에 대해 동일한 온난화 정도를 전망하지 않는다는 것을 의미한다. 이는 각 기후 모델이 지구-대기 시스템의 매우 복잡한 상호작용을 다소 다른 방식으로 처리하기 때문이다. 각 모델은 장단점을 가지고 있으므로 여러 모델들의 결과를 결합하여 과학자들은 더 신뢰할 수 있는 미래에 대한 결과를 얻을 수 있다. 각각의 RCP에 대해 매우 다른 결과가 나타난 것에서 볼 수 있듯이, 다른 불확실성은 온실가스가 이번 세기에 얼마나 많이 방출될 것인가이다.

2013년 보고서에서 IPCC는 CO_2의 증가가 1986~2005년에서 2081~2100년 사이에 온도 증가가 0.3°C도에서 4.8°C 범위에서 나타날 것으로 결론지었다. 실제 온난화 정도는 이번 세기의 화석연료 연소량에 속도에 크게 좌우될 것이다. 만약 이 세기 동안 표면온도가 2°C 이상 증가한다면, 온난화는 20세기 동안 경험한 것보다 두 배 이상 증가하는 것이다. 이런 일이 발생하면 21세기 동안 온난화는 아마도 지난 10,000년 동안의 어떤 시기의 온난화보다 클 것이다. (미래의 지표 기온 변화를 예측하는 데 사용되는 기후 모델에 대한 추가정보는 포커스 13.4를 참고하라.)

온실가스에 대한 불확실성 이산화탄소는 꾸준히 증가하

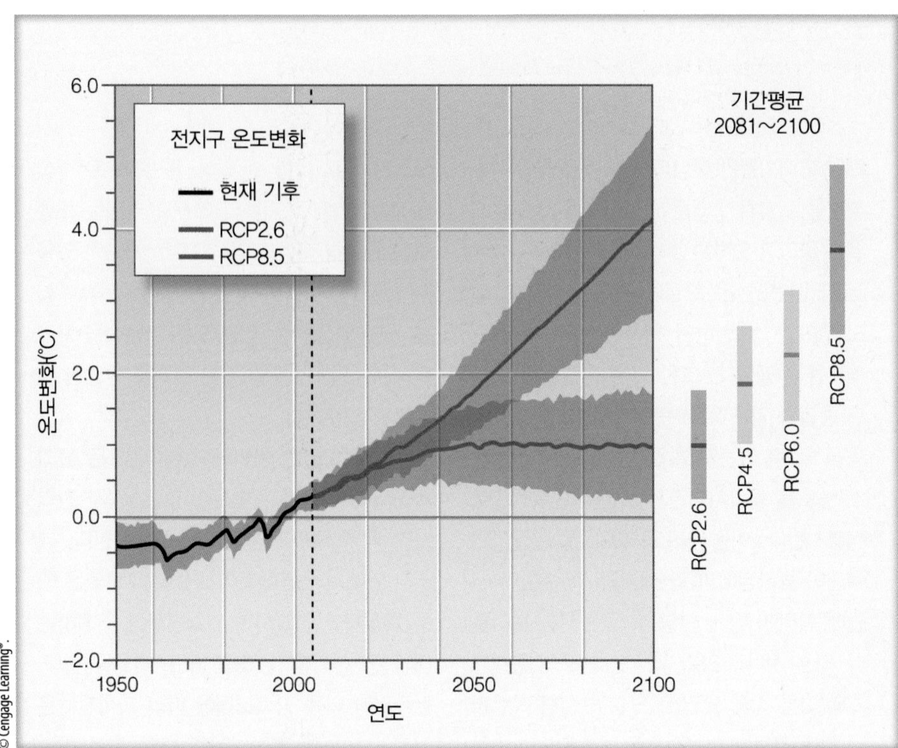

그림 13.19 ● 1986~2005년 평균(어두운 회색 0선) 대비 2005년부터 2100년 동안 전망된 전지구 평균온도. 그래프 내부와 그래프의 오른쪽 온도변화는 각 시나리오에 따른 다중모형 전망 결과에 기반하였다. 각 시나리오는 온실가스 및 다양한 강제력 변화의 서로 다른 경로에 대해 평균 온도가 어떻게 변하는지를 설명하고 있다. 검은 선은 1950년에서 2005년까지의 전지구 평균온도 변화를 보여준다. 2005년에서 2100년까지의 두 가지 색조 곡선은 두 개의 대표 농도 경로, RCP2.6(보라색) 및 RCP8.5(빨간색)에 대한 온도변화의 범위를 보여준다. 오른쪽의 막대는 4개의 모든 대표농도경로에 대해 2081~2100년 평균온도변화의 범위를 나타낸다. 막대 안의 두꺼운 실선은 각 RCP의 온도변화에 대한 최상의 추정치를 나타낸다. (출처: 기후변화 2013: 워킹그룹 1의 물리과학기초(The Physical Science Basis), 정책입안자를 위한 요약. IPCC 허가에 의해 재인쇄 됨.)

▼ 표 13.1 RCP 시나리오에 따른 2081~2100년 기간에 대한 전지구 평균온도의 범위 및 평균 전망 값

대표농도 경로	온도 상승 전망 범위	온도 상승 전망 평균치
RCP2.6	0.3~1.7	1.0
RCP4.5	1.1~2.6	1.8
RCP6.0	1.4~3.1	2.2
RCP8.5	2.6~4.8	3.7

고 모형은 이 세기 동안 온난화를 전망하고 있지만, 해양과 육지가 이산화탄소 증가에 어떻게 영향을 줄지에 대한 몇 가지 불확실성이 있다. 현재 해양과 육지에 서식하는 식물은 인간에 의해 배출되는 이산화탄소의 약 절반을 흡수하고 있다. 그 결과, 해양과 육지는 다 같이 기후체계에 중요한 역할을 하고 있으나, 그것들이 이산화탄소의 농도 상승과 지구 온난화에 미칠 정확한 영향은 분명치 않다. 예를 들면, 바다에 서식하는 식물성 플랑크톤(미세식물)이 광합성을 통해 대기권으로부터 이산화탄소를 흡수하고, 그들이 죽으면서 이산화탄소를 해수면 밑에 저장하게 된다. 온난화하는 지구는 이들 식물성 플랑크톤의 대규모 번성을 촉진해 대기 중 이산화탄소가 증가하는 속도를 효과적으로 감소시킬 것인가?

현재의 모델들은 온난화하는 지구가 바다와 육지의 이산화탄소 흡수를 감소시키는 추세를 보일 것으로 예측하고 있다. 그러므로 인위적 요인에 따른 이산화탄소 배출 수준이 계속 현재 비율로 증가한다면 대기 중에 잔류하는 이산화탄소는 더 많아질 것이고 지구 온난화는 더욱 심해질 것이다. 기온의 상승이 육지의 이산화탄소 흡수 및 배출 방식을 변경시키는 역할을 할 수 있음을 보여주는 실례를 알래스카 툰드라(동토대)에서 찾아볼 수 있다. 최근 수년간 알래스카 툰드라의 기온은 많이 상승하여 과거에 비해 여름철 녹아내리는 동토가 더 많아졌다. 따라서 기온이 올라가는 계절에는 노출된 채 썩어가는 두꺼운 초탄층이 대기로 이산화탄소를 배출한다. 최근까지만 해도 이 지역은 방출량보다 많은 이산화탄소를 흡수했던 곳이다. 그러나 이제는 툰드라 상당 부분이 이산화탄소 배출원으로 작용하고 있다.

현재 관측된 이산화탄소 증가에 산림파괴가 차지하는

기후 모형–한눈에 보기

대기(및 해양)의 물리적 과정을 시뮬레이션하는 기후 모델을 대순환모델(GCM)이라고 한다. GCM의 대기 구성 요소가 해양 구성 요소에 연결되면 모델은 "결합된" 것으로 지칭되며 이 모델을 대기-해양 접합 모델 또는 AOGCM이라고 한다. 대순환모델은 대기의 운동을 설명하기 위해 수학과 물리 법칙을 사용한다. 대기의 일부 복잡성을 줄이기 위해 모델은 대기에 대한 단순한 가정을 적용해서 좀 더 단순한 물리값으로 표현한다. 또한, 많은 소규모 대기 프로세스(구름으로 인한 프로세스)를 단일 근사치 또는 매개 변수로 줄여주는데, 이를 모수화라고 한다.

GCM은 대기를 정사각형 그리드 격자(예를 들어 한쪽에 100 km)로 나눠서 표현한다. 컴퓨팅 성능이 향상되고 모델 해상도가 향상됨에 따라 격자의 크기는 몇 년 동안 꾸준히 작아졌다. 일반 순환 모델은 실제 대기의 동작을 모의하고 계절별 및 위도의 온도 패턴뿐만 아니라 주요 순환 특징을 묘사한다.

오늘날의 결합 모델은 지면 및 식생 과정, 대기 화학, 해양 및 육상 탄소 순환, 얼음과 눈덮개 및 에어로졸을 고려하여 매우 복잡하고 정교하다(그림 3 참조). 이 모델들은 해양과 대기뿐만 아니라 지구 생태계의 다른 부분을 포함하기 때문에 점점 지구시스템 모델로 불리고 있다.

대순환모델은 모델이 관측된 대기를 잘 모의하는지 확인하기 위하여 먼저 수십 년 적분을 수행한다. 그런 다음 이산화탄소 농도 증가와 같은 일부 변수가 대기에 어떤 영향을 줄 수 있는지 확인하기 위해 이산화탄소 농도를 증가시키면서 모델을 반복적으로 적분시킨다. 이런 식으로 GCM은 온실가스 수준이 높아짐에 따라 대기와 그 순환이 시간에 따라 어떻게 변할 수 있는지를 보여준다. 다른 시나리오(즉, 다양한 농도의 온실가스와 다른 강제 요인)로 모델을 실행하는 경우 최종 결과는 일반적으로 예측온도의 변화가 된다(예: 그림 13.18에 표시된 온도 예측과 그림 13.19 참조).

기상예보관이 대기를 약간 다른 방식으로 표현하는 여러 개의 다른 모형들을 검토하는 것처럼, 기후 과학자는 전 세계 수십 개 이상의 연구소에서 개발된 다양한 모델을 사용한다. 또한 자연 기후 변동성을 고려해야 한다. 동일한 모델을 사용하지만 초기 조건이 약간 다른 특정 실험을 반복하면, 그 결과들은 서로 다를 수 있다. 일반적으로 수십 년에 걸친 지구 기후의 대규모 추세는 모델마다 일치하지만, 지역적으로는 차이가 있을 수 있다. 따라서 기후 연구자들은 향후 수십 년 동안 발생할 수 있는 모든 가능성을 보기 위해 수십 개의 모델 적분 결과를 반영한 앙상블에 의존한다.

대순환모델은 완벽하지 않다. 모든 물리 과정의 모수화가 완벽하지 않고, 격자 간격보다 작은 물리과정은 고려하지 못한다. 그러나 앞에서 언급했듯이 오늘날의 모델은 매우 복잡하고 정교하며 기후변화를 추정하는 데 가장 신뢰할 수 있는 도구 역할을 한다. 컴퓨터가 더욱 강력해짐에 따라 과학자들은 전지구 모형에 특정 영역의 해상도를 높이는 실험도 하고 있다. 또 다른 옵션은 향후 10년 후와 같이 특정 기간 동안 모델 적분을 수행할 때 더 높은 해상도를 사용하는 것이다. 이와 같은 시뮬레이션은 미래 기후에서 나타날 수 있는 특정 관심의 날씨 및 기후 특징을 보다 정확하고 상세하게 묘사할 수 있다.

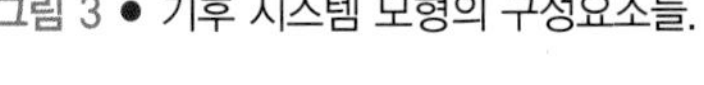

그림 3 ● 기후 시스템 모형의 구성요소들.

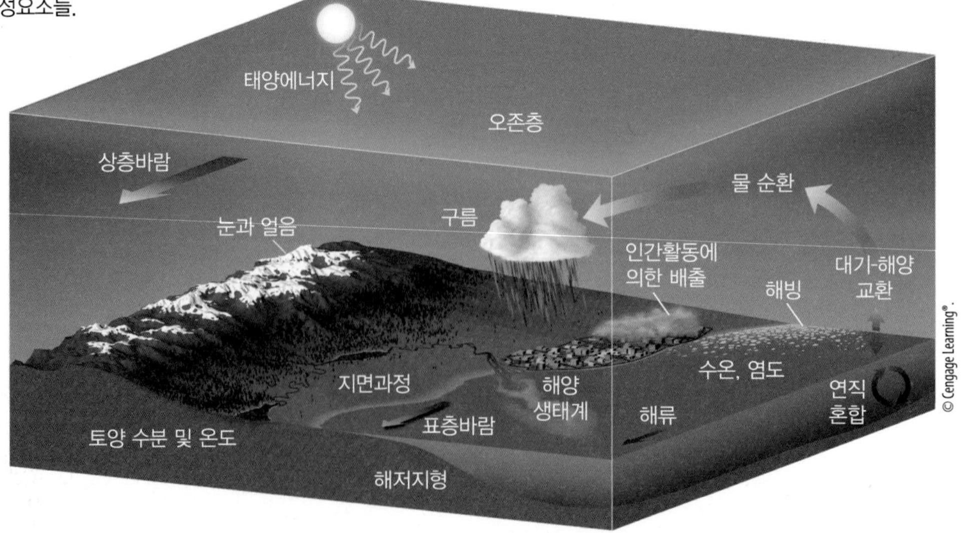

비중은 10~15%이다. 산림파괴에 대한 제한 노력 때문에 이 비중은 1990년대에 비해 낮아졌다. 그렇기 때문에 토지이용의 변화가 이산화탄소 농도에 영향을 줄 수 있고, 특히 산림파괴가 산림재조성으로 대체될 경우 더 영향이 커질 것이다.

아마도 앞으로 몇 십년 동안 기후변화 불확실성 중의 가장 큰 단일 요인은 인간활동이 추가적으로 이산화탄소를 대기 중으로 얼마나 배출하느냐일 것이다. 우리는 그림 13.20에서 20세기에 이산화탄소 농도가 극적으로 상승했음을 볼 수 있다. 1990년에는 이산화탄소 농도가 연간 약 1.5 ppm 비율로 증가했으나 오늘날은 증가율이 연간 약 2 ppm으로 상승했다. 이 같은 추세가 계속될 경우 21세기 말에는 이산화탄소 농도가 550 ppm을 훌쩍 넘어설 수 있을 것이다. 그림 13.20에서 대기 중 메탄가스 농도가 지난 250년간 극적으로 증가했고 아직도 증가하고 있는 사실을 주목하라. 또 대기 중 아산화질소 농도가 빠르게 상승했으며, 아직도 상승을 계속하고 있는 점에도 유의하라.

1990년대 중반 이후 **염화불화탄소**(CFCs, 할로겐화탄소)라고 하는 온실가스그룹의 대기 중 농도는 감소하고 있다. 그러나 역시 온실가스에 속하는 염화불화탄소 대체 화합물의 농도는 증가하고 있다. 더욱이 지상의 오존 총량은 1750년 이래 아마도 30% 이상 증가했을 것이다. 그러나 오존은 대부분 최대 농도가 보통 12 ppm 미만인 성층권에서 발견된다. 오존은 온실가스이긴 하지만, 지상 부근의 오존 농도는 보통 0.04 ppm 미만이기 때문에 그것이 온실효과를 높이는 데 기여하는 역할은 매우 미미하다. 이 온실가스의 농도는 지역에 따라 큰 차이를 보이며 광화학 스모그 배출에 좌우된다. 지상 오존의 증가는 어쩌면 복사강제의 매우 작은 증가를 초래했을지 모른다. 포커스 13.5는 지구 온난화, 오존, 오존홀에 대해 알려진 몇 가지 오해에 대해 다루고 있다.

구름에 대한 의문점 대기가 더워지고 더 많은 수증기가 대기에 추가되면 지구의 흐린 날씨도 증가할 것이다. 그렇다면 여러 가지 모양과 규모로 여러 고도에서 형성되는 구름이 기후체계에 영향을 미치게 될까?

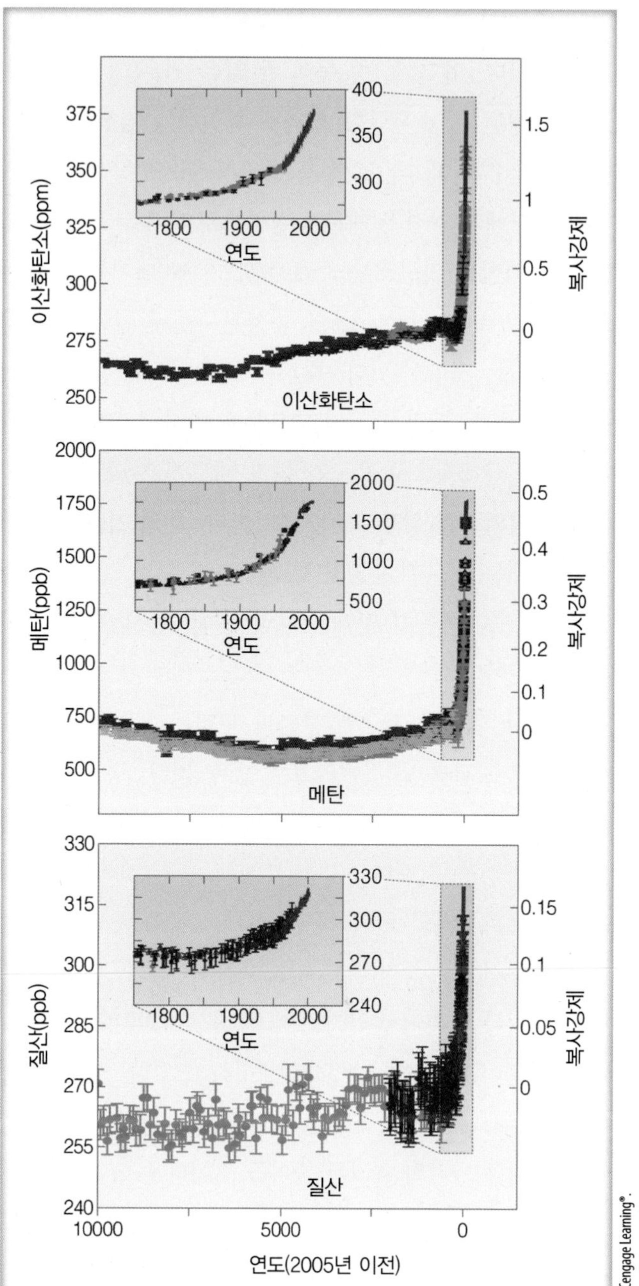

그림 13.20 ● 빙핵과 최신 자료들에 의해 제시된 일산화탄소, 메탄, 질소산화물 등 온실가스의 변화.

구름은 유입되는 태양광선을 우주로 반사시켜 기후 냉각 효과를 내기도 하지만 동시에 지구로부터 적외선을 흡수해 지구 온난화를 초래하기도 한다. 기후가 구름의 변화에 어떻게 반응할지는 아마도 구름의 유형과 액체(혹은 얼음)의 성분 및 물방울 크기의 분포 등 물리적 특성에 좌우될 것이다. 예를 들면, 높이 뜬 얇은 권운(대부분 얼음으로 구성된)은 순온난화 효과를 촉진하는 경향이 있다. 이 구름은 다량의 태양광선을 통과시켜 지면을 데우기도 하지만 자체가 차갑기 때문에 상공으로 내뿜는 양보다 더 많은 적외선을 지구로부터 흡수함으로써 대기를 데우기도 한다. 반면에 낮은 고도에 형성된 구름은 순냉각 효과를 촉진하는 경향이 있다. 대부분 물방울로 구성된 이 구름은 유입되는 태양 에너지 대부분을 반사시키며, 구름의 꼭대기가 상대적으로 온도가 높기 때문에 지구로부터 흡수하는 적외선의 상당부분을 복사한다. 위성 자료들은 구름이 현재는 지구에 **순냉각 효과**를 미치는 것으로 확인하고 있다. 즉, 구름이 없다면 우리의 대기는 더욱 더워실 것이란 뜻이다.

그러나 더워진 지구에 구름이 추가된다고 해서 반드시 순냉각 효과를 낼 것이라고는 할 수 없다. 평균 지상기온에 구름이 미치는 영향은 구름의 정도와 구름의 고도가 기후의 양상을 지배하는지 여부에 좌우될 것이다. 따라서 구름으로부터의 되먹임은 온실가스 증가로 인한 온난화를 잠재적으로 증가 혹은 감소시킬 수 있다. 대다수 모델들은 지상 기온이 올라가면 대류 현상, 대류형 구름, 그리고 권운이 증가하는 것으로 제시하고 있다. 이러한 상황은 기후체계에 양의 되먹임을 제공하는 경향이 있으며, 구름의 지구 냉각화 효과는 줄어들 것이다.[3]

또 다른 구름과 관련된 요소가 있다. 여기서 제트항공기가 고도 약 7,000 m의 대류권 상층에 비행운(응결 꼬리)을 생성함으로써 기후변화에 영향을 미쳐 왔을 가능성에 주목하는 것은 매우 흥미롭다(그림 13.21 참조). 대다수의 비행운은 항공기 뒤에 권운 형태의 흔적으로 형성된다. 일부는 신속하게 사라지지만, 오래 지속되는 것들도

그림 13.21 ● 비행운은 태양복사를 반사하고 장파를 지표면에 방출하여 기후에 영향을 준다.

있으며 경우에 따라서는 백색 지붕 모양을 형성하는 권운 형태의 하늘 띠를 펼치기도 한다. 전체적으로 비행운은 지구의 복사균형에 순온난 효과를 가져서, 항공 여행의 증가는 추가적인 온난화를 초래할 가능성이 있다.

해양의 영향 대양은 지구기후시스템의 중요한 부분이지만 기후변화에 미치는 정확한 영향을 완전히 이해하지 못하고 있다. 예를 들어, 대양은 열에너지를 저장하는 열용량이 매우 크다. 실제로 최근 수십 년 동안 증가된 온실가스에 의해 증가된 에너지의 90% 이상이 대기가 아니라 해양으로 들어갔다. 따라서 해양 열용량의 약간의 변화도 대기 온난화에 큰 영향을 미칠 수 있다. 해양 순환 패턴과 관련이 있을 수 있는 해양 열용량의 변화는 왜 어떤 수십 년 기간이 다른 기간에 비해 대기 온난화가 강한지 설명하는 데 도움이 될 수 있다. 또한, 해양에 저장된 막대한 양의 열은 화석연료 배출이 완전히 중단된 경우에도 일부 지구 온난화가 계속될 것임을 의미한다. 1990년대 후반 이후 태평양의 열용량 증가는 10년 이상 대기 온난화를 둔화시키는 역할을 한 것으로 보인다. 그러나 2015~2016년 강한 엘니뇨와 함께, 2014년, 2015년 및 2016년에 관측된 기록적인 전 세계 온도는 바다에 저장된 열이 다시 대기로 유입되고 있음을 시사한다.

3 구름의 양과 분포 외에도 기후 모델이 구름의 광학 특성(예: 알베도)을 계산하는 방식이 모델 계산에 큰 영향을 줄 수 있다. 또한, 구름이 에어러솔과 어떻게 상호 작용하고, 그 결과가 어떤 영향을 미치는 지에 대해서는 많은 불확실성이 있다.

기후변화의 결과: 가능성 기후 모델이 예측한 바대로 온난화가 지속된다면 어느 지역이 가장 더워질까? 기후 모델은 육지가 전지구 평균보다 급속히 더워지고 특히 겨울철 북반구 고위도 지역에서 가장 온난화가 빠르게 일어날 것으로 예측한다(그림 13.22a 참조). 2001~2006년 기간 중 제일 큰 지상 온난화는 그림 13.22b에서 보듯이 북반구 고위도 지상에서 일어났다. 이러한 전지구 평균 기온 변화의 관측은 기후 모델들이 온난화를 잘 묘사하고 있음을 보여준다.

북반구 고위도 지방은 계속 온난화가 일어나고, 지표의 변화는 실제로 온난화를 가속화한다. 북반구 고위도 지역에서는 짙은 녹색의 북부 한대수림이 눈으로 덮인 동토대 지역에 비해 태양 에너지를 3배나 많이 흡수한다. 그 결과, 아북극 지역의 겨울 기온은 수림이 없는 경우보다 훨씬 높다. 만약 온난화로 북부 한대수림이 동토대 지역으로 확장된다면, 수림은 그 지역의 온난화를 가속화할 수 있다. 기온이 상승함에 따라 토양의 유기물들은 전보다 빠른 속도로 분해되어 대기에 더 많은 이산화탄소를 추가하게 되어 온난화는 더욱 가속화될 수 있다. 더욱이 기온에 의해 정의되는 기후대에서 성장하는 나무들은 기온 상승으로 부적합한 환경에 놓이게 됨으로써 특히 타격을 받을 수 있다. 나무는 약화된 상태에서 병충해에 더욱 취약해질 수 있다. 이러한 온도변화는 인간 건강에 직접적인 영향을 포함하여 여러 측면에서 사람들에게 영향을 미친다. 예를 들어 열파가 더 빈번해지고 강력해질 것으로 예상되면 열 관련 사망이 증가할 것으로 예상되지만 냉기 관련 질병은 약간의 감소가 있을 수 있다.

강수 강수량과 가뭄의 변화는 앞으로 수십 년 동안 온도의 변화만큼이나 중요할 수 있다. 온도와 마찬가지로 강수량의 변화가 고르게 분포되지 않아서, 일부 지역은 강수량이 증가하고 다른 지역은 강수량이 줄어들 것이다. 20세기 중반 이래로 북반구의 중위도 및 고위도에서 강수량은 증가한 반면, 일부 아열대 지방에서는 감소하였다. 많은 지역에서 가장 많은 강우의 강도가 지난 50년 동안 증가했다. 그림 13.23에서 기후모델은 북반구의 고위도에 대한 평균 강수의 추가 증가와 아열대 지역에 대한 지속적인 감소를 예상하고 있다. 이 지역의 강수량 감소는 농업에 추가 스트레스를 가함으로써 악영향을 미칠 수 있다.

일부 모델은 전지구적 강수량 패턴의 변화가 더 강력한 홍수와 가뭄을 초래할 수 있다고 제안한다. 연평균 강수량이 변하지 않는 곳에서도 강우와 강설량은 점점 더 집중호우에 집중될 수 있으며, 그 사이 더 긴 건조기가 있을 수 있다. 또한, 높아진 대기온도는 토양을 더 빨리 건조시키는 경향이 있어 가뭄이 발생할 때 영향을 악화시킨

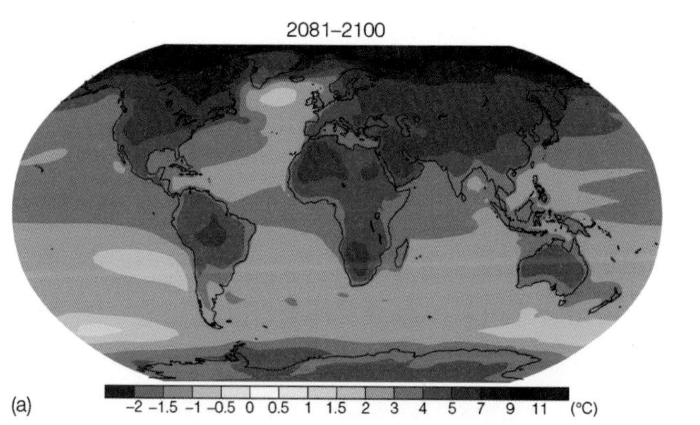

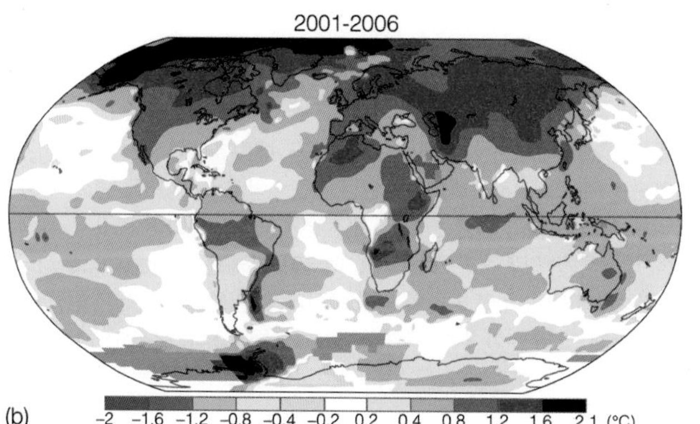

그림 13.22 ● (a) 2081~2100년 10년대에 일어날 평균 기온 변화(A18 시나리오 사용) 예측과 1986~2005년 평균 지상기온 변화를 비교하고 있다. 기온의 최대 폭 상승은 북극의 육지 상공에서 나타날 것으로 예측되고 있다. (b) 2001~2006년 기간의 평균 지상기온 변화를 1951~1980년 평균과 비교하고 있다. 최대 폭 기온 상승은 북극지역과 북반구 고위도 육지에서 일어났다. [도해 (a)의 출처: IPCC 제출 2007년도 제4차 평가보고서에 기여한 실무그룹 1이 작성한 기후변화보고서 2007, 「과학적 근거」. IPCC 허가를 받아 수록. 도해 (b)는 NASA에서 제공한 것임]

FOCUS ON AN ENVIRONMENTAL ISSUE 13.5

오존의 온실효과와 기후변화에 대한 영향

오존은 온실기체지만, 온실효과에 대한 영향은 매우 작다. 왜일까? 아래의 두 가지 이유 때문이다.

1. 대기 오존의 농도는 매우 작다. 지표면 근처에 평균 오존 농도는 약 0.04 ppm이고, 좀 더 집중되어 있는 성층권은 5~12 ppm 정도이다. 이산화탄소의 평균 농도는 약 405 ppm이다.
2. 오존은 10 μm 근처의 매우 좁은 영역의 적외선만을 흡수한다. 그림 2.11에 나타난 것처럼 수증기와 이산화탄소가 오존보다 훨씬 많은 적외선을 흡수한다.

이 두 가지 사실을 고려할 때, 오존 농도의 작은 변화가 온실효과와 기후변화에 영향은 무시할 수 있다.

오존홀은 기후변화에 어떤 영향을 미칠까? 1장에서 오존홀에 대해 간단히 알아보았다.• 거기서 우리는 몇 해 동안 봄철 남극 성층권 오존이 급감하여 자외선을 차단하는 오존을 거의 남기지 않는 것을 보았다. 오존은 약 0.3 μm 이하의 파장에서 들어오는 자외선(UV)을 흡수한다. 이 사실은 오존홀의 형성이 더 많은 자외선이 지표면에 도달하여 지구 온난화를 강화한다는 것을 의미할까?

2장에서 배운 바와 같이, 태양은 자외선 파장에서 전체 에너지의 작은 부분만을 방출한다. 지외선 파장은 가시광선보다 더 높은 에너지를 갖지만, 온난화를 일으키기에는 그 양이 너무 적다. 게다가 표면에 도달하는 자외선은 대부분 눈과 얼음에 충돌하여 지표면 온난화에 거의 영향을 주지 않는다. 오존층 파괴와 관련된 주요 온도변화는 성층권 하부 온도 하강으로 나타난다는 사실은 흥미롭다. 약 20 km 상공의 성층권 온도는 오존 손실로 인해 최근 몇 년 동안 최저치를 기록하였다.

따라서 봄 동안 남극 대륙에서 오존이 고갈되더라도 (즉, 오존홀) 지구표면의 지구 온난화는 강화되지 않는다. 지구 온난화를 오존홀과 연결하지 않도록 주의해야 한다. 이것은 사과와 오렌지의 경우처럼 사실상 서로 무관한 두 가지 대기 조건이다.

• 오존구멍에 대한 보다 상세사항은 14장(p.459)에서 다루었다.

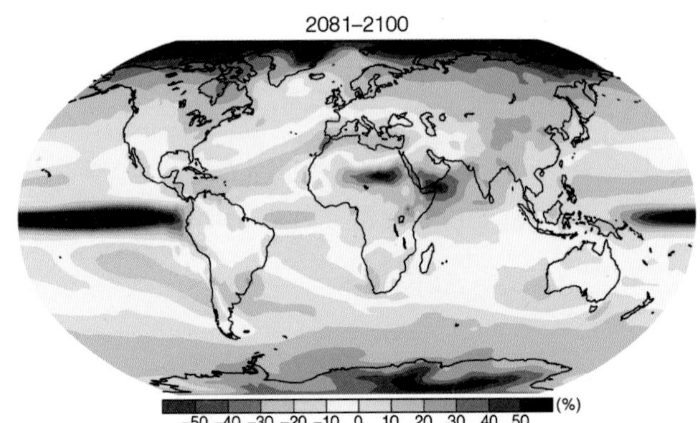

그림 13.23 • 1986~2005년 기간 평균 대비 2081~2100년 기간(RCP8.5 시나리오 사용)에 대한 연평균 강수량(%)의 상대적 변화. 점묘 영역은 여러 모델의 평균 변화가 자연 변동성과 비교하여 크고, 모델의 90% 이상이 강수량 증가 또는 감소 여부에 대해 동의되는 지역을 나타냄. 해치된 영역은 여러 모델의 평균 변화가 자연 변동에 비해 작음을 나타냄. (출처: 기후변화 2013: 워킹그룹 1의 물리과학기초(The Physical Science Basis), 정책입안자를 위한 요약. IPCC 허가에 의해 재인쇄 됨)

다. 겨울철에 강수량이 많이 내리는 북아메리카 서부 산악 지역의 경우 강수량의 대부분이 주로 비로 내릴 수 있어서, 봄 동안 저수지를 채우는 눈녹음 유출량이 감소할 수 있다. 캘리포니아에서는 기온 상승 및 유출량 감소로 인한 물 저장량 감소가 장기적으로 농업에 위협을 줄 수 있다.

해수면 상승 기후변화의 또 다른 결과는 육지의 빙상과 빙하가 없어지고, 바다가 천천히 따뜻해지면서 계속 팽창함에 따라 해수면이 증가한다는 것이다. 1900년부터 2010년까지 전 세계 평균 해수면은 약 19 cm 상승했으며 1990년대 이후 상승 속도가 빨라졌다. 그중 절반은 빙하와 빙상이 녹은 결과이며, 나머지 절반은 바다가 따뜻해지면서 팽창하여 상승했다. 해수면은 전 세계적으로 고정된 높이라고 생각하지만 실제로는 자연 과정에 따라 30 cm 이상 변한다. 자연 과정에는 열대 서부 태평양과

알고 있나요?

온난한 세상에서는, 고위도에 있는 많은 담수호는 몇 년 전보다 늦가을에 늦게 얼고 봄에는 일찍 녹는다. 예를 들어, 위스콘신의 멘도타 호수는 150년 전보다 얼어있는 기간이 평균 40일이 줄었다.

아시아와 북미의 동해안에서 물을 쌓을 수 있는 무역풍과 편서풍의 역할도 있다. 스칸디나비아와 같은 일부 지역에서는 수천 년 전 빙상 중량에 내려앉은 땅들이 반등하고 있다. 다른 해안 지역은 자연 과정이나 지하 지하수의 감소로 천천히 내려앉기도 하고 있다. 해양 순환의 미래 변화는 상대적으로 일부 지역의 더 큰 해수면 상승을 초래할 수 있다.

금세기 해수면의 추가 증가는 미래의 온실가스가 얼마나 많이 배출될 것인지, 그리고 온실가스 증가에 대해 대기와 해양의 온도가 얼마나 많이 증가하고, 이에 따라 그린란드와 남극의 거대한 빙상들이 얼마나 빨리 녹을 건지에 달려있다. 2013년에 IPCC는 21세기 해수면 상승이 26~82 cm 정도가 될 것으로 예상했다. 지구 역사상 온난기에 그랬던 거처럼, 남극 대륙의 가장자리의 얼음 절벽 중 일부가 파괴되어 바다로 붕괴될 경우 해수면 상승은 더 커질 것이다. 최근의 모델링에 따르면, 앞으로 수십 년 동안 이런 일이 발생하면 금세기에 해수면이 150 cm까지 증가할 수 있으며 그 이후에는 훨씬 더 커질 수 있다고 경고한다.

전 세계 해안 지역에 살고 있는 수백만의 사람들이 해수면 상승의 영향을 점점 더 많이 받을 것이다. 해수면 상승과 해양 온난화는 산호초와 같은 많은 해양 생태계에 손상을 입힐 수 있다. 또한, 해안의 지하수는 바닷물로 오염될 수도 있다. 11장에서 살펴봤듯이, 다른 요인이 똑같다면 해수면 온도가 올라감에 따라 허리케인의 평균 강도도 증가할 것이다. (허리케인과 지구 온난화에 대한 자세한 내용은 포커스 11.4를 다시 참조하라.)

극지역 영향 지구의 다른 지역과 마찬가지로 극지방에서는 기온이 상승하면 온도, 강수량 및 바람 패턴 간에 복잡한 상호작용이 발생한다. 실제로 남극 대륙에서는 더 따뜻한(여전히 차갑지만) 공기 때문에 더 많은 눈이 내린다. 이 상황은 남극 내부에 더 많은 눈이 쌓일 수 있게 하고, 이는 남극 해안선을 따라 녹는 양을 상쇄하며 균형을 맞출 수 있다. 얼음과 눈이 빠르게 녹고 있는 그린란드에서는 강수 증가가 급격한 빙하 용융에 의해 충분히 상쇄되기 때문에 빙상이 계속 줄어들 것으로 예상된다. 북극해에서 온난화로 인해 1990년대 이후 해빙이 급격히 줄어들었다(해빙은 해수의 결빙에 의해 형성된다). 2012년 여름, 해빙의 범위는 사상 최고 수준으로 감소했다(그림 13.24 참조). 이 지역의 온난화가 현재의 속도로 계속된다면 여름철 해빙이 금세기 중반까지 또는 더 빨리 북극해의 10% 미만으로 줄어들 수도 있다.

생태계 영향 온난화 세상에서 CO_2 증가는 다른 많은 결과를 초래할 수 있다. 예를 들어, 더 많은 양의 CO_2가 일부 식물의 "비료" 역할을 하여 성장을 가속화 하지만 물, 질소 및 기타 영양소가 성장을 유지하기에 충분하지 않으면 시간이 지남에 따라 그 속도가 느려질 수 있다. 일부 생태계에서는 특정 식물종이 지배적이 되어 다른 식물이 제거될 수도 있다. 많은 개발 도상국이 위치한 열대 지역에서는 기후변화의 영향으로 실제로 작물 수확량이 감소할 수 있지만 위도가 높을수록 계절이 길어지고 눈이 녹으면 혜택을 볼 수 있다. 극도로 추운 겨울은 약해진 한파와 함께 줄어들 것이다. 그러나 숲이 우거진 지역의 건조한 기간 중에 산불은 계속해서 강해질지도 모른다(캐나다 북부에 있는 포트 맥 머레이(Fort McMurray) 시는 2016년 5월에 이 지역에서 산불이 일반적으로 관측되는 것보다 훨씬 더 일찍 산불에 휩싸였다). 따라서 일부 "승자"와 "패자"가 있을 것이다. 가장 최근의 분석에 따르면 기후변화가 농업과 생태계에 미치는 영향은 금세기 후반에 점점 더 부정적으로 나타날 거라고 예상했다.

기후변화 : 억제 노력 지구 온난화를 억제하는 가장 확

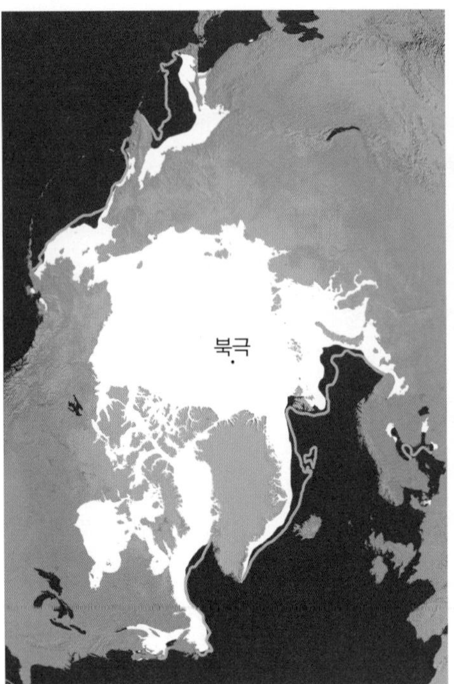

(a) 2015년 3월

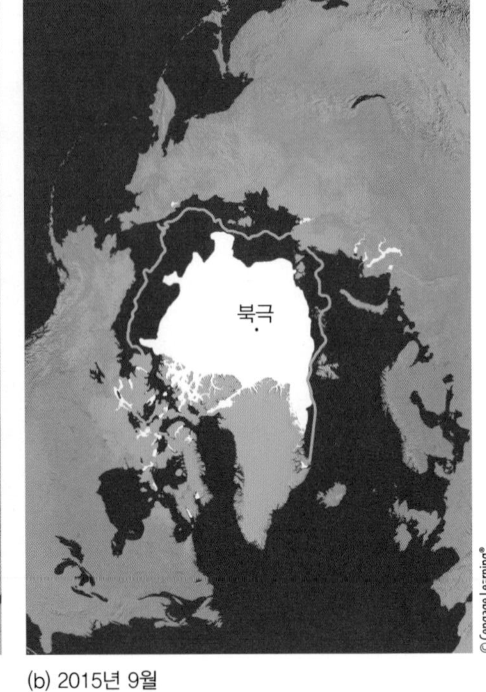

(b) 2015년 9월

그림 13.24 ● 빙하의 면적이 (a) 최대치 혹은 최대치에 근접했던 2015년 3월과 (b) 최소치 혹은 최소치에 근접했던 2015년 9월 남극 빙하의 범위. 주황색 선은 1979년~2000년 중앙 최대치(a)와 중앙최소치(b)를 나타내고 있다.

실한 방법은 화석연료의 사용을 줄임으로써 온실가스 배출을 줄이는 것이다. 천연가스 연소는 석유와 석탄 연소보다 이산화탄소를 덜 생성하여, 천연가스의 급속한 성장은 2010년대 초 미국에서 일시적으로 CO_2 배출량을 감소시키는 데 도움이 되었다. 그러나 천연가스 생산은 또한 강력한 온실가스인 메탄을 부산물로 배출한다. 연구원들은 현재 이 현상이 CO_2 배출 감소의 이점을 얼마나 상쇄하는지 조사하고 있다. 대체 에너지원의 사용을 늘리는 것이 지구 온난화를 억제하는 데 중요한 역할을 할 수 있다. 전 세계에서 가장 빠르게 성장하는 두 가지 에너지원인 태양광 및 풍력과 같은 기술은 시설을 건설하고 유지하는 데 필요한 것 이외의 온실가스를 거의 배출하지 않는다.

외교 노력 인간이 기후 시스템에 미치는 영향을 완화하기 위해, 1997년 일본 교토에서 160개 국의 대표자들이 선진국의 온실가스 배출을 제한하는 공식협약을 체결하기 위해 만났다. 교토 의정서라 불리는 국제 협정은 1997년에 채택되어 2005년 2월에 발효되었다. 이 의정서는 이 계획을 채택한 국가에서 온실가스 배출을 줄이기 위한 의무 목표를 설정했다. 전체적인 목표는 2008년부터 2012년까지 5년 동안 선진국의 온실가스 배출량을 기존의 1990년 수준보다 5% 이상 낮추는 것이었다. 교토 의정서에 참여한 선진국의 경우 배출량이 22% 이상 감소했다. 그러나 미국은 이 의정서를 비준하지 않았으며, 중국과 같은 많은 개발도상국은 그 시점까지 축적된 CO_2의 작은 부분만을 배출했기 때문에 배출 감축을 수행할 의무가 없었다. 결과적으로 온실가스 총 배출량은 1990년에서 2012년까지 실제로 25% 이상 증가했다.

교토 의정서의 뒤를 이어 2015년 195개 국에 의해 파리 협약이 채택되었다. 이 협약에 따라 각 국가는 자발적인 배출량 감축 목표를 설정하고 진행 상황을 정기적으로 보고하기로 했다. 또한, 코스타리카, 아이슬란드 및 노르웨이를 포함한 여러 도시와 국가는 탄소 중립화를 약속했다. 즉, 온실가스 배출량은 나무 심기와 같은 활동으로 상쇄하여 국가가 이산화탄소 순 배출을 없게 만드는 것이다. 많은 전 세계 기업들도 탄소 중립이 되기 위해 노력하고 있다.

미국에서는 많은 도시와 주에서 자체 기후변화 정책을 시행해오고 있다. 예를 들어, 캘리포니아는 2020년까지 온실가스 배출량을 1990년 수준으로 낮추겠다는 목표를 세웠으며, 2030년까지 1990년 수준보다 40%, 2050년까지 80%를 추가로 감축하겠다는 목표를 세웠다. 또한, 1,000개 이상 도시의 시장들은 지방 자치 단체의 탄소 배출 수준을 1990년 수준 이하로 낮추겠다고 약속했다.

지구공학 최근 온실가스 배출 감소의 어려움이 커짐에 따라 과학기술을 이용하여 기후변화를 완화하자는 아이디어가 연구자와 정책 입안자들 사이에서 관심을 얻고 있다. **지구공학**(geoengineering)이라고 불리는 아이디어는 기후변화에 대응하기 위해 두 가지 방법으로 지구적인 규모의 고정기술을 사용하는 것이다. (1) 대기에서 온실가스를 제거하거나 (2) 지구에 도달하는 햇빛의 양을 변경하는 것이다. 대기에서 CO_2를 제거하는 몇 가지 지구공학 아이디어 중에는 철분이 풍부한 입자를 바다에 뿌려 식물성 플랑크톤의 성장을 촉진하여 대기 중 이산화탄소를 흡수하거나, 바다에 큰 표류 연직 파이프를 배치해서 혼합을 촉진시켜 영양염이 풍부한 물을 끌어 올려 해조류의 성장을 촉진하는 방법이 있다.

이 모든 제안의 한 가지 중요한 단점은 해양이 이산화탄소를 흡수함에 따라 발생하는 해양의 산성화를 막지 못한다는 것이다. 산성화는 조개류, 산호 및 석회화에 의존하는 많은 다른 형태의 해양 생물에 심각한 위협이 된다. 이 문제를 고려한 한 가지 제안은 대기 중의 CO_2와 반응하는 재생 가능한 화학 물질로 만들어진 "합성 나무"로 대기에서 CO_2를 추출하는 것이다.

햇빛이 지구표면에 도달하는 것을 방지하기 위해 지구 위의 공간에 반사 거울을 배치하는 것이다. 또 다른 아이디어는 성층권에 반사도가 높은 황산염 에어로졸을 주입하는 것이다. 과학자들은 1991년 피나투포 화산 때처럼, 수 톤의 에어로졸을 다양한 간격으로 주입하는 모델링 연구를 하였다. 이 연구는 온실가스 감소와 함께 1~4년마다 이러한 황산염 에어로졸을 주입하면 온실가스 배출량을 크게 줄일 수 있기까지 최대 20년의 "유예 기간"을 제공할 수 있다고 결론지었다.

이 모든 지구공학 제안은 예상치 못한 결과를 초래할 수 있다. 예를 들어 성층권에 황산염 입자를 주입하면 상층 대기의 온도가 변하고 취약한 오존층에 영향을 줄 수 있다. 대규모 지구공학을 수행하는 것은 비용이 많이 들며, 결과가 지구 전체에 영향을 줄 수 있기 때문에 기술과 절차에 대한 세계적인 합의가 필요하다. 교토 의정서에서 알 수 있듯이, 이러한 세계적 합의는 매우 어려울 수 있다. 요컨대, 지구공학의 과학은 흥미롭지만 대가가 큰 정치, 재정 및 기술 문제가 있다.

기후변화: 맺음말 온실가스와 오염물질의 감축은 몇 가지 잠재적으로 긍정적인 혜택을 수반한다. 온실가스 배출 감축은 지구의 온실효과 상승을 둔화시키고 지구 온난화를 완화시키는 동시에, 국가의 석유 의존도를 감소시킬 것이다. 대기오염원의 감소는 산성비를 감소시키고 연무도 감소시키며 광화학 스모그 형성을 둔화시킬 것이다. 현대식 기후 모델들이 예측했던 것보다 실제 온실효과가 적다고 할지라도 이들 조치는 확실히 인류에 혜택을 줄 것이다.

요약

13장에서 우리는 지구의 기후가 자연 및 인간의 영향으로 변화할 수 있는 여러 가지 방법 중 일부를 살펴보았다. 첫째, 지구의 기후는 지질학적 과거에 상당한 변화를 겪었다는 것을 우리는 알게 되었다. 기후가 변화하고 있다는 일부 증거는 나무의 나이테(연륜연대학), 빙핵과 조개화석 속에 존재하는 산소동위원소의 화학적 분석, 빙하의 전진과 후퇴가 남긴 지질학적 증거에서 나온 것이다. 이들 증거로 미루어 지질학적 과거(인류가 등장하기 훨씬 이전)의 상당 기간 동안 지구는 오늘날보다 더 더웠을 것으로 추정된다. 그러나 오늘날보다 더 추웠던 시기도 있었고, 그 기간에 빙하는 북아메리카와 유럽의 상당지역으로 확장되었다.

우리는 또 기후변화의 일부 가능한 원인을 검토하면서, 기후체계의 한 가지 변수에 의한 변화는 거의 즉시에 다른 변수들을 변화시킨다는 점을 주목했다. 기후변화에 관한 한 이론에 의하면, 대륙이동은 화산활동 및 조산운동과 더불어 수백만 년에 걸쳐 일어나는 기후변화의 원인일 수도 있다는 것이다.

밀란코비치(Milankovitch) 이론은 과거 250만 년 동안 빙하기와 간빙기가 교대로 발생했던 것은 지구 자전축의 기울기와 태양 주위를 도는 지구궤도의 기하학적 작은 변화의 결과라고 주장하고 있다. 다른 이론은 지질학적 과거의 특정한 한랭기는 유황 성분이 많은 화산폭발에 기인한 것이라고 주장한다. 또 다른 이론은 지구의 기후변화가 태양 에너지 방출의 변화에 따른 것일 수 있다고 주장한다.

또한 기온 변화 경향을 살펴보고 19세기 말부터 지표면 기온이 1℃ 이상 상승했음을 발견했다. 과학적 연구들은 지난 50년간의 온난화는 대부분 인간 활동 과정에서 배출된 온실가스의 증가에 기인했을 가능성이 매우 높을 것이라고 지적하고 있다. 정교한 기후 모델들은 이산화탄소 및 기타 온실가스 농도가 계속 증가함에 따라 지구는 금세기 말까지 상당히 더워질 것으로 예측하고 있다. 향후 수십 년간의 평균기온 상승은 10년당 0.2℃에 근접할 가능성이 있다. 이들 모델은 또 지구의 기온이 상승할수록 세계 전반에 걸쳐 대기권의 수분증발량 증가, 강수의 증가, 해빙의 융해 속도 가속화, 해수면 상승 등이 발생할 것이라고 예측하고 있다.

주요 용어

본문에 나온 주요 용어를 나열하였다. 각 용어를 정의하라. 그러면 복습에 도움이 될 것이다.

기후변화	연륜학	빙기	간빙기
영거-드라이아스기	중홀로세 고온기	소빙하기	지구 온난화
수증기-온실 되먹임	양의 되먹임 메커니즘	눈-알베도 되먹임	음의 되먹임 메커니즘
화학적 풍화-이산화탄소 되먹임	판구조론	밀란코비치 이론	이심률
세차운동	경사각	모운더 최소기	황산 에어로졸
복사강제 요인	복사 강제력	지구공학	

복습문제

1. 과거의 기후조건을 파악하기 위해 과학자들이 사용하는 방법을 기술하라.
2. 기후변화가 베링 육교의 형성에 어떤 영향을 미쳤는지 설명하라.
3. 오늘날의 전지구 평균온도는 과거 1,000년 동안의 평균온도와 비교해서 어떠한가?
4. 영거-드라이아스기는 무엇인가? 언제 발생하였나?
5. 양의 되먹임 메커니즘과 음의 되먹임 메커니즘의 차이는 무엇인가? 수증기-기온 상승 되먹임은 양의 되먹임인가, 음의 되먹임인가?

6. 왜 화학적 풍화-이산화탄소 되먹임이 지구기후시스템에 음의 되먹임 작용인지 설명하라.
7. 판구조론에 의하면 수백만 년에 걸쳐 기후는 어떻게 변화했는가?
8. 밀란코비치 기후변화 이론에서 3개의 주기가 지구의 입사 태양 에너지에 어떤 영향을 주는지 설명하라.
9. 지난 40만 년 동안 북극 얼음층에 갇혀 있던 기포로 미루어 볼 때 기온이 높을 때 이산화탄소의 양은 대체로 높은가, 아니면 낮은가? 같은 시기의 메탄량은 높은가 낮은가?
10. 대류권의 황산 에어로졸은 낮의 지상기온에 어떤 영향을 주는가?
11. 핵 겨울 시나리오에 대해 설명하라.
12. 황산가스가 풍부한 화산폭발은 지구 표면을 온난화시키는가? 한랭화시키는가? 설명하라.
13. 태양 에너지의 변화가 지구 기후에 미치는 영향을 설명하라.
14. 대부분의 기후 모델은 대기 중 이산화탄소의 증가로 평균 지상기온 2100년까지 현저히 상승할 것으로 예측하고 있다. 이 같은 상황이 발생하려면 이 밖에 어떤 온실가스가 역시 증가해야 하는가?
15. 자연 및 인위적인 복사강제 요인을 열거하고 이들이 기후에 미치는 영향을 기술하라.
16. 기후변화를 유발할 수 있는 자연현상 5가지를 열거하라.
17. 기후변화를 유발할 수 있는 인간활동 3가지를 열거하라.
18. 구름이 기후체계에 미치는 영향을 설명하라.
19. 그림 13.18a에서 실제 지상기온(회색선)이 온실가스 수준의 증가에 기인한 예상 기온보다 더 낮은 까닭을 설명하라.
20. 오늘날 기후학자들이 20세기 중 경험한 일부 온난화는 온실가스 수준의 증가 때문이라고 믿는 까닭은 무엇인가?
21. 지구 온난화가 대기와 인류에 미칠지도 모를 각종 결과들을 열거하라.
22. 이산화탄소는 기후변화에서 우리가 염려해야 하는 유일한 온실가스인가? 그렇지 않다면 또 다른 가스는 무엇인가?

사고 및 탐구 문제

1. 그린란드와 남극에서 추출한 빙봉은 지난 수천 년 동안의 귀중한 기후변화 정보를 제공해 준다. 과거의 기후변화를 분석하는 데 있어서 빙봉으로부터 얻은 정보의 제한점은 무엇이라고 생각하는가?
2. 빙기가 최대였을 때(약 18,000년 전), 전지구의 강수량은 지금보다 많았겠는가, 아니면 적었겠는가? 근거를 들어 설명하라.
3. 다음의 기후변화 시나리오를 읽고 물음에 답하라. 지구의 기온 증가는 해양의 포화 수증기압을 증가시킨다. 보다 많은 물이 증발함에 따라 대류권의 수증기의 함량이 증가한다. 수증기가 응결함에 따라 구름이 보다 많이 형성되고, 구름은 알베도를 증가시켜 지면에 도달하는 일사량이 줄어든다. 이 시나리오가 가능한가? 어떠한 되먹임 작용이 포함되는가?
4. 북반구의 빙기는 지구의 자전축이 최고로 기울어졌을 때와 최소로 기울어졌을 때 중 어느 경우에 더 가능하겠는가? 설명하라.
5. 북반구의 빙기는 태양이 지구의 여름철에 가까울 때와 겨울철에 더 가까울 때 중 어느 경우에 더 가능한가? 설명하라.
6. 왜 북반구 고위도 지방의 빙기는 추운 겨울보다 추운 여름에 더 많이 확장했는가?

14장

대기오염

대기오염은 지구상 삶의 쾌적도를 떨어뜨린다. 대기오염은 또 자연의 아름다움을 훼손한다. 대기오염으로 인해 흐릿해진 대기는 특히 산악지역에서 두드러지게 눈에 띈다. 한때 보는 이의 가슴을 설레게 했던 산과 계곡의 대 파노라마가 자주 매연에 가려져 희미해지고 있다. 거대한 옥석들이 하늘에 선명하게 선을 그리고 소나무 잎이 뾰족 솟아 있는 모습을 항상 볼 수 있었던 때는 지나갔다. 지금은 갈색과 녹색이 섞여 있는 희미한 경관이 자주 나타난다. 오염된 대기는 분노한 신이 내린 반투명 휘장과 같은 역할을 하고 있다.

Louis J. Battan, *The Unclean Sky*에서

- 대기오염의 약사
- 대기오염물질의 유형과 배출원
- 대기오염에 영향을 미치는 제요인
- 대기오염과 도시환경
- 산성 침적

심 호흡을 할 때마다 사람의 폐는 주로 질소와 산소로 채워진다. 이 밖에 흡입되는 미량 기체 중에는 오염물질로 간주될 수 있는 것도 있다. 이들 오염물질의 배출원은 자동차, 굴뚝, 산불, 공장 발전소, 기타 인간 생활과 관련된 것 등 다양하다.

사실상 모든 대도시는 하늘을 흐리게 하고, 식물에 해악을 끼치며, 재산피해를 초래하는 대기오염에 대한 대책 마련에 고심하고 있다. 오염물질 중에는 고약한 냄새에 그치는 악취도 있지만 건강에 심각한 문제를 일으키는 것도 있다. 예를 들면, 미국의 실외 대기오염은 건강에 악영향을 주고 생산성을 감소시켜 연간 수십억 달러의 피해를 내고 있다. 전 세계적으로는 도시 주민 약 10억 명이 대기오염에 따른 건강위험에 지속적으로 노출되고 있는 것으로 추산된다. 또한 개발도상국에서는 실내에서 요리과정 중 발생하는 실내 대기오염으로 인명피해가 나타나고 있다. 전 세계적으로 8명 사망자 중 1명은 실내 및 실외 대기오염과 연관 있는 것으로 알려져 있고, 그 숫자는 매년 7백만 정도에 이른다.

이 장에서는 심각한 대기오염 문제를 다룬다. 먼저 대기오염의 역사를 간단히 짚어본 다음 대기오염의 유형과 배출원, 그리고 오염물질의 축적을 야기하는 기상조건을 검토한다. 마지막으로 대기오염이 도시환경에 미치는 영향과 산성비를 형성하는 과정을 알아본다.

대기오염의 약사

엄밀히 말해 대기오염은 새삼스러운 문제는 아니다. 인간이 불을 발명했을 때 환기가 되지 않는 동굴에 살고 있었던 사람들은 그 연기에 질식했을 것이다. 실제로, 초기 대기오염에 대한 인식은 인간이 추위를 이기기 위해 나무나 석탄을 태울 때 발생하는 '연기문제'로 다루었다. 현재 선진국에서는 실내 대기오염은 큰 문제가 되지 않고 있지만, 대다수 개발도상국에서는 요리과정이 실내 및 실외 대기오염의 주요 원인이 되고 있다.

고대 영국에서 Edward 1세는 1273년 연기문제를 줄이기 위해 연소 시 매연과 이산화황을 대량 배출하는 역청탄의 사용을 금지하는 포고령을 내렸다. 이 포고령을 어긴 죄로 한 명이 처형되었다고 전해진다. 그러나 15세기와 16세기 들어 난방연료로서의 석탄사용은 증가하였다.

산업화가 가속화됨에 따라 연기문제는 악화되었다. 1661년 저명한 과학자 존 이블린(John Evelyn)은 런던의 더러운 공기를 개탄하는 글을 썼다. 그 후 1850년대에 이르러 런던은 매연과 안개가 섞인 두꺼운 층으로 도시 상공이 덮이는 이른바 '완두콩 수프(pea-soup)' 안개로 악명 높은 도시가 되었다. 이러한 안개는 위험을 초래하는데, 1873년 이와 같은 안개로 700명이 사망했고 1911년에는 런던 시민 1,150명이 목숨을 잃었다. 의사 데 보외(Harold Des Voeux)는 이러한 만성 대기오염 현상을 연기와 안개의 합성어인 스모그란 신조어로 표현했다.

시간이 경과하면서 '쓰레기가 있는 곳에 돈이 있다'는 기업가들의 강력한 주장에 밀려 석탄 사용통제는 빛을 보기 어려웠다. 런던의 스모그 문제는 계속 악화되었고, 결국 1952년 12월에 대참사가 발생하였다. 바람이 고요한 런던은 두꺼운 스모그에 휩싸였고, 보행자들은 방향을 알 수가 없었다(그림 14.1 참조). 이 지독한 스모그는 5일간이나 지속되었고 거의 4,000명의 사망자가 발생했다. 의회는 1956년 청정공기법(Clean Air Act)을 통과시켰다. 1956년, 1957년 그리고 1962년에도 대기오염 사고가 발생했으나 대기오염을 단속하는 강력한 법규로 오늘날 런던의 대기는 훨씬 깨끗해졌고 이제는 '완두콩 수프' 안개는 옛날 이야기가 되었다.

대기오염과 관련한 사건은 영국만의 일이 아니다. 1930년 겨울, 벨기에의 공업지구 Meuse 계곡에서는 매연과 기타 오염물질이 가파른 협곡에 축적되어 비극을 초래하였다. 오염물질이 엄청난 양으로 축적되면서 600명의 환자가 발생했고 이 중 63명이 사망하였다. 사람 뿐만 아니라 가축, 조류 및 쥐들도 희생되었다.

산업혁명은 미국에도 대기오염을 확산시켰다. 가정과 석탄을 때는 공장에서 매연, 검댕, 기타 유해물질이 대기

© Central Press/Hulton Archive/Getty Images

그림 14.1 ● 1952년 12월 런던에서 안개와 연무가 너무 짙어서 가시거리가 약 30 m 미만으로 제한되었으며 낮에도 가로등을 켜야 할 정도의 대기상태를 보여주고 있다.

로 배출되었다. 세인트루이스와 'Smoky City'란 별명을 가진 피츠버그 같은 대형 공업도시들은 석탄 사용증가에 따른 영향을 피부로 느끼기 시작하였다. 이미 1911년 연구에서 매연 입자들이 인체 호흡기에 미치는 악영향과 거대한 연기구름으로 태양광선이 지속적으로 차단됨으로써 '우울함 및 활력저하'를 초래한다고 보고되었다. 1940년에는 일부 도시의 대기는 낮에도 자동차들이 전조등을 켠 채 운행할 정도로 오염되어 있었다.

미국에서 처음 입증된 대기오염 재해는 1948년 10월 펜실베이니아 주 도노라에서 발생하였다. 공업지구에서 발생한 오염물질이 모농가헬라 강 계곡에 갇혀 5일 동안 20여 명이 사망하고 수천 명의 환자가 발생했다.[1] 1960년대에는 뉴욕 시 상공의 대기가 몇 차례 위험 수준으로 악화되었다. 한편, 로스앤젤레스 같은 도시에서는 자동차 증가와 대형 정유공장의 건설로 인하여 또 다른 형태의 오염문제가 발생하였다. 쾌청한 일기에서 눈을 자극하는 오염 현상으로 제2차 세계대전 말엽 로스앤젤레스는 첫 번째 스모그 경계령을 내렸다.

로스앤젤레스, 뉴욕, 기타 대도시의 대기오염 사건으로 당국은 공장과 자동차 배출기준을 훨씬 강화하였다. 1970년 청정공기법에 따라 연방정부는 각 주가 준수해야 할 가스허용기준을 책정하였다. 이 법률은 1977년 개정되었고 1990년 의회에서 다시 수정 증보되어 보다 강력한 규제를 포함하게 되었다. 이 개정법에는 기업체들이 산성비의 원인이 되는 오염물질 배출을 줄이도록 유인하는 제도도 포함되어 있다. 한 걸음 나아가 189개의 유해 오염물질을 규제 대상으로 지정하는 개정도 뒤따랐다. 2001년에는 미국 대법원에서 만장일치로 청정대기표준을 설정할 때 비용을 고려할 필요가 없음을 강조하였다.

과학적인 발견이 늘어나고 건강 기준이 향상됨에 따라 오염물질의 범위가 증가하고 있다. 2007년 미국 대법원은 온실가스 이산화탄소(CO_2)를 오염물질에 포함시켰다. 이 판결로 인해 2010년 환경보호청은 이산화탄소가 온실가스로써 인류건강에 피해를 초래한다는 전제 하에 CO_2를 오염물질로 규제하기 시작했다. 2015년 환경보호청(EPA)은 발전소의 다른 오염물질의 배출 뿐만 아니라 CO_2를 줄이는 청정 전력 계획(Clean Power Plan)을 수립하였다.

한편, 지구상에서 가장 시급한 대기오염 문제는 현재 인구가 급속도로 증가하고 있는 중국이나 인도와 같은 개

1 도노라 대기오염에 대한 추가정보는 포커스 14.5에 나와 있다.

그림 14.2 ● 2015년 12월 23일 중국 빈저우(Binzhou)에서 학생들은 하교길에 심한 스모그 때문에 코를 막고 있다.

발도상국에서 발견되고 있으며, 석탄 발전소, 차량 및 기타 배출원에서 다량의 오염물질이 대기 중으로 방출되고 있다(그림 14.2 참조).

본 교재에서 다룰 대부분의 오염물질은 실외 대기오염물질이다. 그러나 이미 언급했듯이 실내 대기오염도 중요하기 때문에 포커스 14.1절에서 실내 대기오염의 건강 위해성 문제를 언급하였다.

대기오염물질의 유형과 배출원

대기오염물질(Air pollutant)이란 사람이나 동물의 건강을 위협하고 식물이나 구조물에 피해를 끼치며 환경을 해칠 정도로 대기 중에 누적되는 고체, 액체, 혹은 기체 형태의 물질을 말한다. 오염물질은 자연과 인간 활동에서 모두 발생할 수 있다. 자연에서 발생하는 대기오염물질로는 바람에 의해 지표로부터 상공으로 올라가는 먼지와 그을음, 화산에서 분출되는 엄청난 화산재와 먼지, 산불로 인한 연기 등이 있다(그림 14.3 참조).

인간 활동에 의한 오염물질은 **고정배출원**과 **이동배출원**에서 비롯된다. 공단, 발전소, 가정, 건물 등이 고정 배출원이고 자동차, 선박, 제트항공기 등은 이동배출원이다. 굴뚝이나 배출기관 등에서 직접 대기로 전달되는 오염물질을 **1차 대기오염물질**(primary air pollutant)이라 하며, 1차 오염물질과 대기 중 다른 조성이 화학 반응을 일으

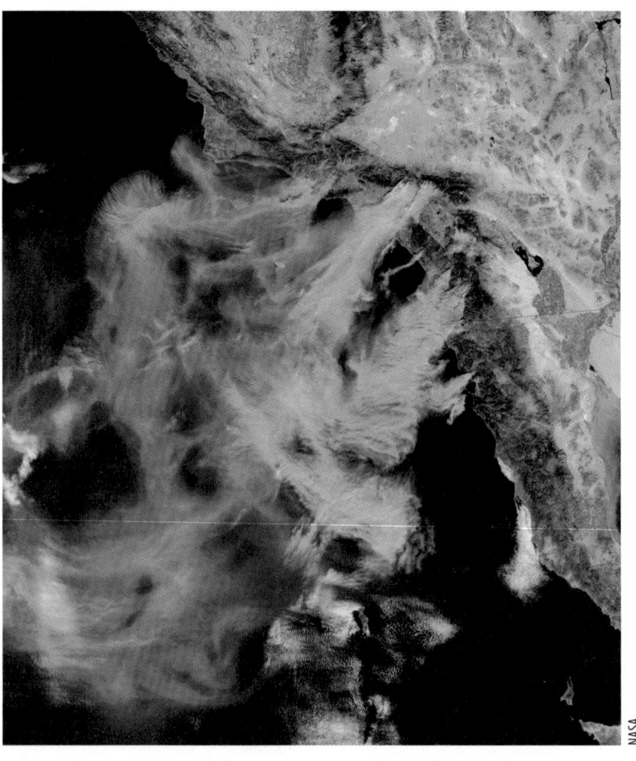

그림 14.3 ● 2003년 10월 28일 남부 캘리포니아에서 광범위하게 발생한 여러 건의 산불로 인한 연기가 강한 북동풍(산타아나)으로 인해 바다 쪽으로 이동하고 있다.

실내 대기오염

대부분의 사람들은 대기오염에 대해 생각할 때, 자동차, 공장, 발전소가 배출하는 실외 공기를 생각한다. 그러나 놀랍게도 우리의 집 안 혹은 다른 건물 내에서 숨 쉬는 공기는 실외에서 숨 쉬는 공기보다 5~100배까지 더 오염될 수 있다. 매우 위험한 실내 대기오염은 나무나 분뇨 등을 주로 사용하여 요리를 하는 개발도상국에서 주로 발생한다. 이러한 실내 대기오염으로 매년 수백만 명의 사망자가 발생하고 있다. 그러나 부유한 선진국의 가정도 다양한 실내 대기오염물질이 있을 수 있다(그림 1 참조).

환경보호청(EPA)은 건축자재, 압착 목재 제품, 가구, 가정용 청소 제품에서부터 살충제, 접착제, 개인용 케어 제품에 이르기까지 실내 대기오염의 많은 원인을 확인하였다. 또한, 열원(예: 가열되지 않은 등유 히터, 나무 난로, 벽난로 등)도 다양한 오염물질을 가정으로 배출할 수 있다. 난방에 의한 실내 대기오염 영향은 연료의 신선도, 보일러 유지관리 그리고 위치와 환기 효과 등에 의해 좌우된다. 예를 들어, 장착이 부적절한 가스레인지나 난방 스토브는 일산화탄소(CO) 배출의 원인이 된다. 새로운 카펫과 패딩 그리고 접착제는 휘발성 유기화합물을 배출할 수 있다.

건축 자재와 발포 단열재 같은 일부 오염원은 일정한 오염물질을 생성하는 반면, 흡연은 오염물질을 공기 중에 간헐적으로 배출한다. 어떤 경우는 실외 오염이 실내로 유입되기도 한다. 또한, 어떤 오염물질들은 라돈처럼 건물의 토대나 지하를 통해서 집안으로 유입될 수 있다.

그림 1 ● 양초의 연기, 벽난로의 불 그리고 양탄자와 카펫의 얼룩방지 소재 등으로 인하여 아마도 같은 양의 바깥 공기 중 보다 많은 대기오염물질이 실내에 존재할 것이다.

라돈은 무색, 무취의 가스로서, 토양과 암석의 우라늄이 분해되면서 형성되는 천연 방사능 화합물이다. 라돈은 지구상의 모든 곳에서 발견되며 흙에서 새어 나와 집과 건물 안에 갇힐 때 문제가 된다. 건물의 균열과 다른 개구부를 통해 스며드는 라돈 가스는 심각한 건강 위협을 일으키는 수준으로 축적될 수 있다. 라돈 농도는 주택 구조마다 크게 다르며, 라돈 측정기로 인증된 것으로만 측정할 수 있다. 집 안에서의 라돈은 공기 중의 먼지에 달라붙는 고체 물질인 폴로늄(polonium)으로 분해된다. 이러한 작은 먼지입자들은 폐 안쪽으로 흡입되어 폐 조직에 부착될 수 있다. 폴로늄이 줄어들면서 폐 조직을 손상시키고 때로는 폐암을 일으키는 돌연변이 세포를 생성하기도 한다.

집안에서 발견되는 또 다른 화학 오염물질은 포름알데히드다. 합판, 단열재, 기타 가정용품 등 건축자재를 제조하는 데 널리 쓰이며 무색, 톡 쏘는 냄새가 난다. 포름알데히드에 노출되면 눈이 침침해지고 코와 목이 타는 느낌을 받으며 호흡곤란, 메스꺼움을 유발할 수 있다. 또한, 천식을 앓고 있는 사람들에게 위험하다. 2005년 허리케인 카트리나와 리타 이후 미국 연방정부가 제공한 이동식 주택에 살았던 5만 명 이상의 주민들은 국가를 상대로 포름알데히드 연관 4천만 불 소송을 진행하였다.

실내 대기오염의 또 다른 오염원은 석면으로, 한때 단열재와 화재 지연제로 사용되었던 광섬유다. 미국의 제조업자들은 석면사용을 크게 줄였다. 석면은 많은 나라에서 금지되었지만, 일부 개발도상국에서는 여전히 건설에 사용된다. 미국에서는 용광로와 파이프 단열재, 질감재, 오래된 건물의 바닥 타일 등에 여전히 많은 석면이 남아 있다. 그러나 가장 치명적인 석면 섬유는 더 이상 사용하지 않고 있다. 이 작은 입자들을 흡입하면, 폐에 축적되어 오래 잔류할 수 있는데, 여기서 폐 조직을 손상시키고 폐암이나 석면증을 일으킬 수 있다.

실내 흡연 또한 건강을 극도로 위험하게 만든다. 담배 연기는 4,700개 이상의 화합물이 섞여 있다. 이러한 오염물질들은 입자와 일산화탄소나 시안화수소 같은 기체로 우리 몸에 들어온다. 담배 연기에 노출되면 흡연자와 비흡연자 모두의 폐암 발병 위험이 크게 증가한다(연구에 따르면 흡연자의 비흡연 배우자는 폐암 발생이 30% 증가한다는 보고가 있다). 흡연자들의 아이들 또한 기관지염 및 폐렴과 같은 질병에 노출될 가능성이 높다. 심장병 또한 피부의 노화와 마찬가지로 담배 연기에 노출되는 것과 밀접한 관련이 있다.

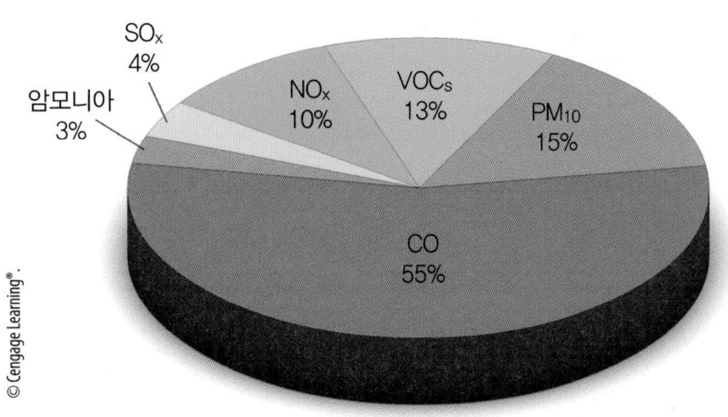

그림 14.4 ● 2013년 기준 미국 내 1차 대기오염물질 배출량 추정치(미국 환경보호청 데이터 제공)

그림 14.5 ● 입자상 물질(대부분 연기)과 연무가 칠레 산티아고를 두텁게 덮고 있다.

켜 발생하는 오염물질을 **2차 대기오염물질**(secondary air pollutant)이라 한다.

그림 14.4는 일산화탄소가 미국에서 가장 많이 배출되는 1차 오염물질임을 보여 준다. 대기오염물질의 주요 배출원으로 운송 수단이 가장 크고, 그 다음은 고정배출원의 연료 연소이다. 대기 중에는 수백 종류의 오염물질이 있지만, 대개는 다음의 5가지로 요약할 수 있다(그림 14.4 참조). 대기 중 오염물질은 농도 수준이 매우 낮기 때문에 백만분의 일(ppm)이나 십억분의 일(ppb)로 측정할 수도 있다.

주요 대기오염물질 **입자상 물질**(particulate matter)이란 고체 입자나 액체 방울들이 대기 중에 떠 있을 정도로 작은 입자를 가리킨다. 에어로졸이란 집단명을 가진 이 그룹에는 검댕, 먼지, 연기, 꽃가루 등 사람을 괴롭히긴 하지만 보통 무독성의 고체입자들이 포함된다. 좀 더 위험한 물질에는 석면 섬유, 비소 같은 것이 포함된다. 이 범주에는 또 황산액체방울, PCB, 석유, 각종 살충제들이 포함된다.

입자상 물질은 도시환경의 시정을 크게 제한한다(그림 14.5 참조). 도시 상공에서 수거된 입자상 물질에는 철, 구리, 니켈, 납 등이 포함되어 있다. 이러한 유형의 오염은 인간의 호흡계에 즉각 영향을 준다. 이들은 폐에 들어가면 특히 만성 호흡기 질환자들에게는 호흡곤란을 일으킨다. 더욱이 납 성분은 대기에서 떨어져 나와 식품이나 물에 섞여 있다가 음식물을 통해 인체에 흡수되기 쉬워 매우 위험하다. 다행히도 미국의 납 배출은 사실상 사라졌다(납 배출에 대한 자료는 그림 14.11 참조). 그러나 입자상 물질은 여전히 심각한 문제로 남아 있다. 입자상 물질은 폐에 악영향을 줄 뿐만 아니라 최근의 연구에 의하면 인간의 정상적인 심장 활동에도 지장을 주는 것으로 밝혀졌다. 직경이 2.5 μm 미만인 가장 작은 입자상 물질은 폐에서 혈관으로 전달될 정도로 작으며, 심장마비, 백혈병, 뇌졸중의 위험을 증가시킬 수 있다. 미국에서는 입자상 오염물질로 연간 약 1만 명의 심장병 관련 사망자가 발생하는 것으로 조사된 바 있다. 최근 조사된 바로는 실외 대기오염과 관련된 전 세계 사망자의 절반 이상이 실제로 호흡기 관련 질환이 아닌 심혈관 질환에 의한 것이라고 한다. 미국 전역에서 배출되는 입자상 물질은 연간 1,800만 톤으로 추산된다. 입자상 오염물질은 그 크기와 강수량에 따라 일정 시간 대기에 잔류할 수 있다. 예를

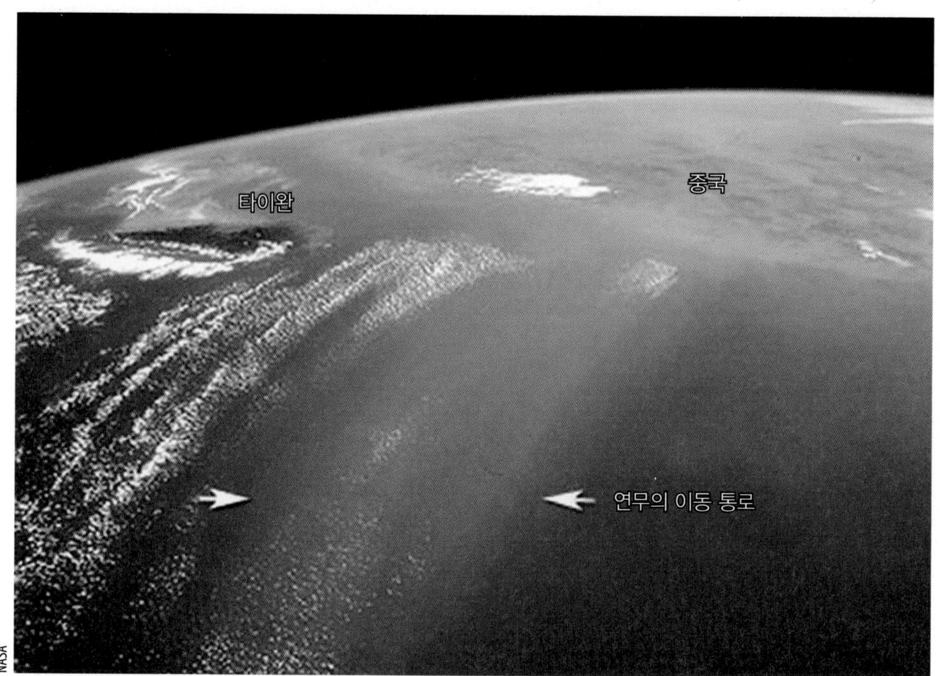

그림 14.6 ● 폭 200 km, 길이 600 km의 짙은 연무가 동중국해를 덮고 있다. 이 연무는 공장에서 나온 대기오염물질, 먼지와 연기의 혼합체로 보인다.

들면, 직경 10 μm [2](0.01 mm) 이상인 비교적 크고 무거운 것은 배출 후 하루 이틀 만에 지상에 떨어지지만 직경 1 μm(0.001 mm) 미만의 가볍고 미세한 입자들은 수 주일간 대기 중에 떠 있을 수 있다.

직경 10 μm 미만의 입자를 PM_{10}이라 한다. 이러한 미세입자들은 폐의 자연방어 작용을 뚫고 침투할 수 있을 정도로 작기 때문에 건강에 커다란 위협이 된다. 더욱이 이들 입자는 바람을 타고 멀리까지 이동한다. 유럽과 구소련에서 발생한 오염물질이 매년 봄 북극 상공에 형성되는 갈색 구름층, 즉 **북극연무**의 원인으로 추정된다. 또한, 중국 북부 상공의 강한 바람은 먼지 입자를 끌어올려 동쪽으로 이동시켜 미국까지 도달시키기도 한다. 이 아시아 먼지는 시정을 감소시키고 장엄한 일출과 일몰 광경을 연출하며 모든 물체에 엷은 입자 막을 덮어씌운다(그림 14.6 참조).

연구에 의하면, 직경이 2.5 μm보다 작은 입자상 물체는 $PM_{2.5}$라 부르며 폐 속에 깊이 들어갈 수 있기 때문에 매우 위험하다. 더욱이 이들 작은 입자들은 독성 또는 발암성 연소 생성물로 구성되어 있다. 최근의 관심사는 $PM_{2.5}$가 디젤 검댕 속에서 자주 확인된다는 점이다. 비교적 많은 양의 $PM_{2.5}$ 입자들이 차량 통행로와 트럭 정류장의 풍하측에서 많이 관측될 뿐만 아니라 학교 버스 내에서 측정되고 있다. 또한, 작은 입자상 물질의 중요한 원인은 산불이다. 최근 몇 년간 미국 전역의 $PM_{2.5}$ 배출량의 10% 이상이 야외 산불에서 기인한 것으로 추정하고 있다.

대기 중에 있는 오염물질은 비나 눈을 통해 상당량 제거된다. 미세입자들은 구름방울과 빙정에 의해 제거된다. 실제로 대기오염 수치 시뮬레이션은 이들 입자들이 구름방울이나 빙정의 핵으로 작용할 때 광범위한 제거가 일어남을 제시한다. 13장에서 제시한 바와 같이, 장기간 동안 부유 입자(특히 황이 풍부한 입자)의 축적은 보기에도 좋지 못할 뿐 아니라 어떤 부유입자는 햇빛을 반사하며 태양 에너지가 지면에 도달하는 것을 막기 때문에 기후에도 잠재적 영향을 미친다. 황이 다량 포함된 에어로졸은 지구의 표면을 냉각시키는 순효과를 가지고 있다.

대부분의 부유 입자들은 흡습성이어서 수증기가 그들

2 1 μm는 100만 분의 1 m를 의미한다(본 페이지 두께는 100 μm 정도).

그림 14.7 ● 습윤한 여름철 미국 동부에서 흔히 볼 수 있는 두터운 연무층 위로 적운과 뇌운이 발달하고 있다.

위에 점차 응결한다. 입자 위에 물의 얇은 박막이 형성됨에 따라 크기가 커진다. 직경이 0.1~1.0 μm로 성장하면 **습윤 박무** 입자들은 입사태양광을 효과적으로 산란시켜 하늘을 우윳빛 흰색으로 보이게 한다. 입자들은 보통 황산이라 질산 입자들로서 디젤 엔진이나 화력발전소의 연소과정에서 생성된 것이다. 습한 여름날 뿌연 공기덩어리가 매우 두터워지면 박무가 된다(그림 14.7 참조).

일산화탄소(CO)는 도시 대기의 주요 오염물질로서 색깔과 냄새가 없는 유독가스로 탄소함유 연료의 불완전 연소로 생성된다. 그림 14.4에서 보면 일산화탄소가 가장 많이 배출되는 1차 오염물질임을 알 수 있다.

미국 환경보호청(EPA) 추산에 따르면 미국만 해도 연간 6,000만 톤 이상의 일산화탄소가 대기 중으로 배출된다. 이 중 약 3분의 1은 고속도로 자동차에서 배출된다고 추정한다. 그러나 엄격한 대기 기준과 배출 통제장치의 도입으로 산불과 무관한 일산화탄소 배출량은 1970년대 초부터 2000년대 초까지 약 50%, 이후에는 약 30% 이상 감소하였다. 일산화탄소는 적은 양으로도 위험하기 때문에 일산화탄소가 토양 속 미생물에 의해 대기에서 빠르게 제거되는 것은 다행스러운 일이다. 따라서 일산화탄소는 환기가 잘 안 되는 좁은 터널이나 지하 주차장 같은 환기가 잘 되지 않는 곳에서 심각한 문제를 야기한다. 일산화탄소는 눈에 보이지도 않고 냄새도 없으므로 아무런 경고 없이 인명 피해를 조래할 수 있다.

인체 세포는 헤모글로빈을 통해 산소를 흡수한다. 헤모글로빈은 폐에서 산소를 흡수하여 온몸으로 전달한다. 그런데 불행히도 인간의 헤모글로빈은 산소보다 일산화탄소를 더 선호하기 때문에 만약 호흡하는 공기에 일산화탄소가 과다 포함된 경우 뇌에 산소 결핍증이 발생하고 두통, 피로, 나른함이 뒤따르며, 심하면 생명을 잃기도 한다.[3]

이산화황(SO_2: '아황산가스'로도 불림)은 석탄, 석유 등 황 함유 화석연료를 연소할 때 주로 발생하는 무색 가스이다. 주요 배출원은 발전소, 난방장치, 제련소, 정유소, 제지공장 등이지만, 화산폭발과 해수의 분무를 통해 자연적으로도 발생할 수 있다. 이산화황은 산소를 더 끌어들여 삼산화황(SO_3)이라는 2차 오염물질을 생성하며 습윤 대기 중에서는 부식성이 높은 황산(H_2SO_4)을 형성한다. 이들 입자는 바람을 타고 멀리 이동한 후 지상에 도달한다. 이들 입자를 폐에 흡입하면 이산화황의 농도 증가로 천식, 기관지염, 기종 등 호흡기 질환이 더욱 악화된다.

---

3 눈보라가 발생했을 때 차 안에 있다면, 엔진과 히터를 따뜻하게 유지되도록 하고, 창문을 조금 아래로 내려야 한다. 이러한 조치는 배기시스템의 누출을 통해 차량 내부에 유입되었을 수 있는 일산화탄소를 환기시킬 수 있다.

알고 있나요?

어느 날이든, 전 세계적으로 천만 톤의 고형 미세입자 물질이 대기 중에 부유하는 것으로 추정된다. 오염된 환경에서 각설탕 크기의 공기는 20만 개의 작은 입자를 포함할 수 있다.

과다한 이산화황은 상추, 시금치 등 특정 식물에 손상을 주고 작황에 피해를 주기도 한다.

휘발성 유기화합물(VOCs, volatile organic compounds)은 주로 수소와 탄소로 구성된 **탄화수소**(hydrocarbon)를 비롯한 일단의 유기화합물을 말한다. 이들 물질은 실온에서 고체, 액체 및 기체 상태를 띈다. 이러한 화합물은 수천 종이 존재하는 것으로 알려져 있으며, 메탄(자연적으로 발생하여 건강에 알려진 위험은 없음)이 그중에서 가장 많다. 그 밖에 벤젠, 포름알데히드, 염화불화탄소 등이 있다. 미국 EPA의 추산에 따르면, 매년 미국 전역에서 대기로 배출되는 VOCs는 1,000만 톤 이상이며 이 중 약 15%는 자동차, 약 20%는 산불에서 발생한다. 산불이 발생하지 않는 국가의 VOCs는 1980년에서 2010년까지 약 60%까지 감소하였다. 공업용 용매를 말하는 벤젠과 나무, 담배, 바비큐의 연소 과정에서 발생하는 벤조피렌은 발암물질인 것으로 알려졌다. VOCs 중 다수는 본래 무해하지만 일부는 태양광선 아래에서 질소산화물과 반응하여 사람의 건강에 해로운 2차 오염물질을 생성한다.

연료의 고온 연소 시 대기 중 질소의 일부가 산소와 반응하여 생성하는 물질이 **질소산화물**이다. 질소산화물 중 대표적인 두 가지 오염물질이 **일산화질소**(NO)와 **이산화질소**(NO_2)이다. 이를 결합하여 흔히 NOx(질소산화물)라고 부른다.

이 두 화합물은 천연 박테리아 작용으로도 생성되지만 도시의 경우 도시가 아닌 지역보다 그 농도가 10~100배나 더 높다. 습윤대기 중 이산화질소는 수증기와 작용하며 산성비의 원인이 되는 부식성 물질인 질산(HNO_3)을 형성한다.

질소산화물의 주요 배출원은 자동차, 발전소, 쓰레기 소각장 등이다. 질소산화물의 대기 중 농도가 높으면 심장병과 폐질환을 일으킬 가능성이 있으며 호흡기 질환에 대한 저항력을 떨어뜨릴 수 있다. 실험용 동물에 대한 연구 결과, 질소산화물이 암을 확산시킬 수 있다는 가능성이 제기되었다. 더욱이 질소산화물은 반응도가 높은 기체이기 때문에 광화학 스모그를 구성하는 오존과 기타 성분을 생성하는 데 주요 역할을 한다.

대류권 오존 앞서 언급한 바와 같이 **스모그**(smog)는 애당초 연기와 안개의 합성을 뜻했으나 오늘날에는 로스앤젤레스 같은 대도시에서 형성되는 공해성 스모그를 가리키는 말이다. 이러한 스모그는 태양광선이 있을 때 광화학 반응을 통해 형성되므로 **광화학 스모그**(photochemical smog) 또는 LA형 **스모그**라 부른다. 황 성분의 연기와 안개로 형성된 스모그는 **런던형 스모그**라 한다.

광화학 스모그의 주성분은 **오존**(O_3)이다. 오존은 불쾌한 냄새를 가진 기체로 눈과 호흡기의 점막을 자극하여 천식, 기관지염 등 만성질환을 악화시키는 유해물질이다. 건강한 사람일지라도 6~7시간 가벼운 운동을 하면서 비교적 낮은 농도의 오존에 지속적으로 노출되어 있으면 폐 기능이 크게 위축될 수 있다. 이 경우 가슴 통증, 메스꺼움, 기침, 폐충혈 등의 증상을 동반하는 일이 있다. 오존은 고무를 부식시키며, 나무의 성장을 저해하고, 농작물에 손상을 가할 수 있다. 오존으로 인해 매년 미국에서만 수십억 달러의 농작물 피해가 발생한다.

오존은 분자 상태의 산소와 원자 상태의 산소가 결합하여 성층권에서 형성된다. 이 **성층권 오존**은 태양광선 중 유해 자외선을 막아주는 방패 역할을 한다. 그러나 지상 근처 대기 중의 오존(**대류권 오존**이라고도 함)은 대기로 직접 방출된 것이 아닌 2차 오염물질이다. 이것은 질소산화물, 탄화수소 등 다른 오염물질이 일련의 화학 반응을 통해 형성된다. 오존이 형성되려면 태양광선이 필요하므로 대류권 오존 농도는 하루 중에는 오후, 계절적으로는 여름에 더 높다. 오염된 공기 내에서의 오존 형성에 대한 내용은 포커스 14.2절을 참조하자.

FOCUS ON A SPECIAL TOPIC 14.2

오염된 공기에서 지면(대류권) 오존의 형성

대류권 오존(지표 근처의 오존)의 생성하는 과정에는 다양한 오염물질이 포함된다. 오염된 대기에서 오존의 형성은 약 0.41 μm 미만의 짧은 파장을 가진 태양광선이 이산화질소(NO_2)를 분해하여 일산화질소(NO)와 산소 원자(O)로 분리시킬 때 시작된다.

$$NO_2 + \text{태양복사} \rightarrow NO + O$$

이렇게 생성된 산소원자는 산소 분자 결합(제3의 분자 M이 있을 때)하여 오존을 형성한다.

$$O_2 + O + M \rightarrow O_3 + M$$

이렇게 형성된 오존은 일산화질소와 결합함으로써 파괴된다.

$$O_3 + NO \rightarrow NO_2 + O_2$$

그러나 태양광선이 있을 경우 새로 형성된 이산화질소는 일산화질소와 산소 원자로 분해되고 산소 원자는 산소 분자와 결합하여 다시 오존을 생성한다. 이러한 반응이 반복될 때 일산화질소 중 일부가 오존을 분해하지 않은 채 다른 기체들과 결합하게 되면 대류권에 높은 농도의 오존이 생성될 수 있다. 이 같은 상황은 불완전연소 또는 부분 연소된 채 자동차나 공장에서 대기로 배출된 탄화수소가 각종 기체와 반응하여 분자를 형성함으로써 발생할 수 있다. 이렇게 생성된 분자들은 일산화질소와 결합하여 이산화질소 및 다른 화합물을 형성한다. 이처럼 일산화질소는 오존을 그대로 둔 채 탄화수소와 반응하여 이산화질소를 생성할 수 있다. 따라서 오염된 대류권 대기 중의 특정 탄화수소는 일산화질소로 하여금 오존을 신속히 파괴하지 못하도록 방해함으로써 결국 오존 농도를 높인다.

탄화수소는 또한 산소 및 이산화질소와 결합하여 PAN(peroxyacetyl nitrate)과 같은 오염물질을 생성하기도 한다. PAN은 눈을 자극하고 채소에 극도로 해로운 유해 유기 화합물이다. 오존, PAN 및 기타 소량의 유해 산화물이 광화학 스모그를 구성하는 물질이다. 이들 오염물질을 통틀어 광화학 산화물•이라 한다.

• 산화물은 산소가 다른 물질과 화학적으로 결합하는 물질(예: 오존)이다.

탄화수소는 식물에 의한 배출을 통해 대기 중에 자연적으로도 발생한다. 도시로부터 바람을 타고 이동하는 질소산화물이 이 자연 상태의 탄화수소와 반응하여 비주거 지역에도 스모그가 형성되는 경우가 있다. 이 현상은 로스앤젤레스, 런던, 뉴욕 등 대도시의 풍하측에서 발생한다. 자연발생적 탄화수소가 너무 많아 오존 수준을 줄이기 어려운 곳도 있다.

대도시 주변의 오존 농도를 줄이려는 많은 노력에도 불구하고, 앞에서 언급한 바와 같이 오존은 다른 물질이 일으키는 화학작용으로 생성되는 2차 오염물질이기 때문에 오존 농도 감축 노력은 큰 성과를 보지 못했다. 질소산화물과 탄화수소물이 동시에 감소할 때 오존 생성물은 감소할 것이다. 만약 이 오염물질 중 한 가지만 줄어들면, 오존 생성은 감소하지 않을 수도 있는데, 이는 탄화수소물 존재 하에서는 이산화질소가 오존을 생성하는 촉매제 역할을 하기 때문이다.

성층권 내의 오존 1장에서 학습한 바와 같이, 성층권은 대류권 위, 지상에서 10~50 km 상공에 위치한다. 이곳에서 대기는 매우 안정하며 하부의 기온은 등온 경향을 보이지만 20 km 이상의 상공에서는 기온이 고도에 따라 급격히 증가하는 강한 기온역전층이 있다(그림 1.23 참조). 기온역전은 오존이 0.3 μm보다 작은 파장의 자외선 복사를 흡수하기 때문이다.

중위도 상공 성층권에서는 그림 14.8과 같이 오존은 고도 25 km 부근에서 가장 농도가 높다. 그러나 실제 오존 농도는 매우 낮아 100만 개의 공기 분자 중 오존 분자는 겨우 12개(12 ppm)[4] 정도이다. 이렇게 밀도가 낮지만 오존층은 태양광선의 해로운 자외선으로부터 지구 생명을 보호해 주기 때문에 중요하다. 오존의 보호막이 없다면 자외선에 의해 인간에게 피부암이 발생할 것이다. 만일 성층권의 오존 밀도가 줄어든다면, 인간은 다음과 같은 건강상 위험에 직면할 것이다.

4 성층권의 오존 농도는 12 ppm에 불과하다. 여기서 공기의 조성은 지구표면 근처와 거의 동일하다(주로 78%의 질소와 21%의 산소).

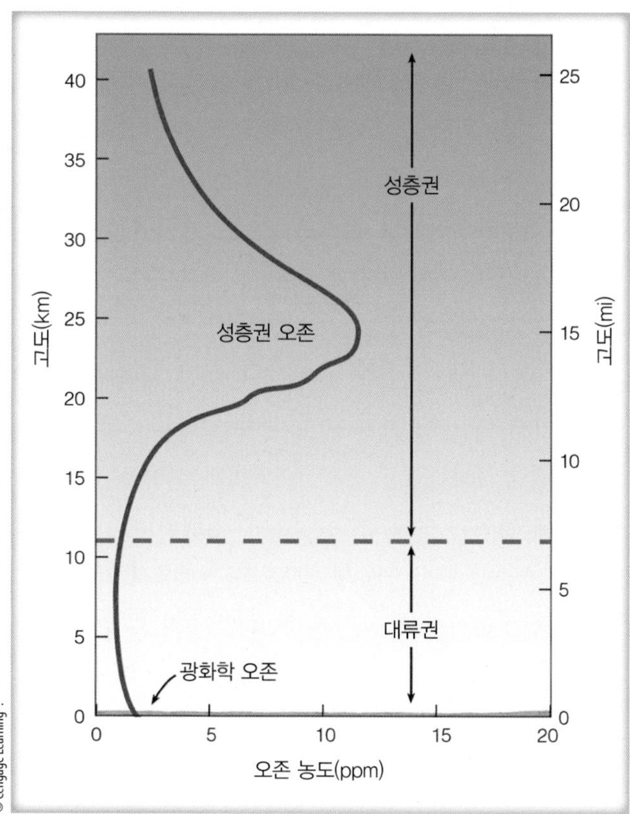

그림 14.8 ● 중위도 상공의 오존의 평균 분포.

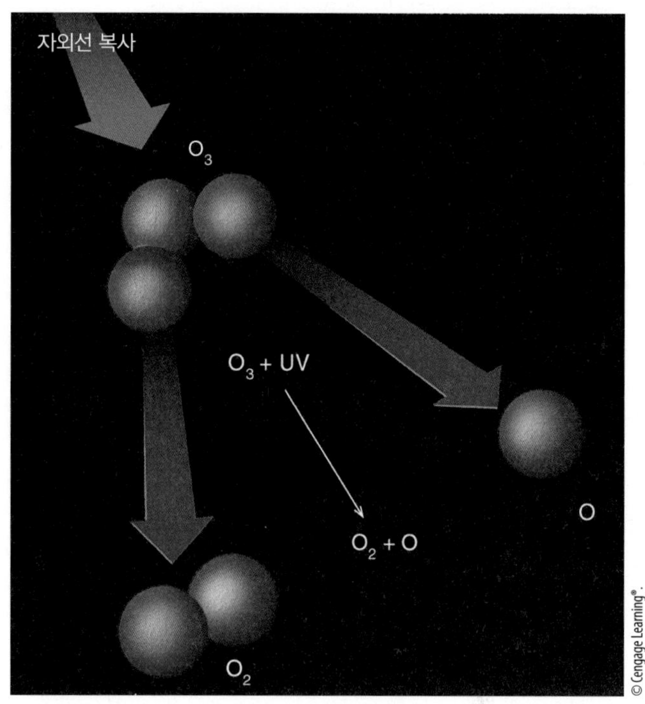

그림 14.9 ● 하나의 오존 분자가 자외선을 흡수하여 산소 분자(O_2)와 산소 원자(O)가 된다.

- 피부암 증가
- 백내장과 햇볕에 의한 피부 그을음 급증
- 인간 면역기능 억제
- 자외선 조사량 증가로 인한 농작물과 동물의 피해
- 해양의 식물성 플랑크톤 성장 억제
- 성층권 냉각은 성층권 바람패턴을 변화시킬 것이며, 오존의 생성(또는 파괴)에 영향을 미칠 것이다.

오존(O_3)은 성층권에서 산소 원자(O)와 산소 분자(O_2)가 결합함으로써 성층권에서 생성된다. 오존은 주로 지상 약 25 km 상공에서 형성되지만 중위도 25 km 상공 부근의 최고의 농도를 나타낸 후 혼합과정을 거쳐 서서히 아래로 이동한다(극지역에서는 최대 농도가 더 낮은 고도에서 나타난 것으로 확인된다). 오존은 0.2~0.3 μm 파장의 자외선을 흡수하여 산소 원자와 산소 분자로 분해된다(그림 14.9 참조).

$$O_3 + UV \rightarrow O_2 + O$$

따라서 성층권 오존 양은 인간 활동으로 변화할 수 있다. 이런 가능성은 미국 의회가 초음속 제트 수송기의 제작 여부를 논의에 붙였던 1970년대 초에 처음으로 제기되었다. 초음속 수송기 엔진에서 배출되는 가스 중 하나가 산화질소이다. 비록 이 항공기가 오존 밀도가 가장 높은 고도 밑 성층권 하부를 통과하도록 설계되긴 했으나 배출된 산화질소가 결국은 위로 올라가 오존에 악영향을 미칠지 모른다는 우려가 제기되었다. 이러한 가능성을 비롯한 몇 가지 이유에서 1971년, 의회는 미국의 초음속 항공기 개발을 중지하기로 결정했던 것이다.

1970년대 후반에 과학자들이 **염화불화탄소**(CFCs)가 성층권으로 올라가 오존을 파괴할 수도 있다는 우려가 등장했다. 그 당시, 염화불화탄소는 탈취제나 미용 스프레이 제품에 가장 널리 사용되었다. 대류권에서는 CFCs 가스들이 가연성이 없고 독성이 없으며, 다른 물질과 화학적으로 결합할 수 없다.[5] 따라서 CFCs 가스는 파괴되지

5 대류권에서 CFCs는 강력한 온실가스 중의 하나이다.

않고 서서히 위로 확산되어 대류권 계면의 단절 부근, 특히 제트류 근처에서 혹은 열대수렴대(ITCZ)를 따라 성층권 하부에 침투하는 뇌우에 포함되어 성층권에 진입하는 것으로 알려져 있다.

CFC 분자가 일단 중간 성층권에 진입하면 오존에 의해 흡수된 자외선 에너지가 이들을 파괴해 염소를 방출하고 염소는 오존을 급속히 파괴한다. 염소원자 하나가 오존 분자 10만 개를 제거한 뒤에야 다른 물질과 결합해 파괴행동을 멈춘다는 추산도 나와 있다.

성층권에서의 CFC 분자 수명이 50~100년이기 때문에 CFCs 밀도의 증가는 오존에 장기적이고 심각한 위협을 미칠 것이다. 1970년대 후반, 미국과 많은 다른 나라에서는 에어로졸 캔에 CFCs를 사용하는 것이 금지되었다. 그러나 여전히 CFC는 냉장고와 냉방장치에 사용이 허용되었다. CFC가 성층권 오존에 계속해서 위협이 되고 있다는 사실이 확인되었으며, 특히 1980년대 중반 봄철 남극대륙 상공의 오존 농도의 급격한 감소가 발견되었다. 이 같은 급격한 오존의 감소를 오존구멍(ozone hole)이라고 한다(오존구멍에 대한 좀 더 자세한 정보는 포커스 14.3에 언급되어 있다).

오존구멍의 발견은 1987년 체결된 몬트리올 의정서라는 국제 협약 개발에 긴급성을 더했다. 이 협약은 CFCs와 염소화합물보다 50배 이상 더 큰 비율로 오존을 파괴하는 할론(브롬화합물)의 사용을 감소시키는 데 목표를 두었다.[6] 몬트리올 의정서가 성공적이었다는 점은 1990년대 이후 대기에서 대부분의 오존층 파괴 물질이 감소하였다는 것이다. CFCs 사용이 사실상 없어졌지만, 대류권에서는 여전히 수백만 kg이 계속해서 상층으로 확산된다. 따라서 앞으로 몇 년간 오존층 파괴의 징후들이 계속 나타날 것이다.

2014년 UN의 평가에 따르면 대기 중 오존의 총량은 1980년대와 1990년대 초반에 약 2.5% 감소한 후, 2000년 이후 극지방 외부에서 비교적 변화가 없는 것으로 나타났다. 연구에 따르면 미국 상공의 성층권 오존 농도는 1980년 이전의 평균 성층권 오존 농도보다 약 3~5% 정도 낮게 나타났다. 성층권 오존 농도는 약 2070년까지 오존 농도가 낮게 나타날 것으로 보이는 남극 대륙을 제외하고는 21세기 중반 이전에 1980년 이전 수준으로 돌아갈 것으로 예상한다.

더욱이 인공위성 관측 결과, 지구 여러 지역 상공에서 1992~1993년 사이 오존 밀도가 사상 최저 수준으로 떨어진 것으로 나타났다. 이는 오존 파괴 화학물질은 물론 성층권에 엄청난 양의 황산가스를 분출했던 1991년 피나투보 화산폭발에 기인한 것 같다. 성층권에서 작은 황산 방울은 염소화합물의 오존 파괴력을 강화했을 뿐 아니라 성층권의 대기 순환에 변화를 가져와 오존 감소 여건을 조성하였다.

1990년 중반에는 겨울철 북반구 여러 지역 상공에서

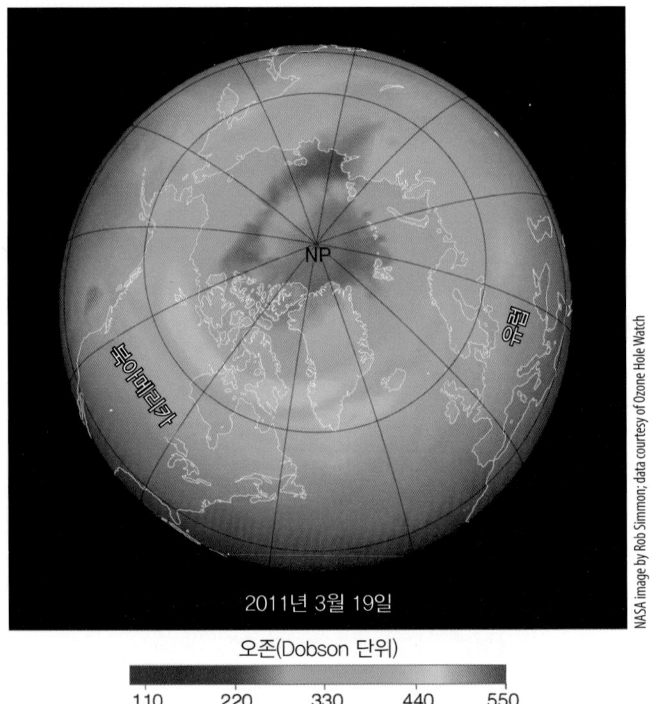

그림 14.10 ● 2011년 3월 19일 북극 상공의 오존 분포. NASA의 Aura 위성에 장착된 오존 모니터 장비(OMI)에 의해 측정되었다. 총 오존량은 Dobson 단위(DU)이다. 1 DU는 칼럼 내 오존을 지표면으로 압축시켰을 경우 오존의 물리적 두께를 말한다(500 DU는 5 mm와 같다). 북극의 낮은 측정값(파란색 음영)을 주목하지만, 이 값이 남극 측정값만큼 낮지 않다.

6 염소와 브롬화합물 그리고 성층권 오존 파괴와 관련된 화학반응이 많다.

오존구멍

1974년, 미국 캘리포니아 대학의 F. Sherwood Rowland와 Mario J. Molina 교수는 CFCs 농도 수준이 갈수록 높아짐에 따라 궁극적으로 성층권이 오존은 지구 규모로 감소할 것이라고 경고하였다. 두 화학자의 연구에 따르면 오존 감소는 서서히 일어나 향후 여러 해 동안은 탐지되지 않을 것으로 보였다. 그 후 놀랍게도 영국 연구진은 남극 상공 성층권의 오존이 해마다 감소 추세를 보이고 있음을 확인하였다. 후에 기상위성과 기구에 장치된 장비들에 의해 보강된 연구 결과는 1970년대 말 이후 9월과 10월의 오존 농도가 해마다 감소했음을 보여주었다. 남극의 봄철에 해당하는 이 기간 중 성층권 오존의 이와 같은 감소 현상은 오존구멍으로 알려져 있다. 오존의 감소가 심각했던 2006년에는 오존구멍이 남극대륙 면적의 거의 2배에 달하였다(그림 2 참조).

오존구멍 생성의 원인을 규명하기 위해 미국 과학자들은 1986년 제1차 국립오존탐사단(National Ozone Expedition), 즉 NOZE-1을 조직하였다. NOZE-1은 남극 맥머도 사운드 근처에 모든 필요한 기기를 갖춘 관측소를 설치하였다. 1987년에는 필요한 기기들을 장착한 항공기의 도움으로 NOZE-2가 가동에 들어갔다. 이들 연구 프로그램에서 수집된 결과에 힘입어 과학자들은 오존 수수께끼의 조각들을 짜 맞출 수 있었다.

남극 상공의 성층권에는 세계에서 가장 고농도의 오존 구역 중 하나가 존재하고 있다. 이런 고농도 오존의 대부분은 열대 상공에서 형성되며 성층권 바람을 타고 남극 상공으로 이동한다. 남반구의 봄철에 해당하는 9~10월에는 극 소용돌이(Polar Vortex) 남위 66° 근처 남극지역을 둘러싸 남극 성층권의 한랭대기를 중위도의 상대적으로 따뜻한 대기로부터 사실상 분리시킨다. 오랜 기간 지속되는 남극 겨울에는 극 소용돌이 내부의 온도가 −85°C까지 떨어질 수 있다. 이 같은 극심한 한랭대기로 인하여 극 성층권 구름이 형성된다. 이러한 얼음구름은 질소, 수소, 기타 염소 원자들의 사이의 상호 화학작용을 촉진시키는 결정적인 요인이며, 그것이 결국 오존 파괴를 초래한다.

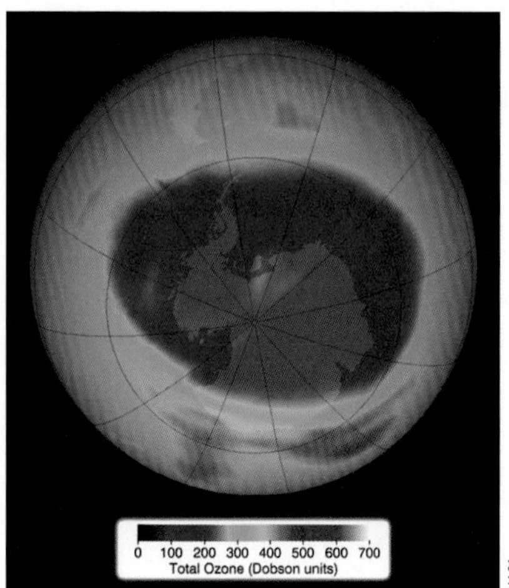

그림 2 ● NASA의 Aura 위성에 장착된 오존 모니터 장비가 측정한 2014년 9월 11일 남극 상공의 오존분포. 오존 농도가 가장 낮은 오존구멍(보라색)이 남극 대부분 지역을 덮고 있는 것을 보여준다. 사진 하단의 색상 스케일은 돕슨 단위(DU)로 표시된 총 오존 값을 보여준다. 1 DU는 오존을 지표면으로 압축시켰을 경우 오존층의 물리적 두께를 말한다(500 DU는 5 mm와 같다).

1986년의 NOZE-1 연구결과 성층권에서 이례적으로 높은 수준의 염소화합물을 발견했으며, 1987년에는 NOZE-2 프로그램의 기기 장착 항공기가 극 소용돌이 내부로 진입하여 염소화합물의 엄청난 증가를 측정했다. 이러한 결과는 다른 화학적 발견과 더불어 과학자들로 하여금 CFCs의 염소가 오존 감소의 대표적 원인 물질임을 확신할 수 있게 하였다. 오존을 파괴하는 화학물질의 감소에도 불구하고 2006년 9월까지 최대 규모의 남극 오존구멍이 관측되었다(그림 2 참조). 오존구멍의 크기와 깊이가 이와 같이 해마다 변화하는 것은 주로 극 성층권 기온 변화에 기인하는 것 같다. 태양의 유해한 자외선으로부터 인류를 보호하기 위해서, 뉴질랜드와 호주의 정부 기관에서는 매년 남반구 상공에서 오존구멍이 형성될 때 시민들에게 자외선으로부터 스스로를 보호하라고 경고하고 있다.

북극에서는 항공기에 장착된 기기와 기상위성들이 1980년대 후반과 1990년대에 성층권에서 오존을 파괴하는 고농도의 염소화합물을 측정했다. 그러나 남극 상공에 형성되는 것과 같은 오존구멍을 북극 상공에서는 탐지할 수 없었다(그림 2와 그림 14.10 비교). 왜 북극은 남극과 같은 오존구멍을 가지고 있지 않을까? 성층권에서는 북극 상공의 대기 순환이 남극 상공의 순환과는 다르고, 또 북극 성층권은 염소 분자의 활성화에 도움을 주는 구름의 광범위한 발달을 일으키기에는 일반적으로 기온이 높은 편이다. 하지만 1997년과 2011년에 매우 한랭한 북극 성층권은 오존층 파괴 물질들의 화학작용으로 상당한 오존 감소가 발생하였다.

지난 40여 년 동안 우리는 성층권의 오존과 오존구멍에 대해 많은 사실을 알게 되었다. 오존을 감소시키는 물질들은 이제 규제대상이 되고 있으며, 이들 물질의 배출은 사실상 전무하다. 그러나 오존구멍은 상존하며 어떤 해에는 더 확장되고 다른 해에는 더 축소되기도 한다. 최근의 연구는 중위도 및 북극오존의 고갈이 금세기 중반에 끝날 것이며, 남극의 오존구멍은 후반에 사라질 것으로 예상하고 있다.

오존 수준이 정상을 훨씬 밑돌았고, 1997년까지 북극의 봄철 오존 농도는 급격하게 떨어졌다. 이러한 감소의 원인은 오존을 파괴하는 대기오염과 더불어 오존 감소에 유리한 한랭기상 패턴에 있었던 것 같다.

금세기 초, 북극의 봄철 오존 농도는 해마다 다양하게 변하였다. 예를 들어 2010년에는 성층권 오존 수준이 비교적 높은 반면, 2011년에는 오존 수준이 가장 낮은 수치를 보였다(그림 14.10 참조). 오존층은 장기적인 회복상태에 있지만, 매년 성층권 온도가 오존층 파괴 물질에 영향을 미치기 때문에 여전히 큰 연간 변동성을 보였다.

현재 CFCs의 2세대 대체물질로 수소염화불화탄소(hydrochlorofluorocarbons, HCFCs)와 수소불화탄소(hydrofluorocarbon, HFCs)가 있다. HCFCs는 CFCs 보다는 분자당 염소 원자수가 적기 때문에 오존층에 대한 위험도가 훨씬 낮으며, HFCs에는 염소 성분이 전혀 없다. 그러나 CFCs처럼 대체 물질 역시 지구 온난화를 가중시킬 수 있는 온실가스이다. 이 때문에 몬트리올 의정서는 현재 HCFCs를 2030년까지 단계적으로 줄일 것을 요구하고 있으며, 몇몇 나라에서는 HFCs까지 줄일 것을 제안하였다.

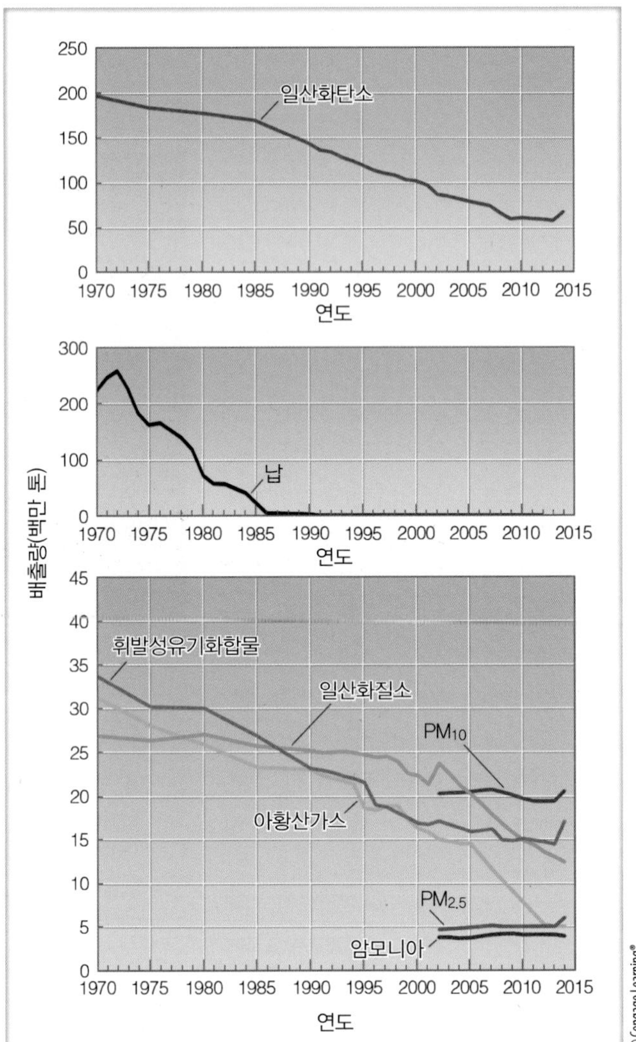

그림 14.11 ● 1970년부터 2014년까지 미국의 6개 오염물질 배출량 추정. 산불과 관련된 배출량은 포함되지 않는다(출처 : 미국 환경보호청 자료).

대기오염 : 경향과 패턴 지난 수십 년 동안 미국에서는 우리가 호흡하는 대기의 질을 개선하기 위한 일대 진전이 이루어졌다. 그림 14.11은 미국 전역에서 1970~2014년 동안 대표적인 오염원들의 배출 추정치를 보여주고 있다. 1970년 청정공기법(Clean Air Act)이 도입된 이후 대다수 오염원들의 배출량이 대폭 감소했음을 잘 보여준다. 그중에서도 납 성분은 주로 휘발유 납 성분의 점진적 제거에 따라 가장 큰 폭의 감소를 보였다.

상황이 개선되기는 했으나, 그림 14.11을 보면 다량의 오염물질들이 대기 중으로 배출되고 있어 아직 훨씬 더 많은 노력이 필요하다는 것을 알 수 있다. 실제로 미국 여러 지역은 청정공기법에 따라 1990년 설정된 대기질 기준을 준수하지 않고 있다. 오염 조절 문제는 현실적으로 보다 엄격한 배출규제법에도 불구하고 날로 증가하는 차량 및 기타 배출원(현재 미국에는 약 2억 5천만 대의 승용차가 운행되고 있는 것으로 추산됨)들이 규제 노력을 압도할 수 있다는 사실에 기인하고 있다.

청정공기 기준은 미국 환경보호청(EPA)에 의해 수립되고 있다. **대기질 1차 기준**은 인간의 건강을 보호하기 위해 설정된 데 비해 **2차 기준**은 대기오염이 시야, 농작물 및 건물에 미치는 영향으로 측정되어 인류의 복지를 보호하는 데 목적을 둔다. 대기질 기준을 준수하지 않는 지역들은 **기준 미달지역**이라고 한다. 또한, EPA는 다양한 지역의 대기오염 문제를 해결하기 위한 특정 규칙을 발표하였

▼ 표 14.1 **대기질 지수(AQI)**

AQI 값	대기질	건강에 미치는 영향	권장행동
0~50	양호	없음	없음
51~100	보통	아주 적은 수의 사람에게 건강상 보통의 관심 유발. 오존에 민감한 사람은 호흡기 증상을 경험한다.	O_3의 AQI 값이 이 범위에 속하면 매우 민감한 사람은 긴 시간 외부노출을 삼가야 한다.
101~150	민감한 집단에게 유해	민감한 사람의 증상을 약간 악화시킨다.	호흡기 장애가 있는 사람 혹은 심장병 환자는 긴 시간 외부 활동을 삼가야 한다.
151~200	유해	건강한 사람군 중 과민 증상을 가지고 있는 민감한 사람의 증상을 악화시킨다.	심장병이나 폐질환이 있는 활동적인 아이나 어른은 외부 활동을 피하고 모든 사람, 특히 아이들은 긴 시간 고된 활동을 삼가야 한다.
201~300	매우 유해	각종 증상과 심장병, 폐질환을 가지고 있는 사람들의 내성을, 건강한 사람들에게 널리 퍼져 있는 증상들을 크게 악화시킨다.	심장병이나 폐질환을 가지고 있는 활동적인 아이나 어른은 외부 활동이나 고된 일을 피해야 한다. 모든 사람, 특히 아이들은 외부의 격심한 운동을 삼가야 한다.
301~500	위험	각종 증상을 크게 악화시킴, 질병의 조기 발발, 환자나 노인의 요절, 건강한 사람도 운동 내성의 감소를 경험한다.	모든 사람은 외부의 고된 일을 삼가고 외부 육체활동을 최소화 하고, 심장병이나 폐질환을 가지고 있는 사람은 실내에 머물러야 한다.

다. 예를 들어, 국가 간 대기오염 규정은 한 지역에서 다른 지역으로 이동할 수 있는 발전소 배출을 제한한다. 추산에 따르면, 보다 엄격한 배출규제법 하에서도 현재 1억 6,000만 명 이상의 미국인들이 이들 기준 중 최소한 하나의 규정 이상을 충족시키지 못하는 공기를 호흡하고 있다.

특정 지역의 대기질을 표시하기 위해 EPA는 **대기질 지수**(air quality index, AQI)를 개발하였다. 이 지수에는 일산화탄소, 이산화황, 이산화질소, 부유 분진, 오존 등 오염물질이 포함된다. 주어진 날짜에 가장 높은 수치를 기록하는 오염물질이 지수에 사용된다. 그 다음 오염물질의 측정치는 0~500에 이르는 범위의 숫자로 환산된다(표 14.1 참조). 오염물질의 수치가 대기질 1차 기준과 동일할 경우 이 오염물질에는 AQI 지수 100이 매겨진다. AQI 지수가 100을 초과하는 오염물질은 건강에 해로운 것으로 간주된다. 그림 14.12는 2003년 미국 전역의 건강에 유해한 날수를 보여주고 있다. AQI 지수가 51~100일

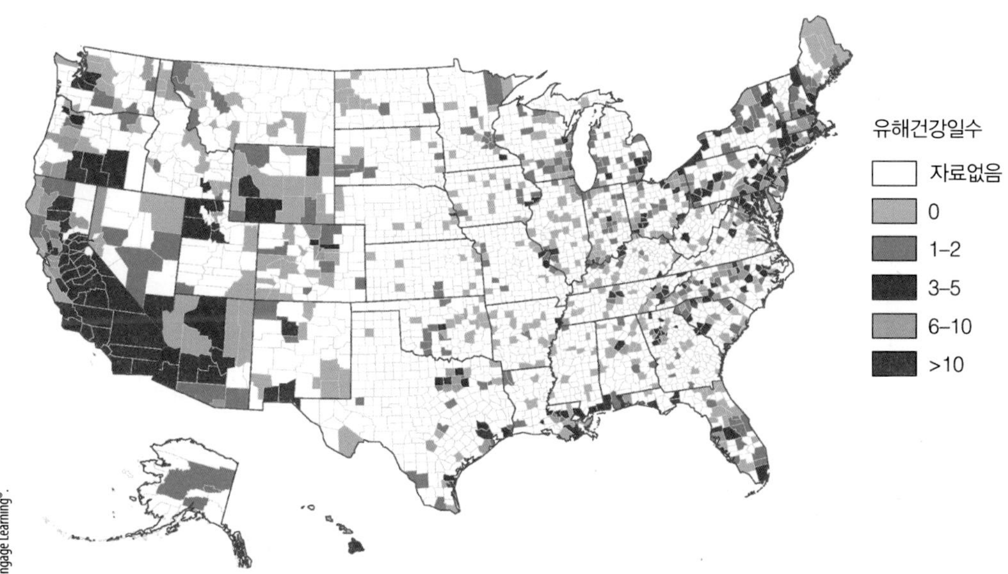

그림 14.12 ● 5종의 오염물질(CO, SO_2, NO_2, O_3, 입자상 물질) 중 어느 하나 때문에 미국 전역에서 건강에 유해한 날로 판정된 일수(출처 : 미국 환경보호청).

그림 14.13 ● LA와 남부해안 주변 지역에서 8시간 연방기준(0.08 ppm, 1997년 제정됨)을 초과하는 날수와 8시간 평균 오존농도의 최고치.

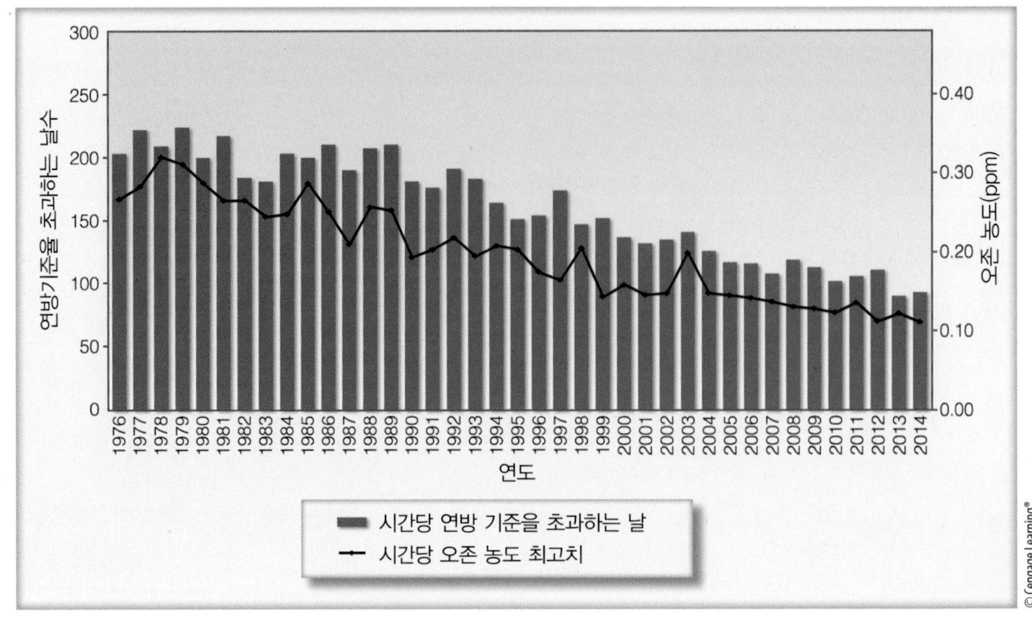

경우 대기질은 '중간 정도'로 표현된다. 이러한 수준은 비록 24시간 이내에 사람에게 해를 주지 않을지 모르지만 장기적 기준은 초과할 수도 있다. AQI 지수는 색깔로 표시되어 있고 각각의 색깔은 건강 관련 AQI 수준을 가리키고 있음을 주목하기 바란다. 녹색은 '양호한' 대기질을, 빨간색은 '유해한' 대기를, 그리고 고동색은 '위험한' 대기질을 가리킨다. 또한, 표 14.1은 AQI 지수가 특정 수준에 도달할 때 유의해야 하는 건강상 영향과 예방조치를 보여주고 있다.

비교적 청정한 연료(천연가스 등)와 함께 보다 엄격한 배출기준으로 현재 대도시 상공의 공기는 과거에 비해 더 깨끗해졌다. 실제로 미국 상공의 하늘로 뿜어져 올라간 유독 화학물질의 총 배출량은 EPA가 이들 화학물질의 양을 기록하기 시작한 1987년 이래 꾸준히 하락세를 보여왔다. 그러나 오염된 대기에서의 오존은 아직도 통제가 어려운 문제이다. 오존은 2차 오염물질이므로 이산화질소와 탄화수소(VOCs) 등 오염물질(Precursor)의 농도에 따라 결정된다. 더구나 오존은 특정 지역에서 지상풍이 약하고 정체된 고기압의 영향을 받는 맑고 더운 날씨에 최고 농도에 도달하므로 기상조건은 오존 생성에 중요한 역할을 한다.

LA 지역에서 오존으로 인한 건강에 해로운 날들이 계속 감소하고 있음에도 불구하고 앞에서 언급한 여러 요인들로 인해 해마다 오존은 크게 변하고 있다(그림 14.13 참조). 실제로 2015년에는 LA 지역에서 미세먼지 뿐만 아니라 오존 농도 모두 사상 최솟값을 보였다.

요점 복습

지금까지 다룬 주요 개념 및 사실을 정리해 보자.

- 지상부근에 있는 CO, SO_2, NO, NO_2, VOCs 등 대기오염물질은 직접 대기에 배출되는 반면, O_3 등의 2차 오염물질은 1차 오염물질과 대기 중의 기타 성분이 화학반응을 통해 형성된다.
- 1900년대 초 런던에서 등장한 신조어 '스모그'는 당초 연기와 안개의 복합이었으나 오늘날에는 주로 강한 태양광선에 의해 생성되는 광화학 스모그를 의미한다.
- 성층권 오존은 자연발생적으로 생성되어 해로운 자외선을 막아주는 보호막이 되지만, 대류권 오존은 오염된 대기에서 형성되어 건강에 유해하며 광화학 스모그의 주성분이 된다.
- 염화불화탄소(CFC)와 같은 인위적인 활동에 의해 발생하는 화학물질은 오존을 급속히 파괴하는 염소를 방출함으로써 성층권의 오존량에 영향을 준다.
- 1970년 이후 대부분의 오염물질 배출이 미국 전역에서 감소했지만 수백만 명의 미국인이 대기질 기준을 충족시키지 못하는 공기를 여전히 마시고 있다.

대기오염에 영향을 미치는 제요인

주기적으로 스모그가 발생하는 지역에 사는 사람이라면 하늘이 맑고 바람이 약하며 더운 여름날 스모그가 자주 나타난다는 사실을 알고 있을 것이다. 이런 날씨가 '전형적' 대기오염 기상 상태일 수는 있어도, 이러한 기상조건만으로 오염물질의 농도가 증가하는 것은 아니다.

바람의 역할 바람은 기본적으로 대기오염을 희석시키는 역할을 한다. 대기에 오염물질이 대량 배출되었을 때 이들 오염물질이 주변 대기와 혼합되는 속도는 풍속에 의해 좌우된다. 강풍은 이들 물질을 확산시켜 그 농도를 감소시킨다. 이 확산과정을 **분산**(dispersion)이라고 한다. 바람이 강할수록 대기는 난류를 형성하고 난류는 맴돌이를 형성하여 오염물질이 주변의 대기와 섞여 희석되지만, 바람이 약하면 오염물질은 흩어지지 않고 농도는 점점 증가한다(그림 14.14 참조).

안정도와 역전층의 역할 대기안정도는 5장에서 언급한 바와 같이 대기의 상승 정도를 결정짓는 요소이다. 불안정한 대기는 연직기류를 형성하기 쉬운 반면, 안정 대기는 대기의 연직 운동을 강력하게 저지한다. 따라서 안정 대기로 배출된 연기는 연직으로 섞이지 않고 수평으로 확산되기 마련이다.

대기의 안정도는 고도에 따른 기온변화(감률)로 결정된다. 상공으로 올라갈수록 기온이 급속히 감소할 때 대기는 불안정하고, 그림 14.15a에서 설명하는 바와 같이 대기오염물질은 연직으로 혼합되는 경향이 있다. 그러나 고도가 높아짐에 따라 기온감률이 매우 적거나 오히려 기온이 상승할 경우(역전) 대기는 안정 상태에 있다. 온난대기가 한랭대기 위에 위치하고 있는 매우 안정된 대기층을 역전층이라 한다(그림 14.15b 참조). 역전층 속으로 상승한 어떤 공기덩이도 주변 공기보다 차고 무겁기 때문에 제자리로 돌아오게 되는데, 결국 역전층이 공기 연직 운동에 뚜껑 역할을 하게 된다.

그림 14.15b는 바람이 없고 맑은 겨울밤에 형성된 강력한 **복사역전 현상**(radiation or surface inversion)을 보여준다. 안정한 역전층 내에서 굴뚝연기는 별로 높이 상승하지 못하고 옆으로 확산되어 주변 대기를 오염시킨다. 역전층 위의 비교적 불안정한 대기에서는 비교적 높은 굴뚝에서 나온 연기가 상승한 후 분산되는 것을 볼 수 있다. 복사역전층은 비교적 얇기 때문에 굴뚝을 높이면 낮은 굴뚝에 비해 배출되는 연기를 역전층 위의 공기와 섞이게 함으로써 보다 효과적으로 확산시킬 수 있다. 그러나 높은 굴뚝은 인근 지역 대기의 질을 개선시키는 데 도움이 되나 오염물질을 먼 거리까지 바람에 날려 보냄으로써 산

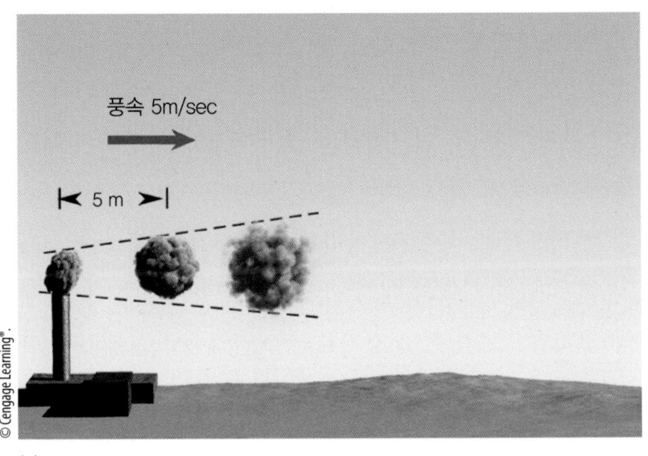

(a)

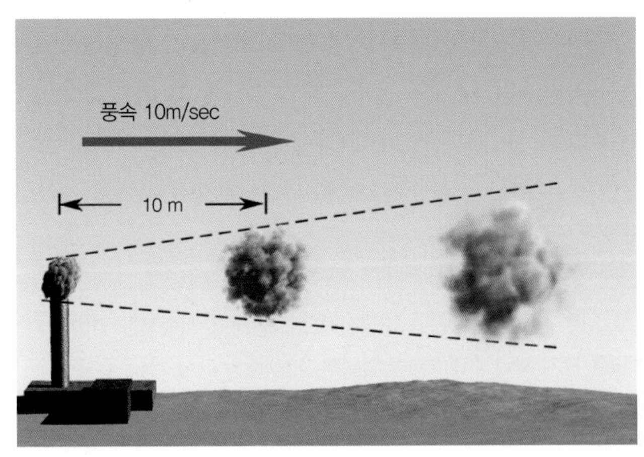

(b)

그림 14.14 ● 굴뚝에서 매초 한 번씩 연기를 내뿜을 경우, 바람이 약하게 부는 날은 (a) 연기가 모여 있게 되고 농도가 높게 나타난다. 반면에, 바람이 강하게 부는 날은 (b) 연기가 퍼지게 되고 난류에 의해 주변 공기와 혼합되어 농도도 희석된다.

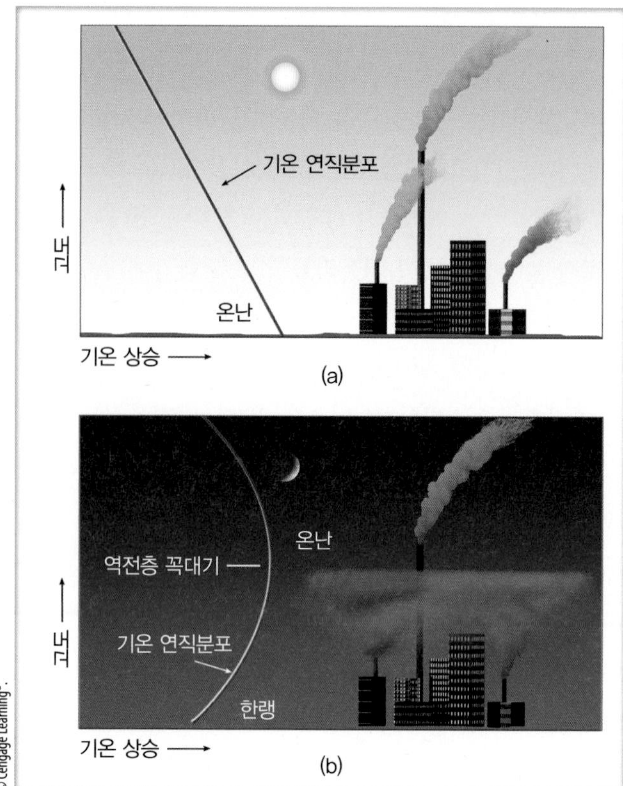

그림 14.15 ● (a) 오후의 대기 안정도가 가장 불안정한 때에는 오염물질이 상승, 혼합되어 풍하측으로 확산된다. (b) 야간에 복사역전층이 존재할 경우, 낮은 굴뚝에서 나온 연기는 역전층에 갇히는 반면, 높은 굴뚝에서 나온 연기는 역전층 위로 상승, 대기와 혼합된 후 바람을 타고 풍하측으로 확산된다.

성비 생성에 기여한다는 단점도 있다.

아침에 해가 뜨고 지면이 가열되면 복사역전은 약화되어 정오 이전에 대부분 사라지게 된다. 오후가 되면 대기는 충분히 불안정해져 바람이 불고 오염물질은 연직으로 확산된다(그림 14.15a 참조). 대기가 아침의 안정 상태에서 오후의 불안정 상태로 변화함에 따라 특정 지역의 오염도는 큰 영향을 받는다. 예를 들면, 번잡한 시가지 모퉁이의 경우 일산화탄소 수준은 교통의 흐름이 같을 때 이른 아침이 이른 오후보다 훨씬 높다. 대기 안정도의 변화는 굴뚝 연기에 변화를 가져올 수도 있다(일부는 포커스 14.4에 설명되어 있다).

알고 있나요?

2013년 1월 몇 주 동안 비정상적으로 강하고 지속적인 역전이 넓은 분지 지역의 대부분을 덮었다. 1월 23일 아침, 유타 주 솔트레이크시티 국제공항에서 짙은 스모그 속에서 기온이 영하 4도였다(고도 1,288 m, 4,226 ft).
마을의 동쪽에 있는 산에서 거의 1 km 더 높은 고도인 Park City는 약 7.2°C(45°F)로 따뜻하고 신선한 공기를 나타냈다.

복사역전은 보통 수 시간 지속되지만 **침강역전**(subsidence inversion)은 수일 이상 지속될 수 있다. 그러므로 침강역전은 주요 대기오염 사건과 밀접한 관련이 있다. 침강역전은 키 큰 고기압 상공의 대기가 서서히 하강하면서 승온될 때 주로 발생한다.[7]

그림 14.16은 여름에 캘리포니아 해안을 따라 형성되는 침강역전의 전형적 기온 연직 구조를 보여주고 있다. 역전층 밑의 비교적 불안정한 대기에서 오염물질들은 역전층 밑면까지 연직으로 상승하여 주변 대기와 섞인다. 그러나 역전층의 안정 대기는 오염물질의 연직혼합을 제지하는 덮개 역할을 한다.

그림 14.16에는 지상에서 역전층 밑면까지 이르는 비교적 불안정한 대기층이 표시되어 있다. 오염물질이 대기와 잘 섞이는 불안정층을 **혼합층**(mixing layer)이라 한다. 또 혼합층의 연직거리를 **혼합 깊이**(mixing depth)라 한다. 만약 역전층이 상승한다면, 혼합 깊이는 증가하면서 오염물질을 희석시키는 대기의 부피는 더 커진다. 반대로, 역전층이 하강하면 혼합 깊이는 감소하고 오염도는 증가한다. 하루 중 대기가 가장 불안정한 때는 오후이고 가장 안정한 때는 이른 아침이므로 혼합 깊이는 오후에 가장 깊고 이른 아침에 가장 얕다. 낮 동안에는 높은 산에 올라 혼합층의 꼭대기를 눈으로 확인할 수 있다(그림 14.17 참조). 또한, 대도시 인근에서는 낮의 비행기 이착륙 시에도 혼합층의 꼭대기를 쉽게 관찰할 수 있다.

캘리포니아 해안 앞 바다의 반영구적인 태평양 고기압 때문에 이 지역의 대기오염이 큰 영향을 받는다. 태평양 고기압으로 인한 하강기류의 단열압축으로 대기가 따뜻해진다. 한편, 고기압 주변의 지상풍은 해수의 용승을

7 2장에서 살펴본 바와 같이 하강하는 공기는 단열압축되면서 온도가 상승한다.

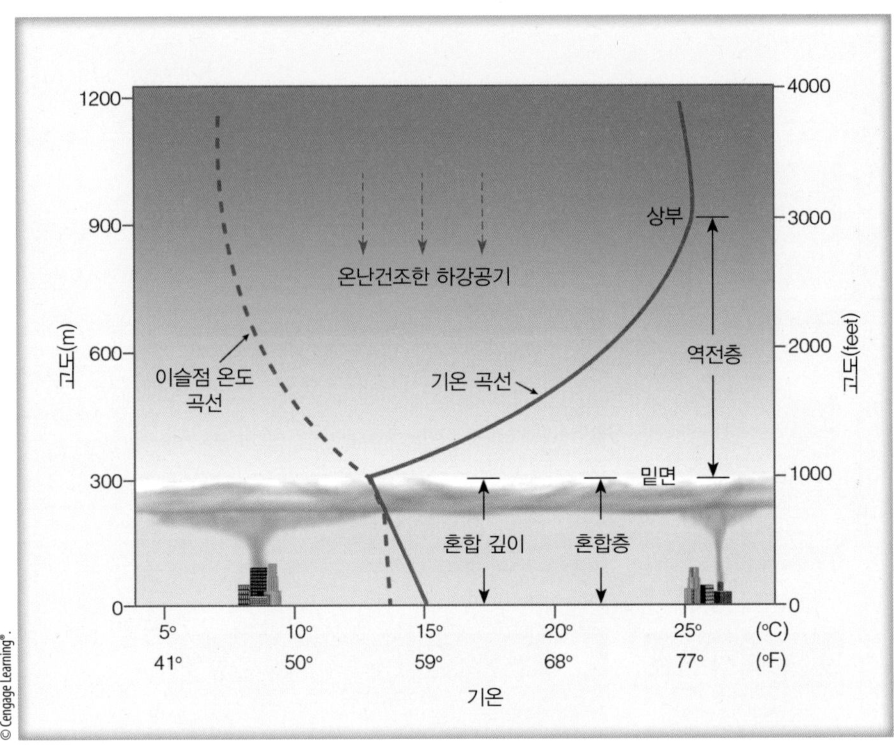

그림 14.16 ● 캘리포니아 주 연안의 강한 침강역전층 모습. 안정한 역전층 하부는 덮개 혹은 뚜껑의 역할을 하여 연기에 포함된 오염물질이 상공으로 탈출하지 못하도록 막는다. 역전층이 하강하면 혼합 깊이는 감소하고 오염물질은 보다 적은 부피의 대기 속에 집중된다.

촉진한다. 용승은 수면을 냉각시키고 따라서 수면 위 공기도 냉각된다. 상공의 더운 공기는 찬 지상(해면) 공기와 더불어 강력하고 지속적인 침강역전을 형성한다. 이 현상은 6월부터 10월까지의 80~90%에 달하는 기간 동안 로스앤젤레스에 지속되어 스모그 계절을 형성한다(그림 14.16에 있는 강한 침강역전을 참조하기 바람). 찬 해양 대기에 갇힌 오염물질은 이따금 해풍에 밀려 동쪽으로 이동하여 내륙 계곡에 **스모그 전선**(smog front)을 형성하기도 한다(그림 14.18 참조).

지형의 역할 지형 역시 오염물질을 가두어 두는 역할을 한다. 밤에는 찬 공기가 산기슭을 타고 밑으로 내려가 분

그림 14.17 ● 두꺼운 오염 대기층이 계곡에 갇혀 있다. 오염 대기층의 꼭대기는 침강 역전층의 밑면과 경계를 이루고 있다.

그림 14.18 ● 한랭 해양기류가 스모그 전선을 밀어 매연을 캘리포니아 주 리버사이드 시로 이동시키는 모습.

FOCUS ON AN OBSERVATION 14.4

굴뚝의 연기와 대기오염

대기 안정도는 하루 중 시간에 따라(특히 지상 대기 근처에서) 변한다. 이 변화는 지상 부근 대기의 오염과 굴뚝에서 나오는 연기의 이동에 영향을 준다. 풍속 및 대기 안정도의 변화에 따라 연기의 움직임도 달라진다.

그림 3은 이른 아침, 바람이 약하고 지상에서부터 굴뚝 연기 훨씬 위까지 복사역전층이 형성되어 있음을 잘 보여준다. 이처럼 안정된 대기에서는 연직 운동이 별로 없으므로 연기는 수평으로 퍼진다. 위에서 본다면 연기는 흡사 부채 모양을 나타낸다. 이 때문에 연기 모양을 부채형(Fanning) 연기 기둥으로 부른다.

그림 3b를 보면, 아침 시간이 경과하면서 지상공기는 급속히 승온하여 복사역전이 서서히 사라지면서 대기는 불안정해진다. 그러나 굴뚝 위의 대기는 아직 안정되어 있어 대기의 상하운동은 지상 근처에만 국한되어 있다. 따라서 연기는 하강 바람과 혼합하게 되고 지상대기의 오염도는 증가하여 때로는 위험 수준까지 도달한다. 이 현상을 훈증(Fumigation)이라고 부른다.

낮에 지상의 가열이 계속될 경우 불안정 대기층의 두께는 증가한다. 그림 3c를 보면 역전층은 완전히 사라졌다. 약풍 내지 강풍이 대기의 상승 및 침강과 더불어 연기의 파동형 연직 이동을 일으킨다. 이때 연기는 루프 모양을 형성한다. 따라서 연기 모양으로 대기 안정도를 짐작할 수 있으며 대기 안정도를 알면 오염물질의 확산에 관한 중요한 정보를 얻을 수 있다.

이 밖에 오염물질의 온도와 배출 속도, 그리고 굴뚝의 높이도 오염물질의 확산에 영향을 미치는 요소이다. 굴뚝이 높을수록, 바람이 강할수록, 배출 속도가 클수록 오염도는 낮아진다.

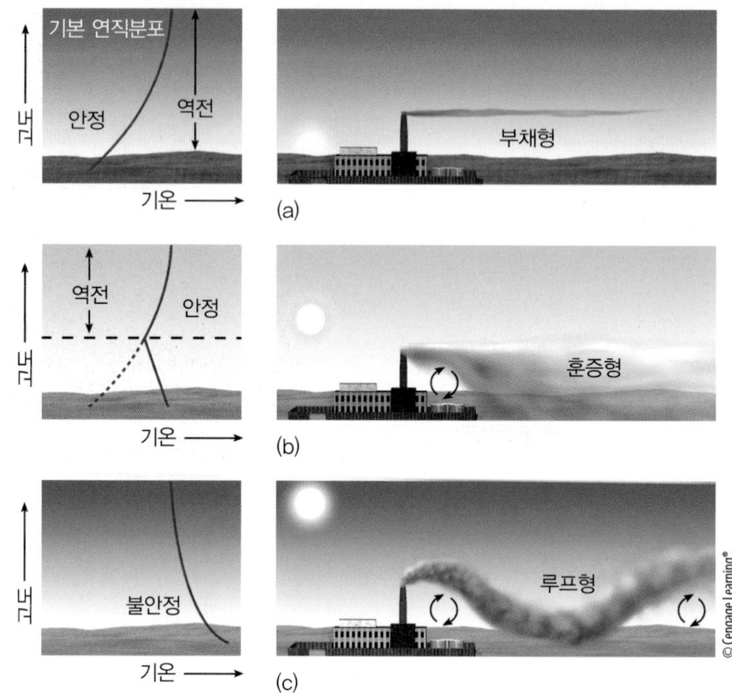

그림 3 ● 하루 중(a에서 c까지) 연직온도 프로파일이 변하면 굴뚝에서 배출되는 연기의 패턴도 변화한다.

지와 계곡으로 침강한다(3장 참조). 찬 공기는 기존의 지상역전을 강화하고 산 측면에 떠 있는 오염물질을 산 밑으로 이동시킨다(그림 14.19 참조).

산맥과 구릉으로 완전히 둘러싸인 계곡이야말로 대기오염이 악화되기에 적합한 곳이다. 주변의 산맥은 주풍을 차단하기 때문에 이러한 계곡에는 바람이 약하다. 게다가 오염물질을 희석시킬 수 있는 혼합층도 얇아 통풍이 안 되는 계곡의 대기는 마치 그릇에 담긴 진한 국물처럼 그 안에서 맴돌 뿐이다.

모든 산악지역의 계곡은 정체된 대기에 취약한 곳이다. 산에 둘러싸인 계곡의 대기오염도는 겨울철에 가장 심하다. 여름철에는 낮의 태양열로 계곡의 측면이 가열되면서 활승 골바람에 의해 오염물질의 상승이 가능해진다.

몇몇 대도시의 오염 문제는 적어도 부분적으로는 지형과 관련이 있다. 로스앤젤레스는 3면이 산악과 구릉으로 둘러싸여 있다. 태평양에서 이동해 오는 찬 해양 대기는

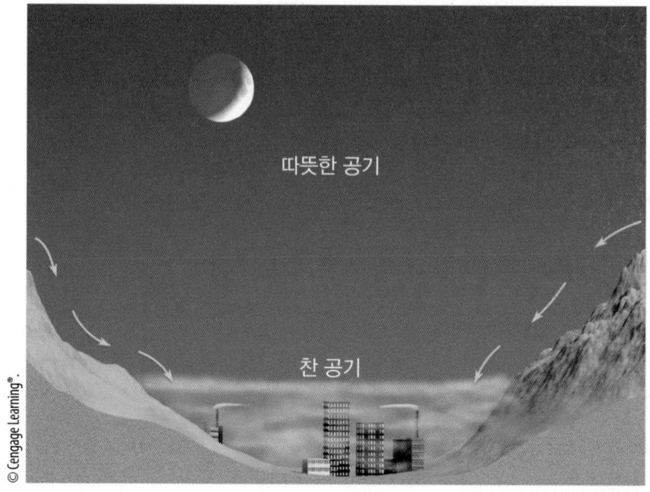

그림 14.19 ● 밤에는 찬 공기와 오염물질이 언덕 아래로 침강하여 계곡에 자리 잡는다.

구릉을 넘지 못하고 동진을 차단당한다. 구릉 위로 상승하지 못하는 찬 대기는 분지에 침강하여 자동차와 공장에서 배출된 오염물질을 가두게 된다. 이 지역에 갇힌 오염물질은 태양광선을 받아 유해 광화학 스모그를 형성한다(그림 14.20 참조). 콜로라도 주 덴버 역시 찬 공기와 오염물질을 가두어 두기 알맞은 넓은 분지에 위치해 있다. 유타 주와 주변의 넓은 분지 지역에서는 겨울철에 몇 주씩 찬 공기가 계곡에 쌓여 심각한 대기오염을 유발한다.

심각한 대기오염 가능성 앞 절에서 언급한 모든 요소가 동시에 발생할 경우 극심한 대기오염이 발생할 가능성은 최고에 달한다. 대기오염을 형성하는 주된 요소는 다음과 같다.

- 대기오염의 각종 배출원(밀집되어 있을수록 오염이 극심함)
- 한 지역에 정체되는 키 큰 고기압 영역
- 오염물질을 분산시키기에는 약한 지상풍
- 상공대기의 침강으로 형성된 강한 침강역전
- 통풍이 잘 안 되는 얇은 혼합층
- 오염물질이 축적되는 계곡
- 맑은 하늘에 야간 복사냉각
- 오존 등 2차 오염물질(광화학 스모그)을 형성할 수 있는 충분한 태양광선

알고 있나요?

멕시코 시티는 높은 산으로 둘러싸인 넓은 분지에 있다. 2천만 명의 주민과 5백만 명 이상의 차량이 매일 도시를 오가며 멕시코 시티는 평균적으로 1년에 약 284일의 오존 기준치를 초과하고 있다.

그림 14.20 ● 2015년 5월 로스앤젤레스 사진에서 보듯이 두꺼운 스모그는 최근 몇 년 동안 이 지역에서 줄어들었다.

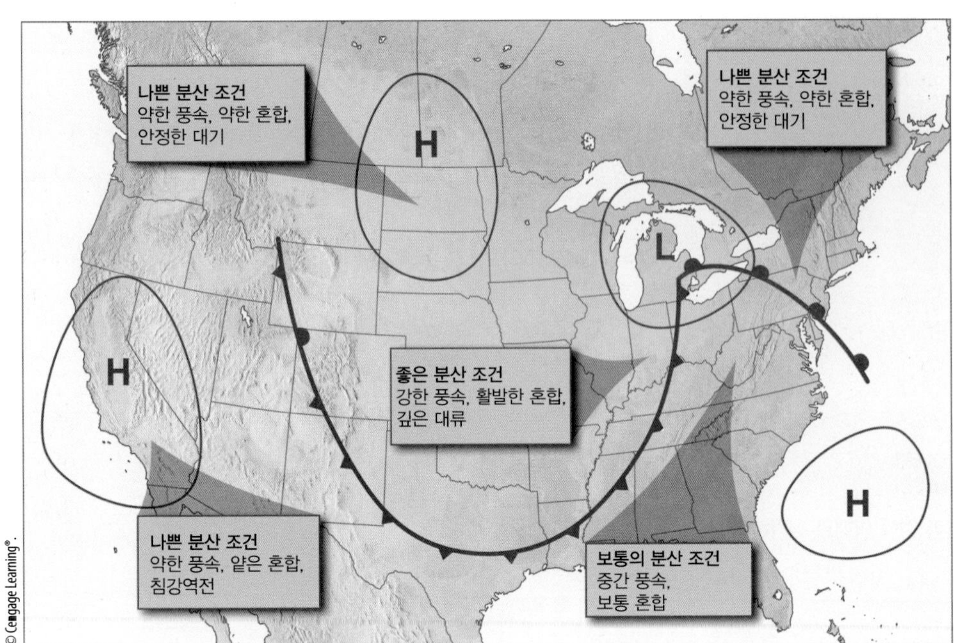

그림 14.21 ● 대기오염이 악화되는 조건, 보통인 조건, 그리고 깨끗한 조건에 해당하는 일기 패턴.

지표면 고기압 지역 또는 산등성이가 있는 지역은 맑은 하늘, 약한 바람, 침강역전이 나타날 수 있으며, 이와 같은 특정한 날씨 패턴에서 **대기 정체 현상**(atmospheric stagnation)을 조성할 수 있다. 게다가 발달하는 온난전선 전면의 따뜻한 공기가 차가운 지표면의 공기 위로 올라갈 경우, 안정된 대기 조건은 지표면 근처의 오염물질을 가둘 수 있다. 반면에 한랭전선 뒤쪽의 강풍과 불안정한 공기는 확산을 원활히 한다(그림 14.21 참조).

이러한 상황이 수일 내지 일주일 이상 지속되면 오염물질의 축적으로 최악의 대기오염 재해를 초래할 수 있다. 1948년 미국 펜실베니아 주의 분지 도시 도노라에서 발생한, 14시간 동안 17명의 사망자를 초래한 대기오염 사건이 대표적 사례이다(도노라 재해에 관한 추가적인 정보는 포커스 14.5를 참조).

대기오염과 도시환경

도시가 일반적으로 시골보다 기온이 높다는 것은 100여 년 동안 정설이 되다시피 했다. **도시 열섬**(urban heat island)이라고 알려진 이 현상은 대기오염 농도에 영향을 미칠 수 있다. 열섬이 어떻게 형성되는지 살펴보자.

도시 열섬은 산업 및 도시 개발에 기인한다. 시골에서는 입사 태양 에너지의 많은 부분이 식물과 토양으로부터의 수분 증발에 사용되는 데 비해 식물이 적고 땅이 포장되어 있는 도시에서는 태양 에너지의 대부분이 도시 구조물과 아스팔트에 흡수된다. 따라서 더운 낮 시간의 증발 냉각이 적기 때문에 도시의 지상기온은 시골보다 대체로 높다.[8]

밤에는 건물과 도로에 대량으로 저장된 태양열이 대기로 서서히 방출된다. 이 밖에도 차량과 공장, 냉·난방기에서 뿜어내는 도시의 열기가 추가된다. 열에너지의 방출은 높은 건물 벽들에 차단되어 시골에서처럼 적외선 복사열이 원활하게 빠져나가지 못한다. 이처럼 열의 방출 속도가 느린 야간의 도시 기온은 시골보다 높을 수밖에 없다. 대체로 열섬현상은

1. 태양광선이 없는 야간
2. 밤이 낮보다 길고 도시 난방열이 증가하는 겨울

8 열섬효과는 주로 도시의 위치, 계절, 일중 시간, 그리고 다음 요소들에 의해 결정된다. 도시와 변두리 지역과의 지면반사도, 거칠기 길이, 열 방출, 수증기 방출 그리고 입자 배출 차이.

도노라 5일-대기오염 에피소드

1948년 10월 26일 화요일 오전, 한랭한 지상 고기압이 미국 동부로 이동했다. 이 고기압 자체는 특이한 점이 없었다. 중심기압이 1025 hPa이었던 고기압은 예외적으로 강력한 것은 아니었다(그림 4 참조). 그러나 이 지역 상공에는 거대한 저지형 기압능이 형성되었고 멀리 서쪽으로는 지상기압 특성을 동반 이동시키는 제트류가 존재했다. 결과적으로 지상 고기압은 펜실베이니아 상공에 갇혀 5일 동안 거의 정체 상태에 있었다. 고기압 주위에 넓은 간격으로 자리 잡은 등압선들은 이 지역에 약한 기압의 변화와 대체로 약한 바람을 일으켰다. 약한 바람은 고공에서 서서히 침강하는 공기와 합세하여 극심한 대기오염 현상이 일어날 수 있는 조건을 형성하였다.

화요일 오전, 서부 펜실베이니아 모농가헬라 계곡에 위치한 소도시 도노라의 습한 지상에 복사안개가 서서히 내려앉았다. 도노라는 완만하게 기복을 이루는 언덕들로 둘러싸인 강변의 저지대에 자리 잡고 있어서(그림 4 참조), 주민들은 안개에는 익숙해 있었으나 앞으로 어떤 일이 닥칠지는 전혀 예상을 못 하고 있었다.

안개를 형성한 강력한 복사냉각 현상이 고기압권의 하강기류와 결합되어 기온역전을 강화시켰다. 약한 하강기류가 서늘한 공기와 함께 이 지역 제철소, 아연제련소, 황산공장 등에서 배출된 오염물질을 도로나 상공으로 확산시켰다.

오염물질을 지닌 안개는 수요일까지 걷히지 않았다. 밤에는 서늘한 오염된 바람이 역전현상을 강화시켰으며, 이미 오염된 공기에 더 많은 오염물질들이 추가됐다. 두터운 안개층은 태양광선의 지상 도달을 차단했다. 기본적으로 지면이 가열되지 않는 가운데 혼합된 두터운 공기층이 하강했고 오염 농도는 더욱 심해졌다. 오염된 공기는 수평으로나 수직으로나 흩어지지 못한 채 정체된 얇은 층에 갇혀 있었다.

한편, 공장들에서는 높이 40 m 미만의 굴뚝을 통해 주로 이산화황과 입자상 물질 등 불순물을 대기 중으로 계속 뿜어냈다. 안개는 점점 두꺼워져 연기와 물방울로 구성된 습한 덩어리로 변했다. 목요일에 이르러 시정은 줄어들어 거리 건너편을 겨우 볼 수 있을 정도였다. 동시에, 공기는 폐부를 파고들어 거의 통증을 느낄 정도로 심한 이산화황 냄새를 풍겼다. 이즈음 상당수의 주민들이 건강이상을 호소하기 시작하였다.

이 현상은 토요일에 절정에 달해 17명의 사망자가 보고되었다. 사망률이 증가하자 시 당국자들과 공장대표들이 비상회의를 소집해 오염물질 배출을 줄이기 위한 대책을 논의하였다.

약한 바람과 숨도 쉴 수 없는 공기는 일요일까지 끈질기게 계속되다가 강한 바람의 폭풍우가 접근하며 공기를 수직으로 뒤섞어 오염물질을 분산시켰다. 그런 다음 반가운 비가 내려 공기를 더욱 정화시켰다. 그러나 이 사태로 22명이 목숨을 잃었고, 5일 동안 14,000명의 지역주민 중 약 절반이 대기오염에 따른 악영향을 경험했다. 타격을 받은 피해자 대부분은 심장 혹은 호흡기 장애병력을 가진 노인들이었다.

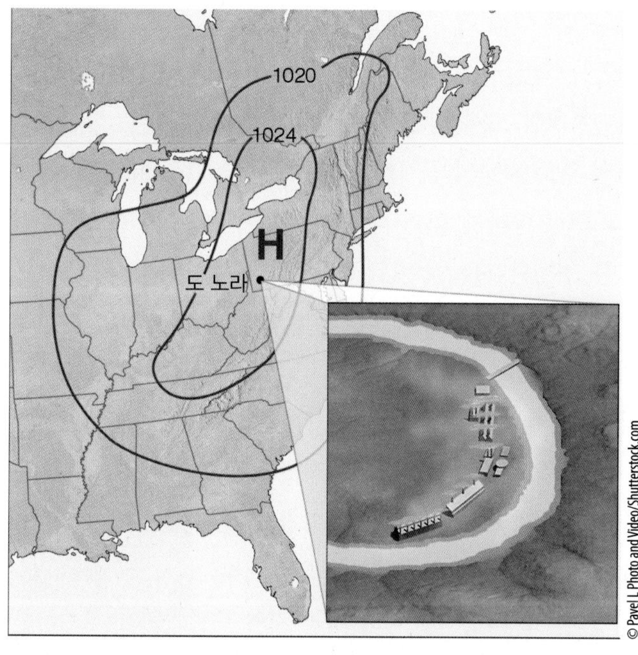

그림 4 ● 1948년 10월 26일 지상 일기도로 미국 동부 상공에 정체 고기압이 위치하고 있다. 오른쪽 사진은 모농가헬라 강변의 도노라의 전경을 보여준다.

3. 약한 바람, 맑은 하늘, 습도가 낮은 고기압권일 때 가장 강력하게 나타난다.

도시 열섬현상의 증가는 기온에 영향을 주어 도시의 기후 기록에 인위적인 온난화가 나타나고 있다. 과학자들은 지난 100년 동안의 기후변화를 논할 때는 이와 같은 인위적인 온난화를 고려하고 있다.

오염물질의 지속적인 배출은 도시 기후에 영향을 준다. 대기 중에 섞여 있는 특정한 입자들은 태양광선을 반사함으로써 지상에 도달하는 태양열을 감소시킨다. 일부 입자들은 물방울과 빙정의 핵이 되기도 한다. 상대습도가 70% 정도로 낮을 때 이들 미세입자에 수증기가 응결하여 연무를 형성하고, 시정을 악화시키기도 한다. 또 응결핵이 대폭 증가함으로써 도시지역에 안개가 빈번해지기도 한다.[9]

지난 수십 년간의 많은 연구는 도시의 강수량이 주변 시골보다 증가한다는 연구 결과도 있다. 이러한 현상은 높은 빌딩과 도시의 지형으로 인해 거칠기가 증가했기 때문이라고 추정하고 있다. 큰 건물들은 지상공기를 점진적으로 수렴하게 만든다. 이처럼 도시 상공에 축적되었던 공기는 상승하고, 도시의 열로 지상의 공기가 가열됨으로써 불안정성이 강화되고 그에 따라 상승공기 운동이 촉진됨으로써 구름과 뇌우를 형성한다는 것이다(표 14.2 참조). 이 과정은 강수량이 도시지역 부근에서 더 강한 경향이 있는 이유를 설명하는 데 도움이 된다. 실제로 지난 몇 년간 미국의 일리노이 주 시카고, 미주리 주 세인트루이스, 조지아 주 아틀란타, 프랑스 파리, 중국 베이징 그리고 기타 대도시 인근에서 강수량이 증가했다는 보고가 있다. 그 효과는 지속적인 강수가 아니라 소나기와 뇌우에서 더욱 뚜렷하게 나타났다. 표 14.2는 도시와 시골 지역을 비교하여 도시의 환경적인 영향을 요약한 것이다. 도시 지역에서 배출된 다량의 에어로졸은 도시와 풍하측 지역에서 강수를 증가시킬 수 있다. 하지만 한 가지 예외는 건조한 지역의 도시에서 발생한다. 5장에서 논의된 것처럼 구름에 다량의 에어로졸이 유입된 경우 입자들이 제한된 수증기를 놓고 경쟁하기 때문에 구름방울 크기는 감소하고 개수는 증가하기에 대체로 강수는 감소한다.

9 액체와 고체 입자(에어로졸)가 더 큰 규모에 미치는 영향은 복잡하며 13장에서 다루는 여러 요인에 따라 달라진다.

▼ 표 14.2 **도시와 시골 환경의 비교(평균 상태)***

요소	도시(시골과 비교)
평균 오염수준	높음
지면에 도달하는 평균 일사	낮음
온도	높음
상대습도	낮음
시정	낮음
풍속	낮음
강수	높음
운량	높음
뇌우 빈도	높음

*각종 요소의 값은 도시의 크기, 산업 형태, 그리고 계절에 따라 크게 변하므로 생략하였음.

열섬현상이 나타나는 맑고 바람이 없는 날 밤, 도시 상공에는 작은 열적 저기압이 형성된다. 때로는 **시골 바람**(country breeze)으로 불리는 약한 바람이 교외에서 도시로 불기도 한다. 도시 외곽에 큰 공업단지가 있을 경우 오염물질은 도심으로 이동하여 축적된다. 특히 역전층이 오염물질의 연직 혼합과 확산을 방해할 때 이 현상은 더욱 심해진다(그림 14.22 참조).

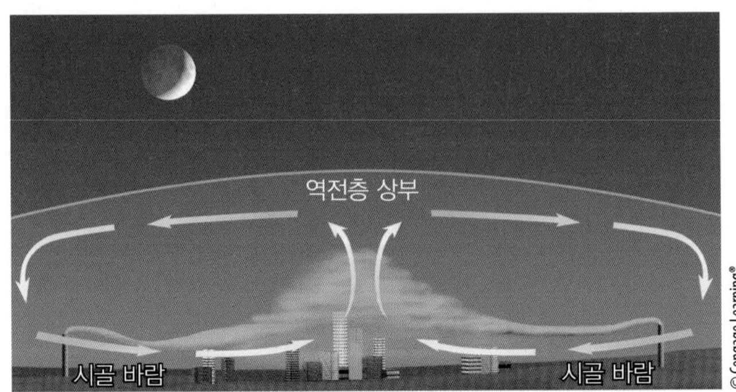

그림 14.22 ● 맑고 비교적 고요한 날 밤, 약한 시골 바람을 타고 교외의 오염물질이 도심으로 이동해 축적되었다가 도시 열섬에 따른 온난화로 상승하면서 오염 돔(먼지 돔)을 형성하고 있다.

폭염과 대기오염: 치명적인 팀(team)

21세기 최악의 재해 기상 중 하나는 강렬하고 지속적인 더위에서 시작되었다. 고온의 영향은 그 자체로도 사람을 충분히 사망에 이르게 할 수 있지만, 특히 건강이 안 좋은 사람들은 해소할 방법이 거의 없다. 또한, 대기오염은 폭염의 치명적인 특성에 상당한 역할을 더할 수 있다. 사망 전문가들은 2003년 여름, 유럽을 강타한 폭염으로 4만 명 이상의 사람들이 사망했다고 보고한 바 있다. 2010년, 모스크바를 강타한 기록적인 폭염도 1만 명 이상의 목숨을 앗아갔다. 폭염이 며칠, 몇 주 동안 지속되기 때문에, 사망자 수는 관찰된 사망자 수를 취하여 연중 주어진 기간에 예상되는 사망자 수를 기준으로 총 사망자를 조정하여 계산된다.

폭염과 대기오염은 범죄 집단처럼 같은 시간과 장소에 동시에 나타나는 경우가 많아, 개별적으로 또는 집단적으로 행동했는지를 판별하기 어려울 수도 있다. 폭염을 주로 유발하는 상층의 정체된 고기압 시스템은 지상 부근 오존 생성과 작은 입자들을 축적시키는 데 유리한 강한 햇빛과 정체된 기상조건을 며칠씩 장기간 유지하는 경향이 있다.

이는 다시 심혈관 및 호흡기 질환을 포함하여, 잠재적으로 위험한 건강상태와 직접적으로 관련이 된다. 2003년, 유럽 폭염에 대한 여러 연구에서 사망원인과 오염물질의 잠재적인 역할을 연구했다. 한 연구팀은 스위스에서 발생한 약 1천 명의 사망자들 중 13~30%가 실제로 폭염이 아닌 오존에 의해 사망했다고 주장하였다. 또 다른 연구는 영국에서 2천 명 이상의 폭염 사망자 중 21~38%가 오존과 PM_{10}보다 작은 직경을 가진 입자($PM_{2.5}$ 혹은 PM_1)의 영향에 의한 것이라고 설명하였다.

이러한 연구에서 연구결과의 불확실성을 줄이기 어려운 이유는 연구자들이 폭염과 대기오염이 얼마나 독립적으로 영향을 주는지와 폭염과 대기오염이 어느 정도 시너지 효과를 발생시키는지 확신하지 못하기 때문이다. 이 문제를 해결하기 위해, 미국은 1987~2000년까지 약 100개의 도시 지역에 대해 건강 및 기상 자료를 결합한 연구(National Morbidity, Mortality, and Air Pollution Study: NMMAPS)를 통해, 오존이 폭염에 의한 사망률 증가를 촉진한다는 것을 확인하였다. 예를 들어 10°C(18°F) 온도가 상승한 경우, 오존 농도가 낮았을 때는 심혈관 사망률이 1% 가량 더 발생했지만, 오존 농도가 높았을 때는 8% 가량 증가하였다.

앞으로 수십 년 동안 열 관련 건강 문제에서 대기오염의 역할이 확대될 수 있다. 기후변화 시뮬레이션은 전 세계 많은 지역에서 폭염의 횟수, 지속 시간, 강도가 증가할 수 있다는 것을 보여 준다. 동시에 세계 인구의 상당수가 도시 지역에 모여 있다. 이러한 상황에서 엄격한 대기오염 통제가 없다면 특정 지역의 대기오염 농도와 대기오염에 취약한 사람들의 수를 증가시킬 수 있다.

© Pavel L Photo and Video/Shutterstock.com

2010. 6. 10

REUTERS/Alexander Demianchuk/Landov

2010. 8. 7

그림 5 ● 2010년, 모스크바의 폭염이 대기질에 미치는 심각한 영향은 이 두 사진에서 확인할 수 있다. 17일 촬영(폭염 전)과 7일 촬영(폭염의 절정기).

산성비의 문제를 살펴보기 전에, 평균적으로 다른 극한의 날씨보다 폭염기간 동안의 과도한 열로 사망하는 것에 대해 주목해야 한다. 그러나 최근의 연구는 이러한 사망의 상당수는 실제로 높은 수준의 대기오염에 노출되어 발생한다고 한다. 포커스 14.6의 '폭염과 대기오염: 치명적인 팀(team)'에서 이 가능성을 자세히 살펴보자.

산성 침적

공업단지에서 배출되는 대기오염물질, 특히 황산화물과 질소산화물 등의 연소 시 배출물질은 바람을 타고 수 km 떨어진 곳까지 이동할 수 있다. 이들 입자와 가스는 **건성 침적물** 형태로 지상에 내려앉거나, 혹은 구름입자 형성 시 비와 눈을 통해 **습성 침적물** 형태로 지상에 내려온다. **산성비**(acid rain)와 산성 강수는 습윤 침적물을 가리킬 때 흔히 통용되는 용어이다. 그러나 **산성 침적**(acid deposition)이라 하면, 건조 및 습윤 산성 물질을 모두 포함하는 말이다. 이들 물질은 어떤 과정으로 산성을 띠게 되는가?

오염 발생원에서 배출되는 이산화황(SO_2)과 질소산화물은 인근 지역에 내려앉아 있다가 특히 이슬이나 서리가 형성될 때 물과 상호작용하여 산성화된다. 대기 중에 잔류한 입자들은 햇빛, 물, 기체를 포함한 복잡한 화학작용으로 작은 황산(H_2SO_4) 및 질산(HNO_3) 방울로 변할 수 있다. 이들 산성 입자는 서서히 지상에 떨어지거나 구름방울 또는 안개방울에 침적되어 **산성 안개**(acid fog)를 형성한다. 구름에서 강수가 발생하면 산성 물질은 그 속에 포함되어 지상에 도달한다. 산성 입자들은 구름응결핵으로 작용하여 구름방울을 형성하고 발달하여 강수 입자로 지표면에 돌아온다. 이로 인하여 20세기 중후반경에 대기오염 증가와 함께 강수는 점차 산성화되었는데, 특히 주요산업단지 풍하측에서 심한 경향이 있었다.

예를 들어, 과학자들은 1986년 북아메리카 동해안에서 수백 km 떨어진 곳에서 고농도의 오염물질을 검출했다. 이들 오염물질은 미국 동해안 공업 도시들에서 배출된 것으로 추정되었다. 오염물질은 폭풍이 발달할 때 대부분 제거되지만 일부는 잔류하여 대서양을 건너 버뮤다와 아일랜드까지 이동할 수도 있다.

산성 강수는 거의 전 세계적으로 분포되어 있을지 모르나 특히 유명한 지역은 북아메리카 동부, 중부 유럽, 스칸디나비아 등이 있다. 보다 최근에는 급속한 산업화로 인해 중국을 비롯한 아시아 여러 지역이 산성비의 영향을 받고 있다. 캐나다 북부 일부 지역에서는 산성 강수가 자연적으로 발생하기도 한다. 노출된 탄광 광산에서 자연적으로 화재가 발생할 때 엄청난 양의 이산화황이 배출된다. 동일한 과정으로 산성 안개가 자연 발생할 수도 있다.

모든 강수는 자연적으로 약간의 산성을 보인다. 대기 중에서 자연적으로 이산화탄소가 강수 속에 용해되어 pH 5.0~5.6의 약산성을 형성한다. 따라서 pH가 5.0 이하일 때의 강수는 산성으로 간주된다(그림 14.23 참조). 이산화황 배출이 산성 강수의 주원인이 되는 미국 북동부의 일반적인 pH 값이 4.0~4.7이다(그림 14.24 참조). 미국

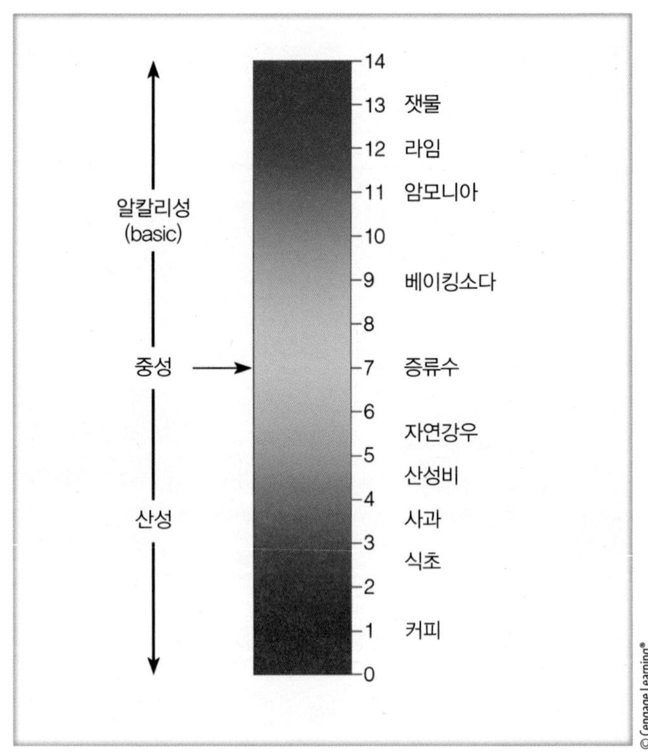

그림 14.23 ● 0~14로 구성되어 있는 pH 눈금에서 그 값이 7인 경우는 중성으로 간주되며, 7 이상은 알카리성, 7 이하는 산성으로 판정된다. pH 3인 비는 pH 4인 비보다 산성도가 10배나 높고 pH 5인 경우보다는 산도가 100배나 높다.

그림 14.24 ● 2012년 미국 강수의 산성도(pH) (NADP).

북동부뿐만 아니라 남동부에서도 지난 20년에 걸쳐 강수의 산성도가 급증했다. 미국 서해안을 따라 형성되는 산성 침적물의 주원인은 자동차 배기가스에서 나오는 질소산화물이고, 로스앤젤레스에서는 산성비보다 산성 안개가 더욱 심각한 문제를 낳고 있으며, 특히 안개가 가장 많이 낀 해안에서 더욱 심하다. 이 지역 안개의 pH는 보통 4.4~4.8이며 심지어 3.0 이하로 내려간 적도 있다.

고농도의 산성 침적물은 식물과 상수원에도 해를 끼칠 수 있다. 담수 생태계는 산성의 변화에 특히 민감하다. 알카리성 토양이 유입되는 산성을 중화시킬 수 없는 지역에서는 이 문제가 큰 걱정거리이다. 수천 개에 달하는 미국과 캐나다의 호수들이 20세기 후반 산성화로 인해 그곳에 서식하는 어족 전체에 영향이 미칠 수 있다는 연구 결과도 있다. 독일의 많은 나무는 산성 침적물이 부분적으로 원인이 되는 동고병(잎마름병) 증후를 보이고 있다. 수십 년간 산림지대에 내린 산성비가 토양의 화학적 불균형을 초래하여 나무의 생장에 필요한 특정 요소의 결핍을 빚은 것으로 추정되는데, 이런 나무들은 병충해와 가뭄에 약하다. 큰 산림에 미치는 영향을 '산림의 죽음(Waldsterben)'이라고 불렀다. 북아메리카의 산림에도 비슷한 영향을 미칠 수 있으나 훨씬 느린 속도로 캐나다 남동부에서 사우스캐롤라이나까지 높은 고도에 위치한 산림에서 증상이 나타났다(그림 14.25 참조).

산성비의 영향은 농촌지역에서만 발생하는 것이 아니다. 산성 침적물은 전 세계 도시들의 구조물 기초를 부식

그림 14.25 ● 미국 테네시 주 그레이트 스모키 산의 산성 안개 영향.

시켰으며, 귀중한 옥외 조각과 동상 및 분수들의 모양이 훼손되기 시작했다. 산성 침적이 건물 표면, 기념물, 기타 구조물에 끼치는 손실액은 매년 수십억 달러에 이를 것으로 예상된다.

1980년대의 관측과 컴퓨터 모델은 산성비과 이후의 물리적, 화학적 과정에 의한 위험성을 명확히 확인하였다. 그 결과 1990년의 청정공기법은 미국의 이산화황과 이산화질소 배출량을 감축시켰고, 다른 많은 나라들도 비슷한 규제를 시행하였다. 또한, 미국은 배출량 감축을 시행한 기업들이 시행하지 않은 기업들에게 할당량을 판매할 권리를 가지는 '배출권 거래제(cap and trade)' 시스템을 시행하였다. 많은 하천과 호수의 산성화가 여전히 문제되지만, 이러한 조치는 배출량(많은 경우 50% 이상)을 감축하는 데 도움이 되었으며, 산성화의 위험성이 점차 줄어들고 있다.

요약

대기오염은 여러 세기 동안 인간 생활에 해를 끼쳐 왔다. 대기오염은 인간이 나무와 석탄을 연료로 사용하면서부터 시작되었다. 석탄이 가정용 및 산업용 연료가 된 산업혁명 기간 중 대기오염은 악화되었다. 많은 미국 도시는 1990년 청정공기법에 규정된 기준을 여전히 준수하지 못하지만, 오늘날 미국 대도시의 대기는 청정연료 사용과 엄격한 오염물질 배출 규제로 50년 전보다는 깨끗해졌다.

대기오염의 유형과 오염 배출원을 검토하여, 1차 대기오염물질은 대기 중으로 직접 유입되는 데 비해, 2차 오염물질은 다른 오염물질과의 화학반응으로 생성된다는 것을 알았다. 2차 오염물질인 오존은 태양광선이 있을 때 형성되는 광화학 스모그의 주성분인데, 눈을 자극하는 스모그이다. 지표 근처의 오염된 대기에서 질소산화물과 탄화수소(VOCs)가 일으키는 일련의 화학반응을 통해 오존이 형성된다.

성층권에서 오존은 자연적으로 발생하는 기체로서 태양의 유해한 자외선으로부터 우리를 보호한다. 인위적 활동에 의한 CFCs가 성층권으로 유입되면 강한 자외선에 의해 분해되면서 염소 원자를 내놓고 이들이 빠르게 오존을 파괴하는데, 이런 현상은 남극 지방에서 강화된다.

대기오염을 조절하기 위하여 대기오염 정도를 가리키는 대기질 지수를 개발하였고, 현재 미국 내 많은 도시들은 미국 환경보호청이 정한 기준으로 건강에 해롭다고 판정되는 날이 여전히 많다. 대기오염에 영향을 주는 요소로 중요한 것은 약한 바람, 맑은 하늘, 얇은 혼합층, 안정한 대기, 강력한 역전층 등이다. 이러한 조건은 어느 지역이 고기압권에 들어 있을 때 주로 발생한다. 도시환경은 주변의 시골에 비해 더 오염되고 기온이 더 높은 경향을 보인다.

공업단지의 오염물질 배출은 풍하측 대기환경에 영향을 주는데, 공장에서 배출된 황산화물과 질소산화물이 대기 중에 유입되어 바람을 타고 이동하면서 산성 침적물이 되어 지상에 떨어지기 때문이다. 세계 여러 지역의 산성 침적은 심각한 문제로 남아 있지만, 또 다른 지역에서는 산성비를 유발하는 오염물질을 줄임으로써 상당한 개선이 이루어지고 있다.

주요 용어

본문에 나온 주요 용어를 나열하였다. 각 용어를 정의하라. 그러면 복습에 도움이 될 것이다.

대기오염물질	1차 대기오염물질	2차 대기오염물질	입자상 물질
일산화탄소(CO)	이산화황(SO_2)	휘발성 유기화합물(VOCs)	탄화수소
이산화질소(NO_2)	산화질소(NO)	스모그	광화학 스모그
오존(O_3)	오존구멍	대기질 지수(AQI)	오염물질 분산(dispersion)
복사(지표) 역전	침강역전	혼합층	혼합 깊이
대기 정체 현상	도시 열섬	시골 바람	산성비
산성 침적	산성 안개		

복습문제

1. 대기오염의 주 배출원은 무엇인가?
2. 1차 오염물질과 2차 오염물질은 어떻게 다른가?
3. 입자상 물질의 범주에 들어가는 물질의 예를 들어라.
4. $PM_{2.5}$와 PM_{10}이라고 하는 입자상 물질은 어떻게 다른가? 둘 중 어느 것이 인간의 건강에 더 많은 해를 끼치는가?
5. 입자상 물질이 대기로부터 제거되는 두 가지 방법은 무엇인가?
6. 광화학 스모그란 무엇이며 어떻게 형성되는가? 광화

학 스모그의 주성분은 무엇인가?

7. 다음 각 오염물질과 관련된 주요 원인 및 건강에 미치는 영향을 설명하라.
   (a) 일산화탄소 (b) 이산화황
   (c) 휘발성 유기화합물 (d) 질소산화물
8. 런던형 스모그와 LA형 스모그의 차이점은 무엇인가?
9. 광화학 스모그가 한겨울보다 여름과 초가을에 잦은 이유는 무엇인가?
10. 성층권의 오존은 지구 생명체에 유익한 반면, 대류권(지상)의 오존은 그렇지 않다. 그 까닭은 무엇인가?
11. 성층권의 오존이 모두 파괴된다면 지구에 서식하는 동물들에 어떤 영향을 미치겠는가?
12. 그림 14.11(p.460)에서 볼 수 있듯이 1970년 이후 오염물질 배출이 현저하게 감소한 이유는 무엇인가?
13. (a) AQI 척도에서 오염물질이 건강에 해롭다고 판단되는 것은 언제인가?
    (b) AQI 척도에서 오존의 수치가 250이라면 그때의 대기는 어떠한가?
    (c) 오존의 AQI가 250일 때 건강에 어떤 영향을 미치는가? 이때 어떤 주의가 필요한가?
14. 왜 강한 바람보다는 약한 바람이 고농도의 대기오염에 더 영향을 주는가?
15. 대기오염물질의 축적과 대기의 안정은 어떤 관계가 있는가?
16. 대기오염과 역전이 서로 밀접한 관계가 있는 이유는 무엇인가?
17. 주요 대기오염 사례는 주로 복사역전 또는 침강역전과 관련이 있는데 그 이유를 설명하라.
18. 인근 지역의 대기질을 향상시키는 데 있어 높은 굴뚝이 낮은 굴뚝보다 좋은 몇 가지 이유를 제시하라.
19. 하루 중 혼합 깊이가 어떻게 변화하는가? 혼합 깊이가 변함에 따라 지상 근처의 오염 농도에 어떤 영향을 미치는가?
20. 농부는 농업 쓰레기를 하루 중 언제 소각하는 것이 오염을 최소화할 수 있는가?
21. 가장 심각한 대기오염 사건이 고기압 영역과 관련이 있는 이유를 설명하라.
22. 로스앤젤레스와 덴버와 같은 도시에서 지형은 오염물질 농도에 어떤 영향을 주는가? 산악 지형의 경우는 어떤가?
23. 대기오염의 악화를 가져오는 요인을 설명하라.
24. 오염물질의 분산에 가장 적합한 날씨 유형은 무엇인가?
25. 도시 열섬이란? 야간에 더 강하게 발달할 것인가, 혹은 낮에 더 강하게 발달하는가? 설명하라.
26. "시골 바람"의 원인은 무엇입니까? 왜 낮보다 밤에 더 많이 발달하는가? 여름이나 겨울에 더 쉽게 발달하는가? 설명하라.
27. 대공업 단지의 풍하측 강수에 오염물질이 어떤 영향을 끼치는가?
28. 산성 침적이란 무엇인가? 왜 산성 침적이 세계의 많은 지역에서 심각한 문제로 여겨지는가? 산성강수는 어떻게 형성되는가?

사고 및 탐구 문제

1. 훈증형 연기 기둥이 따뜻하고 맑은 날 오후에 발생할 것으로 예상하는가? 설명하라.
2. 산업 지역에서 야간의 오염 수치가 주간보다 높은 몇 가지 이유를 제시하라.
3. 다음의 모순을 설명하라 : 대류권(지상) 오존 농도가 높은 것은 우리에게 악영향을 주므로 줄이려 노력하지만, 성층권 오존 농도가 높은 것은 우리에게 이롭기 때문에 유지하려고 노력한다.
4. 도시 내에 위치한 대규모 공장 굴뚝은 대량의 이산화황과 이산화질소를 배출한다. 관리당국은 이 지역의

대기질 저하를 초래한다는 현지 주민들에 비판으로 10 m에서 100 m로 굴뚝의 높이를 높인다. 이러한 굴뚝 높이 증가는 대기질 문제를 변화시킬 것인가? 이로 인해 새로운 문제를 일으킬 것인가? 설명하라.

5. 강수에 함유된 황산과 질산이 토양, 나무, 어류에 악영향을 미칠 수 있다면, 왜 산성비를 맞으며 걸을 때 사람에게는 악영향을 주지 않는가?

6. 산성비와 산성 안개 중 어느 것이 더 산성이라고 생각하는가?

7. 해당 지역의 일일 AQI 값을 기록하여 지수에 나열된 오염물질을 기록하라. 또한, 운량, 낮 최고기온, 평균 풍향과 풍속 등 기상상태를 기록하라. 이러한 기상조건과 특정 오염물질에 대한 높은 AQI 값 사이에 어떤 관계가 있는지 확인하라.

15장

빛, 색 및 대기광학

1818년, 하늘은 맑고 날씨는 춥다. 캐나다 Baffin 섬 근처 해상에 배 한 척이 미지의 바다를 향해 전속력으로 항해하고 있다. 그 배에는 영국인 형제 James Ross와 John Ross가 타고 있었다. 형제는 대서양과 태평양을 연결하는 '북서항로'를 찾아내려 하고 있다. 그러나 잘 잡히지 않는 이 항로를 발견하려는 Ross 형제의 희망은 오늘 아침 수포로 돌아갈 것 같다. 배의 앞길을 가로막는 거대한 산맥이 눈앞에 나타났기 때문이다. 실망한 형제는 배를 돌려 북서항로는 없다고 보고한다.

그로부터 약 90년 후 Peary 제독은 똑같은 장벽에 부딪혀 그 이름을 'Crocker land'로 불렀다. 도대체 이 산맥에는 무슨 보물이 숨겨져 있을까? 금일까, 은일까, 귀중한 보석일까? 전 세계 탐험가들의 호기심이 불같이 일어났다. 추측이 난무하던 끝에 1913년 미국 자연사 박물관의 위촉을 받은 Donald MacMillan이 탐사단을 이끌고 Crocker land의 비밀을 캐기 위해 길을 떠났다.

항해는 처음에는 실망스러웠다. Peary 제독이 보았던 산맥이 있던 자리에는 망망대해뿐이었다. 마침내 저만치 Crocker land가 보였으나 그 위치는 Peary 제독이 만났던 곳에서 서쪽으로 320 km 이상 떨어져 있었다. MacMillan은 가능한 한 항해를 계속 했고, 그런 다음 닻을 내리고 소수의 승무원들과 함께 배에서 내렸다.

일행이 산을 향해 걸어갈수록 산은 점점 멀어지는 것 같았다. 일행이 멈춰서면 산도 멈춰서고 일행이 걷기 시작하면 산은 다시 뒤로 물러섰다. 일행은 당황하면서도 햇빛에 반짝이는 설원을 계속 걸어갔다. 마침내 거대한 산맥이 일행을 삼면으로 둘러쌌다. Crocker land의 보물이 그들의 것이 되려는 순간이었다. 그때였다. 태양이 지평선 밑으로 숨어버렸다. 그리고 마술처럼 산맥은 차가운 북극의 박명으로 둔갑했다. 할 말을 잃어버린 일행은 사방을 둘러보았으나 산은 간 곳 없고 얼음뿐이었다. 그들은 자연이 연출하는 가장 큰 장난의 희생양이었다. 바로 Crocker land는 신기루였기 때문이다.

- 빛과 색
- 구름과 산란광
- 붉은 해와 푸른 달
- 반짝임, 박명 및 녹색섬광
- 신기루
- 무리, 무리해 및 해기둥
- 무지개
- 광환과 채운

하늘은 온갖 볼거리로 가득 차 있다. 신기루로 불리는 광학적 환영이 높은 산 또는 젖은 도로처럼 보일 때가 있다. 청명한 날씨에는 하늘이 푸르게 보이고 지평선은 우윳빛으로 보인다. 일출과 일몰은 분홍, 빨강, 주황, 자주색으로 하늘을 아름답게 물들인다. 밤하늘은 검은색이고 별, 달, 행성들만이 빛을 발한다. 밤에는 별이 반짝이고 달은 수시로 크기와 색깔을 바꾸는 것처럼 보인다. 하늘에 보이는 천체들을 이해하기 위해 태양광선이 대기와 어떻게 상호작용을 하여 여러 가지 시각 현상을 나타내는지를 자세히 살펴보자.

빛과 색

2장에서 언급한 바와 같이, 대기권에 도달하는 태양복사의 거의 절반은 가시광선 형태를 띠고 있다. 햇빛은 대기권에 진입하면 흡수, 반사, 산란, 또는 투과된다. 태양에너지에 대한 지상 물체의 반응은 그 물체의 색, 밀도, 구성과 광선의 파장에 좌우된다. 사람은 어떻게 보며, 물체는 왜 여러 가지 색으로 보이는가? 빛과 물체 간의 상호작용으로 인한 시각 효과는 무엇인가? 광선이 대기와 상호작용을 할 때 무엇을 볼 수 있을까?

사람이 빛을 감지하는 것은 전자기파가 눈의 망막에 있는 안테나와 같은 말단신경을 자극하기 때문이다. 이 안테나는 **간상체**와 **추상체** 두 가지 유형으로 되어 있다. 간상체는 가시광의 모든 파장에 반응하여 명암을 식별할 수 있게 한다. 만약 모든 사람에게 간상체 같은 수용체만 있다면, 모든 물체는 흑백으로만 보일 것이다. 그러나 추상체는 가시광의 특정 파장에만 반응하여 신경계를 통해 뇌에 충격을 전달하며, 뇌는 이 충격을 색감으로 받아들이는 것이다. 망막의 추상체 기능에 이상이 생기면 색맹이 된다. 가시광보다 파장이 짧은 복사파장은 사람의 색감 시각을 자극하지 못한다.

모든 가시파장이 거의 동일한 강도로 눈의 추상체에 충돌할 때 흰색으로 받아들인다.[1] 태양은 에너지의 거의 절반을 가시광으로 복사하기 때문에, 한낮의 태양광선의 모든 가시파장은 추상체에 도달하게 되고 따라서 태양은 보통 흰색으로 보인다. 태양보다 온도가 낮은 별은 그 에너지의 대부분을 약간 긴 파장으로 복사한다. 따라서 이 별은 태양보다 붉은색으로 보이는 반면에, 태양보다 더 뜨거운 별은 보다 많은 에너지를 보다 짧은 파장으로 복사하기 때문에 푸르게 보인다. 태양과 온도가 거의 같은 별은 흰색으로 보인다.

온도가 낮아 복사 에너지를 가시파장으로 방출하지 못하는 물체라 해도 색깔은 가질 수 있다. 일상생활에서 보는 빨간색 물체는 빨간색을 제외한 모든 가시파장을 흡수하기 때문에 빨간색으로 보이는 것이다. 또 푸른색 물체는 푸른색을 제외한 모든 가시파장을 흡수한다. 어떤 표면은 모든 가시파장을 흡수하고 전혀 광선을 반사하지 않는다. 이러한 표면으로부터는 사람의 눈에 충돌하는 복사파장이 나오지 않으므로 검게 보인다. 따라서 색이 보일 때는 광선이 우리 눈에 도달하고 있음을 말해준다.

구름과 산란광

부풀어 오르면서 발달하는 적운이 흰색으로부터 암회색 또는 검은색으로 색을 바뀌는 모습을 올려다보면 흥미롭다. 이러한 변화가 보이면 먼저 "비가 오려나봐"하고 생각한다. 구름은 왜 처음에는 흰색이다가 색이 바뀌는 것일까? 이 의문을 풀기 위해 빛의 **산란**을 살펴보자.

태양광선이 어떤 표면에 충돌했다가 같은 각도로 튕겨져 나올 때 이를 **반사**(reflection)라고 한다. 그러나 대기권에는 태양광선을 굴절시켜 각 방향으로 보내는 여러 가지 성분이 있다. 2장에서 학습한 바와 같이 이렇게 굴절되는 복사를 **산란**(scattering)이라 하며, 산란된 광선을 **산란광**

---

1 가시 백색광은 2장에서 제시한 것처럼 서로 다른 파장을 가진 파장의 조합이라는 점을 기억하라. 가시광선의 파장은 빨강(가장 긴), 주황색, 노랑, 초록색, 파란색, 보라색(가장 짧은) 순으로 나타난다.

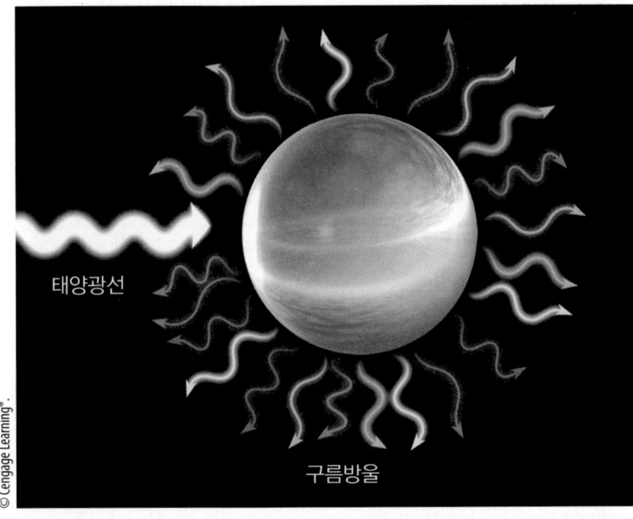

그림 15.1 ● 구름방울은 모든 파장의 가시 백색광을 동일하게 산란한다. 상이한 색들은 상이한 가시광선 파장을 나타낸다.

이라고 한다. 산란 과정에서는 에너지의 득실이 발생하지 않으므로 온도차가 없다. 대기권의 산란은 공기 분자, 먼지 입자, 물 분자, 오염물질 입자 등에 의해 발생한다. 핀볼 기계의 핀에서 공이 사방팔방 튕겨져 나가듯이 태양의 복사 에너지도 대기 중에서 미세입자들에 의해 여러 방향으로 산란된다.

구름방울은 가시광의 모든 파장을 다소간 차이는 있어도 대략 균등하게 산란시킬 수 있을 정도로 크다(그림 15.1 참조). 구름은 규모가 작은 것이라 해도 광학적으로

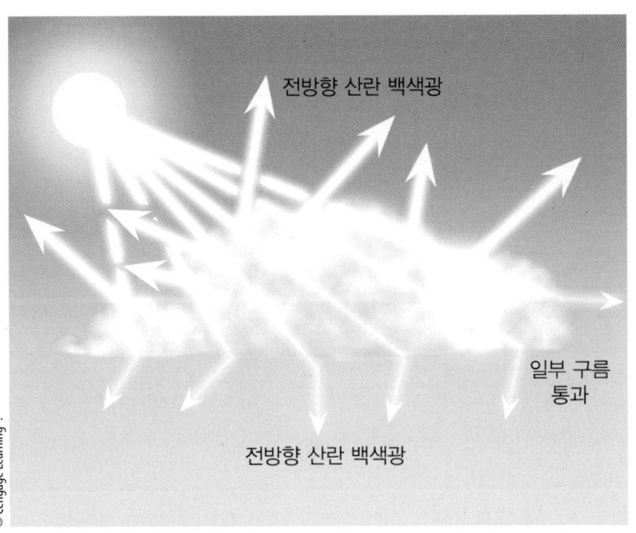

그림 15.2 ● 수많은 작은 구름방울들이 가시광을 여러 방향으로 산란시키므로 구름이 희게 보인다.

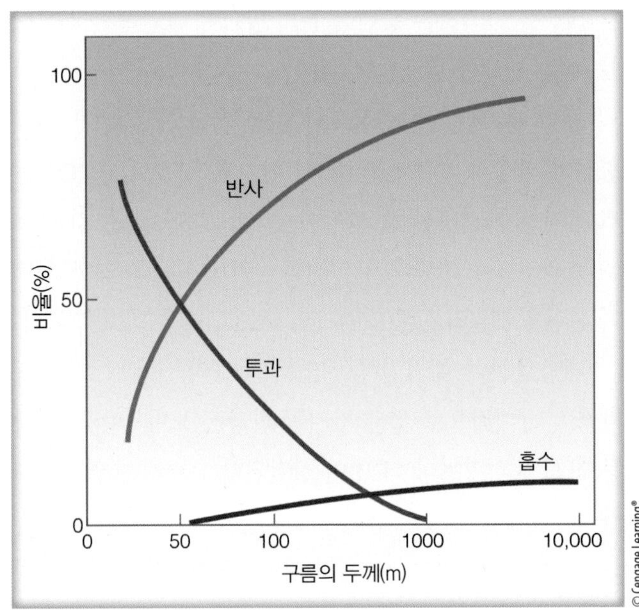

그림 15.3 ● 구름의 두께에 따라 태양복사에너지의 평균 반사, 흡수 및 투과율이 달라진다.

두꺼우므로 산란되지 않은 아주 적은 가시광선만이 구름을 통과한다. 이 구름은 태양광선의 흡수력이 약하고 무수히 많은 구름방울들이 가시광선의 모든 파장을 각 방향으로 산란시키기 때문에 흰색으로 보이는 것이다(그림 15.2 참조).

구름이 자라 키가 커짐에 따라 더 많은 태양광이 굴절되고 구름을 투과하는 광선의 양은 적어진다(그림 15.3 참조). 실제로 두께가 1,000 m나 되는 구름을 투과하는 광선은 비교적 적다. 구름의 하부까지 도달하는 광선이 워낙 적고 따라서 여기서 산란되는 광선도 적으므로 구름 밑은 검게 보인다. 동시에, 구름 하부의 방울들이 커지면 그 산란효과는 감소하고 흡수력은 증가한다. 따라서 구름 하부까지 도달하는 소량의 광선마저도 산란되기보다는 흡수되기 쉽고, 그 결과 구름은 더욱 검게 보인다. 굵어진 구름방울들이 더 커져 무거워지면 비가 되어 지상으로 떨어진다. 구름을 관측할 때 먹구름이 발달하면 비가 오기 쉽다는 것은 이미 알고 있는 사실이다. 이제 우리는 왜 구름들이 그토록 어둡게 보였는지 알게 되었다.

푸른 하늘과 연무일 하늘이 푸르게 보이는 까닭은 푸

른 색감을 자극하는 광선이 눈의 망막에 도달하기 때문이다. 이는 어떻게 발생하는 걸까?

공기 분자는 구름방울보다 훨씬 작고 그 직경은 가시광선의 파장과 비교해도 작다. 산소와 질소로 구성된 공기 분자는 가시광선 중 파장이 긴 것보다는 짧은 것을 보다 효과적으로 산란시키는 **선택 산란체**이다. 이러한 선택적 산란을 **레일리 산란**(Rayleigh scattering)이라고 부른다.

태양광선이 대기권에 진입하면 보라, 파랑, 초록 등 파장이 상대적으로 짧은 가시광 파장은 노랑, 주황, 빨강 등 가시광 파장보다 더 많이 산란된다(보랏빛은 빨간빛보다 약 16배나 더 많이 산란된다).

하늘을 쳐다보면 보라, 파랑, 초록빛 산란파가 각 방향에서 눈에 들어온다(그림 15.4 참조). 사람의 눈은 푸른색에 더 민감하므로 이들 짧은 파장의 빛들이 한데 합쳐져 푸른 하늘로 보이는 것이다(그림 15.5 참조). 지구의 하늘은 푸르지만 화성의 하늘은 한낮에는 붉은색, 일몰 시에는 자주색으로 변한다.

먼 산이 푸르게 보이는 것도 공기 분자들과 대기 중의 입자들이 푸른빛을 선택적으로 산란시키기 때문이다. 버지니아의 Blue Ridge Mountain(그림 15.6 참조)과 호주의 Blue Mountain처럼 오염원과 멀리 떨어진 곳에서도 **푸른 연무**가 자욱이 낄 때가 있다. 그 원인은 아직 논란의 대상이 되고 있으나 이 푸른 연무는 어떤 특수한 과정으로 빚어지는 것 같다. 식물이 발산하는 **테르펜**(terpene)이라고 하는 아주 작은 탄화수소 입자들은 소량의 오존과 화학작용을 일으킨다. 이때 생성되는 매우 작은 입자들은 푸른빛을 선택적으로 산란시킨다.

> **알고 있나요?**
>
> 녹색 뇌우를 본적이 있는가? 넓은 평지에서 생성되는 강력한 뇌우는 종종 녹색을 띄는 경우가 있다. 녹색 뇌우는 붉은 햇빛(특히 일몰 무렵)이 폭풍우를 뚫고 물과 얼음으로 구성된 구름입자에 의해 산란되기 때문일 것으로 추정하고 있다. 이 현상은 때때로 우박을 포함하여 뇌우에 매우 많은 양의 수분이 있을 때 자주 발생하는 것으로 보인다.

작은 먼지와 소금 같은 입자들이 대기 중에 떠 있을 때 하늘빛은 푸른빛에서 우윳빛으로 변하기 시작한다. 이들 입자는 비록 작지만 가시광의 모든 파장을 각 방향으로 산란시키기에는 충분히 크다.

이러한 산란을 **미산란**(Mie scattering)이라고 한다. 사람의 눈에 가시광의 모든 파장이 충돌할 때 하늘은 우윳빛이 되고 이런 현상을 '연무'라고 부른다. 습도가 높으면 가용성 입자(핵)가 수증기를 흡수하여 연무 입자는 커진다. 그러므로 하늘의 색은 대기 중에 얼마나 많은 물질이 떠 있는지를 암시하는 신호가 된다. 입자가 많을수록 산란이 증가하고 하늘색은 더 희게 된다. 높은 산 정상에서

그림 15.4 ● 수십억 개의 공기 분자들이 가시광선 중 상대적으로 파장이 짧은 빛을 선택적으로 산란시키기 때문에 하늘은 푸르게 보인다.

그림 15.5 ● 푸른 하늘과 하얀 구름의 모습. 공기 분자들이 파란빛의 파장을 선택적으로 산란시키기 때문에 하늘이 푸르게 보인다. 한편, 구름방울들은 가시광선의 모든 파장을 산란시키기 때문에 희게 보인다.

그림 15.6 ● 버지니아 주의 Blue Ridge Mountain. 푸른색의 연무는 공기 중의 미세한 입자가 파란빛을 산란시키기 때문이다. 파란빛의 산란으로 멀리 있는 산과 하늘을 구분하기가 어렵다.

보면 이러한 연무 입자들의 방해를 받지 않기 때문에 하늘은 진한 푸른색으로 보인다.

연무는 뜨는 해와 지는 해의 광선을 산란시켜 하늘을 가로질러 밝은 **부챗살 빛**(crepuscular ray)을 형성하기도 한다(그림 15.7 참조). 태양광선이 태양의 반대쪽 수평선 부분을 향해 수렴할 때, 이 빛을 **반부챗살 빛**(anticrepuscular ray)이라고 한다(그림 15.8 참조). 태양빛이 구름층을 통과하여 비추면 유사한 현상이 발생한다(그림 15.9 참조). 구름 밑 대기 중에 떠 있는 먼지, 미세한 물방울 및 연무 입자들은 태양광선을 산란시켜 부근의 하늘을 밝은 빛으로 장식한다. 이러한 빛은 구름에서 지상으로 뻗어 내리는 것 같기 때문에 "햇님이 물을 길어 올린다"는 속설이 나오기도 했으며, 영국에서는 이 현상을 '야곱의 사다리'라고도 한다. 이름이야 어떻든 이 현상은 대기 중 입자들에 의한 태양광선의 산란에서 비롯된다.

그림 15.7 ● 구름 뒤편에서 하늘을 가로질러 반사되는 태양 빛을 부챗살 빛(crepuscular ray)이라고 한다.

© UCAR, Photo by Carlye Calvin

그림 15.8 ● Boulder 근처에서 찍은 반부챗살 빛(anticrepuscular rays). 이 빛은 석양의 반대편 수평선을 향해 수렴되어 나타나고, 사진작가의 뒤편에 위치한다.

붉은 해와 푸른 달

한낮의 태양은 찬란한 흰색이다. 그러나 일몰 시에는 보통 노란색, 주황색, 혹은 붉은색으로 변한다. 해가 하늘 높이 위치하는 정오에는 태양광선이 가장 강력하며 가시광의 모든 파장이 대략 같은 강도로 사람의 눈에 도달하므로 태양은 흰색으로 보인다. 이때 태양을 정면으로 쳐다보면 눈에 돌이킬 수 없는 손상을 입을 수 있기 때문에 우리는 통상 눈을 약간 감고 태양을 힐끗 쳐다볼 뿐이다.

그러나 일출이나 일몰 시에는 태양광선이 낮은 각도로 지구의 대기권에 진입하므로 다른 때보다 더 긴 거리의 대기층을 통과한다. 태양이 지평선과 이루는 각도가 4°일 때 광선은 90°일 때보다 12배나 더 두꺼운 대기층을 통과한다. 광선이 이처럼 두꺼운 대기층을 통과하는 동안, 파장이 짧은 가시광 대부분은 공기 분자들에 의해 산란되고 노랑, 주황, 빨강 등 파장이 긴 빛만이 남아 노란색과 주황색의 석양 풍경을 형성하는 것이다.

그러나 노란색과 주황색의 밝은 일몰은 비 온 뒤와 같이 대기가 아주 맑을 때에만 가능하다. 만약 대기 중에 공

NCAR/UCAR/NSF

그림 15.9 ● 먼지와 연무 입자들에 의한 태양광선의 산란으로 형성된 흰색의 부챗살 빛.

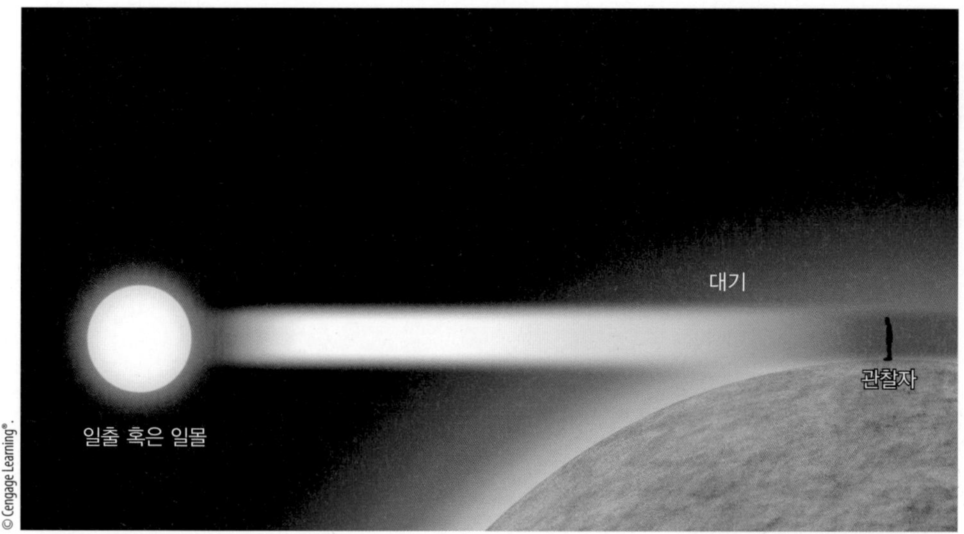

그림 15.10 ● 대기의 두꺼운 기층에 의한 복사 에너지의 선택적 산란 때문에 일출과 일몰의 태양은 노란색, 주황색, 혹은 붉은색으로 보인다. 대기 중에 입자들이 많을수록 태양광선의 산란이 더 많아지며 태양은 더 붉은색으로 보인다.

기 분자보다 약간 큰 입자들이 많으면, 파장이 약간 더 긴 노란빛마저 산란되어 버리고 주황색과 빨간색 파장만이 눈에 도달함으로써 태양은 빨간색과 주황색으로 보인다(그림 15.10 참조). 또 대기 중 입자들이 다량 떠 있으면 파장이 가장 긴 빨간색 대기층을 통과해 눈에 들어오므로 이때 붉은 태양을 보게 된다.

일출과 일몰 시에 자연적으로 붉은 태양이 형성될 수도 있다. 예를 들면, 바다 위에서 작은 소금 입자들과 수증기가 광선을 산란시켜 해변에서 붉은 태양이 관측될 수 있다(그림 15.11 참조). 또 화산폭발로 먼지와 화산재가 대기권으로 다량 분출된 결과, 이들 입자들이 상공의 바람을 타고 이동해 수개월간 또는 수년간 아름다운 일출과 일몰을 만들어내기도 한다.

실제로 1982년 멕시코 엘치촌 화산이 폭발한 후 북반구 여러 곳에서 일몰 시 붉은 태양이 관측되었다. 1991년 필리핀 피나투보 화산폭발 후에도 비슷한 현상이 나타났다. 상공의 바람에 의해 이동되는 이들 미세입자들은 지구를 둘러싸고 화산폭발 이후 수개월 동안, 심지어 수년 동안 아름다운 일출과 일몰을 연출한다. 성층권으로 올라간 이들 화산 입자들은 일몰 후 하늘을 붉게 물들이며, 지는 태양에서 나오는 붉은 빛의 일부는 입자의 밑 부분에서 반사되어 다시 지구 표면으로 돌아온다.

일반적으로 이들 화산 활동에 의한 붉은 일몰 현상은

그림 15.11 ● 아이슬란드 해안의 붉은 석양, 약간 거친 바다에 태양 빛이 반사되어 수면 위로 광휘가 보인다.

실제 일몰 후 약 1시간 후에 일어난다(그림 15.12 참조).

대기 중에는 때때로 먼지, 연기 등의 오염물질 농도가 높아져 심지어는 붉은빛조차 이 더러운 대기층을 통과하지 못할 때가 있다. 가시광선 파장이 전혀 눈에 도달하지 않으므로 태양은 지평선으로 지기도 전에 그대로 사라져 버리는 것이다. 대기 중 다량의 입자들에 의한 광선의 산

그림 15.12 ● 1992년 9월 캘리포니아 상공에 형성된 밝은 박명 현상. 이 현상은 1991년 폭발한 피나투보 화산에서 분출된 유황 함유 입자들에 의한 태양광선의 산란에 기인한다.

란은 아주 이례적인 현상을 만들어 낼 수 있다. 만약 화산재, 먼지, 또는 연기 입자들의 크기가 대략 같다면, 이들은 태양광선을 선택적으로 산란시켜 심지어 정오에도 주황, 초록, 혹은 푸른색 등 여러 가지 색깔의 태양이 출현하게 된다. 푸른 태양이 나타나려면 대기 중 입자들의 크기는 가시광의 파장과 비슷해야 한다. 이런 입자들이 대기 중에 존재할 때 이들은 푸른빛보다 붉은빛을 더 많이 산란시켜 푸른 태양이 보이게 된다. 드문 예이긴 하지만 같은 현상이 달빛에도 일어나 달이 푸르게 보이는 일이 있다.

요약하면, 대기 중 입자들에 의한 빛의 산란은 우리가 잘 아는 흰 구름, 푸른 하늘, 황혼의 빛, 다채로운 석양 등 여러 가지 효과를 일으킨다. 빛의 산란이 없다면 아름다운 현상 대신 검은색 하늘에 흰색 태양만 보일 것이다.

반짝임, 박명 및 녹색섬광

빛이 어떤 물질을 통과하는 것을 **투과**라고 한다. 투과되는 빛은 상대적으로 밀도가 큰 물체에 입사할 때는 감속한다. 또 일정 각도로 그 물질에 입사할 때는 빛의 방향이 휘는데, 이를 **굴절**(refraction)이라 한다. 굴절의 크기는 주로 물질의 밀도와 물질에 입사하는 빛의 각도에 좌우된다.

캄캄한 방에서 물컵에 손전등을 비출 때 빛의 굴절을 볼 수 있다(그림 15.13 참조). 만약 물컵 바로 위에서 컵의 수면과 직각으로 빛을 비추면, 굴절은 발생하지 않는다. 그러나 비스듬히 빛을 비추면 수면과 직각을 이루는 '수직' 쪽으로 굴절한다. 이 실험을 참고하여 빛이 각종 물질에 진입했다가 나올 때 어느 정도 굴절하는지를 알 수 있다. 물컵 밑에 놓여 있는 작은 거울은 빛을 위로 반사한다. 이 반사광은 컵의 수면에서 대기로 재진입할 때 수직

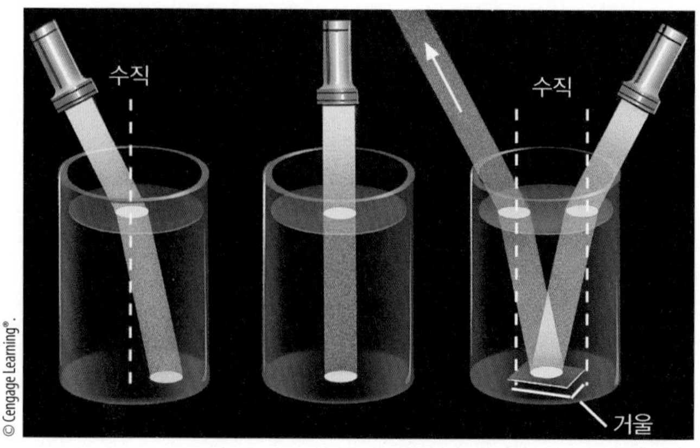

그림 15.13 ● 빛이 물과 같이 밀도가 큰 물질로 들어가거나 나올 때의 빛의 형태.

방향 바깥쪽으로 굴절한다. 요약하면, 빛은 밀도가 작은 물질에서 큰 물질로 이동할 때 동시에 수직 방향 쪽으로 굴절하며, 반대로 밀도가 큰 물질에서 작은 물질로 이동할 때는 가속되는 동시에 수직 방향 바깥쪽으로 굴절한다.

대기권 내의 빛의 굴절은 각종 시각 효과를 일으킨다. 예를 들어, 밤에는 바로 머리 위에 떠 있는 별빛은 굴절하지 않지만 지구 대기권에 비스듬히 진입하는 별빛은 굴절한다(그림 15.14 참조). 지평선 바로 위에서 대기권에 진입하는 별빛은 보다 두꺼운 대기층을 투과하기 때문에 가장 많이 굴절한다. 이렇게 '굴절'된 별빛이 우리 눈에 도달할 때쯤이면 별의 위치는 실제보다 높이 떠 있는 것처럼 보인다. 왜냐하면 사람의 눈은 빛이 굴절되는 것을 볼 수 없기 때문에 사람 눈에는 빛이 어떤 특정 방향으로부터 직진해서 오는 것처럼 보이므로 별이 그 방향에 있는 것으로 해석한다. 이 점을 염두에 두고 밖에서 밤하늘을 쳐다볼 때 팔을 뻗어 지평선 근처의 어떤 별을 가리켜 보라. 그 별이 보이는 곳은 '겉보기 위치'일 뿐이며, 실제 위치를 알려면 팔을 약간 더 내려야 한다.

별빛은 대기권에 진입할 때 제각기 밀도가 다른 대기층을 통과할 때가 있다. 밀도가 다른 대기층을 통과할 때마다 반사와 굴절이 발생하므로 별의 겉보기 위치는 끊임없이 변한다. 별이 **반짝이는** 이유는 여기에 있다. 이러한 반짝임을 **섬광**(scintillation)이라 한다. 행성들은 지구와 훨씬 가깝기 때문에 다른 별들보다 크게 보인다. 행성

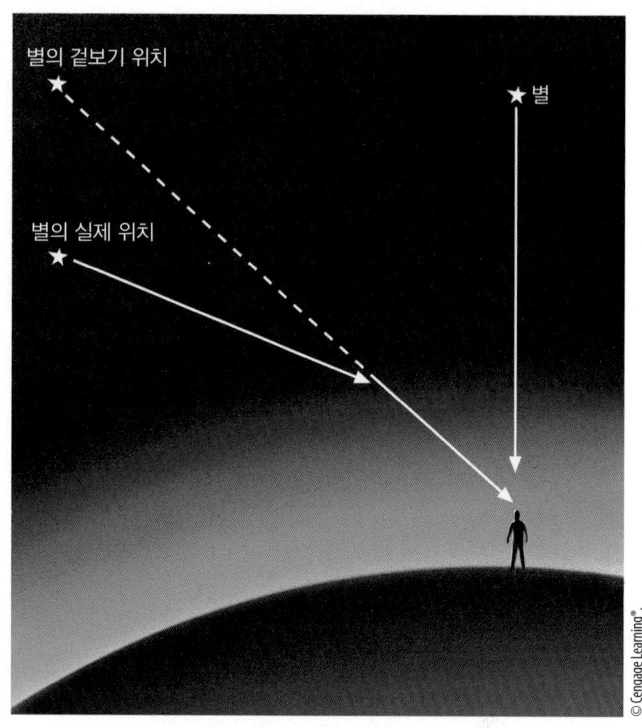

그림 15.14 ● 대기에 의한 별빛의 굴절로 별들은 머리 바로 위의 것이 아닌 이상 실제 위치보다 높이 떠 있는 것처럼 보인다.

들은 또 대기권 진입 시의 굴절 각도보다 그 크기가 훨씬 크기 때문에 반짝이지 않는 것이다. 그러나 이들 행성도 지평선 근처에 있을 때는 최대의 굴절 각도를 형성하므로 반짝일 수 있다.

대기에 의한 빛의 굴절은 이 밖에도 여러 가지 흥미 있는 현상을 일으킨다. 예를 들면, 대기는 지는 해와 달, 또는 뜨는 해와 달의 빛을 서서히 굴절시킨다. 태양(또는 달)의 하부에서 오는 빛은 상부에서 오는 빛보다 더 많이 굴절되기 때문에, 사람이 보기에 태양은 지평선과 같은 방향으로 타원형을 형성하는 것 같다. 또한, 빛은 수평면상에 있을 때 가장 많이 굴절하므로 태양과 달은 실제보다도 더 높게 보인다. 결과적으로 대기가 없을 때보다 둘 다 2분 더 빨리 뜨고 2분 더 늦게 진다(그림 15.15 참조).

가끔, 맑은 날 해가 진 후 한동안 하늘이 밝은 것을 발견할 수 있을 것이다. 태양이 우리 눈에서 사라졌을 때도 대기는 태양광선을 굴절시키고 산란시켜 사람 눈에 전달된다(그림 15.12 참조). 해뜨기 직전 또는 해가 진 후 하늘이 밝게 빛나 인공조명 없이도 활동할 수 있게 하는 것

그림 15.15 ● 대기에 의한 태양광선의 굴절로 태양은 굴절이 없을 때보다 약 2분 일찍 뜨고 2분 늦게 진다.

이 **박명**(twilight)이다.

박명의 길이는 계절과 위도에 좌우된다. 중위도 지방의 여름철 박명은 아침과 저녁을 각각 30분 정도 길게 한다. 여름철 박명 시간은 위도가 높아질수록 길어진다. 여름철 고위도 지방에서는 박명의 길이가 매우 길어 아침과 저녁의 박명이 수렴함으로써 밤새도록 박명이 지속되는 이른바 **백야** 현상이 나타난다. 만약 대기가 없다면 빛의 반사나 산란은 일어나지 않을 것이고, 태양은 지금보다 늦게 뜨고 일찍 질 것이다. 또 해가 지평선 밑으로 떨어지면 박명 대신 즉각 암흑이 닥칠 것이다.

뜨는 해나, 지는 해의 상승 테두리에 이따금 **녹색섬광**(green flash)이 보일 때가 있다(그림 15.16 참조). 태양의 위치가 지평선 부근에 있을 때는 빛이 보다 두꺼운 대기층을 통과해야 한다. 이 두꺼운 대기층이 태양광선을 굴절시킬 때 자주색과 푸른색이 가장 많이 굴절하며, 붉은색은 가장 적게 굴절한다. 이 같은 굴절의 차이 때문에 태양의 윗부분에 푸른빛이 더 많이 보이는 것이다. 그러나 대기는 푸른빛을 선택적으로 산란시키므로 푸른빛의 아주 적은 양만이 우리 눈에 들어오게 되고, 따라서 눈에 초록색으로 보이는 것이다.

일반적으로 녹색섬광은 너무 미약해서 육안으로 볼 수 없으나 지면 공기가 매우 뜨겁거나 상층에 역전층이 존재

그림 15.16 ● 태양의 윗부분에 형성된 녹색섬광. 태양은 지평선 위에 납작한 타원형을 이루고 있다.

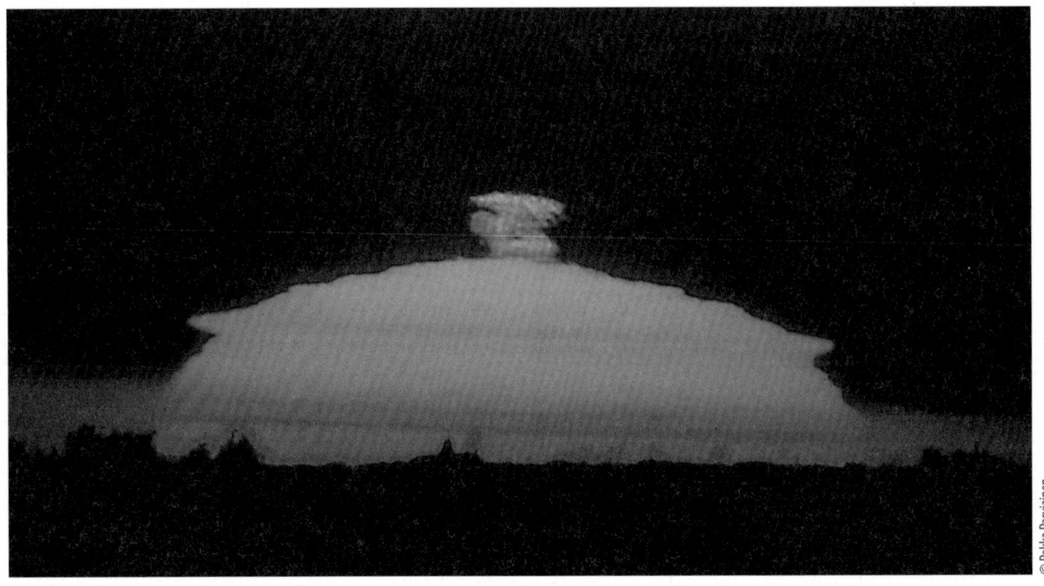

알고 있나요?

스코틀랜드의 오래된 전설 중에는 녹색섬광을 보면 사랑 문제에 대해 실수하지 않는다라는 말이 있다.

하는 등의 대기 조건 하에서 녹색섬광은 장엄하게 나타난다. 녹색섬광은 대체로 1초 정도 지속되지만 극지방에서는 태양의 고도가 서서히 바뀌므로 섬광은 수분간 지속될 수 있다. 바이어드(Byrd) 제독이 인솔한 남극탐험대는 긴 겨울 끝에 9월 어느 날 태양이 서서히 떠오르면서 녹색섬광이 35분이나 지속되었다고 보고한 바 있다.

요점 복습

지금까지 다룬 주요 개념 및 사실을 정리해 보자.

- 빛은 전후좌우 모든 방향으로 산란된다.
- 흰 구름, 푸른 하늘, 연무 낀 하늘, 부챗살 및 찬란한 석양 등은 태양광선의 산란이 빚어낸 결과이다.
- 빛이 밀도가 서로 다른 영역을 통과하면서 굽는 현상을 굴절이라고 한다.
- 빛은 밀도가 작은 물질(외계)로부터 밀도가 큰 물질(지구 대기권)로 비스듬히 들어갈 때 아래 수직 쪽을 향해 굴절한다. 이 같은 작용으로 별, 달 및 태양은 실제 위치보다 조금 더 높이 떠 있는 것으로 보인다.

신기루 : 보이는 것을 다 믿을 수 없다.

대기권에서 어떤 물체가 원위치에 벗어난 것처럼 보이는 현상을 **신기루**(mirage)라고 한다. 신기루는 상상이 만들어 낸 허구는 아니다. 이것은 사람의 마음이 아닌 대기의 조화로 생겨나는 현상이다.

빛이 상이한 밀도의 대기층을 통과할 때 굴절하면서 신기루 현상을 일으킨다. 대기의 밀도 변화는 보통 기온의 현격한 차이로 발생한다. 기온 변화폭이 클수록 광선의 굴절 정도도 커진다. 예를 들면, 더운 여름날 검은 아스팔트 도로는 태양열을 다량 흡수하여 매우 뜨거워진다. 이처럼 뜨거워진 노면과 접촉하는 대기는 전도에 의해 가열된다. 그러나 공기는 열전도가 약하므로 지상에서 불과 수 m 높이의 대기는 훨씬 서늘하다. 따라서 더운 여름날 노면이 젖어 있는 것처럼 보일 때가 있는 것이다(그림 15.17 참조). 흡사 빗물이 고여 있는 듯한 노면의 '젖은 곳'은 가까이 접근해 보면 사라진다. 반대편에서 다가오는 자동차들은 마치 '웅덩이'에서 유영하는 듯이 보인다. 도로가 실제와 달리 젖어 보이는 것은 푸른 하늘빛이 밀도가 다른 대기층을 통과할 때 굴절되어 사람의 눈에 도달하기 때문이다. 더운 여름 사막에서도 비슷한 신기루 현상이 발생한다. 목 타는 여행자들은 우물인 줄 알고 접근한 곳이 뜨거운 사막의 모래임이 드러났을 때 실망하는

그림 15.17 ● 푸른 하늘빛이 밀도가 다른 대기층을 통과하면서 굴절되어 카메라 렌즈에 도달하기 때문에 노면이 젖어 보인다.

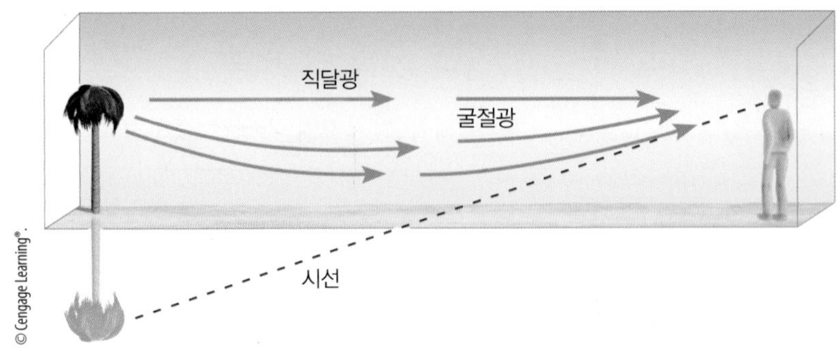

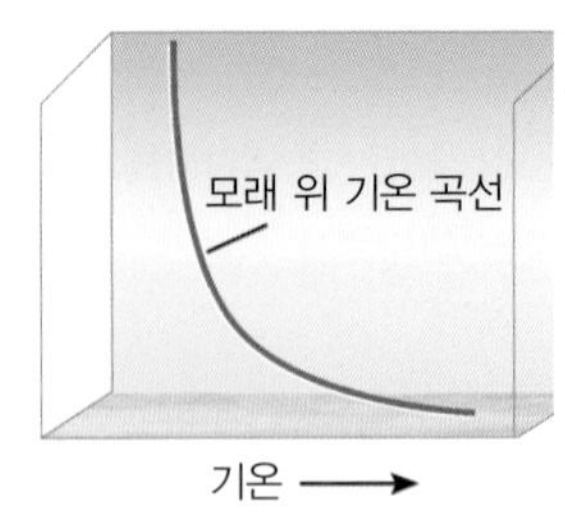

그림 15.18 ● 뜨거운 사막의 모래 위에 나타난 하강 신기루.

일이 많았다.

때로는 '젖은' 노면이 **아지랑이**로 보인다. 아지랑이는 노면 근처의 상승 및 하강 대기로 공기밀도에 끊임없이 변화가 일어나기 때문에 생긴다. 이렇듯 밀도가 변하는 대기층을 통과하는 광선의 방향도 변하기 때문에 아지랑이 효과가 발생하는 것이다.

접지대기의 온도가 그 위의 대기보다 훨씬 높을 때, 물체는 실제보다 낮아 보일 뿐만 아니라 거꾸로 된 것처럼 보인다. 이러한 신기루를 **하강 신기루**(inferior [lower] mirage)라고 한다.

그림 15.18의 나무는 거꾸로 자라지 않은 것이 확실하지만 거꾸로 보인다. 그 이유는 나무 꼭대기에서 반사되는 빛이 각 방향으로 나가고 밀도가 비교적 작은 모래 위의 뜨거운 대기층에 진입하는 빛은 아래로부터 위로 굴절되어 사람의 눈에 도달하기 때문이다. 이때 사람의 뇌는 빛이 땅속으로부터 나오는 것으로 착각하게 되며, 따라서 나무는 거꾸로 선 것처럼 보인다. 나무 꼭대기에서 반사되는 광선의 일부는 거의 일정한 밀도를 유지하는 대기층을 통해 곧바로 눈에 도달하므로 약간 굴절한다. 이렇게 '곧바로' 눈에 도달하는 광선은 나무를 바로 보이게 한다. 그러므로 멀리서 볼 때는 바로 선 나무와 그 밑에 거꾸로 선 나무의 영상이 보이는 것이다.

이와 같은 대기의 광학적 눈속임은 매우 추운 지역에서도 일어난다. 극지방의 눈 덮인 지상의 접지대기는 그 상공의 대기보다 훨씬 차다. 이처럼 찬 대기층의 밀도는 매우 높기 때문에 멀리 떨어진 물체에서 출발한 빛이 이 대기층에 진입할 때는 수직 방향으로 굴절하며, 이때 물체는 실제보다 위에 있는 것처럼 보인다. 이 현상을 **상승 신기루**(superior [upward] mirage)라고 부른다. 그림 15.19는 상승 신기루 발생에 적합한 조건을 보여준다.

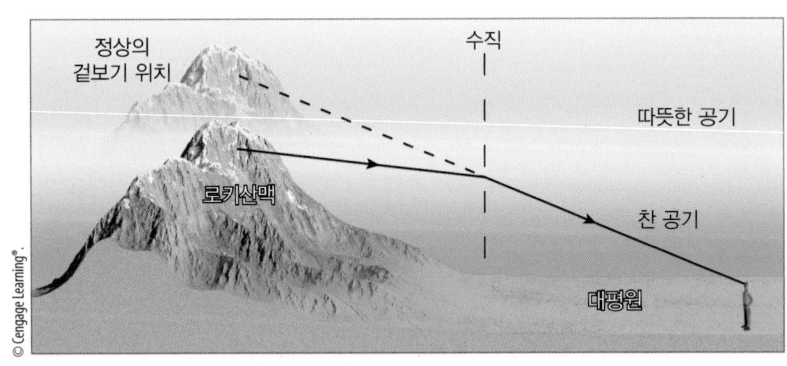

그림 15.19 ● 상승 신기루 형성. 찬 접지대기층과 그 상공의 따뜻한 대기층으로 멀리 떨어진 로키산맥의 봉우리에서 반사된 광선이 차가운 대기층에 진입할 때 굴절됨으로써 지상에서 볼 때 산은 실제보다 더 높고 더 가까워 보인다.

FOCUS ON AN OBSERVATION 15.1

파타 모르가나

파타 모르가나는 장관을 이루는 특수 형태의 상승 신기루이다. 이 신기루는 상당히 단조로운 지평선을 뾰족뾰족한 첨탑 모양을 곁들인 수직 벽돌과 기둥들로 구성된 모습으로 탈바꿈시킨다(그림 1 참조). 전설에 따르면, 파타 모르가나(이탈리아어로 '전설의 모르간'이라는 뜻)는 아서 왕의 이복여동생이었다. 바다 밑 수정궁에 사는 것으로 전해진 모르간은 난데없이 환상적인 성을 지을 수 있는 마법의 힘을 갖고 있었다. 이탈리아의 시칠리아 사이에 가로놓인 메시나(Messina) 해협 건너편에 건물들, 섬들, 그리고 때로는 도시 전체가 나타났다가 순식간에 다시 사라지는 것을 목격하고는 했다는 것이다. 파타 모르가나 신기루는 기온이 고도에 따라 상승하는 곳에서 처음에는 천천히, 그런 뒤 좀 더 빠르게, 그런 다음 천천히 관측된다. 따라서 파타 모르가나 같은 신기루는 광대한 면적의 바닷물과 극지방 상공 등 찬 지면 위에 따뜻한 공기가 이동해 오는 곳에서 자주 볼 수 있다.

그림 1 ● 수면 위의 파타 모르가나. 이 신기루는 굴절의 결과로서 작은 섬들과 선박들에서 발산되는 빛이 휘어져 섬들과 선박들이 수면 위에 수직으로 일어서는 것처럼 보이게 한다.

무리, 무리해 및 해기둥

태양이나 달의 둘레에 형성되는 빛의 고리를 **무리**(halo)라고 한다. 이 현상은 태양광선이나 달빛이 빙정들을 통과할 때 굴절되기 때문이다. 따라서 무리가 형성되면 **권운형 구름**이 발달해 있다는 징후이다. 가장 보편적인 형태의 무리는 22° 무리—태양광선이나 달빛과 22°의 각도를 이루는 광환—이다.[2]

주로 직경 20 mm 미만의 작은 기둥 모양의 빙정들이 떠 있을 때 이러한 무리가 형성된다. 이러한 빙정들을 통한 빛의 굴절로 그림 15.20과 같은 무리가 형성된다. 이보다 덜 보편적인 것이 46° 무리이며, 이는 22° 무리와 유사한 방식으로 형성된다(그림 15.21 참조). 46° 무리의 경우 빛은 직경 약 15~25 mm의 기둥 모양의 빙정들을 통해 굴절된다. 이따금 빛의 밝은 호(arc)가 22° 무리 위에 있는데(그림 15.22 참조), 무리에 접하기 때문에 **접호**(tangent arc)라고 부른다. 육각형 연필 모양 빙정의 장축이 지면 방향으로 낙하할 때 접호가 주로 나타나는 것으로 보인다. 즉, 햇빛이 이러한 빙정을 통해 굴절되면서 빛의 밝은 접호를 보이게 한다. 무리는 보통 밝은 흰색 고리로 보이지만 굴절 효과로 무리에 색이 나타날 수도 있다.

2 팔을 벌리고 손가락을 벌려보라. 22°의 각도는 엄지손가락 끝에서 새끼손가락 끝까지의 거리이다.

그림 15.20 ● 빙정에 의한 태양광선의 굴절로 태양둘레에 형성된 22° 무리.

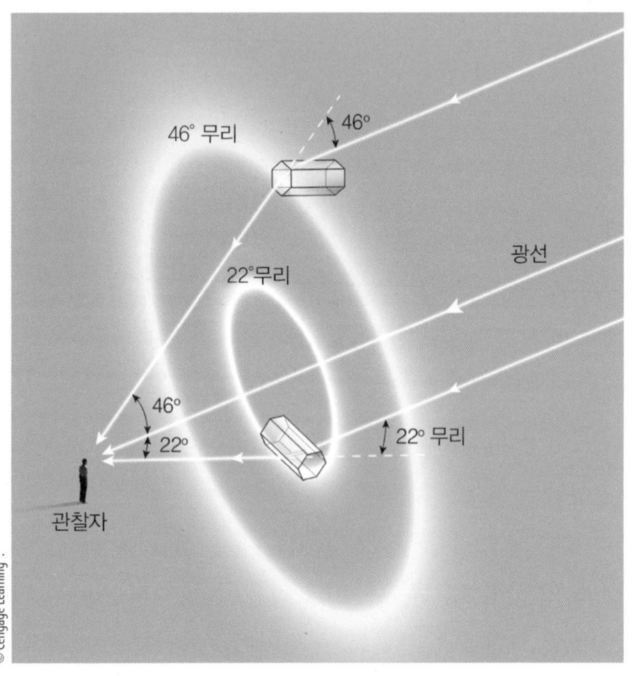

그림 15.21 ● 22° 무리와 46° 무리의 형성.

그림 15.22 ● 접호를 동반한 무리.

그림 15.23 ● 유리 프리즘을 통한 빛의 굴절과 분산.

이를 이해하기 위하여 우리는 먼저 굴절에 대하여 좀 더 상세히 알아보아야 한다.

흰빛은 유리 프리즘을 통과할 때 굴절하여 여러 개의 가시 색상으로 분산된다(그림 15.23 참조). 빛의 각 파장은 유리에 의해 감속되지만 감속의 크기는 조금씩 다르다. 비교적 긴 파장(빨간색)은 감속의 정도가 가장 적고 비교적 짧은 파장(보라색)은 감속의 정도가 가장 크다. 이처럼 '선택적' 굴절에 의한 흰 빛의 분해를 **분산**(dispersion)이라고 한다. 빛이 빙정을 통과할 때, 분산효과로 붉은빛은 무리의 안쪽, 그리고 푸른빛은 바깥쪽에 자리 잡게 된다.

육각형 판 모양의 빙정들이 대기 중에 떠 있을 때 그들은 서서히 하강하면서 지상과 수평을 이룬다(그림 15.24 참조). 빙정들의 수평 위치에서는 무리가 잘 형성되지 않

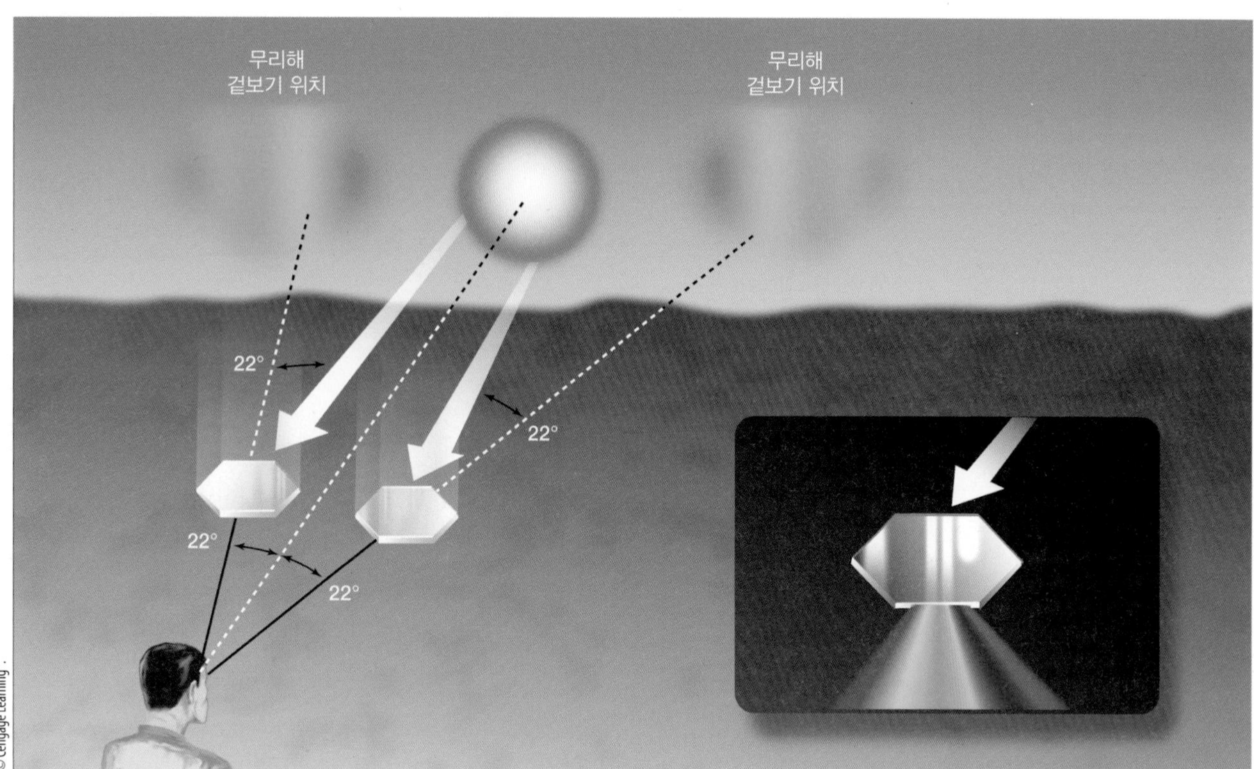

그림 15.24 ● 지상과 수평으로 하강하는 판 모양의 빙정들이 무리해를 형성.

는다. 이러한 위치의 빙정은 작은 프리즘 구실을 하여 그들을 통과하는 태양광선을 굴절 및 분산시킨다. 만약 태양의 위치가 지평선과 가까워져 태양 · 빙정 · 관측자가 모두 같은 수평면에 놓일 경우, 태양의 양편에 하나씩 도합한 한 쌍의 **무리해**(sundog)가 나타난다. 이 유색반점은 '해와 더불어'란 뜻의 **무리해**(parhelia)라고도 불린다(그림 15.25 참조). 색은 보통 태양과 가장 가까운 안쪽은 붉은색, 바깥쪽에는 푸른색이 자리한다. 빙정을 통과한 태양빛의 굴절은 다양한 광학적 색깔을 만들거나 때때로 하얀 권운형 구름이 다양한 색으로 보인다.

그림 15.25 ● 태양의 좌우에 밝은 부분이 무리해이다.

알고 있나요?

1890년 12월 14일, 몇 시간 동안 지속되는 신기루가 미네소타주 세인트 빈센트 주민들에게 거의 8마일(약 13 km) 떨어진 소들의 모습을 선명하게 보여주었다.

무리해, 접호, 그리고 무리는 빙정에 의한 태양광선의 굴절로 형성되지만, **해기둥**(sun pillar)은 빙정에 의한 태양광선의 반사로 일어난다. 해기둥은 일출 또는 일몰 시에 태양으로부터 빛줄기가 지평선과 수직을 이루며 상향 또는 하향으로 뻗어 나가는 현상을 가리킨다(그림 15.26 참조). 해기둥은 육각형 판 모양의 빙정들이 수평으로 하강할 때 마치 바람 없는 공기 중에 나뭇잎이 떨어지듯 이쪽 저쪽으로 기울면서 움직이기 때문에 이에 따라 반사되는 태양광선이 태양의 위나 아래 하늘에 비교적 밝은 부분을 형성함으로써 나타난다. 또 해기둥은 육각형 연필 모양의 빙정의 장축이 수평으로 놓이면서 떨어질 때 빛의 반사에 의해 일어나기도 한다. 하강하는 빙정들은 수평으로 회전하면서 태양광선의 반사 방향을 여러 방향으로 변화시킨다. 해기둥은 태양이 지평선 부근에 낮게 떠 있고 권운형 구름이 형성되어 있을 때 자주 볼 수 있다. 그림 15.27은 권운형 구름이 있을 때 형성되는 여러 광학 현상을 요약한 것이다.

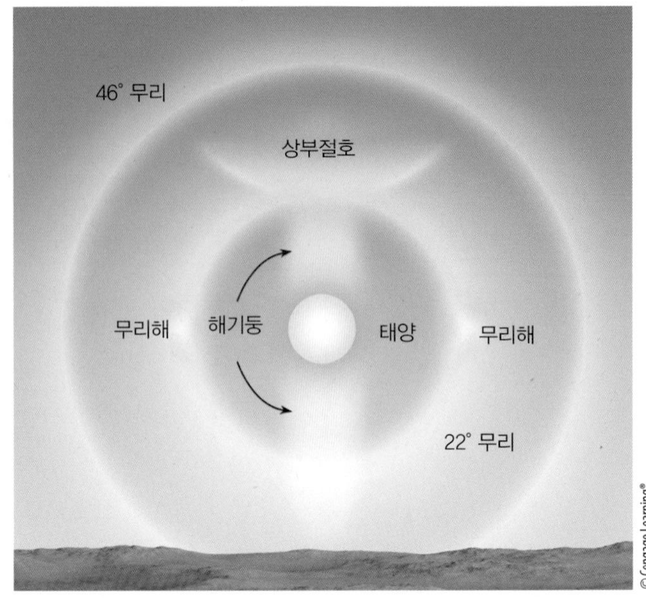

그림 15.27 ● 권운형 구름 속 빙정들이 만들어내는 대기 광학 현상들.

무지개

빛이 연출하는 지상 최고의 장관은 **무지개**(rainbow)이다. 하늘 한 부분에서는 비가 내리고 다른 부분에서는 해가 비칠 때 나타나는 것이 무지개이다(폭포나 분무기에서 뿜어내는 작은 물방울들에서 무지개가 형성될 수도 있다). 그림 15.28을 자세히 보라. 저녁 무지개는 비가 내리는 동쪽에서 볼 수 있고, 비가 오는 쪽과 반대 방향인 서쪽

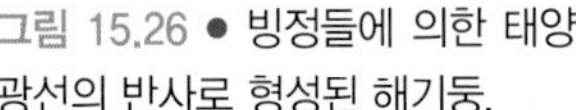
그림 15.26 ● 빙정들에 의한 태양광선의 반사로 형성된 해기둥.

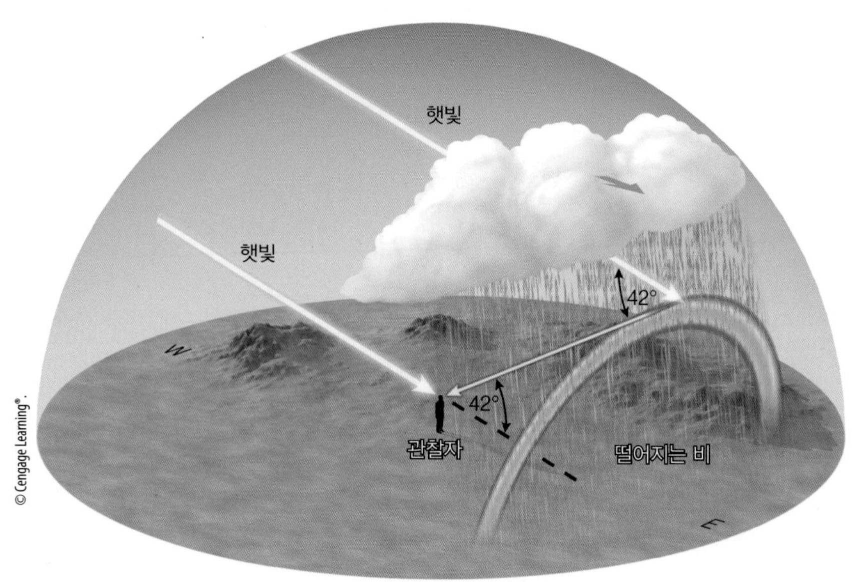

그림 15.28 ● 무지개를 볼 때 태양은 항상 등 뒤에 있다. 중위도에서는 저녁 무지개가 맑은 날씨의 접근을 알려준다.

하늘은 맑게 개어 있음을 주목하라. 중위도 지역에서는 구름이 서쪽에서 동쪽으로 이동하는 경향이 있으므로 구름이 서쪽의 맑은 하늘은 곧 비가 그치고 개일 것임을 말해 준다. 그러나 아침 무지개는 서쪽에서 볼 수 있다. 따라서 이때 무지개가 나타나면 구름과 비가 다가오고 있음을 알 수 있다. 다음 시 구절은 이런 이치에서 연유한다.

아침 무지개는 뱃사람에게 경고이고
저녁 무지개는 뱃사람의 기쁨이다.[3]

우리 눈에 보이는 무지개는 실상 대기 중을 낙하하는 물방울 속에 태양광선이 입사했다가 되돌아 나오는 것을 보는 것이다. 그 과정을 더 살펴보자.

태양광선은 빗방울에 입사할 때 감속 및 굴절한다(그림 15.29 참조). 이때 가장 많이 굴절하는 빛은 자주색이고 가장 적게 굴절하는 빛은 붉은색이다. 물방울에 진입하는 광선의 대부분은 물방울을 곧장 투과하지만, 그중 일부는 물방울의 뒷면에 충돌했다가 물방울 안에서 반사된다. 광선이 물방울 뒷면에 충돌했다가 반사될 때 형성되는 각도를 **임계각**이라 한다. 물의 경우 임계각은 48°이다. 이 임계각을 초과하는 각도로 빗방울의 뒷면에 부딪히는 광선은 물방울 **내부에서 반사**되어 사람의 눈에 도달하게 되는데, 각 파장마다 굴절 정도가 다르기 때문에 물방울 내부에서 반사된 빛이 대기에 재진입할 때는 각도를 약간씩 달리한다(그림 15.29 참조). 그림 15.30에서 빗방

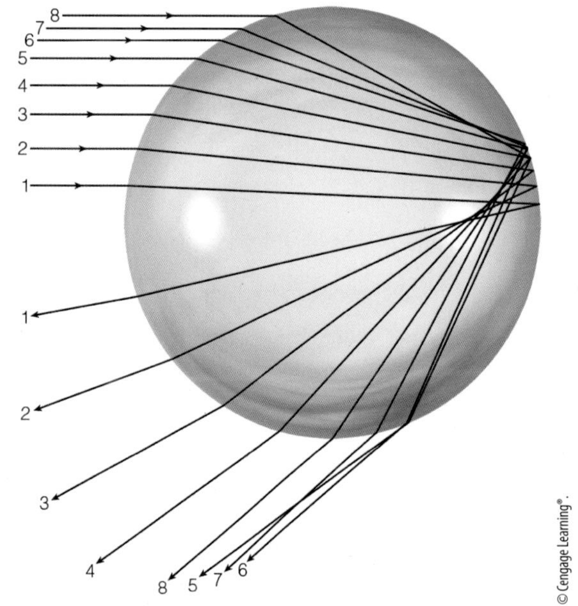

그림 15.29 ● 태양광선이 빗방울에 입사하여 방울 뒷면에서 반사된 후 관찰자의 눈으로 되돌아오는 것.

3 이 구절은 종종 '무지개' 대신 '붉은 하늘'이라는 단어와 함께 사용된다. 붉은 하늘은 구름 아래 태양빛의 반사에 의해 발생하는 붉은 빛의 결과라고 생각된다. 아침에 붉은 하늘은 동쪽이 맑고 서쪽이 흐린 것을 나타내고 저녁의 붉은 하늘은 그 반대를 의미한다.

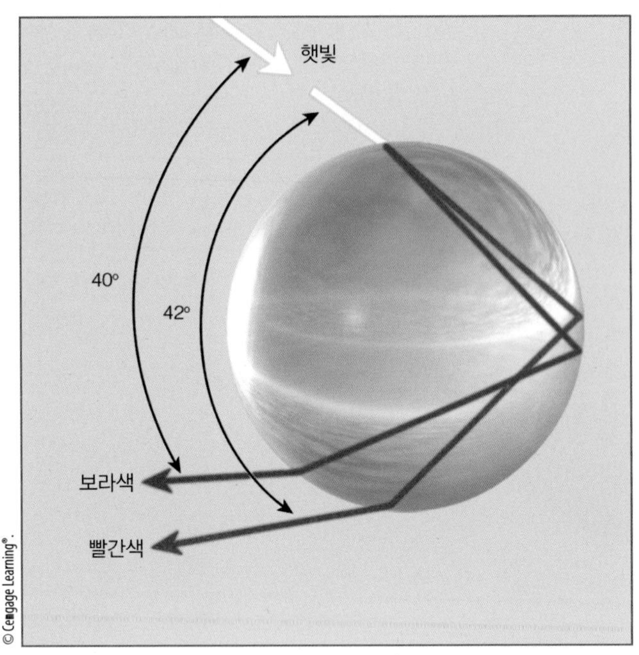

그림 15.30 ● 태양광선이 빗방울에서 내부 반사된 후 분산되어 나오고 있다. 빛은 물의 임계각보다 큰 각도로 방울의 뒷면에 충돌할 때만 내부 반사를 일으킨다. 빗방울에 입사하는 빛의 굴절 때문에 각 색의 반사점은 달라진다. 그러므로 빗방울에서 대기권으로 재진입하는 빛의 분광이 가능해진다.

울 내부의 보라색 빛이 가장 많이 굴절되고 붉은빛이 가장 적게 굴절됨을 볼 수 있다. 예를 들면 붉은빛은 본래의 태양광선과 42°의 각도를 형성하며, 보라색은 40°를 이룬다. 따라서 빗방울에 들어갔다가 나오는 빛은 빨강에서 보라까지의 분광을 형성하는 것이다. 각 빗방울에서 나오는 빛은 사람의 눈에는 한 가지 색으로만 보이므로 **1차 무지개**의 빛나는 색이 형성되려면 무수히 많은 빗방울(각각 굴절과 빛을 조금씩 다른 각도로 반사시킴)이 필요하다.

만약 빗방울이 하늘에 충분히 퍼지지 않는다면, 무지개는 '완전'하게 나타나지 않을 수도 있다. 그림 15.30을 보면, 무지개의 맨 밑은 빨간색, 맨 위는 보라색이라고 잘못 생각하기 쉽다. 그러나 그림 15.31에서 빛의 행동을 자세히 살펴보면 실제로는 그 반대임을 알 수 있다. 2개의 방울 중 아래쪽 방울의 보라색이 우리 눈에 도달하고, 위쪽 방울에서 빨간색이 우리 눈에 도달해 결과적으로 보라는 아래에 빨강은 위에 자리 잡게 되어 기본 무지개의 색상이 빨간색에서 보라색으로 보이게 된다.

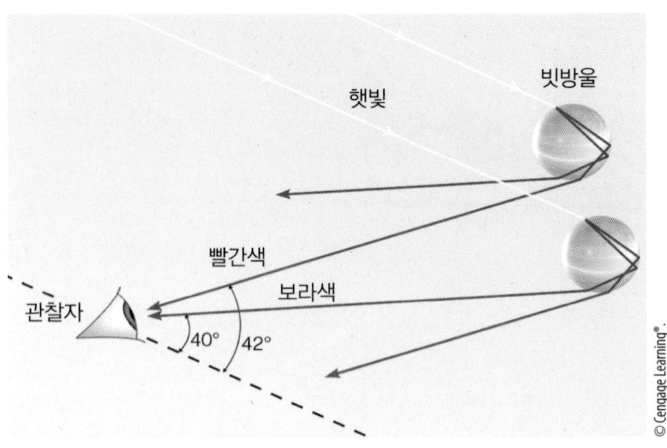

그림 15.31 ● 1차 무지개의 형성. 사람의 눈에는 아래 물방울에서 나오는 보라색과 위 물방울에서 나오는 빨간색이 들어온다.

가끔 색의 순서가 반대로 되어 보다 큰 **2차 무지개**가 1차 무지개 위에 형성되는 경우가 있다(그림 15.32 참조). 보통 2차 무지개는 1차 무지개보다 색이 희미하다. 2차 무지개가 형성되는 이유는 태양광선이 빗방울에 들어갈 때의 각도에 따라 각 방울 안에서 두 차례 내부반사가 일어나기 때문이다. 반사될 때마다 광도가 약해지고 무지개가 더 희미해진다. 그림 15.33을 보면 2차 무지개의 빛은 각 방울에서 두 차례 내부반사를 거친 후 나오기 때문에 빨강이 아래에, 보라가 위에 자리 잡게 되는 과정을 알 수 있다.

무지개를 볼 때 하나의 물방울에서 사람의 눈에 들어오는 빛은 한 가지뿐이다. 무지개가 떴을 때 사방 어디로 움직이든 무지개는 따라서 움직인다. 그 이유는 움직일 때마다 무수히 많은 방울 중 다른 방울에서 나오는 빛이 눈에 들어오기 때문이다. 두 사람이 서서 무지개를 볼 때 각자가 보는 무지개는 옆 사람이 보는 것과 같지 않다. 우리는 모두 저마다 자기만의 무지개를 즐길 수 있는 것이다.

광환과 채운

작은 구형 물방울로 구성된 얇은 구름층을 통해 달이 비칠 때 **광환**(corona)이라고 하는 밝은 빛의 고리가 달 둘레에 형성된다(그림 15.34 참조). 태양에도 같은 효과가 나

© UCAR, Photo by Carlye Calvin

그림 15.32 ● 1차와 2차 무지개.

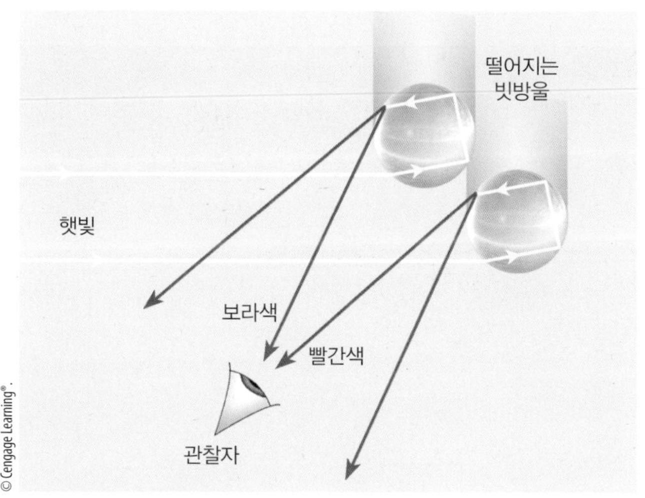

© Cengage Learning®.

그림 15.33 ● 빗방울 속 두 번의 내부 반사로 1차 무지개보다 희미한 2차 무지개가 형성된다. 사람의 눈은 위 물방울에서 보랏빛을 보고, 아래 물방울에서 붉은빛을 보게 됨을 주목하라.

© C. Donald Ahrens

그림 15.34 ● 균일한 크기의 작은 액체 구름방울에 의한 빛의 회절로 달 둘레에 생긴 광환.

타날 수 있으나 햇빛이 너무 밝기 때문에 사람이 보기는 어렵다.

이처럼 광환이 형성되는 것은 빛이 물체를 돌아서 통과할 때 발생하는 **회절**(diffraction) 현상 때문이다. 연못에서 물결이 작은 돌을 돌아서 이동한다고 가정해 보자. 파들이 돌 주위를 퍼져 나감에 따라 한 파의 골은 다른 파의 마루와 만나게 된다. 그 결과, 파들이 서로 상쇄작용을 통해 잔잔한 수면을 형성하게 된다. 그러나 2개 파의 마루끼리 만나면 돌아갈 때도 같은 현상이 발생한다. 광파들

그림 15.35 ● 태양 둘레에 생긴 광환. 1982년 엘치촌 화산폭발 시 분출된 미세입자에 의한 태양광의 회절로 생성된 광환으로 이것을 비숍고리(Bishop's Ring)라 부른다.

이 함께 이동할 때는 밝은 빛이 보이고 광파들이 상쇄작용을 할 때는 어둡게 보인다. 광환은 빛과 어둠이 교차하는 흰색으로 나타날 때도 있고 색깔을 띨 때도 있다(그림 15.35 참조).

구름방울이나 다른 종류의 입자들의 크기가 균일할 때는 유색 광환이 형성된다. 회절에 따른 빛의 굴절량은 빛의 파장에 좌우된다. 파장이 짧을수록 광환 안쪽에 푸른빛이 나타나고 파장이 길수록 바깥쪽에 붉은빛이 나타난다. 얇은 고층운과 고층운 같이 갓 형성된 구름이 존재할 때 광환이 잘 발달한다.

구름 안에 각기 크기가 다른 방울들이 존재할 때 형성되는 광환은 뒤틀리고 불규칙하다. 때로는 구름에 여러 가지 색의 얼룩이 형성되기도 하는데, 흔히 파스텔 색조의 분홍색, 파란색, 초록색이다. 빛의 회절로 나타나는 구름의 밝은 얼룩을 **채운**(iridescence)이라고 한다(그림 15.36 참조). 채운은 태양과의 각도 20° 이내에서 가장 자주 발생한다(그 밖의 광학적인 현상인 그림자 광륜과 하일리겐샤인은 포커스 15.2를 참조하라).

그림 15.36 ● 채운.

FOCUS ON AN OBSERVATION 15.2

그림자 광륜과 하일리겐샤인

작은 물방울들로 구성된 구름층 위를 항공기가 비행할 때 항공기 그림자 둘레에 한 빛의 광륜이 나타날 수 있다. 이것을 그림자 광륜(glory)이라고 한다(그림 2 참조). 태양을 향해 등을 돌리고 구름이나 안개 등을 바라볼 때 그림자의 머리둘레에 이와 비슷한 광륜이 형성될 수 있다. 이러한 광륜이 흔한 독일 브로켄(Brocken)산맥의 이름을 따 브로켄 무지개라고도 부른다.

그림자 광륜이나 브로켄 무지개를 볼 수 있으려면 해를 등져야 한다. 그래야만 태양광선이 물방울들로부터 사람의 눈으로 돌아올 수 있다. 태양광선은 작은 물방울에 입사할 때 굴절하고 일단 들어간 후 뒷면에서 반사된다. 그 다음 빛은 들어갈 때와 다른 쪽으로 나오면서 다시 한 번 굴절한다(그림 3 참조). 다채로운 광륜은 각각의 색이 여러 각도로 물방울에서 나오므로 발생할 수 있다.

아침이슬이 풀잎에 맺혀 있을 때 태양을 등지고 이슬 쪽을 향하면 머리 그림자 둘레에 밝은 무리가 형성되는 것을 볼 수 있다. 이것을 무리라는 뜻의 독일어인 하일리겐샤인(Heiligenschein)이라고 한다. 거의 구형을 이루는 이슬에 도달하는 태양광선이 같은 방향으로 반사될 때 하일리겐샤인이 형성된다. 그러나 빛은 입사 때와 정확히 똑같은 길을 따라 반사되지 않고, 옆으로 분산되기 때문에 이슬로 덮인 잔디에 비친 그림자 머리둘레에 밝은 흰 빛으로 나타나는 것이다(그림 4 참조).

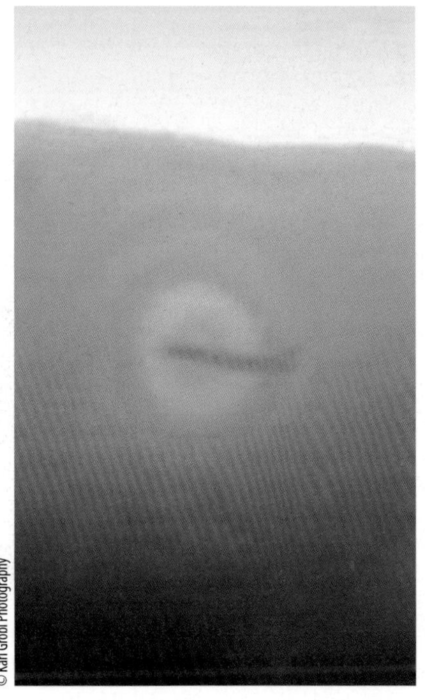

그림 2 ● 그림자둘레에 형성된 그림자 광륜.

그림 4 ● 관측자의 머리 그림자 둘레에 형성되는 광륜인 하일리겐샤인.

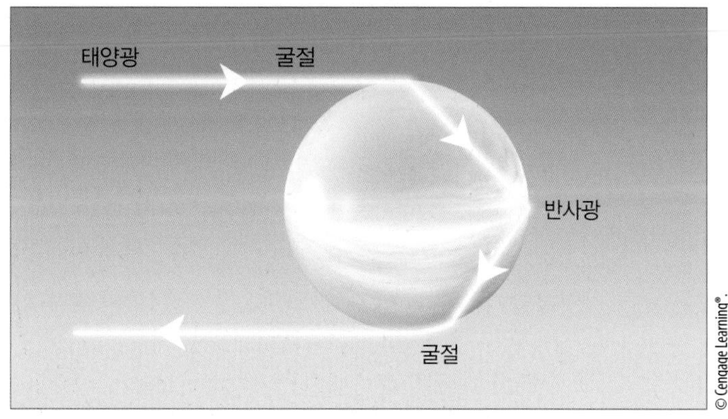

그림 3 ● 그림자 광륜을 형성하는 빛이 물방울 속에 들어갔다 나오는 경로.

요약

대기 중에서 태양광선의 산란은 연무일과 푸른 하늘에서 부챗살빛과 푸른 달에 이르기까지 여러 가지 광학 현상을 형성한다. 대기에 의한 광선의 굴절 때문에 지평선 부근의 별은 실제보다 높이 떠 있는 것으로 보인다. 빛의 굴절은 또 태양과 달이 더 일찍 떠서 더 늦게 지게 한다. 특정한 대기조건에서는 일출 또는 일몰 시 태양의 상부 가장자리에 초록빛이 증폭되어 환상적인 녹색섬광을 형성하기도 한다.

신기루는 빛의 굴절로 물체의 위치가 실제와 다르게 나타날 때 형성된다. 하강 신기루는 물체를 실제보다 아래에 보이게 하며, 상승 신기루는 물체를 실제보다 높게 보이게 한다.

무리와 무리해는 빙정을 통한 광선의 굴절로 형성된다. 해기둥은 서서히 하강하는 빙정에서 태양광선이 반사할 때 나타난다. 태양광선의 회절은 광환과 채운을 만들어낸다. 광선이 빗방울에서 굴절, 반사, 분산될 때 무지개가 형성된다. 무지개를 보려면 해를 등지고 서서 전면에서 비가 내려야 한다.

주요 용어

본문에 나온 주요 용어를 나열하였다. 각 용어를 정의하라. 그러면 복습에 도움이 될 것이다.

빛의 반사	빛의 산란	부챗살 빛	반부챗살 빛
빛의 굴절	섬광	황혼	녹색섬광
신기루	하강 신기루	상승 신기루	무리
접호	빛의 분산	무리해	해기둥
무지개	광환	빛의 회절	채운

복습문제

1. 적운이 일반적으로 흰색인 까닭은 무엇인가?

2. 발달하는 적운의 밑층은 왜 흰색에서 암회석 또는 검은색으로 자주 변하는가?

3. 하늘이 낮에는 푸르고 밤에는 검은 까닭을 설명하라.

4. 무엇 때문에 뜨는 해와 지는 해가 붉게 보이는가?

5. 지구에 대기가 없다면 낮의 하늘은 어떤 색이겠는가?

6. 연무가 낀 날 지평선이 희게 보이는 이유는 무엇인가?

7. 부챗살빛은 어떤 작용(굴절 또는 산란)에 의해 형성되는가?

8. 별이 반짝이는 이유는 무엇인가?

9. 빛의 굴절과 반사는 어떻게 다른가?

10. 달의 박명은 얼마나 지속되는가? (힌트: 달에는 대기가 없다.)

11. 녹색섬광은 하루 중 어느 때 기대할 수 있는가?

12. 빛은 밀도가 보다 큰 물질에 비스듬히 입사할 때 어떻게 굴절하는가? 또 여기서 나올 때는 어떻게 굴절하는가? 그림으로 표시해 보라.

13. 맑고 건조하고 더운 날 검은 도로 표면이 가끔 젖어 보이는 이유는 무엇인가?

14. 하강 신기루와 상승 신기루가 형성되려면 각각 어떤 대기 조건이 필요한가?

15. (a) 무리는 어떻게 형성되는지 설명하라.
(b) 무리의 형성은 무리해의 형성과 어떻게 다른가?

16. 하늘에 성긴 권운이 약간 있을 때 무리가 형성될 수 있는가? 그렇다면 그 이유는 무엇인가?

17. 굴절, 반사, 또는 산란 중 어느 것이 해기둥의 형성에 주로 작용하는가?

18. "아침 무지개는 조깅하는 사람들에게 경고를 주고, 저녁 무지개는 조깅하는 사람들에게 기쁨을 준다"라고 읊은 시의 의미를 설명하라.

19. 무지개를 보려면 왜 태양을 등지고 서야 하는지 그림을 그려 설명하라.

20. 2차 무지개가 1차 무지개보다 훨씬 희미한 까닭은 무엇인가?

21. 광환과 무리는 어떻게 다른가?

22. 빛의 반사, 굴절, 또는 회절 중 어느 것이 채운의 형성에 주요하게 작용하는가?

사고 및 탐구 문제

1. 안개 낀 밤에 상향등을 켜고 운전하면 도로가 더 안 보이는 까닭은 무엇인가?

2. "하늘이 파란 것은 빛이 바다로부터 반사되기 때문이다"라는 말이 틀린 이유를 설명하라.

3. 담배에서 피어나는 연기는 대개 파랗게 보이는 반면, 입에서 나오는 담배 연기는 하얗게 보이는 이유는 무엇인가?

4. 만약 지구를 둘러싼 대기가 없다면, 일출 시/ 일몰 시에 하늘은 무슨 색깔이겠는가? 정오의 태양의 색깔은 무엇이겠는가? 일출 시에는? 일몰 시에는?

5. 구름이 없는 날 비오기 직전의 하늘의 우윳빛을 띠는 반면, 비온 후에는 보다 진한 파란색을 보이는 이유를 설명하라.

6. 무지개가 정오에는 잘 관측되지 않는 이유는 무엇인가?

7. 낮 동안에 구름은 하얗고 하늘은 파랗다. 그렇다면 보름달이 있는 날에는 적운이 희미한 흰색을 띠고 하늘이 파랗게 보이지 않는 이유는 무엇인가?

8. Ernest Shackleton이 남극 대륙을 마지막으로 탐험하던 동안, 본격적인 겨울로 접어든 지 7일이 지난 후인 1915년 5월 8일에 그는 태양이 다시 나타나는 것을 보았다. Novaya Zemlya 효과라고 불리는 이 사건이 어떻게 발생하는지 설명하라.

9. 3일 동안 지속적으로 하루에 다섯 번씩 하늘을 관찰할 수 있는 기간을 선택하고, 노트에 무리, 광환, 무지개 등 대기광학 현상들을 본 횟수를 기록하라.

단위, 환산 및 약어

길이

1kilometer(km)	=	1,000 m
	=	3,281 ft
	=	0.62 mi
1mile(mi)	=	5,280 ft
	=	1,609 mi
	=	1.61 km
1meter(m)	=	100 cm
	=	3.28 ft
	=	39.37 in.
1foot(ft)	=	12 in.
	=	30.48 cm
	=	0.305 m
1centimeter(cm)	=	0.39 in.
	=	0.01 m
	=	10 mm
1inch(in.)	=	2.54 cm
	=	0.08 ft
1millimeter(mm)	=	0.1 cm
	=	0.001 m
	=	0.039 in.
1micrometer(μm)	=	0.0001 cm
	=	0.000001 m
1degree latitude	=	111 km
	=	60nautical mi
	=	69statute mi

면적

1cm^2	=	0.15 in^2
1in^2	=	6.45 cm^2
1m^2	=	10.76 ft^2
1ft^2	=	0.09 m^2

체적

1cm^3	=	0.06 in^3
1in^3	=	16.39 cm^3
1liter(l)	=	1,000 cm^3
	=	0.264gallon(gal) U.S.

속도

1knot	=	1nautical mi/hr
	=	1.15 statute mi/hr
	=	0.51 m/sec
	=	1.85 km/hr
1mi/hr	=	0.87 knots
	=	0.45 m/sec
	=	1.61 km/hr
1km/hr	=	0.54 knots
	=	0.62mi/hr
	=	0.28m/sec
1m/sec	=	1.94 knots
	=	2.24 mi/hr
	=	3.60 km/hr

힘

1dyne	=	1 g · cm/sec^2
	=	2.2481×10^{-6} lb
1newton(N)	=	1 kg · m/sec^2
	=	10^5 dynes
	=	0.2248 lb

질량

1g	=	0.035 ounce
	=	0.002 lb
1kg	=	1,000 g
	=	2.2 lb

에너지

1erg	=	1 dyne/cm
	=	2.388×10^{-8} cal
1joule(J)	=	1newton meter
	=	0.239 cal
	=	10^7 erg
1calorie(cal)	=	4.186 J
	=	4.186×10^7 erg

압력

1 millibar(mb)	=	1,000 dyne/cm^2
	=	0.75 mmHg
	=	0.02953 in. Hg
	=	0.01450 lb/in^2
	=	100 pascals(Pa)
1표준대기	=	1013.25 mb
	=	760 mmHg
	=	29.92 in. Hg
	=	14.7 lb/in^2
1 in.Hg	=	33.865 mb
1 mmHg	=	1.3332 mb
1 pascal	=	0.01 mb
	=	1 N/m^2
1 hectopascal(hPa)	=	1 mb
1 kilopascal(kPa)	=	10 mb

일률

1 watt(W)	=	1 J/sec
	=	14.3353 cal/min
1 cal/min	=	0.06973 W
1 horse power(hp)	=	746 W

10의 배수

nano	n	=	10^{-9}
micro	μ	=	10^{-6}
milli	m	=	10^{-3}
centi	c	=	10^{-2}
deci	d	=	10^{-1}
hecto	h	=	10^{2}
kilo	k	=	10^{3}
mega	M	=	10^{6}
giga	G	=	10^{9}

온도

℃	=	5/9(℉−32)
℉	=	9/5℃+32
K	=	℃+273

▼ 표 A.1 기온 환산표

°F	°C	°F	°C	°F	°C	°F	°C	°F	°C	°F	°C	°F	°C
−40	−40	−20	−28.9	0	−17.8	20	−6.7	40	4.4	60	15.6	80	26.7
−39	−39.4	−19	−28.3	1	−17.2	21	−6.1	41	5.0	61	16.1	81	27.2
−38	−38.9	−18	−27.8	2	−16.7	22	−5.6	42	5.6	62	16.7	82	27.8
−37	−38.3	−17	−27.2	3	−16.1	23	−5.0	43	6.1	63	17.2	83	28.3
−36	−37.8	−16	−26.7	4	−15.6	24	−4.4	44	6.7	64	17.8	84	28.9
−35	−37.2	−15	−26.1	5	−15.0	25	−3.9	45	7.2	65	18.3	85	29.4
−34	−36.7	−14	−25.6	6	−14.4	26	−3.3	46	7.8	66	18.9	86	30.0
−33	−36.1	−13	−25.0	7	−13.9	27	−2.8	47	8.3	67	19.4	87	30.6
−32	−35.6	−12	−24.4	8	−13.3	28	−2.2	48	8.9	68	20.0	88	31.1
−31	−35.0	−11	−23.9	9	−12.8	29	−1.7	49	9.4	69	20.6	89	31.7
−30	−34.4	−10	−23.3	10	−12.2	30	−1.1	50	10.0	70	21.1	90	32.2
−29	−33.9	−9	−22.8	11	−11.7	31	−0.6	51	10.6	71	21.7	91	32.8
−28	−33.3	−8	−22.2	12	−11.1	32	0.0	52	11.1	72	22.2	92	33.3
−27	−32.8	−7	−21.7	13	−10.6	33	0.6	53	11.7	73	22.8	93	33.9
−26	−32.2	−6	−21.1	14	−10.0	34	1.1	54	12.2	74	23.3	94	34.4
−25	−31.7	−5	−20.6	15	−9.4	35	1.7	55	12.8	75	23.9	95	35.0
−24	−31.1	−4	−20.0	16	−8.9	36	2.2	56	13.3	76	24.4	96	35.6
−23	−30.6	−3	−19.4	17	−8.3	37	2.8	57	13.9	77	25.0	97	36.1
−22	−30.0	−2	−18.9	18	−7.8	38	3.3	58	14.4	78	25.6	98	36.7
−21	−29.4	−1	−18.3	19	−7.2	39	3.9	59	15.0	79	26.1	99	37.2

°F	°C
100	37.8
101	38.3
102	38.9
103	39.4
104	40.0
105	40.6
106	41.1
107	41.7
108	42.2
109	42.8
110	43.3
111	43.9
112	44.4
113	45.0
114	45.6
115	46.1
116	46.7
117	47.2
118	47.8
119	48.3

▼ 표 A.2 국제 단위계와 기호

양	명칭	단위	기호
길이	meter	m	m
질량	kilogram	kg	kg
시간	second	sec	sec
온도	Kelvin	K	K
밀도	kilogram per cubic meter	kg/m^3	kg/m^3
속도	meter per second	m/sec	m/sec
힘	newton	$kg \cdot m/sec^2$	N
압력	pascal	N/m^2	Pa
에너지	joule	N · m	J
일률	watt	J/sec	W

방정식 및 상수

기체의 법칙(상태 방정식)

기압, 온도 및 밀도의 관계는 다음 식으로 표시된다.

$$압력 = 밀도 \times 온도 \times 상수$$

이 관계를 기체의 법칙(또는 상태 방정식)이라 부르며, 다음과 같이 표시된다.

$$p = \rho RT$$

여기서 p는 기압, ρ는 밀도, R은 기체 상수, 그리고 T는 온도이다.

단위/상수		
p	=	압력(N/m^2)
ρ	=	밀도(N/m^2)
T	=	온도(N/m^2)
R	=	287J/kg · K(SI) 또는
	=	2.87×10^6 erg/g · K

Planck의 법칙

흑체 복사 법칙 중 가장 기본이 되는 법칙으로 단위 부피가 단위 시간당 방출하는 복사 에너지는 온도와 파장에 의해 결정되며 다음의 식으로 주어진다.

$$E_\lambda(T) = \frac{C_1}{\lambda^5} \cdot \frac{1}{\exp\left(\frac{C_2}{\lambda T}\right) - 1}$$

여기서 T는 온도, λ는 파장, 그리고 C_1과 C_2는 상수이다.

단위/상수		
$E_\lambda(T)$	=	방출복사 에너지(W/m^3)
T	=	온도(K)
λ	=	파장(μm)
C_1	=	$3.74 \times 10^{-16}(W \cdot m^2)$
C_2	=	$1.44 \times 10^{-2}(W \cdot m)$

Stefan-Boltzmann의 법칙

Stefan-Boltzmann의 법칙은 온도가 절대영도(0°K) 이상인 물체는 절대온도의 4제곱에 비례하는 비율로 복사를 방출한다는 법칙으로 다음과 같이 표시된다.

$$E = \sigma T^4$$

여기서 E는 단위 표면에서 매초당 방출되는 최대복사율이며, T는 물체의 표면온도, 그리고 σ는 상수이다.

단위/상수		
E	=	방출복사($W \cdot m^2$)
σ	=	5.67×10^{-8} $W/m^2 \cdot K^4$(SI) 또는
	=	5.67×10^{-5} $erg/cm^2 \cdot K^4 \cdot sec$
T	=	온도(K)

Wien의 법칙

Wien의 법칙(또는 Wien의 변위법칙)은 물체의 최대 방출 복사 파장과 물체의 온도와의 관계를 기술하는 법칙이다. 물체가 방출하는 최대 방출 복사 파장은 물체의 절대온도에 반비례하며 다음과 같다.

$$\lambda_{max} = \frac{w}{T}$$

여기서 λ_{max}는 최대 방출 복사 파장, T는 물체의 온도, 그리고 w는 상수이다.

단위/상수		
λ_{max}	=	파장(μm)
w	=	0.2897 μm K
T	=	온도(K)

지균풍 방정식

지균풍 방정식은 바람이 등압선 또는 등고선과 평행하게 부는 마찰층 상공의 풍속을 나타내며, 방정식은 다음과 같다.

$$V_g = \frac{1\Delta p}{2\Omega \sin\phi \rho d}$$

여기서 V_g는 지균풍속, Ω는 상수(지구 자전 각속도), $\sin\phi$는 위도 ϕ의 정현, Δp는 거리가 d인 두 지점 간의 기압차이다.

단위/상수		
V_g	=	지균풍속(m/sec)
Ω	=	7.29×10^{-5}radian*/sec
ϕ	=	위도
p	=	공기밀도(kg/m^3)
d	=	거리(m)
Δp	=	기압차(N/m^2)

*2π radian = 360°

정역학 방정식

정역학 방정식은 지면 위 공기 기둥 내의 기압이 고도에 따라 얼마만큼 빨리 감소하는가를 나타내는 식으로, 고도에 따른 기압의 감소율은 공기의 밀도와 중력의 곱과 같으며 다음의 식으로 표현된다.

$$\frac{\Delta p}{\Delta z} = -\rho g$$

여기서 Δp는 미소 고도 변화(Δz)에 따른 기압 변화, ρ는 공기밀도, 그리고 g는 중력이다.

단위/상수		
Δp	=	기압차(N/m^2)
Δz	=	고도변화(m)
ρ	=	공기밀도(kg/m^3)
g	=	중력(9.8 m/sec^2)

상대습도

상대습도는 다음과 같이 표시된다.

$$RH(\%) = \frac{e}{e_s} \times 100$$

기온과 이슬점 온도를 알 때 e와 e_s를 알려면 표 B.1을 참조하라.

단위/상수		
e	=	실제 수증기압(hPa)
e_s	=	포화 수증기압(hPa)
RH	=	상대습도(%)

▼ **표 B.1 기온과 포화 수증기압**

기온(℃)	포화 수증기압(hPa)(물 표면 위)	포화 수증기압(hPa)(얼음 표면 위)
−20	1.25	1.03
−18	1.49	1.25
−16	1.76	1.51
−14	2.08	1.81
−12	2.44	2.17
−10	2.86	2.60
−8	3.35	3.10
−6	3.91	3.69
−4	4.55	4.37
−2	5.28	5.17
0	6.11	6.11
2	7.05	
4	8.13	
6	9.35	
8	10.72	
10	12.27	
12	14.02	
14	15.98	
16	18.17	
18	20.63	
20	23.37	
22	26.43	
24	29.83	
26	33.61	
28	37.80	
30	42.43	
32	47.55	
34	53.20	
36	59.42	
38	66.26	
40	73.78	

일기 기호 및 기입 모형

지상 관측소 기입 모형

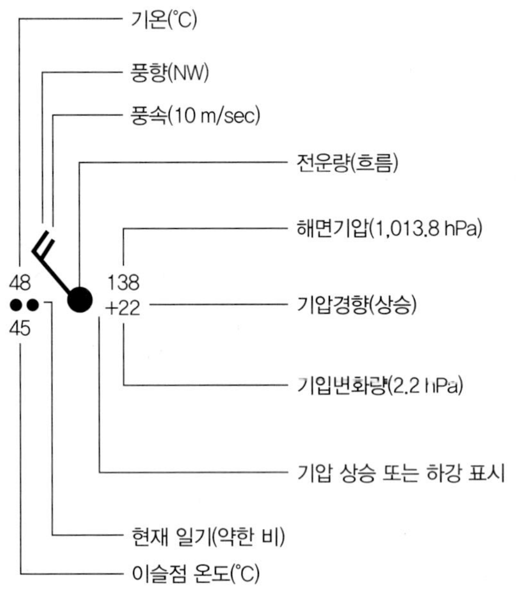

운량

맑음
1/8
2/8 개임
3/8
4/8
5/8
6/8 흐림
7/8
8/8 온흐림
불명
자료 없음

상층 기입 모형(500 hPa)

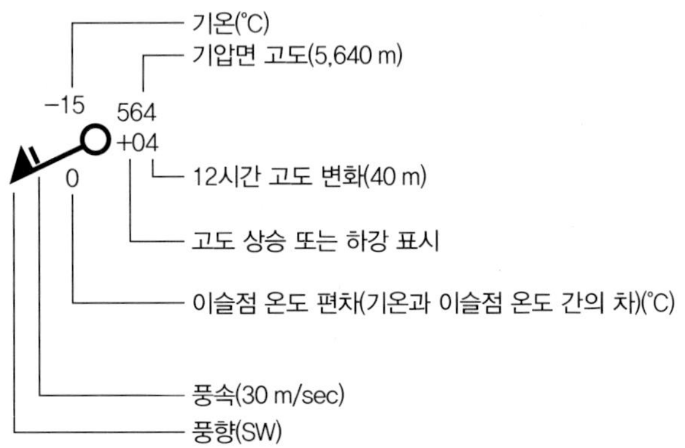

일기 기호

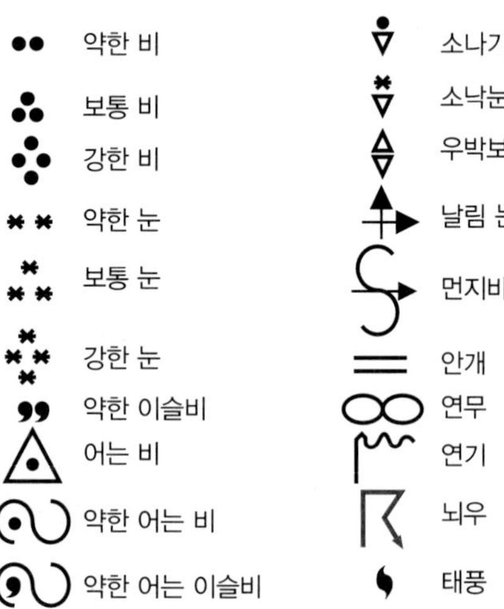

풍속

	m/sec	Knots	km/hr
	고요	고요	고요
	0.5~1.4	1~2	1~3
	1.5~3.4	3~7	4~13
	3.5~6.4	8~12	14~19
	6.5~8.4	13~17	20~32
	8.5~11.4	18~22	33~40
	11.5~13.4	23~27	41~50
	13.5~16.4	28~32	51~60
	16.5~18.4	33~37	61~69
	18.5~21.4	38~42	70~79
	21.5~23.4	43~47	80~87
	23.5~26.4	48~52	88~96
	26.5~28.4	53~57	97~106
	28.5~31.4	58~62	107~114
	31.5~33.4	63~67	115~124
	33.5~36.4	68~72	125~134
	36.5~38.4	73~77	135~143
	51.5~53.4	103~107	144~198

기압 경향

상승 후 하강

상승 후 일정,
상승 후 완만 상승

일정하게 상승,
변동 상승

하강 후 상승,
일정 후 상승, 상승 후 급상승

(3시간 전보다 기압 상승)

일정, 3시간 전의 기압과 동일

하강 후 상승,
3시간 전과 같거나 낮음

하강 후 일정, 하강 후 완만 하강

일정 하강, 변동 하강

일정 후 하강, 상승 후 하강,
하강 후 급하강

(3시간 전보다 기압 하강)

전선 기호

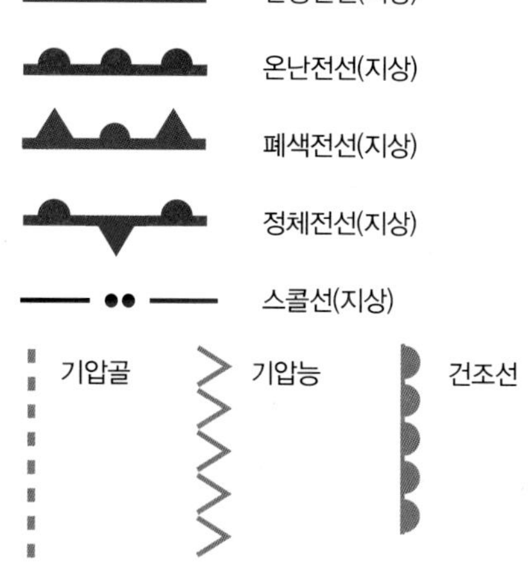

습도 및 이슬점 온도표(건습계표)

이슬점 온도 또는 상대습도를 구하려면 단순히 세로로 기온을, 가로로 이슬점 온도 편차를 읽어 만나는 곳의 값을 읽으면 된다. 예를 들어, 기온이 10℃, 이슬점 온도 편차가 3℃이면 이슬점 온도는 4℃이다(이슬점 온도와 기온은 기압이 1,000 hPa에서의 값이다).

▼ 표 D.1 **이슬점 온도(℃)**

(건구온도, ℃)	습구편차(건구온도−습구온도, ℃)															
	0.5	1.0	1.5	2.0	2.5	3.0	3.5	4.0	4.5	5.0	7.5	10.0	12.5	15.0	17.5	20.0
−20	−25	−33														
−17.5	−21	−27	−38													
−15	−19	23	−28													
−12.5	−15	−18	−22	−29												
−10	−12	−14	−18	−21	−27	−36										
−7.5	−9	−11	−14	−17	−20	−26	−34									
−5	−7	−8	−10	−13	−16	−19	−24	−31								
−2.5	−4	−6	−7	−9	−11	−14	−17	−22	−28	−41						
0	−1	−3	−4	−6	−8	−10	−12	−15	−19	−24						
2.5	1	0	−1	−3	−4	−6	−8	−10	−13	−16						
5	4	3	2	0	−1	−3	−4	−6	−8	−10	−48					
7.5	6	6	4	3	2	1	−1	−2	−4	−6	−22					
10	9	8	7	6	5	4	2	1	0	−2	−13					
12.5	12	11	10	9	8	7	6	4	3	2	−7	−28				
15	14	13	12	12	11	10	9	8	7	5	−2	−14				
17.5	17	16	15	14	13	12	12	11	10	8	2	−7	−35			
20	19	18	18	17	16	15	14	14	13	12	6	−1	−15			
22.5	22	21	20	20	19	18	17	16	16	15	10	3	−6	−38		
25	24	24	23	22	21	21	20	19	18	18	13	7	0	−14		
27.5	27	26	26	25	24	23	23	22	21	20	16	11	5	−5	−32	
30	29	29	28	27	27	26	25	25	24	23	19	14	9	2	−11	
32.5	32	31	31	30	29	29	28	27	26	26	22	18	13	7	−2	
35	34	34	33	32	32	31	31	30	29	28	25	21	16	11	4	
37.5	37	36	36	35	34	34	33	32	32	31	28	24	20	15	9	0
40	39	39	38	38	37	36	36	35	34	34	30	27	23	18	13	6
42.5	42	41	41	40	40	39	38	38	37	36	33	30	26	22	17	11
45	44	44	43	43	42	42	41	40	40	39	36	33	29	25	21	15
47.5	47	46	46	45	45	44	44	43	42	42	39	35	32	28	24	19
50	49	49	48	48	47	47	46	45	45	44	41	38	35	31	28	23

▼ 표 D.2 **상대습도(%)**

	습구편차(건구온도−습구온도, ℃)																	
(건구온도, ℃)	0.5	1.0	1.5	2.0	2.5	3.0	3.5	4.0	4.5	5.0	7.5	10.0	12.5	15.0	17.5	20.0	22.5	25.0
−20	70	41	11															
−17.5	75	51	26	2														
−15	79	58	38	18														
−12.5	82	65	47	30	13													
−10	85	69	54	39	24	10												
−7.5	87	73	60	48	35	22	10											
−5	88	77	66	54	43	32	21	11	1									
−2.5	90	80	70	60	50	42	37	22	12	3								
0	91	82	73	65	56	47	39	31	23	15								
2.5	92	84	76	68	61	53	46	38	31	24								
5	93	86	78	71	65	58	51	45	38	32	1							
7.5	93	87	80	74	68	62	56	50	44	38	11							
10	94	88	82	76	71	65	60	54	49	44	19							
12.5	94	89	84	78	73	68	63	58	53	48	25	4						
15	95	90	85	80	75	70	66	61	57	52	31	12						
17.5	95	90	86	81	77	72	68	64	60	55	36	18	2					
20	95	91	87	82	78	74	70	66	62	58	40	24	8					
22.5	96	92	87	83	80	76	72	68	64	61	44	28	14	1				
25	96	92	88	84	81	77	73	70	66	63	47	32	19	7				
27.5	96	92	89	85	82	78	75	71	68	65	50	36	23	12	1			
30	96	93	89	86	82	79	76	73	70	67	52	39	27	16	6			
32.5	97	93	90	86	83	80	77	74	71	68	54	42	30	20	11	1		
35	97	93	90	87	84	81	78	75	72	69	56	44	33	23	14	6		
37.5	97	94	91	87	85	82	79	76	73	70	58	46	36	26	18	10	3	
40	97	94	91	88	85	82	79	77	74	72	59	48	38	29	21	13	6	
42.5	97	94	91	88	86	83	80	78	75	72	61	50	40	31	23	16	9	2
45	97	94	91	89	86	83	81	78	76	73	62	51	42	33	26	18	12	6
47.5	97	94	92	89	86	84	81	79	76	74	63	53	44	35	28	21	15	9
50	97	95	92	89	87	84	82	79	77	75	64	54	45	37	30	23	17	11

표준 대기

▼ 표 E.1 표준 대기

고도(m)	기압(hPa)	온도(℃)	밀도(kg/m³)
0	1013.25	15.0	1.225
500	954.61	11.8	1.167
1,000	898.96	8.5	1.112
1,500	845.59	5.3	1.058
2,000	795.01	2.0	1.007
2,500	746.91	−1.2	0.957
3,000	701.21	−4.5	0.909
3,500	657.80	−7.7	0.863
4,000	616.60	−11.0	0.819
4,500	577.52	−14.2	0.777
5,000	540.48	−17.5	0.736
5,500	505.39	−20.7	0.697
6,000	472.17	−24.0	0.660
6,500	440.75	−27.2	0.624
7,000	411.05	−30.4	0.590
7,500	382.99	−33.7	0.557
8,000	356.51	−36.9	0.526
8,500	331.54	−40.2	0.496
9,000	308.00	−43.4	0.467
9,500	285.84	−46.6	0.440
10,000	264.99	−49.9	0.413
11,000	226.99	−56.4	0.365
12,000	193.99	−56.5	0.312
13,000	165.79	−56.5	0.267
14,000	141.70	−56.5	0.228
15,000	121.11	−56.5	0.195
16,000	103.52	−56.5	0.166
17,000	88.497	−56.5	0.142
18,000	75.652	−56.5	0.122
19,000	64.674	−56.5	0.104
20,000	55.293	−56.5	0.089
25,000	25.492	−51.6	0.040
30,000	11.970	−46.6	0.018
35,000	5.764	−36.6	0.008
40,000	2.871	−22.8	0.004
45,000	1.491	−9.0	0.002
50,000	0.798	−2.5	0.001
60,000	0.220	−26.1	0.0003
70,000	0.052	−53.6	0.00008
80,000	0.010	−74.5	0.00002

뷰퍼트 풍력계급(육상)

▼ 표 F.1 지상 관찰에 의한 풍속 추정

풍력계급	종류	풍속		지상상태
		m/sec	knots	
0	고요	0.0~1.2	0~1	연기가 수직으로 올라감.
1	실바람	0.3~1.5	1~3	풍량은 연기 날림으로 알 수 있으나, 풍향계는 감지 안 됨.
2	남실바람	1.6~3.3	4~6	바람이 얼굴에 느껴짐. 나뭇잎이 흔들리며 풍향계가 움직임.
3	산들바람	3.4~5.4	7~10	나뭇잎과 작은 가지가 흔들리며, 깃발이 가볍게 날림.
4	건들바람	5.5~7.9	11~16	먼지가 일고 종이가 날림. 작은 가지가 흔들리고 깃발이 날림.
5	흔들바람	8.0~10.7	17~21	잎이 무성한 작은 나무가 흔들리고 깃발이 펄럭임.
6	된바람	10.8~13.8	22~27	큰 나뭇가지가 흔들리고, 전선이 울고, 우산을 펴고 있기 곤란함.
7	센바람	13.9~17.1	28~33	나무가 전부 흔들리고 바람을 향하여 걸을 수 없음.
8	큰바람	17.2~20.7	34~40	나뭇가지가 꺾이고 걸을 수 없음.
9	큰센바람	20.8~24.4	41~47	가벼운 구조물에 피해 발생함(굴뚝이 무너지고 기와가 벗겨짐).
10	노대바람	24.5~28.4	48~55	나무뿌리가 무너지고 집에 피해 발생함.
11	왕바람	28.5~32.6	56~64	광범위한 피해 발생함.
12	싹쓸바람	32.7	≥ 65	피해가 막심함.

세계 연평균 강수량 패턴

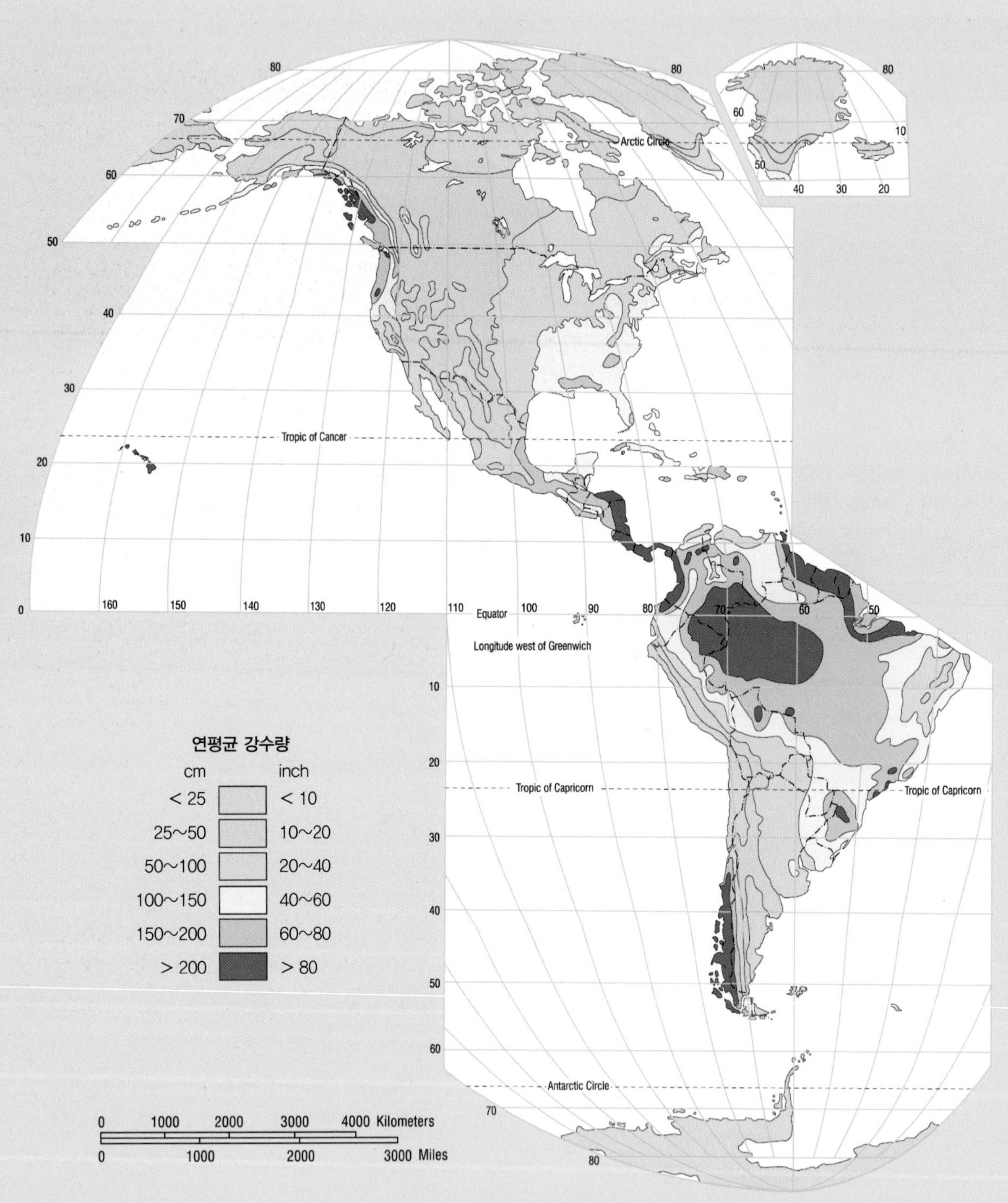

그림 G.1 ● 연평균 강수량을 보여주는 세계지도.

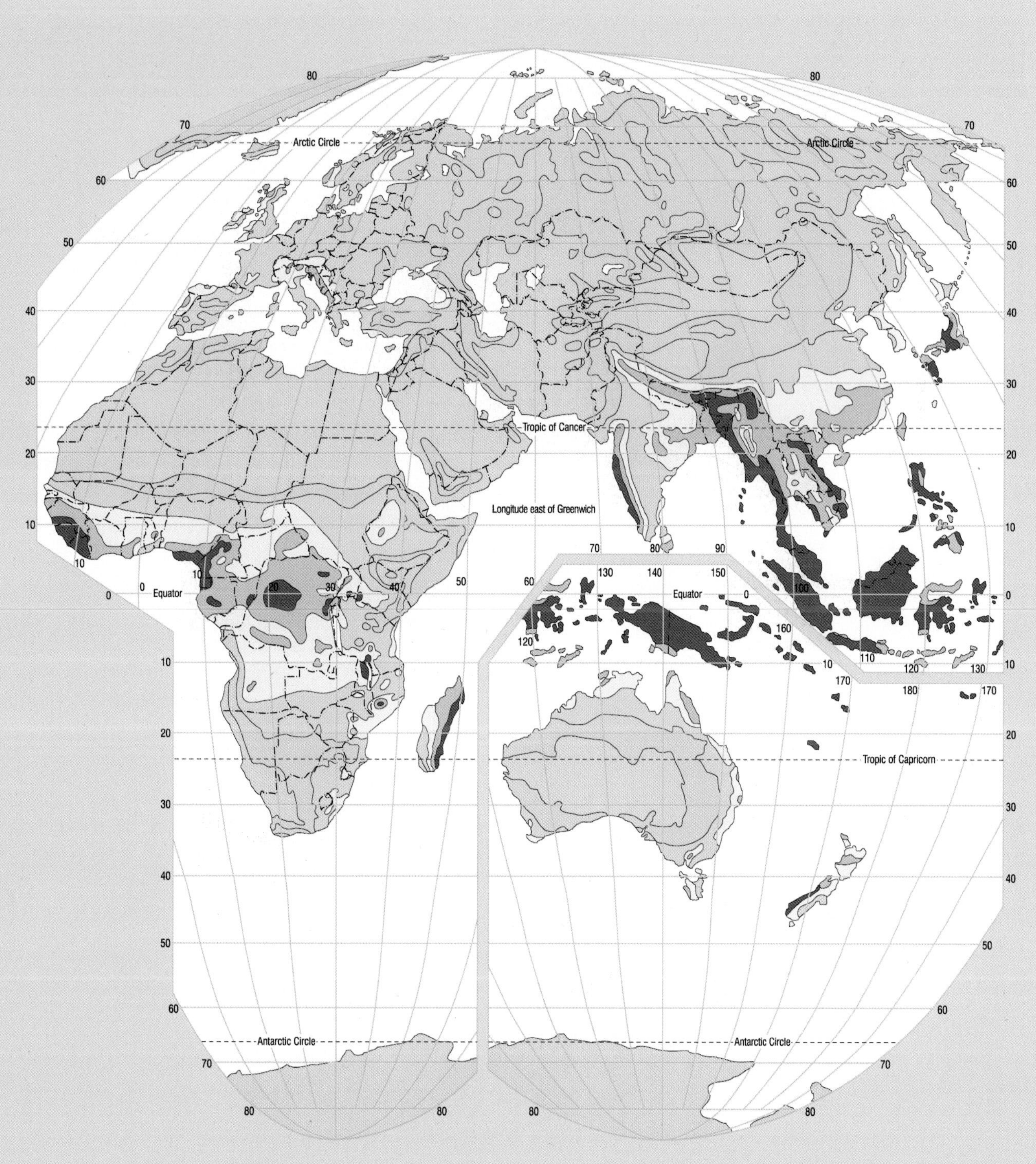

A Western Paragraphic Projection developed at Western Illinois University

쾨펜의 기후구분체계

▼ 표 H.1 쾨펜의 기후구분체계

문자표시			기후특성	기준
1차	2차	3차		
A			열대습윤기후	가장 추운 달의 평균 기온이 18℃ 이상
	f		열대우림기후	각 달은 6 cm 이상의 강수량을 가짐.
	w		사바나기후	한랭건조 겨울: 가장 건조한 달의 강수량은 6 cm 미만이나 $10-P/25$ 이상 (P는 cm 단위인 연 강수량)
	m		열대몬순기후	짧은 건조 계절: 가장 건조한 달의 강수량은 6 cm 미만이나 $10-P/25$ 이상
B			건조기후	잠재 증발량이 강수량을 초과. 건조/습함의 경계는 다음과 같이 정의함. [P는 평년 강수량(cm), T는 평년 기온(℃)] $P = 2t + 28$ 더 따뜻한 6개월 동안 70% 이상의 비가 내렸을 때 $P = 2t$ 더 추운 6개월 동안 70% 이상의 비가 내렸을 때 $P = 2t + 14$ 6개월 동안 70% 이상의 비가 내렸을 때
	S		스텝기후	BS/BW의 경계는 정확히 건조/습윤 경계의 1/2임.
	w		사막기후	
		h	고온건조	평년 기온이 18℃ 이상
		k	서늘 건조	평년 기온이 18℃ 미만
C			동계 온난습윤기후	가장 추운 달의 평균 기온이 18℃ 이하, −3℃ 이상
	w		겨울 건조	여름달의 강수량이 가장 건조한 겨울달 강수량의 최소 10배
	s		여름 건조	겨울달의 강수량이 가장 건조한 여름달 강수량의 최소 3배
	f		연중 습윤	여름달의 강수량은 4 cm 미만. w와 s의 기준은 교차할 수 없음.
		a	여름이 길고 고온	가장 따뜻한 달은 22℃ 이상: 적어도 4달이 10℃ 이상
		b	여름이 길고 서늘	22℃ 이상인 달이 없음: 적어도 4달이 10℃ 이상
		c	여름이 짧고 서늘	22℃ 이상인 달이 없음: 10℃ 이상인 달이 1~3개월
D			동계 혹한 습윤 기후	가장 추운 달의 평균 기온은 −3℃ 이하: 가장 따뜻한 달의 평균 기온은 10℃ 이상
	w		겨울 건조	C아래와 동일
	s		여름 건조	C아래와 동일
	f		연중 습윤	C아래와 동일
		a	여름이 길고 고온	C아래와 동일
		b	여름이 길고 서늘	C아래와 동일
		c	여름이 짧고 서늘	C아래와 동일
		d	여름이 짧고 서늘, 겨울 혹한	가장 추운 달의 평균 기온은 −38℃ 이하
E			한대기후	가장 따뜻한 달의 평균 기온은 10℃ 미만
	T		툰드라기후	가장 따뜻한 달의 평균 기온은 0℃ 이상, 10℃ 미만
	F		빙설기후	가장 따뜻한 달의 평균 기온은 0℃ 이하

참고문헌

SELECTED PERIODICALS

Bulletin of the American Meteorological Society. Monthly. American Meteorological Society. http://journals.ametsoc.org/toc/bams/current

Journal of Operational Meteorology. Online–only. (Deals mainly with weather forecasting.) National Weather Association. http://www.nwas.org/jom

Weather. Monthly. Royal Meteorological Society. http://onlinelibrary.wiley.com/journal/10.1002/%28ISSN%291477–8696

Weatherwise. Bimonthly. Taylor & Francis Group LLC. http://www.weatherwise.org

SELECTED TECHNICAL PERIODICALS

From the American Meteorological Society

http://journals.ametsoc.org

Earth Interactions

Journal of Applied Meteorology and Climatology

Journal of Atmospheric and Oceanic Technology

Journal of the Atmospheric Sciences

Journal of Climate

Journal of Hydrometeorology

Journal of Physical Oceanography

Monthly Weather Review

Weather and Forecasting

Weather, Climate, and Society

From the American Geophysical Union

http://agupubs.onlinelibrary.wiley.com/

Earth's Future

Earth and Space Science

Geophysical Research Letters

Journal of Geophysical Research—Atmospheres

EOS (https://eos.org/)

From other publishers, including frequent content from atmospheric science

Nature. Weekly. Macmillan Publishers Limited. http://www.nature.com

Nature Climate Change. Monthly. Macmillan Publishers Limited. http://www.nature.com/nclimate

Proceedings of the National Academy of Sciences of the United States of America. Weekly. NAS. http://www.pnas.org

Science. Weekly. American Association for the Advancement of Science. http://www.sciencemag.org

BOOKS

Many of the titles below are written at the introductory level. Those that are more advanced are marked with an asterisk.

Ahrens, C. Donald, and Robert Henson. *Meteorology Today* (11th ed.), Cengage Learning, Boston, MA, 2016.

Ahrens, C. Donald, and Perry Samson. *Extreme Weather and Climate*, Cengage Learning, Boston, MA, 2011.

*Andrews, David G. *An Introduction to Atmospheric Physics* (2nd ed.), Cambridge University Press, New York, 2010.

Archer, David. *Global Warming: Understanding the Forecast* (2nd ed.). Wiley, Hoboken, NJ, 2011.

Bigg, Grant R. *The Oceans and Climate* (2nd ed.) Cambridge University Press, New York, 2003.

*Bluestein, Howard B. *Synoptic-Dynamic Meteorology in Midlatitudes. Vol. 1: Principles of Kinematics and Dynamics,* Oxford University Press, New York, 1992.

*_____. *Synoptic-Dynamic Meteorology in Midlatitudes. Vol. II: Observations and Theory of Weather Systems,* Oxford University Press, New York, 1993.

_____. *Tornado Alley: Monster Storms of the Great Plains,* Oxford University Press, New York, 1999.

Bohren, Craig F. *Clouds in a Glass of Beer: Simple Experiments in Atmospheric Physics,* Wiley, New York, 1987.

_____. *What Light Through Yonder Window Breaks?,* Wiley, New York, 1991.

Boubel, Richard W., et al., *Fundamentals of Air Pollution* (5th ed.), Academic Press, New York, 2014.

*Bradley, Raymond S. *Paleoclimatology: Reconstructing Climates of the Quarternary* (3rd ed.), Academic Press, New York, 2014.

Brunner, Ronald D., and Amanda H. Lynch. *Adaptive Governance and Climate Change*, American Meteorological Society, Boston, MA, 2010.

Burt, Christopher C. *Extreme Weather, A Guide and Record Book,* W.W. Norton & Company, New York, 2007.

Burt, Stephen. *The Weather Observer's Handbook*, Cambridge University Press, New York, 2012.

Carlson, Toby N. *An Observer's Guide to Clouds and Weather: A Northeastern Primer on Prediction,* American Meteorological Society, Boston, MA, 2014.

Changnon, Stanley A. *Railroads and Weather: From Fogs to Floods and Heat to Hurricanes*, American Meteorological Society, Boston, MA, 2006.

Climate Change 2013. The Physical Science Basis. Working Group 1 contribution to the Fifth Assessment Report of the IPCC, Cambridge University Press, New York, 2014.

*Cotton, W. R., and R. A. Anthes. *Storm and Cloud Dynamics* (2nd ed.), Academic Press, New York, 2010.

Cotton, William R., and Roger A. Pielke. *Human Impacts on Weather and Climate* (2nd ed.), Cambridge University Press, New York, 2007.

Doswell, Charles A. III, editor. *Severe Convective Storms,* American Meteorological Society, Boston, MA, 2001.

Dow, Kirstin, and Thomas E. Downing, *The Atlas of Climate Change: Mapping the World's Greatest Challenge.* University of California Press, Oakland, CA, 2011.

Edwards, Paul. *A Vast Machine: Computer Models, Climate Data, and the Politics of Global Warming.* The MIT Press, Cambridge, MA, 2013.

Emanuel, Kerry. *Divine Wind: The History and Science of Hurricanes,* Oxford University Press, New York, 2005.

Encyclopedia of Climate and Weather (2nd ed.), Stephen H. Schneider, Terry L. Root, and Michael D. Mastrandrea, Ed., Oxford University Press, New York, 2011.

The Encyclopedia of Weather and Climate Change: A Complete Visual Guide, Juliane L. Fry, et al., University of California Press, Berkeley, Los Angeles, CA, 2010.

Fabry, Frederic. *Radar Meteorology: Principles and Practice.* Cambridge University Press, New York, 2015.

Fagan, Brian. *The Great Warming: Climate Change and the Rise and Fall of Civilizations.* Bloomsbury Press, London, England, 2009.

Fleming, James Rodger. *Fixing the Sky: The Checkered History of Weather and Climate Control.* Columbia University Press, New York, 2012.

Glossary of Meteorology. Mary M. Cairns, Ed., American Meteorological Society, Boston, MA. Online-only (https://www.ametsoc.org/ams/index.cfm/publications/glossary-of-meteorology/)

Henson, Robert, *The Thinking Person's Guide to Climate Change*, American Meteorological Society, Boston, MA, 2014.

_____. *Weather on the Air: A History of Broadcast Meteorology*, American Meteorological Society, Boston, MA, 2010.

*Hobbs, Peter V. *Basic Physical Chemistry for Atmospheric Sciences* (2nd ed.), Cambridge University Press, New York, 2000.

Hulme, Mike, *Why We Disagree about Climate Change: Understanding Controversy, Inaction and Opportunity.* Cambridge University Press, Cambridge, England, 2009.

International Cloud Atlas. World Meteorological Organization, Geneva, Switzerland, 1987. Available online (http://library.wmo.int/pmb_ged/wmo_407_en-v2.pdf).

Jacobson, Mark Z. *Air Pollution and Global Warming: History, Science, and Solutions* (2nd ed.). Cambridge University Press, New York, 2012.

*Karoly, David J., and Dayton G. Vincent, Eds. *Meteorology of the Southern Hemisphere,* American Meteorological Society, Boston, MA, 1998.

Kocin, Paul J., and L. W. Uccellini. *Northeast Snowstorms,* Vol. 1 and Vol. 2, American Meteorological Society, Boston, MA, 2004.

Lackmann, Gary. *Midlatitude Synoptic Meteorology: Dynamics, Analysis, and Forecasting*, American Meteorological Society, Boston, MA, 2012.

Lee, Raymond L., and Alistair B. Fraser, *The Rainbow Bridge: Rainbows in Art, Myth, and Science.* Penn State University Press, University Park, PA, 2001.

Lynch, David K., and William Livingston. *Color and Light in Nature* (2nd ed.), Cambridge University Press, New York, 2001.

Managing the Risks of Extreme Events and Disasters to Advance Climate Change Adaptation. Intergovernmental Panel on Climate Change, Cambridge University Press, New York, 2012.

Meinel, Aden, and Marjorie Meinel. *Sunsets, Twilights and Evening Skies,* Cambridge University Press, New York, 1991.

Mergen, Bernard. *Weather Matters: An American Cultural History since 1900.* University Press of Kansas, Lawrence, KS, 2008.

Mims, F. M. *Hawaii's Mauna Loa Observatory: Fifty Years of Monitoring the Atmosphere*, University of Hawaii Press, Honolulu, HI, 2011.

Monmonier, Mark. *Air Apparent: How Meteorologists Learned to Map, Predict, and Dramatize Weather.* University of Chicago Press, Chicago, IL, 2001.

Pretor-Pinney, Gavin. *The Cloudspotters' Guide: The Science, History, and Culture of Clouds,* TarcherPerigee, New York, 2007.

Randall, David. *Atmosphere, Clouds, and Climate.* Princeton University Press, Princeton, New Jersey, 2012.

Righter, Robert W. *Wind Energy in America: A History,* University of Oklahoma Press, Norman, OK, 2008.

*Rogers, R. R. *A Short Course in Cloud Physics* (3rd ed.), Pergamon Press, Oxford, England, 1989.

Ruddiman, William. *Earth's Climate: Past and Future* (3rd ed.). William Freeman, New York, 2013.

Schultz, David H. *Eloquent Science: A Practical Guide to Becoming a Better Writer, Speaker, and Atmospheric Scientist*, American Meteorological Society, Boston, MA, 2009.

Sheffield, Justin, and Eric F. Wood. *Drought: Past Problems and Future Scenarios.* Routledge, London, England. 2011.

Simmons, Kevin M., and Daniel Sutter. *Economic and Societal Impacts of Tornadoes*, American Meteorological Society, Boston, MA, 2011.

_____. *Deadly Season: Analyzing the 2011 Tornado Outbreaks*, American Meteorological Society, Boston, MA, 2012.

Somerville, Richard C. *The Forgiving Air* (2nd ed.), American Meteorological Society, Boston, MA, 2008.

*Strangeways, Ian. *Precipitation: Theory, Measurement and Distribution.* Cambridge University Press, London, England, 2011.

*Stull, Roland B. *Practical Meteorology: An Algebra-based Survey of Atmospheric Science.* University of British Columbia, Vancouver, 2015.

Vallis, Geoffrey K., *Climate and the Oceans.* Princeton University Press, Princeton, New Jersey, 2011.

Vasquez, Tim. *Weather Forecasting and Analysis Handbook.* Weather Graphics Technologies, Austin, TX, 2015.

*Wallace, John M. and Peter V. Hobbs. *Atmospheric Science: An Introductory Survey* (2nd ed.), Academic Press, Burlington, MA, 2006.

Williams, Jack. *The AMS Weather Book: The Ultimate Guide to America's Weather,* American Meteorological Society, Boston, MA, 2009.

찾아보기

ㅈ

ㅊ

ㅋ

ㅌ

구름도감

난층운(Nimbostratus)
짙은 회색의 구름으로 보통 하늘 전체를 덮고 연속적인 비나 눈을 내린다. 난층운 아래의 흩어져 있는 구름 조각을 조각구름이라고 한다.

층운(Stratus)
고도가 낮고 구름밑면이 균일하며 고도 2,000 m 이하에 형성되는 회색의 구름. 이슬비가 내리기도 한다. 층운에서는 대게 해가 보이지 않기 때문에 고층운과 구별된다.

층적운(Stratocumulus)
고도가 낮고 덩어리 모양의 넓게 퍼진 구름으로 부분적으로 어둡거나 흰 곳이 있다(구름을 향해 손과 팔을 뻗어보면 각각의 구름덩이는 주먹 크기 정도이다).

권운(Cirrus)
바람에 날리는 상층의 빙정 구름으로 통상 고도 6,000 m 이상의 상공에서 관측된다.

고적운(Altocumulus)
중층운으로 수적과 빙정으로 이루어져 있다. 대개 고도 2,000 m 내지 7,000 m 사이에 형성된다(구름을 향해 손과 팔을 뻗어보면 각각의 구름덩이는 손톱 크기만 하다.

권층운(Cirrostratus)
빙정으로 된 넓게 퍼진 상층운으로 보통 희고 하늘의 상당 부분을 차지한다. 가끔 햇무리 또는 달무리 현상으로 구름의 존재를 알 수 있다.

권적운(Cirrocumulus)
빙정으로 이루어진 작고 둥근 흰 구름덩이 모양의 상층운이다(중앙에 보이는 원은 제트 비행기가 구름 아래로 하강하여 생성된 것이다).

고층운(Altostratus)
회색의 수적과 빙정으로 이루어진 중층운으로 종종 하늘을 흐려 해를 희미하게 드러낸다.

적운(Cumulus)

작은 뭉게구름으로 밑면이 비교적 납작하고 연직으로의 발달도 제한적이다.

봉우리구름(Cumulus congestus)

연직 방향으로 크게 발달하여 봉우리 모양으로 부풀어 오른 적운이다. 사진처럼 줄을 지어 형성되거나 개개의 구름이 양배추 머리처럼 발달하기도 한다. 봉우리구름에서는 소나기가 내리는 경우도 있다.

적운(Cumulus)

싹이 나듯 연직으로 발달하는 봉우리구름. 연직으로 발달하지 못한 구름을 넓적구름, 깨져서 흩어진 것처럼 보이는 구름을 조각구름이라 한다.

적란운(Cumulonimbus)
연직으로 크게 발달한 적운으로 정상부는 흔히 쇠모루 모양을 띤다. 강한 소나기나 눈, 천둥번개 및 강한 돌풍을 동반한다.

유방운(Mammatus)
하강 기류에 의해 다른 구름(주로 고적운과 적란운)의 밑면으로부터 아래로 늘어져 있는 형태의 구름이다.

렌즈운(Lenticular)
렌즈 모양의 구름으로 산의 풍하측 하강 기류에 의해 발달하는 파동에서 형성된다. 통상적으로 구름은 제자리에 머물러 있고 바람이 그 사이를 통과한다.

대기환경과학 8판 번역에 참여하신 분

민기홍(대표역자) · 경북대학교

손석우 · 서울대학교

국종성 · 포항공과대학교

장은철 · 공주대학교

김백민 · 부경대학교

정지훈 · 전남대학교

김병곤 · 강릉원주대학교

대기환경과학 8판

2021년 3월 1일 인쇄

2021년 3월 5일 발행

저　　자 ◎ C. Donald Ahrens, Robert Henson

발 행 인 ◎ **조 승 식**

발 행 처 ◎ (주)도서출판 **북스힐**

서울시 강북구 한천로 153길 17

등　　록 ◎ 제 22-457 호

(02) 994-0071

(02) 994-0073

www.bookshill.com

bookshill@bookshill.com

잘못된 책은 교환해 드립니다.

값 42,000원

ISBN 979-11-5971-309-5